Der Erinnerung an

ERWIN KRUPPA

1885–1967

gewidmet

H. Brauner

# Lehrbuch der Konstruktiven Geometrie

Springer-Verlag
Wien New York

Dr. Dr. HEINRICH BRAUNER
o. Univ.-Prof. an der Technischen Universität in Wien
Honorarprofessor an der Universität in Wien



Vertriebsrechte für alle Staaten
mit Ausnahme der sozialistischen Länder:
Springer-Verlag Wien—New York

Vertriebsrechte für die sozialistischen Länder:
VEB Fachbuchverlag Leipzig

Mit 409 Abbildungen

CIP-Kurztitelaufnahme der Deutschen Bibliothek

**Brauner, Heinrich:**
Lehrbuch der Konstruktiven Geometrie / von
Heinrich Brauner. — Wien ; New York : Springer,
1986.
ISBN-13: 978-3-7091-8779-1 e-ISBN-13: 978-3-7091-8778-4
DOI: 10.1007/978-3-7091-8778-4


**Softcover reprint of the hardcover 1st edition 1986**
Gesamtherstellung: VEB Druckhaus „Maxim Gorki", DDR - 7400 Altenburg

ISBN-13: 978-3-7091-8779-1

# Vorwort

Geometrie ist zwar, wie die Wortbedeutung zeigt, aus Kenntnissen empirischen Charakters entstanden, hat sich jedoch schon vor anderen mathematischen Disziplinen zu einer deduktiven, mit strengen Beweisen arbeitenden Wissenschaft entwickelt. Heute sind zahlreiche Gebiete der Mathematik, aber etwa auch der theoretischen Physik mit geometrischen Begriffsbildungen durchsetzt, und diese Entwicklung hat naturgemäß Rückwirkungen für die Geometrie mit sich gebracht. Gegenwärtige geometrische Forschung beschäftigt sich weitgehend mit Problemen, die keinen Bezug zu jenem Anschauungsraum besitzen, der durch Idealisierung der Erfahrungswelt entstanden ist und für den die Verwendung eines naiven, inhaltlich festgelegten und nicht nur implizit erklärten Punktbegriffs typisch ist. Trotzdem spielen die der Anschauung zugänglichen geometrischen Gebiete nicht nur vom heuristischen Standpunkt aus nach wie vor eine zentrale Rolle. Sie sind darüber hinaus jene Bereiche, in denen die Bedeutung der Geometrie für die Allgemeinbildung und für Anwendungen in der Technik liegt.

Zur sachgemäßen Behandlung der Geometrie des Anschauungsraumes wurde schon frühzeitig neben der Sprache und der Schrift die Zeichnung als drittes Kommunikationsmittel eingesetzt, was zur Entwicklung des Technischen Zeichnens und schließlich der Darstellenden Geometrie geführt hat. Im Jahre 1953 hat E. Kruppa die Bezeichnung Konstruktive Geometrie zur Kennzeichnung einer bestimmten Denk- und Arbeitsweise im Rahmen der Geometrie vorgeschlagen. In seiner Antrittsrede als Rektor der Technischen Hochschule in Wien findet sich folgender Satz: «Die Konstruktive Geometrie ist diejenige Methode und Denkweise der Geometrie, die an dem anschaulich im Geist vorgestellten, wenn möglich graphisch dargestellten geometrischen Objekt operiert, das heißt, es durch Konstruktion und Rechnung aufbaut und in seine Metrik und Struktur eindringt.»

Diesem methodischen Aspekt ist das vorliegende Lehrbuch gewidmet, wobei aber viele Bereiche, die mit Hilfe dieser Methode behandelt werden können, unberücksichtigt bleiben mußten. Insgesamt entstand so eine auch für den Techniker geeignete Einführung in jene geometrischen Gebiete, deren Kenntnis Voraussetzung seiner Tätigkeit ist. Jedoch ist es nicht das Ziel des Buches, bereits an Hand konkreter technischer Formen geometrische Fragestellungen einzuführen und Geometrie als Grundlage technischer Bildung in einer Weise darzustellen, die vor allem auf die Bewältigung anwendungsorientierter Probleme ausgerichtet ist. In diesem Sinne sind das grundlegende Lehrbuch von F. Hohenberg: «Konstruktive Geometrie in der Technik» [8][1] sowie die beiden Bände «Baugeometrie» [4], die ich zusammen mit meinem Mitarbeiter W. Kickinger verfaßt habe, konzipiert. Im vorliegenden Lehrbuch dagegen wird Geometrie nicht nur wegen ihrer Anwendbarkeit, sondern auch wegen ihres Stellenwertes im Rahmen der Mathematik, ihres allgemeinen Bildungswertes und ihrer kulturellen Bedeutung betrieben. Neben den Anwendern sind daher die geometrisch interessierten Mathematiker und vor allem jene Lehrer und Dozenten angesprochen, die mit mir der Ansicht sind, daß «handfeste», der Anschauung verpflichtete Geometrie, natürlich mit der nötigen Strenge gelehrt, ein zentrales Gebiet der Mathematik darstellt.

Nach einer Einführung in die elementargeometrischen Grundlagen, die einer Präzisierung der geometrischen Schulkenntnisse dient, werden aus dem Gebiet der Darstellenden Geometrie die

[1] Hinweise dieser Art beziehen sich auf das Literaturverzeichnis, in dem neben den im Text zitierten Publikationen auch eine Auswahl einschlägiger Lehrbücher enthalten ist.

Parallelprojektionen, insbesondere Normalprojektionen, und die Zentralprojektionen behandelt. Da durch Kopplung zweier geeigneter Normalprojektionen eine injektive Abbildung des Raumes auf eine Zeichenebene entwickelt werden kann, erhält man so ein geeignetes Hilfsmittel zur Lösung stereometrischer Probleme in der Zeichnung, ein Verfahren, das sich der rein rechnerischen Behandlung gegenüber oft als überlegen erweist.

Der zweite Teil des Buches ist speziellen Kurven und Flächen gewidmet, die unter Einsatz von Abbildungsverfahren der Darstellenden Geometrie und die Konstruktion begleitenden Rechnungen im Sinne der konstruktiv genannten Methode untersucht werden; hier finden auch die konstruktiven Verfahren der lokalen Differentialgeometrie ihre natürliche Einordnung. Dabei liegt das Hauptziel nicht in der Herstellung schöner Figuren — die Überbetonung dieser Forderung, die heute schon von computergesteuerten Zeichenmaschinen erfüllt werden kann, hat die Darstellende Geometrie oft in Mißkredit gebracht —, sondern im Studium der betreffenden geometrischen Formen und ihrer Gesetzmäßigkeiten.

Besonderer Wert wurde auf begriffliche Klarheit gelegt und auf den Nachweis der Tatsache, daß sich der klassische Bestand der Darstellenden Geometrie, die im Gegensatz zur Konstruktiven Geometrie im Sinne KRUPPAS keine Methode, sondern ein Sachgebiet ist, auf einige wenige immer wiederkehrende Grundideen zurückführen läßt. Der Kenner wird unschwer jene Stellen auffinden, wo methodisch Neues dargestellt ist. Völlig verzichtet wurde auf Hilfsmittel der algebraischen Geometrie, deren Einsatz den komplex erweiterten projektiv abgeschlossenen Anschauungsraum und damit einen anderen, der anschaulichen Analyse nicht zugänglichen Punktbegriff erfordert hätte.

Jedem Kapitel ist eine kurze Inhaltsübersicht vorangestellt, und jeder Abschnitt schließt mit einer Sammlung von Aufgaben, die jedoch größtenteils keine Routinebeispiele sind und zur Einübung und Erweiterung des behandelten Stoffes dienen. Manchen der insgesamt 286 Aufgaben ist eine kurze Anleitung beigefügt; Hinweise der Form A 5.2, 3 betreffen diese Aufgaben. Das Ende eines Beweises wird durch das Symbol □ gekennzeichnet. Der Text ist mit zahlreichen Rückverweisungen versehen, die dem Leser die Möglichkeit geben, notwendige Begründungen im Buch aufzufinden; um die Lektüre nicht zu komplizieren, sollten diese Hinweise nur im Bedarfsfall ausgenützt werden. Die 409 Figuren sind zum größten Teil Risse räumlicher Objekte, zum Teil aber auch «Modellfiguren», die das Nachvollziehen einer räumlichen Überlegung im Sinne der konstruktiven Denkweise erleichtern sollen. Bei bemaßten Angaben sind die für geometrische Formen gelegentlich unzweckmäßigen Regeln über normgerechte Maßeintragungen nicht konsequent eingehalten. Konstruktionsbeschreibungen wurden ebenso wie Beweise im Kleinsatz ausgeführt, beginnen mit dem Zeichen KB und enden mit dem Symbol △. Sie sind so abgefaßt, daß der Leser beim erstmaligen Durcharbeiten das Entstehen einer Figur mühelos nachvollziehen kann.

Ich danke meinen Assistenten Dr. H. HAVLICEK, Oberrat Mag. W. KICKINGER, Dr. F. MANHART, Doz. Dr. P. PAUKOWITSCH und Doz. Dr. G. WEISS für die kritische Durchsicht des Manuskripts und zahlreiche Diskussionen; sie haben wesentlich mitgeholfen, die Anzahl der Fehler zu verkleinern. Mein besonderer Dank gilt Herrn Dr. F. MANHART, der in mühevoller Arbeit die Reinzeichnungen aller Figuren sehr sorgfältig und gewissenhaft ausgeführt und so entscheidend mitgeholfen hat, dem Buch eine ansprechende Form zu geben. Weiter danke ich meiner Sekretärin Frau G. GROTZ, die in bewährter Weise die Reinschrift des Manuskripts erstellt hat, sowie Herrn Dr. W. SCHWABL vom Springer-Verlag Wien — New York für die Anregung, dieses Buch zu schreiben.

Diesem Buch liegen mehr als dreißig Jahre Lehrerfahrung an Gymnasien, der Universität in Wien, der Technischen Hochschule (Universität) in Stuttgart und der Technischen Universität in Wien zugrunde. Möge es ein wenig dazu beitragen, daß in stärkerem Ausmaß als derzeit Geometrie an Universitäten gelehrt und der Unterricht an Schulen und Technischen Universitäten in einem methodisch zweckmäßigen Sinn verändert wird.

Wien, im Herbst 1985 H. BRAUNER

# Inhaltsverzeichnis

## Abbildungsverfahren der Darstellenden Geometrie

# Abbildungsverfahren der Darstellenden Geometrie

# 1. Elementargeometrische Grundlagen

In diesem Abschnitt werden jene elementargeometrischen Aussagen besprochen, die im Rahmen der konstruktiven Geometrie laufend benützt werden. Dabei gehen wir von der Voraussetzung aus, daß der Leser mit der üblichen Schulgeometrie vertraut ist, und konzentrieren uns auf jene Fragestellungen, die einer begrifflichen Präzisierung bedürfen.
Zugrundegelegt ist der Anschauungsraum mit seinen Punkten, Geraden und Ebenen. Wir verwenden diese Begriffe in naiver Weise und verbinden mit ihnen inhaltliche Vorstellungen, die sich durch Abstraktion aus Tatbeständen der Erfahrungswelt entwickelt haben. Der Anschauungsraum enthält weder Fernpunkte, die erst beim Studium der Zentralprojektion (vgl. **4.**) benötigt werden, noch imaginäre Punkte.
Bei einer exakten Begründung der Geometrie, wie sie für die Elementargeometrie 1899 von D. Hilbert [7] durchgeführt wurde, definiert man die Begriffe Punkt, Gerade, Ebene, zwischen und kongruent nicht explizit, sondern legt nur gewisse Beziehungen zwischen ihnen durch Axiome fest; eine inhaltliche Bedeutung dieser Begriffe bleibt dabei außer Betracht. Bei uns treten anstelle der meisten Axiome anschaulich evidente Aussagen.
Nach den Lagebeziehungen, insbesondere der Parallelität, werden mit Hilfe der Anschauung Orientierungen definiert. Zur Klärung der Frage: «Wie kommen die Zahlen in die Geometrie?» verwenden wir einen Satz über den Körper der reellen Zahlen, dessen Elemente man etwa durch Intervallschachtelungen in der Menge der rationalen Zahlen erhalten kann. Ein starkes Axiom leitet über zum Begriff des Zahlenstrahls und damit zur Längenmessung, dem Teilverhältnis und dem Strahlensatz, der in der Elementargeometrie eine zentrale Rolle spielt. Die vier verschiedenen Winkelbegriffe werden präzisiert. Aussagen über die Abstand- und Winkelmessung sind in einer der konstruktiven Behandlung unmittelbar zugänglichen Weise formuliert.
Unter Verwendung des Spiegelungsbegriffs werden Schiebungen und Drehungen definiert und neben Ähnlichkeiten auch Affinitäten einer Ebene auf eine Ebene durch innere Eigenschaften erklärt.
Eine anschaulich motivierte Einführung des Kurvenbegriffs sowie der Begriffe Tangente und Krümmungskreis ist Voraussetzung zur Untersuchung der in der elementaren Darstellenden Geometrie vorkommenden Flächen, nämlich der Zylinder, insbesondere Prismen, der Kegel, insbesondere Pyramiden, und der Kugeln.

## 1.1. Grundbegriffe

### 1.1.1. Lagebeziehungen

Wir bezeichnen Punkte mit lateinischen Großbuchstaben oder Ziffern, Geraden[1] bzw. Ebenen mit lateinischen bzw. griechischen Kleinbuchstaben und die Menge aller Punkte mit $\mathfrak{P}$. Geraden und Ebenen werden als Punktmengen aufgefaßt[2].
Für Punkte, Geraden und Ebenen gelten die folgenden Aussagen:

(I) Zu je zwei verschiedenen Punkten gibt es genau eine Gerade, die beide enthält.

[1] Wir beugen geometrische Begriffsbildungen wie Ebene, Gerade, Parallele, Normale, Erzeugende usw. stets wie Hauptwörter und nicht wie hauptwörtlich gebrauchte Eigenschaftswörter.

[2] Wir verwenden die mengentheoretischen Symbole $\in$, $\subset$, $\cap$ und schreiben $P \in g$, $g \subset \varepsilon$, $P \in \varepsilon$, $a \cap b$, $a \cap \varepsilon$, $\varepsilon \cap \varphi$ usw. Aus Bequemlichkeit wird nicht zwischen einem Punkt $P \in \mathfrak{P}$ und der einelementigen Teilmenge $\{P\}$ von $\mathfrak{P}$ unterschieden, also $S = a \cap b$ anstelle von $\{S\} = a \cap b$ usw. geschrieben.
Eine Teilmenge $M_1$ einer Menge $M$ muß nicht notwendig von $M$ verschieden sein. Aus $M_1 \subset M$ und $M \subset M_1$ folgt $M_1 = M$. Die leere Menge wird mit $\{\}$ und die Komplementärmenge von $M_1 \subset M$ bezüglich $M$ mit $M \setminus M_1$ bezeichnet.

Wir bezeichnen die *Verbindungsgerade*[3] zweier Punkte $A$, $B$ mit $AB$. Wegen (I) haben zwei verschiedene Geraden $a$, $b$ entweder keinen oder genau einen Punkt, ihren *Schnittpunkt* $S = a \cap b$, gemeinsam; wir sprechen im letzten Fall von (einander) *schneidenden Geraden.*

(II) Zu je zwei schneidenden Geraden gibt es genau eine Ebene, die beide enthält.

Wir bezeichnen die *Verbindungsebene* zweier schneidender Geraden $a$, $b$ mit $ab$.

(III) Jede Ebene enthält mit je zwei verschiedenen Punkten deren Verbindungsgerade.

Gehört eine Gerade $g$ einer Ebene $\varepsilon$ nicht an, so liegt daher in $g$ entweder kein oder genau ein Punkt von $\varepsilon$, der *Schnittpunkt* $S = g \cap \varepsilon$.
Unabhängig von der Anschauung folgt aus (III), daß zwei verschiedene Ebenen keinen Punkt, genau einen Punkt oder mit zwei verschiedenen Punkten deren Verbindungsgerade gemeinsam haben können; nach (II) haben zwei verschiedene Ebenen kein Dreieck[4] gemeinsam. Die Aussage (IV) legt nun genauer fest:

(IV) Zwei verschiedene Ebenen haben entweder keinen Punkt oder eine Gerade gemeinsam.

Wir sprechen im letzten Fall von (einander) *schneidenden Ebenen* $\varepsilon$, $\varphi$ und ihrer *Schnittgeraden* $s = \varepsilon \cap \varphi$.

**Def. 1.1.1:** Zwei Geraden heißen (zueinander) *parallel,* wenn sie entweder gleich sind oder derselben Ebene angehören und keinen Punkt gemeinsam haben. Zwei Geraden heißen (zueinander) *windschief,* wenn sie nicht derselben Ebene angehören. Zwei Ebenen heißen (zueinander) *parallel,* wenn sie entweder gleich sind oder keinen Punkt gemeinsam haben. Eine Gerade und eine Ebene heißen (zueinander) *parallel,* wenn die Gerade entweder in der Ebene liegt oder keinen Punkt der Ebene enthält.

Wir verwenden für parallele bzw. nicht parallele Lage das Zeichen $\parallel$ bzw. $\nparallel$. Zwei verschiedene Geraden einer Ebene schneiden einander oder sind zueinander parallel[5]. Aus der Anschauung entnehmen wir die Existenz windschiefer Geraden; solche haben nach (II) keinen Punkt gemeinsam.

Unter Verwendung von Def. 1.1.1 gilt[6]

(V) Durch jeden Punkt existiert genau eine Gerade, die zu einer gegebenen Geraden parallel ist.

**Satz 1.1.1:** In der Menge der Geraden ist die Parallelität eine Äquivalenzrelation.

*Beweis*

Nach Def. 1.1.1 ist die Parallelität eine reflexive ($a \parallel a$) und symmetrische (aus $a \parallel b$ folgt $b \parallel a$) Relation. Die Transitivität (aus $a \parallel b$ und $b \parallel c$ folgt $a \parallel c$) ist für $a = b$ trivial.
Für $a \parallel b$ und $b \parallel c$ mit $c \subset ab$ folgt aus $a \cap c \neq \{\}$ dann $a = c$ nach (V), also $a \parallel c$. Gilt dagegen $c \not\subset ab =: \varepsilon$, und ist $C$ ein Punkt von $c$ mit $C \notin \varepsilon$, so haben die Ebenen $\alpha = Ca$ und $\beta = Cb$ nach (IV) eine Schnittgerade $s$ (Fig. 1.2). Nehmen wir an, daß $s$ die Gerade $b$ in einem Punkt $B$ schneidet, so folgt aus $B \in \alpha$ und $B \notin a$ dann $\alpha = Ba = \varepsilon$, was $C \notin \varepsilon$ widerspricht. Nach Def. 1.1.1 ist somit $b \parallel s$ und daher $s = c$ nach (V). Da ebenso $a \parallel s$ folgt, gilt $a \parallel c$. □

[3] Das Verbinden wird durch Nebeneinandersetzen der beteiligten Punkte und Geraden bezeichnet, also $g = AB$, $\varepsilon = ab$, $\varepsilon = Pa$, $\varepsilon = ABC$; wir benützen, wie in der Algebra üblich, Klammern zur Angabe einer Reihenfolge von Verknüpfungen.

[4] Punkte, die in derselben Geraden liegen, heißen *kollineare* Punkte. Ein *Dreieck* ist eine Menge von drei nicht kollinearen Punkten. Ein *Viereck* ist eine Menge von vier Punkten, von denen je drei ein Dreieck bilden; spezielle Vierecke sind Parallelogramme und Quadrate. Ein Viereck heißt *windschief,* wenn die vier Punkte nicht derselben Ebene angehören.

[5] In einer Zeichnung wird eine Ebene durch einen «Zwickel» oder «Streifen» angedeutet, der durch zwei verschiedene Geraden der Ebene und der Ebene angehörende Kurven berandet wird. In Fig. 1.1 ist so die Ebene $ab$ auf verschiedene Arten markiert.

[6] Die Frage, ob das *Parallelenaxiom* (V) aus anderen Axiomen des von Euklid (um 300 v. Chr.) angegebenen Axiomensystems logisch ableitbar ist, hat in der Geschichte der Geometrie eine bedeutsame Rolle gespielt. Die Existenz widerspruchsfreier *nichteuklidischer Geometrien,* in denen (V) nicht gilt, erweist (V) als unabhängiges Axiom.

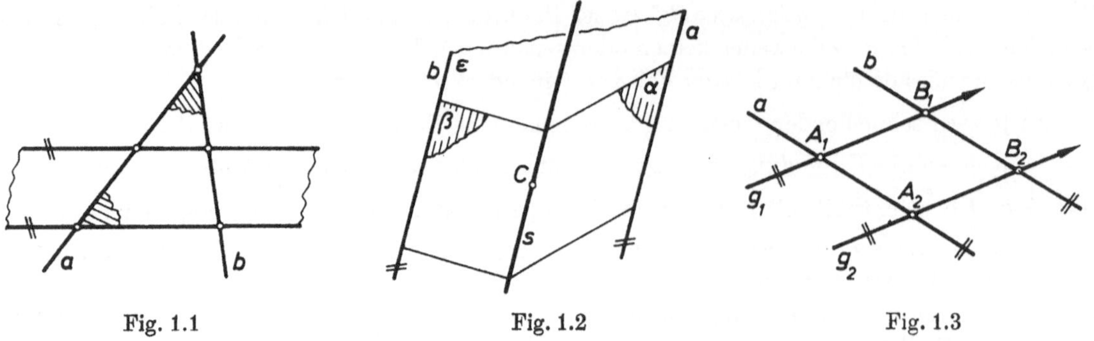


Fig. 1.1 Fig. 1.2 Fig. 1.3

### 1.1.2. Halbgeraden, Halbebenen, Halbräume; Orientierungen

Eine Teilmenge einer Geraden $g$ heißt eine *Strecke*, wenn sie aus zwei Punkten $A$, $B$ von $g$ und allen «zwischen» $A$ und $B$ liegenden Punkten von $g$ besteht[7]. Wir bezeichnen die durch $A$ und $B$ bestimmte Strecke mit[8] $[A, B]$ oder $[B, A]$. Stimmen die *Endpunkte* $A$ und $B$ der Strecke $[A, B]$ überein, so besteht $[A, B]$ nur aus dem Punkt $A = B$.

Ein Punkt $U$ einer Geraden $g$ teilt die Menge der von $U$ verschiedenen Punkte von $g$ in zwei Klassen, die wir *Halbgeraden* von $g$ mit dem *Randpunkt* $U$ nennen: Zwei Punkte $X, Y \in g \setminus U$ liegen genau dann in derselben Halbgeraden, wenn $U$ nicht zwischen $X$ und $Y$ liegt. Eine Gerade $g$ einer Ebene $\varepsilon$ teilt die Menge der nicht in $g$ liegenden Punkte von $\varepsilon$ in zwei *Halbebenen*: Zwei Punkte $X, Y \in \varepsilon \setminus g$ liegen genau dann in derselben Halbebene von $\varepsilon$ mit der *Randgeraden* $g$, wenn zwischen $X$ und $Y$ kein Punkt von $g$ liegt; in analoger Weise zerlegt eine Ebene $\varepsilon$ die Punktmenge $\mathfrak{P} \setminus \varepsilon$ in zwei *Halbräume* mit der *Randebene* $\varepsilon$. Jeder Punkt von $g$ bzw. von $\varepsilon$ heißt *Randpunkt* der beiden Halbebenen bzw. Halbräume.

Durch ein geordnetes Paar[9] $(U, A)$ verschiedener Punkte $U$, $A$ wird unter den Halbgeraden von $g = UA$ mit dem Randpunkt $U$ jene ausgezeichnet, welche $A$ enthält. Wir bezeichnen die Halbgeraden so mit $UA^+$ und $UA^-$, daß $A \notin UA^+$ gilt. Dann ist $g = UA^+ \cup UA^- \cup U$.

**Def. 1.1.2:** Sind $X$, $Y$ zwei verschiedene Punkte von $g = UA$, so liegt $X$ *vor* $Y$ bezüglich $(U, A)$, wenn eine der folgenden Aussagen gilt:

(1) $X, Y \in UA^+$ und $X$ zwischen $U$ und $Y$;

(2) $X = U$ und $Y \in UA^+$;

(3) $X \in UA^-$ und $Y \in UA^+$;

(4) $X \in UA^-$ und $Y = U$;

(5) $X, Y \in UA^-$ und $Y$ zwischen $X$ und $U$.

Eine Gerade $g$ zusammen mit der durch ein geordnetes Paar verschiedener Punkte von $g$ nach Def. 1.1.2 erklärten Anordnung in $g$ heißt eine *orientierte Gerade*[10] oder ein *Strahl* (*Speer*). Von je zwei verschiedenen Punkten eines Strahls liegt genau einer vor dem anderen. Vertauscht man in Def. 1.1.2 die Punkte $U$ und $A$, so erhält man die *entgegengesetzte Orientierung* von $g$. Zwei parallele Geraden $g_1, g_2$, die orientiert sind, heißen *gleichsinnig parallel*, wenn gilt: Schneiden zwei verschiedene Parallelen $a$ und $b$ die Gerade $g_1$ bzw. $g_2$ in $A_1, B_1$ bzw. $A_2, B_2$ und liegt etwa $A_1$ vor $B_1$, so liegt auch $A_2$ vor $B_2$ (Fig. 1.3).

[7] Wir verwenden den Begriff «zwischen» in anschaulich-naiver Weise als eine dreistellige Relation in der Menge der Punkte einer Geraden. Für $A = B$ liegt kein Punkt zwischen $A$ und $B$.

[8] Das Symbol $[A, B]$ soll an ein abgeschlossenes Intervall erinnern (vgl. 1.2.3.).

[9] Bei einer geordneten (endlichen) Menge wird die Reihenfolge beachtet, in der die Elemente der Menge aufgezählt sind; wir schreiben dann $(a_1, a_2, \ldots, a_n)$ anstelle von $\{a_1, a_2, \ldots, a_n\}$.

[10] In einer Zeichnung wird eine Orientierung einer Geraden durch eine ausgefüllte Pfeilspitze angedeutet, wobei die Pfeilbasis vor der Pfeilspitze liegt (vgl. Fig. 1.3). Vgl. auch 4.1.2., Fn. 4.

**Def. 1.1.3:** Eine Ebene $\varepsilon$ wird *orientiert*, indem man einen der beiden Halbräume mit der Randebene $\varepsilon$ als *positiven Halbraum* auszeichnet.

In einer orientierten Ebene $\varepsilon$ kann mit Hilfe nicht mathematischer Begriffsbildungen jedem geordneten Dreieck ein *Umlaufsinn* zugeordnet werden: Ein geordnetes Dreieck $(U, A, B)$ von $\varepsilon$ hat dann *positiven* bzw. *negativen* Umlaufsinn, wenn es bei «Ansicht» aus einem Punkt $C$ des positiven Halbraumes einen «Umlaufsinn entgegen bzw. gleich zum Uhrdrehsinn» aufweist. Der Anschauung entnehmen wir, daß der Umlaufsinn von der Auswahl des Punktes $C$ im positiven Halbraum unabhängig ist. Weiter können in einer orientierten Ebene $\varepsilon$ die beiden Halbebenen, welche eine orientierte Gerade $g$ von $\varepsilon$ definiert, wie folgt unterschieden werden: Der *positiven Halbebene* von $\varepsilon$ mit der orientierten Randgeraden $g$ gehört ein Punkt $B$ von $\varepsilon$ dann an, wenn er mit zwei Punkten $U$, $A$ von $g$, von denen $U$ in $g$ vor $A$ liegt, ein geordnetes Dreieck $(U, A, B)$ positiven Umlaufsinns bestimmt; die andere Halbebene heißt *negative Halbebene*. Die Anschauung lehrt, daß diese Unterscheidung von der zulässigen Wahl der Punkte $U$, $A$ in $g$ und des Punktes $B$ in einer Halbebene von $\varepsilon$ mit der Randgeraden $g$ unabhängig ist.
Im Anschauungsraum kann für jedes geordnete windschiefe Viereck (vgl. 1.1.1., Fn. 4) ein *Windungssinn* erklärt werden: Ein geordnetes windschiefes Viereck $(U, A, B, C)$ hat *positiven* bzw. *negativen* Windungssinn, wenn gilt: Orientiert man die Ebene $UAB$ so, daß $C$ dem positiven Halbraum angehört, so besitzt das geordnete Dreieck $(U, A, B)$ positiven bzw. negativen Umlaufsinn[11]. Der Anschauung entnehmen wir, daß $(U, A, B, C)$, $(U, B, C, A)$ und $(U, C, A, B)$ denselben Windungssinn aufweisen. Der Anschauungsraum zusammen mit der Klasse aller geordneten windschiefen Vierecke positiven Windungssinns heißt *orientierter Anschauungsraum*[12].

## 1.1.3. Abbildungen

Sind $M$ und $N$ Mengen und ist $R \subset M \times N$ eine Teilmenge ihres kartesischen Produkts derart, daß aus $(x, y_1) \in R$ und $(x, y_2) \in R$ stets $y_1 = y_2$ folgt, so heißt das Tripel $f := (M, N; R)$ eine *Abbildung aus* der *Urmenge* $M$ *in* die *Zielmenge* $N$. Wir schreiben $f: M \to N$ und $x\ (\in M) \mapsto y = f(x)\ (\in N)$ für $(x, y) \in R$; die Schreibweise $x \mapsto f(x)$ setzt die Existenz von $f(x) \in N$ voraus. Das Element $f(x) \in N$ heißt das *Bildelement* des *Urelements* $x$ unter $f$ oder auch das $x$ unter $f$ *zugeordnete Element*. Bei Abbildungen $f: \mathfrak{P} \to \mathfrak{P}$ aus der Punktmenge $\mathfrak{P}$ in sich, also bei *geometrischen Abbildungen*, benützen wir in Übereinstimmung mit der in der Darstellenden Geometrie üblichen Notation die Schreibweise $x \mapsto x^f$.
Die Menge $D \subset M$ aller Elemente $x \in M$, für die $f(x)$ definiert ist, heißt die *Definitionsmenge* von $f$ und $M \setminus D$ die *Ausnahmemenge* von $f$. Für $M_1 \subset M$ ist $\{y \in N \mid y = f(x) \wedge x \in M_1 \cap D\} =: f(M_1)$ (bzw. $M_1{}^f$) die *Bildmenge* von $M_1$ unter $f$ und $f \mid M_1: M_1 \to N$ mit $x(\in M_1) \mapsto f(x)\ (\in N)$ die *Einschränkung* von $f$ auf $M_1$; für $M_1 \subset M \setminus D$ gilt $f(M_1) = \{\,\}$, und die Einschränkung $f \mid M_1$ ist dann für kein Element definiert.
Eine Abbildung $f$ heißt *global* (eine Abbildung *von* $M$), wenn $D = M$, und *surjektiv* (eine Abbildung *auf* $N$), wenn $f(M) = N$ gilt. Eine Abbildung $f$ heißt *injektiv*, wenn aus $x_1, x_2 \in D$ mit $x_1 \neq x_2$ stets $f(x_1) \neq f(x_2)$ folgt. Eine globale, injektive und surjektive Abbildung heißt eine *Bijektion*.
Sind $M$, $N$, $W$ Mengen und $f: M \to N$, $g: N \to W$ Abbildungen, so heißt die durch $x\ (\in M) \mapsto g(f(x))\ (\in W)$ erklärte Abbildung aus $M$ in $W$ die *Zusammensetzung* (*Verkettung*) von $f$ und $g$. Für geometrische Abbildungen schreiben wir $x \mapsto (x^f)^g =: x^{fg}$ und $fg: M \to W$. Liegt $M^f$ in der Ausnahmemenge von $g$, so ist $M^{fg} = \{\,\}$. Die Zusammensetzung zweier Bijektionen ist eine Bijek-

[11] Der positive Windungssinn kann auch mit Hilfe der rechten Hand veranschaulicht werden: Die Enden des von der Handwurzel wegweisenden Daumens, Zeigefingers und Mittelfingers entsprechen in dieser Reihenfolge den Punkten $A, B, C$.

[12] Bei einer exakten Fassung muß etwa mit Hilfe einer axiomatisch definierten Orientierungsfunktion frei von der Anschauung die Menge der geordneten windschiefen Vierecke in zwei Klassen zerlegt werden. Die Auswahl einer solchen Klasse heißt eine *Orientierung*. Analoges gilt für die Menge der geordneten Dreiecke einer Ebene (vgl. etwa [13, 165]).

tion. Zu jeder injektiven Abbildung $f: M \to N$ existiert die *inverse Abbildung*[13] $f^{-1}: f(M) \to M$, für welche $ff^{-1} = \mathrm{id}_D$ gilt. Die zu einer Bijektion inverse Abbildung ist eine Bijektion.
Unter einer Abbildung $f$ einer Menge $M$ in sich heißt jedes Element $x \in M$ mit $x = x^f$ ein *Fixelement* von $f$, jede Teilmenge $M_1 \subset M$ mit $M_1 = M_1{}^f$ eine *Fixmenge* von $f$ und jede Teilmenge $M_1 \subset M$ mit $f \mid M_1 = \mathrm{id}_{M_1}$ eine *Fixelementmenge*.
Eine Menge $G$ von Bijektionen einer Menge $M$ auf sich heißt eine *Abbildungsgruppe*, wenn die Zusammensetzung von je zwei Abbildungen aus $G$, die inverse Abbildung jeder Abbildung aus $G$ und die Identität $\mathrm{id}_M$ der Menge $G$ angehören.

### 1.1.4. Ein Hilfssatz über die reellen Zahlen

Unter Verwendung der Rechenregeln im Körper $\mathbb{R}$ der reellen Zahlen zeigen wir folgende Aussage für die Menge $\mathbb{R}_0{}^+$ der nicht negativen reellen Zahlen:

**Satz 1.1.2:** Eine Bijektion $f: \mathbb{R}_0{}^+ \to \mathbb{R}_0{}^+$ mit $f(0) = 0$, die für alle $x > 0$ und alle $y > 0$ die Bedingung $f(x + y) = f(x) + f(y)$ erfüllt, hat die Gestalt $x \mapsto xe$ mit $e = f(1) \neq 0$.

*Beweis*

Die Bijektion $f$ leistet notwendig $f(x) > 0$ für $x > 0$. Ist $n$ aus der Menge $\mathbb{N}$ der natürlichen Zahlen, so gilt $f(nx) = f(x + \ldots + x) = f(x) + \ldots + f(x) = nf(x)$, also wegen $f(1) = e$ dann $f(n) = ne$. Aus $0 \leqq x < y$ folgt $f(y) = f(x + (y - x)) = f(x) + f(y - x) > f(x)$.
Zu $n \in \mathbb{N}$ und $x > 0$ existiert stets eine natürliche Zahl $m$ so, daß

$$(1) \qquad m - 1 < nx \leqq m$$

gilt, woraus mit $f(m - 1) = (m - 1)\, e < f(nx) = nf(x) \leqq f(m) = me$ folgt

$$(2) \qquad -1 < nx - n\,\frac{f(x)}{e} = n\left(x - \frac{f(x)}{e}\right) < 1.$$

Für $xe > f(x)$ bzw. $xe < f(x)$ entsteht mit (2) der Widerspruch $n < e: (xe - f(x))$ bzw. $n < e: (f(x) - xe)$ für alle $n \in \mathbb{N}$. Damit ist notwendig $f(x) = xe$, was die Forderungen von Satz 1.1.2 erfüllt. □

Gilt in Satz 1.1.2 speziell $f(1) = e = 1$, so ist die Bijektion $f$ die Identität in $\mathbb{R}_0{}^+$.

## Aufgaben 1.1

1. Beweise unter Benützung der Aussagen 1.1.1., (I)—(V) die folgenden anschaulich evidenten Sätze:
   (a) Jedes Dreieck gehört genau einer Ebene an. Es existiert genau eine Ebene, die eine Gerade $g$ und einen nicht in $g$ liegenden Punkt $P$ enthält.
   (b) Ist $\pi$ eine zu zwei parallelen Ebenen $\varepsilon$, $\varphi$ nicht parallele Ebene, so sind die Geraden $\varepsilon \cap \pi$ und $\varphi \cap \pi$ parallel. Sind $\varepsilon$ und $\varphi$ zwei schneidende Ebenen und $\bar{\varepsilon} \parallel \varepsilon$, $\bar{\varphi} \parallel \varphi$, so gilt $\varepsilon \cap \varphi \parallel \bar{\varepsilon} \cap \bar{\varphi}$.
   (c) Eine Gerade $g$ ist genau dann zu einer Ebene $\varepsilon$ parallel, wenn in $\varepsilon$ eine zu $g$ parallele Gerade existiert. Liegen in einer Ebene $\varepsilon$ zwei schneidende Geraden, die zu Geraden einer Ebene $\varphi$ parallel sind, so gilt $\varepsilon \parallel \varphi$.
   (d) Durch jeden Punkt existiert genau eine Ebene, die zu einer Ebene $\varepsilon$ parallel ist.
   (e) Sind $g$ und $s$ zwei nicht parallele Geraden, so existiert genau eine zu $s$ parallele Ebene durch $g$.
   (f) Sind $\varepsilon$ und $\varphi$ zwei nicht parallele Ebenen und $\pi$ eine weder zu $\varepsilon$ noch zu $\varphi$ parallele Ebene, so sind die Geraden $e = \varepsilon \cap \pi$ und $f = \varphi \cap \pi$ entweder beide zur Geraden $s = \varepsilon \cap \varphi$ parallel, oder $e$ und $f$ haben einen Punkt von $s$ gemeinsam.
   (g) Drei paarweise schneidende Ebenen haben genau dann einen Punkt gemeinsam, wenn nie zwei der drei Schnittgeraden parallel sind.
2. In der Menge der Ebenen ist die Parallelität eine Äquivalenzrelation (Anl.: Benütze A 1.1, 1 (d).)
3. In der Menge der Strahlen ist die gleichsinnige Parallelität eine Äquivalenzrelation.
4. Ist keine von zwei windschiefen Geraden $f_1$, $f_2$ zur Ebene $\mu$ parallel, so existiert zu jeder Geraden $s$ in $\mu$, die nicht einer zu $f_1$ und zu $f_2$ parallelen Ebene angehört, genau eine parallele Treffgerade $e$ von $f_1$ und $f_2$. (Anl.: Ist $\bar{s}$ eine zu $s$ parallele Gerade, die $f_1$ schneidet, so geht $e$ durch den Punkt $f_2 \cap f_1\bar{s}$.)
5. Unter einer Abbildung $f: M \to N$ gilt $f(M_1 \cup M_2) = f(M_1) \cup f(M_2)$, $f(M_1 \cap M_2) \subset f(M_1) \cap f(M_2)$ für je zwei Teilmengen $M_1$, $M_2$ von $M$ und unter einer injektiven Abbildung $f$ sogar $f(M_1 \cap M_2) = f(M_1) \cap f(M_2)$.

[13] In manchen Büchern wird $f^*$ statt $f^{-1}$ geschrieben. Wir bezeichnen mit $\mathrm{id}_M$ die identische Abbildung einer Menge $M$ auf sich.

## 1.2. Messen im Anschauungsraum

### 1.2.1. Längenmessung, Zahlenstrahl

Die in der Elementargeometrie verwendete Aussage, daß jeder Strecke $[A, B]$ eine reelle Maßzahl, die *Länge* $\overline{AB}$, die für $A \neq B$ positiv und für $A = B$ gleich Null ist, zugeordnet werden kann, beruht auf den Axiomen der Kongruenz und der Stetigkeit[1]. Die *Kongruenz von Strecken* ist dabei eine mit $\cong$ bezeichnete Äquivalenzrelation in der Menge aller Strecken, welche die Forderung des *Streckenabtragens* erfüllt: Ist $[A, B]$ eine beliebige Strecke mit $A \neq B$ und $PR^+$ eine Halbgerade mit dem Randpunkt $P$, so existiert genau ein Punkt $Q \in PR^+$ mit $[A, B] \cong [P, Q]$.
Eine als *Einheitsstrecke* bezeichnete gegebene Strecke $[O, E]$ mit $O \neq E$ definiert nach 1.1.2. jene Halbgerade $OE^+ =: g^+$ der Geraden $g = OE$ mit dem Randpunkt $O$, der $E$ angehört. Sei $\mathbb{R}_0^+$ die Menge der nicht negativen reellen Zahlen und $g_0^+ = O \cup g^+$. Wir fordern die Gültigkeit folgenden Axioms[2]:

(S) Es existiert eine Bijektion $\beta : \mathbb{R}_0^+ \to g_0^+$ mit $\beta(0) = O$, $\beta(1) = E$ und folgender Eigenschaft: Für je zwei positive reelle Zahlen $x$, $y$ ist $\beta(x + y)$ jener Punkt von $g^+$, der durch Abtragen der Strecke $[O, \beta(y)]$ vom Punkt $\beta(x)$ in der $O$ nicht enthaltenden Halbgeraden von $g$ mit dem Randpunkt $\beta(x)$ entsteht.

Sind $\beta$ und $\bar{\beta}$ zwei Bijektionen im Sinne von (S), so wird durch $x \in \mathbb{R}_0^+ \mapsto \bar{\beta}^{-1}(\beta(x)) =: f(x) \in \mathbb{R}_0^+$ eine Bijektion $f : \mathbb{R}_0^+ \to \mathbb{R}_0^+$ erklärt, welche die Voraussetzungen von Satz 1.1.2 mit $f(1) = 1$ erfüllt, so daß $f = \mathrm{id}_{\mathbb{R}_0^+}$ gilt. Die Bijektion $\beta$, deren Existenz durch (S) gefordert wird, ist somit eindeutig bestimmt. Mit Hilfe der Abbildung $\beta$ definieren wir die Längenmessung:

**Def. 1.2.1:** Die *Länge* $\overline{AB}$ *einer Strecke* $[A, B]$ *bezüglich der Einheitsstrecke* $[O, E]$ ist die nicht negative reelle Zahl $a$ mit $[A, B] \cong [O, \beta(a)]$.

Damit besitzen zwei Strecken genau dann dieselbe Länge bezüglich $[O, E]$, wenn sie kongruent sind[3]; alle zur Einheitsstrecke kongruenten Strecken haben die Länge 1.
Zu einem Punkt $X$ von $g = OE$ mit $O$ zwischen $X$ und $E$, also $X \notin g_0^+$, existiert wegen der Forderung des Streckenabtragens genau ein Punkt $Y \in g^+$ mit $[O, X] \cong [O, Y]$. Ordnet man dem Punkt $X \notin g_0^+$ die reelle Zahl $x < 0$ mit $\beta(|x|) = Y$ zu, so kann die Bijektion $\beta : \mathbb{R}_0^+ \to g_0^+$ zu einer Bijektion $\gamma : \mathbb{R} \to g$ erweitert werden, wobei $\gamma(x) = \beta(x)$ für $x \geq 0$, $\gamma(x) \notin g^+$ und $[O, \gamma(x)] \cong [O, \beta(|x|)]$ für $x < 0$ gilt. Auf diese Weise wird die durch das geordnete Punktepaar $(O, E)$ orientierte Gerade $g$ zu einem *Zahlenstrahl* mit *Nullpunkt* $O$ und *Einheitspunkt* $E$ im Sinne der Elementargeometrie.
Ist $M$ ein Punkt einer Ebene $\varepsilon$ und $r$ eine positive reelle Zahl, so heißt die Punktmenge

$$(1) \qquad k = \{X \in \varepsilon \mid \overline{MX} = r\}$$

der *Kreis* vom *Radius* $r$ mit dem *Mittelpunkt* $M$. Jede Gerade durch $M$ in $\varepsilon$ heißt *Durchmessergerade* von $k$ und jede Strecke $[A, B]$ einer Durchmessergeraden mit $A, B \in k$ und $A \neq B$ ein *Durchmesser* von $k$.

[1] Vgl. etwa [14, 87].

[2] Diese der Anschauung nicht unmittelbar zugängliche Existenzaussage wird üblicherweise durch weniger starke Forderungen ersetzt (vgl. [14, 88]); Existenzaussagen dieser Art fehlen bei EUKLID.

[3] Auf Grund von (S) besitzt jede Strecke eine Länge, und zu jeder Zahl $a \in \mathbb{R}_0^+$ gibt es eine Klasse kongruenter Strecken der Länge $a$. Die zweite Forderung in (S) besagt dann die Additivität der Längen von Strecken, die «aneinandergelegt» sind.
Sprechen wir im folgenden kurz von Längen, so sind diese immer bezüglich einer fest gewählten Einheitsstrecke zu denken.
Im Anschauungsraum wird die Klasse der zur Einheitsstrecke kongruenten Strecken physikalisch festgelegt. So ist etwa gemäß der seit 1. 11. 1983 gültigen Festsetzung 1 Meter jene Strecke, welche das Licht im luftleeren Raum in einer 299,729.458stel Sekunde durchläuft. Die Aussage $\overline{AB} = 3$ m bedeutet dann, daß die Länge von $[A, B]$ bezüglich der betreffenden Klasse von Einheitsstrecken gleich $3 \in \mathbb{R}_0^+$ ist.

## 1.2.2. Teilverhältnisse, Strahlensatz

Ist $\bar{E}$ ein von $E$ verschiedener Punkt der Halbgeraden $OE^+ = g^+$ von $g = OE$, so gilt unter Verwendung der gemäß (S) eindeutig festgelegten Bijektion $\bar{\beta}: \mathbb{R}_0^+ \to g_0^+$ mit $\bar{\beta}(0) = O$, $\bar{\beta}(1) = \bar{E}$ für die Länge $a$ bzw. $\bar{a}$ einer Strecke $[A, B]$ bezüglich der Einheitsstrecke $[O, E]$ bzw. $[O, \bar{E}]$ nach Satz 1.1.2 dann $\bar{a} = ae$, wobei $e = \bar{\beta}^{-1}(E)$ eine feste positive Zahl, nämlich die Länge der Strecke $[O, E]$ bezüglich der Einheitsstrecke $[O, \bar{E}]$ ist.

**Def. 1.2.2:** Sind $X, A, U$ drei kollineare Punkte mit $U \neq A$, so heißt nach Wahl einer Einheitsstrecke die reelle Zahl $\mathrm{TV}(X, A, U)$ mit

$$|\mathrm{TV}(X, A, U)| = \overline{UX} : \overline{UA} \quad \text{und}$$
(2)
$$\mathrm{TV}(X, A, U) < 0 \qquad \text{genau für } U \text{ zwischen } A \text{ und } X$$

das *Teilverhältnis* der geordneten Punktmenge $(X, A, U)$.

Nach obiger Überlegung ist $\mathrm{TV}(X, A, U)$ unabhängig von der gewählten Einheitsstrecke. Wählt man speziell $U$ als Nullpunkt und $A$ als Einheitspunkt eines Zahlenstrahls auf $UA$, so stimmt $\mathrm{TV}(X, A, U)$ mit der dem Punkt $X$ zugeordneten reellen Zahl überein[4]. Insbesondere ist $\mathrm{TV}(U, A, U) = 0$ und $\mathrm{TV}(A, A, U) = 1$. Der Punkt $M$ mit $\mathrm{TV}(M, A, U) = 1:2$ heißt der *Mittelpunkt* der Strecke $[U, A]$; für $U = A$ bezeichnen wir $U$ als Mittelpunkt von $[U, U]$.

Weiter gilt der als *Strahlensatz*[5] bezeichnete

**Satz 1.2.1:** Sind $P_1, P_2, P_3$ drei verschiedene Punkte einer Geraden $p$ und $Q_1, Q_2, Q_3$ drei verschiedene Punkte einer Geraden $q \neq p$ derart, daß die drei Punktepaare $(P_j, Q_j)$ $(j = 1, 2, 3)$ in parallelen Geraden liegen, so gilt $\mathrm{TV}(P_1, P_2, P_3) = \mathrm{TV}(Q_1, Q_2, Q_3)$.

Nach (S) existiert zu zwei verschiedenen Punkten $B$ und $C$ mit $B \neq C$ und einer reellen Zahl $a$ genau ein Punkt $A \in BC$ mit $\mathrm{TV}(A, B, C) = a$, den man für $a \neq 0, 1$ mit Satz 1.2.1 wie folgt findet: Ist $g$ eine von $BC$ verschiedene Gerade durch $C$, und sind $A_1$, $B_1$ Punkte von $g$ mit $\overline{A_1C} = a$, $\overline{B_1C} = 1$, die für $a > 0$ derselben Halbgeraden und für $a < 0$ verschiedenen Halbgeraden von $g$ mit dem Randpunkt $C$ angehören, so ist $A \in BC$ durch $B_1B \parallel A_1A$ bestimmt (Fig. 1.4).

## 1.2.3. Koordinaten, Vektoren

Gemäß Def. 1.2.2 wird jedem Punkt der durch $(U, A)$ orientierten Geraden $g$ eine reelle Zahl zugeordnet, und die so erklärte Abbildung von $g$ auf $\mathbb{R}$ ist eine Bijektion.

**Def. 1.2.3:** Ein geordnetes Dreieck $(U, A, B)$ heißt *Koordinatensystem* der Ebene $UAB$. Ist $P_x$ bzw. $P_y$ der Schnittpunkt der zu $UB$ bzw. zu $UA$ parallelen Geraden durch einen Punkt $P \in UAB$ mit der Geraden $UA$ bzw. $UB$, so heißt das geordnete Paar reeller Zahlen $(x, y)$ mit $x = \mathrm{TV}(P_x, A, U)$, $y = \mathrm{TV}(P_y, B, U)$ das *Koordinatenpaar* von $P$ bezüglich des Koordinatensystems. Ein Koordinatensystem einer orientierten Ebene heißt ein *Rechtssystem*, wenn $(U, A, B)$ positiven Umlaufsinn besitzt.

[4] Im durch das geordnete Punktepaar $(U, A)$ festgelegten Strahl heißt $\mathrm{TV}(X, A, U)$ auch der in der Einheitsstrecke $[U, A]$ gemessene *orientierte Abstand* des Punktes $X$ vom Punkt $U$ (vgl. Def. 1.2.9).

[5] Für eine Gerade $e$ einer Ebene $\varepsilon$, die zu keiner von zwei Geraden $p$, $q$ der Ebene $\varepsilon$ parallel ist, stellt die Abbildung $\pi: p \to q$, bei der Urpunkt $P \in p$ und Bildpunkt $P^\pi \in q$ stets einer zu $e$ parallelen Geraden angehören, eine Bijektion dar, wie mit 1.1.1. folgt; aus der Anschauung entnehmen wir, daß $\pi$ die Zwischenbeziehung erhält. Fordern wir zusätzlich, daß die parallelen Seiten eines Parallelogramms kongruent sind und daß bei zwei geordneten Dreiecken $(A, B, C)$, $(A', B', C')$ aus $AB \parallel A'B'$, $BC \parallel B'C'$, $CA \parallel C'A'$ und $[A, B] \cong [A', B']$ folgt $[A, C] \cong [A', C']$, so ergibt sich: Zueinander kongruenten Strecken in $p$ werden unter $\pi$ zueinander kongruente Strecken in $q$ zugeordnet. Wegen der Eindeutigkeit der durch 1.2. 1., (S) eingeführten Bijektion ordnet dann die Abbildung $\pi$ einem Zahlenstrahl in $p$ einen Zahlenstrahl in $q$ zu, woraus mit Def. 1.2.2 schließlich Satz 1.2.1 folgt. Die Umkehrung von Satz 1.2.1 gilt nicht.

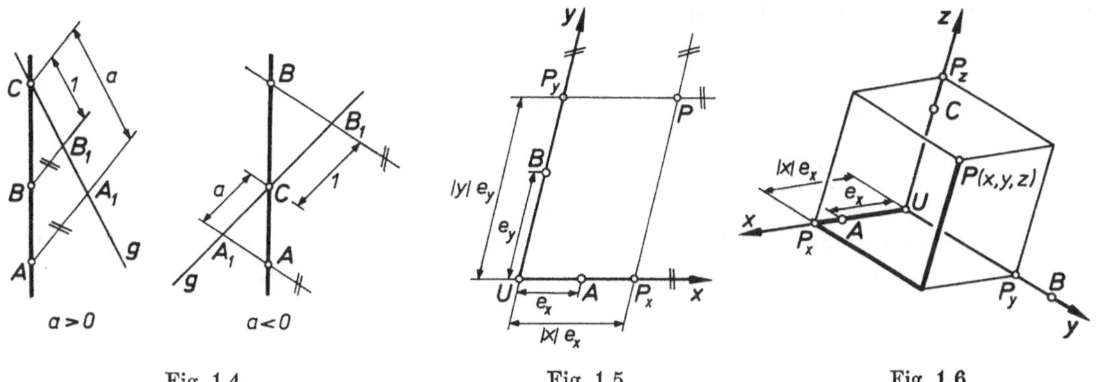


Fig. 1.4 Fig. 1.5 Fig. 1.6

Nach Wahl eines Koordinatensystems wird durch Def. 1.2.3 eine Bijektion der Ebene $UAB$ auf die Menge $\mathbb{R}^2$ der geordneten Paare reeller Zahlen bestimmt. Die durch $(U, A)$ bzw. $(U, B)$ orientierten Geraden $UA$ bzw. $UB$ heißen die $x$-Achse[6] bzw. die $y$-Achse, ihr gemeinsamer Nullpunkt $U$ der *Ursprung*, der Punkt $A$ bzw. $B$ der *Einheitspunkt* der $x$- bzw. $y$-Achse und die Strecken $[U, P_x] \subset x$, $[U, P_y] \subset y$ die *Koordinatenstrecken* von $P$ (Fig. 1.5). Für $\overline{UA} = e_x$, $\overline{UB} = e_y$ gilt $\overline{UP_x} = |x|\, e_x$, $\overline{UP_y} = |y|\, e_y$ nach Def. 1.2.2 und Def. 1.2.3.

**Def. 1.2.4:** Ein geordnetes windschiefes Viereck $(U, A, B, C)$ heißt *Koordinatensystem* des Raumes. Ist $P_x$ bzw. $P_y$ bzw. $P_z$ der Schnittpunkt der zu $UBC$ bzw. zu $UCA$ bzw. zu $UAB$ parallelen Ebene durch einen Punkt $P$ mit der Geraden $UA$ bzw. $UB$ bzw. $UC$, so heißt das geordnete Tripel reeller Zahlen $(x, y, z)$ mit $x = \mathrm{TV}(P_x, A, U)$, $y = \mathrm{TV}(P_y, B, U)$, $z = \mathrm{TV}(P_z, C, U)$ das *Koordinatentripel* von $P$ bezüglich des Koordinatensystems. Ein Koordinatensystem des orientierten Raumes heißt ein *Rechtssystem*, wenn $(U, A, B, C)$ positiven Windungssinn besitzt.

Nach Wahl eines Koordinatensystems erklärt Def. 1.2.4 eine Bijektion von $\mathfrak{P}$ auf die Menge $\mathbb{R}^3$ der geordneten Tripel reeller Zahlen. Wir sprechen von der orientierten $x$- bzw. $y$- bzw. $z$-Achse[6], den *Koordinatenebenen* $xy$, $yz$, $zx$, dem *Ursprung* $U$, dem *Einheitspunkt* $A$ bzw. $B$ bzw. $C$ der $x$- bzw. $y$- bzw. $z$-Achse und den *Koordinatenstrecken* $[U, P_x] \subset x$, $[U, P_y] \subset y$, $[U, P_z] \subset z$ (Fig. 1.6). Für $\overline{UA} = e_x$, $\overline{UB} = e_y$, $\overline{UC} = e_z$ gilt $\overline{UP_x} = |x|\, e_x$, $\overline{UP_y} = |y|\, e_y$, $\overline{UP_z} = |z|\, e_z$ nach Def. 1.2.2 und Def. 1.2.4.
Ein Rechtssystem des orientierten Raumes bestimmt mit Def. 1.1.3 eine Orientierung jeder Koordinatenebene: Durch einen Punkt mit positiver $z$- bzw. positiver $x$- bzw. positiver $y$-Koordinate wird der positive Halbraum mit der Randebene $xy$ bzw. $yz$ bzw. $zx$ ausgezeichnet; nach 1.1.2. hat dann das geordnete Dreieck $(U, A, B)$ bzw. $(U, B, C)$ bzw. $(U, C, A)$ positiven Umlaufsinn in der orientierten Koordinatenebene $xy$ bzw. $yz$ bzw. $zx$.
Nach Auswahl eines festen *Nullpunkts* $U$ heißt ein geordnetes Punktepaar $(U, X)$ der *Vektor* $\overrightarrow{UX}$, für $X = U$ speziell der *Nullvektor*. In der Menge der Vektoren[7] werden folgende Rechenregeln definiert:

(I) Für $X \neq U$ und $a \in \mathbb{R}$ ist $a\overrightarrow{UX} := \overrightarrow{UZ}$ mit $Z \in UX$ und $\mathrm{TV}(Z, X, U) = a$; ferner ist $a\overrightarrow{UU} = \overrightarrow{UU}$.

(II) Wird für $Y \neq U$ die Gerade $UY$ durch das geordnete Punktepaar $(U, Y)$ orientiert und ist $Z$ jener Punkt der zu $UY$ gleichsinnig parallelen Geraden durch $X$, für den $\overline{XZ} = \overline{UY}$ und $X$ vor $Z$ gilt, so ist[8] $\overrightarrow{UX} + \overrightarrow{UY} := \overrightarrow{UZ}$; ferner ist $\overrightarrow{UX} + \overrightarrow{UU} := \overrightarrow{UX}$.

[6] Wir bezeichnen wie üblich mit $x$ nicht nur eine Koordinate eines Punktes $P$, sondern auch die durch $(U, A)$ orientierte *Koordinatenachse* usw. Sind keine Mißverständnisse möglich, sprechen wir kurz vom $(x, y)$-Koordinatensystem einer Ebene bzw. vom $(x, y, z)$-Koordinatensystem des Raumes.

[7] Wir verwenden nur Vektoren zu festem «Anfangspunkt» $U$.

[8] Mit Hilfe der in 1.3.2. eingeführten Schiebungen gilt: Unter der Schiebung, die $U$ in $Y$ überführt, geht $X$ in $Z$ über.

Die durch (II) in der Menge der Vektoren definierte Addition ist kommutativ und assoziativ, und es gilt stets

$$(3)\qquad (a+b)\,\overrightarrow{UX} = a\overrightarrow{UX} + b\overrightarrow{UX}, \qquad (ab)\,\overrightarrow{UX} = a(b\overrightarrow{UX}),$$
$$a(\overrightarrow{UX} + \overrightarrow{UY}) = a\overrightarrow{UX} + a\overrightarrow{UY}, \qquad 1\overrightarrow{UX} = \overrightarrow{UX}.$$

Wir setzen $(-1)\,\overrightarrow{UX} = -\overrightarrow{UX}$ und $\overrightarrow{UX} + (-\overrightarrow{UY}) = \overrightarrow{UX} - \overrightarrow{UY}$.
Sind $P$ und $Q$ zwei verschiedene Punkte, so sind die Geraden $PQ$ und $UR$ mit $\overrightarrow{UR} = \overrightarrow{UQ} - \overrightarrow{UP}$ nach (II) parallel. Ein Punkt $X$ gehört nach (I) und (II) genau dann der Geraden $PQ$ an, wenn es eine reelle Zahl $\lambda$ mit

$$(4)\qquad \overrightarrow{UX} = \overrightarrow{UP} + \lambda(\overrightarrow{UQ} - \overrightarrow{UP})$$

gibt; nach (I), (II) und Satz 1.2.1 gilt $\lambda = \mathrm{TV}(X, Q, P)$. Unter der durch (4) definierten Abbildung von $\mathbb{R}$ auf die Gerade $g = PQ$ mit $\lambda \in \mathbb{R} \mapsto \overrightarrow{UP} + \lambda(\overrightarrow{UQ} - \overrightarrow{UP})$ ist das Bild eines abgeschlossenen Intervalls in $\mathbb{R}$ eine Strecke in $g$.
Bei Benützung des Ursprungs $U$ eines Koordinatensystems $(U, A, B, C)$ als Nullpunkt gilt für den Punkt $P$ mit dem Koordinatentripel $(x, y, z)$ nach Def. 1.2.4 und (I), (II) dann

$$(5)\qquad \overrightarrow{UP} = x\overrightarrow{UA} + y\overrightarrow{UB} + z\overrightarrow{UC}.$$

Das Koordinatentripel $(x, y, z)$ bestimmt den Punkt $P$ und damit den Vektor $\overrightarrow{UP}$ eindeutig. Wir schreiben $\mathfrak{x} := (x, y, z) \in \mathbb{R}^3$ und nennen $\mathfrak{x}$ den *Koordinatenvektor* von $P$ bezüglich $(U, A, B, C)$; den Koordinatenvektor des Punktes $U$, den *Nullvektor* $(0, 0, 0)$, bezeichnen wir mit $\mathfrak{o}$.
Aus (I) und (II) folgt, daß die Multiplikation eines Koordinatenvektors mit einer reellen Zahl und die Addition von zwei Koordinatenvektoren koordinatenweise auszuführen sind.
Koordinatenvektoren $\mathfrak{a}_1, \ldots, \mathfrak{a}_k$ heißen *linear unabhängig*, wenn aus $a_1\mathfrak{a}_1 + \cdots + a_k\mathfrak{a}_k = \mathfrak{o}$ stets folgt $a_1 = \cdots = a_k = 0$, und sonst *linear abhängig*; wir nennen dann auch die Vektormenge $\{\mathfrak{a}_1, \ldots, \mathfrak{a}_k\}$ linear unabhängig bzw. linear abhängig.
Analoge Aussagen gelten nach Wahl eines Koordinatensystems einer Ebene.

## 1.2.4. Winkel, Orthogonalität

Ein *Winkel* ist ein ungeordnetes Paar von Halbgeraden (*Winkelschenkel*) mit gemeinsamem Randpunkt $S$ (*Winkelscheitel*). Ist $A$ bzw. $B$ ein Punkt je eines Winkelschenkels, so bezeichnen wir den Winkel mit $\angle ASB$ oder mit $\angle BSA$. Für $SA = SB$ heißt $\angle ASB$ ein *Nullwinkel* bzw. ein *gestreckter Winkel*, je nachdem $S$ nicht zwischen $A$ und $B$ bzw. $S$ zwischen $A$ und $B$ liegt.
Zwei Winkel $\angle ASB$, $\angle \bar{A}\bar{S}\bar{B}$ heißen genau dann *kongruent* ($\cong$), wenn sie beide Nullwinkel sind oder beide gestreckte Winkel sind oder Folgendes zutrifft: Wählt man die Punkte $A$, $B$ bzw. $\bar{A}$, $\bar{B}$ der Winkelschenkel speziell so, daß $[S, A] \cong [S, B] \cong [\bar{S}, \bar{A}] \cong [\bar{S}, \bar{B}]$ ist, so gilt

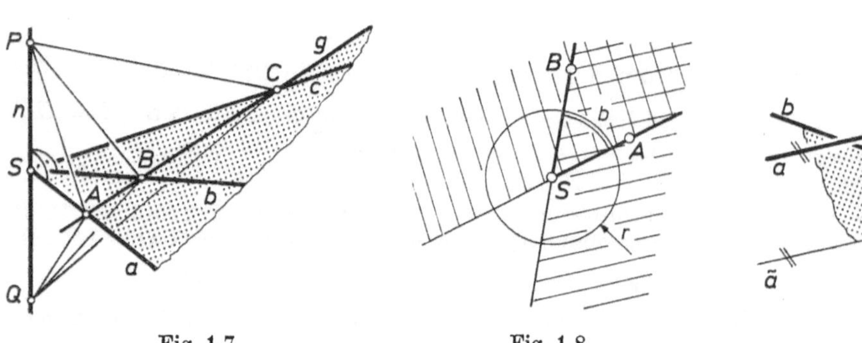


Fig. 1.7 Fig. 1.8 Fig. 1.9

$[A, B] \cong [\bar{A}, \bar{B}]$. Dies ist eine Äquivalenzrelation in der Menge aller Winkel, und es gelten die aus der Elementargeometrie bekannten Kongruenzsätze für Dreiecke.
Zwei einander in einem Punkt $S$ schneidende Geraden $a$, $b$ bestimmen die vier Winkel $\angle ASB$, $\angle A'SB$, $\angle ASB'$, $\angle A'SB'$, wobei $A$, $A'$ zwei Punkte von $a$ und $B$, $B'$ zwei Punkte von $b$ so sind, daß $S$ zwischen $A$, $A'$ und $S$ zwischen $B$, $B'$ liegt; dabei gilt $\angle ASB \cong \angle A'SB'$ und $\angle A'SB \cong \angle ASB'$. Haben zwei dieser vier Winkel genau einen Schenkel gemeinsam, so heißt jeder der beiden Winkel ein *Nebenwinkel* des anderen. Ein Winkel heißt ein *rechter Winkel*, wenn er einem seiner Nebenwinkel kongruent ist.

**Def. 1.2.5:** Zwei schneidende Geraden heißen (zueinander) *orthogonal* (*normal*)[9], wenn sie die Schenkel eines rechten Winkels enthalten. Zwei windschiefe Geraden $a$, $b$ heißen *orthogonal* (*normal*), wenn zwei schneidende orthogonale Geraden $\tilde{a}$, $\tilde{b}$ mit $a \parallel \tilde{a}$, $b \parallel \tilde{b}$ existieren.

Wir bezeichnen orthogonale Lage mit dem Zeichen $\perp$. Wie die Elementargeometrie lehrt, sind je zwei rechte Winkel kongruent, und in einer Ebene $\varepsilon$ existiert durch jeden Punkt genau eine zu einer Geraden von $\varepsilon$ normale Gerade. Alle Geraden einer Ebene $\varepsilon$, die zu einer Geraden $a$ von $\varepsilon$ normal sind, müssen daher parallel sein.

**Satz 1.2.2:** Sind $a$, $b$ zwei schneidende Geraden und ist $n$ eine Gerade durch $S = a \cap b$ mit $n \perp a$, $n \perp b$, so ist $n$ zu genau jenen Geraden durch $S$ orthogonal, die der Ebene $ab$ angehören.

*Beweis*

(a) Wir wählen zwei Punkte $P$, $Q$ von $n$ derart, daß $S$ zwischen $P$ und $Q$ liegt und $[P, S] \cong [S, Q]$ gilt (Fig. 1.7). Zu einer Geraden $c$ durch $S$ in der Ebene $ab$ gibt es eine Gerade $g \subset ab$, welche $a$, $b$ bzw. $c$ in von $S$ verschiedenen Punkten $A$, $B$ bzw. $C$ so schneidet, daß $B$ zwischen $A$ und $C$ liegt.
Wegen $[P, S] \cong [S, Q]$ und $n \perp a$, also $\angle PSA \cong \angle QSA$, sind die Dreiecke $\{P, S, A\}$ und $\{Q, S, A\}$ kongruent, und Gleiches gilt für die Dreiecke $\{P, S, B\}$ und $\{Q, S, B\}$. Daraus folgt $[P, A] \cong [Q, A]$ und $[P, B] \cong [Q, B]$, und daher sind die Dreiecke $\{P, A, B\}$ und $\{Q, A, B\}$ kongruent. Weiter gilt $\angle PAC = \angle PAB \cong \angle QAB = \angle QAC$, so daß auch die Dreiecke $\{P, A, C\}$ und $\{Q, A, C\}$ kongruent sind. Aus $[P, C] \cong [Q, C]$ folgt mit $[P, S] \cong [S, Q]$ die Kongruenz der Dreiecke $\{P, S, C\}$ und $\{Q, S, C\}$, also $\angle PSC \cong \angle QSC$ und damit $n \perp c$.
(b) Ist $d$ eine zu $n$ orthogonale Gerade durch $S$, so existiert in der Ebene $dn$ genau eine zu $n$ normale Gerade durch $S$, was $d = ab \cap dn$ nach (a), also $d \subset ab$ ergibt. □

**Def. 1.2.6:** Eine Gerade $n$ heißt zu einer Ebene $\varepsilon$ *orthogonal* (*normal*), wenn $n$ zu jeder Geraden von $\varepsilon$ orthogonal ist. Eine Ebene heißt zu einer Ebene $\varepsilon$ *orthogonal* (*normal*), wenn sie eine zu $\varepsilon$ orthogonale Gerade enthält.

Nach Def. 1.2.6 und Satz 1.2.2 ist eine zu zwei nicht parallelen Geraden einer Ebene $\varepsilon$ orthogonale Gerade $n$ zur Ebene $\varepsilon$ orthogonal; wir nennen $n$ eine *Normale* von $\varepsilon$ und auch $\varepsilon$ zu $n$ orthogonal. Alle Normalen einer Ebene sind parallel. Durch eine zu $\varepsilon$ nicht normale Gerade $g$ existiert genau eine zu $\varepsilon$ normale Ebene, nämlich die Verbindungsebene $\gamma$ von $g$ mit einer $g$ schneidenden Normalen von $\varepsilon$.
Für eine zur Ebene $\varepsilon$ orthogonale Ebene $\varphi$ durch die Normale $n$ von $\varepsilon$ ist nach Satz 1.2.2 die Schnittgerade $s = \varepsilon \cap \varphi$ zu $n$ orthogonal. Eine zu $s$ orthogonale Gerade von $\varepsilon$ ist dann zu $s$ und zu $n$, also nach Satz 1.2.2 zur Ebene $\varphi$ normal. Somit folgt aus $\varphi \perp \varepsilon$ stets $\varepsilon \perp \varphi$.
Mit Hilfe kongruenter Strecken und orthogonaler Geraden können spezielle Koordinatensysteme ausgezeichnet werden:

**Def. 1.2.7:** Ein Koordinatensystem $(U, A, B)$ der Ebene $UAB$ heißt *kartesisch*, wenn $[U, A] \cong [U, B]$ und $UA \perp UB$ gilt. Ein Koordinatensystem $(U, A, B, C)$ des Raumes heißt *kartesisch*, wenn $[U, A] \cong [U, B] \cong [U, C]$ und $UA \perp UB \perp UC \perp UA$ gilt.

[9] *Lotrecht* und *senkrecht* sind im Rahmen einer Geometrie des Anschauungsraumes physikalische Begriffe. Eine Gerade oder eine Ebene heißt lotrecht (senkrecht), wenn sie zum Senklot parallel ist. Allerdings wird in der Geometrie im Gegensatz zur physikalischen Wirklichkeit der naive Standpunkt eingenommen, daß alle lotrechten Geraden parallel sind.
In einer Zeichnung wird orthogonale Lage zweier Geraden gelegentlich durch einen Punkt und einen «Winkelbogen» markiert (vgl. Fig. 1.7).

Verwendet man in $\mathbb{R}^3$ das *kanonische innere Produkt*, das zwei Zahlentripeln $\mathfrak{a} = (a_1, a_2, a_3)$, $\mathfrak{b} = (b_1, b_2, b_3)$ die reelle Zahl $\mathfrak{a} \cdot \mathfrak{b} := a_1b_1 + a_2b_2 + a_3b_3$ zuweist, so gilt unter Zugrundelegung eines kartesischen Koordinatensystems $(U, A, B, C)$ und der Einheitsstrecke[10] $[U, A]$ für die Länge $\overline{PQ}$ einer Strecke $[P, Q]$ dann $\overline{PQ} = \sqrt{(\mathfrak{q} - \mathfrak{p}) \cdot (\mathfrak{q} - \mathfrak{p})} =: \|\mathfrak{q} - \mathfrak{p}\|$, falls $\mathfrak{p}$ bzw. $\mathfrak{q}$ der Koordinatenvektor von $P$ bzw. $Q$ ist; für $U \neq P, Q$ kennzeichnet $\mathfrak{p} \cdot \mathfrak{q} = 0$ die orthogonale Lage der Geraden $UP$ und $UQ$. Analoge Aussagen gelten für kartesische Koordinatensysteme einer Ebene.

### 1.2.5. Winkelmaße

Ein Winkel $\angle ASB$, der kein Nullwinkel und kein gestreckter Winkel ist, bestimmt in der Ebene $\varepsilon = ASB$ die Halbebene von $\varepsilon$ mit der Randgeraden $SA$, in der $B$ liegt, und die Halbebene von $\varepsilon$ mit der Randgeraden $SB$, in der $A$ liegt. Der Durchschnitt dieser beiden Halbebenen zusammen mit $S$ und den beiden Winkelschenkeln heißt das *Winkelfeld* von $\angle ASB$. Der Winkel $\angle ASB$ legt auf jedem Kreis in $\varepsilon$ mit Mittelpunkt $S$ eindeutig einen Kreisbogen fest, der aus den Kreispunkten im Winkelfeld besteht (Fig. 1.8). Ist $b$ die Länge dieses Kreisbogens und $r$ der Kreisradius, so ist das Verhältnis $b:r$ von der Auswahl des Kreises um $S$ und von der Auswahl der Einheitsstrecke unabhängig und heißt das *Bogenmaß*[11] $\sphericalangle ASB$ des Winkels $\angle ASB$. Dabei ist $0 < \sphericalangle ASB < \pi = 3{,}1415926\ldots$ und $\sphericalangle ASB = \sphericalangle BSA$; wir setzen das Bogenmaß eines Nullwinkels bzw. eines gestreckten Winkels gleich 0 bzw. gleich $\pi$. Ordnet man dem gestreckten Winkel dagegen die Maßzahl 180 zu, so erhält man das *Gradmaß*[12] der Winkel; ist $\alpha$ bzw. $\alpha^\circ$ die Maßzahl eines Winkels im Bogenmaß bzw. im Gradmaß, so gilt

$$(7) \qquad \alpha^\circ = \frac{180}{\pi}\alpha \quad \text{mit} \quad 0 \leqq \alpha^\circ \leqq 180.$$

Kongruente Winkel besitzen dasselbe *Winkelmaß* und werden auch *gleich große Winkel* genannt. Winkelmaße sind reelle Zahlen und können daher addiert werden, jedoch ist die Summe dann nicht Maß eines Winkels, wenn sie größer als $\pi$ (bzw. 180) ist. Die Summe der Maße eines Winkels und eines seiner Nebenwinkel ist stets $\pi$ (bzw. 180).
Ist $U$ der Ursprung eines kartesischen Koordinatensystems, so gilt unter Verwendung der Koordinatenvektoren $\mathfrak{p}$ und $\mathfrak{q}$ zweier Punkte $P$ und $Q$ dann $\mathfrak{p} \cdot \mathfrak{q} = \|\mathfrak{p}\|\,\|\mathfrak{q}\| \cos \sphericalangle PUQ$.
Nach 1.2.4. bestimmen zwei schneidende Geraden $a$, $b$ zwei Paare kongruenter Winkel, die im Falle orthogonaler Lage sämtlich kongruent sind.

**Def. 1.2.8:** Bestimmen zwei schneidende Geraden $a, b$ Winkel der Maße $\alpha_1$ und $\alpha_2$, so heißt $\min\{\alpha_1, \alpha_2\}$ das *Winkelmaß* $\sphericalangle a, b = \sphericalangle b, a$ der beiden Geraden; für $a \parallel b$ setzen wir $\sphericalangle a, b = 0$. Das *Winkelmaß* $\sphericalangle a, b$ windschiefer Geraden ist das Winkelmaß von zu $a, b$ parallelen Geraden durch einen Punkt. Das *Winkelmaß* $\sphericalangle \varepsilon, \varphi = \sphericalangle \varphi, \varepsilon$ schneidender Ebenen $\varepsilon, \varphi$ ist das Winkelmaß der Schnittgeraden einer zu $s = \varepsilon \cap \varphi$ normalen Ebene mit $\varepsilon$ und $\varphi$; für $\varepsilon \parallel \varphi$ setzen wir $\sphericalangle \varepsilon, \varphi = 0$. Das *Winkelmaß* $\sphericalangle g, \varepsilon = \sphericalangle \varepsilon, g$ einer Ebene $\varepsilon$ und einer $\varepsilon$ schneidenden Geraden $g$ ist das Winkelmaß $\sphericalangle g, s$ von $g$ und der Schnittgeraden $s$ einer zu $\varepsilon$ normalen Ebene $\gamma$ durch $g$ mit $\varepsilon$; für $g \parallel \varepsilon$ setzen wir $\sphericalangle g, \varepsilon = 0$.

[10] Verwendet man im Falle eines kartesischen Koordinatensystems die durch den Ursprung und den Einheitspunkt einer Koordinatenachse bestimmte Strecke als Einheitsstrecke der Längenmessung, so geben die Beträge der Koordinaten die Längen der Koordinatenstrecken an.

[11] Diese anschauliche Definition ist nicht elementar, da sie die Existenz und Berechenbarkeit der Länge eines Kreisbogens voraussetzt (vgl. 7.1.4.). Bezüglich der Definition des Winkelmaßes im Rahmen eines axiomatischen Aufbaus der Elementargeometrie vgl. [14, 90].

[12] Wir benützen im folgenden sowohl Bogenmaß wie auch Gradmaß und bezeichnen die Maßzahl des Winkels $\angle ASB$ in beiden Fällen mit $\sphericalangle ASB$.
In der Geodäsie ordnet man dem gestreckten Winkel die Maßzahl 200 zu und spricht dann von *Neugrad*.

Diese Winkelmaße liegen stets im abgeschlossenen Intervall $[0, \pi/2]$ (bzw. $[0, 90]$), wobei $\pi/2$ (bzw. 90) orthogonale Lage kennzeichnet. Nach 1.2.4. ist für $\sphericalangle g, \varepsilon \neq \pi/2$ die in Def. 1.2.8 genannte Ebene $\gamma$ eindeutig bestimmt.
Sind $a, b$ zwei schneidende Geraden und $c, d$ zwei Geraden der Ebene $ab$ mit $c \perp a$, $d \perp b$, so gilt $\sphericalangle a, b = \sphericalangle c, d$ und $\sphericalangle a, b + \sphericalangle b, c = \pi/2$. Damit folgt aus Def. 1.2.8:

**Satz 1.2.3:** Das Winkelmaß schneidender Ebenen $\varepsilon, \varphi$ ist gleich dem Winkelmaß einer Normalen zu $\varepsilon$ und einer Normalen zu $\varphi$. Das Winkelmaß einer Ebene $\varepsilon$ und einer $\varepsilon$ schneidenden Geraden $g$ ergänzt das Winkelmaß von $g$ und einer Normalen zu $\varepsilon$ auf $\pi/2$.

Es ist bei einer Winkelmaßaufgabe meist zweckmäßig, mit Satz 1.2.3 eine Ebene durch eine ihrer Normalen zu ersetzen.

### 1.2.6. Abstandmaße

Wir beweisen zunächst

**Satz 1.2.4:** Zwei windschiefe Geraden $a, b$ besitzen genau eine Treffgerade $n$, die beide Geraden orthogonal schneidet (*gemeinsame Normale* oder *Gemeinnormale*[13]).

*Beweis*

Ist $\bar{a}$ eine zu $a$ parallele Gerade, die $b$ in einem Punkt 1 schneidet, so muß $n$ notwendig zur Ebene $\bar{a}b$ normal sein (Fig. 1.9). Die gemeinsame Normale $n$ ist daher notwendig parallel zur Normalen $n_1$ von $\bar{a}b$ durch den Punkt 1 und enthält den Punkt $A = a \cap (n_1 b)$, womit die Gerade $n$ eindeutig bestimmt ist. □

Zwei schneidende Geraden $a, b$ besitzen auch genau eine gemeinsame Normale, nämlich die zur Ebene $ab$ normale Gerade durch den Punkt $a \cap b$.
Mit Hilfe der Begriffe von 1.2.1 formulieren wir

**Def. 1.2.9:** Der *Abstand* zweier Punkte $A, B$ ist die Länge $\overline{AB}$ der Strecke $[A, B]$. Der Abstand $\overline{Pa}$ eines Punktes $P$ von einer Geraden $a$ ist für $P \notin a$ der Abstand des Punktes $P$ vom Schnittpunkt $N$ der Normalen zu $a$ durch $P$ in der Ebene $Pa$, und gleich Null für $P \in a$. Der *Abstand* $\overline{P\varepsilon}$ eines Punktes $P$ von einer Ebene $\varepsilon$ ist der Abstand des Punktes $P$ vom Schnittpunkt $N$ der Normalen zu $\varepsilon$ durch $P$. Der *Abstand* $\overline{ab}$ zweier windschiefer Geraden $a, b$ ist der Abstand jener Punkte $A, B$, in denen die gemeinsame Normale $n$ die beiden Geraden $a, b$ schneidet.

Der Abstand paralleler Geraden $a, b$ kann als der Abstand $\overline{Pb}$ eines Punktes $P \in a$ von $b$ erklärt werden, da dieser von der Auswahl des Punktes $P \in a$ unabhängig ist; Analoges gilt für parallele Ebenen.

**Aufgaben 1.2**

1. Eine teilverhältnistreue Bijektion einer Geraden $g$ auf sich mit zwei verschiedenen Fixpunkten ist die Identität in $g$.
2. Seien $p$ und $q$ zwei verschiedene parallele Geraden, ferner $P_1, P_2, P_3$ drei verschiedene Punkte von $p$ und $Q_1, Q_2, Q_3$ drei verschiedene Punkte von $q$. Dann gilt $\mathrm{TV}(P_1, P_2, P_3) = \mathrm{TV}(Q_1, Q_2, Q_3)$ genau dann, wenn die drei Geraden $P_jQ_j$ $(j = 1, 2, 3)$ durch einen Punkt gehen oder parallel sind.
3. Seien $p$ und $q$ zwei verschiedene Geraden einer Ebene, ferner $P_1, P_2, P_3$ drei verschiedene Punkte von $p$ und $Q_1, Q_2, Q_3$ drei verschiedene Punkte von $q$ und $e, f$ zwei nicht parallele Geraden der Ebene $pq$ mit $e \nparallel p$, $f \nparallel q$. Dann gilt $\mathrm{TV}(P_1, P_2, P_3) = \mathrm{TV}(Q_1, Q_2, Q_3)$ genau dann, wenn die drei Schnittpunkte der Parallelen zu $e$ durch $P_1, P_2$ bzw. $P_3$ mit der Parallelen zu $f$ durch $Q_1, Q_2$ bzw. $Q_3$ kollinear sind.
4. Seien $(U, A, B)$ und $(U, \bar{A}, \bar{B})$ zwei Koordinatensysteme einer Ebene $\varepsilon$ mit demselben Ursprung und $\mathfrak{a} = (a_1, a_2)$ bzw. $\mathfrak{b} = (b_1, b_2)$ die Koordinatenvektoren von $\bar{A}$ bzw. $\bar{B}$ bezüglich $(U, A, B)$. Für die Koordinatenpaare $(x, y)$ bzw. $(\bar{x}, \bar{y})$ eines Punktes $P \in \varepsilon$ bezüglich $(U, A, B)$ bzw. $(U, \bar{A}, \bar{B})$ gilt dann

$$x = a_1\bar{x} + b_1\bar{y}, \qquad y = a_2\bar{x} + b_2\bar{y};$$

die Vektoren $\mathfrak{a}, \mathfrak{b}$ sind linear unabhängig. Analoge Formeln gelten im Raum.

[13] Im Anschauungsraum ist die Bezeichnung *Gemeinlot* für die gemeinsame Normale ungünstig, vgl. 1.2.4., Fn. 9.

(Anl.: Benütze $\overrightarrow{UP} = x\overrightarrow{UA} + y\overrightarrow{UB} = \bar{x}\overrightarrow{UA} + \bar{y}\overrightarrow{UB}$ und die Eindeutigkeit der Koordinaten eines Punktes bezüglich eines Koordinatensystems).

5. Beweise $\overline{Pa} = \min\{\overline{PA} \mid A \in a\}$, $\overline{P\varepsilon} = \min\{\overline{PA} \mid A \in \varepsilon\}$ mit Hilfe der Dreiecksungleichung (vgl. auch A 2.4, 1).

6. Besitzen die Punkte $A, B, C$ mit $B \neq C$ einer zur $yz$-Ebene nicht parallelen Geraden die $x$-Koordinaten $x_A, x_B, x_C$, so ist $\mathrm{TV}(A, B, C) = (x_C - x_A) : (x_C - x_B)$.
(Anl.: Benütze Satz 1.2.1 und Def. 1.2.2).

## 1.3. Spezielle geometrische Abbildungen

### 1.3.1. Ähnlichkeiten, Kongruenzen

Eine *Ähnlichkeit* $\alpha$ der Punktmenge $\mathfrak{P}$ auf sich oder einer Ebene $\varepsilon$ auf eine (nicht notwendig von $\varepsilon$ verschiedene) Ebene $\varphi$ ist eine globale Abbildung, für die gilt: Nach Wahl einer Einheitsstrecke $[O, E]$ in der Urmenge gibt es eine Einheitsstrecke $[\bar{O}, \bar{E}]$ in der Zielmenge so, daß für je zwei Urpunkte $X$, $Y$ und ihre Bildpunkte $X^\alpha$, $Y^\alpha$ die Länge von $[X, Y]$ bezüglich der Einheitsstrecke $[O, E]$ gleich der Länge von $[X^\alpha, Y^\alpha]$ bezüglich der Einheitsstrecke $[\bar{O}, \bar{E}]$ ist. Jede Ähnlichkeit ist eine geradentreue[1] und teilverhältnistreue Bijektion, die wegen 1.2.4. jedem Winkel einen kongruenten Winkel zuordnet.

Eine Ähnlichkeit führt ein kartesisches Koordinatensystem in ein kartesisches Koordinatensystem über, wobei Urpunkt und Bildpunkt nach 1.2.2. jeweils dieselben Koordinatenvektoren besitzen. Da umgekehrt eine durch «gleiche Koordinaten» bezüglich zweier kartesischer Koordinatensysteme definierte Abbildung nach 1.2.4. eine Ähnlichkeit ist, wird eine solche durch je ein kartesisches Koordinatensystem in der Urmenge und in der Zielmenge eindeutig festgelegt.

Im gemäß 1.1.2. orientierten Anschauungsraum heißt eine Ähnlichkeit in $\mathfrak{P}$ *gleichsinnig*, wenn sie einem kartesischen Rechtssystem ein kartesisches Rechtssystem zuordnet; eine solche Abbildung ordnet jedem geordneten windschiefen Viereck positiven Windungssinns ein geordnetes windschiefes Viereck positiven Windungssinns zu. Analoge Aussagen gelten für eine Ähnlichkeit einer orientierten Ebene auf eine orientierte Ebene. Eine nicht gleichsinnige Ähnlichkeit heißt *gegensinnig*.

Gilt bei einer Ähnlichkeit für die zugrundeliegenden Einheitsstrecken $[O, E]$ und $[\bar{O}, \bar{E}]$ speziell $[O, E] \cong [\bar{O}, \bar{E}]$, so heißt die Ähnlichkeit eine *Kongruenz*. Eine gleichsinnige Kongruenz des orientierten Raumes auf sich bzw. einer orientierten Ebene auf sich heißt eine *Bewegung*.

### 1.3.2. Spiegelungen, Schiebungen, Drehungen

Die *Symmetrieebene* zweier verschiedener Punkte $P$, $\bar{P}$ enthält den Mittelpunkt der Strecke $[P, \bar{P}]$ und ist zur Geraden $P\bar{P}$ normal. In analoger Weise wird in einer Ebene $\varepsilon$ die *Symmetrieachse* zweier verschiedener Punkte $P, \bar{P} \in \varepsilon$ als die zu $P\bar{P}$ normale Gerade in $\varepsilon$ durch den Mittelpunkt der Strecke $[P, \bar{P}]$ erklärt.

Eine globale Abbildung $\alpha: \mathfrak{P} \to \mathfrak{P}$ mit einer Fixpunktebene $\sigma$, die jedem Punkt $P \in \mathfrak{P} \setminus \sigma$ einen Punkt $P^\alpha$ so zuordnet, daß $\sigma$ die Symmetrieebene von $[P, P^\alpha]$ ist, heißt die *Spiegelung* in $\mathfrak{P}$ *an der Ebene* $\sigma$. In analoger Weise wird die *Spiegelung in einer Ebene* $\varepsilon$ *an einer Geraden* $g$ von $\varepsilon$ definiert.

Wie aus den Kongruenzsätzen für Dreiecke folgt, ist jede Spiegelung eine Kongruenz und damit eine geradentreue Bijektion; die inverse Abbildung zu einer Spiegelung $\alpha$ stimmt mit $\alpha$ überein. Gestattet eine Figur[2] $\mathfrak{F}$ eine Spiegelung $\alpha$, d. h. liegt mit jedem Punkt von $\mathfrak{F}$ auch der unter $\alpha$

[1] Die *Geradentreue* einer Abbildung besagt, daß die Bildmenge jeder Geraden eine Gerade ist. Werden unter einer Abbildung kollinearen Punkten stets kollineare Punkte zugeordnet, so ist die Bildmenge jeder Geraden Teilmenge einer Geraden. Die in Def. 2.1.1 erklärte Parallelprojektion zum Beispiel ordnet kollinearen Punkten stets kollineare Punkte zu, ist aber nicht geradentreu, da es projizierende Geraden gibt.

[2] Unter einer *Figur* verstehen wir eine nicht leere Punktmenge.

zugeordnete Punkt in $\mathfrak{F}$, so heißt $\mathfrak{F}$ *symmetrisch* bezüglich der Fixpunktebene (*Symmetrieebene*) bzw. Fixpunktgeraden (*Symmetrieachse*).
Da bei einer Spiegelung an $\sigma$ bzw. einer Spiegelung in $\varepsilon$ an $g$ die beiden Halbräume mit der Randebene $\sigma$ bzw. die beiden Halbebenen von $\varepsilon$ mit der Randgeraden $g$ vertauscht werden, ist jede Spiegelung des orientierten Raumes bzw. einer orientierten Ebene nach 1.1.2. und 1.3.1. eine gegensinnige Kongruenz.

**Def. 1.3.1:** Die Zusammensetzung zweier Spiegelungen in $\mathfrak{P}$ an parallelen Ebenen $\sigma_1$, $\sigma_2$ heißt eine *Schiebung in* $\mathfrak{P}$. Die Zusammensetzung zweier Spiegelungen in einer Ebene $\varepsilon$ an parallelen Geraden $g_1, g_2 \subset \varepsilon$ heißt eine *Schiebung in* $\varepsilon$.

Als Zusammensetzung zweier gegensinniger Kongruenzen ist jede Schiebung eine Bewegung. Eine Schiebung $\tau: \mathfrak{P} \to \mathfrak{P}$ ist für $\sigma_1 = \sigma_2$ die Identität in $\mathfrak{P}$. Für $\sigma_1 \neq \sigma_2$ gilt $\overline{PP^\tau} = 2\overline{\sigma_1\sigma_2} \neq 0$ mit $PP^\tau \perp \sigma_1$ für jeden Punkt $P \in \mathfrak{P}$, und wir sprechen von einer Schiebung *längs* der Geraden $PP^\tau$. Orientiert man jede zu $PP^\tau$ parallele *Schiebgerade* gemäß 1.1.2. durch ein geordnetes Paar $(X, X^\tau)$ ihrer Punkte, so sind alle orientierten Schiebgeraden gleichsinnig parallel. Eine Schiebung $\tau: \mathfrak{P} \to \mathfrak{P}$ ist somit durch ein geordnetes Punktepaar $P, \bar{P}$ mit $\bar{P} = P^\tau$ eindeutig festgelegt.
Analoge Aussagen gelten für eine Schiebung in einer Ebene (Fig. 1.10).

**Def. 1.3.2:** Eine *Drehung* in einer Ebene $\varepsilon$ um einen Punkt $M \in \varepsilon$ ist die Zusammensetzung zweier Spiegelungen in $\varepsilon$ an Geraden $g_1, g_2 \subset \varepsilon$ durch das *Drehzentrum* $M$. Eine *axiale Drehung* um die Gerade $a$ ist die Zusammensetzung zweier Spiegelungen in $\mathfrak{P}$ an Ebenen $\sigma_1$, $\sigma_2$ durch die *Drehachse* $a$.

Jede Drehung in $\varepsilon$ und jede axiale Drehung ist eine Bewegung, für $g_1 = g_2$ bzw. $\sigma_1 = \sigma_2$ die Identität in $\varepsilon$ bzw. in $\mathfrak{P}$. Für $g_1 \neq g_2$ besitzt die Drehung in $\varepsilon = g_1g_2$ genau das Drehzentrum $g_1 \cap g_2$ als Fixpunkt, für $\sigma_1 \neq \sigma_2$ ist die Menge der Fixpunkte der axialen Drehung die Drehachse $\sigma_1 \cap \sigma_2$. Für $g_1 \perp g_2$ heißt die Drehung in $\varepsilon$ die *Spiegelung in* $\varepsilon$ *am Punkt* $M = g_1 \cap g_2$, für $\sigma_1 \perp \sigma_2$ liegt eine *axiale Spiegelung* an der Geraden $a = \sigma_1 \cap \sigma_2$ vor.
Ist $\gamma = \sphericalangle\, g_1, g_2$ das Winkelmaß der beiden schneidenden Spiegelungsachsen $g_1, g_2$ mit $0 < \gamma \leqq \pi/2$, so gilt nach Def. 1.3.2 bei der Drehung $\delta$ in $\varepsilon = g_1g_2$ um $M = g_1 \cap g_2$ dann $\sphericalangle\, PMP^\delta = 2\gamma$ für jeden Punkt $P \in \varepsilon \setminus M$; wegen $\overline{MP} = \overline{MP^\delta}$ liegen Urpunkt $P$ und Bildpunkt $P^\delta$ stets in einem Kreis um $M$ (Fig. 1.11), welcher *Drehkreis* von $P$ heißt.
Bei einer axialen Drehung $\delta: \mathfrak{P} \to \mathfrak{P}$ um $a$ geht jede Ebene durch $a$ in eine Ebene durch $a$ und jede zu $a$ normale Ebene $\nu$ in sich über; die Einschränkung $\delta \mid \nu: \nu \to \nu$ von $\delta$ auf eine solche Fixebene $\nu$ ist eine Drehung in $\nu$ um das Drehzentrum $a \cap \nu$.

**Def. 1.3.3:** Die zur Ebene eines Kreises normale Gerade durch den Kreismittelpunkt heißt *Drehachse des Kreises*.

Da bei einer axialen Drehung $\delta: \mathfrak{P} \to \mathfrak{P}$ um $a$ für jeden Punkt $P \in \mathfrak{P} \setminus a$ gilt $\overline{aP} = \overline{aP^\delta}$, liegen Urpunkt $P$ und Bildpunkt $P^\delta$ stets in einem Kreis mit der Drehachse $a$, dem *Drehkreis* von $P$.

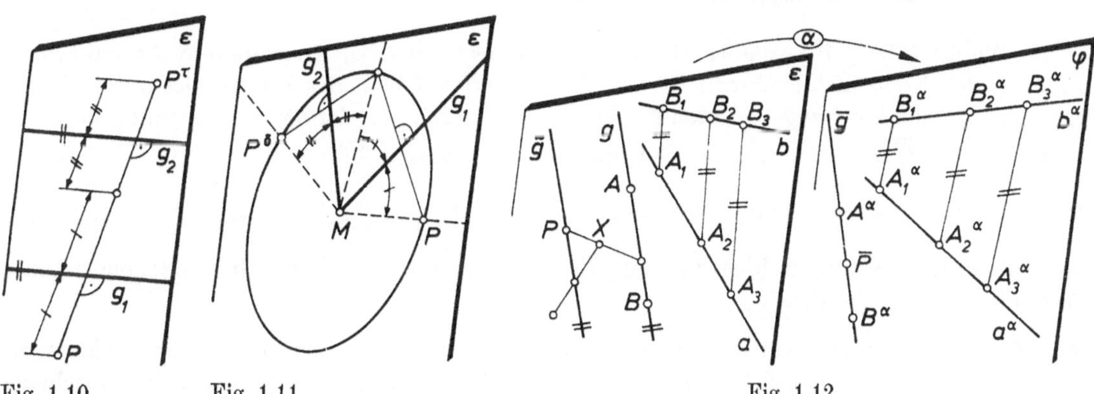


Fig. 1.10 Fig. 1.11 Fig. 1.12

### 1.3.3. Orientierte Winkel

In einer orientierten Ebene heißt ein geordnetes Paar von Halbgeraden mit gemeinsamem Randpunkt $S$ ein *orientierter Winkel*; wir verwenden unter Benützung von Bezeichnungen aus 1.2.4. das Symbol $\overrightarrow{\angle} ASB$. Für den orientierten Winkel $\overrightarrow{\angle} ASB$ erklären wir das *orientierte Winkelmaß* $\overrightarrow{\sphericalangle} ASB$ zu 0 bzw. $\pi$ (180) für einen Nullwinkel bzw. einen gestreckten Winkel und für $SA \neq SB$ durch folgende Festsetzung:

(1) $|\overrightarrow{\sphericalangle} ASB| = \sphericalangle ASB$ und $\overrightarrow{\sphericalangle} ASB > 0$ genau dann, falls das geordnete Dreieck $(S, A, B)$ positiven Umlaufsinn besitzt.

Dann gilt $-\pi < \overrightarrow{\sphericalangle} ASB \leqq \pi$ (bzw. $-180 < \overrightarrow{\sphericalangle} ASB \leqq 180$) und $\overrightarrow{\sphericalangle} ASB = -\overrightarrow{\sphericalangle} BSA$ für $SA \neq SB$. Zwei orientierte Winkel vom selben orientierten Winkelmaß heißen *gleich groß*.
Eine Drehung $\delta: \varepsilon \to \varepsilon$ in einer orientierten Ebene $\varepsilon$ ist durch das Drehzentrum $M$ und das für alle Punkte $P \in \varepsilon \setminus M$ gleiche orientierte Winkelmaß $\varphi = \overrightarrow{\sphericalangle} PMP^{\delta}$ mit $-\pi < \varphi \leqq \pi$ eindeutig festgelegt. Für $\varphi = 0$ ist die Drehung die Identität in $\varepsilon$; für $\varphi > 0$ bzw. $\varphi < 0$ sprechen wir von einer *positiven* bzw. *negativen* Drehung um $M$.

**Def. 1.3.4:** Ist die Achse $a$ einer axialen Drehung orientiert, so wird jede zu $a$ normale Ebene $\nu$ durch folgende Festsetzung orientiert: Jene Punkte von $a$, vor denen der Punkt $a \cap \nu$ liegt, gehören dem positiven Halbraum mit der Randebene $\nu$ an.

Jede axiale Drehung $\delta: \mathfrak{P} \to \mathfrak{P}$ um eine orientierte Drehachse $a$ ist eindeutig festgelegt durch das für alle Punkte $P \in \mathfrak{P} \setminus a$ gleiche orientierte Winkelmaß $\varphi = \overrightarrow{\sphericalangle} PM_PP^{\delta}(-\pi < \varphi \leqq \pi)$, wobei $M_P$ der Schnittpunkt von $a$ mit der zu $a$ normalen, gemäß Def. 1.3.4 orientierten Ebene $\nu$ durch $P$ ist. Für $\varphi = 0$ ist die axiale Drehung die Identität in $\mathfrak{P}$; für $\varphi > 0$ bzw. $\varphi < 0$ sprechen wir ven einer *positiven* bzw. *negativen* Drehung um $a$.
Ein geordnetes Paar $(a, b)$ schneidender Geraden einer orientierten Ebene bestimmt zwei Paare gleich großer orientierter Winkel.

**Def. 1.3.5:** Bestimmt ein geordnetes Paar $(a, b)$ schneidender Geraden einer orientierten Ebene orientierte Winkel der Maße $\alpha_1$ und $\alpha_2$, so heißt $\alpha_1$ für $|\alpha_1| < |\alpha_2|$ das *orientierte Winkelmaß* $\overrightarrow{\sphericalangle} a, b$ des geordneten Geradenpaares $(a, b)$; für $|\alpha_1| = |\alpha_2|$ setzen wir $\overrightarrow{\sphericalangle} a, b = \pi/2$ und $\overrightarrow{\sphericalangle} a, b = 0$ für $a \parallel b$.

Damit ist $-\pi/2 < \overrightarrow{\sphericalangle} a, b \leqq \pi/2$ und $\overrightarrow{\sphericalangle} a, b = -\overrightarrow{\sphericalangle} b, a$ für $\overrightarrow{\sphericalangle} a, b \neq \pi/2$. Orientiert man die Schnittgerade $a$ zweier Ebenen, so wird im orientierten Anschauungsraum gemäß Def. 1.3.4 jede zu $a$ normale Ebene $\nu$ orientiert. Mit Hilfe von Def. 1.2.8 können wir dann einem geordneten Paar $(\varepsilon, \varphi)$ schneidender Ebenen, deren Schnittgerade orientiert ist, ein *orientiertes Winkelmaß* $\overrightarrow{\sphericalangle} \varepsilon, \varphi$ mit $-\pi/2 < \overrightarrow{\sphericalangle} \varepsilon, \varphi \leqq \pi/2$ und $\overrightarrow{\sphericalangle} \varepsilon, \varphi = -\overrightarrow{\sphericalangle} \varphi, \varepsilon$ für $\overrightarrow{\sphericalangle} \varepsilon, \varphi \neq \pi/2$ zuordnen; für $\varepsilon \parallel \varphi$ setzen wir $\overrightarrow{\sphericalangle} \varepsilon, \varphi = 0$.

### 1.3.4. Stetige Schiebungen, stetige Drehungen

Hat der Punkt $P$ bzw. $\bar{P}$ bezüglich eines Koordinatensystems den Koordinatenvektor $\mathfrak{p}$ bzw. $\bar{\mathfrak{p}}$, so gilt für den Koordinatenvektor $\mathfrak{x}$ bzw. $\bar{\mathfrak{x}}$ eines Punktes $X$ bzw. des $X$ unter der durch $P \mapsto \bar{P}$ festgelegten Schiebung $\tau$ zugeordneten Punktes $X^{\tau}$ nach 1.2.3., (II) dann $\bar{\mathfrak{x}} = \mathfrak{x} + \mathfrak{c}$ mit $\mathfrak{c} = \bar{\mathfrak{p}} - \mathfrak{p}$. Für $P \neq \bar{P}$ ist $\overline{P\bar{P}} =: s > 0$ und $\|\mathfrak{e}\| = 1$ mit $\mathfrak{e} = s^{-1}\mathfrak{c}$. Damit ergibt sich

(2) $$\bar{\mathfrak{x}} = \mathfrak{x} + s\mathfrak{e} \quad \text{mit} \quad \|\mathfrak{e}\| = 1.$$

Durch (2) wird für $s = 0$ die Identität beschrieben, und zu jeder reellen Zahl $s \neq 0$ gehört genau eine Schiebung parallel $P\bar{P}$.

**Def. 1.3.6:** Durchläuft $s$ von $0 \in \mathbb{R}$ aus monoton wachsend bzw. fallend ein abgeschlossenes Intervall $[0, s_0]$ $(0 < s_0)$ bzw. $[s_0, 0]$ $(s_0 < 0)$, so heißt die Menge der durch (2) beschriebenen

Schiebungen eine *stetige*, zum Vektor $\mathfrak{e}$ gleichsinnige bzw. gegensinnige *Schiebung* durch das *orientierte Schiebmaß* $s_0$.

Bei einer stetigen Schiebung durchläuft jeder Punkt eine Strecke einer *Schiebgeraden*, und für alle Punkte sind diese Strecken gleich lang.
Verwendet man in einer orientierten Ebene $\varepsilon$ ein kartesisches Rechtssystem $(M, A, B)$ mit dem Ursprung im Zentrum $M$ einer Drehung $\delta$ vom orientierten Winkelmaß $\varphi$, so hat ein Punkt $P \in \varepsilon \setminus M$ mit $\overrightarrow{\sphericalangle} PMA = \alpha$ und $\overline{MP} = r > 0$ das Koordinatenpaar $(x = r\cos\alpha,\ y = r\sin\alpha)$. Für das Koordinatenpaar des Punktes $P^\delta$ gilt dann $(\bar{x} = r\cos(\alpha + \varphi),\ \bar{y} = r\sin(\alpha + \varphi))$, was unter Verwendung der Additionstheoreme für Winkelfunktionen ergibt

$$(3) \qquad \bar{x} = x\cos\varphi - y\sin\varphi, \qquad \bar{y} = x\sin\varphi + y\cos\varphi \qquad (-\pi < \varphi \leqq \pi).$$

Für $\varphi = 0$ in (3) liegt die Identität vor. Ist $\varphi \neq 0$ eine reelle Zahl der Form $\varphi = \varphi_1 + 2\pi z$ $(z \in \mathbb{Z})$ mit $-\pi < \varphi_1 \leqq \pi$, so beschreibt (3) die Drehung um den Ursprung $M$ durch das Winkelmaß $\varphi_1$, da die in (3) auftretenden Winkelfunktionen die Periode $2\pi$ besitzen. Somit wird durch (3) zu jeder reellen Zahl $\varphi$ genau eine Drehung beschrieben.

**Def. 1.3.7:** Durchläuft $\varphi$ von $0 \in \mathbb{R}$ aus monoton wachsend bzw. fallend ein abgeschlossenes Intervall $[0, \varphi_0]$ $(0 < \varphi_0)$ bzw. $[\varphi_0, 0]$ $(\varphi_0 < 0)$, so heißt die Menge der bei Verwendung eines kartesischen Rechtssystems durch (3) beschriebenen Drehungen einer orientierten Ebene eine *stetige positive* bzw. *negative Drehung* um $M$ durch das *orientierte Drehmaß* $\varphi_0$.

Bei einer stetigen Drehung in $\varepsilon$ läuft jeder vom Drehzentrum $M$ verschiedene Punkt $P$ von $\varepsilon$ im Drehkreis von $P$, der auch mehrfach durchlaufen werden kann. Wir nennen jene von zwei stetigen Drehungen zum gleichen Drehzentrum, deren orientiertes Drehmaß kleineren Betrag besitzt, die *kürzere* stetige Drehung.
Ein Dreieck $(S, A, B)$ einer orientierten Ebene $\varepsilon$ besitzt nach (1) genau dann positiven Umlaufsinn, wenn die kürzeste stetige Drehung um $S$, welche die Halbgerade $SA^+$ in die Halbgerade $SB^+$ bringt, positiv ist, also nach 1.1.2. bei Ansicht von einem Punkt des positiven Halbraumes mit der Randebene $\varepsilon$ entgegengesetzt zum Uhrdrehsinn erfolgt.
Verwendet man die orientierte Drehachse $a$ einer axialen Drehung im orientierten Anschauungsraum als $z$-Achse eines kartesischen Rechtssystems, so wird die axiale Drehung um $a$ durch (3) und $\bar{z} = z$ erfaßt. Damit kann unter Verwendung von Def. 1.3.7 eine *stetige axiale Drehung* um eine orientierte Drehachse erklärt werden.

## 1.3.5. Affinitäten

Seien $\varepsilon$ und $\varphi$ zwei nicht notwendig verschiedene Ebenen.

**Def. 1.3.8:** Eine Bijektion $\alpha$ einer Ebene $\varepsilon$ auf eine Ebene $\varphi$, die kollinearen Punkten stets kollineare Punkte zuordnet und deren Einschränkung auf *eine* Gerade teilverhältnistreu ist, heißt eine *Affinität*[3].

Insbesondere ist nach 1.3.1. jede Ähnlichkeit $\alpha: \varepsilon \to \varphi$ eine Affinität.

**Satz 1.3.1:** Eine Affinität $\alpha: \varepsilon \to \varphi$ ist geradentreu, parallelentreu und teilverhältnistreu.

*Beweis*

Existiert in indirekter Annahme eine Gerade $g := AB \subset \varepsilon$ so, daß $\alpha \mid g: g \to \bar{g} = A^\alpha B^\alpha$ nicht surjektiv ist, so gibt es einen Punkt $\bar{P} \in \bar{g}$ mit $\bar{P} = P^\alpha$ und $P \notin g$. Durch $P$ existiert genau eine Parallele $\tilde{g}$ zu $g$, und jeder Punkt $X$ aus $\varepsilon \setminus \tilde{g}$ liegt mit $P$ und einem Punkt von $g$ kollinear (Fig. 1.12), was $X^\alpha \in \bar{g}$ ergibt. Da auch jeder Punkt von $\tilde{g}$ mit zwei Punkten von $\varepsilon \setminus \tilde{g}$ kollinear ist, folgt $\varepsilon^\alpha \subset \bar{g}$, was der Bijektivität von $\alpha$ widerspricht. Damit ist $\alpha$ gemäß 1.3.1., Fn. 1 geradentreu.

[3] Mit tieferliegenden Methoden kann man für zwei Ebenen $\varepsilon, \varphi$ des Anschauungsraumes zeigen: Ist $\alpha: \varepsilon \to \varphi$ eine Bijektion, die kollinearen Punkten stets kollineare Punkte zuordnet, so ist $\alpha$ teilverhältnistreu, also eine Affinität (vgl. [2, II; 40]).

Nach A 1.1, 5 bildet eine geradentreue Bijektion den Durchschnitt zweier Geraden auf den Durchschnitt der zugeordneten Geraden ab; damit folgt aus Def. 1.1.1 die Parallelentreue.
Sei $a \subset \varepsilon$ eine Gerade, für die $\alpha \mid a : a \to a^\alpha$ teilverhältnistreu ist, und $b \subset \varepsilon$ eine von $a$ verschiedene Gerade. Sind $B_1, B_2, B_3$ drei verschiedene Punkte von $b$ und $A_1, A_2, A_3$ drei verschiedene Punkte von $a$ so, daß die Punktepaare $(B_j, A_j)$ $(j = 1, 2, 3)$ in drei parallelen Geraden liegen (Fig. 1.12), so gilt $\mathrm{TV}(B_1, B_2, B_3) = \mathrm{TV}(A_1, A_2, A_3)$ nach Satz 1.2.1 und $\mathrm{TV}(A_1, A_2, A_3) = \mathrm{TV}(A_1^\alpha, A_2^\alpha, A_3^\alpha)$ nach Voraussetzung. Da $\alpha$ parallelentreu ist, liegen die Punktepaare $(A_j^\alpha, B_j^\alpha)$ $(j = 1, 2, 3)$ in drei parallelen Geraden, was mit Satz 1.2.1 dann $\mathrm{TV}(A_1^\alpha, A_2^\alpha, A_3^\alpha) = \mathrm{TV}(B_1^\alpha, B_2^\alpha, B_3^\alpha)$, also $\mathrm{TV}(B_1, B_2, B_3) = \mathrm{TV}(B_1^\alpha, B_2^\alpha, B_3^\alpha)$ ergibt. □

Die Existenz und Festlegung einer Affinität klärt

**Satz 1.3.2:** Sind $(U, A, B)$ ein geordnetes Dreieck einer Ebene $\varepsilon$ und $(\bar{U}, \bar{A}, \bar{B})$ ein geordnetes Dreieck einer Ebene $\varphi$, so existiert genau eine Affinität $\alpha : \varepsilon \to \varphi$ mit $\bar{U} = U^\alpha$, $\bar{A} = A^\alpha$, $\bar{B} = B^\alpha$.

*Beweis*

Da nach Satz 1.3.1 eine Affinität parallelentreu und teilverhältnistreu ist, muß die gesuchte Affinität $\alpha : \varepsilon \to \varphi$ notwendig einem Punkt $P \in \varepsilon$ jenen Punkt von $\varphi$ zuordnen, der bezüglich des Koordinatensystems $(\bar{U}, \bar{A}, \bar{B})$ denselben Koordinatenvektor wie $P$ bezüglich des Koordinatensystems $(U, A, B)$ besitzt.
Diese durch «gleiche Koordinatenvektoren» definierte Abbildung ist eine Bijektion, die nach 1.2.3., (5) und (4) kollinearen Punkten stets kollineare Punkte zuordnet; ihre Einschränkung auf die Gerade $UA$ ist nach Def. 1.2.3 teilverhältnistreu. □

Eine Affinität $\alpha$ einer orientierten Ebene $\varepsilon$ auf eine orientierte Ebene $\varphi$ heißt *gleichsinnig*, wenn sie ein (und dann jedes) Dreieck mit positivem Umlaufsinn in $\varepsilon$ auf ein Dreieck mit positivem Umlaufsinn in $\varphi$ abbildet.
Jede Ähnlichkeit $\alpha : \varepsilon \to \varphi$ ordnet orthogonalen Geraden von $\varepsilon$ stets orthogonale Geraden von $\varphi$ zu und ist eine Affinität.

**Satz 1.3.3:** Eine Affinität, die einem Quadrat ein Quadrat zuordnet, ist eine Ähnlichkeit.

*Beweis*

Sei $\{U, A, B, C\}$ ein Quadrat, dem die Affinität $\alpha : \varepsilon \to \varphi$ ein Quadrat $\{U^\alpha, A^\alpha, B^\alpha, C^\alpha\}$ zuordnet. Dann existiert nach 1.3.1. eine Ähnlichkeit $\alpha_1 : \varepsilon \to \varphi$, die dem kartesischen Koordinatensystem $(U, A, B)$ das kartesische Koordinatensystem $(U^\alpha, A^\alpha, B^\alpha)$ zuordnet, und $\alpha_1$ ist eine Affinität. Nach Satz 1.3.2 gilt $\alpha_1 = \alpha$. □

Eine Affinität ist somit genau dann eine Ähnlichkeit, wenn sie orthogonalen Geraden stets orthogonale Geraden zuordnet; dies folgt daraus, daß die Quadrate die Rechtecke mit orthogonalen Diagonalen sind.

## Aufgaben A 1.3

**1.** Untersuche, ob die Menge aller
(a) Ähnlichkeiten (Kongruenzen) von $\mathfrak{P}$ oder einer Ebene $\varepsilon$ auf sich
(b) Bewegungen (gegensinnigen Kongruenzen) des orientierten Anschauungsraumes oder einer orientierten Ebene auf sich
(c) Spiegelungen in $\mathfrak{P}$ oder in $\varepsilon$
(d) Schiebungen in $\mathfrak{P}$ oder in $\varepsilon$
(e) axialen Drehungen oder axialen Drehungen mit fester Drehachse
(f) Drehungen in $\varepsilon$ oder Drehungen in $\varepsilon$ mit festem Drehzentrum eine Abbildungsgruppe bilden.

**2.** Ein geordnetes Dreieck $(U, A, C)$ in $\varepsilon$ und ein geordnetes Dreieck $(\bar{U}, \bar{A}, \bar{C})$ in $\varphi$ mit $\angle\, CUA \cong \angle\, \bar{C}\bar{U}\bar{A}$, $\angle\, CAU \cong \angle\, \bar{C}\bar{A}\bar{U}$ bestimmen genau eine Ähnlichkeit $\alpha : \varepsilon \to \varphi$ mit $\bar{U} = U^\alpha$, $\bar{A} = A^\alpha$, $\bar{C} = C^\alpha$. Daraus folgt $\overline{UA} : \overline{\bar{U}\bar{A}} = \overline{UC} : \overline{\bar{U}\bar{C}} = \overline{AC} : \overline{\bar{A}\bar{C}}$.
(Anl.: Ergänze $(U, A)$ und $(\bar{U}, \bar{A})$ zu je einem kartesischen Rechtssystem $(U, A, B)$ bzw. $(\bar{U}, \bar{A}, \bar{B})$ so, daß $C$ und $B$ bzw. $\bar{C}$ und $\bar{B}$ derselben Halbebene von $\varepsilon$ bzw. $\varphi$ mit der Randgeraden $UA$ bzw. $\bar{U}\bar{A}$ angehören. Nach 1.3.1. wird damit genau eine Ähnlichkeit $\alpha : \varepsilon \to \varphi$ festgelegt, und diese leistet $\bar{C} = C^\alpha$).

**3.** Je nachdem ein ungeordnetes bzw. ein geordnetes Paar von Halbgeraden mit gemeinsamem Randpunkt oder von schneidenden Geraden vorliegt, gibt es vier Winkelbegriffe. Diskutiere die verschiedenen Werte, welche die Summe der Winkelmaße der durch ein Dreieck bestimmten drei Winkel bei diesen vier Winkelbegriffen annimmt.

**4.** Ist $\gamma = \sphericalangle\, AC, BC$ $(0 < \gamma \leq \pi/2)$ das Winkelmaß der Geraden $AC, BC$ eines Dreiecks $\{A, B, C\}$ und $M$ der Mittelpunkt des Dreieckumkreises, so gilt $\sphericalangle\, AMB = 2\gamma$.
(Anl.: Für die Symmetrieachsen $g_1$ und $g_2$ von $[A, C]$ bzw. $[B, C]$ ist $\sphericalangle\, g_1, g_2 = \gamma$ und $M = g_1 \cap g_2$. Mit Hilfe der Spiegelung $\alpha_j$ in $ABC$ an $g_j$ $(j = 1, 2)$ zeigt man $B = A^{\alpha_1\alpha_2}$).

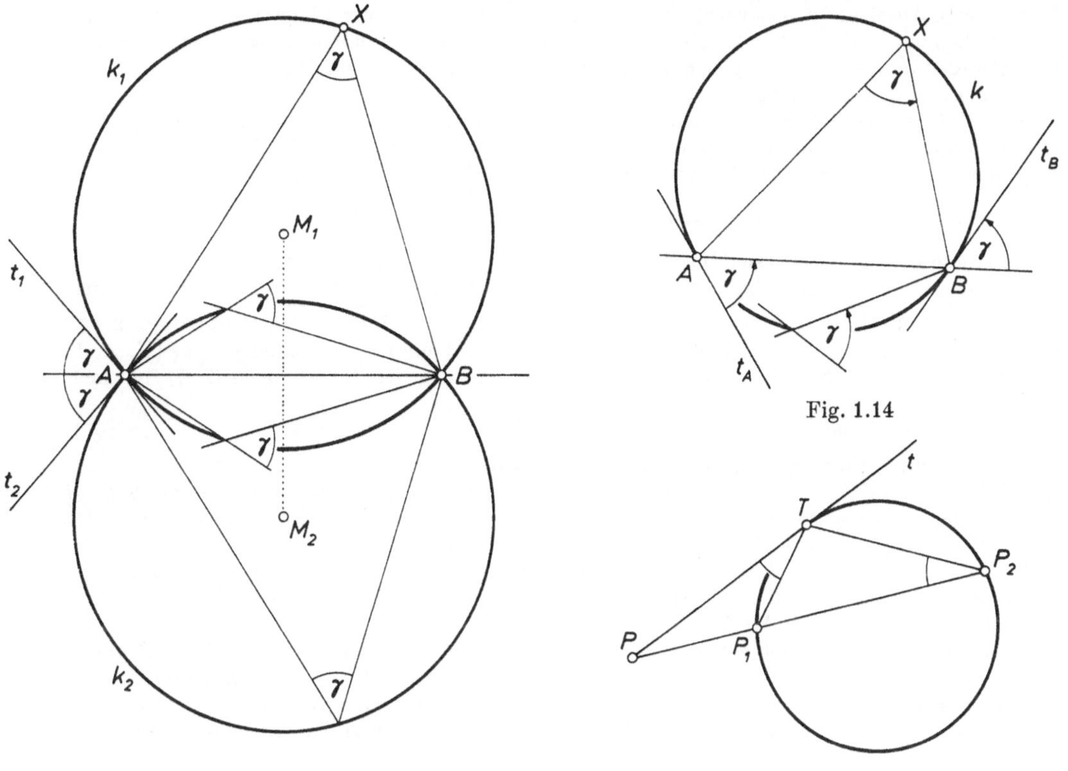


Fig. 1.13

Fig. 1.15

5. Sind $A$, $B$ zwei verschiedene Punkte einer Ebene $\varepsilon$, so besteht die Menge $\{X \in \varepsilon \mid \sphericalangle\, AX, BX = \gamma, 0 < \gamma < \pi/2\}$ aus zwei zu $AB$ symmetrischen Kreisen $k_1$, $k_2$ mit der Sehne $[A, B]$, denen die Punkte $A$, $B$ nicht angehören; für die Tangenten $t_1$, $t_2$ von $k_1$, $k_2$ in $A$ (oder $B$) gilt $\sphericalangle\, AB, t_1 = \sphericalangle\, AB, t_2 = \gamma$ (Fig. 1.13) (*Peripheriewinkelsatz für nicht orientierte Winkelmaße* von Geraden). Für $\gamma = \pi/2$ ergibt sich der in $A$ und $B$ punktierte Kreis mit dem Durchmesser $[A, B]$ (Satz von Thales v. Milet, um 600 v. Chr.). (Anl.: In $\varepsilon$ existieren genau zwei, und zwar zu $AB$ symmetrische Punkte $M_1$, $M_2$ mit $\overline{AM_1} = \overline{BM_1}$, $\overline{AM_2} = \overline{BM_2}$, $\sphericalangle\, AM_1B = \sphericalangle\, AM_2B = 2\gamma$, die für $\gamma = \pi/2$ zusammenfallen. Benütze dann A 1.3, 4 und mit $t_1 \perp AM_1$, $t_2 \perp AM_2$ auch 1.2.5.

6. Sind $A$, $B$ zwei verschiedene Punkte einer orientierten Ebene $\varepsilon$, so ist die Menge $\{X \in \varepsilon \mid \overrightarrow{\sphericalangle}\, AX, BX = \gamma, -\pi/2 < \gamma \leqq \pi/2, \gamma \neq 0\}$ ein in $A$ und $B$ punktierter Kreis $k$ mit der Sehne $[A, B]$; für die Tangente $t_A$ bzw. $t_B$ von $k$ in $A$ bzw. $B$ gilt $\overrightarrow{\sphericalangle}\, t_A, BA = \overrightarrow{\sphericalangle}\, AB, t_B = \gamma$ (Fig. 1.14) (*Peripheriewinkelsatz für orientierte Winkelmaße* von Geraden).

7. Ist $t$ die Tangente eines Kreises $k$ in einem Punkt $T$ und $P$ der Schnittpunkt von $t$ mit der Verbindungsgeraden zweier von $T$ verschiedener Punkte $P_1$, $P_2$ von $k$, so gilt $\overline{PP_1} : \overline{PT} = \overline{PT} : \overline{PP_2}$ (Fig. 1.15). (Anl.: Zeige mit A 1.3, 5 und A 1.3, 2 die Ähnlichkeit der geordneten Dreiecke $(P, P_2, T)$ und $(P, T, P_1)$).

8. Sind $P_1$, $P_2$, $P_3$ drei Punkte einer Geraden $p$ mit $P_2 \neq P_3$ und $Q_2$, $Q_3$ zwei verschiedene Punkte, so findet man den Punkt $Q_1$ in $Q_2Q_3 = q$ mit $\mathrm{TV}(P_1, P_2, P_3) = \mathrm{TV}(Q_1, Q_2, Q_3)$ wie folgt: Bewegt man $p$ in eine Lage $p^* \neq q$ so, daß die neue Lage $P_3{}^*$ von $P_3$ nach $Q_3$ fällt, so gilt für die neuen Lagen $P_1{}^*$, $P_2{}^*$ von $P_1$, $P_2$ dann $Q_1P_1{}^* \parallel Q_2P_2{}^*$ (*Teilverhältnisübertragung*).

9. Unterwirf eine Figur einer Ebene $\varepsilon$ einer Affinität $\alpha : \varepsilon \to \varphi$ auf eine Ebene $\varphi$, falls $\alpha$ durch ein geordnetes Dreieck in $\varepsilon$ und das zugeordnete Dreieck in $\varphi$ festgelegt ist. (Anl.: Benütze Satz 1.3.1 und A 1.3, 8.)

10. Ist $\alpha : \varepsilon \to \varphi$ eine Affinität, so ist auch die inverse Abbildung $\alpha^{-1} : \varphi \to \varepsilon$ eine Affinität. Sind $\varepsilon$, $\varphi$, $\psi$ (nicht notwendig verschiedene) Ebenen und die Abbildungen $\alpha_1 : \varepsilon \to \varphi$, $\alpha_2 : \varphi \to \psi$ Affinitäten, so ist auch $\alpha_1\alpha_2 : \varepsilon \to \psi$ eine Affinität. Alle Affinitäten einer Ebene auf sich bilden eine Abbildungsgruppe, ebenso alle gleichsinnigen Affinitäten einer orientierten Ebene auf sich.

11. Besitzt eine Affinität $\alpha$ einer Ebene $\varepsilon$ auf sich zwei verschiedene Fixpunkte $A$, $B$, so ist die Gerade $AB$ eine Fixpunktgerade; existieren drei nicht kollineare Fixpunkte, so ist $\alpha$ die Identität in $\varepsilon$. (Anl.: Benütze A 1.2, 1 und Satz 1.3.2.)

**12.** Unter einer Affinität ist das Verhältnis der Länge einer Strecke zur Länge der zugeordneten Strecke für Strecken in parallelen Geraden gleich; insbesondere gehen untereinander gleich lange Strecken paralleler Geraden in untereinander gleich lange Strecken paralleler Geraden über.
(Anl.: Benütze den Beweis zu Satz 1.3.2).

**13.** Seien $(U, A, B)$ und $(\overline{U}, \overline{A}, \overline{B})$ zwei Koordinatensysteme einer Ebene $\varepsilon$ und $\mathfrak{x}_0 = (x_0, y_0)$, $\mathfrak{a} = (a_1, a_2)$ bzw. $\mathfrak{b} = (b_1, b_2)$ die Koordinatenpaare von $\overline{U}, \overline{A}$ bzw. $\overline{B}$ bezüglich $(U, A, B)$. Für die Koordinatenpaare $(x, y)$ bzw. $(\overline{x}, \overline{y})$ eines Punktes $P \in \varepsilon$ bezüglich $(U, A, B)$ bzw. $(\overline{U}, \overline{A}, \overline{B})$ gilt dann

$$x = (a_1 - x_0)\,\overline{x} + (b_1 - x_0)\,\overline{y} + x_0, \qquad y = (a_2 - y_0)\,\overline{x} + (b_2 - y_0)\,\overline{y} + y_0;$$

die Vektoren $\mathfrak{a} - \mathfrak{x}_0$, $\mathfrak{b} - \mathfrak{x}_0$ sind linear unabhängig. Analoge Formeln gelten im Raum.
(Anl.: Ist $\tau: \varepsilon \to \varepsilon$ die Schiebung mit $U = \overline{U}^\tau$, so hat $P^\tau$ bezüglich $(U, \overline{A}^\tau, \overline{B}^\tau)$ das Koordinatenpaar $(\overline{x}, \overline{y})$, und es gilt $\overrightarrow{UP} = \overrightarrow{UP^\tau} + \overrightarrow{U\overline{U}}$, $\overrightarrow{U\overline{A}} = \overrightarrow{U\overline{A}^\tau} + \overrightarrow{U\overline{U}}$, $\overrightarrow{U\overline{B}} = \overrightarrow{U\overline{B}^\tau} + \overrightarrow{U\overline{U}}$. Benütze A 1.2, 4).

**14.** Eine Abbildung $\alpha$ einer Ebene $\varepsilon$ auf sich, welche nach Wahl eines Koordinatensystems $(U, A, B)$ einem Punkt $P$ mit dem Koordinatenpaar $(x, y)$ den Punkt $\overline{P}$ mit dem Koordinatenpaar $(\overline{x}, \overline{y})$ zuordnet, wobei

$$x = c_1\overline{x} + d_1\overline{y} + x_0, \qquad y = c_2\overline{x} + d_2\overline{y} + y_0$$

mit $\{(c_1, c_2), (d_1, d_2)\}$ linear unabhängig gilt, ist eine Affinität.
(Anl.: Die Punkte $\overline{U}, \overline{A}$ bzw. $\overline{B}$ mit den Koordinatenpaaren $(x_0, y_0)$, $(c_1 + x_0, c_2 + y_0)$ bzw. $(d_1 + x_0, d_2 + y_0)$ bilden ein Dreieck. Der Punkt $P$ hat nach A 1.3, 13 bezüglich des Koordinatensystems $(\overline{U}, \overline{A}, \overline{B})$ das Koordinatenpaar $(\overline{x}, \overline{y})$. Benütze den Beweis zu Satz 1.3.2).

**15.** Sind $\varepsilon$ und $\alpha$ zwei verschiedene parallele Ebenen und $Z \notin \varepsilon, \varphi$, so ist die globale Abbildung $\zeta: \varepsilon \to \varphi$, bei der die Punkte $P \in \varepsilon$ und $P^\zeta \in \varphi$ stets in einer Geraden durch $Z$ liegen, eine Ähnlichkeit.
(Anl.: Benütze A 1.1, 1 (b), A 1.2, 2 und Satz 1.3.3).

**16.** Eine Abbildung $\alpha: \varepsilon \to \varepsilon$ mit einem Fixpunkt $Z \in \varepsilon$, bei der für jeden Punkt $X \in \varepsilon \setminus Z$ gilt $X^\alpha \in XZ$ und $\mathrm{TV}(X^\alpha, X, Z) = a \in \mathbb{R} \setminus \{0\}$, heißt eine *zentrische Ähnlichkeit in* $\varepsilon$ zum *Zentrum* $Z$, für $|a| > 1$ auch eine *zentrische Streckung*, für $|a| < 1$ eine *zentrische Stauchung*. Für $a = 1$ bzw. $a = -1$ ist $\alpha$ die Identität bzw. die Spiegelung in $\varepsilon$ am Punkt $Z$. Zeige, daß jede zentrische Ähnlichkeit eine Ähnlichkeit ist.
(Anl.: Für jede Gerade $g \subset \varepsilon$ gilt $g \parallel g^\alpha$).

## 1.4. Zylinder, Kegel, Kugeln

### 1.4.1. Kurven, Tangenten

Eine Kurve ist eine «eindimensionale» Punktmenge, die als Bahn eines in «stetiger Weise» bewegten Punktes entsteht, oder die Vereinigung von solchen Punktmengen. Unter Verwendung eines Koordinatensystems des Raumes bzw. einer Ebene kann der Koordinatenvektor $\mathfrak{x} = (x, y, z)$ bzw. $\mathfrak{x} = (x, y)$ des laufenden Punktes in Abhängigkeit von einem, etwa als Zeit gedeuteten Parameter $u$ angegeben werden, wobei $u$ ein Intervall $I \subset \mathbb{R}$ monoton wachsend durchläuft. Wir beschreiben also die Bahn eines Punktes als Bildmenge eines Intervalls unter einer Abbildung in die Menge der Koordinatenvektoren der Form

$$(1) \qquad u \in I \mapsto \mathfrak{x}(u) = \big(x(u), y(u), z(u)\big) \in \mathbb{R}^3 \quad \text{bzw.} \quad \mathfrak{x}(u) = \big(x(u), y(u)\big) \in \mathbb{R}^2;$$

im zweiten Fall liegt eine ebene Punktmenge vor. Zur jedem Wert $u_0 \in I$ gehört genau ein Koordinatenvektor $\mathfrak{x}(u_0)$ und damit ein Kurvenpunkt. Die Abbildung (1) heißt *stetig*, wenn für alle $u_0 \in I$ gilt $\lim\limits_{u_1 \to u_0} \mathfrak{x}(u_1) = \mathfrak{x}(u_0)$, falls $u_1$ in $I$ eine gegen $u_0$ konvergente Folge durchläuft. Damit präzisieren wir den Begriff Kurve durch

**Def. 1.4.1:** Eine Punktmenge heißt ein *Kurvenstück*, wenn sie nach Wahl eines Koordinatensystems als Bildmenge eines Intervalls unter einer stetigen injektiven Abbildung (1) beschrieben werden kann. Eine *Kurve* ist Vereinigungsmenge von endlich vielen Kurvenstücken.

Wie aus A 1.3, 13 folgt, ist «Kurvenstück» eine von der Auswahl des Koordinatensystems unabhängige Begriffsbildung. Eine Gerade ist ein Kurvenstück; dies folgt aus 1.2.3., (4), falls $\lambda$ das offene Intervall $I = \mathbb{R}$ durchläuft.

Gilt unter einer für ein abgeschlossenes Intervall $[a, b]$ definierten Abbildung $u \mapsto \mathfrak{x}(u)$ speziell $\mathfrak{x}(a) = \mathfrak{x}(b)$, so heißt die Kurve *geschlossen*; ist darüber hinaus die durch $\{\mathfrak{x}(u) \in \mathbb{R}^3 \mid u \in [a, b[\}$ bestimmte Punktmenge ein Kurvenstück, so heißt die geschlossene Kurve *einfach geschlossen*. Eine *geradlinige* bzw. eine *ebene Kurve* gehört einer Geraden bzw. einer Ebene an.
Die Menge aller Punkte einer Ebene $\varepsilon$, deren Koordinatenpaare bezüglich eines kartesischen Koordinatensystems in $\varepsilon$ die Gleichung $x^2 + y^2 - r^2 = 0$ erfüllen, ist nach 1.2.1., (1) und 1.2.4 ein Kreis vom Radius $r$ mit dem Ursprung als Mittelpunkt. Da diese Punktmenge auch durch die Abbildung $u \in [0, 2\pi] \mapsto \mathfrak{x}(u) = (r \cos u,\ r \sin u)$ erfaßt wird, die stetig und in $[0, 2\pi[$ injektiv ist und $\mathfrak{x}(0) = \mathfrak{x}(2\pi)$ erfüllt, ist ein Kreis eine einfach geschlossene Kurve; als stetiges injektives Bild des halboffenen Intervalls $[0, 2\pi[$ ist ein Kreis ein Kurvenstück im Sinne von Def. 1.4.1.
Die Verbindungsgerade von zwei verschiedenen Punkten $P$, $Q$ einer Kurve $c$ heißt *Sehnengerade*[1] und die Strecke $[P, Q]$ *Sehne* von $c$.

**Def. 1.4.2:** Eine Gerade $t$ durch einen Punkt $P$ eines Kurvenstücks $c$ heißt *Tangente* von $c$ in $P$, wenn sie Grenzlage von Sehnengeraden $PQ$ ist, falls $Q$ in einer Punktfolge der Menge $c$ gegen $P$ läuft[2].

Jede Tangente eines Kurvenstücks in einer Kurve heißt Tangente der Kurve. Eine Tangente in $P$ kann von der Auswahl einer Punktfolge, die in $c$ gegen $P$ läuft, abhängen, muß also nicht eindeutig existieren: In einer Ecke eines Kurvenstücks etwa gibt es zwei verschiedene Tangenten. Nach Def. 1.4.2 ist jede Tangente einer Kurve in einer Geraden $g$ die Gerade $g$, und jede Tangente einer ebenen Kurve $c$ liegt in der Ebene von $c$.

**Def. 1.4.3:** Eine Folge von Strecken $[A_j, A_{j+1}]$ $(j = 1, \ldots, n-1)$, von denen nie zwei aufeinanderfolgende einer Geraden angehören, heißt ein *Polygon* mit den *Ecken* $A_1, \ldots, A_n$ und den *Seiten* $[A_j, A_{j+1}]$.

Ein Polygon ist nach Def. 1.4.1 eine Kurve, wobei in den Ecken $A_2, \ldots, A_{n-1}$ je zwei Tangenten existieren. Gilt $A_1 = A_n$, wobei die Strecken $[A_1, A_2]$ und $[A_{n-1}, A_1]$ nicht derselben Geraden angehören, so liegt ein *geschlossenes Polygon* vor.
Sind $P$, $Q$ zwei verschiedene Punkte eines Kreises $k$ zum Mittelpunkt $M$, so enthält die zur Sehnengeraden $PQ$ normale Durchmessergerade von $k$ den Mittelpunkt $H$ der Strecke $[P, Q]$. Läuft $Q$ in $k$ gegen $P$, so ist die Grenzlage von $PQ$ daher notwendig zur $P$ enthaltenden Durchmessergeraden orthogonal (Fig. 1.16), und diese Grenzlage $t$ der Geraden $PQ$ existiert eindeutig. Ein Kreis besitzt somit, übereinstimmend mit der Elementargeometrie, in jedem Punkt $P$ genau eine, und zwar zur $P$ enthaltenden Durchmessergeraden orthogonale Tangente.

## 1.4.2. Krümmungskreise ebener Kurven

Ist $t$ eine Tangente einer ebenen Kurve $c$ im Punkt $P$, so heißt die zu $t$ normale Gerade $n$ in der Ebene von $c$ eine *Normale* von $c$ in $P$. Sei $Q$ ein Punkt von $c$, der nicht in $t$ liegt. Dann existiert genau ein Kreis $\bar{k}(P, t; Q)$, der $t$ in $P$ berührt und $Q$ enthält. Unter Benützung des Radius $\bar{\varrho} > 0$

[1] Sehnengeraden werden in manchen Büchern als *Sekanten* bezeichnet; wir verwenden diesen Ausdruck nicht, da das Wort Sekante nur auf die Existenz mindestens eines gemeinsamen Punktes hinweist.

[2] Wird $P$ bzw. $Q$ in der Darstellung (1) von $c$ durch die verschiedenen Parameterwerte $u_0$ bzw. $u_1$ erfaßt und ist $\{u_j \in I \mid j = 1, 2, \ldots\}$ eine im Intervall $I$ gegen $u_0$ konvergierende Zahlenfolge, so «laufen» die Punkte mit den Koordinatenvektoren $\mathfrak{x}(u_j)$ im Kurvenstück $c$ gegen $P$; die Abstände der Punkte mit den Koordinatenvektoren $\mathfrak{x}(u_j)$ vom Punkt $P$ durchlaufen dabei eine Nullfolge. Die Folge der zugehörigen Sehnengeraden hat (wegen der Kompaktheit eines Kreises) stets «Häufungsgeraden», und man kann zu jeder Häufungsgeraden $t$ eine gegen $t$ konvergente Teilfolge auswählen; wir schreiben dann $t = \lim_{Q \to P} PQ$. Die Winkelmaße $\sphericalangle\, t, PQ$ durchlaufen für $Q$ gegen $P$ einer Nullfolge. In dieser Auffassung hat ein durch eine stetige Abbildung (1) erfaßtes Kurvenstück in jedem Punkt $P$ eine Tangente, die allerdings von der Auswahl einer konvergenten Folge von Sehnengeraden abhängen kann; unter Umständen ist jede Gerade durch $P$ als Tangente anzusprechen.

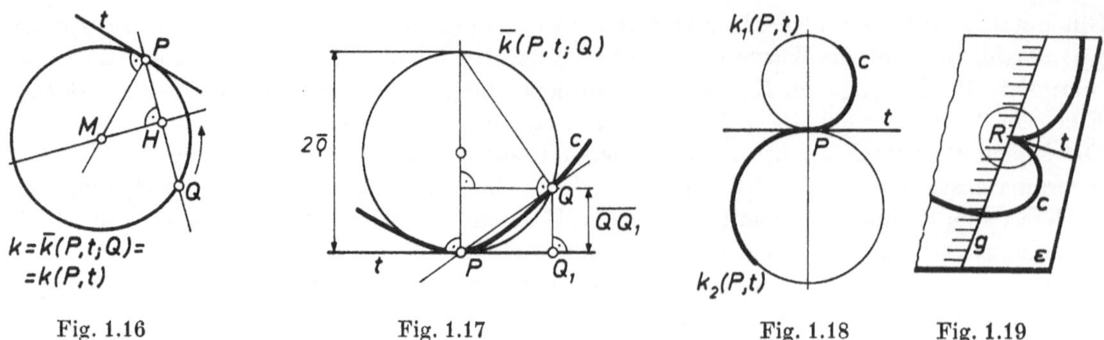


Fig. 1.16 Fig. 1.17 Fig. 1.18 Fig. 1.19

von $\bar{k}(P, t;\, Q)$ und des Fußpunkts $Q_1$ der Normalen aus $Q$ auf die Tangente $t$ gilt nach dem Höhensatz (Fig. 1.17):

(2) $$\left(2\bar{\varrho} - \overline{QQ_1}\right)\overline{QQ_1} = \overline{PQ_1}^2, \quad \text{also} \quad 2\bar{\varrho} = \frac{\overline{PQ_1}^2}{\overline{QQ_1}} + \overline{QQ_1}.$$

Läuft $Q$ in $c$ derart gegen $P$, daß dabei die Sehnengerade $PQ$ in die Tangente $t = \lim\limits_{Q\to P} PQ$ übergeht, so konvergiert die Länge $\overline{QQ_1}$ gegen Null; bei jeder gegen $P$ konvergenten Teilfolge in $c$ streben die positiven Zahlen $\bar{\varrho}$ entweder einer nicht negativen Zahl zu oder wachsen über alle Grenzen. Nach (2) gilt dann

(3) $$\lim_{Q\to P} \bar{\varrho} = \frac{1}{2} \lim_{Q\to P} \frac{\overline{PQ_1}^2}{\overline{QQ_1}}.$$

**Def. 1.4.4:** Ein Grenzwert (3) heißt *Krümmungsradius* $\varrho$ von $c$ in $P$ zur Tangente $t = \lim\limits_{Q\to P} PQ$, falls $\lim\limits_{Q\to P} \bar{\varrho}$ endlich ist.

Für $\varrho > 0$ ist $\varrho$ der Radius eines Kreises $k(P, t)$, der $t$ in $P$ berührt und die Grenzlage der Kreise $\bar{k}(P, t;\, Q)$ ist, falls $Q$ in der angegebenen Weise in $c$ gegen $P$ läuft; der Kreis $k(P, t)$ heißt ein *Krümmungskreis* von $c$ in $P$ zur Tangente $t$. Ein Kreis ist in jedem seiner Punkte sein eigener Krümmungskreis (vgl. Fig. 1.16). Zu einer Tangente $t$ kann der Grenzwert $\varrho$ und der Krümmungskreis $k(P, t)$ von der Auswahl der Punktfolge abhängen, die in $c$ gegen $P$ läuft; dies zeigt das aus zwei berührenden Kreisbogen bestehende Kurvenstück in Fig. 1.18.

Existiert in einem Punkt $P$ einer Kurve $c$ eine einzige Tangente und genau ein Grenzwert $\lim\limits_{Q\to P} \bar{\varrho}$, und ist dieser 0 bzw. $+\infty$, so heißt $P$ eine *Spitze* bzw. ein *Wendepunkt*[3] von $c$; in einer Spitze $P$ ist der Krümmungskreis zum Punkt $P$ und in einem Wendepunkt zur Tangente in $P$ degeneriert. Weiter bezeichnet man jeden Punkt eines geradlinigen Kurvenstücks als Wendepunkt, da dann bereits jeder Kreis $\bar{k}(P, t;\, Q)$ in eine Gerade ausgeartet ist.

Existiert in einem Punkt $R$ einer ebenen Kurve $c$, der bei der Darstellung (1) zu einem Innenpunkt des Intervalls $I$ gehört, genau eine Tangente $t$ und durch $R$ eine von $t$ verschiedene Gerade $g$ der Ebene $\varepsilon$ von $c$ so, daß alle von $R$ verschiedenen Punkte von $c$ in einer Umgebung von $R$ derselben Halbebene von $\varepsilon$ mit der Randgeraden $g$ angehören, so heißt $R$ ein *Rückkehrpunkt* von $c$ (Fig. 1.19). Ein Rückkehrpunkt, der eine Spitze ist, heißt *Rückkehrspitze.* Insbesondere entsteht ein Rückkehrpunkt $R$, wenn ein Punkt eine Kurve $c$ bis zum Punkt $R$ durchläuft, dort umdreht und in der Punktmenge $c$ zurückläuft. Ein solcher Rückkehrpunkt ist nicht notwendig eine Spitze,

[3] In der Differentialgeometrie wird der Begriff «Spitze» meist in anderer Bedeutung verwendet (vgl. [3, 68 u. 80]).
Die Bezeichnung «Wendepunkt» stammt daher, daß im einfachsten Fall das Kurvenstück die Tangente $t$ im Wendepunkt durchsetzt, also von einer Halbebene mit der Randgeraden $t$ zur anderen Halbebene wendet (vgl. A 7.1, 4). Allerdings muß ein Kurvenstück in einem Wendepunkt nicht die Tangente $t$ durchsetzen — man spricht dann auch von einem *Flachpunkt* von $c$ (vgl. A 7.1, 5) —, und umgekehrt folgt aus dem Durchsetzen von $t$ nicht notwendig das Vorliegen eines Wendepunktes (Fig. 1.18).

wie eine Kurve dieser Art in einem Kreis zeigt. Umgekehrt muß eine Spitze kein Rückkehrpunkt sein (vgl. A 7.1, 6).
Durchsetzt eine ebene Kurve $c$ eine Symmetrieachse der Punktmenge $c$ in einem Punkt $A \in c$ orthogonal, so heißt $A$ ein *Scheitel*[4] von $c$. Existiert in einem Scheitel $A$ genau ein Krümmungskreis, so nähert dieser *Scheitelkrümmungskreis* in der Umgebung von $A$ den Kurvenverlauf aus Symmetriegründen gut an.

### 1.4.3. Zylinder und Kegel

Eine Fläche ist eine «zweidimensionale» Punktmenge. Die in der elementaren Darstellenden Geometrie auftretenden Flächentypen werden durch bestimmte geometrische Vorschriften explizit definiert, so daß sich zunächst eine präzise Fassung eines allgemeinen Flächenbegriffs erübrigt (vgl. 7.2.1.).
Jede Kurve in einer Fläche $\Phi \subset \mathfrak{P}$ heißt *Flächenkurve*, jede Tangente einer Flächenkurve eine *Flächentangente*.

**Def. 1.4.5:** Eine Ebene $\tau$ durch einen Flächenpunkt $P$ heißt *Tangentialebene* in $P$, wenn jede Gerade in $\tau$ durch $P$ eine Flächentangente ist, und $P$ heißt *Berührungspunkt* von $\tau$.

In einem Flächenpunkt $P$ muß keine Tangentialebene oder es können mehrere Tangentialebenen existieren. Die zu einer Tangentialebene in $P$ normale Gerade durch $P$ heißt *Flächennormale*.
Liegt eine Fläche $\Phi$ in einer Ebene $\varepsilon$, so kann die Tangentialebene in jedem Punkt von $\Phi$ nur die Ebene $\varepsilon$ sein.
Spezielle nicht ebene Flächen liefert

**Def. 1.4.6:** Ist $c$ eine nicht geradlinige Kurve einer Ebene $\varepsilon$ und $e$ eine zu $\varepsilon$ nicht parallele Gerade, so heißt die Menge der Punkte aller zu $e$ parallelen Geraden, die $c$ treffen, ein *Zylinder* $\Phi$ mit der *Leitkurve* $c$; die einzelnen zu $e$ parallelen Geraden in $\Phi$ heißen *Erzeugenden*. Ist $c$ speziell ein ebenes Polygon, so spricht man von einem *Prisma* mit dem *Leitpolygon* $c$.

Die Erzeugenden eines Prismas durch die Ecken des Leitpolygons werden auch *Kanten* genannt. Die Kanten durch die beiden Ecken einer Seite des Leitpolygons bestimmen eine *Seitenebene* des Prismas.
Durch geringfügige Modifikation von Def. 1.4.6 entsteht

**Def. 1.4.7:** Ist $c$ eine nicht geradlinige Kurve einer Ebene $\varepsilon$ und $S$ ein $\varepsilon$ nicht angehörender Punkt, so heißt die Menge der Punkte aller Geraden durch $S$, die $c$ treffen, ein Kegel $\Phi$ mit der *Leitkurve* $c$ und der *Spitze* $S$; die einzelnen Geraden in $\Phi$ durch $S$ heißen *Erzeugenden*. Ist $c$ speziell ein ebenes Polygon, so spricht man von einer *Pyramide* mit dem *Leitpolygon* $c$.

Durch die Ecken des Leitpolygons gehen die *Kanten* der Pyramide (Fig. 1.20). Die Kanten durch die beiden Ecken einer Seite des Leitpolygons bestimmen eine *Seitenebene* der Pyramide. Die Menge der Punkte aller Halbgeraden mit dem Randpunkt $S$, welche die Leitkurve treffen, heißt ein *Halbkegel* (eine *Halbpyramide*).
Bei den genannten Flächen[5] kann auch eine nicht ebene Leitkurve verwendet werden; in jeder zu keiner Erzeugenden parallelen Ebene, welche im Fall eines Kegels auch die Spitze nicht enthält, liegt dann eine ebene Leitkurve.

[4] In der Differentialgeometrie werden noch andere Kurvenpunkte Scheitel genannt (vgl. [3, 102]).
[5] In anderen mathematischen Disziplinen versteht man unter Zylinder und Kegel spezielle Körper, also «dreidimensionale» Punktmengen. Im Sinne von Def. 1.4.6 und Def. 1.4.7 sind Zylinder und Kegel spezielle Flächen, deren Erzeugenden unbegrenzt und deren Leitkurven nicht notwendig geschlossen sind. Soll der Unterschied zu den entsprechenden Körpern betont werden, so verwendet man zweckmäßig die Bezeichnungen *Zylinderfläche*, *Prismenfläche*, *Kegelfläche* und *Pyramidenfläche*.

**Satz 1.4.1:** Ist $P$ ein **Punkt** einer Erzeugenden eines Zylinders $\Phi$ oder Kegels $\Phi$ mit der Spitze $S$ und $P \neq S$, so gehört jede Flächentangente von $\Phi$ in $P$ der Verbindungsebene $\tau$ von $e$ mit einer Tangente der Leitkurve $c$ im Schnittpunkt $E$ von $c$ mit $e$ an, und die Ebene $\tau$ ist Tangentialebene von $\Phi$ in $P$.

*Beweis*

(a) Sei $k$ ein Kurvenstück in $\Phi$, welches in $P$ die Erzeugende $e$ nicht als Tangente besitzt, und $Q$ ein Punkt von $k$, der nicht in $e$ liegt. Die Sehnengerade $PQ$ von $k$ gehört dann der Ebene $\tau_1 = eQ = ee_1$ an, wobei $e_1$ die Erzeugende durch $Q$ ist; die Erzeugende $e_1$ schneidet die Leitkurve $c$ in einem Punkt $E_1$ (Fig. 1.21). Läuft $Q$ in $k$ so gegen $P$, daß $PQ$ in die Tangente $g$ von $k$ in $P$ übergeht, so läuft die Sehnengerade $EE_1$ von $c$ gegen eine Tangente $t$ von $c$ in $P$, da mit $Q \to P$ folgt $e_1 \to e$, also $E_1 \to E$ (vgl. 1.4.1., Fn. 2); dabei gilt $g \subset \tau = et = \lim_{e_1 \to e} ee_1$.

(b) Ist $g$ eine von $e$ verschiedene Gerade durch $P$ in $\tau = et$ und $\varphi$ eine Ebene durch $g$, die $e$ nicht enthält, so gibt es ein $E$ enthaltendes Kurvenstück $c_1$ der Leitkurve $c$ so, daß keine Erzeugende von $\Phi$ durch einen Punkt von $c_1$ zu $\varphi$ parallel ist. Alle diese Erzeugenden schneiden dann die Ebene $\varphi$ in den Punkten eines Kurvenstücks $k \subset \Phi$, wie mit $P \neq S$ aus Def. 1.4.1 und 1.4.1., Fn. 2 folgt. Eine in $c_1$ gegen $E$ laufende Punktfolge, die eine Tangente $t$ von $c$ in $E$ definiert, führt dabei auf eine in $k$ gegen $P$ laufende Punktfolge, welche eine Tangente von $k$ in $P$ bestimmt. Nach (a) liegt diese Tangente in $\tau = et$ und ist als Schnitt der Ebenen $\tau$ und $\varphi$ die Gerade $g$.
Da auch die Gerade $e$ Tangente einer Flächenkurve in $P$, nämlich von $e$ ist, erfüllt die Ebene $\tau = et$ die Def. 1.4.5. □

Wir nennen eine Tangentialebene $\tau$ eines Zylinders oder Kegels in $P$ eine Tangentialebene *längs der Erzeugenden* $e$ durch $P$, da nach Satz 1.4.1 alle (von der Kegelspitze verschiedenen) Punkte von $e$ Berührungspunkte von $\tau$ sind. Existiert in einem Punkt $E$ der Leitkurve $c$ genau eine Tangente, so gibt es längs der Erzeugenden durch $E$ genau eine Tangentialebene. Bei einem Prisma oder einer Pyramide ist jede Tangentialebene eine Seitenebene.

**Def. 1.4.8:** Ein Zylinder bzw. ein Kegel mit einem Leitkreis heißt *Kreiszylinder* bzw. *Kreiskegel*. Speziell bei einem *Drehzylinder* sind die Erzeugenden parallel zur Drehachse des Leitkreises, bei einem *Drehkegel* liegt die Spitze in der Drehachse des Leitkreises.

Unterwirft man eine Gerade $e$ einer stetigen axialen Drehung durch 360° um eine zu $e$ parallele Achse $a \neq e$ bzw. um eine $e$ in einem Punkt $S$ nicht orthogonal schneidende Achse $a$, so überstreicht $e$ einen Drehzylinder bzw. einen Drehkegel mit der Spitze $S$, wie aus Def. 1.4.8 sofort folgt. Jede Ebene durch die Drehachse des Leitkreises enthält zwei zur Drehachse symmetrische Erzeugenden dieser Flächen. Nach 1.4.1. und Satz 1.4.1 existiert längs jeder Erzeugenden eines Drehzylinders oder Drehkegels genau eine Tangentialebene, die jeweils die Tangente des Leitkreises im Schnittpunkt mit der Erzeugenden enthält, und es gilt

**Satz 1.4.2:** Alle Tangentialebenen eines Drehzylinders haben von der zu ihnen parallelen Drehachse des Leitkreises denselben Abstand. Alle Tangentialebenen eines Drehkegels bilden mit der Drehachse des Leitkreises gleich große Winkel.

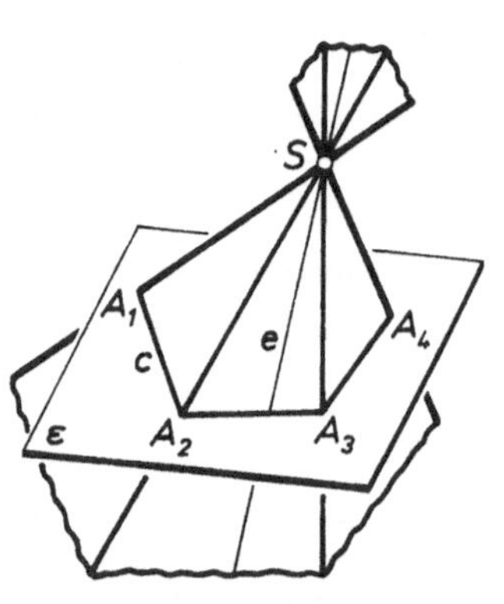

Fig. 1.20

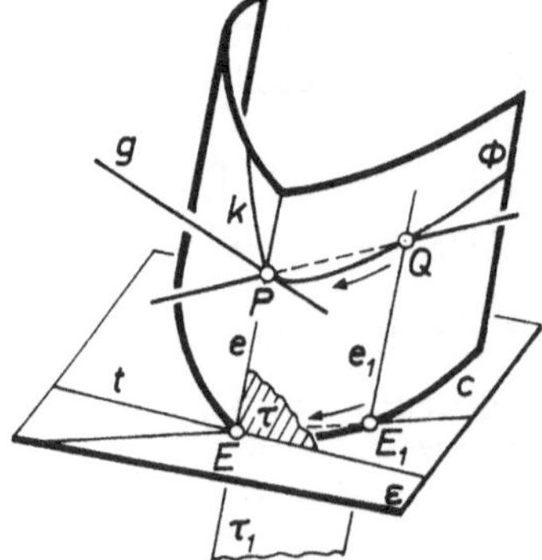

Fig. 1.21

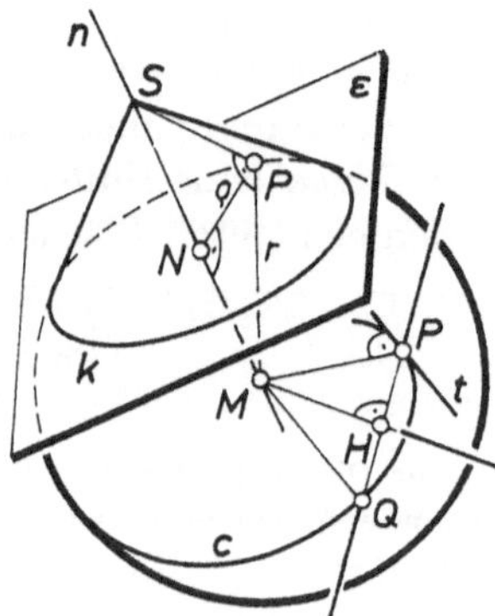

Fig. 1.22

## 1.4.4. Kugeln

Weitere einfache Flächen liefert

**Def. 1.4.9:** Die Menge aller Punkte, die von einem Punkt $M$ festen Abstand $r > 0$ besitzen, heißt die *Kugel*[6] vom *Radius* $r$ mit $M$ als *Mittelpunkt.*

Jede Gerade bzw. Ebene durch den Kugelmittelpunkt $M$ heißt *Durchmessergerade* bzw. *Durchmesserebene.* Jede Durchmessergerade $n$ einer Kugel $\Phi$ vom Radius $r$ enthält zwei Kugelpunkte, die Endpunkte eines *Durchmessers* der Länge $2r$ mit $M$ als Mittelpunkt sind. Liegt in einer Ebene $\varepsilon$ ein Kugelpunkt $P$, so gilt für den Schnittpunkt $N$ von $\varepsilon$ mit der zu $\varepsilon$ normalen Durchmessergeraden $n$ dann $\overline{PN}^2 + \overline{NM}^2 = r^2$ (Fig. 1.22), also $r^2 - \overline{NM}^2 \geqq 0$. Für $\overline{NM} = r$ ist $P = N$ der einzige Kugelpunkt in $\varepsilon$. Für $r^2 - \overline{NM}^2 =: \varrho^2 > 0$ heißt $N$ ein *Innenpunkt* von $\Phi$, und alle Kugelpunkte in $\varepsilon$ bilden einen Kreis vom Radius $\varrho$, dessen Drehachse die Gerade $n$ ist; für $\overline{NM} > r$ heißt $N$ ein *Außenpunkt* von $\Phi$, und in $\varepsilon$ liegt kein Kugelpunkt. Da umgekehrt jeder Kreis in $\Phi$ ein ebener Schnitt von $\Phi$ ist, gilt:

**Satz 1.4.3:** Die Drehachse jedes Kreises in einer Kugel geht durch den Kugelmittelpunkt. Jede axiale Drehung um eine Durchmessergerade führt die Kugel in sich über.

Ein in einer Durchmesserebene liegender Kreis einer Kugel hat wegen $M = N$ denselben Radius wie die Kugel und heißt *Großkreis*; jeder nicht in einer Durchmesserebene liegende Kreis einer Kugel hat kleineren Radius und heißt *Kleinkreis.* Bei stetiger axialer Drehung eines Großkreises $k$ durch 180° um eine seiner Durchmessergeraden überstreicht $k$ die Kugel.

**Satz 1.4.4:** Alle Flächentangenten einer Kugel $\Phi$ in einem Kugelpunkt $P$ liegen in der zur Durchmessergeraden $MP$ normalen Ebene $\tau$ durch $P$, und diese Ebene ist die Tangentialebene von $\Phi$ in $P$.

*Beweis*

(a) Sind $P, Q$ zwei verschiedene Punkte eines Kurvenstücks $c$ in $\Phi$, so enthält die zur Sehnengeraden $PQ$ normale Durchmessergerade von $\Phi$ in der Ebene $PMQ$ den Mittelpunkt $H$ der Strecke $[P, Q]$, da $\{P, M, Q\}$ ein gleichschenkeliges Dreieck ist. Läuft $Q$ in $c$ gegen $P$, so ist die Grenzlage $t$ der Geraden $PQ$ notwendig zur Durchmessergeraden $MP$ orthogonal (Fig. 1.22) und liegt daher in der Ebene $\tau$.
(b) Ist $g$ eine Gerade in $\tau$ durch $P$, so schneidet die Durchmesserebene $\varepsilon = Mg$ die Kugel in einem Großkreis, dessen Tangente in $P$ nach 1.4.1. die zu $MP$ normale Gerade in $\tau$, also die Gerade $g$ ist. □

Jede Gerade $t$, die vom Mittelpunkt $M$ einer Kugel den Kugelradius $r$ als Abstand besitzt, ist daher Flächentangente im Schnittpunkt von $t$ mit der zu $t$ normalen Ebene durch $M$. Dies ergibt:

**Satz 1.4.5:** Die Menge der Berührungspunkte aller Tangentialebenen einer Kugel, die zu einer Geraden $s$ parallel sind, ist der Großkreis $k$ mit zu $s$ paralleler Drehachse. Alle zu $s$ parallelen Flächentangenten der Kugel bilden einen Drehzylinder mit dem Leitkreis $k$.

Durch einen Außenpunkt $S$ einer Kugel gehen Flächentangenten und Tangentialebenen der Kugel. Wie die axialen Drehungen um die Durchmessergerade $MS$ lehren, gilt (Fig. 1.22):

**Satz 1.4.6:** Die Menge der Berührungspunkte aller Tangentialebenen einer Kugel, die durch einen Außenpunkt $S$ der Kugel gehen, ist ein Kleinkreis $k$ mit der Durchmessergeraden durch $S$ als Drehachse. Alle Flächentangenten der Kugel durch $S$ bilden einen Drehkegel mit dem Leitkreis $k$ und der Spitze $S$.

Die in Satz 1.4.5 bzw. Satz 1.4.6 beschriebenen Drehzylinder bzw. Drehkegel mit einem Kreis $k$ der Kugel $\Phi$ als Leitkreis heißen *Tangentialzylinder* bzw. *Tangentialkegel* $\Psi$ von $\Phi$ längs $k$; in

[6] In Analogie zu Fn. 5 wird in anderen mathematischen Disziplinen unter Kugel ein Körper verstanden, der von einer Fläche im Sinne von Def. 1.4.9 berandet wird. Im folgenden ist eine Kugel stets eine Fläche im Sinne von Def. 1.4.9, für die auch die Bezeichnungen *Kugelfläche* und *Sphäre* üblich sind. Ein von einer Kugel berandeter Körper heißt auch *Vollkugel.*

jedem Punkt $P$ von $k$ ist die von der Tangente an $k$ und der Erzeugenden von $\Psi$ aufgespannte Ebene nach Satz 1.4.1 und Satz 1.4.4 gemeinsame Tangentialebene der Flächen $\Phi$ und $\Psi$, so daß die Flächen $\Phi$ und $\Psi$ einander *längs k berühren.*

## Aufgaben 1.4

1. Ist $e_1$ bzw. $e_2$ Flächentangente einer Kugel $\Phi$ im Punkt $E_1$ bzw. $E_2$ und schneiden einander $e_1$ und $e_2$ in einem Außenpunkt $S$ von $\Phi$, so gilt $\overline{SE_1} = \overline{SE_2}$.
2. Jede Kugel, die einen gegebenen Drehzylinder $\Psi$ als Tangentialzylinder besitzt, hat denselben Radius wie ein Leitkreis $k$ von $\Psi$ und entsteht aus einer solchen Kugel durch Schiebung parallel zur Drehachse von $k$.
3. Ist $\varepsilon$ eine zu den Erzeugenden eines Drehzylinders $\Psi$ nicht parallele Ebene, so existieren genau zwei Kugeln, die $\varepsilon$ als Tangentialebene und $\Psi$ als Tangentialzylinder besitzen.
(Anl.: Benütze A 1.4, 2).
4. Jede Kugel, die einen gegebenen Drehkegel $\Psi$ als Tangentialkegel besitzt, hat den Mittelpunkt in der Drehachse des Leitkreises $k$ von $\Psi$ und entsteht aus einer solchen Kugel durch eine zentrische Ähnlichkeit in $\mathfrak{P}$[7] mit der Spitze von $\Psi$ als Zentrum.
5. Ist $\varepsilon$ eine Ebene, welche die Spitze $S$ eines Drehkegels $\Psi$ nicht enthält, so existieren genau zwei Kugeln, die $\varepsilon$ als Tangentialebene und $\Psi$ als Tangentialkegel besitzen, falls $\varepsilon$ zu keiner Tangentialebene von $\Psi$ parallel ist, und es gibt genau eine Kugel dieser Art, falls $\varepsilon$ zu einer Tangentialebene von $\Psi$ parallel ist.
(Anl.: Benütze A 1.4, 4)
6. Sind $P, Q$ zwei verschiedene Punkte einer Kugel, so liegt der Kugelmittelpunkt in der Symmetrieebene der Strecke $[P, Q]$. Der Mittelpunkt einer Kugel durch drei nicht kollineare Punkte $P, Q, R$ liegt in der Drehachse des Umkreises des Dreiecks $\{P, Q, R\}$.
7. Durch vier Punkte $P, Q, R, S$, die nicht in einer Ebene liegen, geht genau eine Kugel.
(Anl.: Der Kugelmittelpunkt gehört nach A 1.4, 6 notwendig der Drehachse des Umkreises von $\{P, Q, R\}$ und der Symmetrieebene der Strecke $[P, S]$ an).

[7] In Analogie zu A 1.3, 16 heißt eine Abbildung $\alpha : \mathfrak{P} \to \mathfrak{P}$ mit einem Fixpunkt $Z$, bei der für jeden Punkt $X \in \mathfrak{P} \setminus Z$ gilt $X^\alpha \in XZ$ und $\mathrm{TV}(X^\alpha, X, Z) = a \in \mathbb{R} \setminus \{0\}$, eine *zentrische Ähnlichkeit* in $\mathfrak{P}$ zum Zentrum $Z$, und $\alpha$ ist eine Ähnlichkeit in $\mathfrak{P}$.

# 2. Parallelprojektion

Da in der Darstellenden Geometrie räumliche Objekte durch eine ebene Zeichnung erfaßt werden, spielen Abbildungen aus der Punktmenge des Anschauungsraumes in eine seiner Ebenen eine zentrale Rolle. Die einfachste Abbildung dieser Art ist die Parallelprojektion. Von dem unter einer Parallelprojektion entstehenden Parallelriß eines wirklichen oder gedachten Objekts wird eine Kopie in einer Zeichenebene angefertigt. Die Darstellende Geometrie lehrt, wie man aus bekannten Angabeelementen den Parallelriß eines Objekts in der Zeichenebene vervollständigen und Aufgaben über das Objekt an Hand der Zeichnung lösen kann.
Beim Studium der Parallelprojektion einer ebenen Figur stößt man auf zwei verschiedene Abbildungen, die bei zahlreichen Fragestellungen auftreten: einerseits die Parallelperspektivitäten, welche Abbildungen einer Ebene auf eine zweite Ebene des Raumes sind und von den im Raum gültigen Lagebeziehungen beherrscht werden, und andererseits die perspektiven Affinitäten einer Ebene auf sich; zur Vervollständigung einer solchen Abbildung der ebenen Geometrie benötigt man Eigenschaften der in **1.** eingeführten Affinitäten. Die konstruktiven Mechanismen einer perspektiven Affinität verdienen eine eigene Behandlung, da mit ihrer Hilfe verschiedenartige Aufgaben der Darstellenden Geometrie konstruktiv gleichartig gelöst werden können.
Der orientierte Anschauungsraum wird im Rahmen der Darstellenden Geometrie durch ein kartesisches Rechtssystem erfaßt, von dem eine Achse lotrecht und nach oben orientiert ist. Mit einem solchen Koordinatensystem sind drei spezielle Normalprojektionen verknüpft, die auf Grundriß, Aufriß und Kreuzriß führen und auch im technischen Zeichnen benützt werden.
Kennt man den Parallelriß des kartesischen Rechtssystems, so kann der Parallelriß jedes Punktes ergänzt werden, dessen Koordinaten bekannt sind. Dieses Prinzip beherrscht bereits die Ermittlung von Grundriß, Aufriß und Kreuzriß und leitet über zur Axonometrie. Der Hauptsatz der Axonometrie ermöglicht es, die Angabe einer Axonometrie in zulässiger Weise beliebig zu wählen; dieser für das praktische Zeichnen ausreichende Satz wird in **3.** zum Satz von Pohlke verschärft. Ein zweckmäßiges Verfahren zur Herstellung axonometrischer Risse ist das Einschneideverfahren.
Normalprojektionen besitzen gegenüber Parallelprojektionen zusätzliche Eigenschaften, welche die Konstruktion eines Normalrisses erleichtern; Normalrisse sind zur Lösung theoretischer Aufgaben besonders geeignet. Nach der Behandlung des Normalrisses von drei paarweise orthogonalen Geraden durch einen Punkt kann die normale Axonometrie und das zugehörige Einschneideverfahren besprochen werden.

## 2.1. Grundbegriffe der Parallelprojektion

### 2.1.1. Abbildungsvorschrift, Eigenschaften einer Parallelprojektion

Die im folgenden erklärte Parallelprojektion ist dem Schattenwurf bei einer «sehr weit» entfernten Lichtquelle, etwa bei Sonnenbeleuchtung, auf eine ebene Wand nachempfunden.

**Def. 2.1.1:** Sind $\pi$ eine Ebene und $s$ eine zu $\pi$ nicht parallele Gerade, so heißt die Abbildung

(1) $$p:\mathfrak{P} \to \pi \quad \text{mit} \quad P \mapsto P^p = s_P \cap \pi \quad \text{für} \quad P \in s_P \quad \text{und} \quad s_P \parallel s$$

die *Projektion parallel s* (*Parallelprojektion*) auf die *Bildebene* $\pi$ (Fig. 2.1). Die Bildmenge $\mathfrak{F}^p \subset \pi$ einer Punktmenge $\mathfrak{F} \subset \mathfrak{P}$ heißt der *Parallelriß* von $\mathfrak{F}$. Ist speziell $s$ normal zu $\pi$, so sprechen wir von einer *Normalprojektion* $n:\mathfrak{P} \to \pi$ und dem *Normalriß* $\mathfrak{F}^n$ von $\mathfrak{F}$, für $s$ nicht normal zu $\pi$ von einer *Schrägprojektion* und dem *Schrägriß* von $\mathfrak{F}$.

Die Parallelprojektion ist als Abbildung gemäß 1.1.3 ein Tripel, der Parallelriß einer Punktmenge aus $\mathfrak{P}$ dagegen eine Punktmenge der Bildebene $\pi$. Der Riß liegt *in* $\pi$, projiziert wird *auf* $\pi$.
Wegen 1.1.1. ist $p:\mathfrak{P} \to \pi$ eine globale und surjektive Abbildung, bei der genau die Punkte der Bildebene $\pi$ mit ihren Bildpunkten zusammenfallen. Die zu $s$ parallelen Geraden vermitteln den

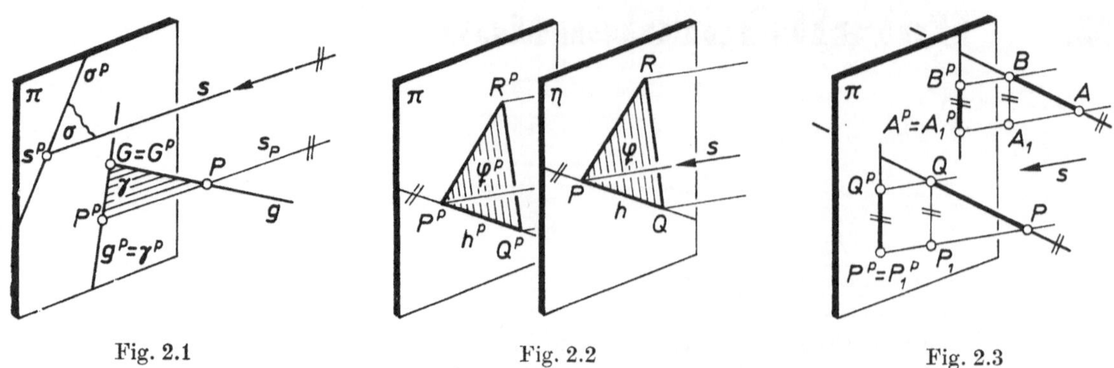


Fig. 2.1 Fig. 2.2 Fig. 2.3

Projektionsvorgang und heißen *Sehgeraden*[1] (*projizierende Geraden*), die zu $s$ parallelen Ebenen enthalten Sehgeraden und heißen *Sehebenen*[1] (*projizierende Ebenen*). Der Parallelriß $s^p$ einer Sehgeraden[2] $s$ ist ihr *Spurpunkt*[3] $s \cap \pi$, der Parallelriß $\sigma^p$ einer Sehebene $\sigma$ ihre *Spurgerade*[3] $\sigma \cap \pi$ (Fig. 2.1). Da verschiedene Punkte einer Sehgeraden denselben Parallelriß besitzen, ist eine Parallelprojektion nicht injektiv.

Durch eine nicht projizierende Gerade $g$ existiert nach A 1.1, 1 (e) genau eine projizierende Ebene $\gamma$, und in $\gamma$ liegen alle $g$ schneidenden Sehgeraden. Mit 1.1.1. und Satz 1.2.1 folgt

**Satz 2.1.1:** Die Einschränkung einer Parallelprojektion auf eine nicht projizierende Gerade $g$ ist eine teilverhältnistreue Bijektion von $g$ auf die Schnittgerade $g^p$ der Sehebene durch $g$ mit der Bildebene.

Nach A 1.1, 1 (c) sind die Sehebenen durch zwei parallele nicht projizierende Geraden parallel, so daß A 1.1, 1 (b) ergibt

**Satz 2.1.2:** Die Parallelrisse paralleler nicht projizierender Geraden sind parallel.

Im folgenden besitzen spezielle Ebenen und Geraden besondere Bedeutung:

**Def. 2.1.2:** Eine zur Bildebene $\pi$ einer Parallelprojektion $p: \mathfrak{P} \to \pi$ parallele Ebene $\eta$ bzw. Gerade $h$ heißt *Hauptebene* bzw. *Hauptgerade* (bezüglich $p$).

Dann gilt

**Satz 2.1.3:** Der Parallelriß $\mathfrak{F}^p$ jeder Figur $\mathfrak{F}$ in einer Hauptebene $\eta$ ist zu $\mathfrak{F}$ kongruent. Jede Strecke in einer Hauptgeraden hat dieselbe Länge wie ihr Parallelriß.

*Beweis*

Eine Hauptebene $\eta$ kommt unter jener Schiebung, welche einem Punkt $P \in \eta$ seinen Parallelriß $P^p \in \pi$ zuordnet, in die Bildebene $\pi$ (Fig. 2.2). Jede Hauptgerade liegt in einer Hauptebene. □

Sind $P$, $Q$ zwei verschiedene Punkte mit den Parallelrissen $P^p$, $Q^p$ unter der Parallelprojektion $p: \mathfrak{P} \to \pi$, so heißt $\overline{P^pQ^p}:\overline{PQ}$ das *Verzerrungsverhältnis* der Strecke[4] $[P, Q]$ bezüglich $p$. Für Strekken in einer Sehgeraden ist das Verzerrungsverhältnis Null und sonst stets positiv; für Strecken

[1] Diese Bezeichnung erinnert daran, daß die Parallelprojektion auch dem einäugigen Anvisieren eines Objekts aus «sehr großer» Entfernung nachgebildet ist, wobei zur Wiedergabe des optischen Eindrucks durch eine ebene Zeichnung der Schnittpunkt der den Objektpunkt enthaltenden Sehgeraden mit einer Bildebene markiert wird.

[2] Wir bezeichnen im folgenden jede Sehgerade mit $s$.

[3] Unter dem Spurpunkt einer zur Bildebene $\pi$ nicht parallelen Geraden $g$ bzw. unter der Spurgeraden einer zu $\pi$ nicht parallelen Ebene $\varepsilon$ verstehen wir stets den Schnittpunkt von $g$ bzw. die Schnittgerade von $\varepsilon$ mit der Bildebene $\pi$.

[4] Sprechen wir vom Verzerrungsverhältnis einer Strecke $[P, Q]$, so ist stets $P \neq Q$ vorausgesetzt. Das Verzerrungsverhältnis einer Strecke ist unabhängig von der Wahl der Einheitsstrecke, wobei wir für das Objekt und seinen Parallelriß in der Bildebene stets dieselbe Einheitsstrecke benützen (vgl. dagegen 2.1.3.). Verzerrungsverhältnisse werden auch kurz *Verzerrungen* genannt.

in einer Hauptgeraden ist nach Satz 2.1.3 das Verzerrungsverhältnis eins, solche Strecken werden also unverzerrt abgebildet.

**Satz 2.1.4:** Bei Parallelprojektion besitzen Strecken in parallelen Geraden dasselbe Verzerrungsverhältnis.

*Beweis*

Für Strecken in Sehgeraden oder in Hauptgeraden ist diese Aussage richtig. Ist die Gerade $AB$ der Strecke $[A, B]$ keine Sehgerade und keine Hauptgerade, so existiert in der Sehebene durch $AB$ der Schnittpunkt $A_1$ der Sehgeraden durch $A$ mit der Hauptgeraden durch $B$ (Fig. 2.3); in analoger Weise wird ein Punkt $P_1$ zur Strecke $[P, Q]$ mit $AB \parallel PQ$ erklärt. Aus $AA_1 \parallel PP_1$, $AB \parallel PQ$ und $A_1B \parallel A_1{}^pB^p \parallel P_1{}^pQ^p \parallel P_1Q$ folgt nach A 1.3, 2 die Ähnlichkeit der Dreiecke $\{A, A_1, B\}$ und $\{P, P_1, Q\}$, was mit $\overline{A_1B} = \overline{A_1{}^pB^p}$, $\overline{P_1Q} = \overline{P_1{}^pQ^p}$ und $\overline{A_1B}:\overline{AB} = \overline{P_1Q}:\overline{PQ}$ die Behauptung $\overline{A^pB^p}:\overline{AB} = \overline{P^pQ^p}:\overline{PQ}$ ergibt. □

Insbesondere besitzen daher zueinander gleich lange Strecken in parallelen nicht projizierenden Geraden zueinander gleich lange Parallelrisse in parallelen Geraden.

Um bei Parallelprojektion Sichtbarkeitsfragen entscheiden zu können, ist es nötig, die Sehgeraden dem physikalischen Vorgang des Schattenwurfs entsprechend mit einer Orientierung zu versehen. Wir sprechen dann von *Sehstrahlen*; alle Sehstrahlen sind zueinander gleichsinnig parallel. Nach 1.1.2., Fn. 10 wird die Orientierung eines Sehstrahls in der Zeichnung durch die ausgefüllte Spitze eines Pfeiles angedeutet (vgl. Fig. 2.1), den wir *Sehpfeil* nennen. Damit ist festgelegt, welcher von zwei Punkten eines Sehstrahls $s$ vor dem anderen kommt und damit sichtbar ist: Der sichtbare Punkt «verdeckt» den anderen, nicht sichtbaren Punkt von $s$. Im Gegensatz zum Schattenwurf wird aber nicht verlangt, daß ein abzubildender Punkt $P$ im Sehstrahl vor seinem Bildpunkt $P^p$ kommt.

## 2.1.2. Parallelriß einer Kurve, Konturpunkte einer Fläche

Der Parallelriß $c^p \subset \pi$ einer Kurve $c \subset \mathfrak{P}$ unter einer Parallelprojektion $p: \mathfrak{P} \to \pi$ ist die Menge der Spurpunkte aller $c$ treffenden Sehgeraden. Liegt $c$ in einer Sehebene $\sigma$, so gehört $c^p$ der Spurgeraden $\sigma^p = \sigma \cap \pi$ von $\sigma$ an. In jedem anderen Fall bilden alle $c$ treffenden Sehgeraden einen Zylinder, und $c^p$ ist der Schnitt der Bildebene $\pi$ mit diesem *Sehzylinder* (*projizierenden Zylinder*) *durch* $c$. Zu jedem Punkt $P \in c$, in dem keine Tangente projizierend ist, gibt es ein $P$ enthaltendes Kurvenstück $c_1$ in $c$ so, daß $c_1{}^p \subset c^p$ ein Kurvenstück in $\pi$ ist (vgl. Beweisteil (b) zu Satz 1.4.1).

**Satz 2.1.5:** Unter einer Parallelprojektion wird einer nicht projizierenden Tangente $t$ eines Kurvenstücks $c$ in $P \in c$ eine Tangente des Parallelrisses $c^p$ von $c$ im Punkt $P^p$ zugeordnet.

*Beweis*

Die Gerade $t$ ist Flächentangente des Sehzylinders $\Psi$ durch $c$ und liegt daher nach Satz 1.4.1 in der Tangentialebene $\tau = st$ von $\Psi$ längs der Sehgeraden $s$ durch $P$. Die Gerade $\tau \cap \pi$ ist nach Satz 1.4.1 Tangente der Leitkurve $c^p$ von $\Psi$ in $P^p$, und es gilt $\tau \cap \pi = t^p$, da die nicht projizierende Gerade $t$ keine Erzeugende von $\Psi$ ist. □

Bei einer Parallelprojektion $p: \mathfrak{P} \to \pi$ schneiden alle Sehgeraden durch die Punkte einer Fläche $\Phi$, die einer Sehebene oder einem Sehzylinder angehört, die Bildebene $\pi$ in einer Kurve $\Phi^p$, dem Parallelriß von $\Phi$. Bei jeder anderen Fläche ist die Menge der Bildpunkte ihrer Punkte ein «zweidimensionaler Bereich» der Bildebene $\pi$.

**Def. 2.1.3:** Ein Punkt $K$ einer Fläche $\Phi$ heißt ein *Konturpunkt* bezüglich einer Parallelprojektion $p: \mathfrak{P} \to \pi$, wenn in $K$ eine projizierende Tangentialebene existiert; die Menge der Konturpunkte heißt *Kontur* $u$ der Fläche und der Parallelriß $u^p$ von $u$ der *Umriß*[5] von $\Phi$ bezüglich $p$ (*Parallelumriß* von $\Phi$).

[5] Ebenfalls gebräuchlich sind die Bezeichnungen *wahrer Umriß* $u \subset \Phi$ anstelle von Kontur und *scheinbarer Umriß* $u^p \subset \pi$ anstelle von Umriß. Wir bevorzugen die Bezeichnung Kontur, da das Wort «Riß» auf eine der Bildebene angehörende Figur hinweist.

Eine Fläche muß keinen Konturpunkt besitzen, wie eine nicht projizierende Ebene zeigt.
Da ein Riß die Gestalt des Objekts möglichst gut wiedergeben soll, sind außer dem Umriß einer Fläche und den Rissen eventuell vorhandener Randkurven noch die Risse für die Gestalt der Fläche wesentlicher Punkte und Flächenkurven, wie etwa von Spitzen, Kanten, Selbstschnitten oder Selbstberührungen der Fläche anzugeben. Wird die Fläche von einer Schar für die Flächengestalt typischer Flächenkurven überdeckt, wie es etwa die Breitenkreise einer Drehfläche, die Schiebkurven einer Schiebfläche, die Bahnschraublinien einer Schraubfläche oder die Erzeugenden einer Regelfläche sind, so erhöhen die Risse einiger dieser Kurven die Anschaulichkeit der Bildfigur (vgl. Fig. 6.91).
Besitzt ein nicht projizierender Zylinder oder ein Kegel $\Phi$ einen Konturpunkt $K$, so sind alle (von der Kegelspitze verschiedenen) Punkte der Erzeugenden durch $K$ nach Satz 1.4.1 und Def. 2.1.3 Konturpunkte von $\Phi$; man nennt eine solche Erzeugende eine *Konturerzeugende*. Eine Tangentialebene $\tau$ längs einer Erzeugenden $e$ ist gemäß Satz 1.4.1 die Verbindungsebene von $e$

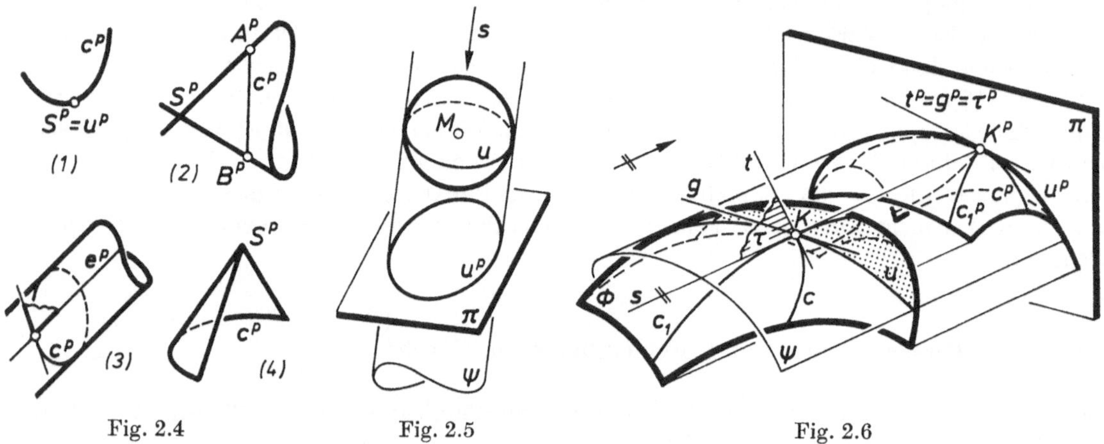

Fig. 2.4 Fig. 2.5 Fig. 2.6

und einer Tangente $t$ der Leitkurve $c$ von $\Phi$ im Punkt $E = e \cap c$, und die Ebene $\tau$ ist daher genau dann projizierend, wenn entweder eine der beiden verschiedenen Geraden $e$ und $t$ projizierend ist oder die beiden Geraden $e$ und $t$ übereinstimmende Parallelrisse besitzen. Das ergibt:

**Satz 2.1.6:** Bezüglich Parallelprojektion besteht die Kontur eines nicht projizierenden Zylinders oder eines Kegels aus Erzeugenden; der Riß $e^p$ einer Erzeugenden $e$ gehört genau dann dem Umriß an, wenn $e^p$ punktförmig ist oder durch den punktförmigen Riß einer projizierenden Tangente der Leitkurve geht oder Tangente des Risses der Leitkurve ist.

Ist eine Erzeugende $u$ eines Kegels $\Phi$ projizierend — der Parallelriß $S^p$ der Kegelspitze $S$ ist dann ein Punkt des Parallelrisses $c^p$ der Leitkurve $c$ —, so gehört $u$ zur Kontur von $\Phi$; existieren weiter keine projizierenden Tangenten von $c$ und keine Tangenten von $c^p$ durch $S^p$, die $c^p$ in einem von $S^p$ verschiedenen Punkt berühren (Fig. 2.4, (1)), so besteht der Parallelumriß des Kegels nur aus dem Punkt $u^p$. Fig. 2.4, (2) bezieht sich auf einen Kegel mit einem Leitkreis $c$ in einer Sehebene: In jenen Punkten $A$, $B$ von $c$, deren Risse $A^p$, $B^p$ in die Endpunkte der Strecke $c^p$ fallen, sind die Tangenten von $c$ projizierend, und die Kurve $c^p$ besitzt nach 1.4.2. die Punkte $A^p$ und $B^p$ als Rückkehrpunkte; die Geraden $S^pA^p$, $S^pB^p$ stellen den Parallelumriß des Kegels dar[6]. Fig. 2.4, (3) bzw. (4) zeigt den Parallelumriß eines nicht projizierenden Zylinders mit geschlossener Leitkurve $c$ ohne projizierende Tangente bzw. eines durch die Leitkurve $c$ berandeten Halbkegels (vgl. 1.4.3), der zwei Randerzeugenden und keine projizierende Leitkurventangente besitzt.

[6] Da in der Kegelspitze $S$ nach 1.4.3. keine Tangentialebene existiert, ist $S$ kein Konturpunkt. Im strengen Sinn sind daher nur die um den Punkt $S^p$ verminderten Geraden $S^pA^p$ und $S^pB^p$ der Parallelumriß des Kegels, doch ist der Parallelriß $S^p$ der für die Gestalt eines Kegels wesentlichen Spitze $S$ anzugeben.

Haben zwei Flächen in jedem Punkt einer ihnen gemeinsamen Flächenkurve $c$ dieselbe Tangentialebene — die Flächen berühren dann einander längs $c$ —, so stimmen gemäß Def. 2.1.3 die Konturpunkte beider Flächen in $c$ überein. Mit Satz 2.1.6 folgt

**Satz 2.1.7:** Wird eine Fläche $\Phi$ längs einer Kurve $c$ von einem nicht projizierenden Zylinder $\Psi$ oder einem Kegel $\Psi$ berührt, so ist jeder Punkt von $c$, in dessen Riß der Riß einer Erzeugenden von $\Psi$ Tangente des Risses von $c$ ist, ein Konturpunkt von $\Phi$ in $c$.

In jedem Konturpunkt existiert nach Def. 2.1.3 und Def. 1.4.5 eine projizierende Flächentangente. Damit folgt aus Satz 1.4.5 (Fig. 2.5):

**Satz 2.1.8:** Bezüglich Parallelprojektion ist die Kontur einer Kugel jener Großkreis $u$, dessen Drehachse eine Sehgerade ist.

Alle projizierenden Flächentangenten einer Fläche $\Phi$ bilden einen Sehzylinder $\Psi$, der die Kontur $u$ von $\Phi$ enthält; im Falle einer Kugel ist dieser Sehzylinder nach 1.4.4. ein Drehzylinder (Fig. 2.5). Besitzt die Kontur $u$ in einem Konturpunkt $K$ eine nicht projizierende Tangente $g$, so haben die Fläche $\Phi$ und der Sehzylinder $\Psi$ in $K$ die projizierende Verbindungsebene $\tau$ von $g$ mit der Sehgeraden $s$ durch $K$ als gemeinsame Tangentialebene, und es gilt $\tau^p = g^p$. Damit folgt (Fig. 2.6, Fig. 2.4, (3), (4)):

**Satz 2.1.9:** Besitzt die Kontur $u$ in einem Konturpunkt $K$, in dem genau eine Tangentialebene $\tau$ existiert, eine nicht projizierende Tangente $g$ und ist die Tangente $t$ einer Flächenkurve $c$ in $K$ nicht projizierend, so haben die Risse $u^p$ und $c^p$ in $K^p$ die gemeinsame Tangente $\tau^p$.

Wie aus A 7.1, 11 folgt, bleibt Satz 2.1.9 gültig, falls $g$ projizierend und $K$ kein Wendepunkt von $u$ ist; falls dagegen $t$ projizierend und $K$ kein Wendepunkt von $c$ ist, besitzt $c^p$ in $K^p$ nach Satz 7.1.6 einen Rückkehrpunkt, und $\tau^p$ ist nicht notwendig die Rückkehrtangente (vgl. $c_1$ in Fig. 2.6).
Gemäß 2.1.1. werden die Sehgeraden einer Parallelprojektion orientiert. Ein Punkt $P$ einer Fläche ist genau dann sichtbar, wenn im Sehstrahl durch $P$ kein anderer Objektpunkt, also insbesondere kein Flächenpunkt vor $P$ liegt. Durchsetzt eine Flächenkurve $c$ die Kontur $u$ in einem Punkt $K \in u$, so kann der Punkt $K$ sichtbare Flächenpunkte von nicht sichtbaren Flächenpunkten in $c$ trennen (vgl. Fig. 2.6), jedoch muß eine Kontur keine solche *Sichtbarkeitsgrenze* sein (vgl. 6.3.2., Fn. 1).

## 2.1.3. Aufnahmesituation einer Parallelprojektion, Zeichenmaßstab

Eine Ebene $\varepsilon$ kann gemäß Def. 1.1.3 orientiert werden. Wir orientieren die Bildebene $\pi$ einer Parallelprojektion mit Hilfe der Sehstrahlen durch[7]

**Def. 2.1.4:** Der positive Halbraum mit der Randebene $\pi$ enthält jene Punkte, die in den Sehstrahlen vor den Punkten der Bildebene $\pi$ liegen.

Aus 1.1.2. folgt:

**Satz 2.1.10:** Ist $\varepsilon$ eine orientierte nicht projizierende Ebene, so liegen in einem Sehstrahl $s$ einer Parallelprojektion die Punkte des positiven Halbraumes mit der Randebene $\varepsilon$ genau dann vor dem Schnittpunkt von $s$ mit $\varepsilon$, falls der Parallelriß eines Dreiecks positiven Umlaufsinns in $\varepsilon$ ein Dreieck positiven Umlaufsinns in der gemäß Def. 2.1.4 orientierten Bildebene $\pi$ ist.

Im Falle einer horizontalen nicht projizierenden Ebene $\varepsilon$, die so orientiert ist, daß die über $\varepsilon$ liegenden Punkte dem positiven Halbraum mit der Randebene $\varepsilon$ angehören, heißt eine Parallelprojektion eine *Obersicht* von $\varepsilon$, wenn in einem Sehstrahl $s$ ein Punkt des positiven Halbraumes mit der Randebene $\varepsilon$ vor dem Schnittpunkt von $s$ mit $\varepsilon$ liegt, und sonst eine *Untersicht* von $\varepsilon$.

[7] Beachte den Unterschied zu Def. 1.3.4.

Der Parallelriß eines wirklichen oder gedachten Objekts entsteht durch den Projektionsvorgang in der «Aufnahmesituation» und ist eine Punktmenge der orientierten Bildebene $\pi$. Zur zeichnerischen Behandlung verwenden wir eine *Zeichenebene*, die so orientiert wird, daß das Auge des Zeichners dem positiven Halbraum mit der Zeichenebene als Randebene angehört. In der orientierten Zeichenebene wird dann eine zum Parallelriß $\mathfrak{F}^p \subset \pi$ eines Objekts $\mathfrak{F}$ gleichsinnig ähnliche Figur konstruiert; es ist naheliegend, auch jede solche «Kopie» von $\mathfrak{F}^p$ einen *Parallelriß* des Objekts zu nennen und ebenfalls mit $\mathfrak{F}^p$ zu bezeichnen[8]. Wir benützen folgende

**Festsetzung:** *Kommen in einer Aussage Begriffe vor, die sich sowohl auf ein räumliches Objekt wie auf dessen Riß beziehen, so ist stets die in der Bildebene der Aufnahmesituation liegende Rißfigur und nicht die der Zeichenebene angehörende Kopie gemeint.*

Bisher wurde diese Festsetzung in Satz 2.1.3 und Satz 2.1.4 verwendet.
Nach Wahl einer Einheitsstrecke im Raum, die nach Fn. 4 auch zum Messen in der Bildebene $\pi$ benützt wird, existiert nach 1.3.1. eine Einheitsstrecke in der Zeichenebene so, daß jede Strecke der Figur $\mathfrak{F}^p$ in $\pi$ und die betreffende Strecke der Kopie in der Zeichenebene bezüglich der jeweiligen Einheitsstrecke dieselbe Länge besitzen. Graphisch verwendet man zweckmäßig in der Zeichenebene eine *Maßstabskala*; diese ist ein Zahlenstrahl, dessen Nullpunkt und Einheitspunkt die Einheitsstrecke der Zeichenebene bestimmen, wobei aber die Zahlenangaben unter Benützung der räumlichen Einheitsstrecke, also etwa in Metern erfolgen.
Die Länge der Einheitsstrecke in der Zeichenebene bezüglich der Einheitsstrecke im Raum ist der *Zeichenmaßstab* des in der Zeichenebene liegenden Parallelrisses. So bedeutet etwa 1:5 eine Verkleinerung aller bezüglich der Einheitsstrecke im Raum gemessenen Längen des in der Aufnahmesituation entstandenen Parallelrisses auf ein Fünftel ihrer Größe und etwa 2:1 ihre Vergrößerung auf das Doppelte[9]. Verkleinert oder vergrößert man die Zeichnung, so ändert sich zwar der Zeichenmaßstab, doch wird eine Maßstabskala dabei in richtiger Weise mitverändert; durch die Maßstabskala ist der jeweilige Zeichenmaßstab bestimmt.

### 2.1.4. Grundriß, Aufriß, Kreuzriß

Ruht ein quaderförmiges Objekt des Anschauungsraumes auf einer horizontalen Standebene, so bestimmt es durch seine Tiefe, Breite und Höhe ein kartesisches Rechtssystem $(U, A, B, C)$ des orientierten Anschauungsraumes mit nach oben orientierter lotrechter $z$-Achse[10] $UC$ und horizontaler $xy$-Ebene $UAB$. Gemäß 1.2.3. wird durch das kartesische Rechtssystem eine Orientierung jeder Koordinatenebene mitbestimmt.

**Def. 2.1.5:** Ist $(U, A, B, C)$ ein kartesisches Rechtssystem mit lotrechter nach oben orientierter $z$-Achse, so heißt die orientierte $xy$-Ebene *Grundrißebene* $\pi_1$, die orientierte $yz$-Ebene *Aufrißebene* $\pi_2$ und die orientierte $zx$-Ebene *Kreuzrißebene* $\pi_3$. Der *Grundriß* $P'$ eines Punktes $P$ entsteht unter Normalprojektion auf $\pi_1$ mit einem zur $z$-Achse entgegengesetzt orientierten Sehstrahl $s_1$, der *Aufriß* $P''$ unter Normalprojektion auf $\pi_2$ mit einem zur $x$-Achse entgegengesetzt orientierten Sehstrahl $s_2$ und der *Kreuzriß* $P'''$ unter Normalprojektion auf $\pi_3$ mit einem zur $y$-Achse entgegengesetzt orientierten Sehstrahl $s_3$.

[8] Eine solche Kopie kann auch wie folgt entstanden gedacht werden: Stellt man sich die Bildebene $\pi$ als undurchsichtige Platte vor und liegt der Riß auf der dem positiven Halbraum zugewendeten Seite der Platte, so wird die Platte — eventuell nach Änderung des Zeichenmaßstabs — derart in die Zeichenebene verlagert, daß der Zeichner den Riß sieht.
In der Aufnahmesituation bezeichnen wir den Parallelriß eines Objektpunkts $P$, also einen Punkt einer in $\pi$ liegenden ebenen Figur, mit $P^p$; in einer Kopie dieser ebenen Figur, die der Zeichenebene angehört, wird ebenfalls die Bezeichnung $P^p$ benützt. Gehört der Punkt $P$ der Bildebene $\pi$ an, so gilt zwar in der Aufnahmesituation $P = P^p$, nicht aber für den in der Zeichenebene befindlichen Punkt $P^p$.

[9] Im technischen Zeichnen sind für Verkleinerungen die Maßstäbe 1:2,5, 1:5, 1:10, 1:20, 1:50, 1:100, 1:200, 1:500, 1:1000 und für Vergrößerungen die Maßstäbe 2:1, 5:1, 10:1 üblich.

[10] Das bedeutet, daß in der $z$-Achse ein tieferliegender Punkt vor einem höher liegenden Punkt kommt.

Die Orientierungen der Sehstrahlen $s_1$, $s_2$, $s_3$ in Def. 2.1.5 sind so gewählt, daß die Orientierungen der Koordinatenebenen als Bildebenen gemäß Def. 2.1.4 mit den durch das kartesische Rechtssystem des Raumes gemäß 1.2.3. bestimmten Orientierungen dieser Ebenen übereinstimmen.
Der Grundriß zeigt also eine «Ansicht von oben». Bezeichnet man jenen Halbraum mit der Aufrißebene $\pi_2$ als Randebene, dessen Punkte positive $x$-Koordinaten besitzen, als *vorderen Halbraum* und jenen Halbraum mit der Kreuzrißebene $\pi_3$ als Randebene, dessen Punkte positive $y$-Koordinaten aufweisen, als *rechten Halbraum* bezüglich des kartesischen Rechtssystems[11], so zeigt der Aufriß eine «Ansicht von vorne» und der Kreuzriß eine «Ansicht von rechts».
Durch das kartesische Rechtssystem $(U, A, B, C)$ wird jedem Punkt $P$ unter Verwendung der in Def. 1.2.4 eingeführten Punkte $P_x \in x$, $P_y \in y$, $P_z \in z$ ein (gegebenenfalls degenerierter) *Koordinatenquader* mit den Eckpunkten $U, P_x, P_y, P_z, P', P'', P''', P$ zugeordnet (Fig. 1.6); jeder Streckenzug aus drei seiner Kanten, der von $U$ nach $P$ führt, zeigt alle drei Koordinaten von $P$ und heißt ein *Koordinatenweg* von $P$. Besitzt $P$ das Koordinatentripel $(x, y, z)$ und gilt $\overline{UA} = \overline{UB} = \overline{UC} = e$, so haben die drei Strecken eines Koordinatenweges von $P$ nach 1.2.3. die Längen $|x|\, e$, $|y|\, e$, $|z|\, e$. Der Grundriß $P'$, der Aufriß $P''$ bzw. der Kreuzriß $P'''$ von $P$ hat bezüglich des ebenen Rechtssystems $(U, A, B)$ von $\pi_1$ bzw. $(U, B, C)$ von $\pi_2$ bzw. $(U, C, A)$ von $\pi_3$ das Koordinatenpaar $(x, y)$ bzw. $(y, z)$ bzw. $(z, x)$ (vgl. Fig. 1.6). Um in der orientierten Zeichenebene zum Grundriß, Aufriß bzw. Kreuzriß eines Objekts gleichsinnig ähnliche Figuren konstruieren zu können, wählen wir kartesische Rechtssysteme $(U', A', B')$, $(U'', B'', C'')$ bzw. $(U''', C''', A''')$ der Zeichenebene und tragen die Koordinaten $(x, y)$, $(y, z)$ bzw. $(z, x)$ in diese Koordinatensysteme ein[12]; die Zeichenmaßstäbe des Grundrisses, Aufrisses und Kreuzrisses müssen nicht gleich gewählt werden. Gemäß 2.1.3. nennen wir auch die so konstruierten Figuren der Zeichenebene einen Grundriß, Aufriß bzw. Kreuzriß des Objekts.
Die Lage eines Punktes $P$ zum Koordinatensystem $(U, A, B, C)$ wird durch das Koordinatentripel von $P$ bestimmt. Da die Normalrisse in zwei Koordinatenebenen alle drei Koordinaten zeigen, wobei eine Koordinate in beiden Rissen auftritt, gilt

**Satz 2.1.11:** Wählt man ein kartesisches Rechtssystem $(U, A, B, C)$ des Raumes mit lotrechter nach oben orientierter $z$-Achse und gibt man in einem kartesischen Rechtssystem $(U', B', A')$ bzw. $(U'', B'', C'')$ der orientierten Zeichenebene Punkte $P_1$ bzw. $P_2$ so an, daß sie dieselbe $y$-Koordinate besitzen, so existiert genau ein Punkt $P \in \mathfrak{P}$, dessen Grundriß $P' = P_1$ und dessen Aufriß $P'' = P_2$ ist. Analoges gilt für Auf- und Kreuzriß bzw. Kreuz- und Grundriß, wobei im ersten Fall die $z$-Koordinate und im zweiten Fall die $x$-Koordinate doppelt auftritt.

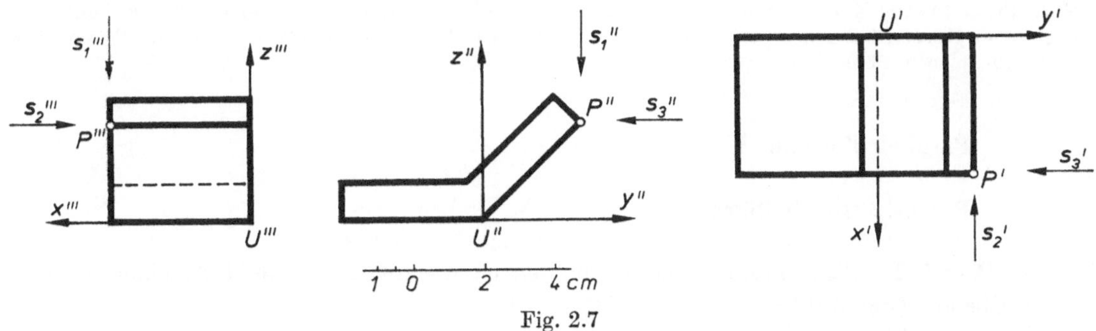

Fig. 2.7

[11] Während im physikalischen Erfahrungsraum «oben» und «unten» (im naiven Sinn) absolute Begriffsbildungen sind, haben die Bezeichnungen «vorne» und «hinten» bzw. «rechts» und «links» nur relativ zu einem Bezugssystem einen Sinn; wir wählen als Bezugssystem das zugrunde gelegte kartesische Rechtssystem.

[12] Wir beschriften daher auch in der Zeichenebene die Koordinatenachsen des Koordinatensystems $(U' A', B')$ gelegentlich mit $x$, $y$ statt mit $x'$, $y'$ usw. (vgl. Fig. 2.8, Fig. 2.9 und Fig. 3.8).
Nach 1.3.4. ist in der orientierten Zeichenebene die kürzeste stetige Drehung, welche die orientierte $x'$-Achse in die orientierte $y'$-Achse bzw. die orientierte $y''$-Achse in die orientierte $z''$-Achse bzw. die orientierte $z'''$-Achse in die orientierte $x'''$-Achse überführt, eine positive Drehung.

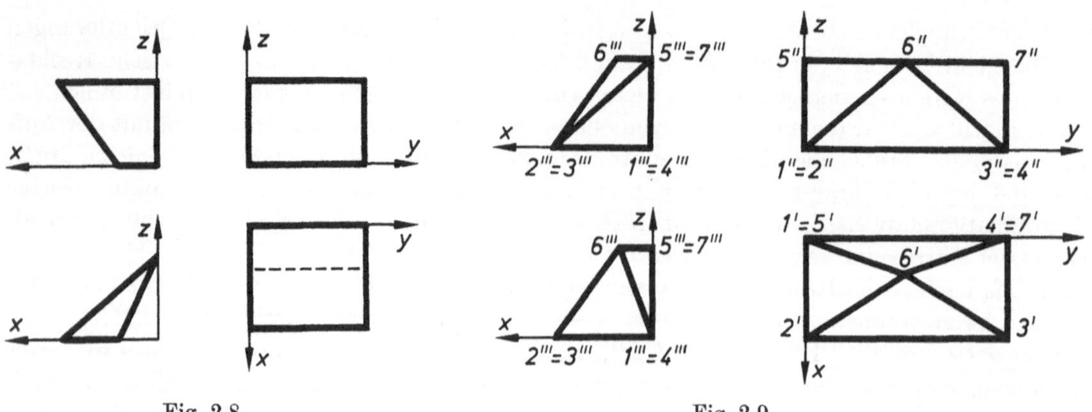


Fig. 2.8 Fig. 2.9

Durch zwei der drei mit dem kartesischen Rechtssystem $(U, A, B, C)$ gemäß Def. 2.1.5 verknüpften Normalrisse wird somit das Manko fehlender Injektivität einer einzelnen Parallelprojektion behoben.

Da ein zum Grundriß gehörender Sehstrahl $s_1$ entgegengesetzt orientiert zur $z$-Achse ist und die $z$-Achse im Aufriß und im Kreuzriß auftritt, kann in jedem dieser vom Grundriß verschiedenen Normalrisse der Sehpfeil von $s_1$ eingetragen werden (vgl. Fig. 2.7). Damit erkennt man im Aufriß oder im Kreuzriß, welcher von zwei Punkten von $s_1$ vor dem anderen kommt und letzteren daher verdeckt; im Aufriß oder im Kreuzriß können daher die Sichtbarkeitsverhältnisse der Grundrißfigur abgelesen werden. Analoges gilt für die durch die Orientierungen der Sehstrahlen $s_2$ und $s_3$ bestimmten Sichtbarkeitsverhältnisse der Aufrißfigur bzw. der Kreuzrißfigur. In Fig. 2.7 sind nach dieser Methode Grundriß, Aufriß und Kreuzriß eines Winkeleisens angegeben[13]; der für alle drei Risse gleiche Zeichenmaßstab ist graphisch durch eine in der räumlichen Einheit beschriftete Maßstabskala festgelegt.

**Aufgaben 2.1**

1. Unter einer Parallelprojektion wird eine ebene Figur, insbesondere eine Strecke, genau dann unverzerrt abgebildet, wenn sie entweder einer Hauptebene angehört oder unter einer Spiegelung an einer zu den Sehgeraden normalen Ebene in eine Hauptebene kommt.
2. Satz 2.1.11 gilt nur, falls etwa die Grundrisse und Aufrisse der Objektpunkte beschriftet sind. Fig. 2.8 zeigt die Kreuzrisse zweier verschiedener Objekte, welche denselben nicht beschrifteten Grundriß und denselben nicht beschrifteten Aufriß besitzen. Gib weitere mögliche Kreuzrißfiguren dieser Art an.
3. Satz 2.1.11 bezieht sich nur auf die Festlegung einer Menge von Punkten, von denen man die beschrifteten Normalrisse in zwei Koordinatenebenen kennt. Fig. 2.9 zeigt die Risse zweier verschiedener ebenflächig begrenzter Körper, bei denen infolge der beschrifteten Grundriß- und Aufrißfigur zwar alle Ecken übereinstimmen, nicht aber die Kanten.

## 2.2. Parallelriß ebener Figuren

### 2.2.1. Parallelperspektivitäten

Mit dem Begriff Parallelprojektion eng verbunden ist die folgende Abbildung einer Ebene $\varepsilon$ auf eine Ebene $\varphi$ (Fig. 2.10):

**Def. 2.2.1:** Die Einschränkung einer Parallelprojektion $p\colon \mathfrak{P} \to \varphi$ auf eine nicht projizierende Ebene $\varepsilon$ heißt eine *Parallelperspektivität* $\beta\colon \varepsilon \to \varphi$.

Jeder Punkt $P \in \varepsilon$ und sein zugeordneter Punkt $P^\beta \in \varphi$ gehören stets einer Sehgeraden an; die zueinander parallelen Sehgeraden heißen die *Perspektivitätsgeraden* der Parallelperspektivität

[13] Risse nicht sichtbarer Kurven werden häufig strichliert. Wird die «Lesbarkeit» der Zeichnung durch die strichlierten Linien erschwert, verzichtet man zweckmäßigerweise auf ihre graphische Ausführung (vgl. Fig. 2.20).

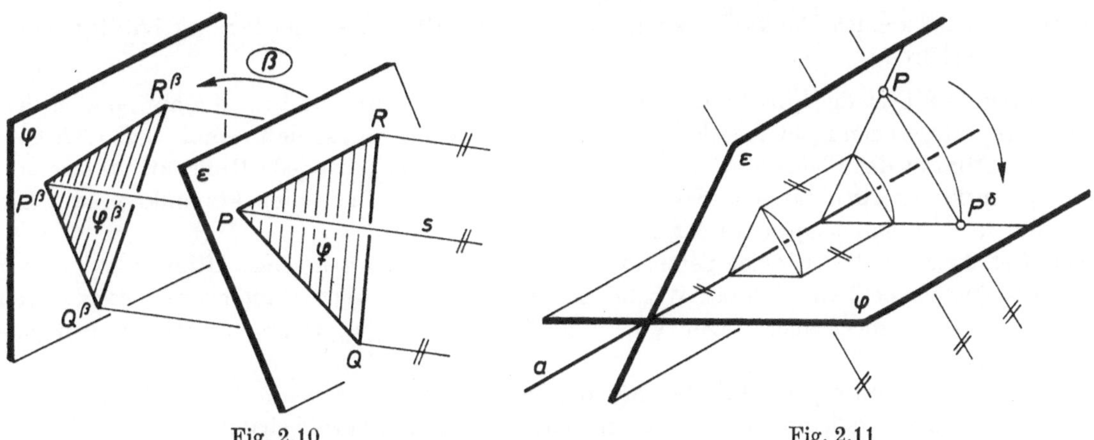


Fig. 2.10 Fig. 2.11

$\beta : \varepsilon \to \varphi$. Da jede Perspektivitätsgerade nach 1.1.1. sowohl $\varepsilon$ wie $\varphi$ in genau einem Punkt schneidet, ist $\beta : \varepsilon \to \varphi$ eine Bijektion. Wir nennen die einer Figur $\mathfrak{F}$ in $\varepsilon$ unter einer Parallelperspektivität $\beta$ zugeordnete Figur $\mathfrak{F}^\beta \subset \varphi$ zu $\mathfrak{F}$ *parallelperspektiv*; dann ist auch $\mathfrak{F}$ zu $\mathfrak{F}^\beta$ parallelperspektiv. Mit Satz 2.1.1 und Def. 1.3.8 folgt:

**Satz 2.2.1:** Jede Parallelperspektivität ist eine Affinität.

Unter einer Parallelperspektivität $\beta : \varepsilon \to \varphi$ ist ein Punkt genau dann sich selbst zugeordnet, wenn er in $\varepsilon$ und in $\varphi$ liegt. Schneiden einander die Ebenen $\varepsilon$ und $\varphi$, so bleiben genau die Punkte ihrer Schnittgeraden unter $\beta$ fest; für $\varepsilon = \varphi$ ist $\beta : \varepsilon \to \varphi$ die Identität in $\varepsilon$. Für $\varepsilon \parallel \varphi \neq \varepsilon$ existiert kein unter $\beta$ sich selbst zugeordneter Punkt, und $\beta$ ist dann nach 1.3.2. die Einschränkung einer Schiebung in $\mathfrak{P}$ auf $\varepsilon$.

Faßt man die parallelen Erzeugenden eines Zylinders als Perspektivitätsgeraden auf, so folgt aus Def. 2.2.1:

**Satz 2.2.2:** Die Schnittfiguren eines Zylinders, insbesondere Prismas, mit zwei zu den Erzeugenden nicht parallelen Ebenen sind (zueinander) parallelperspektiv.

Unter einer axialen Drehung $\delta : \mathfrak{P} \to \mathfrak{P}$ um eine Achse $a$ geht nach 1.3.2. eine Ebene $\varepsilon$ durch $a$ stets in eine Ebene $\varphi$ durch $a$ über. Gilt $\varepsilon \neq \varphi$, so ist ein nicht in $a$ liegender Punkt $P \in \varepsilon$ stets vom Punkt $P^\delta \in \varphi$ verschieden; die Strecke $[P, P^\delta]$ bzw. die Gerade $PP^\delta$ heißt dann eine *Drehsehne* bzw. eine *Drehsehnengerade* von $\delta$. Dann gilt (Fig. 2.11):

**Satz 2.2.3:** Dreht man eine Ebene $\varepsilon$ um eine ihrer Geraden $a$ in eine von $\varepsilon$ verschiedene Ebene $\varphi$ durch $a$, so sind alle Drehsehnengeraden zueinander parallel und zur Drehachse $a$ normal. Eine Figur $\mathfrak{F}$ in $\varepsilon$ geht unter der Drehung in eine zu $\mathfrak{F}$ kongruente Figur in $\varphi$ über, die zu $\mathfrak{F}$ parallelperspektiv ist.

*Beweis*

Bei einer axialen Drehung um $a$, die $\varepsilon$ in $\varphi$ überführt, existieren gemäß 1.3.2. Drehkreise mit $a$ als gemeinsamer Drehachse. Die Drehsehne durch einen nicht in $a$ liegenden Punkt $P$ von $\varepsilon$ gehört stets einer zu $a$ normalen Sehnengeraden des Drehkreises von $P$ an. Für je zwei Punkte einer zu $a$ normalen Geraden in $\varepsilon$ sind die Drehkreise konzentrisch und daher die Drehsehnengeraden parallel; da auch für je zwei Punkte in $\varepsilon$, die von $a$ denselben Abstand haben, die Drehsehnengeraden parallel sind, folgt der erste Teil des Satzes (Fig. 2.11).
Faßt man die parallelen Drehsehnengeraden als Perspektivitätsgeraden auf, ergibt sich der zweite Teil des Satzes. □

## 2.2.2. Perspektive Affinitäten

Wir benötigen spezielle Affinitäten einer Ebene auf sich.

**Def. 2.2.2:** Eine Bijektion $\alpha$ einer Ebene $\pi$ auf sich, die kollinearen Punkten stets kollineare Punkte zuordnet, heißt eine *perspektive Affinität*, falls parallele *Perspektivitätsgeraden* in $\pi$ so existieren, daß der einem Punkt $P \in \pi$ zugeordnete Punkt $P^\alpha \in \pi$ stets der Perspektivitätsgeraden durch $P$ angehört.

Wegen Satz 1.2.1 ist die Einschränkung einer perspektiven Affinität $\alpha:\pi \to \pi$ auf eine zu den Perspektivitätsgeraden nicht parallele Gerade $g$ teilverhältnistreu, so daß gemäß Def. 1.3.8 eine spezielle Affinität der Ebene $\pi$ auf sich vorliegt. Nach Def. 2.2.2 ist jede Perspektivitätsgerade einer perspektiven Affinität eine Fixgerade[1], aber nicht notwendig eine Fixpunktgerade. Die Identität in $\pi$ ist eine perspektive Affinität.

Nach Def. 2.2.2 ist die zu einer perspektiven Affinität $\alpha:\pi \to \pi$ inverse Affinität $\alpha^{-1}:\pi \to \pi$ ebenfalls eine perspektive Affinität. Wir nennen die einer Figur $\mathfrak{F} \subset \pi$ unter einer perspektiven Affinität $\alpha:\pi \to \pi$ zugeordnete Figur $\mathfrak{F}^\alpha \subset \pi$ zu $\mathfrak{F}$ *perspektiv affin*; dann ist auch $\mathfrak{F}^\alpha$ zu $\mathfrak{F}$ perspektiv affin.

Ist $\beta:\varepsilon \to \varphi$ eine Parallelperspektivität mit der Perspektivitätsgeraden $b \nparallel \varepsilon, \varphi$ (Fig. 2.12) und ist $p:\mathfrak{P} \to \pi$ eine Parallelprojektion mit der Sehgeraden $s \nparallel \pi$, bezüglich der weder die Ebene $\varepsilon$ noch die Ebene $\varphi$ projizierend ist, so stellt $\alpha := (p \mid \varepsilon)^{-1}\, \beta(p \mid \varphi):\pi \to \pi$ nach Satz 2.2.1 und A 1.3, 10 eine Affinität dar. Diese Affinität $\alpha:\pi \to \pi$ heißt das *Bild der Parallelperspektivität* $\beta:\varepsilon \to \varphi$ *unter der Parallelprojektion* $p:\mathfrak{P} \to \pi$. Für $b \parallel s$ ist $\alpha$ die Identität in $\pi$, also eine perspektive Affinität. Für $b \nparallel s$ liegen für jeden Punkt $P \in \varepsilon$ dann $P^p$ und $P^{\beta p}$ in einer zu $b^p$ parallelen Geraden von $\pi$ (Fig. 2.12), so daß $\alpha$ eine perspektive Affinität mit der Perspektivitätsgeraden $b^p$ ist; jeder Fixpunkt von $\alpha$ ist notwendig der Parallelriß eines bei $\beta$ festbleibenden Punktes. Bezeichnet man eine Fixpunktgerade einer perspektiven Affinität als *Affinitätsachse*, so gilt:

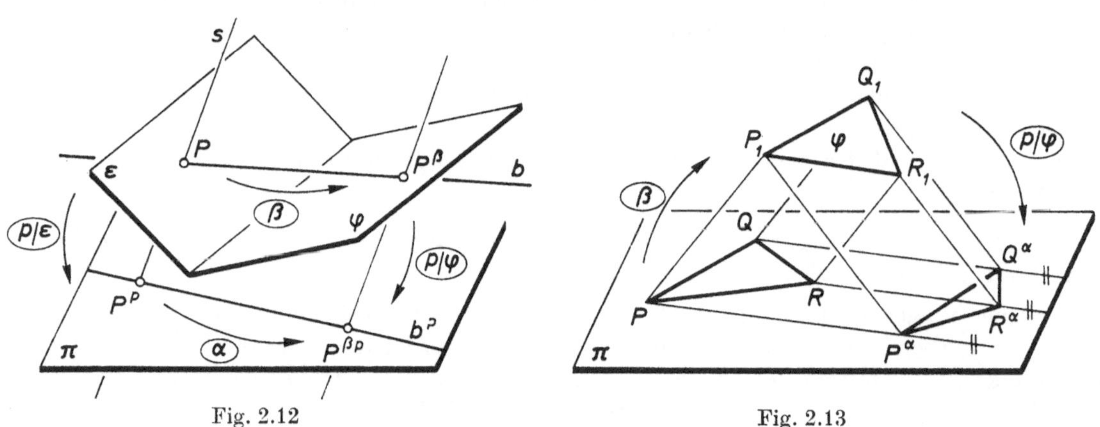


Fig. 2.12 Fig. 2.13

**Satz 2.2.4:** Das Bild einer Parallelperspektivität $\beta:\varepsilon \to \varphi$ unter einer Parallelprojektion $p:\mathfrak{P} \to \pi$, bezüglich welcher die verschiedenen Ebenen $\varepsilon$ und $\varphi$ nicht projizierend sind, ist eine perspektive Affinität $\alpha$ der Bildebene $\pi$. Im Falle projizierender Perspektivitätsgeraden von $\beta$ ist $\alpha$ die Identität in $\pi$, während sonst die Parallelrisse der Perspektivitätsgeraden von $\beta$ die Perspektivitätsgeraden von $\alpha$ abgeben. Für $\varepsilon \nparallel \varphi$ besitzt $\alpha$ den Parallelriß $a^p$ der Schnittgeraden $a = \varepsilon \cap \varphi$ als Affinitätsachse, für $\varepsilon \parallel \varphi \neq \varepsilon$ ist $\alpha$ eine fixpunktfreie Schiebung.

Die letzte Aussage folgt mit 2.2.1. aus Satz 2.1.2 und Satz 2.1.4.

Die in Satz 2.2.4 formulierte Beziehung zwischen Parallelperspektivitäten und perspektiven Affinitäten läßt sich wie folgt umkehren:

**Satz 2.2.5:** Jede perspektive Affinität $\alpha:\pi \to \pi$ ist Bild einer Parallelperspektivität unter einer Parallelprojektion $p:\mathfrak{P} \to \pi$.

[1] Sowohl bei einer Parallelperspektivität $\beta:\varepsilon \to \varphi$ wie bei einer perspektiven Affinität $\alpha:\pi \to \pi$ existieren parallele Perspektivitätsgeraden; bei $\beta$ gehören diese der Definitionsmenge $\varepsilon$ von $\beta$ nicht an, bei $\alpha$ dagegen sind sie sogar Fixgeraden von $\alpha$. Außerdem wird der einem Punkt $P \in \varepsilon$ unter $\beta:\varepsilon \to \varphi$ zugeordnete Punkt $P^\beta \in \varphi$ allein durch die $P$ enthaltende Perspektivitätsgerade festgelegt, was bei einer perspektiven Affinität $\alpha:\pi \to \pi$ nicht zutrifft. Aus diesen Gründen ist es nicht zweckmäßig, auch die Parallelperspektivitäten als perspektive Affinitäten zu bezeichnen, wie dies in manchen Büchern geschieht.

*Beweis*

Für $\alpha = id_\pi$ ist Satz 2.2.5 trivial. Für $\alpha \neq id_\pi$ existiert nach A 1.3, 11 ein Dreieck $\{P, Q, R\}$ in $\pi$ mit $P^\alpha \neq P$, $Q^\alpha \neq Q$, $R^\alpha \neq R$. Wir wählen einen Punkt $P_1 \notin \pi$ (Fig. 2.13). Die Parallele zu $PP_1$ durch $Q$ und die Parallele zu $P^\alpha P_1$ durch $Q^\alpha$ liegen wegen $PP^\alpha \parallel QQ^\alpha$ in einer zu $PP_1P^\alpha$ parallelen Ebene und schneiden einander in einem Punkt $Q_1 \notin \pi$; in gleicher Weise erhalten wir aus $R$ und $R^\alpha$ einen Punkt $R_1 \notin \pi$. Die Punkte $P_1, Q_1, R_1$ bilden ein Dreieck, da $\{P, Q, R\}$ ein Dreieck ist.
Seien $\beta : \pi \to \varphi := P_1Q_1R_1$ die Parallelperspektivität mit der Perspektivitätsgeraden $PP_1$ und $p : \mathfrak{P} \to \pi$ die Parallelprojektion mit der Sehgeraden $P_1P^\alpha$. Dann ist $\alpha_1 := \beta(p \mid \varphi) : \pi \to \pi$ wegen $p \mid \pi = id_\pi$ das Bild der Parallelperspektivität $\beta$ unter der Parallelprojektion $p$, und wegen $P^\alpha = P^{\alpha_1}$, $Q^\alpha = Q^{\alpha_1}$, $R^\alpha = R^{\alpha_1}$ stimmt die Affinität $\alpha_1$ nach Satz 1.3.2 mit $\alpha$ überein. □

**Satz 2.2.6:** Eine von der Identität verschiedene perspektive Affinität $\alpha : \pi \to \pi$ ist entweder fixpunktfrei und dann eine Schiebung in $\pi$, oder alle Fixpunkte von $\alpha$ erfüllen eine Affinitätsachse $a \subset \pi$. Sind $P, \bar{P} \in \pi$ zwei verschiedene Punkte, die einer Geraden $a \subset \pi$ nicht angehören, so gibt es genau eine perspektive Affinität $\alpha : \pi \to \pi$ mit $a$ als Affinitätsachse, die $\bar{P} = P^\alpha$ leistet.

*Beweis*

Erzeugt man $\alpha \neq id_\pi$ gemäß der Beweisidee zu Satz 2.2.5, so folgt die erste Aussage aus Satz 2.2.4, je nachdem $\varphi \parallel \pi$ oder $\varphi \nparallel \pi$ gilt. Für die zweite Aussage benützt man im Beweis zu Satz 2.2.5 die Ebene $aP_1$ als Ebene $\varphi$. □

Die durch die Affinitätsachse $a \subset \pi$, den Punkt $P \in \pi \setminus a$ und den $P$ zugeordneten Punkt $\bar{P} \in \pi \setminus a$ mit $P \neq \bar{P}$ eindeutig festgelegte, von einer Schiebung verschiedene perspektive Affinität $\alpha : \pi \to \pi$ bezeichnen wir mit $\alpha(a; P \mapsto \bar{P})$ oder auch kurz mit $(a; P \mapsto \bar{P})$; die zu $\alpha$ inverse Affinität $\alpha^{-1} : \pi \to \pi$ ist dann die perspektive Affinität $(a; \bar{P} \mapsto P)$. Liegt speziell der Mittelpunkt der Strecke $[P, \bar{P}]$ in $a$, so gilt dies, wie aus Satz 1.2.1 folgt, für jede Strecke $[Q, Q^\alpha]$ mit $Q \notin a$, und $\alpha$ heißt eine *Affinspiegelung an $a$ parallel $P\bar{P}$*. Sind die Perspektivitätsgeraden einer perspektiven Affinität $\alpha(a; P \mapsto \bar{P})$ zur Affinitätsachse $a$ normal, so heißt $\alpha$ eine *orthogonale perspektive Affinität*; nach 1.3.2. ist die orthogonale Affinspiegelung an $a$ die Spiegelung an $a$.

**Satz 2.2.7:** Besitzt eine Affinität $\alpha$ einer Ebene $\pi$ auf sich zwei verschiedene Fixpunkte $A, B$ so ist $\alpha$ eine perspektive Affinität. Zu jeder Affinität $\alpha : \varepsilon \to \varphi$ existiert eine Ähnlichkeit $\sigma : \varphi \to \varepsilon$ so, daß $\alpha\sigma : \varepsilon \to \varepsilon$ eine perspektive Affinität ist.

*Beweis*

Nach A 1.3, 11 ist $AB$ eine Fixpunktgerade von $\alpha : \pi \to \pi$. Gibt es außerhalb $AB$ noch einen Fixpunkt $F$, so ist $\alpha$ nach A 1.3, 11 die Identität, also eine perspektive Affinität. Für $P \notin a := AB$ und $P^\alpha \notin a$ mit $P \neq P^\alpha$ existiert gemäß Satz 2.2.6 genau eine perspektive Affinität $\gamma : \pi \to \pi$ mit der Affinitätsachse $a$, die $P^\alpha = P^\gamma$ leistet. Da auch $A = A^\alpha = A^\gamma$, $B = B^\alpha = B^\gamma$ gilt, ist $\alpha = \gamma$ nach Satz 1.3.2.
Da man zwei Punkte $A, B \in \varepsilon$ mit $A \neq B$ bzw. die ihnen unter der Affinität $\alpha : \varepsilon \to \varphi$ zugeordneten Punkte $A^\alpha, B^\alpha$ zu einem kartesischen Koordinatensystem in $\varepsilon$ bzw. $\varphi$ ergänzen kann, gibt es nach 1.3.1. eine Ähnlichkeit $\sigma : \varphi \to \varepsilon$ mit $A^\alpha \mapsto A$, $B^\alpha \mapsto B$. Dann besitzt die Affinität $\alpha\sigma : \varepsilon \to \varepsilon$ die beiden verschiedenen Fixpunkte $A, B$. □

Eine Affinität ist im folgenden Sinn eine *tangententreue Abbildung*:

**Satz 2.2.8:** Die Bildmenge $c^\alpha$ einer Kurve $c$ der Ebene $\varepsilon$ unter einer Affinität $\alpha : \varepsilon \to \varphi$ ist eine Kurve der Ebene $\varphi$; einer Tangente $t$ von $c$ in $P \in c$ wird unter $\alpha$ eine Tangente von $c^\alpha$ in $P^\alpha$ zugeordnet.

*Beweis*

Nach Satz 2.1.5 und Def. 2.2.1 gilt dieser Satz für eine Parallelperspektivität und wegen Satz 2.2.5 dann auch für eine perspektive Affinität.
Wie aus 1.3.1. und Def. 1.4.1 folgt, ordnet eine Ähnlichkeit $\alpha : \varepsilon \to \varphi$ einem Kurvenstück in $\varepsilon$ ein Kurvenstück in $\varphi$ zu. Nach 1.4.1., Fn. 2 ist eine Tangente $t$ eines Kurvenstücks im Punkt $P$ Grenzlage einer Folge von Sehnengeraden $g_j$ $(j = 1, 2, \ldots)$ durch $P$, für welche die Winkelmaße $\sphericalangle\, t, g_j$ eine Nullfolge bilden. Da eine Ähnlichkeit nach 1.3.1. winkelmaßtreu ist, ordnet sie daher einer Tangente von $c$ in $P$ eine Tangente von $c^\alpha$ in $P^\alpha \in c^\alpha$ zu.
Nach Satz 2.2.7 gilt dann die Behauptung für jede Affinität. □

## 2.2.3. Konstruktive Behandlung einer perspektiven Affinität

Die konstruktive Behandlung einer Schiebung ergibt sich aus 1.3.2. Bei einer perspektiven Affinität $\alpha\,(a;\, P \mapsto \bar{P})$ benützt man zweckmäßig folgende Eigenschaften einer perspektiven Affinität[2]:

(A1) Für jeden Punkt $X \notin a$ ist die Verbindungsgerade von $X$ mit dem zugeordneten Punkt $X^\alpha$ eine zu $P\bar{P}$ parallele Perspektivitätsgerade.

(A2) Schneidet eine Gerade $g$ die Affinitätsachse $a$ in $A$, so geht die zugeordnete Gerade $g^\alpha$ durch den Fixpunkt $A$; ist eine Gerade $g$ zur Affinitätsachse $a$ parallel, so ist auch die zugeordnete Gerade $g^\alpha$ zu $a$ parallel.

(A3) Eine perspektive Affinität ist parallelentreu und teilverhältnistreu, insbesondere mittelpunkttreu.

(A4) Eine perspektive Affinität ist tangententreu.

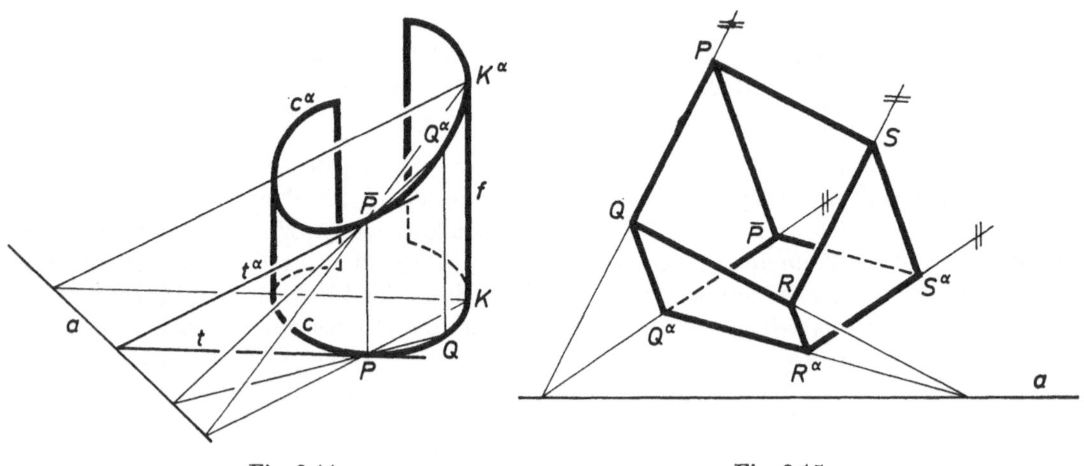


Fig. 2.14 Fig. 2.15

Mit Hilfe dieser Regeln erhält man die Punkte und Tangenten der einer Kurve $c$ unter einer perspektiven Affinität $\alpha\,(a;\, P \mapsto \bar{P})$ zugeordneten Kurve $c^\alpha$ (Fig. 2.14); insbesondere entsteht aus einem Polygon $c$ ein Polygon $c^\alpha$ (Fig. 2.15), wobei (A3) Zeichenkontrollen liefert. Fig. 2.14 bzw. Fig. 2.15 kann als Parallelriß eines Zylinders bzw. Prismas mit zwei Schnitten in nicht projizierenden Ebenen gedeutet werden (in Fig. 2.14, 2.15 ist nur der von den beiden Schnittkurven berandete Teil der Fläche dargestellt[3]).

Berührt die Kurve $c$ eine Perspektivitätsgerade $f$ von $\alpha$ in einem Punkt $K$, so berührt die Kurve $c^\alpha$ die Fixgerade $f = f^\alpha$ im $K$ zugeordneten Punkt $K^\alpha$. Deutet man Fig. 2.14 als Parallelriß eines Zylinders, dessen Leitkurve den Parallelriß $c$ besitzt, so ist nach Satz 2.1.6 der Punkt der Leitkurve mit dem Parallelriß $K$ ein Konturpunkt der Leitkurve und die Zylindererzeugende mit dem Parallelriß $f$ eine Konturerzeugende, also auch $K^\alpha$ der Parallelriß eines Konturpunkts.

### Aufgaben 2.2

1. Ist eine Parallelperspektivität $\beta: \varepsilon \to \varphi$ eine Ähnlichkeit, so ist sie eine Kongruenz. Die Schnittfiguren eines Prismas mit zwei zu den Erzeugenden nicht parallelen Ebenen $\varepsilon, \varphi$ sind für $\varepsilon \nparallel \varphi$ genau dann ähnlich, wenn $\varepsilon$ und $\varphi$ bezüglich einer zu den Prismenerzeugenden normalen Ebene $\gamma$ symmetrisch sind. (Anl.: Für $\varepsilon \parallel \varphi$ ist $\beta$ eine Kongruenz; für $\varepsilon \nparallel \varphi$ und zwei Punkte $P, Q$ in $\varepsilon \cap \varphi$ gilt $[P, Q] \cong [P^\beta, Q^\beta]$. Benütze dann A 2.1, 1).

[2] Zur Vervollständigung einer perspektiven Affinität müssen Eigenschaften einer Affinität herangezogen werden (vgl. 2.2.2., Fn. 1).

[3] Die Sichtbarkeitsverhältnisse sind mit Hilfe eines einzigen Parallelrisses nicht entscheidbar (vgl. 2.1.4.); in Fig. 2.14 und Fig. 2.15 ist je ein ebener Schnitt ausgewählt, der nur aus sichtbaren Flächenpunkten bestehen soll.

2. Eine von einer Schiebung verschiedene perspektive Affinität $\alpha(a; P \mapsto \overline{P})$ ist genau dann eine Ähnlichkeit, wenn sie die Spiegelung an $a$ ist.
3. Ist die von einer Schiebung verschiedene perspektive Affinität $\alpha : \pi \to \pi$ mit der Affinitätsachse $a$ keine Spiegelung an $a$, so gibt es durch einen Punkt $P \in \pi$ genau zwei orthogonale Geraden, denen unter $\alpha$ zwei orthogonale Geraden durch $P^\alpha$ zugeordnet sind.
(Anl.: Für $P \notin a$ und $PP^\alpha$ nicht normal zu $a$ schneiden diese orthogonalen Geraden durch $P$ die Affinitätsachse $a$ nach dem Satz von THALES, vgl. A 1.3, 5, notwendig in denselben Punkten wie jener Kreis durch $P$ und $P^\alpha$, dessen Mittelpunkt in $a$ liegt; für $PP^\alpha \perp a$ ist notwendig eine dieser Geraden normal und die andere parallel zu $a$. Benütze für $P \in a$ die Parallelentreue von $\alpha$).
4. Ist $\alpha : \varepsilon \to \varphi$ eine Affinität, aber keine Ähnlichkeit, so existieren durch einen Punkt $P \in \varepsilon$ genau zwei orthogonale Geraden, denen unter $\alpha$ orthogonale Geraden zugeordnet werden. Die zu verschiedenen Punkten $P, Q \in \varepsilon$ gehörenden orthogonalen Geraden dieser Art sind paarweise parallel.
(Anl.: Benütze A 2.2, 3 und Satz 2.2.7).
5. Sind $\varepsilon$ und $\varphi$ zwei parallele, bezüglich der Parallelprojektion $p : \mathfrak{P} \to \pi$ nicht projizierende Ebenen und ist $\zeta : \varepsilon \to \varphi$ eine globale Abbildung, bei der die Punkte $P \in \varepsilon$ und $P^\zeta \in \varphi$ stets in einer Geraden durch $Z \notin \varepsilon, \varphi$ liegen (vgl. A 1.3, 15), so ist das Bild von $\zeta$ unter $p$ eine zentrische Ähnlichkeit in $\pi$ mit Zentrum $Z^p$ (vgl. A 1.3, 16).
6. Eine globale Abbildung $\alpha$ einer Ebene $\pi$ auf sich mit einer Fixpunktgeraden $a$, bei der $XX^\alpha$ parallel zu einer Geraden $f \subset \pi$ mit $f \nparallel a$ und $\mathrm{TV}(XX^\alpha \cap a, X, X^\alpha) = c \in \mathbb{R} \setminus \{0, 1\}$ für alle Punkte $X \in \pi \setminus a$ gilt, ist eine perspektive Affinität; für $c = 1:2$ ist $\alpha$ die Affinspiegelung an $a$ parallel $f$.
(Anl.: Benütze A 1.2, 2).
7. Eine globale Abbildung $\alpha : \mathfrak{P} \to \mathfrak{P}$ mit einer Fixpunktebene $\mu$, bei der $XX^\alpha$ parallel zu einer Geraden $f \nparallel \mu$ und $\mathrm{TV}(XX^\alpha \cap \mu, X, X^\alpha) = c \in \mathbb{R} \setminus \{0, 1\}$ für alle Punkte $X \in \mathfrak{P} \setminus \mu$ gilt, ist ebenentreu, geradentreu und parallelentreu sowohl in der Menge der Ebenen wie der Geraden. Zueinander gleich lange Strecken in parallelen Geraden gehen in zueinander gleich lange Strecken in parallelen Geraden über. Die Einschränkung von $\alpha$ auf eine Ebene $\varepsilon$ ist für $\varepsilon \nparallel \varepsilon^\alpha$ bzw. $\varepsilon = \varepsilon^\alpha$ eine Parallelperspektivität bzw. eine perspektive Affinität in $\varepsilon$. Die Abbildung $\alpha$ heißt eine *perspektive Affinität* des Raumes und für $c = 1:2$ die *Affinspiegelung* an $\mu$ parallel $f$; für eine solche gilt $\alpha = \alpha^{-1}$.
(Anl.: Zeige, daß $\alpha$ eine Bijektion ist. Unter einer Parallelprojektion $p : \mathfrak{P} \to \pi$ mit $\mu$ als Sehebene ist für alle Punkte $P \in \mathfrak{P}$ die Zuordnung $P^p \mapsto P^{\alpha p}$ eine perspektive Affinität der Bildebene $\pi$ mit der Affinitätsachse $\mu^p$. Benütze A 1.1, 5 und A 1.3, 10).

## 2.3. Axonometrie

### 2.3.1. Parallelriß eines kartesischen Rechtssystems

Ist keine Koordinatenachse eines kartesischen Rechtssystems $(U, A, B, C)$ bezüglich einer Parallelprojektion $p : \mathfrak{P} \to \pi$ projizierend, so gilt $U^p \neq A^p, B^p, C^p$; die drei Geraden $x^p = U^pA^p$, $y^p = U^pB^p$, $z^p = U^pC^p$ fallen nicht in eine Gerade. Ein Punkt $P \in \mathfrak{P}$ mit dem Koordinatentripel $(x, y, z)$ bestimmt nach 1.2.3., (5) den Vektor $\overrightarrow{UP} = x\overrightarrow{UA} + y\overrightarrow{UB} + z\overrightarrow{UC}$. Da nach 2.1.1. Strekken in zueinander parallelen nicht projizierenden Geraden Parallelrisse in zueinander parallelen Geraden und dasselbe Verzerrungsverhältnis besitzen, gilt nach 1.3.3., (I), (II) für den Parallelriß $P^p$ von $P$

(1) $$\overrightarrow{U^pP^p} = x\overrightarrow{U^pA^p} + y\overrightarrow{U^pB^p} + z\overrightarrow{U^pC^p}.$$

Um den Parallelriß eines Koordinatenweges (vgl. 2.1.4.) in den der Bildebene angehörenden Parallelriß des Koordinatensystems $(U, A, B, C)$ einzeichnen zu können, genügt es somit, die drei Verzerrungsverhältnisse[1]

(2) $$\lambda = e_x{}^p : e, \quad \mu = e_y{}^p : e, \quad \nu = e_z{}^p : e \quad \text{mit} \quad \overline{UA} = \overline{UB} = \overline{UC} = e,$$
$$\overline{U^pA^p} = e_x{}^p,\ \overline{U^pB^p} = e_y{}^p,\ \overline{U^pC^p} = e_z{}^p$$

zu kennen. Die Koordinatenstrecken von $P$ haben dann nach 1.2.3. die Längen $\overline{UP_x} = |x|\, e$,

[1] Nach 2.1.1., Fn. 4 wird im Raum und in der Bildebene einer Parallelprojektion stets die gleiche Einheitsstrecke verwendet. Der Buchstabe $^p$ etwa in $e_x{}^p$ ist kein Abbildungszeiger, da $e_x{}^p$ eine Zahl ist.

$\overline{UP_y} = |y|\, e$, $\overline{UP_z} = |z|\, e$, und nach (1) gilt

$$(3) \qquad \overline{U^pP_x{}^p} = \lambda \overline{UP_x} = |x|\, e_x{}^p, \qquad \overline{U^pP_y{}^p} = \mu \overline{UP_y} = |y|\, e_y{}^p, \qquad \overline{U^pP_z{}^p} = \nu \overline{UP_z} = |z|\, e_z{}^p;$$

dabei sind diese Längen unter Beachtung der Orientierungen der Koordinatenachsen im Raum und ihrer Parallelrisse in der Bildebene einzutragen.

Wir verwenden im folgenden gemäß 2.1.4. ein kartesisches Rechtssystem $(U, A, B, C)$ mit nach oben orientierter lotrechter $z$-Achse und benützen die Bezeichnungen von Def. 2.1.5. Konstruiert man etwa zuerst $P_x{}^p$ in $x^p$ mit $\overline{U^pP_x{}^p} = |x|\, e_x{}^p$, so liegt $P'^p$ in einer $y^p$-Parallelen durch $P_x{}^p$ mit $\overline{P_x{}^pP'^p} = |y|\, e_y{}^p$ und der Parallelriß $P^p$ von $P$ dann in einer $z^p$-Parallelen durch $P'^p$ mit $\overline{P'^pP^p} = |z|\, e_z{}^p$ (Fig. 2.16).

Ausgehend vom Parallelriß des Koordinatensystems kann also der Parallelriß jedes Punktes gefunden werden, dessen Koordinaten bekannt sind. Anstelle die Punkte $A^p$, $B^p$, $C^p$ zu verwenden, ist es möglich, von den orientierten Parallelrissen $x^p$, $y^p$, $z^p$ der Koordinatenachsen durch den Punkt $U^p$ in der Bildebene $\pi$ und den drei durch (2) erklärten Verzerrungsverhältnissen auszugehen.

Die Bildebene $\pi$ der Parallelprojektion ist gemäß Def. 2.1.4 orientiert. Zur zeichnerischen Behandlung wird, wie in 2.1.3. beschrieben, eine gleichsinnig ähnliche Kopie des Parallelrisses in der orientierten Zeichenebene konstruiert. Durch die Wahl einer Einheitsstrecke der Zeichenebene ist der Zeichenmaßstab festgelegt. Mißt man die Längen $e_x{}^p$, $e_y{}^p$, $e_z{}^p$ bezüglich der gewählten Einheitsstrecke der Zeichenebene und die Länge $e$ bezüglich der im Raum verwendeten Einheitsstrecke, so gibt (2) auch die Verzerrungsverhältnisse $\lambda$, $\mu$, $\nu$ für die Kopie in der Zeichenebene an.

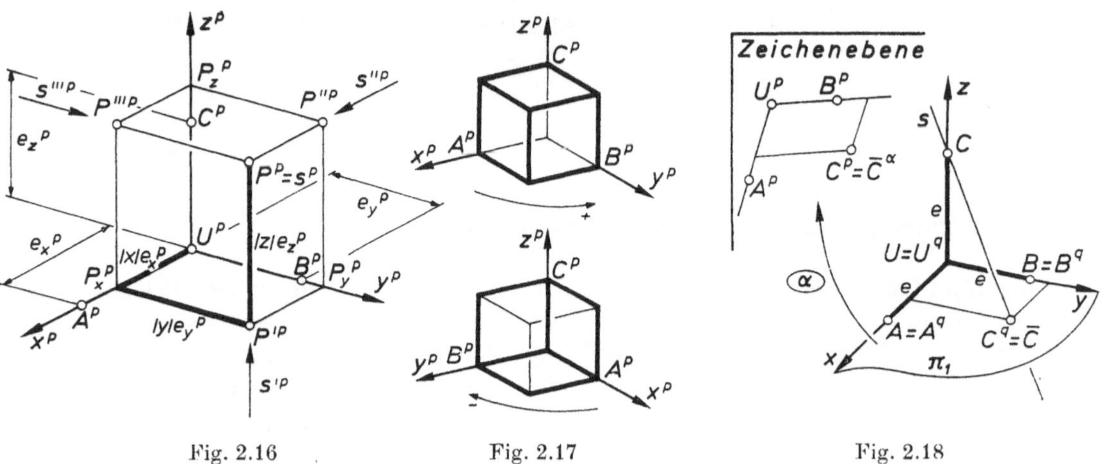


Fig. 2.16 Fig. 2.17 Fig. 2.18

Nach 1.2.3. sind die Koordinatenebenen $\pi_1, \pi_2, \pi_3$ des kartesischen Rechtssystems $(U, A, B, C)$ orientiert. Die Ebene $\pi_1$ bzw. $\pi_2$ bzw. $\pi_3$ ist genau dann projizierend, wenn die Punkte $U^p$, $A^p$, $B^p$ bzw. $U^p$, $B^p$, $C^p$ bzw. $U^p$, $C^p$, $A^p$ kollinear sind. Nach Satz 2.1.10 liegen in einem Sehstrahl $s$ der Parallelprojektion die Punkte des positiven Halbraumes mit der nicht projizierenden Randebene $\pi_1$ bzw. $\pi_2$ bzw. $\pi_3$ dann vor dem Schnittpunkt von $s$ mit $\pi_1$ bzw. $\pi_2$ bzw. $\pi_3$, wenn $(U^p, A^p, B^p)$ bzw. $(U^p, B^p, C^p)$ bzw. $(U^p, C^p, A^p)$ ein geordnetes Dreieck positiven Umlaufsinns in der orientierten Zeichenebene ist; nach 1.3.4. ist dann die kürzeste stetige Drehung um $U^p$, welche den $x^p$-Strahl in den $y^p$-Strahl bzw. den $y^p$-Strahl in den $z^p$-Strahl bzw. den $z^p$-Strahl in den $x^p$-Strahl bringt, in der orientierten Zeichenebene positiv. Insbesondere gilt gemäß 2.1.3.:

**Satz 2.3.1:** Ist die horizontale Grundrißebene $\pi_1$ nicht projizierend, so liegt eine Obersicht bzw. Untersicht von $\pi_1$ vor, wenn in der orientierten Zeichenebene die kürzeste stetige Drehung um $U^p$ des $x^p$-Strahles in den $y^p$-Strahl positiv bzw. negativ ist.

Soll in der Zeichnung die Tatsache betont werden, daß im Raum ein kartesisches Rechtssystem mit lotrechter, nach oben orientierter $z$-Achse zugrunde liegt, so wählt man zweckmäßig die $z^p$-Achse parallel zum linken Rand des (rechteckigen) Zeichenblattes und zum oberen Rand hin orientiert. Im Falle einer Obersicht ist die obere, zu $\pi_1$ parallele Seitenfläche des Einheitswürfels mit den Ecken $U, A, B, C$ sichtbar, im Falle einer Untersicht seine Seitenfläche in $\pi_1$ (Fig. 2.17). In analoger Weise kann man entscheiden, welche anderen nicht projizierenden Seitenflächen des Einheitswürfels in Abhängigkeit von den Orientierungen der Risse der Koordinatenachsen im Parallelriß sichtbar sind (vgl. A 2.3, 1).

### 2.3.2. Hauptsatz der Axonometrie

In 2.3.1. sind wir vom Parallelriß eines kartesischen Rechtssystems ausgegangen, doch kann die auf (1) beruhende Konstruktionsvorschrift auch allgemeiner verwendet werden.

**Def. 2.3.1:** Eine geordnete Menge $(U^p, A^p, B^p, C^p)$ von vier nicht kollinearen Punkten der orientierten Zeichenebene mit $U^p \neq A^p, B^p, C^p$ heißt eine *axonometrische Grundfigur*, und eine axonometrische Grundfigur zusammen mit einem kartesischen Rechtssystem $(U, A, B, C)$ heißt eine *axonometrische Angabe*. Besitzt ein Punkt $P$ bezüglich des Koordinatensystems das Koordinatentripel $(x, y, z)$, so wird der durch (1) definierte Punkt $P^p$ der Zeichenebene der *axonometrische Riß* von $P$ bezüglich der gegebenen axonometrischen Angabe genannt.

Die in Def. 2.3.1 enthaltene Abbildungsvorschrift zur Konstruktion eines axonometrischen Risses heißt *Axonometrie*. Nach (1) werden unter einer Axonometrie zu einer Koordinatenachse parallele Geraden auf parallele Geraden abgebildet und Strecken in Geraden parallel zu derselben Koordinatenachse gleich verzerrt. Der axonometrische Riß eines Koordinatenweges von $P$ führt entweder über den *axonometrischen Grundriß* $P'^p$ oder den *axonometrischen Aufriß* $P''^p$ oder den *axonometrischen Kreuzriß* $P'''^p$ von $P$. Da die Vektoraddition gemäß 1.2.3. kommutativ ist, ist der axonometrische Riß $P^p$ unabhängig vom ausgewählten Koordinatenweg von $P$.
Die Verbindung zwischen 2.3.1. und Def. 2.3.1 stellt der 1853 von K. Pohlke gefundene Satz[2] her: Zu jeder axonometrischen Angabe gibt es eine Parallelprojektion so, daß die axonometrische Grundfigur zum Parallelriß des Koordinatensystems gleichsinnig ähnlich ist. Damit ist sichergestellt, daß jeder axonometrische Riß eines Objekts zu einem gewissen Parallelriß des Objekts gleichsinnig ähnlich ist, da ausgehend von der axonometrischen Grundfigur bzw. dem Parallelriß des Koordinatensystems der Bildpunkt eines Punktes $P$ durch (1) eindeutig festgelegt wird und die in (1) enthaltene Konstruktionsvorschrift unter einer Ähnlichkeit erhalten bleibt. Gemäß 2.3.1. sind durch die axonometrische Grundfigur die Sichtbarkeitsverhältnisse des axonometrischen Risses des Einheitswürfels und damit eines Objektes festgelegt.
Für das praktische Zeichnen genügt der Nachweis des *Hauptsatzes der Axonometrie*:

**Satz 2.3.2:** Zu jeder axonometrischen Angabe gibt es eine Parallelprojektion so, daß die axonometrische Grundfigur zum Parallelriß des Koordinatensystems gleichsinnig affin ist.

*Beweis*

Wir nehmen an, daß etwa die Punkte $U^p, A^p, B^p$ der axonometrischen Grundfigur $(U^p, A^p, B^p, C^p)$ in der orientierten Zeichenebene ein Dreieck bilden. Nach Satz 1.3.2 existiert genau eine Affinität $\alpha$ der Ebene $\pi_1 = UAB$ auf die Zeichenebene, die $U^\alpha = U^p, A^\alpha = A^p, B^\alpha = B^p$ leistet.
Ist Satz 2.3.2 richtig, so ist die Ebene $\pi_1$ sicher nicht projizierend. Verwenden wir $\pi_1$ als Bildebene der gesuchten Parallelprojektion $q: \mathfrak{P} \to \pi_1$ und ist $\bar{C}$ jener eindeutig bestimmte Punkt von $\pi_1$, für den $\bar{C}^\alpha = C^p$ gilt, so ist die Gerade $C\bar{C}$ notwendig eine Sehgerade der Parallelprojektion $q$ (Fig. 2.18). Wir wählen die Orientierung der Sehstrahlen so, daß durch die gemäß Def. 2.1.4 bestimmte Orientierung der Bildebene $\pi_1$ von $q: \mathfrak{P} \to \pi_1$ die Affinität $\alpha$ von $\pi_1$ auf die orientierte Zeichenebene gleichsinnig ist.
Aus $U^p = U^\alpha = U^{q\alpha}$, $A^p = A^\alpha = A^{q\alpha}$, $B^p = B^\alpha = B^{q\alpha}$, $C^p = \bar{C}^\alpha = C^{q\alpha}$ folgt die Behauptung. □

[2] K. Pohlke (1810—1876) hat diesen Satz 1860 ohne Beweis veröffentlicht; der erste vollständige Beweis wurde 1864 von H. A. Schwarz (1843—1921) angegeben. Wir beweisen den Satz, der die Verwendung des Abbildungszeigers $^p$ in Def. 2.3.1 motiviert, in 3.3.8. (vgl. auch A 5.2,12).

Da die in (1) enthaltene Konstruktionsvorschrift nach Satz 1.3.1 unter einer Affinität erhalten bleibt, ist nach Satz 2.3.2 jeder axonometrische Riß eines Objekts zu einem bestimmten Parallelriß des Objekts gleichsinnig affin. Eine Sehgerade $s$ dieser Parallelprojektion hat einen punktförmigen axonometrischen Riß $s^p$, so daß der axonometrische Grundriß $s'^p$ bzw. der axonometrische Aufriß $s''^p$ bzw. der axonometrische Kreuzriß $s'''^p$ von $s$ zu $z^p$ bzw. zu $x^p$ bzw. zu $y^p$ parallel ist (Fig. 2.16); die Orientierung von $s$ und damit von $s'^p$, $s''^p$ und $s'''^p$ ergibt sich aus der axonometrischen Grundfigur gemäß 2.3.1. Durch die axonometrische Angabe sind somit die Sehstrahlen einer in Satz 2.3.2 genannten Parallelprojektion eindeutig bestimmt und können auch gemäß der Beweisidee von Satz 2.3.2 im Koordinatensystem $(U, A, B, C)$ rekonstruiert werden (vgl. 2.3.7.). Wir sprechen bei Axonometrie ebenfalls von Sehstrahlen, projizierenden Geraden und projizierenden Ebenen.
Aus der Existenz einer Affinität eines axonometrischen Risses auf einen Parallelriß folgt, daß eine Axonometrie für nicht projizierende Geraden geradentreu, teilverhältnistreu und parallelentreu ist.

### 2.3.3. Verzerrungswinkel

Anstelle der Punkte $A^p$, $B^p$, $C^p$ kann man die axonometrischen Risse $x^p$, $y^p$, $z^p$ der orientierten Koordinatenachsen durch $U^p$, die nicht in eine Gerade fallen dürfen, und die drei Verzerrungsverhältnisse $\lambda$, $\mu$, $\nu$ samt dem Zeichenmaßstab vorgeben. Das Einmessen der Bildpunkte geschieht dann unter Benützung eines Taschenrechners oder durch Angabe einer Maßstabskala (vgl. 2.1.3.) für jede Koordinatenachse; in einer verkleinerten oder vergrößerten Kopie der Zeichnung liefern die mitkopierten Maßstabskalen die richtigen, unter Benützung der räumlichen Einheitsstrecke gemessenen Längenmaßzahlen.

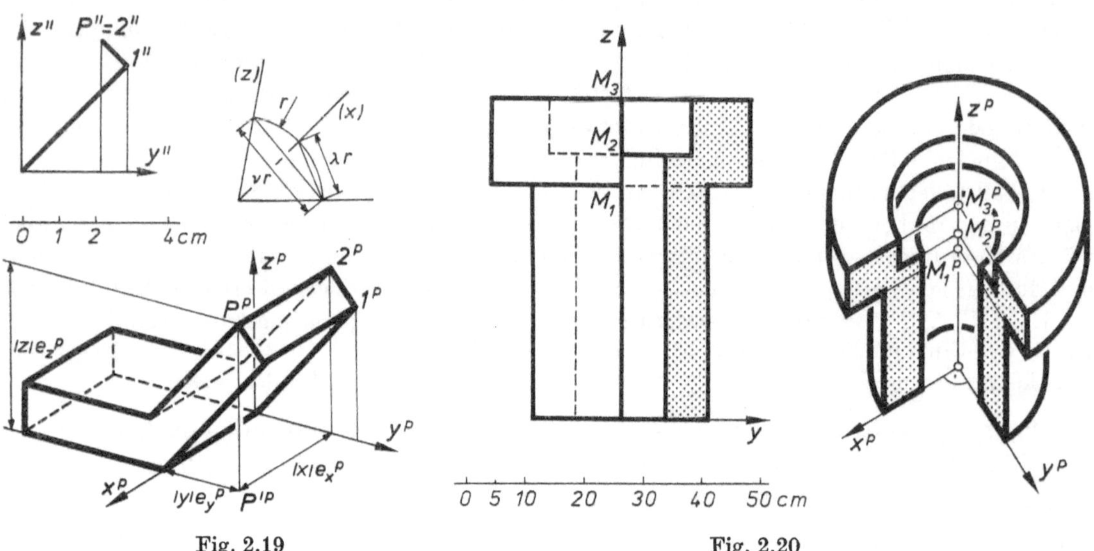


Fig. 2.19 Fig. 2.20

Für $\lambda, \mu, \nu \leqq 2$ können *Verzerrungswinkel* benützt werden[3]: Ist $r$ der Radius eines Hilfskreises und $\lambda r$ die Länge einer Kreissehne, so werden Strecken der (bezüglich der Einheitsstrecke der Zeichenebene gemessenen) Länge $|x|\, e$ auf den beiden Schenkeln des entstehenden Winkels vom Winkelscheitel aus abgeschlagen und $\lambda\, |x|\, e = |x|\, e_x{}^p$ als Abstand der beiden Endpunkte abgegriffen; Analoges gilt für $\mu$ und $\nu$ (vgl. Fig. 2.19).

[3] Da man die axonometrische Grundfigur einer gleichsinnigen Ähnlichkeit der Zeichenebene unterwerfen kann, ohne an der Gestalt des axonometrischen Risses etwas zu ändern, genügt es, die Verhältnisse $\lambda : \mu : \nu$ vorzugeben. Damit ist stets zu erreichen, daß die drei Verzerrungsverhältnisse nicht größer als eins sind.

Die durch die axonometrische Angabe mitbestimmten Sehstrahlen fallen unter Umständen sehr flach gegen die Bildebene ein, so daß der axonometrische Riß stark verzerrt wirkt, wie dies Schatten bei tiefstehender Sonne zeigen. Um die Bildqualität zu überprüfen, wird zweckmäßig zuerst der axonometrische Riß des Einheitswürfels konstruiert (vgl. Fig. 2.17) und überprüft, ob dieser Riß nicht den Bildeindruck eines Quaders mit verschieden langen Seiten suggeriert.
Unter einer Axonometrie werden die Objektpunkte mit Hilfe ihrer Koordinaten abgebildet. Sind andere Angaben eines Objektes bekannt, wie Längen von Strecken, deren Geraden zu keiner Koordinatenachse parallel sind, oder Winkelmaße, so werden diese Daten mit Hilfe einer Hilfsfigur graphisch in Koordinatenangaben umgewandelt. Nach dieser Methode ist in Fig. 2.19 ein axonometrischer Riß mit $\lambda:\mu:\nu = 3:4:5$ des in Fig. 2.7 durch seinen Grundriß und seinen Aufriß festgelegten Winkeleisens konstruiert. Der Hilfsfigur liegt die gleiche Maßstabskala wie dem axonometrischen Riß zugrunde; wir benützen Verzerrungswinkel für $\lambda = 3:4$, $\nu = 5:4$, wählen also $\mu = 1$. Wie aus der gegebenen axonometrischen Grundfigur abzulesen ist, liegt eine Obersicht vor.

## 2.3.4. Spezielle axonometrische Angaben

Eine Axonometrie mit $\lambda = \mu = \nu$ heißt *isometrisch* und ist zur raschen Anfertigung anschaulicher Freihandskizzen gut geeignet.
Gilt speziell $\lambda = \mu$, $x^p \perp y^p$, so ist der axonometrische Riß eines Objekts ähnlich zu einem Schrägriß in der Grundrißebene $\pi_1$, wie der Beweis zu Satz 2.3.2 mit Satz 1.3.3 lehrt. Figuren in horizontalen, also zu $\pi_1$ parallelen Ebenen erscheinen in einem solchen *Militärriß* nach Satz 2.1.3 nur ähnlich verändert, so daß ein Militärriß direkt über einer Grundrißfigur der Zeichenebene aufgebaut werden kann. Entsprechend dem gewählten Verzerrungsverhältnis $\nu$ werden dann die $z$-parallelen Strecken eingemessen. In Stadtplänen findet man gelegentlich den Militärriß markanter Gebäude ihren Grundrissen aufgesetzt.
In Fig. 2.20 ist ein Militärriß zu $\nu = 1:2$ einer drehzylindrischen Büchse mit Halbschnitt[4] im gleichen Zeichenmaßstab wie der gegebene Aufriß konstruiert.

KB. Die in horizontalen Ebenen liegenden Kreise besitzen kreisförmige Militärrisse; die Risse der Konturerzeugenden aller am Objekt beteiligten Drehzylinder sind nach Satz 2.1.6 die zu $z^p$ parallelen Tangenten der Militärrisse ihrer Leitkreise. △

Für $\mu = \nu$, $y^p \perp z^p$ ist der axonometrische Riß ähnlich zu einem Schrägriß in der Aufrißebene $\pi_2$. Bei einem solchen *frontalaxonometrischen Riß* (*Frontalriß*[5]) besitzen Figuren in zu $\pi_2$ parallelen Ebenen nur ähnlich veränderte Frontalrisse. Ausgehend von der Aufrißfigur, bei der die $z$-Achse parallel zum linken Zeichenblattrand und zum oberen Zeichenblattrand hin orientiert ist, kann durch Verzerren der $x$-parallelen Strecken gemäß dem gewählten Verzerrungsverhältnis $\lambda$ der Frontalriß konstruiert werden (vgl. Fig. 2.21 und Fig. 6.18). Gelegentlich spricht man auch für $\nu = \lambda$, $z^p \perp x^p$ von einem Frontalriß.

## 2.3.5. Verwendung perspektiver Affinitäten zur Ermittlung axonometrischer Risse

Bei einer axonometrischen Grundfigur mit $x^p \nparallel y^p$ ist die Grundrißebene $\pi_1$ nicht projizierend und daher der axonometrische Grundriß nach Satz 2.3.2 und Satz 2.2.1 zum in $\pi_1$ liegenden Grundriß affin.
Wählt man die Grundrißfigur $\mathfrak{F}'$ in der Zeichenebene so, daß für den Ursprung $U$ und etwa den Einheitspunkt $B$ der $y$-Achse gilt $U' = U^p$ und $B' = B^p$, so ist die Affinität der Zeichenebene,

[4] Risse von Hohlkörpern werden durch Schnitte anschaulicher.

[5] Solche Risse heißen auch *Kavalierrisse*. Den Hauptwall überragende Innenwerke einer Festung heißen Kavaliere und wurden auf diese Weise zeichnerisch erfaßt.
Eine Schrägprojektion auf die Grundrißebene bzw. auf die Aufrißebene heißt auch *Militärprojektion* bzw. *Kavalierprojektion*; die auch üblichen Namen Militärperspektive bzw. Kavalierperspektive deuten irreführenderweise auf eine Zentralprojektion hin (vgl. 4.5.1., Fn. 1). Für einen Militärriß werden auch die Bezeichnungen *horizontalaxonometrischer Riß* und *Horizontalriß* benützt.

welche der Grundrißfigur $\mathfrak{F}'$ den axonometrischen Grundriß $\mathfrak{F}'^p$ zuordnet, nach Satz 2.2.7 eine perspektive Affinität mit der Affinitätsachse $y^p$, unter der $A'$ in $A^p$ übergeht, also die perspektive Affinität $(y^p;\ A' \mapsto A^p)$; durch Einmessen der $z$-Koordinaten erhält man aus $\mathfrak{F}'^p$ den axonometrischen Riß $\mathfrak{F}^p$ des Objekts $\mathfrak{F}$. In analoger Weise läßt sich für $y^p \nparallel z^p$ der axonometrische Aufriß $\mathfrak{F}''^p$ bzw. für $z^p \nparallel x^p$ der axonometrische Kreuzriß $\mathfrak{F}'''^p$ gewinnen.

Fig. 2.21 zeigt die Konstruktion eines frontalaxonometrischen Risses eines Sechskantmeißels, wobei die $z$-Koordinaten direkt einer Aufrißfigur entnommen sind (vgl. Punkt $S$ in Fig. 2.21). Der Sechskantmeißel entsteht durch zwei Planschliffe eines prismatischen Schaftes über einem regulären Sechseck; die horizontalen Schliffkanten sind zur Meißelschneide parallel und $x$-parallel gewählt.

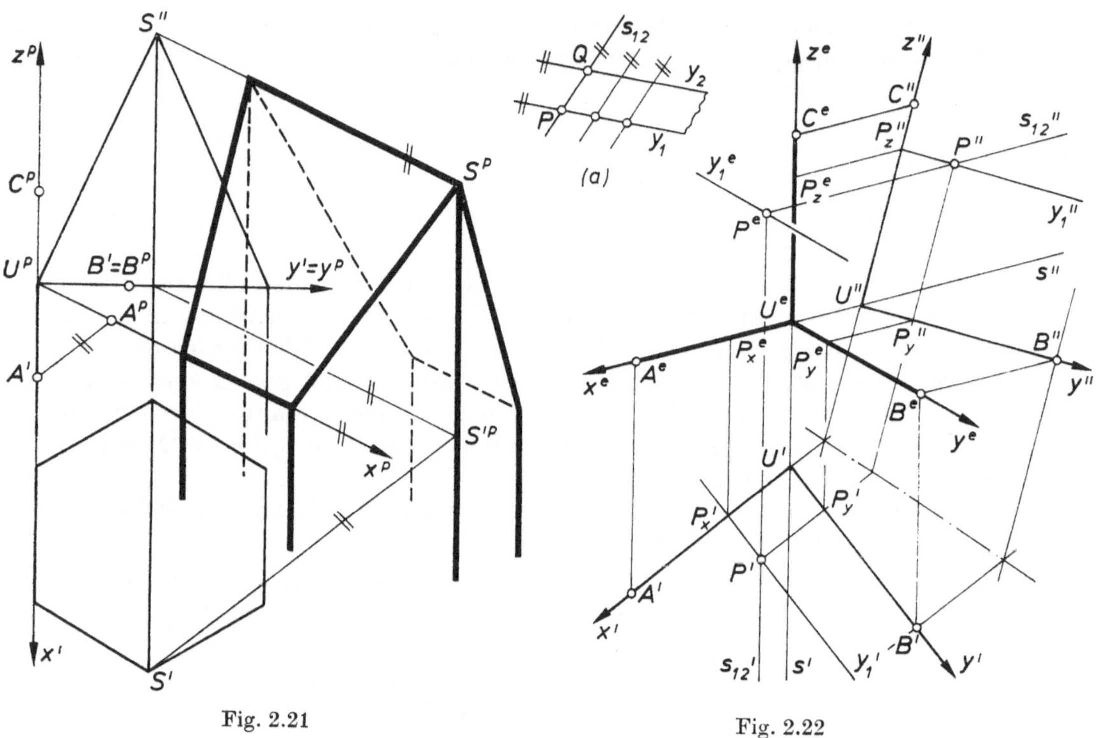


Fig. 2.21

Fig. 2.22

## 2.3.6. Einschneideverfahren

Kennt man von den Punkten eines Objekts die Koordinatentripel bezüglich eines kartesischen Rechtssystems, so kann mit Hilfe der Koordinatenwege nach 2.3.2. ein axonometrischer Riß des Objekts aufgebaut werden.

Eine andere Methode zur Herstellung eines axonometrischen Risses ist das *Einschneideverfahren*. Dazu werden zwei Normalrisse in Koordinatenebenen, etwa der Grundriß und der Aufriß, gemäß 2.1.4. in der Zeichenebene gewählt; der Grundriß $P'$ und der Aufriß $P''$ eines Punktes $P$ besitzen dieselbe $y$-Koordinate.

Liegt die $y$-Achse der Grundrißfigur nicht parallel zur $y$-Achse der Aufrißfigur, so kann anstelle des Übertragens der $y$-Koordinatenstrecken auch wie folgt vorgegangen werden (vgl. Fig. 2.22): Zieht man durch den Grundriß jedes Punktes jeweils die $x'$-Parallele und durch seinen Aufriß die $z''$-Parallele, so sind die Schnittpunkte dieser Geraden der Zeichenebene kollinear; dies folgt aus A 1.2, 3 und gilt auch, wenn Grundriß und Aufriß in verschiedenen Maßstäben gezeichnet sind (vgl. auch 3.1.4.).

Das Einschneideverfahren ist eine planimetrische Vorschrift, mittels der aus den Normalrissen in zwei Koordinatenebenen ein sogenannter Einschneideriß konstruiert wird (vgl. A 2.3,4 und A 3.1, 3). Wir formulieren diese Vorschrift etwa für Grund- und Aufriß (Fig. 2.22).

**Def. 2.3.2:** Seien $s'$ und $s''$ Grund- und Aufriß einer durch den Ursprung $U$ gehenden Geraden $s$, die von der $y$-Achse verschieden ist und nicht der Kreuzrißebene angehört. Wir wählen die Grundrißfigur und die Aufrißfigur, welchen auch verschiedene Zeichenmaßstäbe zugrunde liegen können, so in der Zeichenebene, daß die Geraden $s'$ und $s''$ nicht parallel sind. Der Schnittpunkt der zu $s'$ parallelen *ersten Einschneidegeraden* durch den Grundriß $P'$ eines Punktes mit der zu $s''$ parallelen *zweiten Einschneidegeraden* durch den Aufriß $P''$ von $P$ heißt der *Einschneideriß* $P^e$ von $P$.

Wir nennen die beiden in der Zeichenebene liegenden Risse, aus denen der Einschneideriß *durch Einschneiden* gewonnen wird, *Einschneidehilfsrisse* und sprechen auch vom *Einschneidegrundriß* usw. Nach Def. 2.3.2 besitzt jede zu $s$ parallele Gerade einen punktförmigen Einschneideriß.

**Satz 2.3.3:** Jeder Einschneideriß ist ein axonometrischer Riß.

*Beweis*

(a) Wir führen den Beweis unter Verwendung von Grund- und Aufriß als Einschneidehilfsrisse.
Alle $x$-parallelen bzw. $z$-parallelen Geraden sind im Aufriß bzw. im Grundriß projizierend und daher ihre Einschneiderisse jeweils zu den betreffenden Einschneidegeraden parallele Geraden (Fig. 2.22).
Gilt etwa $s'' = y''$, so ist $s' \neq y'$ nach den Voraussetzungen in Def. 2.3.2, und alle $y$-parallelen Geraden haben zu den zweiten Einschneidegeraden parallele Einschneiderisse.
Für $s' \neq y'$ und $s'' \neq y''$ ist der Einschneideriß jeder $y$-parallelen Geraden nach A 1.2, 3 eine Gerade. Die Einschneiderisse $y$-paralleler Geraden sind zueinander parallel: Haben nämlich die Einschneiderisse $y_1^e$, $y_2^e$ der $y$-parallelen Geraden $y_1$, $y_2$ einen Punkt $P^e$ gemeinsam, so existiert eine zu $s$ parallele Treffgerade $s_{12}$ von $y_1$ und $y_2$ (Fig. 2.22), die $y_1$ in $P$ und $y_2$ in $Q$ mit $P^e = Q^e$ schneidet; wegen $y_1 \parallel y_2$ schneidet dann aber jede zu $s$ parallele Gerade, die $y_1$ trifft, auch $y_2$ (Fig. 2.22a), was $y_1^e = y_2^e$ nach sich zieht.
(b) Für die Einschneiderisse der Punkte $U$, $A$, $B$, $C$ folgt aus Def. 2.3.2, daß $U^e \neq A^e, B^e, C^e$ ist und diese vier Punkte nicht kollinear sind. Unter Verwendung der in Def. 1.2.4 eingeführten Punkte $P_x \in x$, $P_y \in y$, $P_z \in z$ des Koordinatenquaders eines Punktes $P$ zum Koordinatentripel $(x, y, z)$ gilt nach Def. 1.2.4 und Satz 2.1.1 mit Satz 1.2.1 (Fig. 2.22)

$$
\begin{aligned}
x &= \mathrm{TV}(P_x, A, U) = \mathrm{TV}(P_x', A', U') = \mathrm{TV}(P_x^e, A^e, U^e),\\
y &= \mathrm{TV}(P_y, B, U) = \mathrm{TV}(P_y', B', U') = \mathrm{TV}(P_y'', B'', U'') = \mathrm{TV}(P_y^e, B^e, U^e),\\
z &= \mathrm{TV}(P_z, C, U) = \mathrm{TV}(P_z'', C'', U'') = \mathrm{TV}(P_z^e, C^e, U^e).
\end{aligned} \tag{4}
$$

Zusammen mit Beweisteil (a) folgt $\overrightarrow{U^eP^e} = x\overrightarrow{U^eA^e} + y\overrightarrow{U^eB^e} + z\overrightarrow{U^eC^e}$, was mit Def. 2.3.1 die Behauptung ergibt. □

Nach dem Satz von Pohlke in 2.3.2. und Satz 2.3.3 ist ein Einschneideriß ein in einem gewissen Maßstab gezeichneter Parallelriß; wir verwenden daher im folgenden den Abbildungszeiger $^p$ anstelle $^e$ (vgl. Fig 2.23). Da die ersten Einschneidegeraden zu $z^p$ parallel sind, wählt man den Einschneidegrundriß in der Zeichenebene so, daß $s'$ zum linken Zeichenblattrand parallel verläuft; der Einschneideaufriß (Einschneidekreuzriß) ist so in der Zeichenebene anzunehmen, daß $z^p$ zum oberen Blattrand hin orientiert ist. Aus den Orientierungspfeilen von $x^p$ und $y^p$, die sich durch Einschneiden der $x$- und der $y$-Achse ergeben, kann nach 2.3.1. festgestellt werden, ob im Falle einer nicht projizierenden Grundrißebene eine Obersicht oder Untersicht vorliegt. Analoge Aussagen gelten für die Aufriß- und die Kreuzrißebene. Die Bildqualität eines Einschneiderisses wird gemäß 2.3.3. an Hand des Einschneiderisses des Einheitswürfels überprüft.
Da jede im axonometrischen Riß projizierende Gerade einen punktförmigen axonometrischen Riß besitzt, gibt $s'$ den Grundriß und $s''$ den Aufriß der durch $U$ laufenden projizierenden Geraden $s$ an. Bei nicht projizierender Grundrißebene ergibt sich die Orientierung von $s''$ und dann auch von $s'$, je nachdem Obersicht oder Untersicht vorliegt (Fig. 2.23); bei projizierender Grundrißebene zieht man etwa $\pi_2$ zur Diskussion der Orientierung von $s$ heran.
Ein *Schnellriß* entsteht, wenn der Aufriß wie üblich in der orientierten Zeichenebene liegt, so daß also die $z''$-Achse zum linken Blattrand parallel und zum oberen Blattrand hin orientiert ist; die zweite Einschneidegerade $s''$ bestimmt dann mit der nicht orientierten $y''$-Achse ein orientiertes Winkelmaß $\psi = \overrightarrow{\sphericalangle}\, y'', s''$ mit $-90° < \psi < 90°$. Der Grundriß wird so in der Zeichenebene gewählt, daß die erste Einschneidegerade $s'$, die mit der nicht orientierten $x'$-Achse ein orientiertes Winkelmaß $\varphi = \overrightarrow{\sphericalangle}\, x', s'$ mit $-90° < \varphi < 90°$ bestimmt, parallel zum linken Zeichenblattrand

zu liegen kommt (Fig. 2.23). Die vier Angaben zu $\psi = 30°$ oder $45°$ und $\varphi = 15°$ oder $30°$ liefern anschaulich wirkende Einschneiderisse[6]. In Fig. 2.23 ist ein Schnellriß einer Holzverbindung als «Explosionszeichnung» konstruiert: Die beiden Teile sind parallel zur $z$-Achse auseinandergezogen, um ihre Gestalt unabhängig voneinander erfassen zu können.
In analoger Weise kann ein Schnellriß mit Hilfe des Kreuzrisses anstelle des Aufrisses gewonnen werden.

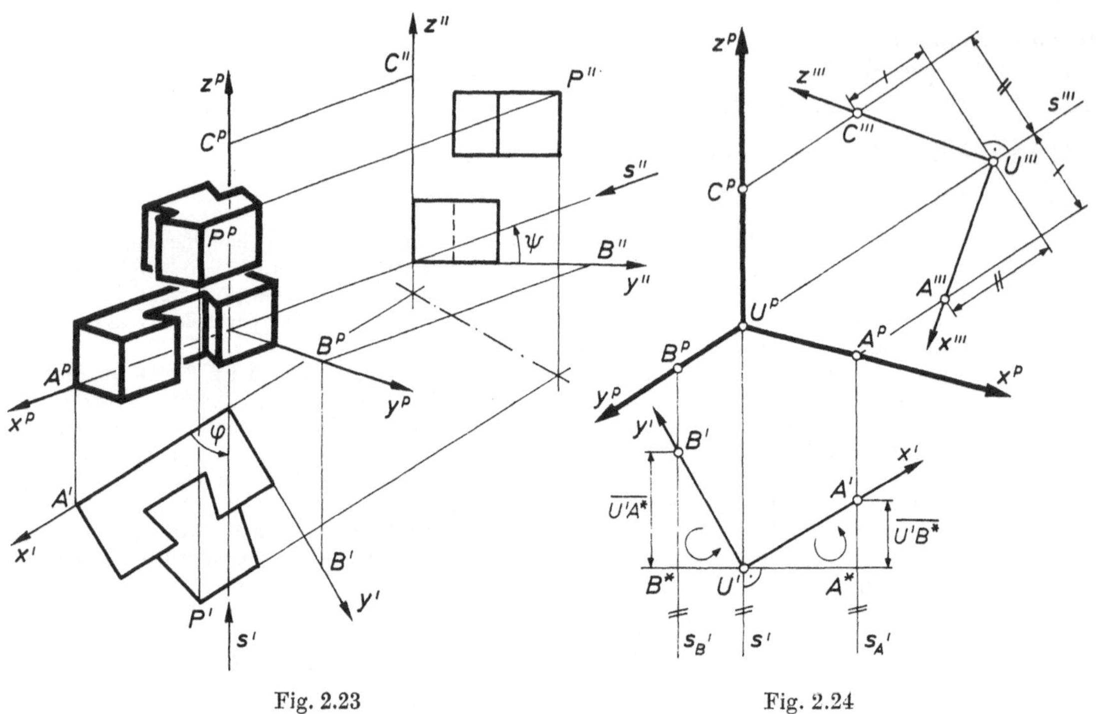


Fig. 2.23 Fig. 2.24

## 2.3.7. Einschneidehilfsrisse zu einer axonometrischen Angabe

Es ist möglich, ausgehend von einer axonometrischen Grundfigur ($U^p$, $A^p$, $B^p$, $C^p$) zwei passende Einschneidehilfsrisse so zu wählen, daß beim Einschneiden der durch die axonometrische Angabe bestimmte axonometrische Riß entsteht.
Mit $s' = z^p = U^pC^p$ ist eine erste Einschneidegerade bekannt; wir wählen $U'$ beliebig in $s'$, und zwar zweckmäßig außerhalb der Hauptfigur (Fig. 2.24). Die Punkte $A'$ und $B'$ sind dann in zur Geraden $s'$ parallelen Geraden $s_A'$, $s_B'$ durch $A^p$ und $B^p$ so einzupassen, daß $\overline{U'A'} = \overline{U'B'}$ und $\overrightarrow{\sphericalangle} A'U'B' = 90°$ in der orientierten Zeichenebene gilt. Dazu schneidet man die zu $s'$ normale Gerade durch $U'$ mit $s_A'$ bzw. $s_B'$ in $A^*$ bzw. $B^*$ und trägt $\overline{U'A^*}$ von $B^*$ auf $s_B'$ bzw. $\overline{U'B^*}$ von $A^*$ auf $s_A'$ so ab, daß durch den dabei entstehenden Punkt $B'$ auf $s_B'$ bzw. $A'$ auf $s_A'$ zwei kongruente rechtwinklige geordnete Dreiecke ($U'$, $A^*$, $A'$) und ($B'$, $B^*$, $U'$) mit gleichem Umlaufsinn entstehen (Fig. 2.24); wegen $U'A^* \perp B'B^*$ und $A^*A' \perp B^*U'$ ist dann auch $U'A' \perp U'B'$. Da die beiden Möglichkeiten, die Punkte $A'$ und $B'$ auf diese Weise durch Abtragen zu erhalten, zur Geraden $A^*B^*$ symmetrisch liegen, ist für genau eine Lösung $\overrightarrow{\sphericalangle} A'U'B' > 0$. Durch das Dreieck $\{U', A', B'\}$ wird die Lage des Einschneidegrundrisses in der Zeichenebene festgelegt; das Verhältnis $\overline{U'B'} : \overline{UB}$ bestimmt den Maßstab, in dem der Einschneidegrundriß zu zeichnen ist. In analoger Weise kann ein Einschneideaufriß (bzw. ein Einschneidekreuzriß) gewonnen wer-

[6] Bezüglich der Angabe $\psi = 0$, die auf eine projizierende Grundrißebene führt, vgl. 3.1.4. Die Angabe $\varphi = \psi = 0$ ist nach Def. 2.3.2 unzulässig.

den, wobei $s'' = x^p = U^pA^p$ eine zweite (bzw. $s''' = y^p = U^pB^p$ eine dritte) Einschneidegerade ist (Fig. 2.24). Allerdings ergibt sich möglicherweise $\overline{U'B'} \neq \overline{U''B''}$ (bzw. $\overline{U'A'} \neq \overline{U'''A'''}$); den beiden Einschneidehilfsrissen liegen dann verschiedene Maßstäbe zugrunde.
Aus zwei dieser Einschneidehilfsrisse entsteht durch Einschneiden mit Hilfe der angegebenen Einschneidegeraden die gegebene axonometrische Grundfigur und damit gemäß Satz 2.3.3 und 2.3.2. der durch die axonometrische Angabe festgelegte axonometrische Riß[7].

## Aufgaben 2.3

1. Im Sinne von 2.1.4. zeigt der Aufriß die Ansicht von vorne und der Kreuzriß die Ansicht von rechts (vgl. 2.1.4., Fn. 11). Ein Parallelriß heißt dann eine Ansicht von *oben* (O) bzw. von *unten* (U), von *vorne* (V) bzw. von *hinten* (H), von *rechts* (R) bzw. von *links* (L), je nachdem im Sehstrahl durch den Ursprung ein vor dem Ursprung liegender Punkt über bzw. unter $\pi_1$, vor bzw. hinter $\pi_2$, rechts oder links von $\pi_3$ liegt. Diskutiere mit 2.3.1. die acht möglichen Fälle (vgl. Fig. 2.25).
2. Kennt man von einem Raumpunkt $P$ den axonometrischen Riß $P^p$ und etwa den axonometrischen Grundriß $P'^p$, so ist die Lage des Raumpunktes zum an der axonometrischen Angabe beteiligten kartesischen Rechtssystem eindeutig bestimmt, falls die Grundrißebene im axonometrischen Riß nicht projizierend ist. (Anl.: Ergänze den axonometrischen Riß des Koordinatenquaders von $P$.)
3. Gehört in Def. 2.3.2 die Gerade $s$ durch $U$ der Kreuzrißebene an, ohne erst- oder zweitprojizierend zu sein, so liegen die Einschneiderisse aller Raumpunkte kollinear (vgl. Fig. 2.22). Fällt die Gerade $s$ in Def. 2.3.2 in die $y$-Achse, so ist der Einschneideriß affin zu einem Kreuzriß und wegen Def. 2.3.1 kein axonometrischer Riß.
4. Verwendet man zwei axonometrische Risse eines Objekts als Einschneidehilfsrisse, so entsteht beim Einschneiden ein axonometrischer Riß, falls die Einschneiderisse $U^e, A^e, B^e, C^e$ der Punkte $U, A, B, C$ nicht kollinear sind und $U^e \neq A^e, B^e, C^e$ gilt[8].
(Anl.: Benütze die Ideen des Beweises zu Satz 2.3.3.)

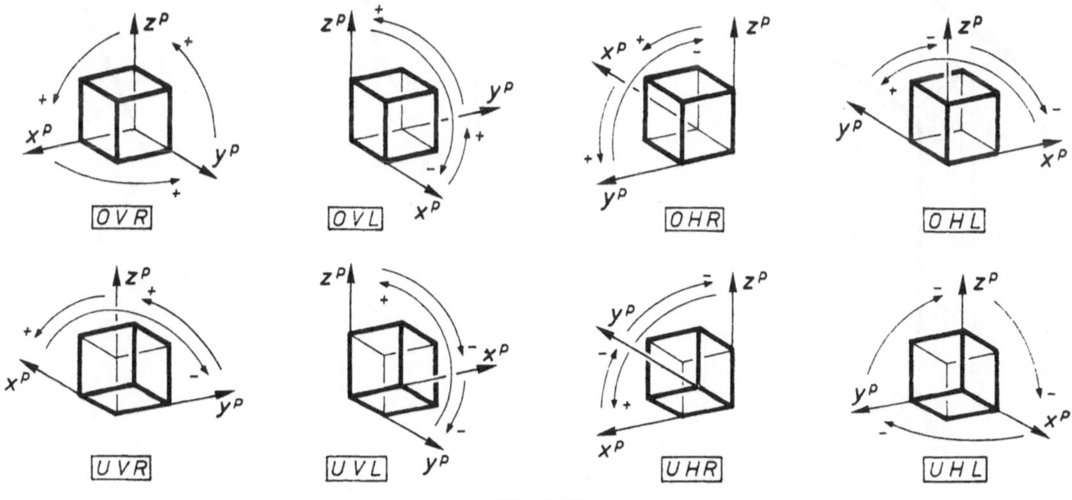


Fig. 2.25

## 2.4. Normalprojektion

### 2.4.1. Eigenschaften einer Normalprojektion

Eine Normalprojektion $n: \mathfrak{P} \to \pi$ ist nach Def. 2.1.1 jener Sonderfall einer Parallelprojektion, bei welchem die Sehgeraden zur Bildebene $\pi$ orthogonal sind. Außer den in 2.1.1. angegebenen Eigenschaften einer Parallelprojektion gelten dann die folgenden zusätzlichen Aussagen.

[7] Dieses Verfahren funktioniert auch, wenn eine Koordinatenebene projizierend ist.

[8] L. Eckhart (1890—1938) hat das Einschneideverfahren 1937 als eigene Konstruktionsmethode angegeben; es findet sich im wesentlichen schon 1905 bei G. Hauck (1845—1905).

**Satz 2.4.1:** Für eine Strecke $[P, Q]$ einer Geraden $g$ ist das Verzerrungsverhältnis $\overline{P^nQ^n} : \overline{PQ}$ gleich $\cos \sphericalangle g, \pi$.

*Beweis*

Für eine Sehgerade $g$ gilt $\cos \sphericalangle g, \pi = 0$ und $P^n = Q^n$; für eine Hauptgerade $g$ ist $\cos \sphericalangle g, \pi = 1$. Ist $g$ nicht projizierend und keine Hauptgerade, so existiert der Schnittpunkt $P_1$ der Sehgeraden durch $P$ mit der Hauptgeraden durch $Q$ in der zu $\pi$ normalen Sehebene durch $g$ (Fig. 2.26). Das rechtwinklige Dreieck $\{P, P_1, Q\}$ hat die Hypotenusenlänge $\overline{PQ}$, die Kathetenlänge $\overline{P_1Q} = \overline{P^nQ^n}$, und es ist $\sphericalangle PQP_1 = \sphericalangle g, \pi$ nach Def. 1.2.8. □

Damit werden bei Normalprojektion nur Strecken in Hauptgeraden nicht verzerrt (vgl. A 2.1, 1), und sonst ist das Verzerrungsverhältnis einer Strecke stets kleiner als eins.

Die Kathetenlänge $\overline{PP_1}$ des im Beweis zu Satz 2.4.1 verwendeten rechtwinkligen Dreiecks $\{P, P_1, Q\}$ ist gleich dem Abstand des Punktes $P$ von der Hauptebene $\eta$ durch $Q$ (Fig. 2.26). Wir nennen ein rechtwinkliges Dreieck der Zeichenebene, dessen eine Kathete die Länge $\overline{P^nQ^n}$ und dessen zweite Kathete die dem Zeichenmaßstab unterworfene Länge $\overline{P\eta}$ besitzt, ein *Verzerrungsdreieck* der Strecke $[P, Q]$. Unter Verwendung der Einheitsstrecke der Zeichenebene ist die Hypotenusenlänge eines Verzerrungsdreiecks gleich $\overline{PQ}$, und der der Kathete mit der Länge $\overline{P^nQ^n}$ anliegende spitze Dreieckwinkel hat das Maß $\sphericalangle g, \pi$.

Die wichtigste Eigenschaft, die eine Normalprojektion zusätzlich besitzt, enthält

**Satz 2.4.2:** Die Normalrisse $a^n, b^n$ orthogonaler nicht projizierender Geraden $a, b$ sind genau dann orthogonal, wenn (mindestens) eine Gerade eine Hauptgerade ist.

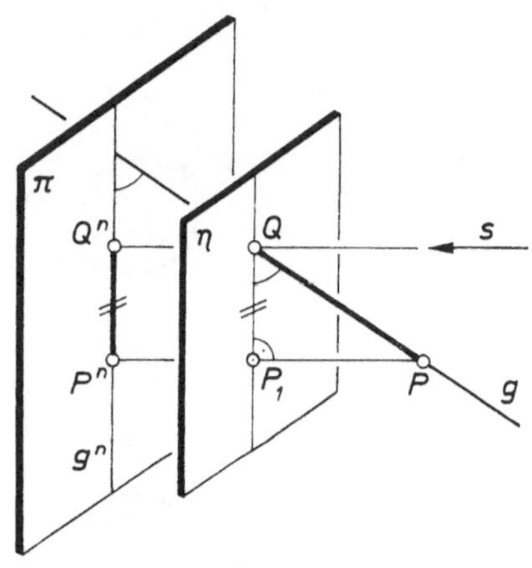

Fig. 2.26

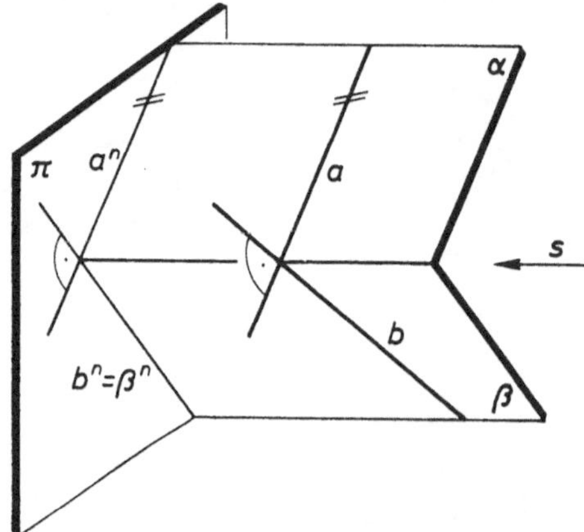

Fig. 2.27

*Beweis*

Wir legen die Aufnahmesituation (vgl. 2.1.4.) zugrunde. Bei Normalprojektion ist eine Hauptgerade $a$ zu jeder Sehgeraden und daher wegen $a \perp b$ zur Sehebene $\beta$ durch $b$, also auch zur Geraden $\beta^n = b^n \subset \beta$ orthogonal. Da $a^n$ in der Aufnahmesituation parallel zu $a$ ist, folgt $a^n$ orthogonal $b^n$ (Fig. 2.27).

Gilt umgekehrt $a^n$ orthogonal $b^n$, so ist nach Def. 1.2.8 die Sehebene $\alpha$ durch $a$ orthogonal zur Sehebene $\beta$ durch $b$ (Fig. 2.27), und jede zu $a^n$ parallele Hauptgerade von $\alpha$ ist zu $\beta$ und damit zu $b$ orthogonal. Ist nun $b$ keine Hauptgerade, so sind alle zu $b$ orthogonalen Geraden der Ebene $\alpha$ zueinander parallel, nämlich parallel zur Schnittgeraden von $\alpha$ mit einer zu $b$ orthogonalen Ebene. Damit ist aber $a$ notwendig eine Hauptgerade in $\alpha$. □

Aus Satz 2.4.2 folgt unmittelbar:

**Satz 2.4.3:** Der Normalriß $n^n$ einer zu einer Ebene $\varepsilon$ orthogonalen Geraden $n$ ist orthogonal zum Normalriß $h^n$ einer Hauptgeraden $h$ in $\varepsilon$, falls $\varepsilon$ keine Hauptebene ist.

Im Falle einer Sehebene $\varepsilon$ gilt $\varepsilon^n = h^n \perp n^n$.

Unter Verwendung von Satz 2.2.3 und Satz 2.2.4 folgt aus Satz 2.4.2:

**Satz 2.4.4:** Ist $\mathfrak{F}^n$ der Normalriß einer Figur $\mathfrak{F}$ einer nicht projizierenden Ebene $\varepsilon$ und wird $\varepsilon$

um eine ihrer Hauptgeraden $h$ in eine von $\varepsilon$ verschiedene nicht projizierende Ebene $\varphi$ durch $h$ gedreht, so ist der Normalriß $\mathfrak{F}^n$ der gedrehten Lage $\mathfrak{F}$ von $\mathfrak{F}$ orthogonal perspektiv affin zu $\mathfrak{F}^n$ mit $h^n$ als Affinitätsachse.

## 2.4.2. Normalrisse von drei paarweise orthogonalen Geraden durch einen Punkt

Sei $n: \mathfrak{P} \to \pi$ eine Normalprojektion auf die Bildebene $\pi$ und $U$ der gemeinsame Punkt von drei paarweise orthogonalen Geraden $x, y, z$. Ist etwa die Gerade $z$ projizierend, also die $xy$-Ebene eine Hauptebene, so gilt $x^n \perp y^n$ nach Satz 2.1.3. Liegt weder die Gerade $x$ noch die Gerade $y$ in einer Sehgeraden und ist die $xy$-Ebene projizierend, so folgt $z^n \perp x^n = y^n$ nach Satz 2.4.3. Ist keine Verbindungsebene von je zwei der Geraden $x, y, z$ projizierend, so sind die Geraden $x^n, y^n, z^n$ paarweise verschieden.

**Satz 2.4.5:** Drei paarweise verschiedene Geraden $g_1, g_2, g_3$ der Zeichenebene durch einen Punkt $H$ sind genau dann die Normalrisse von drei paarweise orthogonalen Geraden $x, y, z$ durch einen Punkt $U$, falls $g_1, g_2, g_3$ Höhengeraden eines spitzwinkligen Dreiecks sind.[1]

*Beweis*

(a) Haben die drei verschiedenen Geraden $g_1, g_2, g_3$ den Punkt $H$ gemeinsam und ist $g_1, g_2$ bzw. $g_3$ der Normalriß der Geraden $x, y$ bzw. $z$, so fällt der Normalriß $U^n$ des gemeinsamen Punktes $U$ von $x, y, z$ notwendig in den Punkt $H$, und keine der drei Geraden ist eine Sehgerade oder eine Hauptgerade. Eine den Punkt $U$ nicht enthaltende Hauptebene $\eta$ schneidet dann die Geraden $x, y, z$ in Punkten eines Dreiecks $\{X, Y, Z\}$, und die Geraden $XY$, $YZ$ und $ZX$ sind Hauptgeraden. Aus $x \perp y \perp z \perp x$ folgt $z \perp xy$, also $g_3 = z^n \perp X^nY^n$ nach Satz 2.4.3, und analog $g_1 = x^n \perp Y^nZ^n$, $g_2 = y^n \perp Z^nX^n$. Die drei Geraden $g_1, g_2, g_3$ sind demnach die Höhengeraden des Dreiecks $\{X^n, Y^n, Z^n\}$ mit $H = U^n$ als Höhenschnittpunkt.

Aus A 1.2,5 folgt $\overline{ZU} < \overline{Z(XY)}$; da der Punkt $Z$ und die Gerade $XY$ in der Hauptebene $\eta$ liegen, ergibt Satz 2.4.1 dann $\overline{Z^nU^n} < \overline{Z^n(X^nY^n)}$. Da analog $\overline{X^nU^n} < \overline{X^n(Y^nZ^n)}$, $\overline{Y^nU^n} < \overline{Y^n(Z^nX^n)}$ folgt, ist der Höhenschnittpunkt $H = U^n$ ein Innenpunkt des Dreiecks $\{X^n, Y^n, Z^n\}$ und dieses Dreieck daher spitzwinklig.

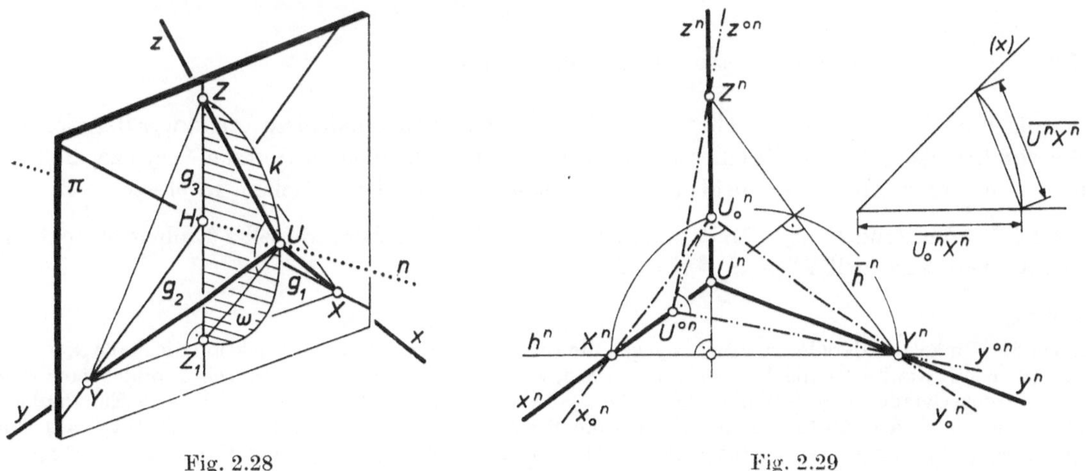


Fig. 2.28 Fig. 2.29

(b) Sind die Geraden $g_1, g_2, g_3$ durch $H$ die Höhengeraden eines spitzwinkligen Dreiecks $\{X, Y, Z\}$ der Zeichenebene, so verwenden wir die Zeichenebene als Bildebene $\pi$ einer Normalprojektion und suchen paarweise orthogonale Geraden $x, y, z$ durch einen Punkt $U$ mit $x \cap \pi = X$, $y \cap \pi = Y$, $z \cap \pi = Z$ (Fig. 2.28).

Da notwendig $H = U^n$ gilt, liegt $U$ in der Normalen $n$ zu $\pi$ durch den Höhenschnittpunkt $H$ von $\{X, Y, Z\}$. Für die projizierende Ebene $\omega$ durch $z$ gilt dann $\omega^n = z^n = g_3$; ist $Z_1$ der Schnittpunkt von $g_3$ mit $XY$, so ist notwendig $z \perp UZ_1$, da $z \perp UXY$ gelten soll. Damit gehört $U$ nach A 1.3,5 dem Kreis $k$ in $\omega$ mit dem Durchmesser $[Z, Z_1]$ an. Da der Höhenschnittpunkt $H$ des spitzwinkligen Dreiecks $\{X, Y, Z\}$ zwischen $Z$ und $Z_1$ liegt, schneidet $n$ den Kreis $k$ in zwei bezüglich $\pi$ symmetrischen Punkten; wir wählen einen als Punkt $U$ aus. Dann ist $x^n = g_1$, $y^n = g_2$, $z^n = g_3$ für $x = UX$, $y = UY$, $z = UZ$, und es bleibt $x \perp y \perp z \perp x$ zu zeigen. Wegen $z^n \perp XY$ ist $z \perp XY$ nach Satz 2.4.2; da außerdem $z \perp UZ_1$ gilt, folgt $z \perp UXY$, also $z \perp x$ und $z \perp y$ nach Def. 1.2.6. Wegen $x^n \perp YZ$ ist $x \perp YZ$, und mit $x \perp z$ folgt $x \perp UYZ$, also $x \perp y$. □

[1] Jede dieser Geraden geht dann durch die «stumpfen» Winkelfelder der beiden anderen.

Im Falle nicht projizierender Koordinatenachsen besitzen Strecken in zur $x$- bzw. $y$- bzw. $z$-Achse parallelen Geraden bei Normalprojektion nach Satz 2.1.4 dasselbe Verzerrungsverhältnis $\lambda$ bzw. $\mu$ bzw. $\nu$. Wir zeigen

**Satz 2.4.6:** Durch die Höhengeraden $x^n$, $y^n$, $z^n$ eines spitzwinkligen Dreiecks der Zeichenebene sind die Verzerrungsverhältnisse $\lambda, \mu, \nu$ einer Normalprojektion bestimmt, unter der die nicht orientierten Koordinatenachsen $x, y, z$ eines gegebenen kartesischen Koordinatensystems die Normalrisse $x^n$, $y^n$, $z^n$ besitzen.

*Beweis*

Nach Satz 2.4.5 sind die Geraden $x^n$, $y^n$, $z^n$ Normalrisse der nicht orientierten Koordinatenachsen $x$, $y$, $z$ eines kartesischen Koordinatensystems; der gemeinsame Punkt von $x^n$, $y^n$ und $z^n$ ist der Normalriß des Ursprungs $U$.
Eine Hauptgerade $h$ der Ebene $\pi_1 = xy$ besitzt wegen $z \perp \pi_1$ nach Satz 2.4.2 einen zu $z^n$ orthogonalen Normalriß $h^n$ (Fig. 2.29). Enthält $h$ den Punkt $U$ nicht, so schneidet $h$ die Geraden $x$, $y$ in verschiedenen Punkten $X = x \cap h$ und $Y = y \cap h$. Wir drehen die Ebene $\pi_1$ um $h$ in die Hauptebene $\eta$ durch $h$; dabei geht $U \in \pi_1$ in einen Punkt $U_0 \in \eta$ über. Nach Satz 2.4.4 ist $(UU_0)^n$ normal zu $h^n$, also $U_0{}^n \in z^n$. Bei Drehung um $h$ bleiben die Punkte $X, Y \in h$ fest. Wegen $\sphericalangle XUY = 90°$, Satz 2.1.3 und A 1.3, 5 ergibt sich $U_0{}^n$ notwendig in einem Schnittpunkt von $z^n$ mit dem Kreis zur Durchmesserstrecke $[X^n, Y^n]$, was $x_0{}^n = U_0{}^n X^n$, $y_0{}^n = U_0{}^n Y^n$ ergibt. Dreht man anschließend $\pi_2$ um die Hauptgerade $\bar{h} = \pi_2 \cap \eta$ durch $Y$ unter Benützung von $\bar{h}^n \perp x^n$ und $\bar{h} \cap z = Z$ in die Hauptebene $\eta$ (wir verwenden für diese Paralleldrehung den Zeiger °), wobei $U \in \pi_2$ in einen Punkt $U^0 \in \eta$ übergeht, so liegt analog $U^{0n}$ in $x^n$. Da sowohl $\overline{U_0{}^n Y^n}$ wie auch $\overline{U^{0n} Y^n}$ gleich der dem Zeichenmaßstab unterworfenen Länge $\overline{UY}$ ist, kann $U^{0n}$ in $x^n$ mit $\overline{U^{0n}Y^n} = \overline{U_0{}^n Y^n}$ eingepaßt werden (Fig. 2.29). Weiter ist $z^{0n} \perp y^{0n} = U^{0n} Y^n$.
Da die Strecken $[U_0, X]$, $[U_0, Y]$ bzw. $[U^0, Z]$ der Hauptebene $\eta$ angehören, besitzen sie bezüglich der Einheitsstrecke in der Zeichenebene dieselben Längenmaßzahlen wie die Strecken $[U, X]$, $[U, Y]$ bzw. $[U, Z]$ bezüglich der Einheitsstrecke im Raum. Für die gesuchten Verzerrungsverhältnisse gilt dann unabhängig von der gewählten Einheitsstrecke der Zeichenebene

(1) $\lambda = \overline{U^n X^n} : \overline{U_0{}^n X^n}, \quad \mu = U^n Y^n : \overline{U_0{}^n Y^n}, \quad \nu = \overline{U^n Z^n} : \overline{U^{0n} Z^n}$. □

## 2.4.3. Verzerrungsverhältnisse bei Normalprojektion

Die folgenden beiden Sätze beziehen sich auf die Verzerrungsverhältnisse $\lambda$, $\mu$ bzw. $\nu$ der Normalrisse von Strecken, die jeweils einer von drei paarweise orthogonalen Geraden $x$, $y$ bzw. $z$ durch einen Punkt angehören. Diese beiden Aussagen sind nur von theoretischem Interesse.

**Satz 2.4.7:** Verwendet man für den Raum und die Zeichenebene dieselbe Einheitsstrecke, so gilt für einen Normalriß $\lambda^2 + \mu^2 + \nu^2 = 2$.

*Beweis*

Haben die Winkel der Geraden $x$, $y$ bzw. $z$ gegen die Bildebene $\pi$ einer Normalprojektion die Maße $\alpha$, $\beta$ bzw. $\gamma$, so gilt nach Satz 2.4.1 dann $\lambda = \cos\alpha$, $\mu = \cos\beta$, $\nu = \cos\gamma$. Die Sehgerade $s$ durch $U$ bildet nach Satz 1.2.3 mit den Geraden $x$, $y$, $z$ Winkel der Maße $\alpha_1 = 90° - \alpha$, $\beta_1 = 90° - \beta$, $\gamma_1 = 90° - \gamma$. Ein Punkt $P$ auf $s$, der von $U$ den Abstand 1 besitzt, hat die Koordinaten $(x_1, y_1, z_1)$ mit $x_1{}^2 + y_1{}^2 + z_1{}^2 = 1$ und $|x_1| = \cos\alpha_1$, $|y_1| = \cos\beta_1$, $|z_1| = \cos\gamma_1$ (Fig. 2.30). Aus $1 = \cos^2\alpha_1 + \cos^2\beta_1 + \cos^2\gamma_1 = 1 - \sin^2\alpha_1 + 1 - \sin^2\beta_1 + 1 - \sin^2\gamma_1$ und $\sin^2\alpha_1 = \cos^2\alpha$, $\sin^2\beta_1 = \cos^2\beta$, $\sin^2\gamma_1 = \cos^2\gamma$ folgt die Behauptung. □

Im Falle etwa einer projizierenden Geraden $z$ ist $\nu = 0$ und $\lambda = \mu = 1$; ist etwa die Ebene $xy$ projizierend, so gilt $\nu = 1$, also $\lambda^2 + \mu^2 = 1$ nach Satz 2.4.7.
Ist keine der Ebenen $xy$, $yz$ und $zx$ projizierend, so gilt $0 < \lambda, \mu, \nu < 1$; aus $\lambda^2 + \mu^2 + \nu^2 = 2$ folgt dann $\lambda^2 + \mu^2 > 1 > \nu^2$ und analog $\mu^2 + \nu^2 > \lambda^2$, $\nu^2 + \lambda^2 > \mu^2$. Sind $u$, $v$, $w$ drei zu den Quadraten $\lambda^2$, $\mu^2$, $\nu^2$ der Verzerrungsverhältnisse $\lambda$, $\mu$, $\nu$ proportionale Zahlen, also $u:v:w = \lambda^2:\mu^2:\nu^2$, so gilt $u + v > w$, $v + w > u$, $w + u > v$; damit existiert stets ein Dreieck mit den Seitenlängen $u$, $v$, $w$. Dies benötigen wir zum Beweis von

**Satz 2.4.8:** Zu je drei positiven Zahlen $u, v, w$ mit $u + v > w$, $v + w > u$, $w + u > v$ gibt es in der Zeichenebene drei verschiedene Geraden $x^n$, $y^n$, $z^n$ durch einen Punkt $U^n$ so, daß $x^n$, $y^n$, $z^n$ Normalrisse von drei paarweise orthogonalen Geraden $x$, $y$, $z$ durch einen Punkt $U$ sind, und für die Verzerrungsverhältnisse $\lambda$, $\mu$, $\nu$ gilt $\lambda^2 : \mu^2 : \nu^2 = u : v : w$. Das Geradentripel $x^n$, $y^n$, $z^n$ ist abgesehen von Bewegungen in der Zeichenebene bis auf die Spiegelungen an der Geraden $z^n$ eindeutig festgelegt.

*Beweis*

(a) Die gesuchten Geraden $x^n$, $y^n$, $z^n$ sind nach Satz 2.4.5 notwendig Höhengeraden eines spitzwinkligen Dreiecks $\{X^n, Y^n, Z^n\}$ mit dem Höhenschnittpunkt $U^n$, wobei die Verzerrungsverhältnisse $\lambda$, $\mu$, $\nu$ dann gemäß Fig. 2.29 zu finden sind. Da der Zeichenmaßstab in Satz 2.4.8 keine Rolle spielt, suchen wir eine zum Normalriß der Aufnahmesituation kongruente Figur, was $\lambda = \cos\alpha$, $\mu = \cos\beta$, $\nu = \cos\gamma$ unter Verwendung der Bezeichnungen des Beweises zu Satz 2.4.7 nach sich zieht. In (b) diskutieren wir notwendige Bedingungen für die gegenseitige Lage der Geraden $x^n$, $y^n$, $z^n$.

(b) Der Halbkreis über der Strecke $[X^n, Y^n]$ zum Mittelpunkt $M$ enthält den Schnittpunkt $X_1^n$ der Höhengeraden $x^n$ mit der Dreieckseite $[Y^n, Z^n]$ (Fig. 2.31). In der projizierenden Ebene $\xi$ durch die $x$-Achse liegt das Dreieck $\{X, U, X_1\}$ mit $\sphericalangle XUX_1 = 90°$, $\sphericalangle UXX_1 = \alpha = \sphericalangle x, \pi$; damit gilt $\cos\alpha = \overline{XU} : \overline{XX_1}$ (in Fig. 2.30 ist ein zu $\{X, U, X_1\}$ kongruentes Dreieck $\{X^n, U^x, X_1^n\}$ eingezeichnet; das Dreieck $\{X^n, U^x, U^n\}$ ist ein Verzerrungsdreieck der Strecke $[U, X]$. Vgl. auch 3.3.5., Fn. 4.) Da andererseits $\cos\alpha = \overline{X^nU^n} : \overline{XU}$ nach Satz 2.4.1 ist und $XX_1$ in der Hauptebene $XYZ$ liegt, also $\overline{XX_1} = \overline{X^nX_1^n}$ gilt, folgt $\lambda^2 = \cos^2\alpha = \overline{X^nU^n} : \overline{X^nX_1^n}$. In gleicher Weise erhält man mit Hilfe des Schnittpunkts $y_1^n$ der Höhengeraden $y^n$ mit der Dreieckseite $X^nZ^n$ dann $\mu^2 = \cos^2\beta = \overline{Y^nU^n} : \overline{Y^nY_1^n}$.

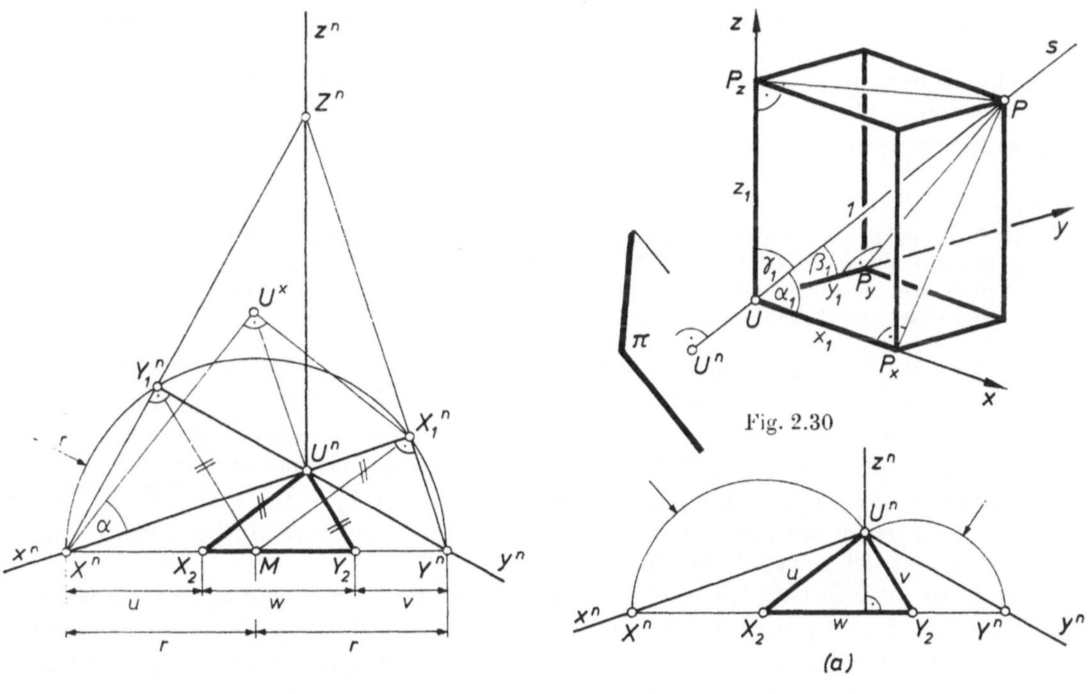


Fig. 2.30

Fig. 2.31

Ist $X_2$ bzw. $Y_2$ der Schnittpunkt der zu $MX_1^n$ bzw. $MY_1^n$ parallelen Geraden durch $U^n$ mit $X^nY^n$ (Fig. 2.31), so folgt auf Grund ähnlicher Dreiecke mit $\overline{X^nM} = \overline{MX_1^n} = \overline{Y^nM} = \overline{MY_1^n} =: r$ dann $\overline{X^nX_2} = \overline{X_2U^n}$ bzw. $\overline{Y^nY_2} = \overline{Y_2U^n}$ und $\lambda^2 = \overline{X_2U^n} : r$, $\mu^2 = \overline{Y_2U^n} : r$. Wegen $\overline{X^nX_2} + \overline{X_2Y_2} + \overline{Y_2Y^n} = 2r$ (Fig. 2.31) und $\lambda^2 + \mu^2 + \nu^2 = 2$ nach Satz 2.4.7 ergibt sich $\nu^2 = \overline{X_2Y_2} : r$, also

(2) $$\lambda^2 : \mu^2 : \nu^2 = \overline{X_2U^n} : \overline{Y_2U^n} : \overline{X_2Y_2}.$$

(c) Sind somit drei positive reelle Zahlen $u$, $v$, $w$ gemäß den Voraussetzungen gegeben und ist $\{X_2, U^n, Y_2\}$ ein Dreieck, für dessen Seitenlängen gilt $\overline{X_2U^n} : \overline{Y_2U^n} : \overline{X_2Y_2} = u : v : w$, so können mit (b) die Normalrisse der Geraden $x$, $y$, $z$ rekonstruiert werden: Die Gerade $z^n$ ist die zu $X_2Y_2$ normale Gerade durch $U^n$, und die

Gerade $x^n$ bzw. $y^n$ verbindet $U^n$ mit jenem Punkt $X^n$ bzw. $Y^n$ in $X_2Y_2$, für den $\overline{X^nX_2} = \overline{X_2U^n}$ bzw. $\overline{Y^nY_2} = \overline{Y_2U^n}$ mit $X_2$ zwischen $X^n$ und $Y_2$ bzw. $Y_2$ zwischen $Y^n$ und $X_2$ gilt (Fig. 2.31).
Die letzte Behauptung des Satzes ergibt sich aus den verschiedenen Lagen, die ein Dreieck zu vorgeschriebenen Verhältnissen $u:v:w$ der Seitenlängen in der Zeichenebene einnehmen kann. □

### 2.4.4. Normale Axonometrie

Nach 2.3.2. besteht eine axonometrische Angabe aus einer axonometrischen Grundfigur in der orientierten Zeichenebene und einem kartesischen Rechtssystem des Raumes, und es existiert stets eine Parallelprojektion so, daß die axonometrische Grundfigur zum Parallelriß des Koordinatensystems gleichsinnig ähnlich ist.

**Def. 2.4.1:** Eine axonometrische Angabe, bei der die axonometrische Grundfigur zu einem Normalriß des kartesischen Rechtssystems gleichsinnig ähnlich ist, heißt eine *normalaxonometrische Angabe*.

Wir sprechen von *normalaxonometrischem Riß*, von *normalaxonometrischer Grundfigur* und von *normaler Axonometrie* und verwenden den Abbildungszeiger $^n$. Nach 2.4.2. sind die Geraden $U^nA^n$, $U^nB^n$, $U^nC^n$ einer normalaxonometrischen Grundfigur entweder paarweise verschieden und dann Höhengeraden eines spitzwinkligen Dreiecks, oder es gilt etwa $U^nA^n = U^nB^n \perp U^nC^n$.

**Satz 2.4.9:** Durch die in den Höhengeraden eines spitzwinkligen Dreiecks verlaufenden orientierten Geraden $x^n$, $y^n$, $z^n$ einer normalaxonometrischen Angabe und den Zeichenmaßstab ist eine normalaxonometrische Grundfigur eindeutig festgelegt.

*Beweis*

Nach Satz 2.4.6 sind durch die nicht orientierten Geraden $x^n$, $y^n$, $z^n$ die Verzerrungsverhältnisse $\lambda$, $\mu$, $\nu$ einer Normalprojektion bestimmt. Ist $(U, A, B, C)$ das an der normalaxonometrischen Angabe beteiligte kartesische Rechtssystem, so können mit Hilfe von $\lambda$, $\mu$, $\nu$ und des Zeichenmaßstabs gemäß den gegebenen Orientierungen von $x^n$, $y^n$ und $z^n$ die Punkte $A^n$, $B^n$ und $C^n$ ergänzt werden. □

Kennt man die den Höhengeraden eines spitzwinkligen Dreiecks angehörenden orientierten Geraden $x^n$, $y^n$, $z^n$, so kann man gemäß Fig. 2.29 die Verzerrungsverhältnisse $\lambda$, $\mu$, $\nu$ durch Paralleldrehen von zwei Koordinatenebenen festlegen, jedoch ist der Zeichenmaßstab noch wählbar. Trägt man unter Berücksichtigung der Orientierungen der Koordinatenachsen und ihrer Normalrisse Punkte $X_1 \in x$, $Y_1 \in y$, $Z_1 \in z$ so ein, daß $\overline{UX_1}:\overline{UY_1}:\overline{UZ_1} = \overline{U_0{}^nX^n}:\overline{U_0{}^nY^n}:\overline{U^{0n}Z^n}$ gilt, so sind die Sehgeraden der Normalprojektion zur Ebene $X_1Y_1Z_1$ normal; die Orientierung der Sehgeraden ergibt sich gemäß[2] Satz 2.3.1.
Gibt man die orientierten Geraden $x^n$, $y^n$, $z^n$ einer normalaxonometrischen Angabe dagegen so vor, daß etwa $x^n = y^n \perp z^n$ gilt, so ist zu gegebenem Zeichenmaßstab eine normalaxonometrische Grundfigur erst bestimmt, wenn man $A^n$ (oder $B^n$), also $\lambda$ (oder $\mu$) kennt. Die Länge $\overline{U^nC^n}$ ergibt sich aus $\overline{UC}$ mit Hilfe des Zeichenmaßstabs, da $z = UC$ eine Hauptgerade, also $\nu = 1$ ist; aus $A^n$ (bzw. $B^n$) und $C^n$ kann $B^n$ (bzw. $A^n$) mit Hilfe von Satz 2.4.7 oder graphisch nach 2.3.7. ergänzt werden.
Nach Satz 2.4.8 kann eine normalaxonometrische Grundfigur auch bestimmt werden, wenn man unter Beachtung der in diesem Satz genannten Bedingungen die Verhältnisse $\lambda:\mu:\nu$ vorgibt, dann die Geraden $x^n$, $y^n$, $z^n$ gemäß Fig. 2.31a (im wesentlichen zweideutig) ermittelt, diese Geraden beliebig orientiert und den Zeichenmaßstab wählt.
Speziell bei einer isometrischen normalen Axonometrie sind wegen $\lambda = \mu = \nu$ und $\lambda = \cos\alpha$, $\mu = \cos\beta$, $\nu = \cos\gamma$ bei Verwendung der Bezeichnungen des Beweises zu Satz 2.4.7 die Koordi-

[2] Auch bei normaler Axonometrie sind die acht Fälle aus A 2.3, 1 möglich, wobei allerdings in Fig. 2.25 die axonometrischen Risse der Koordinatenachsen in den Höhengeraden eines spitzwinkligen Dreiecks liegen müssen.

natenachsen gegen die Bildebene $\pi$ gleich geneigt, so daß wegen $\overline{UA} = \overline{UB} = \overline{UC}$ die Ebene $ABC$ eine Hauptebene und daher $\{A^n, B^n, C^n\}$ ebenso wie $\{A, B, C\}$ ein gleichseitiges Dreieck ist; der Punkt $U^n$ ist dann der Höhenschnittpunkt von $\{A^n, B^n, C^n\}$ (Fig. 2.32). Der Einheitswürfel erscheint eher unanschaulich, da seine Diagonale durch die Ecke $U$ projizierend ist. Soll der isometrische normalaxonometrische Riß kongruent zu einem Normalriß sein, so folgt $\lambda = \mu = \nu = \sqrt{2:3}$ nach Satz 2.4.7. Wählt man dagegen $e_x{}^n = e_y{}^n = e_z{}^n = e$, so erhält man einen normalaxonometrischen Riß, der zu einem Normalriß ähnlich ist, wobei alle Längen um den Faktor $1:\sqrt{2:3} = 1{,}2247\ldots$, also um etwa 22,5% vergrößert sind; man spricht dann von *vereinfachter Isometrie*.

In ÖNORM A 6061 und in DIN 5 wird die *Ingenieuraxonometrie* als normale Axonometrie mit $\lambda:\mu:\nu = 1:1/2:1$ definiert[3], wobei im Raum und in der Zeichenebene dieselbe Einheitsstrecke zugrunde liegt. Mit einem Proportionalitätsfaktor $\varrho > 0$ muß $\lambda = 2\varrho$, $\mu = \varrho$, $\nu = 2\varrho$ und nach Satz 2.4.7 dann $\varrho = \sqrt{2}:3$, also $\lambda = \nu = 2\sqrt{2}:3$, $\mu = \sqrt{2}:3$ gelten. Wegen $\cos\alpha = \lambda = \nu = \cos\gamma$ und $\overline{UA} = \overline{UC}$ ist $AC$ eine Hauptgerade und $\overline{U^nA^n} = \overline{U^nC^n}$; da $AC$ der Kreuzrißebene $\pi_3 = UAC$ angehört, gilt $y^n \perp A^nC^n$ nach Satz 2.4.2. Mit $\overline{UA} = \overline{UB} = \overline{UC} = e$ folgt $\overline{AC} = \overline{A^nC^n} = e\sqrt{2}$, also $\overline{A^nC^n} : \overline{U^nA^n} = e\sqrt{2} : e\lambda = 3:2$. Damit gilt[4] (Fig. 2.33):

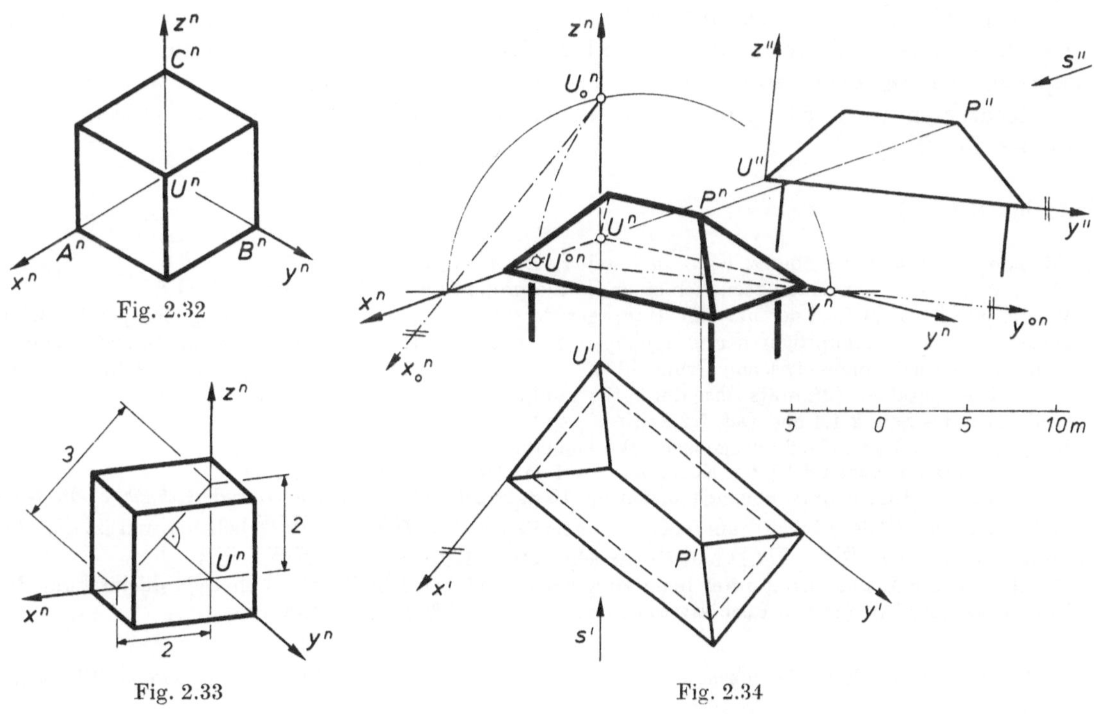

Fig. 2.32

Fig. 2.33

Fig. 2.34

**Satz 2.4.10:** Sind die nicht orientierten Geraden $x^n$, $z^n$ die Schenkel eines gleichschenkligen Dreiecks, dessen Seitenlängen sich wie $2:2:3$ verhalten, und ist $y^n$ die Höhengerade durch die Ecke $U^n = x^n \cap z^n$ des gleichschenkligen Dreiecks, so ist nach Orientierung von $x^n$, $y^n$, $z^n$ genau ein zu einem Normalriß kongruenter normalaxonometrischer Riß bestimmt, für den $\lambda:\mu:\nu = 2:1:2$ gilt.

[3] In ÖNORM A 6061 ist $\sphericalangle\, C^nU^nA^n = 97°$, $\sphericalangle\, C^nU^nB^n = 132°$ angegeben. Im Gegensatz zur exakten, auf L. Eckhart (1936) zurückgehenden Konstruktion in Satz 2.4.10 sind diese Winkelmaße nur Näherungswerte. Bei den gemäß Fig. 2.33 gewählten Orientierungen von $x^n$, $y^n$, $z^n$ gilt $\sphericalangle\, C^nU^nA^n = \arccos(-1/8) = 97{,}1807\ldots°$ und $\sphericalangle\, C^nU^nB^n = 180° - 1/2 \sphericalangle\, C^nU^nA^n = 131{,}4096\ldots°$ (vgl. A 2.4, 3).

[4] Im Sonderfall der Ingenieuraxonometrie ist die Konstruktion gemäß Satz 2.4.10 der allgemein gültigen Konstruktion von Satz 2.4.8 vorzuziehen.

Die Verzerrungsverhältnisse können dann gemäß Fig. 2.29 konstruiert werden (vgl. A 2.4, 4). Wählt man dagegen $e_x^n = e_z^n = e$, $e_y^n = e:2$, so erhält man einen normalaxonometrischen Riß, der zu einem Normalriß ähnlich, und zwar um den Faktor $1:\varrho = 3:2\sqrt{2} = 1{,}0606\ldots$, also um etwa 6% größer als ein Normalriß ist; man spricht dann von *vereinfachter Dimetrie.*

## 2.4.5. Einschneideverfahren der normalen Axonometrie

Ausgehend von einer normalaxonometrischen Grundfigur können Einschneidehilfsrisse so gefunden werden, daß beim Einschneiden der durch die axonometrische Angabe bestimmte normalaxonometrische Riß entsteht.
Ist die Grundrißebene $\pi_1$ projizierend, so kann man die Methode aus 2.3.7. benützen. Bei nicht projizierender Ebene $\pi_1$ dreht man $\pi_1$ um eine $U$ nicht enthaltende Hauptgerade $h$ von $\pi_1$ gemäß Fig. 2.29 in die Hauptebene $\eta$ durch $h$. Der normalaxonometrische Grundriß $P'^n$ eines Punktes $P$ und der normalaxonometrische Riß $P'^n_0$ der parallelgedrehten Lage $P'_0$ von $P'$ liegen dann in einer zu $z^n$ parallelen Geraden. Da weiter $P'^n$ und $P^n$ einer $z^n$-Parallelen angehören, kann der normalaxonometrische Riß des parallelgedrehten Grundrisses als Einschneidegrundriß mit $z^n$-parallelen Einschneidegeraden benützt werden; von den beiden Drehungen um $h$ von $\pi_1$ in $\eta$ ist dabei jene zu wählen, bei der die orientierten Geraden $x_0^n$, $y_0^n$ ein Rechtssystem der orientierten Zeichenebene bilden. Aus graphischen Gründen wird oft der Einschneidegrundriß parallel zu $z^n$ aus der Hauptfigur herausgezogen, also $U'$ in $z^n = s'$ gewählt. Verfährt man in analoger Weise mit dem parallelgedrehten Aufriß oder Kreuzriß, erhält man das *Einschneideverfahren der normalen Axonometrie*[5] (Fig. 2.34).

### Aufgaben 2.4

1. Für zwei windschiefe Geraden $a, b$ gilt $\overline{ab} = \min\{\overline{AB} \mid A \in a, B \in b\}$.
(Anl.: Wähle $a$ als Sehgerade bezüglich einer Normalprojektion und benütze Satz 2.4.1.)
2. Wird der Normalriß $\mathfrak{F}'^n_0$ der um eine Hauptgerade $h$ von $\pi_1$ parallelgedrehten Lage $\mathfrak{F}'_0$ gemäß 2.4.5. parallel $z^n$ aus der Hauptfigur herausgeschoben, so geht der aus $\mathfrak{F}'^n_0$ entstehende Einschneidegrundriß $\mathfrak{F}'$ in den normalaxonometrischen Grundriß $\mathfrak{F}'^n$ unter einer orthogonalen perspektiven Affinität über, deren zu $h^n$ parallele Affinitätsachse durch die Punkte $x' \cap x^n$ und $y' \cap y^n$ geht.
(Anl.: Benütze Satz 2.4.4 und Def. 2.2.2 mit $h' \parallel h^n$.)
3. Berechne die in 2.4.4., Fn. 2 angegebenen Winkelmaße.
(Anl.: Wende mit Satz 2.4.10 den Kosinussatz auf das Dreieck $\{U^n, A^n, C^n\}$ an.)
4. Wählt man bei Ingenieuraxonometrie in den gemäß Satz 2.4.10 konstruierten Geraden $x^n$, $y^n$, $z^n$ die Normalrisse $A^n$, $B^n$, $C^n$ der Einheitspunkte $A$, $B$, $C$ gemäß $\overline{U^nA^n} = \overline{U^nC^n} = 2\overline{U^nB^n}$ beliebig und ist $U_0^n$ der Punkt auf $z^n$ mit $\overline{U^nU_0^n} = \overline{U^nB^n}$ und $U^n$ zwischen $C^n$ und $U_0^n$, so gilt $\overline{U_0^nA^n} = \overline{UA}$.
Mit Hilfe dieser Aussage kann unter Benützung einer ähnlichen Hilfsfigur und ohne Paralleldrehung der Normalriß eines kartesischen Rechtssystems zu $\lambda:\mu:\nu = 1:1/2:1$ ermittelt werden.

[5] Das Einschneideverfahren der normalen Axonometrie hat Th. Schmid (1859—1937) bereits 1912 angegeben.

# 3. Lösung stereometrischer Aufgaben mit Hilfe von Normalprojektionen

Da eine Parallelprojektion nicht injektiv ist, können unter Verwendung eines einzigen Parallelrisses keine Aufgaben in der Zeichenebene gelöst werden, welche sich auf die gegenseitige Lage von Punkten des Raumes beziehen. Verwendet man dagegen die Normalrisse in zwei Ebenen eines kartesischen Koordinatensystems, etwa den Grundriß in der $xy$-Ebene $\pi_1$ und den Aufriß in der $yz$-Ebene $\pi_2$, so erhält man eine injektive Abbildung der Punktmenge $\mathfrak{P}$ auf die Menge jener geordneten Punktepaare der Zeichenebene, deren Punkte bezüglich eines $(x, y)$-Koordinatensystems und eines $(y, z)$-Koordinatensystems der Zeichenebene je dieselbe $y$-Koordinate aufweisen. Dies führt zum Begriff gepaarte Normalprojektionen, die durch zueinander orthogonale Sehgeraden gekennzeichnet sind. Gepaarte Normalprojektionen sind das geeignete Hilfsmittel, um Lage- und Maßaufgaben über räumliche Objekte in der Zeichenebene zu lösen.

Wir besprechen die Eigenschaften gepaarter Normalrisse, insbesondere die Ordnerbedingung. Damit ist es möglich, aus zwei gepaarten Normalrissen einen dritten Normalriß zu konstruieren, der zu einem der beiden gegebenen Normalrisse gepaart ist. Die Einführung solcher Seitenrisse ist ein wichtiges Konstruktionshilfsmittel.

Lageaufgaben beziehen sich einerseits auf die gegenseitige Lage von Punkten, Geraden und Ebenen zueinander und andererseits auf die Ermittlung jener Punktmengen, die durch Verbinden und Schneiden dieser Grundelemente entstehen. Die Lageaufgaben können gelöst werden, wenn man weiß, welche Bedingungen die gepaarten Normalrisse eines Punktes, der einer Geraden angehört, und einer Geraden, die in einer Ebene liegt, kennzeichnen. Alle Schnittaufgaben werden auf eine einzige zurückgeführt, nämlich die Ermittlung des Schnittpunktes einer Geraden mit einer Ebene. Wir legen dabei gemäß **1.** eine Ebene stets durch zwei verschiedene ihrer Geraden fest.

Die Maßaufgaben lassen sich auf drei Aufgaben reduzieren, nämlich Messen in einer Geraden, das sich auf den Begriff Verzerrungsdreieck einer Strecke stützt, Messen in einer Ebene, bei dem das Paralleldrehen der Ebene die Konstruktionsmethode abgibt, und die Ermittlung einer Normalen zu einer Ebene.

Eine Würfelschnittaufgabe und eine Prismenschnittaufgabe, die beide für sich Interesse verdienen, werden zum Einüben der Grundaufgaben herangezogen. Die Prismenschnittaufgabe liefert die Grundlage zu einem Beweis des Satzes von POHLKE.

Eine Modifikation gepaarter Normalprojektionen erhält man, falls dem Normalriß $P'$ jedes Punktes $P$ eine Kote von $P$ genannte Zahlenangabe hinzugefügt wird, welche zusammen mit $P'$ die Lage von $P$ zur Bildebene der Normalprojektion eindeutig festlegt. Dieses gelegentlich kotierte Projektion genannte Abbildungsverfahren hat im Bauwesen und in der Geodäsie Bedeutung, wobei der Grundriß benützt wird. Wir behandeln die Lösungen der Lage- und Maßaufgaben mit Hilfe eines kotierten Grundrisses und stellen die Böschungskegel und ihre konstruktive Verwendung vor.

## 3.1. Gepaarte Normalrisse, Seitenrisse

### 3.1.1. Erstprojizierende und zweitprojizierende Geraden und Ebenen, erste und zweite Hauptgeraden und Hauptebenen

Bezüglich eines kartesischen Rechtssystems $(U, A, B, C)$ wird ein Punkt $P$ durch sein Koordinatentripel $(x, y, z)$ eindeutig bestimmt; wir wählen wie in 2.1.4. die $z$-Achse lotrecht und nach oben orientiert. Gemäß Satz 2.1.11 ist eine Punktmenge $\mathfrak{F}$ festgelegt, wenn man in kartesischen Rechtssystemen $(U', A', B')$ und $(U'', B'', C'')$ der orientierten Zeichenebene von jedem Punkt $P \in \mathfrak{F}$ jeweils den Grundriß $P'$ und den Aufriß $P''$ so angibt, daß die $y$-Koordinaten von $P'$ und $P''$ übereinstimmen. Wir treffen folgende

**Festsetzung:** *Die Länge einer Strecke, die im Raum liegt bzw. einer Rißfigur in der Zeichenebene angehört, wird stets bezüglich der Einheitsstrecke im Raum bzw. bezüglich der zur Rißfigur gehörenden Einheitsstrecke angegeben.*

Im Sinne dieser Festsetzung ist $\overline{UB} = \overline{U'B'} = \overline{U''B''}$, und aus der Übereinstimmung der $y$-Koordinaten von $P'$ und $P''$ folgt die Gleichheit der Längen der betreffenden Koordinatenstrecken.

Jene Normalprojektion, deren Sehstrahlen entgegengesetzt orientiert zur $z$-Achse bzw. $x$-Achse sind, heißt auch die *erste* bzw. *zweite Projektion* und entsprechend der Grundriß *erster Riß*, der Aufriß *zweiter Riß*; wir sprechen von den *ersten Sehgeraden* (*erstprojizierenden Geraden*), *ersten Sehstrahlen* usw.

Der Aufriß $s_1''$ eines ersten Sehstrahls $s_1$ ist parallel und entgegengesetzt orientiert zur $z''$-Achse; der Grundriß $s_1'$ von $s_1$ ist ein Punkt. Der Grundriß $s_2'$ eines zweiten Sehstrahls $s_2$ ist parallel und entgegengesetzt orientiert zur $x'$-Achse; der Aufriß $s_2''$ von $s_2$ ist ein Punkt. Unter Beachtung des im Aufriß erkennbaren Sehpfeiles von $s_1$ können gemäß 2.1.4. die Sichtbarkeitsverhältnisse der Grundrißfigur an Hand der Aufrißfigur abgelesen werden, und analog entscheidet der im Grundriß erkennbare Sehpfeil von $s_2$ die Sichtbarkeitsverhältnisse der Aufrißfigur.

Nach Satz 2.4.3 besitzt jede zu $\pi_1 = UAB$ parallele Ebene, also jede *erste Hauptebene* $\eta_1$, einen zum Aufriß $s_1''$ einer ersten Sehgeraden $s_1$ normalen geradlinigen Aufriß $\eta_1''$ und jede zu $\pi_2 = UBC$ parallele Ebene, also jede *zweite Hauptebene* $\eta_2$, einen zum Grundriß $s_2'$ einer zweiten Sehgeraden $s_2$ normalen geradlinigen Grundriß $\eta_2'$ (Fig. 3.1). Da jede *erste Hauptgerade* in einer ersten Hauptebene liegt, ist der Aufriß $h_1''$ einer ersten, nicht zweitprojizierenden Hauptgeraden $h_1$ eine zu $s_1''$ normale Gerade; analog ist der Grundriß $h_2'$ einer *zweiten*, nicht erstprojizierenden *Hauptgeraden* $h_2$ eine zu $s_2'$ normale Gerade (Fig. 3.1). Wegen $\pi_1$ normal $\pi_2$ ist jede erste Sehgerade $s_1$ eine zweite Hauptgerade und jede zweite Sehgerade $s_2$ eine erste Hauptgerade.

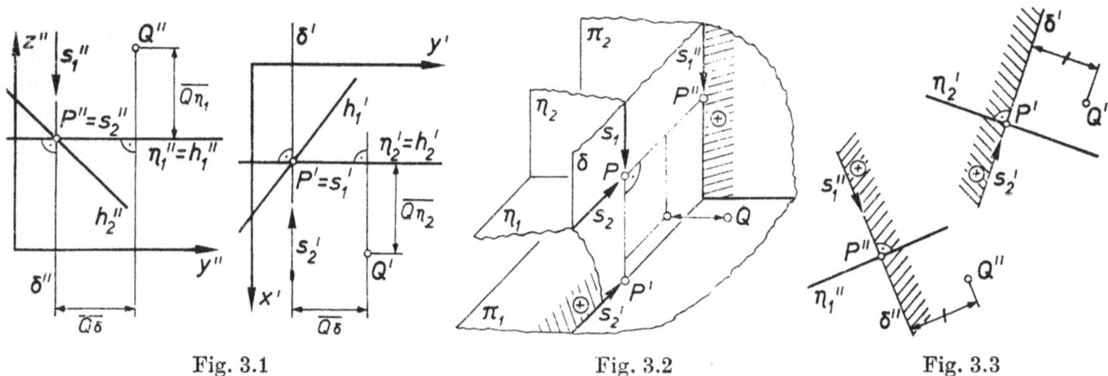


Fig. 3.1 Fig. 3.2 Fig. 3.3

Der Abstand $\overline{Q\eta_1}$ eines Punktes $Q$ von einer ersten Hauptebene $\eta_1$ wird nach Def. 1.2.9 in der ersten Sehgeraden durch $Q$ gemessen, so daß[1] $\overline{Q\eta_1} = \overline{Q''\eta_1''}$ aus Satz 2.1.3 folgt; ebenso gilt für den Abstand $\overline{Q\eta_2}$ eines Punktes $Q$ von einer zweiten Hauptebene $\eta_2$ dann $\overline{Q\eta_2} = \overline{Q'\eta_2'}$ (Fig. 3.1).

Eine zu den ersten Sehgeraden parallele Ebene $\sigma_1$ heißt *erstprojizierend*, ihr Grundriß ist eine Gerade $\sigma_1'$. Der Aufriß einer zu den zweiten Sehgeraden parallelen *zweitprojizierenden Ebene* $\sigma_2$ ist eine Gerade $\sigma_2''$. Eine sowohl erstprojizierende als auch zweitprojizierende Ebene heißt *doppeltprojizierend*. Jede doppeltprojizierende Ebene $\delta$ hat einen zum Grundriß einer zweiten Sehgeraden parallelen geradlinigen Grundriß $\delta'$ und einen zum Aufriß einer ersten Sehgeraden parallelen geradlinigen Aufriß $\delta''$, wobei alle Punkte der Geraden $\delta'$ und $\delta''$ dieselbe $y$-Koordinate besitzen (Fig. 3.1).

Die doppeltprojizierende Ebene $\delta$ durch einen Punkt $P$ enthält sowohl den ersten Sehstrahl $s_1$ als auch den zweiten Sehstrahl $s_2$ durch $P$ und bestimmt nach 1.1.2. zwei Halbräume: Alle Punkte $Q$ eines solchen Halbraumes haben Grundrisse bzw. Aufrisse in einer Halbebene der Zeichenebene mit der Randgeraden $\delta' = s_2'$ bzw. $\delta'' = s_1''$. Da der Abstand $\overline{Q\delta}$ gemäß Def. 1.2.9 in der zu $\delta$ normalen Geraden durch $Q$ gemessen wird und diese zu $s_1$ und zu $s_2$ normale Gerade sowohl eine

[1] Beachte obige Festsetzung.

erste wie auch eine zweite Hauptgerade ist, gilt $\overline{Q\delta} = \overline{Q'\delta'} = \overline{Q''\delta''}$ nach Satz 2.1.3 (Fig. 3.1). Der Grundriß $s_2'$ des zweiten Sehstrahls $s_2$ durch $P$ bestimmt nach 1.1.2. eine positive und eine negative Halbebene der orientierten Grundrißebene $\pi_1$ mit der orientierten Randgeraden $s_2'$, und Analoges gilt für den der orientierten Aufrißebene $\pi_2$ angehörenden orientierten Aufriß $s_1''$ des ersten Sehstrahls $s_1$ durch $P$. Aus Fig. 3.2 folgt die zweite Aussage von

**Satz 3.1.1:** Sind $s_1$ und $s_2$ ein erster und ein zweiter Sehstrahl durch einen Punkt $P$, so gilt $\overline{Q's_2'} = \overline{Q''s_1''}$ für jeden Punkt $Q$. Liegt $Q$ nicht in der doppeltprojizierenden Ebene $\delta = s_1s_2$, so gehören in der orientierten Zeichenebene der erste Riß $Q'$ und der zweite Riß $Q''$ von $Q$ «verschiedenartigen» Halbebenen mit den orientierten Randgeraden $s_2'$ und $s_1''$ an.

### 3.1.2. Normalprojektionen mit orthogonalen Sehgeraden

Die mit den beiden Rissen verknüpften kartesischen Rechtssysteme der orientierten Zeichenebene leisten wichtige Hilfsdienste, um ausgehend von den beiden Rissen das Objekt in bezug auf das kartesische Rechtssystem des Raumes rekonstruieren zu können. Dabei kann man gelegentlich die horizontal gedachte Ebene des Zeichenfeldes mit der Grundrißebene identifiziert denken und unter Verwendung der im Aufriß erkennbaren $z$-Koordinaten das Objekt «über» seinem Grundriß aufbauen.

Um die gegenseitige Lage zweier Punkte $P$, $Q$ zu fixieren, benötigt man das Koordinatensystem nicht. Kennt man nämlich den ersten Sehstrahl $s_1$ und den dazu orthogonalen zweiten Sehstrahl $s_2$ durch $P$, so sind die zu $s_1$ normale erste Hauptebene $\eta_1$ durch $P$, die zu $s_2$ normale zweite Hauptebene $\eta_2$ durch $P$ sowie die doppeltprojizierende Ebene $\delta = s_1s_2$ durch $P$ mitbestimmt (Fig. 3.2). Die Lage eines Punktes $Q$ ist dann vollständig festgelegt, wenn man die Abstände $\overline{Q\eta_1}$, $\overline{Q\eta_2}$ und $\overline{Q\delta}$ kennt und weiß, in welchem Halbraum mit der Randebene $\eta_1$ bzw. $\eta_2$ bzw. $\delta$ der Punkt $Q$ liegt. Gibt man in der orientierten Zeichenebene den Punkt $P'$ und durch ihn die orientierte Gerade $s_2'$ sowie den Punkt $P''$ und durch ihn die orientierte Gerade $s_1''$ vor, so ist $P' \in \eta_2'$ mit $\eta_2' \perp s_2'$, $P'' \in \eta_1''$ mit $\eta_1'' \perp s_1''$ und $\delta' = s_2'$, $\delta'' = s_1''$; mit Hilfe von 3.1.1. sind dann die Punkte $Q'$, $Q''$ eindeutig festgelegt (Fig. 3.3).

Gibt man umgekehrt in der orientierten Zeichenebene die orientierte Gerade $s_2'$ mit $P' \in s_2'$ und die orientierte Gerade $s_1''$ mit $P'' \in s_1''$ vor und ist $(Q_1, Q_2)$ ein Punktepaar der Zeichenebene, welches Satz 3.1.1 sinngemäß erfüllt, so ist der Punkt $Q \in \mathfrak{P}$ mit $Q' = Q_1$, $Q'' = Q_2$ eindeutig bestimmt, falls im Raum der Punkt $P$ und die zueinander normalen Sehstrahlen $s_1$, $s_2$ durch $P$ bekannt sind.

Damit können wir uns von der Verwendung speziell der Grundrißebene und der Aufrißebene als Bildebenen lösen und beliebige zueinander normale Sehgeraden benützen.

**Def. 3.1.1:** Zwei Normalprojektionen mit orthogonalen Sehgeraden heißen *gepaarte Normalprojektionen*, die zugehörigen Normalrisse *gepaarte Normalrisse.*

Wir sprechen im folgenden von der *ersten* bzw. *zweiten Bildebene* $\pi_1$ bzw. $\pi_2$ zweier gepaarter Normalprojektionen sowie vom *ersten* bzw. *zweiten Riß* und verwenden sinngemäß die Bezeichnungen erstprojizierende Gerade, erste Hauptebene, doppeltprojizierende Ebene usw. Insbesondere sind Grundriß und Aufriß, Aufriß und Kreuzriß oder Grundriß und Kreuzriß gepaarte Normalrisse in je zwei Koordinatenebenen eines gemäß 2.1.4. gewählten kartesischen Rechtssystems.

Auf Grund der obigen Überlegungen gilt

**Satz 3.1.2:** Durch einen Punkt $P$ und zwei zueinander normale, den Punkt $P$ enthaltende Sehstrahlen $s_1$, $s_2$ im Raum und die nicht punktförmigen orientierten Normalrisse $s_2'$ und $s_1''$ samt den Punkten $P' \in s_2'$, $P'' \in s_1''$ in der orientierten Zeichenebene sind nach Wahl der Zeichenmaßstäbe die gepaarten Normalrisse jedes weiteren Punktes festgelegt.

Aus 3.1.1 folgt

**Satz 3.1.3:** Eine Hauptebene $\eta$ und eine Sehgerade einer Normalprojektion $n: P \to \pi$ besitzen in jedem zum Normalriß in $\pi$ gepaarten Normalriß orthogonale Bildgeraden. Der Abstand eines Punktes von der Hauptebene $\eta$ erscheint in jedem zum Normalriß in $\pi$ gepaarten Normalriß unverzerrt.

Nach 3.1.1. werden die Sichtbarkeitsverhältnisse eines Normalrisses in einem dazu gepaarten Normalriß entschieden.

### 3.1.3. Seitenrisse

Unter einem *Seitenriß* versteht man einen Normalriß, der zu einem von zwei gegebenen gepaarten Normalrissen gepaart ist.
Für einen etwa zum ersten Normalriß gepaarten Seitenriß liegt ein *neuer Sehstrahl* $s_3$ daher in einer ersten Hauptgeraden. Gibt man den orientierten ersten Riß $s_3'$ des Sehstrahls $s_3$ durch einen Punkt $P$ vor, wählt in der orientierten Zeichenebene den orientierten Seitenriß $s_1'''$ des ersten Sehstrahls $s_1$ und nimmt darauf $P'''$ an, so kann zu jedem durch den ersten Riß $Q'$ und seinen zweiten Riß $Q''$ bestimmten Raumpunkt $Q$ der Seitenriß $Q'''$ konstruiert werden (Fig. 3.4): Nach Satz 3.1.1 gilt $\overline{Q's_3'} = \overline{Q'''s_1'''}$, wobei für $Q' \notin s_3'$ die Punkte $Q'$ und $Q'''$ in verschiedenartigen Halbebenen der orientierten Zeichenebene mit den orientierten Randgeraden $s_3'$ und $s_1'''$ liegen; mit Hilfe der ersten Hauptebene $\eta_1$ durch $P$, für die $P'' \in \eta_1''$ und $\eta_1'' \perp s_1''$, $P''' \in \eta_1'''$ und $\eta_1''' \perp s_1'''$ gilt, kann dann unter Beachtung des zweiten Risses und des Seitenrisses eines Sehpfeiles von $s_1$ der Seitenriß $Q'''$ mit Hilfe des im zweiten Riß und im Seitenriß nach Satz 3.1.3 unverzerrt erscheinenden Abstands $\overline{Q\eta_1}$ ergänzt werden. Aus diesem Grunde wird Satz 3.1.3 auch *Seitenrißregel* genannt.
Insbesondere ist der Kreuzriß ein sowohl zum Grundriß wie auch zum Aufriß gepaarter Seitenriß. Wir verwenden den Zeiger $'''$ im folgenden für jeden zu einem ersten und einem zweiten Normalriß hinzukommenden Seitenriß und benützen für weitere Normalrisse die Zeiger $^{\mathrm{IV}}$, $^{\mathrm{V}}$ usw.

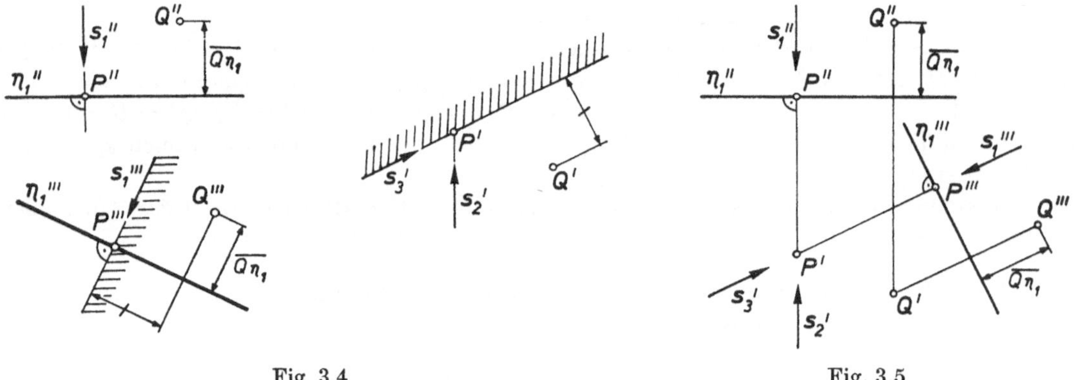


Fig. 3.4 Fig. 3.5

### 3.1.4. Zugeordnete Normalrisse

Das Übertragen der in gepaarten Normalrissen gemäß Satz 3.1.1 gleichen Abstände $\overline{Q's_2'} = \overline{Q''s_1''}$ wird erleichtert, wenn man die beiden Risse im gleichen Maßstab zeichnet und geschickt in die Zeichenebene legt.

**Def. 3.1.2:** Zwei gepaarte Normalrisse befinden sich in der Zeichenebene *in geordneter Lage*, wenn es parallele Geraden (*Ordner*) so gibt, daß die beiden Bildpunkte jedes Raumpunktes stets demselben Ordner angehören. Zwei gepaarte Normalrisse in geordneter Lage heißen *zugeordnete Normalrisse*.

Dann gilt gemäß Satz 3.1.1 (Fig. 3.5):

**Satz 3.1.4:** Bei zugeordneten Normalrissen gehören die nicht punktförmigen Normalrisse der beiden Sehstrahlen durch einen Punkt stets einem Ordner an und sind entgegengesetzt orientiert. Zugeordneten Normalrissen liegt derselbe Zeichenmaßstab zugrunde.

Um einheitliche Formulierungen auch für nicht geordnete Lage gepaarter Normalrisse zur Verfügung zu haben, nennen wir die zu $s_2'$ bzw. $s_1''$ parallelen Geraden der Zeichenebene *erste Ordner* bzw. *zweite Ordner*; ein erster Ordner und ein zweiter Ordner durch den ersten bzw. zweiten Riß desselben Raumpunktes bilden ein *Ordnerpaar*. Die beiden Geraden eines Ordnerpaares sind erster und zweiter Riß einer doppeltprojizierenden Ebene. Bei geordneter Lage zweier gepaarter Normalrisse fallen die Geraden jedes Ordnerpaares zusammen. Sind die Geraden eines Ordnerpaares nicht parallel, so liegt der Schnittpunkt dieser Geraden für alle Ordnerpaare in einer *Ordnerachse* genannten Geraden, wie aus A 1.2, 3 folgt (vgl. Fig. 2.22).
Soll ein Seitenriß konstruiert werden, der dem ersten von zwei zugeordneten Normalrissen zugeordnet ist, so ist nach 3.1.3. die orientierte Gerade $s_3'$ anzugeben; die *neuen Ordner* sind nach Satz 3.1.4 zu $s_3'$ parallel, und $s_1'''$ ist zu $s_3'$ entgegengesetzt orientiert (Fig. 3.5). Gibt man weiter von einem Punkt $P$ den Seitenriß $P'''$ im neuen Ordner durch $P'$ beliebig vor, ergibt sich mit Hilfe der ersten Hauptebene $\eta_1$ durch $P$ und der Orientierungen von $s_1''$ und $s_1'''$ nach Satz 3.1.3 der Seitenriß $Q'''$ eines durch $Q'$ und $Q''$ festgelegten Punktes $Q$ (Fig. 3.5).

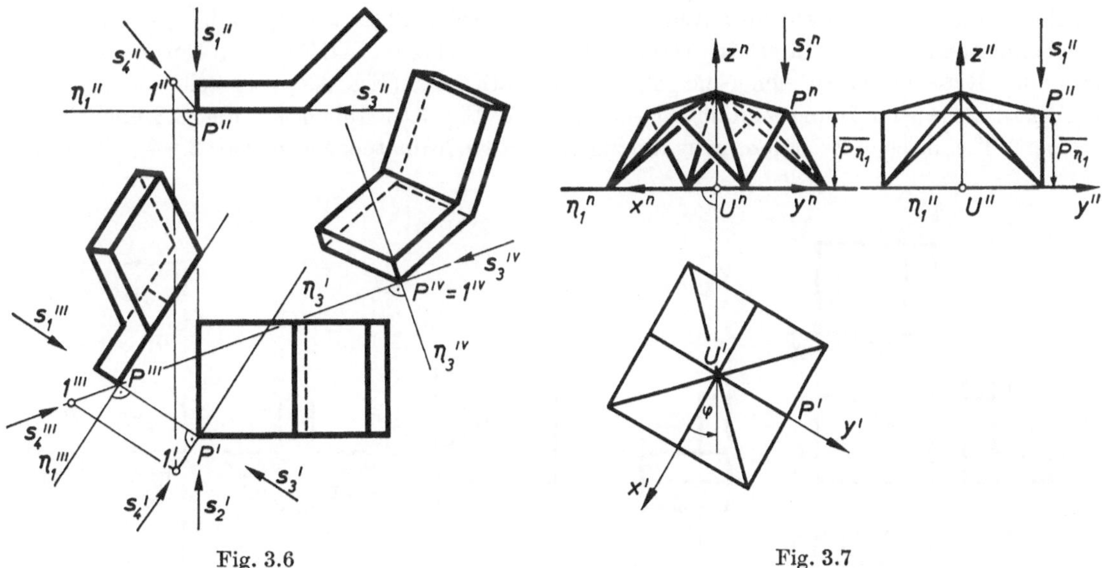


Fig. 3.6

Fig. 3.7

In Fig. 3.6 sind Grund- und Aufriß des Winkeleisens aus Fig. 2.7 in geordneter Lage angegeben. Nach Wahl von $s_3'$ und des Punktes $P'''$ im zu $s_3'$ parallelen neuen Ordner durch $P'$ wird ein dem Grundriß zugeordneter Seitenriß konstruiert. Nach 3.1.2. ist das Objekt durch seinen ersten und seinen dritten Riß festgelegt, da man den Objektpunkt $P$ und die zueinander normalen, durch ihre Grund- und Aufrisse festgelegten Sehstrahlen $s_1$ und $s_3$ durch $P$ kennt. Nach Wahl von $s_4'''$ und des Punktes $P^{IV}$ im zu $s_4'''$ parallelen Ordner durch $P'''$ wird ein dem dritten Riß zugeordneter vierter Riß bestimmt. Da $s_4$ als dritte Hauptgerade einen zu $s_3'$ normalen Grundriß $s_4'$ besitzt, kann mit Hilfe eines Hilfspunktes $1$ von $s_4$ mit $1' \in s_4'$, $1''' \in s_4'''$ der Aufriß von $s_4$ nach Satz 3.1.3 ermittelt werden. Durch den dritten und vierten Riß ist das Objekt nach 3.1.2. festgelegt, da die zueinander normalen, durch ihre Grund- und Aufrisse festgelegten Sehstrahlen $s_3$ und $s_4$ durch $P$ bekannt sind. Die Sichtbarkeit in jedem dieser Normalrisse wird mit Hilfe der Orientierung der Sehstrahlen in einem zu ihm gepaarten Normalriß entschieden.
Konstruiert man durch Einschneiden einen Schnellriß gemäß 2.3.6. zum Winkelmaß $\varphi = 0$

so ist in diesem die Grundrißebene projizierend. Wie in Fig. 3.7 ersichtlich, kann dieser Schnellriß als ein dem Einschneidegrundriß zugeordneter Seitenriß aufgefaßt werden. Damit folgt:

**Satz 3.1.5:** Der Schnellriß zu $\psi = 0$ ist ein Normalriß.

Speziell bei Bauobjekten, die auf einer horizontalen Ebene stehen, entspricht ein solcher Schnellriß der Seherfahrung und liefert trotz der projizierenden Grundrißebene anschaulich wirkende Bilder, wie das Faltwerk über quadratischem Grundriß in Fig. 3.7 zeigt.

### 3.1.5. Anordnung von Normalrissen beim Technischen Zeichnen

Im Technischen Zeichnen werden Objekte meist durch Grundriß und Aufriß oder Aufriß und Kreuzriß angegeben, die sich in geordneter Lage befinden, ohne daß die Ordner eingezeichnet sind. Da man auf Beschriftungen meist verzichtet, ist ein Objekt durch zwei solche zugeordnete Normalrisse nicht immer bestimmt (vgl. A 2.1, 2, A 2.1, 3); es werden dann so viele Ansichten gezeichnet, wie zum eindeutigen Erkennen des Objekts nötig sind. Entsprechend 2.1.4. kommen dabei die Ansicht von oben ($O$), die Ansicht von unten ($U$), die Ansicht von vorne ($V$), die Ansicht von hinten ($H$), die Ansicht von rechts ($R$) und die Ansicht von links[2] ($L$) in Frage.
Um in der Zeichnung die Tatsache zu betonen, daß im Raum die $z$-Achse lotrecht und nach oben orientiert ist, wird jeder Normalriß in einer Koordinatenebene durch die $z$-Achse so in der Zeichenebene gewählt, daß die $z$-Achse zum linken Zeichenblattrand parallel und zum oberen Zeichenblattrand hin orientiert ist. Gemäß ÖNORM A 6061 und DIN 6 ist in Europa die Anordnung der Risse in der Zeichenebene gemäß ISO-Methode E (Fig. 3.8) vorgeschrieben, während in Amerika die Anordnung gemäß ISO-Methode A (Fig. 3.8) üblich ist. Fig. 3.8 enthält auch die beim Technischen Zeichnen nicht hinzugefügten Koordinatenachsen (vgl. 2.1.4., Fn. 12).

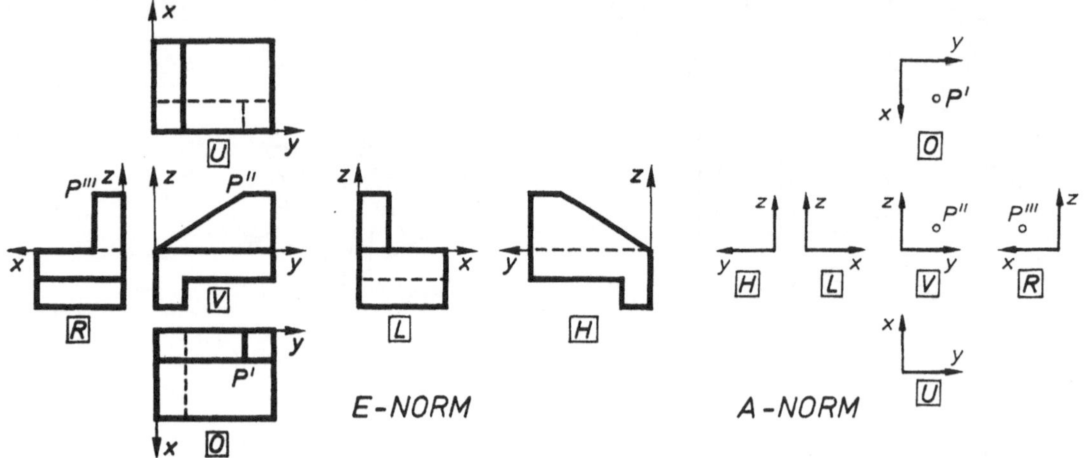


Fig. 3.8

**Aufgaben 3.1**

1. Zeichne den Militärriß eines Körpers, dessen Grundriß von einem Kreis mit Radius $r$, dessen Aufriß von einem Quadrat mit der Seitenlänge $2r$ und dessen Kreuzriß von einem gleichschenkligen Dreieck berandet wird. Gibt es gestaltmäßig verschiedene solche Körper?
2. Diskutiere die Lage einer Ebene $\varepsilon$, bei der eine erste Hauptgerade in $\varepsilon$ auch zweite Hauptgerade ist.

[2] Vgl. 2.1.4., Fn. 11. Die gelegentlich benützte Bezeichnung *Kreuzriß von links* vermeiden wir, weil zur Angabe einer Parallelprojektion auch die Orientierung der Sehstrahlen gehört und diese beim Kreuzriß entgegengesetzt orientiert zur $y$-Achse sind; ein Kreuzriß ist daher stets eine Ansicht von rechts.

**3.** Sind $s'$ und $s''$ erster und zweiter Riß einer Geraden $s$ unter gepaarten Normalprojektionen, wobei $s$ zu den doppelt projizierenden Ebenen weder parallel noch normal ist, so entsteht durch Einschneiden mit $s'$ als erster und $s''$ als zweiter Einschneidegeraden ein zu einem Parallelriß ähnlicher Einschneideriß, falls $s' \nparallel s''$ gilt.
(Anl.: Fasse die beiden orthogonalen Bildebenen als Koordinatenebenen auf und benütze 2.3.6.)

## 3.2. Lageaufgaben[1] in gepaarten Normalrissen, spezielle Seitenrisse

### 3.2.1. Konstruktive Behandlung der Geraden

Kennt man von einer, keiner doppeltprojizierenden Ebene angehörenden Geraden $a$ den geradlinigen ersten und zweiten Normalriß $a'$ und $a''$, so kann ausgehend etwa vom ersten Normalriß $P' \in a'$ eines Punktes $P \in a$ mittels eines Ordnerpaares der zweite Normalriß $P'' \in a''$ von $P$ ergänzt werden (Fig. 3.9). Mit Hilfe der Rißpaare zweier Punkte von $a$ läßt sich die Gerade $a$ unter Verwendung einer Angabe im Sinne von Satz 3.1.2 im Raum rekonstruieren; zu jedem Geradenpaar $(a_1, a_2)$ mit $a_1 \nparallel s_2'$, $a_2 \nparallel s_1''$ existiert genau eine Gerade $a$ mit $a_1 = a'$, $a_2 = a''$. Liegt eine nicht projizierende Gerade $d$ in einer doppeltprojizierenden Ebene $\delta$, so ist durch das Geradenpaar $d' = \delta'$, $d'' = \delta''$ die Gerade $d$ im Raum dagegen nicht festgelegt. Kennt man zusätzlich das Rißpaar zweier Punkte $A$, $B$ von $d$, so wird zu jedem Punkt $P \in d$ etwa aus $P' \in d'$ der zweite Riß $P'' \in d''$ von $P$ ergänzt, indem man die nach Satz 2.1.1 gültigen Gleichheiten $\mathrm{TV}(A, B, P) = \mathrm{TV}(A', B', P') = \mathrm{TV}(A'', B'', P'')$ ausnützt und Satz 1.2.1 (Fig. 3.10) oder A 1.2, 3 verwendet.

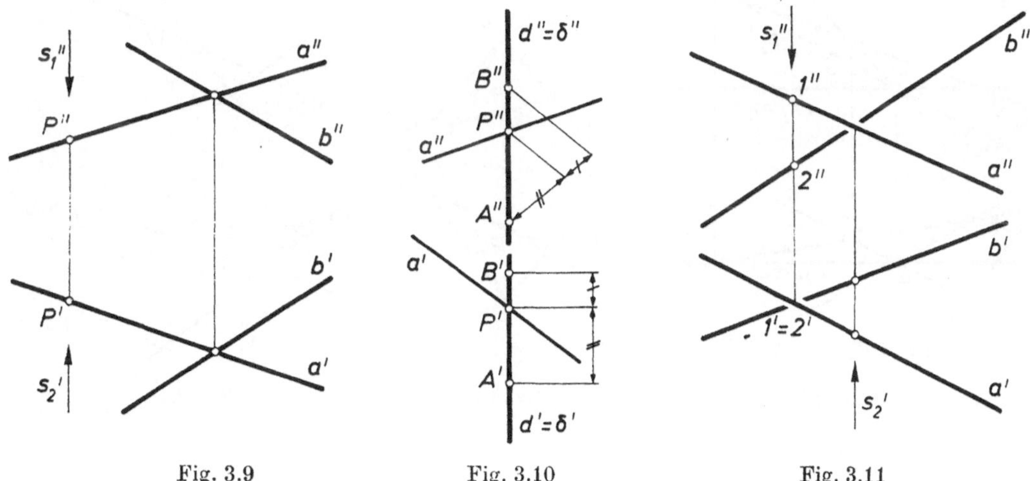


Fig. 3.9 Fig. 3.10 Fig. 3.11

Zwei nicht projizierende Geraden $a$, $b$, die in keiner doppeltprojizierenden Ebene liegen, sind nach Satz 2.1.2 genau dann parallel, wenn $a' \parallel b'$ und $a'' \parallel b''$ gilt; sind die Geraden $a$, $b$ nicht parallel, so schneiden sie einander genau dann, wenn sie entweder in derselben projizierenden Ebene liegen, was etwa $a' = b'$ bedeutet, oder wenn die *Schnittbedingung* erfüllt ist: Die Punkte $a' \cap b'$ und $a'' \cap b''$ gehören einem Ordnerpaar an (Fig. 3.9). Bei zwei Geraden einer doppeltprojizierenden Ebene $\delta$ verwendet man zur Diskussion ihrer gegenseitigen Lage zweckmäßig einen Seitenriß, in dem $\delta$ eine Hauptebene ist (vgl. 3.2.4.). Ob eine Gerade $d = AB$ einer doppeltprojizierenden Ebene $\delta$ eine zu $\delta$ nicht parallele Gerade $a$ schneidet, ergibt sich unter Benützung der Punkte $a' \cap \delta'$ und $a'' \cap \delta''$ gemäß Fig. 3.10.

[1] Der Begriff *Lageaufgabe* ist in der Einleitung zu **3.** präzisiert. Den folgenden Figuren liegen meist zugeordnete Normalrisse zugrunde, doch sind die Konstruktionen in gleicher Weise für irgend zwei gepaarte Normalrisse durchführbar.

Bei zwei windschiefen Geraden $a, b$, die nicht beide zu den doppeltprojizierenden Ebenen parallel sind, gibt es ein nach 3.1.2. lösbares Sichtbarkeitsproblem: Der erste Sehstrahl $s_1$ mit $s_1' = a' \cap b'$ trifft die Gerade $a$ in einem Punkt *1* und die Gerade $b$ in einem Punkt *2*; kommt etwa der Punkt *1* im Sinne der Orientierung von $s_1$ vor dem Punkt *2*, was man im zweiten Riß erkennt, so wird der Punkt *2* von $b$ durch den Punkt *1* von $a$ bei der ersten Projektion verdeckt; analog klärt man die Sichtbarkeitsverhältnisse des zweiten Risses. In der Zeichnung wird der Riß der den verdeckten Punkt enthaltenden Geraden unterbrochen (Fig. 3.11).

## 3.2.2. Konstruktive Behandlung der Ebenen

Eine nicht projizierende Ebene $\varepsilon = ab$ legen wir gemäß 1.1.1., Fn. 5 durch einen Zwickel oder einen Streifen fest; ist dabei etwa $a$ eine Gerade in einer doppeltprojizierenden Ebene, so müssen nach 3.2.1. die Rißpaare zweier Punkte von $a$ bekannt sein. Eine Ebene $\varepsilon = ab$ ist genau dann etwa erstprojizierend, falls eine der Geraden $a, b$ erstprojizierend ist oder die Geraden $a$ und $b$ zusammenfallende erste Risse haben.

Schneidet eine Gerade $c$ zwei verschiedene Geraden $a, b$ einer Ebene $\varepsilon$ in verschiedenen Punkten *1* und *2*, so liegt $c$ nach 1.1.1., (III) in der Ebene $\varepsilon$. Das ermöglicht das *Angittern* einer Geraden $c$ an zwei verschiedene Geraden $a, b$ einer Ebene: Ausgehend etwa vom ersten Riß $c'$ von $c$ ergänzt man die zweiten Risse $1''$, $2''$ der Punkte $1 = a \cap c$ und $2 = b \cap c$ nach 3.2.1.; dann ist $c'' = 1''2''$ (Fig. 3.12).

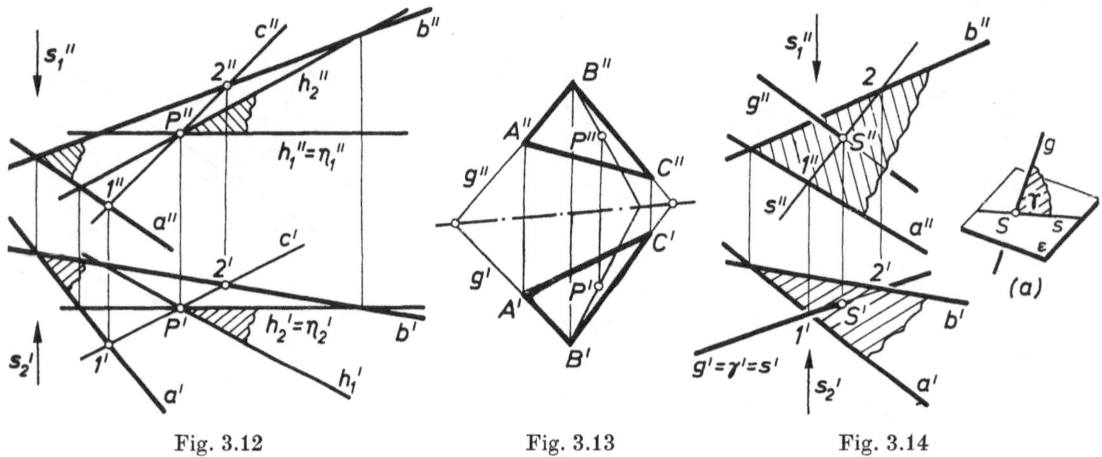


Fig. 3.12 Fig. 3.13 Fig. 3.14

Damit kann die *Vervollständigungsaufgabe*[2] für eine nicht projizierende Ebene gelöst werden: Kennt man von einem Punkt $P$ der Ebene $\varepsilon = ab$, der weder $a$ noch $b$ angehört, etwa den ersten Riß $P'$, so wird mit Hilfe einer in der Ebene $\varepsilon$ verlaufenden Geraden $c$ durch $P$, die $a$ und $b$ in verschiedenen Punkten trifft, der zweite Riß $P''$ durch Angittern von $c$ ergänzt (Fig. 3.12). Für einen Punkt $P$ in einer erstprojizierenden Ebene $\sigma_1$ gilt $P' \in \sigma_1'$, und $P$ ist erst festgelegt, wenn man auch $P''$ kennt; andererseits ist $P'$ und damit $P \in \sigma_1$ durch $P''$ allein bestimmt. Ein Punkt in einer durch ihre beiden Risse $\delta'$, $\delta''$ gegebenen doppeltprojizierenden Ebene $\delta$ ist erst festgelegt, wenn beide Risse von $P$ bekannt sind.

Eine zu den doppeltprojizierenden Ebenen nicht normale, nicht projizierende Ebene $\varepsilon = ab$ wird zweckmäßig mittels einer ersten und einer zweiten Hauptgeraden durch einen Punkt $P$

[2] Zur zeichnerischen Behandlung einer Fläche in gepaarten Normalrissen ist die Vervollständigungsaufgabe zu lösen: Man kennt von einem Flächenpunkt $P$ einen Riß und sucht seinen an einen Ordner gebundenen anderen Riß. Diese Aufgabe wird stets so gelöst, daß eine geeignete Flächenkurve durch $P$ im gepaarten Riß dargestellt wird. Im Falle einer Ebene $\varepsilon$ benützt man eine Gerade in $\varepsilon$ durch $P$, im Falle eines Zylinders oder Kegels meist die Erzeugende durch $P$.

von $\varepsilon$ festgelegt: Nach 3.1.1. gilt $h_1'' \perp s_1''$ für eine erste Hauptgerade $h_1$ in $\varepsilon$ und $h_2' \perp s_2'$ für eine zweite Hauptgerade $h_2$ in $\varepsilon$ (Fig. 3.12). Ist eine Ebene $\varepsilon$ zu einer doppeltprojizierenden Ebene normal, so ist jede erste Hauptgerade in $\varepsilon$ auch eine zweite Hauptgerade (vgl. A 3.1, 2); in diesem Fall kann man zwei verschiedene parallele Hauptgeraden zur Festlegung von $\varepsilon$ verwenden (vgl. Fig. 5.7).

Bei einer Figur $\mathfrak{F}$ einer nicht projizierenden Ebene ist $\mathfrak{F}''$ nach Satz 2.2.1 und A 1.3, 10 zu $\mathfrak{F}'$ affin. Verwendet man zugeordnete Normalrisse, so ist in der Zeichenebene dann $\mathfrak{F}''$ zu $\mathfrak{F}'$ nach Def. 2.2.2 perspektiv affin, wobei die Ordner die Perspektivitätsgeraden sind.

**Satz 3.2.1:** Bei zugeordneten Normalrissen geht der erste Riß einer Figur $\mathfrak{F}$ einer nicht projizierenden Ebene in den zweiten Riß von $\mathfrak{F}$ unter einer perspektiven Affinität über, deren Perspektivitätsgeraden die Ordner sind.

Ist diese perspektive Affinität keine Schiebung, so besitzt sie nach Satz 2.2.6 eine Affinitätsachse. Sind die beiden Risse $g'$ und $g''$ einer Geraden $g$ von $\varepsilon$ nicht parallel, so liegt der Schnittpunkt $g' \cap g''$ in der Affinitätsachse, und diese ist für $g' \parallel g''$ zu $g'$ parallel. Fig. 3.13 zeigt die Konstruktion dieser Affinitätsachse im Falle der Verbindungsebene $ABC$ eines Dreiecks $\mathfrak{F} = \{A, B, C\}$ und die Durchführung der Vervollständigungsaufgabe mit Hilfe jener perspektiven Affinität, die $\mathfrak{F}'$ in $\mathfrak{F}''$ überführt.

## 3.2.3. Schnittaufgaben

Der Schnittpunkt $S$ einer etwa erstprojizierenden Ebene $\sigma_1$ mit einer zu $\sigma_1$ nicht parallelen Geraden $g$ hat als ersten Riß $S'$ den Punkt $g' \cap \sigma_1'$; wie aus A 1.1, 1 (c) folgt, ist nämlich $\sigma_1' \nparallel g'$. Der zweite Riß $S''$ des Punktes $S$ von $g$ ergibt sich nach 3.2.1.

Der Schnittpunkt $S$ einer etwa erstprojizierenden Geraden $g$ mit einer zu $g$ nicht parallelen Ebene $\varepsilon$ hat den Punkt $g'$ als ersten Riß $S'$; der zweite Riß $S''$ des Punktes $S$ von $\varepsilon$ ergibt sich nach 3.2.2. mit Hilfe der Vervollständigungsaufgabe.

Ist weder die Ebene $\varepsilon$ noch die zu $\varepsilon$ nicht parallele Gerade $g$ projizierend, benützen wir folgende Idee: Jede Ebene $\gamma$ durch $g$ schneidet $\varepsilon$ in einer Geraden $s$, welche den Schnittpunkt $S = g \cap \varepsilon$

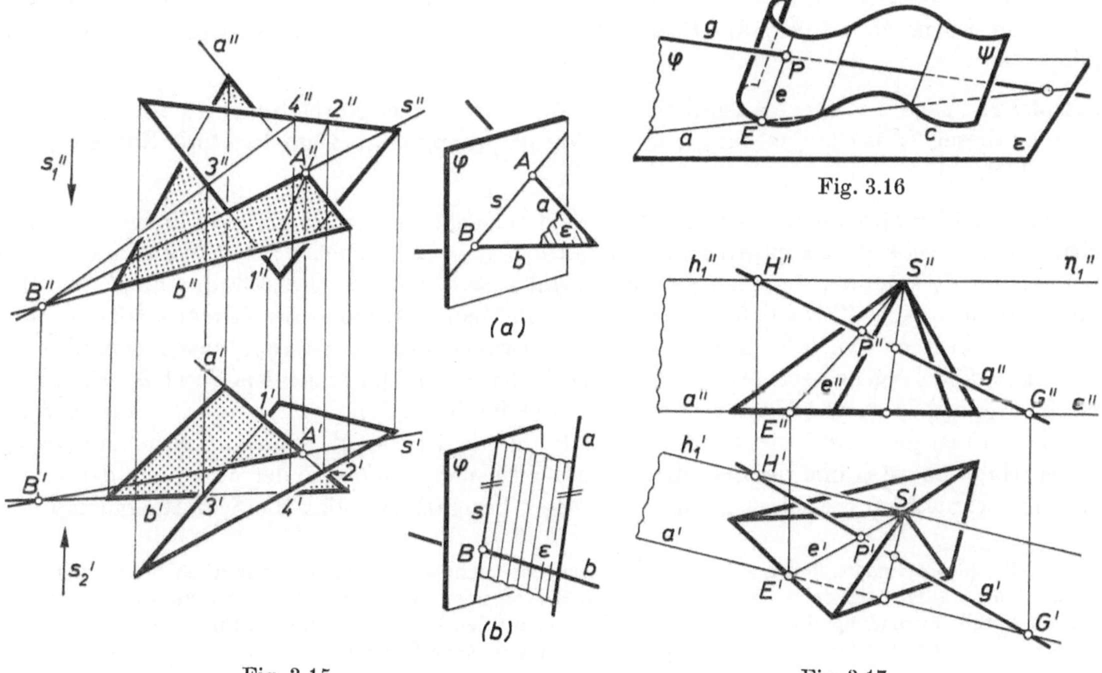


Fig. 3.16

Fig. 3.15

Fig. 3.17

enthält (Fig. 3.14a). Wählt man $\gamma$ insbesondere erstprojizierend, so gilt $g' = \gamma' = s'$, und man erhält $s''$ durch Angittern von $s$ an die Ebene $\varepsilon = ab$. Dann ist $S'' = g'' \cap s''$, und $S'$ ergibt sich als Punkt von $g'$ nach 3.2.1. In Fig. 3.14 ist der schraffierte Zwickel von $\varepsilon$ undurchsichtig; nach 3.1.2. wird entschieden, welcher Teil von $g$ jeweils vom Zwickel verdeckt ist.
Liefert diese Konstruktion $g'' \parallel s''$, so ist wegen $g' = s'$ dann $g \parallel s$, also $g \parallel \varepsilon$ nach A 1.1, 1 (c); für $g'' = s''$ gilt $g = s \subset \varepsilon$.
Die Schnittgerade $s$ zweier nicht paralleler, etwa erstprojizierender Ebenen $\varepsilon$, $\varphi$ ist gleichfalls erstprojizierend; es gilt $s' = \varepsilon' \cap \varphi'$, und $s''$ fällt in einen zweiten Ordner. In jedem anderen Fall wird die Schnittgerade $s$ zweier nicht paralleler Ebenen $\varepsilon$ und $\varphi$ als die Verbindungsgerade der Schnittpunkte $A = a \cap \varphi$ und $B = b \cap \varphi$ zweier zu $\varphi$ nicht paralleler Geraden $a, b$ von $\varepsilon$ mit der Ebene $\varphi$ gefunden (Fig. 3.15a); gilt etwa $a \parallel \varphi$, so ist $s$ die zu $a$ parallele Gerade durch $B = b \cap \varphi$ (Fig. 3.15b). In Fig. 3.15 sind beide Dreieckflächen als undurchsichtig angenommen. Die Konstruktion ist, wie oben ausgeführt, besonders einfach, falls $\varphi$ etwa erstprojizierend ist.
Enthält eine zu den Erzeugenden eines Zylinders $\Psi$ parallele Ebene $\varphi$ einen Punkt $P$ von $\Psi$, so gehört die Erzeugende $e$ durch $P$ der Ebene $\varphi$ an; der Schnittpunkt $E$ von $e$ mit der einer Ebene $\varepsilon$ angehörenden Leitkurve $c$ von $\Psi$ liegt dann in der Schnittgeraden $a$ von $\varepsilon$ und $\varphi$ (Fig. 3.16). Analoges gilt für eine Ebene $\varphi$ durch die Spitze $S$ eines Kegels $\Psi$, in der ein von $S$ verschiedener Punkt von $\Psi$ liegt.
Um die Schnittpunkte einer Geraden $g$ mit einem Zylinder $\Psi$ oder einem Kegel $\Psi$ zu finden, verwendet man jene Ebene $\varphi$ durch $g$, welche zu den Zylindererzeugenden parallel ist bzw. durch die Spitze des Kegels geht; die Schnittpunkte von $g$ mit $\Psi$ gehören den Erzeugenden in der Ebene $\varphi$ an (Fig. 3.16). Fig. 3.17 zeigt in Grund- und Aufriß die Konstruktion der Schnittpunkte einer Geraden $g$ mit einer Halbpyramide.

KB. Die Schnittgerade $a$ der horizontalen Leitpolygonebene $\varepsilon$ mit der Verbindungsebene $Sg$ enthält den Punkt $G = g \cap \varepsilon$ und ist nach A 1.1, 1 (b) parallel zur Verbindungsgeraden $h_1$ von $S$ mit dem Punkt $H$ von $g$ in der ersten Hauptebene $\eta_1$ durch $S$. △

### 3.2.4. Spezielle Seitenrisse

Nach 3.2.3. sind Schnittaufgaben mit einer Ebene besonders leicht zu lösen, falls die Ebene projizierend ist. Gelegentlich ist es daher zweckmäßig, eine Sehgerade parallel zu einer nicht projizierenden Ebene zu wählen, die Ebene also «projizierend zu machen». Aufgrund von 3.1.3. gilt

**Satz 3.2.2:** Eine der Ebene $\varepsilon$ angehörende Hauptgerade einer Normalprojektion ist Sehgerade einer zu dieser Normalprojektion gepaarten Normalprojektion, bezüglich der die Ebene $\varepsilon$ projizierend ist.

Soll eine nicht projizierende Ebene $\varepsilon$ projizierend gemacht werden, so hat man daher durch Angittern eine etwa erste Hauptgerade $h_1$ in $\varepsilon$ mit $h_1'' \perp s_1''$ aufzusuchen; nach Wahl einer Orientierung von $h_1$ kann der Seitenriß zum Sehstrahl $s_3 = h_1$ dann nach 3.1.3. durch $s_1'''$ und den punktförmigen Riß $h_1'''$ von $h_1$ festgelegt werden. Bei geordneter Lage des Seitenrisses zum ersten Normalriß liegt $h_1'''$ nach 3.1.4. in jenem neuen Ordner, der mit $s_3' = h_1'$ zusammenfällt, und $s_1'''$ ist zu $s_3'$ entgegengesetzt orientiert. Mit Hilfe der ersten Hauptebene $\eta_1$ durch $h_1$ erhält man zu einem Punkt $Q \in \varepsilon$, $Q \notin h_1$ den Seitenriß $Q'''$ und damit die Gerade $\varepsilon''' = h_1'''Q'''$ (Fig. 3.18).
In Fig. 3.19 ist jener Teil einer quadratischen Pyramide dargestellt, der vom Leitquadrat in der ersten Hauptebene $\eta_1$ und der Schnittfigur in der Ebene $\varepsilon = ab$ berandet wird[3]. Um den ersten Riß der Schnittfigur graphisch genau zu erhalten, beachten wir, daß die Schnittgeraden $g$ und

[3] Im Falle eines Zylinders, insbesondere eines Prismas, mit nicht projizierender Leitkurvenebene konstruiert man den Parallelriß des Schnitts mit einer zu den Erzeugenden nicht parallelen Ebene zweckmäßig gemäß 2.2.3. durch Anwendung einer perspektiven Affinität auf den Riß der Leitkurve. Eine analoge Konstruktionsvorschrift für den Schnitt eines Kegels, insbesondere einer Pyramide, mit einer die Spitze nicht enthaltenden Ebene wird in 4.2.3. angegeben.

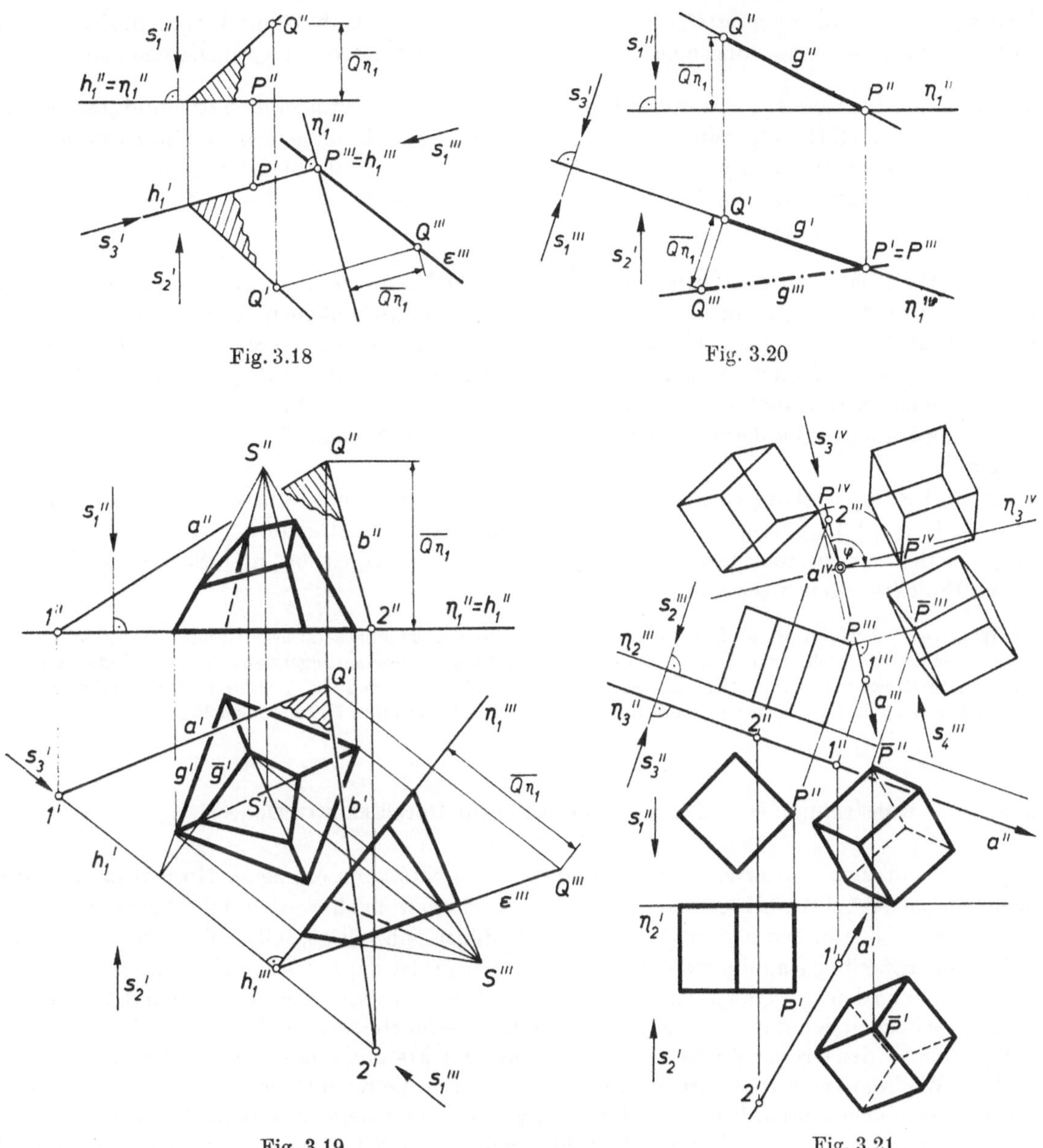

Fig. 3.18

Fig. 3.20

Fig. 3.19

Fig. 3.21

$\bar{g}$ einer Seitenebene der Pyramide mit $\eta_1$ und $\varepsilon$ einander in einem Punkt der Geraden $h_1 = \varepsilon \cap \eta_1$ treffen oder beide zu $h_1$ parallel sind. Der zweite Riß der Eckpunkte der Schnittfigur ergibt sich mit Hilfe von Ordnerpaaren; im Falle schleifender Schnitte kann auch die Seitenrißregel benützt werden.

Eine Gerade ist Hauptgerade bezüglich einer Normalprojektion, falls die Sehgeraden zu ihr normal sind. Damit gilt:

**Satz 3.2.3:** Eine zu einer Geraden $g$ normale Hauptgerade einer Normalprojektion ist Sehgerade einer zu dieser Normalprojektion gepaarten Normalprojektion, bezüglich der die Gerade $g$ eine Hauptgerade ist.

Soll eine zu $\pi_1$ nicht parallele Gerade $g$ bezüglich eines zum Normalriß in $\pi_1$ gepaarten Seitenrisses eine Hauptgerade werden, so ist nach Satz 3.2.3 und Satz 2.4.2 der erste Riß $s_3'$ des neuen Sehstrahls $s_3$ normal zu $g'$. Bei geordneter Lage des Seitenrisses zum ersten Normalriß wählt man zweckmäßig $P''' = P'$ für einen Punkt $P$ von $g$ (Fig. 3.20).

Nach 3.1.3. kann eine orientierte Hauptgerade $h$ als neuer Sehstrahl benützt werden. Zusammen mit Satz 3.2.3 kann man so auch eine Gerade, die keine Hauptgerade ist, «projizierend machen»:

**Satz 3.2.4:** Eine Gerade $g$, die weder Hauptgerade noch Sehgerade einer Normalprojektion ist, ist gemäß Satz 3.2.3 Hauptgerade einer zu dieser Normalprojektion gepaarten Normalprojektion und kann als Sehgerade einer weiteren, zur letztgenannten Normalprojektion gepaarten Normalprojektion verwendet werden. Jede zu $g$ normale Ebene ist Hauptebene bezüglich der Normalprojektion zur Sehgeraden $g$.

Auf diese Weise ist es möglich, einen Normalriß eines Objekts zu einem gegebenen Sehstrahl zu konstruieren und so aus einfach zu zeichnenden, aber unanschaulichen Rissen einen anschaulichen Normalriß zu ermitteln[4] (vgl. auch 3.2.5). Gibt man in Fig. 3.6 den Sehstrahl $s_4$ durch seinen ersten Riß $s_4'$ und seinen zweiten Riß $s_4''$ an, so ist nach Satz 3.2.3 mit $s_3 \parallel \pi_1$ und $s_3' \perp s_4'$ die Gerade $s_4$ eine dritte Hauptgerade, und $s_4'''$ bestimmt dann nach 3.1.3. den vierten Riß, in dem $s_4$ ein punktförmiges Bild besitzt. Der vierte Riß zeigt den Normalriß des Winkeleisens für den Sehstrahl $s_4$.
In Fig. 3.21 ist die Drehung eines Würfels um eine orientierte Achse $a$ durch das orientierte Drehmaß $\varphi < 0$ (vgl. 1.3.3.) in gepaarten Normalrissen konstruiert. Die Gerade $a = 12$ ist Hauptgerade bezüglich der zur zweiten Projektion gepaarten dritten Projektion und Sehgerade der zur dritten Projektion gepaarten vierten Projektion.

KB. Wegen $\varphi < 0$ erfolgt gemäß Def. 1.3.4 bei Wahl des zu $a$ entgegengesetzt orientierten vierten Sehstrahls $s_4$ im vierten Riß die Drehung im Uhrdrehsinn. Die in vierten Hauptebenen liegenden Drehkreise haben unverzerrte vierte Risse; jede Drehkreisebene besitzt nach Satz 3.1.3 einen zu $s_4'''$, also zu $a'''$ normalen dritten Riß. In Fig. 3.21 sind die Sichtbarkeiten nur im ersten und im zweiten Riß berücksichtigt. △

## 3.2.5. Konstruktion eines Normalrisses nach dem Durchschnittverfahren

Ausgehend von zwei gepaarten Normalrissen eines Objekts kann ein neuer Normalriß zu einem gegebenen neuen Sehstrahl $s$ gemäß 3.1.3. als Seitenriß gewonnen werden, falls $s$ eine etwa erste Hauptgerade ist, während man nach 3.2.4. zwei Seitenrisse benötigt, falls $s$ weder in einer ersten noch in einer zweiten Hauptgeraden liegt. Zweckmäßiger ist dann das *Durchschnittverfahren*, bei welchem eine zu den Sehgeraden $s$ normale Ebene $\pi$ als Bildebene ausgewählt wird und die Schnittpunkte der Sehgeraden durch die Objektpunkte mit $\pi$ ermittelt werden[5].
In Fig. 3.22 ist der Grundriß und der Aufriß eines Objekts und eines neuen Sehstrahls $s = P1$ gegeben. Wir legen eine zu $s$ normale Bildebene $\pi$ durch die Schnittgerade $p = \pi \cap \pi_1$ fest und ermitteln in einem Seitenriß mit der Geraden $p$ als Sehgerade $s_3$ das Winkelmaß $\alpha = \sphericalangle\, s, \pi_1$ $(0° < \alpha < 90°)$. Mit der durch den Sehstrahl $s$ gemäß Def. 2.1.4 orientierten Bildebene $\pi$ wird ein kartesisches $(\xi, \eta)$-Rechtssystem mit $p$ als $\xi$-Achse so verknüpft, daß die Punkte mit positiven $\eta$-Koordinaten über $\pi_1$ liegen. Nach Satz 2.4.2 haben die Geraden $\xi$ und $\eta$ orthogonale Grundrisse $\xi'$, $\eta'$ mit $\xi' = p'$ und $p' \perp s'$; wie aus Satz 2.1.10 folgt, bilden die orientierten orthogonalen Geraden $\xi'$, $\eta'$ ein Rechtssystem bzw. Linkssystem in der orientierten Grundrißebene $\pi_1$, je nachdem die Parallelprojektion zum Sehstrahl $s$ eine Obersicht oder Untersicht von $\pi_1$ ist. Wir verwenden für das $(\xi, \eta)$-Koordinatensystem in $\pi$ und das $(\xi', \eta')$-Koordinatensystem in $\pi_1$ dieselbe Einheitsstrecke, die auch den im selben Maßstab gezeichneten zugeordneten Normalrissen zugrunde liegt. Ein Punkt $P$ mit der $z$-Koordinate $z$ besitzt dann einen Grundriß $P'$ in $\pi_1$ mit dem

[4] Geht es nur darum, einen anschaulichen Riß zu finden, so ist die Axonometrie empfehlenswerter als die Konstruktion von Seitenrissen.
Da jede Figur einer Hauptebene unverzerrt abgebildet wird, können mit Satz 3.2.4 auch die Abmessungen einer ebenen Figur ermittelt werden (vgl. 3.3.2.). Dieses Verfahren ist nur bei einer projizierenden Ebene zweckmäßig und wird in diesem Fall im Technischen Zeichnen allgemein verwendet.

[5] Auf dieses Verfahren hat W. WUNDERLICH 1953 hingewiesen. Die von WUNDERLICH verwendete Bezeichnung *Stechzirkelaxonometrie* benützen wir nicht, weil keine Axonometrie im Sinne von 2.3.2. vorliegt.

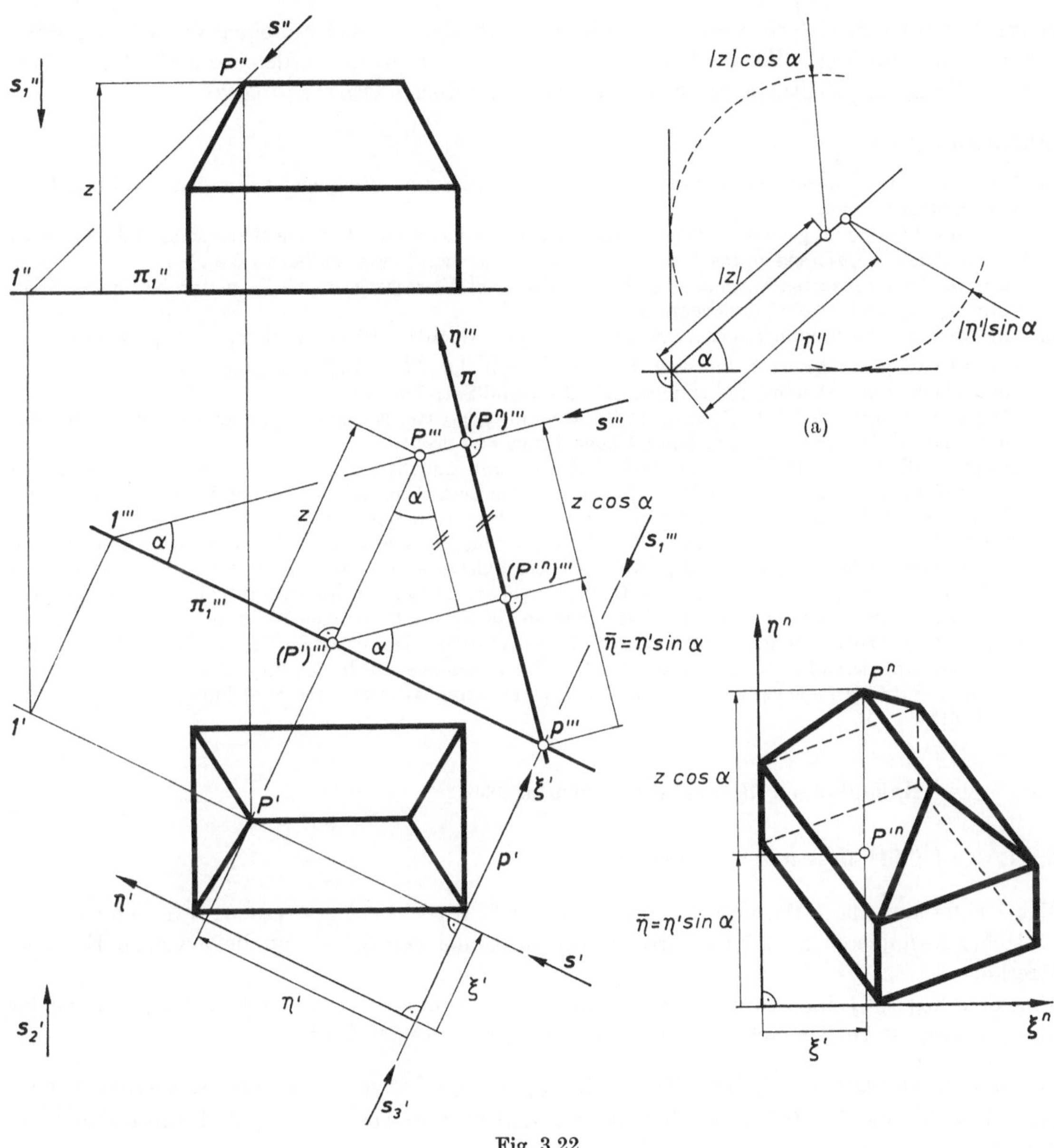


Fig. 3.22

Koordinatenpaar $(\xi', \eta')$. Für das Koordinatenpaar $(\bar{\xi}, \bar{\eta})$ des Normalrisses $P'^n$ von $P'$ in $\pi$ gilt (vgl.[6] Fig. 3.22)

$$(1) \qquad \bar{\xi} = \xi', \qquad \bar{\eta} = \eta' \sin \alpha \qquad (0^\circ < \alpha < 90^\circ);$$

der Punkt $P^n$ liegt mit $P'^n$ in einer $\eta$-parallelen dritten Hauptgeraden, und für das Koordinatenpaar $(\xi, \eta)$ von $P^n$ gilt

$$(2) \qquad \xi = \xi', \qquad \eta = \bar{\eta} + z \cos \alpha .$$

Nach Wahl eines kartesischen $(\xi^n, \eta^n)$-Rechtssystem in der orientierten Zeichenebene kann mit (1) der Punkt $P'^n$ und mit (2) dann der Punkt $P^n$ eingetragen werden, wobei die für (1) und (2)

[6] In Fig. 3.22 sind die Koordinaten zur Beschriftung orientierter Abstände (vgl. 1.2.2., Fn. 4) verwendet; die Beträge der Koordinaten sind dann die Längen von Koordinatenstrecken (vgl. 1.2.4., Fn. 10).

wesentlichen Längen $|\eta'|\sin\alpha$ und $|z|\cos\alpha$ in einer Hilfsfigur, die sich auf einen Winkel vom Maß $\alpha$ stützt, unter alleiniger Verwendung des Stechzirkels ermittelt werden können (Fig. 3.22a). Die Sichtbarkeitsverhältnisse ergeben sich aus der gegebenen Orientierung von $s$.

### Aufgaben 3.2

1. Konstruiere die gemeinsame Normale und den Abstand $d$ zweier windschiefer Geraden $a$, $b$ durch Projizierendmachen von $a$.
   Zur Ermittlung von $d$ genügt es, die Verbindungsebene $\varepsilon$ von $b$ mit einer $b$ schneidenden und zu $a$ parallelen Geraden projizierend zu machen, da $d = \overline{a\varepsilon}$ ist (vgl. den Beweis zu Satz 1.2.4).
2. Ausgehend von gepaarten Normalrissen eines windschiefen Vierecks $\mathfrak{F}$ ist eine Normalprojektion $n: \mathfrak{P} \to \pi$ so anzugeben, daß $\mathfrak{F}^n$ ein Parallelogramm ist.
3. Ermittle unter Verwendung gepaarter Normalrisse jene Geraden, welche drei gegebene paarweise windschiefe Geraden $a$, $b$ bzw. $c$ in Punkten $A$, $B$ bzw. $C$ mit $\overline{AB}:\overline{BC} = 1:2$ schneiden.
   (Anl.: Mache $a$ projizierend und benütze Satz 2.1.1 und Satz 1.2.1.)
4. Ein gegebenes Dreieck $\{A, B, C\}$ ist unter Verwendung gepaarter Normalrisse um eine gegebene Gerade $g$ der Ebene $ABC$ in die erstprojizierende Ebene durch $g$ zu drehen.
5. Diskutiere die Lage einer Ebene $\varepsilon$ zur Grundrißebene und Aufrißebene, für die gilt: Die perspektive Affinität, welche den Grundriß einer Figur $\mathfrak{F}$ von $\varepsilon$ in den dem Grundriß zugeordneten Aufriß von $\mathfrak{F}$ überführt, ist eine Schiebung, insbesondere die Identität, bzw. eine Spiegelung.
6. Sind $p_1: \mathfrak{P} \to \varepsilon_1$ und $p_2: \mathfrak{P} \to \varepsilon_2$ zwei Parallelprojektionen, ferner $\alpha_1: \varepsilon_1 \to \zeta$ und $\alpha_2: \varepsilon_2 \to \zeta$ Affinitäten auf eine Zeichenebene $\zeta$ derart, daß parallele Ordner existieren, also für jeden Punkt $P \in \mathfrak{P}$ die beiden Punkte $P^{p_1\alpha_1}$, $P^{p_2\alpha_2}$ von $\zeta$ stets demselben Ordner angehören, so können die Lageaufgaben in gleicher Weise wie in 3.2.1., 3.2.2. und 3.2.3. gelöst werden; ebenso gilt Satz 3.2.1 sinngemäß. Insbesondere besitzen ein axonometrischer Riß und der axonometrische Grundriß diese Eigenschaften, falls $\pi_1$ im axonometrischen Riß nicht projizierend ist. Führe in diesem Fall die Lageaufgaben durch; für welche Ebenen ist dabei die im zu Satz 3.2.1 analogen Satz auftretende perspektive Affinität eine Schiebung, insbesondere die Identität?

## 3.3. Maßaufgaben in gepaarten Normalrissen

### 3.3.1. (M1) Messen in einer Geraden

Bei der Maßaufgabe (M1) muß der Zeichenmaßstab berücksichtigt werden; wir beziehen, um einfacher formulieren zu können, jede Länge im Sinne von 3.1.1. auf die jeweilige Einheitsstrecke.

Eine Strecke $[P, Q]$ einer Hauptgeraden wird nach 2.1.1. unverzerrt abgebildet. Ist $g = PQ$ keine Hauptgerade, so gilt bei einer Normalprojektion $n: \mathfrak{P} \to \pi$ nach 2.4.1:

**Satz 3.3.1:** Die Länge $\overline{PQ}$ einer Strecke $[P, Q]$ ist die Länge der Hypotenuse eines Verzerrungsdreiecks von $[P, Q]$; seine Kathetenlängen sind $\overline{P^nQ^n}$ und $\overline{Q\eta}$, wobei $\eta$ die Hauptebene durch $P$ ist.

Für eine projizierende Gerade bzw. eine Hauptgerade ist wegen $\overline{P^nQ^n} = 0$ bzw. $\overline{Q\eta} = 0$ das Verzerrungsdreieck ausgeartet.

In gepaarten Normalrissen erhält man wegen Satz 3.1.3 ein Verzerrungsdreieck einer Strecke $[P, Q]$ speziell durch Einführung eines Seitenrisses mit zu $PQ$ normalen Sehgeraden gemäß[1] Fig. 3.20. Liniensparend kann man das Verzerrungsdreieck auch so in der Zeichenebene wählen, daß die im zweiten Ordner durch $Q''$ liegende Strecke der Länge $\overline{Q\eta_1}$ eine Kathete des Verzerrungsdreiecks ist (Fig. 3.23).

Soll in einer nicht projizierenden Geraden $g$, die keine Hauptgerade ist, von einem Punkt $P$ aus eine Strecke der Länge $r$ im Sinne einer gegebenen Orientierung von $g$ abgetragen werden, so wählt man in $g$ einen Hilfspunkt $Q$ und ermittelt zunächst nach Satz 3.3.1 die Länge $\overline{PQ}$; in der Hypotenusengeraden eines Verzerrungsdreiecks der Strecke $[P, Q]$ kann $r$ unter Berücksichtigung der Orientierung unverzerrt eingemessen werden (Fig. 3.23).

[1] Erscheinen Strecken oder ebene Figuren in einem Riß (im Sinne von 3.1.1.) unverzerrt und soll diese Tatsache in der Zeichnung betont werden, so benützen wir strichpunktierte Linien.

### 3.3.2. (M2) Messen in einer Ebene

Bei der Maßaufgabe (M2) muß der Zeichenmaßstab berücksichtigt werden; wir benützen die Festsetzung von 3.1.1.

Eine ebene Figur $\mathfrak{F}$ einer Hauptebene $\eta$ wird nach 2.1.1. unter einer Normalprojektion $n: \mathfrak{P} \to \pi$ unverzerrt abgebildet. Ist die Ebene $\varepsilon$ von $\mathfrak{F}$ zur Bildebene $\pi$ nicht parallel, so kann $\varepsilon$ (auf zwei Arten) durch eine axiale Drehung um eine Gerade von $\varepsilon$ in eine Hauptebene $\varepsilon_0$ übergeführt werden; die Drehachse ist dann als Schnittgerade von $\varepsilon$ und $\varepsilon_0$ eine Hauptgerade $h$ in $\varepsilon$. Die *parallelgedrehte Lage* $\mathfrak{F}_0 \subset \varepsilon_0$ von $\mathfrak{F} \subset \varepsilon$ besitzt nach Satz 2.1.3 einen zu $\mathfrak{F}_0$ und damit zu $\mathfrak{F}$ kongruenten Parallelriß. Ein Punkt $P \in \varepsilon \setminus h$ und seine gedrehte Lage $P_0 \in \varepsilon_0$ liegen nach 1.3.3. in einem Drehkreis, dessen Drehachse die Gerade $h$ ist. Bedeutet $M$ bzw. $r$ den Mittelpunkt bzw. den Radius des Drehkreises, so sind die Geraden $\overline{MP}$ und $\overline{MP_0}$ zu $h$ normal, und es gilt $r = \overline{MP} = \overline{MP_0}$ (Fig. 3.24a).

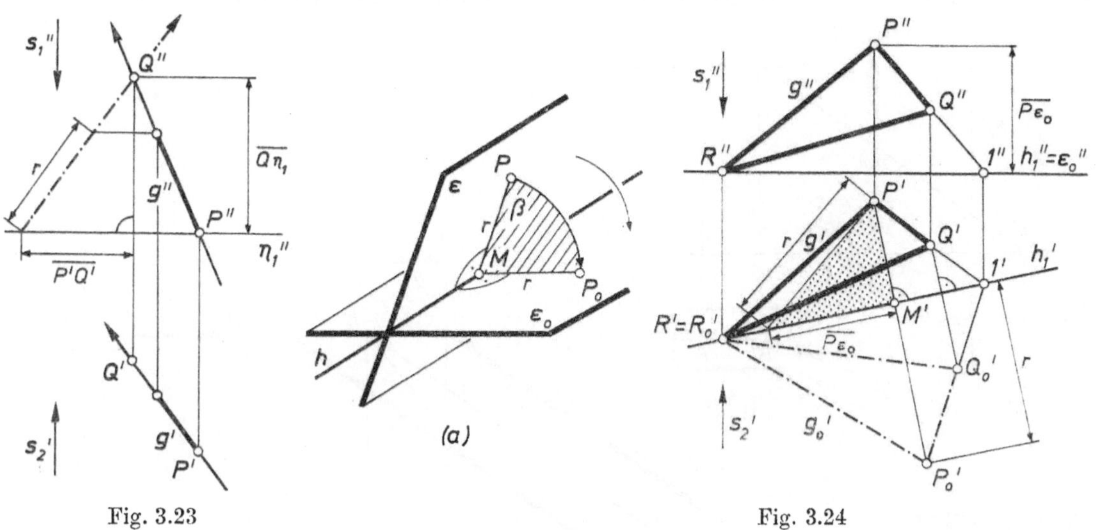


Fig. 3.23 Fig. 3.24

Unter einer Normalprojektion $n$: $\mathfrak{P} \to \pi$ folgt mit $h \| \pi$ aus Satz 2.4.2 daher $M^nP^n \perp h^n$ und $M^nP_0{}^n \perp h^n$, also $P^nP_0{}^n \perp h^n$. Der Radius $r = \overline{MP}$ des Drehkreises von $P \in \varepsilon \setminus h$ ergibt sich nach Satz 3.3.1 mit Hilfe der Hauptebene $\varepsilon_0$ durch $M$ und somit durch $h$ als Hypotenusenlänge eines Verzerrungsdreiecks der Strecke $[M, P]$, dessen Katheten die Längen $\overline{M^nP^n} = \overline{h^nP^n}$ und $\overline{P\varepsilon_0}$ besitzen; aus Satz 2.1.3 folgt mit $MP_0 \| \pi$ dann $\overline{MP_0} = \overline{M^nP_0{}^n} = \overline{h^nP_0{}^n}$. Damit gilt:

**Satz 3.3.2:** Wird eine Ebene $\varepsilon$ um eine ihrer Hauptgeraden $h$ in die Hauptebene $\varepsilon_0$ durch $h$ gedreht, so liegt der Normalriß $P_0{}^n$ der gedrehten Lage $P_0 \in \varepsilon_0$ eines Punktes $P$ von $\varepsilon$ in der Normalen aus $P^n$ auf $h^n$. Der Abstand $\overline{h^nP_0{}^n}$ ist gleich dem Drehkreisradius von $P$, der als Länge der Hypotenuse eines rechtwinkligen Dreiecks mit den Kathetenlängen $\overline{h^nP^n}$ und $\overline{P\varepsilon_0}$ konstruiert wird.

Wählt man das Verzerrungsdreieck der Strecke $[M, P]$ in der Zeichenebene so, daß $[M^n, P^n]$ die eine Kathete ist und die Kathete der Länge $\overline{P\varepsilon_0}$ in der Geraden $h^n$ liegt, so kommt man zur Ermittlung von $r = \overline{MP}$ mit dem Stechzirkel aus. Fig. 3.24 zeigt in Grund- und Aufriß das Drehen der Ebene $\varepsilon = PQR$ in die erste Hauptebene $\varepsilon_0$ durch $R$; die den Punkt $R$ enthaltende erste Hauptgerade $h_1$ von $\varepsilon$ fungiert als Drehachse.

Ist die Ebene $\varepsilon$ der Figur $\mathfrak{F}$ bezüglich der Normalprojektion $n: \mathfrak{P} \to \pi$ nicht projizierend, so geht $\mathfrak{F}^n$ in $\mathfrak{F}_0{}^n$ nach Satz 2.4.4 unter der orthogonalen perspektiven Affinität $(h^n; P^n \mapsto P_0{}^n)$ über; zur Konstruktion von $\mathfrak{F}_0{}^n$ genügt es somit, zu einem einzigen Punkt $P \in \varepsilon \setminus h$ den Normalriß

$P_0{}^n$ der parallelgedrehten Lage $P_0$ nach Satz 3.3.2 zu ermitteln und dann die Gesetze einer perspektiven Affinität einzusetzen (Fig. 3.24). Ist dagegen die Ebene $\varepsilon$ von $\mathfrak{F}$ projizierend, so entsteht die zu $\mathfrak{F}$ kongruente, gemäß Satz 3.3.2 ermittelte Figur $\mathfrak{F}_0{}^n$ aus $\mathfrak{F}^n \subset \varepsilon^n$ nicht unter einer perspektiven Affinität.

Paralleldrehen wird auch benützt, um den Normalriß $\mathfrak{F}^n$ einer Figur $\mathfrak{F}$ mit vorgeschriebenen Abmessungen zu finden, die in einer gegebenen Ebene $\varepsilon$ liegt: Nach Wahl einer Hauptgeraden $h$ von $\varepsilon$ als Drehachse kann ein Punkt $P \in \varepsilon \setminus h$ nach Satz 3.3.2 parallelgedreht und $\mathfrak{F}_0{}^n$ konstruiert werden; ist $\varepsilon$ nicht projizierend, so ergibt sich der Normalriß $\mathfrak{F}^n$ aus der zu $\mathfrak{F}$ kongruenten Figur $\mathfrak{F}_0{}^n$ unter der perspektiven Affinität $(h^n;\ P_0{}^n \mapsto P^n)$. Ein zu diesem Normalriß gepaarter Normalriß eines Punktes $Q$ von $\mathfrak{F}$ wird mit Hilfe der Vervollständigungsaufgabe oder durch Umkehr der oben angegebenen Stechzirkelkonstruktion aus $Q_0{}^n$ und $Q^n$ ermittelt, was auch im Falle einer projizierenden Ebene $\varepsilon$ möglich ist[2].

Als Beispiel behandeln wir ein 2 cm breites rechteckiges Bandeisen, dessen Materialstärke vernachlässigt wird. Dieses ist durch zweimaliges Knicken so zurechtzubiegen, daß ein die parallelen Ebenen $\varepsilon$ und $\varphi$ verbindender Bügel entsteht. Der Verlauf der Mittellinie $m$ wird durch den Be-

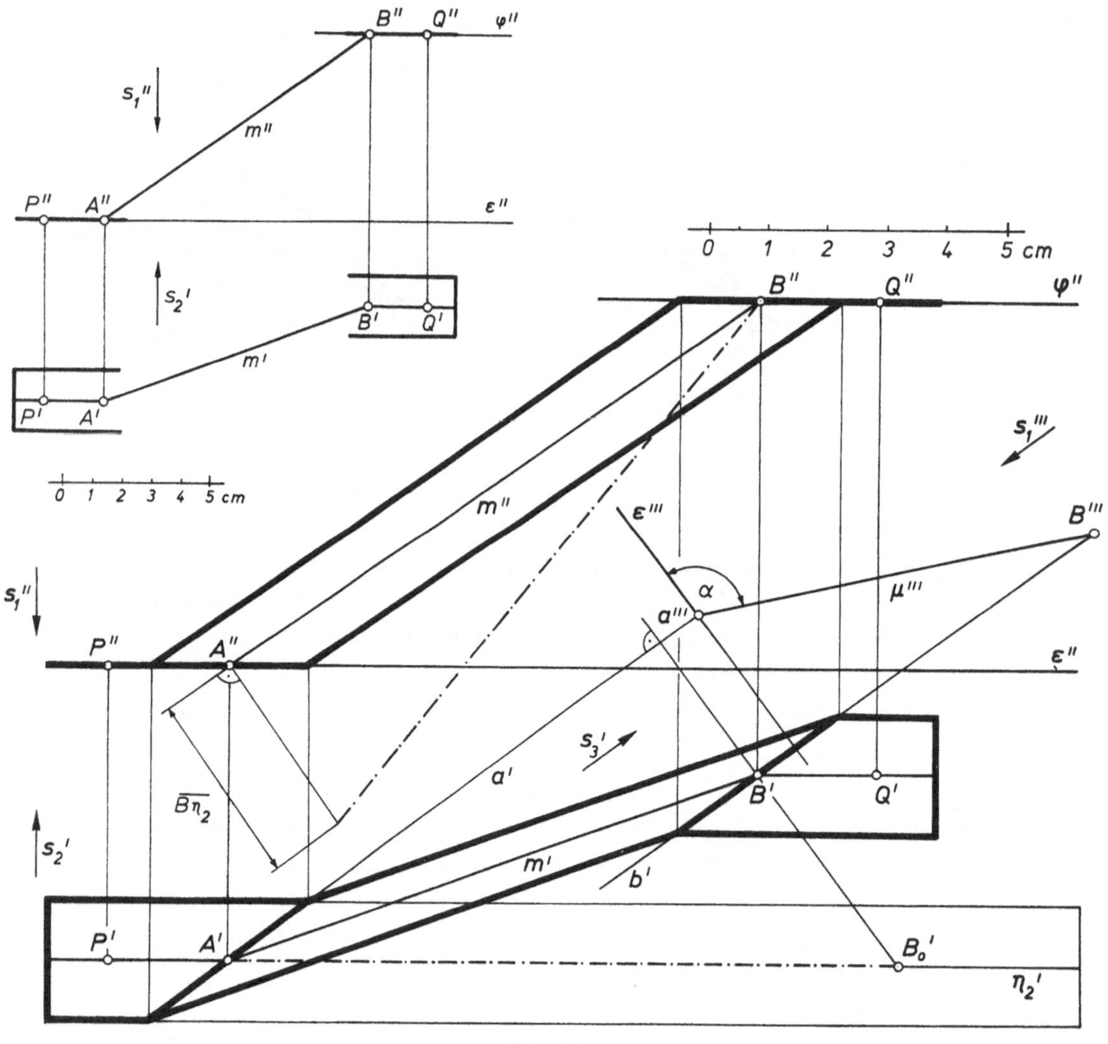


Fig. 3.25

[2] Dreht man eine zweitprojizierende Ebene $\varepsilon$ um eine erste Hauptgerade $h_1$ parallel zu $\pi_1$, so ist $h_1$ eine zweite Sehgerade, so daß die Drehkreise unverzerrte zweite Risse besitzen und $r = \overline{MP} = \overline{M''P''} = \overline{h_1''P''}$ gilt (vgl. auch 3.2.4., Fn. 4).

festigungspunkt $P$ in $\varepsilon$, den Befestigungspunkt $Q$ in $\varphi$ sowie die Knickpunkte $A$ in $\varepsilon$ und $B$ in $\varphi$ festgelegt. Man ermittle die Länge des je 1 cm über $P$ bzw. $Q$ hinausreichenden Bandeisens, die Knicklinie $a$ bzw. $b$ durch $A$ bzw. $B$ und das Drehmaß $\alpha$, durch welches jede der beiden Pratzen gegen das Mittelstück verdreht ist.

KB. Wir zeichnen unter Verwendung der gegebenen Maßstabskalen Grund- und Aufriß des Objekts und wählen $\varepsilon$ und $\varphi$ als erste Hauptebenen (Fig. 3.25). Die gesuchten Knicklinien $a$ und $b$ sind dann erste Hauptgeraden der Ebene $\mu$ des Mittelstücks. Beim Paralleldrehen von $\mu$ um $a$ nach $\varepsilon$ kommt $B$ in einen Punkt $B_0$ der Geraden $PA$ mit $\overline{AB_0} = \overline{AB}$. Die Länge $\overline{AB}$ ergibt sich nach (M1) mit Hilfe eines Verzerrungsdreiecks zur Kathete $[A'', B'']$, womit auch die Länge des Bandeisens bestimmt ist. Nach Satz 3.3.2 muß die Gerade $B'B_0'$ zu $a'$ normal sein, und $b$ ist parallel $a$. In einem Seitenriß mit $a$ als Sehgerade kann das Maß $\alpha$ des Drehwinkels mit $0 < \alpha < 180°$ abgelesen werden. △

### 3.3.3. (M3) Orthogonale Lage einer Geraden und einer Ebene

Aus Satz 2.4.2 folgt:

**Satz 3.3.3:** Ist die Ebene $\varepsilon$ keine Hauptebene, so ist der Normalriß $g^n$ einer zu $\varepsilon$ normalen Geraden $g$ orthogonal zum Normalriß $h^n$ einer Hauptgeraden $h$ von $\varepsilon$.

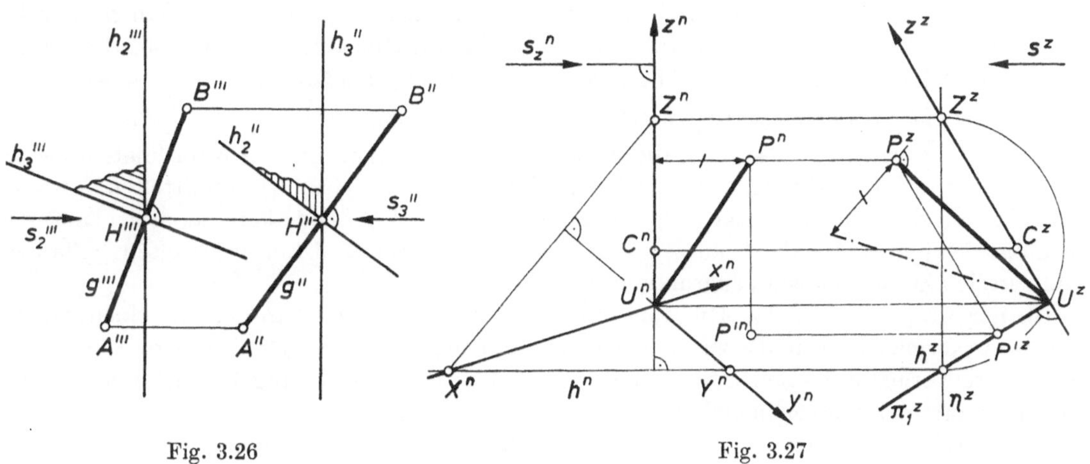


Fig. 3.26 Fig. 3.27

Legt man in gepaarten Normalrissen eine Ebene $\varepsilon$, die keine erste oder zweite Hauptebene ist, durch eine erste und eine zweite Hauptgerade $h_1$ und $h_2$ von $\varepsilon$ fest[3], so gilt demnach $g' \perp h_1'$ und $g'' \perp h_2''$ für $g \perp \varepsilon$.

In Fig. 3.26 ist die Symmetrieebene zweier Punkte $A$, $B$, welche nach 1.3.2. durch den Mittelpunkt $H$ der Strecke $[A, B]$ geht und zur Geraden $g = AB$ normal ist, unter Verwendung von Aufriß und Kreuzriß durch eine zweite Hauptgerade $h_2$ und eine dritte Hauptgerade $h_3$ festgelegt.

### 3.3.4. Winkel- und Abstandmaße

Unabhängig von der Verwendung gepaarter Normalrisse gilt:

**Satz 3.3.4:** Mit Hilfe von Lageaufgaben kann jede Aufgabe über Winkelmaße und Abstandmaße auf die Maßaufgaben (M1), (M2) und (M3) zurückgeführt werden.

[3] Ist $\varepsilon$ zu einer doppeltprojizierenden Ebene $\delta$ normal, so wird eine zu $\varepsilon$ orthogonale Gerade $g$ wegen $g \parallel \delta$ nach 3.2.1. durch das Rißpaar $(g', g'')$ nicht festgelegt. Bezüglich einer Normalprojektion mit einer Hauptgeraden $h_1 = h_2$ von $\varepsilon$ als Sehgerade ist $\varepsilon$ projizierend, was $g''' \perp \varepsilon'''$ gemäß Satz 3.3.3 nach sich zieht. Damit können die Rißpaare zweier Punkte von $g$ angegeben werden.

*Beweis*

Gemäß 1.2.5. wird jedes Winkelmaß auf das Winkelmaß $\sphericalangle a, b$ schneidender Geraden $a$, $b$ zurückgeführt, wobei eine an der Winkelaufgabe beteiligte Ebene mit (M3) durch eine ihrer Normalen zu ersetzen ist. Durch Paralleldrehen der Ebene $ab$ ermittelt man $\sphericalangle a, b$ gemäß (M2).
Der Abstand zweier Punkte führt nach Def. 1.2.9 auf (M1), und Gleiches gilt für den Abstand $\overline{P\varepsilon}$ eines Punktes $P$ von einer Ebene $\varepsilon$, wenn man mit (M3) die Normale zu $\varepsilon$ durch $P$ konstruiert und diese nach 3.2.2. mit $\varepsilon$ schneidet. Der Abstand $\overline{Pa}$ eines Punktes $P$ von einer Geraden $a$ ist für $P \notin a$ nach Def. 1.2.9 die Länge einer Strecke, welche einer Figur der Ebene $\varepsilon = Pa$ angehört, und wird durch Paralleldrehen von $\varepsilon$ mit (M2) ermittelt (zweckmäßig verwendet man dabei als Drehachse eine Hauptgerade von $\varepsilon$ durch $P$). Der in der gemeinsamen Normalen zweier windschiefer Geraden $a$, $b$ gemessene Abstand $\overline{ab}$ schließlich ergibt sich nach der Beweisidee von Satz 1.2.4 (vgl. Fig. 1.9) und erfordert außer Lageaufgaben noch (M3) und (M1) (vgl. auch A 3.2, 1). □

## 3.3.5. Maßaufgaben in Axonometrie

Unter Verwendung eines axonometrischen Risses und des axonometrischen Grundrisses können die Lageaufgaben nach A 3.2, 6 behandelt werden, falls die Grundrißebene im axonometrischen Riß nicht projizierend ist.
Die Lösungen der Maßaufgaben (M1), (M2) und (M3) gemäß 3.3.1., 3.3.2. und 3.3.3. verlangen gepaarte Normalrisse. Ausgehend von einer axonometrischen Angabe, erhält man nach 2.3.7. zur Lösung der Maßaufgaben einen Hilfsgrundriß und einen Hilfsaufriß, die sich allerdings nicht in geordneter Lage befinden und nicht zum gleichen Zeichenmaßstab gehören müssen. Unter Verwendung einer Ordnerachse (vgl. 3.1.4.) oder eines Verzerrungswinkels, der die Länge $\overline{U''B''}$ zur Länge $\overline{U'B'}$ verzerrt, lassen sich die notwendigen Übertragungen von Koordinatenstrecken aus dem Hilfsaufriß in den Hilfsgrundriß durchführen; alle im Grundriß ermittelten Abstandmaße sind auf die Einheitsstrecke $[U', B']$ zu beziehen. Diese Methode kann auch bei einer normalaxonometrischen Angabe benützt werden, wobei den gemäß 2.4.5. ermittelten Hilfsrissen stets derselbe Zeichenmaßstab zugrunde liegt.
Da ein normalaxonometrischer Riß aber bereits ein Normalriß ist, kann er mit einem zu ihm gepaarten Normalriß ebenfalls zur Lösung der Maßaufgaben verwendet werden. Wir wählen diese zweite Normalprojektion so, daß eine Koordinatenachse eine Hauptgerade ist, und sprechen von einem zum normalaxonometrischen Riß gepaarten *Achsenriß*.
Soll die $z$-Achse Hauptgerade in einem Achsenriß sein, den wir mit dem Abbildungszeiger $^z$ bezeichnen, so ist nach 3.2.4. der normalaxonometrische Riß $s_z^n$ eines zu diesem Achsenriß gehörenden Sehstrahls $s_z$ normal zu $z^n$. Bei geordneter Lage des normalaxonometrischen Risses und des Achsenrisses bestimmt $s_z^n$ die Ordner, und der Achsenriß $s^z$ eines zum normalaxonometrischen Riß gehörenden Sehstrahls $s$ ist dann entgegengesetzt orientiert zu $s_z^n$ (Fig. 3.27). Der Achsenriß ist festgelegt, wenn wir von einem Punkt $Z$ der $z$-Achse im Ordner durch $Z^n$ den Achsenriß $Z^z$ angeben; wir wählen $Z \neq U$. Der Punkt $Z$ liegt in einer zur Bildebene der normalen Axonometrie parallelen Hauptebene $\eta$, welche die $x$- und die $y$-Achse in je einem Punkt $X$ und $Y$ so schneidet, daß $x^n$, $y^n$, $z^n$ nach Satz 2.4.5 die Höhengeraden des Dreiecks $\{X^n, Y^n, Z^n\}$ sind; der Achsenriß $\eta^z$ von $\eta$ ist nach Satz 3.1.2 die zu $s^z$ normale Gerade durch $Z^z$. Die zu $s_z$ parallele Gerade $h := XY = \pi_1 \cap \eta$ ist im Achsenriß projizierend, und daher gilt Gleiches für die Ebene $\pi_1 = Uh$; die Gerade $\pi_1^z$ verläuft nach Satz 2.4.2 notwendig zu $z^z$ normal. Wegen des Satzes von Thales ergibt sich daher $U^z$ in einem Schnittpunkt des Ordners durch $U^n$ mit dem Kreis über der Strecke[4] $[Z^z, h^z]$; je nachdem gemäß der axonometrischen Angabe nach Satz 2.3.1 eine Ober- oder Untersicht vorliegt, kann unter Beachtung der Orientierung von $s^z$ der richtige der beiden Schnittpunkte als Punkt $U^z$ ausgewählt werden.
Besitzt ein Punkt $P$ den normalaxonometrischen Riß $P^n$ und den axonometrischen Grundriß $P'^n$, so liegt $P'^z$ mit $P'^n$ in einem zu $s_z^n$ parallelen Ordner und in $\pi_1^z = U^z h^z$; der Achsenriß $P^z$

[4] In Fig. 2.31 ist ein dem normalaxonometrischen Riß zugeordneter Achsenriß mit der $x$-Achse als Hauptgerade verwendet, der sinngemäß mit dem Zeiger $^x$ zu versehen ist. Nach Wahl von $X^x = X^n$ kann $U^x$ wie oben beschrieben gefunden werden.

von $P$ gehört dann einem Ordner durch $P^n$ und einer zur Geraden $z^z$ parallelen Geraden durch $P'^z$ an. Fig. 3.27 zeigt die Ermittlung des Abstandes eines Punktes $P$ vom Ursprung $U$ nach dieser Methode. Die mit Hilfe eines Verzerrungsdreiecks der Strecke $[P, U]$ ermittelte Länge $\overline{PU}$ ist dabei mittels der Einheitsstrecke $[U^z, C^z]$ auszumessen, wobei $C^z$ der Achsenriß des Einheitspunktes $C$ der $z$-Achse ist.

## 3.3.6. Würfelschnittaufgabe von Ruprecht

Man durchbohre einen würfelförmigen Körper parallel zu einer Würfeldiagonale in prismatischer Form so, daß ein kongruenter Würfel hindurchgeschoben werden kann und der Restkörper nicht zerfällt[5]. Um die Lösbarkeit dieser Aufgabe zu überlegen, wählen wir die Würfeldiagonale $A\bar{A}$ erstprojizierend (Fig. 3.28) und ermitteln zuerst den Grundriß des Würfels.

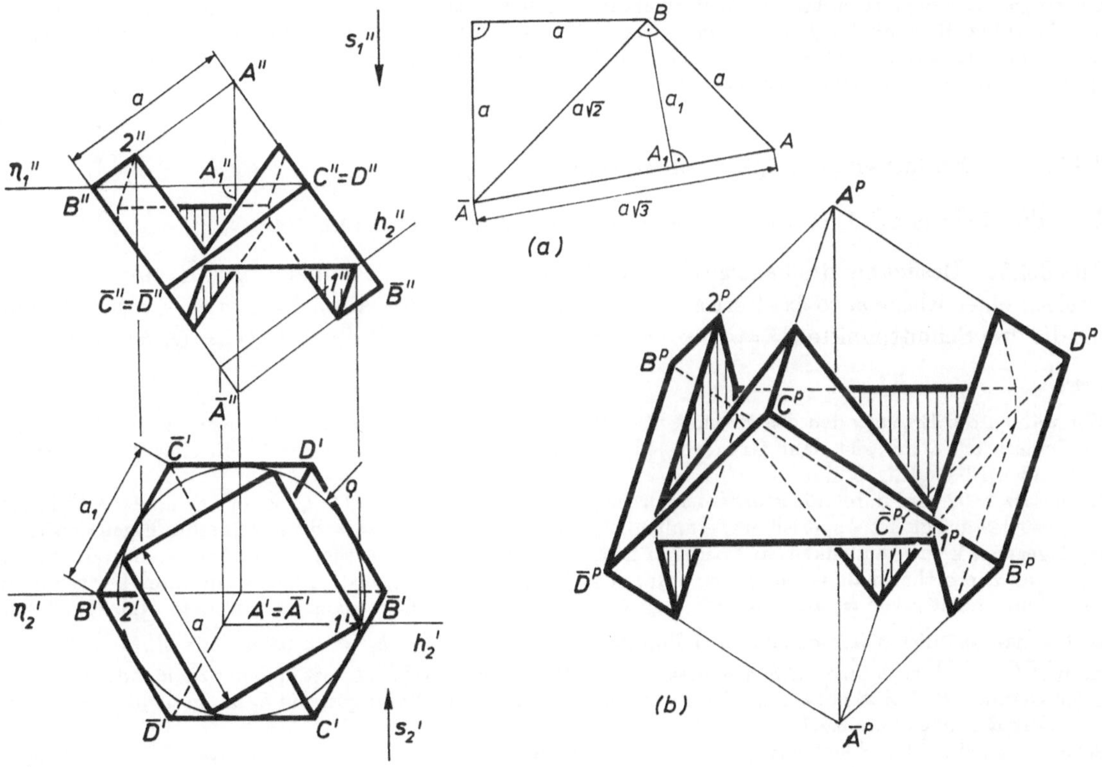


Fig. 3.28

KB. Die von der Würfelecke $A$ ausgehenden drei gleich langen Würfelkanten $[A, B]$, $[A, C]$, $[A, D]$ sind gegen die lotrechte Würfeldiagonale $A\bar{A}$ und damit gegen $\pi_1$ gleich geneigt; die Punkte $B$, $C$, $D$ liegen somit in einer ersten Hauptebene $\eta_1$. Wegen $AD \perp ABC$, $AB \perp ACD$, $AC \perp ABD$ fällt $A'$ nach 3.3.3., (M3) in den Höhenschnittpunkt des Dreiecks $\{B', C', D'\}$; nach Satz 2.4.1 gilt $\overline{A'B'} = \overline{A'C'} = \overline{A'D'}$, so daß das Dreieck $\{B', C', D'\}$ gleichseitig ist. Da jedes der drei Seitenquadrate des Würfels mit der Ecke $A$ daher einen rhombusförmigen Grundriß besitzt, bilden die Grundrisse der von $A$ und $\bar{A}$ verschiedenen Würfelecken ein reguläres Sechseck $\{B', \bar{C}', D', \bar{B}', C', \bar{D}'\}$. Aus der Länge $a$ der Würfelkante kann zuerst die Länge $a\sqrt{2}$ der Flächendiagonale und dann die Länge $a\sqrt{3}$ der Würfeldiagonale sowie der Abstand $a_1$ der Würfelecke $B$ von der Würfeldiagonale $A\bar{A}$ konstruiert werden (Fig. 3.28a). Wählen wir die Würfelkante $[A, B]$ in einer

[5] Auf Ruprecht von der Pfalz (1619–1682) geht die Aufgabe zurück, einen Würfel durch einen gleich großen Würfel hindurch zu schieben; sie besitzt nach den folgenden Überlegungen unendlich viele Lösungen, wobei die Erzeugenden des prismatischen Schachtes gegen die Würfeldiagonale auch geneigt sein können.

zweiten Hauptebene $\eta_2$ durch $A\bar{A}$, so kann damit der Aufriß aller Würfelecken und dann der Grundriß ergänzt werden: Ist $A_1$ der Schnittpunkt der Würfeldiagonale $[A, \bar{A}]$ mit der ersten Hauptebene $\eta_1$ durch $B$, so ist $\overline{B''A_1''} = \overline{BA_1} = \overline{B'A_1'}$ die Seitenlänge $a_1$ des genannten regulären Sechsecks.

Die weitere Konstruktion erfordert folgende Überlegung:

Für den Flächeninhalt $F$ des rechtwinkligen Dreiecks $\{A, B, \bar{A}\}$ in Fig. 3.28a gilt $2F = a_1 a\sqrt{3} = a^2\sqrt{2}$, was $a_1 = a\sqrt{2}:\sqrt{3}$ ergibt. Damit ist der Radius $\varrho$ des dem regulären Sechseck mit der Seitenlänge $a_1$ einbeschriebenen Kreises gleich $\varrho = a_1\sqrt{3}: 2 = a\sqrt{2}:2$. Ein zum regulären Sechseck konzentrisches Quadrat mit diesem Kreis als Umkreis hat daher die Seitenlänge $a$ und kann so gewählt werden, daß es ganz im Inneren dieses Sechsecks liegt, wie der Grundriß in Fig. 3.28 zeigt. Ein Prisma mit einem solchen Quadrat als Leitpolygon und zu $A\bar{A}$ parallelen Erzeugenden bestimmt die gesuchte Bohrung des würfelförmigen Körpers.

Die Aufrisse der Ecken des Schnittpolygons ergeben sich einerseits durch Angittern der Schnittpunkte der Seitenflächen des Würfels mit den erstprojizierenden Prismenkanten (z. B. Punkt *1*) und andererseits durch Übertragen der Schnittpunkte der Würfelkanten mit den erstprojizierenden Seitenflächen des Prismas in den Aufriß (z. B. Punkt *2*). Der axonometrische Riß des Restkörpers in Fig. 3.28b wurde nach Wahl eines Zeichenmaßstabes durch Einschneiden aus Grundriß und Aufriß konstruiert; in Fig. 3.28b sind die Schleifspuren des durchgeschobenen Würfels angedeutet. △

## 3.3.7. Prismenschnittaufgabe von L'Huilier

Im Jahre 1811 hat S. L'Huilier (1750—1840) folgende Aussage angegeben:

**Satz 3.3.5:** Besitzt ein dreikantiges Prisma $\Psi$ die Kanten $p, q, r$, und ist $(\bar{P}, \bar{Q}, \bar{R})$ ein geordnetes Dreieck einer Ebene $\varepsilon$, so existiert stets eine Ebene $\pi$ und eine Ähnlichkeit $\sigma:\pi \to \varepsilon$ derart, daß für die drei Schnittpunkte $P := \pi \cap p$, $Q := \pi \cap q$, $R := \pi \cap r$ gilt $P^\sigma = \bar{P}$, $Q^\sigma = \bar{Q}$, $R^\sigma = \bar{R}$.

*Beweis*

Wir wählen die Erzeugenden des Prismas $\Psi$ erstprojizierend. Der Schnitt der drei Kanten von $\Psi$ mit $\pi_1$, ein Dreieck $\{P', Q', R'\}$, ist dann Grundriß jedes Schnittdreiecks der Kanten von $\Psi$ mit einer nicht erstprojizierenden Ebene (Fig. 3.29).
Nach Satz 1.3.2 wird durch die geordneten Dreiecke $(P', Q', R')$ in $\pi_1$ und $(\bar{P}, \bar{Q}, \bar{R})$ in $\varepsilon$ genau eine Affinität $\alpha:\pi_1 \to \varepsilon$ festgelegt. Ist $\alpha$ speziell eine Ähnlichkeit, so hat die Ebene $\pi = \pi_1$ die gewünschte Eigenschaft.
Ist dagegen $\alpha$ keine Ähnlichkeit, so existieren nach A 2.2, 4 genau zwei orthogonale Geraden in $\pi_1$ durch $R'$, die unter $\alpha$ in orthogonale Geraden von $\varepsilon$ durch $\bar{R}$ übergehen; ihre Konstruktion kann unter Verwendung einer Ähnlichkeit $\gamma$ von $\pi_1$ auf $\varepsilon$ mit $P'^\gamma = \bar{P}$, $Q'^\gamma = \bar{Q}$ gemäß A 2.2,3 durchgeführt werden (vgl. Fig. 3.29).
Wählt man auf diesen Geraden durch $\bar{R}$ Punkte $\bar{1}$ bzw. $\bar{2}$ mit $\overline{\bar{R}\bar{1}} = \overline{\bar{R}\bar{2}} \neq 0$, so ist mit $1'^\alpha = \bar{1}$, $2'^\alpha = \bar{2}$ dann $\overline{R'1'} \neq \overline{R'2'}$ nach Satz 1.3.3, also etwa $\overline{R'1'} > \overline{R'2'}$. Gemäß Satz 2.4.2 ist eine der zueinander orthogonalen Geraden $R'1'$, $R'2'$ notwendig der Grundriß $h_1'$ einer ersten Hauptgeraden $h_1$ der gesuchten Ebene $\pi$, und zwar $R'1'$ nach Satz 2.4.1.
Sei $\varrho:\varepsilon \to \pi_1$ eine Ähnlichkeit mit $\bar{R}^\varrho = R'$, $\bar{1}^\varrho = 1'$. Dann ist $\varkappa := \alpha\varrho:\pi_1 \to \pi_1$ nach Satz 2.2.7 eine perspektive Affinität mit der Affinitätsachse $h_1$, und zwar eine orthogonale perspektive Affinität, da die verschiedenen Punkte $2'$ und $\bar{2}^\varrho = 2'^\varkappa$ in der zur Affinitätsachse $h_1'$ normalen Geraden $R'2'$ liegen. Wir wählen eine erste Hauptebene $\eta_1$ und fassen das Dreieck $\{P_0' := P'^\varkappa = \bar{P}^\varrho, Q_0' := Q'^\varkappa = \bar{Q}^\varrho, R_0' := R'^\varkappa = \bar{R}^\varrho = R'\}$ als Grundriß eines Dreiecks $\{P_0, Q_0, R_0\}$ in $\eta_1$ auf. Sei $h_1$ die erste Hauptgerade in $\eta_1$ mit dem Grundriß $h_1'$. Dann ist $\{P_0', Q_0', R_0'\}$ gemäß 3.3.2. der Grundriß der um $h_1$ parallelgedrehten Lage eines Dreiecks $\{P, Q, R\}$ mit dem Grundriß $\{P', Q', R'\}$, wobei die Ebene $\pi$ von $\{P, Q, R\}$ durch $h_1$ und jenen Punkt $P$ der Kante $p$ bestimmt wird, dessen Abstand $\overline{P\eta_1}$ von $\eta_1$ sich aus $P'$ und $P_0'$ gemäß Satz 3.3.2 ergibt (Fig. 3.29). Da das Dreieck $\{P, Q, R\}$ zum Dreieck $\{P_0, Q_0, R_0\}$ kongruent ist, hat die Ebene $\pi$ die gewünschte Eigenschaft: Ist $n:\mathfrak{P} \to \pi_1$ die Normalprojektion auf die Grundrißebene, so stellt $\sigma := (n \mid \pi)\,\alpha:\pi \to \varepsilon$ die gesuchte Ähnlichkeit dar. □

Ist die im Beweis auftretende Affinität $\alpha:\pi \to \varepsilon$ eine Ähnlichkeit bzw. keine Ähnlichkeit, so sind die einzigen Lösungen für die Ebene $\pi$ die zu $\pi_1$ parallelen Ebenen bzw. die zu jenen beiden Ebenen durch die erste Hauptgerade $h_1$ in $\eta_1$ parallelen Ebenen, die durch Abtragen von $\overline{P\eta_1}$ in der Geraden $p$ von $\eta_1$ nach oben oder nach unten entstehen; dies ergibt sich aus A 2.2, 1. Wie der Beweis zeigt, ist der Ähnlichkeitsfaktor der in Satz 3.3.5 genannten Ähnlichkeit in beiden Fällen durch die Angabe eindeutig mitbestimmt.

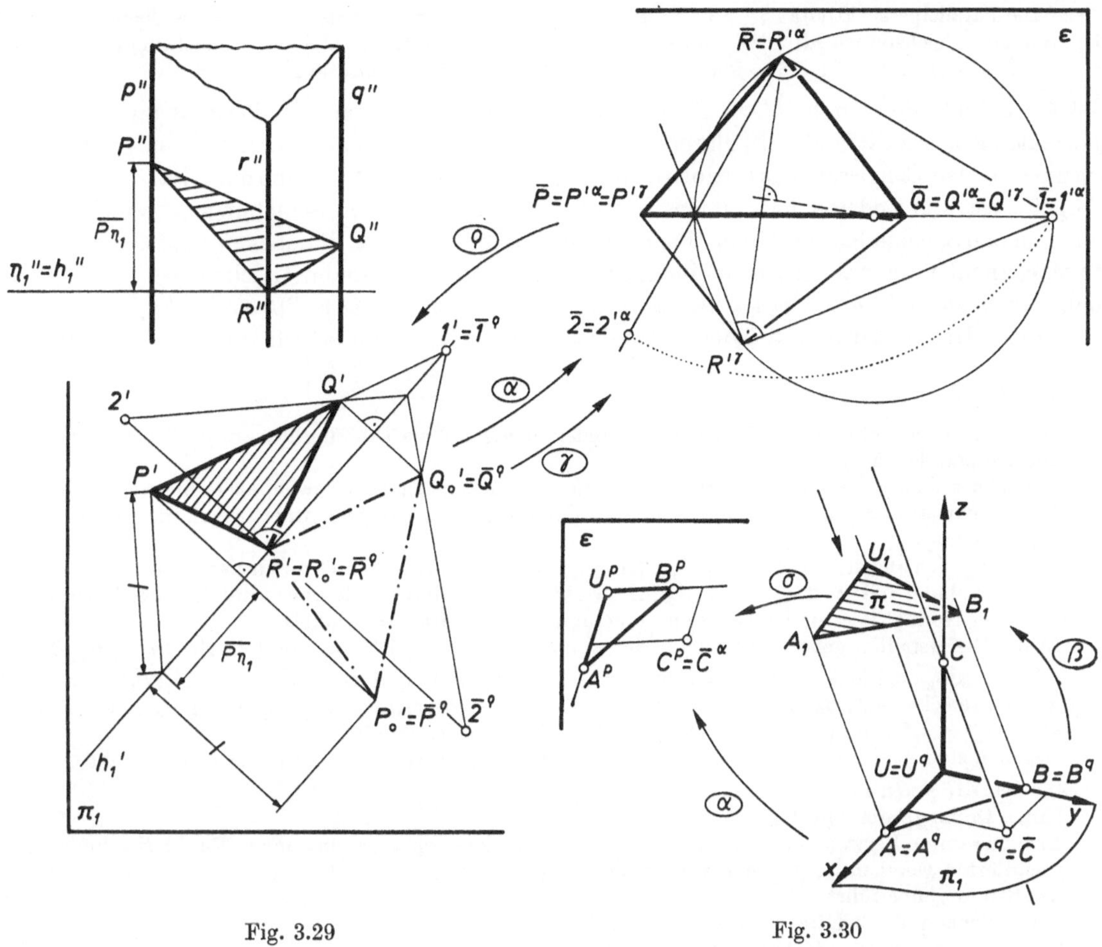


Fig. 3.29 Fig. 3.30

### 3.3.8. Beweis des Satzes von Pohlke

Der in 2.3.2. erwähnte Satz von K. Pohlke ist eine Verschärfung des Hauptsatzes der Axonometrie (Satz 2.3.2) und lautet:

**Satz 3.3.6:** Zu jeder axonometrischen Angabe gibt es eindeutig bestimmte Sehstrahlen eine Parallelprojektion so, daß die axonometrische Grundfigur zu einem Parallelriß des kartesische Rechtssystems gleichsinnig ähnlich ist. Der Ähnlichkeitsfaktor ist durch die axonometrisch Angabe eindeutig bestimmt.

*Beweis*[6]

Durch die axonometrische Angabe sind nach 2.3.2. die Sehgeraden in ihrer Lage zum Koordinatensystem $(U, A, B, C)$ eindeutig bestimmt. Nehmen wir etwa die Punkte $U^p$, $A^p$, $B^p$ der axonometrischen Grundfigur als nicht kollinear an und ist $q: \mathfrak{P} \to \pi_1$ die Parallelprojektion auf $\pi_1$ mit diesen Sehgeraden, so existiert nach dem Beweis zu Satz 2.3.2 eine Affinität $\alpha$ der Bildebene $\pi_1$ auf die Zeichenebene $\varepsilon$ so, daß $U^p = U^{q\alpha}$, $A^p = A^{q\alpha}$, $B^p = B^{q\alpha}$, $C^p = C^{q\alpha}$ gilt (Fig. 3.30). Nach 2.3.2. kann man die Sehgeraden so orientieren, daß bezüglich der nach Def. 2.1.4 bestimmten Orientierung der Bildebene $\pi_1$ von $q$ die Affinität $\alpha$ gleichsinnig ist.
Die Sehgeraden der Parallelprojektion $q$ durch die drei Punkte $U, A, B$ können nach Satz 3.3.5 derart mit einer Ebene $\pi$ in Punkten $U_1, A_1, B_1$ geschnitten werden, daß die durch $U_1 \mapsto U^p$, $A_1 \mapsto A^p$, $B_1 \mapsto B^p$ nach Satz 1.3.2 festgelegte Affinität $\sigma: \pi \to \varepsilon$ eine Ähnlichkeit ist. Der Ähnlichkeitsfaktor von $\sigma$ ist nach 3.3.7. durch die Angabe mitbestimmt. Wir bezeichnen die Parallelprojektion auf die Ebene $\pi$ mit denselben Sehstrahlen wie $q$ mit $r: \mathfrak{P} \to \pi$; durch diese Sehstrahlen wird die Bildebene $\pi$ von $r$ gemäß Def. 2.1.4 orien-

[6] Dieser Beweis des Satzes von Pohlke stammt im wesentlichen von H. A. Schwarz (vgl. 2.3.3., Fn. 2). Eine modifizierte Beweisidee ist in A 5.2,12 enthalten.

tiert. Die Parallelperspektivität $\beta := r \mid \pi_1 : \pi_1 \to \pi$ der durch die Sehstrahlen orientierten Ebenen $\pi_1$ und $\pi$ ist dann eine gleichsinnige Affinität, und wegen $\beta\sigma = \alpha : \pi_1 \to \varepsilon$ ist die Ähnlichkeit $\sigma$ gleichsinnig. Da ferner $r = q\beta : \mathfrak{P} \to \pi$ gilt (vgl. Fig. 3.30), folgt aus $q\alpha = q\beta\beta^{-1}\alpha = r\sigma$ die Behauptung. □

Ist ein Schnitt des durch $\{U, A, B\}$ und die Sehgeraden $s$ bestimmten Prismas mit einer zu $s$ normalen Ebene zu $\{U^p, A^p, B^p\}$ ähnlich, so sind nach 3.3.7. alle gemäß Satz 3.3.5 möglichen Bildebenen zu den Sehgeraden orthogonal, und es liegt nach Def. 2.4.1 eine normalaxonometrische Angabe vor. Im anderen Fall gibt es nach 3.3.7., abgesehen von Schiebungen, zwei bezüglich einer zu den Sehgeraden normalen Ebene symmetrische mögliche Bildebenen, und die axonometrische Angabe führt auf einen zu einem Schrägriß ähnlichen axonometrischen Riß. Man spricht dann auch von *schiefaxonometrischer Angabe, schiefaxonometrischem Riß* und *schiefer Axonometrie.* Jeder Horizontalriß und jeder Frontalriß ist nach 2.3.4. ein schiefaxonometrischer Riß.

**Aufgaben 3.3**

1. Deute die Konstruktion der Länge einer Strecke in Fig. 3.2 als Drehung der erstprojizierenden Ebene durch $g$ parallel zu $\pi_2$.
2. Ein ebenes Fünfeck $\mathfrak{F}$ besitzt ein reguläres Fünfeck der Zeichenebene sowohl als Grundriß wie auch als Aufriß. Konstruiere unter der Annahme, daß Grund- und Aufriß zugeordnet liegen, die Gestalt von $\mathfrak{F}$ (vgl. A 3.2, 5).
3. Zu zwei gleichlangen Strecken $[A_0, B_0]$, $[A_1, B_1]$, die in windschiefen Geraden liegen, gibt es stets eine axiale Drehung $\delta : \mathfrak{P} \to \mathfrak{P}$ mit $A_1 = A_0^{\delta}$, $B_1 = B_0^{\delta}$. Beweise diesen Satz und ermittle unter Verwendung gepaarter Normalrisse die Drehachse $a$ von $\delta$ und das Maß des Drehwinkels.
   (Anl.: Die Gerade $a$ gehört notwendig der Symmetrieebene $\sigma_1$ bzw. $\sigma_2$ von $[A_0, A_1]$ bzw. $[B_0, B_1]$ an; zeige $\sigma_1 \not\parallel \sigma_2$. Benütze einen Normalriß mit $a$ als Sehgerade und zeige $\overline{A_0^n B_0^n} = \overline{A_1^n B_1^n}$. Die geordneten Dreiecke $(A_0^n, B_0^n, a^n)$ und $(A_1^n, B_1^n, a^n)$ sind kongruent, und zwar gleichsinnig kongruent, da sonst $\sigma_1^n = \sigma_2^n$ sein müßte. Damit folgt $\sphericalangle\, A_0^n a^n A_1^n = \sphericalangle\, B_0^n a^n B_1^n$).
4. Gegeben sind zwei Punkte $A$, $B$ und eine zu $AB$ windschiefe Gerade $g$. Ermittle jenen Punkt $G$ von $g$, für den $\overline{AG} + \overline{GB}$ minimal ist.
   (Anl.: Drehe $gB$ um $g$ in $Ag$.)
5. Ermittle unter Verwendung gepaarter Normalrisse zu zwei einander in einem Punkt $S$ schneidenden orientierten Geraden $g_1$, $g_2$ die Fixpunktebene $\sigma$ jener Spiegelung $\alpha : \mathfrak{P} \to \mathfrak{P}$, welche den Strahl $g_1$ in den Strahl $g_2$ überführt.
   (Anl.: Suche mit 1.3.2. die Normale von $\sigma$ in $S$.)
6. Spiegelt man eine Gerade $g$ an zwei nicht bekannten Ebenen $\sigma_1$ bzw. $\sigma_2$ durch einen gegebenen Punkt $S$ von $g$, so enthält die dabei aus $g$ entstehende Gerade $g_1$ bzw. $g_2$ einen gegebenen Punkt $G_1$ bzw. $G_2$. Konstruiere mit Hilfe gepaarter Normalrisse die Schnittgerade $s = \sigma_1 \cap \sigma_2$ und das Winkelmaß $\sphericalangle\, \sigma_1, \sigma_2$; diskutiere die Anzahl der Lösungen.
   (Anl.: Die Gerade $s$ ist zur Normalen $n_1$ von $\sigma_1$ in $S$ und zur Normalen $n_2$ von $\sigma_2$ in $S$ normal.)
7. Ein Kraftvektor $\mathfrak{k}$ ist in zwei Komponenten zu zerlegen, von denen die eine normal und die andere parallel einer gegebenen Ebene bzw. einer gegebenen Geraden ist. Wie groß sind die Komponenten, und welche Winkelmaße bilden sie mit $\mathfrak{k}$?
8. In der Spitze eines Gerüstes mit der Gestalt einer dreiseitigen Pyramide greift ein Kraftvektor $\mathfrak{k}$ an. Zerlege $\mathfrak{k}$ in Komponenten, die in den Gerüststäben wirken.
9. Ermittle, ausgehend von einer axonometrischen Angabe, unter Verwendung der gepaarten Normalrisse in den Ebenen $UAB$ und $UBC$ die Sehstrahlen, den Ähnlichkeitsfaktor und die Lage einer Bildebene für die in Satz 3.3.5 genannte Parallelprojektion durch Nachvollziehen des Beweises dieses Satzes.
10. Die Symmetrieebene zweier Würfelecken $A$, $\bar{A}$ in einer Würfeldiagonale schneidet den Würfel in einem regulären Sechseck, dessen Ecken die Mittelpunkte von Würfelkanten sind. Lege durch ein gegebenes reguläres Sechseck einen Würfel.
    (Anl.: Wählt man $A\bar{A}$ wie in Fig. 3.28 erstprojizierend, so sind die Grundrisse der Ecken des Schnittsechsecks die Mittelpunkte der Seiten von $\{B', \bar{C}', D', \bar{B}', C', \bar{D}'\}$. Konstruiere $a$ aus $a_1$ (vgl. 3.3.7.) mit Hilfe einer zu Fig. 3.28a ähnlichen Hilfsfigur).

## 3.4. Kotierter Grundriß

### 3.4.1. Punkte und Geraden

Der Aufriß eines Objekts liefert als zusätzliche Information zum Grundriß die $z$-Koordinate $z_P$ jedes Punktes $P$. Gilt für den Ursprung $U$ und den Einheitspunkt $C$ der $z$-Achse des zugrunde liegenden räumlichen Rechtssystems $\overline{UC} = e$, so ist $\overline{P\pi_1} = |z_P|\, e$ nach 1.2.3. Wir bezeichnen in

3.4. die reelle Zahl $\zeta_P = z_P e$, also den mit Vorzeichen versehenen Abstand des Punktes $P$ von der Grundrißebene, als die *Höhenkote* (kurz *Kote*) von $P$. Schreibt man die Kote $\zeta_P$ zum Grundriß $P'$ von $P$ — man spricht dann von einem *kotierten Grundriß* —, so ist damit die Lage des Punktes $P$ im Raum fixiert (vgl. die Festsetzung in 2.1.3.). In einem zum Grundriß gepaarten Normalriß erscheint die Kote jedes Punktes gemäß der Seitenrißregel unverzerrt.

Eine erste Hauptgerade (*Schichtengerade*) ist durch ihren Grundriß mit beigefügter Kote bestimmt, eine erstprojizierende Gerade durch ihren punktförmigen Grundriß. Eine schräg gegen $\pi_1$ verlaufende Gerade $g$ wird durch die kotierten Grundrisse $P'(\zeta_P)$, $Q'(\zeta_Q)$ zweier ihrer Punkte $P$, $Q$ festgelegt. Bei Aufgaben über eine solche Gerade $g$ benützen wir einen zum Grundriß gepaarten, als zweiten Riß bezeichneten Normalriß, in dem $g$ eine Hauptgerade ist: Mit $s_2' \perp g'$ wird dieser Normalriß nach 3.1.4. zweckmäßig in geordneter Lage zum Grundriß etwa nach Wahl von $P''$ in einem Ordner durch $P'$ oder nach Wahl von $\pi_1'' \perp s_1''$ gezeichnet. Mit Hilfe des zweiten Risses kann der Grundriß jenes Punktes $R$ von $g$ ergänzt werden, der eine vorgeschriebene Kote $\zeta_R$ besitzt. Ferner ist das Winkelmaß $\omega_g = \sphericalangle g, \pi_1$, welches nach Def. 1.2.8 gleich dem Winkelmaß $\sphericalangle g, g'$ ist, im zweiten Riß ablesbar, da die Ebene $gg'$ normal zum Sehstrahl $s_2$ ist (Fig. 3.31). Unter Verwendung der Festsetzung aus 2.1.3. formulieren wir

**Def. 3.4.1:** Für eine schräg gegen $\pi_1$ verlaufende Gerade $g$ mit $\omega_g = \sphericalangle g, \pi_1$ $(0 < \omega_g < 90°)$ heißt $\tan \omega_g$ die *Böschung* von $g$ und der Abstand der Grundrisse zweier Punkte von $g$ der Kotendifferenz 1 das *Intervall* $i_g$ von $g$.

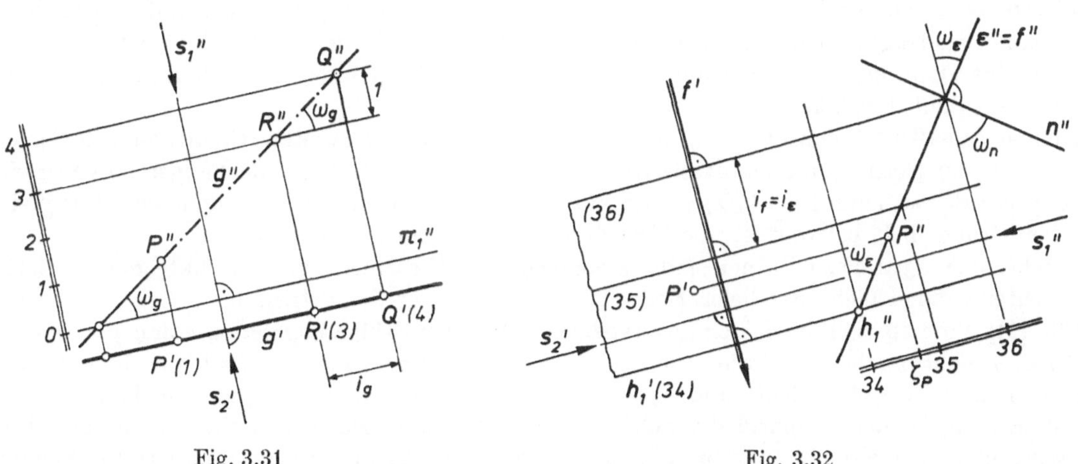


Fig. 3.31 Fig. 3.32

Das Intervall einer Geraden $g$ ist unabhängig von der Auswahl zweier Punkte von $g$ mit der Kotendifferenz 1 und um so kleiner, je steiler die Gerade verläuft. Die Böschung $\tan \omega_g$ wird auch in Prozent angegeben. Dabei bedeutet $p\%$ Böschung, daß $\tan \omega_g = p:100$ gilt; zur Böschung 100% gehört also das Winkelmaß $\omega_g = 45°$. Mit Hilfe eines zweiten Risses, in dem eine schräg gegen $\pi_1$ verlaufende Gerade $g$ Hauptgerade ist, liest man ab (Fig. 3.31:)

**Satz 3.4.1:** Das Produkt aus Böschung und Intervall einer schräg gegen $\pi_1$ verlaufenden Geraden ist eins.

Wird in der Zeichenebene für die Grundrißfigur eine andere Einheitsstrecke als im Raum verwendet, so ist das Intervall einer Geraden dem Zeichenmaßstab (vgl. 2.1.3.) zu unterwerfen. In Fig. 3.31 ist dem zweiten Riß eine *Höhenskala* beigefügt, welche eine Maßstabskala (vgl. 2.1.3.) für die Höhenkoten ist.

Eine schräg gegen $\pi_1$ verlaufende Gerade $g$ ist durch ihren Grundriß, die Kote eines ihrer Punkte, ihr Intervall und die *Fallrichtung*, also die durch fallende Koten bestimmte Orientierung von $g$ festgelegt.

### 3.4.2. Ebenen

Eine erste Hauptebene (*Schichtenebene*) ist durch den kotierten Grundriß eines ihrer Punkte, eine erstprojizierende Ebene durch ihren geradlinigen Grundriß bestimmt. Eine schräg gegen die horizontale Grundrißebene $\pi_1$ verlaufende Ebene wird durch die kotierten parallelen Grundrisse zweier ihrer Schichtengeraden festgelegt (Fig. 3.32).

**Def. 3.4.2:** Die *Fallgeraden* einer schräg gegen $\pi_1$ verlaufenden Ebene sind die zu ihren Schichtengeraden normalen Geraden der Ebene.

Da die Schichtengeraden einer solchen Ebene $\varepsilon$ erste Hauptgeraden sind, ist nach Satz 2.4.2 der Grundriß $f'$ einer Fallgeraden $f$ von $\varepsilon$ zu den Grundrissen der Schichtengeraden von $\varepsilon$ normal. Die zueinander parallelen Fallgeraden einer Ebene $\varepsilon$ sind die steilsten Geraden in $\varepsilon$, was die Bezeichnung Fallgerade motiviert. Das Intervall $i_f$ einer Fallgeraden $f$ von $\varepsilon$ gibt den Abstand der parallelen Grundrisse zweier Schichtengeraden von $\varepsilon$ der Kotendifferenz 1 an. Nach Def. 1.2.8 ist für jede Fallgerade $f$ einer schräg gegen $\pi_1$ verlaufenden Ebene $\varepsilon$ das Winkelmaß $\sphericalangle\, \varepsilon, \pi_1$ gleich dem Winkelmaß $\sphericalangle\, f, \pi_1$. Dies motiviert

**Def. 3.4.3:** Unter dem *Intervall* $i_\varepsilon$ bzw. der *Böschung* $\tan \omega_\varepsilon$ einer schräg gegen $\pi_1$ verlaufenden Ebene $\varepsilon$ versteht man das Intervall $i_f$ bzw. die Böschung $\tan \omega_f$ einer Fallgeraden von $\varepsilon$.

Durch Angabe des kotierten Grundrisses einer Fallgeraden einer schräg gegen $\pi_1$ verlaufenden Ebene $\varepsilon$ sind die kotierten Grundrisse aller Schichtengeraden von $\varepsilon$ mitbestimmt, welche den *Schichtenplan* von $\varepsilon$ bilden; in einer Zeichnung werden einzelne ausgewählte Geraden des Schichtenplans eingetragen. Den Grundriß einer Fallgeraden einer Ebene kennzeichnet man graphisch durch eine Doppellinie aus einer dünnen und einer dickeren Geraden und einem in Fallrichtung weisenden Pfeil (Fig. 3.32).

In einem gemäß 3.4.1. konstruierten, dem Grundriß zugeordneten zweiten Riß, in dem jede Schichtengerade der Ebene $\varepsilon$ und damit die Ebene $\varepsilon$ projizierend und dann jede Fallgerade von $\varepsilon$ eine Hauptgerade ist, kann $\omega_\varepsilon = \sphericalangle\, \varepsilon, \pi_1$ und mit Hilfe einer Höhenskala zu jedem Punkt $P$ von $\varepsilon$, dessen Grundriß $P'$ bekannt ist, die Kote $\zeta_P$ abgelesen werden (Fig. 3.32).

Schichtenpläne paralleler Ebenen sind schiebungsgleich. Die gemeinsamen Punkte gleichkotierter Schichtengeraden nicht paralleler Ebenen $\varepsilon, \varphi$ gehören der Schnittgeraden $s = \varepsilon \cap \varphi$ an (Fig. 3.33, (1)). Sind speziell die Schichtengeraden von $\varepsilon$ zu den Schichtengeraden von $\varphi$ parallel und ist $\varepsilon$ zu $\varphi$ nicht parallel, so ist die Schnittgerade $s = \varepsilon \cap \varphi$ eine Schichtengerade und besitzt daher in einem zweiten Riß, in dem $\varepsilon$ und $\varphi$ projizierend sind, einen punktförmigen Riß (Fig. 3.33, (2)). Insbesondere ist der Grundriß der Schnittgeraden von zwei gleichgeböschten nicht parallelen Ebenen eine Winkelsymmetrale bzw. die Mittengerade der Grundrisse gleichkotierter Schichtengeraden der beiden Ebenen, je nachdem die Schichtengeraden dieser Ebenen nicht parallel (Fig. 3.33, (3)) bzw. parallel (Fig. 3.33, (4)) sind.

Der Schnittpunkt $S$ einer Geraden $g$ mit einer Ebene $\varepsilon$ wird nach 3.2.3. mit Hilfe einer Hilfsebene $\gamma$ durch $g$ gefunden: Man wählt die Ebene $\gamma$ nicht erstprojizierend und legt sie mit Hilfe paralleler Schichtengeraden durch zwei kotierte Punkte von $g$ fest (Fig. 3.34). Wird $\varepsilon$ durch einen undurchsichtigen, von zwei Schichtengeraden berandeten Streifen materialisiert, so kann die Sichtbarkeit von $g$ unter Beachtung der Koten jener Punkte von $g$ und der Streifengeraden entschieden werden, die denselben Grundriß besitzen (Fig. 3.34).

Als Anwendung ermitteln wir die Schnittgeraden der Dachebenen durch die Seiten des in einer ersten Hauptebene $\eta_1$ liegenden Traufenpolygons[1] $A, \ldots, G$ in Fig. 3.35; diese Ebenen sind mit Ausnahme der unter 60° geböschten Walmebene durch $EF$ unter 45° geböscht.

[1] Der horizontale Rand einer schrägen Dachfläche heißt *Traufe*, der Schnitt zweier Dachflächen durch eine Ecke des Traufenpolygons *Grat* bzw. *Ixe*, je nachdem diese Ecke bezüglich des Gebäudes ausspringend (z. B. Punkt $C$ in Fig. 3.35) oder einspringend (z. B. Punkt $D$ in Fig. 3.35) ist, und der Schnitt zweier Dachflächen, die keine Ecke des Traufenpolygons gemeinsam haben, heißt *First*. Die ebenen Dachflächen liegen in den *Dachebenen*, die Traufen, Firste usw. in den *Traufengeraden*, *Firstgeraden* usw.
Zur Konstruktionskontrolle ist die aus A 1.1, 1 (g) folgende Regel nützlich: Durch den Schnittpunkt zweier Schnittgeraden von Dachebenen geht noch eine dritte Schnittgerade.

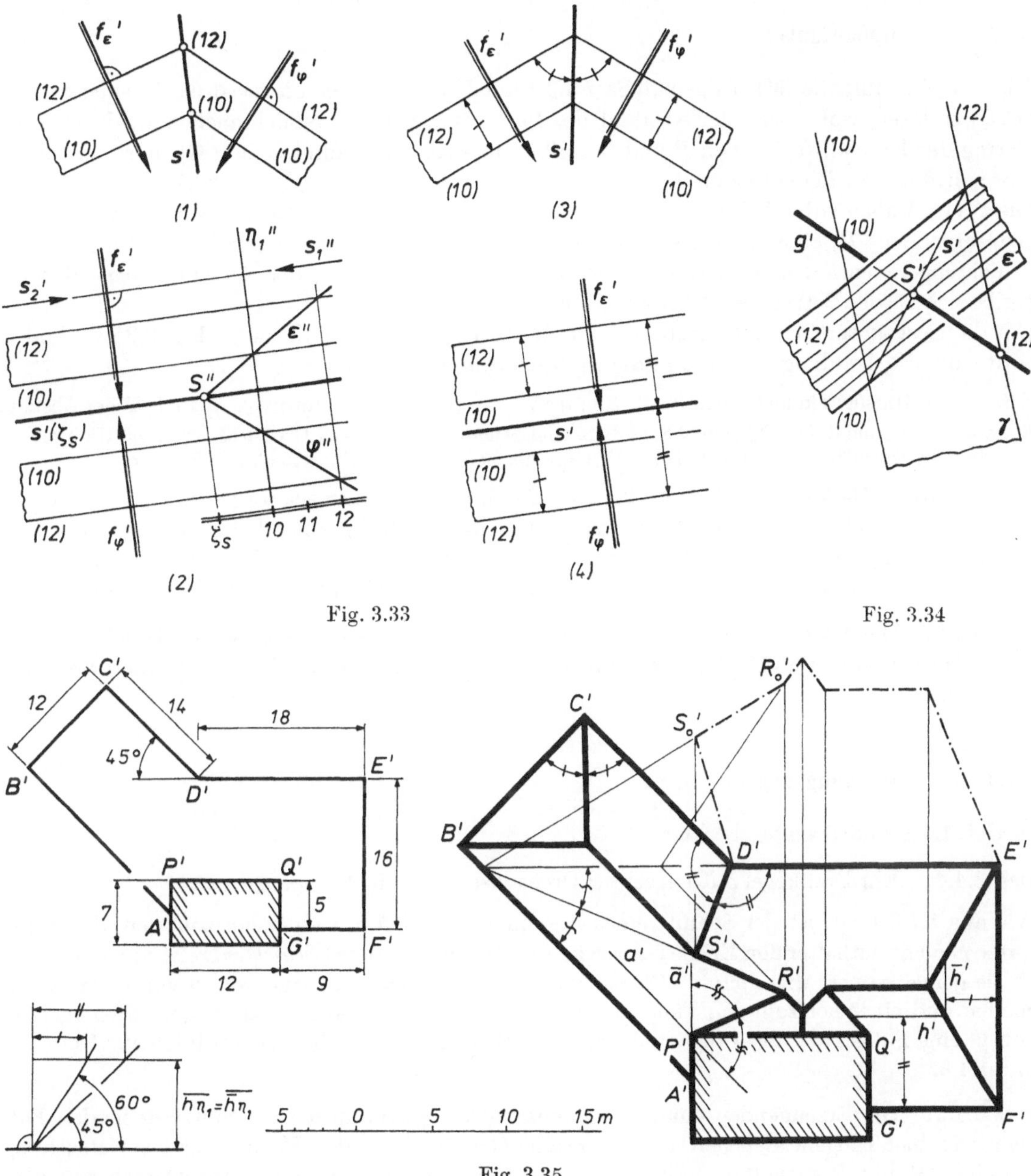

Fig. 3.33

Fig. 3.34

Fig. 3.35

KB. Die Grundrisse der Firste in den gleichgeneigten Dachebenen durch $AB$ und $CD$ sowie durch $DE$ und $FG$ ergeben sich gemäß Fig. 3.33, (4), die Grundrisse der Grate durch $B$ und $C$ sowie der Ixe durch $D$ gemäß Fig. 3.33, (3). Die Grate durch $E$ und $F$ erhält man mit Hilfe von gleich hoch liegenden Schichtengeraden der beteiligten Dachebenen; der Abstand der Grundrisse einer Traufe und der Schichtengeraden $h$ bzw. $\bar{h}$ der betreffenden Dachebene wird einer Hilfsfigur entnommen, welche die Dachneigungen und den Abstand dieser Schichtengeraden von der Traufenebene $\eta_1$ zeigt.

Der im Grundriß durch Schraffen hervorgehobene Gebäudeteil überragt die Dachfläche. Um zu vermeiden, daß in den Dachebenen durch $AB$ und $FG$ das Niederschlagswasser zu der durch $PQ$ gehenden lotrechten Mauer abläuft, schalten wir zwei unter 45° geböschte Dachebenen ein, deren Schichtengeraden wir normal zu dieser Mauerebene wählen. Der Grundriß der Ixe etwa durch $P$ ergibt sich dann mit Hilfe der Schichtengeraden $a$ durch $P$ in der Dachebene durch $AB$ und der Schichtengeraden $\bar{a}$ durch $P$ in der eingeschobenen Dachebene, wobei $\bar{a}$ zur Mauerebene durch $PQ$ normal ist. Die Schnittgerade $RS$ der gleichgeneigten Dachebenen durch $AB$ und $DE$ enthält den Schnittpunkt der Traufengeraden dieser Ebenen. Die Schnittgeraden der Dachebene durch $DE$ mit den beiden gleichgeneigten Einschaltebenen konstruieren wir gemäß Fig. 3.33, (3). △

### 3.4.3. Maßaufgaben

Die erste Maßaufgabe (M1) ist gemäß Satz 3.3.1 mit Hilfe eines Verzerrungsdreiecks einer Strecke $[P, Q]$ zu lösen, wobei sich der Abstand des Punktes $Q$ von der Schichtenebene $\eta$ durch $P$ als Betrag der Kotendifferenz von $P$ und $Q$ ergibt; insbesondere kann ein zum Grundriß gepaarter Normalriß mit zu $PQ$ normalen Sehgeraden $s_2$ verwendet werden (vgl. Fig. 3.31).

Die zweite Maßaufgabe (M2) erfordert nach 3.3.2. die Ermittlung des Grundrisses $P_0'$ der parallelgedrehten Lage $P_0$ eines Punktes $P$ der Ebene $\varepsilon$, der nicht in der als Drehachse fungierenden Schichtengeraden $h$ von $\varepsilon$ liegt. Der Abstand des Punktes $P$ von der Schichtenebene durch $h$ ergibt sich als der Betrag der Differenz der Koten von $h$ und von $P$.

Um die Gestalt der in der Dachebene $\varepsilon$ durch $DE$ liegenden Dachfläche in Fig. 3.35 zu finden, wird $\varepsilon$ um die Traufengerade $DE$ in die Traufenebene $\eta_1$ gedreht.

KB. Aus der Hilfsfigur kann für den Punkt $R$ unter Verwendung des Abstands von $R'$ zu $D'E'$ der Abstand $\overline{R\eta_1}$ abgegriffen und damit $R_0'$ gemäß Satz 3.3.2 eingezeichnet werden. Der Grundriß der in die Hauptebene $\eta_1$ gedrehten Dachfläche ergibt sich dann mit Hilfe der perspektiven Affinität $(D'E'; R' \mapsto R_0')$. △

Für die dritte Maßaufgabe (M3) ergibt Satz 2.4.3, daß bei einer schräg gegen $\pi_1$ verlaufenden Ebene $\varepsilon$ der Grundriß $n'$ einer Normalen $n$ zu $\varepsilon$ mit dem Grundriß $f'$ einer Fallgeraden $f$ von $\varepsilon$ übereinstimmt. In jenem zweiten Riß, in dem die Gerade $f$ und damit die Normale $n$ Hauptgeraden sind, liest man $\omega_\varepsilon + \omega_n = 90°$ ab (vgl. Fig. 3.32), was mit Def. 3.4.1 und Def. 3.4.3 ergibt:

**Satz 3.4.2:** Die Böschung einer schräg gegen $\pi_1$ verlaufenden Ebene ist zur Böschung ihrer Normalen reziprok. Das Produkt des Intervalls einer Ebene und des Intervalls einer ihrer Normalen ist eins.

### 3.4.4. Böschungskegel

In Def. 1.4.8 sind Drehkegel erklärt.

**Def. 3.4.4:** Ein Drehkegel mit lotrechter Drehachse heißt ein *Böschungskegel.*

Wie aus 1.4.3 folgt, ist der Schnitt eines Böschungskegels $\Phi$ mit einer horizontalen, die Kegelspitze $S$ nicht enthaltenden Ebene ein Kreis; die Grundrisse dieser *Schichtenkreise* von $\Phi$ besitzen $S'$ als gemeinsamen Mittelpunkt. Da nach 1.4.3. jede Tangentialebene von $\Phi$ von einer Erzeugenden und einer horizontalen Tangente des Leitkreises aufgespannt wird, ist jede Erzeugende $e$ von $\Phi$ eine Fallgerade der Tangentialebene von $\Phi$ längs $e$ (Fig. 3.36). Damit folgt aus Def. 3.4.2 und 1.4.3.

**Satz 3.4.3:** Die Erzeugenden eines Böschungskegels sind die durch die Spitze gehenden Fallgeraden seiner Tangentialebenen. Die Menge aller Geraden bzw. aller Ebenen derselben Böschung, die einen Punkt $S$ enthalten, besteht aus den Erzeugenden bzw. den Tangentialebenen eines Böschungskegels mit $S$ als Spitze.

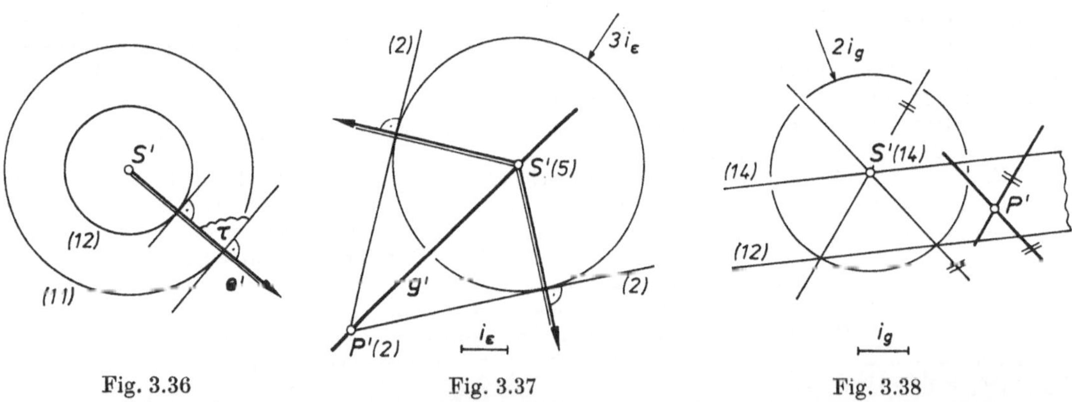


Fig. 3.36 Fig. 3.37 Fig. 3.38

Man spricht kurz von der *Böschung* bzw. dem *Intervall* des Böschungskegels.
Soll durch eine Gerade $g$, deren kotierter Grundriß bekannt ist, eine Ebene $\varepsilon$ vorgegebener Böschung $\tan \omega_\varepsilon$ gelegt werden, so benützen wir einen Böschungskegel $\Phi$ der Böschung $\tan \omega_\varepsilon$, dessen Spitze $S$ ein Punkt von $g$ ist (Fig. 3.37); ist $P$ ein weiterer Punkt von $g$, so muß die Schichtengerade der Ebene $\varepsilon$ mit der gleichen Kote $\zeta_P$ wie $P$ durch $P$ gehen und den Schichtenkreis von $\Phi$ zur Kote $\zeta_P$ berühren. Für $\tan \omega_g < \tan \omega_\varepsilon$, also $i_g > i_\varepsilon$, gibt es zwei Lösungsebenen (Fig. 3.37), für $\tan \omega_g = \tan \omega_\varepsilon$, also $i_g = i_\varepsilon$, eine Lösungsebene mit $g$ als Fallgerade, und für $\tan \omega_g > \tan \omega_\varepsilon$, also $i_g < i_\varepsilon$, keine Lösung.
Als Anwendung konstruieren wir in Fig. 3.39 die bei einer Wegkreuzung nötigen Dämme und

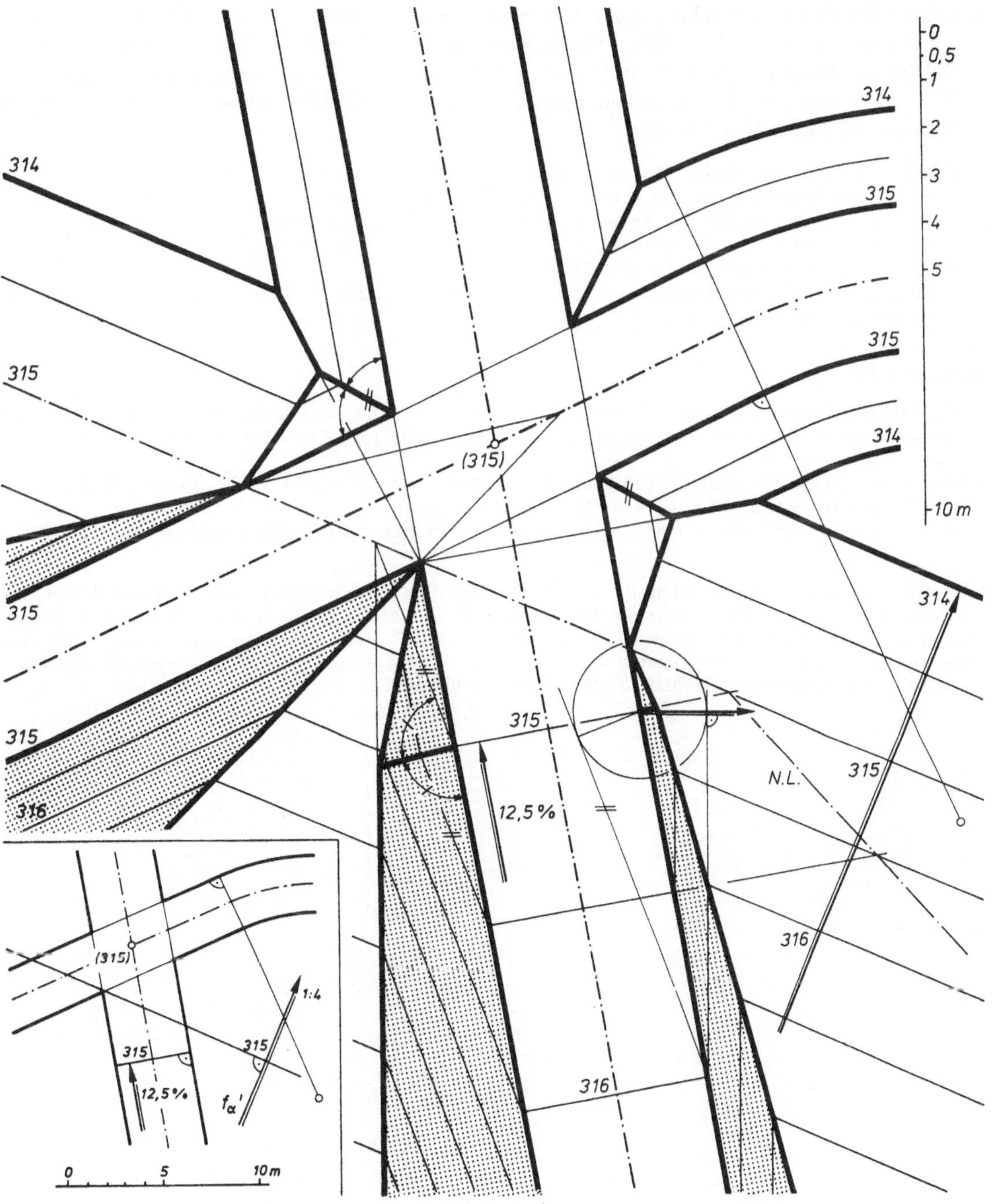


Fig. 3.39

Einschnitte[2] sowie die auftretenden Schnittkurven. Das Gelände ist dabei durch zwei Halbebenen angenähert, die einer 1:4 geböschten Ebene $\alpha$ mit der Fallgeraden $f_\alpha$ bzw. der $\alpha$ in der Schichtengeraden *314* schneidenden Schichtenebene *314* angehören. Der Weg hat geradlinige Mittellinie, fällt bis zur Höhe *315* mit 12,5% und verläuft dann horizontal. Die Dämme sind 1:2, die Einschnitte 2:3 geböscht.

Die Konstruktion stützt sich auf die folgenden drei Aussagen[3]:

1. Gehört der Rand einer horizontalen Geraden $h$ an, so ist $h$ eine Schichtengerade der Damm- oder Einschnittebene $\varepsilon$ vorgegebener Böschung. Der Grundriß $f'$ einer Fallgeraden $f$ der Ebene $\varepsilon$ ist normal zu $h'$ und wird mit Hilfe des Intervalls der Ebene $\varepsilon$ kotiert; entsprechend der Fallrichtung von $f$ ist gemäß Fn. 2 die richtige der beiden möglichen Lösungen auszuwählen.
2. Gehört der Rand einer schräg gegen $\pi_1$ verlaufenden Geraden an, so ist die Damm- oder Einschnittebene $\varepsilon$ gemäß Fig. 3.37 zu finden und mit Fn. 2 die richtige Lösung auszuwählen.
3. Gehört der Rand einem horizontalen Kreis $b$ an, so ist die Damm- oder Einschnittfläche ein Böschungskegel der vorgeschriebenen Böschung mit $b$ als Schichtenkreis; sein Schichtenplan wird gemäß Fig. 3.36 gefunden.

KB. Die in Fig. 3.39 auftretenden Damm- und Einschnittflächen sowie das Gelände besitzen nur geradlinige und kreisförmige Schnittkurven; zur Ermittlung der Schnittgeraden von zwei Ebenen wird Fig. 3.33 herangezogen. Zuerst werden die Wegränder kotiert und die Schnittkurve der Fläche des Straßenplanums mit der Geländefläche konstruiert; diese *Nullinie* (N. L.) besteht in Fig. 3.39 aus geradlinigen Stücken und trifft die Wegränder in jenen Punkten, die im Gelände liegen.

Fig. 3.39 zeigt einen Schichtenplan, der durch Schichtenlinien der Kotendifferenz von 1/2 m bestimmt ist; die Einschnittflächen sind punktiert. △

## Aufgaben 3.4

1. Ermittle eine Gerade gegebener Böschung tan $\omega_g$, die in einer durch zwei Schichtengeraden bestimmten Ebene $\varepsilon$ liegt und durch einen gegebenen Punkt $P$ von $\varepsilon$ geht (vgl. Fig. 3.38). Diskutiere die Anzahl der Lösungen.
2. Suche jene Punkte $P$ von $\pi_1$, die von einem Punkt $A_1 \notin \pi_1$ den Abstand $r_1$ und von einem Punkt $A_2 \notin \pi_1$ den Abstand $r_2$ besitzen. Diskutiere die Anzahl der Lösungen.
   (Anl.: Die Spitze eines Böschungskegels hat von allen Punkten seines Leitkreises denselben Abstand.)

[2] Liegt die Randkurve des Wegplanums über bzw. unter dem natürlichen Gelände, so ist ein *Damm* bzw. *Einschnitt* erforderlich; bei einem Damm bzw. Einschnitt ist Material zuzuführen bzw. abzutragen. Dämme und Einschnitte wechseln in Punkten der Ränder, die dem Gelände angehören. Bei einem Damm fließt das Niederschlagswasser vom Wegrand weg ins Gelände und bei einem Einschnitt vom Gelände zum Rand.

[3] Der Fall einer allgemeinen Randkurve wird in 9.1.7. behandelt.

# 4. Zentralprojektion (Perspektive)

Parallelrisse ausgedehnter Objekte wirken verzerrt; unter einer Zentralprojektion erhält man dagegen anschaulicher wirkende Bilder. Vom in der Aufnahmestation entstehenden Zentralriß fertigen wir in der Zeichenebene eine Kopie an, die aus bekannten Angabeelementen vervollständigt wird.
Die Einschränkung einer Zentralprojektion auf eine zur Bildebene nicht parallele Gerade ist weder global noch surjektiv auf eine Gerade der Bildebene; verschiedene parallele Geraden haben nämlich keinen Punkt gemeinsam. Dies motiviert die Einführung von Fernpunkten und Ferngeraden und die Erweiterung des Anschauungsraumes zum projektiven Raum. Die Zentralprojektion einer Geraden erweist sich als doppelverhältnistreu. Wir definieren Kollineationen einer projektiven Ebene auf eine projektive Ebene.
Das Studium der Zentralprojektion einer ebenen Figur gibt Anlaß zur Behandlung einerseits der Perspektivitäten, welche Abbildungen einer projektiven Ebene auf eine zweite projektive Ebene des projektiven Raumes sind, und andererseits der perspektiven Kollineation einer projektiven Ebene auf sich. Diese Abbildungen umfassen die in **2.** eingeführten Parallelperspektivitäten bzw. perspektiven Affinitäten und ermöglichen gleichartige konstruktive Behandlung verschiedenartiger Aufgaben.
Die einfachste Methode zur Konstruktion eines Zentralrisses beruht darauf, die Schnittpunkte der einzelnen Sehgeraden mit der Bildebene zu ermitteln; die nötigen Konstruktionen erfolgen dabei in gepaarten Normalrissen.
Lageaufgaben des projektiven Raumes können erst behandelt werden, wenn man einem Zentralriß zusätzliche Informationen so hinzufügt, daß eine im wesentlichen injektive Abbildung entsteht. Dies kann entweder geschehen, indem man von jeder Geraden bzw. jeder Ebene den Zentralriß des Spurpunktes bzw. der Spurgeraden und den Fluchtpunkt bzw. die Fluchtgerade angibt und jeden Punkt an eine Trägergerade bindet oder indem man zum Zentralriß jedes Punktes den Zentralriß etwa seines Grundrisses hinzufügt. Nach **3.** lassen sich dann alle Maßaufgaben auf drei Aufgaben zurückführen.
Beherrscht man die Maßaufgaben, so findet man dem Vorbild der Axonometrie entsprechend den Zentralriß einer Figur, indem man in den Zentralriß eines kartesischen Rechtssystems die Koordinatenwege der einzelnen Punkte einmißt. Dieses Verfahren kann so modifiziert werden, daß durch Paralleldrehen etwa der Grundrißebene zuerst der Zentralgrundriß ermittelt wird.
Die axonometrische Methode der Zentralprojektion leitet über zur Zentralaxonometrie; wir beweisen den für die Theorie der Abbildungsverfahren wichtigen Hauptsatz der Zentralaxonometrie.
Die Umkehraufgabe der Perspektive, die Ermittlung der Abmessungen eines Objekts aus einem Zentralriß, benötigt zusätzlich Informationen über die Gestalt des Objekts. Wir behandeln den für die Geodäsie und die Architekturfotogrammetrie wichtigen Sonderfall einer ebenen Figur. Die Einbildfotogrammetrie räumlicher Objekte stützt sich auf die Entzerrung des Zentralrisses eines kartesischen Koordinatensystems.

## 4.1. Projektive Erweiterung des Anschauungsraumes

### 4.1.1. Abbildungsvorschrift der Zentralprojektion

Die Zentralprojektion ist dem Schattenwurf bei punktförmiger Lichtquelle auf eine ebene Wand nachempfunden.

**Def. 4.1.1:** Sind $\pi$ eine Ebene und $O$ ein nicht in $\pi$ liegender Punkt, so heißt die Abbildung

$$(1) \qquad c: \mathfrak{P} \to \pi \quad \text{mit} \quad P \mapsto P^c := OP \cap \pi \quad \text{für} \quad P \neq O$$

die *Projektion* mit *Zentrum* (*Augpunkt*) $O$ (*Zentralprojektion*, *Perspektive*) auf die *Bildebene* $\pi$ (Fig. 4.1). Die Bildmenge $\mathfrak{F}^c \subset \pi$ einer Punktmenge $\mathfrak{F} \subset \mathfrak{P}$ heißt der *Zentralriß* von $\mathfrak{F}$.

Die Zentralprojektion ist auch dem einäugigen Sehen nachgebildet, wobei der Zeichner den Objektpunkt $P$ vom Augpunkt $O$ aus anvisiert und auf einer etwa zwischen Augpunkt und Objekt

befindlichen Glastafel jenen Punkt $P^c$ markiert, der sich mit dem Objektpunkt $P$ zu decken scheint.
Der Zentralriß liegt *in* $\pi$, projiziert wird *auf* $\pi$. Die Zentralprojektion $c: \mathfrak{P} \to \pi$ ist eine surjektive Abbildung, bei der genau die Punkte der Bildebene $\pi$ mit ihren Bildpunkten zusammenfallen, aber keine globale Abbildung: Jeder Punkt der zu $\pi$ parallelen Ebene durch $O$ besitzt keinen Bildpunkt.

**Def. 4.1.2:** Die zur Bildebene $\pi$ parallele Ebene $\pi_v$ durch den Augpunkt $O$ heißt *Verschwindungsebene.*

Beim physikalischen Vorgang des Schattenwurfs oder des einäugigen Sehens werden nur solche Raumpunkte erfaßt, die demselben Halbraum mit der Verschwindungsebene als Randebene angehören wie die Bildebene; die Zentralrisse von Punkten, die nicht in diesem *Sehraum* genannten Halbraum liegen, besitzen nur konstruktive Bedeutung.
Die Geraden durch den Augpunkt $O$ vermitteln den Projektionsvorgang und heißen *Sehgeraden* (*projizierende Geraden*), die Ebenen durch $O$ enthalten Sehgeraden und heißen *Sehebenen* (*projizierende Ebenen*). Der Zentralriß[1] $s^c$ einer zu $\pi$ nicht parallelen Sehgeraden $s$ ist ihr Spurpunkt $s \cap \pi$, so daß eine Zentralprojektion nicht injektiv ist; der Zentralriß[2] $\sigma^c$ einer von der Verschwindungsebene verschiedenen Sehebene $\sigma$ ist ihre Spurgerade $\sigma \cap \pi$ (Fig. 4.1).

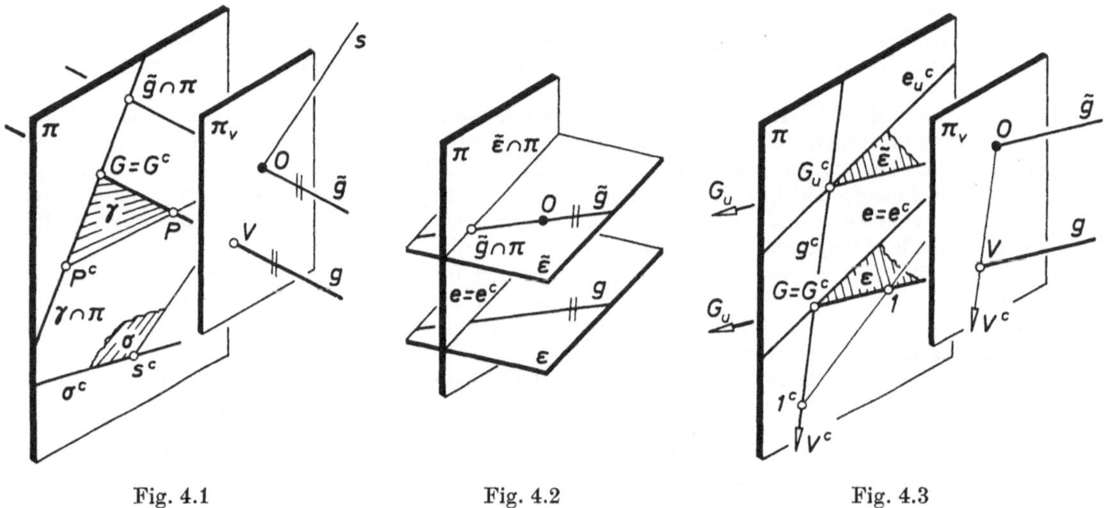


Fig. 4.1 Fig. 4.2 Fig. 4.3

Durch eine nicht projizierende Gerade $g$ existiert genau eine Sehebene $\gamma$, nämlich die Ebene $\gamma = Og$, und in $\gamma$ liegen alle $g$ schneidenden Sehgeraden. Nach Def. 4.1.1 besitzt ein Punkt $P$ von $g$ genau dann einen Zentralriß $P^c$, wenn die Sehgerade $OP$ nicht zur Bildebene $\pi$ parallel ist, also nicht der Verschwindungsebene $\pi_v$ angehört. Ist die Gerade $g$ nicht in $\pi_v$ enthalten, so liegen die Zentralrisse aller vom Schnittpunkt $V$ der Geraden $g$ mit der Verschwindungsebene $\pi_v$ verschiedenen Punkte von $g$ in der Spurgeraden $\gamma \cap \pi$ der Sehebene $\gamma$ durch $g$ (Fig. 4.1).
Im Gegensatz zur Parallelprojektion bedarf es bei Zentralprojektion keiner zusätzlichen Orientierung der Sehgeraden, um Sichtbarkeitsfragen entscheiden zu können, wobei man sich auf Figuren im Sehraum beschränkt. Derjenige von zwei dem Sehraum angehörenden Punkten einer Sehgeraden $s$, der näher dem Augpunkt $O$ liegt, ist sichtbar und «verdeckt» den anderen, nicht sichtbaren Punkt von $s$.

[1] Nach Def. 4.1.1 besitzen nur die von $O$ verschiedenen Punkte von $s$ einen Zentralriß.
[2] Nach Def. 4.1.1 besitzen die Punkte der Schnittgeraden von $\sigma$ mit der Verschwindungsebene $\pi_v$ keinen Zentralriß.

### 4.1.2. Fernpunkte, Ferngeraden

Für eine nicht projizierende, zur Bildebene $\pi$ nicht parallele Gerade $g$ ist genau ein Punkt der Spurgeraden $\gamma \cap \pi$ der Sehebene $\gamma$ durch $g$ nicht Zentralriß eines Punktes von $g$, nämlich der Spurpunkt $\bar{g} \cap \pi$ der zu $g$ parallelen Sehgeraden $\bar{g}$ (Fig. 4.1); der Punkt $\bar{g} \cap \pi$ liegt auch in der Spurgeraden einer Sehebene durch jede zu $g$ parallele Gerade. Diese Tatsachen motivieren die folgenden Begriffsbildungen.
Nach 1.1.1. ist eine Gerade eine Punktmenge, also eine Teilmenge von $\mathfrak{P}$. Wir fügen jeder Geraden ein neues Element hinzu, das der Punktmenge $\mathfrak{P}$ nicht angehört, und bezeichnen diese neuen Elemente als *Fernpunkte.*

**Def. 4.1.3:** Jeder Geraden wird genau ein Fernpunkt hinzugefügt. Die Fernpunkte zweier Geraden stimmen genau dann überein, wenn die Geraden parallel sind.

Nach Def. 4.1.1 besitzt ein Punkt $P$ den Zentralriß $P^c$, wenn $P$ der Geraden $OP^c$ angehört. Für eine zu $\pi$ nicht parallele Gerade $g$ ist daher in Erweiterung von Def. 4.1.1 der Spurpunkt der zu $g$ parallelen Sehgeraden $\bar{g}$ als Zentralriß des gemeinsamen Fernpunkts von $g$ und $\bar{g}$ anzusprechen. Alle zu $g$ parallelen Geraden haben denselben Fernpunkt, und ihre Zentralrisse enthalten den Zentralriß $\bar{g} \cap \pi$ dieses Fernpunkts.
Die Tatsache, daß der Zentralriß eines Fernpunkts ein Punkt der Bildebene $\pi \subset \mathfrak{P}$ sein kann, motiviert die Bezeichnung Fern*punkt*[3]. Wir bezeichnen die Vereinigungsmenge der Punktmenge $\mathfrak{P}$ und der Menge aller Fernpunkte mit $\dot{\mathfrak{P}}$ und nennen die Punkte des Anschauungsraumes, also die Elemente von $\mathfrak{P}$, *eigentliche Punkte.* Fernpunkte werden mit lateinischen Großbuchstaben oder Ziffern beschriftet, denen meist der Index u hinzugefügt ist, was auf die gelegentlich benützte Benennung *uneigentlicher Punkt* statt Fernpunkt hinweisen soll[4].
Ist eine Ebene $\varepsilon$ bezüglich einer Zentralprojektion keine Hauptebene, so liegen die Zentralrisse der Fernpunkte aller Geraden von $\varepsilon$ in der Spurgeraden $\bar{\varepsilon} \cap \pi$ der zu $\varepsilon$ parallelen Sehebene $\bar{\varepsilon}$, und Gleiches gilt für jede zu $\varepsilon$ parallele Ebene (Fig. 4.2). Dies motiviert

**Def. 4.1.4:** Jeder Ebene wird die Menge der Fernpunkte ihrer Geraden hinzugefügt. Eine Menge von Fernpunkten heißt eine *Ferngerade,* wenn sie die Menge der Fernpunkte aller Geraden einer Ebene ist.

Auf Grund von Def. 4.1.3, Def. 4.1.4 und A 1.1, 1 (c) ist eine Gerade, die keine Ferngerade ist, genau dann zu einer Ebene parallel, wenn der Fernpunkt der Geraden der Ferngeraden der Ebene angehört, und zwei Ebenen besitzen genau dann dieselbe Ferngerade, wenn sie parallel sind. Wie aus A 1.1, 1 (e) bzw. A 1.1, 1 (b) und Def. 4.1.4 folgt, existiert genau eine Ferngerade, die zwei verschiedene Fernpunkte enthält, bzw. genau ein Fernpunkt, der zwei verschiedenen Ferngeraden angehört.
Eine Teilmenge der Punktmenge $\dot{\mathfrak{P}}$ heißt eine *eigentliche Gerade,* wenn sie aus einer Geraden des Anschauungsraumes durch Hinzufügen ihres einzigen Fernpunktes entsteht; eine Ferngerade besteht aus Fernpunkten. Nur eigentliche Geraden können parallel oder parallel zu einer Ebene sein. Ferngeraden werden mit lateinischen Kleinbuchstaben beschriftet; wir fügen meist den Index u hinzu, was auf *uneigentliche Gerade* hinweisen soll.

**Def. 4.1.5:** Eine *projektive Gerade* ist entweder eine eigentliche Gerade oder eine Ferngerade. Eine *projektive Ebene* ist eine um ihre Ferngerade erweiterte Ebene. Fügt man dem Anschauungs-

[3] Durch Def. 4.1.3 wird keine Aussage über das Unendliche gemacht, sondern nur eine durch die Zentralprojektion motivierte zweckmäßige Festsetzung getroffen; Analoges gilt für Def. 4.1.4.
In anderen Gebieten der Mathematik sind andere Festsetzungen üblich. So werden in der Analysis der Zahlengeraden zwei mit den Symbolen $+\infty$ und $-\infty$ bezeichnete verschiedene Elemente hinzugefügt; in der Funktionentheorie wird eine Ebene durch einen einzigen Fernpunkt «konform abgeschlossen» (Gausssche Zahlenebene), der in allen Geraden der Ebene enthalten ist.

[4] In einer Zeichnung wird der Fernpunkt $G_u$ einer Geraden $g$ durch eine hohle Pfeilspitze angedeutet (vgl. Fig. 4.3); dabei ist es gleichgültig, nach welcher Seite von $g$ der Pfeil zeigt, da eine Gerade gemäß Def. 4.1.3 nur einen Fernpunkt besitzt (vgl. dagegen 1.1.2., Fn. 10).

raum gemäß Def. 4.1.3 und Def. 4.1.4 die Fernpunkte und Ferngeraden hinzu, so entsteht der *projektiv erweiterte Anschauungsraum* (*projektive Raum*[5]) mit der Punktmenge $\mathfrak{P}$.

Durch Def. 4.1.3 und Def. 4.1.4 wird die Sonderrolle paralleler Lage eliminiert. Mit sinngemäßer Erweiterung der Begriffe aus 1.1.1. folgt

**Satz 4.1.1:** Im projektiven Raum haben zwei verschiedene projektive Geraden einer projektiven Ebene stets genau einen Punkt und zwei verschiedene projektive Ebenen stets genau eine projektive Gerade gemeinsam. Eine projektive Gerade, die einer projektiven Ebene nicht angehört, enthält genau einen Punkt dieser projektiven Ebene. Zwei projektive Geraden sind genau dann windschief, wenn sie keinen Punkt gemeinsam haben.

In **4.** legen wir stets den projektiven Raum mit der Punktmenge $\mathfrak{P}$ zugrunde, bezeichnen im Gegensatz zu **1.1.1.** mit lateinischen bzw. griechischen Kleinbuchstaben die projektiven Geraden bzw. die projektiven Ebenen und sprechen von kollinearen Punkten in $\mathfrak{P}$. Weiter benützen wir die in **1.1.1.** eingeführten Bezeichnungen für das Verbinden und Schneiden auch in $\mathfrak{P}$. So bedeutet etwa $OG_u$ die Verbindungsgerade des eigentlichen Punktes $O$ mit dem Fernpunkt $G_u$ einer eigentlichen Geraden $g$, also die zu $g$ parallele eigentliche Gerade $\bar{g}$ durch $O$; ist $e_u$ die Ferngerade einer projektiven Ebene $\varepsilon$, so bezeichnen wir mit $Oe_u$ die projektive Verbindungsebene von $O$ mit $e_u$, also die zu $\varepsilon$ parallele projektive Ebene $\bar{\varepsilon}$ durch $O$.

## 4.1.3. Projektion aus dem projektiven Raum

Wir verstehen im folgenden unter einer Zentralprojektion stets eine Abbildung $c: \mathfrak{P} \to \pi$ aus dem projektiven Raum auf eine projektive Bildebene $\pi$ mit einem eigentlichen Augpunkt $O$; dabei wird Def. 4.1.1 auch auf die Fernpunkte von $\mathfrak{P}$ angewendet. Dann sind folgende Bezeichnungen üblich (Fig. 4.3):

**Def. 4.1.6:** Bei einer Zentralprojektion $c$: $\mathfrak{P} \to \pi$ mit Augpunkt $O$ heißt der Zentralriß $G_u{}^c = OG_u \cap \pi$ eines Fernpunktes $G_u$ ein *Fluchtpunkt* und der Zentralriß $e_u{}^c = Oe_u \cap \pi$ einer Ferngeraden $e_u$ eine *Fluchtgerade*[6]. Ist $g$ eine eigentliche Gerade mit dem Fernpunkt $G_u$, so heißt $G_u{}^c$ der *Fluchtpunkt von $g$*; besitzt eine projektive Ebene $\varepsilon$ die Ferngerade $e_u$, so heißt $e_u{}^c$ die *Fluchtgerade von $\varepsilon$*. Ein vom Augpunkt verschiedener Punkt der projektiven Verschwindungsebene $\pi_v$ heißt *Verschwindungspunkt.*

Nach 4.1.2. haben dann parallele eigentliche Geraden denselben Fluchtpunkt und parallele projektive Ebenen dieselbe Fluchtgerade; eine eigentliche Gerade $g$ ist genau dann parallel zu einer projektiven Ebene $\varepsilon$, wenn der Fluchtpunkt von $g$ in der Fluchtgeraden von $\varepsilon$ liegt. Ein Punkt $V \in \mathfrak{P}$ hat genau dann einen Fernpunkt der projektiven Bildebene $\pi$ als Zentralriß, wenn er ein Verschwindungspunkt ist.
Bei einer Zentralprojektion aus dem projektiven Raum hat somit nur der Augpunkt $O$ keinen Bildpunkt. Ferner folgt aus Satz 4.1.1:

**Satz 4.1.2:** Die Einschränkung einer Zentralprojektion auf eine nicht projizierende projektive Gerade $g$ ist eine Bijektion von $g$ auf die projektive Schnittgerade $g^c$ der projektiven Sehebene durch $g$ mit der projektiven Bildebene $\pi$.

Faßt man den gemeinsamen Fernpunkt $O_u$ der parallelen eigentlichen Sehgeraden einer Parallelprojektion als Zentrum einer Projektion aus der Punktmenge $\mathfrak{P}$ des projektiven Raumes auf die projektive Ebene $\pi$ auf, so leistet diese Abbildung $p: \mathfrak{P} \to \pi$ für alle eigentlichen Punkte dasselbe

[5] Die Theorie projektiver Räume ist zwar aus dem Studium des projektiv erweiterten Anschauungsraumes entstanden, umfaßt jedoch auch geometrische Strukturen, die von diesem wesentlich verschieden sind (vgl. [2]). In einem axiometrisch definierten projektiven Raum existieren keine Längen- und Winkelmaße, Teilverhältnisse, Zwischenbeziehungen, Parallelitäten usw., und Fernpunkte spielen keine Sonderrolle in der Punktmenge.

[6] Fluchtgeraden sind stets projektive Geraden.

wie die Parallelprojektion im Sinne von Def. 2.1.1. Nur der Punkt $O_u$ hat keinen Bildpunkt, und gemäß 4.1.2. wird jeder andere Fernpunkt auf einen Fernpunkt von $\pi$ abgebildet. Diese *Parallelprojektion* $p: \mathfrak{P} \to \pi$ *aus dem projektiven Raum* ist somit *fernpunkttreu*; erst nach zusätzlicher Angabe einer Orientierung der Sehgeraden können Sichtbarkeitsfragen entschieden werden (vgl. dagegen 4.1.1.).
Wir sprechen kurz von *Projektion* aus dem projektiven Raum bzw. von einem *Riß* in $\pi$, wenn die Unterscheidung zwischen Zentralprojektion und Parallelprojektion nicht betont werden soll.

### 4.1.4. Zentralriß einer Kurve, Konturpunkte einer Fläche

Nach Def. 1.4.1 ist eine Kurve $c$ eine Menge von eigentlichen Punkten. Enthält $c$ den Augpunkt $O$, so hat dieser Kurvenpunkt nach 4.1.3. keinen Zentralriß. Durch jeden anderen Kurvenpunkt geht genau eine Sehgerade, und der Zentralriß $c^c$ von $c$ ist die Menge der Spurpunkte dieser Sehgeraden in der projektiven Bildebene. Im Falle einer Kurve $c$ in einer Sehebene $\sigma$ gehört die Punktmenge $c^c$ der projektiven Spurgeraden von $\sigma$ an und ist sonst der Schnitt der projektiven Bildebene mit dem *Sehkegel*[7] *(projizierenden Kegel)* durch $c$. Zu jedem Punkt $P \in c$, in dem keine Tangente projizierend ist und der der Verschwindungsebene nicht angehört, gibt es ein $P$ enthaltendes Kurvenstück $c_1$ in $c$ so, daß $c_1{}^c \subset c^c$ ein Kurvenstück in $\pi$ ist (vgl. Beweisteil (b) zu Satz 1.4.1).
Weiter gilt:

**Satz 4.1.3:** Unter einer Zentralprojektion wird einer nicht projizierenden Tangente $t$ eines Kurvenstücks $c$ in einem der Verschwindungsebene nicht angehörenden Punkt $P \in c$ eine Tangente des Zentralrisses $c^c$ von $c$ im Punkt $P^c$ zugeordnet.

*Beweis*

Der Beweis ist analog zum Beweis des Satzes 2.1.5, wobei anstelle des Sehzylinders durch $c$ der Sehkegel durch $c$ verwendet wird. □

Enthält eine Kurve $c$ einen Verschwindungspunkt $V$, so gehört der Fernpunkt $V^c$ der projektiven Bildebene $\pi$ zum Zentralriß $c^c$ von $c$; die Punktmenge $c^c$ ist dann keine Kurve im Sinne von Def. 1.4.1. Besitzt $c$ in $V$ eine nicht projizierende Tangente $t$, so heißt die Gerade $t^c$ *Tangente der Punktmenge* $c^c$ *im Fernpunkt* $V^c$; gehört die nicht projizierende Tangente $t$ speziell der Verschwindungsebene $\pi_v$ an, so ist daher die Ferngerade von $\pi$ Tangente der Punktmenge $c^c$ im Fernpunkt $V^c$.
In Analogie zu 2.1.2. ist der Zentralriß einer projektiven Sehebene und eines Sehkegels der Schnitt mit der projektiven Bildebene. Wir sprechen bei jeder anderen Fläche $\Phi$ in Erweiterung von Def. 2.1.3 von Konturpunkten, von der Kontur $u \subset \Phi$ und dem Umriß $u^c \subset \pi$ von $\Phi$ bezüglich einer Zentralprojektion $c$ (*Zentralumriß* von $\Phi$). Enthält eine Fläche den Augpunkt $O$, und existiert in $O$ eine Tangentialebene, so ist $O$ zwar Konturpunkt, besitzt aber keinen Zentralriß[8]. Für Zylinder und nicht projizierende Kegel gilt ein zu Satz 2.1.6 analoger Satz für Zentralprojektion, und Gleiches gilt für Satz 2.1.7.
Alle projizierenden Flächentangenten einer (eventuell in $O$ aufgeschnittenen) Fläche $\Phi$ bilden einen Sehkegel $\Psi$ mit der Spitze im Augpunkt $O$; mit seiner Hilfe erkennt man die Gültigkeit von Satz 2.1.9 auch bei Zentralprojektion.
Gemäß 4.1.1. ist ein Punkt $P$ einer Fläche $\Phi$, der dem Sehraum angehört, genau dann sichtbar, wenn in der Sehgeraden durch $P$ kein anderer Objektpunkt, also insbesondere kein Flächenpunkt zwischen $P$ und dem Augpunkt $O$ liegt. Damit können analog zu 2.1.2. in der Kontur enthaltene Sichtbarkeitsgrenzen der Fläche aufgesucht werden.

[7] Enthält die Kurve $c$ einen Verschwindungspunkt $V$, so ist die Erzeugende des Sehkegels durch $V$ als projektive Gerade aufzufassen, welche die zu ihr parallele Bildebene im Fernpunkt $V^c$ schneidet.
Enthält $c$ den Augpunkt $O$, so ist jede Tangente $t$ von $c$ in $O$ Grenzlage von Sehnengeraden durch $O$, also von Erzeugenden des Sehkegels durch $c$. Der Spurpunkt $T$ von $t$ ist daher zwar Grenzlage von Punkten des Zentralrisses $c^c$, gehört aber der Punktmenge $c^c$ nicht an, falls $t$ keinen von $O$ verschiedenen Punkt von $c$ enthält.

[8] Der Flächenpunkt $O$ kann isolierter Konturpunkt sein, wie eine durch $O$ gehende Kugel zeigt. Ist die Kontur $u$ eine Flächenkurve durch $O$, so gilt Fn. 7 für den Zentralumriß $u^c$.

### 4.1.5. Doppelverhältnisse

Die Einschränkung einer Zentralprojektion auf eine nicht projizierende eigentliche Gerade $g$, die zur Bildebene nicht parallel ist, kann nicht teilverhältnistreu sein: Ist $G$ bzw. $V$ der Spurpunkt bzw. der Verschwindungspunkt von $g$ und $1$ der Mittelpunkt der Strecke $[G, V]$, so ist $1^c$ nicht Mittelpunkt einer Strecke, da $V^c$ in einen Fernpunkt von $\pi$ fällt (vgl. Fig. 4.3). Um eine zu Satz 2.1.1 analoge Aussage zu finden, benötigen wir

**Def. 4.1.7:** Sind $B, C, D$ drei verschiedene eigentliche Punkte einer eigentlichen Geraden $g$, so heißt für jeden von $D$ verschiedenen eigentlichen Punkt $A$ von $g$ die reelle Zahl $\mathrm{DV}(A, B, C, D)$ mit

(2) $$\mathrm{DV}(A, B, C, D) := \mathrm{TV}(A, B, C):\mathrm{TV}(A, B, D)$$

das *Doppelverhältnis* der Punkte $A, B, C, D$.

Für $\mathrm{DV}(A, B, C, D) = 0$ bzw. $\mathrm{DV}(A, B, C, D) = 1$ gilt $A = C$ bzw. $A = B$ nach (2), und $\mathrm{DV}(A, B, C, D)$ ist für vier verschiedene eigentliche kollineare Punkte stets ungleich 0 und 1. Nach Def. 4.1.7 und Def. 1.2.2 ist $\mathrm{DV}(A, B, C, D) < 0$, falls genau einer der Punkte $C$ oder $D$ zwischen $A$ und $B$ liegt. Aus der Anschauung entnehmen wir, daß dann genau einer der Punkte $A$ oder $B$ zwischen $C$ und $D$ liegt, die beiden Paare $(A, B)$ und $(C, D)$ also einander trennen. Damit ergibt sich aus Def. 4.1.7 und Def. 1.2.2 für vier verschiedene eigentliche kollineare Punkte

(3) $$\mathrm{DV}(A, B, C, D) = \mathrm{DV}(B, A, D, C) = \mathrm{DV}(C, D, A, B) = \mathrm{DV}(D, C, B, A).$$

Die Bedeutung des Doppelverhältnisbegriffs liegt in der folgenden Verallgemeinerung von Satz 1.2.1 (Fig. 4.4):

**Satz 4.1.4:** Sind $A, B, C, D$ vier verschiedene eigentliche Punkte einer eigentlichen Geraden $g$ und $\bar{A}, \bar{B}, \bar{C}, \bar{D}$ vier verschiedene eigentliche Punkte einer eigentlichen Geraden $\bar{g}$ derart, daß jedes der vier Punktepaare $(A, \bar{A})$, $(B, \bar{B})$, $(C, \bar{C})$, $(D, \bar{D})$ in einer projektiven Geraden durch einen Punkt $Z$ liegt, so gilt $\mathrm{DV}(A, B, C, D) = \mathrm{DV}(\bar{A}, \bar{B}, \bar{C}, \bar{D})$.

*Beweis*

Ist $Z$ ein Fernpunkt, so ist Satz 4.1.4 eine Folge von Satz 1.2.1 und Def. 4.1.7. Für einen eigentlichen Punkt $Z$ genügt es, in der Menge $\mathfrak{P}$ zu arbeiten. Aus dem Sinussatz folgt (Fig. 4.4)

(4) $$\overline{AC}:\overline{CZ} = \sin \sphericalangle AZC : \sin \sphericalangle ZAC, \qquad \overline{BC}:\overline{CZ} = \sin \sphericalangle BZC : \sin \sphericalangle ZBC,$$

also mit $a = ZA$, $b = ZB$, $c = ZC$ und $\sphericalangle a, c = \sphericalangle AZC$ für $\sphericalangle AZC \leqq 90°$ bzw. $\sphericalangle a, c = 180° - \sphericalangle AZC$ für $90° < \sphericalangle AZC < 180°$ usw. gemäß Def. 1.2.8 dann nach Def. 1.2.2

(5) $$|\mathrm{TV}(A, B, C)| = \overline{AC}:\overline{BC} = \sin \sphericalangle a, c \cdot \sin \sphericalangle ZBC : \sin \sphericalangle b, c \cdot \sin \sphericalangle ZAC.$$

Mit $d = ZD$ gilt eine zu (5) analoge Formel, was nach Def. 4.1.7

(6) $$|\mathrm{DV}(A, B, C, D)| = \frac{\sin \sphericalangle a, c}{\sin \sphericalangle b, c} : \frac{\sin \sphericalangle a, d}{\sin \sphericalangle b, d}$$

ergibt.
Nach (6) ist $|\mathrm{DV}(A, B, C, D)|$ unabhängig von der zulässigen Wahl der eigentlichen Geraden $g$, so daß $|\mathrm{DV}(A, B, C, D)| = |\mathrm{DV}(\bar{A}, \bar{B}, \bar{C}, \bar{D})|$ gilt. Da das Paar $(A, B)$ das Paar $(C, D)$ genau dann trennt, wenn genau eine der beiden Geraden $ZA = Z\bar{A}$ und $ZB = Z\bar{B}$ im Winkelfeld von $\angle CZD$ verläuft, folgt aus dem Trennen von $(A, B)$ und $(C, D)$ stets das Trennen von $(\bar{A}, \bar{B})$ und $(\bar{C}, \bar{B})$, was $\mathrm{DV}(A, B, C, D) = \mathrm{DV}(\bar{A}, \bar{B}, \bar{C}, \bar{D})$ ergibt. □

Das Doppelverhältnis von vier verschiedenen kollinearen Punkten, unter denen Fernpunkte vorkommen, wird so erklärt, daß Satz 4.1.4 auch in diesen Fällen gilt:

**Def. 4.1.8:** Sind $A, B, C, D$ vier verschiedene Fernpunkte einer Ferngeraden $e_u$ bzw. vier verschiedene Punkte einer eigentlichen Geraden $g$, unter denen der Fernpunkt von $g$ vorkommt, ferner $Z$ ein eigentlicher Punkt bzw. ein nicht in $g$ liegender Punkt und $\bar{A}, \bar{B}, \bar{C}, \bar{D}$ vier eigentliche Schnittpunkte der Geraden $ZA, ZB, ZC, ZD$ mit einer $Z$ nicht enthaltenden eigentlichen Geraden $\bar{g}$ der Ebene $Ze_u$ bzw. der Ebene $Zg$, so wird $\mathrm{DV}(A, B, C, D)$ erklärt als $\mathrm{DV}(\bar{A}, \bar{B}, \bar{C}, \bar{D})$.

Auf Grund dieser Definition gilt

**Satz 4.1.5:** Sind $A$, $B$, $C$ drei verschiedene eigentliche Punkte einer eigentlichen Geraden $g$ mit dem Fernpunkt $G_u$, so ist $\mathrm{DV}(A, B, C, G_u) = \mathrm{TV}(A, B, C)$.

*Beweis*

Wir verwenden die Bezeichnungen des Beweises zu Satz 4.1.4 mit $D = G_u$ und setzen $Z$ als eigentlichen Punkt voraus. Wegen $ZD$ parallel $g$ ist $\sphericalangle\, a, d = \sphericalangle\, ZAC$ für $\sphericalangle\, ZAC \leq 90°$ bzw. $\sphericalangle\, a, d = 180° - \sphericalangle\, ZAC$ für $90° < \sphericalangle\, ZAC < 180°$ usw., so daß nach (5) gilt

$$|\mathrm{TV}(A, B, C)| = \frac{\sin \sphericalangle\, a, c}{\sin \sphericalangle\, b, c} : \frac{\sin \sphericalangle\, a, d}{\sin \sphericalangle\, b, d}. \tag{7}$$

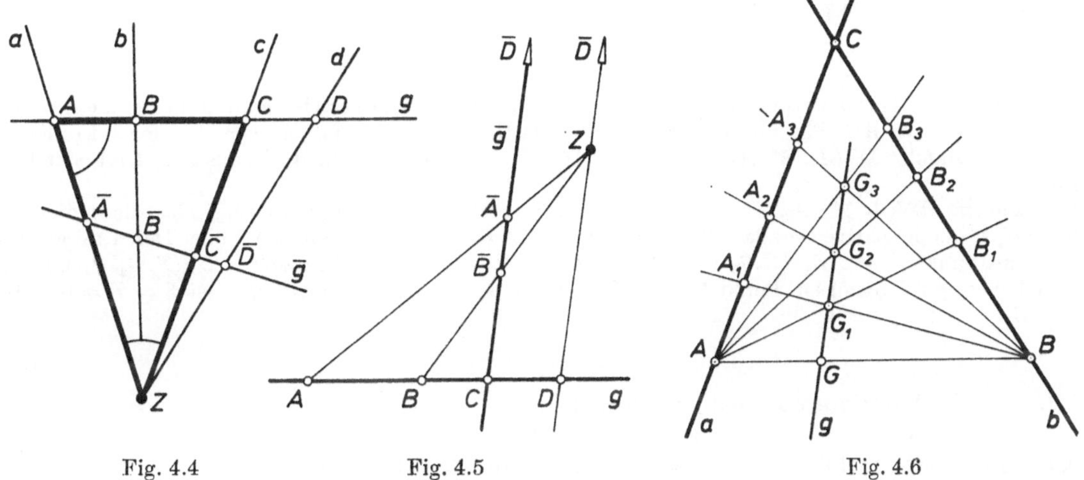


Fig. 4.4 Fig. 4.5 Fig. 4.6

Sind $\bar{A}, \bar{B}, \bar{C}, \bar{D}$ die eigentlichen Schnittpunkte der vier Geraden $ZA$, $ZB$, $ZC$, $ZG_u$ mit einer eigentlichen Geraden $\bar{g}$ der Ebene $Zg$, die $Z$ nicht enthält, so gilt $|\mathrm{DV}(\bar{A}, \bar{B}, \bar{C}, \bar{D})| = |\mathrm{TV}(A, B, C)|$ nach (6) und (7). Das Paar $(\bar{A}, \bar{B})$ trennt das Paar $(\bar{C}, \bar{D})$ genau dann, wenn eine der Geraden $ZA = Z\bar{A}$ und $ZB = Z\bar{B}$ im Winkelfeld von $\angle\, \bar{C}Z\bar{D}$ verläuft; wegen $Z\bar{D}$ parallel $g$ liegt dann $C$ zwischen $A$ und $B$. Damit ist $\mathrm{DV}(\bar{A}, \bar{B}, \bar{C}, \bar{D}) < 0$ mit $\mathrm{TV}(A, B, C) < 0$ gleichwertig, was insgesamt $\mathrm{DV}(\bar{A}, \bar{B}, \bar{C}, \bar{D}) = \mathrm{TV}(A, B, C)$ und daher $\mathrm{DV}(A, B, C, G_u) = \mathrm{TV}(A, B, C)$ nach Def. 4.1.8 ergibt. □

Das in Def. 4.1.8 erklärte Doppelverhältnis ist unabhängig von der zulässigen Wahl des Punktes $Z$ und der Geraden $\bar{g}$. Im Falle von vier verschiedenen Punkten einer Ferngeraden kann nämlich $\bar{g}$ nach Satz 4.1.4 durch eine andere projektive Gerade der Ebene $Ze_u$ ersetzt werden; verwendet man anstelle von $Z$ einen anderen eigentlichen Punkt $Z_1$, so leistet die durch $Z \mapsto Z_1$ festgelegte Schiebung $\tau$ dann $ZA \mapsto Z_1A$ usw., und die dabei aus $\bar{g}$ entstehende Gerade $g_1$ trägt die vier eigentlichen Punkte $A_1 := g_1 \cap Z_1A$ mit $A_1 = \bar{A}^\tau$ usw., so daß $\mathrm{DV}(\bar{A}, \bar{B}, \bar{C}, \bar{D}) = \mathrm{DV}(A_1, B_1, C_1, D_1)$ nach Def. 4.1.7 gilt. Fügt man weiter drei verschiedenen eigentlichen Punkten einer Geraden $g$ den Fernpunkt von $g$ als vierten Punkt hinzu, so folgt für jeden eigentlichen Punkt $Z$ bzw. für jeden Fernpunkt $Z$ die Unabhängigkeit des Doppelverhältnisses von der Auswahl der Geraden $\bar{g}$ aus Satz 4.1.5 bzw. aus Satz 4.1.5 und Satz 1.2.1; durch Def. 4.1.8 und (3) werden dann jene Fälle erledigt, in denen der Fernpunkt von $g$ nicht der letzte der vier Punkte ist.

Aus Satz 4.1.4 und Def. 4.1.8 ergibt sich in Ergänzung zu Satz 4.1.2

**Satz 4.1.6:** Die Einschränkung einer Zentralprojektion auf eine nicht projizierende projektive Gerade $g$ ist doppelverhältnistreu.

Für die folgenden Überlegungen benötigen wir zwei Hilfssätze:

**Satz 4.1.7:** Zu drei verschiedenen Punkten $B, C, D$ einer projektiven Geraden $g$ und einer gegebenen reellen Zahl $\delta$ existiert genau ein Punkt $A$ in $g$ mit $\mathrm{DV}(A, B, C, D) = \delta$.

*Beweis*

Sei $g$ eine eigentliche Gerade. Für $\delta = 0$ bzw. $\delta = 1$ ist $A = B$ bzw. $A = C$. Für $\delta \neq 0, 1$ sind $A, B, C, D$ notwendig verschiedene Punkte, und wir können $B$ und $C$ nach (3) als eigentliche Punkte voraussetzen. Wir benützen eine von $g$ verschiedene eigentliche Gerade $\bar{g}$ durch $C$ und einen von $C$ verschiedenen eigentlichen Punkt $\bar{B} \in \bar{g}$; bedeutet $\bar{D}$ den Fernpunkt von $\bar{g}$ und ist $Z := B\bar{B} \cap D\bar{D}$ (Fig. 4.5), so muß für einen Punkt $A$ der gewünschten Art mit $\bar{A} = \bar{g} \cap ZA$ notwendig gelten $\delta = \mathrm{DV}(A, B, C, D) = \mathrm{DV}(\bar{A}, \bar{B}, C, \bar{D}) = \mathrm{TV}(\bar{A}, \bar{B}, C)$. Da nach 1.2.2. genau ein Punkt $\bar{A} \in \bar{g}$ mit $\delta = \mathrm{TV}(\bar{A}, \bar{B}, C) \neq 0, 1$ existiert, ist $A = g \cap Z\bar{A}$ eindeutig bestimmt.
Für eine Ferngerade $g$ gilt der Satz dann wegen Def 4.1.8. □

**Satz 4.1.8:** Seien $A, B, C$ drei nicht kollineare Punkte einer projektiven Ebene und $A_1, A_2, A_3$ bzw. $B_1, B_2, B_3$ drei paarweise und von $A$ bzw. $B$ verschiedene Punkte der projektiven Geraden $AC$ bzw. $BC$. Dann gilt $\mathrm{DV}(A_1, A_2, A_3, A) = \mathrm{DV}(B_1, B_2, B_3, B)$ genau dann, wenn die drei Schnittpunkte $G_j = BA_j \cap AB_j$ $(j = 1, 2, 3)$ kollinear sind.

*Beweis*

(a) Auf Grund der Voraussetzungen existieren die Punkte $G_j$; sie sind verschieden und liegen nicht in der projektiven Geraden $AB$ (Fig. 4.6). Gehören die Punkte $G_1, G_2, G_3$ einer projektiven Geraden $g$ an und ist $G = g \cap AB$, so folgt $\mathrm{DV}(A_1, A_2, A_3, A) = \mathrm{DV}(G_1, G_2, G_3, G) = \mathrm{DV}(B_1, B_2, B_3, B)$ aus Satz 4.1.4 oder Def. 4.1.8.
(b) Setzen wir $\mathrm{DV}(A_1, A_2, A_3, A) = \mathrm{DV}(B_1, B_2, B_3, B) = \delta\ (\neq 0, 1)$ voraus, so schneidet die projektive Gerade $G_2G_3$ die projektive Gerade $AB$ in einem Punkt $G \neq G_2, G_3$; nach Satz 4.1.4 oder Def. 4.1.8 gilt für den Schnittpunkt $S := AB_1 \cap G_2G_3$ bzw. $T := BA_1 \cap G_1G_3$ dann $\mathrm{DV}(S, G_2, G_3, G) = \mathrm{DV}(T, G_2, G_3, G) = \delta$. Da nach Satz 4.1.7 genau ein Punkt $G_1$ in $G_2G_3$ mit $\mathrm{DV}(G_1, G_2, G_3, G) = \delta$ existiert, ist $S = T = G_1$, also $AB_1 \cap BA_1 \in G_2G_3$. □

## 4.1.6. Kollineationen projektiver Ebenen

Seien $\varepsilon$ und $\varphi$ zwei nicht notwendig verschiedene projektive Ebenen.

**Def. 4.1.9:** Eine Bijektion $\varkappa$ einer projektiven Ebene $\varepsilon$ auf eine projektive Ebene $\varphi$, die kollinearen Punkten stets kollineare Punkte zuordnet und deren Einschränkung auf *eine* projektive Gerade doppelverhältnistreu ist, heißt eine *Kollineation*[9].

Insbesondere ist die Identität einer projektiven Ebene eine Kollineation.

**Satz 4.1.9:** Eine Kollineation $\varkappa: \varepsilon \to \varphi$ ist geradentreu[10] und doppelverhältnistreu.

*Beweis*

Existiert in indirekter Annahme eine projektive Gerade $g := AB \subset \varepsilon$ so, daß $\varkappa \mid g: g \to \bar{g} := A^\varkappa B^\varkappa$ nicht surjektiv ist, so gibt es einen Punkt $\bar{P} \in \bar{g}$ mit $\bar{P} = P^\varkappa$ und $P \notin g$. Jeder von $P$ verschiedene Punkt $X \in \varepsilon$ liegt mit $P$ in einer von $g$ verschiedenen projektiven Geraden, welche $g$ nach Satz 4.1.1 in einem Punkt $G \neq P$ schneidet (Fig. 4.7). Da $G$ mit $A$ und $B$ bzw. $X$ mit $P$ und $G$ kollinear ist, muß $G^\varkappa$ in $A^\varkappa B^\varkappa = \bar{g}$ liegen bzw. $X^\varkappa$ mit $P^\varkappa$ und $G^\varkappa$ kollinear sein, was mit $P^\varkappa \neq G^\varkappa$ ergibt $X^\varkappa \in \bar{g}$, also $\varepsilon^\varkappa \subset \bar{g}$. Dies ist ein Widerspruch zur Bijektivität von $\varkappa: \varepsilon \to \varphi$.
Sei $a \subset \varepsilon$ eine projektive Gerade, für die $\varkappa \mid a: a \to a^\varkappa$ doppelverhältnistreu ist, und $b \subset \varepsilon$ eine von $a$ verschiedene projektive Gerade. Sind $B_1, B_2, B_3, B_4$ vier verschiedene Punkte von $b$ und $Z \in \varepsilon$ ein weder in $a$ noch in $b$ liegender Punkt, so sind die vier Punkte $A_j := ZB_j \cap a$ $(j = 1, 2, 3, 4)$ paarweise verschieden

[9] Mit tieferliegenden Methoden kann man für zwei projektive Ebenen $\varepsilon, \varphi$ des projektiv erweiterten Anschauungsraumes zeigen: Ist $\varkappa: \varepsilon \to \varphi$ eine Bijektion, die kollinearen Punkten stets kollineare Punkte zuordnet, so ist $\varkappa$ doppelverhältnistreu, also eine Kollineation (vgl. [2, II; 26 u. 35]).

[10] In Analogie zu 1.3.1., Fn. 1 bedeutet die *Geradentreue* bei einer Abbildung aus dem projektiven Raum, daß die Bildmenge jeder projektiven Geraden eine projektive Gerade ist. Die in 4.1.3. erklärte Zentralprojektion aus dem projektiven Raum ordnet kollinearen Punkten stets kollineare Punkte zu, ist aber nicht geradentreu, da es projizierende Geraden gibt.

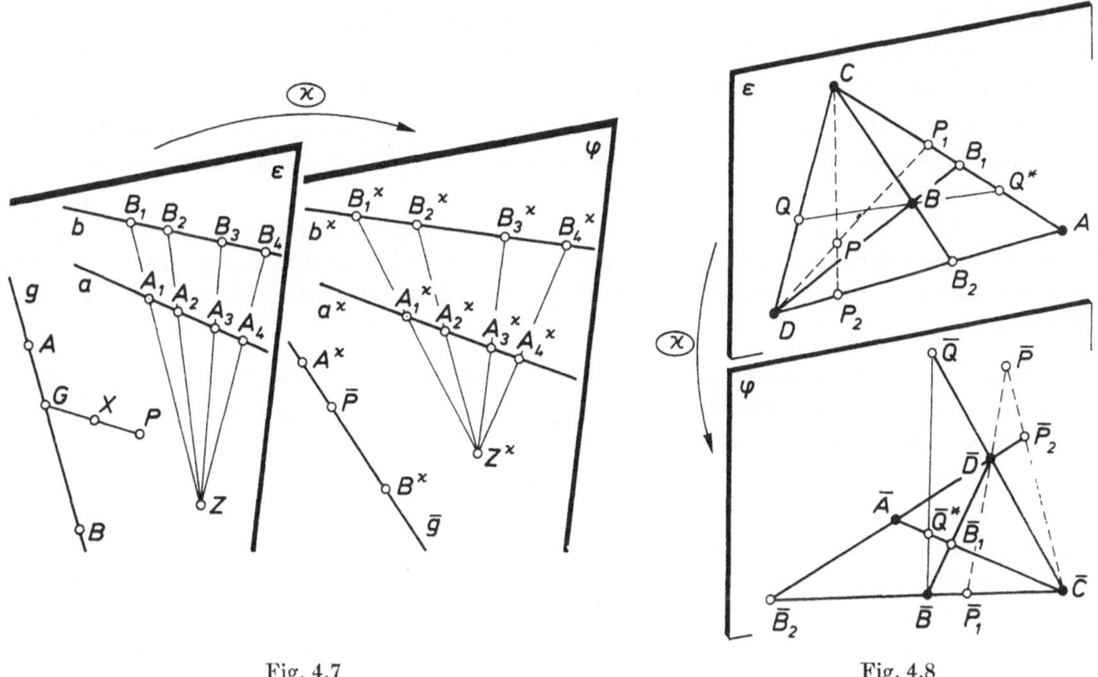


Fig. 4.7 Fig. 4.8

(Fig. 4.7); nach Satz 4.1.4 oder Def. 4.1.8 gilt DV$(B_1, B_2, B_3, B_4)$ = DV$(A_1, A_2, A_3, A_4)$ und nach Voraussetzung DV$(A_1, A_2, A_3, A_4)$ = DV$(A_1^\times, A_2^\times, A_3^\times, A_4^\times)$. Da ferner die drei Punkte $Z^\times, A_j^\times, B_j^\times$ $(j = 1, 2, 3, 4)$ stets kollinear sind, ist DV$(A_1^\times, A_2^\times, A_3^\times, A_4^\times)$ = DV$(B_1^\times, B_2^\times, B_3^\times, B_4^\times)$ nach Satz **4.1.4** oder Def. 4.1.8, also DV$(B_1, B_2, B_3, B_4)$ = DV$(B_1^\times, B_2^\times, B_3^\times, B_4^\times)$. □

Die Existenz und die Festlegung einer Kollineation klärt

**Satz 4.1.10:** Sind $(A, B, C, D)$ ein geordnetes Viereck der projektiven Ebene $\varepsilon$ und $(\bar{A}, \bar{B}, \bar{C}, \bar{D})$ ein geordnetes Viereck der projektiven Ebene $\varphi$, so existiert genau eine Kollineation $\varkappa : \varepsilon \to \varphi$ mit $\bar{A} = A^\times, \bar{B} = B^\times, \bar{C} = C^\times, \bar{D} = D^\times$.

*Beweis*

(a) Die gesuchte Kollineation $\varkappa : \varepsilon \to \varphi$ leistet für $B_1 := AC \cap BD$, $B_2 := AD \cap BC$, $\bar{B}_1 := \bar{A}\bar{C} \cap \bar{B}\bar{D}$, $\bar{B}_2 := \bar{A}\bar{D} \cap \bar{B}\bar{C}$ notwendig $\bar{B}_1 = B_1^\times$ und $\bar{B}_2 = B_2^\times$ (Fig. 4.8). Die kollinearen Punkte $B_1, A, C$ bzw. $B_2, A, D$ sind paarweise verschieden, und Gleiches gilt für $\bar{B}_1, \bar{A}, \bar{C}$ bzw. $\bar{B}_2, \bar{A}, \bar{D}$.
Für $P \in \varepsilon \setminus CD$ und $P_1 := AC \cap PD$, $P_2 := AD \cap PC$, also $P = P_1D \cap P_2C$, ist notwendig $P^\times = \bar{P}_1\bar{D} \cap \bar{P}_2\bar{C}$, wobei DV$(P_1, B_1, A, C)$ = DV$(\bar{P}_1, \bar{B}_1, \bar{A}, \bar{C})$ und DV$(P_2, B_2, A, D)$ = DV$(\bar{P}_2, \bar{B}_2, \bar{A}, \bar{D})$ gilt; für $Q \in CD \setminus C$ und $Q^* := AC \cap QB$, also $Q = CD \cap Q^*B$, ist notwendig $Q^\times = \bar{C}\bar{D} \cap \bar{Q}^*\bar{B}$ mit $DV(Q^*, B_1, A, C)$ = DV$(\bar{Q}^*, \bar{B}_1, \bar{A}, \bar{C})$. Damit ist auf Grund der Eigenschaften einer Kollineation zu jedem Punkt in $\varepsilon$ der unter $\varkappa$ zugeordnete Punkt notwendig eindeutig bestimmt, so daß höchstens eine Kollineation existieren kann, die in die Angabe paßt.
(b) Durch Beweisteil (a) wird eine globale Abbildung $\varkappa : \varepsilon \to \varphi$ mit $\bar{A} = A^\times, \bar{B} = B^\times, \bar{C} = C^\times, \bar{D} = D^\times$ definiert; diese ist eine Bijektion, da zu jedem Punkt von $\varphi$ der Urpunkt unter $\varkappa$ nach (a) eindeutig rekonstruiert werden kann. Es bleibt zu zeigen, daß diese Bijektion eine Kollineation ist.
Nach (a) gehen Punkte von $CD$ unter $\varkappa$ in Punkte von $\bar{C}\bar{D}$ über. Ist $g \subset \varepsilon$ eine von $CD$ verschiedene projektive Gerade, so besitzen die von $G = g \cap CD$ verschiedenen Punkte von $g$ nach (a) und Satz 4.1.8 Bildpunkte unter $\varkappa$, die einer projektiven Geraden $\bar{g} \subset \varphi$ angehören. Für $B \in g$ ist $G^\times = \bar{g} \cap \bar{C}\bar{D}$ nach (a), also $G^\times \in \bar{g}$. Für $B \notin g$ folgt ebenfalls $G^\times \in \bar{g}$: Haben nämlich $\bar{g}$ und $G^\times\bar{B}$ in indirekter Annahme einen Punkt $\bar{G}$ von $\varphi \setminus \bar{C}\bar{D}$ gemeinsam, so ist $\bar{G}$ nach A 1.1,5 notwendig der Bildpunkt des $g$ und $GB$ gemeinsamen Punktes $G$ unter der Bijektion $\varkappa$, und wegen $G \in CD$ ergibt $\bar{G} \notin \bar{C}\bar{D}$ einen Widerspruch zu $\bar{G} = G^\times$.
Nach (a) ist $\varkappa \mid AC : AC \to \bar{A}\bar{C}$ doppelverhältnistreu. □

Wir benützen im folgenden, daß in einer projektiven Ebene im Sinne von Def. 4.1.5 die Ferngerade ausgezeichnet ist.

**Def. 4.1.10:** Ist $\varkappa : \varepsilon \to \varphi$ eine Kollineation der projektiven Ebene $\varepsilon$ auf die projektive Ebene $\varphi$, so heißt jene Gerade $v$ von $\varepsilon$, für die $v^\varkappa$ die Ferngerade von $\varphi$ ist, die *Verschwindungsgerade* und die Bildgerade $u^\varkappa$ der Ferngeraden $u$ von $\varepsilon$ die *Fluchtgerade* der Kollineation[11] $\varkappa$.

Nach Def. 4.1.9 ist die inverse Abbildung $\varkappa^{-1} : \varphi \to \varepsilon$ der Kollineation $\varkappa : \varepsilon \to \varphi$ eine Kollineation; die Verschwindungsgerade bzw. die Fluchtgerade von $\varkappa$ ist die Fluchtgerade bzw. die Verschwindungsgerade von $\varkappa^{-1}$.
Ist die Verschwindungsgerade $v$ von $\varkappa : \varepsilon \to \varphi$ nicht die Ferngerade $u$ von $\varepsilon$, so ist der Fernpunkt $V_u$ der Verschwindungsgeraden $v$ der einzige Fernpunkt von $\varepsilon$, dessen Bildpunkt $V_u^\varkappa$ unter $\varkappa$ ein Fernpunkt von $\varphi$, und zwar der Fernpunkt der Fluchtgeraden ist. Aus Satz 4.1.9 und Satz 4.1.5 folgt

**Satz 4.1.11:** Ist $\varkappa$ eine Kollineation der projektiven Ebene $\varepsilon$ auf die projektive Ebene $\varphi$, wobei die Verschwindungsgerade nicht die Ferngerade von $\varepsilon$ ist, so werden genau die zur Verschwindungsgeraden parallelen, von ihr verschiedenen eigentlichen Geraden teilverhältnistreu abgebildet.

Fällt die Verschwindungsgerade von $\varkappa : \varepsilon \to \varphi$ speziell in die Ferngerade von $\varepsilon$, so ist die Kollineation $\varkappa$ *fernpunkttreu*, und die Ferngerade von $\varphi$ ist die Fluchtgerade von $\varkappa$. Die Abbildung $\varkappa$ bildet daher die Menge der eigentlichen Punkte von $\varepsilon$ bijektiv auf die Menge der eigentlichen Punkte von $\varphi$ so ab, daß kollinearen Punkten stets kollineare Punkte zugeordnet werden und die Einschränkung auf eine Gerade von $\varepsilon$ teilverhältnistreu ist, also eine Affinität im Sinne von Def. 1.3.8 vorliegt. Wir nennen daher eine fernpunkttreue Kollineation $\varkappa : \varepsilon \to \varphi$ eine *Affinität der projektiven Ebene $\varepsilon$ auf die projektive Ebene $\varphi$* und sprechen in analoger Weise auch bei projektiven Ebenen von einer Ähnlichkeit, Kongruenz, Spiegelung, Drehung usw.

## Aufgaben 4.1

1. Im projektiven Raum existiert zu zwei windschiefen Geraden genau eine Treffgerade durch jeden Punkt, der in keiner der beiden Geraden liegt.
2. Ist $\omega := \dot{\mathfrak{P}} \setminus \mathfrak{P}$ die Menge der Fernpunkte des projektiven Raumes und $c : \dot{\mathfrak{P}} \to \pi$ eine Zentralprojektion, so ist die Einschränkung $c \mid \omega : \omega \to \pi$ von $c$ auf $\omega$ eine geradentreue Bijektion[12]; jede Ferngerade wird doppelverhältnistreu abgebildet.
3. Sind $B$, $C$, $D$ drei verschiedene Punkte einer projektiven Geraden, so ist die Abbildung aus $BC \setminus D$ in den Körper $\mathbb{R}$ der reellen Zahlen mit $X \in BC \setminus D \mapsto \mathrm{DV}(X, B, C, D) \in \mathbb{R}$ eine Bijektion.
4. Eine doppelverhältnistreue Bijektion einer projektiven Geraden $g$ auf sich mit drei verschiedenen Fixpunkten ist die Identität in $g$.
(Anl.: Benütze Satz 4.1.7.)
5. Sind $P_1$, $P_2$, $P_3$, $P_4$ vier verschiedene Punkte einer eigentlichen projektiven Geraden $p$ und $Q_2$, $Q_3$, $Q_4$ drei verschiedene Punkte einer projektiven Geraden $q$, so findet man den Punkt $Q_1 \in q$ mit $\mathrm{DV}(P_1, P_2, P_3, P_4) = \mathrm{DV}(Q_1, Q_2, Q_3, Q_4)$ wie folgt: Bewegt man $p$ in eine Lage $p^* \neq q$ so, daß die neue Lage $P_4^*$ von $P_4$ nach $Q_4$ fällt, so gilt für die neuen Lagen $P_1^*$, $P_2^*$, $P_3^*$ von $P_1$, $P_2$, $P_3$ dann $Q_1P_1^* \ni Q_2P_2^* \cap Q_3P_3^*$ (*Doppelverhältnisübertragung*). Gewinne daraus die Aussage von A 1.3, 8.
6. Unter den Voraussetzungen von A 4.1, 5 findet man $Q_1 \in q$ auch wie folgt: Ist $Z$ ein nicht $q$ angehörender Punkt und bewegt man $p$ in eine Lage $p^*$ so, daß die neuen Lagen $P_2^*$, $P_3^*$ bzw. $P_4^*$ von $P_2$, $P_3$ bzw. $P_4$ den Geraden $ZQ_2$, $ZQ_3$ bzw. $ZQ_4$ angehören, so geht die Verbindung von $Z$ mit der neuen Lage $P_1^*$ von $P_1$ durch $Q_1$. (Da man zweckmäßig an $p$ die Kante eines Papierstreifens anlegt, darauf $P_1$, $P_2$, $P_3$, $P_4$ markiert und die Kante dann in die beschriebene Lage $p^*$ bringt, spricht man von *Papierstreifenmethode*.)
7. Sind $\varepsilon_1$, $\varepsilon_2$, $\varepsilon_3$ bzw. $\varepsilon_4$ vier verschiedene projektive Ebenen durch eine Gerade $e$, welche zwei zu $e$ windschiefe projektive Geraden $p$ und $q$ in den Punkten $P_1$, $P_2$, $P_3$, bzw. $P_4$ und $Q_1$, $Q_2$, $Q_3$ bzw. $Q_4$ schneiden, so gilt $\mathrm{DV}(P_1, P_2, P_3, P_4) = \mathrm{DV}(Q_1, Q_2, Q_3, Q_4)$.
(Anl.: Benütze $e$ als Sehgerade einer Parallelprojektion.)

[11] Die Verschwindungsgerade und die Fluchtgerade einer Kollineation sind stets projektive Geraden.
[12] In der Menge $\omega$ gelten daher ebenso wie in der projektiven Ebene $\pi$ die folgenden Aussagen:
(I) Zu je zwei verschiedenen Punkten von $\omega$ gibt es genau eine Gerade, die beide enthält.
(II) Zu je zwei Geraden in $\omega$ gibt es einen beiden Geraden gemeinsamen Punkt.
(III) In $\omega$ existieren vier nicht kollineare Punkte.
In der axiomatischen Begründung der Geometrie definiert man eine projektive Ebene durch diese drei Aussagen (vgl. [2, I; 5]). Die Menge $\omega$ ist in diesem Sinne eine projektive Ebene, welche *Fernebene* heißt; die Abbildung $c \mid \omega : \omega \to \pi$ ist dann nach Def. 4.1.9 eine Kollineation. Der Begriff Fernebene wird in der elementaren Darstellenden Geometrie nicht benötigt.

8. Sei $\zeta$ eine Ebene durch eine eigentliche Gerade $p$, die durch ein geordnetes Paar $(S, E)$ eigentlicher Punkte orientiert ist. Ordnet man dem Fernpunkt von $p$ die zu $\zeta$ normale Ebene durch $p$ und jedem eigentlichen Punkt $P$ von $p$ jene Ebene $\tau$ durch $p$ zu, für die $\mathrm{TV}(P, E, S) = d \tan \omega$ mit $d \neq 0$ und $\omega = \sphericalangle \overrightarrow{\tau, \zeta}$ $(-90° < \omega < 90°)$ gilt, wobei $\omega$ im Sinne von Def. 1.3.4 zu messen ist, so gilt für die Schnittpunkte $Q_1, Q_2, Q_3$ bzw. $Q_4$ einer zu $p$ windschiefen projektiven Geraden $q$ mit jenen Ebenen, die vier verschiedenen Punkten $P_1$, $P_2$, $P_3$ bzw. $P_4$ von $p$ zugeordnet sind, dann $\mathrm{DV}(P_1, P_2, P_3, P_4) = \mathrm{DV}(Q_1, Q_2, Q_3, Q_4)$.
(Anl.: Benütze in einer zu $\zeta$ normalen Geraden $p^*$, die von $p$ den Abstand $|d|$ besitzt, den Schnittpunkt mit $\zeta$ als Nullpunkt und den Schnittpunkt mit der dem Punkt $E$ zugeordneten Ebene als Einheitspunkt einer Längenmessung im Sinne von Def. 1.2.1. Benütze Def. 4.1.7 und A 4.1.7.)

9. Sind $\varepsilon, \varphi, \psi$ (nicht notwendig verschiedene) projektive Ebenen und die Abbildungen $\varkappa_1: \varepsilon \to \varphi$, $\varkappa_2: \varphi \to \psi$ Kollineationen, so ist auch $\varkappa_1\varkappa_2: \varepsilon \to \psi$ eine Kollineation. Alle Kollineationen einer projektiven Ebene auf sich bilden eine Abbildungsgruppe.

10. Besitzt eine Kollineation $\varkappa$ einer projektiven Ebene $\pi$ auf sich drei verschiedene kollineare Fixpunkte $A, B, C$, so besteht die projektive Gerade $AB$ nur aus Fixpunkten; existiert ein Viereck aus Fixpunkten, so ist $\varkappa$ die Identität in $\pi$.
(Anl.: Benütze A 4.1, 3 und Satz 4.1.10.)

11. Unterwirf eine Figur einer projektiven Ebene $\varepsilon$ einer Kollineation $\varkappa: \varepsilon \to \varphi$ auf eine projektive Ebene $\varphi$, falls $\varkappa$ durch ein geordnetes Viereck in $\varepsilon$ und das zugeordnete Viereck in $\varphi$ festgelegt ist.
(Anl.: Benütze Satz 4.1.9 und A 4.1, 5 oder A 4.1, 6.)

12. Ist $\{E_1, E_2, S_1, S_2\}$ ein Viereck einer projektiven Ebene $\pi$, so gilt mit $S = E_1E_2 \cap S_1S_2$, $P_1 = S_1E_1 \cap S_2E_2$, $P_2 = S_1E_2 \cap S_2E_1$ und $F = E_1E_2 \cap P_1P_2$ dann $\mathrm{DV}(E_1, E_2, S, F) = -1$.
(Anl.: Sei $\{\bar{E}_1, \bar{E}_2, \bar{S}_1, \bar{S}_2\}$ ein Quadrat in $\pi$ mit den Gegenecken $\bar{E}_1, \bar{E}_2$; der analog erklärte Punkt $\bar{S}$ bzw. $\bar{F}$ ist dann der Mittelpunkt von $[\bar{E}_1, \bar{E}_2]$ bzw. der Fernpunkt von $\bar{E}_1\bar{E}_2$, was $\mathrm{TV}(\bar{E}_1, \bar{E}_2, \bar{S}) = -1$ ergibt. Benütze Satz 4.1.10, ferner 4.1.5 und Satz 4.1.9.)

13. Zu einer Affinität $\alpha: \varepsilon \to \varphi$ im Sinne von Def. 1.3.8 existiert genau eine Kollineation $\varkappa$ der projektiv erweiterten Ebene $\varepsilon$ auf die projektiv erweiterte Ebene $\varphi$ mit $P^\alpha = P^\varkappa$ für alle eigentlichen Punkte $P$ von $\varepsilon$.
(Anl.: Ist $\{A, B_1, C_1\}$ ein Dreieck aus eigentlichen Punkten und $e_u$ die Ferngerade von $\varepsilon$, so ist $\{A, B, C, D\}$ mit $B = AB_1 \cap e_u$, $C = AC_1 \cap e_u$, $D = B_1C \cap C_1B$ ein Viereck. Benütze Satz 1.3.2 und Satz 4.1.10.)

## 4.2. Zentralriß ebener Figuren

### 4.2.1. Perspektivitäten

Mit dem Begriff Zentralprojektion eng verbunden ist die folgende Abbildung einer projektiven Ebene $\varepsilon$ auf eine projektive Ebene $\varphi$:

**Def. 4.2.1:** Die Einschränkung einer Zentralprojektion $c: \mathfrak{P} \to \varphi$ auf eine nicht projizierende Ebene $\varepsilon$ heißt eine *Zentralperspektivität* $\zeta: \varepsilon \to \varphi$.

Jeder Punkt $P \in \varepsilon$ und sein zugeordneter Punkt $P^\zeta \in \varphi$ gehören stets einer projektiven Sehgeraden durch den Augpunkt an; die projektiven Sehgeraden heißen die *Perspektivitätsgeraden*, der Augpunkt heißt das *Perspektivitätszentrum* der Zentralperspektivität. Da jede Perspektivitätsgerade nach Satz 4.1.1 sowohl $\varepsilon$ wie $\varphi$ in genau einem Punkt schneidet, ist $\zeta: \varepsilon \to \varphi$ eine Bijektion. Wir nennen die einer Figur $\mathfrak{F}$ in $\varepsilon$ unter einer Zentralperspektivität zugeordnete Figur $\mathfrak{F}^\zeta \subset \varphi$ zu $\mathfrak{F}$ *zentralperspektiv*; dann ist auch $\mathfrak{F}$ zu $\mathfrak{F}^\zeta$ zentralperspektiv. Mit Satz 4.1.6, Def. 4.1.9 und Def. 4.1.10 folgt:

**Satz 4.2.1:** Eine Zentralperspektivität $\zeta: \varepsilon \to \varphi$ ist eine Kollineation, welche die projektive Schnittgerade von $\varepsilon$ mit der zu $\varphi$ parallelen projektiven Ebene durch das Perspektivitätszentrum $Z$ als Verschwindungsgerade und die projektive Schnittgerade von $\varphi$ mit der zu $\varepsilon$ parallelen projektiven Ebene durch $Z$ als Fluchtgerade besitzt.

Unter einer Zentralperspektivität $\zeta: \varepsilon \to \varphi$ ist ein Punkt genau dann sich selbst zugeordnet, wenn er in $\varepsilon$ und in $\varphi$ liegt. Sind daher die projektiven Ebenen $\varepsilon$ und $\varphi$ verschieden, so bleiben genau die Punkte ihrer projektiven Schnittgeraden $a$ unter $\zeta$ fest. Ist speziell $a$ eine Ferngerade, also $\varepsilon$ zu $\varphi$ parallel, so ist $\zeta: \varepsilon \to \varphi$ nach A 1.3, 15 im Sinne der Sprechweise aus 4.1.6. eine Ähnlichkeit, und für $\varepsilon = \varphi$ die Identität in $\varepsilon$.

Verwenden wir auch bei Zentralprojektion aus dem projektiven Raum die Begriffe Hauptebene und Hauptgerade im Sinne von Def. 2.1.2, so gilt:

**Satz 4.2.2:** Der Zentralriß $\mathfrak{F}^c$ einer Figur $\mathfrak{F}$ in einer nicht projizierenden Hauptebene ist zu $\mathfrak{F}$ ähnlich. Die Einschränkung einer Zentralprojektion auf die Menge der eigentlichen Punkte einer der Verschwindungsebene nicht angehörenden Hauptgeraden ist teilverhältnistreu.

Faßt man die Erzeugenden eines Kegels als projektive Geraden auf und verwendet sie als Perspektivitätsgeraden, so folgt aus Def. 4.2.1:

**Satz 4.2.3:** Die Schnittfiguren eines Kegels, insbesondere einer Pyramide, mit zwei die Kegelspitze nicht enthaltenden projektiven Ebenen sind (zueinander) zentralperspektiv.

Durch die Parallelprojektion $p:\dot{\mathfrak{P}} \to \varphi$ aus dem projektiven Raum auf die projektive Bildebene $\varphi$ im Sinne von 4.1.3. und eine nicht projizierende projektive Ebene $\varepsilon$ wird gemäß Def. 4.2.1 eine fernpunkttreue Abbildung $\zeta:\varepsilon \to \varphi$ bestimmt, die für alle eigentlichen Punkte von $\varepsilon$ dasselbe leistet wie die Einschränkung der Parallelprojektion $p:\dot{\mathfrak{P}} \to \varphi$ auf die Menge der eigentlichen Punkte von $\varepsilon$. Wir nennen dann $\zeta:\varepsilon \to \varphi$ eine *Parallelperspektivität der projektiven Ebene $\varepsilon$ auf die projektive Ebene $\varphi$*, und $\zeta$ ist im Sinne von 4.1.6. eine Affinität der projektiven Ebene $\varepsilon$ auf die projektive Ebene $\varphi$. Wir sprechen kurz von einer *Perspektivität* und von *perspektiven Figuren*, wenn der Unterschied zwischen Zentralperspektivität und Parallelperspektivität nicht betont werden soll.

## 4.2.2. Perspektive Kollineationen

Wir benötigen spezielle Kollineationen einer projektiven Ebene auf sich.

**Def. 4.2.2:** Eine Bijektion $\varkappa$ einer projektiven Ebene $\pi$ auf sich, die kollinearen Punkten stets kollineare Punkte zuordnet, heißt eine *perspektive Kollineation*, falls ein *Kollineationszentrum* $Z \in \pi$ so existiert, daß jeder Punkt $P \in \pi$ und sein zugeordneter Punkt $P^\varkappa \in \pi$ stets mit $Z$ kollinear ist. Die projektiven Geraden durch $Z$ heißen *Perspektivitätsgeraden* von $\varkappa$.

Wegen Satz 4.1.4 oder Def. 4.1.8 ist die Einschränkung einer perspektiven Kollineation $\varkappa:\pi \to \pi$ auf eine das Kollineationszentrum nicht enthaltende Gerade $g \subset \pi$ doppelverhältnistreu, so daß gemäß Def. 4.1.9 eine spezielle Kollineation der Ebene $\pi$ auf sich vorliegt. Nach Def. 4.2.2. ist jede Perspektivitätsgerade einer perspektiven Kollineation eine projektive Fixgerade[1], aber nicht notwendig eine projektive Fixpunktgerade, und das Kollineationszentrum ist als Schnittpunkt von projektiven Fixgeraden ein Fixpunkt. Insbesondere ist die Identität in $\pi$ eine perspektive Kollineation zu in $\pi$ beliebig gewähltem Kollineationszentrum.
Nach Def. 4.2.2 ist die zu einer perspektiven Kollineation $\varkappa:\pi \to \pi$ inverse Kollineation $\varkappa^{-1}:\pi \to \pi$ ebenfalls eine perspektive Kollineation. Die einer Figur $\mathfrak{F} \subset \pi$ unter einer perspektiven Kollineation $\varkappa:\pi \to \pi$ zugeordnete Figur $\mathfrak{F}^\varkappa \subset \pi$ heißt zu $\mathfrak{F}$ *perspektiv kollinear*; dann ist auch $\mathfrak{F}$ zu $\mathfrak{F}^\varkappa$ perspektiv kollinear.
Ist das Kollineationszentrum einer perspektiven Kollineation $\varkappa:\pi \to \pi$ speziell ein Fernpunkt $Z_u$ und daher die Ferngerade $p_u$ von $\pi$ eine Fixgerade von $\varkappa$, so ist jene Abbildung, welche für die eigentlichen Punkte von $\pi$ dasselbe wie $\varkappa$ leistet, nach Def. 1.3.8 eine perspektive Affinität. Wir nennen dann die perspektive Kollineation $\varkappa:\pi \to \pi$ eine *perspektive Affinität der projektiven Ebene $\pi$*.
Ist $\zeta:\varepsilon \to \varphi$ eine Perspektivität, insbesondere Parallelperspektivität, mit dem Perspektivitätszentrum $Z \notin \varepsilon, \varphi$ und $c:\dot{\mathfrak{P}} \to \pi$ eine Projektion, insbesondere Parallelprojektion, mit dem Augpunkt $O \notin \pi$, bezüglich der weder $\varepsilon$ noch $\varphi$ projizierend ist, so stellt $\varkappa := (c \mid \varepsilon)^{-1}\, \zeta (c \mid \varphi):\pi \to \pi$ nach Satz 4.2.1 und A 4.1, 9 eine Kollineation dar, welche das *Bild der Perspektivität $\zeta$ unter der*

[1] Für die Zentralperspektivitäten und die perspektiven Kollineationen gelten die zu 2.2.2., Fn. 1 analogen Aussagen.

*Projektion* $c$ heißt. Für $O = Z$ ist $\varkappa$ die Identität in $\pi$, also eine perspektive Kollineation. Für $O \neq Z$ liegt für jeden Punkt $P \in \varepsilon$ dann $P^c$ und $P^{\zeta c}$ in einer projektiven Geraden von $\pi$ durch $Z^c$ (Fig. 4.9), so daß $\varkappa$ eine perspektive Kollineation von $\pi$ ist. Bezeichnet man eine projektive Fixpunktgerade einer perspektiven Kollineation als *Kollineationsachse*, so gilt:

**Satz 4.2.4:** Das Bild $\varkappa$ einer Perspektivität $\zeta : \varepsilon \to \varphi$ unter einer Projektion $c : \mathfrak{P} \to \pi$, bezüglich welcher die verschiedenen Ebenen $\varepsilon$ und $\varphi$ nicht projizierend sind, ist eine perspektive Kollineation der Bildebene $\pi$. Fällt das Perspektivitätszentrum $Z$ von $\zeta$ in das Projektionszentrum von $c$, so ist $\varkappa$ die Identität in $\pi$, während sonst der Riß $Z^c$ von $Z$ das Kollineationszentrum und der Riß $a^c$ der projektiven Schnittgeraden $a = \varepsilon \cap \varphi$ die Kollineationsachse von $\varkappa$ abgeben.

Unter einer Zentralprojektion bzw. einer Parallelprojektion ist das Bild einer Perspektivität genau dann eine perspektive Affinität, wenn das Perspektivitätszentrum $Z$ ein Verschwindungspunkt bzw. die Perspektivität eine Parallelperspektivität ist.

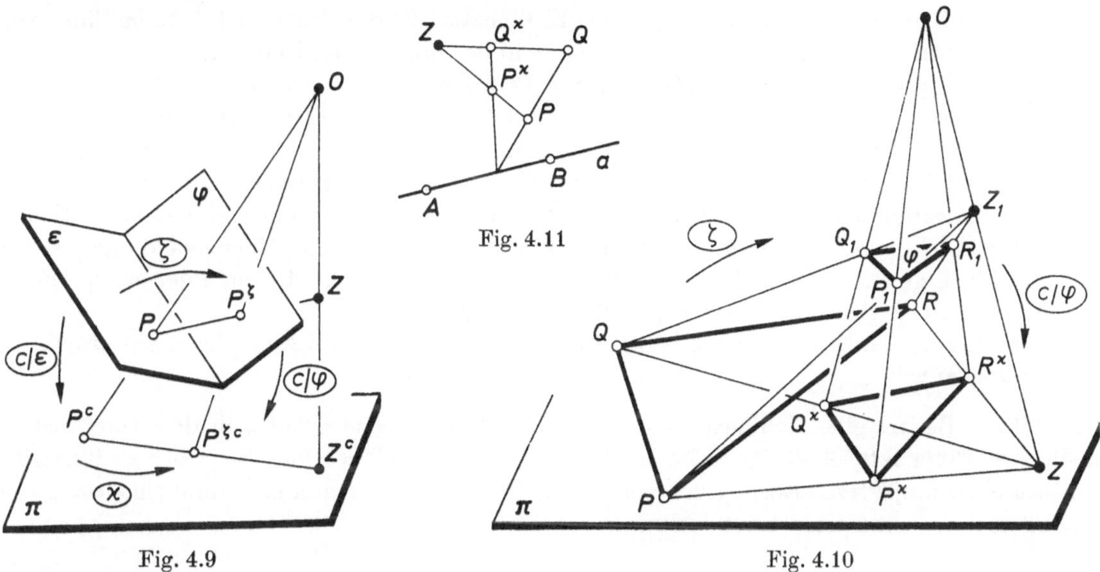


Fig. 4.9

Fig. 4.11

Fig. 4.10

In Analogie zu Satz 2.2.5 gilt

**Satz 4.2.5:** Jede perspektive Kollineation $\varkappa : \pi \to \pi$ ist Bild einer Perspektivität unter einer Projektion $c : \mathfrak{P} \to \pi$.

*Beweis*

Für $\varkappa = id_\pi$ ist Satz 4.2.5 trivial. Ist der Punkt $Z \in \pi$ das Kollineationszentrum von $\varkappa \neq id_\pi$, also ein Fixpunkt von $\varkappa$, so existiert nach A 4.1, 10 ein Dreieck $\{P, Q, R\}$ in $\pi$ mit $P^\varkappa \neq P$, $Q^\varkappa \neq Q$, $R^\varkappa \neq R$. Wir wählen die Punkte $P, Q, R$ so, daß $\{P, Q, R, Z\}$ ein Viereck ist; dann ist auch $\{P^\varkappa, Q^\varkappa, R^\varkappa, Z^\varkappa = Z\}$ ein Viereck. Seien $Z$, $Z_1$ und $O$ drei verschiedene kollineare Punkte mit $Z_1, O \notin \pi$ (Fig. 4.10). Die Geraden $PZ_1$ und $P^\varkappa O$ liegen wegen $P^\varkappa \in PZ$ in der projektiven Ebene $PZZ_1$ und sind verschieden; nach Satz 4.1.1 existiert der Schnittpunkt $P_1 = PZ_1 \cap P^\varkappa O \notin \pi$, und $P_1$ ist von $Z$ und von $O$ verschieden; in gleicher Weise erhalten wir aus $Q$ und $Q^\varkappa$ bzw. $R$ und $R^\varkappa$ einen Punkt $Q_1 \notin \pi$ bzw. $R_1 \notin \pi$. Die Punkte $P_1, Q_1, R_1$ bilden ein Dreieck, wobei die projektive Ebene $\varphi = P_1Q_1R_1$ nicht durch $Z_1$ und nicht durch $O$ geht; dies folgt daraus, daß aus diesen drei Punkten unter der Projektion mit Zentrum $Z_1$ bzw. $O$ das Dreieck $\{P, Q, R\}$ bzw. $\{P^\varkappa, Q^\varkappa, R^\varkappa\}$ entsteht.

Sei $\zeta : \pi \to \varphi = P_1Q_1R_1$ die Perspektivität mit $Z_1$ als Perspektivitätszentrum und $c : \mathfrak{P} \to \pi$ die Projektion mit dem Augpunkt $O$. Dann ist $\varkappa_1 = \zeta(c \mid \varphi) : \pi \to \pi$ wegen $c \mid \pi = id_\pi$ das Bild der Perspektivität $\zeta$ unter der Projektion $c$, und wegen $P^\varkappa = P^{\varkappa_1}$, $Q^\varkappa = Q^{\varkappa_1}$, $R^\varkappa = R^{\varkappa_1}$, $Z^\varkappa = Z^{\varkappa_1} = Z$ stimmt die Kollineation $\varkappa_1$ nach Satz 4.1.10 mit $\varkappa$ überein. □

**Satz 4.2.6:** Bei einer von der Identität verschiedenen perspektiven Kollineation $\varkappa : \pi \to \pi$ existiert genau eine Kollineationsachse $a \subset \pi$. Sind $P, \bar{P} \in \pi$ zwei verschiedene Punkte, die einer projektiven Geraden $a \subset \pi$ nicht angehören und mit einem von ihnen verschiedenen Punkt $Z$ kollinear sind, so gibt es genau eine perspektive Kollineation $\varkappa : \pi \to \pi$ mit $Z$ als Kollineationszentrum und $a$ als Kollineationsachse, die $\bar{P} = P^\varkappa$ leistet.

*Beweis*

Erzeugt man $\varkappa \neq \mathrm{id}_\pi$ gemäß der Beweisidee zu Satz 4.2.5, so folgt die erste Aussage aus Satz 4.2.4 mit $a = \pi \cap \varphi$. Für die zweite Aussage benützt man im Beweis zu Satz 4.2.5 die projektive Ebene $aP_1$ als Ebene $\varphi$. □

Die durch das Kollineationszentrum $Z$, die Kollineationsachse $a$, den Punkt $P \in \pi \setminus (Z \cup a)$ und den $P$ zugeordneten Punkt $\bar{P} \in \pi \setminus (Z \cup a)$ mit $\bar{P} \in ZP$ und $P \neq \bar{P}$ eindeutig festgelegte, von der Identität verschiedene perspektive Kollineation $\varkappa : \pi \to \pi$ bezeichnen wir mit $\varkappa(Z, a; P \mapsto \bar{P})$ oder auch kurz mit $(Z, a; P \mapsto \bar{P})$; die zu $\varkappa$ inverse Kollineation ist dann die perspektive Kollineation $(Z, a; \bar{P} \mapsto P)$. Außer $Z$ und den Punkten von $a$ besitzt $\varkappa$ keine Fixpunkte, wie aus Satz 4.2.5 folgt.
Ist die Kollineationsachse $a$ speziell die Ferngerade der projektiven Ebene $\pi$ und $Z$ ein eigentlicher Punkt, so ist $\varkappa$ fernpunkttreu, jede eigentliche Gerade geht unter $\varkappa$ in eine zu ihr parallele eigentliche Gerade über, und für alle von $Z$ verschiedenen eigentlichen Punkte $X$ gilt $\mathrm{TV}(X, X^\varkappa, Z) = \mathrm{TV}(P, \bar{P}, Z)$ nach A 1.2, 2. Die perspektive Kollineation ist dann nach A 1.3, 16 im Sinne von 4.1.6. eine zentrische Ähnlichkeit zum Zentrum $Z$ in der projektiven Ebene $\pi$.
Fällt das Kollineationszentrum speziell in einen Fernpunkt $Z_u$ der projektiven Ebene $\pi$, so ist die perspektive Kollineation $(Z_u, a; P \mapsto \bar{P})$ nach 4.1.6. die perspektive Affinität[2] $(a; P \mapsto \bar{P})$ der projektiven Ebene $\pi$, falls $a$ von der Ferngeraden $u$ von $\pi$ verschieden ist, und für $a = u$ nach Satz 2.2.6 die durch $P \mapsto \bar{P}$ festgelegte Schiebung in der projektiven Ebene $\pi$.
Ist die Kollineationsachse $a$ von $\varkappa\ (Z, a; P \mapsto \bar{P})$ eine eigentliche Gerade und $Z$ ein eigentlicher Punkt der projektiven Ebene $\pi$, so ist die Ferngerade keine Fixgerade; die Verschwindungsgerade $v$ und die Fluchtgerade $u^\varkappa$ sind dann zu $a$ parallel, da der Fernpunkt $A_u$ von $a$ der einzige Fernpunkt von $\pi$ ist, dem unter $\varkappa$ ein Fernpunkt zugeordnet wird.
Unter Benützung der in 4.1.6. angegebenen Erweiterung des Begriffes Ähnlichkeit auf projektive Ebenen zeigen wir

**Satz 4.2.7:** Besitzt eine Kollineation $\varkappa$ einer projektiven Ebene $\pi$ auf sich drei verschiedene kollineare Fixpunkte $A, B, C$, so ist $\varkappa$ eine perspektive Kollineation. Zu jeder Kollineation $\varkappa : \varepsilon \to \varphi$ einer projektiven Ebene $\varepsilon$ auf eine projektive Ebene $\varphi$ existiert eine Ähnlichkeit $\sigma : \varphi \to \varepsilon$ so, daß $\varkappa\sigma : \varepsilon \to \varepsilon$ eine perspektive Kollineation ist.

*Beweis*

Die projektive Gerade $a = AB$ ist nach A 4.1, 10 eine projektive Fixpunktgerade. Gibt es außerhalb $a$ noch zwei verschiedene Fixpunkte, so ist $\varkappa$ nach A 4.1, 10 die Identität, also eine perspektive Kollineation. Für ein Viereck $\{P, Q, A, B\}$ mit $P^\varkappa \neq P$, $Q \notin PP^\varkappa$ und $Q^\varkappa \neq Q$ existiert gemäß Satz 4.2.6 genau eine perspektive Kollineation $\gamma : \pi \to \pi$ mit der Kollineationsachse $a$ und dem Kollineationszentrum $Z := PP^\varkappa \cap QQ^\varkappa$, die $P^\gamma = P^\varkappa$ leistet (Fig. 4.11). Da wegen der Eigenschaften einer Kollineation die verschiedenen projektiven Geraden $PQ$ und $P^\varkappa Q^\varkappa$ den Fixpunkt $a \cap PQ$ gemeinsam haben und $Q^\varkappa \in ZQ$ gilt, ist $Q^\gamma = Q^\varkappa$. Durch die geordneten Vierecke $(P, Q, A, B)$ und $(P^\varkappa, Q^\varkappa, A, B)$ wird nach Satz 4.1.10 genau eine Kollineation festgelegt, so daß $\gamma = \varkappa$ folgt.
Für eine Affinität $\varkappa : \varepsilon \to \varphi$ gilt die zweite Aussage nach Satz 2.2.7. Ist dagegen die Verschwindungsgerade $v$ von $\varkappa$ verschieden von der Ferngeraden $u$ von $\varepsilon$ und sind $A, B \in \varepsilon$ zwei verschiedene eigentliche Punkte einer von $v$ verschiedenen projektiven Geraden $g$ durch den Fernpunkt $V_u$ von $v$, so ist $\varkappa \mid (g \setminus V_u)$ nach Satz 4.1.11 eine teilverhältnistreue Bijektion $g \setminus V_u \to g^\varkappa \setminus V_u^\varkappa$. Eine Ähnlichkeit $\sigma : \varphi \to \varepsilon$ mit $A^\varkappa \mapsto A$, $B^\varkappa \mapsto B$ leistet dann $\sigma \mid g = \varkappa \mid g$, so daß die Kollineation $\varkappa\sigma : \varepsilon \to \varepsilon$ die drei kollinearen verschiedenen Fixpunkte $A, B, V_u$ besitzt. □

Unterwirft man eine Kurve $c$ der Ebene $\varepsilon$, also eine Menge von eigentlichen Punkten der projektiven Ebene $\varepsilon$, einer Kollineation $\varkappa : \varepsilon \to \varphi$, so gilt:

**Satz 4.2.8:** Die Menge der eigentlichen Punkte der Bildmenge $c^\varkappa \subset \varphi$ einer Kurve $c \subset \varepsilon$ unter

[2] Nennt man eine perspektive Kollineation, die eine Affinität einer projektiven Ebene $\pi$ ist, also die Ferngerade von $\pi$ als Fixgerade besitzt, eine perspektive Affinität, so sind auch die zentrischen Ähnlichkeiten zu den perspektiven Affinitäten zu rechnen (vgl. [2, II; 89]). In der Darstellenden Geometrie ist es üblich, nur dann von einer perspektiven Affinität zu sprechen, wenn das Kollineationszentrum ein Fernpunkt ist.

einer Kollineation $\varkappa : \varepsilon \to \varphi$ ist eine Kurve der Ebene $\varphi$; einer Tangente $t$ von $c$ in einem Punkt $P \in c$, der kein Verschwindungspunkt von $\varkappa$ ist, wird unter $\varkappa$ eine Tangente von $c^\varkappa$ in $P^\varkappa$ zugeordnet.

*Beweis*

Nach Satz 4.1.3 und 4.2.1. gilt dieser Satz für eine Perspektivität und wegen Satz 4.2.5 dann auch für eine perspektive Kollineation.
Wie dem Beweis zu Satz 2.2.8 zu entnehmen ist, gilt die Behauptung für jede Ähnlichkeit und nach Satz 4.2.7 dann für jede Kollineation. □

Ist $V \in \varepsilon$ ein Verschwindungspunkt in $c \subset \varepsilon$, so gehört der Fernpunkt $V^\varkappa \in \varphi$ der Punktmenge $c^\varkappa \subset \varphi$ an. Nennt man in Analogie zu 4.1.4. die einer Tangente $t$ von $c$ in $V$ unter $\varkappa$ zugeordnete Gerade $t^\varkappa$ *Tangente der Punktmenge* $c^\varkappa$ *im Fernpunkt* $V^\varkappa$, so ist eine Kollineation *tangententreu.*

### 4.2.3. Konstruktive Behandlung einer perspektiven Kollineation

Die konstruktive Behandlung einer perspektiven Affinität ist in 2.2.3. besprochen und ergibt sich für eine zentrische Ähnlichkeit aus A 1.3, 10. Bei einer perspektiven Kollineation $\varkappa(Z, a; P \mapsto \bar{P})$ mit eigentlichem Kollineationszentrum $Z$ und eigentlicher Kollineationsachse $a$, wobei $Z$ auch $a$ angehören kann, benützt man zweckmäßig folgende Eigenschaften einer perspektiven Kollineation[3]:

(K1) Für jeden Punkt $X \notin a \cup Z$ ist die projektive Verbindungsgerade von $X$ mit dem zugeordneten Punkt $X^\varkappa$ eine Perspektivitätsgerade durch $Z$.

(K2) Schneidet eine projektive Gerade $g$ die Kollineationsachse $a$ in $A$, so geht die zugeordnete projektive Gerade $g^\varkappa$ durch den Fixpunkt $A$.

(K3) Eine perspektive Kollineation ist doppelverhältnistreu; jede zur Kollineationsachse parallele, von der Verschwindungsgeraden verschiedene eigentliche Gerade wird teilverhältnistreu, insbesondere mittelpunkttreu abgebildet.

(K4) Eine perspektive Kollineation ist tangententreu.

Mit Hilfe dieser Regeln erhält man die Punkte und Tangenten der Bildmenge[4] $c^\varkappa \subset \pi$ einer Kurve $c \subset \pi$, insbesondere eines Polygons, unter einer perspektiven Kollineation $\varkappa(Z, a; P \mapsto \bar{P})$ in $\pi$. Fig. 4.12 (Fig. 4.13) kann als Parallelriß oder Zentralriß eines Kegels (einer Pyramide) mit zwei Schnitten in nicht projizierenden Ebenen gedeutet werden[5], wobei die Spitze kein Verschwindungspunkt der Zentralprojektion ist, oder als Zentralriß eines Zylinders (eines Prismas) mit zwei Schnitten in nicht projizierenden Ebenen, wobei $Z$ der Fluchtpunkt der Erzeugenden ist.
Weiter läßt sich Fig. 2.14 (Fig. 2.15) als Zentralriß eines Kegels (einer Pyramide) mit zwei Schnitten in nicht projizierenden Ebenen deuten, wobei die Spitze ein eigentlicher Verschwindungspunkt der Zentralprojektion ist, oder als Zentralriß eines Zylinders (eines Prismas) mit zwei Schnitten in nicht projizierenden Ebenen, wobei die Erzeugenden zur Bildebene parallel sind, also einen uneigentlichen Verschwindungspunkt enthalten.
Berührt die Kurve $c$ eine Perspektivitätsgerade $f$ von $\varkappa$ in einem Punkt $K$, so berührt $c^\varkappa$ die Fixgerade $f = f^\varkappa$ im $K$ zugeordneten Punkt $K^\varkappa$. Deutet man Fig. 4.12 als Riß eines Kegels (Zylinders), dessen Leitkurve den Riß $c$ besitzt, so ist nach 4.1.4. der Punkt mit dem Riß $K$ ein Konturpunkt der Leitkurve und die Erzeugende mit dem Riß $f$ eine Konturerzeugende, also auch $K^\varkappa$ der Riß eines Konturpunktes.

[3] Zur Vervollständigung einer perspektiven Kollineation müssen Eigenschaften einer Kollineation herangezogen werden (vgl. 4.2.2., Fn. 1).

[4] Enthält die Kurve $c$ Verschwindungspunkte von $\varkappa$, so sind in der Punktmenge $c^\varkappa$ Fernpunkte enthalten, und $c^\varkappa$ ist keine Kurve im Sinne von Def. 1.4.4. Insbesondere ist das Bild einer Strecke unter einer Kollineation nicht notwendig eine Strecke (vgl. A 4.2, 4) und daher die Bildmenge eines Polygons nicht notwendig ein Polygon.

[5] Wie in Fig. 2.14 und Fig. 2.15 ist in Fig. 4.12 und Fig. 4.13 nur der von den ebenen Schnitten berandete Teil der Fläche dargestellt und eine Schnittkurve ausgewählt, die nur aus sichtbaren Flächenpunkten bestehen soll.

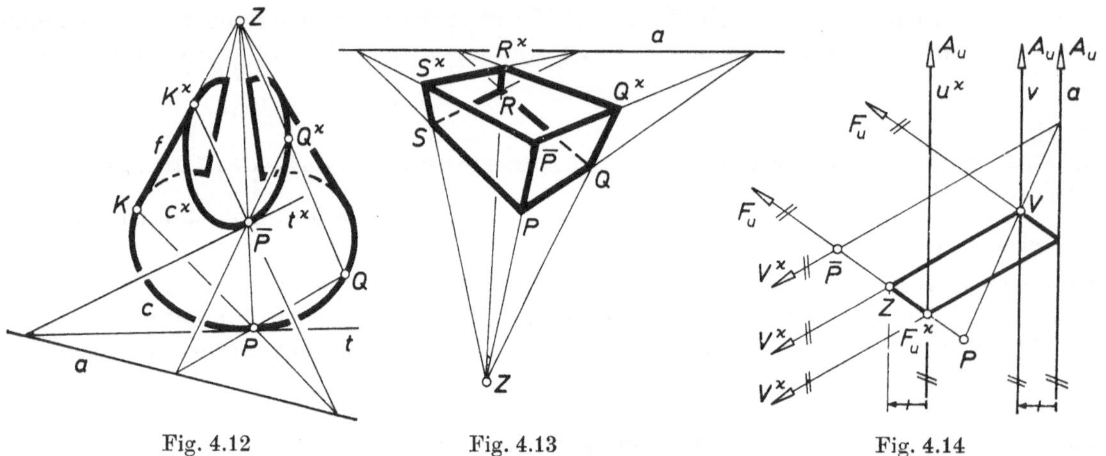


Fig. 4.12 Fig. 4.13 Fig. 4.14

## Aufgaben 4.2

1. Ermittle eine perspektive Kollineation, die ein gegebenes Viereck in ein Quadrat überführt. (Anl.: Ein Quadrat ist ein Rechteck mit orthogonalen Diagonalen.)
2. Bei einer perspektiven Kollineation $\varkappa:\pi \to \pi$ mit dem Kollineationszentrum $Z$ und der Kollineationsachse $a$ hat für alle Punkte $X \in \pi \setminus (Z \cup a)$ das Doppelverhältnis $\mathrm{DV}(X, X^\times, Z, XZ \cap a)$ denselben Wert, falls $Z \notin a$ gilt.
3. Sind $Z, P_1, P_2, P_3, Q_1, Q_2, Q_3$ sieben paarweise verschiedene Punkte einer projektiven Ebene $\pi$, wobei die Punkte $Z, P_j, Q_j$ je in einer von drei paarweise verschiedenen projektiven Geraden $a_j$ $(j = 1, 2, 3)$ liegen, so sind die drei Punkte $A_3 = P_1P_2 \cap Q_1Q_2$, $A_1 = P_2P_3 \cap Q_2Q_3$, $A_2 = P_3P_1 \cap Q_3Q_1$ kollinear (Satz von G. Desargues, 1591–1661).
(Anl.: Benütze jene perspektive Kollineation mit dem Zentrum $Z$ und der Kollineationsachse $A_2A_3$, welche $P_1 \mapsto Q_1$ leistet.)
4. Diskutiere die Bildmenge einer Strecke einer projektiven Ebene $\varepsilon$ unter einer Kollineation $\varkappa:\varepsilon \to \varphi$, bei der ein Endpunkt oder ein Innenpunkt der Strecke ein Verschwindungspunkt von $\varkappa$ ist.
5. Besitzt eine perspektive Kollineation $\varkappa(Z, a; P \mapsto \overline{P})$ ein eigentliches Kollineationszentrum $Z$ und eine eigentliche Kollineationsachse $a$, so geht unter einer Schiebung, welche die Kollineationsachse $a$ in die Verschwindungsgerade $v$ überführt, die Fluchtgerade $u^\times$ in eine Gerade durch das Kollineationszentrum $Z$ über.
(Anl.: Nach 4.2.2. besitzen die Geraden $a$, $v$, $u^\times$ denselben Fernpunkt $A_u$. Ist $F_u$ der Fernpunkt von $ZP$, so gilt $F_u^\times \in u^\times$; für einen Fernpunkt $V^\times$ gilt $V \in v$. Damit entsteht für $V^\times \neq F_u$ ein Parallelogramm mit den Seiten $[Z, V]$ und $[Z, F_u^\times]$ (Fig. 4.14).)
6. Sind $\varkappa_1:\varepsilon \to \varepsilon$ und $\varkappa_2:\varepsilon \to \varepsilon$ zwei perspektive Kollineationen mit demselben Kollineationszentrum, derselben Fluchtgeraden und parallelen Kollineationsachsen, so ist $\varkappa := \varkappa_1\varkappa_2^{-1}:\varepsilon \to \varepsilon$ eine Ähnlichkeit.
(Anl.: Für die Ferngerade $u$ von $\varepsilon$ gilt $u^\times = u$, so daß $\varkappa$ eine Affinität der projektiven Ebene $\varepsilon$ (vgl. 4.1.6) ist. Die Gerade $u$ ist sogar Fixpunktgerade von $\varkappa$; orthogonalen Geraden werden daher stets orthogonale Geraden zugeordnet.)

## 4.3. Konstruktion eines Zentralrisses aus gepaarten Normalrissen

### 4.3.1. Aufnahmesituation einer Zentralprojektion

Die Behandlung der Zentralprojektion erfolgt sachgemäß, wie in 4.1.3. angegeben, im projektiv erweiterten Anschauungsraum. Wir bezeichnen ab jetzt in **4.** eine projektive Gerade bzw. eine projektive Ebene im Sinne von Def. 4.1.5 kurz als *Gerade* bzw. *Ebene*. Gemäß **2.1.4.** wird ein kartesisches $(x, y, z)$-Rechtssystem mit nach oben orientierter lotrechter $z$-Achse, also horizontaler Grundrißebene $\pi_1$, verwendet; wir bezeichnen die Fernpunkte der Koordinatenachsen mit $X_u$, $Y_u$, $Z_u$ und die Ferngeraden von $\pi_1$, $\pi_2$ bzw. $\pi_3$ mit $p_{1u}$, $p_{2u}$ bzw. $p_{3u}$. Natürlich können nur die eigentlichen Punkte durch Koordinatentripel beschrieben werden.

**Def. 4.3.1:** Die zur Bildebene $\pi$ normale Gerade $a$ durch den Augpunkt $O$ heißt die *Blickachse* und der Abstand $d$ des Augpunkts $O$ von der Bildebene $\pi$ die *Distanz*. Der Fluchtpunkt der zur Bildebene $\pi$ normalen Geraden heißt *Hauptfluchtpunkt* (kurz *Hauptpunkt*), die Fluchtgerade $p_{1u}{}^c$ der horizontalen Grundrißebene $\pi_1$ der *Horizont*.

Der Hauptpunkt[1] $H$ fällt nach Def. 4.1.6 in den Schnittpunkt der Blickachse $a$ mit der Bildebene $\pi$, der Horizont $p_{1u}{}^c$ enthält nach 4.1.3. den Fluchtpunkt jeder horizontalen Geraden. Insbesondere gilt

**Satz 4.3.1:** Die Blickachse einer Perspektive ist genau dann horizontal, wenn der Hauptpunkt im Horizont liegt.

Durch den Hauptpunkt $H$ und die Distanz $d$ ist die Lage des Augpunkts $O$ bezüglich der Bildebene $\pi$ festgelegt, wenn man weiß, welchem Halbraum mit der Randebene $\pi$ der Augpunkt angehört. Wir orientieren die Bildebene $\pi$ durch

**Def. 4.3.2:** Der positive Halbraum mit der Randebene $\pi$ enthält den Augpunkt.

Der Zentralriß entsteht in der «Aufnahmesituation» und ist eine Figur der orientierten Bildebene $\pi$. Zur zeichnerischen Behandlung verwenden wir die durch das Auge des Zeichners orientierte Zeichenebene (vgl. 2.1.3.), in der wir, ausgehend von gewissen Angabeelementen, eine zum Zentralriß $\mathfrak{F}^c \subset \pi$ eines Objekts $\mathfrak{F}$ gleichsinnig ähnliche Figur konstruieren. Diese ebenfalls mit $\mathfrak{F}^c$ bezeichnete «Kopie» von $\mathfrak{F}^c$ wird auch ein *Zentralriß* von $\mathfrak{F}$ genannt (vgl. 2.1.3., Fn. 8) und so gewählt, daß der Horizont zum unteren Zeichenblattrand parallel ist und der Hauptpunkt meist in der Mitte des zur Verfügung stehenden Zeichenfeldes liegt. Durch die Wahl des Hauptpunktes $H$ und des Horizonts $p_{1u}{}^c$ in der Zeichenebene ist im Falle einer nicht horizontalen und nicht lotrechten Blickachse $a$ der Zeichenmaßstab durch die Abstände $\overline{Hp_{1u}{}^c}$ in der Zeichenebene und $\overline{(a \cap \pi)\ (\pi_1 \cap \pi)}$ in der Bildebene $\pi$ mitbestimmt und muß bei horizontaler oder lotrechter Blickachse zusätzlich angegeben werden. Bei Aussagen, die sich im folgenden auf ein räumliches Objekt und seinen Zentralriß beziehen, benützen wir stets die Festsetzung aus 2.1.3.

Die Perspektive hat vor allem die Aufgabe, anschaulich wirkende Bilder ausgedehnter Objekte zu liefern. Wählt man die Lage des Augpunkts $O$ und der Blickachse zum Objekt, so wird damit auch der Sehraum festgelegt, und die Wahl der Distanz hat dann nur mehr Einfluß auf die Größe, nicht aber auf die Gestalt des Zentralrisses. Die zu verschiedenen Werten der Distanz gehörenden Bildebenen sind nämlich parallel und daher die Zentralrisse in diesen Bildebenen nach Satz 4.2.2 zueinander ähnlich.

Die Aufnahmesituation wird simuliert, wenn man die Zeichnung aus einem den Hauptpunkt $H$ fixierenden Auge betrachtet, das in der Normalen zur Zeichenebene durch $H$ liegt und von $H$ den Abstand $d$ hat. Daraus folgt, daß die Distanz $d$ (nach Berücksichtigung des Zeichenmaßstabs) nicht kleiner als die normale Sehweite, also mindestens 25 cm gewählt werden sollte, doch muß diese Regel nicht streng eingehalten werden.

Ein im Augpunkt $O$ befindliches menschliches Auge erfaßt bei starrer Blickachse nur jenen Teil des Sehraumes, der innerhalb eines Drehkegels mit gegen die Blickachse etwa unter 30° geneigten Erzeugenden liegt[2]. Die Entfernung des Augpunkts vom Objekt sollte daher so groß gewählt werden, daß dieses sich ganz innerhalb dieses Kegels befindet. Der Zentralriß des Objekts liegt dann innerhalb eines Kreises um den Hauptpunkt, dessen Radius $d \cdot \tan 30° = d \cdot 0{,}577\ldots$, also etwa gleich der halben Distanz ist (Fig. 4.15). Auch diese Regel hat keine absolute Gültigkeit, da einerseits die anschauliche Wirkung eines Zentralrisses davon abhängt, ob ihn der Betrachter mit seiner Seherfahrung in Einklang bringen kann, und da andererseits das Auge des Betrachters nicht starr den Hauptpunkt fixiert.

Die Wahl der Lage der Blickachse zum Objekt schließlich entscheidet, welche Objektteile im Zentralriß betont werden (vgl. Fig. 5.53—5.55).

[1] Obwohl der Hauptpunkt nach Def. 4.3.1 ein Fluchtpunkt, also der Zentralriß eines Fernpunktes ist, hat sich die Bezeichnung $H$ eingebürgert. Wir fassen $H$ nicht als Bezeichnung eines Punktes im Raum, sondern eines Punktes der in $\pi$ liegenden Zentralrißfigur auf; gemäß 2.1.3., Fn. 8 ist dann auch bei der in der Zeichenebene liegenden Kopie die Bezeichnung $H$ zu verwenden.

[2] Wie Versuche gezeigt haben, ist der Randkegel des deutlich wahrnehmbaren Raumbereiches kein Drehkegel. Bei horizontaler Blickachse hat der Öffnungswinkel in der horizontalen bzw. lotrechten Ebene durch den Augpunkt etwa das Maß 74° bzw. 56°.

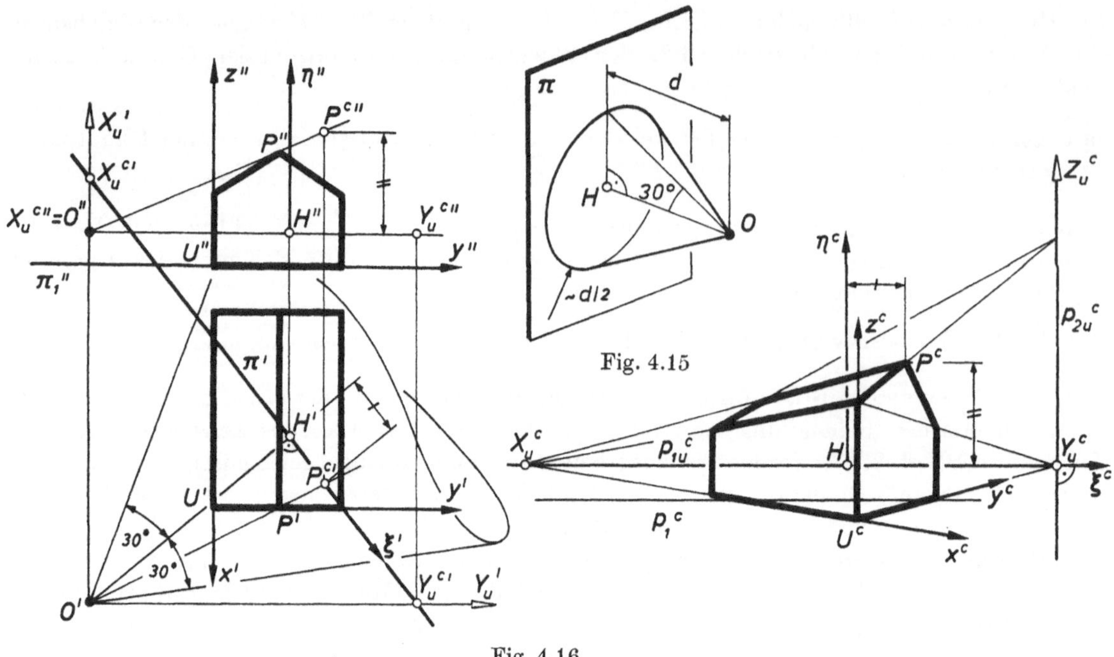


Fig. 4.15

Fig. 4.16

## 4.3.2. Durchschnittverfahren

Um einen Zentralriß eines in gepaarten Normalrissen gegebenen Objekts zu gewinnen, gibt man die beiden Normalrisse des Augpunkts $O$ und der Bildebene $\pi$ an und ermittelt die Schnittpunkte der Sehgeraden durch die Objektpunkte mit $\pi$ (vgl. 3.2.5). Dieses *Durchschnittverfahren* läßt sich mit Hilfe der Fluchtpunkte und Fluchtgeraden von am Objekt beteiligten Geraden und Ebenen verbessern.

Das Durchschnittverfahren ist besonders einfach zu handhaben, wenn die Blickachse horizontal, also parallel zur horizontalen Grundrißebene, verläuft (vgl. A 4.3, 1 und A 4.3, 2) und der Grundriß und ein zum Grundriß gepaarter Normalriß, etwa der Aufriß des Objekts, gegeben sind. Die Bildebene $\pi$ ist dann lotrecht, also parallel zur $z$-Achse und somit erstprojizierend. Der Grundriß $P^{c\prime}$ des Schnittpunkts $P^c$ einer Sehgeraden $OP$ mit $\pi$ liegt daher in $O'P'$ und in der Geraden $\pi'$, der Aufriß $P^{c\prime\prime}$ von $P^c$ in $O''P''$ (Fig. 4.16).

Bei horizontaler Blickachse enthält der Horizont $p_{1u}{}^c$, die Fluchtgerade von $\pi_1$, nach Satz 4.3.1 den Hauptpunkt $H$. Der Zentralriß $p_1{}^c$ der zum Horizont $p_{1u}{}^c$ parallelen Spurgeraden $p_1$ von $\pi_1$ heißt auch *Grundlinie* der Perspektive. Die im Aufriß erkennbare *Aughöhe*[3] $\overline{O\pi_1} = \overline{O''\pi_1''} = \overline{p_{1u}{}^c p_1{}^c}$ wird bei einem auf $\pi_1$ stehenden Betrachter des Objekts etwa 165 cm im Raum betragen. Die zur $z$-Achse parallelen lotrechten Geraden sind zu $p_1$ normale Hauptgeraden. Wie aus Satz 4.2.2 folgt, sind ihre Zentralrisse normal zu $p_1{}^c$ und damit zum Horizont $p_{1u}{}^c$; der Fluchtpunkt $Z_u{}^c$ der $z$-parallelen Geraden ist der Fernpunkt der zum Horizont $p_{1u}{}^c$ normalen Geraden. Wir wählen in der Zeichenebene den Zentralriß $z^c$ der $z$-Achse zum oberen Zeichenblattrand hin orientiert (vgl. 3.1.5.).

Verknüpft man mit der gemäß Def. 4.3.2 durch den Augpunkt $O$ orientierten Bildebene $\pi$ ein kartesisches $(\xi, \eta)$-Rechtssystem zum Ursprung $H$, dessen $\xi$-Achse im Horizont $p_{1u}{}^c$ liegt und dessen $\eta$-Achse nach oben orientiert ist, so kann man die Länge der $\xi$- bzw. $\eta$-Koordinatenstrecke von $P^c$ im Grundriß bzw. im Aufriß unverzerrt[3] ablesen. Nach Wahl des Zeichenmaßstabs für den Zentralriß können diese Koordinatenstrecken in einem kartesischen $(\xi^c, \eta^c)$-Rechtssystem der

[3] Analog zu 2.1.1., Fn. 4 und der Festsetzung in 3.1.1. verwenden wir für den Raum und die Bildebene $\pi$ stets dieselbe Einheitsstrecke und beziehen Längen von Strecken des Objekts bzw. der Zentralfigur in der Zeichenebene stets auf die betreffende Einheitsstrecke.

Zeichenebene eingetragen werden (in Fig. 4.16 liegt den gepaarten Normalrissen und dem Zentralriß derselbe Zeichenmaßstab zugrunde). Ebenso wird der Fluchtpunkt einer Geraden $g$ als Spurpunkt der zu $g$ parallelen Geraden durch $O$ ermittelt, wie Fig. 4.16 für den Fluchtpunkt $X_u^c$ bzw. $Y_u^c$ der $x$-Achse bzw. der $y$-Achse zeigt. Die $yz$-Ebene $\pi_2$ hat als Fluchtgerade $p_{2u}^c$ die zum Horizont $p_{1u}^c$ normale Gerade $Y_u^c Z_u^c$, in der die Fluchtpunkte aller zu $\pi_2$ parallelen Geraden liegen.

Die Grundrißebene $\pi_1$ wird gemäß 1.2.3. durch die nach oben orientierte $z$-Achse orientiert. Eine Zentralprojektion heißt eine *Obersicht* bzw. eine *Untersicht*, je nachdem der Augpunkt $O$ dem positiven bzw. dem negativen Halbraum mit der Randebene $\pi_1$ angehört, also $O$ über bzw. unter $\pi_1$ liegt. Da in der Zentralrißfigur der Zeichenebene von zwei Punkten der Bildebene $\pi$ jener näher dem oberen Zeichenblattrand liegen soll, der im Raum höher liegt, so ist bei Obersicht bzw. Untersicht der Horizont $p_{1u}^c$ in der Zeichenebene über bzw. unter dem Zentralriß $p_1^c$ der Spurgerade $p_1$ von $\pi_1$ anzunehmen; der Zentralriß $z^c$ der $z$-Achse ist dann bei horizontaler Blickachse zum oberen Zeichenblattrand hin orientiert (vgl. Fig. 4.16).

### 4.3.3. Architektenanordnung

Das Übertragen der $\xi$- und $\eta$-Koordinatenstrecken läßt sich vereinfachen, falls der Zentralriß im selben Zeichenmaßstab wie Grund- und Aufriß gezeichnet werden soll. Dazu wählen wir den Zentralriß und den Grundriß so in der Zeichenebene, daß der Grundriß $H'$ des Hauptpunkts $H$ in die $\eta^c$-Achse der Zentralfigur zu liegen kommt und die Gerade $\pi'$ zur $\xi^c$-Achse der Zentralrißfigur, also zum Horizont $p_{1u}^c$, parallel ist; die $\xi$-Koordinaten können dann mit Hilfe von zur $\eta^c$-Achse parallelen Geraden aus der Grundrißfigur in die Zentralrißfigur übertragen werden. Den Aufriß der $\xi$-Achse bringen wir mit dem Horizont $p_{1u}^c$ zur Deckung; das ermöglicht ein Übertragen der $\eta$-Koordinaten mit Hilfe von $\xi^c$-parallelen Hilfsgeraden (Fig. 4.17).

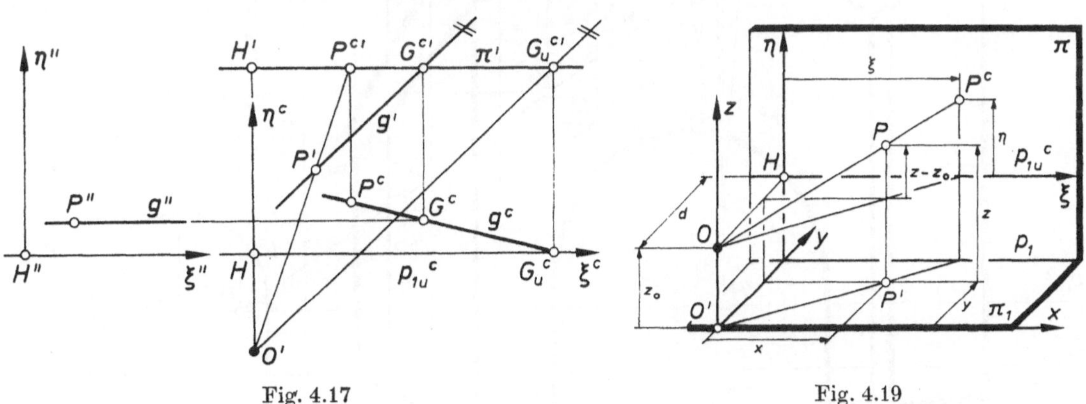


Fig. 4.17 Fig. 4.19

Bei dieser *Architektenanordnung* sind die beiden gepaarten Normalrisse nicht mehr in geordneter Lage, so daß die Ermittlung von $P^{c''}$ aus $P^{c'}$ umständlich ist. Wählt man durch den Objektpunkt $P$ eine horizontale Hilfsgerade $g$, so liegt ihr Fluchtpunkt $G_u^c$ im Horizont $p_{1u}^c$ und besitzt dieselbe $\xi$-Koordinate wie der Grundriß $G_u^{c'}$ von $G_u^c$; der Aufriß des Spurpunkts $G$ von $g$ gehört der zu $\pi_1''$ parallelen Geraden $g''$ durch $P''$ an, so daß die $\eta$-Koordinaten von $G$ und von $P^c$ übereinstimmen. Unter Benützung des Grundrisses $g'$ von $g$ kann $G^c$ und damit $g^c = G^c G_u^c$ gezeichnet werden; in der Geraden $g^c$ liegt der Punkt $P^c$ (Fig. 4.17).

Zweckmäßig wählt man die Hilfsgerade $g$ parallel zu einer horizontalen Objektkante und verwendet für mehrere Objektpunkte zueinander parallele Hilfsgeraden, so daß der Fluchtpunkt $G_u^c$ fest und nur der Zentralriß $G^c$ des jeweiligen Spurpunkts $G$ ermittelt werden muß.

In Fig. 4.18 ist nach dieser Methode der Zentralriß einer Bergkapelle konstruiert. Die Blickachse ist horizontal.

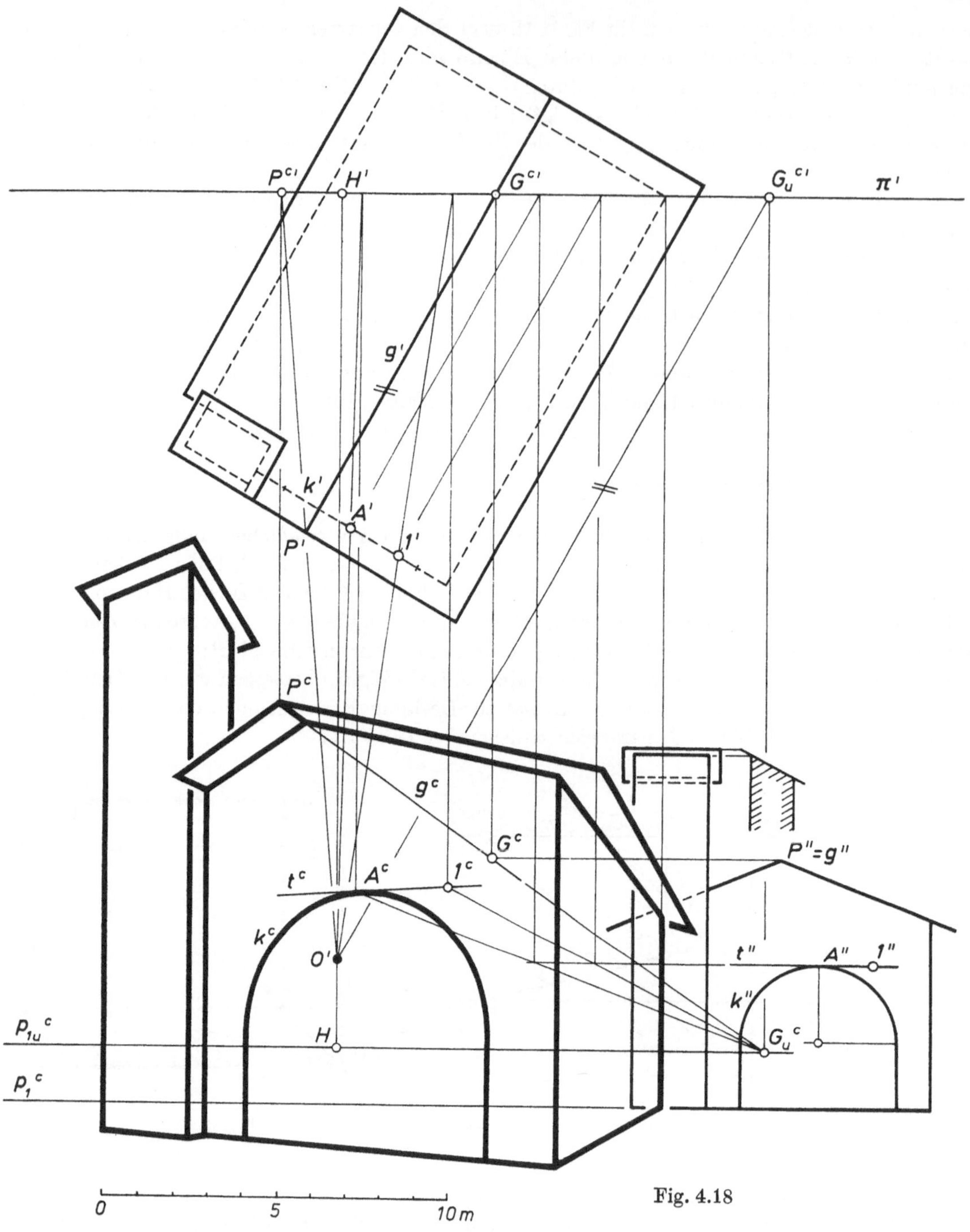


Fig. 4.18

KB. Nach Wahl der Lage des Augpunkts zum Objekt, der Distanz $d = 21{,}5$ m und der Aughöhe von 1,65 m wurde der Grundriß und der Aufriß gemäß der Architektenanordnung in der Zeichenebene konstruiert und mit Hilfe von $x$-parallelen Hilfsgeraden $g$ der Zentralriß ermittelt. Vom Zentralriß $k^c$ des Kreises $k$ sind nur einzelne Punkte samt Tangenten konstruiert. △

## 4.3.4. Numerische Perspektive

Das beim Durchschnittverfahren in 4.3.2. graphisch ermittelte Koordinatenpaar $(\xi, \eta)$ des Zentralrisses eines eigentlichen Punktes $P$ kann einfach errechnet werden, falls das Koordinatentripel $(x, y, z)$ von $P$ in einem kartesischen Rechtssystem mit nach oben orientierter lotrechter

$z$-Achse bekannt ist. Wir verknüpfen dazu das Koordinatensystem aber nicht mit dem Objekt, sondern mit der Angabe der Perspektive: Die $z$-Achse legen wir durch den Augpunkt $O$, den Ursprung in den Grundriß $O'$ des Augpunkts und die orientierte $y$-Achse in den Grundriß der Blickachse und zur Bildebene $\pi$ hin orientiert (Fig. 4.19). Die $x$-Achse ist dann zu $\pi$ parallel, so daß die Punkte von $\pi$ die Distanz $d$ als $y$-Koordinate besitzen. Ist $z_0$ die $z$-Koordinate des Augpunkts $O$, welche die Aughöhe der Perspektive angibt, so folgt aus ähnlichen Dreiecken in Fig. 4.19[4]

$$(1) \qquad \xi = \frac{d}{y}\,x, \qquad \eta = \frac{d}{y}\,(z - z_0).$$

Mit Hilfe der berechneten Koordinatenpaare der Zentralrisse wesentlicher Objektpunkte kann der Zentralriß des Objekts vervollständigt werden. Ein von einem Computer gesteuerter Plotter markiert direkt die durch (1) bestimmten Zentralrisse auf einem Zeichenbogen.

**Aufgaben 4.3**

1. Modifiziere das in 4.3.2. entwickelte Durchschnittverfahren für den Fall einer lotrechten Blickachse durch Vertauschung von Grund- und Aufriß in 4.3.2., und diskutiere die zugehörige «Architektenanordnung».
2. Modifiziere das in 4.3.2. entwickelte Durchschnittverfahren für den Fall einer nicht horizontalen, nicht lotrechten Blickachse unter Verwendung eines zum Grundriß gepaarten Normalrisses, dessen Sehgeraden parallel zur Bildebene der Perspektive sind, und diskutiere die zugehörige Architektenanordnung.

## 4.4. Lageaufgaben und Maßaufgaben

### 4.4.1. Schnittbedingung, Sichtbarkeit

Da die Zentralprojektion nicht injektiv ist, können Lageaufgaben erst dann gelöst werden, wenn man durch zusätzliche Angaben die fehlende Injektivität kompensiert. Wir verwenden im folgenden die Festsetzung aus 2.1.3.

Eine Gerade $g$, die keine Hauptgerade ist, wird durch ihren Fluchtpunkt $G_u{}^c$ und ihren Spurpunkt $G$ festgelegt: Die Gerade $g$ enthält $G$ und ist parallel zur Verbindungsgeraden des Augpunkts $O$ mit $G_u{}^c$. Ebenso ist eine Ebene $\varepsilon$, die keine Hauptebene ist, durch ihre Fluchtgerade $e_u{}^c$ und ihre Spurgerade $e$ festgelegt: Die Ebene $\varepsilon$ enthält $e$ und ist zur Verbindungsebene von $O$ mit $e_u{}^c$ parallel.

**Satz 4.4.1:** Ist $G^c$ der Zentralriß des Spurpunktes $G$ und $G_u{}^c$ der Fluchtpunkt einer Geraden $g$, die keine Hauptgerade und nicht projizierend ist, so liegt ein eigentlicher Punkt $P$ von $g$ genau dann im Sehraum, wenn $P^c$ in derselben Halbgeraden von $g^c$ mit Randpunkt $G_u{}^c$ wie $G^c$ liegt; der Punkt $P$ gehört genau dann dem positiven Halbraum mit der orientierten Bildebene als Randebene an, wenn $P^c$ nicht zwischen $G^c$ und $G_u{}^c$ liegt.

*Beweis*

Mit Hilfe des Verschwindungspunktes $V = g \cap \pi_v$ von $g$ können die Behauptungen aus Fig. 4.20 abgelesen werden, in der die Menge jener eigentlichen Punkte von $g$, welche dem Sehraum nicht angehören, sowie die Menge der Zentralrisse dieser Punkte, graphisch hervorgehoben sind. □

Eine Gerade $g$ ist in einer Ebene $\varepsilon$ enthalten, wenn der Zentralriß $G^c$ des Spurpunktes $G$ von $g$ im Zentralriß $e^c$ der Spurgeraden $e$ von $\varepsilon$ und der Fluchtpunkt $G_u{}^c$ von $g$ in der Fluchtgeraden $e_u{}^c$ von $\varepsilon$ liegen. Mit Hilfe von Geraden einer nicht projizierenden Ebene $\varepsilon$, die keine Hauptebene ist, folgt aus Satz 4.4.1: Der Zentralriß eines Punktes von $\varepsilon$, der dem Sehraum angehört, liegt in derselben Halbebene mit der Randgeraden $e_u{}^c$ wie $e^c$.

Da zwei verschiedene Geraden nach Satz 4.1.1 genau dann einen Schnittpunkt besitzen, wenn sie einer Ebene angehören, ergibt sich die folgende *Schnittbedingung*:

**Satz 4.4.2:** Zwei verschiedene Geraden, die keine Hauptgeraden sind, schneiden einander genau dann, wenn sie entweder denselben Spurpunkt oder denselben Fluchtpunkt besitzen oder wenn

[4] In Fig. 4.19 sind die Koordinaten zur Beschriftung orientierter Abstände verwendet (vgl. 3.2.5., Fn. 6).

die Verbindungsgerade ihrer Fluchtpunkte parallel zur Verbindungsgeraden der Zentralrisse ihrer Spurpunkte ist.

Zu zwei windschiefen Geraden $g_1$, $g_2$, die keine Hauptgeraden und nicht projizierend sind, existiert nach A 4.1, 1 genau eine Sehgerade $s$ der Perspektive, die $g_1$ und $g_2$ trifft; mit $1 = g_1 \cap s$, $2 = g_2 \cap s$ gilt $1^c = 2^c = s^c = g_1{}^c \cap g_2{}^c$. Liegen die beiden Punkte *1* und *2* im Sehraum, was man mit Hilfe von Satz 4.4.1 erkennt, so tritt ein Sichtbarkeitsproblem auf (Fig. 4.21).

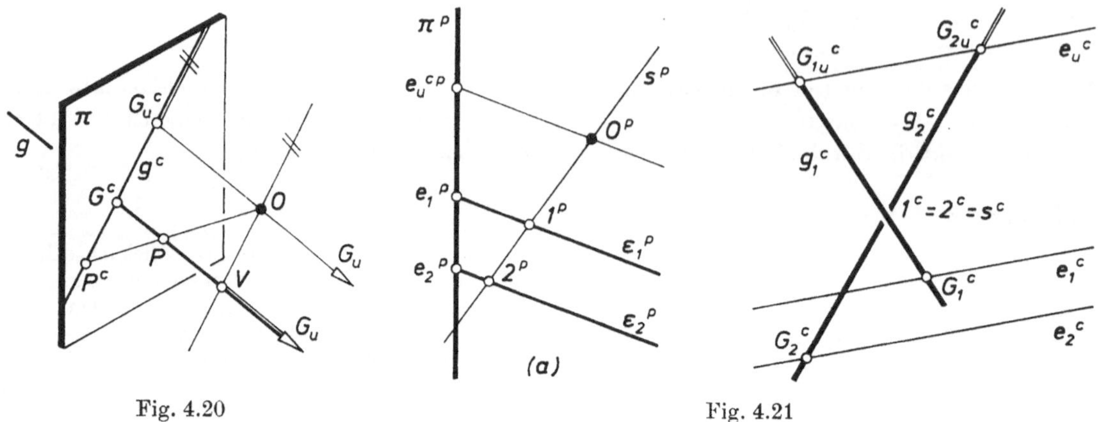


Fig. 4.20 Fig. 4.21

**Satz 4.4.3:** Schneidet eine Sehgerade $s$ zwei windschiefe Geraden $g_1$, $g_2$, die keine Hauptgeraden und nicht projizierend sind, in Punkten $1 \in g_1$ und $2 \in g_2$ des Sehraumes mit $1^c = 2^c = g_1{}^c \cap g_2{}^c$, so liegt der Punkt *1* genau dann näher dem Augpunkt *O* als der Punkt *2*, wenn die zu $e_u{}^c = G_{1u}{}^c\, G_{2u}{}^c$ parallele Gerade $e_1{}^c$ durch $G_1{}^c$ zwischen $e_u{}^c$ und der zu $e_u{}^c$ parallelen Geraden $e_2{}^c$ durch $G_2{}^c$ liegt.

*Beweis*

Die Ebenen $\varepsilon_1$ und $\varepsilon_2$ mit der Fluchtgeraden $e_u{}^c$ und den Spurgeraden $e_1$ bzw. $e_2$ sind zueinander parallel mit $g_1 \subset \varepsilon_1$ und $g_2 \subset \varepsilon_2$. Jede zu diesen Ebenen nicht parallele Sehgerade $s$ schneidet $\varepsilon_1$ in einem zwischen *O* und ihrem Schnittpunkt mit $\varepsilon_2$ liegenden Punkt genau dann, wenn $e_1{}^c$ zwischen $e_u{}^c$ und $e_2{}^c$ verläuft. Dies zeigt der Parallelriß in Fig. 4.21a, in dem die parallelen Geraden $e_1$ und $e_2$ projizierend sind. □

Liegt dagegen mindestens einer der Punkte *1* und *2* nicht im Sehraum, so ist die Diskussion von Sichtbarkeitsverhältnissen nicht sinnvoll; der Zentralriß eines solchen Punktes dient nach 4.1.1. nur konstruktiven Zwecken.

### 4.4.2. Lösung der Lageaufgaben mit Hilfe von Spur- und Fluchtelementen

Alle *Schnittaufgaben*, die sich auf zur Bildebene $\pi$ nicht parallele Geraden und Ebenen beziehen, können mit Satz 4.4.2 gelöst werden.
Haben zwei zu $\pi$ nicht parallele Ebenen $\alpha$, $\beta$ nicht parallele Fluchtgeraden $a_u{}^c$, $b_u{}^c$ und damit nicht parallele Spurgeraden $a$, $b$, so ist $S = a \cap b$ der Spurpunkt und $S_u{}^c = a_u{}^c \cap b_u{}^c$ der Fluchtpunkt ihrer Schnittgeraden $s = \alpha \cap \beta$ (Fig. 4.22). Für $a_u{}^c \parallel b_u{}^c$, also auch $a \parallel b$, aber $a_u{}^c \neq b_u{}^c$, ist die Schnittgerade $s$ eine Hauptgerade; man findet für $a \neq b$ einen Punkt von $s$, wenn man $\alpha$ und $\beta$ mit einer beliebigen nicht projizierenden Ebene $\varepsilon$ schneidet, die durch ihre Spurgerade $e$ und die dazu parallele Fluchtgerade $e_u{}^c$ festgelegt wird (Fig. 4.23).
Der Schnittpunkt $S$ einer Geraden $g$ mit einer Ebene $\varepsilon$ liegt nach 3.2.3. in der Schnittgeraden $s$ von $\varepsilon$ mit einer Ebene $\alpha$ durch $g$. Wählen wir die Ebene $\alpha$ nicht projizierend, so geht ihre Fluchtgerade $a_u{}^c$ durch den Fluchtpunkt $G_u{}^c$ von $g$ und die zu $a_u{}^c$ parallele Spurgerade $a$ von $\alpha$ durch den Spurpunkt $G$ von $g$; dann ist $S^c = g^c \cap s^c$. Durch Diskussion der Lage einer zu $g$ windschiefen Geraden $g_1$ von $\varepsilon$ gemäß Satz 4.4.3 kann die Sichtbarkeit von $g$ bezüglich der undurchsichtig gedachten Ebene $\varepsilon$ entschieden werden (Fig. 4.24).

Hauptgeraden und Hauptebenen spielen bei Schnittaufgaben eine Sonderrolle. Bei einer der Bildebene nicht angehörenden Hauptgeraden $h$ fallen Spurpunkt und Fluchtpunkt in einen Fernpunkt der Bildebene zusammen; die Gerade $h$ kann durch ihren Zentralriß $h^c$ und etwa die Spurgerade $e$ und die Fluchtgerade $e_u{}^c$ einer nicht projizierenden Ebene durch $h$ festgelegt werden, wobei $h^c \| e^c \| e_u{}^c$ gilt. Eine Hauptebene $\eta$ wird durch einen ihrer eigentlichen Punkte $P$ bestimmt, der durch seinen Zentralriß $P^c$ und eine durch Spurpunkt $T$ und Fluchtpunkt $T_u{}^c$ festgelegte *Trägergerade* $t$ von $P$ angegeben wird, die nicht in $\eta$ liegt. Zur Ermittlung des Schnittpunktes $S$ der Hauptebene $\eta$ mit einer durch ihren Spurpunkt $G$ und ihren Fluchtpunkt $G_u{}^c$ bestimmten Geraden $g$ legen wir durch $g$ bzw. $t$ eine nicht projizierende Ebene $\alpha$ bzw. $\beta$ (Fig. 4.25). Die Hauptebene $\eta$ schneidet $\beta$ in einer Hauptgeraden $\bar{h}$ durch $P$ und $\alpha$ in einer Hauptgeraden $h$, wobei $h^c$ bzw. $\bar{h}^c$ zur Spurgeraden $a$ bzw. $b$ von $\alpha$ bzw. $\beta$ parallel ist; die Geraden $h$ und $\bar{h}$ haben einen Punkt $1$ der Schnittgeraden $s = \alpha \cap \beta$ gemeinsam. Der Punkt $g \cap h$ ist der gesuchte Schnittpunkt $S = g \cap \eta$. In Fig. 4.25 liegt $P^c$ zwischen $T^c$ und $T_u{}^c$, so daß $P$ und damit $\eta$ nach Satz 4.4.1 nicht dem positiven Halbraum mit der orientierten Bildebene als Randebene angehört; damit ist der Spurpunkt $G$ von $g$ durch die undurchsichtig gedachte Ebene $\eta$ nicht verdeckt.

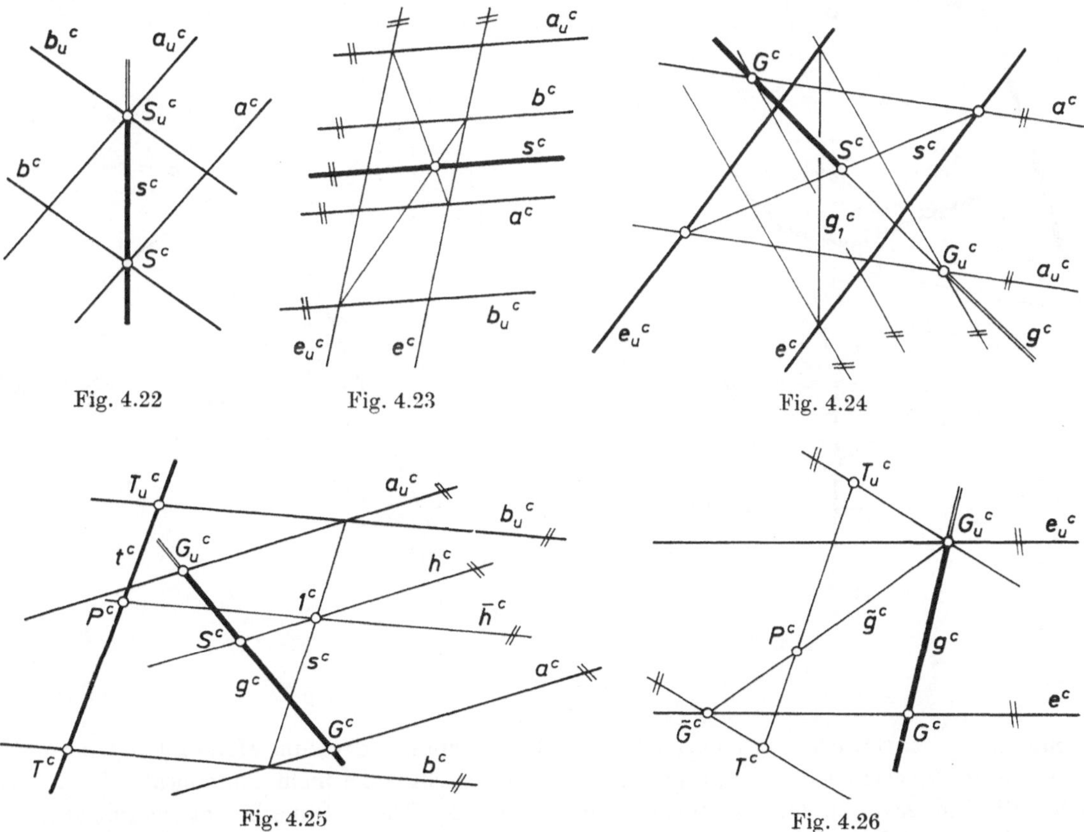

Fig. 4.22 Fig. 4.23 Fig. 4.24

Fig. 4.25 Fig. 4.26

Bei dieser Art der Behandlung der Lageaufgaben (vgl. dagegen 4.4.3.) wird ein Punkt stets zusammen mit einer zur Bildebene nicht parallelen Trägergeraden angegeben. Die Verbindungsaufgaben lassen sich dann auf die folgende Aufgabe zurückführen: Man bestimme die Verbindungsebene $\varepsilon$ einer Geraden $g$ mit einem Punkt $P$. Die Fluchtgerade $e_u{}^c$ von $\varepsilon$ geht durch $G_u{}^c$, und in $\varepsilon$ liegt die zu $g$ parallele Gerade $\tilde{g}$ durch $P$, welche ebenfalls den Fluchtpunkt $G_u{}^c$ besitzt. Da $\tilde{g}$ und die durch ihren Spurpunkt $T$ und ihren Fluchtpunkt $T_u{}^c$ bestimmte Trägergerade $t$ von $P$ in einer Ebene liegen, gilt für den Spurpunkt $\tilde{G}$ von $\tilde{g}$ dann $T\tilde{G} \| T_u{}^c G_u{}^c$. Damit ist $e = G\tilde{G}$ und $e_u{}^c \| e$ (Fig. 4.26). Die Verbindungsgerade $g = P_1P_2$ zweier Punkte $P_1, P_2$ mit den Trägergeraden $t_1$ bzw. $t_2$ hat den Zentralriß $g^c = P_1{}^cP_2{}^c$; ihr Fluchtpunkt $G_u{}^c$ bzw. ihr Spurpunkt $G$ liegt in der Fluchtgeraden $e_u{}^c$ bzw. der Spurgeraden $e$ der Verbindungsebene $\varepsilon = P_1t_2$ (vgl. A 4.4, 1).

### 4.4.3. Lageaufgaben in Zentralriß und Zentralgrundriß

Nach 4.4.1. reicht ein Zentralriß einer Punktmenge allein zur Lösung von Lageaufgaben in dieser Punktmenge nicht aus. In Analogie zu A 3.2, 6 können die Lageaufgaben auch so behandelt werden, daß man im Falle einer nicht projizierenden Grundrißebene $\pi_1$ neben dem Zentralriß noch den Zentralriß des Grundrisses, den *Zentralgrundriß*[1] verwendet; dabei muß von der Ebene $\pi_1$ die Fluchtgerade $p_{1u}{}^c$ und der Zentralriß $p_1{}^c$ der Spur $p_1$ bekannt sein. Dieses *Zentralriß-Zentralgrundrißverfahren* ist sinngemäß bei Verwendung des *Zentralaufrisses* oder des *Zentralkreuzrisses* anstelle des Zentralgrundrisses zu modifizieren.

Der Zentralriß $P^c$ und der Zentralgrundriß $P'^c$ eines eigentlichen Punktes $P$, der nicht der $z$-parallelen Geraden durch $O$ angehört, sind stets an einen *Ordner* gebunden, nämlich an den Zentralriß der $z$-parallelen Geraden durch $P$ (Fig. 4.27). Bei horizontaler Blickachse ist der Flucht-

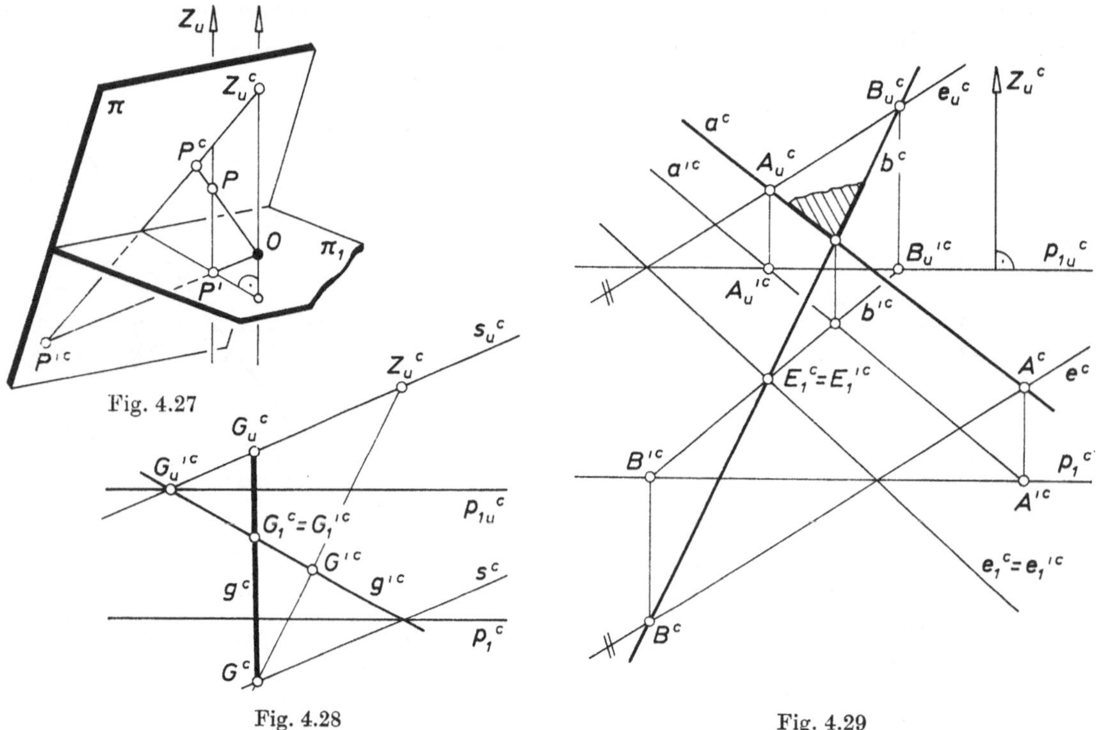


Fig. 4.27

Fig. 4.28

Fig. 4.29

punkt $Z_u{}^c$ der $z$-parallelen Geraden nach 4.3.2. der Fernpunkt der zum Horizont $p_{1u}{}^c$ normalen Geraden der Zeichenebene, so daß alle Ordner parallel sind; bei nicht horizontaler Blickachse gehen die Ordner durch den eigentlichen Fluchtpunkt $Z_u{}^c$. Diese Ordnerbedingung gilt auch für einen Fernpunkt $F_u \neq Z_u{}^c$, wenn man die Normalprojektion auf $\pi_1$ im Sinne von 4.1.3. als Projektion aus dem projektiven Raum mit dem Fernpunkt $Z_u$ der $z$-Achse als Zentrum auffaßt: Die Verbindungsebene des Augpunkts $O$ mit $F_u$ und $F_u' \in \pi_1$ enthält den Punkt $Z_u$. Ein Punkt $P \notin OZ_u$ liegt genau dann in $\pi_1$, wenn die beiden Punkte $P^c$ und $P'^c$ zusammenfallen. Für einen Fernpunkt $F_u$ ist $F_u'^c$ in $p_{1u}{}^c$ kennzeichnend. Zusammenfassend gilt:

**Satz 4.4.4:** Das Bildpaar $(P^c, P'^c)$ eines Punktes $P \in \mathfrak{P} \setminus OZ_u$ liegt in einem Ordner durch $Z_u{}^c$. Für einen Fernpunkt gehört der Zentralgrundriß dem Horizont an, für einen Punkt von $\pi_1$ ist der Zentralriß gleich dem Zentralgrundriß.

[1] Der Zentralgrundriß $P'^c$ ist der Zentralriß des Grundrisses $P'$ von $P$. In 4.3.2. wird dagegen der Grundriß $P^{c\prime}$ des Zentralrisses $P^c$ von $P$ verwendet.

Umgekehrt ist jedes an einen Ordner gebundene Punktepaar ($P^c$, $P'^c$) mit $P^c, P'^c \neq Z_u{}^c$ Zentralriß und Zentralgrundriß genau eines Punktes $P$, da in der Aufnahmesituation die einer Ebene angehörenden Geraden $OP^c$ und $(OP'^c \cap \pi_1)\, Z_u$ genau einen Punkt $P$ gemeinsam haben (Fig. 4.27).
Eine nicht projizierende, nicht lotrechte Gerade $g$ besitzt einen geradlinigen Zentralriß $g^c$ und einen geradlinigen Zentralgrundriß $g'^c$. Schneidet $g$ die Gerade $OZ_u$ nicht, so kann mit Satz 4.4.4 der Zentralriß und der Zentralgrundriß ihres Fernpunkts $G_u$ und für $g'^c \neq g^c$, also $g \not\subset \pi_1$, der Zentralriß ihres Schnittpunkts $G_1$ mit $\pi_1$ gefunden werden; der Spurpunkt $G$ von $g$ gehört der Spurgeraden $s$ der lotrechten Ebene $\sigma$ durch $g$ an, welche $\pi_1$ in $g'$ schneidet (Fig. 4.28). Für eine projizierende nicht lotrechte Gerade $g$ ist $g^c$ ein Punkt, und $g'^c$ fällt in einen Ordner, für eine nicht projizierende lotrechte Gerade $g$ ist $g'^c$ ein Punkt, und $g^c$ fällt in einen Ordner; die $z$-Parallele durch $O$ schließlich hat den Punkt $Z_u{}^c$ als Zentralriß und als Zentralgrundriß. Für jede $OZ_u$ weder in $O$ noch in $Z_u$ schneidende Gerade $g$ enthält die Gerade $g^c = g'^c$ den Punkt $Z_u{}^c$, und $g$ ist durch $g^c = g'^c$ nicht festgelegt.
Zwei nicht in derselben Sehebene oder in derselben lotrechten Ebene liegende eigentliche Geraden $a$ und $b$, die $OZ_u$ nicht schneiden, haben im projektiven Raum genau dann einen Punkt gemeinsam, wenn die *Schnittbedingung* (vgl. 3.2.1.) erfüllt ist: Die Punkte $a^c \cap b^c$ und $a'^c \cap b'^c$ gehören einem Ordner an; für $a'^c \cap b'^c \in p_{1u}{}^c$ ist $a \parallel b$. Der Zentralriß $e^c$ der Spurgeraden $e$ der Ebene $\varepsilon = ab$ und ihre Fluchtgerade $e_u{}^c$ sind dann durch die Zentralrisse der Spurpunkte und der Fernpunkte von $a$ und $b$ bestimmt (Fig. 4.29). Gemäß 4.4.2. ist für $\varepsilon \neq \pi_1$ die Verbindungsgerade der Punkte $e^c \cap p_1{}^c$ und $e_u{}^c \cap p_{1u}{}^c$ der Zentralriß $e_1{}^c$ der Schnittgeraden $e_1$ von $\varepsilon$ mit $\pi_1$; wegen $e_1 \subset \pi_1$ gilt $E_1{}^c = E_1'^c$ für jeden Punkt von $e_1$, also $e_1{}^c = e_1'^c$.
Die konstruktive Behandlung einer Ebene stützt sich analog zu 3.2.2. auf das Angittern einer Geraden an zwei verschiedenen Geraden der Ebene, womit die Vervollständigungsaufgabe für eine nicht projizierende Ebene sowie die Schnittaufgaben in Analogie zu 3.2.3. behandelt werden können.
Nach 4.4.1. ist die Diskussion von Sichtbarkeitsverhältnissen nur sinnvoll, wenn zwei Punkte *1*, *2* einer Sehgeraden dem Sehraum angehören; bei horizontaler Blickachse ist das genau dann der

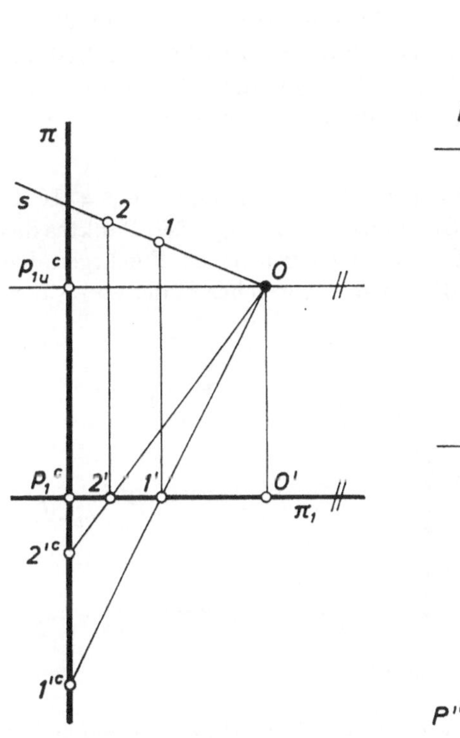


Fig. 4.30

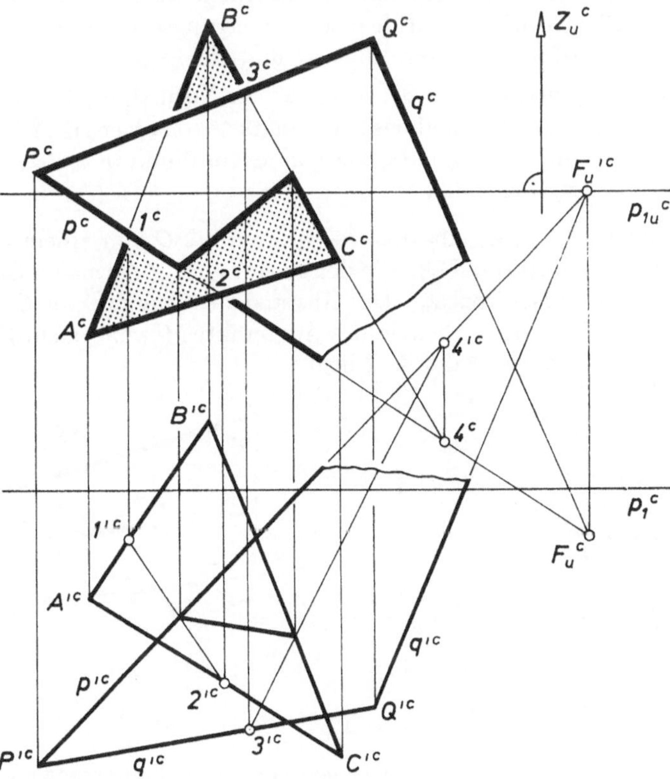


Fig. 4.31

Fall, wenn ihre Grundrisse $1'$, $2'$ im Sehraum liegen, also die Zentralgrundrisse $1'^c$ und $2'^c$ nach 4.4.1. jener Halbebene der Zeichenebene mit dem Horizont $p_{1u}{}^c$ als Randgeraden angehören, in der der Zentralriß $p_1{}^c$ der Spurgeraden $p_1$ von $\pi_1$ liegt. Aus Fig. 4.30 liest man ab

**Satz 4.4.5:** Bei horizontaler Blickachse ist von zwei Punkten $1$, $2$ des Sehraums, die einer Sehgeraden angehören, der Punkt $1$ genau dann näher dem Augpunkt, wenn $1'^c$ weiter vom Horizont entfernt ist als $2'^c$.

Bei nicht horizontaler Blickachse kann ein Punkt des Sehraumes einen Grundriß besitzen, der dem Sehraum nicht angehört, was bei der Sichtbarkeitsdiskussion Fallunterscheidungen erfordert (vgl. A. 4.4, 2).

In Fig. 4.31 behandeln wir folgendes Beispiel: Die Ebene $\varepsilon = ABC$ ist mit der Verbindungsebene $pq$ zweier paralleler Geraden $p$, $q$ durch die Punkte $P$ und $Q$ zu schneiden. Wir verwenden horizontale Blickachse und geben unter Beachtung der Ordnerbedingung die Zentralrisse sowie die Zentralgrundrisse der Punkte $A$, $B$, $C$, $P$, $Q$ und des gemeinsamen Fernpunkts $F$ von $p$ und $q$ an.

KB. Die Sehebene durch $p$ schneidet $AB$ in $1$ und $AC$ in $2$; die Sehebene durch $BC$ schneidet $PQ$ in $3$ und $p$ in $4$. Die Sichtbarkeit wird mit Satz 4.4.5 entschieden. △

## 4.4.4. Achsenebenen einer Zentralprojektion

Zur Behandlung der Maßaufgaben sind folgende Begriffsbildungen zweckmäßig:

**Def. 4.4.1:** Der Kreis um den Hauptpunkt $H$ mit der Distanz $d$ als Radius heißt *Distanzkreis* der Perspektive[2]. Jede Ebene $\omega$ durch die Blickachse heißt *Achsenebene.*

Bei der Normalprojektion $n: \mathfrak{P} \to \pi$ auf die Bildebene $\pi$ der Perspektive ist der Hauptpunkt $H$ der Normalriß $O^n$ des Augpunkts $O$, und jede Achsenebene $\omega$ besitzt einen geradlinigen Normalriß $\omega^n$ durch $H$.

Der Abstand des Augpunkts $O$ von einem eigentlichen Fluchtpunkt $G_u{}^c$ mit $G_u{}^c \neq H$ ergibt sich gemäß Satz 3.3.1 mit Hilfe eines Verzerrungsdreiecks der in der Achsenebene durch $G_u{}^c$ liegenden Strecke $[O, G_u{}^c]$, da mit $H = O^n$ und $G_u{}^c = G_u{}^{cn}$ der Normalriß dieser Strecke bekannt und $\pi$ die Hauptebene durch $G_u{}^c$ bezüglich der Normalprojektion $n$ ist; für $G_u{}^c = H$ ist $\overline{OG_u{}^c}$ die Distanz. Da weiter der Abstand des Augpunkts $O$ von einer eigentlichen Fluchtgeraden $e_u{}^c$ nach Def. 1.2.9 der Abstand des Augpunkts $O$ von jenem Punkt in $e_u{}^c$ ist, der in der zu $e_u{}^c$ normalen Achsenebene liegt, folgt (Fig. 4.32).

**Satz 4.4.6:** Der Abstand des Augpunkts $O$ von einem eigentlichen Fluchtpunkt $G_u{}^c \neq$ H ist gleich dem Abstand eines in der zu $\omega^n = HG_u{}^c$ normalen Geraden durch $H$ liegenden Punktes des Distanzkreises von $G_u{}^c$. Der Abstand des Augpunktes $O$ von einer eigentlichen Fluchtgeraden $e_u{}^c$ ist gleich dem Abstand des Augpunktes $O$ von jenem Punkt in $e_u{}^c$, welcher in der zu $e_u{}^c$ normalen Geraden $\omega^n$ durch $H$ liegt.

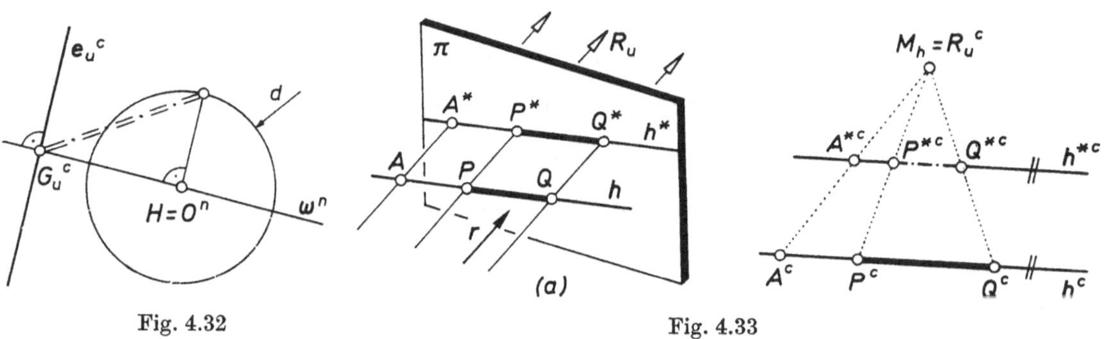

Fig. 4.32 Fig. 4.33

[2] Wir verwenden bei den Maßaufgaben stets die Festsetzung aus 4.3.2., Fn. 3. Die Distanz im Raum und der Radius des Distanzkreises in der Zeichenebene besitzen dann dieselbe Maßzahl.

### 4.4.5. (M1) Messen in einer Geraden

Zur Ermittlung der Länge einer Strecke $[P, Q]$ einer nicht projizierenden Geraden $g$ projizieren wir die Punkte $P, Q$ parallel einer geeigneten, zu $\pi$ nicht parallelen Geraden $r$ so auf die Bildebene $\pi$, daß die dabei entstehende Strecke $[P^*, Q^*]$ in $\pi$ dieselbe Länge wie die Strecke $[P, Q]$ besitzt; wegen der Teilverhältnistreue der Parallelprojektion bleibt dabei die Länge jeder Strecke von $g$ ungeändert. Da die Punkte $P^*, Q^*$ in der Bildebene $\pi$ liegen, gilt dann $\overline{PQ} = \overline{P^{*c}Q^{*c}}$.

**Def. 4.4.2:** Ist die Projektion einer Geraden $g$ parallel einer Geraden $r$ auf $\pi$ längentreu, so heißt der Fluchtpunkt $R_u{}^c$ von $r$ ein *Meßpunkt* $M_g$ der Geraden $g$.

Für eine Hauptgerade $h = PQ$ kann die Gerade $r$ nach Satz 2.1.3 beliebig, aber nicht parallel zu $\pi$ (Fig. 4.33a), also der Meßpunkt $M_h$ in irgendeinem eigentlichen Punkt von $\pi$ gewählt werden. Die zu $h$ parallele Gerade $h^* = P^*Q^*$ ist festgelegt, falls zu einem Punkt $A$ von $h$ der parallel $r$ nach $\pi$ projizierte Punkt $A^* \in h^* = R_u h \cap \pi$ bekannt ist (Fig. 4.33). Um die Konstruktion durchführen zu können, darf $M_h$ nicht in $h^c$ gewählt werden.
Ist die Gerade $g = PQ$ keine Hauptgerade, so gilt bei Projektion parallel einer Geraden $r$ aufgrund ähnlicher Dreiecke in Fig. 4.34a

(1) $$\overline{P^*Q^*} : \overline{PQ} = \overline{R_u{}^c G_u{}^c} : \overline{OG_u{}^c}.$$

Genau für $\overline{R_u{}^c G_u{}^c} = \overline{OG_u{}^c}$ folgt $\overline{PQ} = \overline{P^*Q^*}$ nach (1). Da diese Bedingung für $R_u{}^c$ nur den Fluchtpunkt von $g$ betrifft, gilt zusammenfassend

**Satz 4.4.7:** Jeder eigentliche Punkt der Bildebene ist Meßpunkt einer nicht projizierenden Hauptgeraden. Ein Meßpunkt einer zur Bildebene nicht parallelen nicht projizierenden Geraden $g$ hat vom Fluchtpunkt $G_u{}^c$ denselben Abstand wie der Augpunkt $O$ und ist Meßpunkt jeder zu $g$ parallelen nicht projizierenden Geraden.

Alle Meßpunkte von $g$ liegen somit in einem Kreis um den Fluchtpunkt $G_u{}^c$ vom Radius $\overline{OG_u{}^c}$. Der Abstand $\overline{OG_u{}^c}$ wird nach Satz 4.4.6 konstruiert (Fig. 4.34).
Legt man durch eine Gerade $g = PQ$ mit dem Spurpunkt $G$ und dem Fluchtpunkt $G_u{}^c$ eine Ebene $\varepsilon$, deren Spurgerade $e$ bzw. Fluchtgerade $e_u{}^c$ also durch $G$ bzw. $G_u{}^c$ geht, und wählt man einen Meßpunkt $M_g$ von $g$ speziell in $e_u{}^c$, so verläuft die Sehgerade mit dem Fluchtpunkt $R_u{}^c = M_g$ für jeden Punkt $P$ von $g$ in $\varepsilon$; der Zentralriß $P^{*c}$ des nach $P^* \in \pi$ parallelprojizierten Punktes $P$ ist somit der Schnittpunkt von $e_u{}^c$ mit dem Zentralriß $P^c M_g$ der Sehgeraden $PR_u$ (Fig. 4.34). Analo-

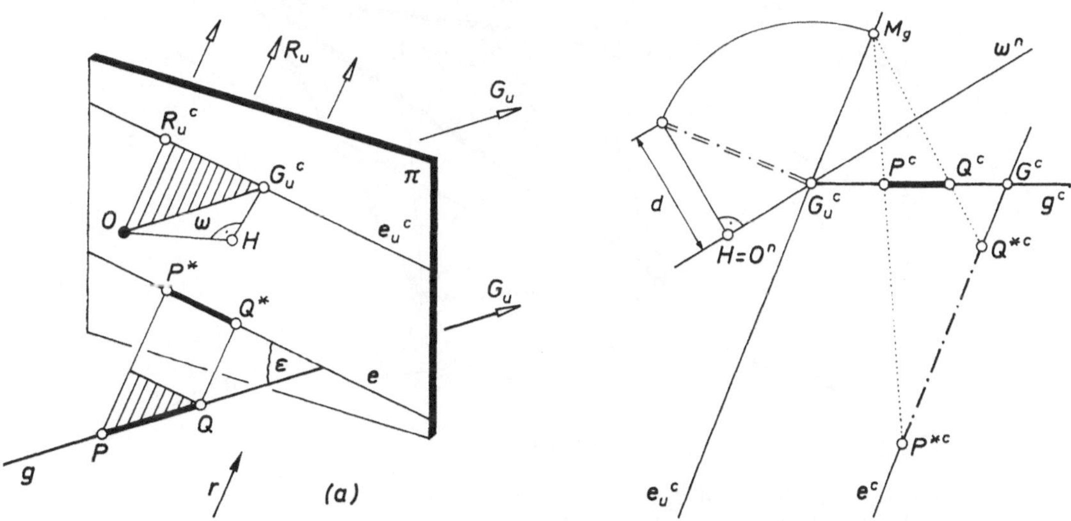


Fig. 4.34

ges gilt für $Q^{*c}$. Wir nennen $M_g$ in $e_u{}^c$ einen *Meßpunkt von g in ε*. Für eine zu π nicht parallele Gerade $g$ gibt es zwei Meßpunkte von $g$ in $\varepsilon$, die im Schnitt von $e_u{}^c$ mit dem Kreis um $G_u{}^c$ vom Radius $\overline{OG_u{}^c}$, also symmetrisch zum Fluchtpunkt $G_u{}^c$ liegen[3] (Fig. 4.34).

Sollte bei Ermittlung der Länge $\overline{PQ}$ die Strecke $[P^{*c}, Q^{*c}]$ zu groß für die Zeichnung sein, so verwendet man anstelle des Meßpunktes $M_g$ einen Punkt $R_u{}^c$ von $e_u{}^c$, für den $\overline{R_u{}^cG_u{}^c} = \lambda\overline{OG_u{}^c}$, etwa mit $\lambda = 1:2$, gilt. Nach (1) erhält man mit Hilfe eines solchen Punktes $R_u{}^c$ eine Strecke der Länge $\lambda\overline{PQ}$ in $e^c$ (vgl. Fig. 4.53). Eine der Verschwindungsebene nicht angehörende Hauptgerade wird teilverhältnistreu abgebildet; liegt eine Strecke $[P, Q]$ in einer solchen Hauptgeraden $h$, so ist daher die Länge $\overline{PQ}$ das Doppelte der Länge einer Strecke in $h$, deren Zentralriß die halbe Länge der Strecke $[P^c, Q^c]$ besitzt (vgl. Fig. 4.54).

Um eine Strecke $[P, Q]$ einer Geraden $g$, die in einer gegebenen Ebene $\varepsilon$ liegt, in einem vorgeschriebenen Verhältnis zu teilen, benötigt man nicht den Meßpunkt von $g$ in $\varepsilon$. Ist nämlich $g$ speziell eine Hauptgerade in $\varepsilon$, so wird die Menge ihrer eigentlichen Punkte bei Zentralprojektion nach Satz 4.2.2 teilverhältnistreu abgebildet. Für eine zur Bildebene nicht parallele Gerade $g \sqsubset \varepsilon$ ist die Parallelprojektion von $g$ auf eine Hauptgerade $h \sqsubset \varepsilon$ parallel einer Geraden $r \sqsubset \varepsilon$ teilverhältnistreu; mit $h^c \parallel e_u{}^c$ erhält man nach Wahl eines eigentlichen Punktes $R_u{}^c$ in $e_u{}^c$ die Zentralrisse $P^{*c}$, $Q^{*c}$ jener Punkte $P^*$, $Q^*$ von $h$, die unter Projektion parallel $r$ auf $h$ aus zwei Punkten $P$, $Q$ von $g$ entstehen, kann dann in der Geraden $h^c$ direkt im vorgeschriebenen Verhältnis teilen[4] und zurückprojizieren (vgl. Fig. 4.35).

Gemäß 3.3.1. wird mit Hilfe der Maßaufgabe (M 1) in einer Geraden eine Strecke gegebener Länge abgetragen. Wir behandeln in Fig. 4.35 folgende Aufgabe: In einer Ebene $\varepsilon$, von welcher der Zenralriß $e^c$ der Spurgeraden $e$ und die Fluchtgerade $e_u{}^c$ gegeben sind, liegt ein Dreieck $\{A, B, C\}$

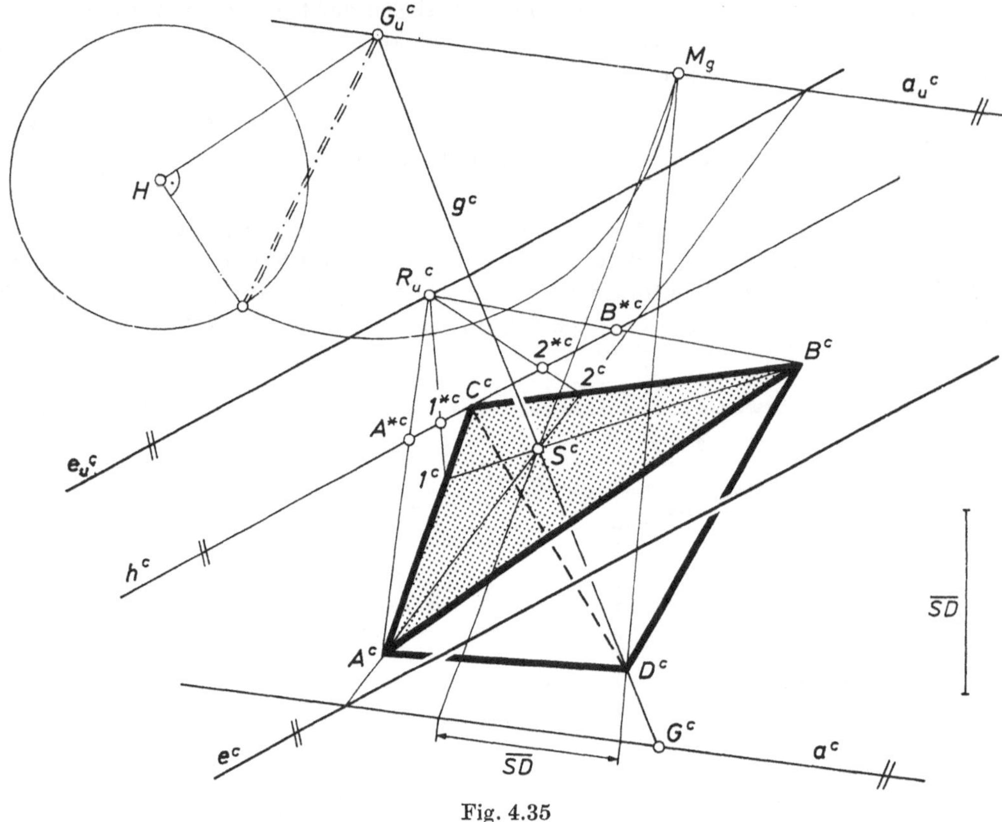


Fig. 4.35

[3] Wir denken stets einen der beiden Meßpunkte in $e_u{}^c$ ausgewählt und sprechen daher vom Meßpunkt der Geraden $g$ in $\varepsilon$. Die Konstruktion versagt, wenn $M_g$ in $g^c$ liegt, also $e^c = g^c$ gilt.

[4] Man nennt einen eigentlichen Punkt $R_u{}^c$ von $e_u{}^c$ daher auch einen *Teilungspunkt von g in ε*.

mit bekannten Zentralrissen. Es ist ein Tetraeder $\{A, B, C, D\}$ zu ermitteln, dessen Punkt $D$ einer Geraden $g$ mit dem gegebenen Fluchtpunkt $G_u{}^c$ angehört und welche $\varepsilon$ im Schwerpunkt $S$ von $\{A, B, C\}$ schneidet; die Länge $\overline{SD}$ ist gegeben.

KB. Die Hauptgerade $h$ in $\varepsilon$ durch $C$ hat einen zu $e_u{}^c$ parallelen Zentralriß $h^c$. Nach Wahl eines Teilungspunktes $R_u{}^c$ in $e_u{}^c$ können die Zentralrisse $A^{*c}, B^{*c}, C^{*c} = C^c$ der auf $h$ parallelprojizierten Punkte $A^*, B^*, C^*$ und mit Hilfe der Zentralrisse $1^{*c}, 2^{*c}$ der Mittelpunkte von $[A^*, C^*]$, $[B^*, C^*]$ die Zentralrisse $1^c, 2^c$ der Mittelpunkte $1, 2$ von $[A, C]$, $[B, C]$ und damit $S^c$ gefunden werden. In der Ebene $\alpha = ASG_u$ liegt die Gerade $g$; die Fluchtgerade $a_u{}^c$ von $\alpha$ geht durch $G_u{}^c$ und den Fluchtpunkt $A^cS^c \cap e_u{}^c$ von $AS$, die Spurgerade $a$ von $\alpha$ durch den Spurpunkt $AS \cap e$. Mit Hilfe des Meßpunktes $M_g$ von $g$ in $\alpha$ kann $SD$ (zweideutig) eingemessen werden. Die Sichtbarkeit ergibt sich mit Satz 4.4.3 unter Benützung des Punktes $S^cD^c \cap B^cC^c$. △

### 4.4.6. (M2) Messen in einer Ebene

Die zweite Maßaufgabe (M2) wird nach 3.3.2. durch Paralleldrehen einer Ebene $\varepsilon$ um eine Hauptgerade $h$ von $\varepsilon$ in die Hauptebene $\varepsilon_0$ durch $h$ gelöst. Nach Satz 2.2.3 ist die zur Figur $\mathfrak{F} \subset \varepsilon$ kongruente, parallelgedrehte Figur $\mathfrak{F}_0 \subset \varepsilon_0$ zu $\mathfrak{F}$ parallelperspektiv, wobei die parallelen Drehsehnengeraden die Perspektivitätsgeraden sind. Für eine nicht projizierende Ebene $\varepsilon$ ist nach Satz 4.2.4 daher $\mathfrak{F}_0{}^c$ zu $\mathfrak{F}^c$ perspektiv kollinear mit $h^c$ als Kollineationsachse und dem Fluchtpunkt der parallelen Drehsehnengeraden (*Drehsehnenfluchtpunkt*) als Kollineationszentrum. Für eine von der Verschwindungsebene verschiedene projizierende Ebene $\varepsilon$ liegt $\mathfrak{F}^c$ in der Geraden $\varepsilon^c$, und $\mathfrak{F}_0{}^c$ ist zu $\mathfrak{F}^c$ nicht perspektiv kollinear, jedoch gehört der Zentralriß $P_0{}^c$ der gedrehten Lage $P_0$ eines Punktes $P$ von $\varepsilon$ stets der Verbindungsgeraden von $P^c$ mit dem Drehsehnenfluchtpunkt an. Nach Satz 4.2.2 ist $\mathfrak{F}_0{}^c$ zu $\mathfrak{F}_0$ und damit zu $\mathfrak{F}$ ähnlich und für $\varepsilon_0 = \pi$, also beim Paralleldrehen der Ebene $\varepsilon$ um ihre Spurgerade in $\pi$, zu $\mathfrak{F}_0$ und damit zu $\mathfrak{F}$ kongruent.

**Def. 4.4.3:** Wird eine Ebene $\varepsilon$, die keine Hauptebene ist, um eine ihrer Hauptgeraden parallel zur Bildebene gedreht, so heißt der Drehsehnenfluchtpunkt ein *Meßpunkt* $M_\varepsilon$ von $\varepsilon$.

Der Meßpunkt $M_\varepsilon$ ist also der Spurpunkt der zu den Drehsehnengeraden parallelen Sehgeraden, und diese verläuft nach Satz 2.2.3 in der zu $h$ und damit zur Fluchtgeraden $e_u{}^c$ von $\varepsilon$ normalen Achsenebene $\omega$. Ist $P$ ein Punkt von $\varepsilon$, der nicht in der Drehachse $h$ liegt, so treten in zu $h$ normalen Ebenen zwei in Fig. 4.36a schraffierte ähnliche Dreiecke auf; wegen $\overline{hP} = \overline{hP_0}$ sind beide Dreiecke gleichschenklig, was

$$\overline{M_\varepsilon e_u{}^c} = \overline{Oe_u{}^c} \tag{2}$$

ergibt. Der Abstand $\overline{Oe_u{}^c}$ wird nach Satz 4.4.6 konstruiert (Fig. 4.36). Da $M_\varepsilon$ nur von $e_u{}^c$ abhängt, gilt zusammenfassend:

**Satz 4.4.8:** Ein Meßpunkt $M_\varepsilon$ einer zur Bildebene nicht parallelen Ebene $\varepsilon$ liegt in der Normalen $\omega^n$ aus dem Hauptpunkt $H$ auf die Fluchtgerade $e_u{}^c$ von $\varepsilon$, hat von dieser denselben Abstand wie der Augpunkt $O$ und ist Meßpunkt jeder zu $\varepsilon$ parallelen Ebene.

Eine zu $\pi$ nicht parallele Ebene $\varepsilon$ hat nach Satz 4.4.8 zwei Meßpunkte, die zu $e_u{}^c$ symmetrisch liegen und zu jenen beiden Drehungen um eine Hauptgerade $h$ von $\varepsilon$ gehören, die $\varepsilon$ in die Hauptebene $\varepsilon_0$ durch $h$ überführen[5]. Ist $\varepsilon$ zu $\pi$ normal, so gehört der Hauptpunkt $H$ der Fluchtgeraden $e_u{}^c$ von $\varepsilon$ an; der Meßpunkt $M_\varepsilon$ liegt dann nach Satz 4.4.8 in der zu $e_u{}^c$ normalen Geraden durch $H$ und hat von $H$ wegen $\overline{OH} = \overline{Oe_u{}^c}$ einen der Distanz gleichen Abstand.
Da nach (2) jeder Punkt der Fluchtgeraden $e_u{}^c$ gleichen Abstand von $O$ und von $M_\varepsilon$ besitzt, folgt durch Vergleich mit Satz 4.4.7:

**Satz 4.4.9:** Der Meßpunkt $M_g$ einer zu $\pi$ nicht parallelen nicht projizierenden Geraden $g$ in einer Ebene $\varepsilon$ hat vom Fluchtpunkt $G_u{}^c$ von $g$ in $e_u{}^c$ denselben Abstand wie der Meßpunkt $M_\varepsilon$ der Ebene $\varepsilon$.

[5] Wir denken stets einen der beiden Meßpunkte ausgewählt und sprechen daher vom Meßpunkt der Ebene.

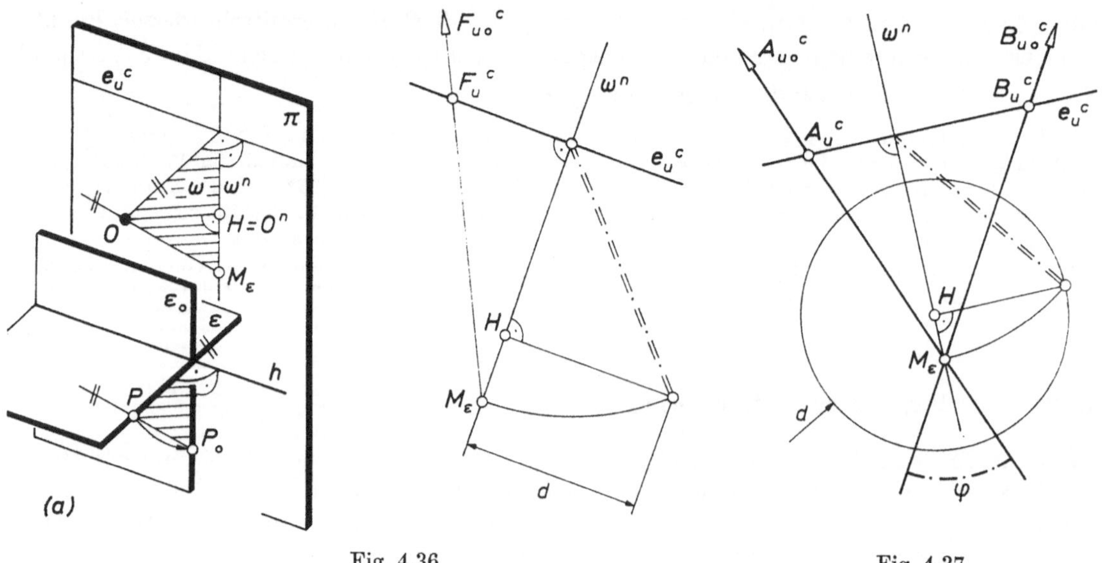


Fig. 4.36 Fig. 4.37

Beim Drehen einer Ebene $\varepsilon$ um eine Hauptgerade $h$ von $\varepsilon$ in die Hauptebene $\varepsilon_0$ durch $h$ entsteht aus einem Fernpunkt von $\varepsilon$ ein Fernpunkt von $\varepsilon_0$, also ein Fernpunkt der Verschwindungsebene. Die perspektive Kollineation $\varkappa:\pi \to \pi$ mit dem Kollineationszentrum $M_\varepsilon$ und der Kollineationsachse $h^c$, unter welcher der Zentralriß $\mathfrak{F}^c$ einer Figur $\mathfrak{F}$ der nicht projizierenden Ebene $\varepsilon$ in den Zentralriß $\mathfrak{F}_0^c$ der parallelgedrehten Lage $\mathfrak{F}_0 \subset \varepsilon_0$ übergeht, besitzt daher die Fluchtgerade $e_u^c$ von $\varepsilon$ als Verschwindungsgerade. Für einen eigentlichen Fluchtpunkt $F_u^c$ in $e_u^c$ ist somit $F_u^{c\varkappa} = F_{u0}^c$ der Fernpunkt der Verbindungsgeraden von $F_u^c$ mit dem Kollineationszentrum $M_\varepsilon$ (Fig. 4.36). Mit Hilfe dieser perspektiven Kollineation $\varkappa(M_\varepsilon, h^c;\ F_u^c \mapsto F_{u0}^c)$ kann die zu $\mathfrak{F}$ ähnliche Figur $\mathfrak{F}_0^c = \mathfrak{F}^{c\varkappa}$ aus $\mathfrak{F}^c$ gemäß 4.2.3. konstruiert werden.
Als Anwendung ermitteln wir das Winkelmaß $\varphi$ schneidender Geraden $a, b$ mit den Fluchtpunkten $A_u^c$, $B_u^c$ (Fig. 4.37). Ist $M_\varepsilon$ der Meßpunkt der zur Bildebene nicht parallelen Winkelebene $\varepsilon$ mit der Fluchtgeraden $e_u^c = A_u^c B_u^c$, so ist $A_{u0}^c$ bzw. $B_{u0}^c$ der Fernpunkt der Geraden $M_\varepsilon A_u^c$ bzw. $M_\varepsilon B_u^c$; da die Zentralrisse $a_0^c$, $b_0^c$ der parallelgedrehten Geraden $a_0$, $b_0$ durch die Fernpunkte $A_{u0}^c$, $B_{u0}^c$ gehen, folgt[6]

**Satz 4.4.10:** Das Winkelmaß schneidender Geraden ist gleich dem Winkelmaß der beiden Verbindungsgeraden ihrer Fluchtpunkte mit dem Meßpunkt der Winkelebene.

Paralleldrehen wird auch benützt, um den Zentralriß $\mathfrak{F}^c$ einer Figur $\mathfrak{F}$ vorgeschriebener Gestalt in einer nicht projizierenden Ebene $\varepsilon$ zu konstruieren: Der Zentralriß $\mathfrak{F}^c$ ergibt sich dabei aus $\mathfrak{F}_0^c$ unter der perspektiven Kollineation $(M_\varepsilon, h^c;\ F_{u0}^c \mapsto F_u^c)$, welche $e_u^c$ als Fluchtgerade besitzt. Dreht man $\varepsilon$ speziell um die Spurgerade $e$ von $\varepsilon$ in die Bildebene $\pi$, so zeigt $\mathfrak{F}_0^c$ die Abmessungen von $\mathfrak{F}$.
In einer Perspektive mit Hauptpunkt $H$ und Distanz $d$ soll der Zentralriß eines Quadrats $\mathfrak{F} = \{A, B, C, D\}$ gezeichnet werden. Der Zentralriß $e^c$ der Spurgeraden $e$ und die Fluchtgerade $e_u^c$ der Ebene $\varepsilon$ von $\mathfrak{F}$, der Zentralriß $A^c$ von $A$ und die Länge $\overline{AC}$ der Quadratdiagonale sind gegeben; der Punkt $C$ liegt in $e$ (Fig. 4.38).

KB. Gemäß Satz 4.4.8 ergibt sich der Meßpunkt $M_\varepsilon$ von $\varepsilon$. Da eine Länge gegeben ist, drehen wir $\varepsilon$ zweckmäßig um ihre Spurgerade $e$ in die Bildebene. Wir wählen $F_u^c = e_u^c \cap \omega^n$ und unterwerfen das (zweideutig bestimmte) Quadrat $\{A_0^c, B_0^c, C_0^c, D_0^c\}$ mit $C_0^c$ in $e^c$ der perspektiven Kollineation $(M_\varepsilon, e^c;\ F_{u0}^c \to F_u^c)$. △

[6] Da der Punkt $M_\varepsilon$ auch Drehsehnenfluchtpunkt einer projizierenden Ebene $\varepsilon \not\parallel \pi$ ist, gilt Satz 4.4.10 auch, wenn die Winkelebene oder sogar ein Winkelschenkel projizierend ist; im Falle einer projizierenden Ebene $\varepsilon$ gibt es aber keine perspektive Kollineation $\varkappa:\pi \to \pi$ mit $\mathfrak{F}^c \to \mathfrak{F}_0^c$ für $\mathfrak{F} \subset \varepsilon$.

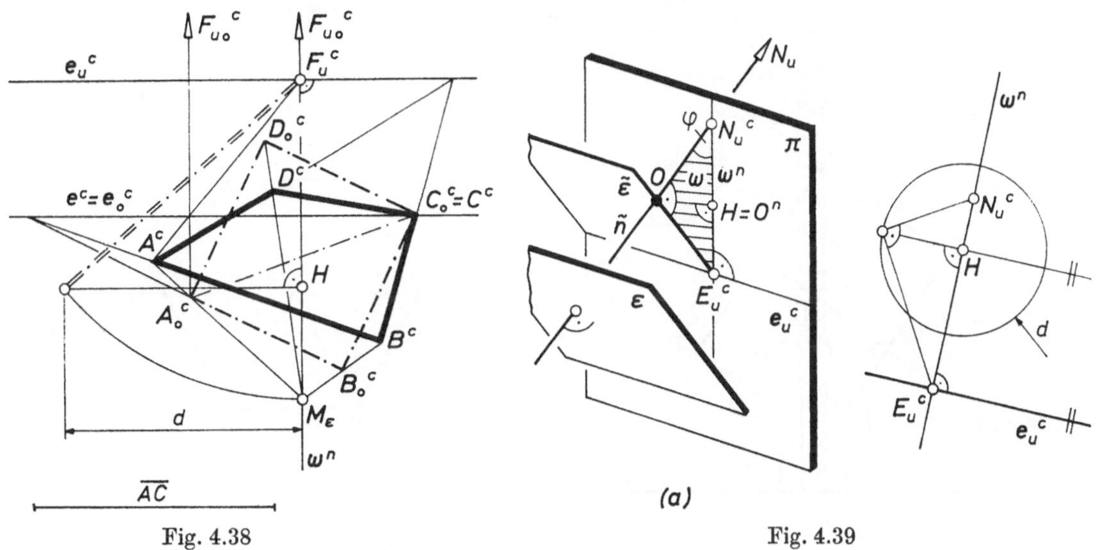


Fig. 4.38 Fig. 4.39

### 4.4.7. (M3) Orthogonale Lage einer Geraden und einer Ebene

Alle zu einer Ebene $\varepsilon$ normalen Geraden besitzen denselben Fernpunkt $N_u$. Sein Zentralriß $N_u^c$, der *Normalenfluchtpunkt* von $\varepsilon$, fällt in den Spurpunkt der Normalen $\tilde{n}$ zu $\varepsilon$ durch den Augpunkt $O$. Für eine Hauptebene ist der Normalenfluchtpunkt der Hauptpunkt. Für jede andere Ebene $\varepsilon$ gehört $\tilde{n}$ der zur Fluchtgeraden $e_u^c$ von $\varepsilon$ normalen Achsenebene $\omega$ an und ist normal zur Schnittgeraden von $\omega$ mit der zu $\varepsilon$ parallelen und daher zu $\omega$ normalen Ebene $\tilde{\varepsilon}$ durch den Augpunkt $O$ (Fig. 4.39a). Das in $\omega$ liegende Dreieck $\{E_u^c, O, N_u^c\}$ mit $E_u^c = \omega \cap e_u^c = \omega^n \cap e_u^c$ hat bei $O$ einen rechten Winkel[7] und die Höhenstrecke der Länge $\overline{O\omega^n} = \overline{OH} = d$. Damit folgt (Fig. 4.39)

**Satz 4.4.11:** Der Normalenfluchtpunkt $N_u^c$ einer zur Bildebene nicht parallelen Ebene $\varepsilon$ liegt in der Normalen $\omega^n$ aus dem Hauptpunkt $H$ auf die Fluchtgerade $e_u^c$ von $\varepsilon$; die Verbindungsgeraden eines Punktes des Distanzkreises in der zu $e_u^c$ parallelen Geraden durch $H$ mit den Punkten $N_u^c$ und $\omega^n \cap e_u^c$ sind orthogonal.

Speziell für eine zur Bildebene $\pi$ normale Ebene $\varepsilon$ enthält $e_u^c$ den Hauptpunkt $H$, und der Normalenfluchtpunkt ist dann nach Satz 4.4.11 der Fernpunkt der zu $e_u^c$ normalen Geraden $\omega^n$.

### 4.4.8. Beispiel

Fig. 4.40a zeigt Grund- und Aufriß des von P. Blom für Helmond/Niederlande entworfenen Baumhauses, das aus einem Würfel mit lotrechter Würfeldiagonale $[A, \bar{A}]$ besteht, der von einem sechskantigen Mittelpfeiler getragen wird. Wir verwenden die angegebene Maßstabskala und konstruieren in Fig. 4.40 einen Zentralriß, wobei die Blickachse horizontal ist und die Distanz 16 m beträgt. In der Zeichenebene ist der Zentralriß $A^c$ der Würfelecke $A$, der den Hauptpunkt $H$ enthaltende Horizont $p_{1u}^c$ und der Zentralriß $e^c$ der Spurgeraden $e$ und die Fluchtgerade $e_u^c$ jener zweiten Hauptebene $\eta_2$ gegeben, in der die Würfeldiagonale $A\bar{A}$ und eine weitere Würfelecke $B$ liegen.

KB. Nach 3.3.6. kann der Grundriß und der Aufriß des Würfels gefunden werden. Das Maß $\psi$ des in $\eta_2$ liegenden Winkels $\angle BA\bar{A}$ ist im Aufriß unverzerrt.
Nach 4.4.7. ist der Fluchtpunkt $Z_u^c$ der lotrechten Geraden der Fernpunkt der zum Horizont $p_{1u}^c$ normalen Geraden. Der Meßpunkt $M_2$ von $\eta_2$ ergibt sich nach Satz 4.4.8. Der Fluchtpunkt $G_u^c$ der Geraden $g = AB$

[7] In diesem Dreieck tritt auch das Winkelmaß $\varphi = \sphericalangle\, ON_u^cE_u^c = \sphericalangle\, n, \pi$ auf (Fig. 4.39a); dieses Dreieck ist ein Verzerrungsdreieck der in der Geraden $\tilde{n}$ liegenden Strecke $[O, N_u^c]$.

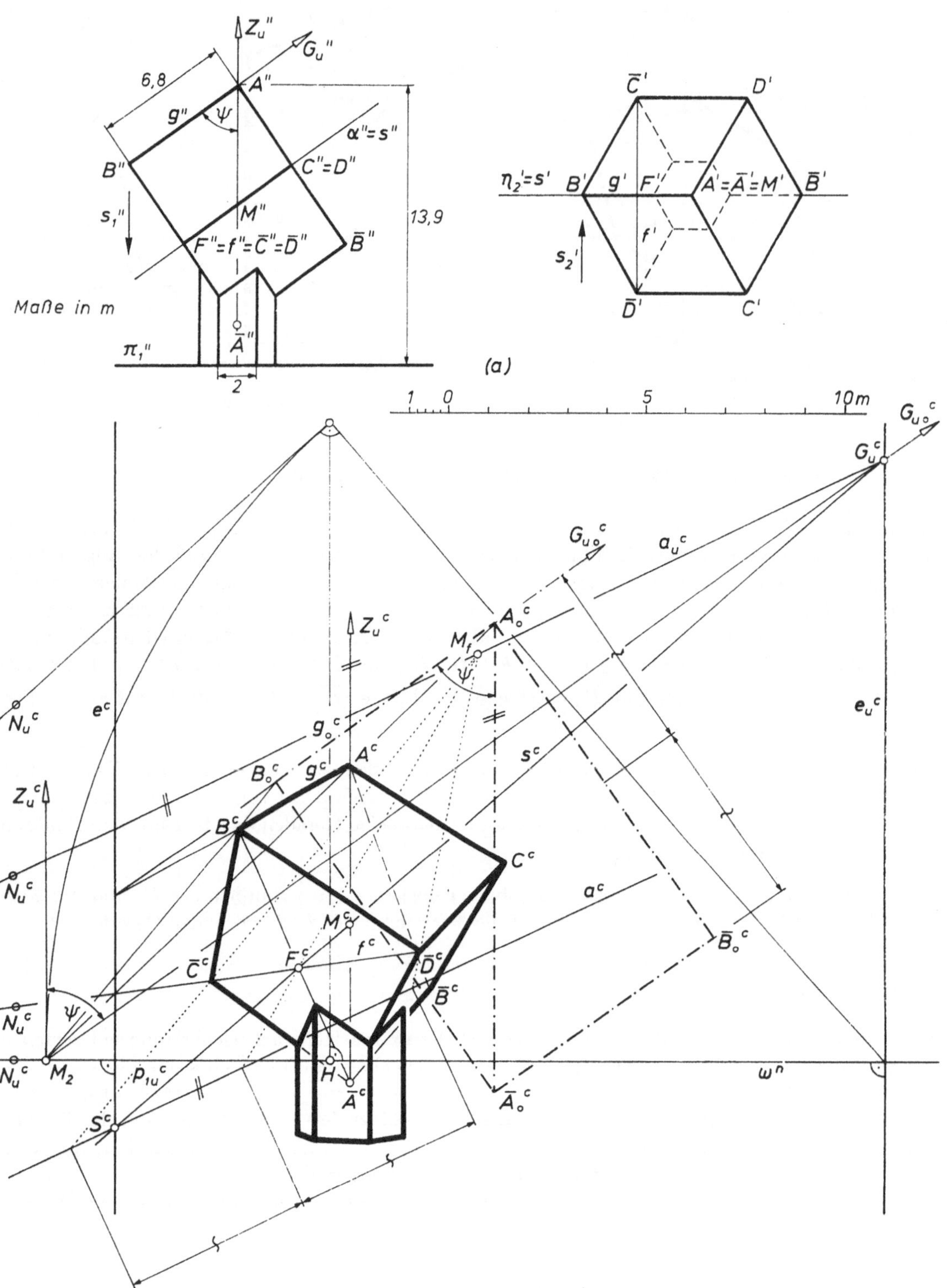


Fig. 4.40

liegt in $e_u^c$, und nach Satz 4.4.10 gilt $\sphericalangle M_2Z_u^c, M_2G_u^c = \psi$, da $A\bar{A}$ lotrecht ist. Unter der perspektiven Kollineation $(M_2, e^c; G_u^c \mapsto G_{u0}^c)$ erhält man $A_0^c$ und $g_0^c$, womit der Zentralriß des in die Ebene $\pi$ gedrehten Schnittrechtecks $\{A, B, \bar{A}, \bar{B}\}$ des Würfels mit $\eta_2$ gezeichnet werden kann; die perspektive Kollineation $(M_2, e^c; G_{u0}^c \mapsto G_u^c)$ liefert den Zentralriß dieses Rechtecks. Der Mittelpunkt $M$ der Strecke $[A, \bar{A}]$ ist die Würfelmitte; da $A\bar{A}$ eine Hauptgerade ist, fällt $M^c$ nach Satz 4.2.2 in den Mittelpunkt der Strecke $[A^c, \bar{A}^c]$. In der zu $g$ parallelen zweitprojizierenden Ebene $\alpha$ durch $M$ liegen die restlichen vier Würfelecken. Wegen $\alpha \perp \eta_2$ enthält die Fluchtgerade $a_u^c$ von $\alpha$ den gemäß Satz 4.4.11 ermittelten Normalenfluchtpunkt $N_u^c$ von $\eta_2$ und geht wegen $g \parallel \alpha$ durch $G_u^c$. Die Schnittgerade $s = \alpha \cap \eta_2$, ist zu $g$ parallel und enthält $M$; ihr Spurpunkt $S$ liegt in $e$ und in der zu $a_u^c$ parallelen Spurgeraden $a$ von $\alpha$. Die Würfelecken $\bar{C}$, $\bar{D}$ in einer zweitprojizierenden Flächendiagonale $f \subset \alpha$ durch den Schnittpunkt $F$ von $s$ mit der Rechteckseite $B\bar{A}$ in $\eta_2$ besitzen Zentralrisse $\bar{C}^c$, $\bar{D}^c$ in $f^c = F^cN_u^c$; gemäß Satz 4.4.7 wird der Meßpunkt $M_f$ von $f$ in $\alpha$ gefunden. Mit seiner Hilfe kann in $f$ von $F$ aus die in der Paralleldrehung des Schnittrechtecks in $\eta_2$ erkennbare halbe Länge der Flächendiagonalen des Würfels eingemessen und so $\bar{C}^c$, $\bar{D}^c$ gefunden werden. Da die zu $g$ parallelen bzw. zu $f$ parallelen Geraden den Fluchtpunkt $G_u^c$ bzw. $N_u^c$ besitzen, erhält man die Zentralrisse der restlichen beiden Würfelecken $C$, $D$.

Die Pfeilerbasis ist ein regelmäßiges Sechseck in $\pi_1$; die lotrechten Kanten treffen den Würfel in Würfelkanten oder in Flächendiagonalen. (Die Ermittlung des Zentralrisses der Pfeilerbasis durch Paralleldrehen von $\pi_1$ ist in Fig. 4.40 nicht eingezeichnet).

Die Sichtbarkeit wird mit Hilfe des Schnittpunktes $\bar{C}^c\bar{D}^c \cap B^c\bar{B}^c$ nach Satz 4.4.3 entschieden. △

### Aufgaben 4.4

1. Ermittle den Spurpunkt und den Fluchtpunkt der Verbindungsgeraden zweier, an je eine Trägergerade gebundener Punkte.
2. Diskutiere die Sichtbarkeitseigenschaften zweier Punkte einer Sehgeraden bei nicht horizontaler Blickachse unter Verwendung ihrer Zentralrisse und ihrer Zentralgrundrisse.
3. Ermittle aus dem Zentralriß $\{A^c, B^c, C^c, D^c\}$ eines Parallelogramms $\{A, B, C, D\}$ mit Hilfe des Distanzkreises die Winkelmaße $\sphericalangle DAB$ und $\sphericalangle ABC$.
4. Von einer Geraden $g$ kennt man den Zentralriß $G^c$ des Spurpunktes $G$ und den Fluchtpunkt $G_u^c$, von einer Ebene $\varepsilon$ den Zentralriß $e^c$ der Spurgeraden $e$ und die Fluchtgerade $e_u^c$. Suche den Zentralriß jener Geraden $\bar{g}$, welche unter der Spiegelung an $\varepsilon$ aus $g$ entsteht.
   (Anl.: Ist $N_u^c$ bzw. $M_\varepsilon$ der Normalenfluchtpunkt bzw. der Meßpunkt von $\varepsilon$, so liegt der Fluchtpunkt $\bar{G}_u^c$ von $\bar{g}$ in $N_u^cG_u^c$ mit $\sphericalangle M_\varepsilon G_u^c, M_\varepsilon N_u^c = \sphericalangle M_\varepsilon N_u^c, M_\varepsilon \bar{G}_u^c$).

## 4.5. Axonometrische Methode der Perspektive

### 4.5.1. Zentralriß eines kartesischen Rechtssystems

Wir verknüpfen gemäß 2.1.4. mit dem Objekt ein kartesisches Rechtssystem $(U, A, B, C)$ mit lotrechter, nach oben orientierter $z$-Achse; jeder eigentliche Punkt $P$ besitzt dann ein Koordinatentripel und wird als Endpunkt eines Koordinatenweges (vgl. 2.1.4.) erfaßt. Da wir mit der Meßaufgabe (M1) das Messen in Geraden beherrschen, können wir in den Zentralriß des Koordinatensystems den Zentralriß des Koordinatenweges von $P$, der entweder über den Zentralgrundriß $P'^c$ oder über den Zentralaufriß $P''^c$ oder über den Zentralkreuzriß $P'''^c$ von $P$ führt, eintragen und so den Zentralriß $P^c$ von $P$ ermitteln. Diese *axonometrische Methode* erübrigt die Ermittlung von Sehgeraden in Hilfsrissen — sie heißt deshalb gelegentlich *freie Perspektive* — und verwendet die Meßpunkte der Koordinatenachsen, weshalb auch der Name *Meßpunktverfahren* üblich ist.

Die Grundrißebene $\pi_1$ des kartesischen Koordinatensystems ist horizontal. Die Blickachse $a$ kann horizontal, lotrecht oder schräg gegen $\pi_1$ verlaufen, wobei für nicht horizontale Blickachse zwischen einer *Vogelperspektive* (*Militärperspektive*[1]) und einer *Froschperspektive* zu unterscheiden ist. Bei einer Vogelperspektive liegt der Hauptpunkt tiefer als der Augpunkt, so daß der Zentralriß einen luftbildähnlichen Eindruck vermittelt, bei einer Froschperspektive dagegen liegt der Hauptpunkt höher als der Augpunkt. Wir setzen im folgenden $\pi_1$ stets als nicht projizierend voraus.

Verläuft die Blickachse nicht lotrecht, fällt also die Fluchtgerade $p_{1u}^c$ der horizontalen Grundrißebene $\pi_1$, der Horizont, nicht in die Ferngerade von $\pi$, so wählen wir in der Zeichenebene den

[1] In manchen Büchern wird die in 2.3.4. behandelte Militärprojektion als Militärperspektive bezeichnet, obwohl keine Zentralprojektion vorliegt (vgl. 2.3.4., Fn. 5).

Horizont $p_{1u}{}^c$ parallel zum unteren Zeichenblattrand; analog zu 4.3.2. liegt eine Obersicht bzw. Untersicht vor, je nachdem der Horizont $p_{1u}{}^c$ über oder unter dem Zentralriß $p_1{}^c$ der Spurgeraden $p_1$ von $\pi_1$ verläuft. Bei horizontaler Blickachse liegt der Hauptpunkt $H$ gemäß Satz 4.3.1 im Horizont $p_{1u}{}^c$ und bei einer Vogelperspektive bzw. einer Froschperspektive unter bzw. über $p_{1u}{}^c$.

Wir wählen das kartesische Rechtssystem $(U, A, B, C)$ mit nicht projizierender Grundrißebene $\pi_1$ ferner stets so, daß auch die $z$-Achse nicht projizierend ist und die Punkte $U, A, B, C$ dem Sehraum angehören. Das geordnete Punktepaar $(U^c, A^c)$ orientiert[2] die $x^c$-Achse usw. Im Falle einer Obersicht bilden nach 1.1.2. die Zentralrisse $U^c$, $A^c$, $B^c$ der $\pi_1$ angehörenden Punkte $U$, $A$, $B$ des Koordinatensystems in der orientierten Zeichenebene ein Dreieck positiven Umlaufsinns.

Es bleibt die Orientierung des Zentralrisses $z^c$ der $z$-Achse zu diskutieren. Im Falle einer horizontalen Blickachse ist $z^c$ nach 4.3.2. zum oberen Zeichenblattrand hin orientiert. Für die anderen Fälle ergeben sich aus Fig. 4.41 die betreffenden Aussagen im folgenden zusammenfassenden

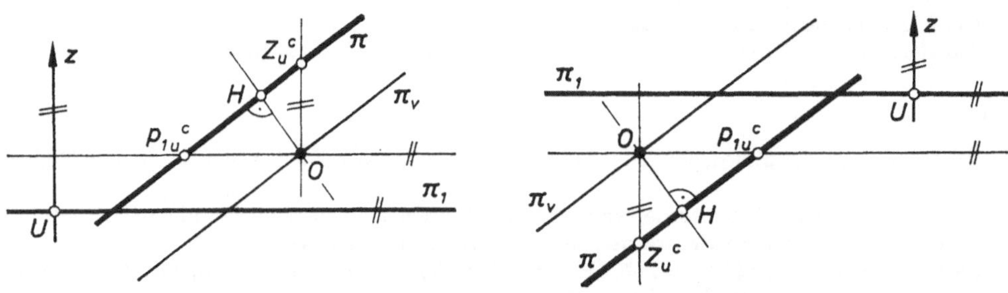


Fig. 4.41

**Satz 4.5.1:** Bei Obersicht bzw. Untersicht ist die kürzeste stetige Drehung in der orientierten Zeichenebene, welche die orientierte $x^c$-Achse in die orientierte $y^c$-Achse bringt, positiv bzw. negativ; im Falle nicht lotrechter Blickachse liegt dann der Horizont $p_{1u}{}^c$ über bzw. unter dem Zentralriß $p_1{}^c$ der Spurgeraden $p_1$ von $\pi_1$. Bei einer Froschperspektive bzw. einer Vogelperspektive liegt der Zentralriß $U^c$ des Ursprungs $U$ in der orientierten Geraden $z^c$ vor dem Fluchtpunkt $Z_u{}^c$ bzw. $Z_u{}^c$ vor $U^c$; bei nicht lotrechter Blickachse befindet sich dann der Hauptpunkt über bzw. unter dem Horizont, und zwar zwischen $Z_u{}^c$ und dem Horizont $p_{1u}{}^c$.

Da die drei Koordinatenachsen paarweise orthogonal sind, ist der Fluchtpunkt einer Koordinatenachse stets der nach 4.4.7. bestimmte Normalenfluchtpunkt der Verbindungsebene der beiden anderen Koordinatenachsen, wobei die Fluchtgerade einer Koordinatenebene die Fluchtpunkte der beiden in ihr liegenden Koordinatenachsen verbindet.

## 4.5.2. Horizontale Blickachse

Falls das abzubildende Objekt oder der gewünschte Bildeindruck nicht eine andere Aufstellung erzwingen, wählt man die Blickachse stets horizontal. Der Zentralriß $p_1{}^c$ der Spurgeraden $p_1$ von $\pi_1$ verläuft dann in einem der Aughöhe $\overline{O\pi_1}$ (vgl. 4.3.2., Fn. 3) gleichen Abstand gemäß Satz 4.5.1 zum den Hauptpunkt $H$ enthaltenden Horizont $p_{1u}{}^c$ parallel, der Fluchtpunkt $Z_u{}^c$ der zur Bildebene $\pi$ parallelen $z$-Achse liegt im Fernpunkt der zu $p_{1u}{}^c$ normalen Geraden der Zeichenebene. Weiter gilt (Fig. 4.42):

**Satz 4.5.2:** Bei horizontaler Blickachse ist der Abstand des Hauptpunktes $H$ von dem in der Normalen zum Horizont $p_{1u}{}^c$ durch $H$ liegenden Meßpunkt $M_1$ von $\pi_1$ gleich der Distanz[3]. Ist die Aufrißebene $\pi_2$ (Kreuzrißebene $\pi_3$) keine Hauptebene, so ist der Meßpunkt $M_y$ der $y$-Achse

[2] Eine projektive Gerade $x^c$ ist vom topologischen Typus eines Kreises und kann daher durch ein geordnetes Punktepaar nicht orientiert werden, wohl aber die Menge der eigentlichen Punkte von $x^c$.

[3] Der Meßpunkt $M_1$ ist also der «oberste» oder der «unterste» Punkt des Distanzkreises.

in $\pi_1$ (Meßpunkt $M_x$ der $x$-Achse in $\pi_1$) jener Punkt des Horizonts, der vom Fluchtpunkt $Y_u^c$ (vom Fluchtpunkt $X_u^c$) denselben Abstand wie $M_1$ besitzt, und $M_y$ bzw. $M_x$ ist dann auch Meßpunkt $M_2$ bzw. $M_3$ der Aufrißebene $\pi_2$ bzw. der Kreuzrißebene $\pi_3$.

*Beweis*

Mit $\overline{Op_{1u}^c} = \overline{OH} = d$ ist $M_1$ nach Satz 4.4.8 festgelegt. Ist etwa $\pi_2$ keine Hauptebene, also die $y$-Achse keine Hauptgerade, so fällt $Y_u^c$ in einen eigentlichen Punkt von $p_{1u}^c$, wobei für den Meßpunkt $M_y$ der Geraden $y$ in $\pi_1$ nach Satz 4.4.9 gilt $\overline{Y_u^cM_y} = \overline{Y_u^cM_1}$. Da dieser Abstand nach Satz 4.4.7 gleich dem Abstand des Augpunkts $O$ von $Y_u^c$ und damit von der zum Horizont $p_{1u}^c$ normalen Fluchtgeraden $p_{2u}^c$ von $\pi_2$ ist, fällt $M_y$ nach Satz 4.4.8 in den Meßpunkt $M_2$ von $\pi_2$. □

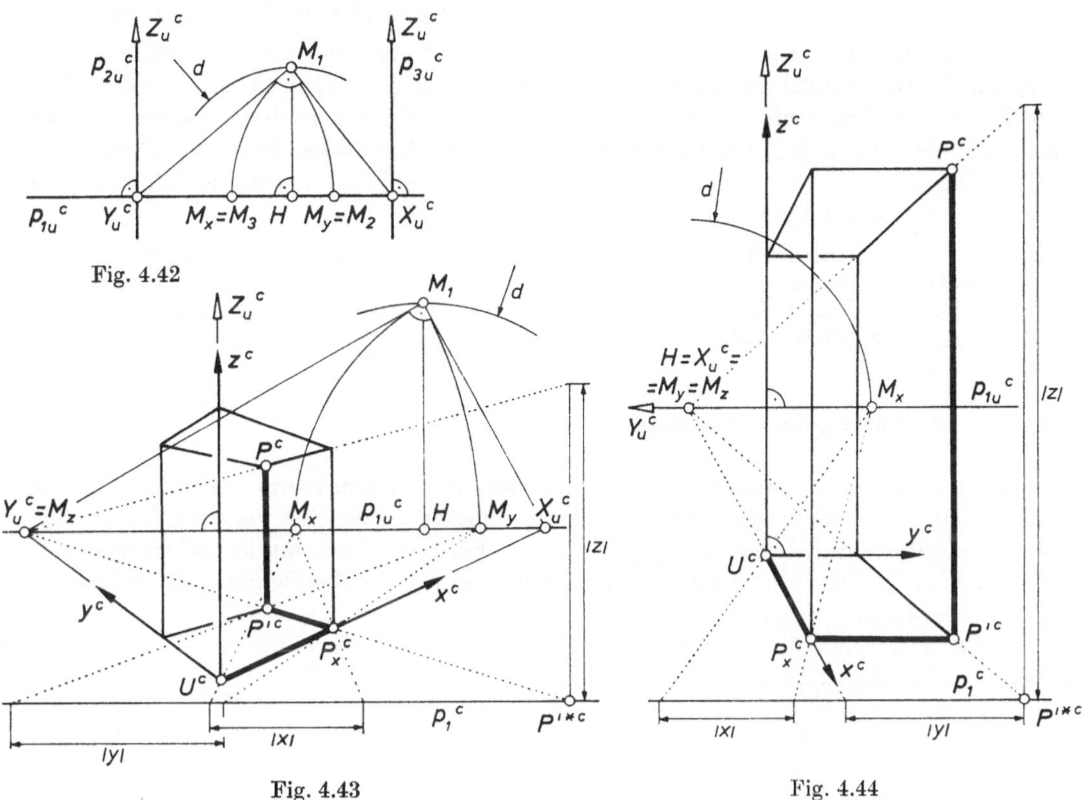


Fig. 4.42

Fig. 4.43

Fig. 4.44

Der Zentralriß eines kartesischen Rechtssystems mit nicht projizierender Grundrißebene $\pi_1$ ist bei einer Perspektive mit horizontaler Blickachse und gegebener Distanz somit festgelegt, wenn man in der Zeichenebene nach Wahl des Horizonts $p_{1u}^c$ und des Hauptpunktes $H$ in $p_{1u}^c$ sowie des Zeichenmaßstabs entsprechend der Aughöhe und dem Vorliegen von Ober- oder Untersicht den Zentralriß $p_1^c$ der Spurgeraden $p_1$ von $\pi_1$ parallel $p_{1u}^c$ ergänzt, den Fluchtpunkt $X_u^c$ der $x$-Achse in $p_{1u}^c$, den Zentralriß $U^c$ des Ursprungs $U$ und die Orientierung von $x^c = U^cX_u^c$ wählt. Da der Punkt $U$ nach 4.5.1. im Sehraum liegen soll, muß $U^c$ nach 4.4.1. jener Halbebene der Zeichenebene mit der Randgeraden $p_{1u}^c$ angehören, in der $p_1^c$ verläuft. Für den Fluchtpunkt $Y_u^c$ in $p_{1u}^c$ gilt $\sphericalangle X_u^cM_1Y_u^c = 90°$ nach Satz 4.4.10. Die orientierte $z^c$-Achse weist zum oberen Zeichenblattrand, die Orientierung der $y^c$-Achse ergibt sich aus Satz 4.5.1.

Zum Einmessen des Zentralrisses eines Koordinatenweges verwendet man Meßpunkte der Koordinatenachsen[4]. Sind die $x$-Achse und die $y$-Achse keine Hauptgeraden, so ergibt sich der Meßpunkt

[4] Die Figuren 4.43, 4.44, 4.45, 4.46, 4.47 und 4.59 zeigen auch die Zentralrisse der Kanten des Koordinatenquaders (vgl. 2.1.4.) eines Punktes $P$. Dabei ist gemäß 1.2.4., Fn. 10 die Einheitsstrecke im Raum so gewählt, daß die Beträge der Koordinaten die Längen der Koordinatenstrecken angeben. Unter Verwendung der Festsetzung von 3.1.1. sind diese Längenmaßzahlen in der Zeichenebene bezüglich der dort verwendeten Einheitsstrecke zu verstehen.

$M_x$ der $x$-Parallelen in $\pi_1$ und der Meßpunkt $M_y$ der $y$-Parallelen in $\pi_1$ gemäß Satz 4.5.2; als Meßpunkt $M_z$ der in der Hauptgeraden liegenden $z$-Parallelen benützt man zweckmäßig einen beliebigen eigentlichen Punkt des Horizonts (Fig. 4.43).

KB. Durch Einmessen der Länge $|x|$ in $x^c$ unter Beachtung der Orientierungen der Geraden $x$ und $x^c$ erhält man den Zentralriß $P_x{}^c$ des Punktes $P_x \in x$. Anschließend wird unter Beachtung der Orientierungen von $y$ und $y^c$ die Länge $|y|$ entweder im Zentralriß der $y$-Parallelen durch $P_x$ (Fig. 4.43) oder in $y^c$ eingemessen; im ersten Fall erhält man unmittelbar den Zentralgrundriß $P'^c$ von $P$, im zweiten Fall zuerst $P_y{}^c$ und dann $P'^c = P_x{}^c Y_u{}^c \cap P_y{}^c X_u{}^c$.
Unter Beachtung der Orientierungen von $z$ und $z^c$ hat man schließlich die Länge $|z|$ im Zentralriß der $z$-parallelen Hauptgeraden durch $P$ nach 4.4.5. einzumessen. Die Wahl von $M_z$ in $p_{1u}{}^c$ bedeutet die Verwendung einer Projektion parallel einer horizontalen Geraden in die Bildebene $\pi$; dabei geht $P'$ in einen Punkt $P'^*$ der Spurgeraden $p_1$ von $\pi_1$ über, so daß $P'^{*c} = M_z P'^c \cap p_1{}^c$ gilt (in Fig. 4.43 ist $M_z = Y_u{}^c$ gewählt). △

Ist bei horizontaler Blickachse die $y$-Achse eine Hauptgerade, so liegt die Aufrißebene $\pi_2$ in einer Hauptebene; der Fluchtpunkt $X_u{}^c$ fällt dann nach 4.1.1. in den Hauptpunkt, und der Fluchtpunkt $Y_u{}^c$ ist der Fernpunkt des Horizonts (Fig. 4.44). Bei einer solchen *frontalen Perspektive* besitzt jede ebene Figur $\mathfrak{F}$ in einer zur Aufrißebene parallelen Ebene einen zu $\mathfrak{F}$ ähnlichen Zentralriß. Gelegentlich spricht man auch dann von frontaler Perspektive, wenn die Kreuzrißebene $\pi_3$ eine Hauptebene, also die $x$-Achse eine Hauptgerade ist.

KB. Bei frontaler Perspektive mit $X_u{}^c = H$ hat der Meßpunkt $M_x$ der $x$-Parallelen in $\pi_1$ von $H$ gemäß Satz 4.4.7 einen der Distanz gleichen Abstand und gehört dem Horizont $p_{1u}{}^c$ an. Das Einmessen der Längen der $y$- und $z$-Koordinatenstrecken erfolgt dann mit Hilfe eines beliebigen eigentlichen Meßpunktes $M_y$ bzw. $M_z$ im Horizont $p_{1u}{}^c$ (in Fig. 4.44 ist $M_y = M_z = H$ gewählt). △

### 4.5.3. Nicht horizontale Blickachse

Bei Ansicht eines hohen Bauwerks oder der Decke eines Innenraumes von unten bzw. einer Gebäudegruppe von oben erhält man eine Froschperspektive bzw. eine Vogelperspektive.
Ist eine Koordinatenachse eine Hauptgerade, was bei nicht horizontaler Blickachse nur die $x$-Achse oder die $y$-Achse sein kann, so liegt abgesehen von der Bezeichnung die Situation aus 4.5.2. vor (Fig. 4.45).

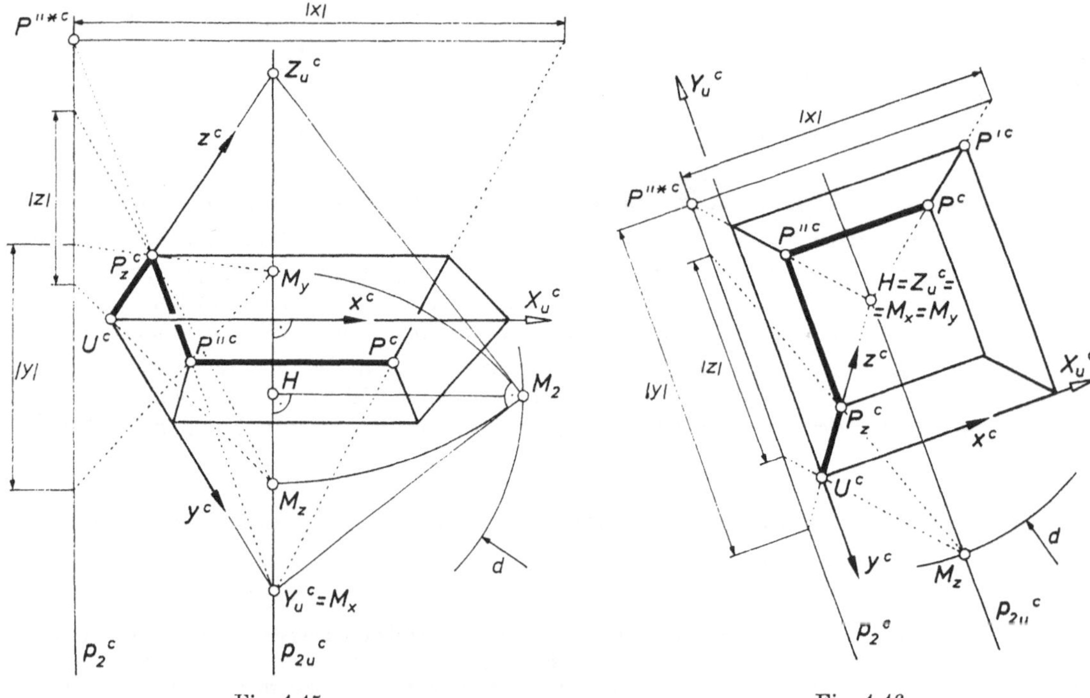

Fig. 4.45 Fig. 4.46

KB. Ist etwa die $x$-Achse eine Hauptgerade, so hat man $\pi_2$ durch die den Hauptpunkt $H$ enthaltende Fluchtgerade $p_{2u}^c$ und die Spurgerade $p_2$ festzulegen, und $X_u^c$ fällt in den Fernpunkt der zu $p_{2u}^c$ normalen Geraden der Zeichenebene. Wir wählen $p_{2u}^c$ parallel zum linken Zeichenblattrand, damit $p_{1u}^c$ parallel zum unteren Zeichenblattrand ist. Je nachdem eine Frosch- oder Vogelperspektive vorliegt, hat man gemäß Satz 4.5.1 den Fluchtpunkt $Z_u^c$ in $p_{2u}^c$ über oder unter dem Hauptpunkt zu wählen; analog zu 4.5.2. ist noch der Zentralriß $U^c$ des Ursprungs $U$ in jener Halbebene der Zeichenebene mit der Randgeraden $p_{2u}^c$, in der $p_2^c$ liegt, und die Orientierung von $x^c$ vorzugeben. Der Fluchtpunkt $Y_u^c$ ergibt sich mit Hilfe des Meßpunktes $M_2$ von $\pi_2$ aus $Z_u^c$ gemäß Satz 4.4.10. Die Orientierung von $z^c$ liefert Satz 4.5.1 einer Frosch- oder Vogelperspektive entsprechend; entsteht $p_{2u}^c$ aus $p_2^c$ unter einer Schiebung in Richtung der orientierten $x^c$-Achse, so liegt der Augpunkt $O$ vor $\pi_2$ (vgl. 4.3.2.), so daß die kürzeste stetige Drehung der orientierten $y^c$-Achse in die orientierte $z^c$-Achse in der orientierten Zeichenebene positiv ist (vgl. Satz 4.5.1).
Beim Einmessen des Zentralrisses eines Koordinatenweges konstruiert man zuerst den Zentralaufriß $P''^c$ und ermittelt dann den Zentralriß der zur Bildebene parallelen Strecke $[P'', P]$ mit Hilfe eines beliebigen eigentlichen Meßpunkts $M_x$ in $p_{2u}^c$ (in Fig. 4.45 ist $M_x = Y_u^c$ gewählt). △

Ist die Grundrißebene $\pi_1$ eine Hauptebene, also sowohl die $x$- als auch die $y$-Achse eine Hauptgerade, so ist die Blickachse lotrecht und die Bildebene $\pi$ horizontal. In diesem Fall erfolgt die Konstruktion sinngemäß wie bei einer frontalen Perspektive. Jede in einer horizontalen Ebene liegende Figur besitzt einen zu ihr ähnlichen Zentralriß. Insbesondere gilt $x^c \perp y^c$, wobei die Fluchtpunkte $X_u^c$, $Y_u^c$ Fernpunkte und der Horizont $p_{1u}^c$ die Ferngerade der Bildebene ist; der Fluchtpunkt $Z_u^c$ der $z$-Achse fällt in den Hauptpunkt (Fig. 4.46). Eine Froschperspektive oder Vogelperspektive $z^c$ dieser Art wird gemäß Satz 4.5.1 durch die Lage von $U^c$ zu $Z_u^c = H$ in der orientierten Geraden $z^c$ unterschieden; im ersten Fall liegt stets eine Obersicht, im zweiten Fall stets eine Untersicht vor.
Gehört keine Koordinatenachse einer Hauptgeraden an, so bilden die drei Achsenfluchtpunkte $X_u^c$, $Y_u^c$, $Z_u^c$ ein Dreieck, dessen Seiten die Fluchtgeraden der drei Koordinatenebenen sind. Dieses Dreieck heißt *Fluchtdreieck* des Koordinatensystems. Da nach der in Satz 4.4.11 angegebenen Konstruktion der Hauptpunkt $H$ in jeder Normalen aus einem Eckpunkt des Fluchtdreiecks auf die gegenüberliegende Dreieckgerade liegt und ein Innenpunkt des Fluchtdreiecks ist, gilt

**Satz 4.5.3:** Ist keine Koordinatenachse eine Hauptgerade, so fällt der Hauptpunkt in den Höhenschnittpunkt des Fluchtdreiecks, und dieses Dreieck ist stets spitzwinkelig.

Kennt man eine Gerade des Fluchtdreiecks, etwa $p_{1u}^c$, und in $p_{1u}^c$ einen Achsenfluchtpunkt, etwa $X_u^c$, so kann man mit Hilfe des Distanzkreises das Fluchtdreieck gemäß Satz 4.4.11 konstruiert werden.
Der Zentralriß eines kartesischen Koordinatensystems mit nicht projizierender Grundrißebene $\pi_1$, bei dem keine Koordinatenachse in einer Hauptgeraden liegt, ist bei einer Perspektive mit gegebener Distanz $d$ festgelegt, wenn man in der Zeichenebene den Horizont $p_{1u}^c$ und entsprechend dem Vorliegen einer Frosch- oder Vogelperspektive den Hauptpunkt $H$ gemäß Satz 4.5.1 wählt (vgl. auch 4.5.6., Beispiel (2)), weiter entsprechend dem Vorliegen von Ober- oder Untersicht den Zentralriß $p_1^c$ der Spurgeraden $p_1$ von $\pi_1$ parallel $p_{1u}^c$ gemäß Satz 4.5.1, den Fluchtpunkt $X_u^c$ der $x$-Achse in $p_{1u}^c$ sowie den Zentralriß $U^c$ des Ursprungs $U$ und die Orientierung von $x^c = U^cX_u^c$ angibt. Nach 4.3.1. ist durch die Wahl von $H$ und $p_{1u}^c$ in der Zeichenebene der Zeichenmaßstab mitbestimmt, so daß der Distanzkreis und damit das Fluchtdreieck festgelegt ist. Nach 4.4.1. muß $U^c$ jener Halbebene der Zeichenebene mit der Randgeraden $p_{1u}^c$ angehören, in der $p_1^c$ verläuft; die Orientierungen von $y^c$ und $z^c$ ergeben sich aus Satz 4.5.1.
Zum Einmessen des Zentralrisses eines Koordinatenweges verwendet man Meßpunkte der Koordinatenachsen (Fig. 4.47).

KB. Der Meßpunkt $M_x$ bzw. $M_y$ der $x$- bzw. $y$-Achse in $\pi_1$ liegt in $p_{1u}^c$ und wird nach Satz 4.4.7 konstruiert. Durch Einmessen der $x$- und $y$-Koordinate eines Punktes $P$ mit Hilfe von $p_1^c$ erhält man den Zentralgrundriß $P'^c$ von $P$. Da die $z$-parallele Gerade $P'P$ in der zu $\pi_2$ parallelen Ebene $\bar{\pi}_2$ durch $P'$ liegt, verwenden wir den $p_{1u}^c$ angehörenden Meßpunkt $M_z$ der $z$-Achse in $\pi_2$ und die zu $p_{2u}^c$ parallele Spurgerade $\bar{p}_2$ von $\bar{\pi}_2$ zum Einmessen der $z$-Koordinate; die Gerade $\bar{p}_2$ geht durch den Schnittpunkt *1* von $p_1$ mit jener $y$-parallelen Geraden durch $P'$, in welcher $\bar{\pi}_2$ die Grundrißebene $\pi_1$ trifft (Fig. 4.47; vgl. auch 4.5.7., Fn. 7). △

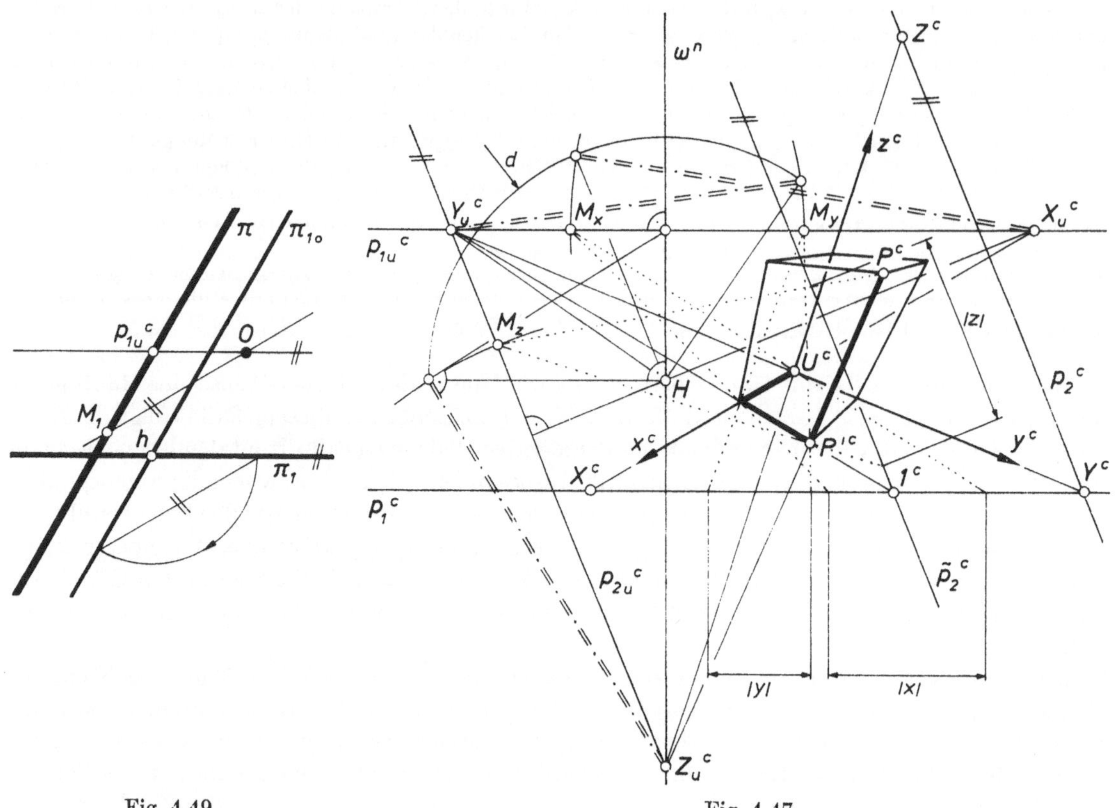


Fig. 4.49

Fig. 4.47

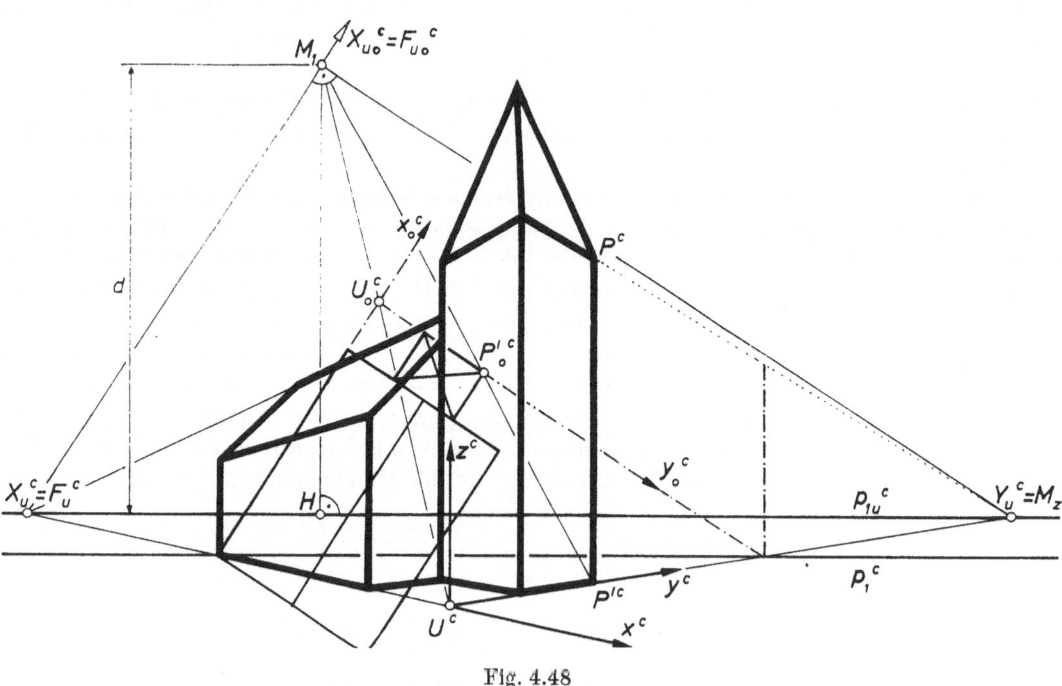


Fig. 4.48

## 4.5.4. Paralleldrehen einer Koordinatenebene

Bei komplizierten Objekten ist das Einmessen der Koordinaten aller Objektpunkte zeitraubend. Es ist dann zweckmäßig, etwa den Zentralgrundriß $\mathfrak{F}'^c$ so zu ermitteln, daß man die Grundrißebene $\pi_1$ um eine Hauptgerade $h$ von $\pi_1$ paralleldreht und unter Verwendung der in 4.4.6. beschriebenen perspektiven Kollineation ($M_1$, $h^c$; $F_{u0}^c \mapsto F_u^c$) aus dem Zentralriß $\mathfrak{F}_0'^c$ der parallelgedrehten Lage $\mathfrak{F}_0'$ des Grundrisses $\mathfrak{F}'$ den Zentralgrundriß $\mathfrak{F}'^c$ konstruiert. Einmessen der $z$-Koordinatenstrecken liefert dann den Zentralriß des Objekts (In Fig. 4.48 liegt eine horizontale Blickachse zugrunde).

Oft ist es wünschenswert, daß der Zentralriß $x_0^c$, $y_0^c$ der parallelgedrehten $x$- und $y$-Achse in der orientierten Zeichenebene ein Rechtssystem ist, also die Oberseite der parallelgedrehten Ebene $\pi_1$ vom Augpunkt $O$ aus zu sehen ist. Gehört die Drehachse $h$ dem Sehraum an, so muß dann der unter $p_{1u}^c$ liegende Meßpunkt von $\pi_1$ benützt werden[5] (Fig. 4.49).

Dreht man $\pi_1$ um die Spurgerade $p_1$ speziell in die Bildebene, so ist $\mathfrak{F}_0'^c$ (nach Berücksichtigung des Zeichenmaßstabes) kongruent zum Grundriß $\mathfrak{F}'$ des Objekts. Wird dagegen $\pi_1$ um eine von $p_1$ verschiedene Hauptgerade $h$ parallelgedreht, so ist $\mathfrak{F}_0'^c$ zu $\mathfrak{F}'$ ähnlich; um $\mathfrak{F}_0'^c$ zeichnen zu können, hat man die Einheitsstrecke nach 4.4.5. in $h$ einzumessen und ihren Zentralriß als Einheitsstrecke für die Figur $\mathfrak{F}_0'^c$ zu benützen.

In gleicher Weise kann anstelle von $\pi_1$ auch $\pi_2$ oder $\pi_3$ parallelgedreht werden, um zuerst den Zentralaufriß oder den Zentralkreuzriß zu finden und daraus durch Einmessen der $x$- bzw. $y$-Koordinatenstrecken den Zentralriß aufzubauen (vgl. Fig. 4.56).

Ist eine Koordinatenebene parallel zur Bildebene, wie dies bei frontaler Perspektive etwa für die Aufrißebene $\pi_2$ zutrifft, kann man durch Einmessen der Einheitsstrecke in einer Koordinatenachse von $\pi_2$, etwa in der $y$-Achse, den Ähnlichkeitsfaktor zwischen dem Aufriß $\mathfrak{F}''$ und dem Zentralaufriß $\mathfrak{F}''^c$ ermitteln und damit $\mathfrak{F}''^c$ ähnlich zu $\mathfrak{F}''$ zeichnen.

## 4.5.5. Konstruktionshilfen

Fluchtpunkte und Meßpunkte liegen oft außerhalb des Zeichenfeldes. Sind nur wenige Punkte mit einem unzugänglichen Fluchtpunkt zu verbinden, so kann die Verbindungsgerade eines Punktes $P^c$ mit dem als Schnittpunkt zweier Geraden $a^c$, $b^c$ bestimmten, nicht erreichbaren Fluchtpunkt $F_u^c$ gemäß Fig. 4.50 gefunden werden[6]: Das eine Dreieck geht unter einer zentrischen Ähnlichkeit mit Fixpunkt $F_u^c$ in das zweite Dreieck über.

Die *Fluchtpunktschiene* von P. Nicholson (1765–1844) besteht aus einer Zeichenkante $l$ und zwei mit dieser starr verbundenen Gleitkanten $g_1$, $g_2$ (Fig. 4.51). Zuerst legt man $l$ an $a^c$, sticht in der Nähe des Blattrandes in einem Punkt $A$ von $g_1$ eine Nadel ins Zeichenblatt und zeichnet längs $g_2$ eine Gerade $e_2$; sodann wird, ohne daß $g_1$ den Kontakt mit der Nadel in $A$ verliert, die Kante $l$ an $b^c$ gelegt und längs der neuen Lage von $g_2$ eine Gerade $\bar{e}_2$ gezeichnet. Befestigt man nun im Schnittpunkt $B$ von $e_2$ und $\bar{e}_2$ eine zweite Nadel, so geht bei Bewegung des dreiteiligen Lineals derart, daß stets $g_1$ in $A$ und $g_2$ in $B$ anliegt, die Verlängerung der Zeichenkante $l$ in jeder Lage durch den nicht erreichbaren Punkt $F_u^c = a^c \cap b^c$ (Fig. 4.51). Aufgrund des Peripheriewinkelsatzes A 1.3, 6 gehören nämlich einerseits alle solchen Lagen von $g_1 \cap g_2$ einem Kreis durch $A$, $B$ an, und andererseits geht die Gerade von $l$ stets durch denselben Punkt $F_u^c$ dieses Kreises. Man erhält einen brauchbaren Ersatz der Fluchtpunktschiene, wenn man die drei Geraden $g_1$, $g_2$, $l$ auf Transparentpapier zeichnet und die Punkte $A$, $B$ in der Zeichenebene markiert.

[5] Aus platztechnischen Gründen ist es allerdings gelegentlich graphisch günstiger, den anderen Meßpunkt von $\pi_1$ zu verwenden; in diesem Fall bilden die parallelgedrehten orientierten Geraden $x_0^c$ und $y_0^c$ allerdings kein Rechtssystem (vgl. Fig. 4.48), was beim Übertragen eines einfachen Grundrisses $\mathfrak{F}'$ in die Lage $\mathfrak{F}_0'^c$ keine wesentlichen Komplikationen verursacht.

[6] Gehen Geraden der Zeichenebene durch einen eigentlichen Punkt außerhalb des Zeichenfeldes, so wird dies graphisch wie in Fig. 4.50 beim Schnittpunkt $F_u^c$ von $a^c$ und $b^c$ angedeutet.

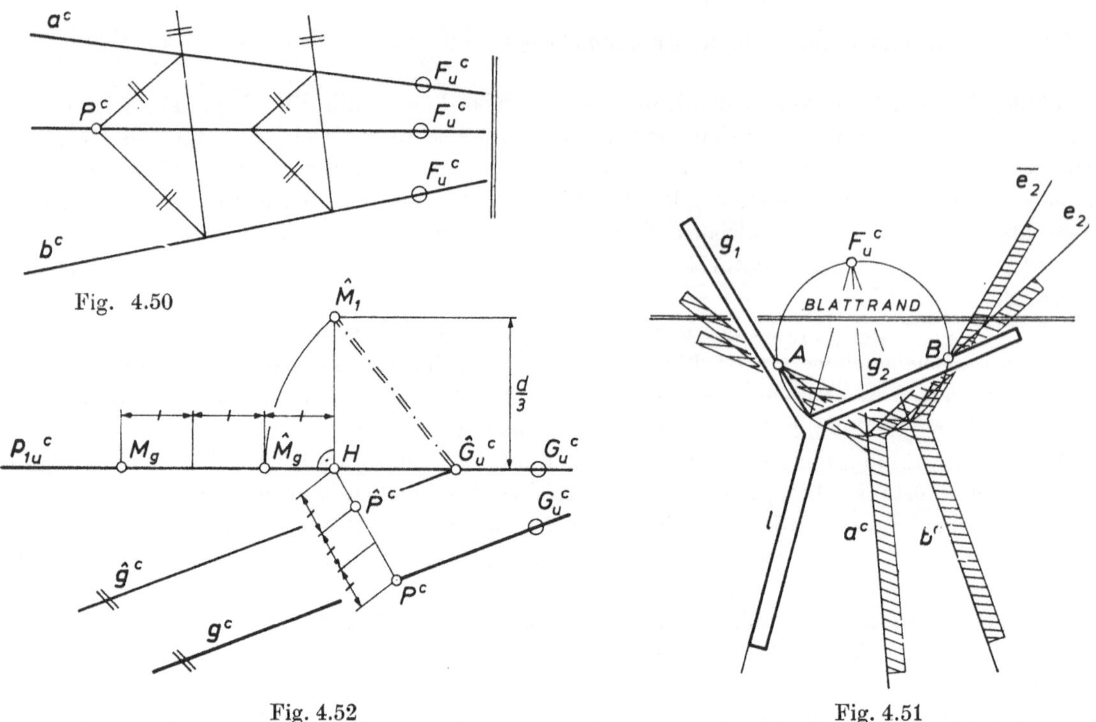


Fig. 4.50

Fig. 4.52

Fig. 4.51

Weiter kann man eine zentrische Stauchung etwa vom Hauptpunkt $H$ aus, der auch die Distanz unterworfen wird, zur Konstruktion von Meßpunkten benützen; dabei bleiben Parallelitäten und Teilverhältnisse erhalten. In Fig. 4.52 ist so der Meßpunkt $M_g$ einer Geraden $g$ in $\pi_1$ bei horizontaler Blickachse ermittelt; die bei Anwendung der Stauchung zum Faktor 1/3 entstehenden Punkte und Geraden sind jeweils mit dem Zeiger ^ gekennzeichnet.
Wie man für die Zeichnung zu große Strecken einmißt, ergibt sich aus 4.4.5. Die Fig. 4.53 bzw. 4.54 zeigt diese Konstruktion in einer Perspektive mit horizontaler Blickachse für eine Strecke in der $x$-Achse bzw. in einer $z$-parallelen Hauptgeraden.
Bei Wahl der üblichen Aughöhe einer Perspektive mit horizontaler Blickachse wird der Zentralgrundriß oft in einem sehr schmalen Streifen der Zeichenebene liegen; dadurch treten schleifende Schnitte auf, was zu Ungenauigkeiten führt. In diesem Fall senkt man das Koordinatensystem um eine geeignete Tiefe $t$ in $z$-paralleler Richtung (Fig. 4.55a). Die *Kellergrundrißebene* $\tilde{\pi}_1 = \tilde{x}\tilde{y}$ besitzt dann eine um $t$ gesenkte Spurgerade $\tilde{p}_1$ und den Horizont $p_{1u}{}^c$ als Fluchtgerade. Beim $z$-parallelen Schieben der $x$- und $y$-Achse aus $\pi_1$ nach $\tilde{\pi}_1$ bleiben die Fluchtpunkte $X_u{}^c$, $Y_u{}^c$ und die Meßpunkte $M_x$, $M_y$ in $p_{1u}{}^c$ unverändert. Man ermittelt zuerst durch Absenken des in $p_1$ liegenden Spurpunktes $X$ der $x$-Achse den $\tilde{p}_1$ angehörenden Spurpunkt $\tilde{X}$ der $\tilde{x}$-Achse

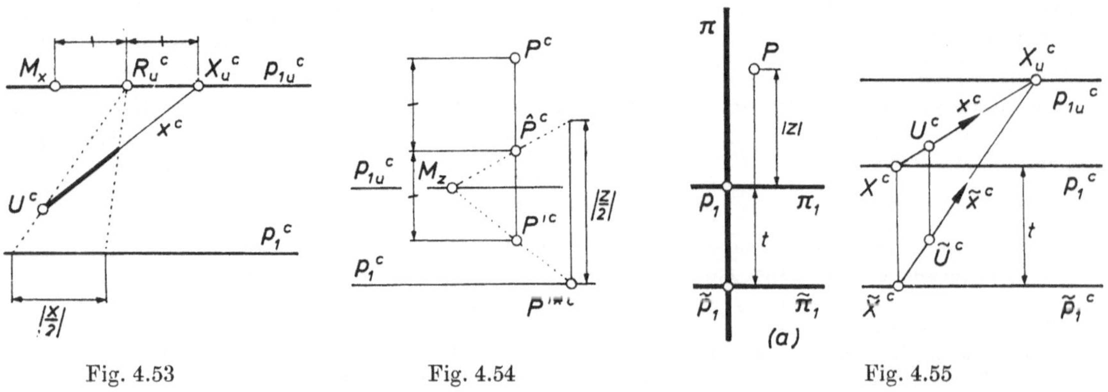

Fig. 4.53

Fig. 4.54

Fig. 4.55

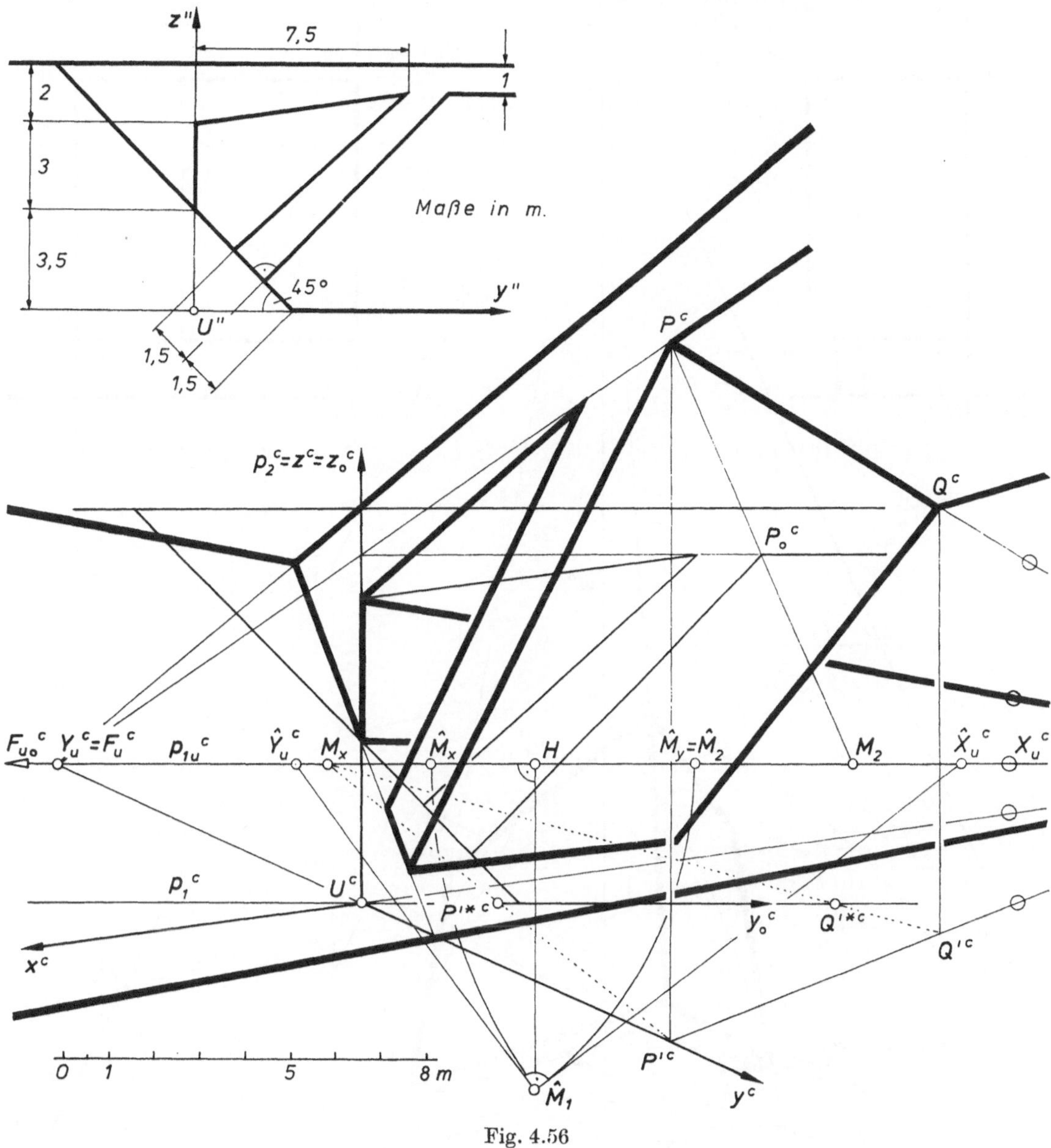


Fig. 4.56

und den abgesenkten Ursprung $\tilde{U}$ (Fig. 4.55). Durch Einmessen der Längen der $x$- und $y$-Koordinatenstrecken in den Zentralrissen $\tilde{x}^c$ und $\tilde{y}^c$ der abgesenkten Koordinatenachsen $\tilde{x}$ und $\tilde{y}$ erhält man den Zentralriß $\tilde{P}'^c$ des *Kellergrundrisses* $\tilde{P}'$ von $P$ und mißt dann von diesem die Länge der um $t$ korrigierten $z$-Koordinatenstrecke von $P$ ein.

### 4.5.6. Beispiele

(1) Von einer 7,5 m breiten Brücke ist das in der Aufrißebene liegende Detail gegeben (Fig. 4.56). Nach Wahl einer Maßstabskala wird ein Zentralriß konstruiert; die Blickachse ist horizontal, die Distanz beträgt 14 m, der Augpunkt $O$ liegt 3 m über $\pi_1$, und die lotrechte Bildebene $\pi$ soll die $z$-Achse enthalten. In der Zeichenebene ist der zum unteren Blattrand parallele Horizont $p_{1u}{}^c$, der Hauptpunkt $H$ in $p_{1u}{}^c$ und der Zentralriß $y^c$ der orientierten $y$-Achse gegeben.

KB. Der Fluchtpunkt $Y_u{}^c$ ist der Schnittpunkt des Horizonts $p_{1u}{}^c$ mit $y^c$, und der Zentralriß $U^c$ des Ursprungs $U$ liegt im durch die gegebene Aughöhe bestimmten, unter dem Horizont $p_{1u}{}^c$ verlaufenden Zentralriß $p_1{}^c$

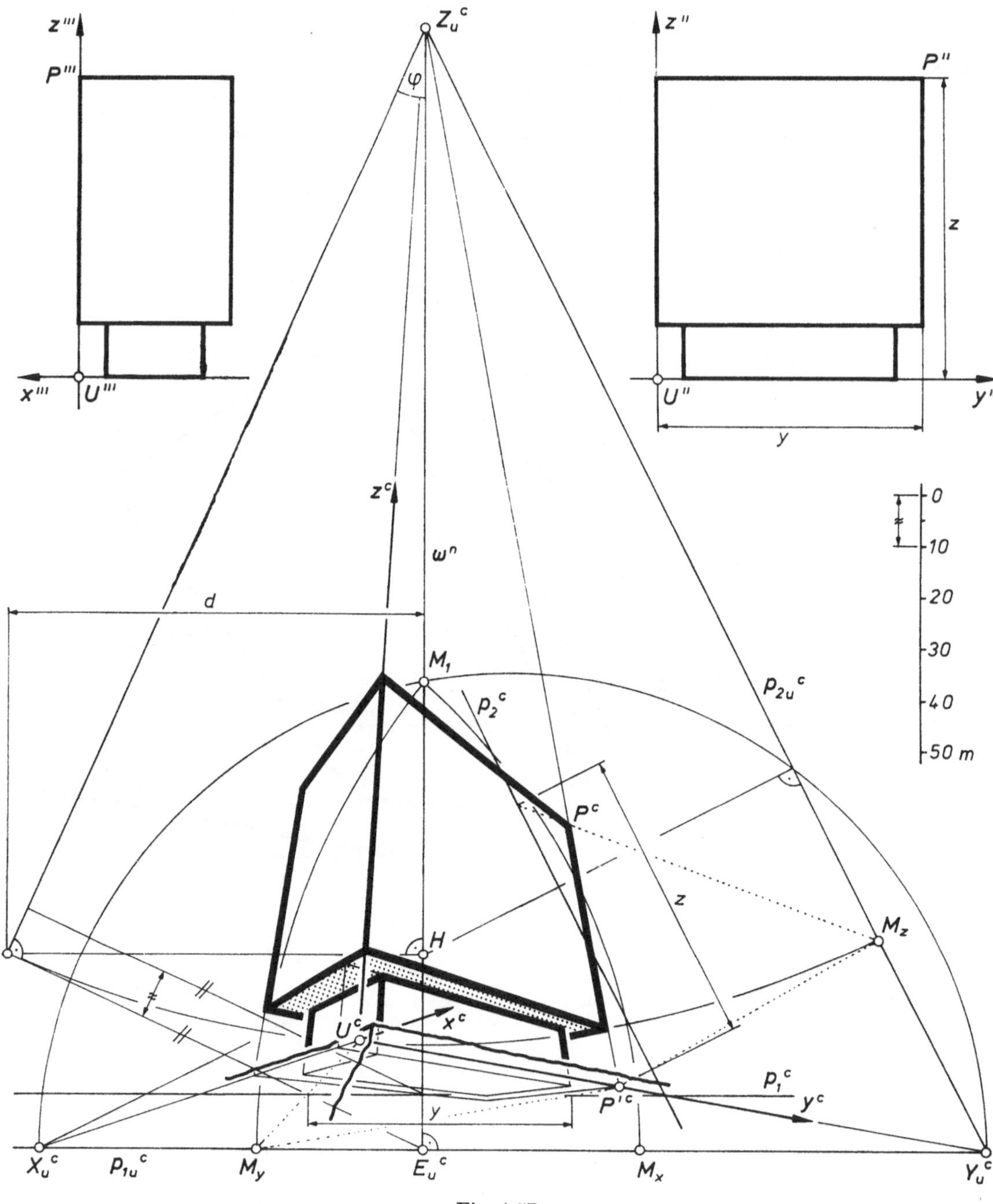


Fig. 4.57

der Spurgeraden $p_1$ von $\pi_1$. Nach 4.5.2. kann der Zentralriß des Koordinatensystems ergänzt werden. Da die Distanz zu groß für das Zeichenfeld ist, verwenden wir gemäß 4.5.5. eine zentrische Stauchung zum Faktor 1/2 vom Hauptpunkt $H$ aus, um aus $H$ und $\hat{Y}_u^c$ zuerst $\hat{M}_1$ und damit $\hat{X}_u^c$, $\hat{M}_x$, $\hat{M}_y = \hat{M}_2$ in $p_{1u}^c$ zu finden.

Da die Gestalt des Objekts vor allem durch die in der $yz$-Ebene $\pi_2$ liegende Figur bestimmt wird, bei der außerdem auch andere Maßangaben als Längen von Koordinatenstrecken verwendet werden, drehen wir die Ebene $\pi_2$ nach 4.5.4. um ihre Spurgerade $p_2 = z$ in die Bildebene $\pi$. Der Zentralaufriß ergibt sich unter der perspektiven Kollineation ($M_2$, $p_2^c$, $F_{u0}^c \mapsto F_u^c$) aus dem Zentralriß der parallelgedrehten Lage; in Fig. 4.56 ist $F_u^c = Y_u^c$ gewählt, so daß $F_{u0}^c$ in den Fernpunkt des Horizonts $p_{1u}^c$ fällt. Durch Einmessen der Brückentiefe von 7,5 m in $x$-parallelen Geraden erhält man den Zentralriß des Objekts, wie Fig. 4.56 für die Kante $[P, Q]$ zeigt; zuerst wird in der $x$-Parallelen durch $P'$ in $\pi_1$ die Länge 7,5 m eingemessen. △

(2) Von einem Hochhaus sind der (vereinfachte) Aufriß und Kreuzriß gegeben (Fig. 4.57). Die Blickachse einer Froschperspektive ist unter $\varphi = 25°$ gegen die horizontale Ebene $\pi_1$ geneigt, der Augpunkt $O$ ist 10 m unter $\pi_1$ gewählt, und die Distanz beträgt 85 m.

KB. Wir wählen den Fluchtpunkt $Z_u{}^c$ in der Zeichenebene; nach Satz 4.5.3 liegt der Horizont $p_{1u}{}^c$ unter $Z_u{}^c$. Wegen $\varphi = \sphericalangle\, \pi_1, OH = \sphericalangle\, z, \pi$ kann nach 4.4.7., Fn. 7 mit Hilfe des in der zu $p_{1u}{}^c$ normalen Achsenebene $\omega$ liegenden Dreiecks $\{E_u{}^c, O, Z_u{}^c\}$ mit $E_u{}^c = \omega \cap p_{1u}{}^c$ aus $\varphi = 25°$ und $d = 85$ m der Hauptpunkt $H$ und der Horizont $p_{1u}{}^c$ ermittelt werden; mit $\overline{O\pi_1} = 10$ m ergibt sich der Zentralriß $p_1{}^c$ der Spurgeraden $p_1$ von $\pi_1$, und zwar nach Satz 4.5.1 über $p_{1u}{}^c$ (Fig. 4.57). Durch Vorgabe des Zentralrisses $x^c$ der orientierten $x$-Achse samt des Punktes $U^c$ ist der Zentralriß nach 4.5.3. festgelegt.
Mit Hilfe des Fluchtdreiecks, dessen Höhenschnittpunkt der Hauptpunkt $H$ ist, und des im THALES-Kreis über $[X_u{}^c, Y_u{}^c]$ liegenden Meßpunktes $M_1$ von $\pi_1$ ergeben sich die Meßpunkte $M_x$ bzw. $M_y$ der $x$-Achse bzw. $y$-Achse in $\pi_1$ gemäß Satz 4.4.9. Der Meßpunkt $M_z$ der $z$-Achse in $\pi_2$ wurde nach Satz 4.4.8 gefunden. Fig. 4.57 zeigt das Einmessen eines Koordinatenweges des in $\pi_2$ liegenden Objektpunktes $P$. △

## 4.5.7. Zentralaxonometrie

In 4.5.2. bzw. 4.5.3. ist angegeben, was vom Zentralriß eines kartesischen Rechtssystems $(U, A, B, C)$ gewählt werden darf. Durch Einmessen der (dem Zeichenmaßstab unterworfenen) Einheitsstrecke in die Zentralrisse $x^c, y^c, z^c$ der Koordinatenachsen können die Zentralrisse $A^c, B^c, C^c$ der Einheitspunkte $A, B, C$ ergänzt werden. Ist $X_u$, $Y_u$ bzw. $Z_u$ der Fernpunkt der $x$-, $y$- bzw. $z$-Achse, so gilt für das Koordinatentripel $(x, y, z)$ eines eigentlichen Punktes $P$ nach Def. 1.2.4, Satz 4.1.5 und Satz 4.1.6 dann

$$\begin{aligned} x &= \mathrm{TV}(P_x, A, U) = \mathrm{DV}(P_x, A, U, X_u) = \mathrm{DV}(P_x{}^c, A^c, U^c, X_u{}^c),\\ y &= \mathrm{TV}(P_y, B, U) = \mathrm{DV}(P_y, B, U, Y_u) = \mathrm{DV}(P_y{}^c, B^c, U^c, Y_u{}^c), \qquad (1)\\ z &= \mathrm{TV}(P_z, C, U) = \mathrm{DV}(P_z, C, U, Z_u) = \mathrm{DV}(P_z{}^c, C^c, U^c, Z_u{}^c). \end{aligned}$$

Durch Doppelverhältnisübertragung (vgl. A 4.1, 5 und A 4.1, 6) können aus den sieben Punkten $U^c, A^c, B^c, C^c, X_u{}^c, Y_u{}^c, Z_u{}^c$ nach (1) die Punkte $P_x{}^c, P_y{}^c, P_z{}^c$ ermittelt und durch Ergänzen des Zentralrisses von Seiten des Koordinatenquaders von $P$ der Zentralriß $P^c$ gefunden werden[7]. Die auf (1) beruhende Konstruktionsvorschrift kann allgemeiner verwendet werden.

**Def. 4.5.1:** Eine geordnete Menge von sieben nicht kollinearen Punkten $U^c, A^c, B^c, C^c, X_u{}^c, Y_u{}^c, Z_u{}^c$ der projektiven Zeichenebene, wobei die Tripel $\{U^c, A^c, X_u{}^c\}$, $\{U^c, B^c, Y_u{}^c\}$, $\{U^c, C^c, Z_u{}^c\}$ aus paarweise verschiedenen kollinearen Punkten bestehen, heißt eine *zentralaxonometrische Grundfigur*, und eine zentralaxonometrische Grundfigur zusammen mit einem kartesischen Rechtssystem $(U, A, B, C)$, dessen Achsen die Fernpunkte $X_u, Y_u, Z_u$ besitzen, heißt eine *zentralaxonometrische Angabe.*

Nennen wir jetzt die Vereinigungsmenge der Punkte $U, A, B, C$ mit den Fernpunkten $X_u, Y_u, Z_u$ ein Koordinatensystem, so gilt der *Hauptsatz der Zentralaxonometrie*:

**Satz 4.5.4:** Zu jeder zentralaxonometrischen Angabe gibt es eine Projektion aus dem projektiven Raum so, daß die zentralaxonometrische Grundfigur unter einer Kollineation aus dem Riß des Koordinatensystems entsteht.

*Beweis*
Wir nehmen an, daß etwa die Punkte $A^c, B^c, X_u{}^c, Y_u{}^c$ der zentralaxonometrischen Grundfigur ein Viereck bilden. Nach Satz 4.1.10 existiert genau eine Kollination $\varkappa$ der projektiven Ebene $\pi_1 = UAB$ auf die projektive Zeichenebene, die $A^\varkappa = A^c$, $B^\varkappa = B^c$, $X_u{}^\varkappa = X_u{}^c$, $Y_u{}^\varkappa = Y_u{}^c$ leistet (Fig. 4.58). Dann ist notwendig $U^\varkappa = U^c$, und es existiert genau ein Punkt $\bar{C}$ bzw. $\bar{Z}_u$ in $\pi_1$ mit $\bar{C}^\varkappa = C^c$ bzw. $\bar{Z}_u{}^\varkappa = Z_u{}^c$; weiter sind $U, \bar{C}, \bar{Z}_u$ paarweise verschiedene kollineare Punkte[8].

[7] Mit Hilfe des Zentralgrundrisses $P'^c = P_x{}^c Y_u{}^c \cap P_y{}^c X_u{}^c$ erhält man $P^c$ in $P'^c Z_u{}^c$ auch, wenn man den Schnittpunkt von $U^c P'^c$ und $p_{1u}{}^c$ mit $P_z{}^c$ verbindet; die horizontalen Geraden $UP'$ und $P_zP$ sind nämlich parallel.
[8] In Fig. 4.58 wurde zu $1^\varkappa = U^cC^c \cap A^cB^c$ der Urpunkt $1$ in $AB$ mit Hilfe des Punktes $2$ in $UB$ mit $2^\varkappa = X_u{}^c 1^\varkappa \cap U^cB^c$ und $\mathrm{DV}(2^\varkappa, U^c, B^c, Y_u{}^c) = \mathrm{DV}(2, U, B, Y_u)$ gefunden. Für den Fernpunkt $3$ von $U1$ gilt $3^\varkappa = U^cC^c \cap X_u{}^c Y_u{}^c$; der Punkt $\bar{C}$ bzw. $\bar{Z}_u$ ergibt sich dann aus $C^c$ bzw. $Z_u{}^c$ durch Doppelverhältnisübertragung.

Unter der Projektion auf $\pi_1$ zum Zentrum $O := Z_u\bar{Z}_u \cap C\bar{C}$ besitzen gemäß Fig. 4.58 die Punkte $U$, $A$, $B$, $C$, $X_u$, $Y_u$, $Z_u$ Risse, die unter $\varkappa$ in die betreffenden Punkte der zentralaxonometrischen Grundfigur übergehen. □

Da die in (1) enthaltene Konstruktionsvorschrift nach Satz 4.1.9 unter einer Kollineation erhalten bleibt, entsteht nach Satz 4.5.5 jeder zentralaxonometrische Riß eines Objekts, den man durch Eintragen der Koordinatentripel eigentlicher Punkte in eine zentralaxonometrische Angabe gemäß (1) durch Doppelverhältnisübertragung nach Fig. 4.5 erhält (Fig. 4.59), aus einem bestimmten Riß des Objekts unter einer Kollineation. Insbesondere ist daher der zentralaxonometrische Riß eines Punktes unabhängig von der Auswahl der bei der Konstruktion verwendeten Seiten seines Koordinatenquaders, und eine *Zentralaxonometrie* ist für nicht projizierende Geraden geradentreu und doppelverhältnistreu. Die zentralaxonometrischen Risse paralleler Geraden haben den zentralaxonometrischen Riß ihres Fernpunktes gemeinsam, wodurch auch Fernpunkte abgebildet werden können. Nach dem Beweis zu Satz 4.5.4 ist durch die zentralaxonometrische Angabe das Projektionszentrum eindeutig bestimmt und genau für kollineare Punkte $X_u^c$, $Y_u^c$, $Z_u^c$ ein Fernpunkt; in diesem Fall entsteht der zentralaxonometrische Riß unter einer Kollineation aus einem Parallelriß[9].

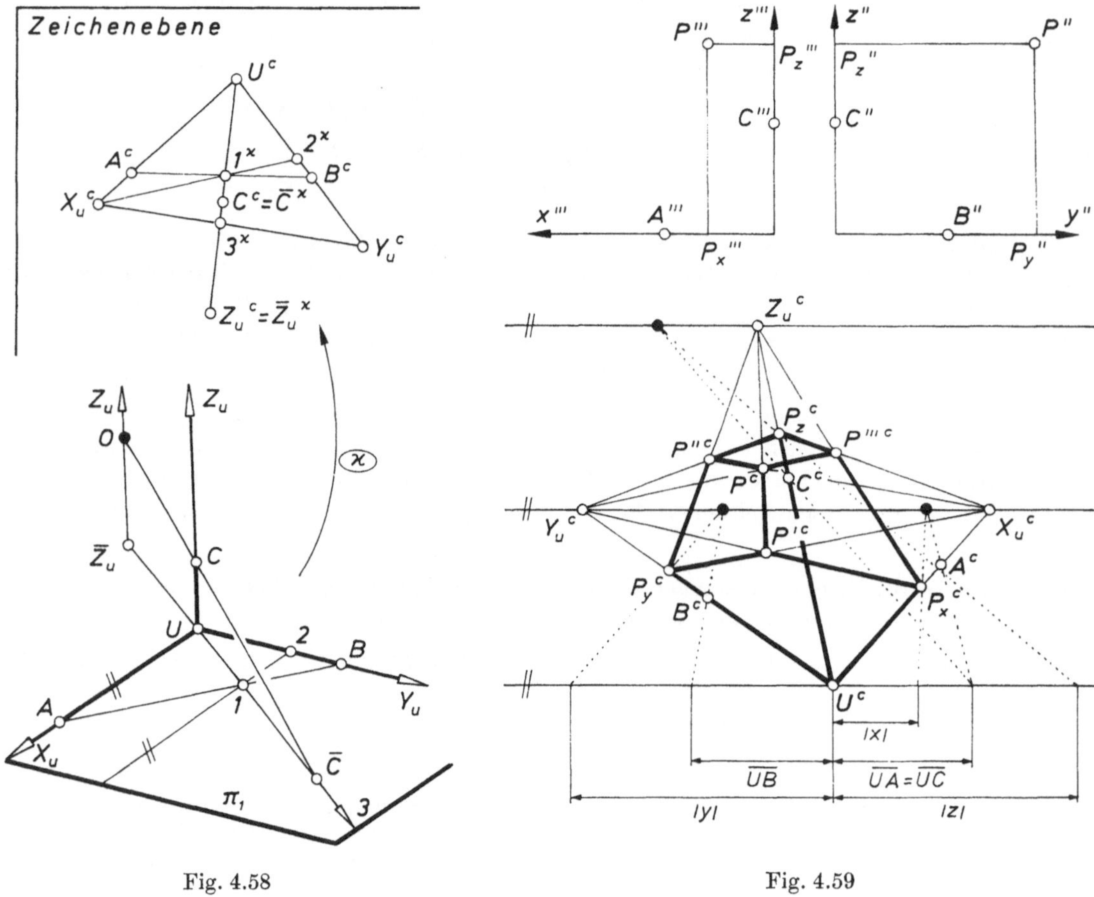


Fig. 4.58 Fig. 4.59

[9] Sind die Punkte $X_u^c$, $Y_u^c$, $Z_u^c$ nicht kollinear, so ist der zentralaxonometrische Riß zu einem Zentralriß sogar affin, aber nicht notwendig zu einem Zentralriß ähnlich (vgl. [5], wo ein theoretischer Aufbau der Darstellenden Geometrie in projektiven Räumen beliebiger Dimension zu beliebigen, nicht notwendig kommutativen Algebraisierungskörpern angegeben ist.)

### Aufgaben 4.5

1. Besitzen drei paarweise orthogonale Geraden *a*, *b*, *c* eigentliche Fluchtpunkte $A_u{}^c$, $B_u{}^c$, $C_u{}^c$, so ist durch diese der Distanzkreis der Zentralprojektion mitbestimmt. Welche Eigenschaft hat notwendig das Dreieck $\{A_u{}^c, B_u{}^c, C_u{}^c\}$?
2. Benütze die Beweisidee zu Satz 4.5.4, um ausgehend von einer zentralaxonometrischen Angabe unter Verwendung des mit dem Koordinatensystem verknüpften Grundrisses und Aufrisses das Projektionszentrum zu konstruieren.
3. Gewinne durch Spezialisierung von Satz 4.5.4 den Satz 2.3.2.
4. Entwickle ein Einschneideverfahren zur Gewinnung eines Zentralrisses unter Benützung des parallelgedrehten Zentralgrundrisses und des parallelgedrehten Zentralaufrisses.

## 4.6. Entzerrung eines Zentralrisses

### 4.6.1. Rekonstruktion einer ebenen Figur mit Hilfe eines Möbius-Netzes

Unter der *Entzerrung* von Zentralrissen, meist von Fotografien, versteht man die Rekonstruktion der Abmessungen eines Objekts; mit diesem Problem beschäftigt sich die *Fotogrammetrie*. Natürlich reicht ein Zentralriß allein zur eindeutigen Rekonstruktion nicht aus, da eine Zentralprojektion nicht injektiv ist. Nur wenn gewisse Zusatzinformationen über die geometrische Form des fotografierten Objekts vorliegen, genügt ein Zentralriß zur Entzerrung[1].

Die Entzerrung insbesondere einer ebenen Figur spielt eine wichtige Rolle bei der Rekonstruktion eines ebenen Geländes aus einem Luftbild oder etwa einer Hausfassade aus einer Fotografie.

Der Zentralriß $\mathfrak{F}^c$ einer Figur $\mathfrak{F}$, die einer nicht projizierenden Ebene $\varepsilon$ angehört, ist in der Aufnahmesituation gemäß Def. 4.2.1 zu $\mathfrak{F}$ zentralperspektiv; nach A 4.1, 9 geht daher die Fotografie $\mathfrak{F}^c$ von $\mathfrak{F}$ unter einer Kollineation in $\mathfrak{F}$ über. Damit genügt nach Satz 4.1.10 die Kenntnis der gegenseitigen Lage der Punkte eines Vierecks $\{A, B, C, D\}$ der Ebene $\varepsilon$ von $\mathfrak{F}$, deren Zentralrisse $A^c, B^c, C^c, D^c$ in der Fotografie erkennbar sind, um die Lage jedes Punktes $X$ von $\varepsilon$ aus seinem Zentralriß $X^c$ rekonstruieren zu können. Dieses *Vier-Punkt-Verfahren* beruht auf der Geradentreue und der Doppelverhältnistreue einer Kollineation (vgl. A 4.1, 11). Praktisch wird die Rekonstruktion eines *Neupunktes* $X$ in einem Plan der Ebene $\varepsilon$ durchgeführt, der in einem geeigneten Maßstab gezeichnet ist und in dem die vier *Paßpunkte* $A, B, C, D$ gegeben sind.

Müssen sehr viele Punkte aus der Fotografie rekonstruiert werden, wie das etwa bei Erstellung der Karte eines ebenen Geländes zutrifft, so kann man durch wiederholtes Unterteilen der Vierecke mit Hilfe von Diagonalen und Verwendung geeigneter Teilungsgeraden Raster konstruieren und so verfeinern, daß schließlich ohne zu große Fehler der Bildinhalt einer Rastermasche nach dem Augenmaß von der Fotografie in die Karte übertragen werden kann. Dabei ist es üblich, zuerst in der Karte ein das Angabeviereck $\{A, B, C, D\}$ umfassendes Rechteck $\{1, 2, 3, 4\}$ zu zeichnen, dessen Seiten parallel zu den Achsen des Landeskoordinatensystems sind. Dann werden die Punkte *1*, *2*, *3*, *4* nach dem Vier-Punkt-Verfahren in die Fotografie übertragen und die Raster durch Unterteilung der Vierecke $\{1, 2, 3, 4\}$ und $\{1^c, 2^c, 3^c, 4^c\}$ aufgebaut, also der Zentralriß eines Rasters aus dem Landeskoordinatensystem verwendet. Ein Zentralriß eines kartesischen Koordinatenrasters heißt nach A. Möbius (1790—1868) ein Möbius-*Netz*.

In Fig. 4.60 ist nach diesem Verfahren aus einer Fotografie eines ebenen Geländes eine Karte konstruiert.

[1] Nach dem 1899 von S. Finsterwalder (1862—1951) angegebenen *Hauptsatz der Fotogrammetrie* ist ein Objekt im allgemeinen aus zwei von verschiedenen Standpunkten aufgenommenen Fotografien bis auf den Maßstab eindeutig rekonstruierbar, wenn man die durch die Brennweite des Linsensystems bestimmte Distanz sowie den mittels Randmarken festlegbaren Schnittpunkt der optischen Achse mit der Filmebene kennt. Denkt man die Filmebene am optischen Mittelpunkt des Linsensystems, der den Augpunkt repräsentiert, gespiegelt, so kann diese *Positivebene* als Bildebene einer Zentralprojektion in der Aufnahmesituation angesehen werden. Nur wenn das Objekt und die beiden Aufnahmezentren einer ganz speziellen sogenannten *gefährlichen Fläche* angehören, ist die Rekonstruktion nicht eindeutig möglich.
In der fotogrammetrischen Praxis erfolgt die Rekonstruktion aus zwei Zentralrissen auf numerischem oder apparativem Wege.

KB. Die Konstruktion etwa des Punktes $1^c$ kann durch zweimalige Anwendung der Papierstreifenmethode (vgl. A 4.1, 6) erfolgen; ein solcher Papierstreifen ist in Fig. 4.60 eingezeichnet.
Die Teilungsgeraden des Koordinatenrasters sind zu 12 bzw. 14 parallel, ihre Zentralrisse gehen durch die Fluchtpunkte $1^c2^c \cap 3^c4^c$ bzw. $1^c4^c \cap 2^c3^c$; sind diese Fluchtpunkte nicht erreichbar, so verwendet man die auf ähnlichen Dreiecken beruhende Hilfskonstruktion aus Fig. 4.50. Ab dem zweiten Unterteilungsschritt ist jede Teilungsgerade als Verbindung zweier Diagonalenschnittpunkte festgelegt. △

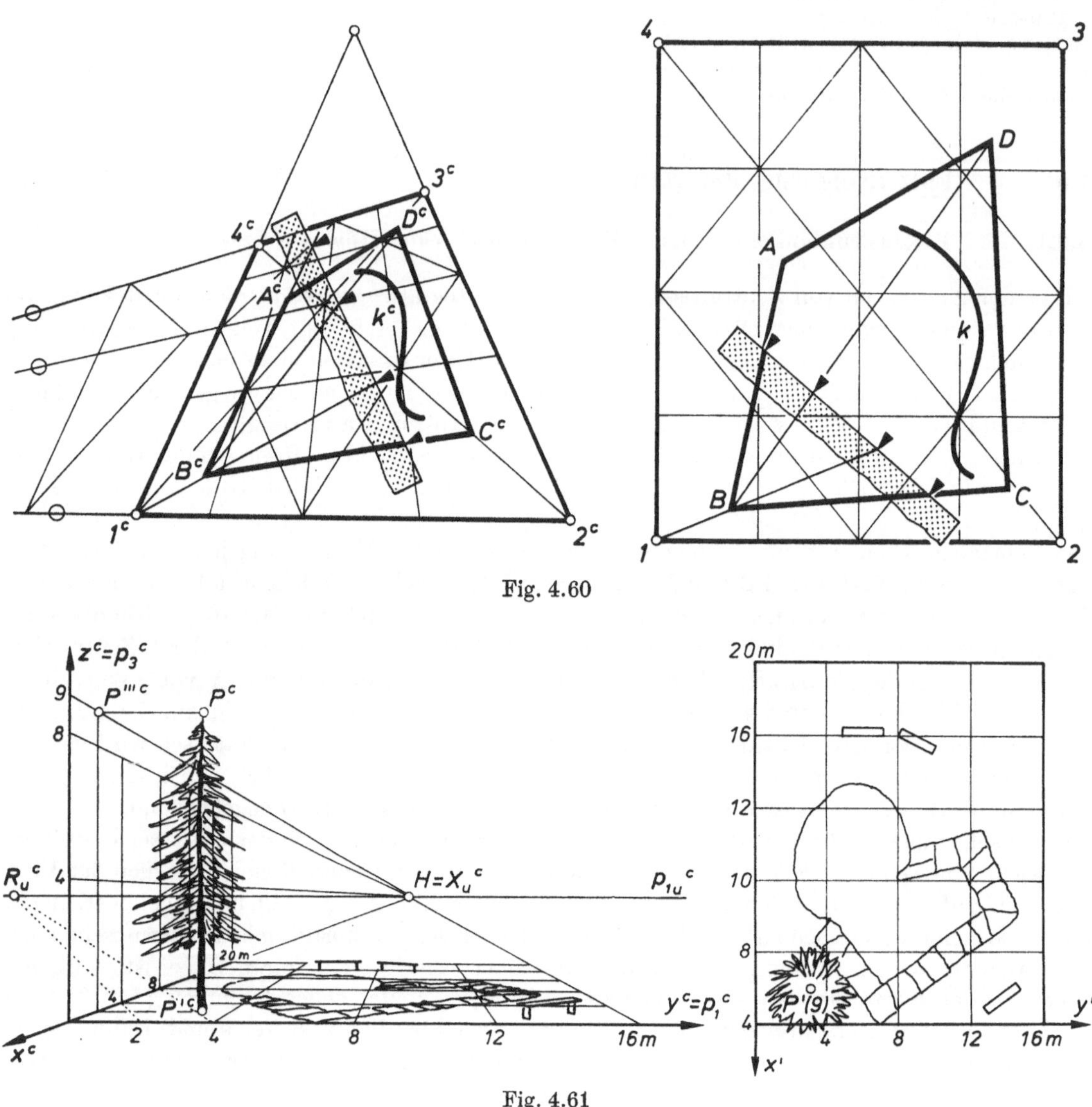


Fig. 4.60

Fig. 4.61

## 4.6.2. Rasterverfahren

Für unregelmäßige Objekte, wie sie etwa im Straßenbau oder im Gartenbau auftreten, ist das Durchschnittverfahren gelegentlich brauchbar, das axonometrische Verfahren jedoch wenig geeignet; bei perspektivischen Ansichten solcher Objekte sind auch die Distanzen meist sehr groß, und eventuelle Fluchtpunkte liegen oft weit außerhalb des Zeichenfeldes. Hier leisten neben der numerischen Perspektive die *Rasterverfahren* dann gute Dienste, wenn übermäßige Genauigkeit nicht erforderlich ist. Wir besprechen diese Methode, die auf der Konstruktion von Möbius-Netzen in zwei Koordinatenebenen beruht, für den Sonderfall der frontalen Perspektive (Fig. 4.61). Da mit Objekten der genannten Art kein Koordinatensystem in natürlicher Weise verknüpft ist, kann bei horizontaler Blickachse diese Aufstellung stets benützt werden.

KB. Nach 4.5.2. ist der Hauptpunkt $H$ der Fluchtpunkt $X_u{}^c$. Wählen wir die Aufrißebene $\pi_2$ als Bildebene $\pi$ der Perspektive, so kann auf $p_1{}^c = y^c$ und $p_3{}^c = z^c$ nach Wahl des Zeichenmaßstabs unverzerrt eingemessen werden; in Fig. 4.61 ist der Zentralriß in doppelt so großem Maßstab gezeichnet wie der Grundriß. Wählt man etwa jenen Fluchtpunkt $R_u{}^c$ in $p_{1u}{}^c$, für den $\overline{R_u{}^c X_u{}^c} = \frac{1}{2}\,\overline{OX_u{}^c} = \frac{1}{2}\,\overline{OH} = \frac{d}{2}$ gilt, so wird nach 4.4.6. bei Projektion einer Strecke der $x$-Achse aus dem Fernpunkt $R_u$ von $\pi_1$ auf $y = p_1$ ihre Länge halbiert; damit kann der Zentralriß einer gleichmäßigen Teilung der $x$-Achse ermittelt werden.
Zuerst wird der Zentralgrundriß konstruiert, wobei man Punkte innerhalb einer Koordinatenmasche nach Augenmaß in den Zentralriß überträgt. Um die $z$-Koordinaten einzumessen wird mit Hilfe eines Möbius-Netzes in $\pi_3$ der Zentralkreuzriß $P'''^c$ ergänzt; der Punkt $P^c$ liegt in einer $z^c$-Parallelen durch $P'^c$ und einer $y^c$-Parallelen durch $P'''^c$, da $Z_u{}^c$ und $Y_u{}^c$ Fernpunkte sind. △

### 4.6.3. Rekonstruktion einer ebenen Figur mit Hilfe von Meßpunkten

Ist die Fluchtgerade $e_u{}^c$ der nicht projizierenden Ebene $\varepsilon$ einer ebenen Figur $\mathfrak{F}$ die Ferngerade der Bildebene, so ist $\varepsilon$ eine Hauptebene und daher $\mathfrak{F}^c$ nach Satz 4.2.2 zu $\mathfrak{F}$ ähnlich. Mit Hilfe der Länge einer in der Fotografie erkennbaren Strecke in $\varepsilon$ kann man daher aus $\mathfrak{F}^c$ die Abmessungen von $\mathfrak{F}$ gewinnen. Ist die Ebene $\varepsilon$ keine Hauptebene, also $e_u{}^c$ eine eigentliche Gerade, so leistet der Meßpunkt $M_\varepsilon$ von $\varepsilon$ zur Entzerrung von $\mathfrak{F}^c$ wertvolle Dienste, da $M_\varepsilon$ das Kollineationszentrum einer perspektiven Kollineation ist, die $\mathfrak{F}^c$ überführt in eine zu $\mathfrak{F}$ ähnliche Figur, nämlich den Zentralriß $\mathfrak{F}_0{}^c$ einer parallelgedrehten Lage $\mathfrak{F}_0$ von $\mathfrak{F}$.

**Satz 4.6.1:** Sind in einer Ebene $\varepsilon$ drei verschiedene Geraden $p$, $q$, $r$ durch einen eigentlichen Punkt gegeben und kennt man ihre einer eigentlichen Geraden $e_u{}^c$ angehörenden Fluchtpunkte $P_u{}^c$, $Q_u{}^c$, $R_u{}^c$, so ist der Meßpunkt $M_\varepsilon$ von $\varepsilon$ (zweideutig[2]) festgelegt, und jede Figur in $\varepsilon$ kann aus ihrem Zentralriß bis auf Ähnlichkeiten eindeutig entzerrt werden.

*Beweis*

Ist etwa $P_u{}^c$ ein eigentlicher Punkt, so benützen wir die Winkelmaße $\gamma_1 = \sphericalangle\, p, q$, $\gamma_2 = \sphericalangle\, p, r$ $(0 < \gamma_1, \gamma_2 \leqq 90°)$. Ist auch $Q_u{}^c$ ein eigentlicher Punkt, so gilt für den Meßpunkt $M_\varepsilon$ von $\varepsilon$ nach Satz 4.4.10 dann $\gamma_1 = \sphericalangle\, M_\varepsilon P_u{}^c, M_\varepsilon Q_u{}^c$, und $M_\varepsilon$ gehört daher wegen A 1.3, 5 notwendig einem von zwei zu $e_u{}^c$ symmetrischen Kreisen durch $P_u{}^c$ und $Q_u{}^c$ an, die für $\gamma_1 = 90°$ in den Thales-Kreis mit dem Durchmesser $[P_u{}^c, Q_u{}^c]$ zusammenfallen; ist dagegen $Q_u{}^c$ der Fernpunkt von $e_u{}^c$, so liegt $M_\varepsilon$ notwendig in einer von zwei zu $e_u{}^c$ symmetrischen Geraden durch $P_u{}^c$, die mit $e_u{}^c$ das Winkelmaß $\gamma_1$ bestimmen und für $\gamma_1 = 90°$ zusammenfallen. Analoges gilt für $R_u{}^c$.
Ist $\gamma_1$ oder $\gamma_2$ gleich 90°, so ergeben sich somit zwei zu $e_u{}^c$ symmetrische mögliche Lagen für $M_\varepsilon$. Für $\gamma_1 \neq 90°$, $\gamma_2 \neq 90°$ erhält man dagegen zwei Paare zu $e_u{}^c$ symmetrischer Punkte; nur für einen solchen Punkt $M_\varepsilon$ und den dazu bezüglich $e_u{}^c$ symmetrischen Punkt gilt jedoch, daß die Geraden $M_\varepsilon P_u{}^c = M_\varepsilon P_{u0}{}^c$, $M_\varepsilon Q_u{}^c = M_\varepsilon Q_{u0}{}^c$, $M_\varepsilon R_u{}^c = M_\varepsilon R_{u0}{}^c$ (vgl. 4.4.6.) eine zu den gegebenen Geraden $p$, $q$, $r$ ähnliche Figur bilden (in Fig. 4.62 geht $q$ durch die von $p$ und $r$ bestimmten spitzen Winkelfelder).
Durch das Kollineationszentrum $M_\varepsilon$ und die Fluchtgerade $e_u{}^c$ ist die perspektive Kollineation $\varkappa$, die $\mathfrak{F}^{c\varkappa} = \mathfrak{F}_0{}^c$ leisten soll, bestimmt, wenn man die Kollineationsachse parallel zu $e_u{}^c$ wählt. Nach 4.4.6. führt nämlich eine dieser perspektiven Kollineationen dann $\mathfrak{F}^c$ in den zu $\mathfrak{F}$ kongruenten Zentralriß $\mathfrak{F}_0{}^c$ der um die Spurgerade $e$ von $\varepsilon$ in die Bildebene gedrehten Lage $\mathfrak{F}_0$ über; wie aus A 4.2, 6 folgt, ist daher zu beliebiger zulässiger Wahl der Kollineationsachse von $\varkappa$ die Figur $\mathfrak{F}^{c\varkappa}$ zu $\mathfrak{F}$ ähnlich. □

Ist die Kollineation der Ebene $\varepsilon$, in der die Figur $\mathfrak{F}$ liegt, auf die Ebene, welche den Zentralriß $\mathfrak{F}^c$ enthält, durch ein Viereck $\{A, B, C, D\}$ und das Bildviereck $\{A^c, B^c, C^c, D^c\}$ festgelegt, so findet man die Fluchtgerade $e_u{}^c$ von $\varepsilon$, indem man durch Doppelverhältnisübertragung die Zentralrisse der Fernpunkte zweier Geraden von $\varepsilon$ ermittelt; damit sind zu den Geraden $AB$, $AC$, $AD$ die Fluchtpunkte bekannt. Im praktisch wichtigsten Fall ist $\{A, B, C, D\}$ ein Rechteck; dann sind die Punkte $A^cB^c \cap C^cD^c$ und $A^cD^c \cap B^cC^c$ zwei Fluchtpunkte (vgl. Fig. 4.63 und Fig. 4.64).

Kennt man für zwei verschiedene Punkte $A^c$, $B^c$ von $\mathfrak{F}^c$ die Länge $\overline{AB}$ der Strecke $[A, B]$ von $\mathfrak{F} \subset \varepsilon$, so ist nach Auswahl einer perspektiven Kollineation $\varkappa$ zum Kollineationszentrum $M_\varepsilon$ mit $\overline{A^{c\varkappa}B^{c\varkappa}} : \overline{AB}$ der Maßstab der Figur $\mathfrak{F}^{c\varkappa}$ festgelegt, also nicht nur die Gestalt, sondern auch die

[2] Die beiden Lösungen stammen von den beiden Drehungen, durch die $\varepsilon$ um eine Hauptgerade $h \subset \varepsilon$ parallel zur Bildebene gedreht werden kann (vgl. 4.4.6.).

Größe von $\mathfrak{F}$ bestimmt. Man kann dann nach Wahl des Zeichenmaßstabs die Kollineationsachse speziell so ermitteln, daß $\mathfrak{F}^{c\varkappa}$ zu $\mathfrak{F}$ kongruent wird, also die Kollineationsachse nach 4.4.6. in den Zentralriß $e^c$ der Spurgeraden $e$ von $\varepsilon$ fällt: Ist $G_u{}^c = A^cB^c \cap e_u{}^c$ der Fluchtpunkt von $g = AB$, so gehört der Meßpunkt $M_g$ von $g$ in $\varepsilon$ nach Satz 4.4.9 der Geraden $e_u{}^c$ an, und es gilt $\overline{G_u{}^cM_g} = \overline{G_u{}^cM_\varepsilon}$; die Kollineationsachse $e^c$ von $\varkappa$ ist dann parallel zu $e_u{}^c$ derart einzutragen, daß für $A^{*c} = A^cM_g \cap e^c$, $B^{*c} = B^cM_g \cap e^c$ nach 4.4.5. gilt $\overline{A^{*c}B^{*c}} = \overline{AB}$ (vgl. Fig. 4.63 und Fig. 4.64). Da die fotografierte Figur sicher dem Sehraum angehört, ist dabei die Gerade $e^c$ so zu wählen, daß sie derselben Halbebene mit der Randgeraden $e_u{}^c$ wie $\mathfrak{F}^c$ angehört.
Fig. 4.63 und Fig. 4.64 zeigen diese Konstruktionen im Falle des Zentralrisses eines Rechtecks $\{A, B, C, D\}$, wobei in Fig. 4.63 keine Rechteckseite eine Hauptgerade ist und in Fig. 4.64 die Rechteckseiten $[A, D]$ und $[B, C]$ in Hauptgeraden liegen; die Länge $\overline{AB}$ und das Winkelmaß $\gamma = \sphericalangle AB, AC$ sind gegeben.

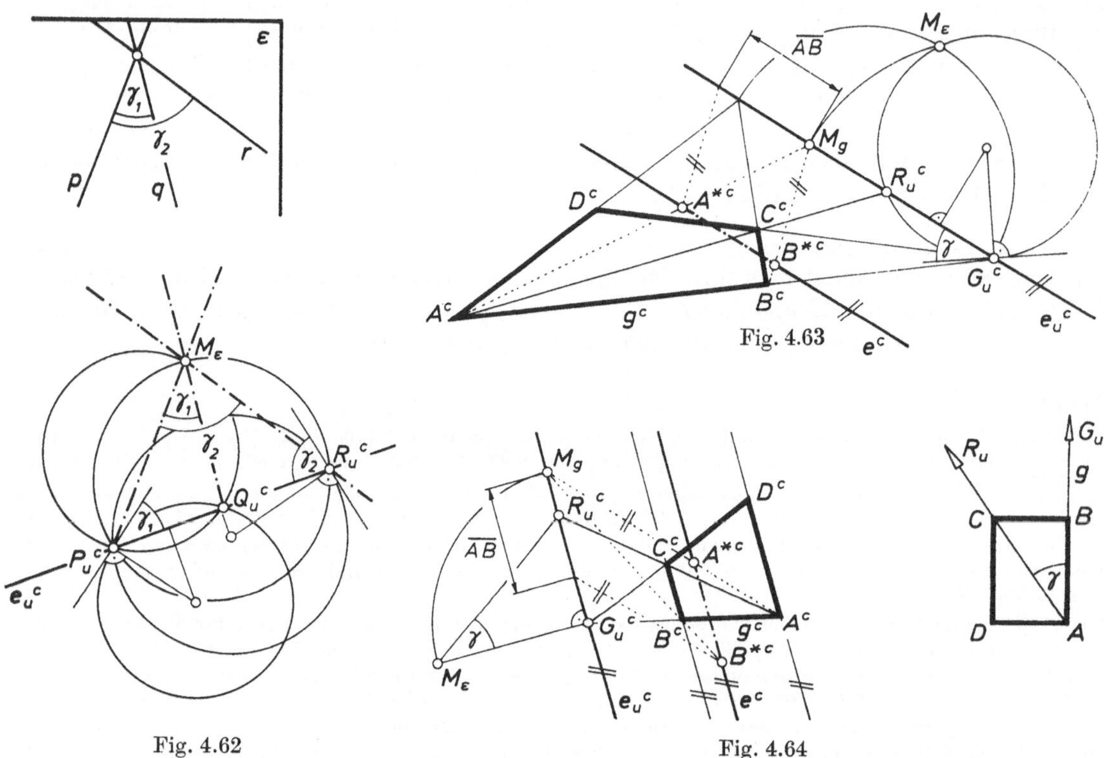


Fig. 4.63

Fig. 4.62

Fig. 4.64

## 4.6.4. Einbildfotogrammetrie

Bei den in 4.6.1. und 4.6.3. besprochenen Verfahren zur Entzerrung einer ebenen Figur wird der Distanzkreis nicht benützt und kann aus den dort verwendeten Angaben auch nicht ermittelt werden (vgl. A 4.6, 1).

**Satz 4.6.2:** Kennt man die eigentliche Fluchtgerade $e_u{}^c$ einer Ebene $\varepsilon$, ihren Meßpunkt $M_\varepsilon$ und ihren Normalenfluchtpunkt $N_u{}^c$, so ist der Distanzkreis bestimmt.

*Beweis*

Nach Satz 4.4.8 und Satz 4.4.11 müssen die Punkte $M_\varepsilon$ und $N_u{}^c$ einer zu $e_u{}^c$ normalen Geraden $\omega^n$ angehören[3], und der Hauptpunkt $H$ liegt in der Geraden $\omega^n$. Bezeichnen wir den Schnittpunkt von $\omega^n$ und $e_u{}^c$ mit $E_u{}^c$,

[3] Ist die Gerade $M_\varepsilon N_u{}^c$ nicht zu $e_u{}^c$ normal, so liegt sicher kein Zentralriß einer Raumfigur vor. Ein solches Bild entsteht etwa so, daß man einen Zentralriß der Raumfigur einer Kollineation unterwirft, also zum Beispiel die Fotografie der Raumfigur fotografiert.

so hat nach Satz 4.4.6 und Satz 4.4.8 ein Punkt des Distanzkreises in der zu $e_u^c$ parallelen Geraden durch den gesuchten Hauptpunkt von $E_u^c$ notwendig den Abstand $\overline{M_\varepsilon e_u^c} = \overline{M_\varepsilon E_u^c}$ und gehört nach Satz 4.4.11 dem THALES-Kreis über dem Durchmesser $[N_u^c, E_u^c]$ an (Fig. 4.65), falls $N_u^c$ kein Fernpunkt ist; für einen Fernpunkt $N_u^c$ ist $E_u^c$ nach 4.4.7. der Hauptpunkt $H$ und nach 4.4.6. die Distanz gleich $\overline{HM_\varepsilon}$ (Fig. 4.66). In beiden Fällen kann der Distanzkreis gezeichnet werden. □

Kennt man zur Angabe von Satz 4.6.2 auch den Zentralriß $e^c$ der Spurgeraden $e$ von $\varepsilon$, so kann nach 4.6.3. jede Figur $\mathfrak{F}$ von $\varepsilon$ aus ihrem Zentralriß $\mathfrak{F}^c$ eindeutig rekonstruiert werden, und Gleiches gilt dann für eine Figur in irgendeiner Ebene $\varphi$, falls man die Fluchtgerade $f_u^c$ von $\varphi$ und den Zentralriß $f^c$ der Spurgeraden $f$ von $\varphi$ kennt; mit Hilfe des Distanzkreises erhält man nämlich nach 4.4.6. den Meßpunkt $M_\varphi$ von $\varphi$.

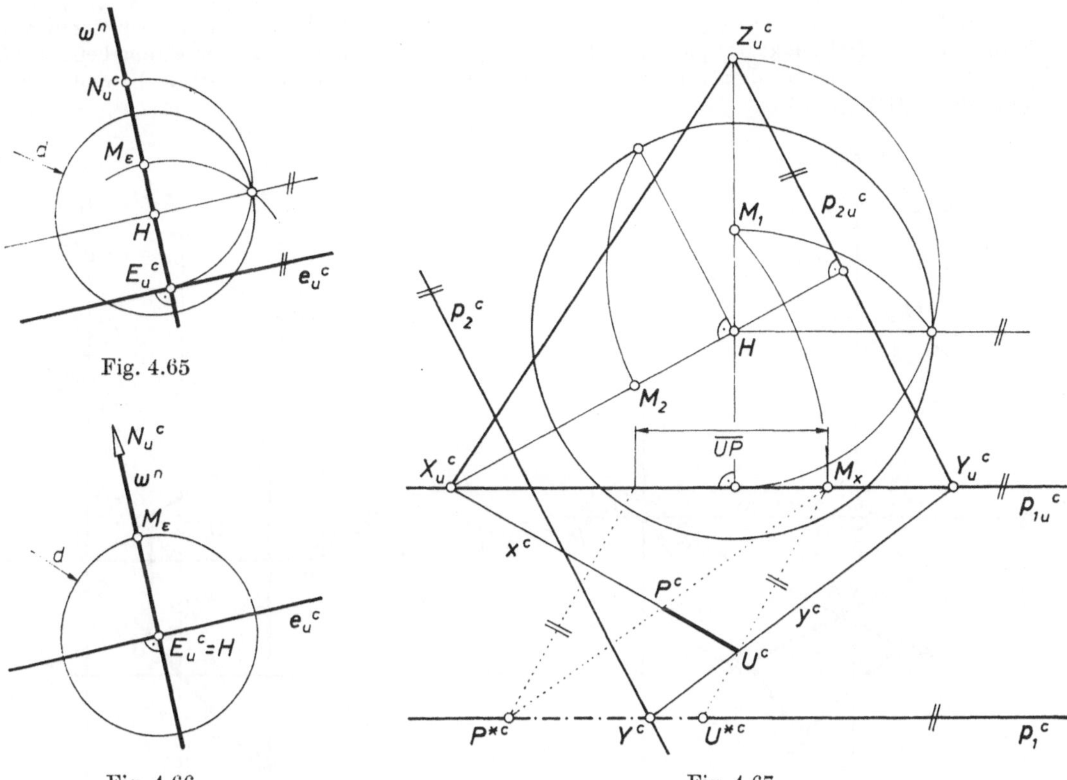


Fig. 4.65

Fig. 4.66

Fig. 4.67

Die graphisch wichtigste Anwendung von Satz 4.6.2 ist die Entzerrung eines Quaders aus seinem Zentralriß. Sind $X_u^c$, $Y_u^c$, $Z_u^c$ die Fluchtpunkte der Geraden von drei Quaderseiten $x$, $y$, $z$ durch eine Quaderecke $U$, so sind — abgesehen von der Beschriftung — folgende drei Fälle zu unterscheiden:

(I) $\{X_u^c, Y_u^c, Z_u^c\}$ ist ein Dreieck aus eigentlichen Punkten,

(II) $Z_u^c$ ist ein Fernpunkt und $X_u^c$, $Y_u^c$ sind eigentliche Punkte,

(III) $Z_u^c$ und $X_u^c$ sind Fernpunkte und $Y_u^c$ ist ein eigentlicher Punkt.

KB. *Zu* (I): Analog zu Satz 4.5.4 ergibt sich der Hauptpunkt $H$ als der Höhenschnittpunkt des Dreiecks $\{X_u^c, Y_u^c, Z_u^c\}$, und dieses Dreieck muß stets spitzwinklig sein[4]. Die zu $X_u^c Y_u^c = p_{1u}^c$ parallele Gerade durch $H$ schneidet dann den THALES-Kreis über dem Durchmesser $[Z_u^c, p_{1u}^c \cap Z_u^c H]$ in einem Punkt des Distanzkreises, mit dessen Hilfe die Meßpunkte $M_1$ von $\pi_1 = xy$ und $M_2$ von $\pi_2 = yz$ gemäß Satz 4.4.8 gefunden werden.

[4] Ist dies nicht der Fall, so liegt kein Zentralriß des Quaders vor, sondern etwa die Fotografie einer Fotografie (vgl. Fn. 3).

Kennt man die Länge einer Quaderkante $[U, P]$ etwa mit $P \in x$, so ermitteln wir den Meßpunkt $M_x$ von $x$ in $\pi_1$ aus $M_1$ nach Satz 4.4.9 und damit nach Wahl des Zeichenmaßstabs den Zentralriß $p_1{}^c$ der Spurgeraden $p_1$ von $\pi_1$ durch Einpassen einer zu $p_{1u}{}^c$ parallelen Strecke der Länge $\overline{UP}$ zwischen den Geraden $U^cM_x$ und $P^cM_x$. Die Spurgerade $p_2$ von $\pi_2$ enthält den Punkt $Y = p_1 \cap y$ (Fig. 4.67).

*Zu* (II): In diesem Fall muß $X_u{}^cY_u{}^c = p_{1u}{}^c$ zu den Geraden mit dem Fernpunkt $Z_u{}^c$ normal sein[4]. Kennt man die Abmessungen des Quaderrechtecks $\{U, P, Q, R\}$ in $\pi_1$, so erhält man mit Hilfe von $\gamma_1 = \sphericalangle\ UR, UP = 90°$ und $\gamma_2 = \sphericalangle\ UR, UQ$ nach Fig. 4.63 den Meßpunkt $M_1$ von $\pi_1$; der Hauptpunkt $H$ ist der Punkt der Geraden $p_{1u}{}^c$ in der zu ihr normalen Geraden durch $M_1$, und $\overline{HM_1}$ ist die Distanz. Mit Hilfe der Länge $\overline{UP}$ ergibt sich $p_1{}^c \parallel p_{1u}{}^c$ und dann $p_2{}^c \parallel p_{2u}{}^c$ durch $Y^c = p_1{}^c \cap y^c$ (Fig. 4.68).
Sind dagegen die Abmessungen des Quaderrechtecks $\{U, R, S, T\}$ in $\pi_2$ bekannt, von dem die Seiten $[U, T]$ und $[R, S]$ Hauptgeraden angehören, so ergibt sich mit $\gamma_1 = \sphericalangle\ UR, UT = 90°$, $\gamma_2 = \sphericalangle UR, US$ der Meßpunkt $M_2$ von $\pi_2$, anschließend der Distanzkreis gemäß dem Beweis zu Satz 4.6.2 und mit Hilfe von $\overline{UR}$ dann $p_2{}^c \parallel p_{2u}{}^c$ und $p_1{}^c \parallel p_{1u}{}^c$ durch $Y^c = p_2{}^c \cap y^c$ (Fig. 4.69).

*Zu* (III): In diesem Fall sind notwendig die Geraden mit dem Fernpunkt $Z_u{}^c$ normal[4] zu den Geraden mit dem Fernpunkt $X_u{}^c$. Der Punkt $Y_u{}^c$ gibt dann den Hauptpunkt $H$ ab, da $\pi_3 = zx$ eine Hauptebene ist. Mit Hilfe der Abmessungen des Quaderrechtecks in $\pi_1$ oder des Quaderrechtecks in $\pi_2$ verläuft die weitere Konstruktion wie bei (II). △

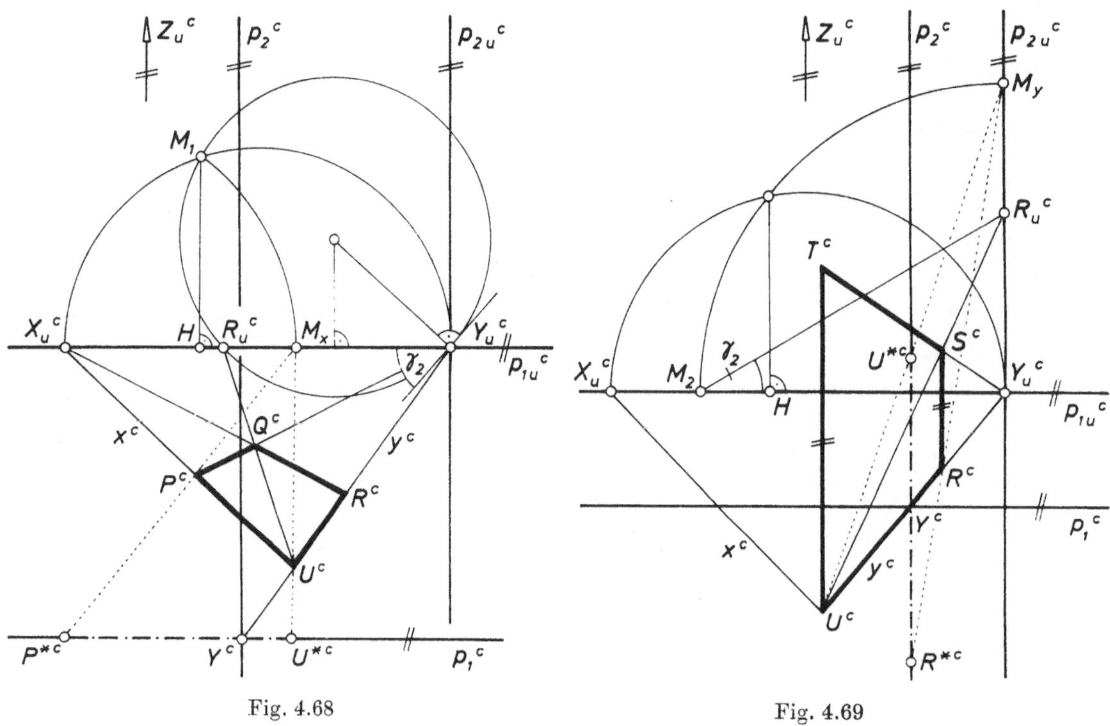

Fig. 4.68 Fig. 4.69

Damit beherrscht man die Rekonstruktion eines kartesischen Koordinatensystems und kann jedes Objekt aus seinem Zentralriß rekonstruieren, von dessen Punkten außer dem Zentralriß auch der Zentralriß eines Koordinatenweges aus dem Bildinhalt erkennbar ist. Bei dieser *Einbildfotogrammetrie* ist jedoch die Entzerrung von in der Fotografie erkennbaren Details unmöglich, die nicht in bekannter Weise mit dem zugrunde gelegten Quader gekoppelt sind, wie dies etwa auf Bäume oder Landschaftsformen zutrifft. Zusammenfassend gilt

**Satz 4.6.3:** Ist keine Koordinatenachse eines kartesischen Koordinatensystems eine Hauptgerade, so reicht die Länge einer im Zentralriß erkennbaren Koordinatenstrecke zur Entzerrung; gehört dagegen eine Koordinatenachse einer Hauptgeraden an, so benötigt man die Abmessungen des einem Koordinatenquader angehörenden Rechtecks in einer zur Bildebene nicht parallelen Koordinatenebene zur Entzerrung.

## Aufgaben[5] 4.6

1. Kennt man die Abmessungen eines in einer Fotografie als Viereck $\{A^c, B^c, C^c, D^c\}$ erkennbaren ebenen Vierecks $\{A, B, C, D\}$, so ist bei gegebener Distanz der Hauptpunkt zweideutig bestimmt.
(Anl.: Nach 4.6.3. kann die Fluchtgerade $e_u{}^c$ der Viereckebene $\varepsilon$ und dann ihr Meßpunkt $M_\varepsilon$ zweideutig gefunden werden; benütze die Beweisidee zu Satz 4.4.2.)
2. Ein gegebenes Viereck $\{A^c, B^c, C^c, M^c\}$ der Zeichenebene ist Zentralriß eines gleichseitigen Dreiecks $\{A, B, C\}$ und seines Mittelpunktes $M$. Konstruiere zu gegebener Distanz den Zentralriß eines regulären Tetraeders mit den Ecken $A, B, C$.
(Anl.: Konstruiere zuerst nach dem Vier-Punkt-Verfahren die Fluchtgerade von $\varepsilon = ABC$ und nach Satz 4.6.1 den Meßpunkt $M_\varepsilon$.)
3. Die Punkte $X_u{}^c$, $Y_u{}^c$, $Z_u{}^c$ bilden ein spitzwinkeliges Dreieck der Zeichenebene; in einer Geraden durch $X_u{}^c$ sind Punkte $A^c$, $B^c$ mit $B^c$ zwischen $A^c$ und $X_u{}^c$ gegeben. Konstruiere den Zentralriß eines Würfels, der $X_u{}^c$, $Y_u{}^c$, $Z_u{}^c$ als Kantenfluchtpunkte und $[A^c, B^c]$ als Zentralriß einer Seite besitzt.

[5] Vgl. auch A 6.5, 11.

# Spezielle Kurven und Flächen

# 5. Kegelschnitte

Die auch für die Physik wichtigen Brennpunktdefinitionen der Ellipsen, Hyperbeln und Parabeln finden sich zusammen mit zahlreichen Eigenschaften dieser Punktmengen der Ebenen des Anschauungsraumes bei APOLLONIOS VON PERGE (262–190 v. Chr.), waren aber zum Teil schon früher bekannt. So hat MENAICHMOS (um 350 v. Chr.) bereits Kegelschnitte zur Lösung des Delischen Problems der Würfelverdopplung verwendet. Für die Darstellende Geometrie und das praktische Zeichnen sind jedoch die sich aus der Brennpunktdefinition ergebenden elementargeometrischen Konstruktionen nicht besonders geeignet.
Jede Ellipse ist Normalriß eines Kreises, wodurch gewisse Kreiseigenschaften auf Ellipsen übertragen werden können. Affine Eigenschaften einer Ellipse benötigt man erst bei der Untersuchung des Parallelrisses einer Ellipse, insbesondere des Schrägrisses eines Kreises. Mit Hilfe einer affininvarianten Ellipsenkonstruktion erkennt man, daß unter einer Affinität aus einer Ellipse stets eine Ellipse entsteht; diese Aussage gestattet zahlreiche Anwendungen in der Darstellenden Geometrie.
Aus der Brennpunktdefinition einer Hyperbel folgt die zweckmäßige Stechzirkelkonstruktion. Eine affininvariante Hyperbelkonstruktion lehrt, daß unter einer Affinität eine Hyperbel in eine Hyperbel übergeht. In analoger Weise wird die Parabel behandelt.
Jeder ebene Schnitt eines Drehkegels mit einer die Kegelspitze nicht enthaltenden Ebene ist eine Ellipse, Hyperbel oder Parabel, was die Bezeichnung Kegelschnitte motiviert. Wir verwenden zum Beweis dieses zum Teil schon APOLLONIOS bekannten Sachverhaltes die von DANDELIN eingeführten Kugeln. Mit darstellend-geometrischen Methoden können dann die ebenen Schnitte von Kreiskegeln diskutiert werden.
Nach Wahl eines Koordinatensystems einer Ebene sind quadratische ebene Varietäten erklärbar; die Kegelschnitte erweisen sich genau als die krummen quadratischen Varietäten einer Ebene.
Eine Punktmenge einer projektiven Ebene heißt ein projektiver Kegelschnitt, wenn sie unter einer Kollineation aus einem Kreis entsteht. Diese Punktmengen stellen sich als die Ellipsen, die um die Fernpunkte ihrer beiden Asymptoten erweiterten Hyperbeln und die um den Fernpunkt ihrer Achse erweiterten Parabeln heraus. Eine Kollineation führt einen projektiven Kegelschnitt in einen projektiven Kegelschnitt über. Damit stehen bequeme Konstruktionen zur Ermittlung von Parallelrissen oder Zentralrissen der ebenen Schnitte von Kegeln mit einem Leitkegelschnitt und von Zentralrissen der Kegelschnitte, insbesondere der Kreise zur Verfügung.

## 5.1. Ellipsen, Normalriß eines Kreises

### 5.1.1. Ellipsendefinition

Wir definieren spezielle Punktmengen einer Ebene des Anschauungsraumes:

**Def. 5.1.1:** Eine *Ellipse* $c$ ist die Menge jener Punkte einer Ebene $\varepsilon$, für die gilt

(1) $$c = \{P \in \varepsilon \mid \overline{PF_1} + \overline{PF_2} = 2a,\ F_1, F_2 \in \varepsilon,\ 2a > \overline{F_1F_2} \geqq 0\}.$$

Für $F_1 = F_2$ in (1) erhält man einen Kreis vom Radius $a$ zum Mittelpunkt $F_1$. Die Punkte $F_1$, $F_2$ heißen die *Brennpunkte* der Ellipse; für einen Kreis fallen diese im Kreismittelpunkt zusammen. Aus (1) folgt die in Fig. 5.1 ersichtliche Konstruktion der Punkte einer Ellipse unter Benutzung von Kreisen um die Brennpunkte mit den Radien $f_1$ und $f_2 = 2a - f_1 > 0$.
Für $F_1 \neq F_2$ ist die Ellipse nach (1) bezüglich ihrer *Hauptachse* $F_1F_2$ und bezüglich ihrer *Nebenachse*, der Symmetrieachse der Strecke $[F_1, F_2]$, symmetrisch und geht daher nach 1.3.2. bei der Spiegelung am Mittelpunkt $M$ der Strecke $[F_1, F_2]$, dem *Mittelpunkt* der Ellipse, in sich über. In der Hauptachse liegen die *Hauptscheitel* $A$, $B$ der Ellipse mit $\overline{AM} = \overline{MB} = a$ und zwischen den beiden Hauptscheiteln die Brennpunkte, für die *Nebenscheitel* $C$, $D$ in der Nebenachse gilt

$\overline{CM} = \overline{MD} =: b < a$ (Fig. 5.1). Wir nennen die Strecke $[A, B]$ bzw. $[C, D]$ die *Hauptachsenstrecke* bzw. die *Nebenachsenstrecke*, und $a$ bzw. $b$ ist die Länge der halben Hauptachsenstrecke bzw. der halben Nebenachsenstrecke. Kennt man die vier Scheitel $A, B, C, D$ einer Ellipse, so sind wegen $\overline{CF_1} = \overline{DF_1} = \overline{CF_2} = \overline{DF_2} = a$ nach (1) die beiden Brennpunkte und damit die Ellipse bestimmt. Der Kreis zum Mittelpunkt $M$ durch die beiden Hauptscheitel bzw. durch die beiden Nebenscheitel heißt *Hauptscheitelkreis* $k_H$ bzw. *Nebenscheitelkreis* $k_N$ der Ellipse (Fig. 5.1).
Benützt man ein kartesisches Koordinatensystem der Ebene $\varepsilon$ mit $F_1F_2$ als $x$-Achse und dem Mittelpunkt $M$ der Ellipse als Ursprung, so besitzt $F_1$ bzw. $F_2$ das Koordinatenpaar $(e, 0)$ bzw. $(-e, 0)$ mit $e^2 = a^2 - b^2 \geq 0$ (Fig. 5.1); für einen Kreis ist $e = 0$, also $a = b$. Ein Punkt $P \in \varepsilon$ mit dem Koordinatenpaar $(x, y)$ liegt genau dann in der durch (1) definierten Ellipse $c$, wenn mit $f_1 := \overline{PF_1} = [(x - e)^2 + y^2]^{1/2}$ und $f_2 := \overline{PF_2} = [(x + e)^2 + y^2]^{1/2}$ gilt $f_1 + f_2 = 2a$. Aus $f_2^2 - f_1^2 = 2a(f_2 - f_1) = [(x + e)^2 + y^2] - [(x - e)^2 + y^2] = 4ex$ folgt $f_2 - f_1 = 2\dfrac{e}{a}x$ und damit $f_2 = a + \dfrac{e}{a}x$. Wegen $f_2^2 = \left(a + \dfrac{e}{a}x\right)^2 = (x + e)^2 + y^2$ und $e^2 = a^2 - b^2$ ergibt sich

(2) $$\frac{x^2}{a^2} + \frac{y^2}{b^2} - 1 = 0;$$

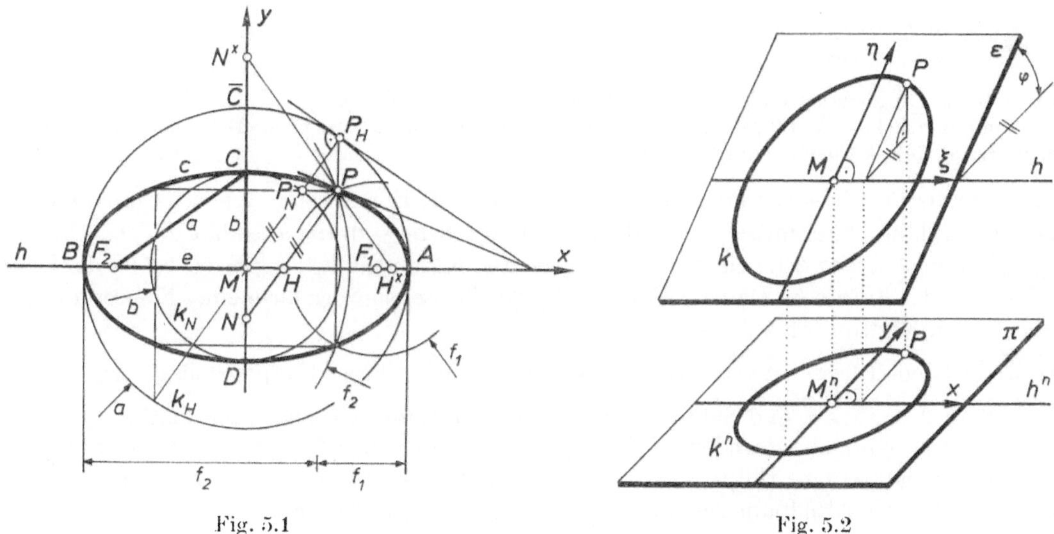


Fig. 5.1 Fig. 5.2

umgekehrt folgt für einen Punkt $P$, dessen Koordinatenpaar die Gleichung (2) erfüllt, nach kurzer Rechnung $f_1 + f_2 = 2a$, also $P \in c$. Die durch (2) definierte Punktmenge ist die Bildmenge unter der stetigen Abbildung $u \in [0, 2\pi] \mapsto \mathfrak{x}(u) = (a \cos u, b \sin u)$, die in $[0, 2\pi[$ injektiv ist und $\mathfrak{x}(0) = \mathfrak{x}(2\pi)$ erfüllt; gemäß 1.4.1. ist eine Ellipse daher eine einfach geschlossene Kurve und als stetiges injektives Bild des halboffenen Intervalls $[0, 2\pi[$ ein Kurvenstück.
Nach (2) und 1.2.3., (4) enthält eine Gerade höchstens zwei Ellipsenpunkte. Jede Gerade durch den Ellipsenmittelpunkt $M$ heißt *Durchmessergerade* und schneidet die Ellipse in zwei Punkten, die eine *Durchmesserstrecke* (kurz *Durchmesser*) bestimmen; der Punkt $M$ ist Mittelpunkt jedes Durchmessers, und ein solcher besteht aus zwei gleich langen *Halbmessern*.

### 5.1.2. Ellipse als Normalriß eines Kreises

Ein Kreis $k$ ist durch seine Ebene $\varepsilon$, seinen Mittelpunkt $M$ und seinen Radius bestimmt; anstelle seiner Ebene $\varepsilon$ kann auch die zu $\varepsilon$ normale Drehachse von $k$ (vgl. Def. 1.3.3) angegeben werden.
Der Normalriß $k^n$ eines Kreises $k$, der den Radius $r$ und den Mittelpunkt $M$ besitzt und einer

Sehebene $\sigma$ angehört, ist eine Strecke der Länge[1] $2r$ in der Bildgeraden $\sigma^n$ von $\sigma$ mit $M^n$ als Mittelpunkt; ist die Kreisebene $\varepsilon$ eine Hauptebene, so ist $k^n$ nach Satz 2.1.3 ein zu $k$ kongruenter Kreis zum Mittelpunkt $M^n$.

**Satz 5.1.1:** Der Normalriß $k^n$ eines Kreises $k$, der den Radius $r$ und den Mittelpunkt $M$ besitzt und einer zur Bildebene $\pi$ weder normalen noch parallelen Ebene $\varepsilon$ angehört, ist eine Ellipse mit $M^n$ als Mittelpunkt und dem Normalriß der Hauptgeraden $h$ in $\varepsilon$ durch $M$ als Hauptachse; die Länge der halben Hauptachsenstrecke ist gleich dem Radius $r$ von $k$. Jede Ellipse ist Normalriß eines Kreises.

*Beweis*

Wir verwenden ein kartesisches $(\xi, \eta)$-Koordinatensystem der Ebene $\varepsilon$, dessen Ursprung in $M$ und dessen $\xi$-Achse in der Hauptgeraden $h$ von $\varepsilon$ durch $M$ liegt (Fig. 5.2). Ein Punkt $P \in \varepsilon$ gehört genau dann dem Kreis $k$ an, wenn für sein Koordinatenpaar gilt $\xi^2 + \eta^2 - r^2 = 0$.
Nach Satz 2.4.2 sind die Normalrisse der $\xi$- und $\eta$-Achse in der Bildebene orthogonal. Benützen wir den Normalriß der $\xi$- bzw. $\eta$-Achse als $x$- bzw. $y$-Achse eines kartesischen Koordinatensystems in $\pi$ mit gleicher Einheitsstrecke wie in $\varepsilon$, so gilt für das Koordinatenpaar $(\xi, \eta)$ eines Punktes $P$ von $\varepsilon$ und das Koordinatenpaar $(x, y)$ seines Normalrisses $P^n$ in $\pi$ unter Verwendung des Winkelmaßes $\varphi = \sphericalangle\, \varepsilon, \pi$ (Fig. 5.2)

$$(3) \qquad x = \xi, \qquad y = \eta \cos \varphi \qquad (0 < \varphi < 90^\circ).$$

Damit liegt ein Punkt $P^n \in \pi$ genau dann im Normalriß $k^n$ von $k$, wenn für sein Koordinatenpaar $(x, y)$ gilt

$$(4) \qquad \frac{x^2}{r^2} + \frac{y^2}{r^2 \cos^2 \varphi} - 1 = 0.$$

Mit $0 < \cos \varphi < 1$ folgen aus (2) und (4) die Aussagen des Satzes über $k^n$.
Wählt man umgekehrt eine Ellipse $c$ in $\pi$ mit der Gleichung (2), so ist diese nach (4) Normalriß eines Kreises vom Radius $a$, dessen Ebene so durch die Hauptachse von $c$ geht, daß für $\varphi = \sphericalangle\, \varepsilon, \pi$ gilt $\cos \varphi = b : a$. □

Dreht man die zur Bildebene weder normale noch parallele Ebene $\varepsilon$ eines Kreises $k$ um die Hauptgerade $h$ durch den Kreismittelpunkt $M$ in die Hauptebene $\varepsilon_0$ durch $h$, so hat die gedrehte Lage $k_0 \subset \varepsilon_0$ von $k$ nach Satz 2.1.3 einen zu $k_0$ kongruenten Normalriß $k_0{}^n$; der Kreis $k_0{}^n$ ist der Hauptscheitelkreis der Ellipse $k^n$. Da nach Satz 5.1.1 jede Ellipse als Normalriß eines Kreises aufgefaßt werden kann, folgt mit Satz 2.4.4:

**Satz 5.1.2:** Jede Ellipse ist orthogonal perspektiv affin zu ihrem Hauptscheitelkreis.

Wegen Satz 2.2.8, 1.4.1. und Satz 5.1.2 besitzt eine Ellipse in jedem ihrer Punkte genau eine Tangente. Aus Symmetriegründen sind die Tangenten in den beiden Scheiteln einer Achse zu dieser orthogonal; da eine Ellipse die Spiegelung am Mittelpunkt gestattet, sind ferner die Tangenten in den beiden Endpunkten eines Durchmessers zueinander parallel.

### 5.1.3. Planimetrische Konstruktion einer Ellipse

Sei $c$ eine Ellipse mit den Hauptscheiteln $A$, $B$, den Nebenscheiteln $C$, $D$ und dem Hauptscheitelkreis $k_H$. Eine orthogonale perspektive Affinität $\alpha$, welche gemäß Satz 5.1.2 leistet $c^\alpha = k_H$, besitzt die Hauptachse $h$ von $c$ als Affinitätsachse und ist nach Satz 2.2.6 festgelegt, wenn man dem Nebenscheitel $C$ einen der beiden Schnittpunkte $\overline{C}$ der Nebenachse mit dem Kreis $k_H$ zuordnet. Für einen von einem Hauptscheitel verschiedenen Ellipsenpunkt $P$ folgt mit $P^\alpha =: P_H \in k_H$ und $2a = \overline{AB}$, $2b = \overline{CD}$ dann $\overline{P_H h} : \overline{Ph} = \overline{\overline{C}h} : \overline{Ch} = a : b$ aus A 1.3, 12 (Fig. 5.1).
Ist $P_H$ bzw. $P_N$ ein Schnittpunkt einer Durchmessergeraden von $c$ mit dem Haupt- bzw. Nebenscheitelkreis $k_H$ bzw. $k_N$, so gilt $\overline{MP_H} : \overline{MP_N} = a : b$ (Fig. 5.1). Damit ergibt sich aus Satz 1.2.1 und Satz 2.2.8:

(E1) Ist $P_H$ bzw. $P_N$ ein Schnittpunkt einer Durchmessergeraden mit dem Haupt- bzw. Nebenscheitelkreis einer Ellipse, so gehört der Schnittpunkt $P$ der zur Nebenachse parallelen Gera-

[1] Wir beziehen im folgenden, wie in 3.1.1. angegeben, jede Länge im Raum bzw. in der Zeichenebene stets auf die jeweilige Einheitsstrecke.

den durch $P_H$ mit der zur Hauptachse parallelen Geraden durch $P_N$ der Ellipse an. Die Tangente[2] der Ellipse in $P$ und die Tangente des Hauptscheitelkreises $k_H$ in $P_H$ treffen einander in einem Punkt der Hauptachse oder sind beide zur Hauptachse parallel.

Die Konstruktion nach (E1) heißt *Scheitelkreiskonstruktion* und wurde 1685 von Ph. de la Hire (1640—1718) angegeben (Fig. 5.1); sie ist graphisch der Konstruktion mit Hilfe der Brennpunkte gemäß 4.1.1. überlegen.

Die Parallele zur Durchmessergeraden $MP_H$ durch den Ellipsenpunkt $P$ schneidet die Hauptachse in einem Punkt $H$ und die Nebenachse in einem Punkt $N$, wobei $\overline{MP_N} = \overline{HP} = b$, $\overline{MP_H} = \overline{NP} = a$ gilt (Fig. 5.1). Unter der Spiegelung an der Geraden $PP_N$ erhält man eine Gerade, welche die Haupt- bzw. Nebenachse in $H^\times$ bzw. $N^\times$ schneidet; aus Symmetriegründen gilt $\overline{HP} = \overline{H^\times P} = b$, $\overline{NP} = \overline{N^\times P} = a$ (Fig. 5.1). Dies ergibt[3] (Fig. 5.3):

(E2) Durch die beiden Hauptscheitel $A$, $B$ und einen Punkt $P$ einer Ellipse ist die Länge der halben Nebenachsenstrecke und damit die Ellipse bestimmt: Schlägt man $a = \overline{AB}:2$ von $P$ in der Nebenachse ab, so schneidet die Verbindungsgerade des entstehenden Punktes mit $P$ die Hauptachse in einem Punkt $H$ mit $\overline{HP} = b$.

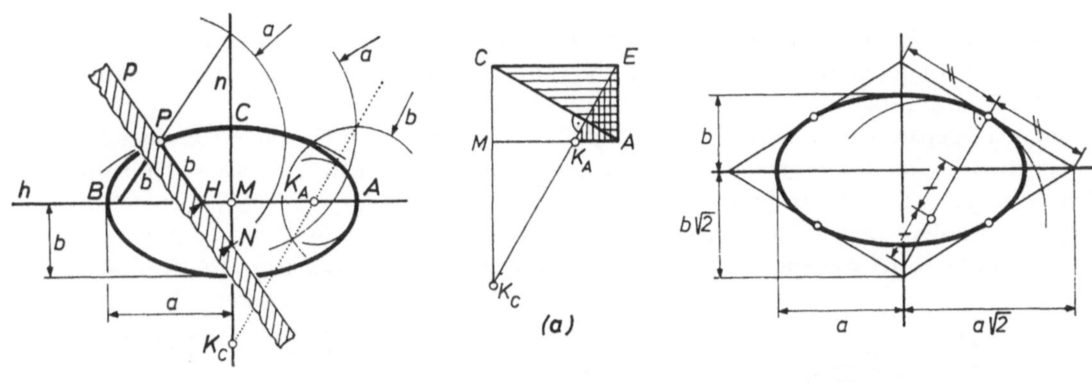


Fig. 5.3

Fig. 5.4

Seien $h$ und $n$ zwei orthogonale Geraden einer Ebene und $p$ eine Gerade, die $h$ in einem Punkt $H$ und $n$ in einem Punkt $N$ mit $H \neq N$ trifft. Markiert man diese beiden Punkte in der etwa als Kante eines Papierstreifens materialisierten Geraden $p$ und wird $p$ so bewegt, daß $H$ in $h$ und $N$ in $n$ läuft, so beschreibt jeder Punkt $P$ von $p$ mit $\overline{NP} > \overline{HP} > 0$ nach (E2) eine Ellipse mit $h$ als Hauptachse und $\overline{NP}$ bzw. $\overline{HP}$ als Länge der halben Haupt- bzw. Nebenachsenstrecke (Fig. 5.3). Auf dieser *Papierstreifenkonstruktion*, welche schon Proclos Diadochos (410—485) bekannt war, beruht der Ellipsenzirkel.

Beim Zeichnen einer Ellipse bestimmt man zunächst die Hauptscheitel und die Nebenscheitel und konstruiert dann in jedem Scheitel den Krümmungskreis der Ellipse.

(E3) Die Verbindungsgerade der beiden Schnittpunkte des Kreises vom Radius $a$ um den Nebenscheitel $C$ und des Kreises vom Radius $b$ um den Hauptscheitel $A$ schneidet die Hauptachse bzw. die Nebenachse im Mittelpunkt $K_A$ bzw. $K_C$ des Krümmungskreises in $A$ bzw. in $C$ (Fig. 5.3).

[2] Zur graphischen Festlegung einer Kurve ermittelt man möglichst in jedem konstruierten Kurvenpunkt die Kurventangente, wodurch der Kurvenlauf genauer festgelegt wird als durch viele einzelne Kurvenpunkte ohne Tangente.

[3] In (E2) ist vorausgesetzt, daß die Punkte $A$, $B$ die Hauptscheitel und $P$ ein Punkt einer Ellipse sind. Gibt man drei nicht kollineare Punkte $A$, $B$, $P$ beliebig vor, so muß es keine Ellipse mit den Hauptscheiteln $A$, $B$ geben, welche den Punkt $P$ enthält.

*Beweis*

Wegen $a^2 + b^2 < (a + b)^2$ schneiden einander die beiden genannten Kreise.
Ein Hauptscheitel $A$ bzw. ein Nebenscheitel $C$ der Ellipse 5.1.1., (2) hat das Koordinatenpaar $(a, 0)$ bzw. $(0, b)$; mit Hilfe eines Ellipsenpunktes $Q$ mit dem Koordinatenpaar $(x, y)$ folgt aus 1.4.2., (3)

$$(5)\quad \begin{aligned} \varrho_A &= \frac{1}{2}\lim_{x\to a}\frac{y^2}{a-x} = \frac{1}{2}\lim_{x\to a}\frac{b^2}{a^2}\,\frac{a^2-x^2}{a-x} = \frac{1}{2}\,\frac{b^2}{a^2}\lim_{x\to a}(a+x) = \frac{b^2}{a}, \quad \text{also} \quad \varrho_A : b = b : a,\\ \varrho_C &= \frac{1}{2}\lim_{y\to b}\frac{x^2}{b-y} = \frac{1}{2}\lim_{y\to b}\frac{a^2}{b^2}\,\frac{b^2-y^2}{b-y} = \frac{1}{2}\,\frac{a^2}{b^2}\lim_{y\to b}(b+y) = \frac{a^2}{b}, \quad \text{also} \quad \varrho_C : a = a : b. \end{aligned}$$

Die in (E3) beschriebene Gerade $K_A K_C$ enthält den dem Mittelpunkt $M$ gegenüberliegenden Eckpunkt $E$ des Rechtecks mit den Seiten $[M, A]$, $[M, C]$ und ist zur Rechteckdiagonale $AC$ normal[4]. Auf Grund ähnlicher Dreiecke in Fig. 5.3a gilt $\overline{AK_A} : \overline{AE} = \overline{AE} : \overline{CE}$ bzw. $\overline{CK_C} : \overline{CE} = \overline{CE} : \overline{AE}$, also $\overline{AK_A} : b = b : a$ bzw. $\overline{CK_C} : a = a : b$ und damit $\overline{AK_A} = \varrho_A$, $\overline{CK_C} = \varrho_C$ nach (5). □

Nach (5) und 5.1.1., (2) verläuft die Ellipse nicht innerhalb des Krümmungskreises in einem Hauptscheitel und nicht außerhalb des Krümmungskreises in einem Nebenscheitel[5].

### 5.1.4. Konstruktion des Normalrisses eines Kreises

Der ellipsenförmige Normalriß $k^n$ eines Kreises $k$, dessen Ebene $\varepsilon$ zur Bildebene weder normal noch parallel ist, wird durch die gemäß Satz 5.1.1 bestimmten Hauptscheitel und einen weiteren Punkt von $k^n$ mit (E2) festgelegt[6].
Kennt man gepaarte Normalrisse des Mittelpunkts $M$ sowie der Drehachse $n$ eines Kreises $k$ und liegt $n$ in keiner Hauptgeraden und in keiner doppeltprojizierenden Ebene, so kann die Kreisebene $\varepsilon$ gemäß 3.2.2. mit Hilfe der ersten und der zweiten Hauptgeraden $h_1$, $h_2$ von $\varepsilon$ durch $M$ festgelegt werden. Durch Abtragen des Kreisradius $r$ (vgl. 5.1.2., Fn. 1) in $h_1'$ bzw. $h_2''$ erhält man nach Satz 5.1.1 die Hauptscheitel $1'$, $2'$ der Ellipse $k'$ bzw. die Hauptscheitel $3''$, $4''$ der

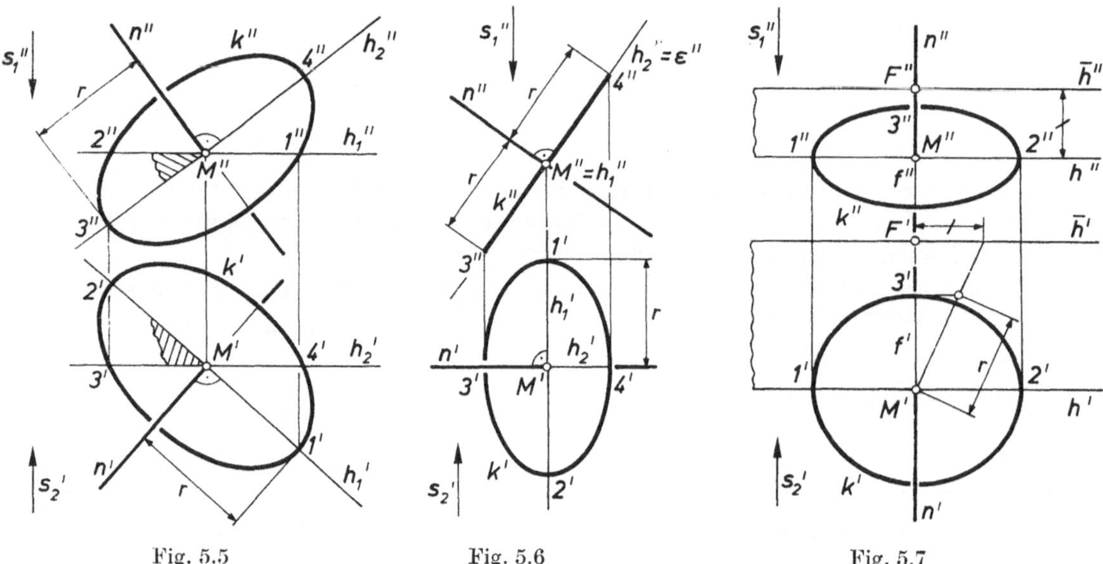

Fig. 5.5 Fig. 5.6 Fig. 5.7

[4] Ist die Verbindungsgerade der in (E3) genannten Schnittpunkte der beiden Kreise graphisch ungenau festgelegt, so kann die Gerade $K_A K_C$ als Normale zu $AC$ durch $E$ gezeichnet werden.

[5] Graphisch günstige Zwischenpunkte sind jene Ellipsenpunkte, deren Tangenten einen Rhombus mit den Berührungspunkten in den Mitten der Rhombusseiten bestimmen. Fig. 5.4 zeigt die in A 5.2, 9 bzw. durch Satz 7.1.12 begründete Konstruktion dieser Ellipsenpunkte bzw. ihrer Krümmungsmittelpunkte; die Längen $a\sqrt{2}$ und $b\sqrt{2}$ greift man mit dem Stechzirkel auf Quadratdiagonalen ab.

[6] *Festlegung* einer Ellipse, Hyperbel oder Parabel $c$ bedeutet die Ermittlung solcher Angabestücke von $c$, daß die Kurve $c$ auf Grund ihrer planimetrischen Eigenschaften konstruiert werden kann.

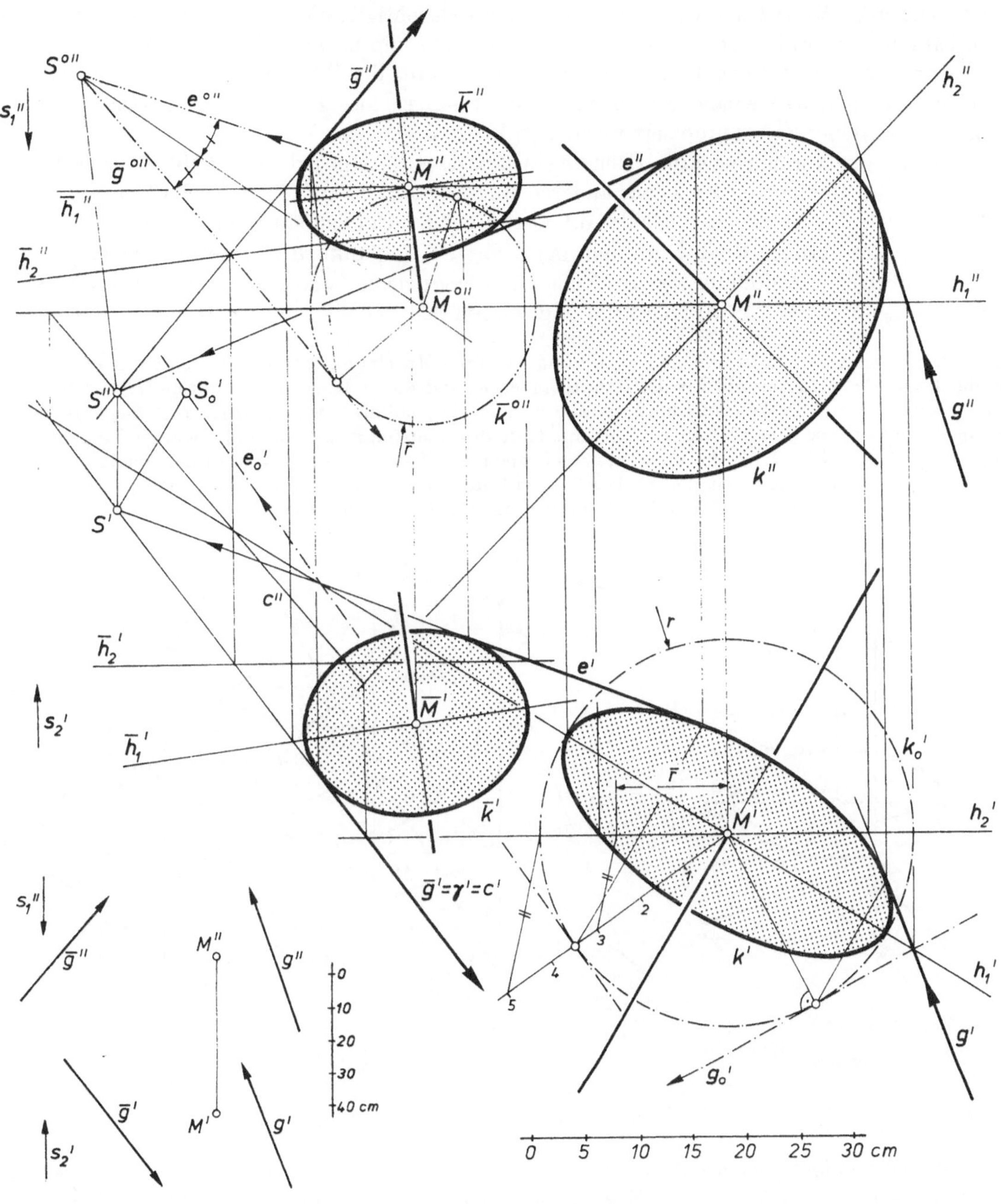


Fig. 5.8

Ellipse $k''$ (Fig. 5.5). Der Punkt $3'$ von $h_2'$ bzw. der Punkt $1''$ von $h_1''$ gestattet die Festlegung von $k'$ bzw. $k''$ gemäß (E2). Ist $n$ speziell eine etwa zweite Hauptgerade, also $\varepsilon$ zweitprojizierend, so ist $k''$ eine Strecke der Länge $2r$ im zweiten Riß $h_2'' = \varepsilon''$ der zweiten Hauptgeraden $h_2$ von $\varepsilon$ durch $M$; falls $\varepsilon$ nicht doppeltprojizierend liegt, besitzt die Ellipse $k'$ wegen $h_1' \perp h_2'$ die ersten Risse der Punkte $3, 4$ von $k$ in $h_2$ als Nebenscheitel (Fig. 5.6). Gehört schließlich $n$ einer doppeltprojizierenden Ebene $\delta$ an, ohne projizierend zu sein, so fallen die Hauptgeraden $h_1$ und $h_2$ in $\varepsilon$ durch $M$ zusammen, und die Ebene $\varepsilon$ wird nach 3.2.2. durch zwei verschiedene parallele Hauptgeraden $h$ und $\bar{h}$ festgelegt; unter Verwendung eines Verzerrungsdreiecks jener Strecke $[M, F = f \cap \bar{h}]$, die in der zu $h$ normalen Durchmessergeraden $f$ von $k$ in $\delta$ liegt, kann man nach 3.3.1. in $f$ den Radius $r$ einmessen und so die Nebenscheitel der Ellipsen $k'$ und $k''$ finden (Fig. 5.7).

Faßt man einen Kreis $k$ als Randkurve einer undurchsichtigen Kreisscheibe auf, so werden die Sichtbarkeitsverhältnisse gemäß 3.1.2. entschieden. Um die beiden Risse eines Punktes von $k$ richtig zuzuordnen, hat man die Beschriftung von Punkten der Ellipsen $k'$ und $k''$ heranzuziehen und zu beachten, daß einander trennende Punktepaare eines Kreises in einander trennende Punktepaare seines Risses projiziert werden (vgl. Fig. 5.5).

Ist in gepaarten Normalrissen die Ebene $\varepsilon$ eines Kreises $k$ festgelegt und ergibt sich der Mittelpunkt und der Radius von $k$ erst aus anderen Angabestücken, so dreht man die Ebene $\varepsilon$ gemäß 3.3.2. parallel. Wir behandeln folgende Aufgabe (Fig. 5.8): Ein Seil läuft von der gegebenen Lage $g$ über eine kreisförmige Rolle $k$ mit dem gegebenen Mittelpunkt $M$ in eine Zwischenlage $e$ und von dort über eine zweite kreisförmige Rolle $\bar{k}$ in die gegebene Lage $\bar{g}$. Das Radienverhältnis der beiden Rollen ist $r:\bar{r} = 5:3$. Pfeile auf $g$ und $\bar{g}$ legen den Laufsinn des Seiles fest.

KB. Der Kreis $k$ liegt in der Ebene $\varepsilon = Mg$ und ist durch Mittelpunkt $M$ und Tangente $g$ bestimmt; im Hinblick auf Fig. 5.5 ermitteln wir die Hauptgeraden $h_1$ und $h_2$ der Kreisebene $\varepsilon$ durch $M$. Der Radius $r$ von $k$ ergibt sich nach Drehen von $\varepsilon$ um $h_1$ parallel zu $\pi_1$. Das geradlinige Zwischenstück $e \subset \varepsilon$ liegt notwendig in einer Tangente aus $S = \bar{g} \cap \varepsilon$ an $k$, wobei mit Hilfe des Laufsinnpfeiles von $g$ die richtige Tangente ausgewählt wird. Der Kreis $\bar{k}$ berührt $\bar{g}$ und $e$; nach Drehen der Ebene $\bar{\varepsilon} = \bar{g}e$ von $\bar{k}$ etwa um eine ihrer zweiten Hauptgeraden $\bar{h}_2$ parallel $\pi_2$ ist der Kreis $\bar{k}^{0''}$ vom Radius $\bar{r} = 3r:5$ so einzupassen, daß er $\bar{g}^{0''}$ und $e^{0''}$ berührt; die Laufsinnpfeile von $\bar{g}$ und $e$ bestimmen die richtige Lösung. Die Kreisscheiben in Fig. 5.8 sind undurchsichtig. △

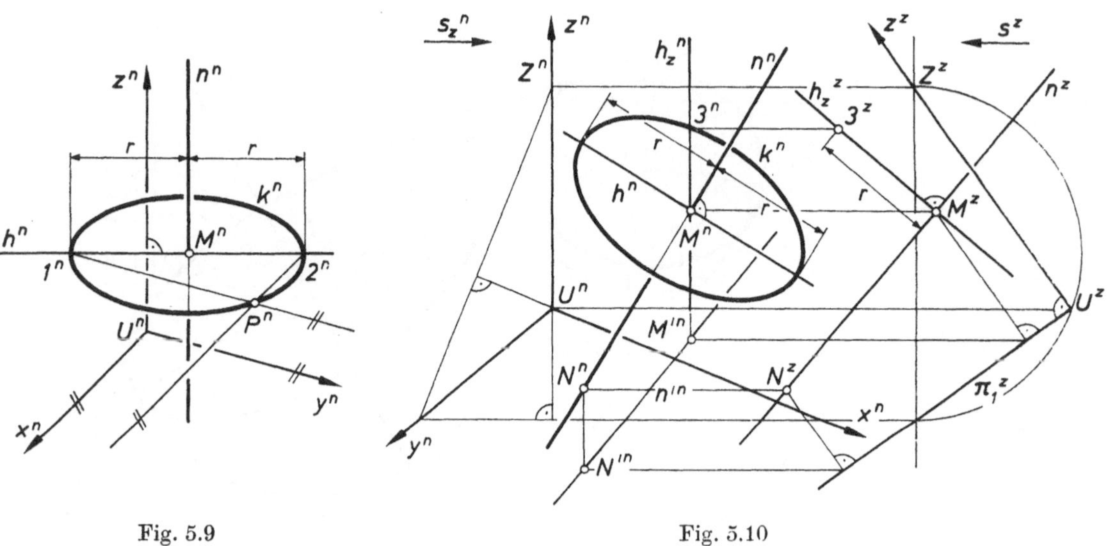


Fig. 5.9 Fig. 5.10

Auch der ellipsenförmige normalaxonometrische Riß eines Kreises $k$ wird durch die Hauptscheitel und einen Punkt festgelegt. Ist die Kreisebene $\varepsilon$ speziell parallel zu einer Koordinatenebene, etwa zu $\pi_1$, so erhält man unter Verwendung von Parallelen zur $x$- und $y$-Achse durch die Kreispunkte in der den Mittelpunkt $M$ von $k$ enthaltenden Hauptgeraden $h$ in $\varepsilon$ nach dem Satz von THALES einen Punkt $P$ von $k$; sein Normalriß $P^n$ ist dann der Schnittpunkt einer $x^n$- und einer $y^n$-Parallelen durch je einen der in $h^n$ liegenden Hauptscheitel $1^n$, $2^n$ der Ellipse $k^n$, wobei $h^n$ nach Satz 2.4.2 orthogonal zu $z^n$ verläuft (Fig. 5.9). Ist dagegen die Kreisebene zu keiner Koordinatenebene parallel und kennt man vom Mittelpunkt $M$ und der Drehachse $n = MN$ des Kreises $k$ den normalaxonometrischen Riß und etwa den normalaxonometrischen Grundriß, so verwendet man gemäß 3.3.5. einen zum normalaxonometrischen Riß gepaarten Achsenriß mit der $z$-Achse als Hauptgerade. In diesem mit dem Zeiger $^z$ bezeichneten Achsenriß kann in jener Durchmessergeraden $h_z$ von $k$, welche eine Hauptgerade bezüglich des Achsenrisses ist, der Radius $r$ von $k$ eingetragen werden; nach Satz 2.4.2 ist $h_z^z$ orthogonal zu $n^z$. Der zu $n^n$ orthogonale Normalriß $h^n$ der Hauptgeraden $h$ von $\varepsilon$ durch $M$ ist die Hauptachse der Ellipse $k^n$ (Fig. 5.10).

## Aufgaben 5.1

1. Eine Gerade der Ellipsenebene durch einen Ellipsenpunkt $P$ ist genau dann die Ellipsentangente in $P$, wenn sie keinen zweiten Ellipsenpunkt enthält.
(Anl.: Benütze die entsprechende Kreiseigenschaft und Satz 5.1.2.)
2. Die Achsen einer nicht kreisförmigen Ellipse sind die einzigen Durchmessergeraden, welche orthogonal zu den Tangenten in ihren Schnittpunkten mit der Ellipse sind.
(Anl.: Benütze $\overline{P_H h}:\overline{Ph} = a:b > 1$ in 5.1.3.)
3. Die zur Nebenachse parallele Gerade durch einen Brennpunkt einer Ellipse trägt eine Sehne, deren halbe Länge gleich dem Radius des Krümmungskreises im Hauptscheitel ist.
(Anl.: Benütze 5.1.1., (2) und 5.1.3., (5).)
4. Spiegelt man einen Brennpunkt $F_1$ an einer Ellipsentangente $t$, so erhält man einen Punkt $G$, der vom anderen Brennpunkt $F_2$ den Abstand $2a$ besitzt; die Gerade $GF_2$ enthält den Berührungspunkt $P$ von $t$.
(Anl.: Sei $P$ ein Punkt der Ellipse $c$ und $t$ die Normale durch $P$ zur Symmetrieachse des Winkels $\angle F_1PF_2$. Unter der Spiegelung an $t$ geht $F_1$ in einen Punkt $G$ in $F_2P$ mit $\overline{F_2G} = 2a$ nach 5.1.1., (1) über. Für jeden von $P$ verschiedenen Ellipsenpunkt $Q$ in $t$ entsteht mit 5.1.1., (1) der Widerspruch $\overline{F_1Q} + \overline{F_2Q} = 2a = \overline{F_2G}$ zur Dreiecksungleichung für $\{F_2, G, Q\}$. Nach A 5.1, 1 ist $t$ die Tangente in $P$).
5. Konstruiere mit A 5.1, 4 die Tangenten samt Berührungspunkte einer durch ihre Scheitel bestimmten Ellipse $c$, welche durch einen Punkt $X \notin c$ gehen oder parallel einer Geraden $g$ sind[7], und diskutiere die Anzahl der Lösungen.
6. Jeder Kreis $k$, dessen Mittelpunkt $N$ ein von den Nebenscheiteln verschiedener Punkt einer Ellipse $c$ ist und der den Nebenscheitelkreis von $c$ orthogonal schneidet, berührt jene beiden Kreise $c_1$, $c_2$ durch die Nebenscheitel von $c$, deren Mittelpunkte die Brennpunkte von $c$ sind. Die Berührungspunkte $C_1$ und $C_2$ von $k$ mit $c_1$ und $c_2$ liegen in der zur Ellipsentangente $t$ in $N$ normalen Durchmessergeraden $g$ von $c$ (vgl. Fig. 6.94).
(Anl.: Für das Koordinatenpaar $(x_0, y_0)$ von $N$ und für den Radius $r$ von $k$ gilt mit (2) dann $ar = ex_0 \operatorname{sgn} x_0$ und $r^2 = x_0^2 + y_0^2 - b^2$. Hat der Brennpunkt $F_1$ bzw. $F_2$ von $c$ das Koordinatenpaar $(e, 0)$ bzw. $(-e, 0)$, so folgt $\overline{F_1N} = a - r \operatorname{sgn} x_0$, $\overline{F_2N} = a + r \operatorname{sgn} x_0$. Benütze die zentrische Streckung aus $F_2$ zum Faktor 2:1 und A 5.1,4).

# 5.2. Parallelriß einer Ellipse

## 5.2.1. Konjugierte Durchmesser

Die Tangenten eines Kreises in den beiden Kreispunkten einer Durchmessergeraden $d$ sind parallel zu jener Durchmessergeraden, die zu $d$ orthogonal ist; dies ist eine wechselseitige Eigenschaft orthogonaler Kreisdurchmessergeraden. Da eine Affinität nach 1.3.4. mittelpunkttreu und parallelentreu sowie nach Satz 2.2.8 auch tangententreu ist, ermöglicht Satz 5.1.2 die

**Def. 5.2.1:** Zwei Durchmessergeraden einer Ellipse heißen (zueinander) *konjugiert*, wenn die Tangenten der Ellipse in den Ellipsenpunkten der einen Durchmessergeraden zur anderen Durchmessergeraden parallel sind.

Zwei Durchmessergeraden eines Kreises sind demnach genau dann konjugiert, wenn sie orthogonal sind. Die beiden Achsen einer nicht kreisförmigen Ellipse sind konjugierte und orthogonale Durchmessergeraden, und zwar nach A 5.1, 2 die einzigen dieser Art. Wir nennen die durch zwei konjugierte Durchmessergeraden bestimmten Durchmesser ebenfalls konjugiert und sprechen auch von *konjugierten Halbmessern* einer Ellipse.

**Satz 5.2.1:** Kennt man von einer Ellipse zwei konjugierte Halbmesser, so können die Scheitel der Ellipse konstruiert werden. Sind $P$, $M$, $Q$ drei nicht kollineare Punkte, so existiert stets genau eine Ellipse, die $[M, P]$ und $[M, Q]$ als konjugierte Halbmesser besitzt.

*Beweis*

(a) Die Ellipse $c$ mit dem Hauptscheitelkreis $k_H$ und dem Nebenscheitelkreis $k_N$ geht nach Satz 5.1.2 unter einer orthogonalen perspektiven Affinität $\alpha$ in $k_H$ über. Für zwei konjugierte Halbmesser $[M, P]$ und $[M, Q]$ von $c$ sind $[M, P_H]$, $[M, Q_H]$ mit $P_H = P^\alpha$, $Q_H = Q^\alpha$ wegen Def. 5.2.1 orthogonale Halbmesser des Kreises

[7] Graphisch günstigere Konstruktionen sind in 5.2.3. angegeben.

$k_H$; die Scheitelkreiskonstruktion der Ellipsenpunkte $P$, $Q$ benützt nach (E1) die Punkte $P_N$, $Q_N$ von $k_N$ (Fig. 5.11). Die Drehung von $Q_H$ nach $P_H$ um $M$ durch 90° führt $Q$ in einen Punkt $Q_0$ über, wobei $Q_0$ in derselben Halbebene mit der Randgeraden $MQ$ wie $P$ liegt; dann ist $\{P_H, Q_0, P_N, P\}$ ein Rechteck mit zu den Achsen der Ellipse $c$ parallelen Seiten. Die Diagonale $PQ_0$ dieses Rechtecks schneidet die Hauptachse in einem Punkt $H$ und die Nebenachse in einem Punkt $N$; wegen Symmetrien bezüglich der achsenparallelen Geraden durch den Mittelpunkt $S$ dieses Rechtecks gilt $\overline{PH} = \overline{P_N M} = b$, $\overline{PN} = \overline{P_H M} = a$ und $\overline{SM} = \overline{SH} = \overline{SN}$. Damit können ausgehend von den konjugierten Halbmessern $[M, P]$ und $[M, Q]$ die Scheitel der Ellipse $c$ rekonstruiert werden, wenn man beachtet, daß $S$ zwischen $P$ und $N$ liegt.
(b) Sind $P$, $M$, $Q$ drei nicht kollineare Punkte mit $MP \perp MQ$, so existiert eine Ellipse zum Mittelpunkt $M$ mit $P$, $Q$ als Scheitel, und diese ist die einzige Ellipse, die $[M, P]$ und $[M, Q]$ wegen $MP \perp MQ$ als konjugierte Halbmesser besitzt; für $\overline{MP} = \overline{MQ}$ ist die Ellipse ein Kreis.
Ist $MP$ nicht orthogonal zu $MQ$, so führt die notwendige Konstruktionsvorschrift aus (a) auf genau eine Ellipse $c$; es bleibt zu zeigen, daß $[M, P]$ und $[M, Q]$ konjugierte Halbmesser von $c$ sind. Macht man die «Rechtwinkeldrehung», welche $Q$ nach $Q_0$ bringt, rückgängig, so folgt $P, Q \in c$ aus (E1). Wegen $MP_H \perp MQ_H$ sind $[M, P]$, $[M, Q]$ konjugierte Halbmesser der Ellipse $c$, da bei der orthogonalen perspektiven Affinität $\alpha$, welche $k_H$ in $c$ überführt, gilt $P^\alpha = P_H$, $Q^\alpha = Q_H$. □

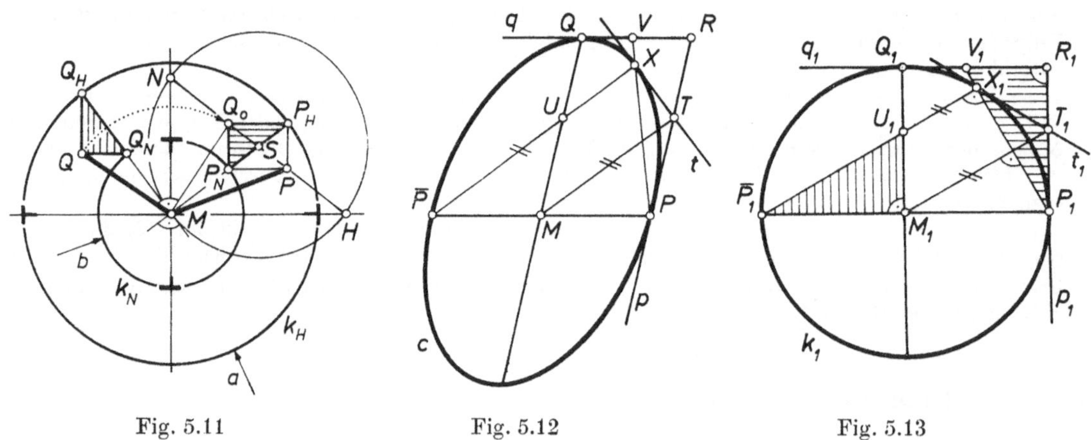


Fig. 5.11 Fig. 5.12 Fig. 5.13

Der Beweisteil (a) liefert die RYTZ*sche Achsenkonstruktion*[1]:

(E4) Sind $[M, P]$, $[M, Q]$ konjugierte, nicht orthogonale Halbmesser einer Ellipse und ist $Q_0$ jener Punkt derselben Halbebene[2] mit den Randgeraden $MQ$ wie $P$, der aus $Q$ bei Drehung um $M$ durch 90° entsteht, so schneidet der Kreis durch $M$ um den Mittelpunkt $S$ der Strecke $[P, Q_0]$ die Gerade $SP$ in zwei Punkten $N$ und $H$; für $S$ zwischen [3]$P$ und $N$ trägt die Gerade $MH$ bzw. $MN$ die Haupt- bzw. Nebenachse der Ellipse, und es gilt $a = \overline{PN}$, $b = \overline{PH}$.

## 5.2.2. Eine Ellipsenkonstruktion

Die folgende Konstruktion liefert für eine durch konjugierte Halbmesser festgelegte Ellipse weitere Ellipsenpunkte samt Tangenten (vgl. Fig. 5.12):

**Satz 5.2.2:** Sind $[M, P]$ und $[M, Q]$ konjugierte Halbmesser einer Ellipse $c$ der Ebene $\varepsilon$ und ist $R$ der Schnittpunkt der (zu $MQ$ parallelen) Tangente $p$ in $P$ mit der (zu $MP$ parallelen) Tangente $q$ in $Q$, so liegt ein von $P$ und dem zweiten Ellipsenpunkt $\overline{P}$ der Durchmessergeraden $MP$ ver-

[1] Diese 1845 von D. RYTZ (1801—1868) mitgeteilte Konstruktion unterscheidet sich nur geringfügig von einer Konstruktion, die 1754 A. FRÉZIER (1682—1773) angegeben hat (vgl. [1]).

[2] Die Aussage (E4) bleibt auch bei Rechtwinkeldrehung im anderen Drehsinn richtig, doch ist dann ein modifizierter Beweis erforderlich.

[3] Zwei von den Achsen verschiedene, also nicht orthogonale konjugierte Durchmessergeraden einer nicht kreisförmigen Ellipse bestimmen nach 1.2.5. vier Winkelfelder, wobei nach (E4) die Hauptachse den «spitzen» Winkelfeldern angehört.

schiedener Punkt $X \in \varepsilon$ genau dann in der Ellipse $c$, wenn für den Punkt $U := \overline{P}X \cap MQ$ und den Punkt $V := PX \cap q$ gilt $\mathrm{TV}(U, Q, M) = \mathrm{TV}(V, Q, R) \neq 0$. Die Ellipsentangente $t$ in $X$ schneidet $p$ in einem Punkt $T$ mit $MT \parallel \overline{P}X$.

*Beweis*

Seien $[M_1, P_1]$, $[M_1, Q_1]$ Halbmesser in orthogonalen Durchmessergeraden eines Kreises $k_1$ der Ebene $\varepsilon$ und $p_1$, $q_1$ die zueinander orthogonalen Kreistangenten in $P_1$, $Q_1$ (Fig. 5.13). Ein von $P_1$ und dem zweiten Kreispunkt $\overline{P}_1$ der Durchmessergeraden $M_1P_1$ verschiedener Punkt $X_1 \in \varepsilon$ liegt nach dem Satz von THALES genau dann im Kreis $k_1$, wenn $\sphericalangle \overline{P}_1X_1P_1 = 90°$ gilt. Mit $U_1 := \overline{P}_1X_1 \cap M_1Q_1$, $V_1 := P_1X_1 \cap q_1$, $R_1 := p_1 \cap q_1$ folgt wegen $\overline{\overline{P}_1M_1} = \overline{P_1R_1}$ daher $\overline{U_1M_1} = \overline{V_1R_1}$ (Fig. 5.13). Da $V_1$ zwischen $Q_1$ und $R_1$ genau für $U_1$ zwischen $Q_1$ und $M_1$ gilt und $\overline{Q_1M_1} = \overline{Q_1R_1}$ ist, ergibt Def. 1.2.2. dann $\mathrm{TV}(U_1, Q_1, M_1) = \mathrm{TV}(V_1, Q_1, R_1) \neq 0$. Da umgekehrt aus der Gleichheit dieser Teilverhältnisse mit $U_1 \neq M_1$, $V_1 \neq R_1$ für den Punkt $X_1 := \overline{P}_1U_1 \cap P_1V_1 \neq P_1, \overline{P}_1$ folgt $\sphericalangle \overline{P}_1X_1P_1 = 90°$, kennzeichnet diese Teilverhältnisgleichheit die Punkte der Menge $k_1 \setminus \{P_1, \overline{P}_1\}$. Die Tangente $t_1$ in $X_1$ an $k_1$ schneidet die Kreistangente $p_1$ in einem Punkt $T_1$ so, daß $M_1T_1$ als Symmetrieachse der Kreissehne $[P_1, X_1]$ zu $P_1X_1$ normal und daher zu $\overline{P}_1X_1$ parallel ist.
Nach Satz 5.1.2 existiert eine Affinität $\alpha: \varepsilon \to \varepsilon$, welche eine Ellipse $c$ in ihren Hauptscheitelkreis überführt, wobei konjugierte Halbmesser $[M, P]$, $[M, Q]$ von $c$ in orthogonale Kreishalbmesser übergehen. Wendet man auf die Konstruktion des Hauptscheitelkreises von $c$ gemäß Fig. 5.13 die zu $\alpha$ inverse Affinität $\alpha^{-1}: \varepsilon \to \varepsilon$ an, so folgt wegen der Teilverhältnistreue, Tangententreue und Parallelentreue von $\alpha^{-1}$ die Behauptung. □

Der Satz 5.2.2 liefert rasche Lösungen folgender Aufgaben: Für eine durch konjugierte Halbmesser $[M, p]$, $[M, Q]$ festgelegte Ellipse ist in einem Ellipsenpunkt $X$ die Tangente $t$ bzw. von einer Ellipsentangente $t$ der Berührungspunkt $X$ zu konstruieren (vgl. Fig. 5.12).

### 5.2.3. Anwendung einer Affinität auf eine Ellipse

Mit Hilfe von Satz 5.2.2 und Satz 5.2.1 zeigen wir[1]

**Satz 5.2.3:** Ist $\alpha: \varepsilon \to \varphi$ eine Affinität und $c \subset \varepsilon$ eine Ellipse, so ist $c^\alpha \subset \varphi$ eine Ellipse. Zwei konjugierte Halbmesser von $c$ gehen unter $\alpha$ in zwei konjugierte Halbmesser von $c^\alpha$ über.

*Beweis*

Wir verwenden die Bezeichnungen des Satzes 5.2.2. Die Kurve $c^\alpha \subset \varphi$ hat $M^\alpha$ zum Mittelpunkt, geht durch die Punkte $P^\alpha, \overline{P}^\alpha, Q^\alpha$ und besitzt die zu $M^\alpha Q^\alpha$ bzw. $M^\alpha P^\alpha$ parallele Gerade durch $R^\alpha$ als Tangente in $P^\alpha$ bzw. $Q^\alpha$. Durch die konjugierten Halbmesser $[M^\alpha, P^\alpha]$ und $[M^\alpha, Q^\alpha]$ wird nach Satz 5.2.1 genau eine Ellipse $\tilde{c} \subset \varphi$ bestimmt, deren von $P^\alpha$ und $\overline{P}^\alpha$ verschiedene Punkte durch die in Satz 5.2.2 formulierte Teilverhältnisgleichheit gekennzeichnet sind. Da die Punktmenge $c^\alpha \setminus \{P^\alpha, \overline{P}^\alpha\}$ wegen der Eigenschaften einer Affinität und des für die Ellipse $c$ gültigen Satzes 5.2.2 durch dieselbe Teilverhältnisgleichheit wie die Punktmenge $\tilde{c} \setminus \{P^\alpha, \overline{P}^\alpha\}$ charakterisiert wird, folgt $\tilde{c} = c^\alpha$.
Die zweite Aussage von Satz 5.2.3 ergibt sich aus den Eigenschaften einer Affinität und Def. 5.2.1. □

Zu konjugierten Halbmessern $[M, P]$, $[M, Q]$ einer Ellipse $c \subset \varepsilon$ kann man wie folgt eine perspektive Affinität $\alpha: \varepsilon \to \varepsilon$ finden, unter der $c$ in einen Kreis übergeht (Fig. 5.14):

(E5) Sind $[M, P]$ und $[M, Q]$ konjugierte Halbmesser einer Ellipse $c$ und ist $P^*$ ein Punkt des Kreises $k^*$ um $M$ durch $Q$ in der zu $MQ$ normalen Geraden durch $M$, so führt die perspektive Affinität $\alpha\,(MQ;\, P \mapsto P^*)$ die Ellipse $c$ in den Kreis $k^*$ über.

*Beweis*

Nach Satz 5.2.3 ist $c^\alpha$ eine Ellipse mit den konjugierten Halbmessern $[M, P^*]$, $[M, Q]$; wegen $MP^* \perp MQ$ und $\overline{MP^*} = \overline{MQ}$ ist $c^\alpha$ nach 5.2.1., Beweisteil (b) ein Kreis, so daß $c^\alpha = k^*$ gilt. □

Ist $Q$ in (E5) insbesondere ein Hauptscheitel der Ellipse $c$, so ergibt (E5) den Satz 5.1.2; ist $Q$ ein Nebenscheitel, so entsteht

**Satz 5.2.4:** Jede Ellipse ist orthogonal perspektiv affin zu ihrem Nebenscheitelkreis.

Mit Hilfe von (E5) oder den in Satz 5.1.2 oder Satz 5.2.4 formulierten Sonderfällen werden konstruktive Aufgaben über Ellipsen auf Kreisaufgaben zurückgeführt. Insbesondere ermittelt man

[1] Ein kurzer analytischer Beweis von Satz 5.2.3 ist in A 5.2, 4 angegeben. Vgl. auch den Beweis in A 5.2, 2.

so die Schnittpunkte mit einer Geraden[5], die Tangenten aus einem Punkt $X$ (vgl. Fig. 5.14) oder die Tangenten parallel zu einer Geraden.

Ist eine nichtkreisförmige Ellipse $c$ mit Mittelpunkt $M$ unter einer Affinität $\alpha$ einem Kreis mit Mittelpunkt $M^*$ zugeordnet, so sind nach Satz 5.2.3 und A 5.1, 2 die Achsen von $c$ jene beiden orthogonalen Geraden durch $M$, die gemäß A 2.2, 4 unter $\alpha$ in orthogonale Geraden durch $M^*$ übergehen. Im Falle einer perspektiven Affinität $\alpha(a;\, M \mapsto M^*)$ können daher die Achsen der Ellipse $c$ nach A 2.2, 3 konstruiert werden.

Zu dieser *direkten Achsenkonstruktion* einer durch konjugierte Halbmesser $[M, P]$, $[M, Q]$ festgelegten Ellipse verwendet man zweckmäßig die perspektive Affinität $\alpha(PQ;\, M \mapsto M^*)$, wobei $M^*$ ein solcher Punkt des Kreises über dem Durchmesser $[P, Q]$ ist, für den $\overline{PM^*} = \overline{M^*Q}$ gilt (vgl. Fig. 5.15). Dann ist $c^\alpha$ der Kreis zum Mittelpunkt $M^*$ durch $P = P^\alpha$ und $Q = Q^\alpha$, was man wie im Beweis von (E5) erkennt.

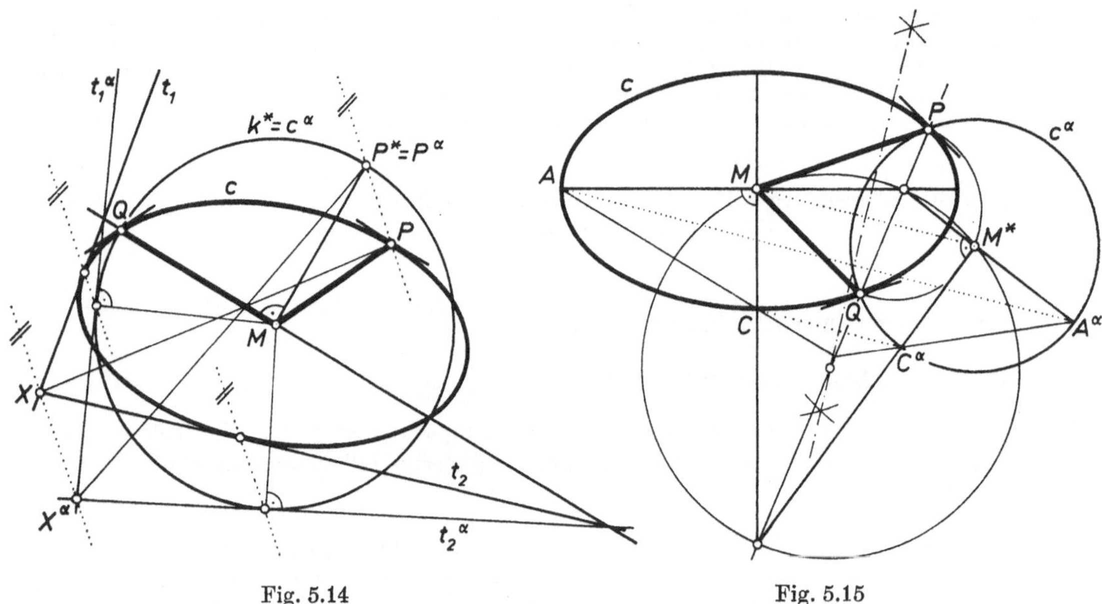


Fig. 5.14 Fig. 5.15

Der Parallelriß $c^p$ einer Ellipse $c$ in einer Sehebene $\varepsilon$ ist eine Strecke der Geraden $\varepsilon^p$ und für eine Ellipse $c$ in einer Hauptebene nach Satz 2.1.3 eine zu $c$ kongruente Ellipse. Im Falle einer nicht projizierenden Ebene $\varepsilon$ ist $c^p$ nach Satz 5.2.3 eine Ellipse, welche durch den Parallelriß zweier konjugierter Halbmesser von $c$ festgelegt wird; bei einem Kreis $c$ hat man von zwei normalen Halbmessern von $c$ auszugehen.

Ein Zylinder mit einer Leitellipse heißt *elliptischer Zylinder*. Nach Satz 2.2.2 und Satz 5.2.3 schneidet jede zu den Zylindererzeugenden nicht parallele Ebene einen elliptischen Zylinder in einer Ellipse (vgl. A 5.2, 11).

## 5.2.4. Beispiele

(1) Das dreifüßige Orientierungszeichen in Fig. 5.16 besteht aus einem drehzylindrischen Mittelteil mit lotrechter Drehachse $a$ und zwei koaxialen drehkegelförmigen Kappen mit den Spitzen $S$ und $\bar{S}$. Durch $\bar{S}$ zielen drei, in der unteren Kappe endende Stahlrohrstützen, deren Fußpunkte $P$, $Q$, $R$ in der Standebene $\pi_1$ ein gleichseitiges Dreieck vom Umkreisradius $r = 50$ cm bilden.

[5] Eine genau gezeichnete Ellipse kann im Falle nicht schleifender Schnitte direkt mit einer Geraden geschnitten werden, so daß sich Ausweichkonstruktionen, die nur Zirkel und Lineal benützen, erübrigen. In der Theorie der Konstruktionen hat die Forderung, nur Zirkel und Lineal zu verwenden, Bedeutung, ist aber für das praktische Zeichnen eher «sportlicher Natur».

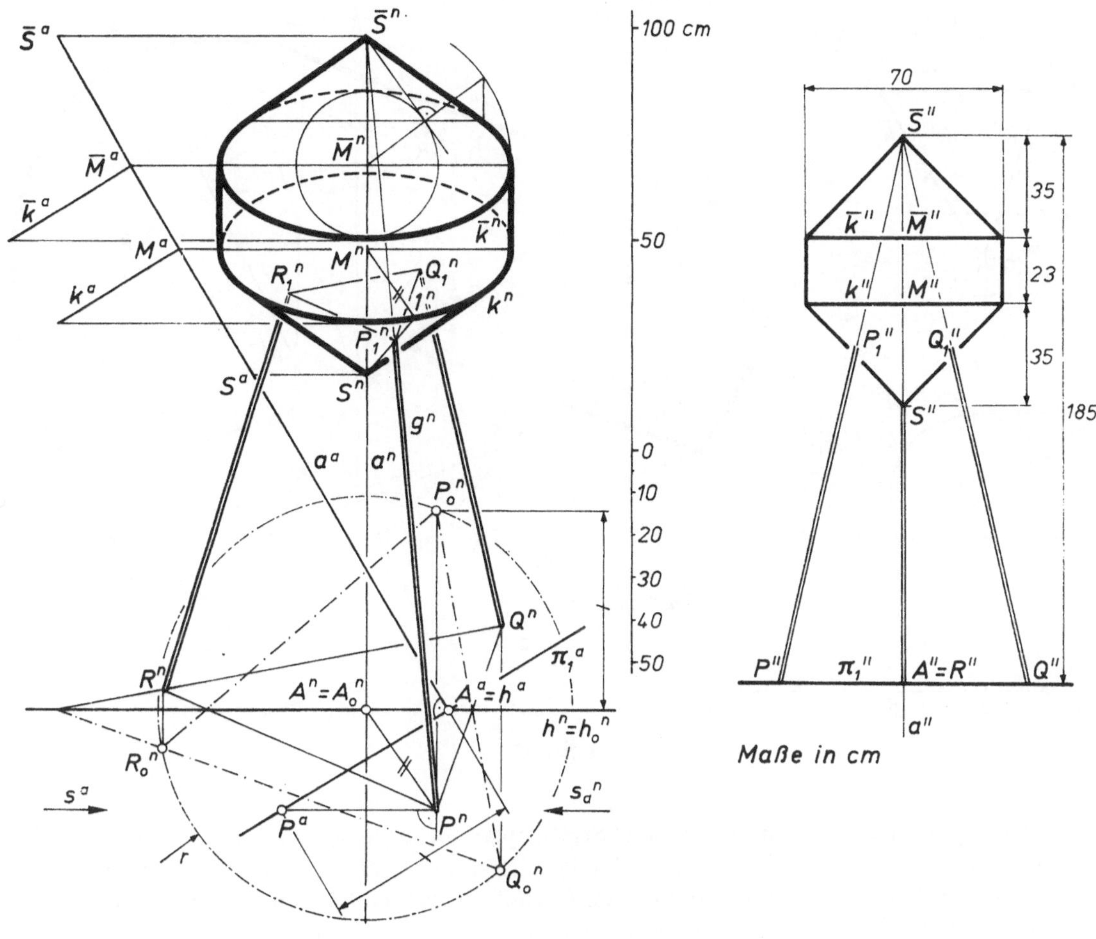


Fig. 5.16

Von dem Objekt soll ein Normalriß, und zwar eine Obersicht gezeichnet werden; gegeben sind außer einer Maßstabskala die Normalrisse der lotrechten Achse $a$, des Schnittpunktes $A$ von $a$ mit $\pi_1$ und des Fußpunktes $P$ in $\pi_1$.

KB. Wir drehen $\pi_1$ um die zu $a$ normale Hauptgerade $h$ durch $A$ parallel zur Bildebene $\pi$ der Normalprojektion. Nach 3.3.2., (M2) liegt $P_0{}^n$ in der zu $h^n$ normalen Geraden durch $P^n$ und hat von $A^n = A_0{}^n$ den Abstand $r$. Unter der perspektiven Affinität ($h^n$; $P_0{}^n \mapsto P^n$) geht das gleichseitige Dreieck $\{P_0{}^n, Q_0{}^n, R_0{}^n\}$ mit Mittelpunkt $A_0{}^n$ in das Dreieck $\{P^n, Q^n, R^n\}$ über. Zum Einmessen der Mittelpunkte $M$, $\bar{M}$ der Kreise $k$, $\bar{k}$ und der Kegelspitzen $S$, $\bar{S}$ verwenden wir einen mit $^a$ bezeichneten, dem Normalriß zugeordneten Achsenriß (vgl. 3.3.5) mit der Hauptgeraden $a$; die Sehstrahlen $s_a$ sind dann nach Satz 3.2.3 zu $h$ parallel, und $\pi_1$ ist im Achsenriß projizierend. Nach Vorgabe von $A^a = h^a$ in dem zu $s_a{}^n$ parallelen Ordner durch $A^n$ kann $P^a$ aufgrund der Streckengleichheit $\overline{h^aP^a} = \overline{h_0{}^nP_0{}^n}$ und der Forderung nach Obersicht gefunden werden.
Die Normalrisse der Kreise $k$ und $\bar{k}$, welche im Achsenriß projizierenden Ebenen angehören, ergeben sich nach 5.1.4. Die Normalrisse der Konturerzeugenden des drehzylindrischen Teiles sind die zu $a^n$ parallelen Tangenten der Ellipse $k^n$, also wegen Satz 5.1.1 die Hauptscheiteltangenten von $k^n$. Die Normalrisse der Konturerzeugenden des drehkegelförmigen Teiles etwa mit der Spitze $\bar{S}$ fallen nach Satz 2.1.6 in die Tangenten der Ellipse $\bar{k}^n$ aus $\bar{S}^n$; da nach Satz 3.3.3 und Satz 5.1.1 der Punkt $\bar{S}^n$ in der Nebenachse von $\bar{k}^n$ liegt, benützt man zweckmäßig die orthogonale perspektive Affinität, welche die Ellipse $\bar{k}^n$ in ihren Nebenscheitelkreis überführt (vgl. Satz 5.2.4), und ermittelt die Berührungspunkte der Tangenten aus $\bar{S}^n$ an $\bar{k}^n$ mit Hilfe der Scheitelkreiskonstruktion 5.1.3., (E1) der Ellipse $\bar{k}^n$ (Fig. 5.16).
In der Verbindungsebene der Geraden $\bar{S}P =: g$ mit der Kegelspitze $S$ liegt der zu $AP$ parallele Halbmesser $[M, 1]$ von $k$, und $P_1 = g \cap S1$ ist der Schnittpunkt von $g$ mit dem unteren Drehkegel. Das Dreieck $\{P_1{}^n, Q_1{}^n, R_1{}^n\}$ entsteht aus dem Dreieck $\{P^n, Q^n, R^n\}$ unter einer zentrischen Ähnlichkeit zum Zentrum $\bar{S}^n$. △

(2) Die Ausmündung der drehzylindrischen Tunnelröhre $\Phi$ in Fig. 5.17 mit der kreisförmigen Leitkurve $k$ in $\pi_2$ ist bis zur drittprojizierenden Ebene $\psi$ vorgezogen; die drittprojizierende Ge-

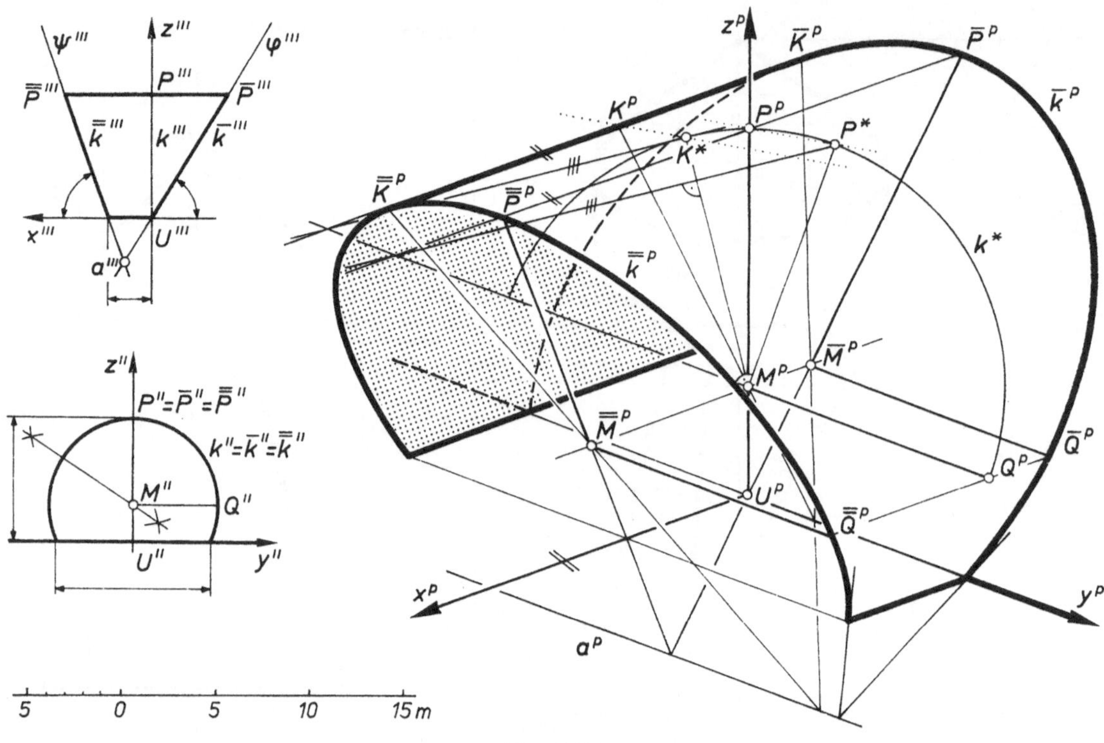


Fig. 5.17

ländeebene $\varphi$ schneidet das in $\pi_1$ liegende Straßenplanum in der $y$-Achse an. Die im Auf- und Kreuzriß eingetragenen Winkel- und Maßpfeile zeigen die gegebenen Objektabmessungen, aus denen der Mittelpunkt $M$ und der Radius von $k$ ermittelt werden können. Wir konstruieren nach Wahl einer Maßstabskala einen isometrischen axonometrischen Riß mit $\lambda = \mu = \nu = 3$.

KB. Die (in Fig. 5.17 nicht eingezeichnete) Ellipse $k^p$ ist durch die axonometrischen Risse $[M^p, P^p]$, $[M^p, Q^p]$ des $z$- und des $y$-parallelen Halbmessers von $k$ gemäß 5.2.1., (E3) festgelegt. Die Risse der $x$-parallelen Konturerzeugenden sowie des Konturpunktes $K$ von $k$ erhält man nach 5.2.3., (E5) mit Hilfe eines zu $k^p$ perspektiv affinen Kreises $k^*$ über dem Halbmesser $[M^p, Q^p]$.
Ist $\overline{P}$ der im Kreuzriß erkennbare Schnittpunkt der Ebene $\varphi$ mit der Zylindererzeugenden durch $P$, so führt die perspektive Affinität $\alpha(y^p; P^p \mapsto \overline{P}^p)$ dann $[M^p, P^p]$, $[M^p, Q^p]$ in konjugierte Halbmesser $[\overline{M}^p, \overline{P}^p]$, $[\overline{M}^p, \overline{Q}^p]$ der Ellipse $\overline{k}^p$ über, und $\alpha$ liefert den Riß $\overline{K}^p$ des Konturpunktes $\overline{K}$ der Ellipse $\overline{k} = \Phi \cap \varphi$. In gleicher Weise konstruiert man unter Verwendung der perspektiven Affinität $(a^p; \overline{P}^p \mapsto \overline{\overline{P}}^p)$ mit $a = \varphi \cap \psi$ und $\overline{\overline{P}} = P\overline{P} \cap \psi$ konjugierte Halbmesser des Risses $\overline{\overline{k}}^p$ der Schnittellipse $\overline{\overline{k}} = \Phi \cap \psi$. Die $x$-parallelen Randerzeugenden der Röhre in $\pi_1$ sind durch ihre $y$-Koordinaten bestimmt. △

(3) Besitzen zwei Drehzylinder $\Phi_1$, $\Phi_2$ kongruente Leitkreise, so sind sie kongruent. Falls außerdem ihre Drehachsen $a_1$, $a_2$ einander schneiden, so bestimmen ihre Erzeugenden in der Ebene $a_1a_2$ einen Rhombus (Fig. 5.18 zeigt einen Normalriß mit $a_1a_2$ als Hauptebene). Die Spiegelung an jeder der beiden zu $a_1a_2$ normalen Ebenen $\sigma_1$, $\sigma_2$ durch die orthogonalen Rhombusdiagonalen vertauscht die beiden Zylinder, so daß die Schnittellipse $c_1$ bzw. $c_2$ von $\sigma_1$ bzw. $\sigma_2$ mit $\Phi_1$ auch $\Phi_2$ angehört. Da in der zu $a_1a_2$ parallelen Ebene durch eine Erzeugende von $\Phi_2$ genau zwei Erzeugenden von $\Phi_1$ liegen, bilden die beiden Ellipsen $c_1$ und $c_2$ zusammen die gesamte Schnittkurve $c = \Phi_1 \cap \Phi_2$. Damit gilt:

**Satz 5.2.5:** Zwei kongruente Drehzylinder mit schneidenden Drehachsen $a_1$, $a_2$ schneiden einander in zwei Ellipsen, deren zueinander normale Ebenen zur Ebene $a_1a_2$ orthogonal sind.

Dieser Satz findet Anwendung bei zahlreichen Gewölbeformen, deren einfachstes Beispiel das Kreuzgewölbe ist. Dieses überwölbt eine quadratische Grundfläche in der Standebene $\pi_1 = a_1a_2$. Die Fig. 5.19 zeigt einen frontalaxonometrischen Riß eines Kreuzgewölbes mit Verlängerungstonnen.

KB. Der in einer zweiten Hauptebene $\eta_2$ liegende Leitkreis $k$ des Drehzylinders mit $x$-parallelen Erzeugenden hat einen kreisförmigen axonometrischen Riß $k^p$. Unter der perspektiven Affinität $(a^p;\ M^p \mapsto S^p)$ mit $a = \sigma_1 \cap \eta_2$, $M = x \cap \eta_2$ und $S = a_1 \cap a_2$ gewinnt man aus $k^p$ die Ellipse $c_1{}^p$ und den axonometrischen Riß $\overline{K}^p$ des Konturpunktes $\overline{K}$ von $c_1$. △

(4) Das Rohrknie in Fig. 5.20 besteht aus zwei kongruenten drehzylindrischen Teilen; die einander im Punkt $S$ schneidenden Drehachsen $a_1$, $a_2$ der beiden Drehzylinder $\Phi_1$, $\Phi_2$ sind durch ihre Grundrisse und Aufrisse festgelegt. Jeder Zylinder wird nur bis zum Einstich in den anderen Zylinder geführt, so daß von der gesamten in Satz 5.2.5 beschriebenen Schnittkurve nur eine Ellipse $c$ am Objekt auftritt. Die Gerade $a_1$ wurde erstprojizierend gewählt und der Leitkreis $k_1$ von $\Phi_1$ mit Mittelpunkt $M_1$ in einer ersten Hauptebene $\eta_1$ angegeben.

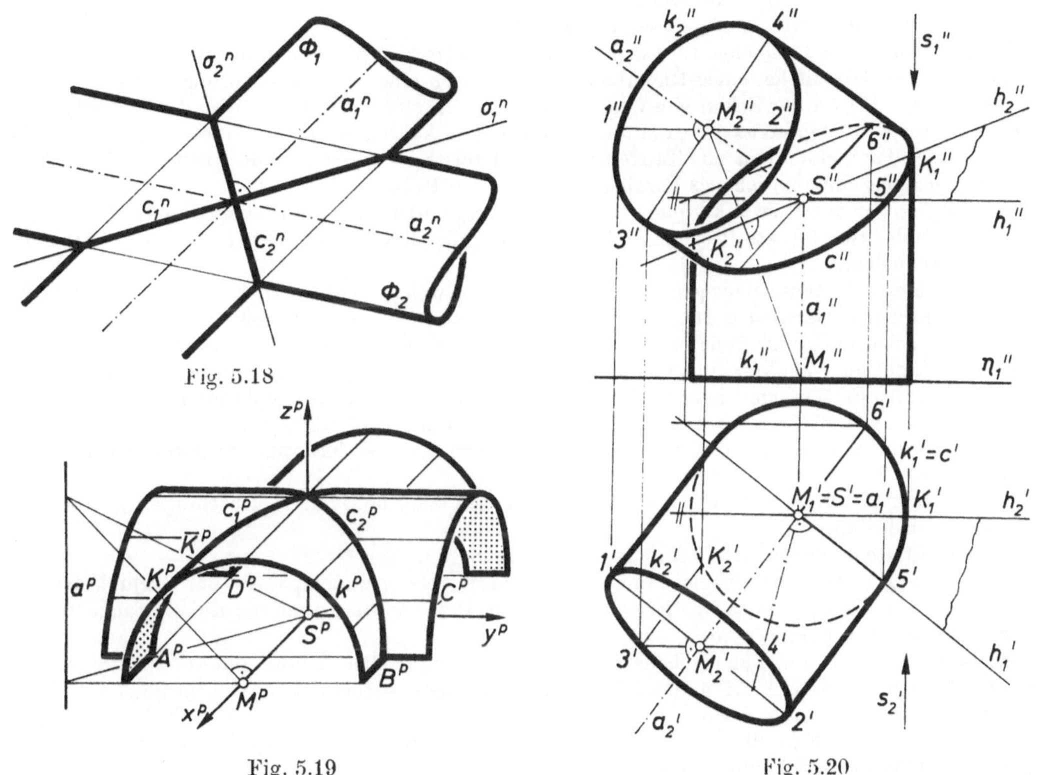


Fig. 5.18

Fig. 5.19

Fig. 5.20

KB. Für den Mittelpunkt $M_2$ des Leitkreises $k_2$ von $\Phi_2$ gilt $\overline{M_2S} = \overline{SM_1}$; nach 3.3.1., (M1) ergibt sich $M_2'$ und $M_2''$ mit $\overline{SM_2} = \overline{S''M_1''}$. Da $a_2$ normal zur Ebene von $k_2$ ist, erhält man die Ellipsen $k_2'$ und $k_2''$ nach Satz 5.1.1. Die Grundrisse bzw. die Aufrisse der ersten bzw. zweiten Konturerzeugenden des Zylinders $\Phi_2$ fallen in die Hauptscheiteltangenten der Ellipse $k_2'$ bzw. $k_2''$.
Die Ellipse $c$ hat den Mittelpunkt $S$. Die Ebene $\sigma$ von $c$ enthält $S$ und steht als Symmetrieebene der Strecke $[M_1, M_2]$ zur Geraden $M_1M_2$ normal; gemäß 3.3.3., (M3) findet man die Hauptgeraden $h_1$ und $h_2$ von $\sigma$ durch $S$. Da der Grundriß $c'$ von $c$ mit dem Kreis $k_1'$ zusammenfällt, können durch Angittern normaler Halbmesser von $c' = k_1'$ an $\sigma$ konjugierte Halbmesser $[S'', 5'']$, $[S'', 6'']$ von $c''$ gefunden werden[6]. Ergänzt man die Grundrisse der zweiten Konturerzeugenden von $\Phi_1$ bzw. $\Phi_2$, so erhält man durch Angittern an $\sigma$ die Aufrisse der zweiten Konturpunkte $K_1$ bzw. $K_2$ von $c$. △

## Aufgaben 5.2

1. Ist $c$ eine Ellipse in der Ebene $\varepsilon$ und $\bar{c}$ eine Ellipse in der Ebene $\varphi$, so gibt es stets eine Affinität $\alpha: \varepsilon \to \varphi$, die $\bar{c} = c^\alpha$ leistet. Auf welche Weise wird eine solche Affinität festgelegt?
2. Führe die folgende Beweisskizze zu Satz 5.2.3 aus: Ist $\alpha_1: \varepsilon \to \varepsilon$ die orthogonale perspektive Affinität, welche den Hauptscheitelkreis $c_H$ der Ellipse $c$ auf $c$ abbildet, so ist $\alpha_1\alpha: \varepsilon \to \varphi$ eine Affinität. Nach

[6] Da die Aufrisse der zweiten Konturerzeugenden der kongruenten Drehzylinder $\Phi_1$ und $\Phi_2$ einen der Ellipse $c''$ umschriebenen Rhombus bilden, liegen die Achsen von $c''$ in den Rhombusdiagonalen (vgl. A 5.2. 5).

A 2.2, 4 existiert ein $c_H$ einbeschriebenes Quadrat, welches unter $\alpha_1\alpha$ in ein $c^\alpha$ einbeschriebenes Rechteck übergeht. Sei $\alpha_2:\varphi \to \varphi$ eine orthogonale perspektive Affinität, die dieses Rechteck in ein Quadrat überführt und deren Achse die Parallele zur längeren Rechteckseite durch den Mittelpunkt ist. Nach Satz 1.3.3 ist $\alpha_1\alpha\alpha_2:\varepsilon \to \varphi$ eine Ähnlichkeit, also $c^{\alpha\alpha_2} \subset \varphi$ ein Kreis, der zu $c^\alpha$ orthogonal perspektiv affin ist.

**3.** Eine Punktmenge $c$ einer Ebene $\varepsilon$ ist genau dann eine Ellipse, wenn es ein Koordinatensystem $(M, P, Q)$ in $\varepsilon$ so gibt, daß $c = \{X \in \varepsilon \mid \overrightarrow{MX} = \cos u\overrightarrow{MP} + \sin u\overrightarrow{MQ}, u \in [0, 2\pi]\}$ gilt. Zwei durch die Parameterwerte $u_1$ und $u_2$ bestimmte Punkte der Ellipse $c$ liegen genau dann in konjugierten Durchmessergeraden, wenn $|u_2 - u_1| = \pi/2$ oder $3\pi/2$ ist.
(Anl.: Für ein kartesisches Koordinatensystem ist $c$ nach 1.4.1. ein Kreis, wobei für Punkte in normalen Durchmessergeraden gilt $|u_2 - u_1| = \pi/2$ oder $3\pi/2$. Die in Satz 5.1.2 genannte perspektive Affinität kann durch gleiche Koordinatenvektoren beschrieben werden.)

**4.** Beweise Satz 5.2.3 mit Hilfe von A 5.2, 3.
(Anl.: Benütze die zweite Aussage von Satz 5.2.1.)

**5.** Die Diagonalen eines Parallelogramms aus Tangenten einer Ellipse $c$ sind konjugierte Durchmessergeraden von $c$. Die Diagonalen eines Rhombus aus Tangenten einer nicht kreisförmigen Ellipse $c$ sind die Achsen von $c$. Liegen die Ecken eines Parallelogramms in einer Ellipse $c$, so ist der Schnittpunkt der Diagonalen der Mittelpunkt von $c$, und die Seiten sind zu konjugierten Durchmessergeraden parallel.
(Anl.: Jedes Parallelogramm aus Tangenten eines Kreises ist ein Rhombus. Benütze weiter A 5.1, 2. Ein einem Kreis einbeschriebenes Parallelogramm ist ein Rechteck.)

**6.** Eine Ellipse $c$ ist durch zwei konjugierte Durchmessergeraden $d_1, d_2$ und einen Punkt $P \notin d_1, d_2$ samt Tangente $t$ oder zwei Punkte $P, Q$ eindeutig festgelegt, falls $t$ bzw. $PQ$ die Geraden $d_1, d_2$ in verschiedenen Punkten schneidet.
(Anl.: Benütze $t$ als Achse einer perspektiven Affinität $\alpha$, welche den Punkt $M = d_1 \cap d_2$ in einen Punkt der zu $t$ normalen Geraden durch $P$ überführt, der auch im THALES-Kreis über der Strecke $[d_1 \cap t, d_2 \cap t]$ liegt; zeige, daß $c^\alpha$ ein Kreis ist, und benütze die direkte Achsenkonstruktion aus 5.2.3 (vgl. Fig. 6.25). Für $d_1 \perp d_2$ gilt folgende Vereinfachung: Die Geraden $MP$ und $t$ legen konjugierte Durchmessergeraden fest; mit 5.2.1., Fn. 3 erkennt man die Hauptachse. Unter der perspektiven Affinität $\alpha$ gemäß Satz 5.1.2 gilt $MP^\alpha \perp t^\alpha$, womit der Hauptscheitelkreis von $c$ bestimmt ist (vgl. Fig. 6.26).
Beachte bei der zweiten Angabe, daß die Symmetrieachse zweier Kreispunkte durch den Kreismittelpunkt geht.)

**7.** Konstruiere eine Ellipse, von der ein Durchmesser, die dazu konjugierte Durchmessergerade und ein Punkt gegeben sind.
(Anl.: Benütze eine perspektive Affinität analog zu 5.2.3., (E5).)

**8.** Jede Ellipse gestattet die Affinspiegelung an einer Durchmessergeraden parallel zur konjugierten Durchmessergeraden. Eine Ellipsensehne ist genau dann ein Durchmesser, wenn die Ellipsentangenten in den Sehnenendpunkten parallel sind.

**9.** Beweise die in 5.1.3., Fn. 5 angegebene Konstruktion der speziellen Ellipsenpunkte aus Fig. 5.4.
(Anl.: Benütze die Sätze 5.1.2 und 5.2.4; bei jeder solchen perspektiven Affinität geht der Rhombus aus Fig. 5.4 in ein Quadrat über.)

**10.** Eine Affinität $\alpha:\varepsilon \to \varphi$, die einen Kreis in $\varepsilon$ auf einen Kreis in $\varphi$ abbildet, ist eine Ähnlichkeit.
(Anl.: Benütze Satz 5.2.3 und Satz 1.3.3.)

**11.** Jeder elliptische Zylinder $\Phi$ ist ein Kreiszylinder. Diskutiere die Lage aller Kreise in $\Phi$ und spezialisiere die Aussagen auf Drehzylinder.
(Anl.: Benütze den Schnitt von $\Phi$ mit einer zu den Zylindererzeugenden normalen Ebene und Satz 5.1.1.)

**12.** Modifiziere den in 3.3.8. angegebenen Beweisteil des Satzes von POHLKE unter Benützung von A 5.2.11 und A 5.2, 10.
(Anl.: Gehe von einem Kreis $k$ der Zeichenebene $\varepsilon$ um $U^p$ aus, benütze die Affinität $\alpha^{-1} =: \beta$ von $\varepsilon$ auf $\pi_1$ und die Kreisschnitte des projizierenden Zylinders mit der Leitkurve $k^\beta \subset \pi_1$).

**13.** Bestimme die Anzahl der Lösungen zu folgenden Angaben eines Drehzylinders, diskutiere Sonderlagen und konstruiere gepaarte Normalrisse von Drehzylinderstücken, die von zwei Kreisschnittebenen berandet werden:
(a) Eine Erzeugende $e$ und zwei Punkte $P, Q$ mit $P, Q \notin e$, $PQ \nparallel e$
(b) Eine Erzeugende $e$, ein Punkt $P$ und eine Flächentangente $t$ mit $P \notin e$ und $e$ windschief $t$
(c) Eine Erzeugende $e$ und zwei Flächentangenten $t_1, t_2$ mit $e$, $t_1$, $t_2$ paarweise windschief.

**14.** Behandle analog zu A 5.2, 13 für einen Drehkegel:
(a) Drei Punkte eines Leitkreises und ein weiterer Punkt
(b) Zwei Punkte eines Leitkreises und einer Erzeugenden, die nicht der Symmetrieebene der beiden Punkte angehört
(c) Drei Erzeugende durch einen Punkt, die nicht in derselben Ebene liegen
(d) Drei Tangentialebenen durch einen Punkt, die nicht dieselbe Gerade enthalten
(e) Die Spitze $S$, der Mittelpunkt $M$ des Leitkreises und eine Flächentangente $t$ mit $t$ windschief $MS$
(f) Die Spitze $S$, der Mittelpunkt $M$ des Leitkreises und ein Punkt $P$ mit $P \notin SM$.

## 5.3. Hyperbeln

### 5.3.1. Hyperbeldefinition

Wir definieren spezielle Punktmengen einer Ebene des Anschauungsraumes:

**Def. 5.3.1:** Eine *Hyperbel* $c$ ist die Menge jener Punkte einer Ebene $\varepsilon$, für die gilt

(1) $$c = \{P \in \varepsilon \mid |\overline{PF_1} - \overline{PF_2}| = 2a,\ F_1, F_2 \in \varepsilon,\ \overline{F_1F_2} > 2a > 0\}.$$

Die verschiedenen Punkte $F_1$, $F_2$ heißen die *Brennpunkte* der Hyperbel. Aus (1) folgt die in Fig. 5.21 ersichtliche Konstruktion der Punkte einer Hyperbel unter Benützung von Kreisen um die Brennpunkte mit den Radien $f_1$ und $f_2$ mit $|f_1 - f_2| = 2a$.
Eine Hyperbel ist nach (1) bezüglich ihrer *Hauptachse* $F_1F_2$ und bezüglich ihrer *Nebenachse*, der Symmetrieachse der Strecke $[F_1, F_2]$, symmetrisch und gestattet daher die Spiegelung am Mittelpunkt $M$ der Strecke $[F_1, F_2]$; der Punkt $M$ heißt der *Mittelpunkt* der Hyperbel. In der Hauptachse liegen nach (1) zwischen den Brennpunkten $F_1$, $F_2$ die beiden *Scheitel* $A$, $B$ der Hyperbel mit $\overline{AM} = \overline{MB} = a$ (Fig. 5.21). Wir nennen $[A, B]$ die *Achsenstrecke*; dann ist $a$ die Länge der halben Achsenstrecke. Da jeder Punkt der Nebenachse gleich weit von den beiden Brennpunkten entfernt ist, liegen in der Nebenachse keine Hyperbelpunkte. Der Kreis um $M$ durch die beiden Scheitel heißt *Scheitelkreis* $k$ der Hyperbel.
Benützt man ein kartesisches Koordinatensystem der Ebene $\varepsilon$ mit $F_1F_2$ als $x$-Achse und dem Mittelpunkt $M$ der Hyperbel als Ursprung, so besitzt $F_1$ bzw. $F_2$ das Koordinatenpaar $(e, 0)$ bzw. $(-e, 0)$ mit $e > a$ (Fig. 5.21). Ein Punkt $P \in \varepsilon$ mit dem Koordinatenpaar $(x, y)$ liegt genau dann in der durch (1) definierten Hyperbel $c$, wenn mit $f_1 := \overline{PF_1} = [(x - e)^2 + y^2]^{1/2}$ und $f_2 := \overline{PF_2} = [(x + e)^2 + y^2]^{1/2}$ gilt $|f_1 - f_2| = 2a$; dabei ist $x > 0$ für $f_2 > f_1$ und $x < 0$ für $f_2 < f_1$. Aus $|f_2^2 - f_1^2| = 2a(f_1 + f_2) = |[(x + e)^2 + y^2] - [(x - e)^2 + y^2]| = 4e\,|x|$ folgt $f_1 + f_2 = 2\,\dfrac{e}{a}\,|x|$ und damit $f_2 = a + \dfrac{e}{a}\,x$ für $f_2 > f_1$, also $x > 0$, bzw. $f_2 = -a - \dfrac{e}{a}\,x$ für $f^2 < f_1$, also $x < 0$. Wegen $f_2^2 = \left(a + \dfrac{e}{a}\,x\right)^2 = (x + e)^2 + y^2$ ergibt sich mit $b^2 := e^2 - a^2 > 0$

(2) $$\frac{x^2}{a^2} - \frac{y^2}{b^2} - 1 = 0;$$

umgekehrt[1] folgt für einen Punkt $P$, dessen Koordinatenpaar die Gleichung (2) erfüllt, nach kurzer Rechnung $|f_1 - f_2| = 2a$, also $P \in c$. Die durch (2) definierte Punktmenge besteht aus zwei Kurvenstücken im Sinne von Def. 1.4.1: Das in der Halbebene $x > 0$ bzw. $x < 0$ liegende Kurvenstück ist die Bildmenge der stetigen injektiven Abbildung $u \in \mathbb{R} \mapsto (a \cosh u, b \sinh u)$ bzw. $u \in \mathbb{R} \mapsto (-a \cosh u, b \sinh u)$; wir sprechen von den beiden *Ästen* einer Hyperbel.
Nach (2) und **1.2.3.**, (4) enthält eine Gerade höchstens zwei Hyperbelpunkte. Jede Gerade durch den Hyperbelmittelpunkt $M$ heißt *Durchmessergerade*. Genau jene Durchmessergeraden der durch (2) bestimmten Hyperbel, deren Gleichungen lauten $y - kx = 0$ mit $-b{:}a < k < b{:}a$, tragen Hyperbelpunkte, und zwar je zwei, die eine *Durchmesserstrecke* (kurz *Durchmesser*) mit $M$ als Mittelpunkt bestimmen. Die von Hyperbelpunkten freien, zur Hauptachse symmetrischen Geraden $u$ und $v$ mit den Gleichungen $ay - bx = 0$ bzw. $ay + bx = 0$ beranden jene beiden Winkelfelder, in denen die beiden Äste der Hyperbel enthalten sind. Diese Randgeraden $u$, $v$ heißen die *Asymptoten* der Hyperbel und treffen jede zur Nebenachse parallele Gerade durch einen Scheitel nach (2) in je einem Punkt, der vom betreffenden Scheitel den Abstand $b$ und daher vom

[1] Die Umkehrung gilt nur für reelle Lösungen $(x, y)$ von (2). So genügt etwa das komplexe Zahlenpaar $(0, ib)$ der Gleichung (2). Spricht man in der komplexen Fortsetzung der Ebene das Paar $(0, ib)$ als «Punkt» $B$ an und benützt man zur Berechnung des Abstands zweier Punkte mit den Koordinatenpaaren $(x_0, y_0)$, $(x_1, y_1)$ die übliche Formel $((x_1 - x_0)^2 + (y_1 - y_0)^2)^{1/2}$, so folgt $\overline{F_1B} = \overline{BF_2}$, was (1) widerspricht.

Mittelpunkt $M$ den Abstand $\overline{MF_1} = \overline{MF_2} = e$ besitzt (Fig. 5.21). Jede Tangente aus einem Brennpunkt der Hyperbel an den Scheitelkreis $k$ berührt $k$ in einem Punkt einer Asymptote (Fig. 5.21), wie aus den Gleichungen der Asymptoten mit $e^2 = a^2 + b^2$ folgt; durch die Scheitel und die beiden Asymptoten sind die Brennpunkte und damit die Hyperbel bestimmt. Man nennt gelegentlich $b > 0$ die *Länge der halben konjugierten Achsenstrecke*, was durch A 5.3, 10 motiviert wird.

## 5.3.2. Planimetrische Konstruktion einer Hyperbel

Eine Gerade mit der Gleichung $y = y_0 > 0$ schneidet einerseits den in der Halbebene $x > 0$ liegenden Ast der Hyperbel (2) in einem Punkt $P$ mit den Koordinaten $(x_0, y_0)$ und $x_0^2 = a^2 + \frac{a^2}{b^2} y_0^2$ und andererseits die Asymptote $u$ mit der Gleichung $ay - bx = 0$ in einem Punkt $U$ mit den Koordinaten $\left(x_1 = \frac{a}{b} y_0, y_0\right)$, so daß

$$x_0^2 = a^2 + x_1^2 \tag{3}$$

gilt. Aus (3) folgt:

(H1) Sei $a$ die Länge der halben Achsenstrecke einer Hyperbel. Schneidet eine zur Hauptachse parallele Gerade $g$ die Nebenachse in $N$ und hat ein Punkt einer Asymptote in $g$ von $N$ den Abstand $r_1$, so haben die beiden Hyperbelpunkte in $g$ von $N$ den Abstand $r$ mit $r^2 = a^2 + r_1^2$.

Bei dieser *Stechzirkelkonstruktion* der Hyperbel, die der Konstruktion mit Hilfe der Brennpunkte gemäß 5.3.1. graphisch überlegen ist, wird der Abstand $r$ eines Hyperbelpunktes von der Nebenachse als Hypotenuse eines rechtwinkligen Dreiecks abgegriffen, dessen Katheten der Länge $a$ bzw. $r_1$ in der Hauptachse bzw. in der Nebenachse liegen (Fig. 5.21).

Für $x_0, x_1, y_0 > 0$ in (3) und $y_0 \to +\infty$ folgt aus (2) bzw. $ay - bx = 0$ dann $x_0 \to +\infty$ bzw. $x_1 \to +\infty$, und wegen $x_0 - x_1 = a^2:(x_0 + x_1) > 0$ nach (3) geht $x_0 - x_1$ dabei streng monoton gegen Null. Die Hyperbel nähert sich also jeder ihrer beiden Asymptoten, ohne sie zu erreichen.

**Satz 5.3.1:** Sind $u$, $v$ zwei schneidende Geraden und $P$ ein weder in $u$ noch in $v$ liegender Punkt der Ebene $uv$, so gibt es genau eine Hyperbel, die $u$, $v$ als Asymptoten besitzt und $P$ enthält.

*Beweis*

Die Hauptachse einer in diese Angabe passenden Hyperbel ist notwendig jene Winkelsymmetrale von $u$ und $v$, welche durch das $P$ enthaltende, von $u$ und $v$ berandete Winkelfeld geht. Die zur Hauptachse parallele Gerade durch $P$ liefert die Abstände $r$ und $r_1$ und damit $a$ nach (H1), womit eine Hyperbel festgelegt ist. Nach (H1) paßt diese Hyperbel in die Angabe. □

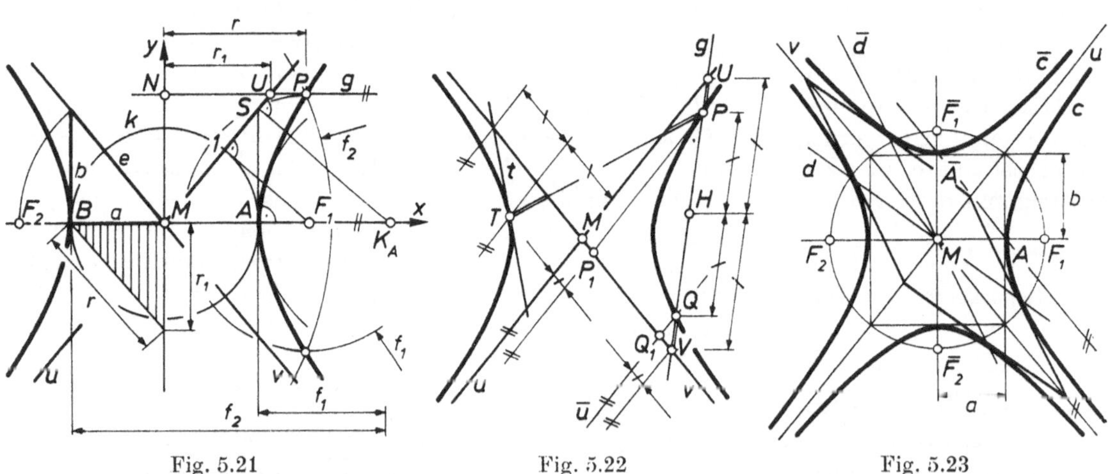

Fig. 5.21 Fig. 5.22 Fig. 5.23

Damit gilt (Fig. 5.21):

(H2) Durch die beiden Asymptoten $u$, $v$ und einen Punkt $P$ ist eine Hyperbel bestimmt: Die Hauptachse geht durch jenes von $u$, $v$ berandete Winkelfeld, dem $P$ angehört; für die Länge $a$ der halben Achsenstrecke gilt $a^2 = \overline{PN}^2 - \overline{UN}^2 > 0$, wobei $N$ bzw. $U$ der Schnittpunkt der zur Hauptachse parallelen Geraden durch $P$ mit der Nebenachse bzw. mit einer Asymptote ist.

Weiter besitzt jede Hyperbel folgende Eigenschaft (Fig. 5.22):

**Satz 5.3.2:** Schneidet eine Gerade $g$ durch einen Hyperbelpunkt $P$ die Asymptote $u$ bzw. $v$ im Punkt $U$ bzw. $V$, so ist jener Punkt $Q$ der Geraden $g$, für den $\overline{UP} = \overline{QV}$ und entweder $[P, Q] \subset [U, V]$ oder $[U, V] \subset [P, Q]$ gilt, ein Hyperbelpunkt. Eine zu einer Asymptote parallele Gerade trägt genau einen bzw. keinen Hyperbelpunkt, je nachdem sie von der Asymptote verschieden ist oder nicht.

*Beweis*

(a) Besitzt der Mittelpunkt $H$ der Strecke $[U, V]$ bei Benützung des (2) zugrunde liegenden Koordinatensystems das Koordinatenpaar $(x_0, y_0)$, so hat $g$ eine Parameterdarstellung der Gestalt

$$\lambda \in \mathbb{R} \mapsto (x_0 + \lambda\alpha, y_0 + \lambda\beta) \quad \text{mit} \quad (\alpha, \beta) \neq (0, 0). \tag{4}$$

Nach 5.3.1. wird das Paar der Asymptoten der Hyperbel (2) durch die Gleichung

$$\left(\frac{x}{a} - \frac{y}{b}\right)\left(\frac{x}{a} + \frac{y}{b}\right) = \frac{x^2}{a^2} - \frac{y^2}{b^2} = 0 \tag{5}$$

beschrieben. Nach Einsetzen von (4) in (5) entsteht eine in $\lambda$ quadratische Gleichung, deren Lösungen die Punkte $U$, $V$ erfassen. Da $\lambda = 0$ den Mittelpunkt $H$ der Strecke $[U, V]$ bestimmt, müssen diese Lösungen entgegengesetzt gleich sein; die in $\lambda$ quadratische Gleichung ist somit notwendig rein quadratisch. Dann ist aber auch die durch Einsetzen von (4) in (2) entstehende, in $\lambda$ quadratische Gleichung rein quadratisch, da sich (5) und (2) nur in den Konstanten unterscheiden. Es gibt daher in $g$ außer $P$ noch genau einen (nicht notwendig von $P$ verschiedenen) Hyperbelpunkt $Q$, und zwar so, daß $H$ auch der Mittelpunkt der Strecke $[P, Q]$ ist. Aus $\overline{UH} = \overline{HV}$ und $\overline{PH} = \overline{HQ}$ folgt $\overline{UP} = \overline{QV}$.
Nach 5.3.1. liegen die beiden Äste der Hyperbel in zwei durch die Asymptoten berandeten Winkelfeldern; je nachdem $Q$ demselben Ast wie $P$ angehört oder nicht, gilt $[P, Q] \subset [U, V]$ oder $[U, V] \subset [P, Q]$.
(b) Nach 5.3.1. liegen in den Asymptoten $u$, $v$ keine Hyperbelpunkte und in einer Geraden höchstens zwei Hyperbelpunkte.
Sei $\bar{u} \parallel u \neq \bar{u}$ und $P \notin \bar{u}$ ein Hyperbelpunkt, der mit keinem Hyperbelpunkt in $\bar{u}$ einer zu $v$ parallelen Geraden angehört (Fig. 5.22). Schneidet $v$ die Parallele zu $u$ durch $P$ in $P_1$ bzw. $\bar{u}$ in $Q_1$ und ist $M$ der Hyperbelmittelpunkt, so schneidet die Verbindungsgerade von $P$ mit einem Hyperbelpunkt $Q \in \bar{u}$ die Asymptote $v$ in einem Punkt $V$, für den nach (a) und Satz 1.2.1 gilt $\overline{MP_1} = \overline{Q_1V}$ mit $[P_1, Q_1] \subset [M, V]$ oder $[M, V] \subset [P_1, Q_1]$. Da der Punkt $V$ damit eindeutig festgelegt ist, existiert in $\bar{u}$ genau der eine Hyperbelpunkt $PV \cap \bar{u}$. □

Satz 5.3.2 ergibt eine Konstruktion einer durch die beiden Asymptoten $u$, $v$ und einen Punkt $P$ festgelegten Hyperbel $c$, welche nicht die Hyperbelscheitel benützt: Man erhält alle Punkte von $c$, wenn man auf jede Gerade $g$ durch $P$, welche zu keiner Asymptote parallel ist, Satz 5.3.2 anwendet (Fig. 5.22).

Die Tangente eines Kurvenstücks in einem Punkt $P$ ist nach Def. 1.4.2 die Grenzlage einer Sehnengeraden $g = PQ$, wenn $Q$ im Kurvenstück gegen $P$ läuft. Im Falle einer Hyperbel sind dabei nach Satz 5.3.2 die jeweiligen Längen $\overline{UP}$ und $\overline{QV}$ gleich. Die beiden Asymptoten schneiden somit in einer Hyperbeltangente $t$ notwendig eine Strecke so aus, daß ihr Mittelpunkt der Berührungspunkt von $t$ ist. Da diese Grenzlage der Geraden $PQ$ eindeutig existiert, besitzt eine Hyperbel in jedem ihrer Punkte genau eine Tangente. Mit Satz 1.2.1 gilt (Fig. 5.22):

(H3) Die Tangente $t$ in einem Hyperbelpunkt $T$ schneidet eine Asymptote $v$ in jenem Punkt, der aus dem Hyperbelmittelpunkt unter der Spiegelung am Schnittpunkt von $v$ mit der zur Asymptote $u$ parallelen Geraden durch $T$ entsteht.

Da ein Hyperbelscheitel in einer Winkelsymmetralen der beiden Asymptoten liegt, folgt aus (H3): Jede Scheiteltangente ist zur Hauptachse orthogonal.

Beim Zeichnen einer Hyperbel bestimmt man zunächst die Asymptoten und die Scheitel und konstruiert dann in jedem Scheitel den Krümmungskreis der Hyperbel:

(H4) Die Normale zu einer Asymptote $u$ in ihrem Schnittpunkt mit der Tangente im Scheitel $A$ trifft die Hauptachse im Mittelpunkt $K_A$ des Krümmungskreises in $A$ (Fig. 5.21).

*Beweis*

Ein Scheitel $A$ der Hyperbel 5.3.1., (2) hat das Koordinatenpaar $(a, 0)$; mit Hilfe eines Punktes $Q$ mit dem Koordinatenpaar $(x, y)$, der dem Hyperbelast durch $A$ angehört, folgt aus 1.4.2., (3)

$$(6) \qquad \varrho_A = \frac{1}{2} \lim_{x\to a} \frac{y^2}{x-a} = \frac{1}{2} \lim_{x\to a} \frac{b^2}{a^2} \frac{x^2-a^2}{x-a} = \frac{1}{2} \frac{b^2}{a^2} \lim_{x\to a} (x+a) = \frac{b^2}{a}, \quad \text{also} \quad \varrho_A : b = b : a.$$

Ist $S$ der Schnittpunkt der Scheiteltangente in $A$ mit einer Asymptote $u$, so gilt auf Grund ähnlicher Dreiecke in Fig. 5.21 für den in (H4) beschriebenen Punkt $K_A$ dann $\overline{AK_A} : \overline{AS} = \overline{AS} : \overline{AM}$, also $\overline{AK_A} : b = b : a$ und damit $\overline{AK_A} = \varrho_A$ nach (6). □

Nach (6) und 5.3.1., (2) verläuft die Hyperbel nicht innerhalb der Scheitelkrümmungskreise.

### 5.3.3. Anwendung einer Affinität auf eine Hyperbel

Mit Hilfe von Satz 5.3.2 und Satz 5.3.1 zeigen wir

**Satz 5.3.3:** Ist $\alpha : \varepsilon \to \varphi$ eine Affinität und $c \subset \varepsilon$ eine Hyperbel, so ist $c^\alpha \subset \varphi$ eine Hyperbel. Die Asymptoten $u, v$ von $c$ gehen unter $\alpha$ in die Asymptoten von $c^\alpha$ über.

*Beweis*

Durch die schneidenden Geraden $u^\alpha$, $v^\alpha$ als Asymptoten und einen Punkt $P^\alpha$ mit $P \in c$ wird nach Satz 5.3.1 genau eine Hyperbel $\bar{c} \subset \varphi$ bestimmt. Ihre von $P^\alpha$ verschiedenen Punkte erhält man, wenn man auf jede Gerade in $\varphi$ durch $P^\alpha$ den Satz 5.3.2 anwendet. Da nach A 1.3, 1 unter einer Affinität zueinander gleich lange Strecken einer Geraden in zueinander gleich lange Strecken der zugeordneten Geraden übergehen und die Punkte von $c$ durch Satz 5.3.2 gekennzeichnet werden, gilt $\bar{c} = c^\alpha$. □

Der Parallelriß $c^p$ einer Hyperbel $c$ in einer projizierenden Ebene $\varepsilon$ liegt in der Geraden $\varepsilon^p$, und für eine Hyperbel $c$ in einer Hauptebene ist $c^p$ nach Satz 2.1.3 eine zu $c$ kongruente Hyperbel. Im Falle einer nicht projizierenden Ebene $\varepsilon$ ist $c^p$ nach Satz 5.3.3 eine Hyperbel, welche durch die Parallelrisse der Asymptoten und eines Punktes von $c$ festgelegt wird.
Ein Zylinder mit einer Leithyperbel heißt *hyperbolischer Zylinder.* Nach Satz 2.2.2 und Satz 5.3.3 schneidet jede zu den Zylindererzeugenden nicht parallele Ebene einen hyperbolischen Zylinder in einer Hyperbel, deren Asymptoten den zu den Zylindererzeugenden parallelen Ebenen durch die Asymptoten der Leithyperbel angehören.

### Aufgaben 5.3

1. Die einzigen Geraden in der Ebene einer Hyperbel $c$, die genau einen Hyperbelpunkt enthalten, sind die Tangenten von $c$ und die zu den Asymptoten parallelen, von ihnen verschiedenen Geraden.
(Anl.: Benütze Satz 5.3.2 und (H3).)
2. Eine Hyperbel heißt *gleichseitig*, wenn sie orthogonale Asymptoten besitzt. Für eine gleichseitige Hyperbel gilt: Schneidet eine zur Hauptachse parallele Gerade $g$ die Nebenachse in $N$, so geht der Kreis um $N$ durch die Scheitel auch durch die Hyperbelpunkte in $g$.
(Anl.: Benütze $\overline{NU} = \overline{NM}$ für eine gleichseitige Hyperbel in (H1).)
3. Die zur Nebenachse parallele Gerade durch einen Brennpunkt einer Hyperbel trägt eine Sehne, deren halbe Länge gleich dem Radius des Krümmungskreises im Scheitel ist (vgl. A 5.1, 3).
(Anl.: Benütze 5.3.1., (2) und 5.3.2., (6).)
4. Spiegelt man einen Brennpunkt $F_1$ an einer Hyperbeltangente $t$, so erhält man einen Punkt $G$, der vom anderen Brennpunkt $F_2$ den Abstand $2a$ besitzt; die Gerade $GF_2$ enthält den Berührungspunkt $P$ von $t$.
(Anl.: Sei $P$ ein Punkt der Hyperbel $c$ und $t$ die Symmetrieachse des Winkels $\angle F_1PF_2$. Unter der Spiegelung an $t$ geht $F_1$ in einen Punkt $G$ in $F_2P$ mit $\overline{F_2G} = 2a$ nach 5.1.1., (1) über. Für jeden von $P$ verschiedenen Hyperbelpunkt $Q$ in $t$ entsteht mit 5.1.1. (1) der Widerspruch $|\overline{F_1Q} - \overline{F_2Q}| = 2a = \overline{F_2G}$

zur Dreiecksungleichung für $\{F_2, G, Q\}$, so daß $t$ nach A 5.3, 1 entweder die Tangente in $P$ oder zu einer Asymptote parallel ist.

Für den Fußpunkt $1$ der Normalen zu $t$ aus $F_1$ gilt $\overline{G1} = \overline{1F_1}$; mit $\overline{F_1M} = \overline{MF_2}$ folgt $F_2G \parallel M1$ und $\overline{M1} = a$, so daß $1$ dem Scheitelkreis $k$ angehört. Ist $t$ zur Asymptote $u$ parallel, so gilt wegen $F_1 1 \perp u$ und $1 \in k$ dann $t = u$ nach 5.3.1. (vgl. Fig. 5.21), was $P \in c$ widerspricht).

**5.** Konstruiere mit A 5.3, 4 die Tangenten samt Berührungspunkten einer durch Brennpunkte und Scheitel festgelegten Hyperbel $c$, welche durch einen Punkt $X \notin c$ gehen oder parallel einer Geraden $g$ sind, und diskutiere die Anzahl der Lösungen.

**6.** Sei $b$ die Länge der halben konjugierten Achsenstrecke einer Hyperbel. Schneidet eine zur Nebenachse parallele Gerade $g$ die Hauptachse in $H$ und hat ein Punkt einer Asymptote in $g$ von $H$ den Abstand $r_1$, so liegen jene Punkte von $g$ in der Hyperbel, welche von $H$ den Abstand $r$ mit $r^2 = r_1^2 - b^2 \geqq 0$ besitzen.
(Anl.: Benütze 5.3.2., (2).)

**7.** Sind $\bar{u}$, $\bar{v}$ zwei verschiedene Geraden, die zu keiner Geraden eines Dreiecks $\{P, Q, R\}$ parallel sind, so existiert genau eine Hyperbel mit zu $\bar{u}$, $\bar{v}$ parallelen Asymptoten, die $P, Q, R$ enthält.
(Anl.: Sind $P$, $Q$ zwei Hyperbelpunkte, so liegt die von $[P, Q]$ verschiedene Diagonale des Parallelogramms mit den Gegenecken $P$, $Q$ und zu den Asymptoten parallelen Seiten nach Satz 5.3.2 in einer Durchmessergeraden.)

**8.** Ermittle zu einer Hyperbel $c$ mit den Asymptoten $u$, $v$ und der Tangente $t$ eine perspektive Affinität $\alpha$ so, daß die Hyperbel $c^\alpha$ die Asymptoten $u$, $v$ besitzt und $t^\alpha$ eine Scheiteltangente von $c^\alpha$ ist.
(Anl.: Benütze $u$ als Affinitätsachse und $v$ als Perspektivitätsgerade; die Verbindungsgerade des Hyperbelmittelpunktes mit dem nach (H3) bestimmten Berührungspunkt $T$ von $t$ mit $c$ muß unter $\alpha$ in die Winkelsymmetrale von $u$, $v$ durch das $T$ enthaltende Winkelfeld übergehen.)

**9.** Ist $c$ eine Hyperbel in der Ebene $\varepsilon$ und $\bar{c}$ eine Hyperbel in der Ebene $\varphi$, so gibt es stets eine Affinität $\alpha: \varepsilon \to \varphi$, die $\bar{c} = c^\alpha$ leistet. Auf welche Weise wird eine solche Affinität festgelegt?
(Anl.: Benütze (H2), Satz 5.3.3 und Satz 1.3.2.)

**10.** Eine Hyperbel $\bar{c}$ heißt *konjugiert* zu einer Hyperbel $c$, wenn sie aus $c$ unter einer Affinspiegelung an einer Asymptote parallel zur anderen Asymptote entsteht. Dann gilt (Fig. 5.23):
Ist $\bar{c}$ zu $c$ konjugiert, so ist auch $c$ zu $\bar{c}$ konjugiert. Zwei Hyperbeln mit den selben Asymptoten sind genau dann konjugiert, wenn die Hauptachse der einen die Nebenachse der anderen ist und ihre Brennpunkte vom gemeinsamen Mittelpunkt denselben Abstand besitzen. Die Länge der konjugierten Achsenstrecke einer Hyperbel ist die Länge der Achsenstrecke ihrer konjugierten Hyperbel. Jede von den Asymptoten verschiedene Durchmessergerade schneidet genau eine von zwei konjugierten Hyperbeln.

**11.** Ist ein Durchmesser einer Hyperbel parallel zu den Tangenten in den Endpunkten eines Durchmessers der konjugierten Hyperbel, so gilt dies auch umgekehrt. Die Diagonalen eines durch die Endpunkte solcher *konjugierter Durchmesser*[2] bestimmten Parallelogramme sind die Asymptoten konjugierter Hyperbeln. Durch zwei konjugierte Durchmesser sind zwei konjugierte Hyperbeln eindeutig festgelegt. Unter einer Affinität gehen konjugierte Hyperbeln in konjugierte Hyperbeln und konjugierte Durchmesser in konjugierte Durchmesser über. Eine Hyperbel gestattet die Affinspiegelung an einer Durchmessergeraden parallel zur konjugierten Durchmessergeraden.
(Anl.: Benütze A 5.3, 8.)

**12.** Haben zwei Hyperbeln $c_1$, $c_2$ dieselben Asymptoten, so existiert eine zentrische Ähnlichkeit zum gemeinsamen Mittelpunkt als Zentrum, die $c_1$ entweder in $c_2$ oder in die zu $c_2$ konjugierte Hyperbel überführt.
(Anl.: Jede Hyperbel ist durch ihre Asymptote und einen ihrer Scheitel eindeutig festgelegt.)

**13.** Ist $d$ eine von den Asymptoten verschiedene Durchmessergerade, die eine Hyperbel $c$ schneidet bzw. nicht schneidet, so gibt es eine Affinspiegelung, die $c$ als Ganzes festläßt und $d$ in die Hauptachse bzw. in die Nebenachse von $c$ überführt; eine solche Affinspiegelung läßt jede Hyperbel mit denselben Asymptoten wie $c$ je als Ganzes fest.
(Anl.: Zeige zunächst: Schneidet $d$ die Hyperbel $c$ mit dem Scheitel $A$ in $D$, so ist die Durchmessergerade $g$ durch den Mittelpunkt von $[A, D]$ konjugiert zur $AD$-parallelen Durchmessergeraden. Benütze dann die Affinspiegelung an $g$ parallel $AD$. Verwende im zweiten Fall den Schnittpunkt von $d$ mit der zu $c$ konjugierten Hyperbel (vgl. A 5.3, 10).

**14.** Die Aussagen von (H1) und A 5.3, 6 gelten unverändert, wenn man anstelle der Hauptachse und der Nebenachse konjugierte Durchmessergeraden verwendet, wobei die eine einen Durchmesser der Hyperbel von der Länge $2a$ und die andere einen Durchmesser der konjugierten Hyperbel von der Länge $2b$ trägt.
(Anl.: Schreibe die Abstandsbeziehungen aus (H1) bzw. A 5.3, 6 in der Form $(r - r_1):a = a:(r + r_1)$ bzw. $(r_1 - r):b = b:(r_1 + r)$ und benütze A 5.3, 13 sowie A 1.3, 12).

**15.** Eine Punktmenge $c$ einer Ebene $\varepsilon$ besteht genau dann aus zwei konjugierten Hyperbeln $c_1$, $c_2$, wenn es ein Koordinatensystem $(M, P, Q)$ in $\varepsilon$ so gibt, daß $c_1 = \{X \in \varepsilon \mid \overrightarrow{MX} = \pm \cosh u_1\overrightarrow{MP} = \sinh u_1\overrightarrow{MQ}, u_1 \in \mathbb{R}\}$, $c_2 = \{X \in \varepsilon \mid \overrightarrow{MX} = \sinh u_2\overrightarrow{MP} = \pm\cosh u_2\overrightarrow{MQ}, u_2 \in \mathbb{R}\}$ mit $c = c_1 \cup c_2$ gilt.
(Anl.: Für ein kartesisches Koordinatensystem stimmt die Behauptung, wie aus 5.3.1., (2) und A 5.3, 10

[2] Wir sprechen auch von *konjugierten Durchmessergeraden* $d$, $\bar{d}$ einer Hyperbel (Fig. 5.23).

folgt. Eine Affinität kann nach dem Beweis zu Satz 1.3.2 durch gleiche Koordinatenvektoren beschrieben werden.)

**16.** Schneidet die Parallele zur Nebenachse bzw. Hauptachse durch einen Punkt $P$ einer Hyperbel $c$, der kein Scheitel ist, die Asymptote $v$ von $c$ in $P_1$ bzw. $P_2$, so enthält die Normale von $c$ in $P$ den Schnittpunkt $N_1$ bzw. $N_2$ der Normalen zu $v$ in $P_1$ mit der Hauptachse bzw. in $P_2$ mit der Nebenachse.
(Anl.: Nach 5.3.2., (H3) gilt $\overline{UP} = \overline{PV}$ für den Schnittpunkt $U$ bzw. $V$ der Tangente von $c$ in $P$ mit $u$ bzw. $v$, also $\overline{\bar{U}P_1} = \overline{P_1V}$ für den zu $U$ bezüglich der Hauptachse symmetrischen Punkt $\bar{U}$ von $v$. Dann ist $N_1$ der Umkreismittelpunkt von $\{U, V, \bar{U}\}$. Analoges gilt für die zweite Aussage).

## 5.4. Parabeln

### 5.4.1. Parabeldefinition

Wir definieren spezielle Punktmengen einer Ebene des Anschauungsraumes:

**Def. 5.4.1:** Eine *Parabel* $c$ ist die Menge jener Punkte einer Ebene $\varepsilon$, für die gilt

(1) $$c = \{P \in \varepsilon \mid \overline{PF} = \overline{Pl},\ F \in \varepsilon,\ l \subset \varepsilon,\ F \notin l\}.$$

Der Punkt $F$ heißt *Brennpunkt*, die Gerade $l$ *Leitgerade* der Parabel. Die Parabel ist nach (1) bezüglich der Normalen zu $l$ durch $F$, der *Achse* der Parabel, symmetrisch. In der Parabelachse liegt genau ein Parabelpunkt $A$, der *Scheitel* der Parabel; er ist von $F$ und $l$ gleich weit entfernt (Fig. 5.24). Wir nennen $\overline{Fl} =: a > 0$ den *Parameter* der Parabel. Aus (1) folgt die in Fig. 5.24 ersichtliche Konstruktion der Punkte einer Parabel unter Benützung von Parallelen zu $l$ im Abstand $f \geqq a{:}2$ und Kreisen um $F$ mit Radius $f$. Die vom Parabelscheitel $A$ verschiedenen Parabelpunkte liegen somit in jener Halbebene mit der zur Parabelachse normalen Geraden durch $A$ als Randgeraden, welche den Brennpunkt enthält.
Benützt man ein kartesisches Koordinatensystem der Ebene $\varepsilon$ mit dem Scheitel $A$ als Ursprung und dem Brennpunkt $F$ in der positiven $x$-Achse, so besitzt $F$ das Koordinatenpaar $\left(\frac{a}{2}, 0\right)$, und die Leitgerade $l$ hat die Gleichung $x + \frac{a}{2} = 0$ (Fig. 5.24). Ein Punkt $P \in \varepsilon$ mit dem Koordinatenpaar $(x, y)$ liegt genau dann in der durch (1) definierten Parabel $c$, wenn mit $f := \overline{PF} = \left[\left(x - \frac{a}{2}\right)^2 + y^2\right]^{1/2}$ und $\overline{Pl} = x + \frac{a}{2}$ gilt $f = \overline{Pl}$, also

(2) $$y^2 - 2ax = 0.$$

Die durch (2) definierte Punktmenge ist die Bildmenge unter der stetigen injektiven Abbildung $u \in \mathbb{R} \mapsto \left(\frac{u^2}{2a}, u\right)$, so daß die Parabel gemäß 1.4.1 ein Kurvenstück ist.
Nach (2) und 1.2.3., (4) enthält eine Gerade höchstens zwei Parabelpunkte. Jede zur Parabelachse parallele Gerade heißt *Durchmessergerade* und trägt genau einen Parabelpunkt.

### 5.4.2. Planimetrische Konstruktion einer Parabel

Die Konstruktion der Punkte einer durch Brennpunkt und Leitgerade oder durch Brennpunkt und Scheitel festgelegten Parabel ist 5.4.1. zu entnehmen. Weiter ergibt (2) nach dem Höhensatz (Fig. 5.24): Schneidet eine Gerade durch jenen Punkt $O$ der Parabelachse $x$, der vom Scheitel $A$ den Abstand $2a$ besitzt, wobei $A$ zwischen $O$ und dem Brennpunkt $F$ liegt, die zu $x$ normale Gerade $y$ durch $A$ in $Y \neq A$, so liegt der Parabelpunkt $P$ der Durchmessergeraden durch $Y$ in der zu $x$ normalen Geraden durch den Punkt $H$ von $x$ mit $\sphericalangle OYH = 90°$.

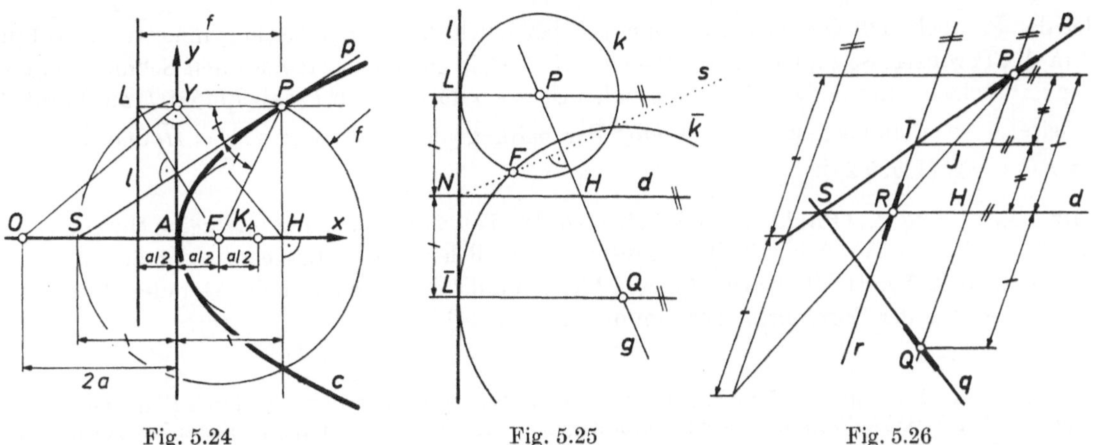

Fig. 5.24 Fig. 5.25 Fig. 5.26

**Satz 5.4.1:** Sind $P$, $Q$ zwei verschiedene Punkte einer Parabel $c$, so gestattet $c$ die Affinspiegelung parallel $PQ$ an der Durchmessergeraden $d$ durch den Mittelpunkt $H$ der Strecke $[P, Q]$.

*Beweis*

Nach (1) berührt die Leitgerade $l$ sowohl den Kreis $k$ um $P$ durch $F$ wie auch den Kreis $\bar{k}$ um $Q$ durch $F$; der Berührungspunkt $L$ bzw. $\bar{L}$ von $l$ mit $k$ bzw. $\bar{k}$ gehört der Durchmessergeraden durch $P$ bzw. $Q$ an (Fig. 5.25). Die zur Geraden $g = PQ$ normale Gerade $s$ durch $F$ ist daher entweder gemeinsame Sehnengerade von $k$ und $\bar{k}$ oder die gemeinsame Tangente von $k$ und $\bar{k}$ in $F$. In beiden Fällen ist, wie aus A 1.3, 7 folgt, der Schnittpunkt $N$ von $s$ mit $l$ der Mittelpunkt der Strecke $[L, \bar{L}]$, und die Durchmessergerade $d$ durch $N$ halbiert daher nach Satz 1.2.1 die Strecke $[P, Q]$. Da der Punkt $N$ und damit die Durchmessergerade $d$ unabhängig von der Auswahl einer zu $g$ parallelen Geraden $\bar{g}$ durch einen Punkt der Parabel $c$ ist, liegt entweder der Mittelpunkt einer $\bar{g}$ angehörenden Sehne von $c$ oder der einzige Parabelpunkt in $\bar{g}$ stets in $d$. □

Die Tangente $p$ der Parabel $c$ in $P \in c$ entsteht nach Def. 1.4.2 als Grenzlage der Sehnengeraden $g = PQ$, wenn $Q$ in $c$ gegen $P$ läuft. Auf Grund von Fig. 5.25 gilt für diese Grenzlage $p$ notwendig $L = \bar{L} = N$, so daß $p$ zur Geraden $FL$ orthogonal ist. Da diese Grenzlage der Geraden $PQ$ eindeutig existiert, besitzt eine Parabel in jedem ihrer Punkte genau eine Tangente; wegen $\overline{PF} = \overline{PL}$ ist $p$ die Symmetrieachse des Winkels $\angle\, FPL$ (Fig. 5.24). Die *Scheiteltangente* genannte Tangente im Parabelscheitel $A$ ist daher zur Parabelachse normal und die einzige Parabeltangente dieser Art. Da die Höhe des gleichschenkligen Dreiecks $\{F, L, P\}$ durch $P$ die Strecke $[F, L]$ halbiert und $A$ von $F$ und $l$ gleich weit entfernt ist, folgt:

(P1) Eine zur Scheiteltangente nicht parallele Gerade $g$ ist genau dann Parabeltangente, wenn die zu $g$ normale Gerade durch den Schnittpunkt von $g$ mit der Scheiteltangente den Brennpunkt enthält.

Nach (P1) ist keine Parabeltangente eine Durchmessergerade, und zu jeder Geraden $\bar{r}$, die keine Durchmessergerade ist, gibt es genau eine parallele Parabeltangente $r$; der Berührungspunkt $R$ von $r$ liegt in der Durchmessergeraden durch den Schnittpunkt der Normalen zu $r$ aus $F$ mit der Leitgeraden (vgl. die Tangente $p$ in Fig. 5.24).

**Satz 5.4.2:** Sind $P$, $Q$ zwei verschiedene Parabelpunkte mit den Tangenten $p$, $q$, so ist die Verbindungsgerade des Mittelpunktes $H$ der Strecke $[P, Q]$ mit dem Schnittpunkt $S = p \cap q$ eine Durchmessergerade $d$. Der einzige Parabelpunkt $R$ in $d$ ist der Mittelpunkt der Strecke $[S, H]$, und die Tangente $r$ in $R$ ist zu $PQ$ parallel.

*Beweis*

Nach Satz 5.4.1 gestattet die Parabel $c$ die Affinspiegelung an der Durchmessergeraden $d$ durch $H$ parallel $PQ$ (Fig. 5.26). Da dabei die Tangente $q$ in $Q$ der Tangente $p$ in $P$ zugeordnet wird und $p$ nicht zu $d$ parallel ist, gilt $d \cap p = d \cap q$. Bei dieser Affinspiegelung an $d$ bleibt der einzige Parabelpunkt $R$ in $d$ und damit auch die Tangente $r$ fest; die von $d$ verschiedene Fixgerade $r$ der Affinspiegelung ist somit zu $PQ$ parallel. Ist $T$ der Schnittpunkt der Parabeltangenten $r$ und $p$ und $J$ der Mittelpunkt der Strecke $[R, P]$, also $\overline{RJ} = \overline{JP}$, so ist $TJ$ eine Durchmessergerade. Mit Satz 1.2.1 folgt $\overline{ST} = \overline{TP}$ und damit $\overline{SR} = \overline{RH}$ (Fig. 5.26). □

Ist der Parabelpunkt $Q$ zum Parabelpunkt $P$ bezüglich der Parabelachse symmetrisch, so fällt $d$ in die Parabelachse und $R$ in den Scheitel $A$. Damit gilt: Spiegelt man den Schnittpunkt $H$ der Parabelachse mit der zur Achse normalen Geraden durch einen Parabelpunkt $P$ am Parabelscheitel $A$, so erhält man einen Punkt $S$ der Parabeltangente $p$ in $P$; wegen $\overline{Pl} = \overline{Hl}$ und $\overline{AF} = \overline{Al}$ ist $\overline{FP} = \overline{FS}$ (Fig. 5.24).

**Satz 5.4.3:** Sind $P, Q$ Punkte einer Parabel mit den Tangenten $p$, $q$, und ist $\bar{r}$ keine Durchmessergerade, so ist der Parabelpunkt $R$ mit der zu $\bar{r}$ parallelen Parabeltangente $r$ der Schnittpunkt der Geraden $PQ^*$ und $QP^*$, wobei $P^*$ bzw. $Q^*$ jener Punkt der zu $r$ parallelen Geraden durch $S = p \cap q$ ist, der in der Durchmessergeraden durch $P$ bzw. $Q$ liegt.

*Beweis*

Jede zu $\bar{r}$ parallele Gerade, die $P$ nicht enthält, wird von der Durchmessergeraden durch $P$ und der Verbindungsgeraden $PR$ in zwei verschiedenen Punkten so geschnitten, daß der Mittelpunkt dieser Strecke in $p$ liegt; dies folgt mit A 1.2, 2 aus Satz 5.4.2 (Fig. 5.26). Da Analoges für $Q$ gilt und $\overline{P^*S} = \overline{SQ^*}$ nach Satz 5.4.2 und Satz 1.2.1 ist, ergibt sich Satz 5.4.3 (Fig. 5.27). □

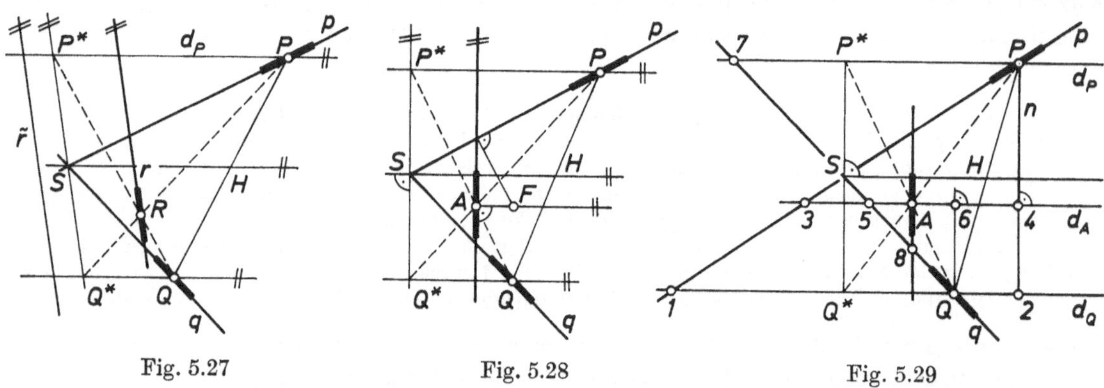


Fig. 5.27 Fig. 5.28 Fig. 5.29

Satz 5.4.3 liefert sämtliche Parabelpunkte, wenn man alle Geraden $\bar{r}$, die keine Durchmessergeraden sind, benützt. Wählt man insbesondere $\bar{r}$ normal zu den Durchmessergeraden, so erhält man den Scheitel der Parabel. Insgesamt gilt (Fig. 5.28):

(P2) Kennt man von einer Parabel $c$ zwei Punkte $P$, $Q$ samt Tangenten $p$, $q$, so ist die Verbindungsgerade des Punktes $S = p \cap q$ mit dem Mittelpunkt $H$ von $[P, Q]$ parallel zur Parabelachse; sind $P^*$, $Q^*$ die Schnittpunkte der Achsenparallelen durch $P$ und $Q$ mit der Achsennormalen durch $S$, so schneiden die Geraden $PQ^*$ und $P^*Q$ einander im Parabelscheitel $A$; der Brennpunkt $F$ ergibt sich mit Hilfe der Tangente $p$ und der Scheiteltangente nach (P1).

Der Beweis zu Satz 5.4.3 lehrt: Ist $P$ ein Parabelpunkt, $p$ die Tangente in $P$ und $\bar{r}$ keine Durchmessergerade, so liegt wegen $\overline{P^*S} = \overline{SQ^*}$ der Parabelpunkt $R$ mit zu $\bar{r}$ paralleler Tangente $r$ in jener Geraden $PQ^*$, die der Durchmessergeraden $d_P$ durch $P$ unter der Affinspiegelung an $p$ parallel $\bar{r}$ zugeordnet wird (Fig. 5.27). Diese Hilfsüberlegung benötigen wir beim Beweis von

**Satz 5.4.4:** Sind $p$, $q$ zwei einander in $S$ schneidende Geraden und ist $P$ bzw. $Q$ ein von $S$ verschiedener Punkt von $p$ bzw. $q$, so existiert genau eine Parabel, die $p$ als Tangente in $P$ und $q$ als Tangente in $Q$ besitzt.

*Beweis*

Es gibt höchstens eine Lösung, da aus $P$, $Q$, $p$, $q$ mit (P2) der Scheitel und der Brennpunkt einer Parabel $c$ eindeutig konstruiert werden kann. Es bleibt zu zeigen, daß diese Parabel $c$ in die Angabe paßt.
Nach (P2) und (P1) ist $p$ eine Tangente von $c$.

Unter Benützung des Schnittpunkts $1$ von $SP$ mit der Durchmessergeraden $d_Q$ durch $Q$ gilt $\overline{1S} = \overline{SP}$ wegen $\overline{QH} = \overline{HP}$ und damit $\overline{1Q^*} = \overline{Q^*2}$, falls $2$ der Schnittpunkt von $d_Q$ mit der zur Parabelachse $d_A$ normalen

Geraden $n$ durch $P$ ist (Fig. 5.29). Bezeichnet $3$ bzw. $4$ den Schnittpunkt der Parabelachse mit $p$ bzw. $n$, so folgt $\overline{3A} = \overline{A4}$ nach A 1.2, 2 aus $\overline{1Q^*} = \overline{Q^*2}$, so daß $P$ der Berührungspunkt von $p$ in $c$ ist. Analog folgt $\overline{5A} = \overline{A6}$, wenn $5$ bzw. $6$ den Schnittpunkt der Parabelachse mit $q$ bzw. der zur Achse $d_A$ normalen Geraden durch $Q$ bedeutet.
Nach obiger Hilfsüberlegung gehört der Punkt $Q_1$ von $c$, dessen Tangente zu $q$ parallel ist, jener Geraden an, die aus $d_P$ unter der Affinspiegelung an $p$ parallel $q$ entsteht; da mit $7 = d_P \cap q$ gilt $\overline{7S} = \overline{SQ}$ wegen $\overline{PH} = \overline{HQ}$, liegt daher $Q_1$ in $PQ$. Ebenso gehört $Q_1$ jener Geraden an, die unter der Affinspiegelung an der Scheiteltangente parallel $q$ aus der Achse $d_A$ entsteht; ist $8$ der Schnittpunkt der Scheiteltangente mit $q$, so gilt $\overline{58} = \overline{8Q}$ wegen $\overline{5A} = \overline{A6}$, so daß $Q_1$ auch in $AQ$ liegt. Damit ist $Q_1 = Q$ jener Punkt von $c$, der $q$ als Tangente besitzt. □

Beim Zeichnen einer durch Scheitel und Brennpunkt festgelegten Parabel konstruiert man zuerst den Scheitelkrümmungskreis:

(P3) Der Mittelpunkt $K_A$ des Krümmungskreises im Scheitel $A$ entsteht durch Spiegelung von $A$ am Brennpunkt (Fig. 5.24).

*Beweis*

Der Scheitel $A$ der Parabel 5.4.1., (2) ist der Ursprung; mit Hilfe eines Parabelpunktes $Q$ mit dem Koordinatenpaar $(x, y)$ folgt aus 1.2.4., (3)

$$\varrho_A = \frac{1}{2} \lim_{x \to 0} \frac{y^2}{x} = a. \quad (3) \; □$$

Nach (3) und 5.4.1., (2) verläuft die Parabel nicht innerhalb des Scheitelkrümmungskreises.

### 5.4.3. Anwendung einer Affinität auf eine Parabel

Mit Hilfe von Satz 5.4.3 und Satz 5.4.4 zeigen wir

**Satz 5.4.5:** Ist $\alpha: \varepsilon \to \varphi$ eine Affinität und $c \subset \varepsilon$ eine Parabel, so ist $c^\alpha \subset \varphi$ eine Parabel. Eine Durchmessergerade von $c$ geht unter $\alpha$ in eine Durchmessergerade von $c^\alpha$ über.

*Beweis*

Sind $P$, $Q$ zwei Punkte samt Tangenten $p$, $q$ von $c$, so wird durch $P^\alpha$, $Q^\alpha$, $p^\alpha$, $q^\alpha$ nach Satz 5.4.4 genau eine Parabel $\bar{c} \subset \varphi$ festgelegt. Ihre von $P^\alpha$ und $Q^\alpha$ verschiedenen Punkte erhält man nach Satz 5.4.3. Da die Punkte von $c \setminus \{P, Q\}$ durch Satz 5.4.3 gekennzeichnet werden, gilt auf Grund der Eigenschaften einer Affinität $\bar{c} = c^\alpha$.
Für $S = p \cap q$ und den Mittelpunkt $H$ von $[P, Q]$ ist eine Durchmessergerade $d$ nach Satz 5.4.2 zu $SH$ parallel; weiter ist $S^\alpha H^\alpha$ eine Durchmessergerade von $\bar{c}$, also $d^\alpha$ eine Durchmessergerade von $c^\alpha$. □

Der Parallelriß $c^p$ einer Parabel $c$ in einer projizierenden Ebene $\varepsilon$ liegt in der Geraden $\varepsilon^p$ und ist für eine Parabel $c$ in einer Hauptebene nach Satz 2.1.3 eine zu $c$ kongruente Parabel. Im Falle einer nicht projizierenden Ebene $\varepsilon$ ist $c^p$ nach Satz 5.4.5 eine Parabel, welche durch die Parallelrisse von zwei Punkten samt Tangenten von $c$ gemäß (P2) festgelegt wird.
Ein Zylinder mit einer Leitparabel heißt *parabolischer Zylinder*. Nach Satz 2.2.2 und Satz 5.4.5 schneidet jede zu den Zylindererzeugenden nicht parallele Ebene einen parabolischen Zylinder in einer Parabel, deren Durchmessergeraden den zu den Zylindererzeugenden parallelen Ebenen durch die Durchmessergeraden der Leitparabel angehören.

### 5.4.4. Beispiel

Eine Halle wird von einem Zylinder $\Phi$ überdacht und von quaderförmigen Anbauten flankiert. Die in der lotrechten Stirnwand liegende Leitkurve $k$ von $\Phi$ ist ein Parabelbogen mit lotrechter Achse, von dem die Spannweite $\overline{PQ}$ und der durch die Stichhöhe der Schale bestimmte Parabelscheitel $A$ gegeben sind; die Erzeugenden von $\Phi$ sind zur Stirnwand normal. Fig. 5.30 zeigt einen axonometrischen Riß mit $\lambda = \mu = 3:2$, $\nu = 2$ des im Grundriß und im Aufriß durch die mit Pfeilen hervorgehobenen Abmessungen bestimmten Objekts; die Stirnwand liegt dabei in der Aufrißebene.

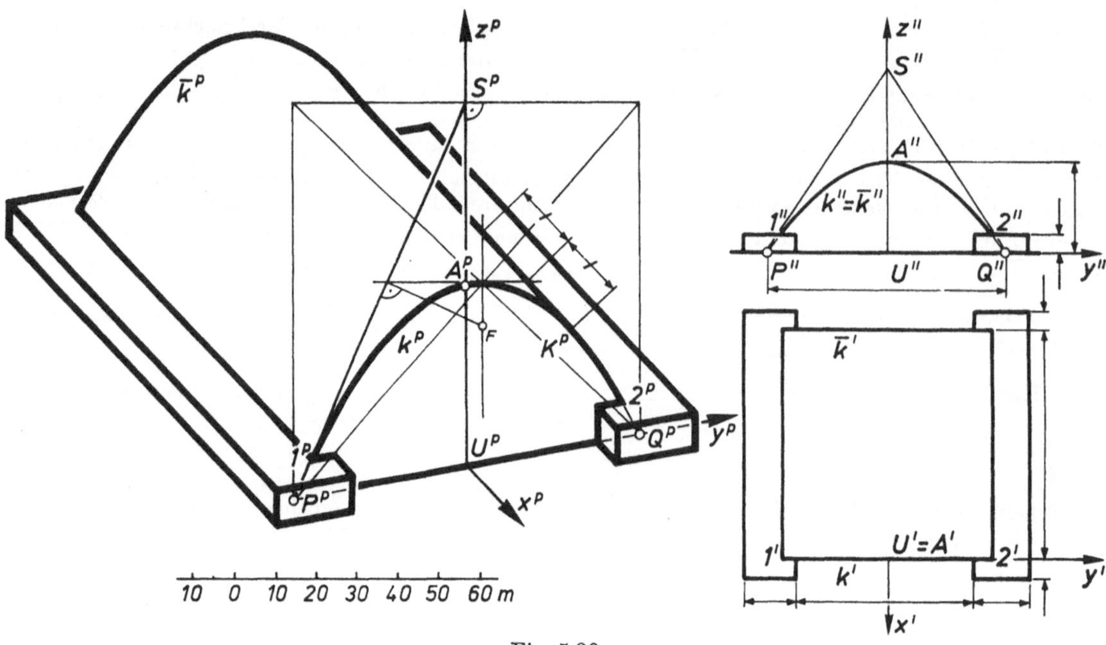


Fig. 5.30

KB. Die Parabel $k$ ist durch die Punkte $P$, $Q$ samt Tangenten, welche einander nach Satz 5.4.2 in einem in doppelter Stichhöhe über $\pi_1$ liegenden Punkt $S$ schneiden, gemäß 5.4.2., (P2) festgelegt; nach 5.4.2., (P1) kann der axonometrische Riß der zur $x$-Achse parallelen Konturerzeugenden und mit Satz 5.4.2 der axonometrische Riß des Konturpunktes $K$ in $k$ ermittelt werden. Die Aufrisse der Schnittpunkte *1*, *2* der Parabel $k$ mit den Deckebenen der Quader ergeben sich nach 5.4.1. Die hintere Randparabel $\bar{k}$ besitzt einen zu $k^p$ schiebungsgleichen axonometrischen Riß $\bar{k}^p$. △

## Aufgaben 5.4

1. Die einzigen Geraden in der Ebene einer Parabel, die genau einen Parabelpunkt enthalten, sind die Tangenten der Parabel und ihre Durchmessergeraden.
   (Anl.: Vgl. Fig. 5.25.)
2. Die Normale zur Parabelachse durch einen vom Scheitel verschiedenen Parabelpunkt $P$ und die Normale durch $P$ zur Parabeltangente $p$ in $P$ schneiden in der Achse eine Strecke aus, deren Länge gleich dem Parameter der Parabel ist.
   (Anl.: Benütze (P1) und Satz 5.4.2).
3. Die zur Scheiteltangente parallele Gerade durch den Brennpunkt einer Parabel trägt eine Sehne, deren halbe Länge gleich dem Radius des Scheitelkrümmungskreises ist. Die Tangente des Scheitelkrümmungskreises im Gegenpunkt zum Parabelscheitel trägt eine Parabelsehne, deren halbe Länge gleich dem Durchmesser des Scheitelkrümmungskreises ist.
   (Anl.: Benütze 5.4.2., (2) und 5.4.2., (6)).
4. Konstruiere mit (P1) die Tangenten samt Berührungspunkten einer durch Brennpunkt und Scheitel festgelegten Parabel $c$, welche durch einen Punkt $X \notin c$ gehen oder parallel zu einer Geraden $g$ sind, und diskutiere die Anzahl der Lösungen (vgl. Fig. 9.21).
5. Konstruiere eine Parabel, von der drei Punkte $P$, $Q$, $R$ und eine Durchmessergerade bekannt sind.
   (Anl.: Mit Hilfe von Satz 5.4.3 erhält man den Schnittpunkt $S$ der Parabeltangenten in $P$ und $Q$.)
6. Ist $c$ eine Parabel in der Ebene $\varepsilon$ und $\bar{c}$ eine Parabel in der Ebene $\varphi$, so gibt es stets eine Ähnlichkeit $\alpha: \varepsilon \to \varphi$, die $\bar{c} = c^\alpha$ leistet. Auf welche Weise wird eine solche Ähnlichkeit festgelegt?
7. Eine Parabel gestattet die Affinspiegelung parallel einer Tangente $r$ an der Durchmessergeraden durch den Berührungspunkt von $r$.
   (Anl.: Benütze Satz 5.4.1 und Satz 5.4.2.)
8. Bezeichnen wir mit $y$ den Abstand der Punkte einer Parabel $c$ von der Parabelachse und ist $d > 0$ eine Konstante, so ist die Menge aller Punkte, für deren Abstand $y_1$ von der Parabelachse gilt $y_1^2 = y^2 - d^2 \geq 0$, eine Parabel $c_1$, die unter einer achsenparallelen Schiebung aus $c$ entsteht.
   (Anl.: Benütze 5.4.1., (2).)
9. Konstruiere die Schnittpunkte einer Geraden $g$ mit einer Parabel, falls $g$ zur Parabelachse weder parallel noch normal ist.
   (Anl.: Benütze die Beweisidee zu Satz 5.4.1 mit A 1.3, 7.)

## 5.5. Ebene Schnitte von Kreiskegeln

### 5.5.1. Ebene Schnitte eines Drehkegels

In 5.1.1., 5.3.1. und 5.4.1. sind Ellipsen, Hyperbeln und Parabeln definiert.

**Def. 5.5.1:** Die Ellipsen, insbesondere die Kreise, die Parabeln und die Hyperbeln heißen *Kegelschnitte*.

Diese Bezeichnung wird motiviert durch

**Satz 5.5.1:** Der Schnitt eines Drehkegels $\Psi$ mit einer Ebene $\varepsilon$, welche die Spitze $S$ von $\Psi$ nicht enthält, ist eine Ellipse bzw. Hyperbel bzw. Parabel, je nachdem die zur Ebene $\varepsilon$ parallele *Richtebene* $\bar{\varepsilon}$ durch $S$ den Drehkegel $\Psi$ nur in der Spitze $S$ bzw. in zwei Erzeugenden bzw. in genau einer Erzeugenden schneidet[1].

*Beweis*

Jede zur Ebene $\pi$ des Leitkreises $k$ eines Drehkegels $\Psi$ parallele Ebene $\varepsilon$, welche die Spitze $S$ von $\Psi$ nicht enthält, schneidet $\Psi$ in einem Kreis, der unter der Zentralperspektivität $\varepsilon : \pi \to \varepsilon$ zum Zentrum $S$ aus $k$ entsteht; die zu $\varepsilon$ parallele Richtebene $\bar{\varepsilon}$ schneidet $\Psi$ in Übereinstimmung mit Satz 5.5.1 nur im Punkt $S$.
Ist $\varepsilon$ und damit $\bar{\varepsilon}$ zu $\pi$ nicht parallel, so enthält die Schnittgerade von $\bar{\varepsilon}$ und $\pi$ entweder keinen Punkt oder zwei Punkte $E_1$, $E_2$ oder genau einen Punkt $E$ von $k$; demgemäß besteht $\bar{\varepsilon} \cap \Psi$ entweder aus der Spitze $S$ oder aus den beiden Erzeugenden $e_1 = SE_1$, $e_2 = SE_2$ oder aus der Erzeugenden $e = SE$. Im ersten und im zweiten Fall existieren nach A 1.4, 5 zwei Kugeln $\Phi_1$, $\Phi_2$, welche die Ebene $\varepsilon$ berühren und $\Psi$ als Tangentialkegel besitzen, im dritten Fall gibt es nach A 1.4, 5 genau eine solche Kugel $\Phi$. Wir bezeichnen den Berührungspunkt von $\varepsilon$ und $\Phi_1$, $\Phi_2$ bzw. $\Phi$ mit $F_1$, $F_2$ bzw. $F$ und den $\Psi$ und $\Phi_1$, $\Phi_2$ bzw. $\Phi$ gemeinsamen Kreis mit $b_1$, $b_2$ bzw. $b$.
Im ersten Fall liegen die beiden Kugeln in verschiedenen Halbräumen mit der Randebene $\varepsilon$ (Fig. 5.31). Durch jeden Punkt $P \in c := \varepsilon \cap \Psi$ gehen die beiden Tangenten $PF_1$ und $PS =: p$ von $\Phi_1$ bzw. $PF_2$ und $p$ von $\Phi_2$. Mit $B_1 := p \cap b_1$ und $B_2 := p \cap b_2$ gilt $\overline{PB_1} = \overline{PF_1}$ bzw. $\overline{PB_2} = \overline{PF_2}$ nach A 1.4, 1. Da $\overline{PF_1} + \overline{PF_2} = \overline{B_1P} + \overline{PB_2} = \overline{B_1B_2}$ eine von der Auswahl des Punktes $P \in c$ unabhängige positive Zahl ist, liegt $c$ nach 5.1.1., (1) in einer Ellipse. Die Hauptscheitel $A$, $B$ von $c$ gehören den beiden Erzeugenden in der zu $\varepsilon$ normalen Ebene $\sigma$ durch die Drehachse $a$ von $k$ an. Der Schnitt $c = \varepsilon \cap \Psi$ ist eine Ellipse und nicht nur Teilmenge einer Ellipse: Jede zu $AB$ normale Gerade $g$ von $\varepsilon$ durch einen Innenpunkt der Strecke $[A, B]$ trägt nämlich zwei Punkte von $c$, da die Ebene $Sg$ zwei Punkte des Leitkreises $k$ und damit zwei Erzeugende von $\Psi$ enthält.
Im zweiten Fall liegen die beiden Kugeln im selben Halbraum mit der Randebene $\varepsilon$ (Fig.[2] 5.32). Unter Benützung der obigen Bezeichnungen ist $|\overline{PF_1} - \overline{PF_2}| = |\overline{B_1P} - \overline{PB_2}| = \overline{B_1B_2}$ eine von der Auswahl des Punktes $P \in c$ unabhängige positive Zahl, und demnach liegt $c$ nach 5.3.1., (1) in einer Hyperbel. Die Scheitel $A$, $B$ von $c$ gehören den Erzeugenden in der zu $\varepsilon$ normalen Ebene $\sigma$ durch $a$ an. Der Schnitt $c = \varepsilon \cap \Psi$ ist eine Hyperbel und nicht nur Teilmenge einer Hyperbel, wie man mit Hilfe der zu $AB$ normalen Geraden von $\varepsilon$, die keinen Punkt der Strecke $[A, B]$ enthalten, analog zum ersten Fall erkennt.
Im dritten Fall (Fig. 5.33) gehen durch jeden Punkt $P \in c$ die beiden Tangenten $PF$ und $PS = p$ von $\Phi$; mit $B := p \cap k$ gilt $\overline{PF} = \overline{PB}$ nach A 1.4, 1. Ist $l$ die (in Fig. 5.33 projizierende) Schnittgerade von $\varepsilon$ mit der Ebene des Kreises $b$, so erscheint die Länge $\overline{PB}$ in der zu $l$ normalen Erzeugenden $e$ in $\bar{\varepsilon}$, wenn man die Erzeugende $p$ um $a$ nach $e$ dreht. Damit folgt $\overline{PB} = \overline{Pl}$ (vgl. Fig. 5.33), und $c$ liegt daher nach 5.4.1., (1) in einer Parabel. Der Scheitel $A$ von $c$ gehört der zu $\varepsilon$ nicht parallelen Erzeugenden von $\Psi$ in der zu $\varepsilon$ normalen Ebene $\sigma$ durch $a$ an. Der Schnitt $c = \varepsilon \cap \Psi$ ist eine Parabel und nicht nur Teilmenge einer Parabel; dies erkennt man mit Hilfe der zu $AF$ normalen Geraden von $\varepsilon$ durch jene Punkte der Geraden $AF$, die derselben Halbgeraden von $AF$ mit Randpunkt $A$ wie $F$ angehören, analog zum ersten Fall. □

Die Beweisidee von Satz 5.5.1 wurde 1822 von G. P. Dandelin (1794—1847) angegeben, weshalb die im Beweis verwendeten Kugeln auch Dandelinsche Kugeln heißen. In Ergänzung zu Satz 5.5.1 gilt

**Satz 5.5.2:** Schneidet eine Ebene $\varepsilon$ einen Drehkegel $\Psi$ nach einer Parabel $c$, so sind die Durchmessergeraden von $c$ parallel zur Kegelerzeugenden $e$ in der Richtebene $\bar{\varepsilon}$. Schneidet eine Ebene $\varepsilon$

[1] Unter dem Schnitt zweier Punktmengen verstehen wir stets ihren mengentheoretischen Durchschnitt.
[2] In Fig. 5.32, 5.33, 5.37—5.39 ist die Ebene $\sigma$ als Hauptebene einer Normalprojektion, also die Ebene $\varepsilon$ projizierend gewählt, jedoch sind in diesen Figuren keine Abbildungszeiger hinzugefügt.

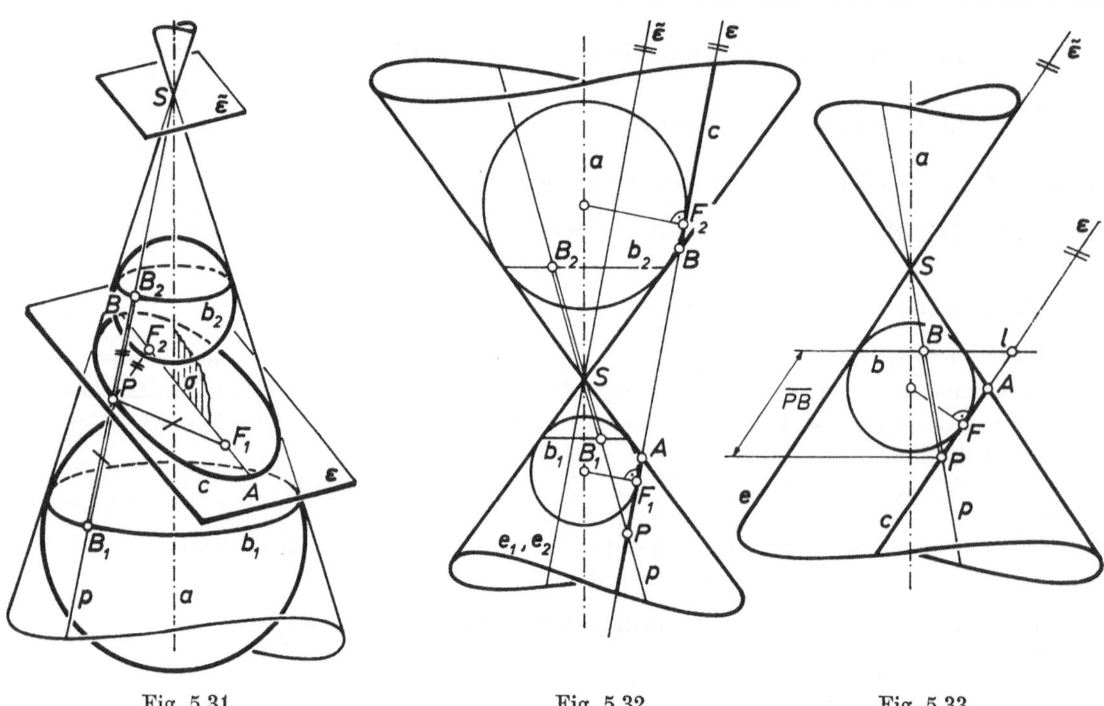


Fig. 5.31 Fig. 5.32 Fig. 5.33

einen Drehkegel $\Psi$ nach einer Hyperbel $c$, so sind die Schnittgeraden von $\varepsilon$ mit den Tangentialebenen $\tau_1$, $\tau_2$ von $\Psi$ längs der beiden in der Richtebene $\bar{\varepsilon}$ liegenden Erzeugenden $e_1$, $e_2$ die Asymptoten von $c$.

*Beweis*

Wir verwenden die Bezeichnungen des Beweises zu Satz 5.5.1. Im Fall einer Parabel $c$ liegt in jeder Ebene durch $e$, die nicht die Tangentialebene von $\Psi$ längs $e$ ist, genau eine weitere zu $\varepsilon$ nicht parallele Erzeugende und somit genau ein Punkt von $c$. Aus A 5.4, 1 folgt die Behauptung[3] über die Parabel $c$.
Im Falle einer Hyperbel $c = \varepsilon \cap \Psi$ enthält die zu einer Erzeugenden $e_1$ in $\bar{\varepsilon}$ parallele Gerade $\bar{u} \subset \varepsilon$ durch einen Punkt $P$ von $c$ keinen weiteren Hyperbelpunkt, da in der Ebene $\bar{u}e_1 = Pe_1$ nur die beiden Erzeugenden $e_1$ und $SP$ von $\Psi$ liegen. Die Ebene $Pe_1$ ist keine Tangentialebene von $\Psi$ und daher die Gerade $\bar{u}$ nach Satz 1.4.1 nicht die Hyperbeltangente in $P$, also $\bar{u}$ nach A 5.3, 1 parallel einer Asymptote von $c$. Da in der Tangentialebene $\tau_1$ von $\Psi$ längs $e_1$ keine weitere Erzeugende von $\Psi$ und daher kein Hyperbelpunkt liegt, ist die zu $\bar{u}$ parallele Gerade $u = \varepsilon \cap \tau_1$ nach Satz 5.3.2 eine Asymptote von $c$. Analoges gilt für $v = \varepsilon \cap \tau_2$. □

Insbesondere folgt aus Satz 5.5.2, daß der Mittelpunkt $M$ einer Hyperbel $c = \varepsilon \cap \Psi$ der Schnittpunkt der Ebene $\varepsilon$ mit der Geraden $\tau_1 \cap \tau_2$ ist.

## 5.5.2. Beispiele

(1) Wir wählen die Achse eines Drehkegels $\Psi$ als $z$-Achse eines kartesischen Rechtssystems und den Mittelpunkt $M$ des Leitkreises $k$ vom Radius $r$ als Ursprung; die Kegelspitze liegt im Abstand $2r$ über $\pi_1$. Die zur Kreuzrißebene $\pi_3$ normale Schnittebene $\varphi$ enthält den Mittelpunkt $\overline{M}$ der Strecke $[S, M]$, weist gegen $\pi_1$ die Böschung 1:2 auf und enthält einen Punkt der $x$-Achse mit positiver $x$-Koordinate. Wir konstruieren in Fig. 5.34 den axonometrischen Riß des Schnittes $k = \varphi \cap \Psi$ in einer isometrischen Angabe.

KB. Die Ellipse $k^p$ ist durch die in $x^p$ und $y^p$ liegenden konjugierten Halbmesser $[M^p, A^p]$, $[M^p, Q^p]$ nach 5.2.1., (E4) bestimmt; zur Konstruktion der Tangenten aus $S^p$ an $k^p$, der Risse der Konturerzeugenden von $\Psi$, benützen wir gemäß 5.2.3., (E5) eine perspektive Affinität, welche die Ellipse $k^p$ in einen Kreis $k^*$ mit dem

[3] Im vorliegenden Fall eines Drehkegels folgt dies sofort, da $\sigma$ Symmetrieebene von $\varphi$ und von $\varepsilon$, also auch von $c$ ist; vgl. dagegen Satz 5.5.4.

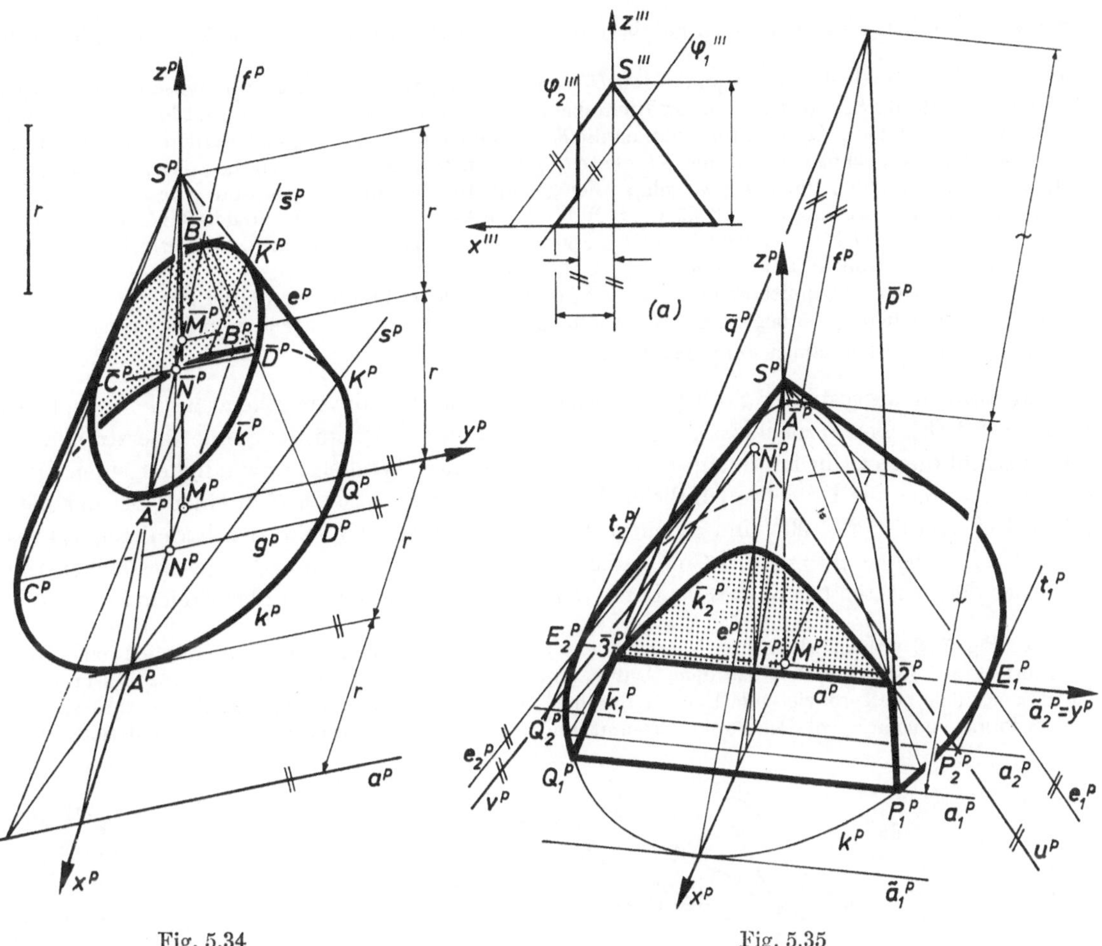


Fig. 5.34 Fig. 5.35

Halbmesser $[M^p, Q^p]$ überführt[4]. Die Ebene $\varphi$ verbindet $\overline{M}$ mit der zur $y$-Achse parallelen Geraden $a$, wobei gemäß der Angabe $\overline{ay} = 2r$ gilt; wie aus Satz 5.5.1 folgt, ist $\overline{k} = \varphi \cap \Psi$ eine Ellipse, also $\overline{k}^p$ nach Satz 5.2.3 eine Ellipse.

Die zu $\varphi$ normale Ebene $\sigma$ durch $S$ stimmt mit $\pi_3$ überein; die beiden Erzeugenden in $\sigma$ schneiden die den Punkt $\overline{M}$ enthaltende Gerade $f = \varphi \cap \sigma$ in den Hauptscheiteln $A$, $\overline{B}$ der Ellipse $\overline{k}$. Die Nebenachse von $\overline{k}$ durch den Mittelpunkt $\overline{N}$ von $[A, \overline{B}]$ ist zur $y$-Achse parallel. Ihre Verbindungsebene mit $S$ schneidet $\pi_1$ in einer $y$-parallelen Geraden $g$ durch $N := S\overline{N} \cap \pi_1$; mit Hilfe der beiden Schnittpunkte $C$, $D$ von $g$ mit $k$, deren Risse die perspektive Affinität mit $k^p \mapsto k^*$ liefert[4], können die beiden Erzeugenden in $Sg$ und damit die Nebenscheitel $\overline{C}, \overline{D}$ von $\overline{k}$ gefunden werden. Die Ellipse $\overline{k}^p$ ist durch die konjugierten Halbmesser $[\overline{N}^p, \overline{A}^p]$, $[\overline{N}^p, \overline{C}^p]$ gemäß 5.2.1., (E4) festgelegt.

Die Verbindungsebene von $A$ mit einer Konturerzeugenden $e$ schneidet $\pi_1$ in der Verbindungsgeraden $s$ von $A$ mit dem Konturpunkt $K = e \cap k$ und die Ebene $\varphi$ in einer Geraden $\overline{s}$ durch $\overline{A}$; die Geraden $s$ und $\overline{s}$ haben in $a = \varphi \cap \pi_1$ einen Punkt gemeinsam. Der Punkt $\overline{K} = \overline{s} \cap e = \varphi \cap e$ ist ein Konturpunkt der Ellipse $\overline{k}$. △

(2) Der durch seinen Kreuzriß in Fig. 5.35a festgelegte drehkegelförmige Turmhelm enthält in der drittprojizierenden Ebene $\varphi_1$ bzw. $\varphi_2$ einen Kegelschnittbogen, der gemäß Satz 5.5.1 einer Parabel $\overline{k}_1$ bzw. einer Hyperbel $\overline{k}_2$ angehört. Bezüglich der Kreuzrißfigur sind die Verzerrungsverhältnisse $\lambda$, $\mu$, $\nu$ des axonometrischen Risses in Fig. 5.35 gleich 2.

KB. Die zu $a = \varphi_1 \cap \pi_1$ parallele Schnittgerade $\overline{a}_1$ von $\pi_1$ mit der Richtebene $\overline{\varphi}_1$ berührt nach Satz 5.5.1 den Leitkreis $k$ des Drehkegels $\Psi$ und enthält die Erzeugende $e$ in der zu $\varphi_1$ (und $\varphi_2$) normalen Ebene $\sigma = \pi_3$ durch $S$. Die zu $e$ parallele Schnittgerade $f = \sigma \cap \varphi_1$ trägt den Scheitel $A$ der Parabel $\overline{k}_1$, welche die Schnittpunkte $P_1$, $Q_1$ von $a_1$ mit $k$ enthält; die Tangenten $\overline{p}$, $\overline{q}$ von $\overline{k}_1$ in $P_1$, $Q_1$ ergeben sich mit Hilfe von $\overline{A}$ gemäß

[4] Hilfskonstruktionen mit Hilfe einer perspektiven Affinität sind weder in Fig. 5.34 noch in Fig. 5.35 eingezeichnet.

Satz 5.4.2. Nach Satz 5.4.5 ist $\bar{k}_1{}^p$ eine Parabel, welche durch $P_1{}^p$, $Q_1{}^p$, $\bar{p}^p$, $\bar{q}^p$ gemäß 5.4.2., (P2) festgelegt wird.
Die Hyperbel $\bar{k}_2$ enthält die Schnittpunkte $P_2$, $Q_2$ von $a_2 = \varphi_2 \cap \pi_1$ mit $k$. Da $\varphi_2$ zur Achse des Drehkegels $\Psi$ parallel ist, fällt die Schnittgerade $\bar{a}_2$ der Richtebene $\bar{\varphi}_2$ mit $\pi_1$ in eine Durchmessergerade von $k$, und zwar gemäß Fig. 5.35a in die $y$-Achse; damit können die Erzeugenden $e_1$, $e_2$ in $\bar{\varphi}_2$ ergänzt werden. Die Tangentialebene von $\Psi$ längs $e_1$ schneidet $\pi_1$ in der Tangente $t_1$ von $k$ in $E_1 = k \cap e_1$, so daß die zu $e_1$ parallele Asymptote $u$ von $\bar{k}_2$ durch den Punkt $t_1 \cap a_2$ geht; Analoges gilt für die zweite Asymptote $v$ von $\bar{k}_2$. Nach Satz 5.4.5 ist $\bar{k}_2{}^p$ eine Hyperbel, die gemäß 5.3.2., (H2) durch die Asymptoten $u^p$, $v^p$ und den Punkt $P_2{}^p$ festgelegt ist. Durch eine zu Beispiel (1) analoge Überlegung erkennt man, daß in den am Turmhelm auftretenden Bogen von $\bar{k}_1$ und $\bar{k}_2$ keine Konturpunkte liegen.
Die zur $y$-Achse parallele Schnittgerade $a = \varphi_1 \cap \varphi_2$ trifft $\sigma$ in jenem Punkt $\bar{1}$ von $f$, der in einer $z$-Parallelen über dem Schnittpunkt $a_2 \cap \sigma$ liegt. Unter Verwendung der beiden Kegelerzeugenden in der Ebene $Sa$ erhält man die $\bar{k}_1$ und $\bar{k}_2$ gemeinsamen Punkte $\bar{2}$, $\bar{3}$ von $a$. △

(3) Ein lotrecht aufgestellter Stab $[P, Q]$ wirft auf eine horizontale Ebene $\pi_1$ den gegebenen Schatten $[P, Q_s]$. Bei Vernachlässigung der Bewegung der Erde um die Sonne überstreicht der Sonnenstrahl durch $Q$ im Laufe eines Tages mit konstanter Winkelgeschwindigkeit einen Drehkegel $\Psi$ mit einer zur Erdachse parallelen Drehachse $a$. Befindet sich $P$ in einem Ort der nördlichen Breite $\beta$ $(0 < \beta < 90°)$ und bedeutet $N$ bzw. $M$ den Nordpol bzw. den Erdmittelpunkt, so ist $\sphericalangle NMP = 90° - \beta = \sphericalangle a, PQ$ (Fig. 5.36a). Wir ermitteln für $\beta = 45°$ jenes Flächenstück in $\pi_1$, das der Schatten des Stabes im Laufe der nächsten fünf Stunden überstreicht.

KB. In Fig. 5.36 wählen wir $\pi_1$ als Grundrißebene und die zweiten Sehstrahlen von Westen nach Osten orientiert (Fig. 5.36b), womit neben dem Grund- und Aufriß von $a$ auch die Nordrichtung bestimmt ist. Die zu $a$ normale zweitprojizierende Ebene $\varepsilon$ durch $Q_s$ trägt einen Leitkreis $k$ von $\Psi$. Wir orientieren $a$ so, daß der Punkt von $a$ in $\pi_1$ vor dem Punkt $Q$ kommt, und verwenden die so orientierte Gerade $a$ als Sehstrahl $s_3$

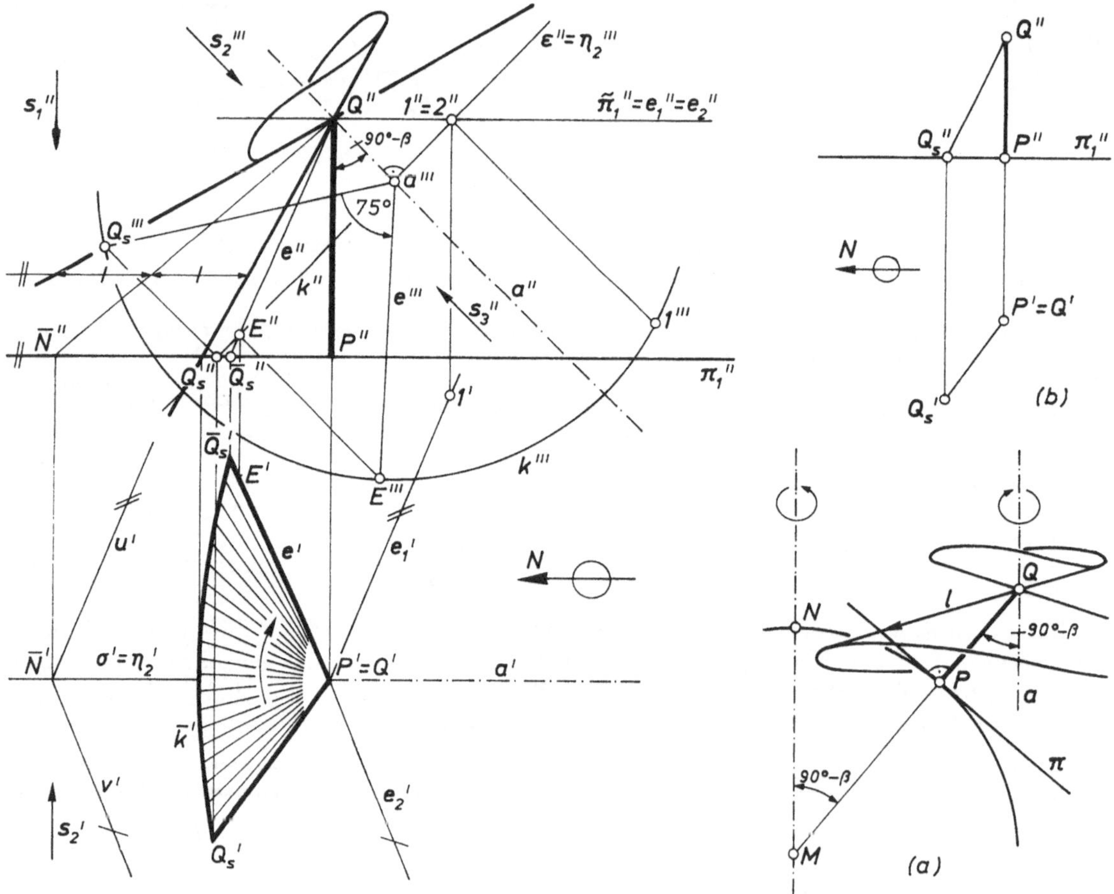


Fig. 5.36

eines dem Aufriß zugeordneten Seitenrisses; nach Wahl des Punktes $a'''$ im neuen Ordner $a''$ ist der Seitenriß $k'''$ vor $k$ festgelegt. Der Punkt $Q_s$ wird um $a$ in einen Punkt $E$ von $k$ durch $\frac{5}{24} \cdot 360° = 75°$ gedreht, wobei im Seitenriß der Drehsinn der stetigen Drehung von $Q_s'''$ nach $E'''$ um den Punkt $a'''$ negativ ist. Die Erzeugende $QE$ schneidet $\pi_1$ in jenem Punkt $\overline{Q}_s$, wohin der Schatten des Punktes $Q$ nach fünf Stunden fällt.
Der gesuchte Schattenbereich in $\pi_1$ wird von den Strecken $[P, Q_s]$, $[P, \overline{Q}_s]$ und einem Bogen des Kegelschnitts $\bar{k} = \pi_1 \cap \Psi$ berandet. Die zu $\pi_1$ parallele Richtebene $\bar{\pi}_1$ schneidet $\Psi$ in zwei Erzeugenden $e_1$, $e_2$, so daß $\bar{k} \subset \pi_1$ nach Satz 5.5.1 eine Hyperbel ist. Da die zu $\pi_1$ normale Ebene $\sigma$ durch $PQ$ in die zweite Hauptebene $\eta_2$ durch $PQ$ fällt, liegen die Scheitel von $\bar{k}'$ in den Grundrissen der zweiten Konturerzeugenden[5] von $\Psi$; die Asymptote $u'$ bzw. $v'$ von $\bar{k}'$ ist zu $e_1'$ bzw. $e_2'$ parallel. △

## 5.5.3. Ebene Schnitte eines Böschungskegels

Die in 5.5.2. angegebenen Konstruktionen vereinfachen sich für einen Normalriß in einer zur Achse des Drehkegels $\Psi$ normalen Bildebene. Wir legen diese Bildebene im folgenden in die Grundrißebene $\pi_1$, so daß $\Psi$ nach 3.4.4. ein Böschungskegel ist, und konstruieren den Grundriß $c'$ des Schnittes $c$ von $\Psi$ mit einer nicht lotrechten Ebene.

**Satz 5.5.3:** Der Grundriß $c'$ des ebenen Schnittes $c$ eines Böschungskegels $\Psi$ mit einer nicht erstprojizierenden Ebene $\varepsilon$ hat den Grundriß $S'$ der Spitze $S$ von $\Psi$ zum Brennpunkt.

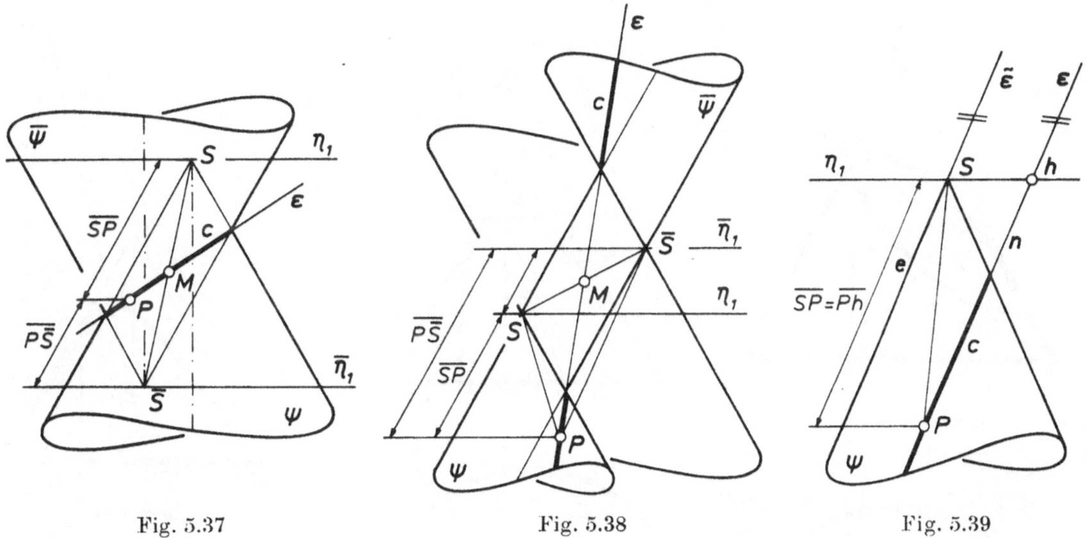


Fig. 5.37 Fig. 5.38 Fig. 5.39

*Beweis*

Im Falle einer Ellipse oder Hyperbel $c = \varepsilon \cap \Psi$ spiegeln wir den Drehkegel $\Psi$ am Mittelpunkt $M$ von $c$. Dabei geht $\Psi$ in einen Böschungskegel $\overline{\Psi}$ mit der Spitze $\bar{S}$ über, der dieselbe Böschung wie $\Psi$ besitzt und ebenfalls den Kegelschnitt $c$ enthält. Für jeden Punkt $P$ der Ellipse $c$ bzw. der Hyperbel $c$ ist $\overline{SP} + \overline{P\bar{S}}$ bzw. $|\overline{SP} - \overline{P\bar{S}}|$ die konstante Länge jener Strecke, welche in einer Erzeugenden des Kegels $\Psi$ von den ersten Hauptebenen $\eta_1$ und $\bar{\eta}_1$ durch $S$ und $\bar{S}$ ausgeschnitten wird (Fig. 5.37 bzw. Fig. 5.38). Da Strecken in gleich geböschten Geraden nach Satz 2.4.1 gleich verzerrte Grundrisse besitzen, ist für alle Punkte $P'$ von $c'$ dann $\overline{S'P'} + \overline{P'\bar{S}'}$ bzw. $|\overline{S'P'} - \overline{P'\bar{S}'}|$ eine feste Zahl, also $S'$ ein Brennpunkt von $c'$.
Für alle Punkte $P$ einer Parabel $c = \varepsilon \cap \Psi$ ist der Abstand von $S$ gleich dem Abstand von der Geraden $h$, in welcher $\varepsilon$ die erste Hauptebene $\eta_1$ durch $S$ schneidet; die Normale $n$ zu $h$ durch $P$ ist nämlich parallel zur Erzeugenden $e$ von $\Psi$ in der Richtebene $\bar{\varepsilon}$ (Fig. 5.39). Wegen der gleichen Böschung von $SP$ und $n$ ist für alle Punkte $P'$ von $c'$ dann $\overline{S'P'} = \overline{P'h'}$, also $S'$ der Brennpunkt von $c'$. □

[5] In Fig. 5.36 liegt nur ein Hyperbelscheitel im Zeichenfeld. Der Mittelpunkt $\bar{N}$ von $\bar{k}$ ergibt sich, wenn man den Mittelpunkt einer zu $\pi_1$ parallelen, von den zweiten Konturerzeugenden ausgeschnittenen Strecke aus $Q$ auf $\pi_1$ projiziert.

Wir ermitteln in Fig. 5.40, Fig. 5.41 bzw. Fig. 5.42 unter Verwendung von Satz 5.5.3 die Ellipse, Parabel bzw. Hyperbel eines Böschungskegels in einer Ebene $\varphi$.

KB. Die zu $\varphi$ normale Ebene $\sigma$ durch die lotrechte Drehachse des Leitkreises $k$ ist Symmetrieebene von $\bar{k} = \varphi \cap \Psi$ und $\bar{k}'$. Die Scheitel von $\bar{k}'$ in der den Brennpunkt $S'$ enthaltenden Achse $\sigma'$ erhält man mit Hilfe eines dem Grundriß zugeordneten Seitenrisses, dessen Sehgeraden normal zur Ebene $\sigma$ sind[6]; in Fig. 5.40 ist die Gerade $f = \sigma \cap \varphi$ mit $f''' = \varphi'''$ eingetragen. Der Aufriß $\bar{k}''$ von $\bar{k}$ ergibt sich durch Angittern der den Kegelschnitt $\bar{k}$ festlegenden Angabestücke an die Ebene $\varphi$. In Fig. 5.40 wurde anstelle des Angitterns die Seitenrißregel benützt und mit ihrer Hilfe auch der Aufriß eines zweiten Konturpunktes $\bar{K}$ von $\bar{k}$ konstruiert.
Bei einer Parabel oder Hyperbel $\bar{k}'$ kann man die Scheitel in $\sigma'$ auch wie folgt finden:

Im Falle einer Parabel $\bar{k}$ wird der Leitkreis $k$ in $\pi_1$ nach Satz 5.5.1 von der Schnittgeraden $\tilde{a}$ der Richtebene $\tilde{\varphi}$ mit $\pi_1$ in einem Punkt $E$ von $\sigma$ berührt. Die Schnittgerade $a$ von $\varphi$ mit $\pi_1$ trifft den Kreis $k$ in zwei Punkten $P$, $Q$ der Parabel $\bar{k}$. Die Tangenten von $\bar{k}'$ in $P'$ und $Q'$ schneiden einander in einem Punkt $\bar{1}'$ der Achse $\sigma'$ von $\bar{k}'$, der nach 5.4.2. vom Brennpunkt $S'$ den Abstand $\overline{S'P'} = \overline{S'Q'}$ besitzt und daher im Kreis $k'$ liegt (Fig. 5.41). Nach Satz 5.4.2 ist der Mittelpunkt der Strecke $[H', \bar{1}']$ mit $H = \sigma \cap PQ$ der Scheitel $\bar{A}'$ der Parabel $\bar{k}'$. Zur Ermittlung des Aufrisses legen wir die Ebene $\varphi$ durch die einander in $H$ schneidenden Geraden $PQ$ und $f$ mit $f \parallel e = SE$ fest.
Im Falle einer Hyperbel $\bar{k}$ sind die Asymptoten $u$ und $v$ von $\bar{k}$ nach Satz 5.5.2 die Schnittgeraden von $\varphi$ mit den Tangentialebenen von $\Psi$ längs den Erzeugenden $e_1$, $e_2$ in der Richtebene $\tilde{\varphi}$. Die zu $e_1$ parallele Asymptote $u$ enthält den Schnittpunkt der Tangente $t_1$ des Leitkreises $k$ in $E_1 = e_1 \cap k$ mit der Geraden $a = \varphi \cap \pi_1$, und Analoges gilt für die Asymptote $v \parallel e_2$. Mit Hilfe der Asymptoten $u'$, $v'$ und des Brennpunktes $S'$ erhält man die Scheitel von $\bar{k}'$. Der Aufriß des Konturpunktes $\bar{K}$ von $\bar{k}$ in $u_2$ ergibt sich auch rasch nach 5.3.2., (H3). △

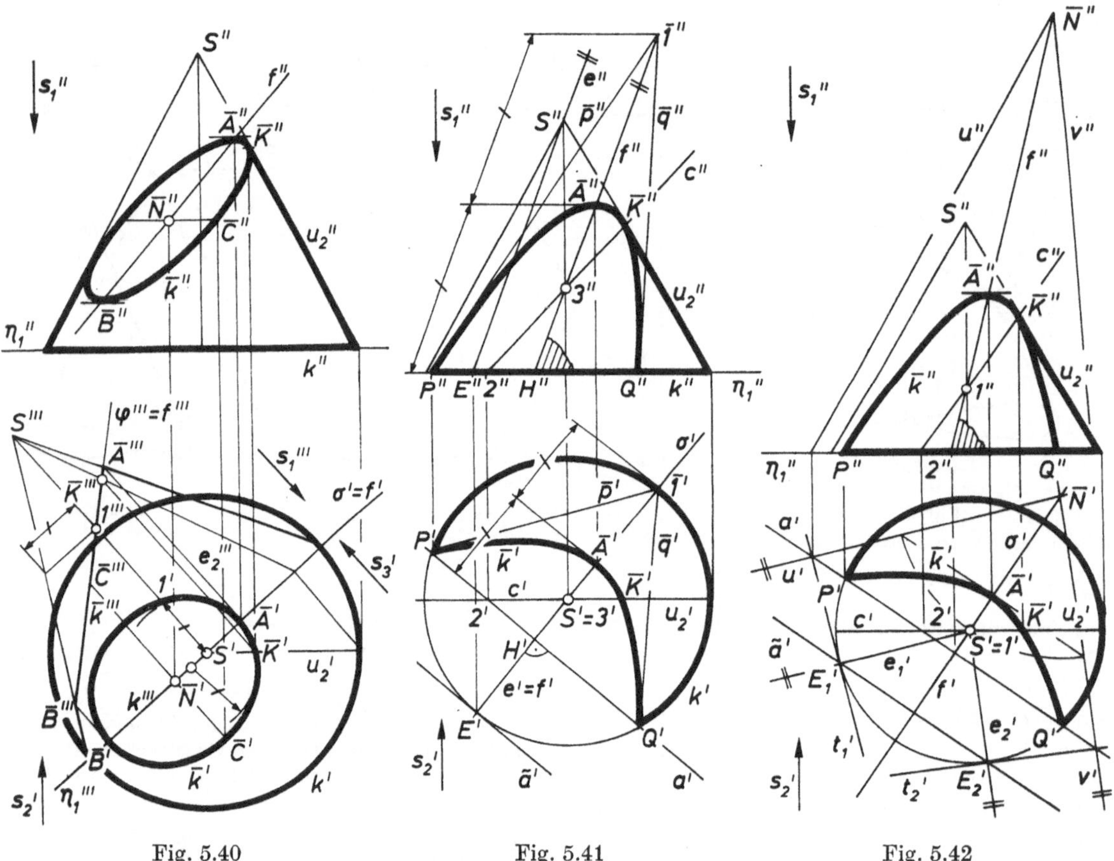


Fig. 5.40 Fig. 5.41 Fig. 5.42

[6] Die Länge $\overline{S'1'}$ der zu $\sigma'$ normalen Halbsehne $[S', 1']$ von $\bar{k}'$ durch $S'$ ist nach A 5.1, 3 bzw. A 5.3, 3 bzw. A 5.4, 3 gleich dem Radius des Krümmungskreises in einem Scheitel von $\bar{k}'$ in $\sigma'$ und kann im Seitenriß als Radius jenes Kreises auf $\Psi$, dessen zu $\eta_1$ parallele Ebene den Punkt $1 \in \varphi$ enthält, abgelesen werden (Fig. 5.40). Dieser Hinweis ist für die graphische Ausführung einer Ellipse $\bar{k}'$ von Nutzen, falls nur ein Hauptscheitel von $\bar{k}'$ im Zeichenfeld liegt.

## 5.5.4. Ebene Schnitte eines Kreiskegels

Drehkegel sind nach Def. 1.4.8 spezielle Kreiskegel. In Verallgemeinerung zu 5.5.1 zeigen wir

**Satz 5.5.4:** Die Sätze 5.5.1 und 5.5.2 über die ebenen Schnitte eines Drehkegels gelten für jeden Kreiskegel.

*Beweis*

Sei $\pi$ die Ebene des Leitkreises $k$ eines Kreiskegels $\Psi$ und $\varepsilon$ eine Ebene, welche die Spitze $S$ von $\Psi$ nicht enthält. Für $\varepsilon \parallel \pi$ ist $\varepsilon \cap \Psi$ ein Kreis und $\tilde{\varepsilon} \cap \Psi = S$, was man wie im Beweis zu Satz 5.5.1 erkennt.
Die zu $\pi$ nicht parallele Ebene $\varepsilon$ schneidet $\pi$ in einer Geraden $a$. Bei Spiegelung der zu $\pi$ parallelen Ebene $\eta$ durch $S$ an $\pi$ entsteht eine zu $\pi$ parallele Ebene $\bar{\eta}$, welche die Drehachse des Leitkreises $k$ in einem Punkt $\bar{S}$ so schneidet, daß der Mittelpunkt der Strecke $[S, \bar{S}]$ nach Satz 1.2.1 in $\pi$ liegt. Unter der Affinspiegelung $\alpha$ in $\mathfrak{P}$ an der Ebene $\pi$ parallel zu $S\bar{S}$ (vgl. A 2.2, 7) geht die Ebene $\varepsilon$ in eine Ebene $\bar{\varepsilon}$ durch $a$ und jede Erzeugende von $\Psi$ in eine Erzeugende des Drehkegels $\bar{\Psi}$ mit der Spitze $\bar{S}$ und dem Leitkreis $k$ über (Fig.[7] 5.43). Dem Schnitt $c = \varepsilon \cap \Psi$ ist unter $\alpha$ der Schnitt $\bar{c} = \bar{\varepsilon} \cap \bar{\Psi}$, also nach Satz 5.5.1 ein Kegelschnitt zugeordnet. Nach A 2.2, 7 ist $\alpha \mid \bar{\varepsilon} : \bar{\varepsilon} \to \varepsilon$ eine Affinität und daher $c = \bar{c}^{\alpha}$ ein Kegelschnitt.
Der Typus des Kegelschnitts $\bar{c}$ wird durch Satz 5.5.1 beschrieben, und $c$ ist ein Kegelschnitt gleichen Typs wie $\bar{c}$. Da unter $\alpha$ die zu $\varepsilon$ parallele Ebene $\tilde{\varepsilon}$ durch $S$ nach A 2.2, 7 in die zu $\bar{\varepsilon}$ parallele Ebene $\bar{\tilde{\varepsilon}}$ durch $\bar{S}$ übergeht (Fig. 5.43), stimmt die Anzahl jener Erzeugenden von $\Psi$ und $\bar{\Psi}$ überein, die in $\tilde{\varepsilon}$ bzw. in $\bar{\tilde{\varepsilon}}$ liegen.
Der Beweis des Satzes 5.5.2 ist wortgleich für einen Kreiskegel zu verwenden. □

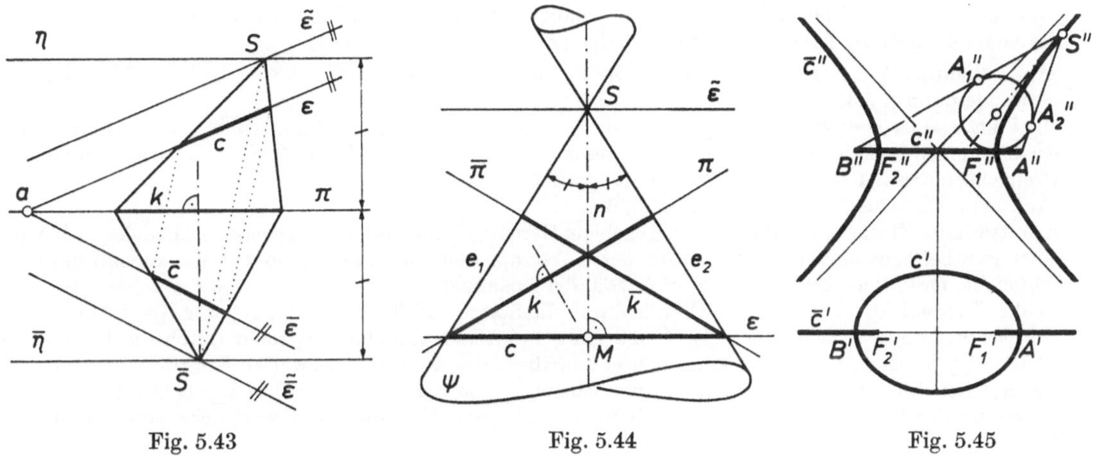


Fig. 5.43 Fig. 5.44 Fig. 5.45

Ein Kegel mit einer Leitellipse $c$ heißt *gerader elliptischer Kegel*, wenn die Kegelspitze in der zur Ebene von $c$ normalen Geraden durch den Mittelpunkt von $c$ liegt. Ist $c$ speziell ein Kreis, so ist der gerade elliptische Kegel nach Def. 1.4.8 ein Drehkegel.

**Satz 5.5.5:** Jeder Kreiskegel $\Psi$ ist ein gerader elliptischer Kegel[8]. Ist ein Kreiskegel $\Psi$ kein Drehkegel, so trägt $\Psi$ zwei Scharen von Kreisen, die in jeweils parallelen Ebenen liegen.

*Beweis*

Bei einem von einem Drehkegel verschiedenen Kreiskegel $\Psi$ ist die Verbindungsebene $\sigma$ der Kegelspitze $S$ mit der Drehachse des Leitkreises $k$ eine Symmetrieebene von $\Psi$, und $\sigma$ schneidet $\Psi$ in zwei Erzeugenden $e_1$ und $e_2$ (Fig.[7] 5.44). Sei $\varepsilon$ eine $S$ nicht enthaltende Ebene, deren Normale $n$ durch $S$ die Symmetrieachse jenes durch $e_1$ und $e_2$ berandeten Winkelfeldes von $\sigma$ ist, in dem die Normalrisse der Punkte von $\Psi$ in $\sigma$ liegen. Die zu $\varepsilon$ parallele Richtebene $\tilde{\varepsilon}$ schneidet dann $\Psi$ nur im Punkt $S$, so daß $c = \varepsilon \cap \Psi$ eine Ellipse ist; aus Symmetriegründen geht $n$ durch den Mittelpunkt $M$ von $c$ (Fig. 5.44).
Unter der Spiegelung an der zu $\sigma$ normalen Ebene durch $n$ gehen die Ellipse $c$ und die Ebene $\varepsilon$ in sich über, und $S$ bleibt fest; damit führt diese Spiegelung den Kegel $\Psi$ in sich über. Der unter dieser Spiegelung aus dem Kreis $k$ entstehende Kreis $\bar{k}$ liegt somit ebenfalls in $\Psi$. Jede zur Ebene $\pi$ bzw. zur Ebene $\bar{\pi}$ von $\bar{k}$ parallele Ebene, welche $S$ nicht enthält, schneidet $\Psi$ ebenfalls in einem Kreis. □

[7] In Fig. 5.43 und Fig. 5.44 sind die Ebenen $\varepsilon$ und $\pi$ projizierend gewählt, jedoch keine Abbildungszeiger hinzugefügt.
[8] Vgl. A 6.5, 4.

## Aufgaben 5.5

1. Ist $\Psi$ der Tangentialkegel einer Kugel $\Phi$ und $\varepsilon$ eine Ebene nicht durch die Spitze $S$ von $\Psi$, so schneidet die Verbindungsgerade $s$ von $S$ mit einem der beiden Endpunkte des zu $\varepsilon$ normalen Durchmessers der Kugel $\Phi$ die Ebene $\varepsilon$ in einem Brennpunkt des Kegelschnitts $c = \varepsilon \cap \Psi$, falls $s$ zu $\varepsilon$ nicht parallel verläuft. (Anl.: Verwende die Zentralperspektivität zum Zentrum $S$ der Ebene $\varepsilon$ auf eine zu $\varepsilon$ parallele Tangentialebene von $\Phi$ mit A 1.3,15 und Satz 5.5.1.)
2. Jeder Kegelschnitt ist ebener Schnitt eines Drehkegels. (Anl.: Eine Ellipse oder Hyperbel ist durch einen Brennpunkt und die beiden Scheitel in der Hauptachse, eine Parabel durch den Brennpunkt und den Scheitel festgelegt. Benütze eine die Kegelschnittebene im Brennpunkt berührende Kugel zur Konstruktion des gesuchten Drehkegels.)
3. Jede Hyperbel ist Schnitt eines Drehkegels mit einer zur Drehachse des Kegels parallelen Ebene. (Anl.: Verwende für die Hyperbel 5.3.1., (2) eine DANDELINsche Kugel vom Radius $b$ und Satz 5.5.2.)
4. Zeige unter Benützung von A 1.4, 3 und der Beweisidee zu Satz 5.5.1: Der Schnitt eines Drehzylinders $\Psi$ mit einer zu den Zylindererzeugenden nicht parallelen Ebene $\varepsilon$ ist eine Ellipse. Ihre Brennpunkte sind die Berührungspunkte von $\varepsilon$ mit jenen beiden DANDELINschen Kugeln, welche $\varepsilon$ als Tangentialebene und $\Psi$ als Tangentialzylinder besitzen.
5. Ist $\Psi$ ein Tangentialzylinder einer Kugel $\Phi$, so besitzt die Schnittellipse $c$ von $\Psi$ mit einer zu den Erzeugenden nicht parallelen Ebene jene Punkte als Brennpunkte, in denen die zu den Zylindererzeugenden parallelen Geraden durch die Endpunkte des zu $\varepsilon$ normalen Durchmessers von $\Phi$ die Ebene $\varepsilon$ schneiden. Die Länge der halben Nebenachsenstrecke von $c$ ist gleich dem Radius von $\Phi$. Jede Ellipse ist ebener Schnitt eines Drehzylinders.
6. Die Spitzen aller Drehkegel durch eine Ellipse (Hyperbel) $c$ gehören einer Hyperbel (Ellipse) $\bar{c}$ an, wobei $c$ und $\bar{c}$ in normalen Ebenen liegen und die Brennpunkte jedes dieser beiden *Fokalkegelschnitte* Scheitel des anderen sind; die Drehachsen dieser Drehkegel sind Tangenten von $\bar{c}$. (Anl.: Benütze A 1.4, 1, um mit Hilfe von Fig. 5.45 zu zeigen $|\overline{AS} - \overline{BS}| = |\overline{AF_1} - \overline{BF_1}| = \overline{F_1F_2}$; verwende dann A 5.3, 4 usw.)
7. Die Spitzen aller Drehkegel durch eine Parabel $c$ gehören einer Parabel $\bar{c}$ an, wobei $c$ und $\bar{c}$ in normalen Ebenen liegen und der Brennpunkt jeder dieser beiden *Fokalparabeln* der Scheitel der anderen ist; die Drehachsen dieser Drehkegel sind Tangenten von $\bar{c}$. (Anl.: Verwende die Beweisidee von A 5.5, 6.)
8. Ermittle eine Ebene $\varepsilon$, die durch eine gegebene Gerade $g$ geht und einen gegebenen Drehkegel $\Psi$ nach einer Parabel bzw. nach einer Hyperbel, deren Asymptoten ein vorgeschriebenes Winkelmaß besitzen, schneidet. Diskutiere die Existenz und Anzahl der Lösungen. (Anl.: Verwende die zu $g$ parallele Gerade durch die Spitze von $\Psi$ zur Festlegung der Richtebene $\bar{\varepsilon}$.)
9. Der Schnitt eines Böschungskegels $\Psi$ mit einer zweiten Hauptebene $\eta_2$ nicht durch die Kegelspitze ist eine Hyperbel $\bar{k}$, deren zu $\bar{k}$ kongruenter Aufriß $\bar{k}''$ die Aufrisse der zweiten Konturerzeugenden als Asymptoten besitzt. Ist $b$ der Abstand der Ebene $\eta_2$ von der Achse des Drehkegels $\Psi$ und $\tan\alpha$ die Böschung der Erzeugenden von $\Psi$, so gilt für die Länge $a$ der halben Achsenstrecke von $\bar{k}$ dann $a = b \tan\alpha$.
10. Eine Punktmenge $c$ einer Ebene $\varepsilon$ ist genau dann eine nicht kreisförmige Ellipse bzw. eine Parabel bzw. eine Hyperbel, wenn ein Punkt $F \in \varepsilon$, eine Gerade $l \subset \varepsilon$ mit $F \notin l$ und eine positive Zahl $v$ mit $v < 1$ bzw. $v = 1$ bzw. $v > 1$ so existiert, daß $\overline{PF} : \overline{Pl} = v$ für alle Punkte $P \in c$ gilt (APOLLONIOS VON PERGE, 262—190 v. Chr.). (Anl.: Nach A 5.5, 2 ist $c$ stets Schnitt eines Böschungskegels $\Psi$ mit $\varepsilon$. Ist $F$ der Berührungspunkt einer DANDELINschen Kugel $\Phi$ mit $\varepsilon$ und $l$ die Schnittgerade von $\varepsilon$ mit der Ebene des $\Psi$ und $\Phi$ gemeinsamen Kreises $b$, so folgt unter Verwendung der Böschung $\tan\alpha$ bzw. $\tan\beta$ von $\Psi$ bzw. $\varepsilon$ aus dem Sinussatz, angewendet auf ein Dreieck einer zu Fig. 5.33 analogen Figur, dann $\overline{PF} : \overline{Pl} = \sin\beta : \sin\alpha =: v$.)
11. In einem Drehkegel $\Psi$ existiert zu jeder Ellipse und jeder Parabel sowie zu jeder Hyperbel, deren Asymptoten mit der Hauptachse einen kleineren Winkel als die Erzeugenden mit der Drehachse von $\Psi$ bilden, ein kongruenter ebener Schnitt. (Anl.: Je zwei Kegelschnitte zum gleichen Wert von $v$ in A 5.5, 10 sind ähnlich, und Gleiches gilt für je zwei ebene Schnitte von $\Psi$ mit parallelen Ebenen nicht durch die Kegelspitze.)
12. Enthält eine Ebene $\mu$ durch die Drehachse eines Drehkegels $\Psi$ die Erzeugenden $e_1$, $e_2$ und sind $g$ und $f$ jene Geraden in $\mu$ durch die Kegelspitze, welche zu den Seiten eines Parallelogramms mit den Diagonalen $e_1$ und $e_2$ parallel sind, so gestattet $\Psi$ die Affinspiegelung $\alpha$ in $\mathfrak{P}$ an der zu $\mu$ normalen Ebene $\gamma$ durch $g$ parallel $f$. (Anl.: Jede zu $\mu$ parallele Ebene schneidet $\Psi$ in einer Hyperbel, deren Normalriß in $\mu$ nach Satz 5.5.2 die Asymptoten $e_1$, $e_2$ besitzt. Jede dieser Hyperbeln gestattet nach A 5.3, 11 die Affinspiegelung $\alpha$ an $\gamma$ parallel $f$.)

## 5.6. Quadratische Varietäten einer Ebene

### 5.6.1. Definition

Ist $F : \mathbb{R}^2 \to \mathbb{R}$ eine Abbildung der Menge $\mathbb{R}^2$ aller geordneten Paare reeller Zahlen in die Menge $\mathbb{R}$ der reellen Zahlen, so heißt ein Paar $(x_0, y_0)$ eine Nullstelle von $F$, wenn $F(x_0, y_0) = 0$ ist.
Nach Wahl eines Koordinatensystems einer Ebene $\varepsilon$ wird jedem Punkt von $\varepsilon$ ein Koordinatenpaar zugeordnet.

**Def. 5.6.1:** Eine nicht leere Punktmenge $k$ einer Ebene $\varepsilon$ heißt eine *quadratische Varietät der Ebene* $\varepsilon$, wenn es nach Wahl eines Koordinatensystems in $\varepsilon$ ein quadratisches Polynom

$$(1) \qquad F(x, y) = ax^2 + 2bxy + cy^2 + 2dx + 2ey + f \qquad (a, b, c) \neq (0, 0, 0)$$

so gibt, daß die Menge der Nullstellen von $F$ die Menge der Koordinatenpaare der Punkte von $k$ ist. Wir nennen $F(x, y) = 0$ eine *Gleichung* von $k$.

Verwendet man ein anderes Koordinatensystem in $\varepsilon$, so gibt A 1.3, 13 an, wie die Koordinatenpaare eines Punktes in $\varepsilon$ bezüglich beider Koordinatensysteme zusammenhängen; da diese Gleichungen linear und umkehrbar sind, ist die Begriffsbildung «quadratische Varietät» vom gewählten Koordinatensystem unabhängig.
Nach 5.1.2., (2), 5.3.1., (2) und 5.4.1., (2) ist jeder Kegelschnitt eine ebene quadratische Varietät[1], und Gleiches gilt für zwei schneidende bzw. zwei parallele verschiedene Geraden bzw. eine Gerade bzw. einen einzigen Punkt, wie die quadratischen Polynome $x^2 - y^2$ bzw. $x^2 - 1$ bzw. $x^2$ bzw. $x^2 + y^2$ zeigen. Die Nullstellenmenge von $x^2 + y^2 + 1$ ist leer.

### 5.6.2. Bestimmung aller quadratischen Varietäten einer Ebene

Die Überlegungen des letzten Absatzes gestatten folgende Umkehrung:

**Satz 5.6.1:** Eine quadratische Varietät einer Ebene ist entweder ein Kegelschnitt oder ein Paar verschiedener Geraden oder eine Gerade oder ein einziger Punkt.

*Beweis*

Der Beweis erfordert die Unterscheidung zweier Fälle.
*Fall* 1: Für $\Delta := ac - b^2 \neq 0$ ist das lineare Gleichungssystem

$$(2) \qquad ax_0 + by_0 + d = 0, \qquad bx_0 + cy_0 + e = 0$$

eindeutig nach $x_0$ und $y_0$ auflösbar. Bei der durch $(x, y) \mapsto (\bar{x} = x - x_0, \bar{y} = y - y_0)$ beschriebenen Schiebung geht die Nullstellenmenge von (1) in die Nullstellenmenge von

$$(3) \qquad \bar{F}(\bar{x}, \bar{y}) = a\bar{x}^2 + 2b\bar{x}\bar{y} + c\bar{y}^2 + \bar{f}$$

mit $\bar{f} = ax_0^2 + 2bx_0y_0 + cy_0^2 + 2dx_0 + 2ey_0 + f$ über.
Für $a = c = 0$ ist wegen $\Delta \neq 0$ notwendig $b \neq 0$. Die Abbildung $(\bar{x}, \bar{y}) \mapsto (x_1 = \bar{x} + \bar{y}, y_1 = \bar{x} - \bar{y})$ beschreibt nach A 1.3, 14 eine Affinität, bei der die Nullstellenmenge von (3) in die Nullstellenmenge von

$$(4) \qquad F_1(x_1, y_1) = x_1^2 - y_1^2 + 2\,\frac{\bar{f}}{b}$$

übergeht. Faßt man $x_1, y_1$ als kartesische Koordinaten auf, so bedeutet das nach Satz 1.3.2 die Anwendung einer Affinität auf die Nullstellenmenge von (4). Für $\bar{f} \neq 0$ bestimmt (4) in einem kartesischen Koordinaten-

[1] Durch die Punktmenge ist nach Wahl eines Koordinatensystems die Gleichung nicht eindeutig bestimmt. So kann ein Kreis $k$ unter Verwendung kartesischer Koordinaten mit Hilfe von $F(x, y) = x^2 + y^2 - r^2$ als quadratische Varietät erkannt werden, doch ist die Menge der Koordinatenpaare der Punkte von $k$ auch die Nullstellenmenge von $(x^2 + y^2 - r^2)^3$ oder $1 - \cosh(x^2 + y^2 - r^2)$.

system nach 5.3.1., (2) und nach Satz 5.3.3 dann in jedem Koordinatensystem und damit auch (1) eine Hyperbel; für $\bar{f} = 0$ beschreibt (4) zwei schneidende Geraden.
Für $(a, c) \neq (0, 0)$, also etwa $a \neq 0$, beschreibt $(\bar{x}, \bar{y}) \mapsto \left(x_1 = \bar{x} + \frac{b}{a}\bar{y},\ y_1 = \frac{|\Delta|^{1/2}}{a} y\right)$ eine Affinität, bei der die Nullstellenmenge von (3) in die Nullstellenmenge von

(5) $$F_1(x_1, y_1) = x_1^2 + \varepsilon y_1^2 - f_1 \qquad \left(\varepsilon = \operatorname{sgn} \Delta,\quad f_1 = \frac{\bar{f}}{a}\right)$$

übergeht. Für $\varepsilon = -1$ und $f_1 = 0$ bzw. $f_1 \neq 0$ beschreibt (5) zwei schneidende Geraden bzw. in einem kartesischen Koordinatensystem nach 5.3.1., (2) und nach Satz 5.3.3 dann in jedem Koordinatensystem und damit auch (1) eine Hyperbel. Für $\varepsilon = +1$ und $f_1 = 0$ bzw. $f_1 > 0$ bzw. $f_1 < 0$ beschreibt (5) und damit (1) einen Punkt bzw. hat (5) und damit (1) keine Nullstelle bzw. bestimmt (5) und damit (1) eine Ellipse, was mit 5.1.1., (2) und Satz 5.2.3 analog wie bei einer Hyperbel folgt.

*Fall* 2: Ist $\Delta = 0$ und $a \neq 0$, so lautet (1)

(6) $$\frac{1}{a}(ax + by)^2 + 2(dx + ey) + f.$$

Für $db - ea = 0$ existiert eine reelle Zahl $\varrho$ mit $dx + ey = \varrho(ax + by)$, und (6) ist dann ein in $(ax + by)$ quadratisches Polynom. Damit bestimmt (6) und auch (1) für $a^2\varrho^2 - af > 0$ bzw. für $a^2\varrho^2 - af = 0$ zwei verschiedene parallele Geraden bzw. eine Gerade; für $a^2\varrho^2 - af < 0$ hat (6) und auch (1) keine Nullstelle.
Für $db - ea \neq 0$ beschreibt $(x, y) \mapsto \left(x_1 = dx + ey + \frac{f}{2},\ y_1 = ax + by\right)$ eine Affinität, bei der die Nullstellenmenge von (6) in die Nullstellenmenge von

(7) $$F_1(x_1, y_1) = y_1^2 + 2ax_1$$

übergeht; nach 5.4.1., (2) bestimmt (7) in einem kartesischen Koordinatensystem und nach Satz 5.4.5 in jedem Koordinatensystem und damit auch (1) eine Parabel.
Aus $\Delta = 0$ und $a = 0$ folgt $b = 0$ und damit $c \neq 0$ nach (1). Schreibt man anstelle von $c$ bzw. $d$ bzw. $e$ jetzt $a$ bzw. $e$ bzw. $d$ in (1), so entsteht nach Vertauschung von $x$ und $y$ das Polynom (6) speziell mit $b = 0$. □

Nennt man eine quadratische Varietät einer Ebene *krumm*, wenn sie nicht einpunktig ist und nicht aus Geraden besteht, so sind damit die Kegelschnitte genau die krummen quadratischen Varietäten einer Ebene. Weiter nennen wir eine Gerade eine *Doppelgerade*, wenn sie als quadratische Varietät aufgefaßt wird; die Bezeichnung Doppelgerade drückt also aus, daß die Gerade auf Grund ihrer Gleichung, die sich etwa als Ergebnis einer Rechnung einstellt, eine quadratische Varietät ist.

## Aufgaben 5.6

**1.** Für $\Delta < 0$ bestimmt (1) ein Paar schneidender Geraden oder eine Hyperbel, wobei diese beiden Geraden bzw. die Asymptoten der Hyperbel zu jenen Geraden parallel sind, die durch

(8) $$ax^2 + 2bxy + cy^2 = 0$$

erfaßt werden.
(Anl.: Benütze Fall 1 und Satz 5.3.2.)

**2.** Besitzt (1) für $\Delta = 0$ eine Nullstelle, so bestimmt (1) zwei verschiedene parallele Geraden oder eine Doppelgerade oder eine Parabel, wobei diese Geraden bzw. die Achse der Parabel parallel ist zu jener einzigen Geraden, die durch (8) mit $\Delta = 0$ bestimmt wird.
(Anl.: Benütze Fall 2 und A 5.4, 1.)

**3.** Besitzt (1) für $\Delta > 0$ eine Nullstelle, so bestimmt (1) eine Ellipse oder genau einen Punkt.
(Anl.: Benütze Fall 1.)

**4.** Zeige unter Verwendung der Aussage von Satz 5.6.1: Der Parallelriß einer Ellipse, Hyperbel bzw. Parabel $c$ in einer nicht projizierenden Ebene $\varepsilon$ ist eine Ellipse, Hyperbel bzw. Parabel.
(Anl.: Verwendet man den Parallelriß $(U^p, A^p, B^p)$ eines Koordinatensystems $(U, A, B)$ von $\varepsilon$ als Koordinatensystem der Bildebene $\pi$, so wird die Parallelperspektivität $p \mid \varepsilon : \varepsilon \to \pi$ durch gleiche Koordinatenvektoren beschrieben (vgl. Satz 1.3.2); nach Satz 5.6.1 ist $c^p$ ein Kegelschnitt. Ellipsen und Hyperbeln besitzen einen Mittelpunkt, Parabeln haben keinen Mittelpunkt. Jede Durchmessergerade einer Ellipse enthält Ellipsenpunkte; es gibt Durchmessergeraden einer Hyperbel, die keine Hyperbelpunkte enthalten.)

## 5.7. Projektive Kegelschnitte

### 5.7.1. Fernpunkte projektiver Kegelschnitte

Wir setzen in 5.7. den projektiven Raum voraus und bezeichnen wie in 4.1.2. eine projektive Gerade bzw. eine projektive Ebene mit einem kleinen lateinischen bzw. griechischen Buchstaben. Zunächst formulieren wir unabhängig von Def. 5.5.1

**Def. 5.7.1:** Eine Punktmenge einer projektiven Ebene heißt ein *projektiver Kegelschnitt*, wenn sie die Bildmenge eines Kreises unter einer Kollineation ist.

Wie in 4.1.6. bezeichnen wir eine fernpunkttreue Kollineation als Affinität.

**Satz 5.7.1:** Ein projektiver Kegelschnitt enthält entweder genau zwei verschiedene Fernpunkte oder genau einen Fernpunkt oder keinen Fernpunkt. Einem projektiven Kegelschnitt wird unter einer Kollineation ein projektiver Kegelschnitt zugeordnet, wobei im Falle einer Affinität diese beiden projektiven Kegelschnitte gleich viele Fernpunkte enthalten.

*Beweis*

Die Verschwindungsgerade $v \subset \varepsilon$ einer Kollineation $\varkappa:\varepsilon \to \varphi$ der projektiven Ebene $\varepsilon$ auf die projektive Ebene $\varphi$ enthält entweder genau zwei verschiedene Punkte oder genau einen Punkt oder keinen Punkt eines Kreises $k \subset \varepsilon$; der projektive Kegelschnitt $k^\varkappa \subset \varphi$ besitzt dann die entsprechende Anzahl von Fernpunkten.
Zu einem projektiven Kegelschnitt $k \subset \varepsilon$ existiert nach Def. 5.7.1 ein Kreis $k_1$ einer projektiven Ebene $\varepsilon_1$ und eine Kollineation $\varkappa_1:\varepsilon_1 \to \varepsilon$ mit $k = k_1^{\varkappa_1}$; nach Def. 5.7.1 ist $k^\varkappa = k_1^{\varkappa_1\varkappa}$ ein projektiver Kegelschnitt. Eine Affinität $\varkappa:\varepsilon \to \varphi$ ist nach 4.1.6. fernpunkttreu. □

Die Verbindung zu Def. 5.5.1 klärt

**Satz 5.7.2:** Die projektiven Kegelschnitte, die keinen Fernpunkt bzw. genau einen Fernpunkt bzw. genau zwei Fernpunkte enthalten, sind die Ellipsen bzw. die um den Fernpunkt ihrer Achse erweiterten Parabeln bzw. die um die Fernpunkte ihrer Asymptoten erweiterten Hyperbeln.

*Beweis*

(a) Ein Kegelschnitt $c \subset \varepsilon$ im Sinne von Def. 5.5.1 ist nach A 5.5, 2 stets Schnitt eines Drehkegels $\Psi$ mit der Ebene $\varepsilon$, wobei $\varepsilon$ die Spitze $S$ von $\Psi$ nicht enthält. Die Zentralperspektivität $\zeta$ mit Zentrum $S$ der projektiven Ebene $\varepsilon_1$ eines Leitkreises $k_1$ von $\Psi$ auf die projektive Ebene $\varepsilon$ ist nach 4.2.1. eine Kollineation mit der Schnittgeraden von $\varepsilon_1$ und der zu $\varepsilon$ parallelen Ebene $\bar{\varepsilon}$ durch $S$ als Verschwindungsgeraden. Nach Satz 5.5.1, Satz 5.5.2 und Def. 5.7.1 ist daher eine Ellipse ein projektiver Kegelschnitt ohne Fernpunkt, eine um den Achsenfernpunkt erweiterte Parabel ein projektiver Kegelschnitt mit genau einem Fernpunkt und eine um die Fernpunkte ihrer beiden Asymptoten erweiterte Hyperbel ein projektiver Kegelschnitt mit zwei verschiedenen Fernpunkten.
(b) Unterwirft man einen Kreis $k \subset \varepsilon$ einer Kollineation $\varkappa:\varepsilon \to \varphi$ und ist $\varkappa$ eine Affinität, so ist $k^\varkappa \subset \varphi$ nach Satz 5.2.3 eine Ellipse. Ist die Kollineation $\varkappa$ keine Affinität, so existiert nach Satz 4.2.7 eine Ähnlichkeit $\sigma:\varphi \to \varepsilon$ so, daß $\varkappa_1 := \varkappa\sigma:\varepsilon \to \varepsilon$ eine perspektive Kollineation, und zwar mit eigentlichem Zentrum $Z$ ist. Nach Satz 4.2.5 ist $\varkappa_1$ das Bild einer Perspektivität $\zeta:\varepsilon \to \varphi$ unter einer Projektion; verwendet man im Beweis zu Satz 4.2.5 als Projektionszentrum $O$ den Fernpunkt der Geraden $ZZ_1$, so liegt eine Parallelprojektion $p:\mathfrak{P} \to \varepsilon$ vor, und die Perspektivität $\zeta:\varepsilon \to \varphi$ besitzt das eigentliche Zentrum $Z_1$. Insgesamt gilt dann $\varkappa_1 = \zeta(p \mid \varphi):\varepsilon \to \varepsilon$ nach Satz 4.2.5.
Wie aus Satz 5.5.4 folgt, ist $k^\zeta$ eine der in Satz 5.7.2 genannten Punktmengen der projektiven Ebene $\varphi$, und Gleiches gilt nach Satz 5.7.1 sowohl für den zu $k^\zeta$ affinen Parallelriß $k^{\zeta p} = k^{\varkappa_1}$ von $k^\zeta$ wie auch für die Punktmenge $k^\varkappa = k^{\varkappa_1\sigma^{-1}} \subset \varphi$, da $\sigma^{-1}:\varepsilon \to \varphi$ eine Ähnlichkeit, also eine Affinität ist. □

Auf Grund von Satz 5.7.2 ist naheliegend

**Def. 5.7.2:** Fügt man einer Parabel bzw. einer Hyperbel den Fernpunkt der Parabelachse bzw. die Fernpunkte der beiden Hyperbelasymptoten hinzu, so heißt diese Punktmenge[1] eine *Parabel* bzw. eine *Hyperbel der projektiven Ebene*.

[1] Für diese hinzugefügten Fernpunkte gilt natürlich nicht mehr die elementargeometrische Def. 5.4.1 bzw. Def. 5.3.1. In einer projektiven Ebene sind die Parabeln und Hyperbeln im Gegensatz zu den Ellipsen keine Kurven im Sinne von Def. 1.4.1.
In der Theorie projektiver Ebenen spielen die Fernpunkte keine Sonderrolle (vgl. 4.1.2., Fn. 5), so daß die Unterscheidung von Ellipsen, Hyperbeln und Parabeln sinnlos wird. Bei einer projektiven Ebene im Sinne von Def. 4.1.5 dagegen sind die Fernpunkte von den dem Anschauungsraum angehörenden eigentlichen Punkten unterscheidbar.

Unter Verwendung der im Anschluß an Satz 4.2.8 in 4.2.2. eingeführten Bezeichnungen gilt

**Satz 5.7.3:** Im einzigen Fernpunkt einer Parabel der projektiven Ebene $\varepsilon$ ist die Ferngerade von $\varepsilon$ die Tangente, in jedem der beiden Fernpunkte einer Hyperbel ist eine Asymptote die Tangente. Eine projektive Gerade der projektiven Ebene $\varepsilon$, welche genau einen Punkt $P$ eines projektiven Kegelschnitts $k$ von $\varepsilon$ enthält, ist die Tangente von $k$ in $P$.

*Beweis*

a) Unter einer Kollineation $\varkappa:\varepsilon \to \varphi$ entsteht aus einem Kreis $k \subset \varepsilon$ nach Satz 5.7.2 dann eine Parabel $k^\varkappa \subset \varphi$, wenn die Verschwindungsgerade $v$ von $\varkappa$ genau einen Punkt von $k$ enthält, also $k$ berührt; nach 4.2.2. wird die Ferngerade $v^\varkappa$ von $\varphi$ dann als die Tangente der Punktmenge $k^\varkappa$ in ihrem Fernpunkt bezeichnet. Nach Satz 5.7.2 entsteht aus dem Kreis $k \subset \varepsilon$ unter $\varkappa:\varepsilon \to \varphi$ genau dann eine Hyperbel, wenn $v$ zwei Punkte $V_1$, $V_2$ von $k$ enthält; nach Satz 5.7.2 sind die Punkte $V_1^\varkappa$, $V_2^\varkappa$ dann die Fernpunkte der Asymptoten der Hyperbel $k^\varkappa \subset \varphi$. Jede von $v = V_1V_2$ und der Tangente $v_1$ des Kreises $k$ in $V_1$ verschiedene Gerade durch $V_1$ in $\varepsilon$ enthält einen nicht in $v$ liegenden Punkt von $k$, in $v_1$ liegt nur der Punkt $V_1$ von $k$. Damit enthält jede zu $v_1^\varkappa$ parallele, von $v_1^\varkappa$ verschiedene Gerade in $\varphi$ genau einen eigentlichen Punkt der Hyperbel $k^\varkappa$, und in $v_1^\varkappa$ liegt kein solcher Punkt. Nach A 5.3, 1 ist $v_1^\varkappa$ eine Asymptote von $k^\varkappa$; nach 4.2.2. wird $v_1^\varkappa$ als die Tangente der Punktmenge $k^\varkappa$ im Fernpunkt $V_1^\varkappa$ bezeichnet. Analoges gilt für die Tangente $v_2$ von $k$ in $V_2$.
(b) Da eine Gerade durch einen Punkt $P$ eines Kreises $k \subset \varepsilon$ nur dann keinen weiteren Kreispunkt enthält, wenn sie die Tangente von $k$ in $P$ ist, folgt aus Def. 5.7.1 die analoge Aussage für jeden projektiven Kegelschnitt. □

## 5.7.2. Anwendung einer Kollineation auf einen projektiven Kegelschnitt

Nach Satz 5.7.1 entsteht unter einer Kollineation $\varkappa:\varepsilon \to \varphi$ aus einem projektiven Kegelschnitt $k \subset \varepsilon$ stets ein projektiver Kegelschnitt $k^\varkappa \subset \varphi$. Genauer gilt:

**Satz 5.7.4:** Schneidet die Verschwindungsgerade $v \subset \varepsilon$ einer Kollineation $\varkappa:\varepsilon \to \varphi$ einen projektiven Kegelschnitt $k \subset \varepsilon$ nicht bzw. berührt $v$ den projektiven Kegelschnitt $k$ in einem Punkt $V$ bzw. schneidet $v$ den projektiven Kegelschnitt $k$ in zwei verschiedenen Punkten $V_1$, $V_2$, so ist $k^\varkappa \subset \varphi$ eine Ellipse bzw. eine Parabel, deren Durchmessergeraden den Fernpunkt $V^\varkappa$ besitzen, bzw. eine Hyperbel, deren Asymptoten den Tangenten $v_1$, $v_2$ von $k$ in $V_1$, $V_2$ unter $\varkappa$ zugeordnet sind.

*Beweis*

Nach Def. 5.7.1 existiert ein Kreis $k_1 \subset \varepsilon_1$ und eine Kollineation $\varkappa_1:\varepsilon_1 \to \varepsilon$ mit $k_1^{\varkappa_1} = k$. Dann ist $\varkappa_1\varkappa:\varepsilon \to \varphi$ eine Kollineation mit der Verschwindungsgeraden $v^{\varkappa_1^{-1}} \subset \varepsilon_1$; mit $k_1^{\varkappa_1\varkappa} = k^\varkappa$ folgt die Behauptung aus 5.7.1. □

Der einem Kegelschnitt $k$ unter einer Affinität $\varkappa:\varepsilon \to \varphi$ zugeordnete Kegelschnitt $k^\varkappa \subset \varphi$ wird nach Satz 5.2.3, Satz 5.3.3 bzw. Satz 5.4.5 gefunden. Ist die Kollineation $\varkappa$ nicht fernpunkttreu, also ihre Verschwindungsgerade $v \subset \varepsilon$ eine eigentliche Gerade, so ergeben sich folgende Konstruktionsvorschriften für $k^\varkappa \subset \varphi$:

*Fall* 1: Die Verschwindungsgerade $v \subset \varepsilon$ von $\varkappa:\varepsilon \to \varphi$ schneidet den projektiven Kegelschnitt $k \subset \varepsilon$ nicht.

Schneiden einander die Tangenten verschiedener Punkte *1*, *2* von $k$ in einem Verschwindungspunkt $V \in v$, so ist $[1^\varkappa, 2^\varkappa]$ nach A 5.2, 8 ein Durchmesser der Ellipse $k^\varkappa \subset \varphi$, da die Tangenten von $k^\varkappa$ in $1^\varkappa$ und $2^\varkappa$ dann durch den Fernpunkt $V^\varkappa$ gehen, also parallel sind. Der Mittelpunkt der Ellipse $k^\varkappa$ fällt in den Mittelpunkt $N^\varkappa$ der Strecke $[1^\varkappa, 2^\varkappa]$ mit $N \in 12$ (Fig. 5.46). Die Verbindungsgerade $NV$ geht unter $\varkappa$ in die zu $1^\varkappa 2^\varkappa$ konjugierte Durchmessergerade von $k^\varkappa$ über, da diese zur Tangente von $k^\varkappa$ in $1^\varkappa$ (und $2^\varkappa$) parallel ist. Die Gerade $NV$ schneidet dann den projektiven Kegelschnitt $k$ notwendig in zwei Punkten *3*, *4*, und $[3^\varkappa, N^\varkappa]$ ist der zu $[1^\varkappa, N^\varkappa]$ konjugierte Halbmesser der Ellipse $k^\varkappa$, welche damit nach Satz 5.2.1 festgelegt ist. Zweckmäßigerweise verwendet man den Fernpunkt der Verschwindungsgeraden $v$ als Punkt $V$: Im Falle einer Ellipse oder Hyperbel $k$ sind die Tangenten in *1* und *2* dann zu $v$ parallel; im Falle einer Parabel $k$ geht durch den Fern-

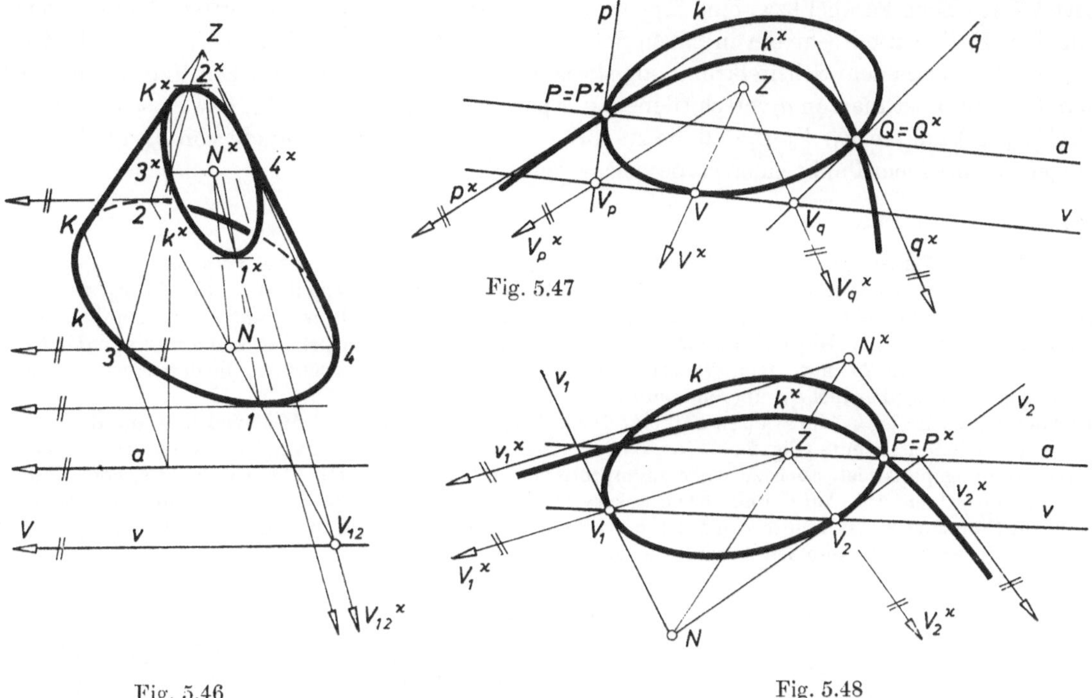


Fig. 5.47

Fig. 5.46

Fig. 5.48

punkt $V$ von $v$ die Tangente eines eigentlichen Parabelpunktes *1* und die Ferngerade als Tangente im Fernpunkt *2* von $k$. Bei einer perspektiven Kollineation $\varkappa:\varepsilon \to \varepsilon$ fällt der Fernpunkt $V$ der Verschwindungsgeraden $v$ nach 4.2.2. in den Fernpunkt der Kollineationsachse. (In Fig. 5.46 ist die *12* unter $\varkappa$ zugeordnete Gerade mit Hilfe des Verschwindungspunktes $V_{12}$ von *12* konstruiert).

*Fall* 2: Die Verschwindungsgerade $v \subset \varepsilon$ von $\varkappa:\varepsilon \to \varphi$ berührt den projektiven Kegelschnitt $k \subset \varepsilon$ in einem Punkt $V$.

Sind $P, Q \in k$ zwei von $V$ verschiedene Punkte mit den Tangenten $p$, $q$, so ist durch die Punkte $P^\times$, $Q^\times$ samt Tangenten $p^\times$, $q^\times$ die Parabel $k^\times \subset \varphi$ nach Satz 5.4.4 festgelegt. Schneidet im Falle einer perspektiven Kollineation $\varkappa$ die Kollineationsachse $a$ den Kegelschnitt $k$, so wird zweckmäßig $\{P, Q\} = a \cap k$ mit $P = P^\times$, $Q = Q^\times$ verwendet (Fig. 5.47); die Geraden $p^\times$, $q^\times$ ergeben sich mit Hilfe der Verschwindungspunkte $V_p$ und $V_q$ von $p$ und $q$.

*Fall* 3: Die Verschwindungsgerade $v \subset \varepsilon$ von $\varkappa:\varepsilon \to \varphi$ schneidet den projektiven Kegelschnitt $k \subset \varepsilon$ in zwei verschiedenen Punkten $V_1$, $V_2$.

Die Asymptoten der Hyperbel $k^\times \subset \varphi$ sind nach Satz 5.7.4 den Tangenten $v_1$, $v_2$ von $k$ in $V_1$, $V_2$ unter $\varkappa$ zugeordnet; der Punkt $N = v_1 \cap v_2$ geht daher in den Mittelpunkt $N^\times$ der Hyperbel $k^\times$ über. Durch die beiden Asymptoten $v_1^\times$, $v_2^\times$ und einen Punkt $P^\times$ mit $P \in k \setminus \{V_1, V_2\}$ ist die Hyperbel $k^\times$ nach Satz 5.3.1 festgelegt. Ist $\varkappa:\varepsilon \to \varepsilon$ insbesondere eine perspektive Kollineation und schneidet die Kollineationsachse $a$ den Kegelschnitt $k$, so wird zweckmäßig ein Punkt $P \in a \cap k$ mit $P = P^\times$ verwendet (Fig.[2] 5.48).
Konstruktive Aufgaben über Ellipsen können gelöst werden, indem man die Ellipse nach 5.2.3. unter eine perspektive Affinität aus einem Kreis gewinnt. Für Hyperbeln und Parabeln kann man folgenden Satz heranziehen[3] (vgl. auch A 5.7,6):

[2] Fig. 5.48 zeigt nur einen Ast der Hyperbel $k^\times$. Die Angabe ist speziell so gewählt, daß das Kollineationszentrum $Z$ in der Kollineationsachse $a$ liegt, was aber keinen Einfluß auf den Konstruktionsvorgang hat.

[3] Der Schweizer Geometer J. Steiner (1796—1863) hat Kegelschnittaufgaben systematisch auf Kreisaufgaben zurückgeführt.

**Satz 5.7.5:** Eine Parabel bzw. eine Hyperbel $k$ entsteht unter einer perspektiven Kollineation $\varkappa$ mit dem Kollineationszentrum in einem Scheitel $A$ von $k$ und der Scheiteltangente $a$ als Kollineationsachse aus dem Scheitelkrümmungskreis $k_A$ von $k$ in $A$, falls gilt: Die Verschwindungsgerade $v$ von $\varkappa$ ist die von $a$ verschiedene, zu $a$ parallele Tangente von $k_A$, bzw. $v$ schneidet den Kreis $k_A$ in Punkten $V_1$, $V_2$ so, daß die zu $AV_1$ normale Durchmessergerade von $k_A$ die Scheiteltangente $a$ in einem Punkt einer Hyperbelasymptote trifft.

*Beweis*

(a) Nach Satz 5.7.4 ist $k_A{}^\times$ im ersten Fall eine Parabel; diese berührt im Punkt $A = A^\times$ die Gerade $a = a^\times$ und besitzt daher aus Symmetriegründen dieselbe Achse wie die Parabel $k$. Einem Punkt $1 \in k_A$, der von $a$ und der Parabelachse den Radius $\varrho_A$ von $k_A$ als Abstand besitzt (Fig. 5.49), wird unter $\varkappa$ ein Punkt $1^\times \in A1$ zugeordnet, der sich mit Hilfe der Geraden $1V$ und des Fernpunkts $V^\times$ ergibt, also von $a$ und von der Parabelachse den Abstand $2\varrho_A$ hat. Damit gehört $1^\times$ nach A 5.4, 3 auch der Parabel $k$ an, die daher, wie aus 5.4.2. sofort folgt, mit der Parabel $k_A{}^\times$ übereinstimmt.
(b) Nach Satz 5.7.4 ist $k_A{}^\times$ im zweiten Fall eine Hyperbel; diese besitzt $A = A^\times$ als Scheitel und die Gerade $a = a^\times$ als Scheiteltangente (Fig. 5.50). Nach 5.3.2., (H4) ist $AV_1$ zu einer Asymptote von $k$, und da $V_1$ ein Verschwindungspunkt ist, auch zu jener Asymptote von $k_A{}^\times$ parallel, welche der Tangente $v_1$ von $k_A$ in $V_1$ unter $\varkappa$ zugeordnet wird. Auf Grund der vorausgesetzten Lage von $V_1$ schneidet $v_1$ die Kollineationsachse $a$ in einem Punkt einer Asymptote von $k$, so daß $v_1{}^\times$ eine Asymptote von $k$ ist; Analoges gilt von $V_2$ und $v_2$. Damit besitzt $k_A{}^\times$ auch dieselben Asymptoten wie $k$ und stimmt mit $k$ überein. □

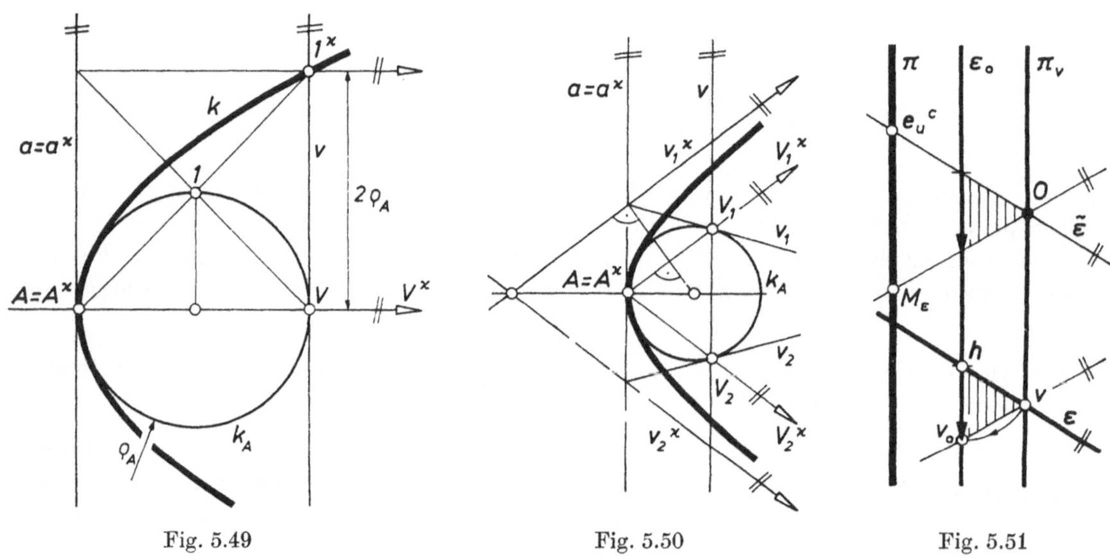


Fig. 5.49 Fig. 5.50 Fig. 5.51

Durch einen projektiven Kegelschnitt $k$ einer projektiven Ebene $\varepsilon$ und einen Punkt $S \notin \varepsilon$ wird im projektiven Raum in Analogie zu Def. 1.4.6 ein Kegel $\Psi \subset \mathfrak{P}$ bestimmt, dessen Erzeugenden projektive Geraden sind und der *projektiver Kegel mit einem projektiven Leitkegelschnitt* heißt. Ist die Spitze von $\Psi$ speziell ein Fernpunkt, so bilden die eigentlichen Punkte von $\Psi$ einen Zylinder im Sinne von Def. 1.4.5; im Falle einer Leitparabel bzw. Leithyperbel $k$ enthält $\Psi$ dann eine bzw. zwei *Fernerzeugenden.*
Aus Satz 5.7.1 und Satz 4.2.3 folgt:

**Satz 5.7.6:** Ein projektiver Kegel mit einem projektiven Leitkegelschnitt wird von einer projektiven Ebene, welche die Kegelspitze nicht enthält, in einem projektiven Kegelschnitt geschnitten.

Ist die Kegelspitze $S$ ein eigentlicher Punkt, so hängt der Typus des projektiven Kegelschnitts $\varphi \cap \Psi$ nach Satz 5.7.4 davon ab, wie viele Kegelerzeugenden in der zu $\varphi$ parallelen Richtebene $\tilde{\varphi}$ durch $S$ liegen; für eine Fernspitze $S$ ist $\varphi \cap \Psi$ vom gleichen Typus wie der projektive Leitkegelschnitt von $\Psi$.

Liegt der projektive Leitkegelschnitt $k$ des projektiven Kegels $\Psi$ mit eigentlicher Spitze $S$ in einer nicht projizierenden Ebene $\varepsilon$ bezüglich einer Parallelprojektion $p: \mathfrak{P} \to \pi$ und kennt man den Parallelriß $k^p$ von $k$ und den Riß $S^p$ der Kegelspitze $S$, so kann der Parallelriß $\bar{k}^p$ des Schnittes $\bar{k}$ von $\Psi$ mit einer $S$ nicht enthaltenden nicht projizierenden projektiven Ebene gezeichnet werden, falls vorbereitend folgende Schnittaufgaben gelöst werden: Ermittlung des Risses der projektiven Schnittgeraden $a = \varepsilon \cap \varphi$ sowie der projektiven Schnittgeraden $\bar{a} = \varepsilon \cap \bar{\varphi}$ von $\varepsilon$ mit der Richtebene $\bar{\varphi}$. Nach Satz 4.2.3 ist das Bild der Zentralperspektivität $\zeta: \varepsilon \to \varphi$ mit $S$ als Perspektivitätszentrum unter $p$ eine perspektive Kollineation $\varkappa: \pi \to \pi$ mit der Kollineationsachse $a^p$ und dem Kollineationszentrum $S^p$; die Verschwindungsgerade von $\varkappa$ ist der Riß $\bar{a}^p$ von $\bar{a}$, da bei der Zentralperspektivität $\zeta$ genau die Punkte von $\bar{a}$ in Fernpunkte abgebildet werden und die Parallelprojektion fernpunkttreu ist. Unter der perspektiven Kollineation[4] $\varkappa: \pi \to \pi$ entsteht aus dem projektiven Kegelschnitt $k^p$ dann der projektive Kegelschnitt $\bar{k}^p$. Die Risse der Konturpunkte in $\bar{k}$ ergeben sich ebenfalls mit Hilfe der perspektiven Kollineation $\varkappa$ (vgl. Fig. 5.46).

Verwendet man den in A 4.1, 2, Fn. 12 eingeführten Begriff Fernebene für die Menge aller Fernpunkte des projektiven Raumes, so ist die Menge der Fernpunkte eines projektiven Kegels mit projektivem Leitkegelschnitt und eigentlicher Spitze dem projektiven Leitkegelschnitt unter einer Kollineation[5] zugeordnet. Def. 5.7.1 und Satz 5.7.1 legen nahe

**Def. 5.7.3:** Eine Menge $k_u$ von Fernpunkten heißt ein *Fernkegelschnitt*[6], wenn sie die Menge der Fernpunkte aller Erzeugenden eines projektiven Kegels mit projektivem Leitkegelschnitt und eigentlicher Spitze ist. Eine Ferngerade, welche genau einen Punkt $P_u$ eines Fernkegelschnitts $k_u$ enthält, heißt die *Tangente* von $k_u$ in $P_u$.

Zwei projektive Kegel $\Psi_1$, $\Psi_2$ mit eigentlicher Spitze $S_1$, $S_2$ enthalten genau dann denselben Fernkegelschnitt, wenn $\Psi_1$ unter der Schiebung $S_1 \mapsto S_2$ in $\Psi_2$ übergeht.

## 5.7.3. Zentralriß eines projektiven Kegelschnitts, insbesondere eines Kreises

Der Zentralriß $k^c$ eines projektiven Kegelschnitts $k$ in einer nicht projizierenden projektiven Ebene $\varepsilon$ ist nach 4.1.4. der Schnitt des Sehkegels durch $k$ mit der projektiven Bildebene $\pi$, also nach Satz 4.2.1 und Satz 5.7.1 ein projektiver Kegelschnitt. Nach Satz 5.7.4 ist $k^c$ eine Ellipse, Parabel bzw. Hyperbel, je nachdem $k$ die Verschwindungsebene $\pi_v$ nicht trifft, berührt bzw. in zwei Punkten schneidet.

Gehört ein Kreis $k$ einer von der Verschwindungsebene verschiedenen Hauptebene $\varepsilon$ an, so ist $k^c$ nach Satz 4.2.2 ein Kreis; kennt man den Zentralriß $M^c$ des Mittelpunktes $M$ von $k$ und mißt man in einer Hauptgeraden durch $M$ gemäß 4.4.5. den Radius von $k$ ein, so ist der Kreis $k^c$ festgelegt (vgl. Fig. 6.32).

Ist die nicht projizierende Ebene $\varepsilon$ des Kreises $k$ keine Hauptebene, so drehen wir $\varepsilon$ gemäß 4.4.6. um die Hauptgerade $h$ von $\varepsilon$ durch den Kreismittelpunkt $M$ in die Hauptebene $\varepsilon_0$ durch $h$. Der kreisförmige Zentralriß $k_0{}^c$ des parallelgedrehten Kreises $k_0$ in $\varepsilon_0$ hat dann $M^c = M_0{}^c$ zum Mittelpunkt; man erhält einen Punkt $P_0{}^c$ von $k_0{}^c$, wenn man in der Hauptgeraden $h$ den Radius von $k$ gemäß 4.4.5. einmißt. Wird dagegen die Spurgerade $h$ von $\varepsilon$ als Achse der Drehung von $\varepsilon$ in die Bildebene $\pi$ gewählt, was graphisch etwa dann günstiger ist, falls mehrere Kreise der Ebene $\varepsilon$ darzustellen sind, so wird der Zentralriß $M_0{}^c$ der parallelgedrehten Lage $M_0$ von $M$ mit Hilfe der in 4.4.6. beschriebenen perspektiven Kollineation $\varkappa(M_\varepsilon, h^c; F_u{}^c \mapsto F_{u0}{}^c)$ ermittelt; dabei ist $M_\varepsilon$ der Meßpunkt von $\varepsilon$, der Punkt $F_u{}^c$ gehört der Fluchtgeraden $e_u{}^c$ von $\varepsilon$ an, und der Punkt

[4] Linienmäßig stimmen die Konstruktionen mit jenen von Fig. 5.34 und Fig. 5.35 überein, die in 5.5.2. speziell für einen Drehkegel mit Hilfe räumlicher Überlegungen gewonnen wurden.

[5] Eine Kollineation auf die Fernebene besitzt keine Verschwindungsgerade und keine Fluchtgerade.

[6] Bei den Fernkegelschnitten sind Unterscheidungen zwischen Ellipsen, Hyperbeln und Parabeln ebenso sinnlos wie die Begriffe Mittelpunkt, Brennpunkt und Asymptote.

$F_{u0}^c$ ist der Fernpunkt der Perspektivitätsgeraden $M_\varepsilon F_u^c$. Der Kreis $k_0^c$ hat dann $M_0^c$ als Mittelpunkt und gleichen Radius wie $k$.
Der Kreis $k_0^c$ geht unter der perspektiven Kollineation $\varkappa^{-1}(M_\varepsilon, h^c, F_{u0}^c \mapsto F_u^c)$, wobei $h^c$ der Zentralriß der Drehachse $h$ ist, in den gesuchten projektiven Kegelschnitt $k^c$ über. Zur planimetrischen Konstruktion von $k^c$ muß zuerst die Verschwindungsgerade von $\varkappa^{-1}$ ermittelt werden: Dies ist der Zentralriß $v_0^c$ jener Geraden $v_0$ von $\varepsilon_0$, die unter der Paralleldrehung aus der Verschwindungsgeraden $v = \varepsilon \cap \pi_v$ von $\varepsilon$ entsteht.

**Satz[7] 5.7.7:** Der Zentralriß $v_0^c$ der parallelgedrehten Lage $v_0$ der Verschwindungsgeraden $v$ einer zur Bildebene nicht parallelen Ebene $\varepsilon$ entsteht aus dem Zentralriß $h^c$ der Drehachse $h \subset \varepsilon$ unter einer Schiebung, welche die Fluchtgerade $e_u^c$ von $\varepsilon$ in eine Gerade durch denMeßpunkt $M_\varepsilon$ von $\varepsilon$ überführt.

*Beweis*

Wie die in Fig. 5.51 schraffierten kongruenten Dreiecke zeigen, geht die gedrehte Lage $v_0$ von $v$ unter einer Schiebung in $\varepsilon_0$ aus $h$ hervor, welche die Schnittgerade von $\varepsilon_0$ mit der zu $\varepsilon$ parallelen Ebene $\bar{\varepsilon}$ durch den Augpunkt $O$ in eine Gerade durch den Schnittpunkt von $\varepsilon_0$ mit der Geraden $OM_\varepsilon$ überführt. Da die Zentralrisse gleich weit entfernter Paare paralleler Geraden von $\varepsilon_0$ nach Satz 4.2.2 gleich weit entfernte Paare paralleler Geraden sind, folgt die Behauptung. □

Mit Hilfe von $v_0^c$ kann der projektive Kegelschnitt $k^c$ unter der Kollineation $\varkappa^{-1}$ gemäß 5.7.2. aus dem Kreis $k_0^c$ gewonnen werden[8].
Die planimetrische Konstruktion des Zentralrisses $k^c$ eines projektiven Kegelschnitts $k$ einer nicht projizierenden Ebene $\varepsilon$ erfolgt im Prinzip wie im Falle eines Kreises. Ist die Ebene $\varepsilon$ keine Hauptebene, so hat man den Zentralriß $k_0^c$ des parallelgedrehten projektiven Kegelschnitts $k$ gemäß 5.7.2. der perspektiven Kollineation $\varkappa^{-1}(M_\varepsilon, h^c, F_{u0}^c \mapsto F_u^c)$ zu unterwerfen. Zur Festlegung einer Ellipse bzw. Hyperbel bzw. Parabel $k_0^c$ genügt es gemäß 5.2.1., (E4) bzw. 5.3.2., (H2) bzw. 5.4.3., (P2), konjugierte Halbmesser bzw. die Asymptoten und einen Punkt bzw. zwei Punkte samt Tangenten zu kennen.
Entsteht ein projektiver Kegelschnitt $\bar{k}$ aus einem Kreis $k$ unter einer Perspektivität $\zeta$, wie das etwa beim ebenen Schnitt eines Kegels mit einem Leitkreis $k$ zutrifft, so ermittelt man zuerst den Zentralriß $k^c$ des Kreises $k$ und unterwirft den projektiven Kegelschnitt $k^c$ jener perspektiven Kollineation, welche das Bild der Perspektivität $\zeta$ unter der Zentralprojektion ist (vgl. Fig. 5.52).

### 5.7.4. Beispiele

(1) In einer Perspektive mit horizontaler Blickachse, wobei der Hauptpunkt $H$ und die Distanz, der Horizont $p_{1u}^c$ und der Zentralriß $p_1^c$ der Spurgeraden $p_1$ von $\pi_1$ bekannt sind, ist der Zentralriß eines Kreiskegels $\Phi$ zu konstruieren. Von der lotrechten Ebene $\varepsilon$ des Leitkreises $k$ mit Radius $r$ kennt man den Zentralgrundriß $\varepsilon'^c$, vom Mittelpunkt $M$ des Kreises $k$ sowie der Kegelspitze $S$ sind der Zentralriß und der Zentralgrundriß bekannt (Fig. 5.52).

KB. Die zu $p_{1u}^c$ normale Fluchtgerade $e_u^c$ von $\varepsilon$ geht durch den Punkt $F_u^c = \varepsilon'^c \cap p_{1u}^c$ und ist zum Zentralriß $h^c$ der Hauptgeraden $h$ von $\varepsilon$ durch $M$ parallel. Mit Hilfe des Meßpunkts $M_h = F_u^c$ von $h$ wird der Radius $r$ in $h$ eingemessen und $\varepsilon$ um $h$ parallelgedreht; der Zentralriß $k_0^c$ der parallelgedrehten Lage $k_0$ des Kreises $k$ hat den Mittelpunkt $M^c$ und geht durch den Zentralriß $P^c$ eines Punktes $P$ von $k$ in $h$. Mit Hilfe des Meßpunktes $M_\varepsilon$ von $\varepsilon$ wird der projektive Kegelschnitt $k^c$ aus dem Kreis $k_0^c$ unter der perspektiven Kollineation $\varkappa^{-1}(M_\varepsilon, h^c; F_{u0}^c \mapsto F_u^c)$ gemäß 5.7.2. gewonnen; in Fig. 5.52 ist $k^c$ eine Ellipse.
Die Zentralrisse der Konturerzeugenden von $\Phi$ sind die Tangenten aus $S^c$ an $k^c$. Wir ermitteln jenen Punkt $T$ der Zeichenebene, für den $T = S^{c\varkappa}$ gilt; die Berührungspunkte der Tangenten aus $T$ an $k_0^c$ gehen unter $\varkappa^{-1}$ in die Umrißpunkte von $k^c$ über.
Die Sichtbarkeitsverhältnisse des Zentralrisses sind mit Satz 4.4.5 im Zentralgrundriß abzulesen. △

[7] Dieser Satz ergibt sich planimetrisch aus A 4.2, 5.

[8] Im Fall eines hyperbelförmigen Zentralrisses $k^c$ schneidet die Gerade $v_0^c$ den Kreis $k_0^c$ in zwei Punkten; der Kreis $k$ durchsetzt also die Verschwindungsebene $\pi_v$. Der Sehraum enthält dann einen Kreisbogen, dessen Zentralriß ein Ast der Hyperbel $k^c$ ist. Der nicht im Sehraum liegende Bogen von $k$ führt auf den zweiten Ast der Hyperbel $k^c$, doch hat dieser nur konstruktive Bedeutung und tritt weder beim Sehvorgang noch beim Schattenwurf auf eine ebene Wand in Erscheinung.

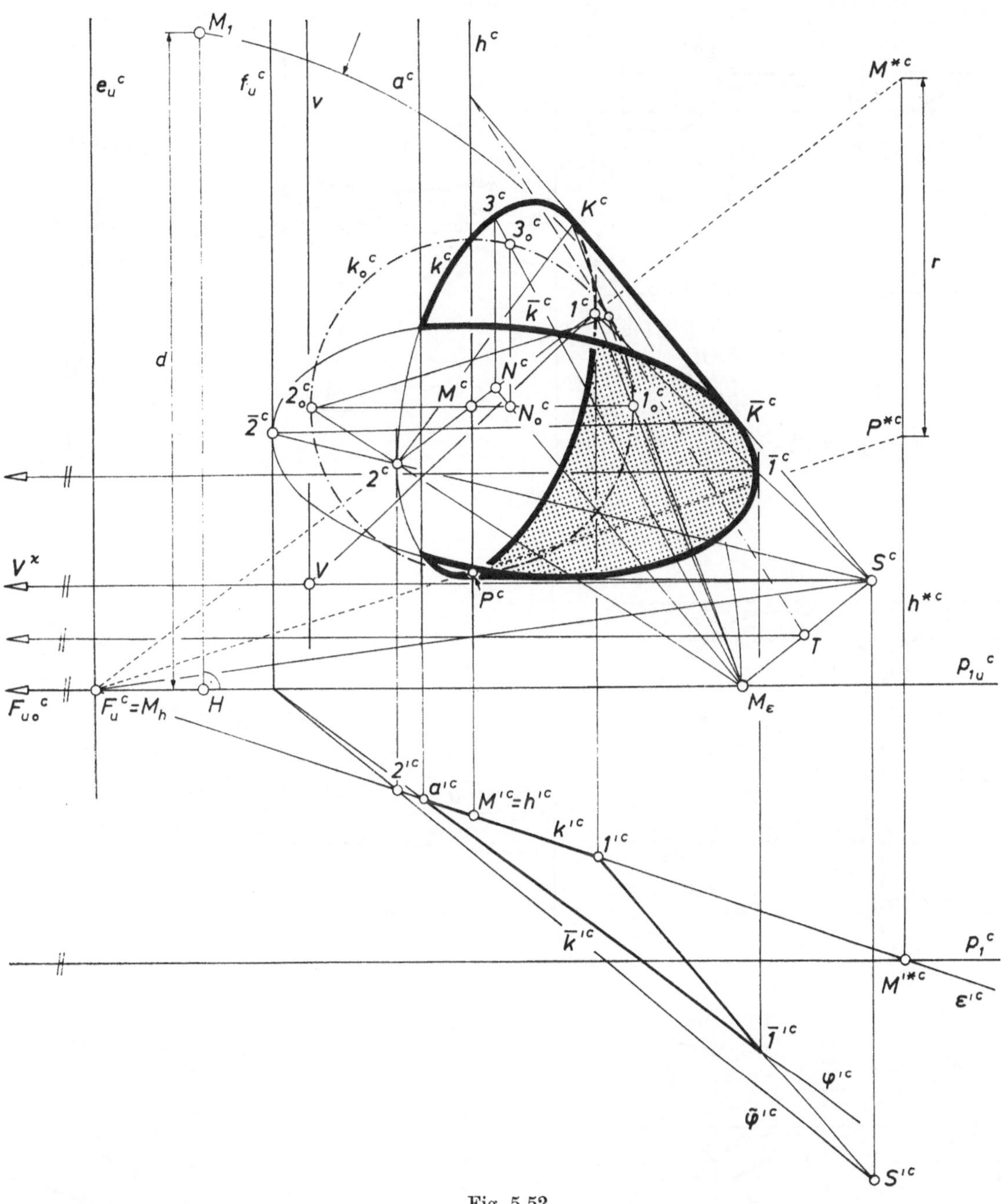


Fig. 5.52

(2) Der Kreiskegel $\Phi$ aus Beispiel (1) ist mit einer Ebene $\varphi$ zu schneiden, die zu einer seiner beiden lotrechten Tangentialebenen parallel ist und durch die lotrechte Gerade $a$ von $\varepsilon$ geht (Fig. 5.52); die Ebene $\varphi$ schneidet $\Phi$ nach Satz 5.5.4 in einer Parabel $\bar k$.

KB. Die $a$ enthaltende Schnittebene $\varphi$ besitzt dieselbe Fluchtgerade $f_u^c$ wie die lotrechte Richtebene $\tilde\varphi$. Der projektive Kegelschnitt $\bar k^c$ entsteht nach Satz 4.2.4 aus der Ellipse $k^c$ unter einer perspektiven Kollineation $\varkappa_1$ der Zeichenebene, welche $S^c$ als Kollineationszentrum und $a^c = (\varepsilon \cap \varphi)^c$ als Kollineationsachse besitzt. Unter Verwendung des Zentralgrundrisses kann der Zentralriß $\bar 1^c$ des Schnittpunktes $\bar 1$ der Kegelerzeugenden $S1$ mit der lotrechten Ebene $\varphi$ gefunden werden; dann ist $\varkappa_1$ die perspektive Kollineation $(S^c, a^c; 1^c \mapsto \bar 1^c)$. Der Urpunkt $V$ des Fernpunkts $F_{u0}^c = V^{\varkappa_1}$ unter $\varkappa_1$ gehört der zu $a^c$ parallelen Verschwindungsgeraden $v$ von $\varkappa_1$ an. Da diese die Ellipse $k^c$ in Fig. 5.52 nicht trifft, ist der Zentralriß $\bar k^c$ der Parabel $\bar k$ eine Ellipse.

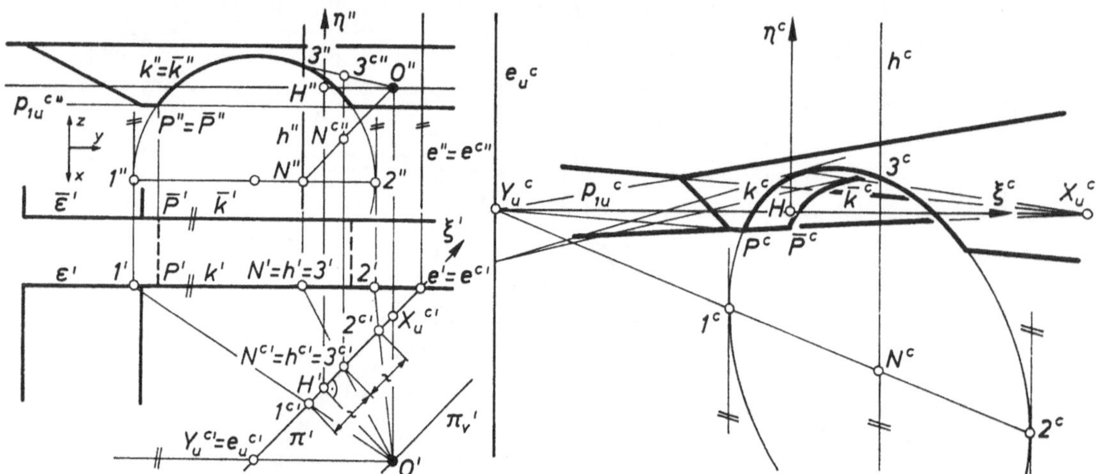

Fig. 5.53

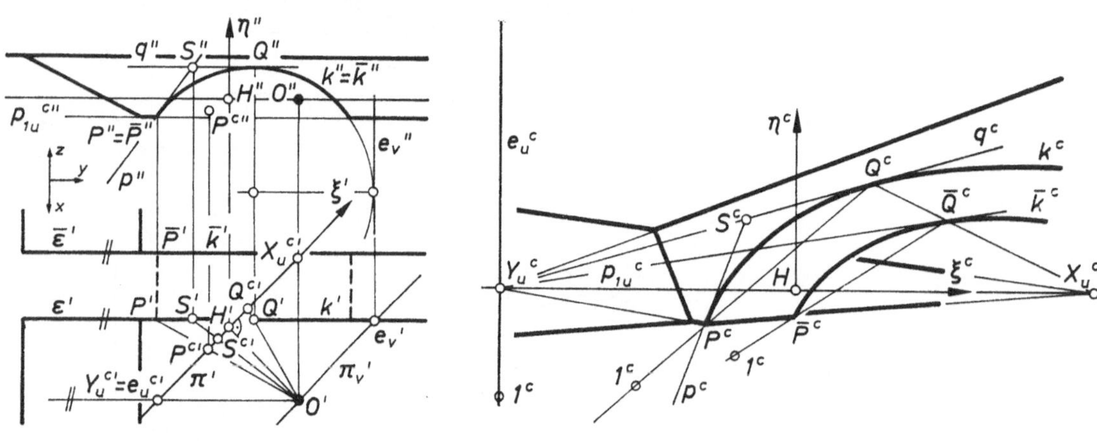

Fig. 5.54

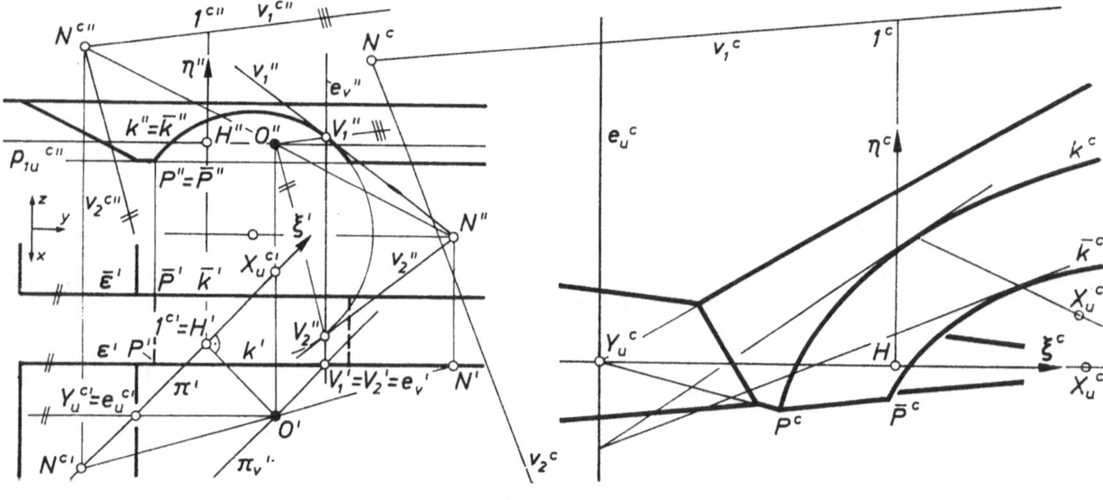

Fig. 5.55

Mit Hilfe jener Punkte $1^c$, $2^c$ von $k^c$, in denen die Tangenten der Ellipse $k^c$ zur Kollineationsachse $a^c$ von $\varkappa_1$ parallel sind, erhält man die Ellipse $\bar{k}^c$ gemäß 5.7.2.; der Punkt $\bar{2}^c = 2^{c\varkappa_1}$ liegt dabei in der Fluchtgeraden $f_u{}^c$ von $\varphi$, da $\bar{2}$ der Fernpunkt der Parabel $\bar{k}$ ist. Den Zentralriß eines Konturpunkts $\bar{K}$ von $\bar{k}$ erhält man unter $\varkappa_1$ aus dem Zentralriß eines Konturpunkts $K$ von $k$. △

(3) Der Zentralriß $k^c$ eines Kreises $k$ wird im Durchschnittverfahren so gefunden, daß die zur Festlegung des projektiven Kegelschnitts $k^c$ nötigen Angabeelemente in den gegebenen gepaarten Normalrissen ermittelt werden. Fig. 5.53, 5.54 und 5.55 zeigen Zentralrisse eines drehzylindrischen Durchlasses, wobei der Stirnkreisbogen $k$ entsprechend den verschiedenen Lagen des Augpunkts $O$ zum Objekt einen ellipsenförmigen bzw. parabelförmigen bzw. hyperbelförmigen Zentralriß $k^c$ besitzt[9]. Durch Eintragen der Schnittgeraden $v$ der Verschwindungsebene $\pi_v$ mit der Ebene $\varepsilon$ von $k$ können diese drei Fälle unterschieden werden. Die Einheitsstrecke für den Zentralriß ist in diesen Figuren doppelt so groß gewählt wie die Einheitsstrecke für die gepaarten Normalrisse.

KB. Ist $k^c$ eine Ellipse, so ermittelt man im Grund- und Aufriß jene Punkte *1*, *2* von $k$ mit zu $v$, also zu $e = \varepsilon \cap \pi$ parallelen Tangenten, den Punkt $N$ auf *12*, dessen Zentralriß $N^c$ der Mittelpunkt der Strecke $[1^c, 2^c]$ ist, und schließlich den zu $e^c$ parallelen, zu $[1^c, N^c]$ konjugierten Halbmesser $[3^c, N^c]$ der Ellipse $k^c$, der dem Zentralriß der zu $e$ parallelen Sehnengeraden $h$ von $k$ durch $N$ angehört (Fig. 5.53).
Ist $k^c$ eine Parabel, so benützen wir zu ihrer Festlegung zwei Punkte $P$, $Q$ von $k$ und den Schnittpunkt $S$ der Tangenten $p$, $q$ von $k$ in $P$, $Q$ (Fig. 5.54).
Bei einer Hyperbel $k^c$ ist der Zentralriß $N^c$ des Schnittpunktes $N$ der Tangenten $v_1$, $v_2$ von $k$ in den Punkten $V_1$, $V_2$ der Geraden $v$ der Mittelpunkt von $k^c$; die Asymptoten $v_1{}^c$, $v_2{}^c$ von $k^c$ sind zu den Geraden $OV_1$, $OV_2$ parallel, da jede der beiden Erzeugenden des Sehkegels von $k$ in der Verschwindungsebene $\pi_v$ nach Satz 5.7.4 einen Fernpunkt der Hyperbel $k^c$ enthält. Mit Hilfe eines Punktes $1^c$ in $v_1{}^c$ erhält man $v_1{}^c$, und Analoges gilt für $v_2{}^c$ (Fig. 5.55). Ermittelt man noch zu einem Punkt $P \in k$ den Zentralriß $P^c$, so ist die Hyperbel $k^c$ festgelegt.
Der zweite Kreisbogen $\bar{k}$ des drehzylindrischen Teiles liegt in der zu $\varepsilon$ parallelen Ebene $\bar{\varepsilon}$ und entsteht aus $k$ unter einer Schiebung mit $x$-parallelen Schiebgeraden, also einer Parallelperspektivität. Der Kegelschnitt $\bar{k}^c$ entsteht daher aus dem Kegelschnitt $k^c$ unter der perspektiven Kollineation $(X_u{}^c, e_u{}^c; P^c \mapsto \bar{P}^c)$, wobei $P$ und $\bar{P}$ die Punkte von $k$ und $\bar{k}$ in einer Zylindererzeugenden sind; damit können Punkte und Tangenten von $\bar{k}^c$ ermittelt werden. △

## 5.7.5. Polarsystem eines projektiven Kegelschnitts

In Analogie zu 1.4.1. nennen wir eine projektive Gerade, welche zwei verschiedene Punkte eines projektiven Kegelschnitts $k$ enthält, eine *Sehnengerade* von $k$.

**Satz 5.7.8:** Gehört ein Punkt $P$ einer projektiven Ebene $\pi$ einem projektiven Kegelschnitt $k$ in $\pi$ nicht an, so liegen die Schnittpunkte der Tangenten von $k$ in den beiden Kegelschnittpunkten jeder Sehnengeraden durch $P$ in einer festen projektiven Geraden $p \subset \pi$. Gehen durch $P$ zwei Tangenten von $k$, so verbindet $p$ die Berührungspunkte dieser Tangenten.

*Beweis*

Nach Def. 5.7.1 genügt es, diesen Satz für einen Kreis $k \subset \pi$ zu beweisen. Wir fassen $k \subset \pi$ als Großkreis einer Kugel $\Phi$ auf (Fig. 5.56 und Fig. 5.57 zeigen nur je eine Halbkugel).
Gehen durch den eigentlichen bzw. uneigentlichen Punkt $P \in \pi$ zwei Tangenten $t_1$, $t_2$ von $k$ (Fig. 5.56), so existiert nach 1.4.4. ein Tangentialkegel bzw. Tangentialzylinder $\Psi_P$ von $\Phi$, dessen Erzeugenden den Punkt $P$ enthalten und dessen Berührungskreis $c$ mit $\Phi$ einer zu $\pi$ normalen Ebene angehört. Bei der Normalprojektion $n: \mathfrak{P} \to \pi$ liegt $c^n$ in der Verbindungsgeraden $p$ der Berührungspunkte $T_1$, $T_2$ von $t_1$, $t_2$, da $t_1$ und $t_2$ auch Kugeltangenten sind. Eine Verbindungsgerade $q$ zweier verschiedener Kreispunkte $A$, $B$, die $P$ enthält, ist Normalriß eines Kreises $\bar{c}$ von $\Phi$ in einer zu $\pi$ normalen Ebene durch $P$, und der Punkt $R := p \cap q$ kann als Normalriß von zwei zu $\pi$ symmetrischen Punkten $R_1$ und $R_2$ aufgefaßt werden, die $c$ und $\bar{c}$ angehören (Fig. 5.56). Durch den Schnittpunkt $Q \in \pi$ der Tangenten von $k$ in $A$ und $B$ gehen alle Erzeugenden des Tangentialkegels bzw. Tangentialzylinders $\Psi_Q$ von $\Phi$ längs $\bar{c}$. In der Tangentialebene $\tau$ von $\Phi$ in $R_1$ liegen die Erzeugende $PR_1$ von $\Psi_P$, die Erzeugende $QR_1$ von $\Psi_Q$, die Tangente $t$ von $c$ sowie die Tangente $\bar{t}$ von $\bar{c}$.

[9] Diese Bildfolge zeigt den Einfluß der Lage des Augpunkts zum Objekt auf die Bildwirkung eines Zentralrisses.

Da $\Psi_P$ und $\Psi_Q$ Drehkegel oder Drehzylinder sind, gilt $PR_1 \perp t$ und $QR_1 \perp \bar{t}$; aus $\bar{t}^n = q$ folgt $\bar{t} = PR_1$ und damit $t = QR_1$, so daß $Q$ in $p$ liegt.
Geht durch $P \in \pi \setminus k$ keine Tangente von $k$, so ist $P$ Normalriß von zwei zu $\pi$ symmetrischen Punkten $P_1, P_2$ von $\Phi$ (Fig. 5.57); die Tangentialebenen $\tau_1$ und $\tau_2$ von $\Phi$ in $P_1$ und $P_2$ schneiden einander in einer Geraden $p \subset \pi$. Eine Verbindungsgerade $q$ zweier verschiedener Kreispunkte $A, B$, die $P$ enthält, ist Normalriß eines Kreises $\bar{c}$ von $\Phi$ in einer zu $\pi$ normalen Ebene durch $P$. Alle Erzeugenden des Tangentialkegels bzw. Tangentialzylinders $\Psi_Q$ von $\Phi$ längs $\bar{c}$ gehen durch einen Punkt $Q \in \pi$, der in $p$ liegt, da die Tangentialebenen $\tau_1$ und $\tau_2$ auch Tangentialebenen von $\Psi_Q$ sind. □

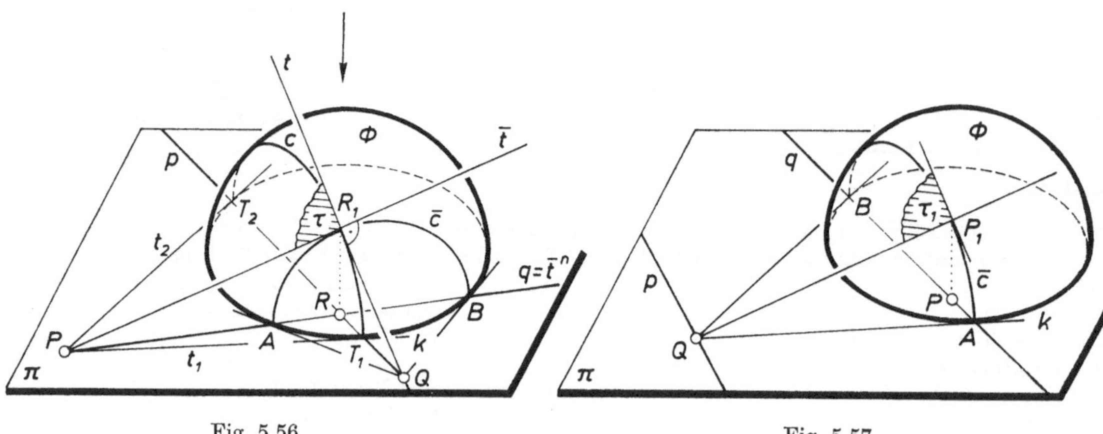


Fig. 5.56 Fig. 5.57

Dieser Satz ermöglicht

**Def. 5.7.4:** Ist $k$ ein projektiver Kegelschnitt einer projektiven Ebene $\pi$ und $P \in \pi$ ein Punkt in $k$ bzw. nicht in $k$, so heißt die Tangente von $k$ in $P$ bzw. jene projektive Gerade, in der die Schnittpunkte der Tangenten von $k$ in den beiden Kegelschnittpunkten jeder Sehnengeraden durch $P$ liegen, die *Polare von P bezüglich k.*

Durch Def. 5.7.4 wird eine Bijektion der Punktmenge einer projektiven Ebene $\pi$ auf ihre Geradenmenge definiert, wie man unter Benützung der Beweisidee zu Satz 5.7.8 erkennt. Diese durch einen projektiven Kegelschnitt $k$ definierte Bijektion heißt das *Polarsystem von k*. Ist $p$ die Polare von $P$, so nennen wir $P$ den *Pol von p.*
Die Polare des Mittelpunktes einer Ellipse oder Hyperbel in $\pi$ ist nach Def. 5.7.4 die Ferngerade von $\pi$; im Falle einer Parabel $k \subset \pi$ ist die Polare des Fernpunktes von $k$ die Ferngerade von $\pi$. Ist $p \subset \varepsilon$ die Polare des Punktes $P \in \varepsilon$ bezüglich eines projektiven Kegelschnitts $k \subset \varepsilon$ und $\varkappa$: $\varepsilon \to \varphi$ eine Kollineation, so ist die Gerade $p^\varkappa \subset \varphi$ die Polare des Punktes $P^\varkappa \in \varphi$ bezüglich des projektiven Kegelschnitts $k^\varkappa \subset \varphi$, wie aus Def. 5.7.4 sofort folgt. Berührt die Verschwindungsgerade $v \subset \varepsilon$ von $\varkappa$ den projektiven Kegelschnitt $k \subset \varepsilon$ nicht, so ist somit der dem Pol $N$ von $v$ unter $\varkappa$ zugeordnete Punkt $N^\varkappa \in \varphi$ der Mittelpunkt[10] der Ellipse bzw. Hyperbel $k^\varkappa$; berührt dagegen die Verschwindungsgerade $v \subset \varepsilon$ den Kegelschnitt $k$ in $V$, so ist $V^\varkappa \in \varphi$ der Fernpunkt der Parabel $k^\varkappa$. Unter Verwendung von Def. 5.7.3 wird durch Def. 5.7.4 das Polarsystem eines Fernkegelschnitts erklärt, das die Menge der Fernpunkte bijektiv auf die Menge der Ferngeraden abbildet.

## Aufgaben 5.7

1. In einer projektiven Ebene ist durch folgende Angaben genau ein projektiver Kegelschnitt festgelegt:
   (a) Fünf Punkte *1, 2, 3, 4, 5*, von denen nie drei kollinear sind.
   (b) Vier Punkte *1, 2, 3, 4*, von denen nie drei kollinear sind, und die Tangente $t$ in *1*, die keinen zweiten Angabepunkt enthält.
   (c) Ein Dreieck *1, 2, 3* und die Tangente $t_1$ bzw. $t_2$ in *1* bzw. *2*, die jeweils keinen zweiten Angabepunkt enthält.
   (Anl.: Verwende die Gerade *12* als Verschwindungsgerade einer Kollineation und A 5.3, 7 bzw. Satz 5.3.2.)

[10] Dies ergibt sich mit Def. 5.7.4 auch aus 5.7.2., Fall 1 bzw. Fall 3.

**2.** Ist $Q$ ein Punkt der Polaren $p$ von $P$ bezüglich eines projektiven Kegelschnitts $k$, so enthält die Polare $q$ von $Q$ den Punkt $P$.
(Anl.: Beweise den Satz zuerst für einen Kreis mit Hilfe des Beweises zu Satz 5.7.8; diskutiere dabei die möglichen Lagen von $P$ und $Q$ bezüglich $k$.)

**3.** Die Polaren von drei kollinearen Punkten gehen durch einen Punkt.
(Anl.: Benütze A 5.7, 2.)

**4.** Sei $k$ ein projektiver Kegelschnitt einer projektiven Ebene $\varepsilon$ und $\varkappa : \varepsilon \to \varepsilon$ eine perspektive Kollineation mit dem Kollineationszentrum $Z$ und der Verschwindungsgeraden $v$. Gib für den Fall, daß $v$ den projektiven Kegelschnitt $k$ in zwei Punkten $V_1$, $V_2$ schneidet bzw. in einem Punkt $V$ berührt, eine direkte Konstruktion der Scheitel $A^\times$, $B^\times$ der Hyperbel $k^\times$ bzw. des Scheitels $A^\times$ der Parabel $k^\times$ an.
(Anl.: Sind $v_1$, $v_2$ die Tangenten von $k$ in $V_1$, $V_2$, so liegen die Punkte $A^\times$, $B^\times$ in einer Winkelsymmetrale von $v_1^\times$ und $v_2^\times$. Zu $ZV$ sind die Durchmessergeraden der Parabel $k^\times$ parallel; für den Verschwindungspunkt $1$ der Tangente $s$ von $k$ im Urpunkt $A \in k$ des Scheitels $A^\times \in k^\times$ gilt $ZV \perp Z1$.)

**5.** Ist die Gerade $s$ die Polare des Punktes $S$ bezüglich eines projektiven Kegelschnitts $k \subset \pi$ mit $S \notin k$ und schneidet eine Gerade $f$ durch $S$ die Gerade $s$ in $F$ und $k$ in zwei verschiedenen Punkten $E_1$, $E_2$, so gilt $\mathrm{DV}(E_1, E_2, S, F) = -1$.
(Anl.: Ist $s$ die Verschwindungsgerade einer Kollineation $\varkappa : \pi \to \pi$, so fällt $S^\times$ in den Mittelpunkt von $k^\times$. Aus $\mathrm{TV}(E_1^\times, E_2^\times, S^\times) = -1$ folgt mit Satz 4.1.5 und Satz 4.1.9 die Behauptung.)

**6.** Lege eine perspektive Kollineation fest, die eine Hyperbel $k$ in ihren Scheitelkreis überführt, wobei das Kollineationszentrum ein Scheitel und die Kollineationsachse die Tangente im anderen Scheitel von $k$ ist.

# 6. Elementare Flächen

Wir nennen eine Fläche elementar, wenn sie entweder aus ebenen Stücken besteht oder die folgenden beiden Eigenschaften besitzt: Die Fläche ist eine Bewegfläche, läßt sich also durch stetige Bewegung einer Kurve erzeugen, und die Existenz der Tangentialebenen kann ohne Rechnung auf anschauliche Weise bewiesen werden. Beispiele dafür sind nach 1.4. die Zylinder und Kegel, die durch geeignete stetige Bewegungen einer Geraden entstehen, und die Kugeln. Die Untersuchung von Flächen im Rahmen der konstruktiven Geometrie hat nicht primär den Zweck, möglichst allgemeine Ansichten der Flächen zu konstruieren, sondern mit den für die konstruktive Geometrie typischen Methoden die gestaltlichen Verhältnisse der Flächen zu studieren und ihre Eigenschaften zu gewinnen; insbesondere dient dazu die Diskussion ihrer ebenen Schnitte und ihrer Konturen. Auf den Einsatz von Aussagen der algebraischen Geometrie wird so wie bisher konsequent verzichtet.

Nach allgemeinen Eigenschaften von Polyedern und ihrer Netze behandeln wir vor allem die fünf regulären Polyeder und beweisen mit Hilfe der Maßaufgaben, daß die fünf möglichen regulären Polyeder tatsächlich, und zwar im wesentlichen eindeutig existieren[1]. Auch der Beweis des EULERschen Polyedersatzes verwendet nur konstruktive Methoden.

Die Behandlung der Kugel ist Voraussetzung zum Studium der Drehflächen. Die Diskussion des axonometrischen Umrisses einer Kugel führt auf ein Kriterium für eine normalaxonometrische Grundfigur. Ausführlich werden die Drehquadriken untersucht, die im Bauwesen zunehmend an Bedeutung gewinnen[2]. Eine Verallgemeinerung der Erzeugung von Zylindern führt auf die Schiebflächen. Wir studieren insbesondere die elliptischen und die hyperbolischen Paraboloide; die zuletzt genannten Flächen werden als spezielle Regelflächen ausführlich in 9.2.3. behandelt.

In der Darstellenden Geometrie treten Kurven als Schnitte von Flächen auf, wie das nach **5.** auch für die Kegelschnitte zutrifft. Wir behandeln die allgemeinen Methoden zur Ermittlung der Punkte und Tangenten einer Schnittkurve und diskutieren diese Verfahren bei speziellen Flächenklassen. Besondere Bedeutung für die Anwendungen besitzen hinreichende Bedingungen dafür, daß eine Schnittkurve aus einfachen Teilkurven besteht; auch hier wird konsequent auf Hilfsmittel der algebraischen Geometrie verzichtet. Abschließend untersuchen wir spezielle Schnitte des Torus, insbesondere die VILLARCEAUschen Kreise.

In **7.** sind Aussagen über elementare Flächen und ihre Schnitte vom differentialgeometrischen Standpunkt ergänzt. In **6.** vorkommende Sätze über spezielle quadratische Varietäten werden in **10.** mit Methoden der analytischen Geometrie neu bewiesen und verallgemeinert.

Wir arbeiten in **6.**, wenn nicht ausdrücklich etwas anderes vorausgesetzt wird, im Anschauungsraum, verwenden also keine Fernpunkte.

[1] Diese Aussage erfordert bei einem analytischen Beweis umfangreiche, wenig durchsichtige Rechnungen. Vgl. etwa den Nachweis für die Existenz eines Ikosaeders in [13, 318].

[2] Üblicherweise werden die Drehquadriken auf rechnerischem Wege und mit Hilfe von Methoden der algebraischen Geometrie untersucht, was den komplex erweiterten projektiven Raum erfordert und daher zu Aussagen führt, die im Rahmen des der Darstellenden Geometrie zugrunde liegenden Anschauungsraumes uneinsichtig bleiben. In älteren Lehrbüchern der Darstellenden Geometrie sind wohl aus diesem Grunde öfter direkte Methoden eingesetzt (vgl. etwa [16, I; 345], [18, II; 284]), doch befriedigen die Beweisführungen vielfach heute nicht mehr.
In letzter Zeit hat mein Mitarbeiter W. KICKINGER die Drehquadriken und die hyperbolischen Paraboloide in [9], [10], [11] und [12] behandelt.

## 6.1. Polyeder

### 6.1.1. Definitionen, Beispiele

In 1.4.1. sind die Begriffe Polygon und einfach geschlossene Kurve erklärt.

**Def. 6.1.1:** Eine kompakte[1] Teilmenge einer Ebene, deren Rand aus einem einfach geschlossenen Polygon besteht, heißt *Polygonbereich.* Ein endliches System von Polygonbereichen heißt *Polyeder* (*Vielflach*), wenn es zusammenhängend ist, jede Polygonseite gemeinsame Seite von genau zwei Polygonen ist und kein Teilsystem bereits diese Eigenschaften aufweist[2].

Die Ecken bzw. die Seiten der ein Polyeder bestimmenden Polygone heißen die *Ecken* bzw. die *Seiten* des Polyeders, die Polygonbereiche heißen die *Flächen* des Polyeders[3]. Gemäß Def. 6.1.1 enthält jede Seite genau zwei Ecken, und jede Seite gehört zu genau zwei Flächen eines Polyeders.
Die einfachsten Polyeder können aus Prismen und Pyramiden gewonnen werden:

**Def. 6.1.2:** Besitzt ein Prisma ein einfach geschlossenes Leitpolygon, so bildet der Leitpolygonbereich $B_1$ und der durch den Schnitt des Prismas mit einer zur Leitpolygonebene parallelen Ebene bestimmte Polygonbereich $B_2$ zusammen mit allen Parallelogrammbereichen in den Seitenebenen des Prismas, die von je zwei parallelen Seiten von $B_1$ und $B_2$ und den beiden Prismenkanten durch die Endpunkte dieser Seiten berandet werden, ein *prismenförmiges Polyeder.* Ist das Leitpolygon einer Pyramide einfach geschlossen, so bildet der Leitpolygonbereich $B$ zusammen mit allen Dreieckbereichen in den Seitenebenen der Pyramide, die von einer Seite von $B$ und den beiden Pyramidenkanten durch die Endpunkte dieser Seite berandet werden, ein *pyramidenförmiges Polyeder.*

Man spricht auch von den beiden schiebungsgleichen *Kappenflächen* eines prismatischen Polyeders bzw. der *Kappenfläche* eines pyramidenförmigen Polyeders; der beteiligte Ausschnitt des Prismas bzw. der Pyramide heißt *Mantel* dieser Polyeder. Wir verwenden in 6.1. die üblichen Kurzbezeichnungen *Prisma* bzw. *Pyramide* für prismenförmige bzw. pyramidenförmige Polyeder; in 6.1. treten keine Prismen und Pyramiden im Sinne von 1.4.3. auf.
Ein einfach geschlossenes ebenes Polygon und der dadurch bestimmte Polygonbereich heißen *regulär,* wenn alle Seiten gleich lang sind und alle Ecken in einem Kreis (*Umkreis*) liegen; der Mittelpunkt des Umkreises heißt *Mittelpunkt* des regulären Polygons. Ein Prisma bzw. eine Pyramide heißt *regelmäßig,* wenn das Leitpolygon regulär und die Prismenerzeugenden normal zur Leitpolygonebene sind bzw. die Pyramidenspitze in der Drehachse des Leitpolygonumkreises liegt. Alle Ecken einer regelmäßigen Pyramide liegen in einer Kugel, die durch den Leitpolygonumkreis und die Pyramidenspitze festgelegt ist.

[1] Eine Teilmenge $U$ einer Ebene $\varepsilon$ heißt *offen* in $\varepsilon$, wenn zu jedem Punkt $P$ von $U$ eine Kreisscheibe um $P$ zu $U$ gehört. Eine beschränkte Teilmenge $B$ einer Ebene $\varepsilon$ heißt *kompakt,* wenn sie *abgeschlossen,* also $\varepsilon \setminus B$ offen in $\varepsilon$ ist. Ein Punkt $R$ von $B \subset \varepsilon$ heißt *Randpunkt,* wenn in jeder Kreisscheibe in $\varepsilon$ um $R$ sowohl Punkte von $B$ wie auch von $\varepsilon \setminus B$ liegen, und die Menge aller Randpunkte heißt *Rand von B.*

[2] *Zusammenhängend* bedeutet, daß je zwei Ecken durch einen Streckenzug aus Seiten der Polygone des Systems verbunden werden können. Die in der Definition enthaltene Minimalitätsforderung verbietet, etwa zwei pyramidenförmige Polyeder mit gemeinsamer Spitze (vgl. Def. 6.1.2) als ein Polyeder aufzufassen.

[3] Im Sinne von Def. 6.1.1 ist ein Polyeder eine aus ebenen «Facetten» bestehende Fläche. In anderen mathematischen Disziplinen versteht man unter Polyedern jene Körper, die von einem Polyeder im Sinne von Def. 6.1.1 berandet werden (innerhalb jeder Kugel um einen Randpunkt eines Körpers $K \subset \mathfrak{P}$ liegen Punkte sowohl von $K$ wie auch von $\mathfrak{P} \setminus K$). Gelegentlich wird unter einem Polyeder auch eine Menge von Strecken verstanden, welche aus allen Seiten eines Polyeders im Sinne von Def. 6.1.1 besteht, also als Stabwerk realisiert werden kann.

**Def. 6.1.3:** Unterwirft man einen regulären Polygonbereich $B_1$ der axialen Drehung um die Drehachse $n$ seines Umkreises durch das halbe Maß seines Zentriwinkels[4] und anschließend einer Schiebung parallel zu $n$ in eine Lage $B_2$, so entsteht ein *regelmäßiges Antiprisma*, wenn man zu $B_1$ und $B_2$ jene gleichschenkligen Dreieckbereiche hinzufügt, die durch je eine Ecke von $B_1$ bzw. $B_2$ und die beiden nächstliegenden Ecken von $B_2$ bzw. von $B_1$ bestimmt sind.

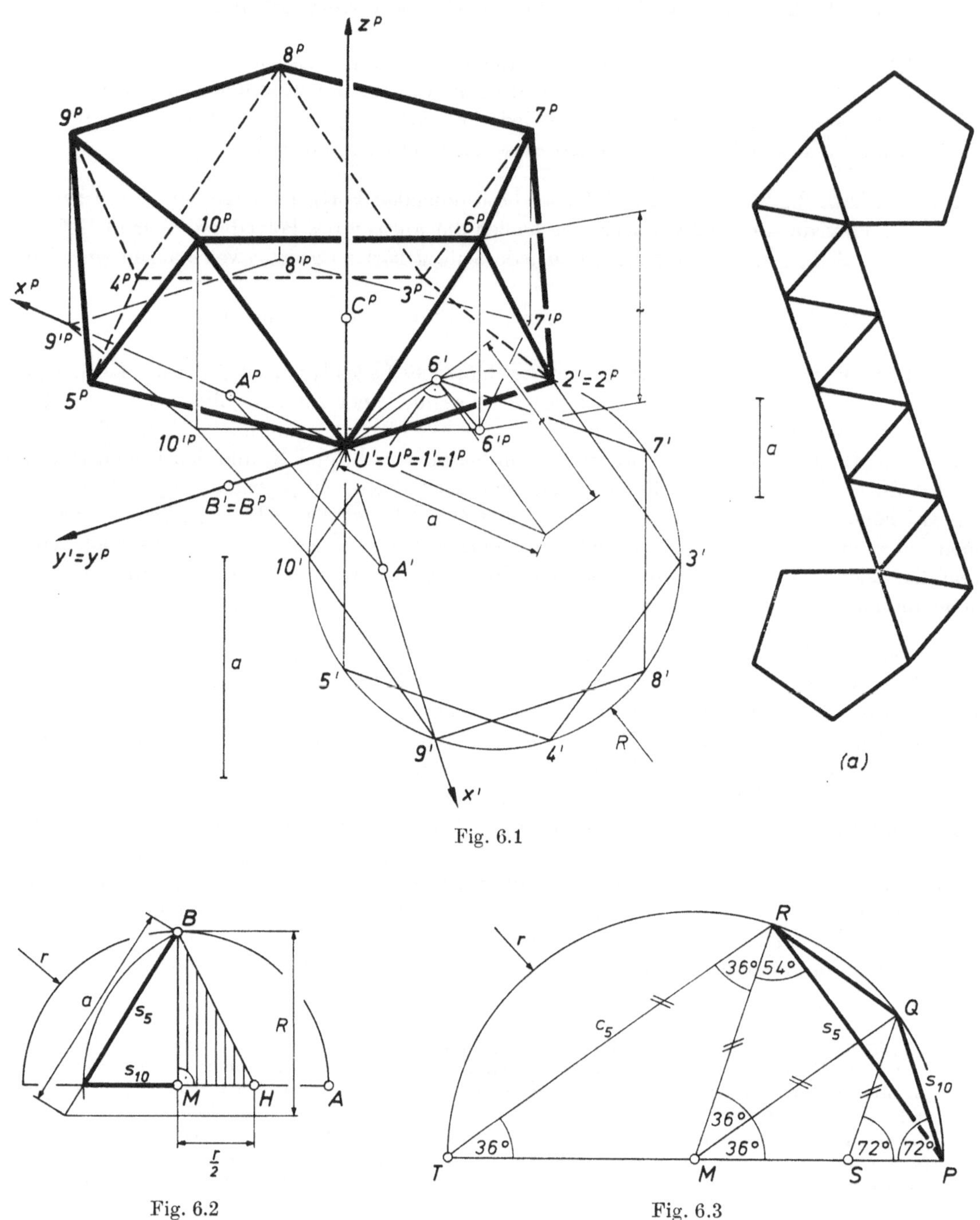

Fig. 6.1

Fig. 6.2

Fig. 6.3

[4] Besitzt ein reguläres Polygon $p$ Ecken, so ist für jede seiner Seiten $[P, Q]$ und seinen Mittelpunkt $M$ das Maß des *Zentriwinkels* $\sphericalangle\, PMQ$ gleich $360° : p$; sind $P$, $Q$, $R$ drei im Umkreis aufeinanderfolgende Ecken, so heißt $\angle\, PQR$ ein *Innenwinkel* des regulären Polygons, und es gilt $\sphericalangle\, PQR = (1 - 2/p)\ 180°$. Zwei reguläre Polygone mit gleich großen Innenwinkeln und gleich langen Seiten sind kongruent.

Die beiden Polygonbereiche $B_1$ und $B_2$ heißen *Kappenflächen* des regelmäßigen Antiprismas. Durch geeignete Wahl der Schiebstrecke kann man erreichen, daß die kongruenten gleichschenkeligen Dreieckbereiche sogar gleichseitig sind.
Wir konstruieren in Fig. 6.1 einen axonometrischen Riß eines regelmäßigen Antiprismas mit gleich langen Seiten und fünfeckigen Kappenflächen in einer isometrischen Angabe $\lambda = \mu = \nu$. In $\pi_1$ liegt ein reguläres Fünfeck $\{1 = U, 2, 3, 4, 5\}$ mit der Seitenlänge $a$ und $12 = y$. In Fig. 6.2. ist die Konstruktion der Seitenlänge $s_5$ bzw. $s_{10}$ eines regulären Fünfecks bzw. Zehnecks vom Umkreisradius $r$ angegeben, welche zwei normale Umkreishalbmesser $[M, A]$, $[M, B]$ und den Kreis um den Mittelpunkt $H$ der Strecke $[M, A]$ durch $B$ benützt[5]; unter Verwendung einer zentrischen Ähnlichkeit mit Zentrum $B$ kann man dann zu gegebener Länge $a$ den Radius $R$ des Umkreises von $\{1, 2, 3, 4, 5\}$ ermitteln (Fig. 6.2).

KB. Die Grundrisse des Fünfecks $\{1, 2, 3, 4, 5\}$ und des in einer zu $\pi_1$ parallelen Ebene $\eta_1$ liegenden verdrehten Fünfecks $\{6, 7, 8, 9, 10\}$ sind die Ecken eines regulären Zehnecks; dieses wird gemäß 2.3.5. so in die Zeichenebene gelegt, daß $U' = U^p$ und $2' = 2^p$ gilt (aus Platzgründen ist $(x', y')$ in Fig. 6.1 als Linkssystem gewählt). Die perspektive Affinität $(y^p;\ A' \mapsto A^p)$ liefert das Zehneck $\{1^p, \ldots, 5^p, 6'^p, \ldots, 10'^p\}$, wobei die der Seite $[1, 2]$ nächstliegende Ecke des in $\eta_1$ liegenden Fünfecks der Punkt $6$ sei; die Punkte $6, 7, 8, 9, 10$ haben dieselbe $z$-Koordinate, und mit $\overline{16} = a$ ergibt sich der Abstand $\overline{6\pi_1}$ aus einem Verzerrungsdreieck der Strecke $[1, 6]$. Gemäß Fn. 5, (2) ist der Abstand $\overline{6\pi_1}$ übrigens gleich dem Umkreisradius $R$ des Fünfecks $\{1, 2, 3, 4, 5\}$. Auf Grund der axonometrischen Angabe liegt Obersicht vor. △

## 6.1.2. Netze von Polyedern

Bezeichnet man die $e$ Ecken eines Polyeders in einer bestimmten Reihenfolge mit $A_1, \ldots, A_e$, so kann man die Ecken jeder der $f$ Flächen des Polyeders zusammenfassen und erhält so ein Verzeichnis aller Polyederflächen durch Angabe ihrer Ecken. Für ein *Tetraeder* (*Vierflach*) mit den Ecken $A_1, A_2, A_3, A_4$ etwa lautet dieses Verzeichnis $A_1, A_2, A_3; A_1, A_2, A_4; A_1, A_3, A_4; A_2, A_3, A_4$.
Konstruiert man in einer Ebene Polygonbereiche, welche zu den $f$ Flächen eines Polyeders kongruent sind, so erhält man ein *Netz* (*Verebnung*) des Polyeders. Dabei läßt man üblicherweise möglichst viele gleichbeschriftete Ecken zusammenfallen, ohne daß die einzelnen Polygonbereiche Innenpunkte gemeinsam haben. In Fig. 6.4 sind zwei verschiedene solche Netze eines Tetraeders mit gleich langen Seiten angegeben. Wir verwenden in einer Netzfigur den Zeiger $^v$, was auf «Verebnung» hinweisen soll. Fig. 6.1a zeigt ein Netz des regelmäßigen Antiprismas der Fig. 6.1 in einem anderen Zeichenmaßstab als die Hauptfigur.
Zur Konstruktion eines Netzes geht man zweckmäßig von gepaarten Normalrissen des Polyeders aus und kann die Abmessungen der einzelnen Polyederflächen durch Paralleldrehen ihrer Ebenen gemäß 3.3.2., (M2) ermitteln; im Falle dreieckiger Polygonbereiche genügt es, die Längen der Dreieckseiten nach 3.3.1., (M1) aufzusuchen.

[5] Ist $M$ der Mittelpunkt eines regulären Zehnecks bzw. Fünfecks mit der Seitenlänge $s_{10} = \overline{PQ}$ bzw. $s_5 = \overline{PR}$ und dem Umkreisradius $r$ (Fig. 6.3), so ist $\sphericalangle\, QMP = 36°$ bzw. $\sphericalangle\, RMP = 72°$ nach Fn. 4. Schneidet die Parallele zu $MR$ durch $Q$ die Gerade $MP$ in $S$, so ist $\overline{SQ} = \overline{QP} = s_{10}$ und das Dreieck $\{P, Q, M\}$ ähnlich zum Dreieck $\{S, P, Q\}$, was $r : s_{10} = s_{10} : (r - s_{10})$, also wegen $s_{10} < r$

$$(1) \qquad s_{10} = \frac{r}{2}\left(\sqrt{5} - 1\right)$$

ergibt. Schneidet die Parallele zu $MQ$ durch $R$ die Gerade $MP$ in $T$, so ist $\sphericalangle\, RTM = 36°$ und $\sphericalangle\, SQM = 36° = \sphericalangle\, MRT$, also $\{T, M, R\}$ ähnlich zu $\{M, S, Q\}$; mit $\overline{TR} =: c_5$ gilt daher $c_5 : r = r : s_{10}$, also $c_5 = \frac{r}{2}\left(\sqrt{5} + 1\right)$. Im gleichschenkligen Dreieck $\{R, M, P\}$ ist $\sphericalangle\, MRP = \frac{1}{2}\,(180° - 72°) = 54°$, also $\sphericalangle\, TRP = 90°$, was mit $c_5^2 + s_5^2 = (2r)^2$ ergibt

$$(2) \qquad s_5^2 = s_{10}^2 + r^2.$$

Auf (1) und (2) beruht mit $\overline{HB} = \frac{r}{2}\sqrt{5}$ die Konstruktion in Fig. 6.2.

Um ein Netz eines Prismas zu konstruieren, benützt man das einfach geschlossene Schnittpolygon des Mantels mit einer zu den Prismenerzeugenden normalen Ebene $v$. Besitzt dieses *Querschnittpolygon* $l$ die Ecken $1, 2, \ldots, k$, so ist die Anzahl $f$ der Polyederflächen gleich $k + 2$. Legt man in der Zeichenebene die Strecken $[1, 2], [2, 3], \ldots, [k, 1]$ in eine Gerade aneinander, so kommen die Prismenkanten in dazu normale Geraden durch $1^v, 2^v, \ldots, k^v, 1^v$ zu liegen, und die Verebnungen der Ecken ergeben sich mit Hilfe des Abstands jeder Ecke von der *Querschnittebene* $v$; die beiden kongruenten Kappenflächen sind dem Netz des Mantels hinzuzufügen.
Als Beispiel konstruieren wir die Verebnung eines in Aufriß und Kreuzriß gegebenen Übergangsstückes zwischen zwei prismatischen Kanälen mit schiebungsgleichen quadratischen Querschnitten (Fig. 6.5); dieses Übergangsstück ist der Mantel eines Prismas.

KB. In einem gemäß Satz 3.2.3 dem Kreuzriß zugeordneten 4. Riß sind die Erzeugenden des Prismas Hauptgeraden, und daher ist die Querschnittebene $v$ projizierend; in dem gemäß Satz 3.2.4 dem 4. Riß zugeordneten 5. Riß sind die Prismenerzeugenden projizierend, und $v$ ist eine Hauptebene. Im 5. Riß können die Seitenlängen des Querschnittpolygons $l$ sowie jene Winkelmaße unverzerrt abgelesen werden, durch die aneinanderliegende Seitenebenen bei der Herstellung des Übergangsstutzens aus einem ebenen Blechstück gegeneinander zu verbiegen sind. △

Zur Konstruktion des Netzes einer Pyramide benötigt man einerseits die Längen der in den Mantelkanten liegenden Seiten des Polyeders und andererseits die Abmessungen des Leitpolygons. Wählt man in der Zeichenebene die Verebnung $e^v$ einer Kante $e$ und darauf die Verebnung $S^v$

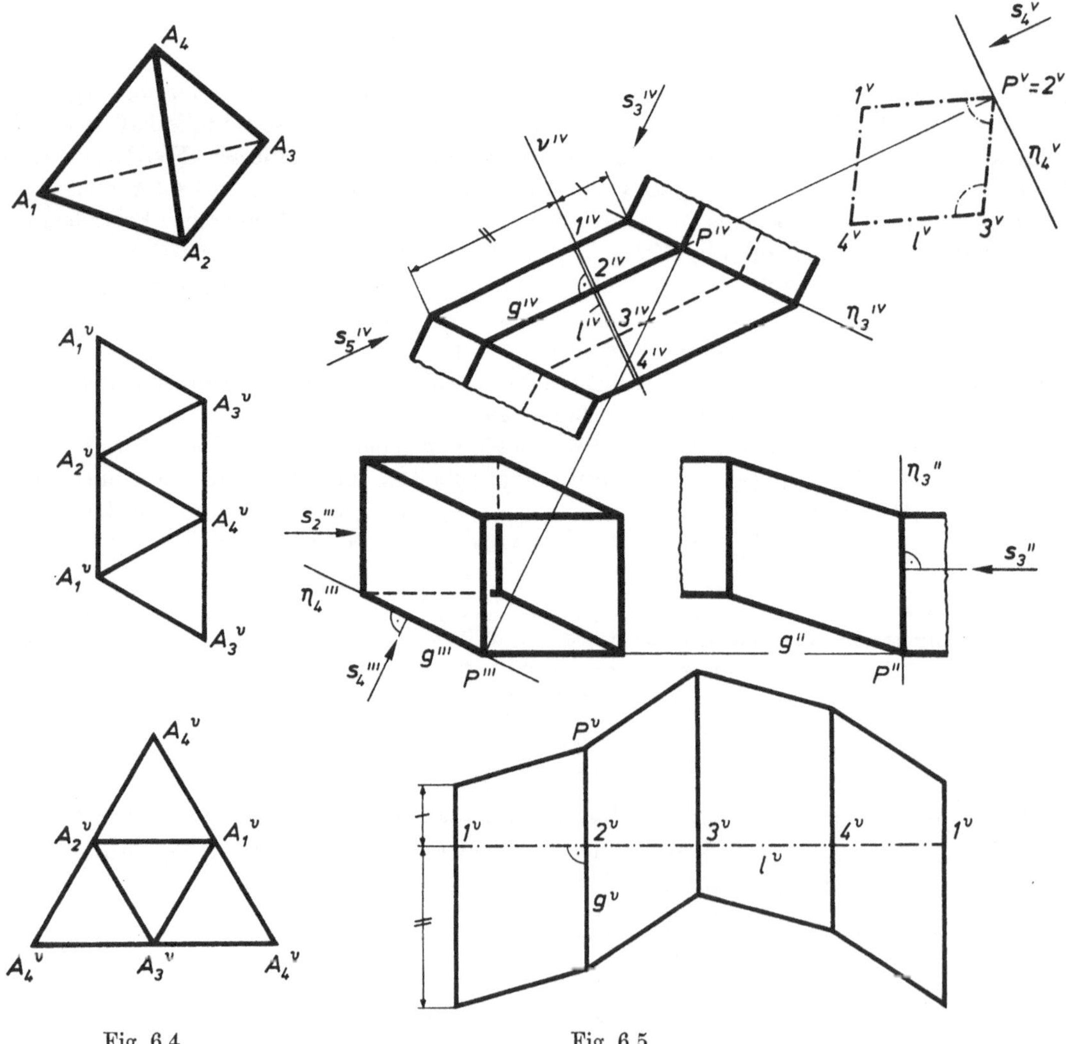


Fig. 6.4 Fig. 6.5

der Pyramidenspitze $S$, so können je zwei Dreieckbereiche des Polyeders, die eine nicht in $e$ liegende Seite gemeinsam haben, so in die Zeichenebene gelegt werden, daß sie die Verebnung dieser Seite, aber keinen Innenpunkt gemeinsam haben; die Polyederseite in $e$ tritt bei dieser Verebnung des Mantels, welche einen Teil der Ebene auch mehrfach überdecken kann[6], zweimal auf. Schließlich wird die Kappenfläche dem Netz des Mantels hinzugefügt.
Wählt man bei gepaarten Normalprojektionen die Ebene des Leitpolygons als erste Hauptebene $\eta_1$, so ist der erste Riß des Leitpolygons unverzerrt; die Länge einer Strecke in einer Kante ermittelt man zweckmäßig nach A 3.3, 1 durch Drehen der sie enthaltenden erstprojizierenden Ebene in die zweite Hauptebene durch $S$. In Fig. 6.6 ist nach dieser Methode das Netz jenes Polyeders konstruiert, das die durch zwei Ebenen $\eta_1$ und $\varepsilon$ abgeschnittene Pyramide aus Fig. 3.19 bestimmt.

KB. Um die Hauptfigur zu entlasten, ist die Konstruktion der Länge der Seiten in den Mantelkanten aus der Aufrißfigur parallel zu $\eta_1''$ herausgezogen. Das im Grundriß unverzerrte Leitpolygon und das Schnittpolygon, dessen Abmessungen nach Paralleldrehen der Schnittebene $\varepsilon$ um ihre erste Hauptgerade $h_1 = \varepsilon \cap \eta_1$ im ersten Riß zu sehen sind, werden in der Verebnung so angefügt, daß je zwei gleichbeschriftete Ecken zusammenfallen. △

Um die im Mantel verlaufende kürzeste Verbindung zweier Punkte $P, Q$ des Mantels eines Prismas oder einer Pyramide zu ermitteln, zeichnet man ein Netz des Mantels derart, daß die Erzeugende etwa durch $P$ zweifach auftritt und sonst, wie angegeben, je zwei Polygonbereiche in Seitenflächen durch dieselbe Mantelkante in der Verebnung längs der ihnen gemeinsamen Seite aneinander liegen. Der Punkt $P$ hat dann zwei Verebnungen. Treten keine Mehrfachüberdeckungen der Ebene auf, so liefert die kürzere in der Mantelverebnung verlaufende Strecke, die $Q^v$ mit einem der beiden Punkte $P^v$ verbindet, die gesuchte Verbindung. In Fig. 6.6 ist so die kürzeste

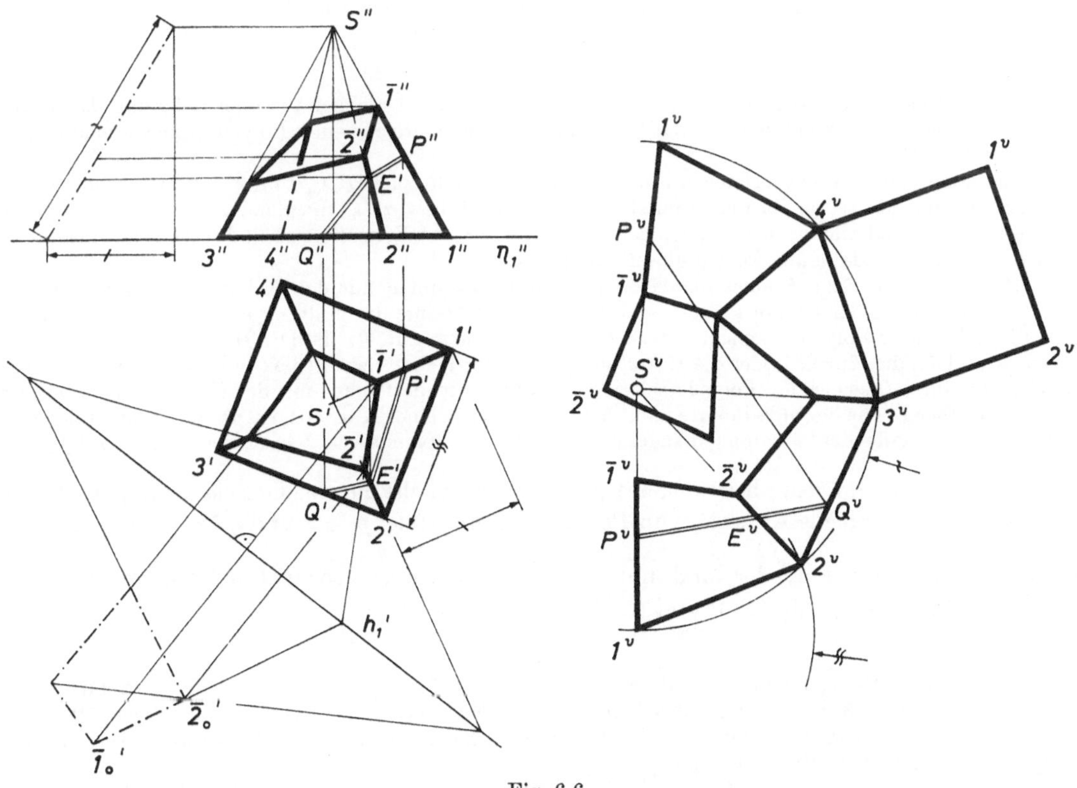


Fig. 6.6

[6] Im Falle einer regelmäßigen Pyramide besitzen die kongruenten Dreieckbereiche in der gemeinsamen Ecke $S^v$ Innenwinkel vom gleichen Maß $\alpha$; hat das Leitpolygon $q$ Ecken, so ist $\alpha$ kleiner als das Maß $360° : q$ eines Zentriwinkels des Leitpolygons, also $\alpha q < 360°$. Bei der auf obige Weise konstruierten Verebnung einer regelmäßigen Pyramide tritt somit keine mehrfache Überdeckung auf.

Verbindung der Punkte $P$, $Q$ im Mantel der Pyramide konstruiert; dieser Streckenzug besitzt in der Kante $S2$ eine Ecke $E$, von der mit Hilfe von $\overline{S^vE^v} = \overline{SE}$ der Aufriß und dann der Grundriß ermittelt wird.

### 6.1.3. Reguläre Polyeder

Besteht ein Polyeder aus regulären Polygonbereichen, so sind notwendig alle Polyederseiten gleich lang, da das System der Polygonbereiche eines Polyeders nach Def. 6.1.1 zusammenhängend ist. Beispiele sind jene regelmäßigen Prismen, deren Mäntel aus Quadratbereichen bestehen, sowie jene regelmäßigen Pyramiden und jene regelmäßigen Antiprismen, deren Dreieckbereiche sämtlich gleichseitig sind.

Unter der *Eckenfigur* einer Polyederecke $P$ versteht man jenes geschlossene, nicht notwendig ebene Polygon, dessen Ecken die von $P$ verschiedenen Endpunkte der $P$ enthaltenden Polyederseiten sind und dessen Seiten in den Polyederflächen liegen. Die Seiten der Eckenfigur sind nicht notwendig Seiten des Polyeders. Eine Polyederecke $P$ heißt *regulär*, wenn die Eckenfigur zu $P$ ein reguläres Polygon ist. Damit können spezielle Polyeder mit regulären Flächen ausgezeichnet werden:

**Def. 6.1.4:** Ein Polyeder heißt *regulär*[7], wenn seine Flächen und seine Ecken regulär sind.

Wir stellen die Frage der Existenz regulärer Polyeder noch zurück und beweisen

**Satz 6.1.1:** Bei einem regulären Polyeder sind alle Flächen und alle Eckenfiguren je zu einander kongruent. Alle Ecken eines regulären Polyeders liegen in einer Kugel.

*Beweis*

Da jede Eckenfigur regulär ist, sind nach 6.1.1., Fn. 4 zunächst die Flächen um eine Ecke und dann sämtliche Flächen zueinander kongruent, da das System der Polygonbereiche eines Polyeders zusammenhängend ist.

Die beiden kongruenten Polyederflächen mit einer gemeinsamen Seite $[P, Q]$ führen auf zwei einander in $Q$ bzw. in $P$ schneidende Seiten der regulären Eckenfiguren zu $P$ bzw. zu $Q$, die gleich lang sind und in $Q$ und $P$ gleich große Winkel bilden; nach 6.1.1., Fn. 4 sind diese beiden Eckenfiguren und wegen des Zusammenhangs eines Polyeders dann alle Eckenfiguren kongruent.

Nach 6.1.1. liegt eine Ecke $P$ eines regulären Polyeders zusammen mit den Ecken der Eckenfigur zu $P$ in einer Kugel $\Phi_P$. Da der Umkreis eines regulären Polygons bereits durch drei Polygonecken bestimmt ist, liegen die Ecken aller Polyederflächen, welche $P$ als Ecke besitzen, in $\Phi_P$. Ist $[P, Q]$ eine Seite des regulären Polyeders und $\Phi_Q$ die Kugel, in der die Ecken jener Polyederflächen liegen, die $Q$ als Ecke besitzen, so gilt $\Phi_P = \Phi_Q$. da durch $Q$ sicher drei Polyederseiten gehen, die Polyederflächen mit der Ecke $P$ angehören, und vier nicht in einer Ebene liegende Punkte nach A 1.4, 7 genau in einer Kugel liegen. Da das System der Polygonbereiche eines Polyeders zusammenhängend ist, liegen alle Polyederecken in derselben Kugel. □

Bei einem regulären Polyeder besitzt somit jede Polyederfläche die gleiche Eckenzahl $p$, und durch jede Ecke geht die gleiche Anzahl $q$ von Polyederseiten, wobei $p \geqq 3$ und $q \geqq 3$ gilt.

**Satz 6.1.2:** Reguläre Polyeder sind nur zu folgenden fünf[8] geordneten Zahlenpaaren $(p, q)$ möglich: (3, 3), (3, 4), (3, 5), (4, 3) und (5, 3).

[7] Die erste mathematische Behandlung dieser schon den Etruskern bekannten Polyeder wird THEAITETOS VON ATHEN (410—368 v. Chr.) zugeschrieben, der zum Freundeskreis PLATONS gehörte; er gilt als der Autor des den regulären Polyedern gewidmeten Buches XIII der Elemente des EUKLID. Die regulären Polyeder heißen auch PLATONische *Polyeder*.

[8] Nennt man im Gegensatz zu 6.1.1. ein geschlossenes ebenes Polygon, dessen Seiten gleich lang sind und dessen Ecken in einem Kreis liegen, regulär, so kommen zu den einfach geschlossenen regulären Polygonen im Sinne von 6.1.1. noch reguläre *Sternpolygone* dazu. Im Sinne von Def. 6.1.4 gibt es dann neben den fünf PLATONischen Polyedern des Satzes 6.1.2 noch vier weitere reguläre *Sternpolyeder*, die im Gegensatz zu den PLATONischen Polyedern nicht konvex (vgl. Def. 6.1.5) sind. Zwei von ihnen wurden 1615 von J. KEPLER (1571—1630) und die restlichen beiden 1809 von L. POINSOT (1777—1854) entdeckt; im Jahre 1811 bewies A. CAUCHY (1789—1857), daß keine weiteren regulären Sternpolyeder existieren.

*Beweis*

Ist $\alpha$ das Maß der Innenwinkel aller kongruenten Polygonbereiche eines regulären Polyeders, so gilt $\alpha = \left(1 - \frac{2}{p}\right) 180°$ nach 6.1.1., Fn. 4 und $q\alpha < 360°$ nach 6.1.2., Fn. 6. Daraus folgt $1 - \frac{2}{p} < \frac{2}{q}$ oder

(3) $$\frac{1}{p} + \frac{1}{q} > \frac{1}{2}, \quad \text{also} \quad (p-2)(q-2) < 4.$$

Diese Ungleichung besitzt für $p, q \geqq 3$ nur die fünf angegebenen Paare natürlicher Zahlen als Lösungen. □

### 6.1.4. Existenz und Eindeutigkeit der fünf regulären Polyeder

Es bleibt zu zeigen, daß zu diesen fünf geordneten Zahlenpaaren tatsächlich reguläre Polyeder existieren. Dazu werden wir ausgehend von Def. 6.1.4 nach Vorgabe der Seitenlänge $a$ den Grund- und Aufriß eines solchen Polyeders konstruieren. Da dies in zwingender Weise möglich sein wird, gilt sogar schärfer:

**Satz 6.1.3:** Zu jedem der fünf geordneten Zahlenpaare aus Satz 6.1.2 existiert bis auf Ähnlichkeiten genau ein reguläres Polyeder.

*Beweis*

(a) Für $p = 3$ ist jede Seite der Eckenfigur zu einer Polyederecke $P$ auch Seite des Polyeders. Wir wählen die Ecken $1, 2, \ldots, q$ der regulären Eckenfigur zur Polyederecke $P$ in einer ersten Hauptebene $\eta_1$; die Seitenlänge dieses regulären Polygons ist gleich der Seitenlänge $a$ des Polyeders, und für seine Eckenzahl $q$ gilt $q = 3$ oder $q = 4$ oder $q = 5$ nach Satz 6.1.2.
Für $p = q = 3$ ist $P'$ der Mittelpunkt des gleichseitigen Dreiecks $\{1', 2', 3'\}$ der Seitenlänge $a$; aus einem Verzerrungsdreieck der Strecke $[1, P]$ ergibt sich mit $\overline{1P} = a$ der Abstand $\overline{P\eta_1}$ (Fig. 6.7). Die Punkte $1, 2, 3, P$ sind die Ecken des regulären Polyeders.
Für $p = 3$, $q = 4$ ist $P'$ der Mittelpunkt des Quadrats $\{1', 2', 3', 4'\}$ der Seitenlänge $a$; mit $\overline{1P} = a$ ergibt sich aus einem Verzerrungsdreieck der Strecke $[1, P]$ der Abstand $\overline{P\eta_1}$ zu $a\sqrt{2}:2$ (Fig. 6.8). Von $1$ geht außer $[1, 2]$ $[1, P]$ und $[1, 4]$ noch eine Seite $[1, Q]$ so aus, daß $\{2, P, 4, Q\}$ nach Satz 6.1.1 ein Quadrat der Seitenlänge $a$ in der erstprojizierenden Ebene $2P4$ ist; damit ist $Q$ notwendig der zu $P$ bezüglich $\eta_1$ symmetrische Punkt. Die Punkte $1, 2, 3, 4, P, Q$ sind die Ecken des regulären Polyeders.
Für $p = 3$, $q = 5$ ist $P'$ der Mittelpunkt des regulären Fünfecks $\{1', 2', 3', 4', 5'\}$ der Seitenlänge $a$, und ein Verzerrungsdreieck der Strecke $[1, P]$ liefert mit $\overline{1P} = a$ den Abstand[9] $\overline{P\eta_1}$ (Fig. 6.9). Von $1$ gehen außer $[1, 2]$, $[1, P]$ und $[1, 5]$ noch zwei Seiten $[1, 6]$ und $[1, 7]$ so aus, daß $\{2, P, 5, 6, 7\}$ nach Satz 6.1.1 ein reguläres Fünfeck der Seitenlänge $a$ ist. Da die Geraden $P5$ und $P2$ gegen $\eta_1$ gleich geneigt sind, gilt Gleiches für die Geraden $56$ und $27$, so daß die Gerade $67$ eine zur Geraden $25$ parallele erste Hauptgerade der Ebene $P25$ ist, also $\overline{6'7'} = a$ gilt. Dreht man das gleichseitige Dreieck $\{1, 5, 6\}$ um die erste Hauptgerade $15$ in $\eta_1$, so liegt $6_0'$ und daher $6'$ in der $P'$ enthaltenden Symmetrieachse von $[1', 5']$. Der Abstand $\overline{6\eta_1}$ ergibt sich mit $\overline{16} = a$ aus einem Verzerrungsdreieck[10] der Strecke $[1, 6]$, und $6$ liegt im anderen Halbraum mit der Randebene $\eta_1$ als $P$, da $\{2, P, 5, 6, 7\}$ ein reguläres Fünfeck ist.
Wiederholt man diese Überlegungen für die Punkte $2, 3, 4$ und $5$, so erhält man neben $6$ und $7$ noch weitere Punkte $8, 9, 10$ in der ersten Hauptebene $\bar{\eta}_1$ durch $6$, wobei $\{1', 7', 2', 8', 3', 9', 4', 10', 5', 6'\}$ ein reguläres Zehneck ist. Unter der Spiegelung am Mittelpunkt $M$ jener Strecke, welche die ersten Hauptebenen $\eta_1$ und $\bar{\eta}_1$ aus der lotrechten Geraden durch $P$ schneiden, geht $1$ in $9$, $2$ in $10$, $5$ in $8$, $6$ in $3$ und $7$ in $4$ über (Fig. 6.9), so daß aus der fünften Ecke $P$ der Eckenfigur zu $1$ notwendig die fehlende Ecke $Q$ der Eckenfigur zu $9$ entsteht; ebenso ergibt sich $Q$ als Ecke der Eckenfigur zu $10$, $6$, $7$ und $8$. Da dann $\{6, 7, 8, 9, 10\}$ die Eckenfigur zu $Q$ ist, sind alle Ecken des regulären Polyeders bekannt.
(b) Für $q = 3$, $p = 4$ wählen wir eine quadratische Fläche des Polyeders mit den Ecken $1, 2, 3, 4$ in $\eta_1$. Von $1$ geht außer $[1, 2]$ und $[1, 4]$ noch genau eine Seite $[1, \bar{1}]$ aus, wobei $1\bar{1}$ wegen $1\bar{1} \perp 12$, $1\bar{1} \perp 24$ erstprojizierend ist (Fig. 6.10). Ergänzt man die Quadrate in den vier erstprojizierenden Ebenen durch die Seiten des Quadrats in $\eta_1$, so bilden die vier neuen Ecken $\bar{1}, \bar{2}, \bar{3}, \bar{4}$ ein Quadrat der Seitenlänge $a$ in der ersten Hauptebene $\bar{\eta}_1$ durch $\bar{1}$, womit alle Ecken des regulären Polyeders bekannt sind.

[9] Nach 6.1.1., Fn. 5 ist $\overline{P\eta_1}$ gleich der Seitenlänge $s_{10}$ des dem Umkreis von $\{1', 2', 3', 4', 5'\}$ einbeschriebenen regulären Zehnecks.

[10] Nach 6.1.1, Fn. 5 ist $\overline{6\eta_1}$ gleich dem Radius $r$ des Umkreises von $\{1', 2', 3', 4', 5'\}$.

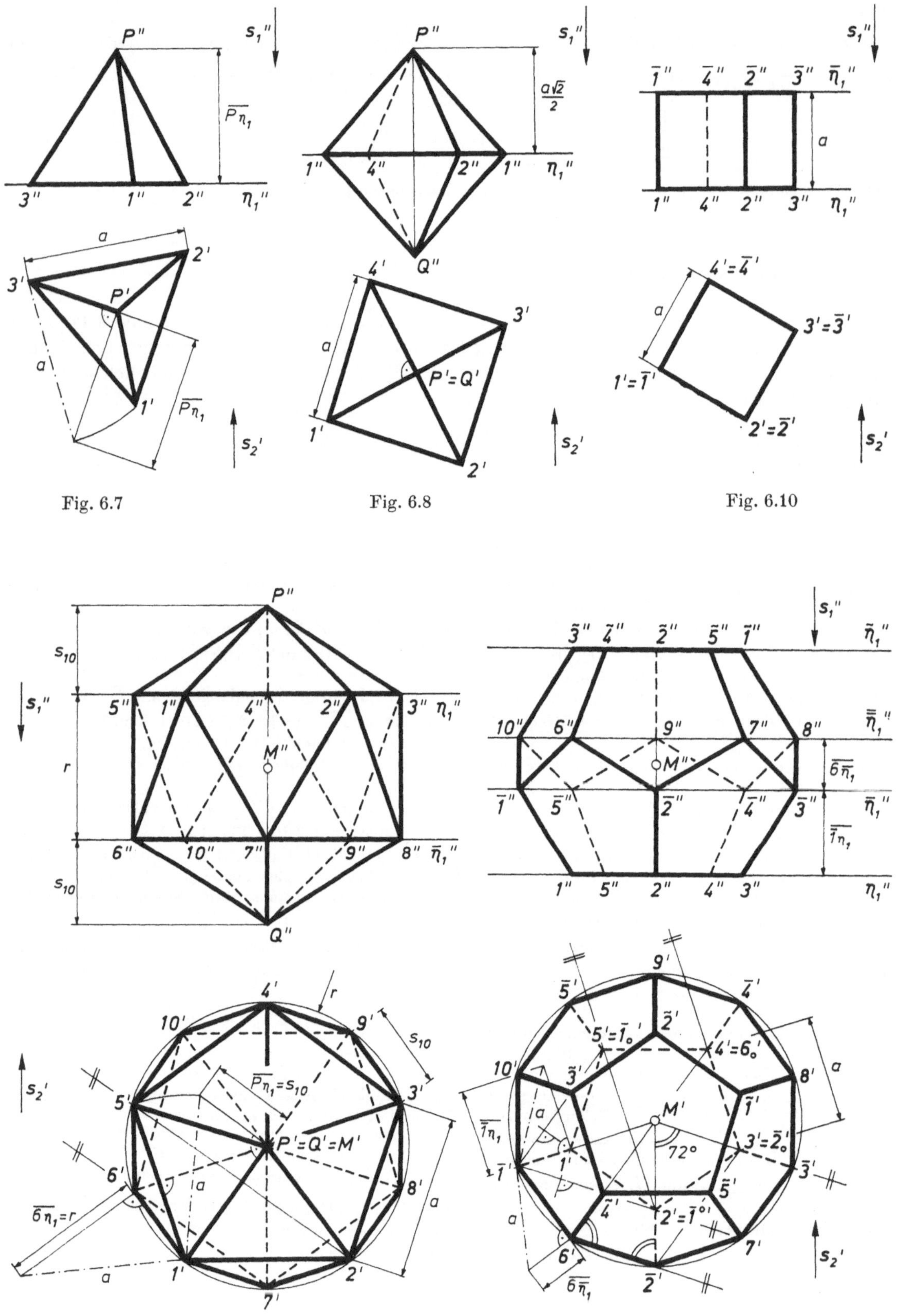


Fig. 6.7

Fig. 6.8

Fig. 6.10

Fig. 6.9

Fig. 6.11

Für $q = 3$, $p = 5$ wählen wir eine fünfeckige Fläche des Polyeders mit den Ecken $1, 2, 3, 4, 5$ und der Seitenlänge $a$ in $\eta_1$. Von $1$ geht außer $[1, 2]$ und $[1, 5]$ noch genau eine Seite $[1, \bar{1}]$ aus, welche eine gemeinsame Seite der nicht in $\eta_1$ liegenden Polygonbereiche mit der Seite $[1, 2]$ und der Seite $[1, 5]$ ist. Die Ebenen dieser beiden Polygonbereiche können um die erste Hauptgerade $12$ bzw. $15$ so in $\eta_1$ gedreht werden, daß $\bar{1}$ dabei nach $\bar{1}_0 = 5$ bzw. nach $\bar{1}^0 = 2$ kommt (Fig. 6.11); nach Satz 3.3.2 liegt $\bar{1}'$ somit im Schnittpunkt der Normalen zu $1'2'$ durch $5'$ und der Normalen zu $1'5'$ durch $2'$. Unter der perspektiven Affinität $(1'2'; 5' \mapsto \bar{1}')$ entsteht aus dem Fünfeck $\{1', 2', 3', 4', 5'\}$ der Grundriß des nicht in $\eta_1$ liegenden Fünfecks $\{1, 2, \bar{2}, 6, \bar{1}\}$ mit der Seite $[1, 2]$. Mit Hilfe eines Verzerrungsdreiecks von $[1, \bar{1}]$ bzw. $[\bar{1}, 6]$ erhält man mit $\overline{1\bar{1}} = \overline{\bar{1}6} = a$ die Abstände $\overline{\bar{1}\eta_1}$ bzw. $\overline{6\bar{\eta}_1}$, wobei $\bar{\eta}_1$ die erste Hauptebene durch $\bar{1}$ ist und die Punkte $1$ und $6$ in verschiedenen Halbräumen mit der Randebene $\bar{\eta}_1$ liegen.
Wir zeigen, daß die Punkte $\bar{1}', 6', \bar{2}'$ einem regulären Zehneck angehören, dessen Mittelpunkt der Mittelpunkt $M'$ des Fünfecks $\{1', 2', 3', 4', 5'\}$ ist. Wegen $\bar{2}_0{}'6_0{}' = 3'4' \parallel 2'5' = 2'\bar{1}'_0$ folgt $\bar{2}'6' \parallel 2'\bar{1}'$ aus der Parallelentreue einer perspektiven Affinität. Da nach oben $2'\bar{1}' \perp 1'5'$ gilt, ist $M'3' \parallel 2'\bar{1}' \parallel \bar{2}'6'$, also $\sphericalangle M'\bar{2}'6' = \sphericalangle 3'M'2' = 72°$. Wegen $4' = 6_0{}'$ ist $M'6' \perp 1'2'$, also $\sphericalangle \bar{2}'M'6' = \sphericalangle 6'M'\bar{1}'$ und damit $\sphericalangle \bar{2}'M'6' = 36°$; schließlich folgt aus der Winkelsumme im Dreieck $\{\bar{2}', M', 6'\}$ dann $\sphericalangle M'6'\bar{2}' = 72°$, so daß dieses Dreieck gleichschenklig und damit $\overline{M'\bar{2}'} = \overline{M'6'}$ ist.
Konstruiert man in gleicher Weise die $\eta_1$ nicht angehörenden regulären Fünfecke mit den Seiten $[2, 3]$ bzw. $[3, 4]$ bzw. $[4, 5]$ bzw. $[5, 1]$, so erhält man neben $\bar{1}$, $6$ und $\bar{2}$ die Punkte $7, \bar{3}, 8, \bar{4}, 9, \bar{5}, 10$, wobei $6, 7, 8, 9, 10$ einer ersten Hauptebene $\bar{\bar{\eta}}_1$ angehören, und $\{\bar{1}', 6', \bar{2}', 7', \bar{3}', 8', \bar{4}', 9', \bar{5}', 10'\}$ ist ein reguläres Zehneck (Fig. 6.11). Unter der Spiegelung am Mittelpunkt $M$ jener Strecke, welche die ersten Hauptebenen $\bar{\eta}_1$ und $\bar{\bar{\eta}}_1$ aus der lotrechten Geraden durch den Mittelpunkt von $\{1, 2, 3, 4, 5\}$ schneiden, geht $\bar{1}$ in $8$, $6$ in $\bar{4}$ und $10$ in $\bar{3}$ über (Fig. 6.11), so daß aus der vierten Ecke $1$ der Eckenfigur zu $\bar{1}$ notwendig die fehlende Ecke $\tilde{1}$ der Eckenfigur zu $8$ entsteht. Ebenso erhält man durch Spiegelung von $2, 3, 4, 5$ an $M$ die jeweils fehlende Ecke $\tilde{2}, \tilde{3}, \tilde{4}, \tilde{5}$ der Eckenfigur zu $9, 10, 6$ bzw. $7$, und die Punkte $\tilde{1}, \tilde{2}, \tilde{3}, \tilde{4}, \tilde{5}$ bilden ein zum Fünfeck $\{1, 2, 3, 4, 5\}$ kongruentes reguläres Fünfeck in der zu $\eta_1$ bezüglich $M$ symmetrischen ersten Hauptebene $\tilde{\eta}_1$. Damit kennt man alle Ecken des regulären Polyeders. □

Bezeichnet man die Anzahl der Ecken, Seiten bzw. Flächen eines Polyeders mit $e$, $s$ bzw. $f$ und benennt man die regulären Polyeder nach der Zahl ihrer Flächen, so ergibt sich auf Grund von Fig. 6.7 bis Fig. 6.11:

| $p$ | $q$ | $e$ | $s$ | $f$ | |
|---|---|---|---|---|---|
| 3 | 3 | 4 | 6 | 4 | reguläres Tetraeder |
| 3 | 4 | 6 | 12 | 8 | reguläres Oktaeder |
| 3 | 5 | 12 | 30 | 20 | reguläres Ikosaeder |
| 4 | 3 | 8 | 12 | 6 | reguläres Hexaeder (Würfel) |
| 5 | 3 | 20 | 30 | 12 | reguläres Dodekaeder |

## 6.1.5. Der Eulersche Polyedersatz

Für alle regulären Polyeder ist $e - s + f = 2$, und Gleiches gilt für ein Prisma, Antiprisma und eine Pyramide. Diese Gleichung stimmt aber nicht für alle Polyeder. Wie das «prismatisch durchbohrte Oktaeder» in Fig. 6.12 mit $e = 12$, $s = 24$, $f = 12$ und das durch den Restkörper in Fig. 3.28 bestimmte Polyeder mit $e = 20$, $s = 30$, $f = 10$ zeigen; in beiden Fällen ist $e - s + f = 0$. Um eine Klasse von Polyedern angeben zu können, für die stets $e - s + f = 2$ ist, benötigen wir

**Def. 6.1.5:** Ein Polyeder heißt *konvex*, wenn alle Ecken, die einer seiner Flächen nicht angehören, stets in einem Halbraum mit der Ebene dieser Fläche als Randebene liegen.

Nach 6.1.4 sind alle regulären Polyeder konvex, nicht aber die Polyeder in Fig. 6.12 und in Fig. 3.28.

Für jeden Polygonbereich eines konvexen Polyeders folgt aus Def. 6.1.5, daß alle Polygonecken, die nicht in einer Geraden $g$ durch eine Seite dieses Polygons liegen, stets einer Halbebene der Polygonebene mit der Randgeraden $g$ angehören. Ein ebenes geschlossenes Polygon dieser Art heißt *konvex*; die Summe der Innenwinkelmaße eines konvexen Polygons mit $p$ Ecken ist[11] $(p-2)\,180°$. Bei Parallelprojektion eines einer nicht projizierenden Ebene angehörenden konvexen Polygons entsteht ein Polygon, das konvex ist und somit dieselbe Summe der Innenwinkelmaße besitzt, obwohl jedes einzelne Winkelmaß bei der Parallelprojektion verändert werden kann. Darauf beruht der folgende Beweis des Polyedersatzes[12] von L. Euler (1707—1783):

**Satz 6.1.4:** Für jedes konvexe Polyeder gilt[13] $e - s + f = 2$.

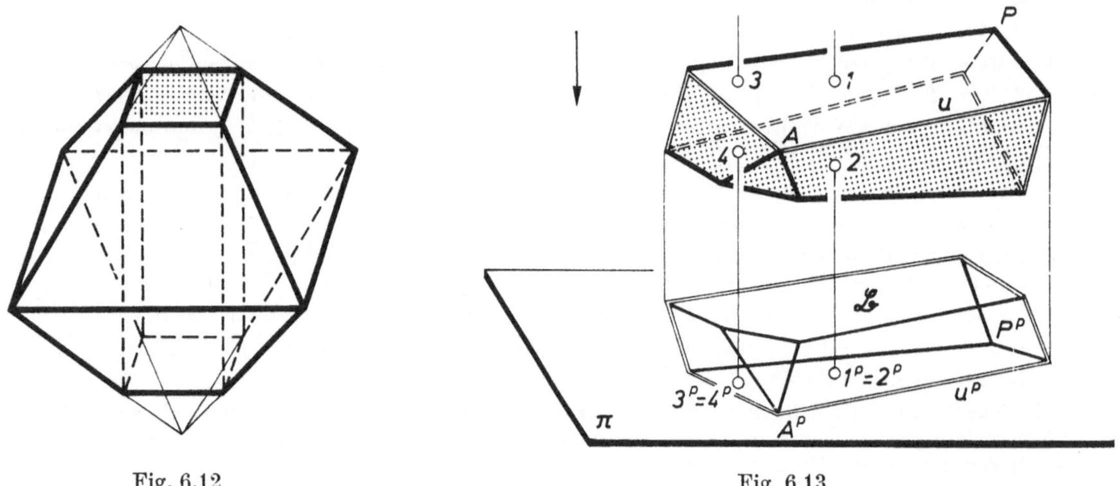


Fig. 6.12 Fig. 6.13

*Beweis*

Sind $s_1, \ldots, s_f$ die Seitenzahlen der $f$ Flächen, so gilt für die Summe $\omega$ der Innenwinkelmaße aller Polygonbereiche des Polyeders

(4) $$\omega = (s_1 - 2)\,180° + \cdots + (s_f - 2)\,180° = (s_1 + \cdots + s_f - 2f)\,180°.$$

Da jede Polyederseite genau zwei Flächen angehört, folgt $2s = s_1 + \cdots + s_f$, also

((5) $$\omega = 2(s - f)\,180°.$$

Wir projizieren das Polyeder parallel zu einer Geraden so, daß keine Polygonebene projizierend ist und nie zwei Ecken dasselbe Bild besitzen (Fig. 6.13). Die Parallelrisse der $e$ Polyederecken bilden dann ein System $\Sigma$ von $e$ verschiedenen Punkten der Bildebene $\pi$. Sei $\mathfrak{B}$ der durch ein konvexes Polygon $u^p$ berandete Polygonbereich in $\pi$, der alle Punkte von $\Sigma$ im Inneren oder auf dem Rand $u^p$ enthält, wobei jede Ecke von $u^p$ ein Punkt von $\Sigma$ ist. Dann ist auch jeder Punkt von $\Sigma$ in $u^p$ eine Ecke des Polygons $u^p$, da keine Polyederfläche projizierend sein soll. Jede Seite von $u^p$ ist Parallelriß einer Polyederseite; dies folgt mit A 6.1,7 aus der Konvexität von $u^p$. Damit besteht $u^p$ aus den Rissen genau jener Polyederseiten, welche die *Sichtbarkeitsgrenze* $u$ des Polyeders bilden (Fig. 6.13): Von den zwei Flächen durch eine Seite von $u$ ist genau eine sichtbar, während für jede andere Polyederseite gilt, daß die beiden Flächen durch sie entweder beide sichtbar oder beide nicht sichtbar sind und die Risse solcher Flächen daher keinen Innenpunkt gemeinsam haben.

[11] Sind $A_1, A_2, \ldots, A_p$ die Ecken eines konvexen Polygons, so haben die Bereiche der Dreiecke $\{A_1, A_j, A_{j+1}\}$ und $\{A_1, A_{j+1}, A_{j+2}\}$ $(2 \leqq j \leqq p-2)$ nur die Seite $[A_1, A_{j+1}]$ gemeinsam, wie aus der Konvexität folgt. Die Summe aller Innenwinkelmaße des Polygons ist daher die Summe der Maße aller Innenwinkel dieser $p-2$ Dreiecke.

[12] Nach einer Mitteilung von G. Leibniz (1646—1716) war dieser 1752 von Euler gefundene Satz im wesentlichen schon R. Descartes (1596—1680) bekannt.

[13] Die Zahl $e - s + f$ heißt Euler-*Charakteristik* eines Polyeders und stimmt für topologisch äquivalente Polyeder überein. Sie ist daher auch für solche nichtkonvexen Polyeder gleich 2, welche wie die konvexen Polyeder vom topologischen Typ einer Kugel sind. Die beiden zu Beginn von 6.1.5. genannten Polyeder mit Euler-Charakteristik 0 sind vom topologischen Typ eines Torus.

Die Risse aller Polygone, welche eine Polyederecke $P$ enthalten, sind konvexe Polygone der Bildebene mit der gemeinsamen Ecke $P^p$. Ist $P^p$ ein Innenpunkt von $\mathfrak{B}$, also $P$ keine Ecke in $u$, so ist die Summe der Innenwinkelmaße dieser Bildpolygone bei $P^p$ gleich 360°: Jede Seite durch $P$ gehört nämlich zwei Polyederflächen an, deren Risse keinen Innenpunkt gemeinsam haben (Fig. 6.13). Im Riß $A^p$ einer Polyederecke $A$ in $u$ ist die Summe der Innenwinkelmaße des Bildpolygons bei $A^p$ gleich dem doppelten Innenwinkelmaß des konvexen Polygons $u^p$ in der Ecke $A^p$: Die beiden Flächen durch eine Seite mit der Ecke $A$ haben genau dann Risse mit überdeckenden Innenpunkten, wenn diese Seite der Sichtbarkeitsgrenze $u$ angehört (vgl. die Punkte *1*, *2* und *3*, *4* in Fig. 6.13).
Hat $u^p$ genau $m$ Ecken, so ist die Summe der Innenwinkelmaße von $u^p$ gleich $(m - 2)\,180°$, und es werden genau $e - m$ Polyederecken ins Innere von $\mathfrak{B}$ projiziert; dann kann die Zahl $\omega$ mit Hilfe der Risse aller Flächen des Polyeders in der Form

$$\omega = (e - m)\,360° + 2(m - 2)\,180° = 2(e - 2)\,180° \tag{6}$$

dargestellt werden. Aus (5) und (6) folgt die Behauptung. □

Die konvexen Polyeder aus regulären Polygonbereichen, bei denen in jeder Ecke gleich viele Seiten und dieselbe Anzahl von Flächen je bestimmter Seitenzahl zusammenkommen, heißen *halbreguläre Polyeder*[14]. Zu ihnen zählen die regulären Polyeder, die regelmäßigen Prismen mit gleich langen Seiten, die regelmäßigen Antiprismen mit gleich langen Seiten und noch 13 bis auf Ähnlichkeiten eindeutig festgelegte weitere Polyeder. Fig. 6.14 zeigt das aus vier kongruenten Quadraten und acht kongruenten gleichseitigen Dreiecken bestehende *Kuboktaeder*, dessen Ecken die Seitenmittelpunkte eines Würfels sind.

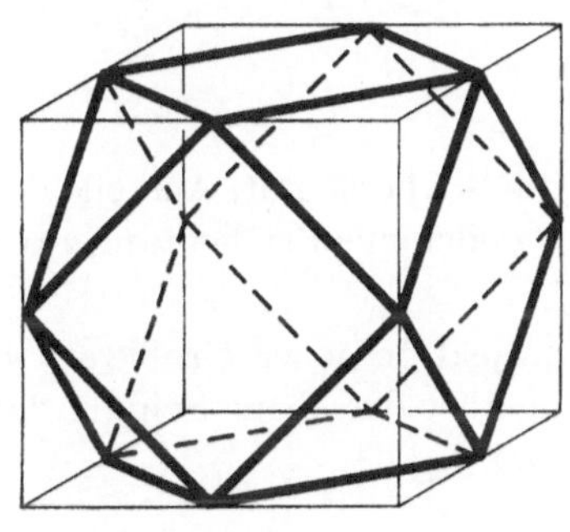
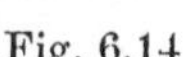

Fig. 6.14

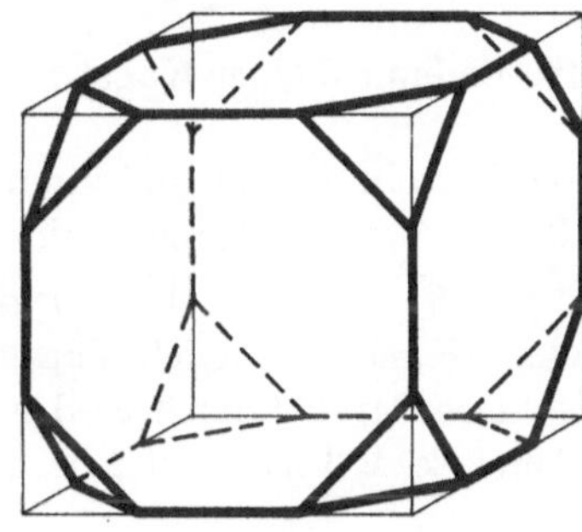

Fig. 6.15

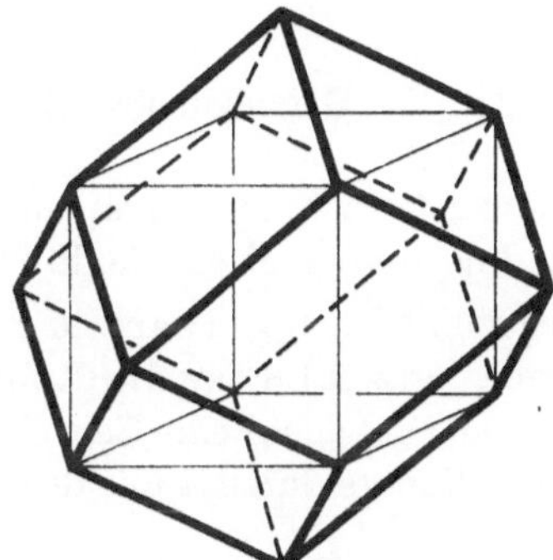

Fig. 6.16

## Aufgaben 6.1

1. Verbindet man eine Ecke $P$ eines Würfels mit jenen Würfelecken, die mit $P$ in keiner Seite und keiner Würfeldiagonale liegen, so entsteht ein reguläres Tetraeder. Daraus folgt: Bei einem regulären Tetraeder gehen die gemeinsamen Normalen der drei Gegenseitenpaare und die vier Normalen aus einer Ecke zur Ebene der anderen drei Ecken durch denselben Punkt.
2. Ist $\pi$ jene Ebene durch den Mittelpunkt eines regulären Tetraeders $\mathfrak{E}_1$ bzw. eines regulären Oktaeders $\mathfrak{E}_2$, welche zu zwei Seiten von $\mathfrak{E}_1$ in windschiefen Geraden bzw. zu einer Fläche von $\mathfrak{E}_2$ parallel verläuft, so ist bezüglich der Normalprojektion auf $\pi$ der Riß $u^n$ der Sichtbarkeitsgrenze $u$ ein Quadrat bzw. ein reguläres Sechseck. Die Ebene $\pi$ schneidet $\mathfrak{E}_1$ bzw. $\mathfrak{E}_2$ in einem Quadrat bzw. in einem regulären Sechseck, dessen Ecken die Mittelpunkte der Seiten von $u$ sind. Lege durch ein gegebenes Quadrat bzw. ein gegebenes reguläres Sechseck ein reguläres Tetraeder bzw. Oktaeder[15].
(Anl.: Verwende gepaarte Normalrisse, wobei $\pi$ die erste Bildebene ist. Ermittle den Zusammenhang zwischen den Seitenlangen des Polyeders und des Schnittpolygons.)
3. Die Mittelpunkte der Polygone eines regulären Polyeders $\mathfrak{E}_1$ sind die Ecken eines regulären Polyeders $\mathfrak{E}_2$. Ist $\mathfrak{E}_1$ ein reguläres Tetraeder, Oktaeder, Ikosaeder, Hexaeder bzw. Dodekaeder, so ist $\mathfrak{E}_2$ ein regu-

[14] Über die einschlägigen verloren gegangenen Untersuchungen von ARCHIMEDES, der 212 v. Chr. bei der Plünderung von Syrakus durch die Römer ums Leben gekommen ist, berichtet PAPPOS VON ALEXANDRIA (etwa 320 n. Chr.). Erst J. KEPLER (1571—1630) hat die Aufzählung der halbregulären Polyeder durch die genannten Prismen und Antiprismen vervollständigt. Die halbregulären Polyeder heißen auch ARCHIMEDISCHE Polyeder.

[15] Vgl. die analogen Aussagen für den Würfel in A 3.3, 10.

läres Tetraeder, Hexaeder, Dodekaeder, Oktaeder bzw. Ikosaeder. Die Tangentialebenen der Umkugel des regulären Polyeders $\mathfrak{E}_2$ in seinen Ecken enthalten die Flächen des regulären Polyeders $\mathfrak{E}_1$.

**4.** In jeder Seite eines regulären Polyeders $\mathfrak{E}$ kann man je zwei Punkte so wählen, daß in Flächen nach «Abschneiden der Ecken» von $\mathfrak{E}$ ein reguläres Vieleck entsteht. Damit wird aus $\mathfrak{E}$ ein halbreguläres Polyeder, dessen Polygone gleichseitige Dreiecke und reguläre Polygone sind und das *abgestumpftes Tetraeder, abgestumpftes Oktaeder, abgestumpftes Ikosaeder, abgestumpfter Würfel* (Fig. 6.15) bzw. *abgestumpftes Dodekaeder* heißt. Konstruiere Grund- und Aufriß dieser ARCHIMEDISCHEN Polyeder, ausgehend von Fig. 6.7 bis Fig. 6.11.

**5.** Das *Rhombendodekaeder* besteht aus 12 kongruenten Rhomben, wobei die kürzeren Rhombusdiagonalen Seiten eines Würfels und die längeren Rhombusdiagonalen Seiten eines dem Würfel umschriebenen regulären Oktaeders sind (Fig. 6.16). Dieses konvexe Polyeder ist kein ARCHIMEDISCHES Polyeder. Zeige, daß die Mittelpunkte seiner 12 Rhomben die Ecken eines Kuboktaeders sind.

**6.** Ein reguläres Oktaeder kann als eine «Doppelpyramide» mit quadratischer Basis aufgefaßt werden, deren Flächen gleichseitige Dreiecke sind. Konstruiere konvexe Polyeder mit gleichseitigen Dreieckflächen als Doppelpyramiden über dreieckiger oder fünfeckiger Basis und durch «Aufsetzen» von Pyramiden auf den beiden Kappenflächen eines regelmäßigen Antiprismas mit gleich langen Seiten und quadratischen Kappenflächen. Zeige, daß es sonst keine konvexen Polyeder mit gleichseitigen Dreieckflächen gibt, die Doppelpyramiden sind oder in der angegebenen Weise aus einem Antiprisma entstehen[16].

**7.** Alle Ecken eines konvexen Polyeders, die von den beiden Ecken $P$, $Q$ einer Seite verschieden sind, liegen in einem Halbraum mit einer Ebene durch $PQ$ als Randebene, falls dies für die von $P$ und $Q$ verschiedenen Ecken der beiden Flächen durch $[P,Q]$ gilt. (Anl.: Benütze $PQ$ als Sehgerade einer Parallelproduktion.)

## 6.2. Kugeln

### 6.2.1. Grundkonstruktionen, Parallelumriß einer Kugel

Nach 1.4.4. ist eine Kugel durch ihren Mittelpunkt $M$ und ihren Radius $r$ bestimmt. Anstelle des Radius kann auch ein Punkt $P$ der Kugel oder eine Tangentialebene $\tau$ oder eine Flächentangente $t$ gegeben sein, wobei dann $\overline{MP} = r$ bzw. $\overline{M\tau} = r$ bzw. $\overline{Mt} = r$ gilt.
Nach Satz 2.1.8 ist die Kontur einer Kugel bezüglich Parallelprojektion jener Großkreis $u$, dessen Drehachse eine Sehgerade ist. Der Parallelumriß $u^p$ der Kugel ist der ebene Schnitt des Sehzylinders durch $u$ mit der Bildebene, so daß nach 5.1.2. und A 5.5, 5 gilt[1]:

**Satz 6.2.1:** Der Parallelumriß einer Kugel mit Radius $r$ und Mittelpunkt $M$ ist unter Normalprojektion $n:\mathfrak{P} \to \pi$ ein Kreis $u^n$ mit Radius $r$ und Mittelpunkt $M^n$, unter Schrägprojektion $s:\mathfrak{P} \to \pi$ eine Ellipse $u^s$ mit $r$ als Länge der halben Nebenachsenstrecke und Mittelpunkt $M^s$; die Brennpunkte der Ellipse $u^s$ sind die Schrägrisse der beiden Kugelpunkte in der zu $\pi$ normalen Durchmessergeraden.

Bezüglich gepaarter Normalprojektionen ist der erste bzw. der zweite Konturkreis $u_1$ bzw. $u_2$ der Großkreis in der ersten Hauptebene bzw. in der zweiten Hauptebene durch den Kugelmittelpunkt $M$. Damit ist $u_1'$ bzw. $u_2''$ ein Kreis um $M'$ bzw. $M''$ vom Radius $r$ und $u_1''$ bzw. $u_2'$ eine zum zweiten Riß $s_1''$ einer ersten Sehgeraden $s_1$ bzw. zum ersten Riß $s_2'$ einer zweiten Sehgeraden $s_2$ normale Strecke der Länge $2r$ mit $M''$ bzw. $M'$ als Mittelpunkt (Fig. 6.17). Zur Lösung der *Vervollständigungsaufgabe* (vgl. 3.2.2., Fn. 2) benützt man einen Kreis der Kugel $\Phi$ in der erst- oder der zweitprojizierenden Ebene durch den Kugelpunkt $P$: Gehört $P$ weder $u_1$ noch $u_2$ an und ist etwa $P''$ gegeben, so ist der zweite Riß $k''$ des Kreises $k \subset \Phi$ in der ersten Hauptebene $\overline{\eta}_1$ durch $P$ eine Strecke der Geraden $\overline{\eta}_1''$ und $k'$ ein Kreis um $M'$, dessen Radius $\varrho$ gleich der halben Länge der Strecke $k''$ ist (Fig. 6.17); da zwei Kugelpunkte mit dem zweiten Riß $P''$ existieren, ist $P'$ zweideutig bestimmt.

[16] Außer dem regulären Tetraeder, Oktaeder und Ikosaeder sowie den drei in A 6.1, 6 genannten Polyedern existieren bis auf Ähnlichkeiten nur noch zwei weitere konvexe Polyeder aus gleichseitigen Dreiecken (vgl. [15]).

[1] Wir beziehen wie in 3.1.1. jede Länge im Raum bzw. in der Zeichenebene stets auf die jeweilige Einheitsstrecke.

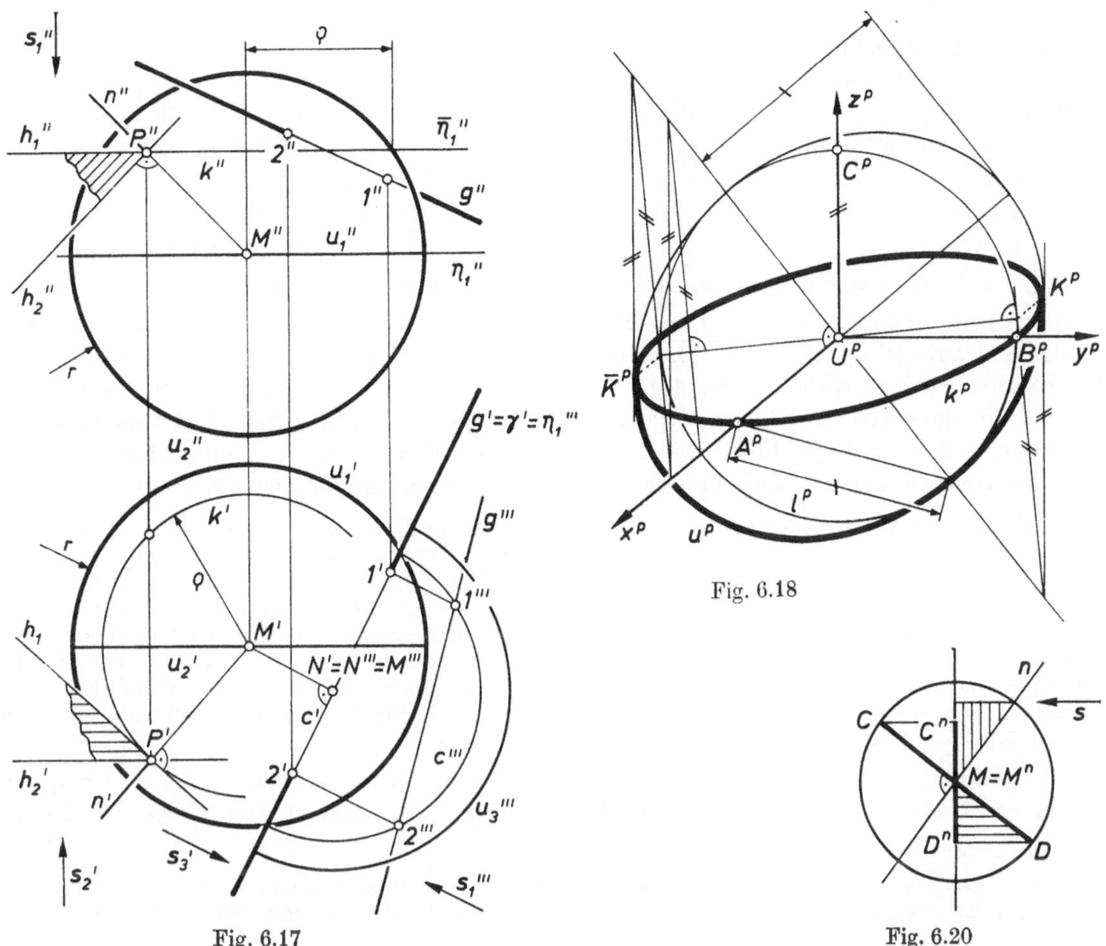


Fig. 6.17

Fig. 6.18

Fig. 6.20

Nach Satz 1.4.4 existiert in jedem Kugelpunkt $P$ genau eine Tangentialebene, und die Flächennormale $n$ in $P$ enthält den Kugelmittelpunkt $M$. In Fig. 6.17 ist die zu $MP$ normale Tangentialebene durch eine erste Hauptgerade $h_1$ und eine zweite Hauptgerade $h_2$ gemäß 3.3.3., (M3) festgelegt.

Bei speziellen Schrägprojektionen kann der Umriß einer Kugel mit Hilfe von Satz 6.2.1 gefunden werden. Ein frontalaxonometrischer Riß z. B. ist nach 2.3.4. ähnlich zu einem Schrägriß in der Aufrißebene $\pi_2$. Der Punkt $A$ des kartesischen Koordinatensystems $(U, A, B, C)$ liegt in der zur Bildebene normalen $x$-Achse und besitzt einen durch die axonometrische Angabe bekannten Riß $A^p$. Nennt man die Kugel mit dem Ursprung $U$ des Koordinatensystems als Mittelpunkt, welche durch die Einheitspunkte $A$, $B$, $C$ geht, die *Einheitskugel um* $U$, so gilt:

**Satz 6.2.2:** Der frontalaxonometrische Umriß $u^p$ der Einheitskugel um $U$ ist jene Ellipse mit $U^p$ als Mittelpunkt und $A^p$ als einem Brennpunkt, deren halbe Nebenachsenstrecke die Länge $\overline{U^pB^p} = \overline{U^pC^p}$ besitzt.

Der frontalaxonometrische Umriß jeder anderen Kugel ist dann eine zur Ellipse $u^p$ ähnliche Ellipse, deren Hauptachse zu jener von $u^p$ parallel ist. In analoger Weise wird der Umriß einer Kugel in einem Horizontalriß (vgl. 2.3.4.) festgelegt.

In Fig. 6.18 sind der frontalaxonometrische Umriß $u^p$ der (halben) Einheitskugel um $U$ sowie die axonometrischen Risse des Kugelkreises $k$ in $\pi_1$ und des Kugelkreises $l$ in $\pi_2$ konstruiert.

KB. Die Ellipse $u^p$ ergibt sich gemäß Satz 6.2.2. Die Ellipse $k^p$ wird durch die konjugierten Halbmesser $[U^p, A^p]$. $[U^p, B^p]$ festgelegt, der axonometrische Riß $l^p$ von $l$ ist der Kreis um $U^p$ durch $B^p$ und $C^p$. Der Kreis $l^p$ berührt nach Satz 6.2.2 die Ellipse $u^p$ in ihren Nebenscheiteln. Die Konstruktion der Konturpunkte $K$, $\bar{K}$ von $k$ ist in 6.2.2. besprochen. △

### 6.2.2. Ebene Schnitte von Kugeln

Eine Kugel $\Phi$ vom Radius $r$ und Mittelpunkt $M$ wird nach 1.4.4. von einer Ebene $\varepsilon$, deren Abstand von $M$ kleiner als $r$ ist, in einem Kreis $k$ geschnitten, dessen Drehachse $n$ durch $M$ geht; mit $N = n \cap \varepsilon$ gilt für den Radius $\varrho$ von $k$ dann $\varrho^2 = r^2 - \overline{MN}^2$ (vgl. Fig. 1.22). Ein Konturpunkt in $k$ gehört der Schnittgeraden von $\varepsilon$ mit der Ebene des Konturkreises an.
Gepaarte Normalrisse des Schnittkreises $k$ erhält man nach 5.1.4., wenn man nach Konstruktion von $N = n \cap \varepsilon$ die Länge $\overline{MN}$ ermittelt und $\varrho$ einem rechtwinkeligen Hilfsdreieck mit der Hypotenusenlänge $r$ und einer Kathetenlänge $\overline{MN}$ entnimmt; enthält die Ebene $\varepsilon$ speziell den Mittelpunkt $M$ der Kugel, so ist $k$ nach 1.4.4. ein Großkreis, für den $\varrho = r$ gilt.
Die Konstruktion des Kreismittelpunktes $N$ und des Radius $\varrho$ vereinfacht sich, wenn die Schnittebene $\varepsilon$ projizierend ist. Mit Hilfe eines gemäß Satz 3.2.2 gewählten Seitenrisses[2] ist diese Lage von $\varepsilon$ stets erreichbar. In Fig. 6.19 ist eine Kugel $\Phi$ vom Mittelpunkt $M$ durch eine Ebene $\varepsilon = h_1 h_2$ abgeschnitten und der Großkreis $l$ in der zu $\varepsilon$ parallelen Durchmesserebene ermittelt.

KB. Wir benützen für die in Grundriß und Aufriß durchgeführte Konstruktion einen dem Aufriß zugeordneten Seitenriß, in dem $h_2$ projizierend ist. Wählen wir $M'' = M'''$, so fällt der Seitenriß $u_3'''$ des dritten Konturkreises $u_3$ von $\Phi$ mit dem Aufriß $u_2''$ des zweiten Konturkreises $u_2$ zusammen. Der Schnittkreis $k = \varepsilon \cap \Phi$ liegt in der drittprojizierenden Ebene $\varepsilon$; sein Aufriß $k''$ und sein Grundriß $k'$ werden gemäß 5.1.4. gefunden. Die zweiten Konturpunkte $K_2, \overline{K}_2$ in $k$ liegen in der drittprojizierenden Schnittgeraden von $\varepsilon$ mit der Ebene $\eta_2$ des zweiten Konturkreises $u_2$, die ersten Konturpunkte $K_1, \overline{K}_1$ von $k$ in jener ersten Hauptgeraden $\bar{h}_1$, die der Schnitt der Ebene $\eta_1$ des ersten Konturkreises $u_1$ mit der Ebene $\varepsilon$ ist (Fig. 6.19).
Der Großkreis $l$ ist durch die Normale $n$ seiner Ebene festgelegt; in Fig. 6.19 sind Grundriß und Aufriß von $l$ gemäß 5.1.4. konstruiert. $\triangle$

Die Schnittpunkte einer Geraden $g$ und einer Kugel $\Phi$ liegen auch im Schnittkreis $c$ der Kugel $\Phi$ mit einer Ebene $\gamma$ durch $g$. In Fig. 6.17 ist $\gamma$ erstprojizierend und als Hauptebene eines dem Grundriß zugeordneten Seitenrisses gewählt.

KB. Der Seitenriß $c'''$ des Kreises $c = \gamma \cap \Phi$ vom Mittelpunkt $N$ ist nach Wahl von $N' = N'''$ festgelegt. Die Sichtbarkeitsverhältnisse ergeben sich durch Diskussion der Lage der Kugelpunkte in $g$ zur Ebene des jeweiligen Konturkreises von $\Phi$. $\triangle$

Bei Normalprojektion $n: \mathfrak{P} \to \pi$ liegen die Risse der Konturpunkte eines Großkreises $l$, der in einer weder projizierenden noch zur Bildebene $\pi$ parallelen Durchmesserebene liegt, stets in den Hauptscheiteln der Ellipse $l^n$ (vgl. Fig. 6.19); nach 5.1.2. fällt die Nebenachse der Ellipse $l^n$ in den Normalriß $n^n$ der zur Ebene von $l$ normalen Durchmessergeraden $n$. Die Nebenscheitel $C^n$, $D^n$ der Ellipse $l^n$ sind somit die Normalrisse der Punkte $C, D$ von $l$ in der zu $\pi$ normalen Ebene durch $n$. Wählt man wie in Fig. 6.20 die Bildebene $\pi$ durch den Kugelmittelpunkt $M$, so ist nach 5.1.1. dann $\overline{CC^n} = \overline{DD^n}$ der Abstand der Brennpunkte vom Mittelpunkt $M^n$ der Ellipse $l^n$; auf Grund kongruenter Dreiecke in Fig. 6.20, welche die Situation in der zur Spurgeraden der Ebene von $l$ normalen Durchmesserebene zeigt, folgt

**Satz 6.2.3:** Die Normalrisse der Kugelpunkte in einer zur Bildebene weder parallelen noch normalen Durchmessergeraden $n$ haben vom Normalriß des Kugelmittelpunktes denselben Abstand wie die Brennpunkte jener Ellipse $l^n$, welche Normalriß des Großkreises $l$ in der zu $n$ normalen Durchmesserebene ist.

Da längs jedes Kleinkreises bzw. Großkreises einer Kugel $\Phi$ nach 1.4.4. ein $\Phi$ berührender Drehkegel bzw. Drehzylinder existiert, können die Konturpunkte eines Schnittes von $\Phi$ mit einer nicht projizierenden Ebene gemäß Satz 2.1.7 ermittelt werden (*Kegelmethode*): Die Risse der Konturpunkte eines Kleinkreises bzw. eines Großkreises $k$ von $\Phi$ liegen in jenen Punkten des Umrisses $u^p$ von $\Phi$, in denen $u^p$ von den Rissen der Konturerzeugenden des $\Phi$ längs $k$ berührenden Drehkegels bzw. Drehzylinders berührt wird.

[2] In diesem Seitenriß tritt ein rechtwinkliges Hilfsdreieck mit den Seitenlängen $r$, $\overline{MN}$ und $\varrho$ auf (vgl. Fig. 6.19).

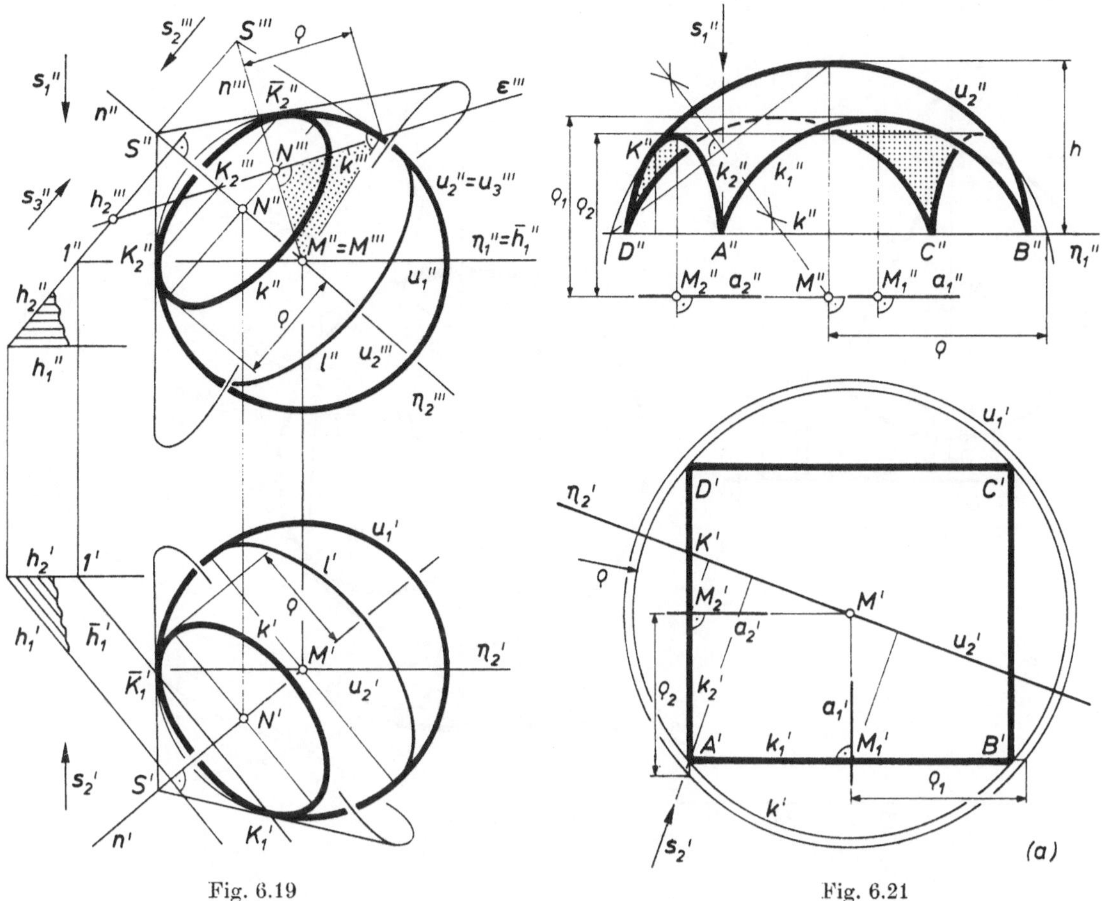


Fig. 6.19 Fig. 6.21

Für einen Kleinkreis $k$ kann die Spitze $S$ des Tangentialkegels längs $k$ in der Drehachse $MN$ von $k$ durch die Länge $\overline{MS}$ festgelegt werden, und zwar ist $\overline{MS}$ in der zur Konstruktion des Radius $\varrho$ von $k$ benützten Hilfsfigur die Hypotenusenlänge eines rechtwinkeligen Dreiecks mit der Kathetenlänge $r$ und dem Hypotenusenabschnitt $[M, N]$. Wird ein Seitenriß benützt, in dem die Kreisebene $\varepsilon$ projizierend ist, so erhält man mit seiner Hilfe die Spitze $S$ (vgl. Fig. 6.19).
In Fig. 6.18 existiert längs des Großkreises $k$ ein Tangentialzylinder mit $z$-parallelen Erzeugenden. Die Risse der Konturpunkte $K$, $\bar{K}$ von $k$ sind demnach jene Punkte der Ellipse $u^p$, in denen die Tangenten parallel zu $z^p$ verlaufen (in Fig. 6.18 ist die orthogonale perspektive Affinität verwendet, welche gemäß Satz 5.2.4 die Ellipse $u^p$ in ihren Nebenscheitelkreis $l^p$ überführt).

### 6.2.3. Beispiele

(1) Eine böhmische Kappe über einem Rechteckbereich mit den Ecken $A$, $B$, $C$, $D$ in einer horizontalen Ebene $\eta_1$ ist jener über $\eta_1$ liegende Teil einer Kugel $\Phi$ durch den Umkreis $k$ dieses Rechtecks, welcher von den Kreisbogen in den lotrechten Ebenen durch die Rechteckseiten berandet wird; durch die Rechteckabmessungen und die Stichhöhe $h$, den Abstand des höchsten Kugelpunktes von der Ebene $\eta_1$, ist die Kappe bestimmt. Fig. 6.21a zeigt den Grundriß des Rechtsecks und des Kleinkreises $k$ vom Radius $\varrho$. In Fig .6.21 ist ein zum Grundriß gepaarter zweiter Normalriß im selben Zeichenmaßstab konstruiert, der durch Vorgabe des zweiten Risses $A''$ von $A$ und die jeweils nicht punktförmigen Risse der beiden zueinander normalen Sehstrahlen $s_1$ und $s_2$ durch $A$ gemäß Satz 3.1.2 festgelegt wird.

KB. Der Kleinkreis $k$ gehört der ersten Hauptebene $\eta_1$ durch $A$ an. Der zweite Riß $u_2''$ des zweiten Konturkreises $u_2$ wird durch den zweiten Riß des höchsten Punktes der Kugel in der erstprojizierenden Drehachse

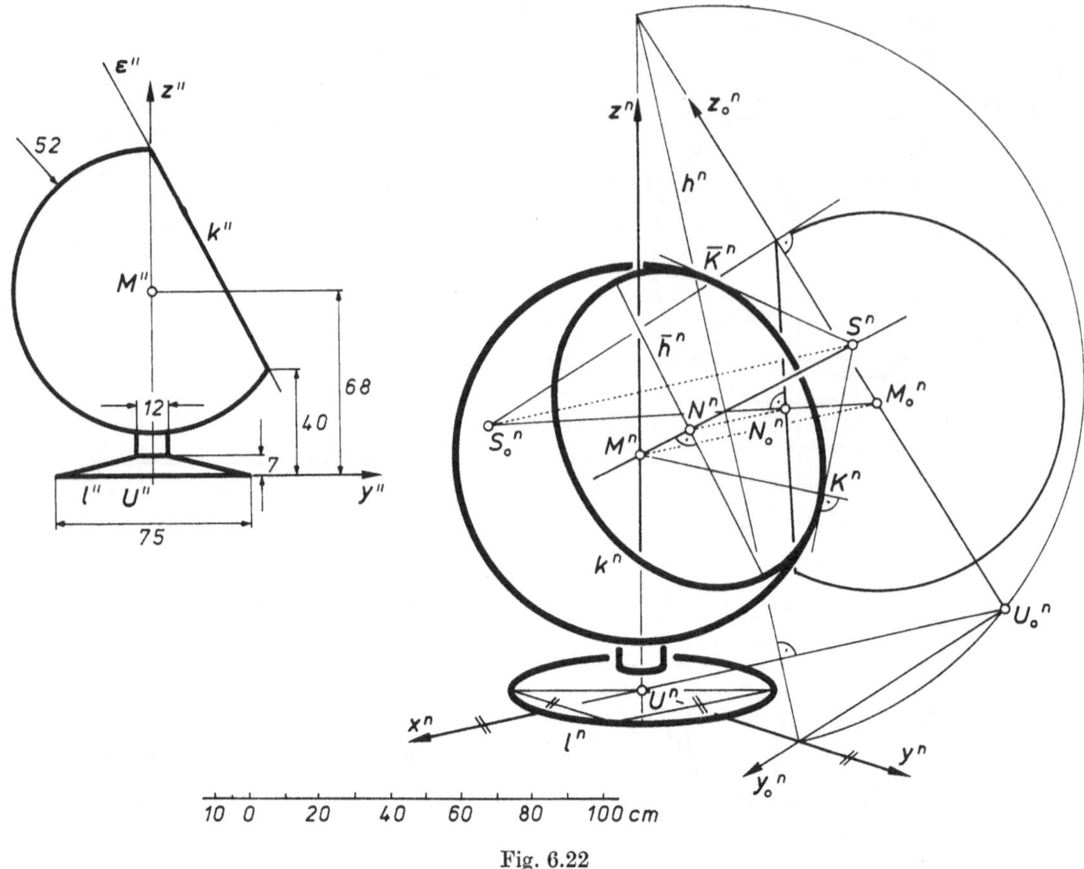


Fig. 6.22

von $k$ und die Strecke $k''$ festgelegt; damit ist der zweite Riß $M''$ des Kugelmittelpunktes $M$ bestimmt (Fig. 6.21). Mit Hilfe des zu $u_2''$ kongruenten ersten Umrißkreises $u_1'$ der Kugel ergeben sich die Radien $\varrho_1, \varrho_2$ der in lotrechten Ebenen durch je eine Rechteckseite liegenden Kleinkreise $k_1$, $k_2$ von $\Phi$. Die ellipsenförmigen zweiten Risse der Kreise $k_1$ und $k_2$ werden mit Hilfe der Kreismitten $M_1$, $M_2$, der den Punkt $M$ enthaltenden Drehachsen $a_1$, $a_2$, der Radien $\varrho_1, \varrho_2$ und des Punktes $A$ gemäß 5.1.4. festgelegt; zweite Konturpunkte gehören der zu $s_2$ normalen Hauptebene $\eta_2$ durch $M$ an. In analoger Weise ergeben sich die zweiten Risse der beiden anderen Randkreisbogen. △

(2) Ein Kugelsitz (Entwurf E. Aarino, 1966) besteht aus einem drehkegelförmigen Fuß, einem koaxialen drehzylindrischen Schaft und einer Kugel, deren Mittelpunkt $M$ der Drehachse angehört und die mit einer Ebene $\varepsilon$ abgeschnitten ist. Wir legen die lotrechte Drehachse in die $z$-Achse, wählen $\varepsilon$ zweitprojizierend und konstruieren in Fig. 6.22 unter Verwendung einer Maßstabskala einen normalaxonometrischen Riß.

KB. Der normalaxonometrische Riß $l^n$ des horizontalen Kreises $l$ ergibt sich nach 5.1.4. (vgl. Fig. 5.9). Nach Paralleldrehen der $yz$-Ebene $\pi_2$ gemäß 2.4.3. um eine Hauptgerade $h$ von $\pi_2$ mit $h^n \perp x^n$ wird der Normalriß der parallelgedrehten Lage der Schnittfigur des Objekts mit $\pi_2$, deren Gestalt durch den gegebenen Aufriß bestimmt ist, gezeichnet (aus Platzgründen wurde in Fig. 6.22 so parallelgedreht, daß $(y_0^n, z_0^n)$ kein Rechtssystem ist). Mit Hilfe der orthogonalen perspektiven Affinität $(h^n; U_0^n \mapsto U^n)$ erhält man den axonometrischen Riß $M^n$ des Mittelpunktes $M$ der Kugel, den axonometrischen Riß $N^n$ des Mittelpunktes $N$ von $k$ und den axonometrischen Riß $S^n$ der Spitze $S$ des Tangentialkegels längs $k$, da die Punkte $M$, $N$, $S$ in $\pi_2$ liegen. Der axonometrische Umriß $u^n$ der Kugel ist der Kreis um $M^n$ vom Kugelradius; die Tangenten aus $S^n$ berühren $u^n$ in den Rissen der Konturpunkte $K$, $\bar{K}$ in $k$. Mit Hilfe des zu $M^nN^n$ normalen Risses $\bar{h}^n$ der Hauptgeraden $\bar{h}$ in der Ebene von $k$ durch $N$ ist die Ellipse $k^n$ durch ihre Hauptscheitel in $\bar{h}^n$ und den Punkt $K^n$ gemäß 5.1.3., (E2) festgelegt. Auf Grund der axonometrischen Angabe liegt nach 2.3.1. eine Obersicht vor, und die Punkte mit positiven $y$-Koordinaten liegen in den Sehstrahlen vor den Punkten der Kreuzrißebene $\pi_3$. △

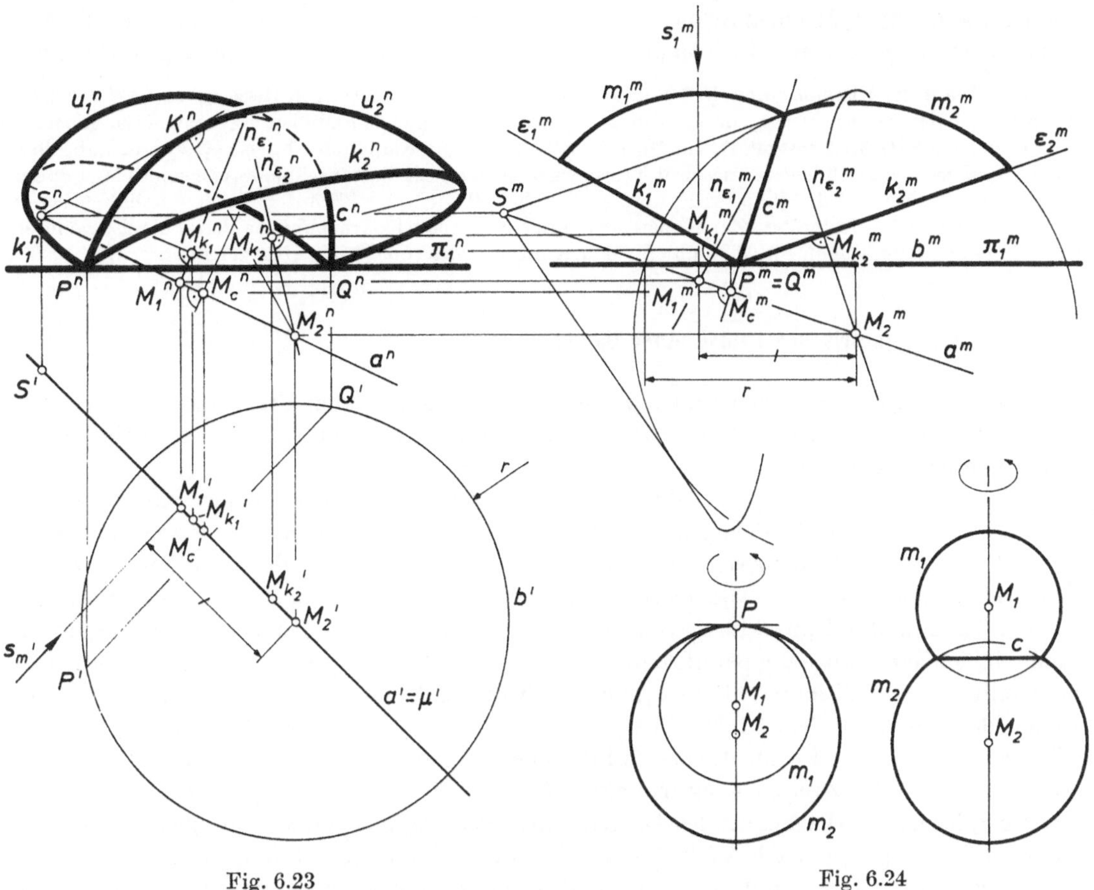


Fig. 6.23 Fig. 6.24

## 6.2.4. Schnitt zweier Kugeln

Zwei Kugeln $\Phi_1$, $\Phi_2$ mit verschiedenen Mittelpunkten $M_1$, $M_2$ haben die gemeinsame Durchmessergerade $M_1M_2$; in jeder Ebene $\mu$ durch $M_1M_2$ liegt ein Großkreis $m_1$ von $\Phi_1$ und ein Großkreis $m_2$ von $\Phi_2$ (Fig. 6.23). Nach 1.4.4. entsteht $\Phi_1$ bzw. $\Phi_2$ bei stetiger Drehung von $m_1$ bzw. $m_2$ um $M_1M_2$. Da die beiden verschiedenen Kreise $m_1$ und $m_2$ in $\mu$ einander entweder in zwei zu $M_1M_2$ symmetrischen Punkten schneiden oder in einem Punkt von $M_1M_2$ berühren oder keinen Punkt gemeinsam haben, gilt

**Satz 6.2.4:** Zwei Kugeln mit verschiedenen Mittelpunkten $M_1$, $M_2$, die einander schneiden[3], haben entweder einen Kreis $c$ mit der Drehachse $M_1M_2$ oder genau einen Punkt gemeinsam, der in $M_1M_2$ liegt.
Im letzten Fall berühren einander gemäß Satz 1.4.4 die beiden Kugeln in einem Punkt $P$ von $M_1M_2$ (Fig. 6.23).

Das Kugelschalensystem in Fig. 6.24 wird durch zwei Kugeln $\Phi_1$, $\Phi_2$ bestimmt, die von je einer zur erstprojizierenden Ebene $\mu$ durch $a = M_1M_2$ normalen Ebene $\varepsilon_1$ bzw. $\varepsilon_2$ in einem Bogen eines Kreises $k_1$ bzw. $k_2$ aufgeschnitten werden; die Randkreise $k_1$ und $k_2$ treffen die Standebene $\pi_1$ in denselben Punkten $P$, $Q$ wie der Schnittkreis $c = \Phi_1 \cap \Phi_2$. Ausgehend vom Grundriß und dem dazu gepaarten, mit dem Abbildungszeiger $^m$ versehenen *Meridianriß*[4], in dem die gemeinsame Durchmessergerade $a$ eine Hauptgerade und daher die Ebene $\mu$ eine Hauptebene ist, kon-

[3] Das bedeutet, daß der Durchschnitt der beiden Punktmengen $\Phi_1$ und $\Phi_2$ nicht leer ist (vgl. 1.4.1., Fn. 1 und 5.5.1., Fn. 1).

[4] Die Bezeichnung Meridianriß wird in 6.3.2. motiviert.

struieren wir in Fig. 6.24 einen Schnellriß zu $\psi = 0$ (vgl. 2.3.6.); dieser ist nach Satz 3.1.5 ein Normalriß. Die zu $\mu$ normalen Ebenen der Kreise $c$, $k_1$ und $k_2$ sind im Meridianriß projizierend.

KB. Nach Wahl der Risse $M_1'$ und $M_1^m$ von $M_1$ und der nicht punktförmigen Risse $s_m'$ und $s_1^m$ der zueinander orthogonalen Sehstrahlen $s_m$ und $s_1$ durch $M_1$ sind die im gleichen Maßstab gezeichneten gepaarten Normalrisse nach Satz 3.1.2 festgelegt. Im Meridianriß können die Radien der Kreise $k_1$, $k_2$ und $c$ abgelesen werden; der Einschneideriß jedes dieser drei Kreise wird dann durch die Einschneiderisse seines Mittelpunktes, seiner Drehachse und des Punktes $P$, dessen Grundriß $P'$ sich aus $P^m$ mit Hilfe des Kreises $b$ von $\Phi_2$ in $\pi_1$ ergibt, nach 5.1.4. festgelegt. Zur Konstruktion der Risse von Konturpunkten dieser Kreise benützen wir die Kegelmethode, was in Fig. 6.24 nur für den Konturpunkt von $\Phi_2$ in $c$ eingezeichnet ist. △

## 6.2.5. Axonometrischer Umriß einer Kugel

Es genügt, den axonometrischen Umriß $u^p$ der Einheitskugel um den Ursprung $U$ zu ermitteln; jede andere Kugel hat einen zur Ellipse $u^p$ ähnlichen axonometrischen Umriß, dessen Hauptachse zu jener von $u^p$ parallel ist.
Wir besprechen zunächst die Konstruktion des axonometrischen Umrisses einer Kugel mit Hilfe zweier Einschneidehilfsrisse, denen nach 2.3.7. verschiedene Zeichenmaßstäbe zugrunde liegen können. Eine erste bzw. eine zweite Einschneidegerade ist nach 2.3.6. der erste Riß $s'$ bzw. der zweite Riß $s''$ einer durch die axonometrische Angabe bestimmten Sehgeraden $s$. Die Tangenten des ersten bzw. zweiten Umrißkreises $u_1'$ bzw. $u_2''$ parallel zu den ersten bzw. zweiten Einschneidegeraden bilden ein Tangentenparallelogramm der gesuchten Ellipse $u^p$ (Fig. 6.25). Mit Hilfe eines Konturpunktes $K$ im Großkreis $u_1$, dessen Grundriß $K'$ ein Berührungspunkt einer ersten Einschneidegeraden mit dem Kreis $u_1'$ ist[5], erhält man einen Halbmesser $[U^p, K^p]$ von $u^p$, wobei die Tangente $t^p$ an $u^p$ in $K^p$ mit der ersten Einschneidegeraden $K'K^p$ zusammenfällt. Der axonometrische Riß $\bar{K}^p$ des zweiten Konturpunktes $\bar{K}$ in $u_1$ liegt zu $K^p$ bezüglich $U^p$ symmetrisch. Nach A 5.2, 5 sind die Diagonalen des Tangentenparallelogramms von $u^p$ konjugierte Durchmessergeraden der Ellipse $u^p$; nach A 5.2, 6 ist die Ellipse $u^p$ durch diese konjugierten Durchmessergeraden und den Punkt $K^p$ samt der Tangente $t^p$ festgelegt und kann mit Hilfe einer perspektiven Affinität $\alpha$, welche die Ellipse $u^p$ in einen Kreis überführt, konstruiert werden (Fig.[6] 6.25).
Eine Vereinfachung tritt ein, wenn die beiden Einschneidehilfsrisse im gleichen Maßstab gezeichnet sind; in diesem Fall ist das Tangentenparallelogramm ein Rhombus. Nach A 5.2, 5 sind dann die Rhombusdiagonalen bereits die Achsen der Ellipse $u^p$, und $u^p$ kann nach A 5.2, 6 mit Hilfe einer orthogonalen perspektiven Affinität $\alpha$, welche die Ellipse $u^p$ in ihren Hauptscheitelkreis überführt, gefunden werden (Fig. 6.26).
Nach Satz 6.2.1 ist ein Parallelriß genau dann ein Normalriß, wenn der Umriß einer (und dann jeder) Kugel ein Kreis ist. Da eine Ellipse nach 5.2.1. genau dann ein Kreis ist, wenn zwei (und dann alle) Paare konjugierter Durchmesser orthogonal sind, und ein Parallelogramm mit orthogonalen Diagonalen ein Rhombus ist, folgt (Fig. 6.27):

**Satz 6.2.5:** Das Einschneideverfahren liefert genau dann einen Normalriß, wenn die beiden Einschneidehilfsrisse im gleichen Maßstab gezeichnet sind und die Verbindungsgerade der Einschneiderisse der Konturpunkte im ersten Konturkreis einer Kugel normal zu den ersten Einschneidegeraden ist.

Natürlich gilt die analoge Aussage für die anderen Einschneidehilfsrisse.
Damit kann ein Einschneideaufriß nach zulässiger Wahl (vgl. 2.3.6.) der ersten und zweiten Einschneidegeraden und gegebenem Einschneidegrundriß so ergänzt werden, daß ein normalaxonometrischer Riß entsteht (Fig. 6.27): Nach Wahl von $U''$ in einer zweiten Einschneidegeraden durch $U^n$ ist die Länge $\overline{U'K_y'}$ der $y$-Koordinatenstrecke eines Konturpunktes $K \in u_1$ von $U''$ aus in der zweiten Einschneidegeraden durch $K^n$ abzuschlagen, wobei $U^nK^n \perp z^n$ gilt; damit sind

[5] In Fig. 6.25 ist zur Konstruktion von $K^p$ der Schnittpunkt $K_y$ der $x$-Parallelen durch $K$ mit der $y$-Achse benützt.

[6] In Fig 6.25 ist die direkte Achsenkonstruktion der Ellipse $u^p$ gemäß 5.2.3. eingetragen.

der Punkt $K''$ und die Gerade $y'' = U''K''$, und zwar je zweideutig festgelegt, falls $\overline{U'K_y'}$ größer als der Abstand des Punktes $U''$ von der zweiten Einschneidegeraden durch $K^n$ ist. Bei beliebiger Wahl der zweiten Einschneidegeraden muß allerdings der Kreis um $U''$ vom Radius $\overline{U'K_y'}$ die zweite Einschneidegerade durch $K^n$ nicht treffen, also nicht unbedingt eine Lösung existieren.

Mit Hilfe der Einheitskugel um $U$ kann folgendes Kriterium für eine normalaxonometrische Grundfigur (vgl. 2.4.4) bewiesen werden:

**Satz 6.2.6:** Eine axonometrische Grundfigur $(U^p, A^p, B^p, C^p)$, bei der die Punkte $U^p$, $A^p$, $B^p$ nicht kollinear sind, ist genau dann eine normalaxonometrische Grundfigur, wenn der Punkt $C^p$ aus einem Brennpunkt der durch die konjugierten Halbmesser $[U^p, A^p]$, $[U^p, B^p]$ bestimmten Ellipse $k^p$ durch eine 90°-Drehung um $U^p$ entsteht.

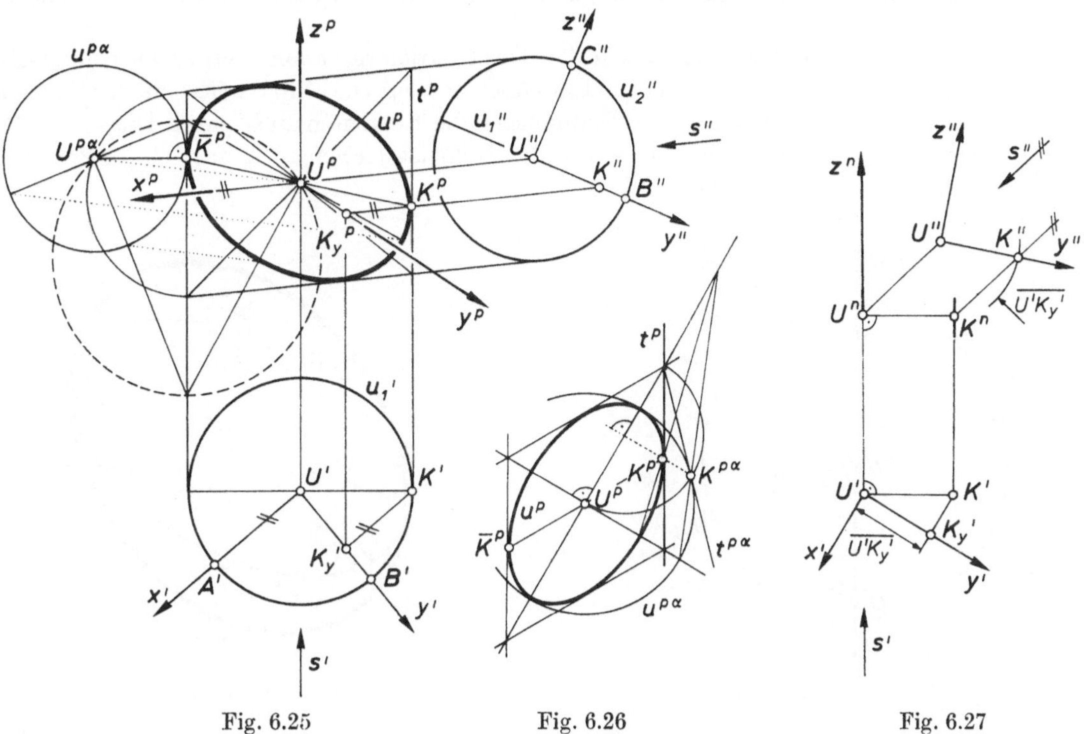


*Beweis*

(a) Da der Normalriß $C^p$ des Punktes $C$ nach Satz 5.1.1 notwendig in der Nebenachse jener Ellipse $k^p$ liegt, welche der Normalriß des Kreises $k \subset \pi_1$ um $U$ durch $A$ und $B$ ist, und Satz 6.2.3 gilt, ist bei einer normalaxonometrischen Angabe die Bedingung von Satz 6.2.6 erfüllt.

(b) Den Beweis der Umkehrung bereiten wir durch folgende Überlegung vor. Die Ellipse $k^p$ ist der axonometrische Riß des in $\pi_1$ liegenden Großkreises $k$ der Einheitskugel $\Phi$ um $U$. Die projizierende Ebene $\zeta$ durch $UC$ schneidet $\Phi$ in einem Kreis $k_1$. Ist $D$ ein den Kreisen $k$ und $k_1$ gemeinsamer Punkt, so liegt $D^p \in k^p$ in $U^pC^p$, und es gilt $UC \perp UD$; wir wählen $D$ so, daß $U^p$ zwischen $C^p$ und $D^p$ ist. Ein Konturpunkt $K$ von $k_1$ hat seinen axonometrischen Riß $K^p$ ebenfalls in $U^pC^p = \zeta^p$.

Durch die axonometrische Angabe wird nach 2.3.2. eine Parallelprojektion mitbestimmt; wir wählen ohne Einschränkung die Bildebene $\pi$ durch $U$ und verwenden den Abbildungszeiger $^s$. Unter Benützung des Radius $e$ von $\Phi$ und der in $\zeta$ gemessenen Winkelmaße $\varphi = \sphericalangle DUD^s$, $\psi = \sphericalangle DD^sU \neq 0$ folgt aus Fig. 6.28, welche die Situation in der Ebene $\zeta$ zeigt,

(1) $\overline{U^sD^s} = e \sin(\varphi + \psi) : \sin\psi$, $\overline{U^sC^s} = e \cos(\varphi + \psi) : \sin\psi$, $\overline{U^sK^s} = e : \sin\psi$,

also $\overline{U^sC^s}^2 + \overline{U^sD^s}^2 = \overline{U^sK^s}^2$. Da diese Bedingung bei einer Ähnlichkeit erhalten bleibt, gilt im axonometrischen Riß (vgl. Fig. 6.29)

(2) $\overline{U^pC^p}^2 + \overline{U^pD^p}^2 = \overline{U^pK^p}^2$.

(c) Erfüllt eine axonometrische Grundfigur die Voraussetzungen von Satz 6.2.6, so besitzt der axonometrische Umriß $u^p$ der Kugel $\Phi$ die Gerade $z^p = U^pC^p$ und die dazu normale Hauptachse von $k^p$ als orthogonale konjugierte Durchmessergeraden, da die Erzeugenden des Tangentialzylinders von $\Phi$ längs $k$ zur $z$-Achse parallel sind und daher nach den Voraussetzungen die axonometrischen Risse der Konturpunkte von $k$ in die Hauptscheitel der Ellipse $k^p$ fallen. Ist $a$ bzw. $b = \overline{U^pD^p}$ die Länge der halben Haupt- bzw. Nebenachsenstrecke von $k^p$, so gilt nach den Voraussetzungen $\overline{U^pC^p}^2 = a^2 - b^2$, also $\overline{U^pK^p} = a$ nach (2). Damit ist die Ellipse $u^p$ ein Kreis und nach Satz 6.2.1 der axonometrische Riß ähnlich zu einem Normalriß. □

Zu drei nicht kollinearen Punkten $U^p, A^p, B^p$ der Zeichenebene mit $U^pA^p$ nicht normal zu $U^pB^p$ existieren gemäß Satz 6.2.6 zwei Punkte $C^p$ derart, daß $(U^p, A^p, B^p, C^p)$ eine normalaxonometrische Grundfigur ist. Für $U^pA^p \perp U^pB^p$ mit $\overline{U^pA^p} > \overline{U^pB^p}$ ergibt sich ein Normalriß mit zu $\pi_2$, aber nicht zur $z$-Achse parallelen Sehgeraden, und für $U^pA^p \perp U^pB^p$, $\overline{U^pA^p} = \overline{U^pB^p}$ folgt $C^p = U^p$ aus Satz 6.2.6, so daß ein Normalriß mit der $z$-Achse als Sehgerade vorliegt. Da Satz 6.2.6 gültig bleibt, wenn man die Punkte $A^p, B^p, C^p$ zyklisch vertauscht, ist auch der Fall kollinearer Punkte $U^p, A^p, B^p$ erledigt.

Aus dem Beweis von Satz 6.2.6 ergibt sich die Konstruktion des axonometrischen Umrisses $u^p$ der Einheitskugel um $U$ ohne Benützung von Einschneiderissen: Die Ellipse $u^p$ hat mit der Ellipse $k^p$ jenen Durchmesser gemeinsam, in dessen Endpunkten die Tangenten an $k^p$ parallel zu $z^p = U^pC^p$ sind; in der dazu konjugierten Durchmessergeraden $U^pC^p$ ist der gemäß (2) festgelegte Punkt $K^p$ ein Punkt der Ellipse $u^p$ (Fig. 6.29).

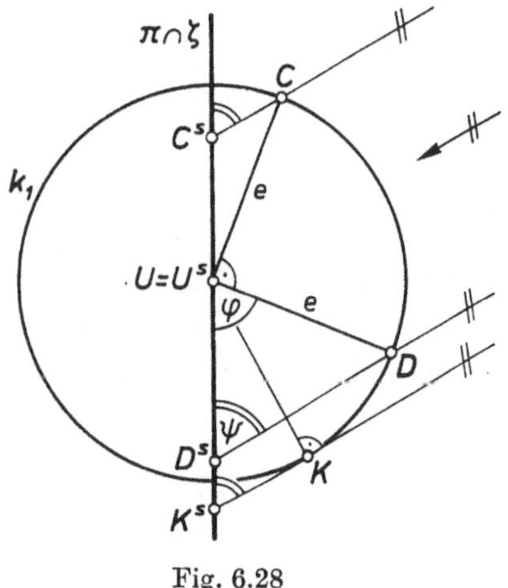

Fig. 6.28

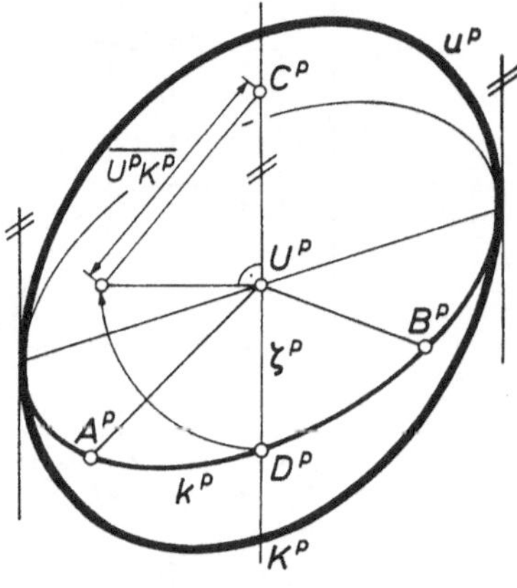

Fig. 6.29

## 6.2.6. Zentralumriß einer Kugel

Nach 4.1.4. und Satz 1.4.6 ist die Kontur $u$ einer Kugel $\Phi$ bezüglich einer Zentralprojektion $c: \mathfrak{P} \to \pi$ mit einem Außenpunkt[7] von $\Phi$ als Augpunkt $O$ ein Kleinkreis, dessen Drehachse den Augpunkt enthält. Der Sehkegel $\Sigma$ durch $u$ ist ein Drehkegel und der Zentralumriß $u^c$ von $\Phi$ der Schnitt von $\Sigma$ mit der Bildebene $\pi$. Aus Satz 5.5.1 und A 5.5, 1 folgt

**Satz 6.2.7:** Ist der Augpunkt Außenpunkt einer Kugel, so ist ihr Zentralumriß $u^c$ ein Kegelschnitt[8]. Der Zentralriß eines Kugelpunktes des zur Bildebene normalen Kugeldurchmessers fällt in einen Brennpunkt des Kegelschnitts $u^c$, falls dieser Zentralriß ein eigentlicher Punkt der Bildebene ist.

[7] Ist der Augpunkt $O$ ein Innenpunkt von $\Phi$, so existiert kein Konturpunkt und damit kein Zentralumriß von $\Phi$. Für $O \in \Phi$ ist $O$ der einzige Konturpunkt, jedoch existiert nach 4.1.4. kein Zentralumriß.

[8] Im Falle eines hyperbolischen Zentralumrisses $u^c$ liegt der Konturkreis $u$ und damit die Kugel $\Phi$ nur teilweise im Sehraum; ein Ast der Hyperbel $u^c$ stammt dann von dem im Sehraum liegenden Teil von $u$ (vgl. 5.7.3., Fn. 8).

Alle Kugeln, welche den Sehkegel $\Sigma$ durch $u$ als Tangentialkegel besitzen, haben denselben Zentralumriß $u^c$, und eine dieser Kugeln ist zur Bildebene $\pi$ symmetrisch. Der Großkreis dieser *Ersatzkugel* $\tilde{\Phi}$ in $\pi$ ist in der Aufnahmesituation aufgrund der Zentralperspektivität mit Zentrum $O$ der Zentralriß $m^c$ des zu $\pi$ parallelen Großkreises $m$ von $\Phi$, der Mittelpunkt von $m^c$ fällt in den Zentralriß $M^c$ des Mittelpunktes $M$ der Kugel $\Phi$ (Fig. 6.30). Gehört $M$ einer durch den Zentralriß $d^c$ der Spurgeraden $d$ und die Fluchtgerade $d_u{}^c$ bestimmten Ebene $\delta$ an, so kann der Radius von $\Phi$ in der Hauptgeraden $h$ durch $M$ in $\delta$ gemäß 4.4.5. eingemessen werden (vgl. Fig. 6.32), womit $m^c$ bestimmt ist.

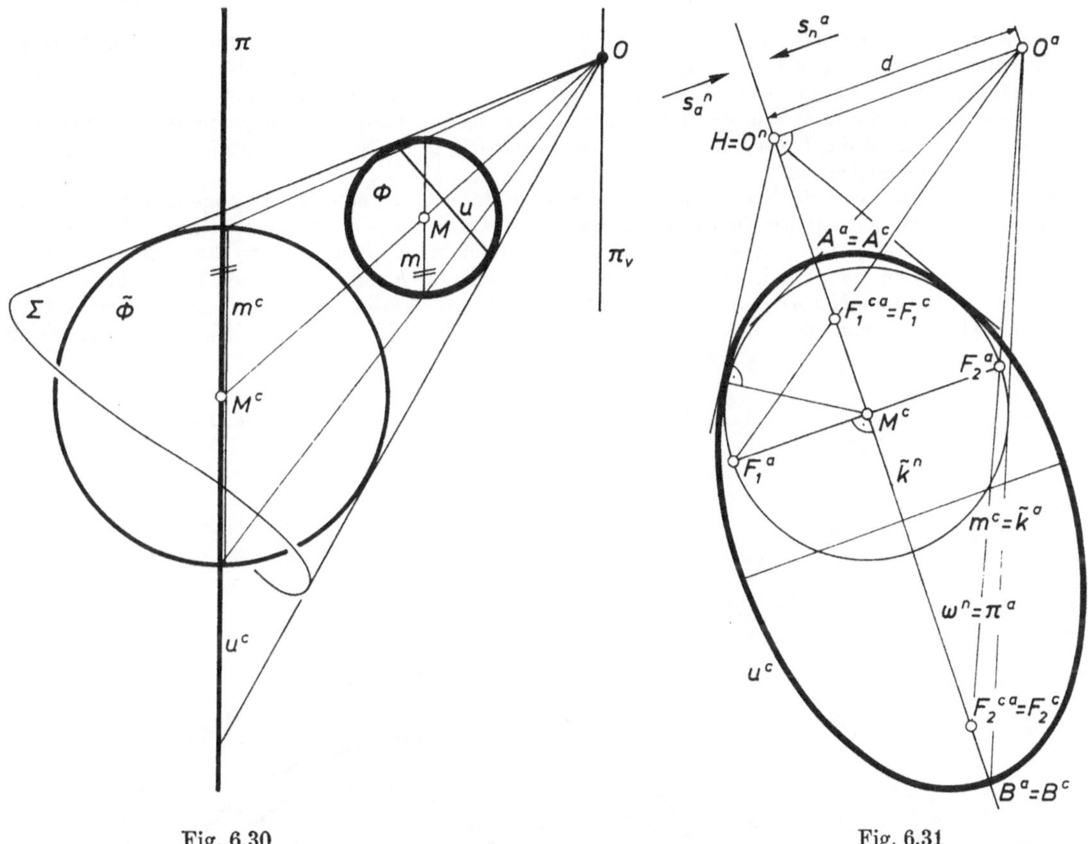


Fig. 6.30

Fig. 6.31

In Fig. 6.31 sind der Zentralriß $M^c$ des Mittelpunktes $M$ der Kugel $\Phi$, der Zentralriß $m^c$ des zu $\pi$ parallelen Großkreises $m$ von $\Phi$ sowie der Distanzkreis der Perspektive gegeben. Die Achsenebene[9] $\omega$ durch $M$ schneidet die durch den Großkreis $m^c$ bestimmte Ersatzkugel $\tilde{\Phi}$ in einem Großkreis $\tilde{k}$. Da $\pi$ und der Sehkegel $\Sigma$ durch $u$ die gemeinsame Symmetrieebene $\omega$ besitzen, ist die $H = O^n$ und $M^c$ enthaltende Spurgerade $\omega^n$ von $\omega$ in $\pi$ eine Achse des Kegelschnitts $u^c$; die Spurpunkte $A$, $B$ der $\tilde{k}$ berührenden Erzeugenden von $\Sigma$ in $\omega$ sind daher, falls sie eigentliche Punkte sind, Scheitel des Kegelschnitts $u^c$. Der zu $\pi$ normale Durchmesser $[F_1, F_2]$ von $\tilde{\Phi}$ liegt ebenfalls in $\omega$, und nach Satz 6.2.8 fallen die Punkte $F_1{}^c$, $F_2{}^c$, falls sie eigentliche Punkte sind, in die Brennpunkte von $u^c$. Zu ihrer Konstruktion verwenden wir einen dem Normalriß in $\pi$ zugeordneten Normalriß mit $\omega$ als Hauptebene, den wir mit dem Abbildungszeiger $^a$ kennzeichnen; zweckmäßig wählt man $\omega^n = \pi^a$ (Fig. 6.31). Kennt man $F_1{}^c$ und $F_2{}^c$, so genügt ein Scheitel des Kegelschnitts $u^c$ in der Achse $\omega^n = F_1{}^cF_2{}^c$, um $u^c$ planimetrisch festzulegen.

[9] Gilt speziell $M^c = H$, ist also $M$ ein Punkt der Blickachse, so enthält jede Achsenebene den Mittelpunkt $M$; der Sehkegel $\Sigma$ durch $u$ ist dann ein Drehkegel mit der Blickachse als Drehachse, und der Zentralumriß $u^c$ ist ein Kreis. Für $M^c \neq H$ ist die Achsenebene $\omega$ durch $M$ die eindeutig bestimmte Ebene $OHM^c$.

Aus der Lage der Punkte $A^c$, $B^c$ zu den Punkten $F_1{}^c$, $F_2{}^c$ ergibt sich der Typus des Kegelschnitts $u^c$: Liegen die Brennpunkte $F_1{}^c$, $F_2{}^c$ zwischen den Scheiteln $A^c$, $B^c$ bzw. die Scheitel zwischen den Brennpunkten, so ist $u^c$ nach 5.1.1. bzw. nach 5.3.1. eine Ellipse bzw. eine Hyperbel; ist eine $\tilde{k}$ berührende Sehgerade zu $\pi$ parallel, so besitzt $u^c$ nur einen Scheitel und einen Brennpunkt, und $u^c$ ist eine Parabel.

Als Beispiel behandeln wir in Fig. 6.32 eine kugelförmige Kuppel über einem Quadrat der Seitenlänge 14 m, das in der Durchmesserebene $\pi_1$ der Kugel $\Phi$ liegt. Die Distanz der frontalen Perspektive beträgt 17 m, die Aughöhe bei Obersicht 4,5 m. Der Ursprung liegt in einer Quadratecke und soll der Bildebene $\pi$ angehören; eine Quadratseite liegt in der Spurgeraden $p_1$ von $\pi_1$.

KB. Nach Wahl des Zentralrisses $x^c$ der orientierten, zur Bildebene $\pi$ normalen $x$-Achse ist der Zentralriß des Koordinatensystems nach 4.5.2. festgelegt. Der Kugelmittelpunkt $M$ fällt nach Angabe in den Diagonalenschnittpunkt des Basisquadrats. In der Hauptgeraden $h$ von $\pi_1$ durch $M$ wird mit Hilfe des Meßpunktes $M_h = H$ der Radius $R$ von $\Phi$, der gleich der halben Länge einer Basisquadratdiagonale ist (vgl. Fig. 6.32), eingemessen und damit der Kreis $m^c$ festgelegt. Der Zentralriß $u^c$ ergibt sich mit Hilfe der Achsenebene $\omega$ durch $M$ wie oben beschrieben.

Die Kugel $\Phi$ wird mit den vier erstprojizierenden Ebenen durch die Quadratseiten abgeschnitten. Die Zentralrisse jener beiden Randkreise, die parallel $\pi_2$ und damit wegen der frontalen Aufstellung in Hauptebenen liegen, sind kreisförmig. Um den Zentralriß $l^c$ des Kugelkleinkreises $l$ in der lotrechten Ebene durch die $x$-Achse, also in $\pi_3$ zu erhalten, drehen wir $\pi_3$ um die Hauptgerade $\bar{h}$ von $\pi_3$ durch den Mittelpunkt $M_l$ von $l$ parallel, wobei $M_l$ in der Normalen $h$ zu $\pi_3$ durch $M$ und in der $x$-Achse liegt. Nach 4.5.2. ist der Meßpunkt $M_x$ der $x$-Parallelen in $\pi_1$ ein Punkt des Horizonts $p_{1u}{}^c$, der von $H = X_u{}^c$ die Distanz als Entfernung besitzt;

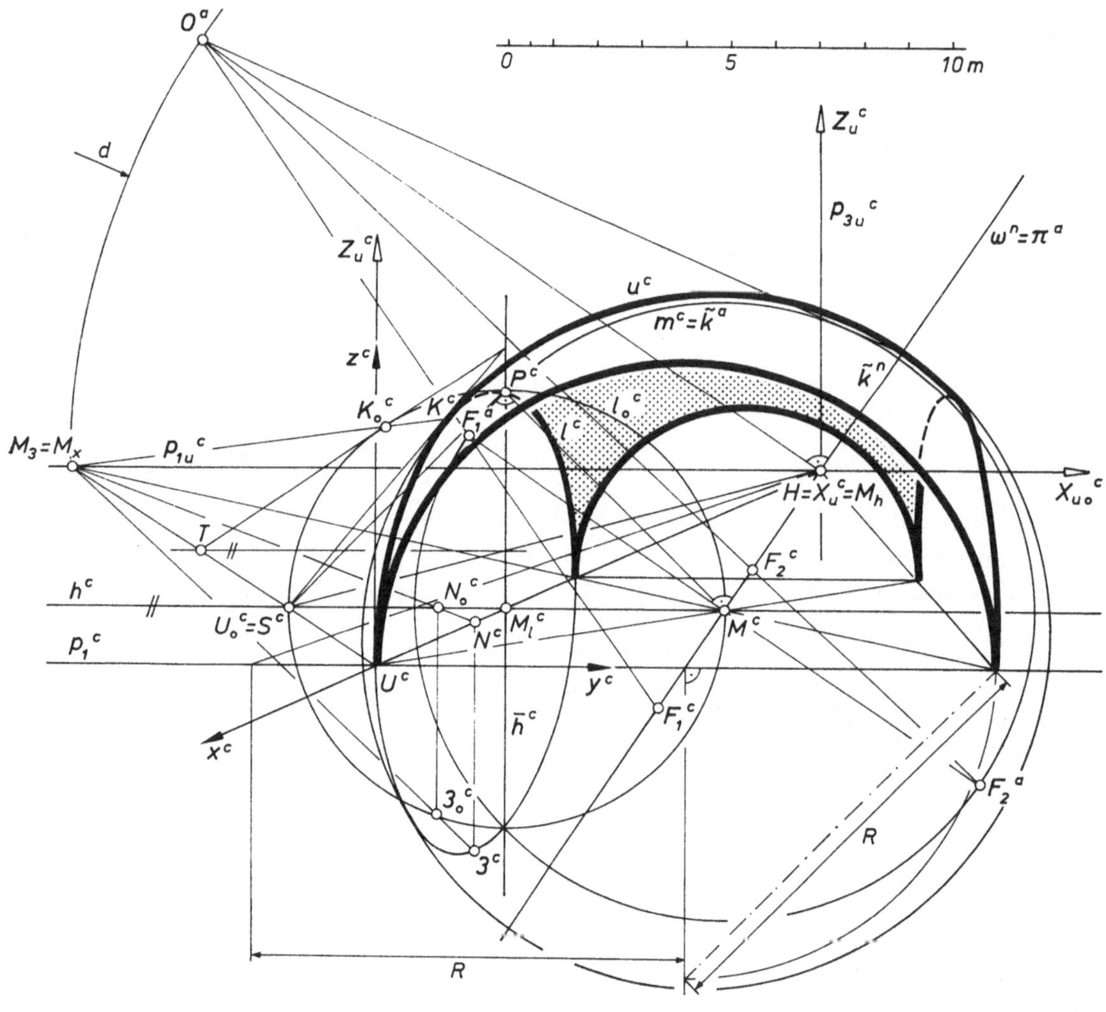


Fig. 6.32

nach Satz 4.4.9 ist $M_x$ der Meßpunkt $M_3$ der Ebene $\pi_3$. Unter der perspektiven Kollineation, die den Kreis $l_0{}^c$ in den gesuchten Zentralriß $l^c$ überführt — nach 5.7.2. ist $l^c$ in Fig. 6.32 eine Ellipse —, geht der Fernpunkt $X_{u0}{}^c$ der zu $\bar{h}^c$ normalen Geraden in $X_u{}^c = H$ über. Der Kreis $l_0{}^c$ mit Mittelpunkt $M_l{}^c$ enthält jenen Punkt $U_0{}^c$, dem unter der perspektiven Kollineation $\varkappa(M_3, \bar{h}^c; X_{u0}{}^c \mapsto H)$ der Punkt $U^c$ zugeordnet ist. Damit kann die Ellipse $l^c$ gemäß 5.7.2. durch konjugierte Halbmesser $[N^c, U^c]$ $[N^c, 3^c]$ festgelegt werden.
Der Konturpunkt $K$ in $l$ gehört den Konturerzeugenden jenes Drehkegels an, der $\Phi$ längs $l$ berührt. Seine Spitze $S$ liegt in der Drehachse $h = MM_l$ des Kreises $l$. Für den Kugelpunkt $P$ in $\bar{h}$ gilt $\sphericalangle MPS = 90°$; da die Ebene $MPS$ eine Hauptebene ist, folgt $\sphericalangle M^cP^cS^c = 90°$. Die Zentralrisse der Konturerzeugenden dieses Kegels sind die Tangenten der Ellipse $l^c$ aus $S^c$ und entstehen unter der perspektiven Kollineation $\varkappa$ aus jenen Tangenten des Kreises $l_0{}^c$, die durch den Punkt $T$ der Zeichenebene mit $S^c = T^\varkappa$ gehen (Fig. 6.32). △

## Aufgaben 6.2

1. Konstruiere unter Verwendung von gepaarten Normalrissen Kugeln zu den folgenden Angaben, und diskutiere die Anzahl der Lösungen:
   (a) Vier Punkte oder vier Tangentialebenen
   (b) Drei Punkte $A$, $B$, $C$ und eine Tangentialebene $\tau$ mit $A, B, C \notin \tau$
   (Anl.: Ist $M$ der Mittelpunkt des Umkreises $k \subset \varepsilon$ von $\{A, B, C\}$ mit der Drehachse $a$ und $S$ der Fußpunkt der Normalen aus $M$ auf die Gerade $\varepsilon \cap \tau$, so liegt der Berührungspunkt $T$ von $\tau$ in der Geraden $Sa \cap \tau$; benütze A 1.4, 1.)
   (c) Drei Punkte $A$, $B$, $C$ und eine Tangente $t$ von $\Phi$ mit $A, B, C \notin t$, $t \not\subset ABC$
   (Anl.: Beachte die Anleitung zu (b).)
   (d) Eine Tangentialebene $\tau$ samt Berührungspunkt $T$ und ein weiterer Punkt $P \notin \tau$
   (e) Eine Tangentialebene $\tau$ samt Berührungspunkt $T$ und eine weitere Tangente $t$ von $\Phi$ mit $T \notin t$, $t \not\subset \tau$
   (Anl.: Benütze $S = t \cap \tau$ und A 1.4, 1.)
   (f) Zwei windschiefe Tangenten $t_1$, $t_2$ samt Berührungspunkten $T_1$, $T_2$
   (g) Drei Tangenten in einer Ebene $\varepsilon$, die ein Dreieck bestimmen, und eine weitere Tangente $t \not\subset \varepsilon$
   (Anl.: Benütze A 1.4, 1.)
2. Die Brennpunkte der Normalrisse aller Kreise einer Kugel, die in parallelen, aber zur Bildebene weder parallelen noch normalen Ebenen liegen, gehören einem Kreis um den Normalriß des Kugelmittelpunkts an.
3. Die Zentralrisse der Konturpunkte einer Kugel $\Phi$ im zur Bildebene $\pi$ parallelen Großkreis $m$ von $\Phi$ sind die Berührungspunkte der Tangenten aus dem Hauptpunkt $H$ an den Kreis $m^c$ (Fig. 6.31).
   (Anl.: Längs $m$ existiert ein Tangentialzylinder von $\Phi$ mit zu $\pi$ normalen Erzeugenden.)
4. Zwei Rohre mit windschiefen Achsen $a$ und $b$ werden durch zwei gerade Zwischenstücke verbunden, wobei der Schnittpunkt $A$ der Achse des ersten Zwischenstücks mit $a$ und der Schnittpunkt $B$ der Achse des zweiten Zwischenstücks mit $b$ gegeben sind. Die Achsen von je zwei aufeinanderfolgenden Rohren schneiden einander orthogonal. Diskutiere auch die Anzahl der Lösungen.
   (Anl.: Benütze Satz 1.2.2 sowie: Im Raum liegen die Scheitel aller rechten Winkel, deren Schenkel durch zwei Punkte $A$, $B$ gehen, in einer Kugel mit dem Durchmesser $[A, B]$).

## 6.3. Drehflächen

### 6.3.1. Breitenkreise und Meridiane

Drehzylinder und Drehkegel bzw. Kugeln entstehen nach 1.4.3. bzw. 1.4.4. bei stetiger axialer Drehung einer zur Drehachse $a$ parallelen oder die Drehachse $a$ schneidenden Geraden bzw. eines Kreises um die Durchmessergerade $a$. Wir verallgemeinern die Erzeugung dieser Flächen in

**Def. 6.3.1:** Unterwirft man eine Kurve $e$ einer stetigen Drehung um eine Gerade $a$ durch 360°, wobei $e$ kein Drehkreis ist und nicht in $a$ liegt, so heißt die Menge der Punkte der dabei entstehenden, zu $e$ kongruenten Kurven eine *Drehfläche* $\Phi$ mit der *Drehachse* $a$. Die Drehkreise der einzelnen Punkte der erzeugenden Kurve $e$ heißen *Breitenkreise*, die Schnittkurven von $\Phi$ mit den Ebenen durch $a$ *Meridiane* von $\Phi$.

Gehört die erzeugende Kurve $e$ keiner zur Drehachse orthogonalen Ebene an, was wir im folgenden stets voraussetzen, so ist die Drehfläche keine ebene Fläche. Die Drehachse $a$ ist gemeinsame Drehachse aller Breitenkreise von $\Phi$. Jeder Meridian ist zu $a$ symmetrisch, und die Drehfläche $\Phi$ entsteht bereits bei stetiger Drehung eines Meridian um $a$ durch 180°. Eine Drehfläche ist zu jeder Meridianebene symmetrisch.

Durch jeden Punkt $P$ einer Drehfläche, der nicht der Drehachse angehört, geht genau ein Breitenkreis $b$ und ein Meridian $m$, wobei die *Breitenkreistangente* $t_b$ in $P$ zu jeder *Meridiantangente* in $P$ normal ist. Wir verlangen, daß man den Meridian in Kurvenstücke zerlegen kann, die in jedem Punkt eine einzige Tangente besitzen, und sprechen daher kurz von der Meridiantangente $t_m$ in $P$.

**Satz 6.3.1:** In einem Punkt $P$ einer Drehfläche $\Phi$, der nicht in der Drehachse $a$ liegt, gehört jede Flächentangente der Verbindungsebene $\tau$ der Breitenkreistangente $t_b$ mit der Meridiantangente $t_m$ an, und die Ebene $\tau$ ist die Tangentialebene von $\Phi$ in $P$. Besitzt ein (und dann jeder) Meridian in einem Punkt $A$ der Drehachse $a$ eine zu $a$ normale Tangente, so gehört jede Flächentangente in $A$ der zu $a$ normalen Ebene $\tau$ an, und die Ebene $\tau$ ist die Tangentialebene in $A$.

*Beweis*

(a) Ist $t$ die Tangente eines $\Phi$ angehörenden Kurvenstücks $c$ in $P \notin a$ und $Q \notin a$ ein weder im Breitenkreis $b$ noch im Meridian $m$ durch $P$ liegender Punkt von $c$, so ist $[P, Q]$ die Diagonale eines gleichschenkeligen Trapezes, dessen restliche Ecken $P_1$ und $Q_1$ die Schnittpunkte des Meridians durch $Q$ mit $b$ bzw. des Breitenkreises durch $Q$ mit $m$ sind (Fig. 6.33). Läuft $Q$ in $c$ gegen $P$, so geht $PP_1$ bzw. $PQ_1$ in die Breitenkreistangente $t_b$ in $P$ bzw. die Meridiantangente $t_m$ in $P$ und die der Ebene $PP_1Q_1$ angehörende Sehnengerade $PQ$ von $c$ in die Tangente $t$ von $c$ in $P$ über, wobei $t \subset \tau = t_b t_m$ gilt.
(b) Die Gerade $t_b$ in $\tau$ ist Flächentangente in $P$. Ist $g$ eine von $t_b$ verschiedene Gerade in $\tau$ durch $P$ und $\nu$ die zu $\tau$ normale Ebene durch $g$, so ist die Menge der Punkte von $\nu$, die durch die jeweils kürzeste stetige Drehung um $a$ aller Punkte eines $P$ enthaltenden Kurvenstücks von $m$ in die Ebene $\nu$ hinein entstehen, ein Kurvenstück $c_1$, wie aus Def. 1.4.1 sofort folgt. Gemäß (a) gehört die Tangente der Flächenkurve $c_1$ in $P$ der Ebene $\tau$ an; da $c_1$ in $\nu$ liegt, ist $g = \nu \cap \tau$ Tangente von $c_1$ in $P$.
(c) Für $A \in a \cap \Phi$ ist jede Sehnengerade $AQ$ eines Kurvenstücks $c \subset \Phi$ durch $A$ auch Sehnengerade eines Meridians und daher die Tangente $\lim_{Q \to A} AQ$ von $c$ in $A$ eine zu $a$ normale Meridiantangente in $A$. Jede Gerade $g$ durch $A$ in der zu $a$ normalen Ebene ist Tangente des Meridians in der Ebene $ga$. □

Schneidet ein (und dann jeder) Meridian $m$ die Drehachse $a$ in einem Punkt $A$ und existiert in $A$ eine zu $a$ nicht normale Tangente $t$ von $m$, so ist auch die zu $t$ bezüglich $a$ symmetrische Gerade Tangente von $m$ in $A$, und $t$ überstreicht bei stetiger Drehung um $a$ einen Drehkegel mit der Spitze $A$, dessen Erzeugenden Tangenten von Meridianen sind. In einem solchen *konischen Knoten* $A$ existiert also keine Tangentialebene.

Die Flächennormale $n$ in einem nicht in der Drehachse $a$ liegenden Flächenpunkt $P$ ist normal zur Breitenkreistangente $t_b$ in $P$ und fällt daher in die Normale des Meridians in $P$. Die Flächennormalen in allen Punkten eines Breitenkreises $b$ schneiden somit die Drehachse $a$ im selben Punkt $N_b$ oder sind alle zu $a$ parallel. Im ersten Fall enthält die Kugel $\varkappa_b$ um $N_b$ durch den Punkt $P$

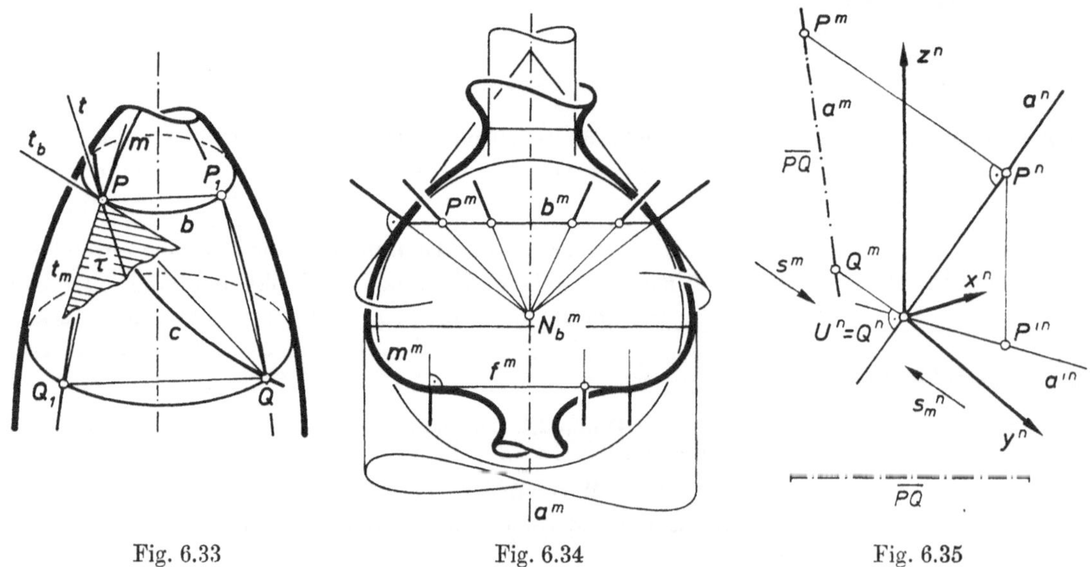


Fig. 6.33 Fig. 6.34 Fig. 6.35

den Breitenkreis $b$ und besitzt in allen Punkten von $b$ dieselbe Flächennormale wie die Drehfläche $\Phi$, berührt also $\Phi$ längs $b$ (Fig. 6.34 zeigt einen mit dem Abbildungszeiger $^m$ versehenen Normalriß mit der Drehachse $a$ als Hauptgerade). Im zweiten Fall ist die Meridiantangente in $P$ und damit die Tangentialebene in $P$ normal zur Drehachse, so daß die Ebene des Breitenkreises $f$ durch $P$ längs $f$ die Drehfläche berührt; ein solcher Breitenkreis $f$ heißt *Plattkreis* (*Flachkreis*) der Drehfläche (Fig. 6.34).
Längs jedes Breitenkreises $b$, der kein Plattkreis ist, wird die Kugel $\varkappa_b$ und somit die Drehfläche $\Phi$ von einem aus den Meridiantangenten in den Punkten von $b$ bestehenden Drehkegel bzw. Drehzylinder berührt, je nachdem $b$ ein Kleinkreis bzw. ein Großkreis von $\varkappa_b$ ist. Der zweite Fall tritt genau dann ein, wenn diese Meridiantangenten zur Drehachse $a$ parallel sind, wie dies insbesondere bei einem Breitenkreis von relativ minimalem oder maximalem Radius — einem *Kehlkreis* bzw. *Äquatorkreis* — zutrifft (Fig. 6.34).

### 6.3.2. Meridianriß, Hauptriß

Die konstruktive Behandlung einer Drehfläche erfolgt zweckmäßig in einem Normalriß, für den die Drehachse $a$ eine Hauptgerade, also eine Meridianebene $\mu$ eine Hauptebene ist. Ein solcher *Meridianriß* (vgl. 6.2.4., Fn. 4 und Fig. 6.34) wird mit dem Abbildungszeiger $^m$ versehen und zeigt den in der *Hauptmeridianebene* $\mu$ liegenden *Hauptmeridian* $m$ unverzerrt. Ist bei Verwendung gepaarter Normalrisse die Drehachse keine Hauptgerade, so kann ein Meridianriß nach Satz 3.2.3 als Seitenriß gewonnen werden. Fällt bei normaler Axonometrie die Drehachse $a$ einer Drehfläche speziell in eine Koordinatenachse, etwa die $z$-Achse, so ist der in 3.3.5. (vgl. Fig. 3.27) mit dem Abbildungszeiger $^z$ bezeichnete Achsenriß ein Meridianriß. Ist dagegen die Drehachse $a$ keine Koordinatenachse, so findet man einen dem normalaxonometrischen Riß zugeordneten Meridianriß wie folgt: Zunächst bestimmt man für eine Strecke $[P, Q] \subset a$ nach 3.3.5. die Länge $\overline{PQ}$ (zur Festlegung von $a$ muß neben dem normalaxonometrischen Riß $a^n$ etwa der normalaxonometrische Grundriß $a'^n$ von $a$ gegeben sein); wählt man dann im zu $a^n$ normalen Ordner durch $P^n$ den Meridianriß $P^m$ von $P$, so muß der Meridianriß $Q^m$ von $Q$ im Ordner durch $Q^n$ liegen und die Bedingung $\overline{PQ} = \overline{P^mQ^m}$ erfüllen (der Fig. 6.35 ist die Fig. 3.27 mit $U = Q$ zugrunde gelegt).
Ein Normalriß mit der Drehachse $a$ als Sehgerade ist zu jedem Meridianriß gepaart, zeigt alle Breitenkreise unverzerrt und heißt *Hauptriß*. Wir bezeichnen im folgenden einen Hauptriß als *ersten* und einen dazu gepaarten Meridianriß als *zweiten Riß*.
Die erste Kontur besteht aus jenen Breitenkreisen, in deren Punkten die Meridiantangenten parallel zur erstprojizierenden Drehachse $a$ sind[1]. Da in allen Punkten des Hauptmeridians die Breitenkreistangenten zur Hauptmeridianebene $\mu$ normal sind und in allen Punkten eines Plattkreises seine zu $\mu$ normale Ebene Tangentialebene ist, bildet der Hauptmeridian zusammen mit den Plattkreisen die zweite Kontur. Zur *Vervollständigungsaufgabe* wird ein Schnittpunkt $M$ des Breitenkreises $b$ durch einen Flächenpunkt $P$ mit der Hauptmeridianebene $\mu$ benützt: Geht man etwa vom ersten Riß $P'$ aus, so ist ein Schnittpunkt des Kreises $b'$ mit der zu $s_2'$ normalen Geraden $\mu'$ der erste Riß $M'$ eines Punktes $M$ des Hauptmeridians $m$ in $\mu$; der Punkt $M''$ und damit $P''$ ist nicht eindeutig bestimmt, falls der zum ersten Ordner von $M'$ gehörende zweite Ordner den zweiten Riß $m''$ des Hauptmeridians $m$ mehrfach schneidet. Zur Festlegung der Tangentialebene im Flächenpunkt $P$ benützt man die Flächennormale $n$ in $P$: Diese ist für einen Punkt eines Flachkreises zur Drehachse $a$ parallel und geht sonst nach 6.3.1. durch den Mittelpunkt $N_b$ jener Kugel $\varkappa_b$, die $\Phi$ längs des Breitenkreises $b$ von $P$ berührt; nach 6.3.1. liegt $N_b$ im Schnitt der Drehachse $a$ mit der Normalen zum Hauptmeridian $m$ in einem seiner Schnittpunkte $M$ mit dem Breitenkreis $b$ durch $P$ (Fig. 6.36).

[1] Kehl- und Äquatorkreise sind Sichtbarkeitsgrenzen (vgl. 2.1.2.), falls sie nicht durch einen in Blickrichtung vorgelagerten Flächenteil verdeckt sind. Durchsetzt der Meridian in einem Punkt $W$ seine zu $a$ parallele Tangente, so gehört der Breitenkreis von $W$ zwar zur ersten Kontur, ist aber keine Sichtbarkeitsgrenze (vgl. Fig. 6.36).

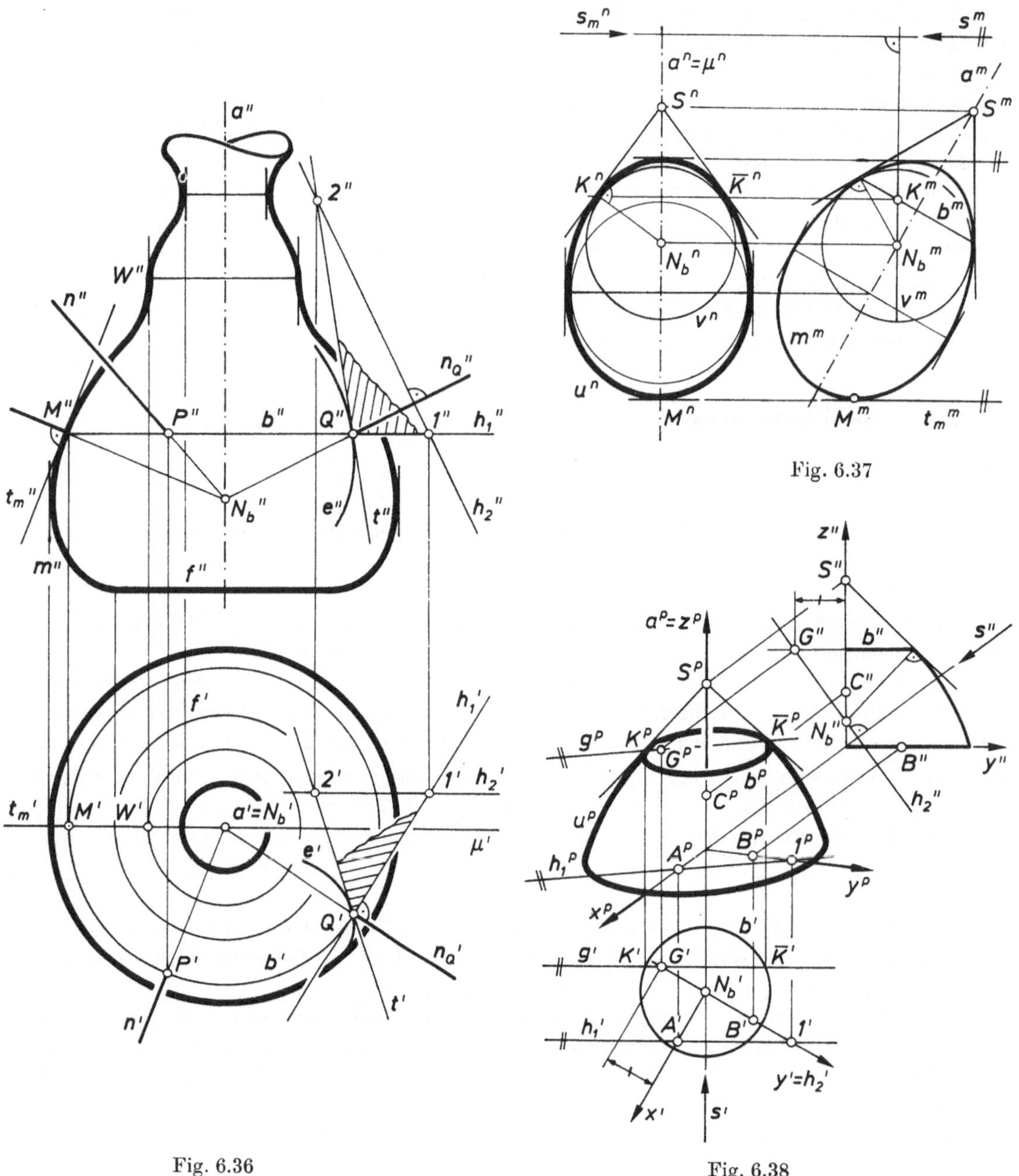


Fig. 6.36

Fig. 6.37

Fig. 6.38

Kennt man anstelle des Meridians irgendeine erzeugende Kurve $e$ der Drehfläche $\Phi$, so können Punkte und Tangenten des Hauptmeridians $m$ ermittelt werden (Fig. 6.36): Die Punkte von $m$ sind die Schnittpunkte der Breitenkreise durch die Punkte von $e$ mit der Hauptmeridianebene $\mu$. Die Tangentialebene $\tau$ in einem Punkt $Q$ von $e$ wird, falls $e$ in $Q$ den Breitenkreis nicht berührt, von der Tangente $t$ an $e$ und der Breitenkreistangente $h_1$ in $Q$ aufgespannt (in Fig. 6.36 ist $\tau = h_1 t = h_1 h_2$), und die Flächennormale $n_Q$ von $Q$ schneidet $a$ in einem Punkt $N_b$, durch den auch die Flächennormale des Punktes $M$ von $m$ im Breitenkreis $b$ durch $Q$ geht; die zweitprojizierende Tangentialebene in $M$ enthält die Tangente $t_m$ von $m$ in $M$ und ist zu $MN_b$ normal.

### 6.3.3. Parallelumriß einer Drehfläche

Um bezüglich einer Parallelprojektion die Kontur einer Drehfläche zu finden, ermitteln wir die Konturpunkte der einzelnen Breitenkreise. Ein Konturpunkt von $\Phi$ in einem Breitenkreis $b$, der kein Plattkreis ist, ist auch Konturpunkt der $\Phi$ längs $b$ berührenden Kugel $\varkappa_b$ und des $\Phi$ längs $b$ berührenden Drehkegels bzw. Drehzylinders $\Psi_b$.
Die Darstellung einer Drehfläche $\Phi$ erfolgt zweckmäßig in Normalprojektion $n: \mathfrak{P} \to \pi$, da dann jede Kugel $\varkappa_b$ einen kreisförmigen Umriß besitzt. Ist die Drehachse $a$ von $\Phi$ keine Hauptgerade und nicht projizierend, so findet man den zum gegebenen Normalriß gepaarten Meridianriß nach 6.3.2., und in ihm lassen sich mit 6.3.1. zu jedem Breitenkreis $b$ der Mittelpunkt $N_b \in a$ und der Radius der $\Phi$ längs $b$ berührenden Kugel $\varkappa_b$ sowie die Spitze $S \in a$ des $\Phi$ längs $b$ berührenden Drehkegels $\Psi_b$ festlegen bzw. jene Breitenkreise erkennen, längs denen ein Drehzylinder $\Psi_b$ berührt. Die Berührungspunkte der Tangenten aus $S^n$ an den Umrißkreis $v^n$ von $\varkappa_b$, dessen Mittelpunkt $N_b{}^n$ und dessen Radius gleich dem Radius von $\varkappa_b$ ist, sind die Normalrisse der Konturpunkte $K, \bar{K}$ in $b$; im Falle eines berührenden Drehzylinders $\Psi_b$ sind die zu $a^n$ parallelen Tangenten von $v^n$ heranzuziehen (Fig. 6.37). Der Normalumriß $u^n$ der Drehfläche ist somit zu $a^n$ symmetrisch.
Die Meridianrisse der Kreise $v$ und $b$ sind Strecken, und $K^m = \bar{K}^m$ ist der gemeinsame Punkt der Strecken $v^m$ und $b^m$. Da die $v^m$ enthaltende Gerade gemäß Satz 2.1.7 normal zum Meridianriß $s^m$ einer Sehgeraden $s$ der Normalprojektion $n: \mathfrak{P} \to \pi$ ist, folgt (Fig. 6.37):

**Satz 6.3.2:** Zur Konstruktion des Normalumrisses einer Drehfläche $\Phi$ benützt man einen zum Normalriß gepaarten Meridianriß. Der Meridianriß eines Konturpunktes in einem Breitenkreis $b$, der kein Plattkreis ist, liegt in der Strecke $b^m$ und in der zum Meridianriß $s^m$ der Sehgeraden $s$ der gegebenen Normalprojektion normalen Geraden durch den Meridianriß $N_b{}^m$ des Mittelpunktes $N_b$ der $\Phi$ längs $b$ berührenden Kugel $\varkappa_b$.

Da die gemeinsame Tangentialebene von $\Phi$ und $\varkappa_b$ im Konturpunkt $K$ von $b$ projizierend ist, muß der Normalumriß $u^n$ der Drehfläche $\Phi$ den Umrißkreis $v^n$ von $\varkappa_b$ in $K^n$ berühren. Damit ist $u^n$ die Hüllkurve[2] aller dieser Kreise $v^n$.
In einem Konturpunkt $M$ des Meridians $m$ der projizierenden Meridianebene $\mu$ ist die Meridiantangente $t_m$ projizierend. Der Normalriß $M^n$ von $M$ liegt in der Symmetrieachse $a^n = \mu^n$ von $u^n$, und die Tangente von $u^n$ in $M^n$ ist zu $a^n$ normal (Fig. 6.37); nach 1.4.2. ist daher $M^n$ ein Scheitel der Umrißkurve $u^n$.
Zur Ermittlung der Kontur $u$ einer Drehfläche $\Phi$ bezüglich schiefer Axonometrie (vgl. 3.3.8.) verwendet man nach 2.3.6. bzw. 2.3.7. etwa einen Einschneidegrundriß und einen Einschneideaufriß. Die Konturpunkte $K, \bar{K}$ eines Breitenkreises $b$ liegen in der Schnittgeraden $g$ der Ebene von $b$ mit der zu den Sehgeraden $s$ der Axonometrie normalen Ebene $\nu$ durch den Mittelpunkt $N_b$ der $\Phi$ längs $b$ berührenden Kugel $\varkappa_b$; durch Einschneiden oder Einmessen der Punkte $K, \bar{K}$ und der Spitze $S$ des $\Phi$ längs $b$ berührenden Drehkegels $\Psi_b$ erhält man die Punkte $K^p, \bar{K}^p$ samt Tangenten des Umrisses $u^p$. Da die Schnittgeraden $g$ zueinander parallel sind und die beiden Konturpunkte eines Breitenkreises aus Symmetriegründen von der projizierenden Meridianebene $\mu$ mit $\mu^p = a^p$ gleich weit entfernt sind, gestattet der Schrägumriß $u^p$ einer Drehfläche die Affinspiegelung in $a^p$ parallel zu $g^p$. Ist $a$ zu keiner Koordinatenebene parallel, so hat man zur Festlegung von $N_b$ und $S$ einen etwa zum Einschneidegrundriß gepaarten Meridianriß heranzuziehen. Fällt speziell die Drehachse $a$ der Drehfläche in eine Koordinatenachse, etwa die $z$-Achse, so sind die zueinander parallelen Geraden $g$ erste Hauptgeraden. Fig. 6.38 zeigt diese Konstruktion für einen Schnellriß: Jede Gerade $g$ ist parallel zu einer solchen Hauptgeraden $h_1 = A1$ von $\pi_1$, die zu $s$ normal ist, und enthält den Schnittpunkt $G$ der zweiten Hauptgeraden $h_2$ der Ebene $\nu$ mit der Ebene des Breitenkreises $b$.
Graphisch oft ausreichend genau erhält man im Falle, daß eine Koordinatenachse, etwa die $z$-Achse, die Drehachse der Drehfläche $\Phi$ ist, den schiefaxonometrischen Umriß $u^p$ von $\Phi$ wie folgt:

[2] Gelegentlich reicht es graphisch aus, den Normalumriß einer Drehfläche als Hüllkurve der kreisförmigen Normalumrisse von längs Breitenkreisen berührenden Kugeln festzulegen.

Der axonometrische Riß $b^p$ eines Breitenkreises $b$ ist eine durch den $x^p$- und den $y^p$-parallelen Durchmesser bestimmte Ellipse. Überträgt man die in der $z$-Achse liegende Spitze $S$ des $\Phi$ längs $b$ berührenden Drehkegels in den axonometrischen Riß, so sind die Berührungspunkte der Tangenten aus $S^p$ an $b^p$ die axonometrischen Risse der Konturpunkte $K$, $\bar{K}$ von $b$; diese Tangenten sind Risse projizierender Tangentialebenen und werden daher von $u^p$ in $K^p$, $\bar{K}^p$ berührt. Die Konstruktion vereinfacht sich durch den Hinweis, daß die in parallelen Ebenen liegenden Breitenkreise zueinander ähnliche ellipsenförmige Risse besitzen, deren Hauptachsen parallel sind (in Fig. 6.39 ist die perspektive Affinität, mit deren Hilfe die Tangenten aus $S^p$ an die Ellipse $b^p$ gefunden werden, nicht eingezeichnet). Besonders günstig ist dieses Verfahren, wenn man einen Schrägriß in der zu $a$ normalen Koordinatenebene, also bei Wahl von $a$ in der $z$-Achse, einen Militärriß benützt; in diesem Fall haben alle Breitenkreise kreisförmige axonometrische Risse (vgl. Fig. 6.53).
Weitere Aussagen zum Parallelumriß einer Drehfläche finden sich in 7.4.2.

### 6.3.4. Ebene Schnitte von Drehflächen

Ist die Schnittebene $\varepsilon$ keine Breitenkreis- und keine Meridianebene einer Drehfläche $\Phi$, so benützt man zur Konstruktion der Schnittkurve $c = \varepsilon \cap \Phi$ jenen Meridianriß, in dem $\varepsilon$ projizierend ist. In diesem Riß, der ausgehend von gepaarten Normalrissen durch Einführung geeigneter Seitenrisse gemäß 3.2.4. gewonnen wird, erscheint die Schnittkurve $c$ geradlinig; mit Hilfe der Vervollständigungsaufgabe werden der Hauptriß von $c$ (Fig. 6.40) und nach der Seitenrißregel Satz 3.1.3 weitere Normalrisse konstruiert. Verläuft die Schnittebene $\varepsilon$ speziell parallel zur Drehachse $a$ der Drehfläche $\Phi$, so kann auch vom geradlinigen Hauptriß von $c$ ausgegangen werden.
Die Tangente $t$ von $c = \varepsilon \cap \Phi$ in einem Punkt $P$, in welchem die Schnittebene und die Tangentialebene $\tau$ von $\Phi$ verschieden sind, stimmt mit der Schnittgeraden $\varepsilon \cap \tau$ überein; diese kann man zweckmäßig so festlegen, daß man in einer den Punkt $P$ nicht enthaltenden Breitenkreisebene $\alpha$ den Schnittpunkt $T$ der Geraden $e = \varepsilon \cap \alpha$ und $s = \tau \cap \alpha$ aufsucht, was $t = PT$ ergibt. Unter Benützung eines Hauptrisses und eines Meridianrisses gewinnt man die Schnittgerade $s$ aus der Schnittgeraden $s_M$ der zweitprojizierenden Tangentialebene $\tau_M$ in einem gemeinsamen Punkt $M$ des Hauptmeridians $m$ und des Breitenkreises $b$ durch $P$, indem man die Drehung um $a$, die $P$ in $M$ überführt, rückgängig macht. Damit gilt $s' \perp a'P'$ und $\overline{a's'} = \overline{a''s_M''}$ (vgl. Fig. 6.40).
Die Schnittgerade $t = \varepsilon \cap \tau$ ist jene Gerade durch $P$, welche sowohl zur Normalen $n_1$ von $\Phi$ wie auch zur Normalen $n_2$ von $\varepsilon$ in $P$, also zur Verbindungsebene $\nu = n_1 n_2$ normal ist. Bei dieser *Normalenmethode* zur Ermittlung der Tangente $t$ von $c$ wird $n_1$ gemäß 6.3.1. gefunden.

KB. In Fig. 6.40 schneidet die Normale $n_1$ der Drehfläche $\Phi$ in $P$ die Drehachse $a$ in $N$, die Normale $n_2$ zu $\varepsilon$ in $P$ ist eine zweite Hauptgerade. Die zur Ebene $\nu = n_1 n_2$ normale Tangente $t$ hat einen ersten Riß $t'$, der normal zum ersten Riß $h_1'$ der ersten Hauptgeraden $h_1 = N2$ von $\nu$ ist. △

Ist die Ebene $\varepsilon$ keine Breitenkreis- und keine Meridianebene, so ist der Krümmungskreis $k$ der Schnittkurve $c = \varepsilon \cap \Phi$ vor allem für einen in der zu $\varepsilon$ normalen Meridianebene $\mu$ liegenden Scheitel $A$ von $c$ konstruktiv von Bedeutung. Zu einem von $A$ verschiedenen Punkt $Q$ von $c$ existiert genau eine Kugel $\bar{\varkappa}$, welche die Breitenkreise durch $A$ und durch $Q$ enthält; der Mittelpunkt $\bar{N}$ von $\bar{\varkappa}$ liegt in der Drehachse $a$ und in der Symmetrieebene zweier Punkte $A$, $B$ dieser Breitenkreise in dem $\mu$ angehörenden Meridian; wir wählen $A$ und $B$ so, daß sie derselben Halbebene von $\mu$ mit der Randgeraden $a$ angehören (Fig. 6.41). Der Schnittkreis $\bar{k} = \varepsilon \cap \bar{\varkappa}$ berührt dann $c$ in $A$ und enthält den Punkt $Q$ von $c$. Läuft $Q$ in $c$ gegen $A$, so folgt mit 1.4.2.

**Satz 6.3.3:** Der Krümmungskreis des Schnittes $c$ einer Drehfläche $\Phi$ mit einer Ebene $\varepsilon$ in einem der zu $\varepsilon$ normalen Meridianebene $\mu$ angehörenden Scheitel $A$ von $c$ ist der Schnitt von $\varepsilon$ mit jener Kugel, die $\Phi$ längs des Breitenkreises durch $A$ berührt.

Der Parallelriß $c^p$ von $c$ und der Parallelriß $k^p$ des Krümmungskreises $k$ von $c$ im Scheitel $A$ besitzen dann in $A^p$ denselben Krümmungskreis[3].

[3] Diese plausible Tatsache wird in 7.3.2. bewiesen.

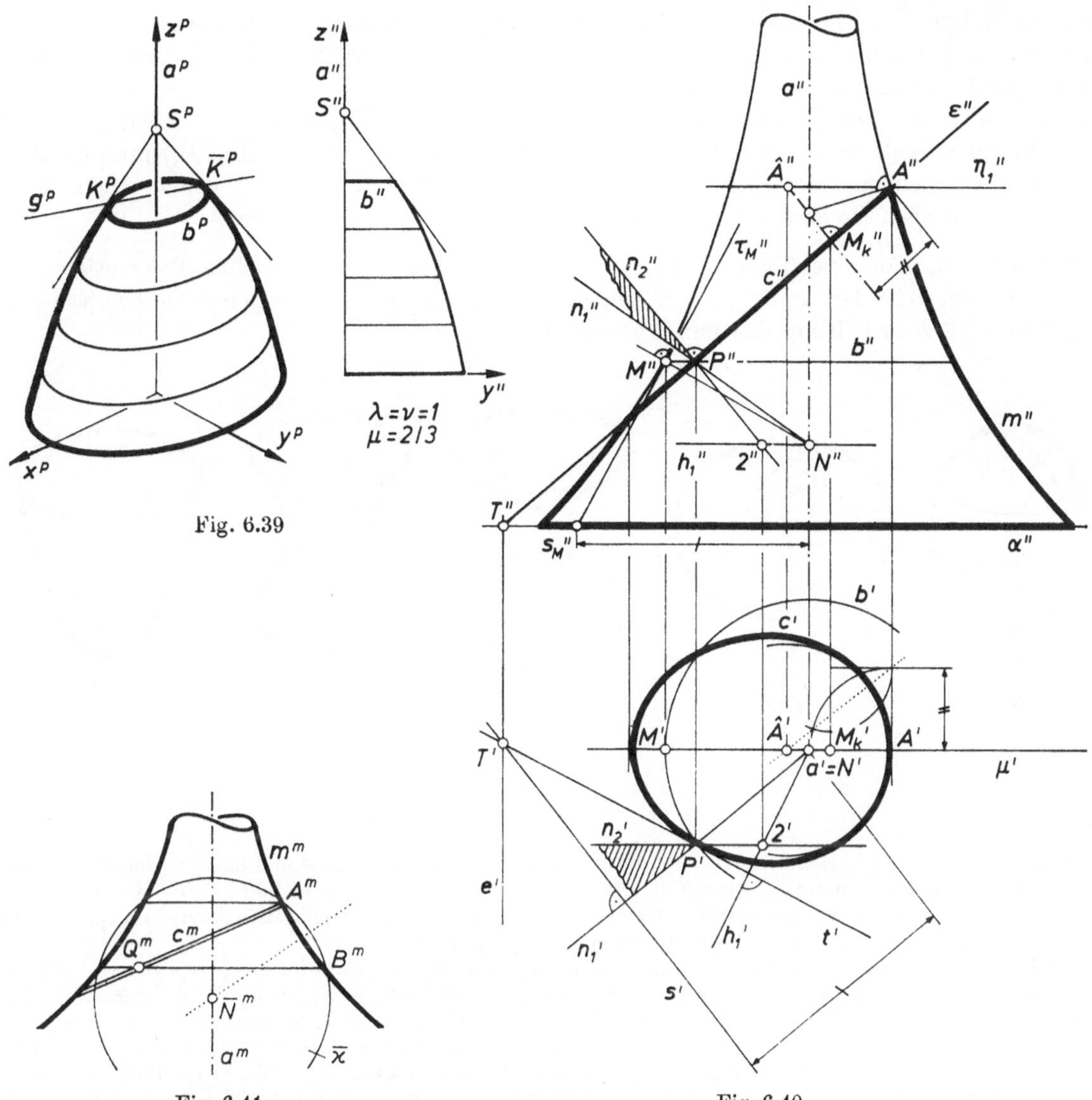


Fig. 6.39

Fig. 6.41

Fig. 6.40

Ist die Ebene $\varepsilon$ zur Drehachse nicht parallel, so hat der Hauptriß $c'$ von $c$ die Symmetrieachse $\mu'$, so daß $A'$ ein Scheitel von $c'$ ist. In Fig. 6.40 ist der Krümmungskreis von $c'$ in $A'$ der Krümmungskreis jener Ellipse $k'$ in ihrem Nebenscheitel $A'$, die Hauptriß des Krümmungskreises $k$ von $c$ in $A$ mit dem Mittelpunkt $M_k$ ist. Der Mittelpunkt $\hat{A}'$ dieses Krümmungskreises ist der Hauptriß des Schnittpunktes $\hat{A}$ der Drehachse des Kreises $k$ mit der ersten Hauptebene $\eta_1$ durch $A$, wie durch Anwendung des Kathetensatzes auf das rechtwinkelige Dreieck $\{A'', M_k'', \hat{A}''\}$ in Fig. 6.40 und 5.1.3., (5) folgt[4].

## 6.3.5. Drehquadriken

Nach 6.3.1. ist eine Drehfläche durch einen Meridian festgelegt.

**Def. 6.3.2:** Eine Drehfläche, die bei stetiger Drehung eines Kegelschnitts um eine seiner Achsen entsteht, heißt eine *Drehquadrik*.

Außer den Kugeln gibt es folgende Typen von Drehquadriken (vgl. Fig. 6.42): *eiförmiges* (*verlängertes*) bzw. *abgeplattetes* (*verkürztes*) *Drehellipsoid* (Fig. 6.42a bzw. b) bei Drehung einer Ellipse

[4] Dies ist ein Sonderfall der differentialgeometrischen Aussage von A 7.2, 5.

um ihre Hauptachse bzw. Nebenachse, *zweischaliges bzw. einschaliges Drehhyperboloid* (Fig. 6.42c bzw. d) bei Drehung einer Hyperbel um ihre Hauptachse bzw. Nebenachse, *Drehparaboloid* (Fig. 6.42e) bei Drehung einer Parabel um ihre Achse.
Drehellipsoide und Drehhyperboloide besitzen als *Mittelpunkt* den gemeinsamen Mittelpunkt $M$ aller Meridiankegelschnitte; jede Ebene durch $M$ heißt *Durchmesserebene*. Die Asymptoten aller Meridianhyperbeln eines Drehhyperboloids $\Phi$ erfüllen den *Asymptotenkegel* $\Gamma$ von $\Phi$, einen Drehkegel mit derselben Drehachse wie $\Phi$ und der Spitze im Mittelpunkt $M$ von $\Phi$.

**Satz 6.3.4:** Enthält eine Ebene $\varepsilon$ einen Punkt eines Drehellipsoids $\Phi$, ohne Tangentialebene von $\Phi$ zu sein, so ist der Schnitt $c = \varepsilon \cap \Phi$ eine Ellipse. Die Tangentialebene eines Drehellipsoids $\Phi$ im Punkt $T \in \Phi$ enthält nur den Punkt $T$ von $\Phi$.

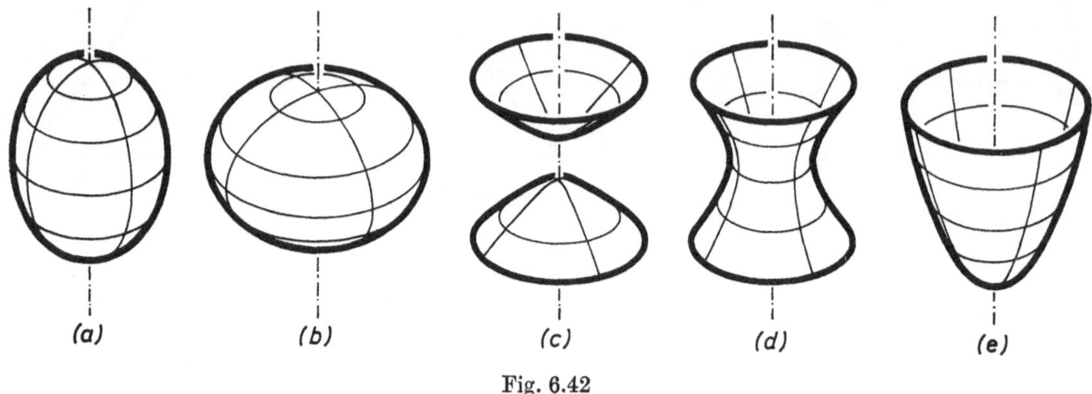

Fig. 6.42

*Beweis*

Die zur Ebene $\varepsilon$ normale Meridianebene $\mu$ enthält die Meridianellipse $m$ von $\Phi$ und einen Großkreis $\overline{m}$ jener Kugel $\overline{\Phi}$, welche den Äquatorkreis von $\Phi$ in der Äquatorebene $\pi$ als Großkreis besitzt. Der Kreis $\overline{m}$ ist im Falle eines eiförmigen bzw. abgeplatteten Drehellipsoids $\Phi$ der Nebenscheitelkreis bzw. der Hauptscheitelkreis der Ellipse $m$. Fig. 6.43 zeigt einen Meridianriß mit $\mu$ als Hauptebene.
Ist $A$ bzw. $\overline{A}$ ein Punkt von $\Phi$ bzw. $\overline{\Phi}$ in der Drehachse $a$ von $\Phi$, so geht unter der perspektiven Affinität $\alpha: \mathfrak{P} \to \mathfrak{P}$ mit der Fixpunktebene $\pi$, bei der $XX^\alpha \parallel a$ und $\mathrm{TV}(XX^\alpha \cap \pi, X, X^\alpha) = \mathrm{TV}(A\overline{A} \cap \pi, A, \overline{A})$ für alle Punkte $X \in \mathfrak{P} \setminus \pi$ gilt (vgl. A 2.2, 7), das Drehellipsoid $\Phi$ in die Kugel $\overline{\Phi}$ über: Da $\alpha \mid \mu : \mu \to \mu$ die orthogonale perspektive Affinität $(\pi^m; A^m \mapsto \overline{A}^m)$ in $\mu$ ist, gilt $\overline{m} = m^\alpha$ nach Satz 5.2.4 bzw. Satz 5.1.2; weiter ist die Einschränkung von $\alpha$ auf eine zu $\pi$ parallele Breitenkreisebene $\varphi$ von $\Phi$ eine Parallelperspektivität auf eine zu $\pi$ parallele Breitenkreisebene $\overline{\varphi}$ von $\overline{\Phi}$, also eine Schiebung, welche dem Breitenkreis von $\Phi$ in $\varphi$ den Breitenkreis von $\overline{\Phi}$ in $\overline{\varphi}$ zuordnet (Fig. 6.43).
Liegt in der Nichttangentialebene $\varepsilon$ ein Punkt von $\Phi$, so schneidet $\varepsilon$ die Ebene $\mu$ in einer Sehnengeraden der Ellipse $m \subset \mu$, und die Ebene $\overline{\varepsilon} = \varepsilon^\alpha$ schneidet dann die Kugel $\overline{\Phi} = \Phi^\alpha$ in einem Kreis $\overline{c}$, wobei $c = \varepsilon \cap \Phi$ unter $\alpha$ in $\overline{c}$ übergeht. Da $\alpha \mid \varepsilon : \varepsilon \to \overline{\varepsilon}$ nach A 2.2, 7 eine Affinität ist, muß $c$ eine Ellipse sein.
Für die Tangentialebene $\tau$ von $\Phi$ in einem Punkt $T \in \Phi$ ist $\tau^\alpha$ die Tangentialebene[5] der Kugel $\overline{\Phi}$ in $T^\alpha$; aus $\tau^\alpha \cap \Phi = T^\alpha$ folgt die zweite Aussage. □

Eine Ellipse $c = \varepsilon \cap \Phi$ kann wie folgt festgelegt (vgl. 5.1.4., Fn. 6) werden: Die Gerade $w = \varepsilon \cap \mu$ ist eine Symmetrieachse von $c$, und die Schnittpunkte *1*, *2* von $w$ mit der Meridianellipse $m$ in $\mu$ sind daher Scheitel von $c$ (Fig. 6.43); die zu $\mu$ normale Gerade durch den Mittelpunkt $N$ der Strecke [*1*, *2*] schneidet den Breitenkreis von $\Phi$, dessen Ebene $N$ enthält, in den beiden anderen Scheiteln der Ellipse $c$.

**Satz 6.3.5:** Enthält eine Ebene $\varepsilon$ einen Punkt eines zweischaligen Drehhyperboloids $\Phi$, ohne Tangentialebene von $\Phi$ zu sein, so ist der Schnitt $c = \varepsilon \cap \Phi$ eine Ellipse bzw. Parabel bzw. Hyperbel, je nachdem die zu $\varepsilon$ parallele Durchmesserebene den Asymptotenkegel $\Gamma$ nur in der Spitze bzw. in genau einer Erzeugenden $g$ bzw. in zwei Erzeugenden $g_1, g_2$ schneidet; im Fall

[5] Da die Einschränkung der perspektiven Affinität $\alpha: \mathfrak{P} \to \mathfrak{P}$ auf jede Ebene nach A 2.2, 7 eine Affinität, also eine tangententreue Abbildung ist, ordnet eine perspektive Affinität $\alpha$ jeder Tangentialebene einer Fläche $\Phi$ im Punkt $T \in \Phi$ die Tangentialebene von $\Phi^\alpha$ in $T^\alpha$ zu.

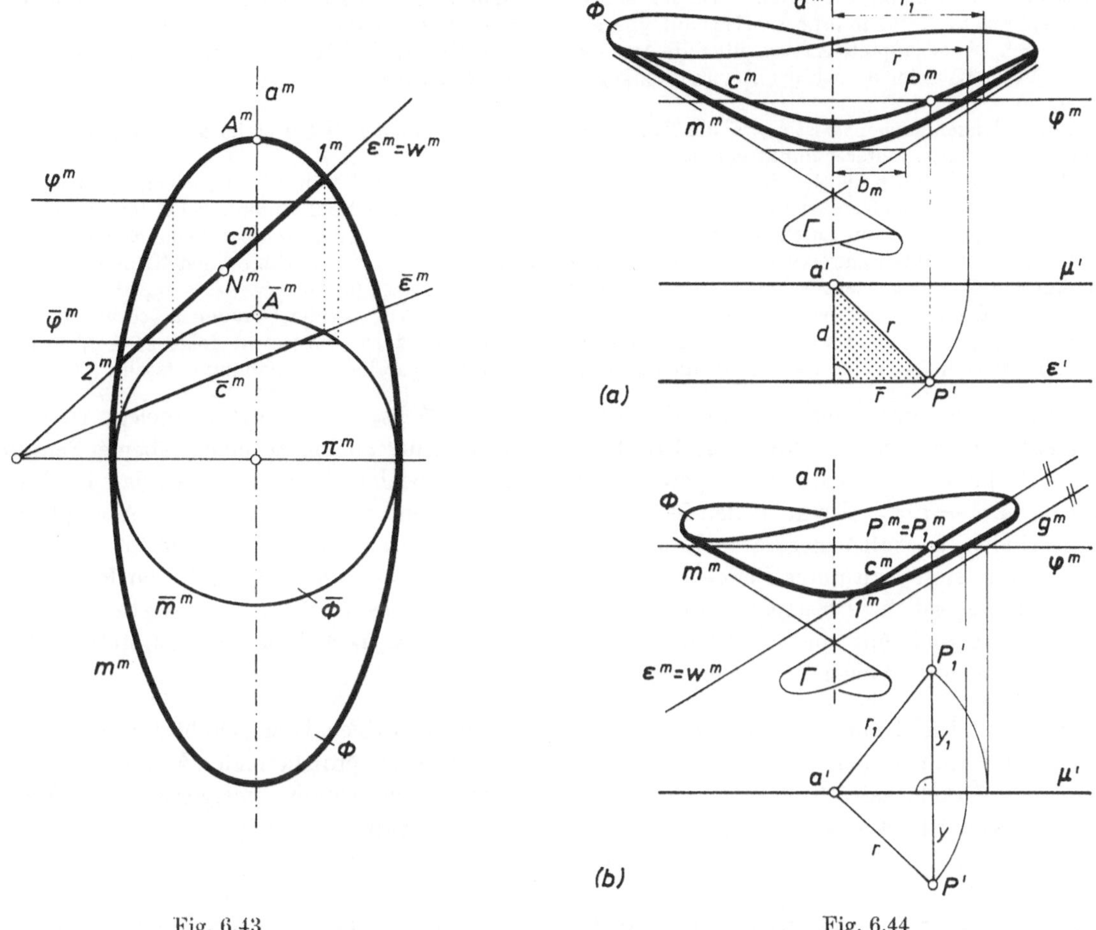


Fig. 6.43 Fig. 6.44

einer Parabel $c$ bzw. Hyperbel $c$ sind die Durchmessergeraden von $c$ parallel zu $g$ bzw. die Asymptoten von $c$ die Schnittgeraden von $\varepsilon$ mit den Tangentialebenen von $\Gamma$ längs $g_1$ und $g_2$. Die Tangentialebene eines zweischaligen Drehhyperboloids $\Phi$ in einem Punkt $T \in \Phi$ enthält nur den Punkt $T$ von $\Phi$.

*Beweis*

(a) Wir wählen die Schnittebene $\varepsilon$ zunächst zur Drehachse $a$ von $\Phi$ im Abstand $d$ parallel und verwenden in Fig.[6] 6.44a einen Meridianriß mit $\varepsilon$ als Hauptebene sowie einen Hauptriß. Durch jeden Punkt $P$ von $c = \varepsilon \cap \Phi$ geht eine Breitenkreisebene $\varphi$, welche $\Phi$ in einem Kreis vom Radius $r$ und den Asymptotenkegel $\Gamma$ von $\Phi$ in einem konzentrischen Kreis vom Radius $r_1 > r$ schneidet. Nach A 5.3, 6 gilt $r_1^2 - r^2 = b_m^2$, falls $b_m$ die Länge der halben Achsenstrecke der zur Hauptmeridianhyperbel $m$ von $\Phi$ konjugierten Hyperbel ist. Jeder Punkt $P^m$ des Meridianrisses $c^m$ von $c$ hat dann von $a^m$ einen Abstand $\bar{r}$, wobei $r^2 = \bar{r}^2 + d^2$ gemäß Fig. 6.44a gilt. Damit ist $r_1^2 - \bar{r}^2 = b_m^2 + d^2$, was $c^m$ nach A 5.3, 6 und A 5.3, 12 als eine zu $m^m$ ähnliche Hyperbel mit den gleichen Asymptoten wie $m^m$ erkennen läßt. Über die Asymptoten der Hyperbel $c \subset \varepsilon \parallel \mu$ gelten dann die Aussagen des Satzes 6.3.5.

(b) Eine zu $a$ nicht parallele Ebene $\varepsilon$ schneidet die zu $\varepsilon$ normale Meridianebene $\mu$ in einer Geraden $w$. Ist $w$ zu keiner Asymptote der Meridianhyperbel $m$ von $\Phi$ in $\mu$ parallel, so existiert nach A 5.3, 13 eine Affinspiegelung $\alpha$ in $\mu$ an einer Durchmessergeraden von $m$, die $m$ festläßt und $w$ in eine zu $a$ normale bzw. zu $a$ parallele Gerade überführt, je nachdem die zu $w$ parallele Durchmessergerade die Hyperbel $m$ nicht schneidet bzw. schneidet. Die zu $\mu$ normale Ebene durch die Achse von $\alpha$ bestimmt dann mit einer Fixgeraden von $\alpha$ eine Affinspiegelung $\beta$ in $\mathfrak{P}$, die $\varepsilon$ in eine zu $a$ normale bzw. in eine zu $a$ parallele und zu $\mu$ normale Ebene $\bar{\varepsilon}$ überführt. Da nach (a) und A 5.3, 13 unter $\beta$ jede Hyperbel von $\Phi$ in einer zu $\mu$ parallelen Ebene festbleibt, läßt $\beta$ das zweischalige Hyperboloid $\Phi$ als Ganzes fest.

[6] In Fig. 6.44a und Fig. 6.44b ist nur eine Schale eines zweischaligen Drehhyperboloids dargestellt.

Enthält $\varepsilon$ einen Punkt von $\Phi$, ohne Tangentialebene zu sein, so gilt Gleiches für $\bar{\varepsilon}$, und $\bar{c} = \bar{\varepsilon} \cap \Phi$ ist ein Breitenkreis bzw. eine in (a) beschriebene Hyperbel; nach A 2.2, 7 ist dann $c = \varepsilon \cap \Phi$ eine Ellipse bzw. eine Hyperbel. Die behauptete Aussage über die Asymptoten einer Hyperbel $c$ folgt aus (a) und der Tatsache, daß nach A 5.5, 12 unter $\beta$ auch der Asymptotenkegel $\Gamma$, und zwar nach Fn. 5 tangentialebenenweise in sich übergeht.
Für eine Tangentialebene $\varepsilon$ ist $\bar{\varepsilon} = \varepsilon^\beta$ die Tangentialebene von $\Phi$ in einem Scheitel der Meridianhyperbel $m$, und in $\bar{\varepsilon}$ liegt kein weiterer Punkt von $\Phi$.
(c) Enthält schließlich die Gerade $w$ einen Punkt $1$ der Meridianhyperbel $m$ in der zu $\varepsilon$ normalen Meridianebene $\mu$ und ist $w$ zu einer Asymptote von $m$ parallel, so schneidet $\varepsilon$ den Asymptotenkegel $\Gamma$ nach Satz 5.5.1 in einer Parabel $c_1$, deren Durchmessergeraden nach Satz 5.5.2 parallel zu der zu $\varepsilon$ parallelen Erzeugenden $g$ von $\Gamma$ sind. Die Breitenkreisebene $\varphi$ durch einen Punkt $P$ von $c = \varepsilon \cap \Phi$ enthält einen Kreis von $\Phi$ mit Radius $r$ und einen konzentrischen Kreis von $\Gamma$ mit Radius $r_1 > r$; nach (a) gilt $r_1^2 - r^2 = b_m^2$. Ist $y$ bzw. $y_1$ der Abstand eines Punktes $P \in c \cap \varphi$ bzw. eines Punktes $P_1 \in c_1 \cap \varphi$ von der Geraden $w$, so gilt $r^2 - y^2 = r_1^2 - y_1^2$ gemäß Fig. 6.44b, in der $\varepsilon$ im Meridianriß projizierend ist. Insgesamt folgt $y^2 = y_1^2 - b_m^2$, so daß $c$ nach A 5.4, 8 eine Parabel ist, die aus $c_1$ unter einer zu $g$ parallelen Schiebung entsteht. □

Ein ebener Schnitt $c$ eines zweischaligen Hyperboloids $\Phi$ kann wie folgt festgelegt werden: Im Falle einer Ellipse $c$ erfolgt die Ermittlung ihrer Scheitel analog zu einem ebenen Schnitt eines Drehellipsoids. Bei einer Hyperbel $c$ kann man die beiden Scheitel $1$, $2$ in den Punkten von $m$ in $w = \varepsilon \cap \mu$, also auch den Mittelpunkt $N$ von $c$, und nach Satz 6.3.5 die Asymptoten von $c$ finden. Im Falle einer Parabel $c$ ist $1 = m \cap w$ der Scheitel, und Satz 6.3.5 ergibt die Achse von $c$; ermittelt man unter Verwendung eines Breitenkreises von $\Phi$ einen weiteren Punkt der Parabel $c$, so ist diese festgelegt. Insbesondere ist ein nicht leerer Schnitt eines zweischaligen Drehhyperboloids mit einer Durchmesserebene $\varepsilon$ stets eine Hyperbel, deren Asymptoten von $\varepsilon$ aus dem Asymptotenkegel $\Gamma$ geschnitten werden.

**Satz 6.3.6:** Die Kontur eines Drehellipsoids oder eines zweischaligen Drehhyperboloids $\Phi$ bezüglich Parallelprojektion ist der Schnitt von $\Phi$ mit jener zur projizierenden Meridianebene $\mu$ normalen Durchmesserebene $\omega$, welche die zur projizierenden Durchmessergeraden des Meridiankegelschnitts $m$ in $\mu$ konjugierte Durchmessergerade enthält.

*Beweis*

Im Falle eines Drehellipsoids existieren stets Konturpunkte, im Falle eines zweischaligen Drehhyperboloids nur dann, wenn die Sehgerade $s$ durch den Mittelpunkt $M$ das Drehhyperboloid weder schneidet noch dem Asymptotenkegel angehört; dies ergibt sich mit Hilfe eines Meridianrisses mit der zu den Sehgeraden parallelen Meridianebene $\mu$ als Hauptebene aus der in Satz 6.3.2 angegebenen Konstruktion.
Existieren Konturpunkte von $\Phi$, so liegt in jeder zu $\mu$ normalen und zu $s$ parallelen Ebene $\varphi$, welche $\Phi$ schneidet und $m$ nicht berührt, nach Satz 6.3.4 bzw. Satz 6.3.5 eine Ellipse $c_\varphi$ von $\Phi$ (Fig. 6.45 bzw. Fig. 6.46). Da die Ellipse $m$ bzw. die Hyperbel $m$ nach A 5.2, 8 bzw. nach A 5.3, 11 die Affinspiegelung parallel zu $s$ an der zu $s$ konjugierten Durchmessergeraden $w$ gestattet, liegen die $m$ nicht angehörenden Scheitel der Ellipsen $c_\varphi$ stets in der zu $\mu$ normalen Ebene $\omega$ durch $w$ und sind genau die Punkte der Ellipse $c_\varphi$ mit zu $s$ parallelen Tangenten, also die Konturpunkte in $c_\varphi$. Die Gerade $w$ enthält auch die Punkte von $m$ mit zu $s$ parallelen Tangenten. □

Existiert eine Kontur $u$ eines zweischaligen Drehhyperboloids $\Phi$, so ist $u$ somit eine Hyperbel, deren Asymptoten die Erzeugenden $g_1$, $g_2$ des Asymptotenkegels $\Gamma$ in der Ebene $\omega$ von $u$ sind. Die Geraden $g_1$, $g_2$ geben die Konturerzeugenden von $\Gamma$ ab: Eine Ebene $\varphi$ im Beweis zu Satz 6.3.6, welche die Spitze $M$ von $\Gamma$ nicht enthält, schneidet nämlich $\Gamma$ in einer Ellipse, deren Punkte mit zu $s$ parallelen Tangenten der Ebene $\omega$ angehören, da unter der Affinspiegelung an $w$ parallel zu $s$ in $\mu$ die Asymptoten von $m$ vertauscht werden.
Wir besprechen die einschaligen Drehhyperboloide in 6.3.7. und die Drehparaboloide in 6.3.9.

## 6.3.6. Beispiele

(1) Ein abgeplattetes Drehellipsoid $\Phi$ mit lotrechter Drehachse $a$, dessen höchster Punkt 17 m über $\pi_1$ und dessen Mittelpunkt 7 m unter $\pi_1$ liegt, wird von drei gegen $\pi_1$ unter 68° geneigten Ebenen überkragend abgeschnitten; die Seitenlänge des gleichseitigen Auflagerdreiecks $\{P, Q, R\}$ dieser Kuppel beträgt 54 m. Wir stellen das Objekt in normaler Axonometrie nach dem Ein-

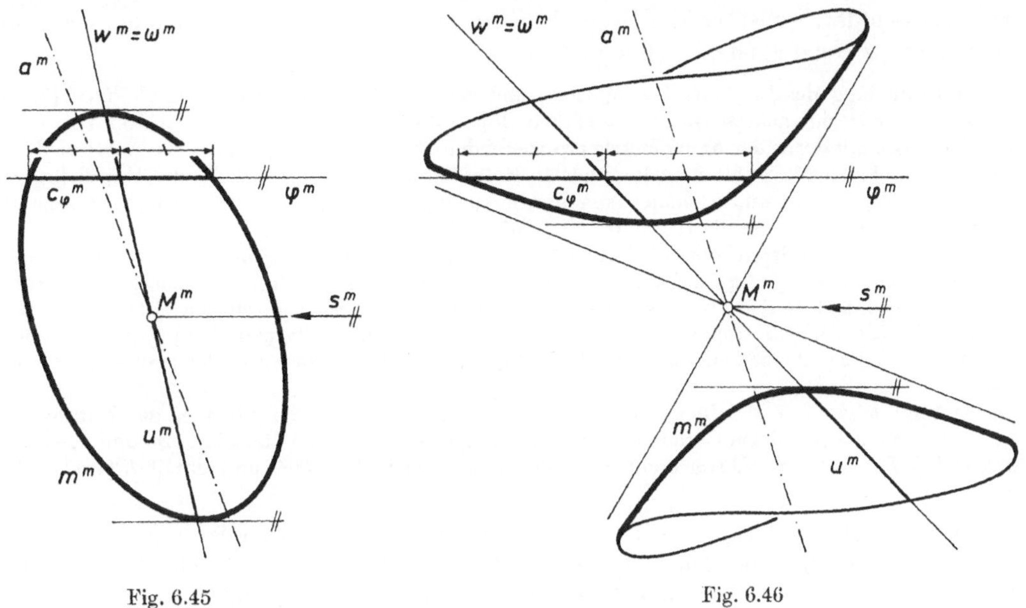


Fig. 6.45

Fig. 6.46

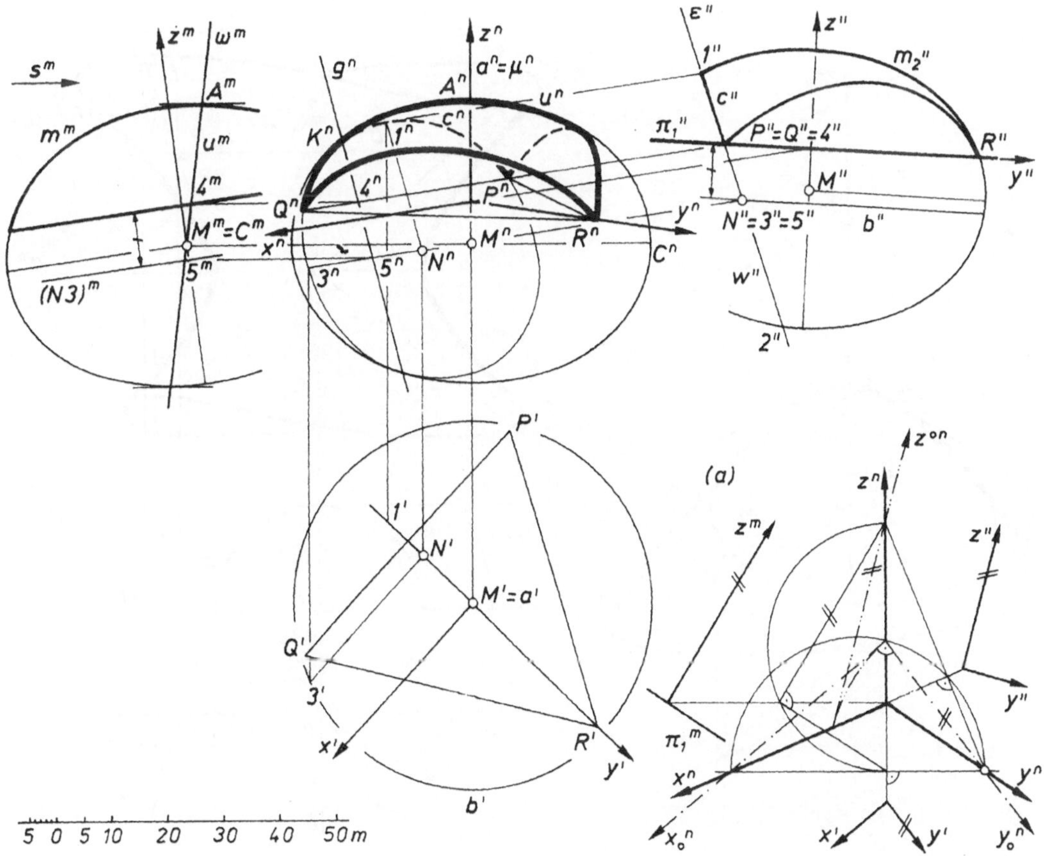


Fig. 6.47

schneideverfahren dar, wobei wir die Drehachse $a$ in die $z$-Achse legen und eine der drei Randebenen zweitprojizierend aufstellen (Fig. 6.47).

KB. Nach Ermittlung des Einschneidegrundrisses und des Einschneideaufrisses gemäß[7] Fig. 6.47a wird der Aufriß $m_2''$ der Meridianellipse $m_2$ in $\pi_2$ aus dem Objektabmessungen konstruiert. Unter Verwendung eines Meridianrisses mit der in der Axonometrie projizierenden Meridianebene $\mu$ durch die $z$-Achse als Hauptebene (Fig. 6.47a, Fig. 3.27) erhält man konjugierte Halbmesser $[M^n, A^n]$, $[M^n, C^n]$ der Umrißellipse $u^n$; da $MC$ eine Hauptgerade ist und normale Axonometrie vorliegt, ist $M^nA^n \perp M^nC^n$, so daß die genannten konjugierten Halbmesser speziell die Halbachsen von $u^n$ sind.
Die Schnittellipse $c$ der zweitprojizierenden Ebene $\varepsilon$ mit $\Phi$ besitzt eine Achse in der Geraden $w = \pi_2 \cap \varepsilon$, welche die Meridianellipse $m_2 \subset \pi_2$ in den Scheiteln $1$, $2$ der Ellipse $c$ schneidet. Ein Scheitel $3$ der zweiten Achse von $c$ kann mit Hilfe des Breitenkreises $b$ in der Breitenkreisebene durch den Mittelpunkt $N$ von $[1, 2]$ im Einschneidegrundriß ergänzt werden. Durch Einschneiden erhält man konjugierte Halbmesser $[N^n, 1^n]$, $[N^n, 3^n]$ von $c^n$. Die beiden anderen Schnittellipsen entstehen aus $c$ unter der Drehung um $a$ durch 120° und 240°.
Der Konturpunkt $K$ von $c$ liegt in der Schnittgeraden $g$ der Ebene $\varepsilon$ mit der Ebene $\omega$ der Kontur $u$. Die Ebene $\varepsilon$ wird durch die parallelen Geraden $PQ$ und $N3$ aufgespannt; da die Meridianrisse und die Aufrisse der Punkte $4 = PQ \cap \omega$, $5 = N3 \cap \omega$ ergänzt werden können, ist $g^n = 4^n5^n$ und damit $K^n \in u^n \cap g^n$ bestimmt. △

(2) Ein zweischaliges Drehhyperboloid $\Phi$ mit einer gleichseitigen Meridianhyperbel $m$ besitzt die $z$-Achse als Drehachse und den Ursprung als Mittelpunkt; die Länge $a$ der halben Achsenstrecke von $m$ ist bekannt. In Fig. 6.48 ist der axonometrische Umriß $u^p$ von $\Phi$ konstruiert, wobei $\lambda = \mu = 1$, $\nu = 2$ gilt.

KB. Durch die Risse der beiden Scheitel der Meridianhyperbel $m$ in $\pi_2$ und ihrer unter 45° gegen $\pi_1$ geböschten Asymptoten kann der Riß $\bar{b}^p$ eines Breitenkreises $\bar{b}$ des Asymptotenkegels $\Gamma$ konstruiert werden.

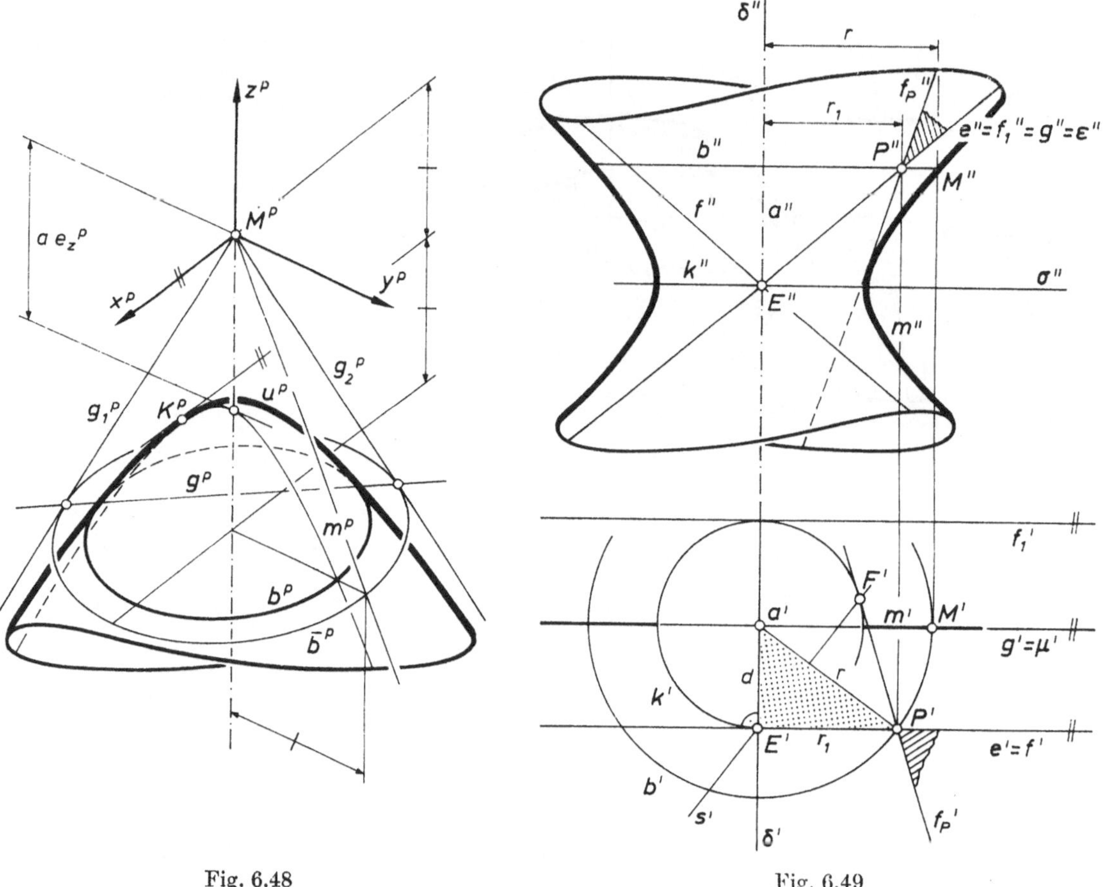


Fig. 6.48 Fig. 6.49

[7] In Fig. 6.47a ist eine andere axonometrische Grundfigur als in Fig. 6.47 gewählt.

Die Umrißgeraden $g_1^p$, $g_2^p$ von $\Gamma$, also die Tangenten aus $M^p$ an $\bar{b}^p$, sind die Asymptoten der axonometrischen Umrißhyperbel $u^p$ von $\Phi$. Der Konturpunkt $K$ in $m$ ergibt sich nach Satz 2.1.7. Die Konturpunkte von $\Phi$ in jenem Breitenkreis $b$ von $\Phi$, der in der Ebene $\beta$ von $\bar{b}$ liegt, gehören der Schnittgeraden $g$ der Ebene $\omega = g_1g_2$ von $u$ mit $\beta$ an. In Fig. 6.48 ist nur eine Schale von $\Phi$ dargestellt. △

## 6.3.7. Regeldrehflächen

Eine Drehfläche, deren erzeugende Kurve $e$ eine Gerade ist, heißt *Regeldrehfläche*; die einzelnen Lagen von $e$ heißen *Erzeugenden* der Fläche. Ist die Gerade $e$ zur Drehachse $a$ parallel bzw. schneidet $e$ die Drehachse $a$ in einem Punkt $S$, so ist die Regeldrehfläche nach 1.4.3. ein Drehzylinder bzw. ein Drehkegel mit der Spitze $S$.
Um die Gestalt der Meridiankurven einer Drehfläche zu bestimmen, deren Erzeugende $e$ zur Drehachse $a$ windschief, aber nicht normal ist, verwenden wir einen Hauptriß und wählen $e$ als zweite Hauptgerade (Fig. 6.49). Der Hauptmeridian $m$ in der zweiten Hauptebene $\mu$ durch $a$ ist zu seinem zweiten Riß $m''$ kongruent und entsteht nach 6.3.2., wenn man die Breitenkreise durch die Punkte von $e$ mit $\mu$ schneidet. Bezeichnet man den im ersten Riß unverzerrten Abstand der erstprojizierenden Drehachse $a$ von $e$ mit $d$, den Radius des Breitenkreises $b$ durch den Punkt $P$ von $e$ mit $r$ und den Abstand seines zweiten Risses $P''$ von $a''$ mit $r_1$, so gilt $r^2 = d^2 + r_1^2$ nach Fig. 6.49. Gemäß 5.3.2., (H1) ist $m''$ und daher $m$ eine Hyperbel; die Nebenachse von $m$ liegt in der Drehachse $a$, die Scheitel von $m$ gehören dem Kehlkreis $k$ vom Radius $d$ an, und die zu $e$ parallele Gerade $g$ durch den Kehlkreismittelpunkt ist eine Asymptote der Hyperbel $m$. Die Drehfläche ist somit ein einschaliges Drehhyperboloid.
Umgekehrt kann jedes einschalige Drehhyperboloid durch stetige Drehung einer zur Drehachse $a$ windschiefen Geraden $e$ erzeugt werden: Aufgrund von Fig. 6.49 und 5.3.2., (H1) liegt nämlich im durch die Hyperbel $m$ bestimmten einschaligen Drehhyperboloid $\Phi$ jene zweite Hauptgerade $e$, deren zweiter Riß $e''$ eine Asymptote von $m''$ ist und deren erster Riß $e'$ den ersten Riß $k'$ des Kehlkreises $k$ von $\Phi$ berührt.
Spiegelt man das in Fig. 6.49 dargestellte einschalige Drehhyperboloid $\Phi$ an der doppeltprojizierenden Meridianebene $\delta$, so geht $\Phi$ in sich über, und die Gerade $e \subset \Phi$ kommt in eine Lage $f \subset \Phi$, wobei die Geraden $e$ und $f$ einander im Punkt $E = e \cap \delta$ des Kehlkreises $k$ schneiden. Da durch jeden Punkt von $k$ genau eine jener Erzeugenden geht, die aus $e$ bei stetiger Drehung um $a$ entstehen, gehört $f$ dieser Erzeugendenmenge nicht an. Damit kann $\Phi$ auch durch stetige Drehung von $f$ um $a$ erzeugt werden, so daß in $\Phi$ zwei getrennte *Drehscharen* von Erzeugenden liegen; wir sprechen von der *e-Schar* und der *f-Schar*. Zusammenfassend gilt der 1669 von Ch. Wren (1632–1723), dem Erbauer der Londoner St. Paul-Kathedrale, angegebene

**Satz 6.3.7:** Die Regeldrehflächen mit zur Drehachse windschiefen, nicht normalen Erzeugenden sind genau die einschaligen Drehhyperboloide. In einer solchen Fläche liegen zwei Drehscharen von Erzeugenden.

Jeder Punkt $P$ eines Breitenkreises liegt in genau einer Geraden $e_P$ der $e$-Schar und einer Geraden $f_P$ der $f$-Schar, die unter der Spiegelung an der Meridianebene $Pa$ vertauscht werden. Damit geht durch jeden Flächenpunkt $P$ genau eine Erzeugende jeder Drehschar, so daß zwei Erzeugenden derselben Schar stets windschief sind. Die beiden Erzeugenden durch $P$ spannen die Tangentialebene in $P$ auf. Zu jeder Erzeugenden $g$ des Asymptotenkegels $\Gamma$ von $\Phi$ existiert in jeder Drehschar genau eine parallele Erzeugende; diese beiden zu $g$ parallelen Erzeugenden von $\Phi$ liegen in der Tangentialebene von $\Gamma$ längs $g$ und sind bezüglich des Mittelpunktes von $\Phi$ symmetrisch (vgl. $e$ und $f_1$ in Fig. 6.49).

**Satz 6.3.8:** Je zwei Erzeugenden verschiedener Scharen eines einschaligen Drehhyperboloids $\Phi$ schneiden einander oder sind parallel. Jede Ebene durch eine Erzeugende $e$, die keine Durchmesserebene ist, ist Tangentialebene in genau einem Punkt von $e$; die Durchmesserebene durch $e$ ist keine Tangentialebene von $\Phi$, aber Tangentialebene des Asymptotenkegels. Die Tangentialebene eines einschaligen Drehhyperboloids $\Phi$ im Punkt $T \in \Phi$ schneidet $\Phi$ in den beiden Erzeugenden durch $T$; jede Tangentialebene des Asymptotenkegels $\Gamma$ enthält zwei parallele Erzeugenden von $\Phi$.

*Beweis*

Durch jeden Punkt des Kehlkreises $k$ geht genau eine Erzeugende aus jeder der beiden Drehscharen. Schneidet $k$ die Erzeugende $e$ der $e$-Schar in $E$ und die Erzeugende $f$ der $f$-Schar in $F$, so existiert genau eine Meridianebene $\mu$ so, daß unter der Spiegelung an $\mu$ die Punkte $E$ und $F$ und damit die Geraden $e$ und $f$ vertauscht werden. Für $e \parallel \mu$ sind die Punkte $E$ und $F$ Gegenpunkte von $k$, und es gilt dann $f \parallel e$; für $e \nparallel \mu$ haben die Geraden $e$ und $f$ den Punkt $e \cap \mu$ gemeinsam.
Die Verbindungsebene von $e$ mit der Tangente von $k$ in $E$ ist die Tangentialebene von $\Phi$ in $E$. Jede andere Ebene $\tau$ durch $e$, die nicht Durchmesserebene ist, schneidet $k$ noch in einem Punkt $F \neq E$, der nicht der Gegenpunkt zu $E$ von $k$ ist, und enthält die Erzeugende $f$ durch $F$, die $e$ schneidet; die Ebene $\tau$ ist die Tangentialebene genau im Punkt $P = e \cap f$. Sind dagegen $E$ und $F$ Gegenpunkte von $k$, so enthält $\tau = eF$ die zu $e$ parallele Erzeugende $f$ durch $F$ und keine weitere Erzeugende der $f$-Schar; die Ebene $\tau$ berührt dann $\Gamma$ längs der zu $e$ parallelen Erzeugenden $g$ von $\Gamma$.
In jeder Ebene $\varepsilon$ durch $e$ liegt somit noch genau eine Erzeugende $f$ der anderen Schar. Haben die Geraden $e$ und $f$ einen Punkt $P$ gemeinsam, so ist $\varepsilon$ die Tangentialebene von $\Phi$ in $P$; da diese die Tangente des Breitenkreises $b_P$ von $P$ enthält, liegt in $b_P$ nur der Punkt $P$ von $\varepsilon \cap \Phi$. Jeder andere Breitenkreis $b$ enthält die beiden Punkte $e \cap b$, $f \cap b$ von $\varepsilon \cap \Phi$; da $b$ die Ebene $\varepsilon$ nicht in mehr als zwei Punkten schneiden kann, ist $e \cup f = \varepsilon \cap \Phi$. □

Zu zwei verschiedenen Punkten einer Erzeugenden von $\Phi$ gehören somit im Gegensatz zu den Zylindern und Kegeln stets verschiedene Tangentialebenen.

**Satz 6.3.9:** Ist eine Ebene $\varepsilon$ weder Tangentialebene eines einschaligen Drehhyperboloids $\Phi$ noch des Asymptotenkegels $\Gamma$ von $\Phi$, so ist der Schnitt $c = \varepsilon \cap \Phi$ eine Ellipse bzw. Parabel bzw. Hyperbel, je nachdem die zu $\varepsilon$ parallele Durchmesserebene den Asymptotenkegel $\Gamma$ nur in der Spitze bzw. in genau einer Erzeugenden $g$ bzw. in zwei Erzeugenden $g_1$, $g_2$ schneidet; im Falle einer Parabel $c$ bzw. Hyperbel $c$ sind die Durchmessergeraden von $c$ parallel zu $g$ bzw. die Asymptoten von $c$ die Schnittgeraden von $\varepsilon$ mit den Tangentialebenen von $\Gamma$ längs $g_1$ und $g_2$.

*Beweis*

Da nicht alle Erzeugenden eines einschaligen Drehhyperboloids zu einer Ebene $\varepsilon$ parallel sind, ist $\varepsilon \cap \Phi$ nie leer.
Analog zum Beweis zu Satz 6.3.5 wählen wir die Schnittebene $\varepsilon$ zunächst zur Drehachse $a$ im Abstand $d$ parallel (Fig. 6.50a). Ist $a_m$ die Länge der halben Achsenstrecke der Hauptmeridianhyperbel $m$ von $\Phi$, so ist für $d = a_m$ die Ebene $\varepsilon$ Tangentialebene von $\Phi$. Unter Benützung der im Beweis zu Satz 6.3.5 verwendeten Bezeichnungen gilt nun $r^2 - r_1^2 = a_m^2$ nach 5.3.2., (H1). Aus $r^2 = \bar{r}^2 + d^2$ gemäß Fig. 6.50a folgt $\bar{r}^2 - r_1^2 = a_m^2 - d^2$. Für $a_m^2 - d^2 > 0$ ist daher $c^m$ nach 5.3.2., (H1) und A 5.3, 12 eine zu $m^m$ ähnliche Hyperbel und für $a_m^2 - d^2 < 0$ nach A 5.3, 6 und A 5.3, 12 eine Hyperbel, welche ähnlich zu der zu $m^m$ konjugierten Hyperbel ist, wobei $c^m$ und $m^m$ stets dieselben Asymptoten besitzen. Der weitere Beweis verläuft analog zum Beweis von Satz 6.3.5, wobei nur im Beweisteil (c) jetzt die Beziehung $r^2 - r_1^2 = a_m^2$ zu benützen ist (Fig. 6.50b). □

Der Schnitt $c$ eines einschaligen Drehhyperboloids $\Phi$ mit einer Ebene $\varepsilon$ wird analog zum zweischaligen Drehhyperboloid festgelegt, falls $\varepsilon$ die Meridianhyperbel $m$ der zu $\varepsilon$ normalen Meridianebene $\mu$ schneidet. Für $m \cap \varepsilon = \{\ \}$ liefert Satz 6.3.9 die Asymptoten der Hyperbel $c = \varepsilon \cap \Phi$, und mit Hilfe eines Breitenkreises kann ein weiterer Punkt von $c$ konstruiert werden.
Die Kontur bezüglich der Sehgeraden eines Hauptrisses bzw. eines Meridianrisses ist nach 6.3.2. der Kehlkreis bzw. die Hauptmeridianhyperbel.

**Satz 6.3.10:** Die Kontur eines einschaligen Drehhyperboloids $\Phi$ bezüglich einer Parallelprojektion, deren Sehgeraden zu keiner Erzeugenden des Asymptotenkegels parallel sind, ist der Schnitt von $\Phi$ mit jener zur projizierenden Meridianebene $\mu$ normalen Durchmesserebene $\omega$, welche die zur projizierenden Durchmessergeraden der Meridianhyperbel $m$ in $\mu$ konjugierte Durchmessergerade enthält.

*Beweis*

Wir verwenden einen Meridianriß mit der zu den Sehgeraden parallelen Meridianebene $\mu$ als Hauptebene. Schneidet die projizierende Durchmessergerade $s$ die Meridianhyperbel $m \subset \mu$, so enthält jede zu $\mu$ normale und zu $s$ parallele Ebene $\varphi$ eine Ellipse $c_\varphi$ von $\Phi$, und die Behauptung folgt analog zum Beweis von Satz 6.3.6.

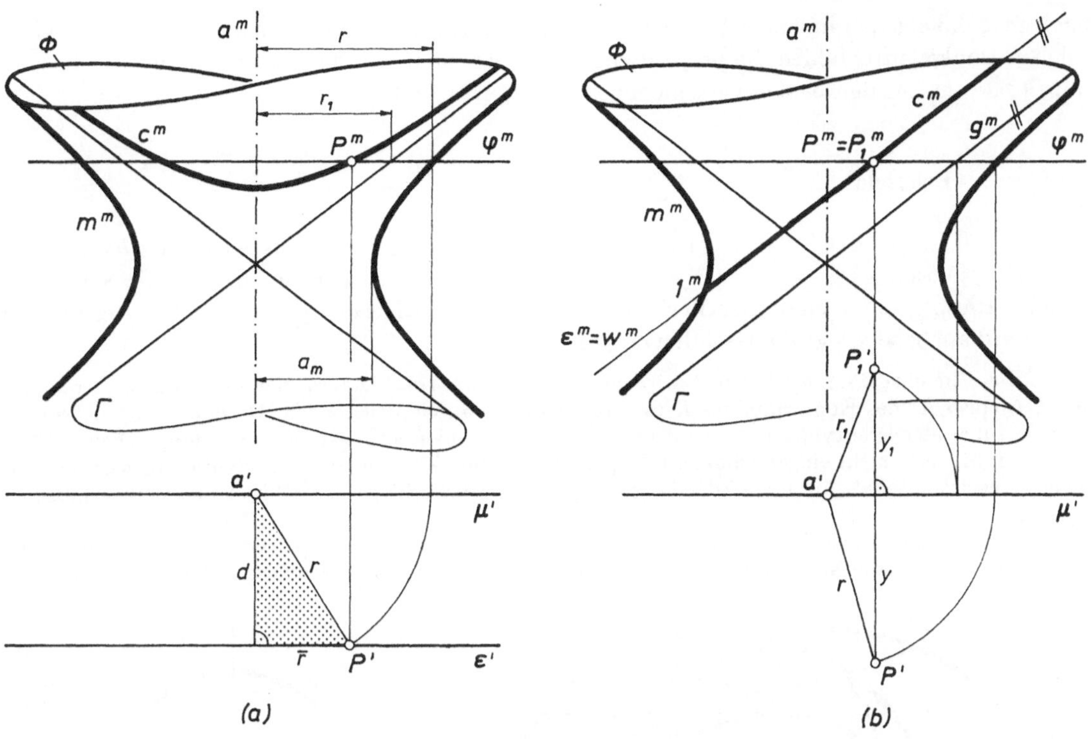


Fig. 6.50

Schneidet hingegen $s$ die Hyperbel $m$ nicht, so existieren in $m$ zwei Konturpunkte $T$, $\bar{T}$, und $T\bar{T}$ ist die zu $s$ konjugierte Durchmessergerade $w$ von $m$ (Fig. 6.51). In jeder zu $\mu$ normalen und zu $s$ parallelen Ebene $\varphi$, die von den Tangentialebenen $\tau$, $\bar{\tau}$ in $T$, $\bar{T}$ verschieden ist, liegt nach Satz 6.3.9 eine Hyperbel $c_\varphi$ von $\Phi$; ein Punkt von $c_\varphi$ ist genau dann Konturpunkt $K$, wenn $c_\varphi$ in $K$ eine zur Hyperbelachse $\varphi \cap \mu$ parallele Tangente besitzt, also $K$ ein nicht in $\mu$ liegender Scheitel von $c_\varphi$ ist. Die zu $\mu$ normale Achse von $c_\varphi$ schneidet dann $\mu$ im Mittelpunkt von $c_\varphi$, der nach Satz 6.3.9 den Schnittgeraden der Tangentialebenen $\gamma_1$, $\gamma_2$ des Asymptotenkegels $\Gamma$ längs seiner Erzeugenden $g_1$, $g_2$ in der zu $\mu$ normalen Ebene durch $s$ angehört. Da ferner $\gamma_1$ bzw. $\gamma_2$ die Ebenen $\tau$ und $\bar{\tau}$ in je einer Erzeugenden von $\Phi$ schneidet, ist $\gamma_1 \cap \gamma_2 = T\bar{T} = w$. Alle Konturpunkte von $\Phi$ liegen somit in der zu $\mu$ normalen Ebene $\omega$ durch $w$. □

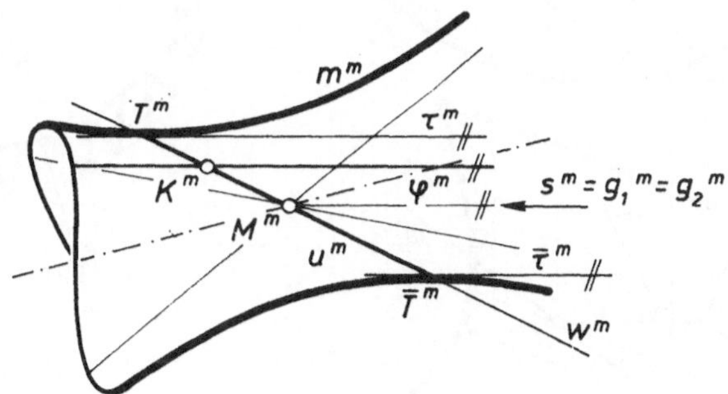


Fig. 6.51

Ist die Sehgerade $s$ durch den Mittelpunkt eines einschaligen Hyperboloids keine Erzeugende des Asymptotenkegels, so ist der Parallelumriß $u^p$ von $\Phi$ eine Hyperbel bzw. Ellipse, je nachdem $s$ die Fläche schneidet bzw. nicht schneidet. Im Falle einer Hyperbel $u^p$ sind die Risse der Konturerzeugenden des Asymptotenkegels die Asymptoten von $u^p$, was sich wie im Falle eines zweischaligen Drehhyperboloids (vgl. 6.3.5.) ergibt.

Ist dagegen die Erzeugende $g$ des Asymptotenkegels $\Gamma$ eine Sehgerade, so sind die beiden zu $g$ parallelen Erzeugenden $e$ und $f$ von $\Phi$ projizierend; nach Satz 6.3.8 gehören diese beiden Geraden $e$ und $f$ zur Kontur von $\Phi$. Da die Sehebene durch eine von $e$ und $f$ verschiedene Erzeugende $l$

nach Satz 6.3.8 genau in einem Punkt von $l$ Tangentialebene ist und $l$ entweder $e$ oder $f$ in einem solchen Punkt trifft, bilden die projizierenden Erzeugenden $e$, $f$ die Kontur von $\Phi$; der Parallelumriß besteht aus den beiden verschiedenen Punkten $e^p$ und $f^p$.

## 6.3.8. Beispiele

(1) In Fig. 6.52 sind der Riß $a^n$ der Drehachse $a$ eines einschaligen Drehhyperboloids $\Phi$ unter einer Normalprojektion $n: \mathfrak{P} \to \pi$ sowie jener Meridianriß $a^m$ von $a$ gegeben, in dem die Sehgeraden $s$ von $n$ Hauptgeraden sind. Der Meridianriß $m^m$ des Hauptmeridians $m$ in der bei $n$ projizierenden Meridianebene $\mu$ legt die Gestalt von $\Phi$ fest.

KB. Mit Hilfe eines Punktes $M$ von $m$ wird gemäß Satz 6.3.2 (vgl. Fig. 6.37) der Meridianriß $K^m$ und dann der Normalriß $K^n$ des Konturpunktes $K$ im Breitenkreis $b$ durch $M$ gefunden. Da längs des Kehlkreises $k$ ein $\Phi$ berührender Drehzylinder mit zu $a$ parallelen Erzeugenden existiert, sind die Hauptscheitel $A^n$ und $B^n$ der (in Fig. 6.52 nicht eingezeichneten) Ellipse $k^n$ Umrißpunkte, und zwar aus Symmetriegründen Scheitel des Kegelschnitts $u^n$; auf Grund der Lage der Geraden $s^m$ zur Hyperbel $m^m$ ist $u^n$ nach Satz 6.3.10 eine Ellipse.

In Fig. 6.52 sind zwei zur Kehlkreisebene symmetrische Breitenkreise $b_1$ und $b_2$ sowie Erzeugenden einer Drehschar eingezeichnet; die Normalrisse der Erzeugenden berühren nach Satz 2.1.9 die Ellipse $u^n$. Der Meridian-

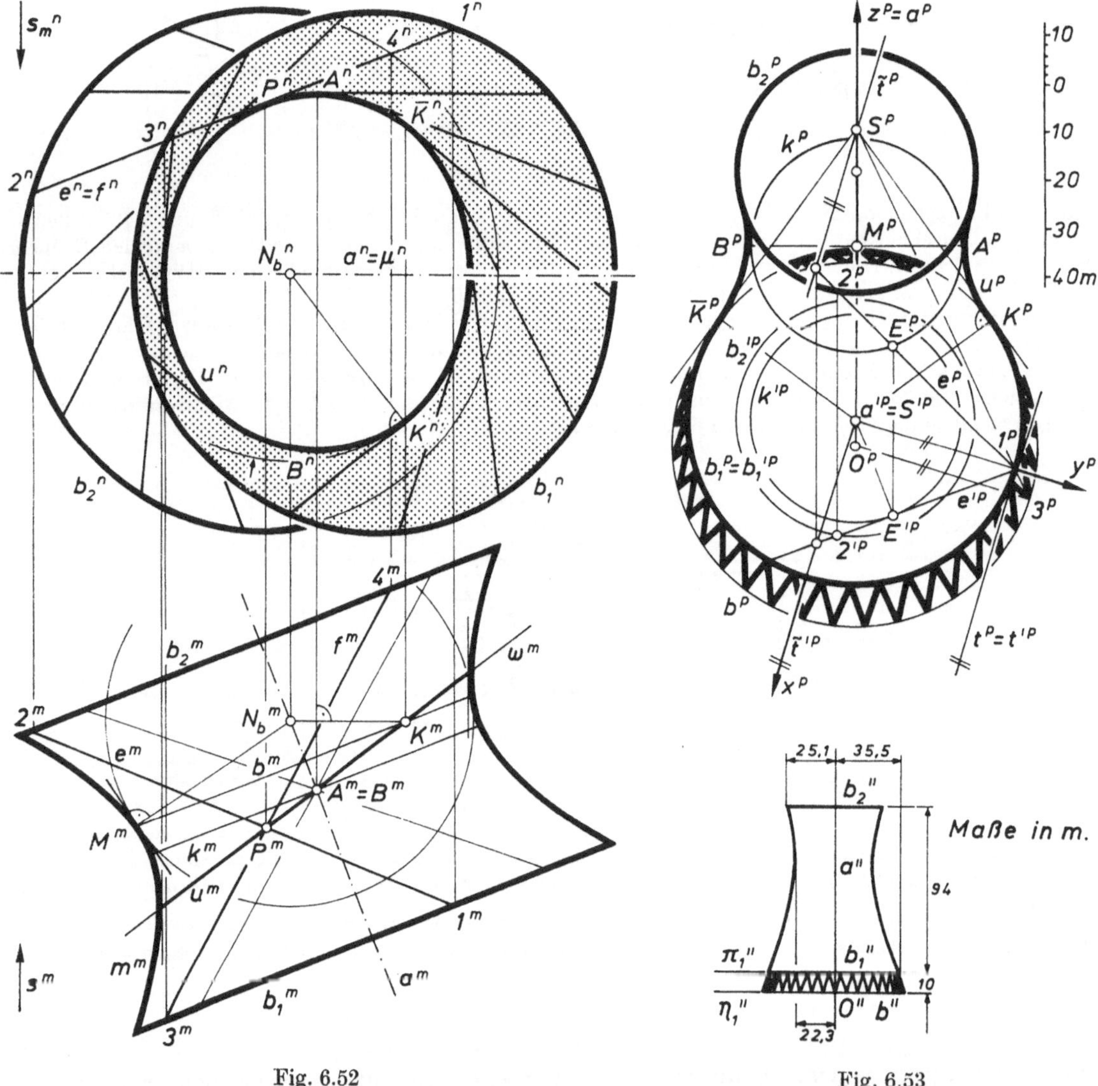


Fig. 6.52

Fig. 6.53

riß $e^m$ einer Erzeugenden ist eine Tangente oder eine Asymptote der Hyperbel $m^m$, da $m$ nach 6.3.2. die Kontur bezüglich der zu $\mu$ normalen Sehgeraden $s_\mu$ ist; mit Hilfe der Punkte $1 \in e \cap b_1$ und $2 \in e \cap b_2$ kann $e^n$ ergänzt werden.
Ein Punkt $P$ einer Erzeugenden $e$ ist genau dann Konturpunkt bezüglich der Normalprojektion $n$, wenn die beiden Erzeugenden durch $P$ denselben Normalriß besitzen. Faßt man $e^n$ als Normalriß $f^n$ einer Erzeugenden $f$ der anderen Schar auf, so schneidet $f$ die Breitenkreise $b_1$ und $b_2$ in Punkten $3$ und $4$, so daß $f^m$ gezeichnet werden kann (Fig. 6.52); der Schnittpunkt $P$ von $e$ und $f$ ist der Konturpunkt von $e$. Die Ellipse $u^n$ berührt die Gerade $e^n$ im Punkt $P^n$. △

(2) Ein Kühlturm eines Kraftwerks besitzt die Gestalt eines einschaligen Drehhyperboloids $\Phi$ mit lotrechter Drehachse, das zwischen zwei 94 m entfernten Breitenkreisen $b_1$ und $b_2$ mit den Radien 35,5 m und 25,1 m eingespannt ist; der Kehlkreis hat den Radius 22,3 m. Die als Grundrißebene $\pi_1$ gewählte Ebene von $b_1$ liegt 10 m über der Standebene $\eta_1$. Zwischen $\pi_1$ und $\eta_1$ sind 36 V-förmige Stützen angebracht, die $\eta_1$ in Punkten des Breitenkreises $b$ jenes Drehkegels treffen, der $\Phi$ längs $b_1$ berührt. Wir zeichnen in Fig. 6.53 nach Wahl einer Maßstabskala einen Militärriß zu $\lambda = \mu = 1$, $\nu = 5:9$, wobei die Drehachse $a$ von $\Phi$ als $z$-Achse gewählt wird.

KB. Mit Hilfe der Objektabmessungen können die Kreise $b_1{}^p$ und $b_2{}^p$, der axonometrische Grundriß $k'^p$ des Kehlkreises $k$ sowie $b_1{}^p = b_1'^p$ und $b_2'^p$ gezeichnet werden. Eine Erzeugende $e$ von $\Phi$ schneidet den Kehlkreis $k$ von $\Phi$ in einem Punkt $E$, und $e'^p$ berührt $k'^p$ in $E'^p$; mit Hilfe der Schnittpunkte $1$, $2$ von $e$ mit $b_1$ und $b_2$ ergibt sich $e^p$ und der zu $k'^p$ schiebungsgleiche Kreis $k^p$ durch $E^p$, dessen Mittelpunkt der axonometrische Riß $M^p$ des Mittelpunktes $M$ von $\Phi$ ist.
Alle Meridiantangenten in den Punkten von $b_1$ bilden einen Drehkegel $\Psi$, dessen Spitze $S$ im Schnittpunkt der Drehachse $a$ mit der Tangentialebene $\tau$ von $\Phi$ im Punkt $1$ liegt; die Ebene $\tau$ wird von $e$ und der Breitenkreistangente $t$ mit $t^p = t'^p$ aufgespannt. Aus $S'^p = a'^p$ kann $S^p$ durch Angittern einer etwa zu $t$ parallelen Gerade $\bar{t}$ von $\tau$ durch $S$ gefunden werden. Nach Satz 2.1.7 berühren die beiden Tangenten aus $S^p$ den Kreis $b_1{}^p$ in Umrißpunkten $K^p$, $\bar{K}^p$. Da längs des Kehlkreises $k$ ein $\Phi$ berührender Drehzylinder existiert, sind die Punkte $A^p$ und $B^p$ von $k^p$ mit zu $a^p$ parallelen Tangenten die Umrißpunkte von $k^p$. Der Kegelschnitt $u^p$ besitzt nach Satz 6.3.10 den Mittelpunkt $M^p$ und aus Symmetriegründen die Scheitel $A^p$ und $B^p$; wie die Lage des Punktes $K^p$ in Fig. 6.53 zeigt, ist $u^p$ eine Hyperbel, welche durch ihre Scheitel und den Punkt $K^p$ mit 5.3.2., (H 1) festgelegt ist.
Der Mittelpunkt $O$ des Breitenkreises $b$ von $\Psi$ liegt 10 m unter dem Mittelpunkt von $b_1$ in $a$, und $b$ geht durch den Schnittpunkt $3$ der Kegelerzeugenden $S1$ mit $\eta_1$. Durch gleichmäßige Teilung der Kreise $b_1{}^p$ und $b^p$ können die Militärrisse der V-Stützen ergänzt werden. △

(3) Eine Dachkonstruktion besteht aus zwei schiebungsgleichen Stücken koaxialer einschaliger Drehhyperboloide, die längs eines Breitenkreisbogens $b$ aneinandergereiht sind (Fig. 6.54). Wir legen in $\pi_2$ den bezüglich $\pi_3$ symmetrischen Kreisbogen $b$ bzw. in $\pi_3$ den Meridianhyperbelbogen $m$ des Teiles $\Phi_1$ durch die Endpunkte $A$, $\bar{A}$ bzw. $1$, $2$ und die Länge $h_b$ bzw. $h_m$ (vgl. Fig. 6.54) fest; seitlich wird das Flächenstück $\Phi_1$ von den Schnitten $c$, $\bar{c}$ mit den zu $\pi_3$ parallelen Ebenen durch $A$, $\bar{A}$ berandet, der zweite Randkreisbogen $b_1$ verläuft durch den Punkt $2$. Wir zeichnen einen frontalaxonometrischen Riß zu $\lambda:\mu:\nu = 3/4:1:1$, so daß die Breitenkreise unverzerrt erscheinen.

KB. Durch $A^p$, $\bar{A}^p$, $1^p$ ist der Kreis $b^p$ bestimmt, durch dessen Mittelpunkt $M_b{}^p$ der zu $x^p$ parallele Riß $a^p$ der Drehhyperboloidachse $a$ geht. Der im selben Maßstab wie der axonometrische Riß gezeichnete Kreuzriß ist ein Meridianriß und zeigt den Hyperbelbogen $m$; der Kreuzriß von $a$ ergibt sich aus $a^p$. Der Flächenmittelpunkt $M$ fällt in den Mittelpunkt der Hyperbel $m$. Mit 5.3.2., (H1) erhält man die Asymptoten von $m'''$; durch die Asymptoten und den Punkt $1^p$ ist die Hyperbel $m^p$ nach 5.3.2., (H2) bestimmt.
Der Schnitt $c = \varepsilon \cap \Phi$ mit der zu $\pi_3$ parallelen Ebene $\varepsilon$ durch $A$ ist nach Satz 6.3.9 eine Hyperbel, deren Asymptoten parallel zu den Schnittgeraden des Asymptotenkegels von $\Phi$ mit $\pi_3$, also parallel zu den Asymptoten von $m$ sind; wegen $\varepsilon \parallel a$ liegt der Mittelpunkt $M_c$ von $c$ in der Normalen zu $\varepsilon$ durch $M$. Damit ist die Hyperbel $c$ nach 5.3.2., (H2) festgelegt. Der Schnitt $\bar{c}$ ist zu $c$ bezüglich $\pi_3$ symmetrisch. Die kreisförmigen axonometrischen Risse des Randbogens $b_1$ durch $2$ und des Kehlkreises $k$ können mit Hilfe des Kreuzrisses eingetragen werden.
Satz 2.1.7 kann auf den Kehlkreis $k$ angewendet werden, da $\Phi$ längs $k$ von einem Zylinder mit $x$-parallelen Erzeugenden berührt wird: Der Berührungspunkt $P^p$ der $x^p$-parallelen Tangente von $k^p$ ist somit ein Umrißpunkt. In analoger Weise ergibt sich der Berührungspunkt $K^p$ der $y^p$-parallelen Tangente der Hyperbel $m^p$ als Umrißpunkt. Längs $b_1$ wird $\Phi$ von einem Drehkegel berührt, dessen Spitze $S$ der Schnitt von $a$ mit der Meridiantangente in $2 \in b$ ist; die Tangente aus $S^p$ an $b_1{}^p$ berührt daher in einem Umrißpunkt $Q^p$ von $b_1{}^p$.
Nach Satz 6.3.10 ist $u^p$ ein Kegelschnitt mit $M^p$ als Mittelpunkt. Da die Tangente an $k^p$ in $P^p$ zu $M^pP^p$ normal ist, fällt $P^p$ in einen Scheitel von $u^p$; wie die Lage von $Q^p$ zu $P^pM^p$ zeigt, ist $u^p$ in Fig. 6.54 eine Ellipse. △

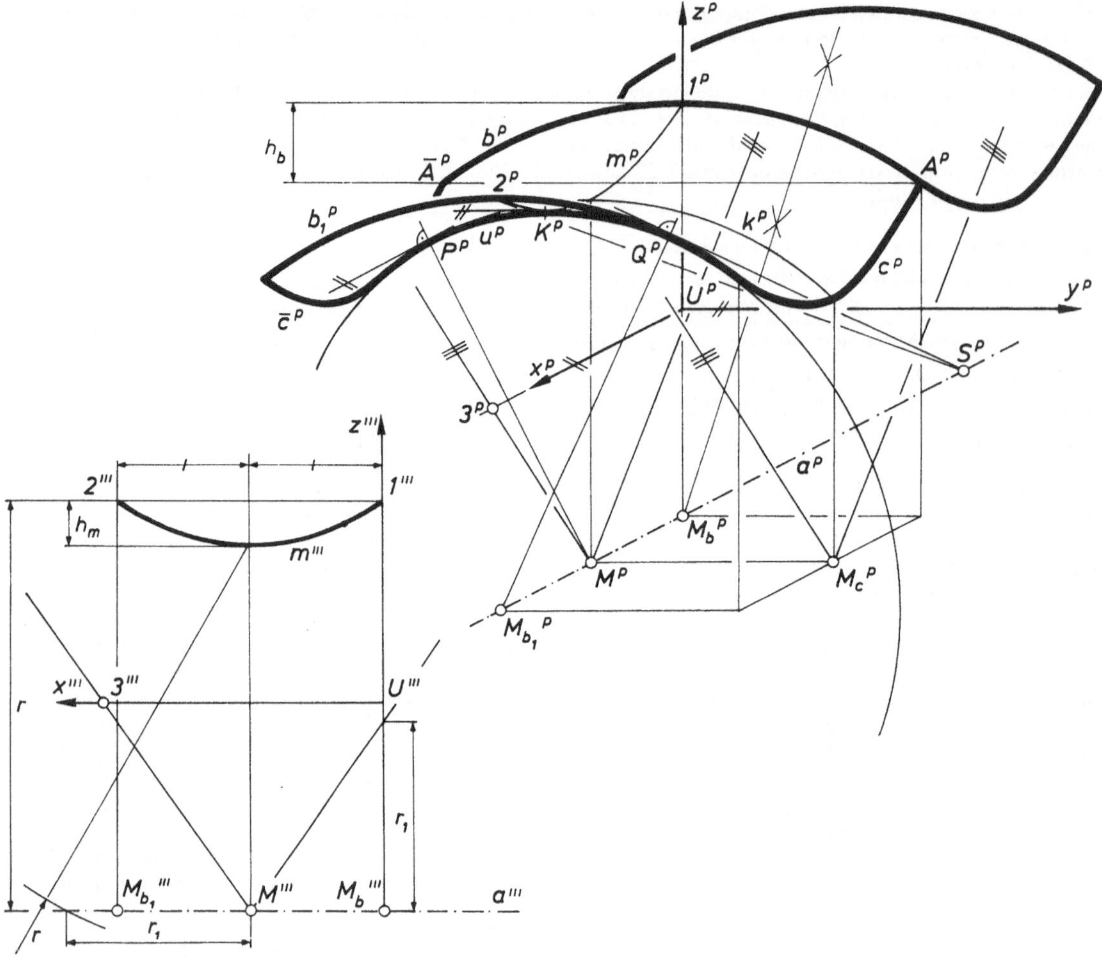


Fig. 6.54

## 6.3.9. Drehparaboloide

Alle Meridianparabeln eines Drehparaboloids besitzen denselben Brennpunkt $F$ und denselben Scheitel $S$ in der Drehachse $a$, und ihre Leitgeraden gehören einer zu $a$ normalen Ebene $\lambda$ an. Wir nennen $F$ bzw. $S$ bzw. $\lambda$ den *Brennpunkt* bzw. den *Scheitel* bzw. die *Leitebene* des Drehparaboloids. Die Kugel um einen Punkt des Drehparaboloids, welche durch $F$ geht, berührt die Leitebene $\lambda$, und zwar im Normalriß von $P$ in $\lambda$; dies folgt aus der für die Meridianparabel durch $P$ gültigen Def. 5.4.1.

**Satz 6.3.11:** Enthält eine zur Drehachse $a$ nicht parallele Ebene $\varepsilon$ einen Punkt eines Drehparaboloids $\Phi$, ohne Tangentialebene von $\Phi$ zu sein, so ist der Schnitt $c = \varepsilon \cap \Phi$ eine Ellipse, deren Hauptriß ein Kreis ist. Jede zur Drehachse $a$ parallele Ebene $\varphi$ schneidet $\Phi$ in einer zu den Meridianparabeln von $\Phi$ kongruenten Parabel. Die Tangentialebene eines Drehparaboloids $\Phi$ in einem Punkt $T \in \Phi$ enthält nur den Punkt $T$ von $\Phi$.

*Beweis*

(a) Wir verwenden in Fig. 6.55 einen Meridianriß mit der zur Ebene $\varepsilon$ normalen Meridianebene $\mu$ als Hauptebene und die Leitebene $\lambda$ als Bildebene eines Hauptrisses. Liegt in der zur Drehachse $a$ nicht parallelen Ebene $\varepsilon$, die keine Tangentialebene von $\Phi$ ist, ein Punkt von $\Phi$, so schneidet $\varepsilon$ die Ebene $\mu$ in einer Sehnengeraden $w$ der Meridianparabel $m$ von $\Phi$ in $\mu$. Die Kugel $\varkappa_P$ um einen Punkt $P \in c = \varepsilon \cap \Phi$ durch den Brennpunkt $F$ enthält für $F \notin \varepsilon$ den zu $F$ bezüglich $\varepsilon$ symmetrischen Punkt $\bar{F}$, wobei $g := F\bar{F} \perp \varepsilon$ gilt, und berührt für $F \in \varepsilon$ die zu $\varepsilon$ normale Gerade $g$ in $F$. Da die Kugel $\varkappa_P$ ferner $\lambda$ in $P'$ berührt, liefert die Anwendung

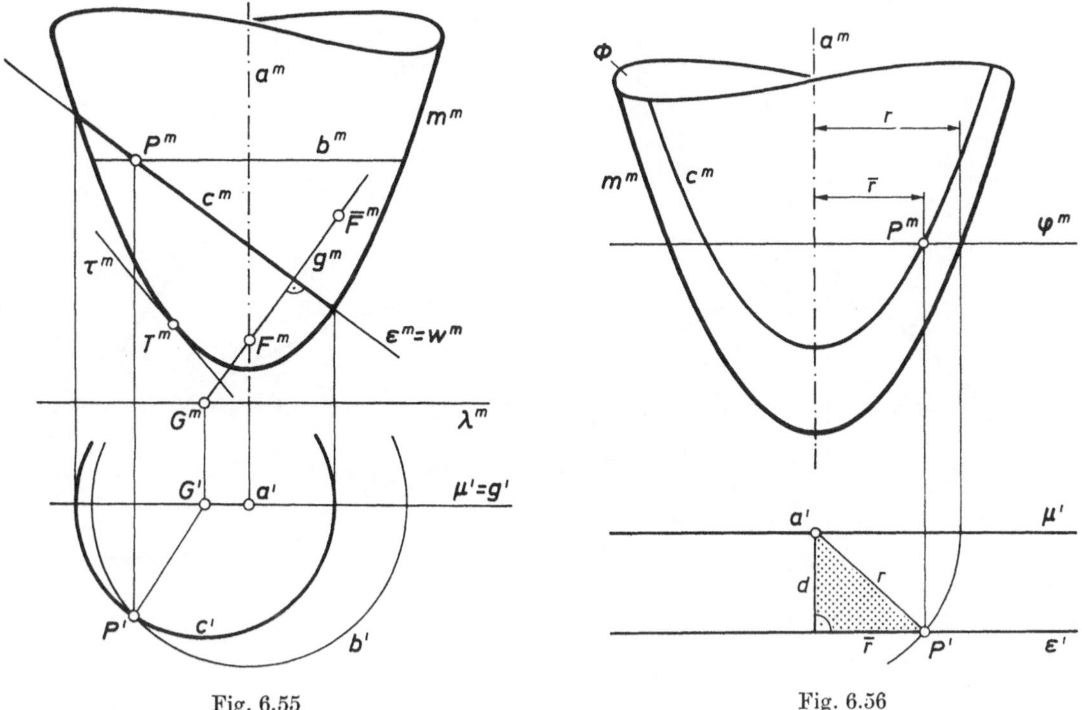


Fig. 6.55 Fig. 6.56

von A 1.3, 7 auf den Schnittkreis von $\varkappa_P$ mit der Ebene $P'g$ und den Punkt $G = g \cap \lambda$.

(4) $$\overline{GP'}^2 = \overline{GF} \cdot \overline{G\bar{F}} \text{ für } F \notin \varepsilon, \qquad \overline{GP'} = \overline{GF} \text{ für } F \in \varepsilon.$$

Die rechten Seiten dieser Gleichungen sind von der Auswahl des Punktes $P \in c$ unabhängig, so daß alle Punkte $P'$ für $P \in c$ in einem Kreis zum Mittelpunkt $G$ liegen. Der erste Riß $c'$ von $c$ ist ein Kreis und nicht nur Teilmenge eines Kreises, da jede zu $\mu$ normale Gerade von $\varepsilon$, die einen nicht in $m$ liegenden Punkt von $\Phi$ enthält, zwei Punkte von $c$ trägt. Die Kurve $c = \varepsilon \cap \Phi$ ist daher eine Ellipse.
Ist die zu $\mu$ normale Ebene $\tau$ die Tangentialebene von $\Phi$ in $T \in \Phi$, so fällt $\tau^m$ in die Tangente von $m^m$ in $T^m$; in $\tau$ liegt dann kein von $T$ verschiedener Flächenpunkt (Fig. 6.55).
(b) Ist die Schnittebene $\varepsilon$ zur Drehachse $a$ von $\Phi$ im Abstand $d$ parallel, so verwenden wir in Fig. 6.56 einen Meridianriß mit $\varepsilon$ als Hauptebene sowie einen Hauptriß. Durch jeden Punkt $P$ von $c = \varepsilon \cap \Phi$ geht eine Breitenkreisebene $\varphi$, welche $\Phi$ in einem Kreis vom Radius $r$ schneidet. Der Meridianriß $P^m$ von $P$ hat dann von der Achse $a^m$ des Risses $m^m$ der Hauptmeridianparabel $m$ gemäß Fig. 6.56 den Abstand $\bar{r}$ mit $\bar{r}^2 = r^2 - d^2$. Nach A 5.4, 8 ist daher $c^m$ eine Parabel, die aus $m^m$ unter einer Schiebung längs $a^m$ entsteht, also $c \subset \varepsilon$ eine zu $m$ kongruente Parabel. □

Sind die Sehgeraden einer Parallelprojektion parallel zur Drehachse $a$ eines Drehparaboloids $\Phi$, so existiert kein Konturpunkt, da eine Parabel nach 5.4.1. keine zu den Durchmessergeraden parallele Tangente besitzt.

**Satz 6.3.12:** Die Kontur eines Drehparaboloids $\Phi$ bezüglich einer Parallelprojektion, deren Sehgeraden zur Drehachse $a$ nicht parallel sind, ist der Schnitt von $\Phi$ mit der zur projizierenden Meridianebene $\mu$ normalen Ebene $\omega$ durch jene Durchmessergerade der Meridianparabel $m$ in $\mu$, in deren Parabelpunkt die Tangente von $m$ projizierend ist.

*Beweis*

Wir verwenden einen Meridianriß mit der zu den Sehgeraden parallelen Meridianebene $\mu$ als Hauptebene. In der Meridianparabel $m \subset \mu$ ist genau jener Punkt $T$ Konturpunkt, in dem die Tangente von $m$ eine Sehgerade $s$ ist (Fig. 6.57). Jede zu $\mu$ normale und zu $s$ parallele Ebene $\varphi$, die nicht die Tangentialebene $\tau$ in $T$ ist und $\Phi$ schneidet, enthält nach Satz 6.3.11 eine Ellipse $c_\varphi$ von $\Phi$, deren nicht in $\mu$ liegenden Scheitel genau die Konturpunkte in $c_\varphi$ sind. Da die Parabel $m$ nach A 5.4, 7 die Affinspiegelung parallel $s$ an der Durchmessergeraden $w$ durch $T$ gestattet, gehören alle Konturpunkte von $\Phi$ der zu $\mu$ normalen Ebene $\omega$ durch $w$ an. □

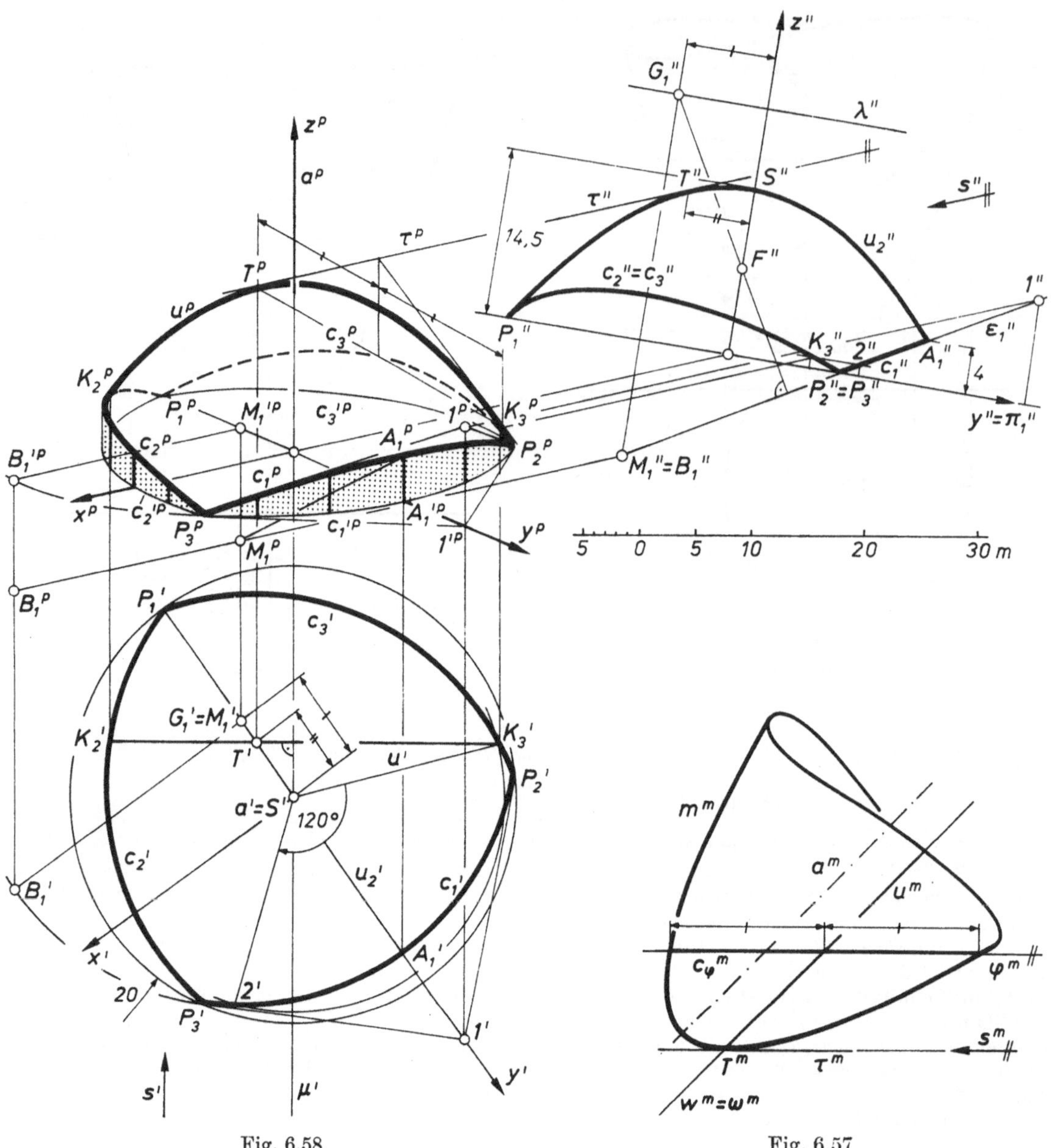

Fig. 6.58

Fig. 6.57

Nach Satz 6.3.11 ist daher die Kontur eines Drehparaboloids bezüglich einer Parallelprojektion, deren Sehgeraden zur Paraboloidachse nicht parallel sind, eine zu den Meridianparabeln kongruente Parabel.

Wir behandeln als Beispiel ein Planetarium, welches von einer drehparaboloidförmigen 14,5 m hohen Schale mit lotrechter Drehachse $a$ überdacht ist. Das Drehparaboloid $\Phi$ wird von drei gegen die Standebene $\pi_1$ gleich geböschten Ebenen so aufgeschnitten, daß der höchste Punkt jeder dieser Schnitte 4 m über $\pi_1$ liegt und die Auflagerpunkte in $\pi_1$ ein gleichseitiges Dreieck $\{P_1, P_2, P_3\}$ vom Umkreisradius $r = 20$ m bilden. Wir konstruieren in Fig. 6.58 nach Wahl eines Zeichenmaßstabs einen axonometrischen Riß nach dem Einschneideverfahren, wobei eine Schnittebene zweitprojizierend und die Drehachse $a$ als $z$-Achse gewählt ist.

KB. Nach Konstruktion der beiden Einschneidehilfsrisse des gleichseitigen Dreiecks $\{P_1, P_2, P_3\}$ ist die zweite Umrißparabel $u_2$ durch die zweiten Risse des Punktes $P_1$ und des in $a$ liegenden Scheitels $S$ festgelegt. Die zweitprojizierende Ebene $\varepsilon_1$ durch $P_2P_3$ und den 4 m über $\pi_1$ liegenden Punkt $A_1$ von $u_2$ schneidet das Drehparaboloid $\Phi$ in einer Ellipse $c_1$; der Mittelpunkt $G_1'$ des kreisförmigen Grundrisses $c_1'$, der durch $A_1'$

geht, ergibt sich mit Hilfe der Leitebene $\lambda$ von $\Phi$ nach Satz 6.3.12, Beweisteil (a). Der Mittelpunkt $M_1$ der Ellipse $c_1$ hat den ersten Riß $M_1' = G_1'$; durch Einschneiden der Halbachsen $[M_1, A_1]$, $[M_1, B_1]$ von $c_1$ erhält man konjugierte Halbmesser der Ellipse $c_1^p$ (in Fig. 6.58 sind zur graphischen Festlegung der Ellipse $c_1^p$ die Tangenten von $c_1$ in $P_2$ und $P_3$ mit Hilfe ihres Schnittpunktes $1$ verwendet). Dreht man $\varepsilon_1$ und $c_1$ um $a$ durch 120° und 240°, so erhält man die beiden anderen Randbogen $c_2$ und $c_3$.
In der Einschneidesituation sind die ersten bzw. die zweiten Einschneidegeraden nach 2.3.6. Grundrisse bzw. Aufrisse von im axonometrischen Riß projizierenden Geraden $s$. Die im Aufriß und im axonometrischen Riß projizierende Tangentialebene $\tau$ mit $\tau'' \parallel s''$ berührt $\Phi$ in einem Konturpunkt $T$, dessen Grundriß $T'$ aus $T''$ ergänzt werden kann; durch Einschneiden ergibt sich der Punkt $T^p$ der axonometrischen Umrißparabel $u^p$, und $\tau^p$ ist die Tangente von $u^p$ in $T^p$. Nach Satz 5.4.5 ist $a^p$ eine Durchmessergerade der Parabel $u^p$; der Grundriß $u'$ von $u$ ist nach Satz 6.3.12 die zu $s'$ normale Gerade durch $T'$. In Fig. 6.58 existiert in $c_2$ bzw. $c_3$ ein Konturpunkt $K_2$ bzw. $K_3$. Dreht man $K_3$ durch 120° um $a$ in den Punkt $2 \in c_1 \subset \varepsilon_1$, so kann mit Hilfe von $2''$ dann $K_3''$ und schließlich $K_3^p$ ermittelt werden. Mit Satz 5.4.2 erhält man die Tangente der Parabel $u^p$ in $K_3^p$, womit $u^p$ nach 5.4.2., (P2) festgelegt ist.
In Fig. 6.58 sind auch die axonometrischen Risse der kreisförmigen Grundrisse $c_1'$, $c_2'$ bzw. $c_3'$ von $c_1$, $c_2$ bzw. $c_3$ eingezeichnet; durch Einschneiden orthogonaler Kreisdurchmesser erhält man konjugierte Ellipsendurchmesser. Zwischen diesen Kreisbogen und den Schnittkurven befinden sich lotrechte Verglasungen der Schalenöffnungen. △

## Aufgaben 6.3

1. Bei stetiger Drehung eines Kreises $m$ um eine Gerade $a$ seiner Ebene, die keine Durchmessergerade von $m$ ist, entsteht ein *Torus*. Ein Torus $\Phi$ enthält zwei Plattkreise. Diskutiere die Anzahl der Äquatorkreise und der Kehlkreise, je nachdem $a$ den Kreis $m$ in zwei Punkten schneidet, berührt oder nicht trifft. In jedem Punkt von $m$, der nicht in $a$ liegt, besitzt $\Phi$ dieselbe Tangentialebene wie die Kugel[8] mit dem Großkreis $m$.
2. Ist die Drehachse $a$ eines Torus $\Phi$ zur Bildebene einer Normalprojektion nicht parallel und nicht normal, so besteht der Normalumriß $u^n$ von $\Phi$ aus zwei Kurven, deren Punkte man ausgehend vom Normalriß $o^n$ des *Mittenkreises* $o$ von $\Phi$, den der Mittelpunkt von $m$ bei stetiger Drehung um $a$ beschreibt, wie folgt erhält: Jene beiden Punkte der Normalen zur Ellipse $o^n$ in einem Punkt $O^n$ sind Punkte von $u^n$, die von $O^n$ einen dem Radius $r$ von $m$ gleichen Abstand besitzen (vgl. 7.4.2.).
(Anl.: Benütze A 6.3, 1 und Satz 6.2.1.)
3. Ermittle den Radius $\varrho_A$ des Krümmungskreises einer Ellipse $c$ im Hauptscheitel $A$ bzw. einer Hyperbel oder Parabel $c$ im Scheitel $A$ mit Hilfe von Satz 6.3.3 (vgl. A 7.2, 7).

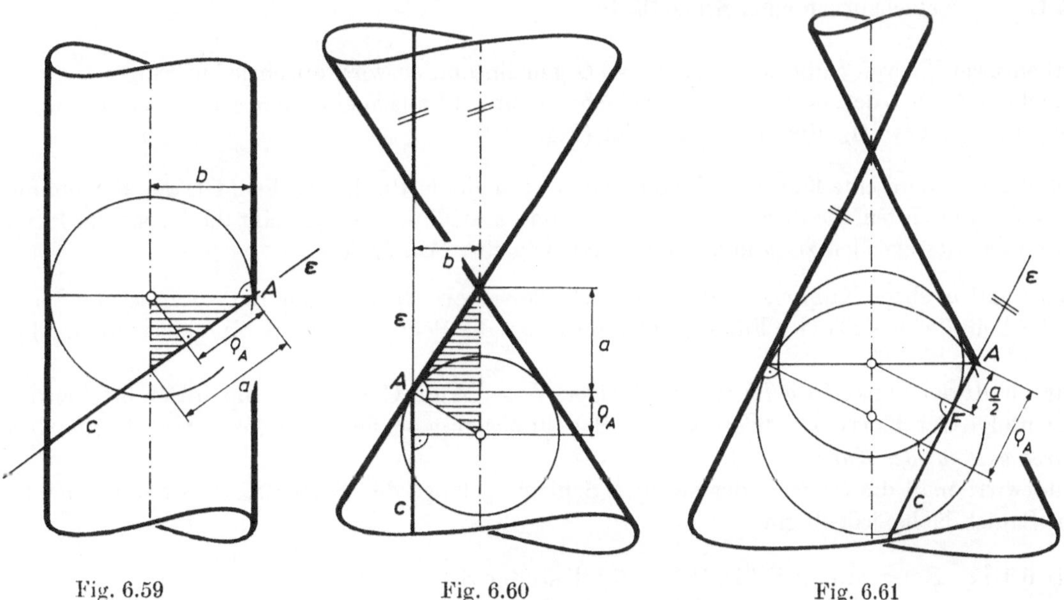


Fig. 6.59 Fig. 6.60 Fig. 6.61

[8] Die Hüllfläche einer Schar von Kugeln heißt *Kanalfläche* und insbesondere *Rohrfläche*, falls alle Kugeln kongruent sind. Nach 6.3.1. ist jede Drehfläche eine Kanalfläche; ein Drehzylinder und ein Torus sind Rohrflächen. Damit ist ein Torus im doppelten Sinn Kanalfläche, also Hüllfläche zweier Scharen von Kugeln. Eine Fläche mit dieser Eigenschaft heißt eine DUPINsche *Zyklide*.

(Anl.: Fasse die Ellipse $c$ mit A 5.5, 5 als ebenen Schnitt eines Drehzylinders auf und wende den Kathetensatz in Fig. 6.59 an; fasse die Hyperbel $c$ mit A 5.5, 3 als achsenparallelen Schnitt eines Drehkegels auf und wende den Höhensatz in Fig. 6.60 an; fasse die Parabel $c$ mit A 5.5, 2 als ebenen Schnitt eines Drehkegels auf und benütze die DANDELINsche Kugel in Fig. 6.61).

**4.** Schneiden zwei parallele Ebenen ein Drehellipsoid, ohne Tangentialebenen zu sein, so sind die Schnittellipsen ähnlich und ähnlich gelegen[9].
(Anl.: Benütze den Beweis zu Satz 6.3.4, und zeige zuerst die Behauptung für die Normalrisse in der Äquatorebene.)

**5.** Schneiden zwei parallele Ebenen ein zweischaliges Drehhyperboloid, ohne Tangentialebenen zu sein, so sind die Schnittkegelschnitte ähnlich und ähnlich gelegen.
(Anl.: Sind die Kegelschnitte Ellipsen, so verwende den Beweis zu Satz 6.3.5 und folgende Aussagen: Zwei Breitenkreise einer Drehfläche liegen in einem Drehkegel; die Schnitte eines Drehkegels mit zwei parallelen Ebenen nicht durch die Kegelspitze erfüllen die Behauptung. Im Falle von Hyperbeln bzw. Parabeln benütze Satz 6.3.5 und A 5.3, 12 bzw. A 5.4, 6.)

**6.** Schneiden zwei parallele Ebenen ein einschaliges Drehhyperboloid $\Phi$ nach Ellipsen oder Parabeln bzw. Hyperbeln, so sind diese ähnlich und ähnlich gelegen bzw. genau dann ähnlich und ähnlich gelegen, wenn zwischen den beiden Ebenen keine oder mehr als eine zu ihnen parallele Tangentialebene von $\Phi$ existiert.
(Anl.: Benütze die Anl. zu A 6.3, 5 und den Beweis zu Satz 6.3.9.)

**7.** Schneiden zwei parallele Ebenen ein Drehparaboloid, ohne Tangentialebenen zu sein, so sind die Schnitte ähnliche und ähnlich gelegene Ellipsen oder kongruente und ähnlich gelegene Parabeln.
(Anl.: Benütze Satz 6.3.11.)

**8.** Benütze Satz 6.3.11, um durch räumliche Deutung die Schnittpunkte einer Parabel mit einer zu der Parabelachse nicht parallelen Geraden zu konstruieren.

**9.** Wird im Brennpunkt eines Drehparaboloids eine punktförmige Lichtquelle angebracht und die Innenseite der Fläche spiegelnd ausgebildet, so treten alle Lichtstrahlen nach Reflexion achsenparallel aus[10].

**10.** Bei Parallelprojektion besitzt ein zweischaliges bzw. einschaliges Drehhyperboloid genau dann eine Kontur bzw. genau dann eine Konturhyperbel, wenn der Asymptotenkegel zwei verschiedene Konturerzeugenden aufweist.

## 6.4. Schiebflächen

### 6.4.1. Schiebkurven einer Schiebfläche

Haben zwei Kurven $l$ und $m$ einen Punkt $O$ gemeinsam, so wird durch jeden Punkt $L \in l$ eine Schiebung $O \mapsto L$ definiert; bei dieser Schiebung entsteht aus $m$ eine zu $m$ schiebungsgleiche, also kongruente Kurve $m_L$, die $l$ in $L$ schneidet (Fig. 6.62).

**Def. 6.4.1:** Wird eine Kurve $m$, die eine Kurve $l$ in einem Punkt $O$ schneidet, den Schiebungen $O \mapsto L$ unterworfen, die durch alle Punkte $L$ von $l$ bestimmt sind, so heißt die Menge der Punkte der dabei entstehenden zu $m$ kongruenten Kurven eine *Schiebfläche*.

Sind $l$ und $m$ ebene Kurven, so sollen sie nicht derselben Ebene angehören; dann ist die Schiebfläche keine ebene Fläche. Für eine Gerade $m$ ist die Schiebfläche ein Zylinder mit der Leitkurve $l$.
Durchläuft der Punkt $L$ die Kurve $l$ in stetiger Weise, so gilt Gleiches für die in Def. 6.4.1 erklärte Lagenfolge der Kurve $m$; dieser stetige Bewegungsvorgang von $m$ heißt *stetige Schiebung der Kurve $m$ längs der Kurve $l$.*
Unterwirft man die Kurve $l$ der stetigen Schiebung längs der Kurve $m$, so entsteht ebenfalls eine Schiebfläche, jedoch gilt:

**Satz 6.4.1:** Entsteht eine Schiebfläche durch stetige Schiebung der Kurve $m$ längs der Kurve $l$, so entsteht dieselbe Schiebfläche durch stetige Schiebung der Kurve $l$ längs der Kurve $m$.

[9] Zwei ähnliche Ellipsen oder Hyperbeln bzw. Parabeln in parallelen Ebenen heißen *ähnlich gelegen*, wenn ihre Hauptachsen bzw. ihre Achsen parallel sind.

[10] Diese Eigenschaft der Drehparaboloide wird bei Scheinwerfergehäusen und Richtantennen ausgenützt.

*Beweis*

Die Schiebung $O \mapsto L$ mit $L \in l$ ordnet nach 1.3.2. einem Punkt $M \in m$ jenen Flächenpunkt $P$ in der zu $m$ schiebungsgleichen Flächenkurve $m_L$ durch $L$ zu, für den $\{O, L, P, M\}$ ein Parallelogramm ist (Fig. 6.62). Der Punkt $P$ entsteht daher auch unter der Schiebung $O \mapsto M$ aus $L$, die $l$ in eine $P$ enthaltende schiebungsgleiche Kurve $l_M$ durch $M \in m$ überführt. □

In einer Schiebfläche liegen somit zwei Scharen jeweils untereinander schiebungsgleicher Kurven, welche *Schiebkurven* heißen. Jede Schiebfläche kann auf zweifache Weise gemäß Def. 6.4.1 erzeugt werden, und durch jeden Punkt einer Schiebfläche geht mindestens eine Kurve jeder Schiebkurvenschar. Wir verlangen von den Kurven $l$ und $m$, daß sie in Kurvenstücke zerlegt werden können, die in jedem Punkt eine einzige Tangente besitzen, und sprechen daher kurz von der Tangente an die Schiebkurve jeder Schar in einem Flächenpunkt.

**Satz 6.4.2:** Die Tangenten aller Schiebkurven einer Schar in den Punkten einer Schiebkurve der anderen Schar sind zueinander parallel. Geht durch einen Flächenpunkt $P$ nicht mehr als eine Schiebkurve jeder Schar und sind ihre Tangenten $t_l$ und $t_m$ in $P$ verschieden, so gehört jede Flächentangente in $P$ der Ebene $\tau = t_l t_m$ an, und die Ebene $\tau$ ist die Tangentialebene in $P$.

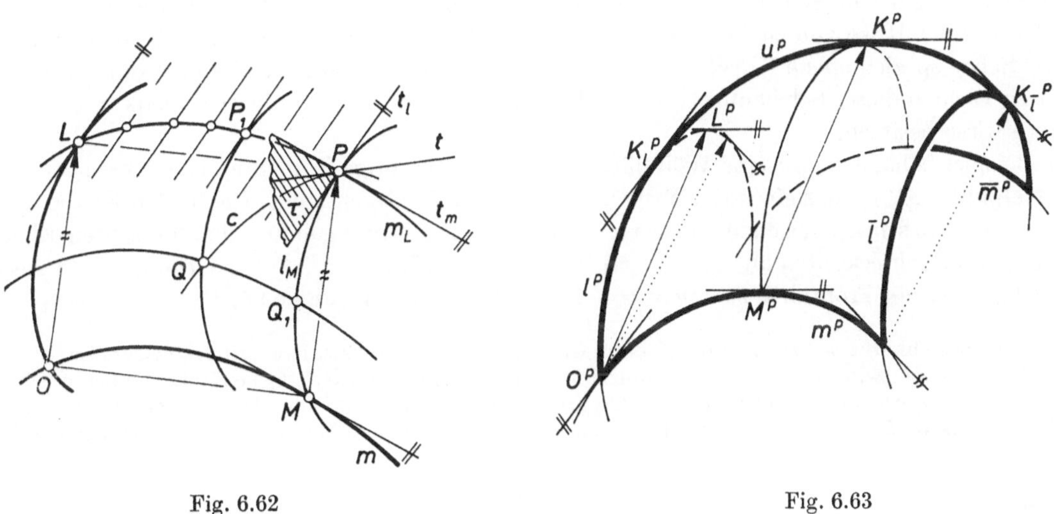


Fig. 6.62 Fig. 6.63

*Beweis*

(a) Schneidet die zu $m$ schiebungsgleiche Flächenkurve $m_L$ die Kurve $l$ in $L$, so durchläuft der Punkt $L$ unter der stetigen Schiebung von $l$ längs $m$ die Kurve $m_L$ und die Tangente von $l$ in $L$ einen Zylinder mit der Leitkurve $m_L$ (Fig. 6.62). Analoges gilt für eine Kurve $l_M$ der anderen Schiebschar.
(b) Ist $t$ die Tangente eines der Schiebfläche $\Phi$ angehörenden Kurvenstücks $c$ in $P$ und $Q$ ein Flächenpunkt in $c$, der in keiner der beiden Schiebkurven $l_M$ und $m_L$ durch $P$ liegt, so ist $[P, Q]$ die Diagonale eines Parallelogramms, dessen restliche Ecken $P_1$ und $Q_1$ die Schnittpunkte von $m_L$ mit der zu $l$ schiebungsgleichen Kurve durch $Q$ bzw. von $l_M$ mit der zu $m$ schiebungsgleichen Kurve durch $Q$ sind (Fig. 6.62). Läuft $Q$ in $c$ gegen $P$, so geht $PP_1$ bzw. $PQ_1$ in die Tangente $t_m$ bzw. $t_l$ von $m_L$ bzw. $l_M$ in $P$ und die der Ebene $PP_1Q_1$ angehörende Sehnengerade $PQ$ von $c$ in die Tangente $t$ von $c$ in $P$ über, wobei $t \subset \tau = t_l t_m$ gilt.
(c) Die Geraden $t_l$ und $t_m$ in $\tau$ sind Flächentangenten in $P$. Ist $g$ eine von $t_l$ und $t_m$ verschiedene Gerade in $\tau$ durch $P$ und $\nu$ die zu $\tau$ normale Ebene durch $g$, so ist die Menge der Punkte von $\nu$, die durch die jeweils kürzeste stetige Schiebung der Punkte eines $P$ enthaltenden Kurvenstücks von $m_L$ längs $l_M$ in die Ebene $\nu$ hinein entstehen, ein Kurvenstück $c_1$ in $\Phi$; dies folgt unter Verwendung eines Parallelrisses, in dem die zu $\tau$ normalen Geraden projizierend sind, sofort aus Def. 1.4.1. Gemäß (b) ist dann $g = \nu \cap \tau$ die Tangente von $c_1$ in $P$. □

Längs jeder Schiebkurve wird die Schiebfläche somit von einem Zylinder berührt, dessen Erzeugenden Tangenten der Schiebkurven der anderen Schar sind (Fig. 6.62).

## 6.4.2. Parallelumriß einer Schiebfläche

Da in einem Konturpunkt die Tangentialebene projizierend ist, sind die Punkte des Parallelumrisses einer Schiebfläche die Risse jener Flächenpunkte, in denen die Tangente an eine der beiden Schiebkurven projizierend ist oder diese beiden Tangenten zusammenfallende Risse haben. Ist also die Tangente etwa von $l$ im Punkt $L \in l$ projizierend, so gehört die zu $m$ schiebungsgleiche Kurve $m_L$ durch $L$ nach Satz 6.4.2 zur Kontur der Schiebfläche. Weiter hat man nach Satz 6.4.2 jene Punktepaare ($L^p \in l^p$, $M^p \in m^p$) der Parallelrisse $l^p$, $m^p$ der Schiebkurven $l$, $m$ auszuwählen, in denen die Tangenten von $l^p$ und $m^p$ parallel sind; wendet man dann in der Zeichenebene auf $M^p$ und die Tangente von $m^p$ in $M^p$ die Schiebung $O^p \mapsto L^p$ oder auf $L^p$ und die Tangente von $l^p$ in $L^p$ die Schiebung $O^p \mapsto M^p$ an, so erhält man einen Punkt $K^p$ des Parallelumrisses $u^p$ samt der Tangente von $u^p$ (Fig. 6.63). Die in Fig. 6.63 dargestellte Schiebfläche wird von je zwei Schiebkurven $l$, $\bar{l}$ und $m$, $\bar{m}$ jeder Schar berandet; im Umrißpunkt $K_l^p$ in $l^p$ ist die Tangente von $l^p$ parallel zur Tangente an $m^p$ in $O^p$, und der Umrißpunkt $K_{\bar{l}}^p$ in $\bar{l}^p$ ergibt sich aus jenem Punkt von $l^p$, in dem die Tangente parallel zur Tangente von $m^p$ im Punkt $m^p \cap \bar{l}^p$ ist.
Der Parallelriß $u_1^p$ eines Teilbogens $u_1$ der Kontur $u$, der selbst keine Schiebkurve ist und in keinem Punkt eine projizierende Tangente besitzt, wird nach Satz 2.1.9 in jedem Punkt $K^p$ vom Parallelriß der beiden Schiebkurven durch den Konturpunkt $K$ berührt; die Kurve $u_1^p$ ist daher Hüllkurve der Risse von zu $l$ und $m$ schiebungsgleichen Flächenkurven. Sind die Schiebkurven einer Schar speziell ebene Kurven, so bietet sich eine Darstellung in frontaler Axonometrie mit zu den Ebenen dieser Schiebkurven paralleler Bildebene an, da dann diese Schiebkurven unverzerrte Risse besitzen.
Als Beispiel behandeln wir eine Wölbfläche $\Phi$, die durch stetige Schiebung eines Kreisbogens $m$ (Mittelpunkt $M_m$) längs eines Kreisbogens $l$ (Mittelpunkt $M_l$) entsteht. Die beiden Kreise haben die Ecke $O$ des in $\pi_1$ liegenden Basisrechtecks gemeinsam und gehören den lotrechten Ebenen durch zwei Rechteckseiten an, die wir in die $x$- bzw. $y$-Achse legen. Außer Grundriß und Aufriß (Fig. 6.64) ist ein Frontalriß zu $\lambda:\mu:\nu = 1:1:1$ zu konstruieren (Fig. 6.65).

KB. Die Schiebkurve $m$ bzw. $l$ ist durch ihren Grundriß und Aufriß bzw. Kreuzriß festgelegt. Zur *Vervollständigungsaufgabe* wird durch $P \in \Phi$ etwa die zu $m$ schiebungsgleiche Kurve $m_L$ benützt, von deren Schnittpunkt $L$ mit $l$ zuerst der Grundriß und der Kreuzriß gezeichnet werden kann. Die Tangenten von $l$ und $m$ in jenen Punkten $L \in l$ und $M \in m$, welche in den Schiebkurven $m_L$ und $l_M$ durch $P$ liegen, sind zu den Tan-

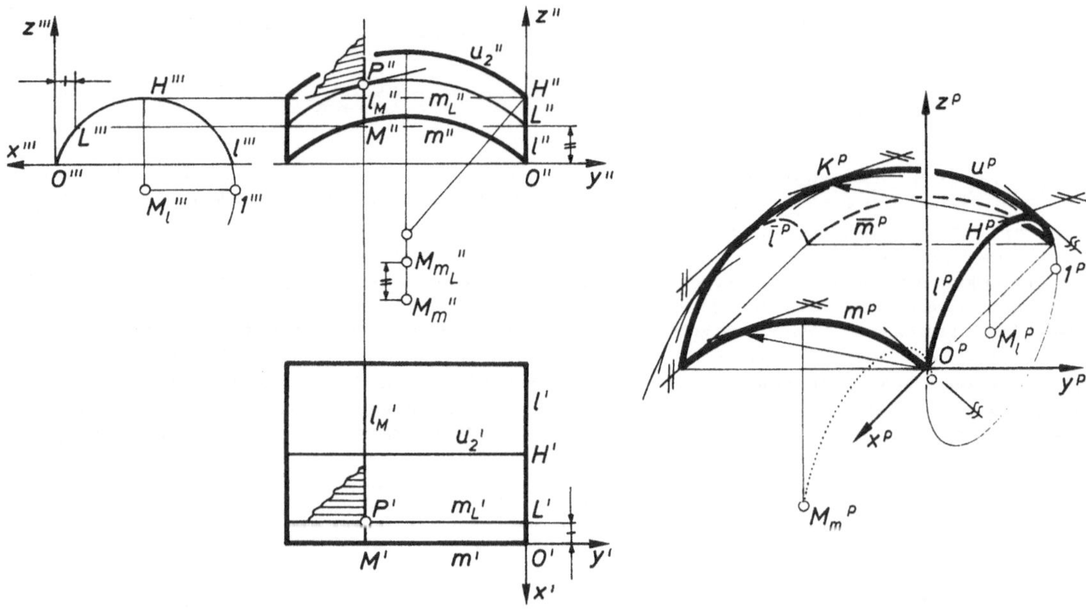


Fig. 6.64 Fig. 6.65

genten der beiden Schiebkurven in $P$ parallel. Da im höchsten Punkt $H$ von $l$ die Tangente zweitprojizierend ist, gibt die zu $m$ schiebungsgleiche Kurve durch $H$ die zweite Kontur $u_2$ ab.
Der Frontalriß $m^p$ von $m \subset \pi_2$ ist kreisförmig; die Ellipse $l^p$ wird durch die Frontalrisse der orthogonalen Halbmesser $[M_2, H]$, $[M_2, 1]$ festgelegt. Der axonometrische Umriß $u^p$ kann punkt- und tangentenweise gemäß Fig. 6.63 gefunden werden; insbesondere erhält man so den Umrißpunkt in der Ellipse $l^p$ bzw. $\bar{l}^p$. Der Umriß $u^p$ ist auch die Hüllkurve jener zu $m^p$ kongruenten Kreise, deren Mittelpunkte der unter der Schiebung $O^p \mapsto M_m{}^p$ aus $l^p$ entstehenden Ellipse angehören. △

## 6.4.3. Paraboloide

Die folgenden Schiebflächen treten als Schalen[1] in der modernen Architektur auf.

**Def. 6.4.2:** Eine Schiebfläche, die durch Schiebung einer Parabel $l$ längs einer Parabel $m$ entsteht, heißt ein *Paraboloid*, falls $l$ und $m$ parallele Durchmessergeraden besitzen.

Gemäß 6.4.1. dürfen wir annehmen, daß der gemeinsame Punkt $O$ von $l$ und $m$ sowohl der Scheitel der Parabel $l$ wie auch der Scheitel der Parabel $m$ ist. Der so eindeutig bestimmte Punkt $O$ eines Paraboloids $\Phi$ heißt der *Scheitel* von $\Phi$ und die zur Tangentialebene $\tau_0$ in $O$ normale gemeinsame Achse der Parabeln $l$ und $m$ die *Achse* von $\Phi$; jede zur Achse von $\Phi$ parallele Gerade bzw. Ebene wird *Durchmessergerade* bzw. *Durchmesserebene* von $\Phi$ genannt. Da $l$ und $m$ nach 5.4.2. keine zu den Durchmessergeraden parallele Tangente besitzen, ist keine Durchmesserebene Tangentialebene von $\Phi$.
Unter einer perspektiven Affinität $\alpha$ in $\mathfrak{P}$ gehen gemäß A 2.2, 7 und 5.4.3. zwei Parabeln mit parallelen Durchmessergeraden in wieder solche Parabeln sowie zueinander gleich lange Strecken in parallelen Geraden in zueinander gleich lange Strecken in parallelen Geraden über. Damit entsteht unter $\alpha$ aus einem Paraboloid stets ein Paraboloid. Insbesondere kann man durch eine Affinspiegelung $\alpha: \mathfrak{P} \to \mathfrak{P}$ mit der Tangentialebene $\tau$ eines Paraboloids $\Phi$ in einem Punkt $P \in \Phi$ als Fixpunktebene ein Paraboloid $\Phi^\alpha$ mit $P = P^\alpha$ als Scheitel und $\tau = \tau^\alpha$ als Scheiteltangentialebene (vgl. 6.3.5., Fn. 5) erhalten; die Fixgeraden von $\alpha$ hat man dabei so zu wählen, daß die Durchmessergerade von $\Phi$ durch $P$ in die zu $\tau$ normale Gerade durch $P$ übergeht. Da die Scheiteltangentialebene die einzige zur Paraboloidachse normale Tangentialebene ist, folgt: Zu jeder Ebene, die keine Durchmesserebene eines Paraboloids $\Phi$ ist, existiert genau eine parallele Tangentialebene von $\Phi$.
Je nachdem die (vom Scheitel $O$ verschiedenen) Punkte der beiden Parabeln $l$ und $m$ demselben Halbraum bzw. den verschiedenen Halbräumen mit der Scheiteltangentialebene $\tau_O$ als Randebene angehören, sprechen wir von einem *elliptischen Paraboloid* bzw. einem *hyperbolischen Paraboloid*. Die beiden Schiebparabeln durch irgendeinen Flächenpunkt $P$ zeigen dann bezüglich der Tangentialebene in $P$ das gleiche Verhalten wie die Schiebparabeln $l$ und $m$ durch $O$ bezüglich $\tau_O$.

**Satz 6.4.3:** Jedes Drehparaboloid ist ein elliptisches Paraboloid. Ein elliptisches Paraboloid $\Phi$ ist genau dann ein Drehparaboloid, wenn die beiden Schiebparabeln $l$ und $m$ durch den Paraboloidscheitel $O$ kongruent sind und in orthogonalen Ebenen liegen.

*Beweis*

a) Nach 6.3.9. sind die Meridianparabeln $m$ und $l$ eines Drehparaboloids $\Phi$ in orthogonalen Meridianebenen $\mu$ und $\sigma$ kongruente Parabeln mit demselben Scheitel $O$. Die zu $\sigma$ parallelen Ebenen schneiden $\Phi$ in Parabeln; diese entstehen nach Satz 6.3.11, Beweisteil (b) aus der Parabel $l$ in $\sigma$ unter je einer Schiebung, die $O$ in einen Punkt von $m$ überführt. Gemäß der Lage von $l$ und $m$ zur Tangentialebene von $\Phi$ in $O$ liegt somit ein elliptisches Paraboloid vor.
(b) Besitzt ein elliptisches Paraboloid $\Phi$ kongruente Schiebparabeln $l$ und $m$ in zueinander normalen Ebenen durch den Scheitel $O$ von $\Phi$, so enthält das Drehparaboloid $\bar{\Phi}$ mit dem Meridian $m$ auch die Parabel $l$. Jede zur Ebene $\sigma$ von $l$ parallele Ebene $\varphi$ schneidet sowohl $\Phi$ wie auch $\bar{\Phi}$ in jener Parabel, die unter der Schiebung $O \mapsto m \cap \varphi$ aus $m$ entsteht, so daß $\Phi = \bar{\Phi}$ gilt. □

[1] Schalen sind dünne, gekrümmte Flächentragwerke aus Stahlbeton, deren hohe Steifheit durch ihre Form bedingt ist.

Elliptische Paraboloide besitzen folgende Eigenschaften der Drehparaboloide:

**Satz 6.4.4:** Enthält eine zur Achse $a$ eines elliptischen Paraboloids $\Phi$ nicht parallele Ebene $\varepsilon$ einen Punkt von $\Phi$, ohne Tangentialebene von $\Phi$ zu sein, so ist der Schnitt $c = \varepsilon \cap \Phi$ eine Ellipse. Jede Durchmesserebene schneidet $\Phi$ in einer Parabel, deren Achse eine Durchmessergerade von $\Phi$ ist. Die Tangentialebene eines elliptischen Paraboloids $\Phi$ in einem Punkt $T \in \Phi$ enthält nur den Punkt $T$ von $\Phi$. Die Kontur eines elliptischen Paraboloids $\Phi$ bezüglich einer Parallelprojektion, deren Sehgeraden nicht Durchmessergeraden von $\Phi$ sind, ist der Schnitt von $\Phi$ mit einer Durchmesserebene.

*Beweis*

Sei der Schnittpunkt $O$ der Schiebparabeln $m$ und $l$ der Scheitel von $\Phi$, also die Schnittgerade $a$ der Ebene $\mu$ von $m$ und der Ebene $\sigma$ von $l$ die Achse von $\Phi$. Eine zu $a$ normale Ebene $\eta$ durch einen Punkt $1 \neq O$ von $l$ enthält einen Punkt $\tilde{1}$ von $m$; sei $\bar{1}$ ein Punkt von $\eta$ in der zu $\mu$ normalen Ebene $\bar{\sigma}$ durch $a$, der von $a$ denselben Abstand wie der Punkt $\tilde{1}$ besitzt (Fig. 6.66).
Wir benützen die perspektive Affinität $\alpha: \mathfrak{P} \to \mathfrak{P}$ mit der Fixpunktebene $\mu$, unter der für jeden Punkt $X \in \mathfrak{P} \setminus \mu$ gilt $XX^\alpha \parallel 1\bar{1}$ und $\mathrm{TV}(XX^\alpha \cap \mu, X, X^\alpha) = \mathrm{TV}(1\bar{1} \cap \mu, 1, \bar{1})$ (vgl. A 2.2, 7). Dann gilt $\bar{1} = 1^\alpha$, $m = m^\alpha$, $\bar{\sigma} = \sigma^\alpha$, $a = a^\alpha$, und $l^\alpha$ ist, wie aus A 2.2, 7 und 5.4.3. folgt, eine Parabel in $\bar{\sigma}$ mit der Durchmessergeraden $a$.

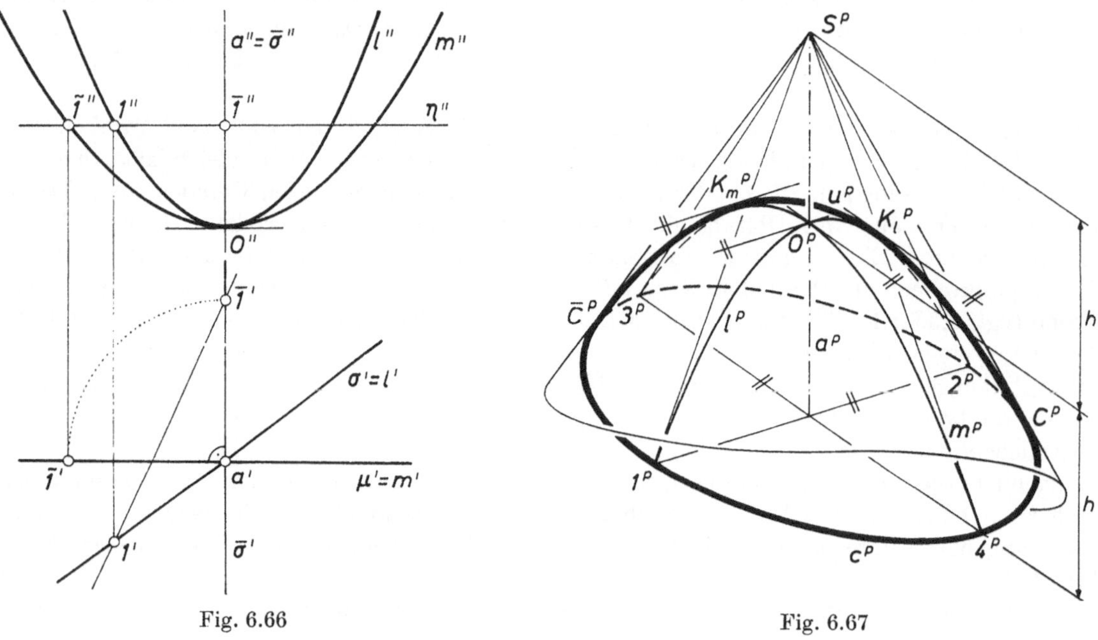


Fig. 6.66 Fig. 6.67

Wegen $1\bar{1} \perp a$ geht die Scheiteltangente von $l$ in $O$ in eine zu $a$ normale Tangente von $l^\alpha$ in $O = O^\alpha$ über, so daß $O$ der Scheitel von $l^\alpha$ ist; da $\overline{\tilde{1}a} = \overline{a\bar{1}}$ gilt, sind die in orthogonalen Ebenen liegenden Parabeln $m$ und $l^\alpha$ kongruent. Nach Satz 6.4.3 ist somit das Paraboloid $\Phi^\alpha$ ein Drehparaboloid, so daß die Aussagen über die ebenen Schnitte von $\Phi$ aus Satz 6.3.11 und A 2.2, 7 folgen. Da $\alpha$ parallele Geraden in parallele Geraden überführt, wird mit 6.3.5., Fn. 5 der Kontur $u$ von $\Phi$ bezüglich einer Parallelprojektion zur Sehgeraden $s$ die Kontur $u^\alpha$ von $\Phi^\alpha$ bezüglich der Parallelprojektion zur Sehgeraden $s^\alpha$ zugeordnet, womit die letzte Behauptung aus Satz 6.3.12 folgt. □

In einem Drehparaboloid liegt keine geradlinige Kurve, wie die Aufzählung aller Regeldrehflächen in 6.3.7. lehrt; mit Hilfe der im Beweis zu Satz 6.4.4 benützten perspektiven Affinität $\alpha: \mathfrak{P} \to \mathfrak{P}$ folgt, daß auch in einem elliptischen Paraboloid keine geradlinige Flächenkurve existiert.
Sind $l$ und $m$ die Schiebparabeln eines elliptischen Paraboloids $\Phi$ durch den Scheitel $O$ von $\Phi$ und schneidet eine zur Achse $a$ von $\Phi$ nicht parallele Ebene $\varepsilon$, die eine Ellipse $c$ von $\Phi$ enthält, die Parabel $l$ bzw. $m$ in Punkten $1, 2$ bzw. $3, 4$, so sind $[1, 2]$, $[3, 4]$ konjugierte Durchmesser von $c$. Dies folgt mit Hilfe der im Beweis zu Satz 6.4.4 benützten perspektiven Affinität $\alpha: \mathfrak{P} \to \mathfrak{P}$

und mit Satz 5.2.3 aus der Tatsache, daß der Normalriß der Ellipse $\varepsilon^\alpha \cap \Phi^\alpha$ in der Scheiteltangentialebene von $\Phi^\alpha$ nach Satz 6.3.11 ein Kreis ist.

Wir konstruieren in Fig. 6.67 einen Parallelriß einer Kuppel, die aus einem elliptischen Paraboloid $\Phi$ mit lotrechter Achse $a$ besteht und von einer horizontalen Ebene in einer Ellipse $c$ mit den konjugierten Durchmessern [*1, 2*] und [*3, 4*] geschnitten wird; die Stichhöhe $h$ der Kuppel legt den Scheitel $O$ von $\Phi$ fest.

KB. Durch $1^p$, $2^p$ und $O^p$ mit der zu $1^p2^p$ parallelen Tangente in $O^p$ ist die Parabel $l^p$ nach 5.4.2., (P2) festgelegt, und Gleiches gilt unter Benützung des Durchmessers [$3^p$, $4^p$] von $c^p$ für die Parabel $m^p$. Der Punkt $K_m{}^p$ bzw. $K_l{}^p$ von $m^p$ bzw. $l^p$, in dem die Tangente parallel zur Tangente von $l^p$ bzw. $m^p$ in $O^p$ verläuft, ist wegen Satz 6.4.2 Umrißpunkt in $m^p$ bzw. $l^p$; durch zwei Punkte samt Tangenten ist der nach Satz 6.4.4 parabelförmige Parallelumriß $u^p$ von $\Phi$ bestimmt.
Längs eines Breitenkreises wird ein Drehparaboloid von einem Drehkegel berührt, dessen Spitze in der Drehachse liegt. Wie aus dem Beweis zu Satz 6.4.4 folgt, wird $\Phi$ längs $c$ von einem Kegel berührt, dessen Spitze $S$ in $a$ der gemeinsame Punkt der Tangenten von $l$ und $m$ in *1*, *2* bzw. *3*, *4*, also der zum Mittelpunkt von $c$ bezüglich $O$ symmetrische Punkt ist. Die Tangenten aus $S^p$ an die Ellipse $c^p$ berühren in Umrißpunkten $C^p$, $\bar{C}^p$. △

Während die Eigenschaften der elliptischen Paraboloide aus jenen der Drehparaboloide gewonnen werden können, erfordern die hyperbolischen Paraboloide eine eigene Behandlung. Nach Satz 9.2.9 sind diese Flächen spezielle Regelflächen, und diese Eigenschaft liegt ihrer Diskussion in 9.2.4. zugrunde.

### Aufgaben 6.4

1. Schneiden zwei parallele Ebenen ein elliptisches Paraboloid $\Phi$, ohne Tangentialebenen oder Durchmesserebenen zu sein, so sind die Schnitte ähnliche und ähnlich gelegene Ellipsen.
(Anl.: Unter der im Beweis zu Satz 6.4.4 verwendeten perspektiven Affinität $\alpha$ gehen die zur Scheiteltangentialebene $\tau_0$ parallelen Ebenen in zur Drehachse von $\Phi^\alpha$ normale Ebenen über; damit gehören je zwei Schnittellipsen in zu $\tau_0$ parallelen Ebenen einem Kegel an. Da nach 6.4.3. jede Tangentialebene von $\Phi$ unter einer Affinspiegelung in die Scheiteltangentialebene eines elliptischen Paraboloids übergeht, gehören je zwei Schnittellipsen in parallelen Ebenen einem Kegel an. Zwei Schnitte dieses Kegels mit parallelen Ebenen nicht durch die Kegelspitze erfüllen die Behauptung.)
2. Die Schnitte eines elliptischen Paraboloids $\Phi$ mit zwei parallelen Durchmesserebenen sind kongruente und ähnlich gelegene Parabeln.
(Anl.: Sei $\mu$ die zu den beiden Durchmesserebenen parallele Ebene durch den Scheitel von $\Phi$. Unter der im Beweis zu Satz 6.4.4 benützten perspektiven Affinität $\alpha: \mathfrak{P} \to \mathfrak{P}$, die $\Phi$ in ein Drehparaboloid $\Phi^\alpha$ überführt, gehen die zu $\mu$ parallelen Ebenen in zu $\mu$ parallele Ebenen über, die $\Phi^\alpha$ nach 6.3.9. in kongruenten und ähnlich gelegenen Parabeln schneiden. Unter $\alpha^{-1}$ gehen Schiebkurven der Schiebfläche $\Phi^\alpha$, die zu $\mu$ parallelen Ebenen angehören, in zueinander kongruente Schiebkurven von $\Phi$ über).
3. Jedes elliptische Paraboloid kann auf unendlich viele Arten als Schiebfläche erzeugt werden, wobei jeweils Parabeln in Durchmesserebenen durch konjugierte Durchmesser einer Schnittellipse mit einer zur Scheiteltangentialebene parallelen Ebene als Schiebkurven dienen.
(Anl.: Benütze A 6.4,2.)

## 6.5. Schnitte von Flächen

### 6.5.1. Punkte und Tangenten einer Schnittkurve

Um die aus den gemeinsamen Punkten zweier Flächen $\Phi_1$, $\Phi_2$ bestehende *Schnittkurve* $c$ zu finden, wählt man eine Schar von Hilfsebenen so, daß jede Hilfsebene $\varphi$ sowohl $\Phi_1$ wie auch $\Phi_2$ nach einfachen Kurven schneidet; die gemeinsamen Punkte von $c_1 = \varphi \cap \Phi_1$ und $c_2 = \varphi \cap \Phi_2$ sind dann die Punkte von $c$ in $\varphi$ (Fig. 6.68). Anstelle von Hilfsebenen werden Hilfskugeln benützt, falls solche beide Flächen $\Phi_1$ und $\Phi_2$ nach Kreisen schneiden.
Ist $P$ ein Punkt der Schnittkurve $c = \Phi_1 \cap \Phi_2$ und gehören alle Flächentangenten von $\Phi_1$ bzw. $\Phi_2$ in $P$ einer einzigen Tangentialebene $\tau_1$ bzw. $\tau_2$ an, so muß die Tangente $t$ von $c$ in $P$ notwendig in $\tau_1$ und in $\tau_2$ liegen. Für $\tau_1 \neq \tau_2$ ist dann $t$ die Schnittgerade der beiden Tangentialebenen $\tau_1$ und $\tau_2$ (Fig. 6.68). Da die Schnittgerade $t = \tau_1 \cap \tau_2$ durch $P$ geht, genügt die Konstruktion eines

einzigen weiteren gemeinsamen Punktes $T$ der beiden Tangentialebenen $\tau_1, \tau_2$, um $t$ festzulegen: Ist $\alpha$ eine weder zu $\tau_1$ noch zu $\tau_2$ parallele Ebene und sind die Geraden $t_1 = \alpha \cap \tau_1$ und $t_2 = \alpha \cap \tau_2$ nicht parallel, so ist $T = t_1 \cap t_2$ ein Punkt von $t$ (Fig. 6.69, vgl. auch Fig. 6.40); für $t_1 \parallel t_2$ gilt $t \parallel t_1$ nach A 1.1, 1 (f). Falls die Flächennormalen $n_1$ von $\Phi_1$ und $n_2$ von $\Phi_2$ einfach zu ermitteln sind, so verwendet man zweckmäßig die *Normalenmethode*: Die Tangente $t$ der Schnittkurve $c = \Phi_1 \cap \Phi_2$ in $P$ ist normal zur Verbindungsebene $\nu$ der Flächennormalen $n_1$ und $n_2$ (Fig. 6.68, vgl. auch Fig. 6.40). Für $\tau_1 = \tau_2$, also $n_1 = n_2$, versagen beide Methoden. Die Gestalt der Schnittkurve zweier Flächen in einem Punkt $P$, in dem die beiden Flächen einander berühren, wird in 7.2.6. behandelt. Zusammenfassend gilt:

**Satz 6.5.1:** Zur Konstruktion der Punkte der Schnittkurve $c$ zweier Flächen benützt man Hilfsebenen, die beide Flächen nach einfachen Kurven schneiden, oder Hilfskugeln, falls diese beide Flächen nach Kreisen schneiden. Besitzt jede Fläche im Punkt $P$ von $c$ genau eine Tangentialebene und sind diese beiden Ebenen verschieden, so ist die Tangente der Schnittkurve $c$ in $P$ die Schnittgerade der beiden Tangentialebenen in $P$ und orthogonal zur Verbindungsebene der beiden Flächennormalen in $P$.

Zur graphischen Festlegung einer Kurve ist es besser, weniger Punkte samt Tangenten als zu viele Punkte ohne Tangenten zu konstruieren (vgl. 5.1.3., Fn. 2). Insbesondere wird man möglichst Punkte der Schnittkurve in den Konturen der Flächen, in Randkurven oder in gemeinsamen Symmetrieebenen beider Flächen aufsuchen.

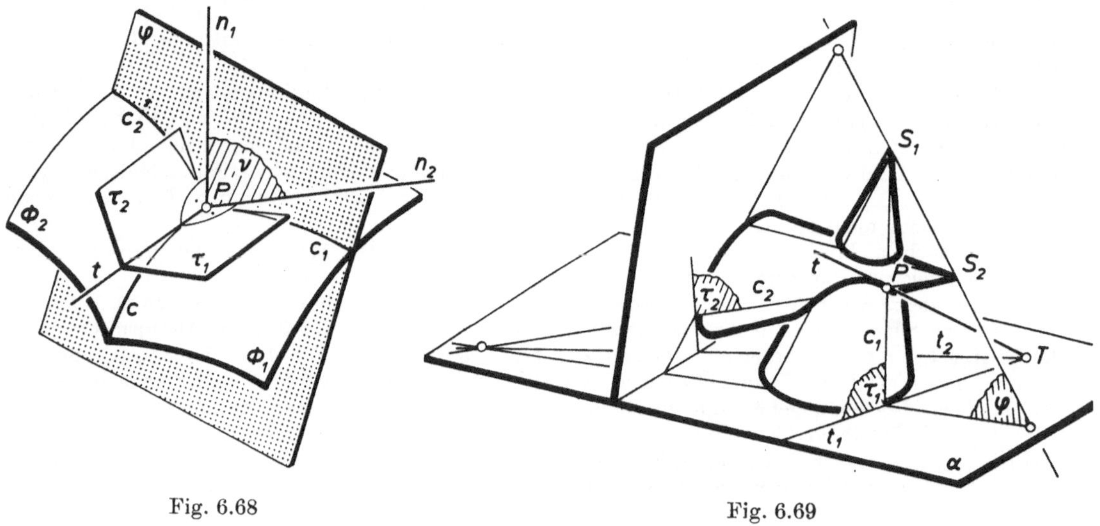


Fig. 6.68 Fig. 6.69

## 6.5.2. Schnitte von Kegeln und Zylindern

Da jede Ebene, die zu den Erzeugenden eines Zylinders parallel ist bzw. durch die Spitze eines Kegels geht, diese Fläche nach 3.2.3. nur in Erzeugenden schneiden kann, wählt man beim Schnitt von Zylindern und Kegeln Hilfsebenen $\varphi$, welche zu den Erzeugenden jedes beteiligten Zylinders parallel sind bzw. die Spitze jedes beteiligten Kegels enthalten. Unter Benützung der Punkte, in welchen die Schnittgerade einer Hilfsebene $\varphi$ mit der Ebene der Leitkurve je einer Fläche diese Leitkurve schneidet, können die Erzeugenden beider Flächen in $\varphi$ und damit die Punkte der Schnittkurve $c$ in $\varphi$ gefunden werden (Fig. 6.69). Die Schnittkurve $c$ muß weder eben noch zusammenhängend sein.

Die Schnittgeraden der Ebene $\varepsilon$ einer Leitkurve mit den Hilfsebenen sind im Falle zweier Zylinder zueinander parallel und gehen im Falle zweier Kegel bzw. im Falle eines Zylinders und eines Kegels durch den Schnittpunkt von $\varepsilon$ mit der Verbindungsgeraden der beiden Kegelspitzen bzw.

mit der zu den Zylindererzeugenden parallelen Geraden durch die Kegelspitze. Da die Hilfsebenen also stets in einer Schar paralleler Ebenen variieren oder um eine Gerade «pendeln», spricht man von *Pendelebenen.*

**Satz 6.5.2:** Punkte der Schnittkurve von Zylindern oder Kegeln können mit Hilfe von Pendelebenen gefunden werden.

Beim Schnitt von Prismen und Pyramiden hat man die Kanten der ersten mit den Seitenebenen der zweiten Fläche und die Kanten der zweiten mit den Seitenebenen der ersten Fläche zu schneiden. Dies kann nach Satz 6.5.2 unter Verwendung von Pendelebenen geschehen. Unter Benützung der Punkte, in welchen die Schnittgerade einer Pendelebene $\varphi$ durch eine Kante der einen Fläche mit der Ebene des Leitpolygons der anderen Fläche dieses Leitpolygons trifft, können die Erzeugenden in $\varphi$ und damit die Ecken der Schnittfigur ermittelt werden (Fig. 6.70). Bei systematischem Fortschreiten von Pendelebene zu Pendelebene ergibt sich zwanglos die richtige Reihenfolge, in der die Ecken der Schnittfigur zu verbinden sind. Eine Seite der Schnittfigur ist genau dann sichtbar, wenn sie der Schnitt zweier sichtbarer Seitenflächen ist. Fig.[1] 6.70 zeigt den Schnitt

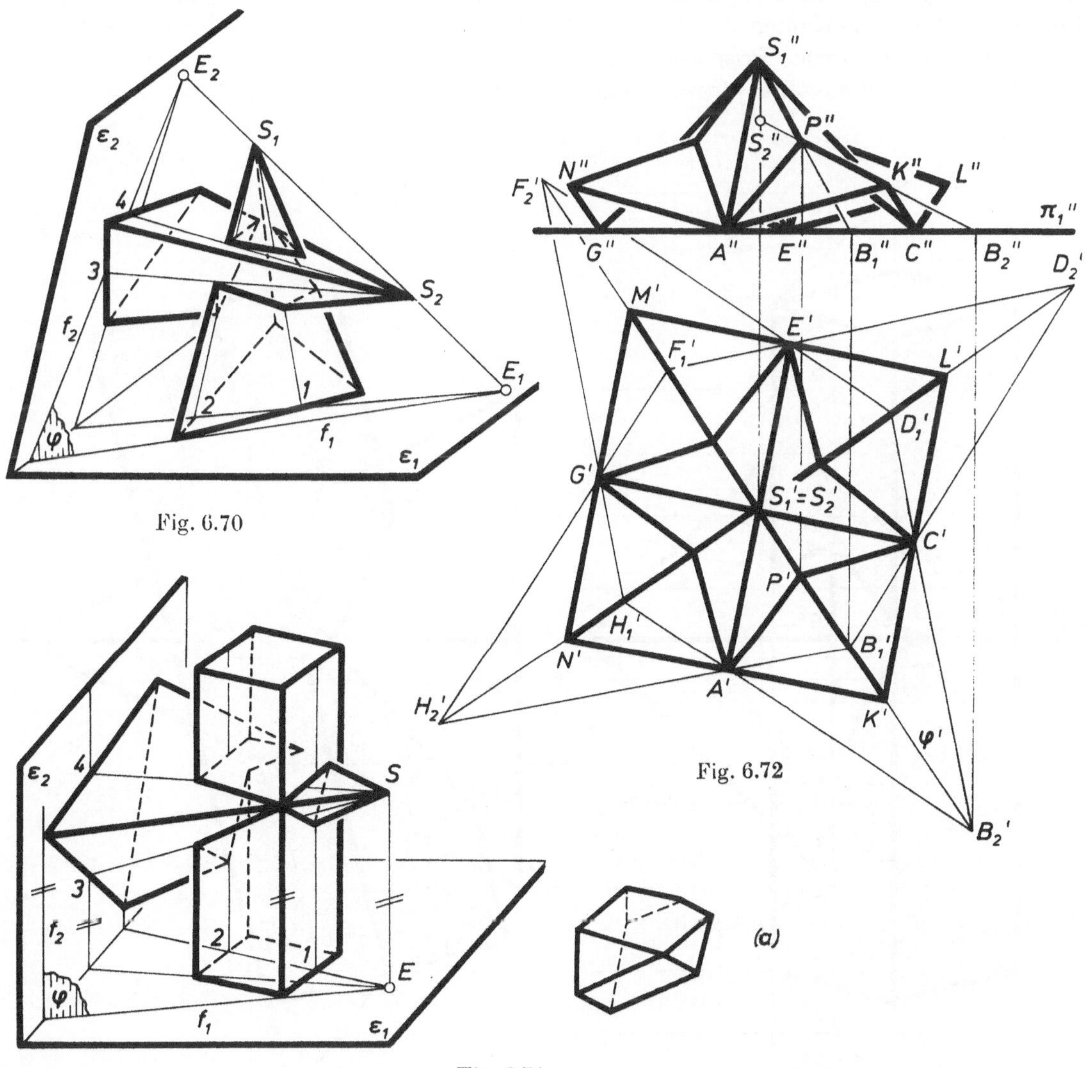


Fig. 6.70

Fig. 6.72

Fig. 6.71

[1] Fig. 6.70 und Fig. 6.71 sind Parallelrisse, doch wurde auf die Angabe des Abbildungszeiges $^p$ verzichtet. Die Punkte $E_1 = S_1S_2 \cap \varepsilon_1$, $E_2 = S_1S_2 \cap \varepsilon_2$ in Fig. 6.70 bzw. der Punkt $E$ in Fig. 6.71 müssen angegeben sein, da in einem Parallelriß allein keine Lageaufgaben gelöst werden können.

einer Pyramide mit einem Leitdreieck in $\varepsilon_1$ und einer Pyramide mit einem Leitdreieck in $\varepsilon_2$, wobei weder $\varepsilon_1$ noch $\varepsilon_2$ projizierend sind, Fig. 6.71 den Schnitt eines Prismas mit einer Pyramide, wobei die Ebene des Leitdreiecks der Pyramide zu den Prismenkanten parallel ist; das Kernstück, der von der Vereinigung beider Flächen berandete Körper, ist in Fig. 6.71a herausgezeichnet. Ein Faltwerksystem über quadratischem Grundriß $\{K', L', M', N'\}$ entsteht durch Schnitt von zwei Pyramiden $\Phi_1, \Phi_2$, deren Spitzen $S_1$, $S_2$ einer erstprojizierenden Geraden angehören (Fig. 6.72). Die Mittelpunkte $A$, $C$, $E$ bzw. $G$ der Strecken $[N', K']$, $[K', L']$ $[L', M']$ bzw. $[M', N']$ sind gemeinsame Eckpunkte der Leitpolygone der beiden Flächen in $\pi_1$, und zwar ist das Leitpolygon von $\Phi_1$ bzw. $\Phi_2$ das reguläre Achteck $\{A, B_1, C, D_1, E, F_1, G, H_1\}$ bzw. das gleichseitige Achteck $\{A, B_2, C, D_2, E, F_2, G, H_2\}$; die Punkte $K, L, M$ bzw. $N$ liegen in den Kanten $S_2B_2$, $S_2D_2$, $S_2F_2$ bzw. $S_2H_2$. Als Pendelebenen $\varphi$ werden erstprojizierende Ebenen durch $S_1S_2$ verwendet.

Ist ein Prisma am Schnitt beteiligt, so ist es bei Verwendung gepaarter Normalrisse zweckmäßig, die Prismenkanten in einem Riß projizierend zu wählen (vgl. Fig. 3.28); nach Satz 3.2.4 kann dies durch Einführung geeigneter Seitenrisse stets erzwungen werden.

Bei Darstellung in gepaarten Normalrissen können anstelle von Pendelebenen auch projizierende Hilfsebenen durch die Kanten herangezogen werden. Nach dieser Methode ist in Fig. 6.73 der Schnitt eines quadratischen Prismas, dessen Erzeugenden zweite Hauptgeraden sind, mit einer quadratischen Pyramide unter Verwendung von Auf- und Kreuzriß ermittelt.

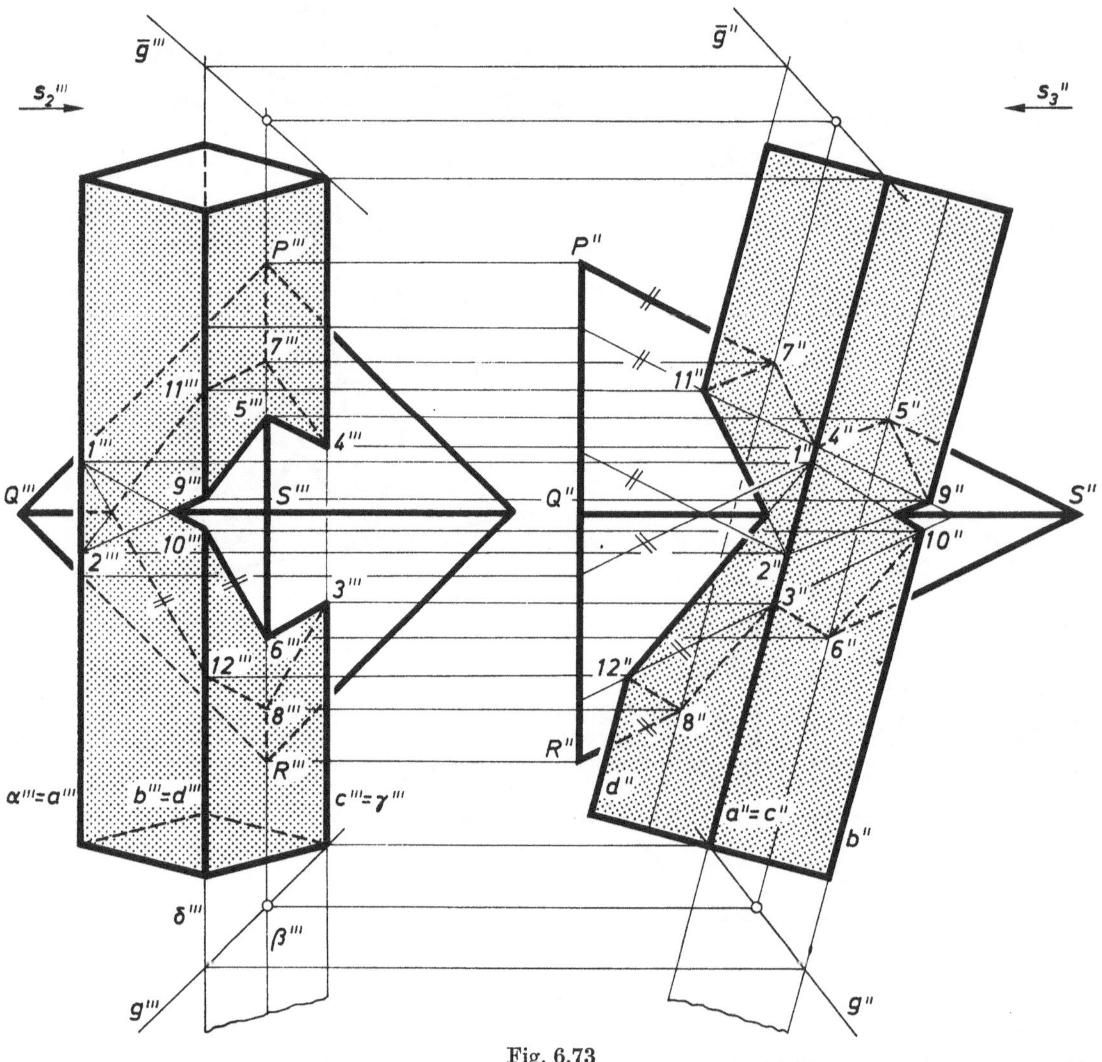


Fig. 6.73

KB. Die drittprojizierenden Ebenen $\alpha$, $\gamma$ bzw. $\delta$ durch die Kanten $a$, $c$ bzw. $b$ und $d$ des Prismas schneiden die Pyramide in zu den in dritten Hauptgeraden liegenden Kanten $SP$, $SR$ parallelen Geraden, welche durch die Schnittpunkte dieser Ebenen mit Seiten des Leitquadrats der Pyramide gehen (vgl. die Punkte *1*, *2* und *3*, *4* bzw. *9*, *10* und *11*, *12*). Die drittprojizierende Ebene $\beta = SPR$ schneidet das Prisma in zwei parallelen Erzeugenden (vgl. die Punkte *5*, *6* und *7*, *8*; zur Ermittlung der Prismaerzeugenden in $\beta$ ist aus graphischen Gründen eine Hilfsgerade $g$ bzw. $\bar{g}$ der Ebene $bc$ bzw. $dc$ benützt). Die Schnittstrecken [*1*, *12*] und [*2*, *11*] enden in Punkten der Pyramidenkante $SQ$. Zur Zeichenkontrolle ist zu beachten, daß Schnittgeraden paralleler Seitenflächen des Prismas und einer Seitenfläche der Pyramide zueinander parallel sind, wie dies etwa bei den Verbindungsgeraden der Punkte *1* und *12* sowie *6* und *10* der Fall ist. △

Fig. 6.74 zeigt Auf- und Kreuzriß einer kegelförmigen Stichkappe[2] in ein drehzylindrisches Tonnengewölbe. Der Kegel $\Psi$ mit dem Leitkreis $k$ zum Mittelpunkt $M$ in der lotrechten drittprojizierenden Ebene $\varepsilon$ des Bogenfensters und der Spitze $S$ wird durch seine beiden lotrechten Tangentialebenen $\varepsilon_1$, $\varepsilon_2$ nach unten fortgesetzt.

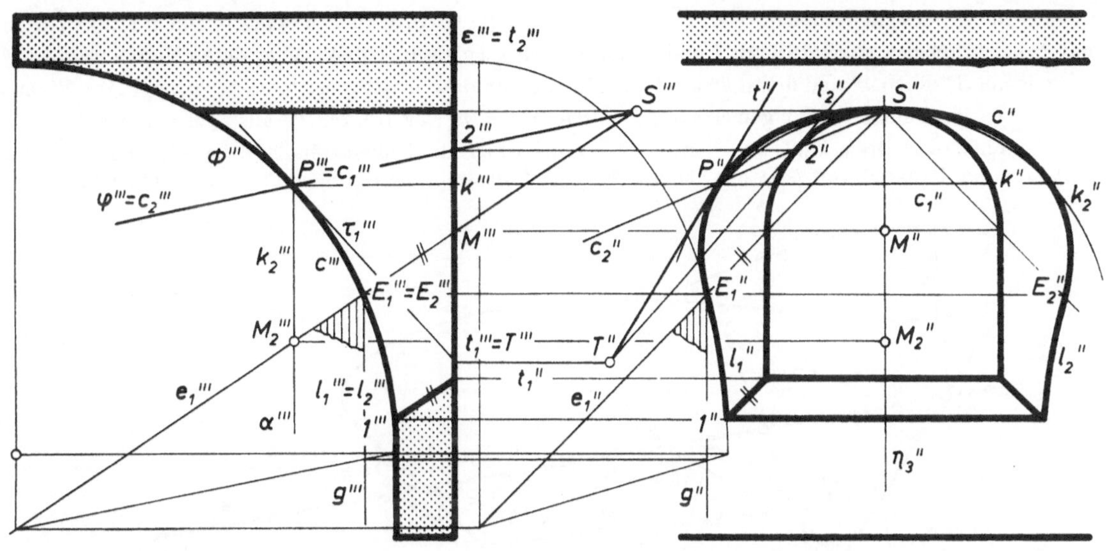


Fig. 6.74

KB. Jede drittprojizierende Pendelebene $\varphi$ schneidet den Zylinder $\Phi$ in einer Erzeugenden $c_1$ und den Kegel $\Psi$ in Erzeugenden $c_2$, wobei eine Gerade $c_2$ durch ihren Schnittpunkt *2* mit $k$ festgelegt ist. Anstelle dieser Pendelebenen können auch zu $\varepsilon$ parallele Hilfsebenen $\alpha$ benützt werden: In $\alpha$ liegen eine Erzeugende $c_1$ von $\Phi$ und ein Kreis $k_2$ von $\Phi$, dessen Mittelpunkt $M_2$ der Punkt $\alpha \cap SM$ ist.
Die Tangente $t$ von $c = \Phi \cap \Psi$ in $P \in c$ ist die Schnittgerade der Tangentialebene $\tau_1$ von $\Phi$ in $P$ mit der Tangentialebene $\tau_2$ von $\Psi$ in $P$ und geht nach 6.5.1. durch den Punkt $T = t_1 \cap t_2$ mit $t_1 = \varepsilon \cap \tau_1$, $t_2 = \varepsilon \cap \tau_2$; dabei ist $t_1$ drittprojizierend und $t_2$ die Tangente von $k$ in $2 = k \cap PS$.
Längs der Erzeugenden $e_1$ von $\Psi$ mit $e_1''' = S'''M'''$ existiert eine lotrechte Tangentialebene $\varepsilon_1$ von $\Psi$, welche durch $e_1$ und die zu einer lotrechten Tangente von $k$ parallele Gerade $g$ durch $E_1 = e_1 \cap \Phi$ aufgespannt wird und $\Phi$ in einer Ellipse $l_1$ schneidet. Durch Angittern an $e_1$ und $g$ erhält man die Halbachsen von $l_1''$ sowie den Punkt $1''$ (Fig. 6.74). Analoges gilt für die Ellipse $l_2$ in der lotrechten Tangentialebene $\varepsilon_2$ von $\Psi$ längs $e_2$ mit $e_1''' = e_2'''$. △

## 6.5.3. Spezielle Schnitte von Drehzylindern und Drehkegeln

Die Schnittkurve zweier Flächen muß nicht notwendig aus ebenen Kurven bestehen. Nach Satz 5.2.5 ist dies bei zwei kongruenten Drehzylindern mit schneidenden Drehachsen jedoch der Fall: zwei solche Drehzylinder sind Tangentialzylinder derselben Kugel, also beide derselben Kugel berührend umschrieben. Dies ist ein Sonderfall von

[2] Stichkappen sind Nebengewölbe, die in ein Hauptgewölbe münden.
Bei Fig. 6.74 ist im Kreuzriß nicht nur $c'''$, sondern auch der Schnitt des Objekts mit der Symmetrieebene $\eta_3$ graphisch ausgeführt.

**Satz 6.5.3:** Sind $\Psi_1$ und $\Psi_2$ derselben Kugel $\varkappa$ berührend umschriebene Drehzylinder oder Drehkegel, so besteht der Schnitt $\Psi_1 \cap \Psi_2$ aus zwei Kegelschnitten, falls $\Psi_1$ und $\Psi_2$ keine Erzeugende gemeinsam haben; ist $e$ eine gemeinsame Erzeugende der verschiedenen Flächen $\Psi_1$ und $\Psi_2$, so berühren die Flächen einander längs $e$, und $\Psi_1 \cap \Psi_2$ besteht aus $e$ und einem Kegelschnitt.

*Beweis*

(a) Die Drehachsen $a_1$ und $a_2$ von $\Psi_1$ und $\Psi_2$ schneiden einander im Mittelpunkt $S$ der Kugel $\varkappa$. Der Berührungskreis $c_1$ bzw. $c_2$ von $\Psi_1$ bzw. $\Psi_2$ mit $\varkappa$ hat $a_1$ bzw. $a_2$ als Drehachse; wir bezeichnen die Schnittgerade der Ebene $\gamma_1$ von $c_1$ und der Ebene $\gamma_2$ von $c_2$ mit $s$. Jede zu $\varkappa$ konzentrische Hilfskugel $\varphi$, die größeren Radius als $\varkappa$ besitzt, schneidet $\Psi_1$ bzw. $\Psi_2$ in zwei Kreisen $b_1$, $\bar{b}_1$ bzw. $b_2$, $\bar{b}_2$ mit $a_1$ bzw. $a_2$ als Drehachse; enthalten die Kreise $b_1$, $\bar{b}_1$ Punkte der Kreise $b_2$, $\bar{b}_2$, so sind diese die Punkte der Schnittkurve $c = \Psi_1 \cap \Psi_2$ in $\varphi$.
Wir verwenden in Fig. 6.75 eine Normalprojektion, bezüglich der die Ebene $\mu = a_1a_2$ eine Hauptebene, die Gerade $s$ also projizierend ist. Sei $A$ Schnittpunkt in $\mu$ liegender verschiedener Konturerzeugenden $e_1$ von $\Psi_1$ und $e_2$ von $\Psi_2$ und $1 = e_1 \cap c_1$, $2 = e_2 \cap c_2$; dann ist $1^n2^n \perp A^nS^n$, da die Geraden $e_1{}^n$ und $e_2{}^n$ den Normalumriß $u^n$ von $\varkappa$ berühren. Verschiebt man die Gerade $12$ so parallel, daß $e_1$ bzw. $e_2$ die neue Lage in einem Punkt $\tilde{1}$ bzw. $\tilde{2}$ mit $\tilde{1} \neq \tilde{2}$ schneidet, so geht durch $\tilde{1}$ und $\tilde{2}$ eine zu $\varkappa$ konzentrische Hilfskugel $\varphi$, deren Normalumriß $u_\varphi{}^n$ der Kreis um $S^n$ durch $\tilde{1}^n$ und damit $\tilde{2}^n$ ist (Fig. 6.75). Haben die Schnittkreise $b_1 \subset \varphi \cap \Psi_1$, $b_2 \subset \varphi \cap \Psi_2$ mit $\tilde{1} \in b_1$, $\tilde{2} \in b_2$ den Punkt $P$ von $c$ gemeinsam, so entsteht das Dreieck $\{\tilde{1}^n, \tilde{2}^n, P^n\}$ aus dem von der Auswahl von $\varphi$ unabhängigen Dreieck $\{1^n, 2^n, s^n\}$ unter einer zentrischen Ähnlichkeit zum Zentrum $A^n$; für $\tilde{1} = \tilde{2} = A$ erhält man den Punkt $A$ von $c$. Damit gehört $P^n = b_1{}^n \cap b_2{}^n$ stets der Geraden $a^n := A^ns^n$ an. Umgekehrt

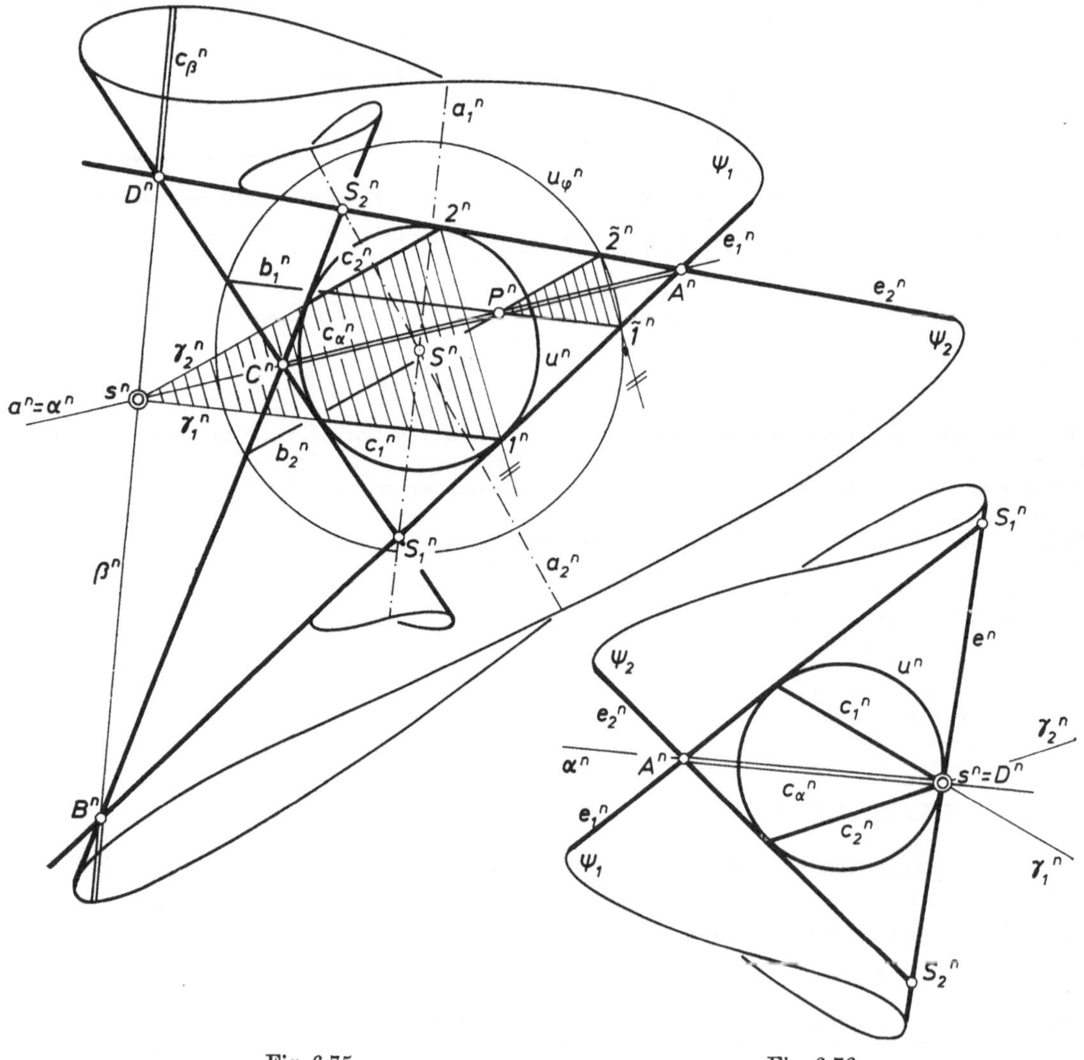


Fig. 6.75 Fig. 6.76

ist jeder Punkt $P^n$ dieser Geraden $a^n$, der Normalriß eines Punktes $P$ von $\Psi_1$ ist, auch Normalriß eines Punktes von $\Psi_2$: Der Kreis $b_1$ in $\Psi_1$ durch $P$ liegt in einer zu $\varkappa$ konzentrischen Kugel $\varphi$, welche gemäß Fig. 6.75 einen Kreis $b_2$ in $\Psi_2$ enthält, der durch $P$ hindurchgeht.
Der Kegelschnitt $c_\alpha$, den die zu $\mu$ normale Ebene $\alpha = As$ mit $a^n = \alpha^n$ aus $\Psi_1$ schneidet, gehört somit zur Schnittkurve $c$.
(b) Haben $\Psi_1$ und $\Psi_2$ eine Erzeugende $e$ gemeinsam, so liegt diese notwendig in $\mu$ und berührt $\varkappa$ in einem Punkt $D$ (Fig. 6.76). Die Tangentialebene von $\varkappa$ in $D$ ist auch Tangentialebene von $\Psi_1$ und $\Psi_2$ in $D$, so daß diese beiden Kegel einander längs der gemeinsamen Erzeugenden $e$ berühren; mit $D^n = c_1{}^n \cap c_2{}^n = s^n$ gilt $\alpha = As$ (Fig. 6.76). Da in jeder Pendelebene durch $e$ höchstens ein weiterer Punkt von $c$ liegen kann, ist $c = e \cup c_\alpha$.
(c) Haben $\Psi_1$ und $\Psi_2$ dagegen keine Erzeugende gemeinsam und wiederholt man die Überlegungen für den Schnittpunkt $B$ von $e_1$ mit der von $e_2$ verschiedenen Konturerzeugenden von $\Psi_2$ in $\mu$, so erhält man einen zweiten, beiden Kegeln angehörenden Kegelschnitt $c_\beta$ in der zu $\mu$ normalen Ebene $\beta = Bs$ (Fig. 6.75).
Schneidet die Gerade $s = \gamma_1 \cap \gamma_2$ den Kegel $\Psi_1$ in zwei (zu $\mu$ symmetrischen) Punkten $D_1$, $D_2$, so besitzen $\Psi_1$ und $\Psi_2$ in jedem dieser, den Berührungskreisen $c_1$ und $c_2$ mit $\varkappa$ angehörenden Punkten dieselbe Tangentialebene; die Erzeugende von $\Psi_2$ durch $D_1$ bzw. $D_2$ ist daher Flächentangente von $\Psi_1$ und enthält nur den Punkt $D_1$ bzw. $D_2$ von $\Psi_1$ und damit von $c$.
In einer Ebene durch $S_1$ liegen höchstens zwei Erzeugenden von $\Psi_1$, so daß jede Erzeugende $g$ von $\Psi_2$ mit $g \not\subset \Psi_1$ höchstens zwei Punkte von $\Psi_1$ enthält. Da $g$ entweder $\alpha$ und $\beta$ in zwei verschiedenen Punkten schneidet oder $\Psi_1$ in einem der beiden Schnittpunkte $D_1$ und $D_2$ von $s$ mit $\Psi_1$ berührt, ist $c = c_\alpha \cup c_\beta$. □

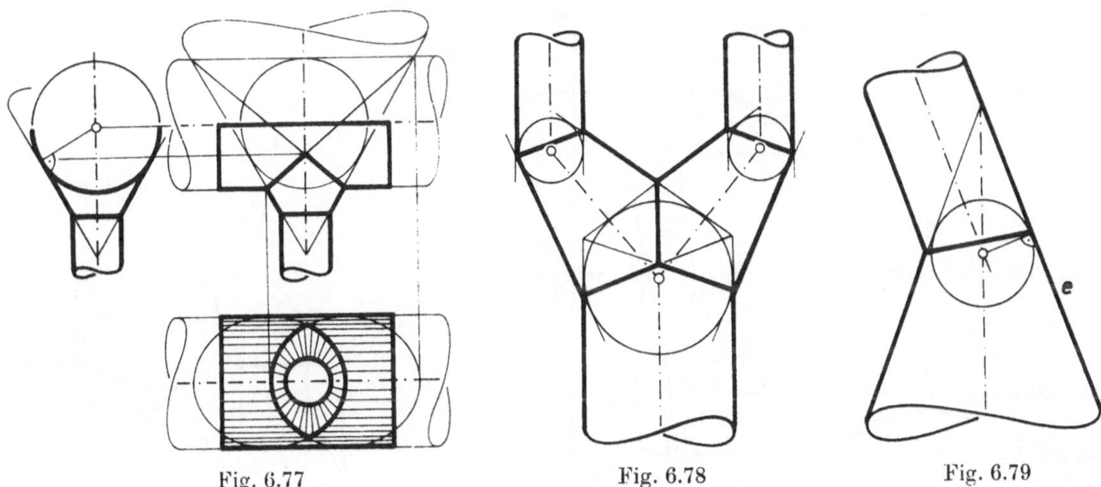


Fig. 6.77 Fig. 6.78 Fig. 6.79

Haben $\Psi_1$ und $\Psi_2$ keine Erzeugende gemeinsam, so gehören die vier Schnittpunkte $A = e_1 \cap e_2$, $B = e_1 \cap \bar{e}_2$, $C = \bar{e}_1 \cap \bar{e}_2$, $D = \bar{e}_1 \cap e_2$ der in $\mu$ liegenden Konturerzeugenden $e_1, \bar{e}_1$ von $\Psi_1$ und $e_2, \bar{e}_2$ von $\Psi_2$ zu $c$. Damit ist $c_\alpha{}^n$ bzw. $c_\beta{}^n$ notwendig in der Geraden $A^nC^n$ bzw. $B^nD^n$ enthalten. Jeder der beiden Kegelschnitte $c_\alpha$ und $c_\beta$ ist zu $\mu = a_1a_2$ symmetrisch und kann als ebener Schnitt eines Drehkegels oder Drehzylinders gemäß 5.5.2. bzw. 5.2.3. konstruiert werden. In Fig. 6.75 ist $c_\alpha$ eine Ellipse und $c_\beta$ eine Hyperbel.
Bei Rohrverbindungen wählt man die Objektabmessungen möglichst so, daß auftretende Schnittkurven einfach sind. Fig. 6.77 bzw. Fig. 6.78 bzw. Fig. 6.79 zeigt als Anwendungen von Satz 6.5.3 einen drehkegelförmigen Übergangsstutzen zwischen einer drehzylindrischen Rinne und einem drehzylindrischen Rohr bzw. ein Hosenrohr mit drehkegelförmigen Stutzen bzw. ein drehkegelförmiges Übergangsstück; bei diesem Beispiel berühren die beiden Flächen einander längs einer Geraden $e$.

Nach Satz 5.2.5 ist der Schnitt zweier kongruenter Drehzylinder mit schneidenden Achsen ein Paar von Ellipsen in zur Verbindungsebene der beiden Drehachsen normalen Ebenen. Allgemeiner gilt

**Satz 6.5.4:** Unter einer Normalprojektion, bezüglich der die Verbindungsebene $\mu = a_1a_2$ der einander schneidenden Drehachsen $a_1$, $a_2$ zweier nicht kongruenter Drehzylinder $\Psi_1$, $\Psi_2$ eine

Hauptebene ist, gehört der Normalriß der Schnittkurve $c = \Psi_1 \cap \Psi_2$ einer gleichseitigen Hyperbel an, deren Asymptoten die Winkelsymmetralen von $a_1{}^n$ und $a_2{}^n$ sind.

*Beweis*

Für die Radien $r_1$ von $\Psi_1$ und $r_2$ von $\Psi_2$ gilt etwa $r_1 < r_2$. Die Schnittkurve $\bar{c}$ von $\Psi_1$ mit dem zu $\Psi_1$ kongruenten Drehzylinder $\overline{\Psi}_2$ zur Drehachse $a_2$ besteht nach Satz 5.2.5 aus zwei Ellipsen in zu $\mu$ normalen Ebenen $\sigma_1$, $\sigma_2$; unter der Normalprojektion $n$ mit $\mu$ als Hauptebene gehört $\bar{c}^n$ den zueinander normalen Winkelsymmetralen $\sigma_1{}^n$, $\sigma_2{}^n$ von $a_1{}^n$ und $a_2{}^n$ an (Fig. 6.80). Durch einen Punkt $P$ von $c = \Psi_1 \cap \Psi_2$ geht eine zu $\mu$ parallele Pendelebene $\varphi$, welche die Erzeugende $e_1$ von $\Psi_1$ durch $P$ und die Erzeugende $e_2$ von $\Psi_2$ durch $P$ enthält; dabei gilt $\overline{\varphi\mu} =: d \leqq r_1$. Ist $\bar{e}_2$ eine Erzeugende von $\overline{\Psi}_2$ in der Pendelebene $\varphi$, so gehört der Punkt $\overline{P} = e_1 \cap \bar{e}_2$ zur Schnittkurve $\bar{c} = \Psi_1 \cap \overline{\Psi}_2$. Fig. 6.80 zeigt auch einen dem Normalriß zugeordneten, mit $'''$ beschrifteten Normalriß mit $a_2$ als Sehgerade, wobei $c'''$ im Kreis $\Psi_2'''$ vom Radius $r_2$ und $\bar{c}'''$ im Kreis $\overline{\Psi}_2'''$ vom Radius $r_1$ liegt. Für $d = r_1$ ist die Pendelebene die gemeinsame Tangentialebene $\tau$ von $\Psi_1$ und $\overline{\Psi}_2$ in einem Punkt $\overline{A}$ von $\bar{c}$, dessen Normalriß $\overline{A}^n$ in $S^n = a_1{}^n \cap a_2{}^n$ fällt. Der Erzeugenden von $\Psi_1$ durch $\overline{A}$ gehört ein Punkt $A$ von $c$ mit $A^n \in a_1{}^n$ an.
Die zu $a_1{}^n$ parallele Gerade $e_1{}^n$ durch $P^n$ und $\overline{P}^n$ schneidet $a_2{}^n$ in einem Punkt $N$. Wie aus Fig. 6.80 folgt, gilt

$$(1) \qquad \overline{P^nN}^2 : \overline{\overline{P}^nN}^2 : \overline{A^nS^n}^2 = (r_2{}^2 - d^2):(r_1{}^2 - d^2):(r_2{}^2 - r_1{}^2), \text{ also } \overline{P^nN}^2 - \overline{\overline{P}^nN}^2 = \overline{A^nS^n}^2 =: a^2 > 0,$$

was $c^n$ nach A 5.3, 14 als Teilmenge einer Hyperbel mit den normalen Asymptoten $\sigma_1{}^n$, $\sigma_2{}^n$ erkennen läßt. □

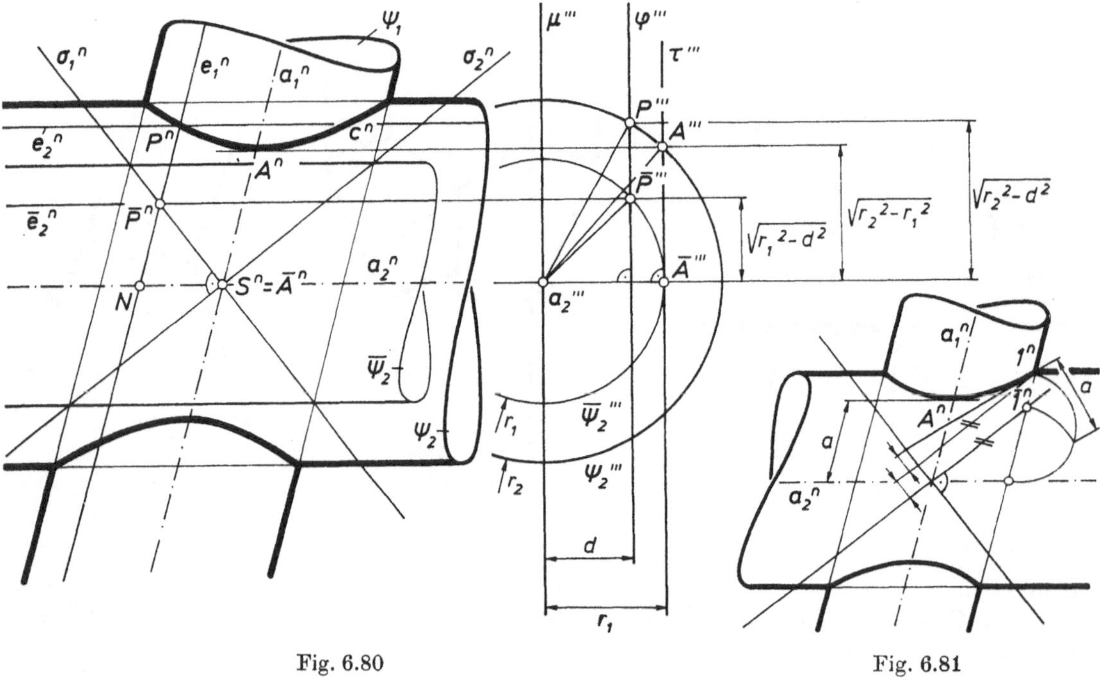


Fig. 6.80 Fig. 6.81

Die $c^n$ enthaltende gleichseitige Hyperbel ist durch ihre Asymptoten und einen Punkt $1^n$, welcher Normalriß eines Schnittpunktes der Erzeugenden von $\Psi_1$ und $\Psi_2$ in $\mu$ ist, gemäß 5.3.2., (H2) festgelegt. Unter Benützung eines Punktes $\bar{1} \in \bar{c}$ in der Erzeugenden von $\Psi_1$ durch $1$ kann die Länge $a = \overline{A^nS^n}$ des halben Durchmessers der Hyperbel in $a_1{}^n$ gemäß (1) mit Hilfe eines Thales-Kreises konstruiert werden (Fig. 6.81); die Hyperbeltangente in $A^n$ ist zu $a_2{}^n$ parallel. In Fig. 6.81 ist auch die Hyperbeltangente in $1^n$ angegeben.
Nach 6.5.2. besteht der Schnitt zweier Kegel nicht notwendig aus ebenen Kurven, jedoch gilt der folgende Satz, zu dessen Beweis wir zweckmäßig den projektiven Raum zugrunde legen und Begriffe aus 5.7.2. und 5.7.5. verwenden:

**Satz 6.5.5:** Zwei verschiedene projektive Kegel des projektiven Raumes mit demselben projektiven Leitkegelschnitt haben entweder noch eine Erzeugende, längs der sie einander berühren, oder einen weiteren projektiven Kegelschnitt gemeinsam.

*Beweis*

(a) Sei $\pi$ die projektive Ebene des den projektiven Kegeln $\Psi_1$ und $\Psi_2$ gemeinsamen projektiven Kegelschnitts $k$. Um Punkte von $\Psi_1 \cap \Psi_2$ zu finden, verwenden wir gemäß 6.5.2. Pendelebenen $\varphi$ durch die Verbindungsgerade der Kegelspitzen[3] $S_1$ und $S_2$; nach Satz 4.1.1 schneidet die projektive Gerade $S_1S_2$ die projektive Ebene $\pi$ in einem Punkt $S$ (Fig. 6.82).
Eine gemeinsame Erzeugende $e$ von $\Psi_1$ und $\Psi_2$ fällt notwendig in $S_1S_2$, und $S$ liegt dann in $k$. Jede Pendelebene $\varphi$, welche von der Verbindungsebene von $e$ mit der Tangente von $k$ in $S$, also der gemeinsamen Tangentialebene beider Flächen längs $e$ verschieden ist, enthält noch genau eine von $e$ verschiedene Erzeugende $e_1$ von $\Psi_1$ und $e_2$ von $\Psi_2$, die einander im von $S$ verschiedenen Punkt von $k$ in $\varphi$ treffen. Damit ist $\Psi_1 \cap \Psi_2 = k \cup e$.
(b) Haben $\Psi_1$ und $\Psi_2$ keine Erzeugende gemeinsam, so liegt $S$ nicht in $k$ (Fig. 6.82). Jede Pendelebene $\varphi$ schneidet $\pi$ in einer Geraden $f$ durch $S$, und in $\varphi$ liegen genau dann Punkte von $\Psi_1 \cap \Psi_2$, falls $f$ einen Punkt von $k$ enthält. Für $f \cap k = \{E\}$ ist $f$ nach Satz 5.7.3 die Tangente von $k$ in $E$, und $E \in \Psi_1 \cap \Psi_2$ liegt nach Satz 5.7.8 in der Polaren $s$ von $S$ bezüglich $k$; der Punkt $E$ ist dann der einzige Punkt von $\Psi_1 \cap \Psi_2$ in $\varphi$. Gilt $f \cap k = \{E_1, E_2\}$ mit $E_1 \neq E_2$, so sind neben $E_1, E_2 \in k \subset \Psi_1 \cap \Psi_2$ genau die Punkte $P_1 = E_1S_1 \cap E_2S_2$ und $P_2 = E_1S_2 \cap E_2S_1$ Punkte von $\Psi_1 \cap \Psi_2$ in $\varphi$ (Fig. 6.82). Für den Punkt $F = s \cap f$ gilt $\mathrm{DV}(E_1, E_2, S, F) = -1$

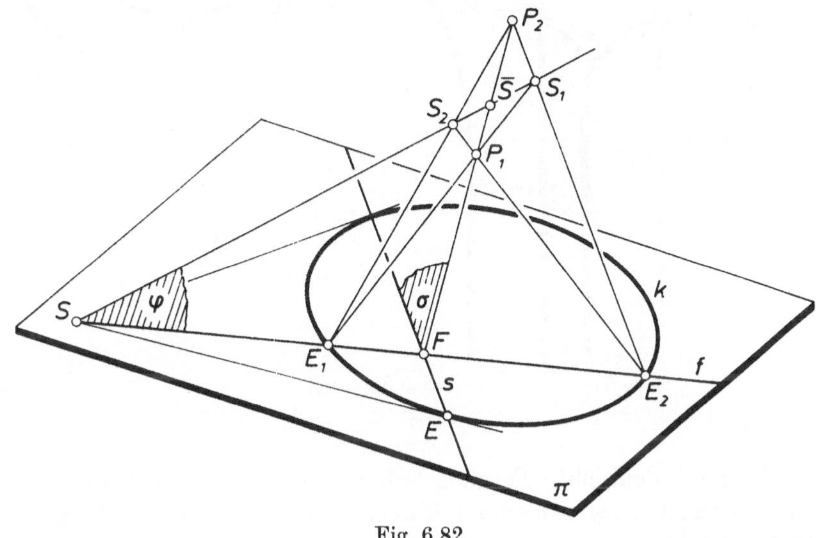


Fig. 6.82

nach A 5.7, 5; wendet man A 4.1, 12 auf das Viereck $\{E_1, E_2, S_1, S_2\}$ an, so ergibt Satz 4.1.7, daß $F$ in der Geraden $P_1P_2$ liegt. Die Geraden $P_2E_1$, $P_2E_2$, $P_2S$ und $P_2F$ schneiden $S_1S_2$ in den Punkten $S_2, S_1, S$ und $\bar{S} := S_1S_2 \cap P_2F$, wobei $\mathrm{DV}(E_1, E_2, S, F) = -1$ nach 4.1.5. ergibt $\mathrm{DV}(S_1, S_2, S, \bar{S}) = -1$. Der Punkt $\bar{S}$ ist daher unabhängig von der Auswahl der Geraden $f$ durch $S$. Somit gehören alle nicht in $\pi$ liegenden Punkte von $\Psi_1 \cap \Psi_2$ der projektiven Ebene $\sigma = \bar{S}s \neq \pi$ und wegen $S_1 \notin \sigma$ dem projektiven Kegelschnitt $\bar{k} = \sigma \cap \Psi_1$ an.
(c) Durch jeden Punkt $P \in \bar{k} \subset \sigma$ geht eine Erzeugende $e_1$ von $\Psi_1$; es bleibt zu zeigen, daß $P$ auch in $\Psi_2$ liegt. Für $P \in \pi$ ist $P \in s \cap k$, also $P \in \Psi_2$. Für $P \notin \pi$, also $P \notin s$, ist die Verbindungsgerade $f$ von $S$ mit dem Punkt $E_1 := e_1 \cap \pi \in k$ keine Tangente und daher eine Sehnengerade von $k$, und es gilt $f \cap k = \{E_1, E_2\}$ mit $E_1 \neq E_2$. Die Pendelebene $\varphi = fe_1$ enthält die Erzeugende $e_1 = S_1E_1$ von $\Psi_1$ bzw. $S_2E_2$ von $\Psi_2$; der Punkt $S_1E_1 \cap S_2E_2 \notin \pi$ liegt in $\Psi_1 \cap \Psi_2$, also nach (a) in $\sigma$ und fällt somit in den Punkt $\sigma \cap S_1E_1 = P \in \bar{k}$. □

Existieren aus $S$ zwei Tangenten an $k$, so liegen ihre Berührungspunkte nach Satz 5.7.8 in der Polaren $s$ von $S$ bezüglich $k$ und gehören daher beiden projektiven Kegelschnitten $k$ und $\bar{k}$ an; die verschiedenen Tangenten von $k \subset \pi$ und $\bar{k} \subset \sigma \neq \pi$ spannen in jedem dieser Punkte die beiden Flächen gemeinsame Tangentialebene auf, so daß die beiden projektiven Kegel dann einander in den beiden Punkten $s \cap k$ berühren (vgl. A. 6.5, 1).
Da der Beweis des Satzes 6.5.5 auf Eigenschaften des Polarsystems von $k$ beruht und nach 5.7.5. auch ein Fernkegelschnitt ein Polarsystem besitzt, gilt Satz 6.5.5 auch für zwei verschie-

[3] Nach 5.7.2. kann die Spitze eines projektiven Kegels auch ein Fernpunkt sein.

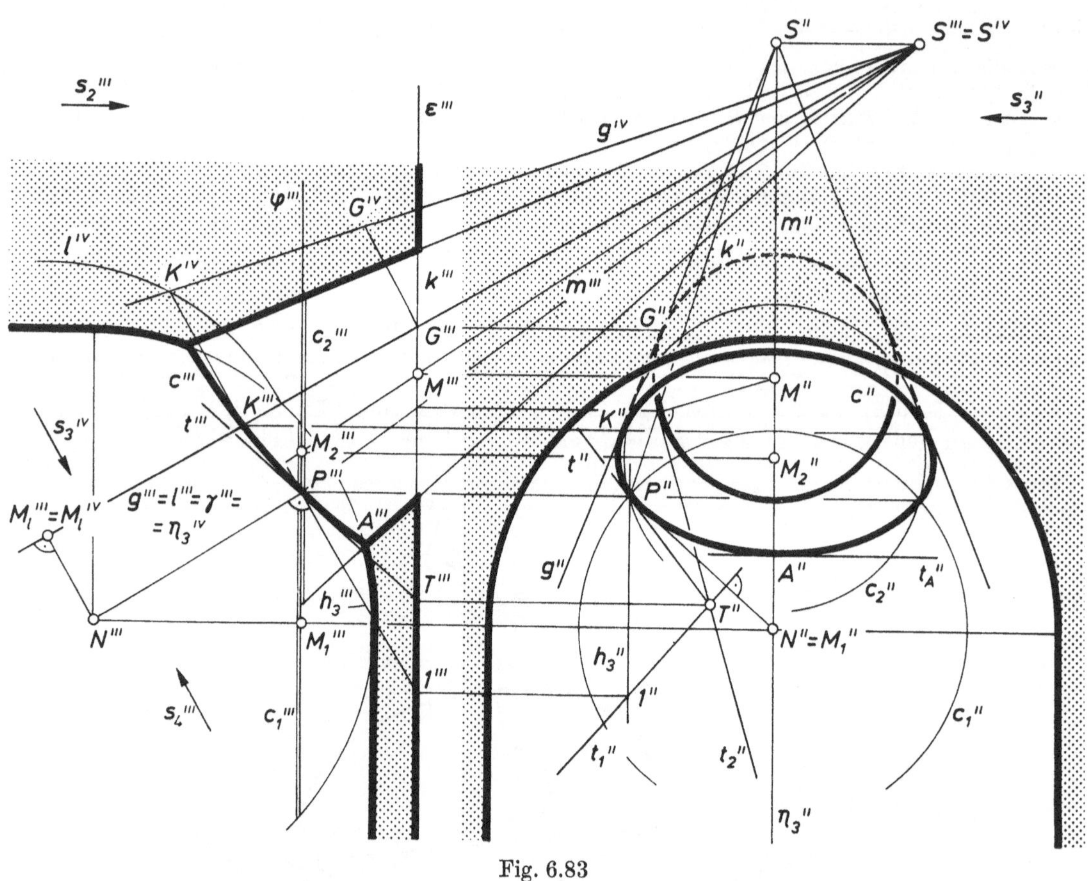


Fig. 6.83

dene projektive Kegel mit demselben Fernkegelschnitt. Da solche Kegel verschiedene eigentliche Spitzen besitzen und schiebungsgleich sind, gilt bei Beschränkung auf die Menge der eigentlichen Punkte (vgl. auch A 6.5,5):

**Satz 6.5.6:** Ein Kegel mit einem Leitkegelschnitt schneidet einen schiebungsgleichen Kegel entweder in einer Erzeugenden oder in einem Kegelschnitt.

### 6.5.4. Schnitte einer Kugel mit einem Kegel oder Zylinder

Die Schnittkurve einer Kugel $\Phi$ mit einem Kegel oder Zylinder $\Psi$ erhält man punktweise, wenn man die Erzeugenden von $\Psi$ nach 6.2.2. mit der Kugel $\Phi$ schneidet; im Falle eines Zylinders benützt man zweckmäßig einen Riß, in dem die Zylindererzeugenden projizierend sind[4]. Besitzt der Kegel oder Zylinder $\Psi$ einen Leitkreis $k$, so verwendet man Hilfsebenen $\varphi$, die zur Leitkreisebene parallel sind und die Kugel $\Phi$ schneiden; in jeder solchen Ebene $\varphi$ liegt dann ein Kreis von $\Psi$ und ein Kreis von $\Phi$.
Wir behandeln in Fig. 6.83 ein Kugelgewölbe, in welches eine kegelförmige Stichkappe eindringt. Der Kegel $\Psi$ mit der Spitze $S$ besitzt in der lotrechten drittprojizierenden Mauerebene $\varepsilon$ einen Leitkreis $k$ zum Mittelpunkt $M$.

KB. Eine zu $\varepsilon$ parallele Ebene $\varphi$, welche die Kugel $\Phi$ schneidet, enthält einen Kreis $c_1$ von $\Phi$ und einen Kreis $c_2$ von $\Psi$, wobei der Mittelpunkt $M_1$ von $c_1$ nach Satz 1.4.3 in der zu $\varepsilon$ normalen Geraden durch den Kugelmittelpunkt $N$ und der Mittelpunkt $M_2$ von $c_2$ in der Geraden $m = SM$ liegt. Die Aufrisse dieser Kreise sind unverzerrt, da $\varphi$ eine zweite Hauptebene ist.

[4] Auf den Schnitt einer Kugel mit einem Drehzylinder bezieht sich auch Satz 7.4.7.

Die Tangente $t$ von $c = \Phi \cap \Psi$ in einem Punkt $P \in c_1 \cap c_2$ verbindet $P$ mit dem Schnittpunkt $T$ jener Geraden $t_1$, $t_2$, in denen die Ebene $\varepsilon$ die Tangentialebene $\tau_1$ bzw. $\tau_2$ in $P$ von $\Phi$ bzw. $\Psi$ schneidet.[5] Die Gerade $t_1$ enthält den Schnittpunkt $1$ von $\varepsilon$ mit der dritten Hauptgeraden $h_3$ von $\tau_1$ durch $P$, und wegen $t_1 \parallel \pi_2$ ist $t_1'' \perp N''P''$. Die Gerade $t_2$ ist die Tangente des Leitkreises $k$ von $\Psi$ im Punkt $SP \cap \varepsilon$.
Die Kurve $c''$ ist zur Geraden $S''M''$ symmetrisch. Der Konturpunkt $K$ in der zweiten Konturerzeugenden $g$ des Kegels $\Psi$ ist Schnittpunkt von $g = SG$ mit der Kugel $\Phi$ und wird gemäß 6.2.2. mit Hilfe eines etwa dem Kreuzriß zugeordneten, mit $^{IV}$ beschrifteten Seitenrisses gewonnen, in dem die drittprojizierende Ebene $\gamma$ durch $g$ Hauptebene ist; die Kugel $\Phi$ schneidet die Ebene $\gamma$ in einem Kreis $l$, dessen Mittelpunkt $M_l$ in der Normalen aus $N$ auf $\gamma$ liegt (Fig. 6.83). △

## 6.5.5. Spezielle Schnitte einer Kugel mit einem Kreiszylinder oder Kreiskegel

Haben eine Kugel $\Phi$ und ein Kegel oder Zylinder $\Psi$ einen Kreis $k$ gemeinsam und ist $\Psi$ der Tangentialkegel bzw. Tangentialzylinder von $\Phi$ längs $k$, so gilt $k = \Phi \cap \Psi$, da in einer Kugeltangente nur ein Kugelpunkt liegt. Enthält eine Kugel $\Phi$ durch einen Kreis $k$ eines Kegels $\Psi$ die Kegelspitze $S$, so ist $k \cup S = \Phi \cap \Psi$, da in einer Erzeugenden von $\Psi$ nach 6.2.2. höchstens zwei Kugelpunkte liegen. Weiter gilt:

**Satz 6.5.7:** Enthält ein Zylinder oder ein Kegel $\Psi$ einen Kreis $k$ einer Kugel $\Phi$, ohne daß $\Phi$ die Fläche $\Psi$ längs $k$ berührt oder die Spitze von $\Psi$ enthält, so besteht der Schnitt $\Phi \cap \Psi$ aus $k$ und einem zweiten Kreis $k^*$.

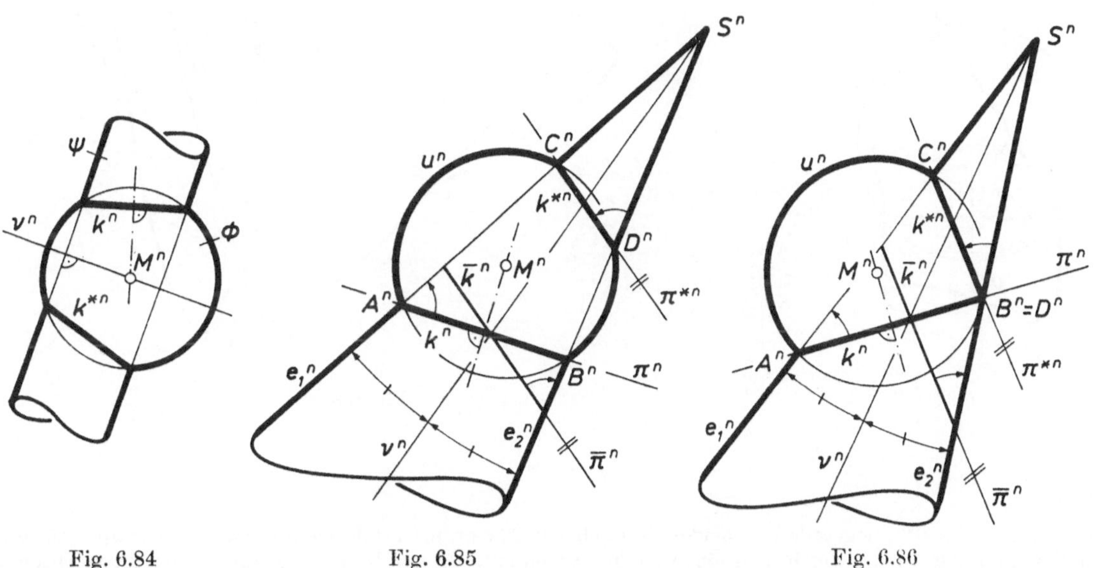


Fig. 6.84 Fig. 6.85 Fig. 6.86

*Beweis*

(a) Die Kugel $\Phi$ und der Zylinder $\Psi$ sind zu jener Ebene $\nu$ symmetrisch, welche normal zu den Erzeugenden von $\Psi$ ist und den Kugelmittelpunkt $M$ enthält (Fig. [6]6.84). Bei Spiegelung von $k$ an $\nu$ entsteht daher ein beiden Flächen gemeinsamer Kreis $k^*$; da $\Psi$ nach Voraussetzung $\Phi$ nicht längs $k$ berührt, ist $k \not\subset \nu$, also $k \neq k^*$. Da in keiner Erzeugenden von $\Psi$ mehr als zwei Kugelpunkte liegen, gilt $\Phi \cap \Psi = k \cup k^*$.
(b) Im Falle eines Kreiskegels $\Psi$ enthält die gemeinsame Symmetrieebene $\mu$ von $\Phi$ und $\Psi$ zwei Erzeugenden $e_1$, $e_2$, welche den Großkreis $u = \Phi \cap \mu$ in von $S$ verschiedenen Punkten $A$, $C$ bzw. $B$, $D$ mit $\{A, C\} = e_1 \cap u$, $\{B, D\} = e_2 \cap u$ schneiden. Da $\Psi$ nicht Tangentialkegel von $\Phi$ längs $k$ sein soll, ist $B = D$ und zugleich $A$ $C$ nicht möglich; wir setzen $A \neq C$ voraus.

[5] In einem Punkt $A$ von $c$ in der Symmetrieebene $\eta_3$ (vgl. Fig. 6.83) ist die Tangente $t_A$ von $c$ zu $\eta_3$ normal, also $t_A'''$ punktförmig. Nach Satz 7.1.6 ist $A'''$ ein Rückkehrpunkt der ebenen Kurve $c'''$; die Rückkehrtangente kann nach A 7.2, 6 (vgl. Fig. 7.19) gefunden werden.
Bei Fig. 6.83 ist im Kreuzriß nicht nur $c'''$, sondern auch der Schnitt des Objekts mit der Symmetrieebene $\eta_3$ graphisch ausgeführt.

[6] Wir verwenden in Fig. 6.84–6.86 eine Normalprojektion $n$, bezüglich der die gemeinsame Symmetrieebene $\mu$ der beiden Flächen $\Phi$ und $\Psi$ durch die $M$ enthaltende Drehachse von $k$ eine Hauptebene ist.

Nach dem Beweis zu Satz 5.5.5 liegt in $\Psi$ jener Kreis $\bar{k}$, der aus $k$ unter der Spiegelung an der zu $\mu$ normalen Ebene $\nu$ durch eine Winkelsymmetrale von $e_1$ und $e_2$ entsteht; für einen Drehkegel $\Psi$ ist $k = \bar{k}$. Die zur Ebene $\bar{\pi}$ von $\bar{k}$ parallele Ebene $\pi^*$ durch $C$ schneidet $\Psi$ in einem Kreis $k^*$. Um zu zeigen, daß der Kreis $k^*$ auch in der Kugel $\Phi$ liegt, genügt es, $D$ in $\pi^*$, also $C^nD^n \parallel \bar{\pi}^n$ nachzuweisen. Der Peripheriewinkelsatz für orientierte Winkelmaße (vgl. A 1.3, 6), angewendet auf den Kreis $u^n$ und die Kreissehne $[B^n, C^n]$, liefert für $B^n \neq D^n$ (Fig. 6.85) bzw. $B^n = D^n$ (Fig. 6.86) dann $\overrightarrow{\sphericalangle}\, B^nA^n, C^nA^n = \overrightarrow{\sphericalangle}\, B^nD^n, C^nD^n$ bzw. $\overrightarrow{\sphericalangle}\, B^nA^n, C^nA^n = \overrightarrow{\sphericalangle}\, e_2{}^n, C^nD^n$, und wegen der Spiegelung an $\nu$ ist $\overrightarrow{\sphericalangle}\, B^nA^n, C^nA^n = -\overrightarrow{\sphericalangle}\, \bar{\pi}^n, B^nD^n = \overrightarrow{\sphericalangle}\, B^nD^n, \bar{\pi}^n$ bzw. $\overrightarrow{\sphericalangle}\, B^nA^n, C^nA^n = -\overrightarrow{\sphericalangle}\, \bar{\pi}^n, e_2{}^n = \overrightarrow{\sphericalangle}\, e_2{}^n, \bar{\pi}^n$, also $C^nD^n \parallel \bar{\pi}^n$.
Da keine Kegelerzeugende mehr als zwei Kugelpunkte enthalten kann, gilt $\Phi \cap \Psi = k \cup k^*$. □

Eine Folge von Satz 6.5.7 ist

**Satz 6.5.8:** Gehören zwei Kreise $k$ und $k^*$ derselben Kugel[7] an, so liegen sie stets in einem Kreiskegel oder Kreiszylinder.

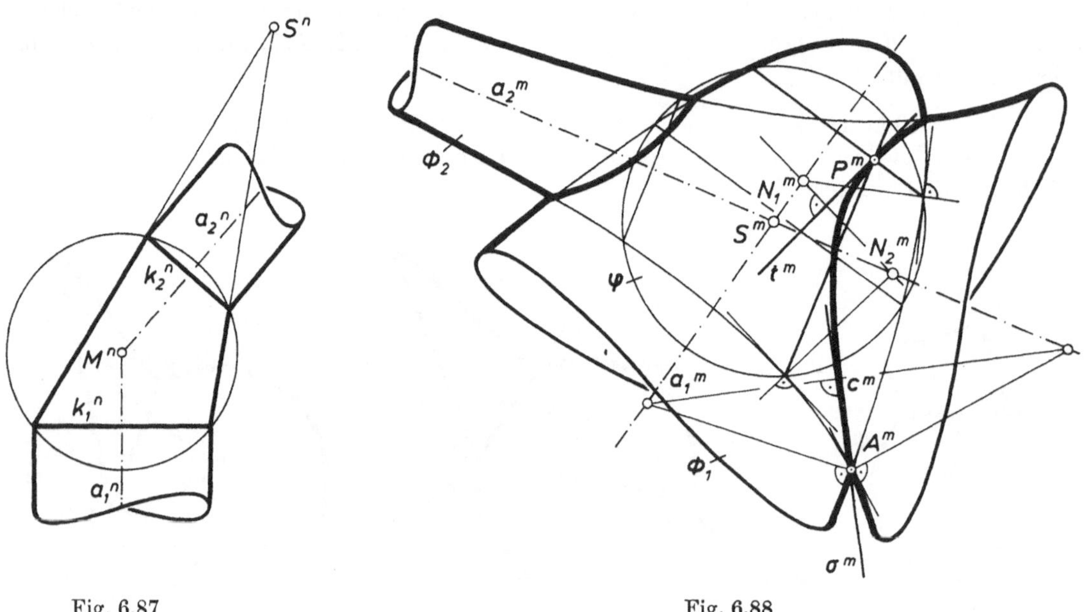


Fig. 6.87

Fig. 6.88

*Beweis*

Wir wählen die Schnittgerade der beiden Kreisebenen als projizierende Gerade einer Normalprojektion. Die Verbindungsebene $\mu$ der beiden einander im Mittelpunkt $M$ der Kugel $\Phi$ schneidenden Drehachsen $a$ von $k$ und $a^*$ von $k^*$ ist dann eine Hauptebene und schneidet $\Phi$ in einem Großkreis $u$. Sei $\{A, B\} = k \cap u$, $\{C, D\} = k^* \cap u$. Ist $S \in \mu$ der Schnittpunkt $AC \cap BD$ bzw. etwa für $B = D$ der Schnittpunkt der Tangente $e_2$ von $u$ in $B$ mit $AC$, so enthält der Kegel $\Psi$ mit dem Leitkreis $k$ und der Spitze $S$ nach dem Beweis zu Satz 6.5.7 auch den Kreis $k^*$; ist speziell $BD \parallel AC$ bzw. $e_2 \parallel AC$, so ist $\Psi$ ein Kreiszylinder. □

Da die Beschriftungsreihenfolge der Punkte $C$, $D$ beliebig ist, gehen für $D \neq B, A$ sogar zwei Flächen dieser Art durch die Kreise $k$ und $k^*$.
Zwei drehzylindrische Rohre $\Psi_1$, $\Psi_2$ mit verschiedenen Radien und schneidenden Drehachsen $a_1$, $a_2$ sollen durch einen kegelförmigen Übergangsstutzen verbunden werden (Fig. 6.87).

KB. Eine Hilfskugel um $M = a_1 \cap a_2$ enthält einen Kreis $k_1$ in $\Psi_1$ und einen Kreis $k_2$ in $\Psi_2$, und nach Satz 6.5.8 existiert ein Kreiskegel durch $k_1$ und $k_2$. Fig. 6.87 entsteht unter einer Normalprojektion, bezüglich der die Verbindungsebene von $a_1$ und $a_2$ eine Hauptebene ist. △

[7] Insbesondere liegen zwei Kreise $k$ und $k^*$, die verschiedenen Ebenen angehören und einander in zwei Punkten $E$, $F$ schneiden oder in einem Punkt $E$ berühren, in derselben Kugel $\Phi$: Ihre Drehachsen schneiden dann einander, und zwar im Mittelpunkt $M$ von $\Phi$, und $\overline{ME}$ ist der Radius von $\Phi$.

### 6.5.6. Konstruktion von Schnittkurven nach der Kugelmethode

Schneidet eine zur Drehachse $a$ normale Ebene $\varphi$ eine Drehfläche $\Phi$ nach einer Kurve $c$, so ist $c$ ein Breitenkreis von $\Phi$. Schneidet eine Kugel $\varphi$, deren Mittelpunkt der Drehachse $a$ angehört, eine Drehfläche $\Phi$ nach einer Kurve $c$, so besteht $c$ aus Breitenkreisen von $\Phi$. Da eine Drehfläche zu jeder Meridianebene symmetrisch ist, ergibt sich

**Satz 6.5.9:** Zur Konstruktion der Punkte der Schnittkurve einer Drehfläche mit einer anderen Fläche benützt man Hilfsebenen oder Hilfskugeln durch die Breitenkreise der Drehfläche. Im Falle zweier Drehflächen $\Phi_1$, $\Phi_2$ mit parallelen bzw. schneidenden Drehachsen $a_1$, $a_2$ verwendet man zu den Drehachsen normale Hilfsebenen bzw. konzentrische Hilfskugeln mit dem Punkt $S = a_1 \cap a_2$ als Mittelpunkt, die $\Phi_1$ und $\Phi_2$ nach Breitenkreisen schneiden; die gemeinsame Meridianebene $\mu = a_1a_2$ beider Flächen ist eine Symmetrieebene der Schnittkurve $c = \Phi_1 \cap \Phi_2$.

Die Punkte von $c$ in $\mu$, in denen die Meridiankurven beider Flächen in $\mu$ einander schneiden, aber nicht berühren, sind Scheitel von $c$, in denen die Tangente $t$ von $c$ zu $\mu$ normal ist. In jedem anderen Punkt von $c$ steht die Tangente $t$ nach 6.5.1. normal zur Verbindungsebene $\nu$ der beiden Flächennormalen $n_1$, $n_2$ von $\Phi_1$, $\Phi_2$ in $P$, und $\nu$ schneidet $\mu$ in der Verbindungsgeraden jener beiden Punkte $N_1$, $N_2$, in denen die Flächennormale $n_1$ bzw. $n_2$ die Drehachse $a_1$ bzw. $a_2$ trifft. Dies ergibt[8]:

**Satz 6.5.10:** Sei $P$ ein Punkt der Schnittkurve $c$ zweier einander in $P$ nicht berührender Drehflächen $\Phi_1$, $\Phi_2$, deren Drehachsen $a_1$, $a_2$ in einer Ebene $\mu$ liegen, und gehöre $P$ der Symmetrieebene $\mu$ nicht an. Sind $N_1$ bzw. $N_2$ der Schnittpunkt der Flächennormalen von $\Phi_1$ in $P$ mit $a_1$ bzw. von $\Phi_2$ in $P$ mit $a_2$, so ist unter einer Normalprojektion $m$ mit $\mu$ als Hauptebene der Normalriß $t^m$ der Tangente $t$ des Punktes $P$ orthogonal zur Geraden $N_1{}^m N_2{}^m$.

Fig. 6.88 zeigt den Normalriß $c^m$ von $c = \Phi_1 \cap \Phi_2$; die Meridianrisse der Breitenkreise von $\Phi_1$ und $\Phi_2$ sind Strecken. Mit Hilfe der Vervollständigungsaufgabe können aus $c^m$ andere Normalrisse von $c$ gewonnen werden.
In Fig. 6.89 ist ein Drehkegel $\Phi_1$ mit lotrechter Drehachse $a_1$ durch einen Torus $\Phi_2$ (vgl. A 6.3, 1) angebohrt: Die Drehfläche $\Phi_2$ entsteht durch stetige Drehung eines Kreises $m$ um eine lotrechte Gerade $a_2$, welche der Ebene von $m$ angehört, aber keine Durchmessergerade von $m$ ist.

KB. Mit Hilfe der Breitenkreise $c_1$ von $\Phi_1$ und $c_2$ in einer horizontalen Hilfsebene $\varphi$ erhält man den Punkt $P$ von $c = \Phi_1 \cap \Phi_2$. Die Tangente $t$ von $c$ in $P$ wird nach der Normalmethode mit Hilfe der beiden Fächennormalen $n_1$, $n_2$ festgelegt; die Ebene $n_1n_2$ enthält die erste Hauptgerade $h_1$ mit $h_1' \perp t'$ und die zweite Hauptgerade $h_2$ mit $h_2'' \perp t''$. Insbesondere können die Punkte von $c$ in den beiden Plattkreisen von $\Phi_2$ ermittelt werden: die Tangenten von $c$ in diesen Punkten fallen in die jeweiligen Plattkreistangenten (vgl. Punkt *3* in Fig. 6.89). Die Punkte *1* und *2* in der erstprojizierenden Symmetrieebene $\sigma = a_1a_2$ werden mit Hilfe eines Seitenrisses mit $\sigma$ als Hauptebene gewonnen. Die Tangenten in *1* und *2* sind normal zu $\sigma$, also erste Hauptgeraden. Die zweiten Konturpunkte von $c$ bezüglich $\Phi_1$ ergeben sich nur mit graphischer Genauigkeit: Der erste Riß $e'$ einer zweiten Konturerzeugenden $e$ von $\Phi_1$ ist mit der Kurve $c'$ zu schneiden (vgl. Punkt $K$ in Fig. 6.89). △

Die in Satz 6.5.9 angegebene *Kugelmethode* zur Konstruktion der gemeinsamen Punkte zweier Drehflächen mit schneidenden Achsen wurde bereits im Beweis des Satzes 6.5.3 verwendet und kann wie folgt verallgemeinert werden:

**Satz 6.5.11:** Ist $\Phi_1$ eine Drehfläche und $\Phi_2$ eine von einer Schar aus Kreisen überdeckte Fläche, wobei die Drehachsen aller dieser Kreise die Drehachse $a_1$ von $\Phi_1$ schneiden, so verwendet man Hilfskugeln $\varphi$, von denen jede einen Kreis $c_2$ in $\Phi_2$ enthält und den Schnittpunkt $S$ von $a_1$ mit der Drehachse $a_2$ des Kreises $c_2$ als Mittelpunkt besitzt; die Breitenkreise von $\Phi_1$ in $\varphi$ schneiden dann $c_2$ in Punkten der Schnittkurve $c = \Phi_1 \cap \Phi_2$.

[8] In einem Scheitel $A$ von $c$ in $\mu$ ist die Tangente bezüglich einer Normalprojektion $m$ mit zur Symmetrieebene $\mu$ normalen Sehgeraden projizierend, und die ebene Kurve $c^m$ besitzt nach Satz 7.1.6 in $A^m$ einen Rückkehrpunkt. Nach Satz 7.4.2 kann die Rückkehrtangente $a^m$ von $c^m$ in $A^m$ ebenfalls nach Satz 6.5.10 gefunden werden (vgl. Fig. 6.88), obwohl die räumliche Begründung dieses Satzes versagt.

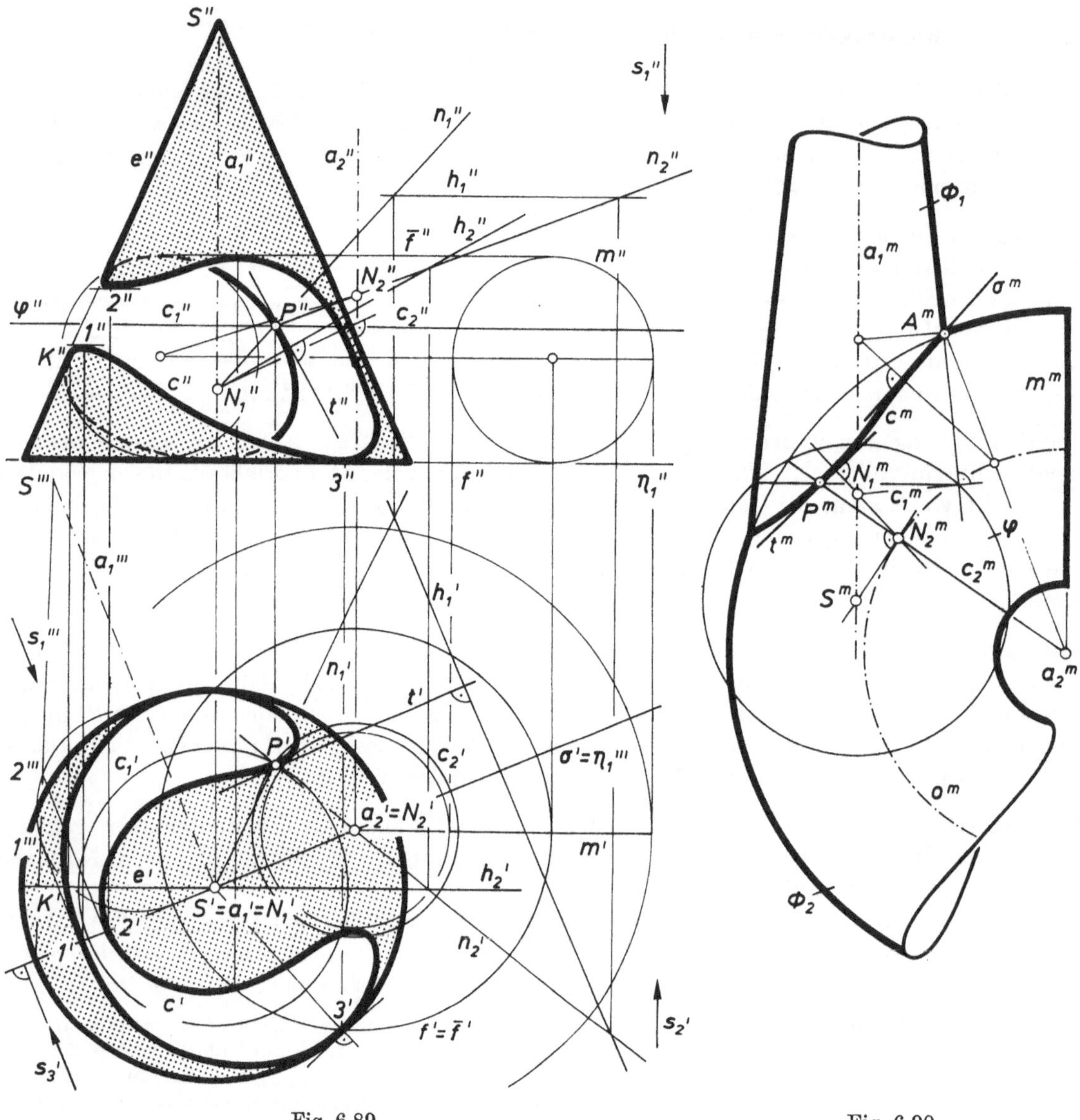


Fig. 6.89 Fig. 6.90

Diese *verallgemeinerte Kugelmethode* ist konstruktiv besonders einfach, wenn alle Drehachsen $a_2$ in derselben Meridianebene $\mu$ von $\Phi_1$ liegen. Die Ebene $\mu$ ist dann gemeinsame Symmetrieebene beider Flächen und damit Symmetrieebene von $c$. Unter einer Normalprojektion mit $\mu$ als Hauptebene sind die Normalrisse der Breitenkreise von $\Phi_1$ und der Kreise von $\Phi_2$ Strecken; mit Hilfe der Vervollständigungsaufgabe können weitere Normalrisse von $c$ gewonnen werden.
Wir behandeln in Fig. 6.90 einen torusförmigen Rohrkrümmer $\Phi_2$ mit drehkegelförmigem Stutzen $\Phi_1$, wobei die Drehachse $a_1$ von $\Phi_1$ in der Ebene $\mu$ des Mittenkreises $o$ von $\Phi_2$ liegt.

KB. Nach Wahl eines Meridiankreises $c_2$ von $\Phi_2$ erhält man den Mittelpunkt $S$ der Hilfskugel $\varphi$ durch $c_2$ gemäß Satz 6.5.11. Den Normalriß $t'''$ einer Tangente $t$ von $c$ in einem Punkt $P \notin \mu$ erhält man analog zu Satz 6.5.10, wobei $N_1$ bzw. $N_2$ der Schnittpunkt der Flächennormalen $n_1$ bzw. $n_2$ mit $\mu$ ist. Die Tangente $\sigma'''$ von $c'''$ im Rückkehrpunkt $A'''$ ergibt sich gemäß Fn. 8. △

Ein reguläres Sechseck $\{A, B, C, D, E, F\}$ der Standebene $\pi_1$ wird von einem abgeplatteten Drehellipsoid $\Phi_1$ mit lotrechter Drehachse $a_1$ durch den Sechseckmittelpunkt überdacht. Diese Schale ist von sechs Kappen aufgeschnitten, die aus einer Kappe unter wiederholten 60°-Drehungen um $a_1$ hervorgehen. Eine Kappe $\Phi_2$ entsteht durch stetige Schiebung eines Kreisbogens $l$ bekannter

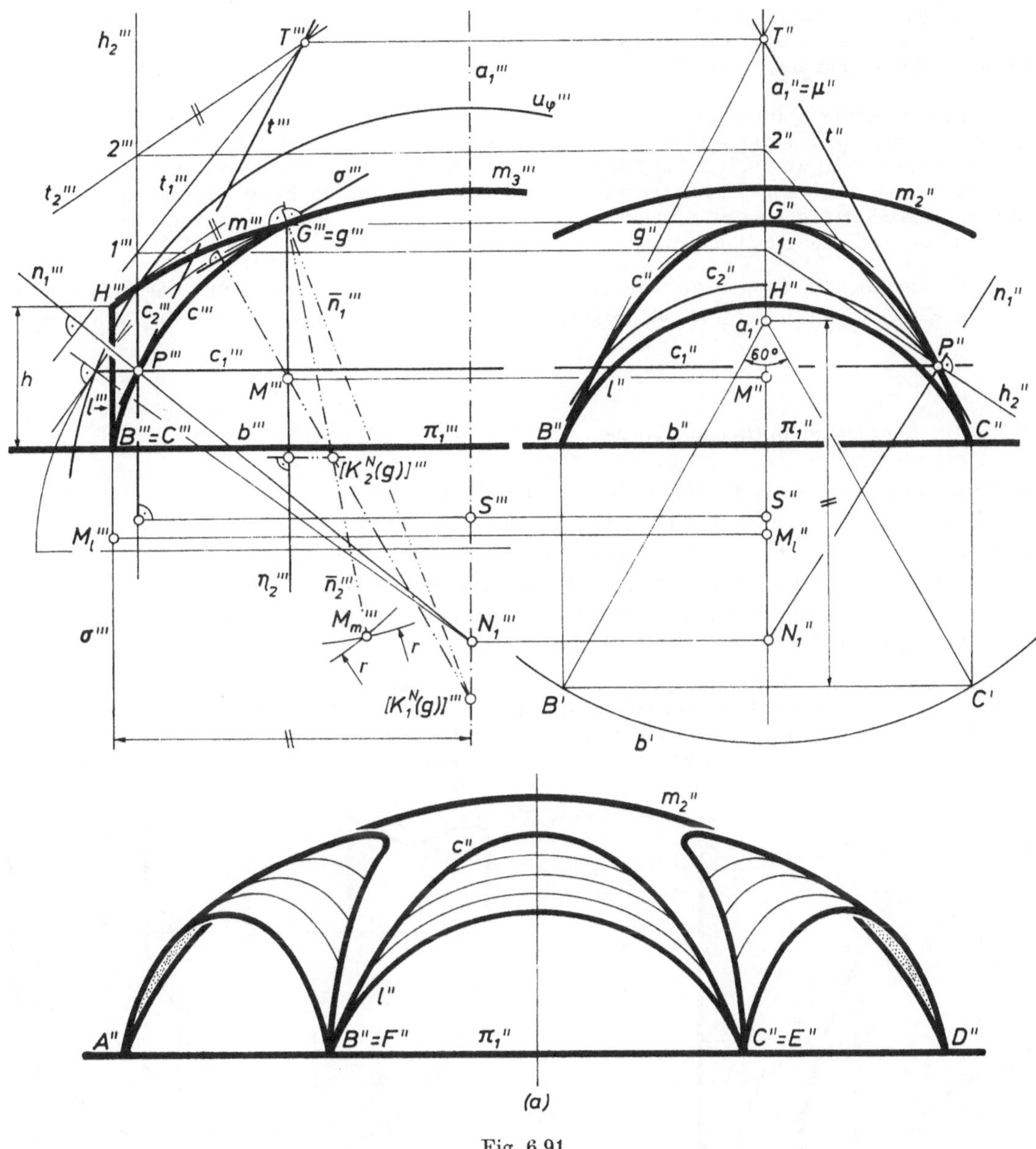


Fig. 6.91

Stichhöhe $h$ in einer lotrechten Ebene $\sigma$ durch eine Sechseckseite längs eines Kreisbogens $m$ in der zu $\sigma$ normalen Ebene $\mu$ durch $a_1$; der Kreis $m$ durch den höchsten Punkt $H$ von $l$ und durch einen Punkt $G$ des gegebenen ellipsenförmigen Meridians $m_3$ von $\Phi_1$ in $\mu$ hat gegebenen Radius $r$. Wir konstruieren in Fig. 6.91 den Aufriß und den Kreuzriß des Objekts, wobei $\mu$ als dritte Hauptebene gewählt wird.

KB. Mittels des Breitenkreises $b$ von $\Phi_1$ durch $B$ und $C$ erhalt man mit Hilfe eines Grundrisses die Risse der Punkte $B$ und $C$. Der Mittelpunkt $M_m$ bzw. $M_l$ des Kreises $m$ bzw. des Kreises $l$ ergibt sich aus den Objektabmessungen. Zur Konstruktion des Kreuzrisses $P'''$ eines Punktes $P$ der Schnittkurve $c = \Phi_1 \cap \Phi$ wählen wir einen zu $l$ schiebungsgleichen Kreis $c_2$ in $\Phi_2$ und benützen entsprechend Satz 6.5.11 eine Hilfskugel $\varphi$ durch $c_2$, deren Mittelpunkt $S$ in $a_1$ liegt. Der Aufriß $P''$ von $P$ gehört dem zu $l''$ kongruenten Kreis $c_2''$ an.
Zur Ermittlung der Tangente $t$ von $c$ in $P$ legen wir die Tangentialebene $\tau_1$ der Drehfläche $\Phi_1$ in $P$ durch ihre Normale $n_1$ fest, welche den Mittelpunkt $N_1$ der $\Phi_1$ längs des Breitenkreises $c_1$ von $\Phi_1$ durch $P$ berührenden Kugel enthält; der Kreuzriß der Schnittgeraden $t_1 = \mu \cap \tau_1$ ist dann zu $n_1'''$ normal und enthält den Kreuzriß $1'''$ des Schnittpunktes $1$ von $\mu$ mit der zweiten Hauptgeraden $h_2$ in $\tau_1$ durch $P$. Die Schnittgerade $t_2$

von $\mu$ mit der Tangentialebene $\tau_2$ der Schiebfläche $\Phi_2$ in $P$ geht durch den Schnittpunkt 2 von $\mu$ mit der Tangente des Kreises $c_2$ in $P$ und ist nach Satz 6.4.2 parallel zur in $\mu$ verlaufenden Tangente des Kreises $m$ in seinem Schnittpunkt mit $c_2$. Der Punkt $T = t_1 \cap t_2$ von $\mu$ gehört nach 6.5.1. der Tangente $t$ von $c$ in $P$ an.

Die zweite bzw. dritte Kontur des Drehellipsoids $\Phi_1$ ist nach 6.3.2. eine Meridianellipse $m_2$ bzw. $m_3$, die dritte Kontur von $\Phi_2$ ist nach 6.4.2. der Kreisbogen $m$. Die Drehung der Kappe $\Phi_2$ um $a_1$ kann im Grundriß konstruktiv verfolgt werden (vgl. Fig. 6.58). Die zweiten Umrisse der durch Verdrehen von $\Phi_2$ entstehenden Kappen ergeben sich gemäß 6.4.2. Diese Konstruktion ist ebenso wie die Ermittlung der nur mit graphischer Genauigkeit festlegbaren Konturpunkte der Schnittkurven in Fig. 6.91a nicht eingezeichnet, welche den Aufriß des vollständigen Objekts zeigt. △

In Fig. 6.91 ist auch die Tangente $\sigma'''$ der Kurve $c'''$ im Rückkehrpunkt $G'''$ sowie der Krümmungskreis der Kurve $c''$ im Scheitel $G''$ eingezeichnet; diese Konstruktionen werden in 7.4.6. besprochen.

### 6.5.7. Spezielle Schnitte eines Torus

Als Beispiel für eine aus einfachen Teilkurven bestehende Schnittkurve zweier Drehflächen behandeln wir ein drehzylindrisches Rohr $\Phi_1$, von dem ein Toruskrümmer $\Phi_2$ so abzweigt, daß ein Breitenkreis $b$ von $\Phi_1$ Meridiankreis von $\Phi_2$ ist. Die Drehachsen $a_1$ und $a_2$ sind dann zueinander windschief normal, und die beiden Flächen berühren einander längs $b$; die zu $a_2$ normale Ebene $\mu$ durch $a_1$ ist gemeinsame Symmetrieebene beider Flächen. Fig. 6.92 liegt eine Normalprojektion zugrunde, bezüglich der die Ebene $\mu$ eine Hauptebene ist.

KB. Zur Konstruktion der Punkte des von $b$ verschiedenen Schnittes[9] $c$ kann die verallgemeinerte Kugelmethode verwendet werden, da die Drehachsen der Meridiankreise von $\Phi_2$ in $\mu$ liegen (vgl. Punkt *1* in Fig. 6.92). Benützt man jedoch die Breitenkreisebenen von $\Phi_2$ als Hilfsebenen $\varphi$, so erkennt man, daß $c^n$ einer Parabel mit dem Brennpunkt $a_2^n$ und dem Scheitel im Mittelpunkt $A$ der Strecke $b^n$ angehört: Mit Hilfe

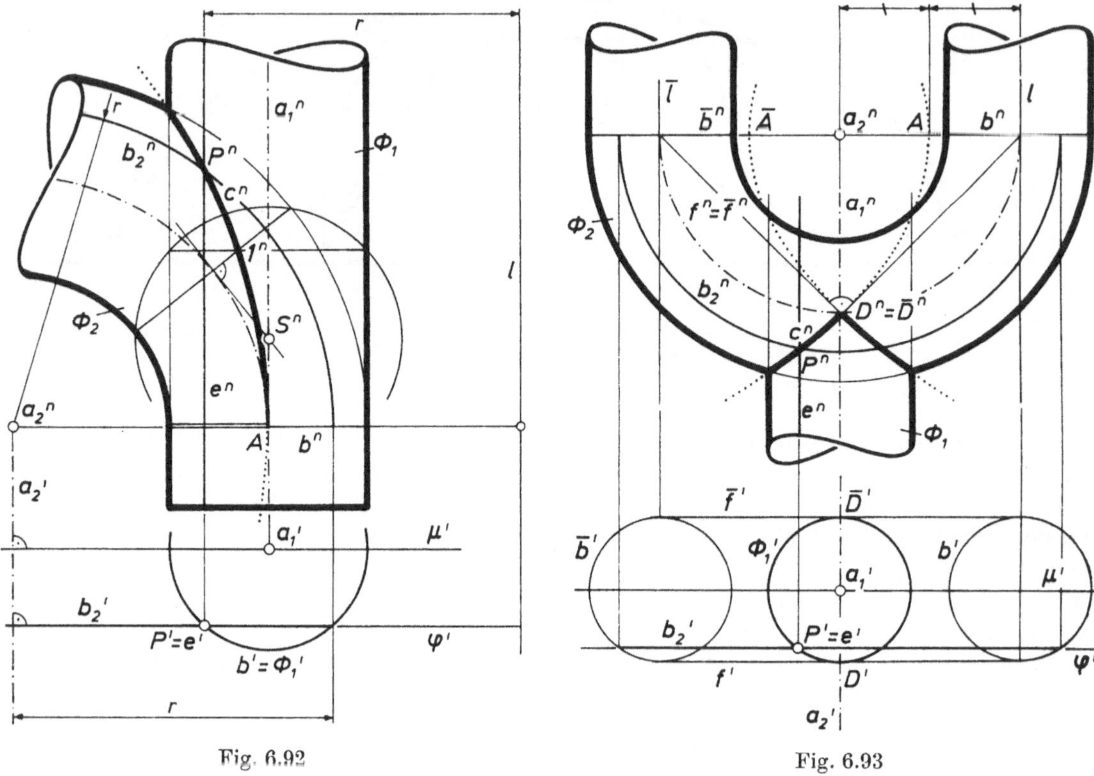


Fig. 6.92 Fig. 6.93

[9] Bei der Herstellung einer solchen Rohrverbindung verlaufen die Schweißnähte längs der Kurve $c$ und eines Halbkreises in $b$ (vgl. Fig. 6.92).

eines in Fig. 6.92 als ersten Riß beschrifteten Normalrisses in einer zu $a_1$ normalen Ebene können die Normalrisse des Breitenkreises $b_2$ von $\Phi_2$ und einer Erzeugenden $e$ von $\Phi_1$ in der Ebene $\varphi$ konstruiert werden; der Abstand des Punktes $P^n \in c^n$ von $a_2{}^n$ ist gleich dem Radius $r$ des Kreises $b_2{}^n$, und $e^n$ und damit $P^n$ hat von der zu $a_1{}^n$ parallelen Geraden $l$ durch den zum Punkt $a_2{}^n$ bezüglich $a_1{}^n$ symmetrischen Punkt ebenfalls den Abstand $r$, wobei $l$ von der Auswahl des Punktes $P^n \in c^n$ unabhängig ist. △

Eine drehzylindrische Rohrabzweigung aus einem Torushalbkrümmer, bei der die beiden Drehachsen $a_1$, $a_2$ einander orthogonal schneiden, zeigt Fig. 6.93. Der Drehzylinder $\Phi_1$ berührt speziell den Torus $\Phi_2$ in zwei Punkten $D$, $\bar{D}$, die den beiden Flachkreisen $f$, $\bar{f}$ von $\Phi_2$ angehören.

KB. Verwendet man Breitenkreisebenen von $\Phi_2$ als Hilfsebenen $\varphi$, so erkennt man, wie in Fig. 6.92 mit Hilfe eines Normalrisses mit der zu $a_2$ normalen Ebene $\mu$ durch $a_1$ als Hauptebene, daß der Normalriß der Schnittkurve $c$ zwei Parabeln mit dem Brennpunkt $a_2{}^n$ angehört, die in $D^n = \bar{D}^n$ eine Ecke von $c^n$ bilden. Die Eckentangenten sind orthogonal, wie die Konstruktion der beiden Parabeltangenten in $D^n = \bar{D}^n$ zeigt (in Fig. 6.93 sind die Scheitel $A$, $\bar{A}$ und die Leitgeraden $l$, $\bar{l}$ der beiden Parabeln angegeben). △

Nach A 6.3, 1 liegen in einem Torus $\Phi$ zwei Scharen von Kreisen, nämlich die Breitenkreise und die Meridiankreise. Je nachdem die Drehachse $a$ von $\Phi$ einen Meridiankreis in zwei Punkten schneidet, berührt oder nicht trifft, spricht man von einem *Spindeltorus*, einem *Dorntorus* oder einem *Ringtorus*; nach 6.3.1. besitzt ein Spindeltorus zwei konische Knoten.

Existiert eine Ebene $\delta$, welche Tangentialebene eines Torus in genau zwei verschiedenen Punkten $D_1$, $D_2$ ist, so sind die zur *Doppeltangentialebene* $\delta$ orthogonalen Flächennormalen $n_1$ in $D_1$ und

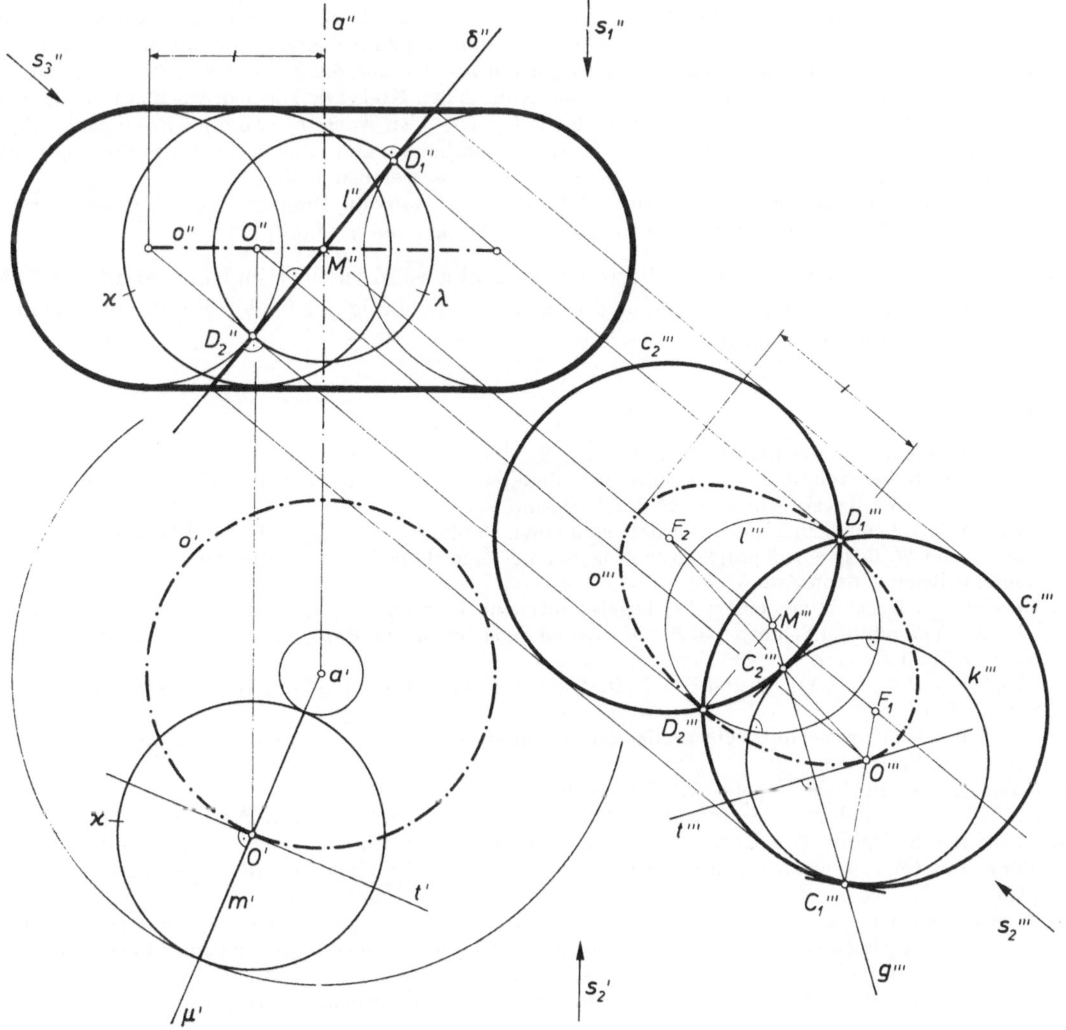


Fig. 6.94

$n_2$ in $D_2$ parallel, so daß $\delta$ zur Meridianebene $\mu = an_1 = an_2$ normal ist und die Punkte $D_1$, $D_2$ in $\mu$ liegen. Die Schnittgerade von $\delta$ mit $\mu$ ist somit gemeinsame Tangente der beiden Meridiankreise in $\mu$ (vgl. Fig. 6.94), aber nicht normal zu $a$, da eine Plattkreisebene in allen Punkten des Plattkreises den Torus berührt. Damit gilt: Nur bei einem Ringtorus existieren Doppeltangentialebenen.

Ein ebener Schnitt eines Torus kann nach 6.3.4. konstruiert werden. Der folgende Sonderfall wurde 1848 von Y. VILLARCEAU (1813—1883) angegeben:

**Satz 6.5.12:** Jede Doppeltangentialebene $\delta$ eines Ringtorus $\Phi$ schneidet $\Phi$ in zwei kongruenten Kreisen.

*Beweis*[10]

Wir wählen die zur Doppeltangentialebene $\delta$ normale Meridianebene als zweite Hauptebene und verwenden einen Seitenriß in der zweitprojizierenden Ebene $\delta$ (Fig. 6.94). Der Seitenriß $o'''$ des Mittenkreises $o$ ist eine Ellipse in $\delta$, deren halbe Hauptachsenlänge gleich dem Radius von $o$ und deren Nebenscheitel die Berührungspunkte $D_1$, $D_2$ der Doppeltangentialebene $\delta$ sind. Nach A 6.3,1 wird der Ringtorus $\Phi$ längs jedes Meridiankreises $m$ von einer Kugel $\varkappa$ mit dem Großkreis $m$ berührt. Alle diese Kugeln schneiden die Kugel $\lambda$ um den Mittelpunkt $M$ von $\Phi$, welche die Punkte $D_1$, $D_2$ enthält, orthogonal; diese Aussage ist für die Kugel durch einen zweiten Hauptmeridiankreis in Fig. 6.94 ablesbar und bleibt bei Drehung um die Achse $a$ von $\Phi$ richtig. Die Schnittkurve $c = \delta \cap \Phi$ ist die Menge der Schnittpunkte aller Meridiankreise von $\Phi$ mit $\delta$. Speziell die beiden zweiten Hauptmeridiankreise von $\Phi$ führen auf die Punkte $D_1$ und $D_2$ von $c$. Die längs eines anderen Meridiankreises $m$ berührende Kugel $\varkappa$ schneidet $\delta$ in einem Kreis $k$, dessen Mittelpunkt ein von den Nebenscheiteln verschiedener Punkt $O'''$ der Ellipse $o'''$ ist (vgl. die Festsetzung in 2.1.3.). Die Kugel $\lambda$ wird von der Ebene $\delta$ im Nebenscheitelkreis $l$ der Ellipse $o'''$ geschnitten, und der Kreis $k$ enthält die beiden Punkte von $l$ im Kreis $\lambda \cap \varkappa$. Da $\lambda$ und $\varkappa$ einander orthogonal schneiden und die Kugel $\lambda$ von ihrer Durchmesserebene $\delta$ orthogonal durchsetzt wird, schneidet der Kreis $k$ den Kreis $l$ orthogonal, wie aus Def. 1.2.5 und Satz 6.5.1 folgt. Nach A 5.1,6 berührt daher der Kreis $k$ jene beiden Kreise $c_1$, $c_2$ um die Brennpunkte $F_1$, $F_2$ der Ellipse $o'''$, welche die Nebenscheitel $D_1$, $D_2$ von $o'''$ enthalten, und zwar liegen die Berührungspunkte $c_1$, $c_2$ in der zur Tangente $t$ von $o'''$ in $O'''$ normalen Durchmessergeraden $g$ (Fig. 6.94).
Da $t$ die Drehachse des Meridiankreises $m$ ist und die Ebene $\mu$ von $m$ die Drehachse von $\Phi$ enthält, ist $g$ die Schnittgerade von $\delta$ mit $\mu$, und damit sind $C_1$ und $C_2$ die Punkte von $m$ in $\delta$. □

Neben den Meridiankreisen und den Breitenkreisen gibt es in einem Ringtorus somit noch zwei weitere Drehscharen von Kreisen, welche durch stetige Drehung der beiden Kreise einer Doppeltangentialebene um $a$ entstehen.

### Aufgaben 6.5

1. Berühren einander zwei projektive Kegel $\Psi_1$, $\Psi_2$ ohne gemeinsame Erzeugende, die projektive Leitkegelschnitte besitzen, in zwei verschiedenen Punkten $D_1$, $D_2$, so besteht der Schnitt $c = \Psi_1 \cap \Psi_2$ aus zwei projektiven Kegelschnitten $k$, $k^*$ durch $D_1$ und $D_2$.
(Anl.: Mit Hilfe einer Pendelebene erhält man einen Punkt $P \in c \setminus \{D_1, D_2\}$. Die Ebene $D_1D_2P$ schneidet $\Psi_1$ und $\Psi_2$ in je einem projektiven Kegelschnitt, und diese Kegelschnitte stimmen nach A 5.7, 1 (c) überein. Benütze dann Satz 6.5.5.)
2. Berührt ein Kegel $\Psi$ mit einem Leitkegelschnitt eine Kugel $\Phi$ in genau zwei verschiedenen Punkten $D_1$, $D_2$, so besteht der Schnitt $c = \Phi \cap \Psi$ entweder aus den beiden Punkten $D_1$, $D_2$ oder aus zwei Kreisen durch $D^1$ und $D_2$.
(Anl.: Für $P \in c \setminus \{D_1, D_2\}$ und $\varepsilon = D_1D_2P$ ist $\varepsilon \cap \Psi$ nach A 5.7, 1 (c) der Kreis $\varepsilon \cap \Phi$. Benütze dann Satz 6.5.7.)
3. Konstruiere die Kreisschnitte eines elliptischen Zylinders mit Hilfe von A 6.5, 2 (vgl. auch A 5.2, 11).
(Anl.: Vgl. Fig. 6.95.)
4. Jeder gerade elliptische Kegel ist ein Kreiskegel (vgl. Satz 5.5.5).
(Anl.: Sei die Leitellipse $c$ in der Ebene $\varepsilon$ kein Kreis. Benütze A 6.5, 2; vgl. Fig. 6.96.)
5. Enthalten zwei projektive Kegel ohne gemeinsame Erzeugende denselben Fernkegelschnitt, so ist die Menge ihrer gemeinsamen eigentlichen Punkte eine Ellipse oder Hyperbel, aber keine Parabel.
(Anl.: Wiederhole den Beweis von Satz 6.5.5 für einen Fernkegelschnitt $k$.)
6. Zwei verschiedene parabolische Zylinder $\Phi_1$, $\Phi_2$ mit derselben Leitparabel $k$ haben sonst keinen (eigentlichen) Punkt gemeinsam, wenn die Erzeugenden von $\Phi_2$ zur Verbindungsebene einer Erzeugenden von $\Phi_1$ mit einer Durchmessergeraden von $k$ parallel sind.
(Anl.: Benütze Satz 6.5.5 für die durch $\Phi_1$ und $\Phi_2$ bestimmten projektiven Kegel.)

[10] Einen anderen elementaren Beweis hat mein Mitarbeiter G. WEISS in [19] mitgeteilt.

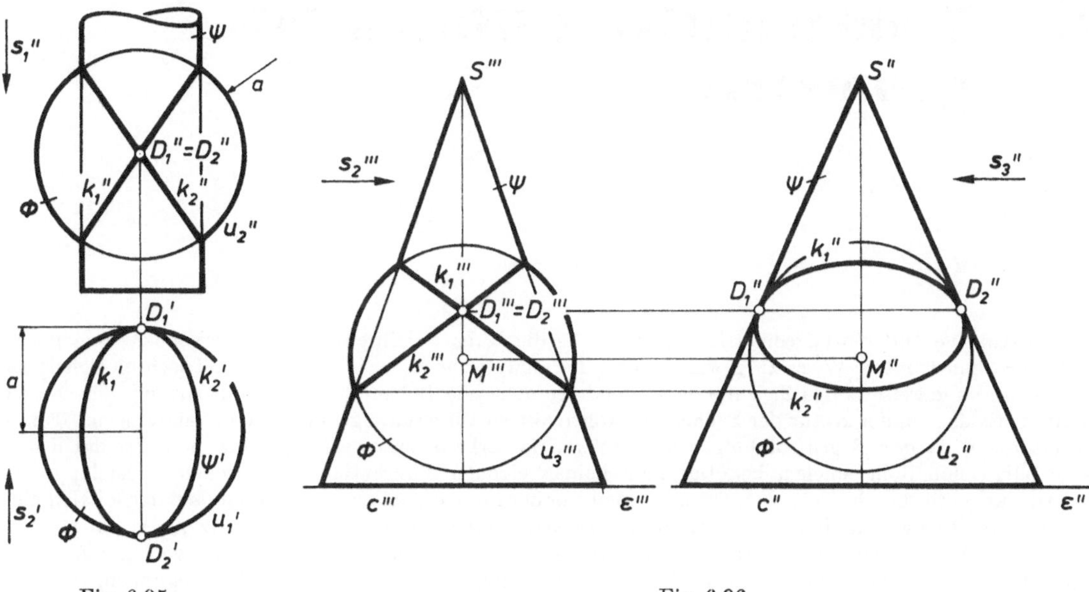


Fig. 6.95 Fig. 6.96

**7.** Konstruiere unter Verwendung eines kotierten Grundrisses den Grundriß des Schnittes zweier Böschungskegel derselben Böschung.
(Anl.: Benütze Satz 6.5.6 und Satz 5.5.3; ermittle die Kegelschnittscheitel in der gemeinsamen Meridianebene mit Hilfe eines Meridianrisses.)

**8.** Konstruiere aus einem Punkt $S$, der Außenpunkt von zwei Kugeln zu verschiedenen Mittelpunkten $M_1$, $M_2$ ist, für $S \notin M_1M_2$ die gemeinsamen Tangenten beider Kugeln. Diskutiere die Annahme $S \in M_1M_2$.
(Anl.: Gesucht sind die gemeinsamen Erzeugenden zweier Drehkegel mit $S$ als Spitze. Verwende einen Meridianriß mit der Ebene $M_1M_2\,S$ als Hauptebene, und benütze eine Hilfskugel um $S$.)

**9.** Zwischen zwei drehzylindrischen Rohren mit den windschiefen Achsen $a$ und $b$ ist ein drehzylindrisches Zwischenstück einzuschieben, dessen Achse $c$ mit $a$ und $b$ Winkel vom Maß 30° bildet.
(Anl.: Die zu $c$ parallele Gerade $\bar{c}$ durch einen Punkt $S$ gehört den beiden Drehkegeln zur Spitze $S$ an, deren Drehachsen zu $a$ bzw. $b$ parallel sind und deren Erzeugenden gegen die Drehachse je unter 30° verlaufen. Benütze die Anl. zu A 6.5. 8. Die zu $\bar{c}$ parallele Treffgerade von $a$ und $b$ geht durch den Punkt $A$ von $a$, welcher in der zu $\bar{c}$ parallelen Ebene durch $b$ liegt.)

**10.** Konstruiere alle Kreise einer Ebene $\pi$, welche drei gegebene Kreise $k_1$, $k_2$, $k_3$ von $\pi$ berühren (Berührungsproblem von Apollonios, 262—190 v. Chr.).
(Anl.: Ordnet man jedem Kreis $k$ von $\pi$ die Spitze eines Böschungskegels mit $k$ als Leitkreis und der Böschung 1 gegen die horizontal gedachte Ebene $\pi$ zu, so gehören zwei Punkte desselben Böschungskegels zu berührenden Kreisen. Zur Lösung der Aufgabe sind die gemeinsamen Punkte dreier schiebungsgleicher Böschungskegel aufzusuchen. Man erhält alle Lösungen, wenn man beachtet, daß einem Kreis $k$ nach obiger Vorschrift zwei bezüglich $\pi$ symmetrische Punkte zugeordnet werden können.)

**11.** Von drei Geraden $p$, $q$, $r$, die nicht zur selben Ebene parallel sind, kennt man die eigentlichen nicht kollinearen Fluchtpunkte $P_u^c$, $Q_u^c$, $R_u^c$ in der Bildebene $\pi$ einer Zentralprojektion sowie die Winkelmaße $\gamma_1 = \sphericalangle\, p, q$, $\gamma_2 = \sphericalangle\, q, r$, $\gamma_3 = \sphericalangle\, r, p$. Ermittle den (nicht eindeutig bestimmten) Distanzkreis (*Räumlicher Rückwärtseinschnitt*).
(Anl.: Da die Verbindungsgeraden des Augpunkts $O$ mit $P_u^c$ und $Q_u^c$ das Winkelmaß $\gamma_1$ besitzen, gehört $O$ für $\gamma_1 \neq 90°$ notwendig einem Spindeltorus $\Phi_1$ an, dessen Meridiankreis in der Bildebene ein durch $\gamma_1$ bestimmter Peripheriewinkelkreis mit der Sehne $[P_u^c, Q_u^c]$ ist; für $\gamma_1 = 90°$ tritt anstelle von $\Phi_1$ eine Kugel mit dem Durchmesser $[P_u^c, Q_u^c]$. Der Normalriß der Schnittkurve in der gemeinsamen Meridianebene $\pi$ von je zwei dieser Flächen kann nach der Kugelmethode ermittelt werden.)

**12.** Zwei kongruente, einander in zwei Punkten schneidende Kreise einer Ebene $\delta$ sind Villarceausche Kreise eines Ringtorus $\Phi$. Konstruiere den Normalumriß von $\Phi$ in $\delta$.

# 7. Konstruktive Differentialgeometrie

Die konstruktive Differentialgeometrie hat einerseits die Aufgabe, differentialgeometrische Aussagen auf anschaulich-konstruktive Weise zu gewinnen und die analytische Theorie damit geometrisch einsichtig zu machen, und andererseits das Ziel, die darstellend-geometrische Behandlung der Kurven und Flächen zu ergänzen. Es liegt in der Natur der Sache, daß konstruktive Differentialgeometrie eine analytische Grundlage erfordert, da ihre Begriffsbildungen auf Differenzierbarkeitsvoraussetzungen beruhen. Da dabei nur lokale Sätze eine Rolle spielen, benötigt man keinen eigenen differentialgeometrischen Formelapparat, also etwa keine flächentheoretischen Grundformen, sondern nur die einfachsten Ergebnisse der lokalen elementaren Analysis von in offenen Mengen differenzierbaren reellen Funktionen. Wir setzen alle Funktionen als beliebig oft differenzierbar, nicht aber als analytisch voraus, da komplexe Fortsetzungen in einer Geometrie des Anschauungsraumes keine Rolle spielen. Prinzipiell vermieden werden Überlegungen, die «unendlich kleine Größen» oder das Abzählen «zusammengerückter Punkte» verwenden. Als methodisches Hilfsmittel dienen die Taylor-Entwicklungen der beteiligten Funktionen; damit ist es auch möglich, Aussagen über nicht reguläre Punkte von Kurven und Flächen zu gewinnen, die für die Anwendungen in der Darstellenden Geometrie eine Rolle spielen und durch die üblichen Formeln der analytischen Differentialgeometrie nicht erfaßt werden.
Die konstruktive Kurventheorie stützt sich auf die Begriffe Tangente, Schmiegebene und Krümmungskreis. Im Falle der ebenen Kurven werden Evoluten und Evolventen behandelt und der Zusammenhang mit den ebenen Varietäten geklärt. In der konstruktiven Flächentheorie werden vor allem die Krümmungskreise von Flächenkurven sowie differentialgeometrische Eigenschaften von Schnittkurven studiert, wozu man die Meusnier-Kugeln und die Dupinschen Indikatrizen benötigt.
Die allgemeinen Aussagen wenden wir in **7.** auf Zylinder und Kegel und die Abwicklungen dieser Flächen sowie auf Drehflächen und Schiebflächen an.

## 7.0. Hilfssätze aus der Analysis reeller Funktionen

Eine Teilmenge $U$ von $\mathbb{R}^2$ heißt *offen*, wenn zu jedem Zahlenpaar $(x_0, y_0)$ von $U$ eine Zahl $\delta > 0$ so existiert, daß alle Zahlenpaare $(x, y)$ mit $(x - x_0)^2 + (y - y_0)^2 < \delta^2$, also einer *Umgebung* von $(x_0, y_0)$ in $\mathbb{R}^2$, zu $U$ gehören. Eine offene Teilmenge $U$ von $\mathbb{R}^2$ heißt ein *Gebiet*, wenn zu je zwei Zahlenpaaren $(x_0, y_0)$, $(x_1, y_1)$ aus $U$ eine stetige Abbildung $f\colon [0, 1] \to \mathbb{R}^2$ mit $f(0) = (x_0, y_0)$, $f(1) = (x_1, y_1)$ und $f([0, 1]) \subset U$ existiert. In analoger Weise wird eine Umgebung und ein Gebiet in $\mathbb{R}^3$ definiert. Zu den folgenden Hilfssätzen vgl. etwa [6].

(Hs 1a) Ist $f\colon I \to \mathbb{R}$ eine in einem offenen Intervall $I$ stetige Funktion und $f(x_0) \neq 0$, so existiert ein offenes Intervall $I_0 \subset I$ mit $x_0 \in I_0$ so, daß $f(x) \neq 0$ für alle $x \in I_0$ ist; für $f(x_0) < 0, f(x_1) > 0$ und $x_0 < x_1$ existiert $x_2 \in\, ]x_0, x_1[$ mit $f(x_2) = 0$.

(Hs 1b) Ist $f\colon I \to \mathbb{R}$ eine in einem offenen Intervall $I$ beliebig oft differenzierbare Funktion und gilt $\dfrac{df}{dx}(x_0) =: \dot f(x_0) \neq 0$, so existiert ein offenes Intervall $I_0 \subset I$ mit $x_0 \in I_0$ so, daß $f \mid I_0\colon I_0 \to \mathbb{R}$ injektiv ist und $\dot f \neq 0$ in $I_0$ gilt; dabei ist $J := f(I_0) \subset \mathbb{R}$ ein offenes Intervall und die inverse Funktion $f^{-1}\colon J \to \mathbb{R}$ in $J$ beliebig oft differenzierbar.

(Hs 1c) Ist $f\colon I \to \mathbb{R}$ eine in einem offenen Intervall $I$ beliebig oft differenzierbare Funktion, so gilt in einem offenen Intervall $I_0 \subset I$ mit $x_0 \in I_0$ und für jede natürliche Zahl $k$ eine Taylor-Entwicklung

$$(1)\ f(x) = f(x_0) + \dot f(x_0)\,(x - x_0) + \cdots + \frac{1}{k!} f^{(k)}(x_0)\,(x - x_0)^k + {}^{(k+1)} \qquad (x \in I_0),$$

wobei $(^{k+1})$ ein Glied $(k+1)$-ter Ordnung in $x - x_0$ bedeutet, dessen Koeffizient von $x \in I_0$ abhängt und für $x \to x_0$ beschränkt ist[1].

(Hs 2a) Ist $F: U \to \mathbb{R}$ eine in einem Gebiet $U$ von $\mathbb{R}^2$ beliebig oft differenzierbare Funktion und $F(x_0, y_0) = 0$, $F_y(x_0, y_0) \neq 0$ mit $\frac{\partial F}{\partial y} =: F_y$, so existieren ein Gebiet $U_0 \subset U$ mit $(x_0, y_0) \in U_0$ und eine in einem offenen Intervall $J$ beliebig oft differenzierbare Funktion $f: J \to \mathbb{R}$ so, daß gilt

$$(2) \qquad \{(x, y) \in \mathbb{R}^2 \mid F(x, y) = 0\} \cap U_0 = \{(x, y) \in \mathbb{R}^2 \mid x \in J, y = f(x)\}.$$

(Hs 2b) Ist $g: G \to \mathbb{R}^2$ eine in einem Gebiet $G$ von $\mathbb{R}^2$ beliebig oft differenzierbare Abbildung der Gestalt $(u, v) \in G \mapsto g(u, v) = \big(x(u, v), y(u, v)\big) \in \mathbb{R}^2$ und gilt $(x_u y_v - x_v y_u)(u_0, v_0) \neq 0$ mit $\frac{\partial x}{\partial u} =: x_u$ usw., so existiert ein Gebiet $G_0 \subset G$ mit $(u_0, v_0) \in G_0$ so, daß $g \mid G_0: G_0 \to \mathbb{R}^2$ injektiv ist und $x_u y_v - x_v y_u \neq 0$ in $G_0$ gilt; dabei ist $H := g(G_0) \subset \mathbb{R}^2$ ein Gebiet in $\mathbb{R}^2$ und die inverse Abbildung $g^{-1}: H \to \mathbb{R}^2$, also $(x, y) \in H \mapsto g^{-1}(x, y) = \big(u(x, y), v(x, y)\big)$ in $H$ beliebig oft differenzierbar.

(Hs 2c) Ist $f: U \to \mathbb{R}$ eine in einem Gebiet $U$ von $\mathbb{R}^2$ beliebig oft differenzierbare Funktion, so gilt für $(x_0, y_0) \in U$ in einer Umgebung $U_0 \subset U$ von $(x_0, y_0) \in U_0$ und für jede natürliche Zahl $k$ eine TAYLOR-Entwicklung

$$(3) \qquad \begin{aligned} f(x, y) = {} & f(x_0, y_0) + f_x(x_0, y_0)(x - x_0) + f_y(x_0, y_0)(y - y_0) + \\ & + \frac{1}{2}[f_{xx}(x_0, y_0)(x - x_0)^2 + 2 f_{xy}(x_0, y_0)(x - x_0)(y - y_0) + \\ & + f_{yy}(x_0, y_0)(y - y_0)^2] + \cdots + (^{k+1}) \qquad \big((x, y) \in U_0\big), \end{aligned}$$

wobei $(^{k+1})$ eine Form $(k+1)$-ter Ordnung in den Variablen $(x - x_0)$, $(y - y_0)$ bedeutet, deren Koeffizienten von $(x, y) \in U_0$ abhängen und für $(x, y) \to (x_0, y_0)$ beschränkt sind.

(Hs 3a) Ist $F: V \to \mathbb{R}$ eine in einem Gebiet $V$ von $\mathbb{R}^3$ beliebig oft differenzierbare Funktion und $F(x_0, y_0, z_0) = 0$, $F_z(x_0, y_0, z_0) \neq 0$, so existieren ein Gebiet $V_0 \subset V$ mit $(x_0, y_0, z_0) \in V_0$ und eine in einem Gebiet $U$ von $\mathbb{R}^2$ beliebig oft differenzierbare Funktion $f: U \to \mathbb{R}$ so, daß gilt

$$(4) \qquad \{(x, y, z) \in \mathbb{R}^3 \mid F(x, y, z) = 0\} \cap V_0 = \{(x, y, z) \in \mathbb{R}^3 \mid (x, y) \in U, z = f(x, y)\}.$$

(Hs 3b) Sind $F, G: V \to \mathbb{R}$ zwei in einem Gebiet $V$ von $\mathbb{R}^3$ beliebig oft differenzierbare Funktionen und ist $F(x_0, y_0, z_0) = G(x_0, y_0, z_0) = 0$, $(F_y G_z - F_z G_y)(x_0, y_0, z_0) \neq 0$, so existieren ein Gebiet $V_0 \subset V$ mit $(x_0, y_0, z_0) \in V_0$ und zwei in einem offenen Intervall $J$ beliebig oft differenzierbare Funktionen $f, g: J \to \mathbb{R}$ so, daß gilt

$$(5) \qquad \begin{aligned} & \{(x, y, z) \in \mathbb{R}^3 \mid F(x, y, z) = G(x, y, z) = 0\} \cap V_0 \\ & = \{(x, y, z) \in \mathbb{R}^3 \mid x \in J, y = f(x), z = g(x)\}. \end{aligned}$$

(Hs 3c) Ist $f: V \to \mathbb{R}$ eine in einem Gebiet $V$ von $\mathbb{R}^3$ beliebig oft differenzierbare Funktion, so gilt für $(x_0, y_0, z_0) \in V$ in einer Umgebung $V_0 \subset V$ von $(x_0, y_0, z_0) \in V_0$ und für jede na-

[1] Die genaue Gestalt des mit $(^{k+1})$ abgekürzten Restgliedes interessiert hier nicht; beachte, daß mit $(^{k+1})$ jedes Restglied $(k+1)$-ter Ordnung bezeichnet wird. Die Darstellung (1) ist allerdings nicht brauchbar, wenn alle Ableitungen einer nicht konstanten Funktion $f$ für $x_0$ verschwinden, wie dies bei beliebig oft differenzierbaren, aber nicht analytischen Funktionen möglich ist. Analoges gilt zu (3) und (6).
Die Ableitung $\dot{f}: I \to \mathbb{R}$ von $f$ besitzt ebenfalls eine TAYLOR-Entwicklung, deren Koeffizienten durch die Ableitungen von $\dot{f}$ an der Stelle $x_0$ bestimmt sind. Man erhält somit die TAYLOR-Entwicklung von $\dot{f}(x)$, wenn man die explizit angegebenen Glieder von (1) nach $x$ differenziert und anstelle $(^{k+1})$ ein Restglied $(^{k})$ hinzufügt. Analoges gilt zu Hs 2c und Hs 3c.

türliche Zahl $k$ eine TAYLOR-Entwicklung

(6) $$f(x, y, z) = f(x_0, y_0, z_0) + f_x(x_0, y_0, z_0)(x - x_0) + f_y(x_0, y_0, z_0)(y - y_0) + \\ + f_z(x_0, y_0, z_0)(z - z_0) + \cdots + (^{k+1}) \quad \big((x, y, z) \in V_0\big),$$

wobei $(^{k+1})$ eine Form $(k + 1)$-ter Ordnung in den Variablen $(x - x_0)$, $(y - y_0)$, $(z - z_0)$ bedeutet, deren Koeffizienten von $(x, y, z) \in V_0$ abhängen und für $(x, y, z) \to (x_0, y_0, z_0)$ beschränkt sind.

## 7.1. Kurven

### 7.1.1. Schmiegebene, Krümmung

In 1.4.1. sind die Begriffe Kurvenstück, Kurve und Tangente erklärt.

**Def. 7.1.1:** Eine Ebene $\sigma$ durch eine Tangente $t$ in einem Punkt $P$ eines nicht geradlinigen Kurvenstücks $c$ heißt *Schmiegebene* von $c$ in $P$ zur Tangente $t$, wenn sie Grenzlage von Ebenen $tQ$ ist, falls $Q$ eine Punktfolge der Menge $c$ so durchläuft, daß $t = \lim\limits_{Q \to P} PQ$ gilt.

Wir schreiben $\sigma = \lim\limits_{Q \to P} tQ$. Für ein ebenes nicht geradliniges Kurvenstück $c$ ist die Ebene von $c$ die Schmiegebene in jedem Punkt von $c$. Die Schmiegebene kann von der Auswahl der Tangente $t$ in $P$, aber auch von der Auswahl einer Punktfolge, die zur gleichen Tangente $t$ in $P$ führt, abhängen; dies zeigt ein aus zwei Kurvenstücken $c_1$, $c_2$ bestehendes Kurvenstück, wobei $c_1$ und $c_2$ in verschiedenen Ebenen $\sigma_1$, $\sigma_2$ liegen und $c_1$ in einem Punkt von $t = \sigma_1 \cap \sigma_2$ berührend in $c_2$ übergeht.
Die Grenzwertformel 1.4.2., (3) sowie Def. 1.4.4 für den Krümmungsradius von $c$ in $P$ zur Tangente $t$ ist auch für eine nicht ebene Kurve sinnvoll. Für $\varrho > 0$ heißt die Grenzlage des Kreises $\bar{k}(P, t; Q)$ wie in 1.4.2. der *Krümmungskreis* $k(P, t)$ von $c$ in $P$ zur Tangente $t$, und dieser gehört, wie aus Def. 7.7.1 folgt, der Schmiegebene $\lim\limits_{Q \to P} tQ$ von $c$ in $P$ zur Tangente $t$ an. Existiert in $P$ eine einzige Tangente und genau ein Grenzwert $\lim\limits_{Q \to P} \bar{\varrho}$, so sprechen wir für $\lim\limits_{Q \to P} \bar{\varrho} = 0$ bzw. $\lim\limits_{Q \to P} \bar{\varrho} = +\infty$ wie in 1.4.2. von einer *Spitze* bzw. von einem *Wendepunkt*. Durch einen *Rückkehrpunkt* $R$ existiert eine die einzige Tangente in $R$ nicht enthaltende Ebene $\gamma$ derart, daß alle von $R$ verschiedenen Punkte von $c$ in einer Umgebung von $R$ demselben Halbraum mit der Randebene $\gamma$ angehören, wobei der Parameterwert von $R$ in der Darstellung 1.4.1., (1) ein Innenpunkt des Intervalls $I$ ist. Durchsetzt ein Kurvenstück $c$ eine Symmetrieebene von $c$ in einem Punkt $A \in c$ orthogonal, so heißt $A$ ein *Scheitel* von $c$ (vgl. 1.4.2., Fn. 4). Im Falle ebener Kurven ergeben diese Begriffe die in 1.4.2. genannten.

**Def. 7.1.2:** Der Kehrwert eines Krümmungsradius $\varrho \neq 0$ heißt *Krümmung*, die Drehachse eines Krümmungskreises eine *Krümmungsachse* der Kurve.

Zu jeder Tangente in einem Punkt einer Kurve, der keine Spitze ist, gehört mindestens eine stets positive Krümmung; nach 1.4.2. ist in einem Wendepunkt der Krümmungsradius $\varrho$ nicht erklärt und die Krümmung Null, in einer Spitze ist $\varrho = 0$, also die Krümmung nicht erklärt. Eine Krümmungsachse in $P$ existiert nur dann, wenn ein Krümmungskreis in $P$ existiert, also weder der Krümmungsradius noch die Krümmung in $P$ verschwindet.

### 7.1.2. Reguläre Kurvenstücke

Def. 1.1.1 ist für die Zwecke der Differentialgeometrie zu allgemein.

**Def. 7.1.3:** Eine Kurve heißt *differenzierbar*, wenn sie als Bildmenge unter einer Abbildung 1.4.1., (1) eines *offenen* Intervalls $I$ beschrieben werden kann, die in $I$ beliebig oft differenzierbar ist. Ein differenzierbares Kurvenstück heißt *regulär*, wenn $\dot{\mathfrak{x}} \neq \mathfrak{o}$ in $I$ gilt.

Existiert bei einer differenzierbaren Kurve ein Parameterwert $u_0 \in I$ mit $\dot{\mathfrak{x}}(u_0) \neq \mathfrak{o}$, so existiert nach Hs 1b ein offenes Intervall $I_0 \subset I$ mit $u_0 \in I_0$ derart, daß $u \in I_0 \mapsto \mathfrak{x}(u)$ ein reguläres Kurvenstück beschreibt. Ein solcher Punkt liegt daher stets in einem regulären Kurvenstück und heißt daher *regulärer Kurvenpunkt*. Weiter ist «reguläres Kurvenstück» eine von der Auswahl des Koordinatensystems unabhängige Begriffsbildung: Besitzt $c$ die Koordinatenvektoren $\bar{\mathfrak{x}}(u)$ mit $\dot{\bar{\mathfrak{x}}}(u_0) \neq \mathfrak{o}$, so sind die auf ein anderes Koordinatensystem bezogenen Koordinatenvektoren $\mathfrak{x}(u)$ von $c$ in $I$ beliebig oft differenzierbar, wie aus A 1.3., 13 folgt, und es gilt

(1) $$\dot{\mathfrak{x}}(u_0) = \big(\alpha_1\dot{\bar{x}}(u_0) + \beta_1\dot{\bar{y}}(u_0) + \gamma_1\dot{\bar{z}}(u_0), \alpha_2\dot{\bar{x}}(u_0) + \beta_2\dot{\bar{y}}(u_0) + \gamma_2\dot{\bar{z}}(a_0), \alpha_3\dot{\bar{x}}(u_0) + \beta_3\dot{\bar{y}}(u_0) + \gamma_3\dot{\bar{z}}(u_0)\big)$$

mit $\alpha_j, \beta_j, \gamma_j \in \mathbb{R}$ $(j = 1, 2, 3)$ und $\{(\alpha_1, \alpha_2, \alpha_3), (\beta_1, \beta_2, \beta_3), (\gamma_1, \gamma_2, \gamma_3)\}$ linear unabhängig; aus $\dot{\mathfrak{x}}(u_0) = \mathfrak{o}$ in (1) ergibt sich nach 1.2.3. der Widerspruch $\dot{\bar{x}}(u_0) = \dot{\bar{y}}(u_0) = \dot{\bar{z}}(u_0) = 0$.

**Satz 7.1.1:** In jedem Punkt eines regulären Kurvenstücks existiert genau eine Tangente.

*Beweis*

Die durch zwei verschiedene Punkte $P, Q$ des regulären Kurvenstücks mit den Koordinatenvektoren $\mathfrak{x}(u_0)$ und $\mathfrak{x}(u_1)$ $(u_0 \neq u_1)$ bestimmte Sehnengerade $PQ$ hat nach 1.2.3. die Parameterdarstellung $\lambda \in \mathbb{R} \mapsto \mathfrak{x}(u_0) + \lambda(\mathfrak{x}(u_1) - \mathfrak{x}(u_0))$. Setzt man $\mu := (u_1 - u_0)\,\lambda$ und vollzieht den Grenzübergang $u_1 \to u_0$, so erhält man mit $\dot{\mathfrak{x}}(u_0) \neq \mathfrak{o}$ für die Grenzlage $t$ der Sehnengeraden die eindeutig bestimmte Parameterdarstellung

(2) $$\mu \in \mathbb{R} \mapsto \mathfrak{x}(u_0) + \mu\dot{\mathfrak{x}}(u_0). \square$$

Wegen $\mu = (u_1 - u_0)\,\lambda$ entsteht die durch wachsende Parameterwerte $\mu$ in (2) definierte Orientierung der Tangente $t$ aus der Orientierung von $PQ$, in welcher von den beiden Punkten $P$ und $Q$ jener vor dem anderen kommt, der bei der Parameterdarstellung 1.4.1., (1) von $c$ zum kleineren Parameterwert gehört. Die durch (2) bestimmte Orientierung der Tangente «paßt» also zu dem durch die Parameterdarstellung 1.4.1., (1) bestimmten Laufsinn des Kurvenstücks $c$.
Ist $\dot{\mathfrak{x}}(u_0) = \cdots = \mathfrak{x}^{(k-1)}(u_0) = \mathfrak{o}$, $\mathfrak{x}^{(k)}(u_0) \neq \mathfrak{o}$ $(k \geqq 2)$, so existiert im Punkt $P$ ebenfalls genau eine Tangente (vgl. auch A 7.1, 2): Mit Hilfe der TAYLOR-Entwicklung (vgl. Hs 1c)

(3) $$\mathfrak{x}(u) = \mathfrak{x}(u_0) + \frac{1}{k!}(u - u_0)^k\,\mathfrak{x}^{(k)}(u_0) + (^{k+1})$$

erhält man unter Verwendung von $\mu := \dfrac{1}{k!}(u_1 - u_0)^k\,\lambda$ beim Grenzübergang $u_1 \to u_0$ aus der Sehnengeraden $PQ$ die eindeutig bestimmte Tangente mit der Parameterdarstellung

(4) $$\mu \in \mathbb{R} \mapsto \mathfrak{x}(u_0) + \mu\mathfrak{x}^{(k)}(u_0).$$

**Satz 7.1.2:** Besitzt ein Punkt $P$ eines regulären Kurvenstücks $c$ mit der Parameterdarstellung $u \in I \mapsto \bar{\mathfrak{x}}(u) \in \mathbb{R}^3$ den Koordinatenvektor $\bar{\mathfrak{x}}(u_0)$ und benützt man $P$ als Ursprung und die einzige Tangente $t$ von $c$ in $P$ als $x$-Achse eines $(x, y, z)$-Koordinatenssystems, so existieren ein offenes Intervall $J$ und in $J$ beliebig oft differenzierbare Funktionen $f: J \to \mathbb{R}$ und $g: J \to \mathbb{R}$ so, daß ein durch $u \in I_0 \subset I \mapsto \bar{\mathfrak{x}}(u)$ mit $u_0 \in I_0$ beschriebenes, den Punkt $P$ enthaltendes Kurvenstück $c_1 \subset c$ in der Form[1]

(5) $$\{(x, y, z) \in \mathbb{R}^3 \mid x \in J,\ y = f(x),\ z = g(x)\} \text{ mit } f(0) = g(0) = f'(0) = g'(0) = 0$$

erfaßt wird.

*Beweis*

Der Wechsel des Koordinatensystems wird durch A 1.3, 13 beschrieben, wobei für den neuen Koordinatenvektor $\mathfrak{x}(u_0) = \mathfrak{o}$ von $P$ gilt $\dot{\mathfrak{x}}(u_0) \neq \mathfrak{o}$; dabei ist $\dot{y}(u_0) = \dot{z}(u_0) = 0$ nach (2), da die Tangente $t$ in $P$ die $x$-Achse ist. Dann existiert nach Hs 1b in einem offenen Intervall $I_0 \subset I$ mit $u_0 \in I_0$ zur Funktion $u \in I_0$

[1] Wir bezeichnen im folgenden Ableitungen speziell nach $x$ mit Strichen.

$\mapsto x(u) \in J \subset \mathbb{R}$ die inverse Funktion $x \in J \mapsto u(x) \in I_0 \subset \mathbb{R}$, wobei $J$ ein offenes Intervall und $u(x)$ in $J$ beliebig oft differenzierbar ist; mit $x(u_0) = 0$ folgt $u(0) = u_0$. Setzt man $y(u(x)) =: f(x)$, $z(u(x)) =: g(x)$, so ist $f(0) = g(0) = 0$, und die Mengen $\{\mathfrak{x}(u) \in \mathbb{R}^3 \mid u \in I_0\}$ und $\{(x, f(x), g(x)) \in \mathbb{R}^3 \mid x \in J\}$ stimmen überein. Aus (2) folgt $f'(0) = g'(0) = 0$. □

Nach (5) gilt für jeden Punkt $P$ eines regulären Kurvenstücks $c$, daß die Punktmenge $c$ durch zueinander parallele, zur Tangente $t$ in $P$ nicht parallele Ebenen lokal[2] bijektiv auf die Menge der Innenpunkte einer Strecke in $t$ abgebildet werden kann. Ein Punkt eines regulären Kurvenstücks ist somit niemals ein Rückkehrpunkt.

Wie aus (5) und Hs 1c folgt, gestattet jedes reguläre Kurvenstück lokal eine Darstellung der Gestalt

$$(6) \qquad y = f(x) = \frac{1}{2} a_2 x^2 + (^3), \qquad z = g(x) = \frac{1}{2} b_2 x^2 + (^3);$$

dabei ist der gewählte Kurvenpunkt $P$ der Ursprung und die Tangente in $P$ die $x$-Achse des Koordinatenssystems. Gehört das Kurvenstück speziell der Ebene mit der Gleichung $z = 0$ an, so gilt $g(x) = 0$ in (6).

## 7.1.3. Eigenschaften regulärer Kurvenstücke

Wir ziehen aus (6) eine Reihe von Folgerungen.

**Satz 7.1.3:** Ein reguläres Kurvenstück $c$ besitzt in jedem Punkt genau eine Krümmung und enthält keine Spitze; in einem Nichtwendepunkt existiert genau eine Schmiegebene.

*Beweis*

(a) Unter Verwendung der Bezeichnungen von 1.4.2. hat speziell in einem kartesischen Koordinatensystem nach (6) der Punkt $P \in c$ bzw. $Q \in c$ bzw. $Q_1$ das Koordinatentripel $(0, 0, 0)$ bzw. $(x_1, f(x_1), g(x_1))$ bzw. $(x_1, 0, 0)$ mit $x_1 \neq 0$, und 1.4.2., (3) ergibt mit (6) die eindeutig bestimmte nicht negative Krümmung

$$(7) \qquad \varkappa = 2 \lim_{Q \to P} \frac{\overline{QQ_1}}{\overline{PQ_1}^2} = 2 \lim_{x_1 \to 0} \frac{(f(x_1)^2 + g(x_1)^2)^{1/2}}{x_1^2} = (a_2^2 + b_2^2)^{1/2}.$$

Nach (7) ist $\varrho = 1 : \varkappa$ niemals Null.

(b) Für $(a_2, b_2) \neq (0, 0)$ ist $P$ nach (7) kein Wendepunkt. Die Verbindungsebene der in der $x$-Achse liegenden Tangente $t$ von $c$ in $P$ mit $Q \notin t$ hat die Gleichung $f(x_1)\, z - g(x_1)\, y = 0$. Läuft $Q$ in einer Punktfolge von $c$ gegen $P$, also $x_1$ gegen Null, so ist die Grenzlage $\sigma = \lim_{Q \to P} tQ$ nach (6) die eindeutig bestimmte Ebene mit der Gleichung

$$(8) \qquad a_2 z - b_2 y = 0. \; □$$

Existiert in einem Wendepunkt $P$ des regulären Kurvenstücks (6), für den also $a_2 = b_2 = 0$ ist, eine Zahl $k \geqq 3$ so, daß $\left(f^{(k)}(0), g^{(k)}(0)\right) \neq (0, 0)$ und $f^{(l)}(0) = g^{(l)}(0) = 0$ für $2 \leqq l < k$ gilt, so existiert ebenfalls genau eine Schmiegebene in $P$, als deren Gleichung sich mit Hilfe der TAYLOR-Entwicklung analog zu Satz 7.1.3, Beweisteil (b) ergibt

$$(9) \qquad f^{(k)}(0)\, z - g^{(k)}(0)\, y = 0.$$

Nur wenn in (6) sämtliche Ableitungen von $f$ und von $g$ für $x = 0$ verschwinden, wie das insbesondere für einen Punkt eines geradlinigen Kurvenstücks zutrifft, ist die Existenz einer Schmiegebene nicht gesichert. Wir schließen im folgenden bei einer krummen Kurve solche Punkte aus (vgl. 7.0., Fn.1).

[2] «Lokal» bedeutet dabei, daß ausgehend von einer Parameterdarstellung $u \in I \mapsto \mathfrak{x}(u)$ jene Punkte des regulären Kurvenstücks $c$ erfaßt werden, die durch Parameterwerte aus einem «kleinen» offenen Intervall $I_0 \subset I$ mit $u_0 \in I_0$ beschrieben werden. Diese Punktmenge ist nicht notwendig der Durchschnitt von $c$ mit einer räumlichen Umgebung von $P$ (vgl. [3, 73]).

Wählt man ein Koordinatensystem so, daß $P$ der Ursprung, die Tangente $t$ in $P$ die $x$-Achse ist und die Schmiegebene $\sigma$ in $P$ die Gleichung $z = 0$ besitzt, so bleibt die Bauart von (6) nach Satz 7.1.2 erhalten, und nach (8) ergibt sich, falls $P$ kein Wendepunkt ist, dann

$$(10) \qquad y = f(x) = \frac{1}{2} a_2 x^2 + (^3), \quad z = g(x) = \frac{1}{6} b_3 x^3 + (^4).$$

Ist das verwendete Koordinatensystem speziell kartesisch, so gilt $\varkappa = |a_2|$ in (10) nach (7).

**Satz 7.1.4:** In einer räumlichen Umgebung eines Nichtwendepunktes $P$ liegen alle von $P$ verschiedenen Punkte eines regulären Kurvenstücks ganz in einem Halbraum mit jeder von der Schmiegebene $\sigma$ in $P$ verschiedenen Ebene durch die Tangente in $P$ als Randebene.

*Beweis*

Die Ebene kann als $xz$-Ebene der Darstellung (10) verwendet werden. Mit $a_2 \neq 0$ in (10) hat $f(x)$ für alle $x \neq 0$ aus einem Intervall $]-\varepsilon, \varepsilon[$ dasselbe Vorzeichen. □

Durch ein reguläres Kurvenstück sind Kegel mitbestimmt (vgl. auch A 7.1, 3):

**Def. 7.1.4:** Verschiebt man alle Tangenten eines regulären nicht geradlinigen Kurvenstücks $c$ durch einen festen Punkt $S$ parallel, so entsteht der *Richtkegel von* $c$ zur Spitze $S$.

Je zwei Richtkegel zu verschiedenen Spitzen sind schiebungsgleich. Im Falle eines ebenen, nicht geradlinigen regulären Kurvenstücks liegen alle Geraden eines Richtkegels in einem Geradenbüschel, dessen Ebene zur Kurvenebene parallel ist, so daß kein Kegel im Sinne von Def. 1.4.7 vorliegt.

**Satz 7.1.5:** Die Schmiegebene $\sigma$ in einem Punkt $P$ eines regulären nicht geradlinigen Kurvenstücks $c$ ist parallel zur Tangentialebene des Richtkegels $\Psi$ längs der zur Tangente $t$ in $P$ parallelen Erzeugenden $\bar{t}$ von $\Psi$.

*Beweis*

Wir wählen $P$ als Spitze des Richtkegels $\Psi$, so daß $t = \bar{t}$ gilt. Hat die Schmiegebene $\sigma$ in $P$ die Gleichung $z = 0$, so gilt nach (6) und (9)

$$(11) \qquad y = ax^k + (^{k+1}), \; z = bx^m + (^{m+1}) \qquad 2 \leqq k < m, \; ab \neq 0.$$

Die Tangente $t_1$ im durch $x_1 \neq 0$ beschriebenen Punkt $Q \in c$ erhält man mit (2) aus (11), und die zu $t_1$ parallele Gerade $\bar{t}_1$ durch den Ursprung $P$ hat die Parameterdarstellung

$$(12) \qquad \lambda \in \mathbb{R} \mapsto \lambda(1, kax_1^{k-1} + (^k), mbx_1^{m-1} + (^m)).$$

Ist $|x_1|$ genügend klein, liegt also $Q$ nahe genug bei $P$, so gilt $\bar{t}_1 \neq \bar{t} = t$ nach (12). Die Ebene $\bar{t}\bar{t}_1$ durch die $x$-Achse hat dann die Gleichung

$$(13) \qquad (ka + (^1))\, z - (mbx_1^{m-k} + (^{m-k+1}))\, y = 0,$$

was wegen $a \neq 0$, $m > k$ für $x_1 \to 0$ ergibt $z = 0$, also die Schmiegebene $\sigma$. Andererseits ist nach Satz 1.4.1, Beweisteil (a) aber $\lim\limits_{\bar{t}_1 \to \bar{t}} \bar{t}\bar{t}_1$ die Tangentialebene von $\Psi$ längs $\bar{t}$. □

In Ergänzung zu Satz 2.1.5 gilt

**Satz 7.1.6:** Ist in einem Nichtwendepunkt $R$ eines regulären Kurvenstücks $c$ die Tangente $r$ eine Sehgerade einer Parallelprojektion $p\colon \mathfrak{P} \to \pi$, so ist $R^p$ ein Rückkehrpunkt von $c^p$ mit dem Parallelriß $\sigma^p$ der projizierenden Schmiegebene $\sigma$ in $P$ als Tangente.

*Beweis*

Für die Tangente $g$ von $c^p$ in $R^p$ gilt mit $Q \in c$ dann $g = \lim\limits_{Q^p \to R^p} R^pQ^p = \lim\limits_{Q^p \to R^p} r^pQ^p = \lim\limits_{Q \to R} (rQ)^p = \lim\limits_{Q \to R} (\pi \cap rQ) = \pi \cap \sigma = \sigma^p$ (Fig. 7.1). Nach 1.4.2. und Satz 7.1.4 ist $R^p$ ein Rückkehrpunkt von $c^p$. □

### 7.1.4. Bogenlänge, Rektifikation, kanonische Darstellung

Sind $P$ und $Q$ zwei durch die Parameterwerte $u_0$ und $u_1$ erfaßte verschiedene Punkte einer Kurve mit der Darstellung 1.4.1., (1) bezüglich eines kartesischen Koordinatensystems und ist $u_0 = a_0 < a_1 < \cdots < a_{n+1} = u_1$ eine Zerlegung $\mathfrak{Z}$ des Intervalls $[u_0, u_1] \subset I$, so gibt

$$(14) \qquad L_{\mathfrak{Z}} = \sum_{j=0}^{n} \|\mathfrak{x}(a_{j+1}) - \mathfrak{x}(a_j)\|$$

nach 1.2.4. die Länge eines der Kurve einbeschriebenen, in $P$ beginnenden und in $Q$ endenden Sehnenpolygons an.

**Def. 7.1.5:** Ist für alle Zerlegungen $\mathfrak{Z}$ von $[u_0, u_1]$ die Menge der positiven Zahlen $L_{\mathfrak{Z}}$ nach oben beschränkt, so heißt die Kurve von $P$ nach $Q$ *rektifizierbar* und das Supremum der Menge aller Zahlen $L_{\mathfrak{Z}}$ die *Länge* $\widehat{PQ}$ der Kurve (*Bogenlänge*) von $P$ nach $Q$.

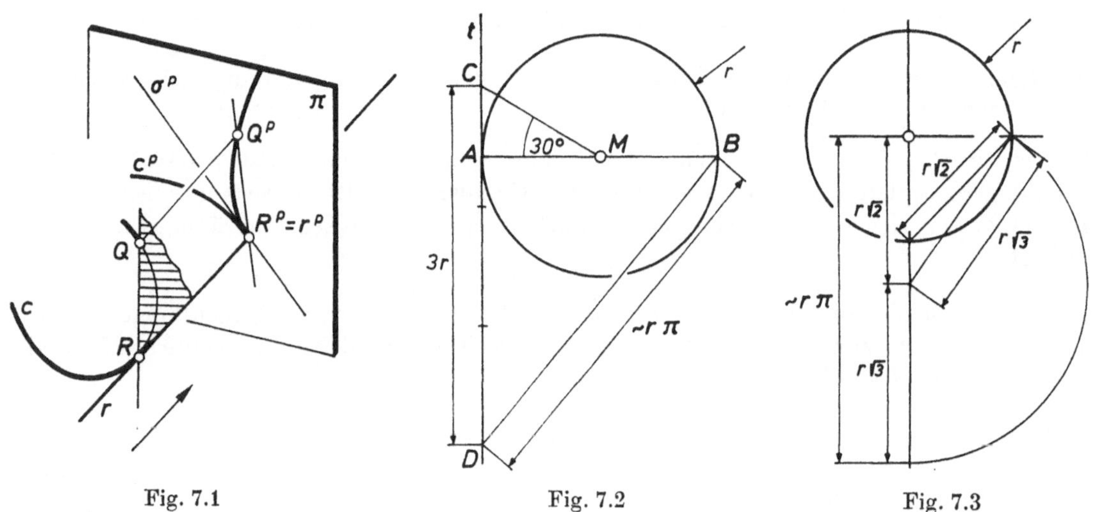


Fig. 7.1 Fig. 7.2 Fig. 7.3

Bei einer differenzierbaren Kurve existiert die Bogenlänge $\widehat{PQ}$ und berechnet sich zu (vgl. etwa [6, II; 11])

$$(15) \qquad \widehat{PQ} = \int_{u_0}^{u_1} \|\dot{\mathfrak{x}}(u)\| \, du .$$

Man erhält $\widehat{PQ}$ als Grenzwert der Länge einbeschriebener Sehnenpolygone, wenn man eine gewählte Zerlegung $\mathfrak{Z}$ so verfeinert, daß dabei alle Seitenlängen gegen Null gehen.

Die Ermittlung einer Strecke, deren Länge gleich der Bogenlänge $\widehat{PQ}$ ist, heißt *Rektifikation* der Kurve von $P$ nach $Q$. Eine Kurve wird näherungsweise rektifiziert, indem man die Seiten eines einbeschriebenen Sehnenpolygons in eine Gerade aneinanderlegt, was bei einer ebenen Kurve graphisch mit Hilfe des Stechzirkels erfolgen kann. Da eine Sehne um so mehr von der Kurve abweicht, je stärker gekrümmt die Kurve ist, wird man in Kurventeilen starker Krümmung die Ecken des Sehnenpolygons dichter wählen; man darf aber die Teilung nicht zu fein machen, da sonst die auftretenden Zeichenungenauigkeiten sich in unkontrollierbarer Weise summieren und die Approximationsfehler übersteigen. Kennt man eine Parameterdarstellung der Kurve, so kann man die Bogenlänge nach (15) ausrechnen; da das Integral in (15) nur in den seltensten Fällen in geschlossener Form berechnet werden kann, sind dafür numerische Näherungsverfahren nötig.

Speziell für einen Kreisbogen $k$ vom Radius $r$ und zum Zentriwinkel vom Bogenmaß $\varphi$ $(0 < \varphi \leqq 2\pi)$ bzw. vom Gradmaß $\varphi^\circ$ $(0 < \varphi^\circ \leqq 360^\circ)$ ist die Länge gleich[3] $r\varphi$ bzw. $\frac{r\pi}{180}\varphi^\circ$, wie aus der Darstellung $u \in \mathbb{R} \mapsto \mathfrak{x}(u) = (r\cos u, r\sin u)$ eines Kreises mit (15) folgt. Zur graphischen Rektifikation eines Kreises vom Radius $r$ ist die 1685 von A. KOCHANSKY (1631–1700) angegebene Näherungskonstruktion[4] für den halben Kreisumfang $r\pi$ zweckmäßig (Fig. 7.2): Ist $[A, B]$ ein Durchmesser des Kreises zum Mittelpunkt $M$, ferner $t$ die Tangente in $A$ und $C$ ein Punkt von $t$ mit $\sphericalangle AMC = 30^\circ$, so erhält man beim Abtragen der Länge $3r$ von $C$ über $A$ hinaus einen Punkt $D$, und die Länge $\overline{BD}$ ist etwa gleich $r\pi$. Aus $\tan 30^\circ = 1:\sqrt{3}$ folgt nämlich $\overline{BD}^2 = (2r)^2 + (3r - r\tan 30^\circ)^2 = \frac{r^2}{3}\left(40 - 6\sqrt{3}\right)$ (vgl. Fig. 7.2), also $\overline{BD} = r \cdot 3{,}14153333\ldots$ anstelle $r\pi = r \cdot 3{,}14159265\ldots$ Der Fehler hat somit die Größenordnung $6 \cdot 10^{-5}r$, so daß er für einen Kreis von 10 m Radius erst etwa 0,6 mm beträgt und daher immer unterhalb der Zeichengenauigkeit liegt. Die 1895 von M. D'OCAGNE angegebene Näherungskonstruktion von Fig. 7.3 verwendet die mit dem Stechzirkel rasch ausführbare Annäherung von $\pi$ durch $\sqrt{2} + \sqrt{3} = 3{,}14626\ldots$ und liefert $r\pi$ also mit einem Fehler der Größenordnung $5 \cdot 10^{-3}r$, der für $r = 10$ cm bereits etwa 0,5 mm beträgt.

Nach (15) ist der Parameter $u$ einer differenzierbaren Kurve $c$ mit der Darstellung 1.4.1., (1) genau dann so beschaffen, daß für je zwei Punkte $P, Q \in c$ zu den Parameterwerten $u_0$ und $u_1$ gilt $\widehat{PQ} = |u_1 - u_0|$, wenn $\|\dot{\mathfrak{x}}\| = 1$ in $I$ ist. Wir nennen einen solchen Parameter einen *Bogenlängenparameter*. Gestattet eine differenzierbare Kurve $c$ eine Darstellung mit Hilfe eines Bogenlängenparameters, so ist $c$ nach 7.1.2. Vereinigungsmenge regulärer Kurvenstücke.

**Satz 7.1.7:** Bei einem Bogenlängenparameter $u$ eines regulären Kurvenstücks ist die Krümmung im Kurvenpunkt zum Parameterwert $u_0$ gleich $\|\ddot{\mathfrak{x}}(u_0)\|$.

*Beweis*

Wir wählen den Punkt $P$ zum Parameterwert $u = 0$ im Ursprung eines kartesischen Koordinatensystems. Dann ist $\mathfrak{x}(0) = \mathfrak{o}$, und es gilt nach Hs 1c

$$\mathfrak{x}(u) = u\dot{\mathfrak{x}}_0 + \frac{1}{2}u^2\ddot{\mathfrak{x}}_0 + \frac{1}{6}u^3\dddot{\mathfrak{x}}_0 + (^4) \qquad \text{mit } \dot{\mathfrak{x}}_0 = \dot{\mathfrak{x}}(0) \text{ usw.} \tag{16}$$

Für den Punkt $Q \in c$ mit dem Koordinatenvektor $\mathfrak{x}(u_1)$ hat der in 1.4.2. beschriebene Punkt $Q_1$ der Tangente von $P$ nach (2) den Koordinatenvektor $a\dot{\mathfrak{x}}_0$ mit $a = \overline{PQ}\cos\sphericalangle QPQ_1 = \|\mathfrak{x}(u_1)\|\cos\sphericalangle QPQ_1$ wegen $\|\dot{\mathfrak{x}}_0\| = 1$, so daß nach 1.2.5. gilt $a = \mathfrak{x}(u_1)\cdot\dot{\mathfrak{x}}_0$. Da aus $\dot{\mathfrak{x}}^2 = 1$ in $I$ folgt $\dot{\mathfrak{x}}\cdot\ddot{\mathfrak{x}} = 0$ in $I$, ist $a = u_1 + (^3)$ nach (16), also $\overline{PQ_1}^2 = a^2\dot{\mathfrak{x}}_0^2 = a^2 = u_1^2 + (^4)$ und $\overline{QQ_1} = \|\mathfrak{x}(u_1) - a\dot{\mathfrak{x}}_0\| = \frac{1}{2}\|\ddot{\mathfrak{x}}_0\|\,u_1^2 + (^3)$. Damit folgt die Behauptung aus 1.4.2., (3) und Def. 7.1.2. □

Bei Verwendung eines Bogenlängenparameters liegt somit zum Parameterwert $u_0$ genau dann ein Wendepunkt vor, wenn $\ddot{\mathfrak{x}}(u_0) = \mathfrak{o}$ gilt.

**Satz 7.1.8:** Sind $\mathfrak{x}(u)$ und $\mathfrak{y}(v)$ Parameterdarstellungen zweier differenzierbarer Kurvenstücke $c_1, c_2$ und gilt $\dot{\mathfrak{x}}(u_0) = \dot{\mathfrak{y}}(v_0) \neq \mathfrak{o}$, $\ddot{\mathfrak{x}}(u_0) = \ddot{\mathfrak{y}}(v_0)$, so gilt für die Krümmungen $\varkappa_1$ von $c_1$ und $\varkappa_2$ von $c_2$ dann $\varkappa_1(u_0) = \varkappa_2(v_0)$.

[3] Diese Tatsache liegt der Definition des Winkelmaßes in 1.2.5. zugrunde.

[4] Nach der Theorie der geometrischen Konstruktionen kann nach Wahl einer Einheitsstrecke genau dann eine Strecke der vorgeschriebenen Länge $a$ in endlich vielen Schritten unter alleiniger (zulässiger) Verwendung von Zirkel und Lineal exakt konstruiert werden, wenn $a$ aus 1 durch endlich oftmaliges Anwenden der rationalen Rechenoperationen und der Operation des Quadratwurzelziehens entsteht. Da $\pi$ nach einem 1882 von F. LINDEMANN (1852–1939) bewiesenen Satz eine transzendente Zahl, also keine Nullstelle irgendeines Polynoms mit rationalen Koeffizienten ist, kann es keine im obigen Sinn exakte Konstruktion für den Umfang eines Kreises geben. Gleiches gilt für die Quadratur des Kreises, nämlich die Aufgabe, ein Quadrat zu konstruieren, dessen Flächeninhalt gleich dem eines von einem Kreis berandeten Bereiches ist.

*Beweis*

Für einen Bogenlängenparameter $s$ von $c_1$ ist $\frac{ds}{du} = \|\dot{\mathfrak{x}}\|$ nach (15), also für jeden Parameterwert $u_0$ dann

$$\frac{d\mathfrak{x}}{ds} = \|\dot{\mathfrak{x}}\|^{-1}\,\dot{\mathfrak{x}},\ \frac{d^2\mathfrak{x}}{ds^2} = \|\dot{\mathfrak{x}}\|^{-2}\,\ddot{\mathfrak{x}} - (\dot{\mathfrak{x}}\cdot\ddot{\mathfrak{x}})\,\|\dot{\mathfrak{x}}\|^{-4}\,\dot{\mathfrak{x}}; \tag{17}$$

mit Satz 7.1.7 folgt die Behauptung. □

Bestimmt $u_0 = 0$ bei einer Bogenlängenparametrisierung einen Nichtwendepunkt $P$, so folgt aus $\dot{\mathfrak{x}} \cdot \ddot{\mathfrak{x}} = 0$ und $\ddot{\mathfrak{x}}_0 \neq \mathfrak{o}$, daß $\ddot{\mathfrak{x}}_0$ ein zu $\dot{\mathfrak{x}}_0$ normaler Vektor ist. Wir wählen ein kartesisches Koordinatensystem so, daß $\mathfrak{x}(0)$ bzw. $\dot{\mathfrak{x}}_0$ bzw. $\|\ddot{\mathfrak{x}}_0\|^{-1}\ddot{\mathfrak{x}}_0 = \varkappa_0^{-1}\ddot{\mathfrak{x}}_0$ mit $\varkappa_0 = \varkappa(0)$ der Koordinatenvektor $(0, 0, 0)$ bzw. $(1, 0, 0)$ bzw. $(0, 1, 0)$ ist. Der Vektor $\dddot{\mathfrak{x}}_0$ gestattet dann die Darstellung $\dddot{\mathfrak{x}}_0 = \alpha\dot{\mathfrak{x}}_0 + \beta\ddot{\mathfrak{x}}_0 + \gamma\mathfrak{e}_3$ mit $\mathfrak{e}_3 = (0, 0, 1)$, $\alpha, \beta, \gamma \in \mathbb{R}$; aus $\dot{\mathfrak{x}} \cdot \ddot{\mathfrak{x}} = 0$ folgt $\dot{\mathfrak{x}}_0 \cdot \dddot{\mathfrak{x}}_0 + \ddot{\mathfrak{x}}_0^2 = 0$, also $\alpha = -\varkappa_0^2$ nach Satz 7.1.7, und aus $\ddot{\mathfrak{x}}^2 = \varkappa^2$ in $I$ ergibt sich $\ddot{\mathfrak{x}}_0 \cdot \dddot{\mathfrak{x}}_0 = \varkappa_0\dot{\varkappa}_0$, also $\beta = \dot{\varkappa}_0\varkappa_0^{-1}$. Damit entsteht aus (16) die *kanonische Darstellung* eines regulären Kurvenstücks

$$x(u) = u - \frac{\varkappa_0^2}{6}u^3 + (^4),\quad y(u) = \frac{\varkappa_0}{2}u^2 + \frac{\dot{\varkappa}_0}{6}u^3 + (^4),\quad z(u) = \frac{\gamma}{6}u^3 + (^4)\ (\gamma \in \mathbb{R}). \tag{18}$$

Dabei ist $u$ ein Bogenlängenparameter und die $x$-Achse des kartesischen Koordinatenssystems die Tangente $t$ im Ursprung $P$; die Schmiegebene $\lim\limits_{Q\to P} tQ$ in $P$ hat die Gleichung $z = 0$, da $\lim\limits_{u\to 0}(z:y) = 0$ nach (18) gilt.
Das durch (18) beschriebene Kurvenstück ist insbesondere dann eben, wenn $z(u) = 0$ ist. Weiter gilt für ebene Kurven

**Satz 7.1.9:** Ist $\varkappa: I \to \mathbb{R}$ eine für alle $u \in I$ beliebig oft differenzierbare Funktion mit $\varkappa(u) > 0$, so existiert stets eine ebene Kurve, die Vereinigungsmenge regulärer Kurvenstücke mit $u$ als Bogenlängenparameter und der Krümmung $\varkappa(u)$ ist.

*Beweis*

Für die noch nicht bekannten Koordinatenvektoren $\mathfrak{x}(u)$ der Punkte der gesuchten Kurve gilt notwendig $\dot{\mathfrak{x}}^2 = 1$ in $I$. Wir wählen für $0 \in I$ das kartesische $(x, y)$-Rechtssystem so, daß $\mathfrak{x}(0) = (0, 0)$ und $\dot{\mathfrak{x}}(0) = (1, 0)$ ist, und benützen die stetige Funktion $\varphi: I \to \mathbb{R}$ mit $\varphi(0) = 0$ und $\dot{\mathfrak{x}}(u) = (\cos\varphi(u), \sin\varphi(u))$. Die Funktion $\varphi(u)$ ist somit beliebig oft differenzierbar. Aus Satz 7.1.7 folgt notwendig $\varkappa = \|\ddot{\mathfrak{x}}\| = \left|\frac{d\varphi}{du}\right|$ in $I$. Nach Voraussetzung ist $\frac{d\varphi}{du}$ vorzeichenbeständig in $I$; wir setzen etwa $\frac{d\varphi}{du} > 0$ in $I$ voraus. Dann gilt $\varphi(u) = \int\limits_0^u \varkappa(t)\,dt$, und

$$x(u) = \int\limits_0^u \cos\left(\int\limits_0^s \varkappa(t)\,dt\right)ds,\quad y(u) = \int\limits_0^u \sin\left(\int\limits_0^s \varkappa(t)\,dt\right)ds \tag{19}$$

beschreibt eine Kurve mit den gewünschten Eigenschaften[5]. □

## 7.1.5. Krümmungskreise ebener Kurven

Für ebene Kurven gilt

**Satz 7.1.10:** Läuft ein Punkt $Q$ in einem differenzierbaren nicht geradlinigen ebenen Kurvenstück $c$ gegen einen Punkt $P \in c$, so ist $P$ die Grenzlage des Schnittpunktes $T_1$ der Tangente $t$ in $P$ mit der Tangente $t_1$ in $Q$.

[5] Da durch die beliebig oft differenzierbaren Funktionen in (19) nicht notwendig eine injektive Abbildung von $I$ in $\mathbb{R}^2$ definiert wird, liegt nicht notwendig ein Kurvenstück vor; wegen $\dot{\mathfrak{x}} \neq \mathfrak{o}$ ist die Kurve nach 7.1.2. aber Vereinigung regulärer Kurvenstücke.

*Beweis*

Wir wählen den Punkt $P$ im Ursprung und die Tangente $t$ als $x$-Achse. Wird der Punkt $P$ bei der Darstellung 1.4.1., (1) durch den Parameterwert $0 \in I$ erfaßt, so gelten nach (3) und (4) die TAYLOR-Entwicklungen

(20) $$x(u) = au^k + (^{k+1}), \ y(u) = bu^m + (^{m+1}) \qquad 1 \leq k < m, \ ab \neq 0.$$

Die Tangente $t_1$ im durch den Parameterwert $u_1 \neq 0$ erfaßten Punkt $Q$ von $c$ hat dann nach (2) die Parameterdarstellung $\mu \in \mathbb{R} \mapsto \big(au_1{}^k + (^{k+1}) + \mu(kau^{k-1} + (^k)),\ bu^m + (^{m+1}) + \mu(mbu^{m-1} + (^m))\big)$ und der Punkt $T_1 = t \cap t_1$ daher das Koordinatenpaar $\left(a\,\frac{m-k}{m}\,u_1{}^k, 0\right)$, was $\lim\limits_{Q\to P} T_1 = P$ ergibt. □

In 1.4.2. ist die Normale eines ebenen Kurvenstücks $c$ in einem Punkt von $c$ erklärt.

**Satz 7.1.11:** Läuft ein Punkt $Q$ in einem regulären ebenen Kurvenstück $c$ gegen einen Punkt $P \in c$, in dem ein Krümmungskreis existiert, so ist dessen Mittelpunkt $K$ die Grenzlage des Schnittpunktes $K_1$ der Normalen $n$ in $P$ mit der Normalen $n_1$ in $Q$.

*Beweis*

Wir legen die Darstellung (10) mit $g(x) = 0$ und $\varrho(0)^{-1} = \varkappa(0) = a_2 > 0$ zugrunde, bei der der Nichtwendepunkt $P$ im Ursprung liegt und die Tangente $t$ von $c$ in $P$ die $x$-Achse ist. Der Punkt $Q \in c$ hat das Koordinatenpaar $(x_1, y_1 = f(x_1))$ mit $x_1 \neq 0$. Mit $\varphi = \sphericalangle\, t, t_1$ ist $\tan\varphi = f'(x_1) = f''(0)\,x_1 + (^2)$. Wegen $\sphericalangle\, t, t_1 = \sphericalangle\, n, n_1$ folgt $\overline{PK_1} = |y_1 + x_1 \cot\varphi| = \left|y_1 + \frac{x_1}{f'(x_1)}\right|$ (Fig. 7.4), also $\overline{PK_1} = \varrho(0) + (^2)$ nach (10); damit gilt $\lim\limits_{Q\to P} \overline{PK_1} = \varrho(0)$. Außerdem gehören die Punkte $K$ und $K_1$ für $\varkappa(0) \neq 0$ derselben Halbebene mit der Randgeraden $t$ an, falls $Q$ nahe genug an $P$ liegt, wie aus $a_2 \neq 0$ folgt. □

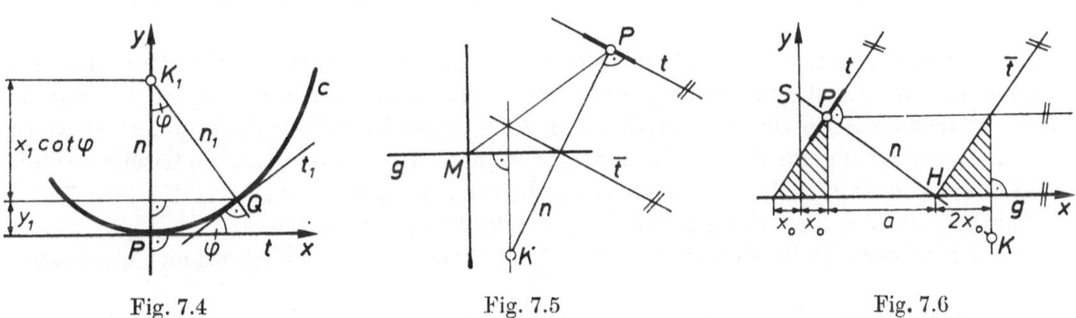


Fig. 7.4 Fig. 7.5 Fig. 7.6

Ist $P$ in Satz 7.1.11 dagegen ein Wendepunkt, also $a_2 = 0$, so gilt nach (10) dann $\overline{PK_1} \to +\infty$ für $Q$ gegen $P$.

Gemäß den 5.1.1. bzw. 5.3.1. bzw. 5.4.1. angegebenen Parameterdarstellungen und Def. 7.1.3 ist jede um einen ihrer Punkte verminderte Ellipse bzw. jeder Ast einer Hyperbel bzw. jede Parabel ein reguläres ebenes Kurvenstück. Die Konstruktion der Scheitelkrümmungskreise ist in 5.1.3., (E3) bzw. 5.3.2., (H4) bzw. 5.4.2., (P3) angegeben. Für die anderen Punkte eines Kegelschnitts gilt

**Satz 7.1.12:** Ist $P$ kein Scheitel einer Ellipse oder Hyperbel und schneidet die Haupt- bzw. Nebenachse die Tangente $t$ von $P$ in $H$ bzw. $N$ und die Normale $n$ von $P$ in $\bar{H}$ bzw. $\bar{N}$, so gilt für den Mittelpunkt $K$ des Krümmungskreises in $P$ dann $\mathrm{TV}(H, N, P) = \mathrm{TV}(\bar{H}, \bar{N}, K)$. Schneidet die Normale $n$ einer Parabel in einem vom Scheitel verschiedenen Punkt $P$ die Scheiteltangente in $S$ und die Achse in $H$, so liegt $H$ zwischen $P$ und $K$, und es gilt $2\overline{PS} = \overline{HK}$.

*Beweis*

(a) Besitzt der Punkt $P$ einer Ellipse nach 5.1.1. das Koordinatenpaar $(a\cos u_0, b\sin u_0)$ mit $u_0 \in \,]0, 2\pi[\, \setminus \{\pi/2, \pi, 3\pi/2\}$, so hat die Tangente $t$ in $P$ nach (2) die Parameterdarstellung

(21) $$\mu \in \mathbb{R} \mapsto (a\cos u_0 - \mu a \sin u_0,\ b \sin u_0 + \mu b \cos u_0)$$

und daher die Normale $n$ in $P$ die Gleichung

(22) $$-a \sin u_0 x + b \cos u_0 y = (b^2 - a^2) \sin u_0 \cos u_0 .$$

Die $x$-Koordinaten der Punkte $H, N, P, \bar{H}$ bzw. $\bar{N}$ sind daher $a : \cos u_0$, 0, a $\cos u_0$, $\frac{a^2 - b^2}{a} \cos u_0$ bzw. 0. Die $x$-Koordinate $\xi$ des Schnittpunktes $K_1$ der Normalen $n$ im Punkt $P$ zum Parameterwert $u_0$ und der Normalen $n_1$ im Punkt zum Parameterwert $u_1$ ergibt sich nach (22) zu

(23) $$\xi = \frac{b^2 - a^2}{a} \cos u_0 \cos u_1 \frac{\sin u_0 - \sin u_1}{\sin (u_1 - u_0)} .$$

Läuft $Q$ in $c$ gegen $P$, also $u_1$ gegen $u_0$, so liefert (13) mit Hilfe der TAYLOR-Entwicklung $\sin (\alpha_0 + \alpha) = \sin \alpha_0 + \alpha \cos \alpha_0 + (^2)$ dann

(24) $$\lim_{u_1 \to u_0} \xi = \frac{b^2 - a^2}{a} \cos^2 u_0 \lim_{u_1 \to u_0} \frac{\sin u_0 - \sin (u_0 + (u_1 - u_0))}{\sin (u_1 - u_0)} = -\frac{b^2 - a^2}{a} \cos^3 u_0 .$$

Damit ergibt A 1.2, 6 einerseits $\mathrm{TV}(H, N, P) = -\tan^2 u_0$ und andererseits $\mathrm{TV}(\bar{H}, \bar{N}, K) = -\tan^2 u_0$. Im Falle einer Hyperbel verläuft der Beweis völlig analog.
(b) Bei der Parabel 5.4.1., (2) gilt für die Normale $n$ bzw. $n_1$ in $P$ bzw. $Q$ mit A 5.4, 2 (Fig. 7.6)

(25) $$y - y_0 = -\frac{y_0}{a}(x - x_0) \quad \text{bzw.} \quad y - y_1 = -\frac{y_1}{a}(x - x_1)$$

und daher für die $x$-Koordinate $\xi$ des Punktes $K_1 = n \cap n_1$

(26) $$\xi = a + \frac{x_1 y_1 - x_0 y_0}{y_1 - y_0} = a + \frac{y_1^3 - y_0^3}{2a(y_1 - y_0)} = a + \frac{1}{2a}(y_0^2 + y_0 y_1 + y_1^2) .$$

Aus $\lim_{x_1 \to x_0} \xi = a + 3x_0 = x_0 + a + 2x_0$ und A 5.4, 2 folgt $\overline{PS} : \overline{HK} = x_0 : 2x_0 = 1 : 2$ und $H$ zwischen $P$ und $K$. □

Satz 7.1.12 liefert folgende zweckmäßige Konstruktionsvorschrift: Die Parallele $\bar{t}$ zu $t$ durch den Schnittpunkt von $n$ mit einer Achse $g$ einer Ellipse oder Hyperbel bzw. mit der Achse $g$ einer Parabel schneidet die Durchmessergerade durch $P$ im selben Punkt wie die zu $g$ normale Gerade durch $K$. Dies folgt für eine Ellipse oder Hyperbel $c$ durch Anwendung jener zentrischen Ähnlichkeit mit dem Zentrum im Mittelpunkt $M$ von $c$, die $t$ in $\bar{t}$ überführt, und Satz 1.2.1 (Fig. 7.5), für eine Parabel $c$ aus der Kongruenz der in Fig. 7.6 schraffierten Dreiecke.
Wie aus der Bemerkung im Anschluß an Satz 7.1.11 folgt, ist jeder Kegelschnitt wendepunktfrei.
Der Mittelpunkt eines Krümmungskreises einer Kurve $c$ in einem Nichtwendepunkt $P$ heißt *Krümmungsmittelpunkt* in $P$; für eine Spitze $P$ ist nach 1.4.2. der Punkt $P$ als Krümmungsmittelpunkt anzusprechen.

**Def. 7.1.6:** Die Menge der Krümmungsmittelpunkte aller Punkte einer wendepunktfreien ebenen Kurve $c$ heißt die *Evolute* $\hat{c}$ von $c$.

Für eine geradlinige Kurve $c$ ist die Evolute nicht erklärt und für eine kreisförmige Kurve der Kreismittelpunkt.

**Satz 7.1.13:** Sind die Normalen eines regulären ebenen Kurvenstücks $c$ Tangenten eines differenzierbaren Kurvenstücks $\hat{c}$, so ist $\hat{c}$ die Evolute von $c$. Der Krümmungsmittelpunkt $K_A \in \hat{c}$ eines Scheitels $A$ von $c$ ist ein Rückkehrpunkt der Evolute $\hat{c}$.

*Beweis*

Die erste Aussage folgt aus Satz 7.1.11 und Satz 7.1.10. Nach 1.4.2. liegt ein Scheitel $A$ von $c$ in einer Symmetrieachse $g$ von $c$, die als Normale in $A$ die Tangente von $\hat{c}$ in $K_A$ abgibt. Da mit $c$ auch $\hat{c}$ zu $g$ symmetrisch ist, liegen die von $K_A$ verschiedenen Punkte von $\hat{c}$ in einer Umgebung von $K_A$ in einer Halbebene mit der zu $g$ normalen Geraden durch $K_A$ als Randgeraden. □

In Fig. 7.7 ist gemäß Satz 7.1.11 und Satz 7.1.13 die Evolute $\hat{c}$ einer Ellipse $c$ konstruiert, welche dieselben Symmetrieachsen wie $c$ besitzt und nach Satz 7.1.13 in den Krümmungsmittelpunkten der vier Scheitel von $c$ Rückkehrpunkte aufweist.

Satz 7.1.13 gibt Anlaß zu

**Def. 7.1.7:** Jedes differenzierbare ebene Kurvenstück $c$, welches die Tangenten eines differenzierbaren ebenen Kurvenstücks $\hat{c}$ orthogonal durchsetzt[6], heißt eine *Evolvente* von $\hat{c}$.

Jedes reguläre Kurvenstück einer Evolvente von $\hat{c}$ hat nach Satz 7.1.13 die gegebene Kurve $\hat{c}$ als Evolute. Die Existenz und Konstruktion der Evolventen wird durch folgende Aussage beherrscht (Fig. 7.8):

**Satz 7.1.14:** Sei $\hat{P}_0$ ein Punkt eines regulären Kurvenstücks $\hat{c}$. Es gibt genau eine von $\hat{P}_0$ ausgehende Evolvente $c$ von $\hat{c}$, und diese schneidet die Tangente $\hat{t}$ eines Punktes $\hat{P}$ von $\hat{c}$ in einem Punkt $P$ so, daß $\overline{P\hat{P}}$ gleich der Länge des Bogens $\widehat{\hat{P}_0\hat{P}}$ von $\hat{c}$ ist und $P$ im Sinne jener Orientierung von $\hat{t}$, welche durch den Laufsinn von $\hat{P}_0$ nach $\hat{P}$ in $\hat{c}$ bestimmt ist, vor dem Punkt $\hat{P}$ liegt. Je zwei Evolventen von $\hat{c}$ schneiden die Tangenten von $\hat{c}$ in Punkten festen Abstands.
Ist $\hat{P}_0$ ein Nichtwendepunkt von $\hat{c}$, so hat die von $\hat{P}_0$ ausgehende Evolvente $c$ in $\hat{P}_0$ eine Rückkehrspitze mit einer zur Tangente von $\hat{c}$ normalen Tangente[7].

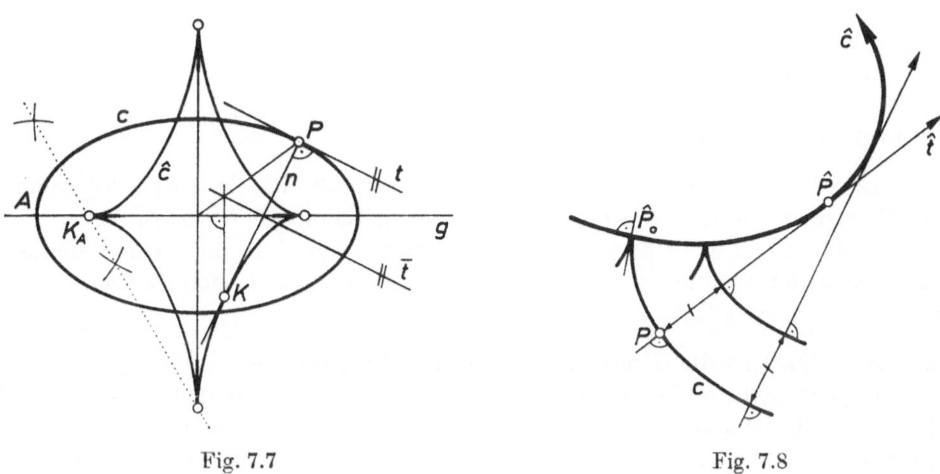


Fig. 7.7 Fig. 7.8

*Beweis*

(a) Wir verwenden eine Bodenlängenparametrisierung $u \in I \mapsto \hat{\mathfrak{x}}(u)$ von $\hat{c}$, wobei $u = 0$ den Punkt $\hat{P}_0$ erfaßt; nach 7.1.4. ist dann $\dot{\hat{\mathfrak{x}}}^2 = 1$, also $\dot{\hat{\mathfrak{x}}} \cdot \ddot{\hat{\mathfrak{x}}} = 0$ in $I$. Im Punkt $\hat{P} \in \hat{c}$ mit dem Koordinatenvektor $\hat{\mathfrak{x}}(u_1)$ hat die Tangente $\hat{t}$ von $\hat{c}$ nach (2) die Parameterdarstellung $\mu \in \mathbb{R} \mapsto \hat{\mathfrak{x}}(u_1) + \mu\dot{\hat{\mathfrak{x}}}(u_1)$, wobei die durch wachsendes $\mu$ definierte Orientierung von $\hat{t}$ zum durch wachsendes $u$ bestimmten Laufsinn von $\hat{c}$ paßt.
Eine von $\hat{P}_0$ ausgehende Evolvente $c$ von $\hat{c}$ besitzt notwendig eine Parameterdarstellung der Gestalt

$$(27) \qquad u \in I \mapsto \mathfrak{x}(u) = \hat{\mathfrak{x}}(u) + \mu(u)\,\dot{\hat{\mathfrak{x}}}(u) \qquad \text{mit } \mu(0) = 0,$$

wobei die Funktion $u \mapsto \mu(u)$ so zu wählen ist, daß $c$ jede Tangente von $\hat{c}$ orthogonal durchsetzt. Dies bedeutet nach 1.2.4. mit (27)

$$(28) \qquad 0 = \dot{\mathfrak{x}} \cdot \dot{\hat{\mathfrak{x}}} = (\dot{\hat{\mathfrak{x}}} + \mu\ddot{\hat{\mathfrak{x}}} + \dot{\mu}\dot{\hat{\mathfrak{x}}}) \cdot \dot{\hat{\mathfrak{x}}} = 1 + \dot{\mu},$$

also $\mu(u) = -u$. Daraus folgen die ersten Aussagen von Satz 7.1.14.

[6] Diese anschauliche Kurzbezeichnung bedeutet, daß in jedem Punkt $P$ von $c$ die Tangente von $c$ orthogonal zu einer Tangente von $\hat{c}$ durch $P$ ist.

[7] Zum Beweis dieser zweiten Aussage kann Satz 7.1.11 und Satz 7.1.13 nicht benützt werden, da kein $\hat{P}_0$ enthaltender Teilbogen von $c$ ein reguläres Kurvenstück ist.
Ist $\hat{P}_0$ ein Wendepunkt von $\hat{c}$, so muß $\hat{P}_0$ kein Rückkehrpunkt von $c$, aber stets eine Spitze sein (vgl. A 7.1, 13).

(b) Verwendet man für einen den Nichtwendepunkt $\hat{P}_0$ enthaltenden Teilbogen von $\hat{c}$ die kanonische Darstellung (18) mit $z = 0$, so ergibt sich für die Evolvente $c$ nach (27) mit $\mu(u) = -u$ dann

$$(29) \qquad x(u) = \frac{\varkappa_0^2}{3} u^3 + (^4), \quad y(u) = -\frac{\varkappa_0}{2} u^2 + (^3),$$

wobei $\varkappa_0 \neq 0$ die Krümmung von $\hat{c}$ in $\hat{P}_0$ ist. Die Tangente von $c$ in $\hat{P}_0$ ist nach (29) die $y$-Achse, und die von $\hat{P}_0$ verschiedenen Punkte von $c$ liegen in einer Umgebung von $\hat{P}_0$ in der Halbebene $y < 0$. Wegen $y^2 : x = \frac{3}{4} u + (^2)$ und 1.4.2., (3) hat $c$ in $\hat{P}_0$ den Krümmungsradius Null. □

Zwei Evolventen derselben Kurve $\hat{c}$ heißen auch *Parallelkurven,* weil der auf ihren gemeinsamen Normalen $\hat{t}$ gemessene Abstand dieser Kurven konstant ist und die beiden Evolventen in den Punkten von $\hat{t}$ zu $\hat{t}$ normale, also parallele Tangenten besitzen (vgl. Fig. 7.8). In Fig. 7.9 sind vier Evolventen eines Kreises $\hat{c}$ gemäß Satz 7.1.14 konstruiert. Dazu wurde zuerst nach der Näherungskonstruktion von Fig. 7.2 der halbe Umfang $r\pi$ von $\hat{c}$ ermittelt und in vier gleiche Teile zerlegt. Da $\hat{c}$ die gemeinsame Evolute aller dieser Evolventen ist, können von diesen auch die Krümmungskreise gezeichnet werden (in Fig. 7.9 sind die Krümmungskreise mit dem gemeinsamen Mittelpunkt $4 \in \hat{c}$ eingezeichnet).

## 7.1.6. Ebene Varietäten

In Verallgemeinerung von Def. 5.6.1 formulieren wir

**Def. 7.1.8:** Eine nicht leere Punktmenge $k$ einer Ebene $\varepsilon$ heißt eine *ebene Varietät,* wenn es nach Wahl eines Koordinatensystems in $\varepsilon$ eine in einer offenen Teilmenge[8] $U$ von $\mathbb{R}^2$ beliebig oft differenzierbare Funktion: $F: \mathbb{R}^2 \to \mathbb{R}$ so gibt, daß die Menge der Nullstellen von $F$ die Menge der Koordinatenpaare der Punkte von $k$ ist. Wir nennen $F(x, y) = 0$ eine *Gleichung* der Punktmenge $k$.

Analog zu 5.6.1., Fn. 1 ist die Gleichung einer ebenen Varietät nicht eindeutig bestimmt. Eine ebene Varietät muß keine «eindimensionale» Punktmenge sein: So beschreibt die Funktion $F$: $(x, y) \in \mathbb{R}^2 \mapsto 0 \in \mathbb{R}$ die ganze Ebene und $F := x^2 + y^2$ nur den Ursprung des Koordinatensystems. Um die Verbindung zum Begriff Kurvenstück präzisieren zu können, benötigen wir

**Def. 7.1.9:** Ein Punkt $P$ einer ebenen Varietät $k$ heißt ein *gewöhnlicher Punkt,* wenn es *eine* Gleichung $F(x, y) = 0$ von $k$ gibt mit $\big(F_x(x_0, y_0), F_y(x_0, y_0)\big) \neq (0, 0)$, wobei $(x_0, y_0)$ das Koordinatenpaar von $P$ bedeutet, und sonst ein *kritischer Punkt*[9].

Nach 5.1.1., (2), 5.3.1., (2) und 5.4.1., (2) ist jeder Kegelschnitt eine ebene Varietät, die nur aus gewöhnlichen Punkten besteht. Jedes durch (5) mit $g = 0$ in $J$ erfaßte reguläre ebene Kurvenstück ist eine nur aus gewöhnlichen Punkten bestehende ebene Varietät, wie die in der offenen Teilmenge $(J \times \mathbb{R}) \subset \mathbb{R}^2$ beliebig oft differenzierbare Funktion $F(x, y) = y - f(x)$ lehrt. Diese Aussage gestattet die folgende «lokale Umkehrung»:

**Satz 7.1.15:** Ist $P$ ein gewöhnlicher Punkt einer ebenen Varietät $k$ der Ebene $\varepsilon$, so existiert in $\varepsilon$ eine Umgebung $V_0$ von $P$ so, daß die Punktmenge $k \cap V_0$ ein reguläres ebenes Kurvenstück ist.

*Beweis*

Ist $F(x, y) = 0$ eine Gleichung von $k$ und gilt für den Punkt $P \in k$ mit dem Koordinatenpaar $(x_0, y_0)$ etwa $F_y(x_0, y_0) \neq 0$, so folgt aus Hs 2a, daß für alle Punkte von $k$ in einer Umgebung $V_0$ von $P$ in $\varepsilon$ eine Darstellung der Gestalt (5) existiert. □

[8] Die offene Teilmenge $U$ kann auch mit $\mathbb{R}^2$ übereinstimmen.

[9] Die Begriffsbildungen «gewöhnlicher Punkt» und «kritischer Punkt» sind von der Auswahl des Koordinatensystems unabhängig, wie sich aus Def. 7.1.9 und A 1.3, 13 ergibt.
Im Falle eines gewöhnlichen Punktes $P$ verwenden wir stets eine Gleichung, welche die in Def. 7.1.9 genannte Bedingung für das Koordinatenpaar von $P$ erfüllt.

Entfernt man demnach aus einer ebenen Varietät alle kritischen Punkte und ist die Restmenge nicht leer, so ist sie Vereinigung von regulären ebenen Kurvenstücken, also nach Def. 1.4.1 eine Kurve. Insbesondere existiert nach Satz 7.1.1 und Satz 7.1.3 in jedem gewöhnlichen Punkt $P$ einer ebenen Varietät genau eine Tangente und genau eine Krümmung, und $P$ ist kein Rückkehrpunkt und keine Spitze.

**Satz 7.1.16:** Ist der Punkt $P$ mit dem Koordinatenpaar $(x_0, y_0)$ ein gewöhnlicher Punkt einer ebenen Varietät $k$ mit der Gleichung $F(x, y) = 0$, so besitzt die Tangente von $k$ in $P$ die Gleichung

$$(30) \qquad F_x(x_0, y_0)(x - x_0) + F_y(x_0, y_0)(y - y_0) = 0.$$

*Beweis*

Wir verwenden zunächst ein kartesisches $(\bar{x}, \bar{y})$-Rechtssystem mit $P$ als Ursprung; in diesem besitzt $k$ die Gleichung $\bar{F}(\bar{x}, \bar{y}) = 0$. Ein von $P$ verschiedener Punkt $Q \in k$ hat mit $\overline{PQ} =: r > 0$, $\sphericalangle \overrightarrow{QPA} = \varphi(-\pi < \varphi \leq \pi)$, wobei $A$ der Einheitspunkt der $x$-Achse ist, das Koordinatenpaar $(r \cos \varphi, r \cos \psi)$ mit $\varphi + \psi = \pi/2$, was wegen $\bar{F}(r \cos \varphi, r \cos \psi) = 0$ und der TAYLOR-Entwicklung von $\bar{F}(\bar{x}, \bar{y})$ gemäß Hs 2c

$$(31) \qquad 0 = \bar{F}_{\bar{x}}(0, 0) \cos \varphi + \bar{F}_{\bar{y}}(0, 0) \cos \psi + (^1) = \bar{F}_{\bar{x}}(0, 0) \cos \varphi + \bar{F}_{\bar{y}}(0, 0) \sin \varphi + (^1)$$

nach sich zieht, wobei $(^1)$ Glieder mindestens erster Ordnung in $r$ bedeutet. Für die Tangente $t = \lim_{Q \to P} PQ$ von $k$ in $P$ mit der Parameterdarstellung $\lambda \in \mathbb{R} \mapsto (\lambda \cos \alpha, \lambda \sin \alpha)$ muß $\alpha = \lim_{Q \to P} \varphi$ und für die Koordinatenpaare $(\bar{x}, \bar{y})$ der Punkte von $t$ wegen $r \to 0$ nach (31) gelten

$$(32) \qquad 0 = \bar{F}_{\bar{x}}(0, 0)\, \bar{x} + \bar{F}_{\bar{y}}(0, 0)\, \bar{y}.$$

Der Koordinatenwechsel des ursprünglichen $(x, y)$-Koordinatensystems auf das obige kartesische $(\bar{x}, \bar{y})$-Rechtssystem wird durch A 1.3, 13 beschrieben, woraus mit $d := (a_1 - x_0)(b_2 - y_0) - (a_2 - y_0)(b_1 - x_0) \neq 0$ folgt

$$(33) \qquad d\bar{x} = (b_2 - y_0)\, x - (b_1 - x_0)\, y - b_2 x_0 + b_1 y_0, \quad d\bar{y} = -(a_2 - y_0)\, x + (a_1 - x_0)\, y + a_2 x_0 - a_1 y_0$$

und $F(x, y) = F((a_1 - x_0)\,\bar{x} + (b_1 - x_0)\,\bar{y} + x_0, (a_2 - y_0)\,\bar{x} + (b_2 - y_0)\,\bar{y} + y_0) = \bar{F}(\bar{x}, \bar{y})$. Mit

$$(34) \qquad \bar{F}_{\bar{x}} = F_x(a_1 - x_0) + F_y(a_2 - y_0), \quad \bar{F}_{\bar{y}} = F_x(b_1 - x_0) + F_y(b_2 - y_0)$$

ergibt sich (30) aus (32) und (33). □

In einem kritischen Punkt $P$ einer ebenen Varietät $k$, den wir im Ursprung des Koordinatensystems wählen, gilt nach Def. 7.1.9 für jede Gleichung $F(x, y) = 0$ von $k$ dann $F(0, 0) = F_x(0, 0) = F_y(0, 0) = 0$, und die TAYLOR-Entwicklung von $F$ lautet nach Hs 2c

$$(35) \qquad F(x, y) = \frac{1}{2}\left(F_{xx}(0, 0)\, x^2 + 2F_{xy}(0, 0)\, xy + F_{yy}(0, 0)\, y^2\right) + (^3).$$

Wir setzen zunächst $\left(F_{xx}(0, 0), F_{xy}(0, 0), F_{yy}(0, 0)\right) \neq (0, 0, 0)$ voraus.
Analog zum Beweis von Satz 7.1.16 gilt bezüglich eines kartesischen $(x, y)$-Rechtssystems für das Koordinatenpaar $(r \cos \varphi, r \cos \psi)$ eines von $P$ verschiedenen Punktes $Q \in k$ wegen $F(r \cos \varphi, r \cos \psi) = 0$ dann

$$(36) \qquad 0 = \frac{1}{2}\left(F_{xx}(0, 0) \cos^2 \varphi + 2F_{xy}(0, 0) \cos \varphi \sin \varphi + F_{yy}(0, 0) \sin^2 \varphi\right) + (^1);$$

dabei bedeutet $(^1)$ Glieder mindestens erster Ordnung in $r$. Existiert in $P$ eine Tangente $t = \lim_{Q \to P} PQ$ mit der Parameterdarstellung $\lambda \in \mathbb{R} \mapsto (\lambda \cos \alpha, \lambda \sin \alpha)$, so muß notwendig $\alpha = \lim_{Q \to P} \varphi$ und für die Koordinatenpaare $(x, y)$ der Punkte von $t$ wegen $r \to 0$ nach (36) gelten

$$(37) \qquad 0 = F_{xx}(0, 0)\, x^2 + 2F_{xy}(0, 0)\, xy + F_{yy}(0, 0)\, y^2.$$

Für $\Delta := F_{xx}(0, 0)\, F_{yy}(0, 0) - F_{xy}^2(0, 0) > 0$ ist $x = y = 0$ die einzige Lösung von (37), so daß die ebene Varietät in $P$ keine Tangente besitzen, der Grenzübergang von $Q$ in $k$ gegen $P$ also nicht vollzogen werden kann. Der Punkt $P$ ist dann ein *isolierter Punkt* der ebenen Varietät $k$:

In einer $P$ enthaltenden Umgebung in $\varepsilon$ existiert kein von $P$ verschiedener Punkt von $k$. Als Beispiel sei die Funktion $F = x^2 + y^2$ genannt, welche nur den Punkt mit dem Koordinatenpaar (0, 0) definiert.

Für $\Delta < 0$ heißt $P$ ein *Knoten* von $k$. Ein Beispiel ist die Funktion $F = xy$, welche die aus den beiden Koordinatenachsen bestehende ebene Varietät beschreibt. Allgemein gilt:

**Satz 7.1.17:** In einem Knoten einer ebenen Varietät existieren zwei verschiedene Tangenten.

*Beweis*

Das quadratische Polynom in (37) zerfällt wegen $\Delta < 0$ in zwei nicht proportionale Linearfaktoren $ax + by$ und $cx + dy$; nur die durch diese beschriebenen verschiedenen Geraden $t_1, t_2$ können als Tangenten in $P$ auftreten. Es bleibt zu zeigen, daß jede dieser beiden Geraden $t_1, t_2$ die Grenzlage $\lim_{Q \to P} PQ$ einer Sehnengeraden $PQ$ mit $Q \in k$ ist.

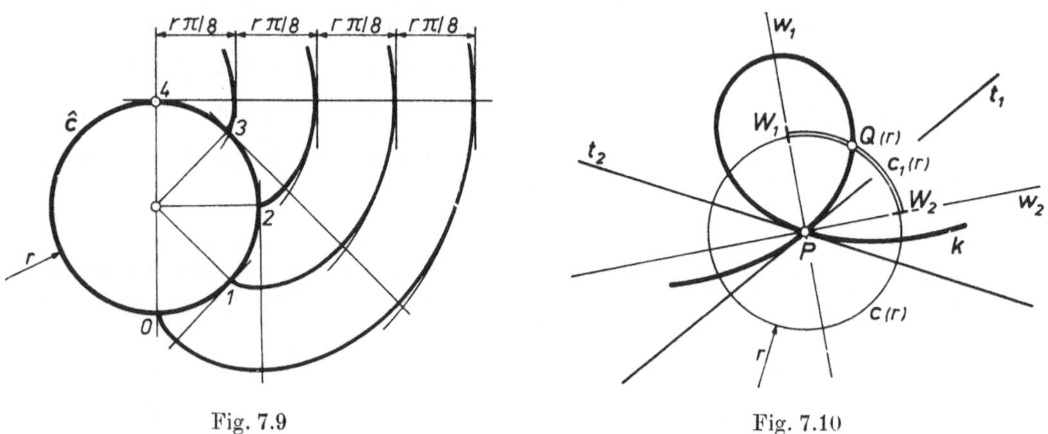


Fig. 7.9 Fig. 7.10

Die TAYLOR-Entwicklung (35) hat die Gestalt

$$F(x, y) = \frac{1}{2}(ax + by)(cx + dy) + (^3) \qquad \text{mit } ac - bd \neq 0; \tag{38}$$

wir setzen das Koordinatensystem als kartesisch voraus. In der Winkelsymmetralen $w_1$ bzw. $w_2$ von $t_1$ und $t_2$ mit der Gleichung $ax + by = cx + dy$ bzw. $ax + by = -(cx + dy)$ nimmt die Funktion $F$ nach (38) in $P$ den Wert 0 und sonst in einer Umgebung von $P$ nur positive bzw. negative Werte an. Auf jedem Kreis $c(r)$ um $P$ vom Radius $r > 0$, der innerhalb dieser Umgebung liegt, ist $F$ eine stetige Funktion mit positiven bzw. negativen Werten in $w_1$ bzw. $w_2$, so daß in jedem zusammenhängenden Bogen $c_1(r)$ von $c(r)$, der von einem Schnittpunkt $W_1$ mit $w_1$ und einem Schnittpunkt $W_2$ mit $w_2$ berandet wird, aber keinen Punkt von $w_1$ und $w_2$ als Innenpunkt enthält, nach Hs 1a mindestens eine Nullstelle von $F$, also ein Kurvenpunkt $Q(r)$ liegt; wir wählen die Bezeichnung so, daß $c_1(r)$ einen Punkt von $t_1$ und daher keinen Punkt von $t_2$ enthält (Fig. 7.10). Läßt man $r$ gegen Null laufen, so liegt in jedem solchen Kreisbogen $c_1(r)$ ein dem Inneren des Winkelfeldes von $\angle W_1PW_2$ angehörender Punkt $Q(r)$ von $k$. In der Menge der Verbindungsgeraden $PQ(r)$ existiert eine konvergente Teilfolge (vgl. 1.4.1., Fn. 2), die eine Tangente $t = \lim_{Q(r) \to P} PQ(r)$ von $k$ in $P$ definiert. Da als Tangente von $k$ in $P$ nur eine der Geraden $t_1$ und $t_2$ in Frage kommt und $t$ durch das Winkelfeld von $\angle W_1PW_2$ verläuft, folgt $t = t_1$. In analoger Weise erkennt man, daß $t_2$ Tangente von $k$ in $P$ ist. □

Ist schließlich $\Delta = 0$ und $(F_{xx}(0, 0), F_{xy}(0, 0), F_{yy}(0, 0)) \neq (0, 0, 0)$, so ist das quadratische Polynom in (37) Quadrat eines linearen Polynoms, und (37) beschreibt eine einzige Gerade $t$; nur $t$ kann Tangente von $k$ in $P$ sein. In einem solchen Punkt $P$ existiert entweder genau die eine Tangente $t$ oder keine Tangente, falls $P$ ein isolierter Punkt ist. Beide Fälle sind möglich: Der Ursprung $P$ ist ein derartiger kritischer Punkt der durch $F = y^2 - x^3$ bestimmten Varietät, die in $P$ eine Rückkehrspitze mit $t$ als einziger Tangente aufweist; der Punkt $P$ kann auch ein Selbstberührungspunkt mit der gemeinsamen Tangente $t$ sein, wie die durch $F = y^2 - x^4$ beschriebenen einander im gemeinsamen Scheitel berührenden Parabeln zeigen, oder ein Punkt eines $t$ berühren-

den regulären Kurvenstücks, wie $F = y^2$ oder $F = (y - x^2)^2$ lehren. Bei der durch $F = y^2 + x^4$ bestimmten Varietät dagegen ist $P$ ein isolierter Punkt[10].
Sind in einem kritischen Punkt $P$ auch alle partiellen Ableitungen zweiter Ordnung von $F$, nicht aber alle dritter Ordnung gleich Null, so liegt anstelle von (37) eine kubische Gleichung vor, und es gibt höchstens drei verschiedene Tangenten in $P$ usw.

### Aufgaben 7.1

1. Sind die Tangenten eines regulären Kurvenstücks $c$ parallel oder gehen sie durch einen festen Punkt $T$, so ist $c$ geradlinig.
(Anl.: Im ersten Fall gilt $\dot{\mathfrak{x}}(u) = a(u)\,\mathfrak{c}$ mit $\mathfrak{c} \in \mathbb{R}^3 \setminus \{\mathfrak{o}\}$; ist $T$ der Ursprung des Koordinatensystems, so gilt im zweiten Fall $\dot{\mathfrak{x}}(u) = a(u)\,\mathfrak{x}(u)$. Durch Integration folgen die Behauptungen.)
2. Besitzt ein differenzierbares Kurvenstück $c$ eine Parameterdarstellung $u \mapsto \mathfrak{x}(u)$ mit $\dot{\mathfrak{x}}(u_0) = \cdots = \mathfrak{x}^{(k-1)}(u_0) = \mathfrak{o}$, $\mathfrak{x}^{(k)}(u_0) \neq \mathfrak{o}$, so ist der Kurvenpunkt $P$ mit dem Koordinatenvektor $\mathfrak{x}(u_0)$ ein Rückkehrpunkt, falls $k$ gerade ist. Für $k$ ungerade existiert eine Parameterdarstellung so, daß $P$ ein regulärer Kurvenpunkt ist.
(Anl.: Diskutiere für $k$ gerade die Lage von $c$ zur Ebene
$$x^{(k)}(u_0)\,(x - x(u_0)) + y^{(k)}(u_0)\,(y - y(u_0)) + z^{(k)}(u_0)\,(z - z(u_0)) = 0.$$
Verwende für $k$ ungerade die Darstellung $\mathfrak{x}(\bar{u})$ mit $\bar{u} = (u - u_0)^k$, und berechne
$$\frac{d\mathfrak{x}}{d\bar{u}}(0) = \lim_{\bar{u}\to 0} \frac{du}{d\bar{u}} \lim_{\bar{u}\to u_0} (u - u_0)^{-1}\,(\mathfrak{x}(u) - \mathfrak{x}(u_0))$$
mit Hilfe von (3).)
3. Ist $P$ ein Punkt eines regulären Kurvenstücks $c$, so heißt die Vereinigungsmenge der Tangente $t$ in $P$ und aller Sehnengeraden $PQ$ für $Q \in c \setminus P$ der *Sehnenkegel* $\Sigma$ von $c$ zur Spitze $P$. Existiert die Schmiegebene von $c$ in $P$, so ist sie die Tangentialebene von $\Sigma$ längs $t$.
(Anl.: Benütze 1.4.3. und Def. 7.1.1.)
4. Durchsetzt ein reguläres ebenes Kurvenstück $c$ in einem Punkt $P \in c$ die Tangente $t$ von $P$, so ist $P$ ein Wendepunkt (vgl. 1.4.2., Fn. 3).
(Anl.: Benütze (10).)
5. Für das reguläre ebene Kurvenstück $c$ mit der Gleichung $y - x^4 = 0$ ist der Ursprung ein Wendepunkt, in dem $c$ die Tangente nicht durchsetzt (vgl. 1.4.2., Fn. 3).
(Anl.: Benütze 1.4.2., (3).)
6. Das differenzierbare ebene Kurvenstück $c$ mit der kartesischen Parameterdarstellung $u \in \mathbb{R} \mapsto (u^2, u^3)$ bzw. $(u^2, u^4 + u^5)$ hat im Ursprung $P$ eine Rückkehrspitze, wobei $c$ die Tangente in $P$ durchsetzt bzw. nicht durchsetzt[11]. Das differenzierbare ebene Kurvenstück mit der kartesischen Parameterdarstellung $u \in \mathbb{R} \mapsto (u^3, u^4)$ hat im Ursprung eine Spitze, die kein Rückkehrpunkt ist[12].
7. Sei der Punkt $P$ einer ebenen differenzierbaren Kurve $c$ der Ursprung eines kartesischen Koordinatensystems. Schneidet jede Gerade mit der Parameterdarstellung $\lambda \in \mathbb{R} \mapsto (\lambda \cos\varphi, \lambda \sin\varphi)$ für $\varphi \in\, ]-\varepsilon, \varepsilon[\, =: J$ die Kurve $c$ außer in $P$ noch in genau einem Punkt, so kann die Punktmenge $c$ mit Hilfe einer beliebig oft differenzierbaren Funktion $\varphi \in J \mapsto \lambda(\varphi)$ in der Form $\varphi \in J \mapsto (\lambda(\varphi)\cos\varphi, \lambda(\varphi)\sin\varphi)$ beschrieben werden.
Gilt speziell $\lambda(0) = 0$, so ist die $x$-Achse die Tangente und $\frac{1}{2}\,|\dot{\lambda}(0)|$ der Krümmungsradius von $c$ in $P$.
Für $\dot{\lambda}(0) = 0$ ist $P$ eine Spitze; wechselt in $P$ zusätzlich das Vorzeichen von $\lambda$ nicht, so ist $P$ eine Rückkehrspitze. Für einen Wendepunkt $P$ existiert keine derartige Darstellung.
(Anl.: Benütze 7.1.2., (2) und 1.4.2., (3) mit $\lim_{\varphi\to 0} (\varphi : \sin\varphi) = 1$.)

[10] Eine die Glieder höherer Ordnung in (35) berücksichtigende Diskussion lehrt, daß bei einer analytischen Funktion $F$ die vier Beispiele im wesentlichen alle möglichen Typen der Punkte dieser Art umfassen. Nach Def. 7.1.9 ist ein Punkt $P$ mit dem Koordinatenpaar $(x_0, y_0)$ einer Varietät $k$ kritisch, wenn es überhaupt keine Gleichung $F(x, y) = 0$ von $k$ so gibt, daß $(F_x(x_0, y_0), F_y(x_0, y_0)) \neq (0, 0)$ gilt. Das Auftreten eines isolierten Punktes oder eines Knotens kann man anhand irgendeiner Gleichung von $k$ mit $(F_{xx}, F_{xy}, F_{yy})\,(x_0, y_0) \neq (0, 0, 0)$ erkennen, da diese beiden Fälle geometrische Aussagen über die Punktmenge $k$ beinhalten. Ist dagegen $F_x(x_0, y_0) = F_y(x_0, y_0) = 0$, $\Delta = 0$, so muß kein kritischer Punkt $P$ vorliegen, wie $F = (y - x^2)^2$ zeigt; die Punktmenge $k$ besitzt dann eine andere Gleichung, die $P$ als gewöhnlichen Punkt erkennen läßt. Im Falle einer Rückkehrspitze oder einer Selbstberührung liegt dagegen stets ein kritischer Punkt vor, wie aus Satz 7.1.15 folgt.
[11] Eine solche Rückkehrspitze heißt auch von *1. Art* bzw. von *2. Art* (*Schnabelspitze*).
[12] Für einen solchen Punkt $P$ ist die Bezeichnung *Spitzpunkt* üblich, falls wie in A 7.1, 6 die Kurve die Tangente in $P$ nicht durchsetzt.

8. Gehört ein reguläres Kurvenstück $c$ einem Zylinder oder Kegel $\Psi$ an und ist $P \in c$ ein (von der Kegelspitze verschiedener) Nichtwendepunkt von $c$, in dem $c$ die Erzeugende $e$ berührt, so ist die Schmiegebene von $c$ in $P$ Tangentialebene von $\Psi$ längs $e$.
(Anl.: Benütze Def. 7.1.1 und 1.4.3.)
9. Ist in einem Wendepunkt $W$ eines regulären Kurvenstücks $c$ die Tangente $t$ bezüglich einer Parallelprojektion $p: \mathfrak{P} \to \pi$ projizierend und existiert in $W$ eine Schmiegebene, so berührt $c^p$ in $W^p$ den Riß der projizierenden Schmiegebene. «Im einfachsten Fall» ist $W^p$ ein Spitzpunkt (vgl. Fn. 12) von $c^p$.
(Anl.: «Im einfachsten Fall» bedeutet, daß $k = 3$ in (9) gilt. Wähle $z = 0$ als Gleichung der Schmiegebene in $W$ und $t$ als $x$-Achse.)
10. In einem Nichtwendepunkt $P$ eines regulären ebenen Kurvenstücks $c$ ist der Krümmungskreis die Grenzlage jener Folge von Kreisen, die $c$ in einem Punkt $Q \in c$ mit $Q \neq P$ berühren und den Mittelpunkt in der Normalen von $c$ in $P$ besitzen.
(Anl.: Benütze Satz 7.1.11.)
11. Besitzt bezüglich einer Parallelprojektion die Kontur $u$ einer Fläche in einem Nichtwendepunkt $R$ eine projizierende Tangente, so ist der Parallelriß $R^p$ von $R$ ein Rückkehrpunkt des Umrisses $u^p$ mit dem Riß $\tau^p$ der projizierenden Tangentialebene $\tau$ in $R$ als Rückkehrtangente.
(Anl.: Benütze Satz 7.1.6 und A 7.1, 8.)
12. Besitzt ein reguläres ebenes Kurvenstück $c$ einen Wendepunkt $W$, so haben alle Parallelkurven von $c$ in der gemeinsamen Normalen durch $W$ ebenfalls Wendepunkte.
(Anl.: Indirekte Annahme widerspricht Satz 7.1.13.)
13. Beweise die letzte Aussage von 7.1.5., Fn. 7.
(Anl.: Benütze eine zu (29) analoge Darstellung.)
14. In der Darstellung konjugierter Hyperbeln gemäß A 5.3, 15 bestimmen die durch die Parameterwerte $u_1$ und $u_2$ festgelegten Punkte genau dann konjugierte Durchmesser, wenn $u_1 = u_2$ ist.
(Anl.: Benütze A 5.3, 11 und (2).)
15. Ist $P$ ein Nichtwendepunkt eines ebenen regulären Kurvenstücks $c$ und $g$ eine $P$ nicht enthaltende Gerade, so gibt es genau einen Kegelschnitt $c$, der $g$ als Achse und in $P$ denselben Krümmungskreis wie $c$ besitzt.
(Anl.: Ist die Tangente $t$ von $c$ in $P$ nicht zu $g$ parallel, so liefert Fig. 7.5 den Mittelpunkt $M$ der Ellipse oder Hyperbel $c$ und damit die zweite Achse bzw. läßt Fig. 7.6 den Kegelschnitt $c$ als Parabel erkennen: durch den Punkt $P$ samt Tangente $t$ und die beiden Achsen bzw. die Achse ist $c$ nach A 5.2, 6 oder A 5.3, 16 bzw. 5.4.2. festgelegt, und $c$ besitzt nach Satz 7.1.12 den gegebenen Krümmungskreis in $P$. Für $t \parallel g$ ist die Ellipse oder Hyperbel $c$ nach 5.1.3., (5) oder 5.3.2., (6) festgelegt).
16. Bei einer in kartesischen Koordinaten durch $y = f(x)$ gegebenen differenzierbaren ebenen Kurve gilt für die Bogenlänge $u$ bzw. für die Krümmung $\varkappa(x)$

$$u = \int_{x_0}^{x_1} \sqrt{1 + f'^2(x)}\, dx \quad \text{bzw.} \quad \varkappa(x) = |f''(x)| \left(1 + f'^2(x)\right)^{-3/2}.$$

(Anl.: Benütze (17) für $x \mapsto (x, f(x))$.)

## 7.2. Flächen

### 7.2.1. Reguläre Flächenstücke

Eine Fläche ist eine «zweidimensionale» Punktmenge. Unter Verwendung eines Koordinatensystems des Raumes kann der Koordinatenvektor $\mathfrak{x} = (x, y, z)$ eines Flächenpunktes in Abhängigkeit von zwei Parametern $u, v$, die in einer Teilmenge $G$ des $\mathbb{R}^2$ variieren, angegeben werden; die Menge $G$ ist dabei entweder ein Gebiet von $\mathbb{R}^2$ oder die abgeschlossene Hülle eines Gebietes[1]. Wir beschreiben also die Fläche als Bildmenge unter einer Abbildung in die Menge der Koordinatenvektoren der Form

$$(1) \qquad (u, v) \in G \mapsto \mathfrak{x}(u, v) = \big(x(u, v), y(u, v), z(u, v)\big) \in \mathbb{R}^3.$$

Zu jedem Paar $(u_0, v_0) \in G$ gehört genau ein Koordinatenvektor $\mathfrak{x}(u_0, v_0)$ und damit ein Flächenpunkt. Die Abbildung (1) heißt *stetig*, wenn für alle $(u_0, v_0) \in G$ gilt $\lim\limits_{(u_1,v_1)\to(u_0,v_0)} \mathfrak{x}(u_1, v_1) = \mathfrak{x}(u_0, v_0)$, falls

[1] Die abgeschlossene Hülle eines Gebietes $G$ besteht aus den Punkten von $G$ und allen Randpunkten (vgl. 6.1.1., Fn. 1) von $G$.

$(u_1, v_1)$ in $G$ eine gegen $(u_0, v_0)$ konvergente Folge durchläuft. Damit präzisieren wir den Begriff Fläche (vgl. **1.4.1.**) durch

**Def. 7.2.1:** Eine Punktmenge heißt ein *Flächenstück*, wenn sie nach Wahl eines Koordinatensystems als Bildmenge eines Gebietes oder der abgeschlossenen Hülle eines Gebietes unter einer stetigen injektiven Abbildung beschrieben werden kann. Eine *Fläche* ist Vereinigungsmenge von endlich vielen Flächenstücken.

Nach A 1.3, 13 ist «Flächenstück» eine von der Auswahl des Koordinatensystems unabhängige Begriffsbildung. Wird durch die Abbildung $t \in I \subset \mathbb{R} \mapsto (u(t), v(t)) \in G$ ein Kurvenstück beschrieben, so ist $t \in I \mapsto \mathfrak{x}(u(t), v(t)) =: \mathfrak{x}(t)$ die Darstellung eines dem Flächenstück angehörenden Kurvenstücks. Damit ist der in **1.4.3.** eingeführte Begriff *Flächenkurve* präzisiert.

**Def. 7.2.2:** Eine Fläche heißt *differenzierbar*, wenn sie als Bildmenge eines Gebietes $G$ unter einer Abbildung (1) mit in $G$ beliebig oft differenzierbaren Koordinatenfunktionen beschrieben werden kann. Ein differenzierbares Flächenstück heißt *regulär*, wenn die Vektoren $\mathfrak{x}_u(u_0, v_0)$, $\mathfrak{x}_v(u_0, v_0)$ für alle $(u_0, v_0) \in G$ linear unabhängig sind.

Sind bei einer differenzierbaren Fläche die Vektoren $\mathfrak{x}_u(u_0, v_0), \mathfrak{x}_v(u_0, v_0)$ linear unabhängig für ein Parameterpaar $(u_0, v_0) \in G$, so existiert ein Gebiet $G_0 \subset G$ mit $(u_0, v_0) \in G_0$ derart, daß $\mathfrak{x} \mid G_0 : G_0 \to \mathbb{R}^3$ ein reguläres Flächenstück beschreibt: Da $\mathfrak{x}_u(u_0, v_0)$, $\mathfrak{x}_v(u_0, v_0)$ nämlich nicht proportional sind, ist etwa $(x_u y_v - x_v y_u)(u_0, v_0) \neq 0$, und Hs 2b liefert die Behauptung. Ein solcher Punkt liegt daher stets in einem regulären Flächenstück und heißt ein *regulärer Flächenpunkt*. Weiter ist «reguläres Flächenstück» $\Phi$ eine von der Auswahl des Koordinatensystems unabhängige Begriffsbildung: Besitzt $\Phi$ die Koordinatenvektoren $\bar{\mathfrak{x}}(u, v)$ mit $\{\bar{\mathfrak{x}}_u, \bar{\mathfrak{x}}_v\}$ linear unabhängig, so sind die Koordinatenvektoren $\mathfrak{x}(u, v)$ von $\Phi$ in einem anderen Koordinatensystem nach A 1.3, 13 in $G$ beliebig oft differenzierbar, und es gilt

$$a\mathfrak{x}_u + b\mathfrak{x}_v = \big(\alpha_1(a\bar{x}_u + b\bar{x}_v) + \beta_1(a\bar{y}_u + b\bar{y}_v) + \gamma_1(a\bar{z}_u + b\bar{z}_v),$$
$$(2) \qquad \alpha_2(a\bar{x}_u + b\bar{x}_v) + \beta_2(a\bar{y}_u + b\bar{y}_v) + \gamma_2(a\bar{z}_u + b\bar{z}_v), \qquad (a, b \in \mathbb{R})$$
$$\alpha_3(a\bar{x}_u + b\bar{x}_v) + \beta_3(a\bar{y}_u + b\bar{y}_v) + \gamma_3(a\bar{z}_u + b\bar{z}_v)\big)$$

mit $\alpha_j, \beta_j, \gamma_j \in \mathbb{R}$ $(j = 1, 2, 3)$ und $\{(\alpha_1, \alpha_2, \alpha_3), (\beta_1, \beta_2, \beta_3), (\gamma_1, \gamma_2, \gamma_3)\}$ linear unabhängig; aus $a\mathfrak{x}_u + b\mathfrak{x}_v = \mathfrak{o}$ folgt nach **1.2.3.** dann $a\bar{\mathfrak{x}}_u + b\bar{\mathfrak{x}}_v = \mathfrak{o}$ aus (2), also $a = b = 0$, so daß $\{\mathfrak{x}_u, \mathfrak{x}_v\}$ linear unabhängig ist.

**Satz 7.2.1:** In jedem Punkt eines regulären Flächenstücks existiert genau eine Tangentialebene.

*Beweis*

Ein reguläres Flächenkurvenstück $c$ durch den Punkt $P$ mit dem Koordinatenvektor $\mathfrak{x}(u_0, v_0)$ wird durch zwei in einem offenen Intervall $I$ beliebig oft differenzierbare Funktionen $t \in I \mapsto u(t)$, $t \in I \mapsto v(t)$ mit $u(0) = u_0$, $v(0) = v_0$ beschrieben. Die Tangente von $c$ in $P$ hat dann nach 7.1.2., (2) die Parameterdarstellung

$$(3) \qquad \mu \in \mathbb{R} \mapsto \mathfrak{x}(u_0, v_0) + \mu \frac{d\mathfrak{x}(u(t), v(t))}{dt}(0) = \mathfrak{x}(u_0, v_0) + (\mu \dot{u}(0)\, \mathfrak{x}_u(u_0, v_0) + \dot{v}(0)\mathfrak{x}_v(u_0, v_0))$$

und gehört daher der Ebene $\tau$ mit der Parameterdarstellung

$$(4) \qquad (\alpha, \beta) \in \mathbb{R}^2 \mapsto \mathfrak{x}(u_0, v_0) + \alpha\mathfrak{x}_u(u_0, v_0) + \beta\mathfrak{x}_v(u_0, v_0)$$

an. Nach Def. 1.4.5 bleibt zu zeigen, daß jede Gerade $g$ durch $P$ in $\tau$ eine Flächentangente ist.
Eine Gerade $g$ durch $P$ in $\tau$ wird durch (4) mit $\alpha = \mu a$, $\beta = \mu b$ beschrieben, wobei $(a, b) \neq (0, 0)$ ein festes Zahlenpaar ist und $\mu$ in $\mathbb{R}$ läuft. Nach (3) ist $g$ die Tangente der durch die beiden Funktionen $t \in I \mapsto u(t) := at$, $t \in I \mapsto v(t) := bt$ bestimmten Flächenkurve. □

**Satz 7.2.2:** Besitzt ein Punkt $P$ eines regulären Flächenstücks $\Phi$ mit der Parameterdarstellung $(u, v) \in G \mapsto \bar{\mathfrak{x}}(u, v) \in \mathbb{R}^3$ den Koordinatenvektor $\bar{\mathfrak{x}}(u_0, v_0)$ und benützt man $P$ als Ursprung und die einzige Tangentialebene $\tau$ von $\Phi$ in $P$ als $xy$-Ebene eines $(x, y, z)$-Koordinatensystems, so existiert ein Gebiet $H \subset \mathbb{R}^2$ und eine in $H$ beliebig oft differenzierbare Funktion $f: H \to \mathbb{R}$ so, daß ein durch $(u, v) \in G_0 \subset G \mapsto \mathfrak{x}(u, v)$ mit $(u_0, v_0) \in G_0$ beschriebenes, den Punkt $P$ enthaltendes Flächenstück $\Phi_1 \subset \Phi$ in der Form

(5) $$\{(x, y, z) \in \mathbb{R}^3 \mid (x, y) \in H, z = f(x, y)\} \quad \text{mit} \quad f(0, 0) = f_x(0, 0) = f_y(0, 0) = 0$$

erfaßt wird.

*Beweis*

Bei Wechsel des Koordinatensystems gemäß A 1.3, 13 gilt $\mathfrak{x}(u_0, v_0) = \mathfrak{o}$ und $\{\mathfrak{x}_u(u_0, v_0), \mathfrak{x}_v(u_0, v_0)\}$ linear unabhängig; dabei ist $z_u(u_0, v_0) = z_v(u_0, v_0) = 0$ nach (4), da $\tau$ die Gleichung $z = 0$ besitzt, also notwendig $(x_u y_v - x_v y_u)(u_0, v_0) \neq 0$. Nach Hs 2b existiert in einem Gebiet $G_0 \subset G$ mit $(u_0, v_0) \in G_0$ zur Abbildung $(u, v) \in G_0 \mapsto (x(u, v), y(u, v)) \in H \subset \mathbb{R}^2$ die inverse Abbildung $(x, y) \in H \mapsto (u(x, y), v(x, y)) \in G_0$, wobei $H$ ein Gebiet ist und die Funktionen $u(x, y)$, $v(x, y)$ in $H$ beliebig oft differenzierbar sind; mit $x(u_0, v_0) = y(u_0, v_0) = 0$ folgt $u(0, 0) = u_0$, $v(0, 0) = v_0$. Setzt man $z(u(x, y), v(x, y)) =: f(x, y)$, so ist $f(0, 0) = 0$, und die Mengen $\{\mathfrak{x}(u, v) \in \mathbb{R}^3 \mid (u, v) \in G_0\}$ und $\{(x, y, f(x, y)) \in \mathbb{R}^3 \mid (x, y) \in H\}$ stimmen überein. Aus (4) folgt $f_x(0, 0) = f_y(0, 0) = 0$. □

Nach (5) gilt für jeden Punkt $P$ eines regulären Flächenstücks $\Phi$, daß die Punktmenge $\Phi$ durch zueinander parallele, zur Tangentialebene $\tau$ in $P$ nicht parallele Geraden lokal[2] bijektiv auf ein Gebiet in $\tau$ abgebildet werden kann.
Wie aus (5) und Hs 2c folgt, gestattet somit jedes reguläre Flächenstück speziell bezüglich eines kartesischen Koordinatensystems folgende *lokale Darstellung*

(6) $$z = f(x, y) = \frac{1}{2}(px^2 + 2qxy + ry^2) + (^3) \qquad (p, q, r \in \mathbb{R});$$

dabei ist der gewählte Flächenpunkt $P$ der Ursprung und die Tangentialebene $\tau$ in $P$ die $xy$-Ebene die $z$-Achse fällt also in die Flächennormale von $P$.

## 7.2.2. Varietäten

In Analogie zu Def. 7.1.8 formulieren wir

**Def. 7.2.3:** Eine nicht leere Punktmenge $\Phi$ heißt eine *Varietät*, wenn es nach Wahl eines Koordinatensystems des Raumes eine in einer offenen Teilmenge[3] $V$ von $\mathbb{R}^3$ beliebig oft differenzierbare Funktion $F: \mathbb{R}^3 \mapsto \mathbb{R}$ so gibt, daß die Menge der Nullstellen von $F$ die Menge der Koordinatentripel der Punkte von $\Phi$ ist. Wir nennen $F(x, y, z) = 0$ eine *Gleichung* der Punktmenge $\Phi$.

Die Gleichung einer Varietät ist nicht eindeutig bestimmt (vgl. 5.6.1., Fn. 1), und eine Varietät muß keine «zweidimensionale» Punktmenge sein: Durch $F: (x, y, z) \in \mathbb{R}^3 \mapsto 0 \in \mathbb{R}$ wird die ganze Punktmenge $\mathfrak{P}$ und durch $F := x^2 + y^2 + z^2$ nur der Ursprung des Koordinatensystems beschrieben.

**Def. 7.2.4:** Ein Punkt $P$ einer Varietät $\Phi$ heißt ein *gewöhnlicher Punkt*, wenn es *eine* Gleichung $F(x, y, z) = 0$ von $\Phi$ gibt mit $\big(F_x(x_0, y_0, z_0), F_y(x_0, y_0, z_0), F_z(x_0, y_0, z_0)\big) \neq (0, 0, 0)$, wobei $(x_0, y_0, z_0)$ das Koordinatentripel von $P$ bedeutet, und sonst ein *kritischer Punkt*[4].

[2] «Lokal» bedeutet dabei, daß ausgehend von einer Parameterdarstellung $(u, v) \mapsto \mathfrak{x}(u, v)$ jene Punkte des regulären Flächenstücks $\Phi$ erfaßt werden, die durch Parameterwerte aus einem Gebiet $G_0 \subset G$ mit $(u_0, v_0) \in G_0$ beschrieben werden. Diese Punktmenge ist nicht notwendig der Durchschnitt von $\Phi$ mit einer räumlichen Umgebung von $P$ (vgl. 7.1.2., Fn. 2).

[3] Die Teilmenge $V$ kann auch mit $\mathbb{R}^3$ übereinstimmen.

[4] Diese Begriffsbildungen sind von der Auswahl des Koordinatensystems unabhängig, wie sich aus Def. 7.2.4 und A 1.3, 13 ergibt.
Im Falle eines gewöhnlichen Punktes $P$ verwenden wir stets eine Gleichung, welche die in Def. 7.2.4 genannte Bedingung für das Koordinatentripel von $P$ erfüllt.

Jedes in der Form 7.2.1., (5) erfaßte reguläre Flächenstück ist eine nur aus gewöhnlichen Punkten bestehende Varietät, wie die in $(H \times \mathbb{R}) \subset \mathbb{R}^3$ beliebig oft differenzierbare Funktion $F(x, y, z) := z - f(x, y)$ lehrt. Diese Aussage gestattet die folgende «lokale Umkehrung»:

**Satz 7.2.3:** Ist $P$ ein gewöhnlicher Punkt einer Varietät $\Phi$, so existiert eine räumliche Umgebung $V_0$ von $P$ so, daß die Punktmenge $\Phi \cap V_0$ ein reguläres Flächenstück ist.

*Beweis*

Ist $F(x, y, z) = 0$ die Gleichung von $\Phi$ und gilt für den Punkt $P$ mit dem Koordinatentripel $(x_0, y_0, z_0)$ etwa $F_z(x_0, y_0, z_0) \neq 0$, so folgt aus Hs 3a, daß für alle Punkte von $\Phi$ in einer Umgebung $V_0$ von $P$ eine Darstellung der Form (5) existiert. □

Entfernt man demnach aus einer Varietät alle kritischen Punkte und ist die Restmenge nicht leer, so ist sie Vereinigung von regulären Flächenstücken, also nach Def. 7.2.1 eine Fläche. Nach Satz 7.2.3 besitzt eine Varietät in jedem gewöhnlichen Punkt genau eine Tangentialebene.

**Satz 7.2.4:** Ist der Punkt $P$ mit dem Koordinatentripel $(x_0, y_0, z_0)$ ein gewöhnlicher Punkt einer Varietät $\Phi$ mit der Gleichung $F(x, y, z) = 0$, so besitzt die Tangentialebene von $\Phi$ in $P$ die Gleichung

(7) $$F_x(x_0, y_0, z_0)\,(x - x_0) + F_y(x_0, y_0, z_0)\,(y - y_0) + F_z(x_0, y_0, z_0)\,(z - z_0) = 0.$$

*Beweis*

Im zu Satz 7.1.16 analogen Beweis wird zunächst ein kartesisches $(\bar{x}, \bar{y}, \bar{z})$-Rechtssystem mit $P$ als Ursprung benützt, in dem $Q \in \Phi$ das Koordinatentripel $(r \cos\varphi, r\cos\psi, r\cos\chi)$ besitzt. □

Für die konstruktive Differentialgeometrie ist der folgende Satz grundlegend:

**Satz 7.2.5:** Haben zwei Varietäten $\Phi_1, \Phi_2$ einen für beide gewöhnlichen Punkt $P$ gemeinsam und in $P$ verschiedene Tangentialebenen $\tau_1, \tau_2$, so ist $\Phi_1 \cap \Phi_2$ in einer räumlichen Umgebung $V_0$ von $P$ ein reguläres Kurvenstück mit der Tangente $t = \tau_1 \cap \tau_2$ in $P$.

*Beweis*

Wir legen den Ursprung in den Punkt $P$. Ist $F(x, y, z) = 0$ bzw. $G(x, y, z) = 0$ die Gleichung von $\Phi_1$ bzw. $\Phi_2$, so bedeutet die Verschiedenheit der Tangentialebenen $\tau_1$ und $\tau_2$ nach (7), daß die Zahlentripel $(F_x(0, 0, 0), F_y(0, 0, 0), F_z(0, 0, 0))$ und $(G_x(0, 0, 0), G_y(0, 0, 0), G_z(0, 0, 0))$ nicht proportional sind. Gilt etwa $(F_yG_z - F_zG_y)(0, 0, 0) \neq 0$, so existieren nach Hs 3b ein offenes Intervall $J \subset \mathbb{R}$ und zwei beliebig oft differenzierbare Funktionen $f, g: J \to \mathbb{R}$ so, daß alle Punkte von $\Phi_1 \cap \Phi_2$ in einer Umgebung $V_0$ von $P$ eine Darstellung der Form $\{(x, y, z) \in \mathbb{R}^3 \mid x \in J,\ y = f(x),\ z = g(x)\}$ gestatten. Die Tangente dieses regulären Kurvenstücks in $P$ liegt sowohl in $\tau_1$ wie in $\tau_2$. □

Wie aus Satz 7.2.2 und Fn. 4 folgt, gilt die Aussage von Satz 7.2.5 auch für einen gemeinsamen Punkt $P$ zweier regulärer Flächenstücke, die in $P$ verschiedene Tangentialebenen besitzen.

## 7.2.3. Krümmungskreise regulärer Kurvenstücke in regulären Flächenstücken

Wir beschränken uns bei den folgenden lokalen Untersuchungen auf reguläre Kurvenstücke in regulären Flächenstücken, ohne dies stets zu betonen, und sprechen auch kurz von *Flächenkurven* und *Flächen*.

Wählen wir ohne Einschränkung den Punkt $P$ einer Flächenkurve $c$ als Ursprung eines kartesischen Rechtssystems und die Flächennormale $n$ in $P$ als $z$-Achse, so kann die Fläche durch 7.2.1., (6) beschrieben werden, wobei die Tangente $t$ von $c$ in $P$ die $x$-Achse ist. Für $c$ gilt dann nach (6) zusammen mit 7.1.2., (6) die Darstellung

(8) $$y = \frac{1}{2}\,a x^2 + (^3), \quad z = \frac{1}{2}\,p x^2 + (^3) \qquad (a, p \in \mathbb{R});$$

nach 7.1.3., (7) besitzt $c$ im Punkt $P$ die Krümmung

$$(9) \qquad \varkappa = (a^2 + p^2)^{1/2}.$$

Für $p \neq 0$ ist $P$ sicher kein Wendepunkt von $c$. Die Schmiegebene $\sigma$ von $c$ in $P$ hat nach (8) und 7.1.3., (8) die Gleichung $az - py = 0$; mit $\varphi = \sphericalangle \sigma, n$ $(0 \leqq \varphi < \pi/2)$ gilt $\tan \varphi = |a:p|$, also $\cos \varphi = |p|:(a^2 + p^2)^{1/2}$. Damit lautet (9) dann $\varkappa \cos \varphi = |p|$. Die Schnittkurve der Fläche $\Phi$ mit der Verbindungsebene der Flächentangente $t$ und der Flächennormalen $n$ in $P$ heißt *Normalschnitt* von $\Phi$ durch $t$ und ist nach Satz 7.2.5 in einer räumlichen Umgebung von $P$ ein reguläres Kurvenstück. Die Krümmung dieses Normalschnitts heißt die *Normalkrümmung*[5] $\varkappa^N(t)$ von $\Phi$ in $P$ zur Tangente $t$; für $\varphi = 0$ ergibt sich $\varkappa^N(t) = |p|$, also insgesamt

$$(10) \qquad \varkappa \cos \varphi = \varkappa^N(t) \qquad (0 \leqq \varphi = \sphericalangle \sigma, n < \pi/2).$$

Ist $\varkappa^N(t) \neq 0$, so heißt der Krümmungsradius $\varrho^N(t) = 1:\varkappa^N(t)$ des Normalschnitts der *Normalkrümmungsradius* zur Tangente $t$.

Für $p = 0$ und $a \neq 0$ ist $P$ nach (9) kein Wendepunkt von $c$; die Schmiegebene $\sigma$ von $c$ in $P$ hat dann die Gleichung $z = 0$ und fällt daher in die Tangentialebene von $\Phi$ in $P$. Für $p = 0$ und $a = 0$ ist $P$ nach (9) ein Wendepunkt von $c$. Wegen $\varkappa^N(t) = |p|$ bedeutet $p = 0$, daß der Normalschnitt durch $t$ in $P$ einen Wendepunkt aufweist.

**Def. 7.2.5:** Eine Flächentangente $t$ in $P$ heißt eine *Schmiegtangente*, wenn der Normalschnitt durch $t$ in $P$ einen Wendepunkt besitzt.

Dann gilt auf Grund der obigen Diskussion:

**Satz 7.2.6:** Eine Flächenkurve $c$ berührt in $P$ genau dann eine Schmiegtangente, wenn ihre Schmiegebene in $P$ die Tangentialebene ist oder $c$ den Punkt $P$ als Wendepunkt besitzt.

Weiter folgt aus (10) mit Def. 7.1.2 der 1776 von J. Meusnier (1754—1793) angegebene

**Satz 7.2.7:** Alle Flächenkurven, die in einem Flächenpunkt $P$ dieselbe Nichtschmiegtangente $t$ berühren und dieselbe Schmiegebene aufweisen, haben in $P$ denselben Krümmungskreis. Die Krümmungsachsen aller Flächenkurven, die in $p$ dieselbe Nichtschmiegtangente berühren, gehen durch denselben Punkt der Flächennormalen von $P$.

*Beweis*

(a) Da $\varkappa^N(t) = |p| \neq 0$ von der gewählten Flächenkurve durch $P$ mit der Tangente $t$ unabhängig ist, stimmen nach (10) für zwei Flächenkurven mit gleichem Wert von $\cos \varphi$, der gemäß den Voraussetzungen und Satz 7.2.6 ungleich Null ist, die Krümmungen, also auch die Krümmungsradien in $P$ überein. Da weiter die von $P$ verschiedenen Punkte der Normalrisse von zwei solchen Kurven in der $xz$-Ebene nach (8) in einer Umgebung von $P$ derselben Halbebene mit der Randgeraden $t$ angehören, liegen ihre Krümmungsmittelpunkte in derselben Halbebene der gemeinsamen Schmiegebene $\sigma$ mit der Randgeraden $t$. Damit stimmen die Krümmungskreise der beiden Kurven in $P$ überein.

(b) Variiert $\cos \varphi$ mit $0 < \cos \varphi \leqq 1$, so gehen nach (10) für $\varkappa^N(t) \neq 0$ die Krümmungsachsen der $t$ berührenden Flächenkurven durch jenen Punkt der Flächennormalen $n$ in $P$, der von $P$ den Abstand $\varkappa^N(t) > 0$ besitzt. □

Fig. 7.11 zeigt diese Situation, wobei die Flächentangente $t$ projizierend gewählt wurde. Diese Figur illustriert auch den Inhalt von

**Def. 7.2.6:** Ist $t$ eine Nichtschmiegtangente im Flächenpunkt $P$ und $K^N(t)$ der Krümmungsmittelpunkt des Normalschnitts durch $t$, so heißt die Kugel $\varkappa_t$ zum Mittelpunkt $K^N(t)$, welche durch $P$ geht, die Meusnier-*Kugel* von $\Phi$ zur Flächentangente $t$.

[5] Im Gegensatz zu Differentialgeometrie in rein analytischer Behandlung ist hier ein Flächenstück nicht orientiert und daher $\varkappa^N(t) \geqq 0$, wie das für die Krümmung jeder Kurve gemäß Def. 7.1.2 gilt.

Die MEUSNIER-Kugel besitzt in $P$ dieselbe Tangentialebene wie die Fläche. Da in einem Nichtwendepunkt eines regulären Kurvenstücks der Krümmungskreis $k$ nach 7.1.1. der Schmiegebene $\sigma$ angehört, kann Satz 7.2.7 wie folgt ausgesprochen werden (vgl. Fig. 7.11):

**Satz 7.2.8:** Für eine Nichtschmiegtangente $t$ in $P$ ist der Krümmungskreis des Normalschnitts durch $t$ ein Großkreis der MEUSNIER-Kugel $\varkappa_t$ zu $t$ und der Krümmungskreis einer $t$ in $P$ berührenden Flächenkurve $c$ der Schnitt von $\varkappa_t$ mit der Schmiegebene $\sigma$ von $c$ in $P$.

Für die Schnittkurven zweier Flächen liefert Satz 7.2.8 mit Satz 7.2.5 den konstruktiv wertvollen

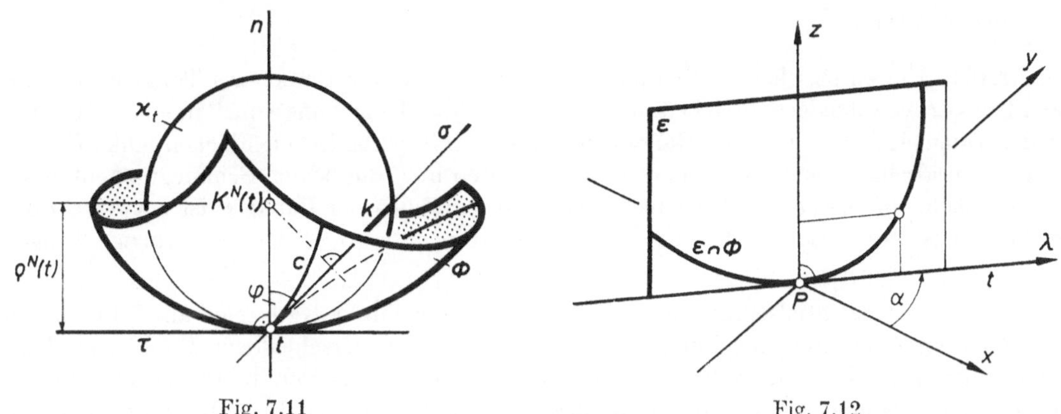


Fig. 7.11 Fig. 7.12

**Satz 7.2.9:** Haben zwei reguläre Flächenstücke $\Phi_1$, $\Phi_2$ in einem gemeinsamen Punkt $P$ verschiedene Tangentialebenen $\tau_1$, $\tau_2$, und ist die Schnittgerade $t = \tau_1 \cap \tau_2$ nicht Schmiegtangente von $\Phi_1$ oder $\Phi_2$, so schneiden einander die beiden MEUSNIER-Kugeln von $\Phi_1$ und $\Phi_2$ zur gemeinsamen Flächentangente $t$ im Krümmungskreis der Schnittkurve $\Phi_1 \cap \Phi_2$ in $P$.

Der Fall übereinstimmender Tangentialebenen wird in 7.2.6. behandelt.

## 7.2.4. Einteilung der Flächenpunkte

Um die zu den verschiedenen Flächentangenten $t$ in $P$ gehörenden Normalkrümmungen $\varkappa^N(t)$ zu bestimmen, schneiden wir das durch die lokale Darstellung (6) bestimmte Flächenstück $\Phi$ mit der die $z$-Achse enthaltenden Normalebene $\varepsilon$ durch eine Flächentangente $t$ in $P$. Mit Hilfe des orientierten Winkelmaßes $\alpha = \sphericalangle x, t$ in der orientierten Koordinatenebene $xy$ mit $-\pi/2 < \alpha \leqq \pi/2$ (vgl. 1.3.3.) besitzt $t$ die Parameterdarstellung $\lambda \in \mathbb{R} \mapsto (\lambda \cos \alpha, \lambda \sin \alpha, 0)$. Nach (6) gilt für den Normalschnitt $\varepsilon \cap \Phi$

$$(11) \qquad z = \frac{1}{2}\,(p \cos^2 \alpha + 2q \cos \alpha \sin \alpha + r \sin^2 \alpha)\,\lambda^2 + (^3),$$

wobei $(^3)$ Glieder dritter Ordnung in $\lambda$ bedeutet. Da $|\lambda|$ der Abstand des Punktes $(\lambda \cos \alpha, \lambda \sin \alpha, z)$ der Ebene $\varepsilon$ von der $z$-Achse ist, kann $(\lambda, z)$ als kartesisches Koordinatenpaar der Punkte von $\varepsilon$ aufgefaßt werden, wobei die $\lambda$-Achse $t$ durch wachsende $\lambda$-Werte orientiert wird (Fig. 7.12). Damit gilt für die Krümmung $\varkappa^N(t)$ des ebenen Normalschnitts $\varepsilon \cap \Phi$ nach (11) und 7.1.3., (7)

$$(12) \qquad \varkappa^N(t) = |p \cos^2 \alpha + 2q \cos \alpha \sin \alpha + r \sin^2 \alpha|.$$

Für $p = q = r = 0$ ist nach (12) und Def. 7.2.5 jede Flächentangente in $P$ eine Schmiegtangente. Für $pr - q^2 > 0$ wird $\varkappa^N(t)$ für keinen $\alpha$-Wert gleich Null, so daß keine Schmiegtangente existiert; für $pr - q^2 < 0$ gibt es genau zwei und für $pr - q^2 = 0$ mit $(p, q, r) \neq (0, 0, 0)$ genau eine Schmiegtangente.

**Def. 7.2.7:** Ein Punkt $P$ eines regulären Flächenstücks heißt ein *elliptischer, hyperbolischer* oder *parabolischer* Flächenpunkt bzw. ein *Flachpunkt,* je nachdem es in $P$ keine Schmiegtangente, genau zwei Schmiegtangenten oder genau eine Schmiegtangente gibt bzw. jede Flächentangente Schmiegtangente ist.

Jeder Punkt eines ebenen Flächenstücks ist ein Flachpunkt, da nach (6) dann $p = q = r = 0$ gilt.
Der Schnitt der Tangentialebene in $P$ mit der durch (6) bestimmten Fläche hat nach 7.1.6. in $P$ einen kritischen Punkt, wobei gemäß 7.1.6., (37) sowie (11) und (12) jede Tangente des *Tangentialschnitts* in $P$ notwendig eine Schmiegtangente ist. Unter Benützung der Ergebnisse von 7.1.6. folgt mit (11):

**Satz 7.2.10:** Ein elliptischer Flächenpunkt $P$ ist ein isolierter Punkt des Tangentialschnitts, und alle von $P$ verschiedenen Flächenpunkte liegen in einer Umgebung von $P$ in einem Halbraum mit der Tangentialebene in $P$ als Randebene. In einem hyperbolischen Flächenpunkt $P$ besitzt der Tangentialschnitt einen Knoten, dessen Tangenten in $P$ die beiden Schmiegtangenten sind, und die Fläche durchsetzt die Tangentialebene. Ein parabolischer Punkt $P$ ist entweder isolierter Punkt des Tangentialschnitts, oder die Schmiegtangente von $P$ ist seine einzige Tangente in $P$.

Die Gestalt des Tangentialschnitts in einem parabolischen Punkt ergibt sich aus 7.1.6. In einer Umgebung eines parabolischen Punktes $P$ können die von $P$ verschiedenen Punkte der Fläche ganz in einem Halbraum mit der Tangentialebene als Randebene liegen, die Fläche kann die Tangentialebene längs einer Kurve durch $P$ berühren oder die Tangentialebene durchsetzen. Beispiel ist der Ursprung für das reguläre Flächenstück mit der Darstellung $z = y^2 + x^4$ bzw. $z = (y - x^2)^2$ bzw. $z = y^2 - x^3$ und $z = y^2 - x^4$ (vgl. 7.1.6.)[6].

## 7.2.5. Dupinsche Indikatrix

Ist die Tangente $t$ einer Flächenkurve $c$ in $P$ keine Schmiegtangente, so beherrscht man mit Satz 7.2.8 den Krümmungskreis von $c$ in $P$, falls der Krümmungskreis des Normalschnitts durch $t$ bekannt ist. Die Verteilung der Normalkrümmung $\varkappa^N(t)$ in Abhängigkeit von der gewählten Flächentangente $t$ wird durch (12) beschrieben, wenn $\alpha$ im Intervall $]-\pi/2, \pi/2]$ variiert. Zur Veranschaulichung verwendet man die 1813 von Ch. Dupin (1784—1873) angegebene

**Def. 7.2.8:** Trägt man nach Wahl einer positiven Zahl $k > 0$ in jeder Nichtschmiegtangente $t$ eines Flächenpunktes $P$ von $P$ aus nach beiden Seiten die Länge $\sqrt{k\varrho^N(t)} > 0$ ab, so heißt die entstehende Punktmenge der Tangentialebene in $P$ die Dupin*sche Indikatrix* $i(k)$ zur Konstanten[7] $k$.

Jede Dupinsche Indikatrix ist nach Def. 7.2.8 zum Flächenpunkt $P$ zentrisch symmetrisch; aus $i(k)$ entsteht die Dupinsche Indikatrix $i(\bar{k})$ zur Konstanten $\bar{k} \neq k$ unter einer zentrischen Ähnlichkeit mit Zentrum $P$. In einem Flachpunkt ist keine Dupinsche Indikatrix erklärt.
Die beiden Punkte der Flächentangente $t$, die vom Ursprung $P$ den Abstand $\sqrt{k\varrho^N(t)}$ besitzen, haben für $\alpha = \sphericalangle \vec{x}, t$ die Koordinatenpaare $\left(\sqrt{k\varrho^N(t)} \cos \alpha, \sqrt{k\varrho^N(t)} \sin \alpha\right)$ und $\left(-\sqrt{k\varrho^N(t)} \cos \alpha, -\sqrt{k\varrho^N(t)} \sin \alpha\right)$. Nach (12) wird daher die Dupinsche Indikatrix $i(k)$ durch die beiden Gleichungen

$$(13) \qquad px^2 + 2qxy + ry^2 = k\varrho^N(t)\,(p \cos^2 \alpha + 2q \cos \alpha \sin \alpha + r \sin^2 \alpha) = \pm k$$

beschrieben.

[6] Bei analytischen Flächen sind das gemäß 7.1.6., Fn. 10 im wesentlichen alle möglichen Fälle.
[7] Bei der analytischen Behandlung der Differentialgeometrie wird nur die Dupinsche Indikatrix $i(1)$ zur Konstanten 1 benützt (vgl. [3, 247]).

Ist $q \neq 0$ in (13), so kann durch eine geschickte Wahl des Koordinatensystems der Tangentialebene von $\Phi$ in $P$ die Gleichung von $i(k)$ vereinfacht werden: Die für alle Werte von $\alpha \in \mathbb{R}$ definierte periodische Funktion $f(\alpha) := p\cos^2\alpha + 2q\cos\alpha\sin\alpha + r\sin^2\alpha$ nimmt für $\alpha_0$ mit $\dfrac{df}{d\alpha}(\alpha_0) = 0$ einen stationären Wert an, was

(14) $$(p - r)\sin 2\alpha_0 - 2q\cos 2\alpha_0 = 0, \quad \text{also} \quad \cot 2\alpha_0 = (p - r):2q$$

ergibt. Im Intervall $]-\pi/2, \pi/2]$ existieren zwei Lösungen $\alpha_1$ und $\alpha_2$ von (14) mit $2\alpha_1 + \pi = 2\alpha_2$, also $\alpha_1 + \pi/2 = \alpha_2$. Drehen wir das Koordinatensystem derart um die Flächennormale in $P$, daß $\alpha_1 = 0$, $\alpha_2 = \pi/2$ gilt, so ist nach Rückkehr zur alten Bezeichnung in den $i(k)$ beschreibenden Gleichungen (13) wegen (14) notwendig $q = 0$.
Demnach bedeutet es keine Einschränkung, in (13) speziell $q = 0$ vorauszusetzen. Sind $t_1$ und $t_2$ die in diesem Koordinatensystem zu $\alpha = 0$ und $\alpha = \pi/2$ gehörenden Flächentangenten und ist $\varkappa_1^N$ bzw. $\varkappa_2^N$ die Normalkrümmung zu $t_1$ bzw. $t_2$, so folgt $\varkappa_1^N = |p|$, $\varkappa_2^N = |r|$ aus (12). Nach 7.2.4. ist dann in einem elliptischen Punkt $pr > 0$, in einem hyperbolischen Punkt $pr < 0$ und in einem parabolischen Punkt etwa $p \neq 0$, $r = 0$; aus (12) entsteht mit $\alpha = \sphericalangle \overrightarrow{t, t_1}$ $(-\pi/2 < \alpha \leq \pi/2)$

(15)
$$\begin{aligned} \varkappa^N(t) &= \varkappa_1^N\cos^2\alpha + \varkappa_2^N\sin^2\alpha && \text{für einen elliptischen Punkt,}\\ \varkappa^N(t) &= |\varkappa_1^N\cos^2\alpha - \varkappa_2^N\sin^2\alpha| && \text{für einen hyperbolischen Punkt,}\\ \varkappa^N(t) &= \varkappa_1^N\cos^2\alpha && \text{für einen parabolischen Punkt.}\end{aligned}$$

Unter Verwendung der 1760 von L. Euler (1707–1783) angegebenen Formeln (15) kann die Gestalt der Dupinschen Indikatrix diskutiert werden (Fig. 7.13):

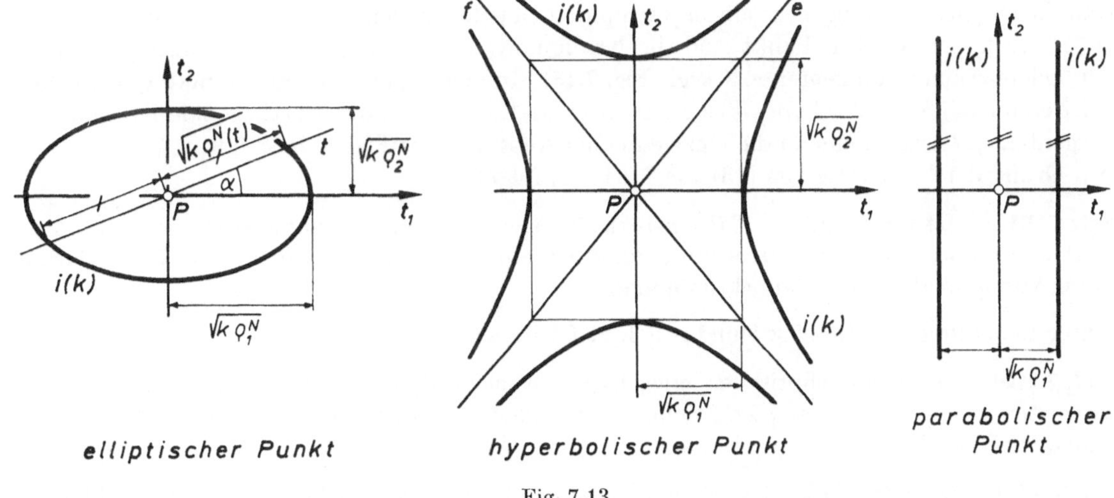


Fig. 7.13

**Satz 7.2.11:** In einem elliptischen Flächenpunkt $P$ ist die Dupinsche Indikatrix $i(k)$ eine Ellipse mit Halbachsenstrecken der Längen $\sqrt{k\varrho_1{}^N}$ und $\sqrt{k\varrho_2{}^N}$, in einem hyperbolischen Punkt $P$ ein Paar konjugierter Hyperbeln, deren gemeinsame Asymptoten die Schmiegtangenten in $P$ sind und deren Halbachsenstrecken die Längen $\sqrt{k\varrho_1{}^N}$ bzw. $\sqrt{k\varrho_2{}^N}$ aufweisen; in einem parabolischen Punkt $P$ besteht $i(k)$ aus zwei Geraden, die im Abstand $\sqrt{k\varrho_1{}^N}$ zur einzigen Schmiegtangente in $P$ parallel sind.

*Beweis*

Die Gleichung der Dupinschen Indikatrix $i(k)$ in dem (15) zugrunde liegenden Koordinatensystem ergibt sich in gleicher Weise wie (13) aus (12).

In einem elliptischen Punkt lautet nach (15) die Gleichung von $i(k)$

$$(16) \qquad \varkappa_1^N x^2 + \varkappa_2^N y^2 = k\varrho^N(t)\,(\varkappa_1^N \cos^2\alpha + \varkappa_2^N \sin^2\alpha) = k;$$

damit ist $i(k)$ nach 5.1.1., (2) eine Ellipse, deren Halbachsenstrecken die angegebenen Längen besitzen. In einem hyperbolischen Punkt erhält man

$$(17) \qquad \varkappa_1^N x^2 - \varkappa_2^N y^2 = k\varrho^N(t)\,(\varkappa_1^N \cos^2\alpha - \varkappa_2^N \sin^2\alpha) = \pm k,$$

was nach A 5.3, 11 ein Paar konjugierter Hyperbeln mit den angegebenen Längen der Halbachsenstrecken beschreibt; für ihre gemeinsamen Asymptoten $e$, $f$ gilt $\varkappa_1^N x^2 - \varkappa_2^N y^2 = 0$ nach (17) und 5.3.2., (5), also $\varkappa^N(e) = \varkappa^N(f) = 0$ nach (15).
In einem parabolischen Punkt entsteht

$$(18) \qquad \varkappa_1^N x^2 = k\varrho^N(t)\,\varkappa_1^N \cos^2\alpha = k,$$

also das Geradenpaar $\left(x + \sqrt{k\varrho_1^N}\right)\left(x - \sqrt{k\varrho_1^N}\right) = 0$. In (15) bestimmt $\alpha = \pi/2$ die $y$-Achse, also wegen $\varkappa_2^N = 0$ die einzige Schmiegtangente in $P$. □

In (13) führt somit im Falle eines elliptischen oder parabolischen Punktes nur ein Vorzeichen auf eine nicht leere Punktmenge, während in einem hyperbolischen Punkt die beiden Vorzeichen zu den beiden konjugierten Hyperbeln gehören. In einem elliptischen Punkt mit $\varkappa_1^N = \varkappa_2^N$ ist $\varkappa^N(t)$ von der Wahl der Flächentangente $t$ in $P$ unabhängig und jede DUPINsche Indikatrix ein Kreis; ein solcher Punkt wird *Nabelpunkt* genannt. In einem Flachpunkt gilt $\varkappa_1^N = \varkappa_2^N = 0$.

**Def. 7.2.9:** In einem Nichtflachpunkt $P$ heißt jede Flächentangente, die Symmetrieachse der DUPINschen Indikatrizen in $P$ ist, *Krümmungstangente* und die zugehörige Normalkrümmung *Hauptkrümmung* in $P$.

In einem elliptischen Punkt mit $\varkappa_1^N \neq \varkappa_2^N$ oder einem hyperbolischen Punkt existieren nach Satz 7.2.11 genau zwei, und zwar zueinander orthogonale Krümmungstangenten $t_1$, $t_2$, und $\varkappa_1^N$, $\varkappa_2^N$ sind die Hauptkrümmungen; in einem Nabelpunkt ist jede Flächentangente Krümmungstangente. In einem hyperbolischen Punkt sind die Krümmungstangenten $t_1$, $t_2$ die Winkelsymmetralen der beiden Schmiegtangenten $e$, $f$ (vgl. Fig. 7.13). In einem parabolischen Punkt $P$ schließlich existieren nach Satz 7.2.11 ebenfalls genau zwei, und zwar zueinander orthogonale Krümmungstangenten $t_1$, $t_2$, wobei eine in die einzige Schmiegtangente der Fläche in $P$ fällt.
Auf Grund der Herleitung von (13) aus 7.2.1., (6) folgt:

**Satz 7.2.12:** Ist ein reguläres Flächenstück $\Phi$ zu einer Ebene $\sigma$ symmetrisch, so berührt die Schnittkurve $m = \sigma \cap \Phi$ in jedem ihrer Punkte $P$ eine Krümmungstangente von $P$; die Krümmung von $m$ in $P$ ist eine Hauptkrümmung.

Unter Benützung von Def. 5.2.1 und A 5.3, 11 formulieren wir

**Def. 7.2.10:** In einem elliptischen oder hyperbolischen Flächenpunkt heißen zwei Flächentangenten (zueinander) *konjugiert,* wenn sie konjugierte Durchmessergeraden der DUPINschen Indikatrizen sind.

Nach 5.2.1. bzw. A 5.3, 11 ist das eine symmetrische Beziehung zwischen verschiedenen Flächentangenten. In einem Nabelpunkt sind zwei Flächentangenten genau dann konjugiert, wenn sie zueinander normal sind; in jedem anderen Fall existiert genau ein Paar orthogonaler konjugierter Flächentangenten, das aus den beiden Krümmungstangenten besteht.

### 7.2.6. Schnitte berührender Flächen

Die Tangentialebene $\tau$ in einem Punkt $P$ einer Fläche $\Phi$ definiert zwei Halbräume, von denen wir einen als positiven und den anderen als negativen Halbraum bezeichnen (vgl. 1.1.2.). Der Krümmungsmittelpunkt $K^N(t)$ des Normalschnitts von $\Phi$ durch eine Flächentangente $t$ in $P$, die keine Schmiegtangente ist, gehört einem dieser Halbräume an. Wir zerlegen die DUPINsche Indikatrix $i(k)$ in zwei Teilmengen $i(k)^+$ und $i(k)^-$ so, daß die Punkte jeder dieser Teilmengen zu den Punkten $K^N(t)$ je eines der beiden Halbräume gehören. In einem elliptischen oder parabolischen Punkt $P$ ist die eine Teilmenge die DUPINsche Indikatrix $i(k)$, und die andere Teilmenge ist leer; in einem hyperbolischen Punkt $P$ ist $i(k)^+$ eine Hyperbel und $i(k)^-$ die dazu konjugierte Hyperbel (vgl. A 7.2, 1). Dann gilt:

**Satz 7.2.13:** Sei $P$ ein gemeinsamer Nichtflachpunkt zweier regulärer Flächenstücke $\Phi_1$, $\Phi_2$ mit derselben Tangentialebene $\tau$ in $P$, wobei die zur selben Konstanten $k$ gehörenden Punktmengen $i_1(k)^+$ und $i_2(k)^+$ verschieden sind; wir bezeichnen mit $\mathfrak{T}_P$ die Menge jener Geraden durch $P$, die einen Punkt von $i_1(k)^+ \cap i_2(k)^+$ oder von $i_1(k)^- \cap i_2(k)^-$ enthalten oder gemeinsame Schmiegtangenten von $\Phi_1$ und $\Phi_2$ in $P$ sind. Die Geradenmenge $\mathfrak{T}_P$ besteht entweder aus zwei verschiedenen Geraden $t_1$, $t_2$ oder aus genau einer Geraden $t$ oder ist leer. Im ersten Fall sind $t_1$ und $t_2$ die Tangenten von $c = \Phi_1 \cap \Phi_2$ in $P$, im zweiten Fall ist $t$ entweder die einzige Tangente von $c$ in $P$ oder $P$ ist isolierter Punkt von $c$, im dritten Fall ist $P$ stets isolierter Punkt von $c$.

*Beweis*

Wir wählen $P$ als Ursprung und die gemeinsame Flächennormale in $P$ als die $z$-Achse eines kartesischen Koordinatensystems. Die Flächen $\Phi_1$ bzw. $\Phi_2$ besitzen nach (6) die lokalen Darstellungen

$$z = \frac{1}{2}(p_1x^2 + 2q_1xy + r_1y^2) + (^3) \quad \text{bzw.} \quad z = \frac{1}{2}(p_2x^2 + 2q_2xy + r_2y^2) + (^3). \tag{19}$$

Der Normalriß $c^n$ von $c$ in der gemeinsamen Tangentialebene von $P$ wird dann durch

$$(p_1 - p_2)\,x^2 + 2(q_1 - q_2)\,xy + (r_1 - r_2)\,y^2 + (^3) = 0 \tag{20}$$

beschrieben. Nach 7.1.6., (37) und (20) muß für die Koordinatenpaare $(x, y)$ der Punkte einer Tangente von $c^n$ in $P$ notwendig

$$p_1x^2 + 2q_1xy + r_1y^2 = p_2x^2 + 2q_2xy + r_2y^2 \tag{21}$$

gelten, falls $(p_1 - p_2, q_1 - q_2, r_1 - r_2) \neq (0, 0, 0)$ ist; dies bedeutet nach (13) die Verschiedenheit von $i_1(k)^+$ und $i_2(k)^+$ und dann auch von $i_1(k)^-$ und $i_2(k)^-$. Existiert eine Tangente von $c^n$ in $P$, so ist sie nach (21), (13) und A 5.6, 1 eine Gerade der Menge $\mathfrak{T}_P$. Die Tangenten von $c$ und $P$ gehören der Ebene $\tau$ an und stimmen daher mit den Tangenten von $c^n$ in $P$ überein.
Werden durch (21) zwei verschiedene Geraden $t_1$, $t_2$ durch $P$ beschrieben, so besitzt $c^n$ nach (20) und 7.1.6. einen Knoten in $P$, und $t_1$, $t_2$ sind nach Satz 7.1.17 die beiden Tangenten von $c^n$ und damit von $c$ in $P$. Die anderen Behauptungen folgen aus 7.1.6. □

Ist $P$ ein elliptischer bzw. hyperbolischer Punkt von $\Phi_1$ und ein Flachpunkt von $\Phi_2$, so besitzt die Schnittkurve $c = \Phi_1 \cap \Phi_2$ unter den sonstigen Voraussetzungen von Satz 7.2.13 den Punkt $P$ als isolierten Punkt bzw. die beiden Schmiegtangenten von $\Phi_1$ als Tangenten in $P$; ist $P$ ein parabolischer Punkt von $\Phi_1$ und ein Flachpunkt von $\Phi_2$, so besitzt $c$ in $P$ entweder die einzige Schmiegtangente von $\Phi_1$ als Tangente, oder $P$ ist ein isolierter Punkt von $c$. Diese Aussagen folgen mit $p_2 = q_2 = r_2 = 0$ aus (19), (13) und 7.1.6. Da ein ebenes Flächenstück nur aus Flachpunkten besteht, ergibt sich aufs neue die Aussage von Satz 7.2.10 über die Gestalt des Tangentialschnitts.

Besteht die Menge $\mathfrak{T}_P$ aus genau einer Geraden $t$ und ist $P$ kein isolierter Punkt von $c = \Phi_1 \cap \Phi_2$, so kann $c$ nach 7.1.6. in $P$ eine Rückkehrspitze oder Selbstberührung aufweisen, oder $c$ ist in der Umgebung von $P$ ein reguläres Kurvenstück. Dieser Fall tritt insbesondere auf, wenn $\Phi_1$ und $\Phi_2$ einander längs eines regulären Kurvenstücks $c$ berühren, also in allen Punkten von $c$ dieselbe Tangentialebene besitzen.

**Satz 7.2.14:** Berühren einander zwei reguläre Flächenstücke $\Phi_1$, $\Phi_2$ längs eines regulären Kurvenstücks $c$, so ist die Tangente $t$ von $c$ in $P$ entweder Schmiegtangente beider Flächen in $P$, oder $t$ ist die einzige Gerade durch $P$, welche für $i_1(k)^+ \neq i_2(k)^+$ Punkte von $\left(i_1(k)^+ \cap i_2(k)^+\right) \cup$ $\cup \left(i_1(k)^- \cap i_2(k)^-\right)$ enthält. Ist $P$ ein elliptischer oder hyperbolischer Punkt von $\Phi_1$ und ein parabolischer Punkt von $\Phi_2$, so ist $t$ im zweiten Fall die zur einzigen Schmiegtangente von $\Phi_2$ konjugierte Flächentangente von $\Phi_1$.

*Beweis*

(a) Nach Satz 7.2.13 gehört $t$ zur Geradenmenge $\mathfrak{T}_P$. Es bleibt zu zeigen, daß wegen der Berührung der beiden Flächen längs $c$ keine weitere Gerade in $\mathfrak{T}_P$ existiert. Wählt man $t$ als $x$-Achse, so ist $p_1 = p_2 =: p$ in (19) nach 7.2.3.; für $c$ gilt $y = \frac{1}{2}\,ax^2 + (^3)$, $z = \frac{1}{2}\,px^2 + (^3)$ nach (8), wobei die Tangentialebene von $\Phi_1$ bzw. $\Phi_2$ im Punkt von $c$ mit dem Koordinatentripel $(x_0, y_0, z_0)$ nach (7) die Gleichung

(22) $$z - (^2) = (px_0 + (^2))\,x + (q_1x_0 + (^2))\,y \text{ bzw. } z - (^2) = (px_0 + (^2))\,x + (q_2x_0 + (^2))\,y$$

besitzt und $(^2)$ jeweils Glieder mindestens zweiter Ordnung in $x_0$ bedeutet. Da in allen Punkten von $c$ die Tangentialebenen übereinstimmen, ist notwendig $q_1 = q_2$ nach (7) und (22) und dann $r_1 \neq r_2$ in (19) wegen $i_1(k)^+ \neq i_2(k)^+$; nach (21) gibt es außer der durch $y = 0$ beschriebenen Geraden $t$ keine Gerade in $\mathfrak{T}_P$.
(b) Nach Satz 7.2.11 besteht etwa $i_2(k)^+$ aus zwei bezüglich $P$ symmetrischen, zur Schmiegtangente von $\Phi_2$ in $P$ parallelen Geraden, die nach Voraussetzung zu keiner Schmiegtangente von $\Phi_1$ parallel sind. Die Geraden von $i_2(k)^+$ enthalten nach (a) je genau einen Punkt der Ellipse $i_1(k)$ bzw. der Hyperbel $i_1(k)^+$, falls $t$ keine Schmiegtangente von $\Phi_1$ ist, und sind daher Tangenten dieser Ellipse bzw. dieser Hyperbel; die durch $P$ gehende Verbindungsgerade ihrer Berührungspunkte ist $t$. Damit folgt die Behauptung aus Def. 5.2.1 bzw. A 5.3, 11. □

## Aufgaben 7.2

**1.** Ist $P$ ein elliptischer oder parabolischer Flächenpunkt, so liegen die Mittelpunkte der Meusnier-Kugeln zu allen Nichtschmiegtangenten im selben Halbraum mit der Tangentialebene $\tau$ in $P$ als Randebene. In einem hyperbolischen Flächenpunkt $P$ liegen die Mittelpunkte $K_1^N$, $K_2^N$ der Meusnier-Kugeln $\varkappa_{t_1}$, $\varkappa_{t_2}$ zu den Hauptkrümmungstangenten $t_1$, $t_2$ in verschiedenen Halbräumen; der Mittelpunkt $K^N(t)$ der Meusnier-Kugeln $\varkappa_t$ einer Nichtschmiegtangente $t$ liegt im selben Halbraum wie $K_1^N$ bzw. $K_2^N$, falls $t$ jene Hyperbel der Dupinschen Indikatrix schneidet, die $t_1$ bzw. $t_2$ als Hauptachse besitzt.
(Anl.: Diskutiere die Lage der Krümmungsmittelpunkte aller Normalschnitte unter Benützung der Taylor-Entwicklung $z = \frac{1}{2}\,(px^2 + ry^2) + (^3)$ in dem (15) zugrunde liegenden Koordinatensystem.)

**2.** Kennt man die zu den Hauptkrümmungstangenten $t_1$, $t_2$ eines elliptischen Nichtnabelpunktes $P$ gehörenden Mittelpunkte $K_1^N$, $K_2^N$ der Meusnier-Kugeln $\varkappa_{t_1}$, $\varkappa_{t_2}$ mit $\overline{PK_1^N} = \varrho_1^N$, $\overline{PK_2^N} = \varrho_2^N$, so ergibt sich der Mittelpunkt $K^N(t)$ der Meusnier-Kugel $\varkappa_t$ zu einer Flächentangente $t$ mit $\sphericalangle\, t, t_1 = \alpha$ durch folgende Konstruktion in einer Ebene $\nu$ durch die Flächennormale $n$ von $P$: Der Punkt $P$ liegt nach A 7.2, 1 nicht zwischen $K_1^N$ und $K_2^N$; sind $g_1 \subset \nu$ und $g_2 \subset \nu$ die Geraden durch $P$ mit $\sphericalangle\, n, g_1 = \alpha$, $g_1 \perp g_2$ und ist $G_1$ bzw. $G_2$ der Punkt von $g_1$ bzw. $g_2$ in der zu $n$ normalen Geraden in $\nu$ durch $K_1^N$ bzw. $K_2^N$, so gilt $K^N(t) = G_1G_2 \cap n$ (Fig. 7.14).

(Anl.: Der Flächeninhalt des rechtwinkligen Dreiecks $\{P, G_1, G_2\}$ berechnet sich einerseits zu $\frac{1}{2}\,\varrho_1^N\varrho_2^N$: $:\cos\alpha \sin\alpha$ und andererseits zu $\frac{1}{2}\,\overline{PK^N(t)}\,(\varrho_1^N \tan\alpha + \varrho_2^N \cot\alpha)$; verwende (15).)

**3.** Unter Benützung der Bezeichnungen von A 7.2, 2 gilt für einen hyperbolischen Punkt $P$: Der Punkt $P$ liegt zwischen $K_1^N$ und $K_2^N$; für jede Nichtschmiegtangente $t$ entsteht $K^N(t)$ wie in A 7.2, 2, für eine Schmiegtangente $t$ ist $G_1G_2 \parallel n$ (Fig. 7.15).
(Anl.: Vgl. A 7.2, 2)

**4.** Kennt man den Mittelpunkt $K_1^N$ der Meusnier-Kugel $\varkappa_{t_1}$ zu der zur Schmiegtangente eines parabolischen Punktes $P$ normalen Hauptkrümmungstangente $t_1$ mit $\overline{PK_1^N} = \varrho_1^N$, so ergibt sich $K^N(t)$ unter

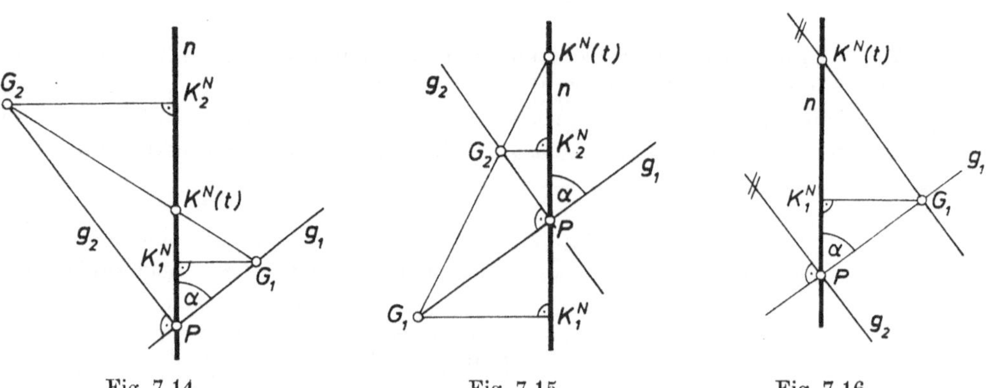


Fig. 7.14 Fig. 7.15 Fig. 7.16

Benützung der zu A 7.2, 2 analogen Bezeichnungen wie folgt: Der Punkt $K^N(t)$ ist der Schnittpunkt von $n$ mit der zu $g_2$ parallelen Geraden durch $G_1$ (Fig. 7.16).

(Anl.: Benütze A 7.2, 2 und (15) mit $\overline{PK^N(t)} = \varrho_1^N : \cos^2 \alpha$ gemäß Fig. 7.16.)

5. Die Krümmungsachse eines regulären Kurvenstücks $c$ in $P$ schneidet eine Ebene $\pi$ durch die Tangente $t$ von $c$ in $P$ im Krümmungsmittelpunkt des Normalrisses $c^n$ von $c$ in $\pi$ (vgl. Fig. 6.40).
(Anl.: Wende Satz 7.2.7 auf den Normalschnitt $c^n$ des Sehzylinders durch $c$ an.)

6. Haben zwei reguläre Flächenstücke $\Phi_1, \Phi_2$ in einem gemeinsamen Punkt $P$ verschiedene Tangentialebenen $\tau_1, \tau_2$ und ist die Schnittgerade $t = \tau_1 \cap \tau_2$ weder für $\Phi_1$ noch für $\Phi_2$ eine Schmiegtangente, so ist die Schmiegebene $\sigma$ von $c = \Phi_1 \cap \Phi_2$ in $P$ normal zur Verbindungsgeraden $a$ der Mittelpunkte der MEUSNIER-Kugeln von $\Phi_1$ und $\Phi_2$ zur gemeinsamen Flächentangente $t$, und $a$ schneidet $\sigma$ im Krümmungsmittelpunkt von $c$ in $P$.
(Anl.: Benütze Satz 7.2.9 und Satz 1.4.3.)

7. Ermittle den Radius $\varrho_C$ des Krümmungskreises einer Ellipse $c$ im Nebenscheitel $C$ mit Hilfe von A 7.2, 5 (vgl. auch A 6.3, 3).
(Anl.: Fasse $c$ mit Satz 5.1.1 als Normalriß eines Kreises auf, der $c$ in $C$ berührt.)

8. Berühren einander zwei reguläre Flächenstücke längs eines regulären Kurvenstücks $c$ und existiert in einem Punkt $P \in c$ keine gemeinsame Schmiegtangente beider Flächen, so ist $P$ nicht für beide Flächen ein parabolischer Punkt.
(Anl.: Die Schnittpunkte der Indikatrizen $i_1(k)$, $i_2(k)$ bilden sonst ein Parallelogramm, was Satz 7.2.14 widerspricht.)

9. In jedem Flächenkurvenstück $c$, das einen elliptischen Punkt $P$ und einen hyperbolischen Punkt $Q$ eines regulären Flächenstücks verbindet, liegt ein parabolischer Punkt oder ein Flachpunkt.
(Anl.: Nach (6) und 7.2.4. ist ein elliptischer bzw. hyperbolischer Flächenpunkt durch $\Delta > 0$ bzw. $\Delta < 0$ mit $\Delta = f_{xx}(0, 0) f_{yy}(0, 0) - f_{xy}^2(0, 0)$ gekennzeichnet. Für eine Parameterdarstellung $(u, v) \in G \mapsto \mathfrak{x}(u, v)$ ist die Funktion $\Delta: G \to \mathbb{R}$ gemäß dem Beweis zu Satz 7.2.2 in $G$ beliebig oft differenzierbar, also längs $c$ sicher stetig. Benütze Hs 1a.)

10. Ist die Sehgerade $s$ einer Parallelprojektion in einem Konturpunkt $K$ eines regulären Flächenstücks $\Phi$ keine Schmiegtangente, so liegt $K$ in einem regulären Kurvenstück $u_1$ der Kontur von $\Phi$. Die Tangente $t$ von $u_1$ in $K$ ist von $s$ verschieden und genau dann Schmiegtangente, wenn $K$ ein parabolischer Flächenpunkt ist (vgl. auch Satz 7.3.4).
(Anl.: Sei $K$ der Ursprung des (6) zugrunde liegenden Koordinatensystems und $s$ die $x$-Achse; nach (12) ist $p \neq 0$. Für die Koordinatentripel $(x_0, y_0, z_0)$ der Konturpunkte gilt $px_0 + qy_0 + (^2) = 0$ nach (7). In $t$ liegt nach 7.1.2., (2) der Punkt mit dem Koordinatentripel $(-q : p, 1, 0)$; nach (12) gehört dieser genau für $rp - q^2 = 0$ einer Schmiegtangente an.)

11. Ist die Sehgerade $s$ einer Parallelprojektion in einem Konturpunkt $K$ eines regulären Flächenstücks $\Phi$ eine Schmiegtangente und $K$ ein hyperbolischer Flächenpunkt, so liegt $K$ in einem regulären Kurvenstück $u_1$ der Kontur von $\Phi$, welches in $K$ die Gerade $s$ berührt; existiert in $K$ eine Schmiegebene von $u_1$, so ist diese die Tangentialebene.
(Anl.: Unter Benützung der Bezeichnungen zu A 7.2, 10 gilt $p = 0$, $q \neq 0$; verwende 7.1.3., (10).)

12. Unterwirft man eine Fläche $\Phi$ einer Bewegung $\beta$ in $\mathfrak{P}$, so geht dabei eine DUPINsche Indikatrix $i(k)$ von $\Phi$ in $P \in \Phi$ über in die DUPINsche Indikatrix von $\Phi^\beta$ in $P^\beta$ zur selben Konstanten $k$. Unter einer zentrischen Ähnlichkeit $\alpha$ in $\mathfrak{P}$ zum Zentrum $Z \neq P$ (vgl. A 1.4, 4, Fn. 7) entsteht aus $i(k)$ die DUPINsche Indikatrix von $\Phi^\alpha$ in $P^\alpha$ zur Konstanten $\bar{k}$ mit $\bar{k} : k = \overline{ZP^\alpha} : \overline{ZP} =: a \in \mathbb{R} \setminus \{0\}$.
(Anl.: Benütze Def. 7.2.8 und die Tatsache, daß unter $\alpha$ die Länge jeder Strecke mit dem Faktor $a$ verzerrt wird.)

## 7.3. Ergänzungen für Zylinder und Kegel

### 7.3.1. Dupinsche Indikatrix von Zylindern und Kegeln

Um die Begriffsbildungen von 7.2. auf Zylinder und Kegel anwenden zu können, benötigen wir unter Verwendung von Begriffen aus 1.1.3. den

**Satz 7.3.1:** Ist die ebene Leitkurve $c$ eines Zylinders oder Kegels ein reguläres Kurvenstück, so ist der Zylinder oder der um die Kegelspitze verminderte Halbkegel ein reguläres Flächenstück.

*Beweis*

Das ebene reguläre Kurvenstück $c$ sei durch die injektive beliebig oft differenzierbare Abbildung $u \in I \mapsto \mathfrak{y}(u)$ mit $\dot{\mathfrak{y}} \neq \mathfrak{o}$ in $I$ gegeben.
Sind die Erzeugenden des Zylinders $\Phi$ zur Verbindungsgeraden des Ursprungs mit dem Punkt zum Koor-

dinatenvektor $\mathfrak{a} \neq \mathfrak{o}$ parallel, so ist $\{\dot{\mathfrak{y}}(u_0), \mathfrak{a}\}$ für alle $u_0 \in I$ linear unabhängig, da die Zylindererzeugenden zur Ebene von $c$ nicht parallel sind. Die Punkte von $\Phi$ werden dann durch die injektive beliebig oft differenzierbare Abbildung

(1) $$(u, v) \in I \times \mathbb{R} \mapsto \mathfrak{x}(u, v) = \mathfrak{y}(u) + v\mathfrak{a}$$

erfaßt; wegen $I \times \mathbb{R} \subset \mathbb{R}^2$ offen in $\mathbb{R}^2$ und $\mathfrak{x}_u = \dot{\mathfrak{y}}$, $\mathfrak{x}_v = \mathfrak{a}$ ist $\Phi$ nach Def. 7.2.2 regulär.
Ist der Ursprung die Kegelspitze $S$, so ist $\{\dot{\mathfrak{y}}(u_0), \mathfrak{y}(u_0)\}$ für alle $u_0 \in I$ linear unabhängig, da $S$ nicht in der Ebene von $c$ liegt. Die Punkte des um $S$ verminderten Halbkegels $\Phi$ werden dann durch die injektive beliebig oft differenzierbare Abbildung

(2) $$(u, v) \in I \times \mathbb{R}^+ \mapsto \mathfrak{x}(u, v) = v\mathfrak{y}(u)$$

erfaßt; wegen $I \times \mathbb{R}^+ \subset \mathbb{R}^2$ offen in $\mathbb{R}^2$ und $\mathfrak{x}_u = v\dot{\mathfrak{y}}, \mathfrak{x}_v = \mathfrak{y}$ sowie $v > 0$ ist $\Phi$ nach Def. 7.2.2 regulär. □

Wir setzen im folgenden die ebene Leitkurve $c$ stets als reguläres Kurvenstück voraus. Da unter der Spiegelung an der Kegelspitze ein reguläres Kurvenstück in ein reguläres Kurvenstück und ein Halbkegel in einen Halbkegel übergeht, gelten die folgenden Diskussionen für jeden von der Kegelspitze verschiedenen Kegelpunkt.
Eine Erzeugende $e$ eines Zylinders oder Kegels ist Flächentangente in jedem ihrer Punkte und besteht nach 1.4.2. nur aus Wendepunkten; nach Satz 7.2.6 stellt daher die Gerade $e$ in jedem (von der Kegelspitze $S$ verschiedenen) Punkt $P$ von $e$ eine Schmiegtangente dar. Enthält die Leitkurve $c$ ein geradliniges Kurvenstück durch den Punkt $E = e \cap c$, so liegt $e$ in einem der Fläche angehörenden ebenen Flächenstück, und $P$ ist daher ein Flachpunkt. Ist $c$ dagegen in einer Umgebung von $E$ nicht geradlinig, so liegt in der längs $e$ berührenden Tangentialebene keine von $e$ verschiedene Flächenkurve durch den (von der Kegelspitze $S$ verschiedenen) Flächenpunkt $P$, so daß $P$ nach Satz 7.2.10 entweder parabolisch oder ein Flachpunkt ist. Nach Def. 7.2.7 und Satz 7.2.6 ist ein Punkt $P$ der Leitkurve $c$ genau dann ein Flachpunkt, wenn $P$ ein Wendepunkt von $c$ ist.
Die DUPINsche Indikatrix $i(k)$ zur Konstanten $k$ eines Zylinders oder Kegels $\Phi$ in einem Punkt $P$ der Leitkurve $c$, der kein Wendepunkt von $c$ ist, besteht nach Satz 7.2.11 aus zwei zur Erzeugenden $e$ durch $P$ parallelen Geraden der Tangentialebene in $P$. Diese beiden Indikatrixgeraden gehen nach Def. 7.2.8 durch jene beiden Punkte der Tangente $t$ von $c$ in $P$, die von $P$ den Abstand $\sqrt{k\varrho^N(t)}$ besitzen; dabei ist $\varrho^N(t)$ der Normalkrümmungsradius von $\Phi$ zur Flächentangente $t$, den man mit Hilfe der Krümmungsachse $a$ von $c$ in $P$ und der Flächennormalen $n$ in $P$ gemäß Satz 7.2.7 erhält[1] (Fig. 7.17). Der Schnittpunkt $a \cap n$ ist nach Def. 7.2.6 der Mittelpunkt $K^N(t)$ der MEUSNIER-Kugel $\varkappa_t$ zur Flächentangente $t$.
Da ein Zylinder alle Schiebungen parallel zu den Erzeugenden und ein Kegel alle zentrischen Ähnlichkeiten mit der Spitze $S$ als Zentrum gestattet, erhält man in einem nicht in der Leitkurve $c$ liegenden Punkt $\bar{P}$ ($\neq S$) die MEUSNIER-Kugel $\varkappa_{\bar{t}}$ der zu $t$ parallelen Flächentangente $\bar{t}$ und die DUPINsche Indikatrix zur Konstanten $\bar{k}$ unter einer Schiebung bzw. einer zentrischen Ähnlichkeit zum Zentrum $S$ aus der MEUSNIER-Kugel $\varkappa_t$ und der DUPINschen Indikatrix $i(k)$ in $P$, wobei nach A 7.2, 12 gilt $\bar{k} = k$ bzw. $\bar{k} : k = \overline{S\bar{P}} : \overline{SP}$.

**Satz 7.3.2:** Ist die ebene Leitkurve $c$ eines Zylinders oder Kegels ein reguläres Kurvenstück, so sind alle (von der Kegelspitze verschiedenen) Punkte der Erzeugenden $e$ durch einen Punkt $P$ von $c$ parabolisch oder Flachpunkte, je nachdem $P$ kein Wendepunkt oder ein Wendepunkt von $c$ ist. Die Mittelpunkte der MEUSNIER-Kugeln zu zwei parallelen Flächentangenten in verschiedenen Punkten von $e$ liegen in einer zu den Zylindererzeugenden parallelen Geraden bzw. in einer Geraden durch die Kegelspitze.

[1] Unter Benützung des Höhensatzes kann $\sqrt{k\varrho^N(t)}$ aus Strecken der Länge $k$ und $\varrho^N(t)$ gemäß Fig. 7.17a konstruiert werden.
Die Konstante $k$ wird bei jeder Aufgabe zweckmäßig gewählt. Setzt man etwa $k = \varrho^N(t)$, so haben die beiden Indikatrixgeraden den Abstand $\varrho^N(t)$ von $e$.

### 7.3.2. Anwendung auf die Projektion von Kurven und die Kontur von Flächen

Als Anwendung von 7.3.1. ergibt sich der für Konstruktionen wichtige

**Satz 7.3.3:** Ist in einem Nichtwendepunkt $P$ eines regulären Kurvenstücks $c$ die Schmiegebene $\sigma$ bezüglich einer Parallelprojektion $p: \mathfrak{P} \mapsto \pi$ nicht projizierend, so stimmt der Krümmungskreis des Parallelrisses $c^p$ in $P^p$ mit dem Krümmungskreis des Parallelrisses $k^p$ des Krümmungskreises $k$ von $c$ in $P$ überein. Ist dagegen die Schmiegebene $\sigma$, nicht aber die Tangente[2] von $c$ in $P$ projizierend, oder ist $P$ ein Wendepunkt von $c$ mit nicht projizierender Tangente[3] $t$, so hat $c^p$ in $P^p$ einen Wendepunkt mit der Tangente $t^p$.

*Beweis*

(a) Der Sehzylinder $\Phi$ durch $c$ besitzt $P$ und damit $P^p \in \pi$ unter den Voraussetzungen der ersten Aussage als parabolischen Punkt, wobei nach Wahl der Konstanten $k$ die Indikatrixgeraden in $P$ und damit in $P^p$ gemäß 7.3.1. durch die Krümmungsachse $a$ von $c$ in $P$ und die Flächennormale $n$ von $\Phi$ in $P$ bestimmt sind. Damit besitzt der Sehzylinder $\Psi$ durch den Krümmungskreis $k$ von $c$ in $P$ dieselbe Tangentialebene $\tau$ längs der Sehgeraden $e$ durch $P$ wie $\Phi$ und in $P^p$ dieselbe Indikatrixgeraden zur Konstanten $k$ wie $\Phi$. Nach Def. 7.3.8 stimmen daher die Normalkrümmungsradien von $\Phi$ und $\Psi$ zur Flächentangente $t^p \subset \pi$ und nach 7.2.3., (10) auch die Krümmungsradien der Kurven $c^p = \Phi \cap \pi$ und $k^p = \Psi \cap \pi$ in $P^p$ überein. Da die Krümmungsmittelpunkte von $c^p$ und von $k^p$ in derselben Halbebene von $\pi$ mit der Spurgeraden $t^p$ von $\tau$ als Randgeraden liegen, fallen die Krümmungskreise von $c^p$ und $k^p$ in $P^p$ zusammen.

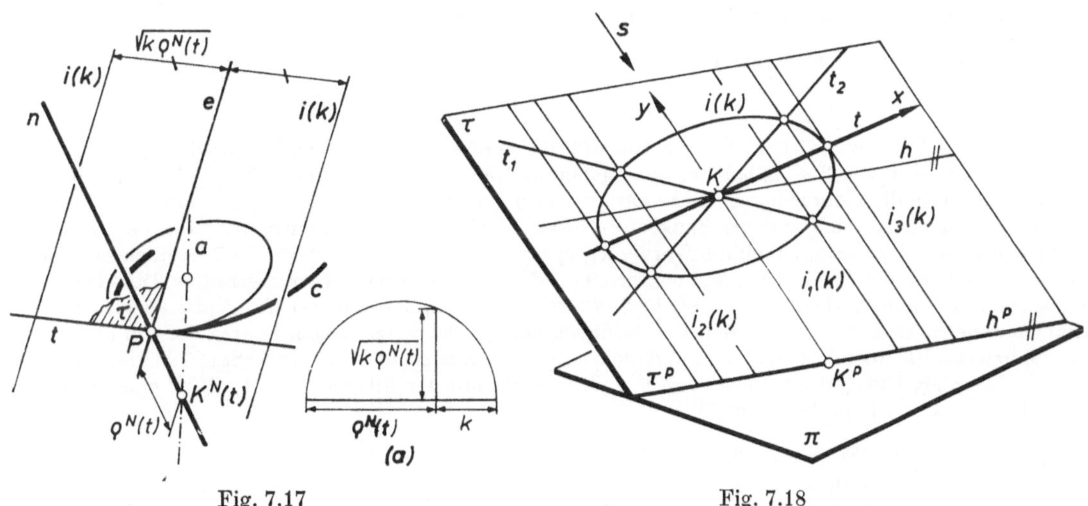


Fig. 7.17 Fig. 7.18

(b) Gehört $c$ der projizierenden Ebene $\sigma$ an, so gilt die Behauptung. Existiert dagegen ein Sehzylinder $\Phi$ durch $c$ und ist die Schmiegebene $\sigma$, nicht aber die Tangente $t$ von $c$ in $P$ projizierend, so fällt die Sehebene $\sigma$ notwendig in die Tangentialebene von $\Phi$ längs $e$, so daß $t$ nach Satz 7.2.6 eine von $e$ verschiedene Schmiegtangente in $P$ ist; gleiches gilt nach Satz 7.2.6 im Falle eines Wendepunktes $P$ von $c$. Nach 7.3.1 ist dann $P$ und damit $P^p \in \pi$ ein Flachpunkt von $\Phi$, so daß $c^p = \Phi \cap \pi$ nach Def. 7.2.7 und Satz 7.2.6 in $P^p$ einen Wendepunkt, und zwar mit der Tangente $t^p$ aufweist. □

Der Satz 7.3.3 gilt auch für Zentralprojektion $c: \mathfrak{P} \to \pi$, falls $P^c$ ein eigentlicher Punkt von $\pi$ ist, da alle Überlegungen des Beweises für einen Sehkegel gültig bleiben.

**Satz 7.3.4:** Ist die Sehgerade $s$ einer Parallelprojektion in einem Konturpunkt $K$ eines regulären Flächenstücks $\Phi$ keine Schmiegtangente und $K$ ein elliptischer oder hyperbolischer Punkt[4] von $\Phi$, so ist die Tangente $t$ der Kontur $u$ in $K$ die zu $s$ konjugierte Flächentangente von $\Phi$. Berührt die Kontur $u$ in einem ihrer regulären Punkte $K$ die Sehgerade $s$ durch $K$, so ist $s$ Schmiegtangente von $\Phi$ in $K$.

[2] Der Fall einer projizierenden Tangente in einem Nichtwendepunkt wird durch Satz 7.1.6 geklärt.
[3] Der Fall einer projizierenden Wendetangente ist in A 7.1, 9 behandelt.
[4] Der Fall eines parabolischen Flächenpunktes wird in A 7.2, 10 behandelt.

*Beweis*

(a) Nach A 7.2, 10 liegt $K$ in einem regulären Kurvenstück $u_1 \subset u$, dessen von $s$ verschiedene Tangente $t$ in $K$ für einen elliptischen oder hyperbolischen Flächenpunkt keine Schmiegtangente ist. Damit besitzt $u_1$ in $K$ keinen Wendepunkt, und der Punkt $K$ ist nach Satz 7.3.1 ein parabolischer Punkt des Sehzylinders von $u_1$; nach Satz 7.2.14 ist $t$ die zu $s$ konjugierte Flächentangente.
(b) Berührt $u_1$ die Erzeugende $s$ des Sehzylinders $\Psi$ von $u_1$ in $K$, so ist nach Satz 7.2.6 der Punkt $K$ entweder ein Wendepunkt von $u_1$, oder die Schmiegebene von $u_1$ in $K$ fällt in die Tangentialebene von $\Psi$ und damit von $\Phi$ in $K$; nach Satz 7.2.6 ist $s$ dann Schmiegtangente von $\Phi$. □

Der folgende Satz wurde 1960 von H. SCHAAL angegeben:

**Satz 7.3.5:** Sei die Sehgerade $s$ einer Parallelprojektion in einem Konturpunkt $K$ eines regulären Flächenstücks $\Phi$ keine Schmiegtangente und $K$ ein elliptischer oder hyperbolischer Flächenpunkt. Sind die Parallelrisse $c_1^p, c_2^p$ zweier Flächenkurven $c_1, c_2$, die in $K$ konjugierte Flächentangenten $t_1, t_2$ berühren, reguläre Kurvenstücke mit dem Krümmungsradius $\varrho_1$ bzw. $\varrho_2$ in $K^p$, so besitzt der Parallelumriß in $K^p$ den Krümmungsradius $\varrho_1 + \varrho_2$ bzw. $|\varrho_1 - \varrho_2|$, je nachdem $K$ elliptisch oder hyperbolisch ist.

*Beweis*

Wir benützen in der Tangentialebene $\tau$ von $\Phi$ in $K$ ein $(x, y)$-Koordinatensystem, dessen $y$-Achse die Gerade $s$ und dessen $x$-Achse die zu $s$ konjugierte Flächentangente, also nach Satz 7.3.4 die Tangente $t$ der Kontur in $K$ ist. Die Indikatrix $i(k)$ von $\Phi$ in $K$ zur Konstanten $k$ besitzt dann in einem elliptischen bzw. hyperbolischen Punkt $K$ nach A 5.2, 3 bzw. A 5.3, 15 die Parameterdarstellungen

$$x = a\cos u,\ y = b\sin u \quad \text{bzw.} \quad x = \pm a\cosh u_1,\quad y = b\sinh u_1 \quad \text{und} \qquad (3)$$
$$x = a\sinh u_2,\quad y = \pm b\cosh u_2,$$

wobei nach A 5.2, 3 bzw. A 7.1, 14 Punkte von $i(k)$, die konjugierten Durchmessergeraden $t_1, t_2$ angehören, zu Parameterwerten $u_0$, $\pi/2 - u_0$ bzw. $u_1 = u_2$ gehören. Die Projektionszylinder $\Psi_1, \Psi_2$ bzw. $\Psi_3$ durch die Kurven $c_1, c_2$ bzw. die Kontur besitzen Indikatrizen $i_j(k)$ $(j = 1, 2, 3)$ zur selben Konstanten $k$, welche zu $s$ parallele Geradenpaare sind und die Punkte $t_1 \cap i(k)$, $t_2 \cap i(k)$ bzw. $t \cap i(k)$ enthalten: Da die Zylinder $\Psi_j$ die Fläche $\Phi$ in $K$ berühren, haben die Kurven $c_1, c_2$ bzw. die Kontur nach Satz 7.2.7 nämlich bezüglich $\Phi$ einerseits und bezüglich $\Psi_1, \Psi_2$ bzw. $\Psi_3$ andererseits je denselben Normalkrümmungsradius. Die Verhältnisse der Normalkrümmungsradien von $\Psi_1, \Psi_2$ bzw. $\Psi_3$ zur Hauptgeraden $h$ in der Tangentialebene $\tau$ durch $K$ stimmen daher nach Def. 7.2.8 mit den Verhältnissen der Quadrate der $x$-Koordinaten der Punkte $t_1 \cap i(k)$, $t_2 \cap i(k)$ bzw. $t \cap i(k)$ überein (Fig. 7.18), und gleiches gilt dann nach 7.2.3., (10) und Satz 7.3.2 für die Krümmungsradien $\varrho_1, \varrho_2$ bzw. $\varrho$ der Schnitte von $\Psi_1, \Psi_2$ bzw. $\Psi_3$ mit der Bildebene $\pi$. Mit Hilfe eines Proportionalitätsfaktors $\lambda > 0$ folgt daher aus (3)

$$\begin{aligned} &\varrho_1 = \lambda a^2\cos^2 u_0, && \varrho_2 = \lambda a^2\cos^2(\pi/2 - u_0) = \lambda a^2\sin^2 u_0, && \varrho = \lambda a^2 \quad \text{bzw.}\\ &\varrho_1 = \lambda a^2\cosh^2 u_1, && \varrho_2 = \lambda a^2\sinh^2 u_2 = \lambda a^2\sinh^2 u_1, && \varrho = \lambda a^2 \quad \text{oder}\\ &\varrho_1 = \lambda a^2\sinh^2 u_2, && \varrho_2 = \lambda a^2\cosh^2 u_1 = \lambda a^2\cosh^2 u_2, && \varrho = \lambda a^2, \end{aligned} \qquad (4)$$

woraus sich die Behauptung ergibt. □

### 7.3.3. Beispiele

(1) In eine horizontale drehzylindrische Röhre mündet ein kreiskegelförmiges Abflußrohr, das in ein drehzylindrisches Fallrohr übergeht (Fig. 7.19 zeigt Auf- und Kreuzriß des Objekts); der Drehzylinder $\Phi_1$ mit der Achse $a_1$ wird vom Kreiskegel $\Phi_2$ in einem Punkt $D$ berührt.

KB. Die Konstruktion der Punkte von $c = \Phi_1 \cap \Phi_2$ erfolgt entweder mit Hilfe von Pendelebenen $\varphi$ (vgl. $1 \in c$) oder mit Hilfe von horizontalen Hilfsebenen $\varepsilon$, die jeweils $\Phi_1$ nach Erzeugenden und $\Phi_2$ nach einem Kreis schneiden; die Punkte von $c$ in $\varepsilon$ findet man unter Verwendung eines Grundrisses (vgl. den Punkt $P \in c$). Die zweiten Konturpunkte $K_1, \overline{K}_1$ von $c$ bezüglich $\Phi_1$ liegen in der horizontalen Tangentialebene von $\Phi_1$; mit Hilfe des Kreuzrisses der zweiten Konturerzeugenden von $\Phi_2$ erhält man die Konturpunkte $K_2, \overline{K}_2$ von $c$ bezüglich $\Phi_2$.
Die Tangente $t$ von $c$ in $P$ enthält den Punkt $T$, der in der Schnittgeraden $t_1$ bzw. $t_2$ der Tangentialebene $\tau_1$ bzw. $\tau_2$ von $\Phi_1$ bzw. $\Phi_2$ in $P$ mit der dritten Hauptebene $\eta_3$ durch die Kegelspitze $S$ liegt. Da die zweitprojizierende Ebene $\eta_3$ gemeinsame Symmetrieebene beider Flächen ist und $c$ die Ebene $\eta_3$ im Punkt $A$ orthogonal durchsetzt, ist $A$ ein Scheitel von $c$ und $A''$ ein Scheitel der Kurve $c''$.

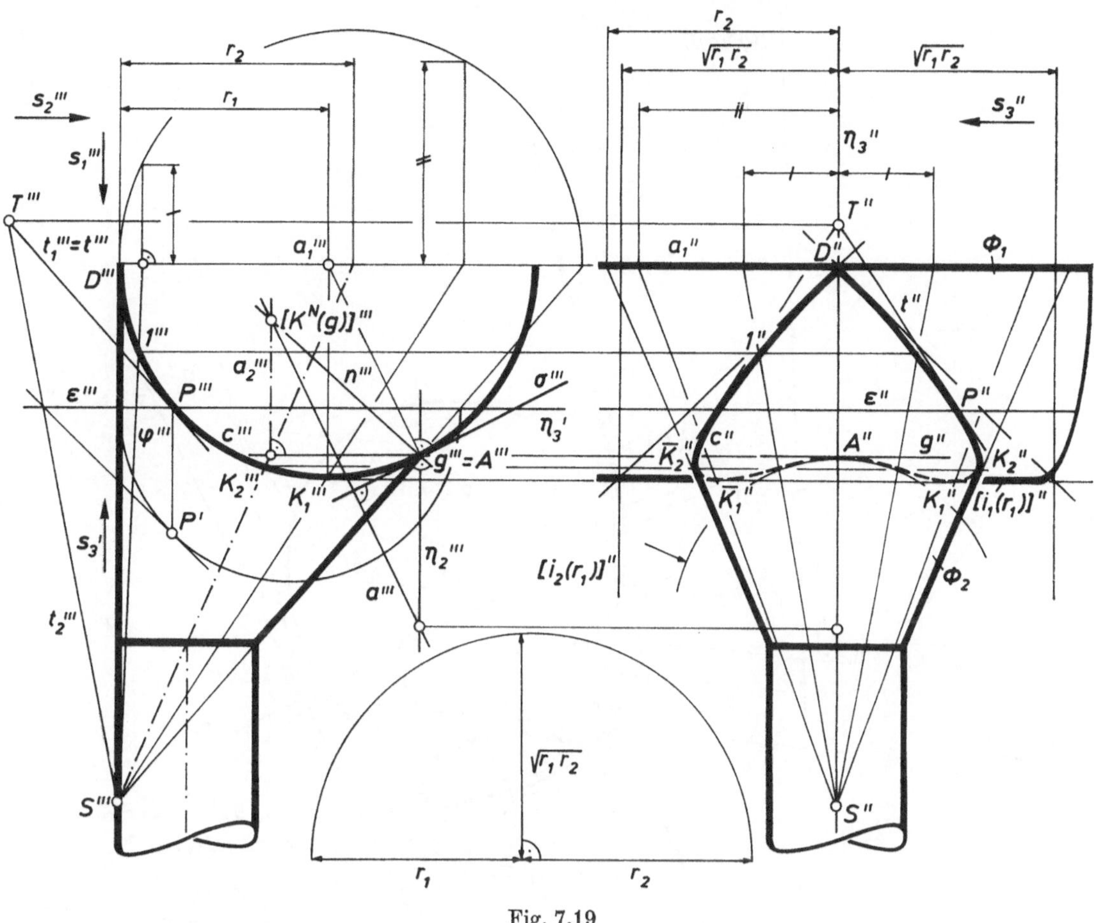


Fig. 7.19

Die Tangente $g$ von $c$ in $A$ ist drittprojizierend, so daß der Kreuzriß $\sigma'''$ der Schmiegebene $\sigma$ von $c$ in $A$ nach Satz 7.1.6 die Tangente des Kreises $c'''$ in $A'''$ ist; die Krümmungsachse $a$ von $c$ in $A$ schneidet nach Satz 7.2.7 die Flächennormale $n$ von $\Phi_2$ im gleichen Punkt $K^N(g)$ wie die lotrechte Krümmungsachse $a_2$ jenes Kreises von $\Phi_2$, der $g$ in $A$ berührt. Nach A 7.2, 5 trifft die Krümmungsachse $a$ die zweite Hauptebene $\eta_2$ durch $A$ im Krümmungsmittelpunkt des Normalrisses von $c$ in $\eta_2$.

Da die beiden Flächen einander im Punkt $D \in \eta_3$ berühren, benötigen wir zur Konstruktion der Tangenten von $c$ in $D$ die Dupinschen Indikatrizen $i_1(k)$ von $\Phi_1$ und $i_2(k)$ von $\Phi_2$ zur selben Konstanten $k$; diese Geradenpaare liegen in der zur Aufrißebene parallelen gemeinsamen Tangentialebene beider Flächen in $D$. Ist $r_1$ der Radius von $\Phi_1$ und $r_2$ der Radius des Kreisschnitts von $\Phi_2$ in der horizontalen Ebene durch $D$, so ist für $k = r_1$ dann $[i_1(r_1)]''$ das Paar der zweiten Umrißgeraden von $\Phi_1$ und $[i_2(r_1)]''$ ein Paar paralleler Geraden im Abstand $\sqrt{r_1 r_2}$ zu $\eta_3''$. Nach Satz 7.2.13 sind die Diagonalen dieses Rechtecks die beiden Tangenten von $c''$ im Knoten $D''$, da die beiden Flächen nicht verschiedenen Halbräumen mit der gemeinsamen Tangentialebene in $D$ als Randebene angehören. △

(2) Ein elliptischer Kegel $\Phi_1$ und ein Kreiskegel $\Phi_2$ haben eine Erzeugende $e$ gemeinsam, aber längs $e$ verschiedene Tangentialebenen. Die Leitkurven $c_1$ und $c_2$ gehören derselben Ebene $\pi$ an. Wir konstruieren vom Restschnitt $c$ der beiden Kegel den Normalriß in $\pi$ und legen in Fig. [5]7.20 die Spitzen $S_1$ von $\Phi_1$ und $S_2$ von $\Phi_2$ durch ihre Normalrisse in $\pi$ und die Kote $\zeta$ von $S_2$ bezüglich $\pi$ fest, wobei die Gerade $e = S_1S_2$ den Punkt $E = c_1 \cap c_2$ in $\pi$ enthält. Insbesondere soll der Normalriß $k'$ des Krümmungskreises $k$ von $c$ in $S_2$ konstruiert werden.

KB. Mit Hilfe von Pendelebenen $\varphi$ durch $e = S_1S_2$ erhält man nach Satz 6.5.2 die Punkte von $c$ (vgl. $P \in c$); die Tangente $t$ in $P$ schneidet $\pi$ in jenem Punkt $T$, der in der Schnittgeraden $g_1$ von $\pi$ mit der Tan-

[5] In Fig. 7.20 sind die beiden Kegel graphisch nicht ausgeführt und daher die Konturpunkte von $c$ nicht konstruiert. Weiter ist nur eine Gerade jeder Indikatrix eingezeichnet.

[i(ϱ^N(g̃))]₀'
e₀'
e'
ϱ^N(t₂)
t₂₀'
S₁₀'
h₂''
ϱ^N(g̃)
S₁'
d''
k'
τ''=t₂''=e''
[K^N(t₂)]'
[K^N(t₂)]''
ϱ^N(t₂)
M'
M''
a''
r
S₂₀'
g̃₀'
√(ϱ^N(g̃)ϱ^N(t₂))
ϱ^N(g̃)
S₂''
S₂'(ζ)
n₁''
g̃'
[i(ϱ^N(g))]₀'
c'
P'
t'
g₂'
a'=d'
t₂'
ζ
T'
a₁'
g₁'
[K^N(g)]''
a₁''
h₁'
n_{S₂}'
n_E''
n_E'
φ
k₁'
c₁'
s''
σ
τ
ϱ^N(g)
E'=E₀'
E''=g''
s₂'
g'=g₀'
c₂'
ϱ^N(g)
π''=h₁''=h₂'

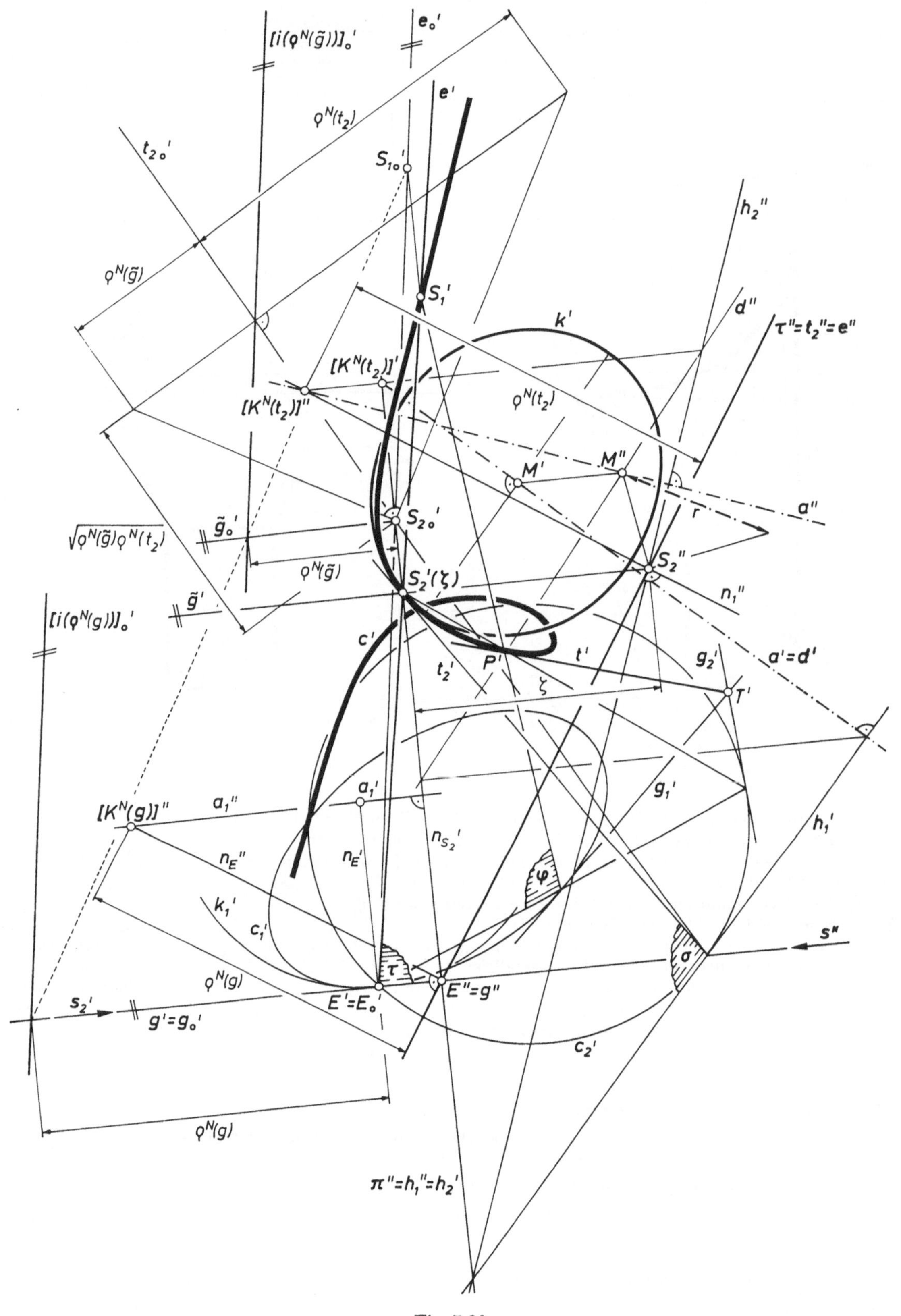

Fig. 7.20

gentialebene von $\Phi_1$ längs $S_1P$ und in der Schnittgeraden $g_2$ von $\pi$ mit der Tangentialebene von $\Phi_2$ längs $S_2P$ liegt.
Die Tangentialebene von $\Phi_1$ längs $e$ enthält außer $e$ noch eine Erzeugende $t_2$ von $\Phi_2$, so daß $S_2$ in $c$ liegt, und Analoges gilt für $S_1$. Da jede Sehne $S_2P$ von $c$ durch $S_2$ eine Erzeugende von $\Phi_2$ ist und $\lim_{P \to S_2} S_2P = t_2$ gilt, wie man mit Hilfe des Schnittpunktes von $S_2P$ mit der Leitkurve $c_2$ erkennt, ist $\Phi_2$ nach A 7.1, 3 der Sehnenkegel von $c$ zur Spitze $S_2$ und $t_2$ die Tangente von $c$ in $S_2$; die Schmiegebene $\sigma$ von $c$ in $S_2$ fällt nach A 7.1, 3 in die Tangentialebene von $\Phi_2$ längs $t_2$ und enthält nach 7.1.1 den Krümmungskreis $k$ von $c$ in $S_2$.
Der in Fig. 7.20 gegebene Krümmungskreis $k_1$ von $c_1$ in $E = e \cap c_1$ besitzt die Drehachse $a_1$. Mit Hilfe eines dem Normalriß in $\pi$ zugeordneten zweiten Risses, in dem die Tangentialebene $\tau$ von $\Phi_1$ längs $e$ projizierend ist, kann der Normalkrümmungsradius $\varrho^N(g)$ von $\Phi_1$ zur Flächentangente $g = \tau \cap \pi$ bestimmt und nach Drehung von $\tau$ um $g$ in $\pi$ und Wahl der Konstanten $\varrho^N(g)$ die Indikatrix $i(\varrho^N(g))$ von $\Phi_1$ in $E$ festgelegt werden.
Nach 7.3.1. entsteht die Indikatrix $i(\varrho^N(\bar{g}))$ von $\Phi_1$ in $S_2$ zur Konstanten $\varrho^N(\bar{g})$ aus $i(\varrho^N(g))$ unter einer zentrischen Ähnlichkeit zum Zentrum $S_1$, wobei $g \parallel \bar{g}$ und $\varrho^N(\bar{g}):\varrho^N(g) = \overline{S_1S_2}:\overline{S_1E}$ gilt. Der Normalkrümmungsradius $\varrho^N(t_2)$ ergibt sich dann mit Hilfe des Höhensatzes aus $\sqrt{\varrho^N(\bar{g})\, \varrho^N(t_2)}$. Die zu $\sigma = h_1h_2$ normale Drehachse $a$ des gesuchten Krümmungskreises $k$ von $c$ in $S_2$ enthält jenen Punkt $K^N(t_2)$ der Flächennormalen $n_1$ von $\Phi_1$ in $S_2$, für den $\overline{K^N(t_2)\, S_2} = \varrho^N(t_2)$ gilt, und der nach A 7.2, 1 im selben Halbraum mit der Randebene $\tau$ wie der Krümmungsmittelpunkt von $c_1$ in $E$ liegt; der Mittelpunkt $M$ von $k$ ist der Punkt $a \cap \sigma$, und $\overline{MS_2}$ gibt den Radius $r$ von $k$ an. △

## 7.3.4. Abwicklung von Zylindern und Kegeln

Unter Verwendung von Def. 7.2.1 und Def. 7.2.2 formulieren wir

**Def. 7.3.1:** Ein differenzierbares Flächenstück $\Phi$ heißt *abwickelbar*, wenn es eine globale und injektive Abbildung $V:\Phi \to \varepsilon$ von $\Phi$ in eine Ebene $\varepsilon$ so gibt, daß dabei jeder differenzierbaren Kurve $c$ in $\Phi$ eine gleich lange differenzierbare Kurve $c^V$ in $\varepsilon$ zugeordnet wird; die Abbildung $V:\Phi \to \varepsilon$ heißt eine *Abwicklung* und die Punktmenge $\Phi^V \subset \varepsilon$ eine *Verebnung* von $\Phi$. Eine Fläche heißt *abwickelbar* (eine *Torse*), wenn sie Vereinigungsmenge abwickelbarer Flächenstücke ist.

Kann ein Flächenstück längentreu, also ohne Dehnungen und Risse, in eine Ebene ausgebreitet und daher aus einem Stück Blech zurechtgebogen werden, so ist es abwickelbar. Ein Polyeder ist eine abwickelbare Fläche. Ebenso sind Prismen und Pyramiden abwickelbare Flächen, wobei die Konstruktion einer Verebnung gemäß den in 6.1.2. angegebenen Methoden erfolgen kann[6].

**Satz 7.3.6:** Ein Zylinder bzw. Kegel, dessen Schnitt mit einer zu den Erzeugenden normalen Ebene (*Querschnitt*) bzw. mit einer Kugel um die Kegelspitze eine differenzierbare Kurve ist, ist eine Torse.

*Beweis*

(a) Nach 7.1.4 besitzt ein Zylinderquerschnitt $c$, dessen Ebene wir als $xy$-Ebene wählen, eine Darstellung mit Hilfe eines Bogenlängenparameters $u$ der Form $u \in I \mapsto \mathfrak{y}(u) = (x(u), y(u), 0)$ mit $\dot{\mathfrak{y}}^2 = 1$ in $I$. Für die Koordinatenvektoren $\mathfrak{x}(u, v)$ der Punkte des Zylinders $\Phi$ gilt mit $\mathfrak{e}_3 = (0, 0, 1)$ und $(u, v) \in I \times \mathbb{R}$ dann $\mathfrak{x}(u,v) = \mathfrak{y}(u) + v\mathfrak{e}_3 = (x(u), y(u), v)$.
Wir definieren eine Abbildung $V:\Phi \to \varepsilon$ in eine auf ein kartesisches $(\xi, \eta)$-Koordinatensystem bezogene Ebene $\varepsilon$ (unter Verwendung der gleichen Einheitsstrecke wie im Raum) durch

$$(5) \qquad \xi = u, \quad \eta = v.$$

Für ein Flächenstück in $\Phi$ ist (5) eine globale und injektive Abbildung in die Ebene $\varepsilon$, wobei jeder Bogen von $c$ in eine Strecke der $\xi$-Achse rektifiziert und jede Zylindererzeugende längentreu auf eine zur $\eta$-Achse parallele Gerade abgebildet wird.
Eine differenzierbare Kurve $k \subset \Phi$, die keine Erzeugende berührt, besitzt eine Parameterdarstellung der Form

$$(6) \qquad u \in J \subset I \mapsto \mathfrak{z}(u) = \mathfrak{y}(u) + v(u)\, \mathfrak{e}_3 \qquad \text{mit } \dot{\mathfrak{y}}^2 = 1,\ \dot{\mathfrak{y}} \cdot \mathfrak{e}_3 = 0 \text{ in } I;$$

[6] Die Abwickelbarkeit einer Fläche $\Phi$ im Sinne von Def. 7.3.1 bedeutet nicht notwendig, daß $\Phi$ in stetiger Weise längentreu zu einer ebenen Fläche deformierbar ist, wie etwa ein Prisma mit geschlossenem Leitpolygon zeigt.

für die Bildkurve $k^V \subset \varepsilon$ von $k$ gilt nach (5) dann $\xi = u$, $\eta = v(u)$. Da die Bogenlänge von $k$ bzw. $k^V$ nach 7.1.4., (15) durch $\dot{\mathfrak{z}}^2 = 1 + \dot{v}^2$ bzw. $\dot{\xi}^2 + \dot{\eta}^2 = 1 + \dot{v}^2$ bestimmt wird, liegt eine längentreue Abbildung vor.
(b) Der Schnitt eines Kegels $\Phi$ mit einer Kugel, deren Radius wir als Einheitslänge verwenden, um die im Ursprung gewählte Spitze von $\Phi$ besitzt eine Bogenlängenparametrisierung der Gestalt $u \in I \mapsto \mathfrak{y}(u) = (x(u), y(u), z(u))$ mit $\mathfrak{y}^2 = 1$, $\dot{\mathfrak{y}}^2 = 1$ in $I$, so daß für die Koordinatenvektoren $\mathfrak{x}(u, v)$ der Punkte von $\Phi$ gilt $\mathfrak{x}(u, v) = v\mathfrak{y}(u) = (vx(u), vy(u), vz(u))$ mit $(u, v) \in I \times \mathbb{R}$.
Wir definieren eine Abbildung $V: \Phi \to \varepsilon$ durch

(7) $$\xi = v \cos u, \quad \eta = v \sin u.$$

Jede Erzeugende wird längentreu auf eine Gerade durch den Ursprung abgebildet. Ein Flächenstück in $\Phi$, dessen Punkte zu $u$-Werten aus einem offenen Intervall der Länge kleiner $2\pi$ gehören, wird durch (7) global und injektiv in die Ebene $\varepsilon$ abgebildet.
Eine differenzierbare Kurve $k \subset \Phi$, die keine Erzeugende berührt, besitzt eine Parameterdarstellung der Form

(8) $$u \in J \subset I \mapsto \mathfrak{z}(u) = v(u)\, \mathfrak{y}(u) \qquad \text{mit } \mathfrak{y}^2 = \dot{\mathfrak{y}}^2 = 1 \text{ in } I;$$

für die Bildkurve $k^V \subset \varepsilon$ von $k$ gilt nach (7) dann $\xi = v(u) \cos u$, $\eta = v(u) \sin u$. Mit $\dot{\mathfrak{z}}^2 = v^2 + \dot{v}^2 = \dot{\xi}^2 + \dot{\eta}^2$ folgt die Behauptung. □

Eine Abbildung heißt *winkeltreu*, wenn die Tangenten zweier regulärer Kurvenstücke in einem gemeinsamen Kurvenpunkt $P$ stets einen gleich großen Winkel wie die Tangenten der Bildkurven im Bildpunkt von $P$ bilden. Dann gilt:

**Satz 7.3.7:** Eine Abwicklung eines Zylinders oder Kegels ist winkeltreu.

*Beweis*

Zwei reguläre Flächenkurvenstücke, die einander in einem Punkt $P$ der zu $u_0 \in I$ gehörenden Erzeugenden $e$ schneiden, haben nach (6) bzw. (8) die Darstellung $\mathfrak{z}_j(u) = \mathfrak{y}(u) + v_j(u)\, \mathfrak{e}_3$ bzw. $\mathfrak{z}_j(u) = v_j(u)\, \mathfrak{y}(u)$ $(j = 1, 2)$ mit $v_1(u_0) = v_2(u_0)$, falls ihre Tangenten $t_j$ in $P$ von $e$ verschieden sind. Aus $\cos \sphericalangle\, t_1, t_2 = (\dot{\mathfrak{z}}_1 \cdot \dot{\mathfrak{z}}_2 \,\|\dot{\mathfrak{z}}_1\|^{-1} \|\dot{\mathfrak{z}}_2\|^{-1})(u_0)$ folgt mit (6) bzw. (8)

(9) $$\cos \sphericalangle\, t_1, t_2 = \frac{1 + \dot{v}_1\dot{v}_2}{[(1 + \dot{v}_1^2)(1 + \dot{v}_2^2)]^{1/2}}(u_0) \quad \text{bzw.} \quad \cos \sphericalangle\, t_1, t_2 = \frac{v_1v_2 + \dot{v}_1\dot{v}_2}{[(v_1^2 + \dot{v}_1^2)(v_2^2 + \dot{v}_2^2)]^{1/2}}(u_0),$$

und die gleichen Werte ergeben sich mit (5) bzw. (7) für $\cos \sphericalangle\, t_1^V, t_2^V$. Ebenso folgt $\cos \sphericalangle\, t_1, e = \cos \sphericalangle\, t_1^V, e^V$. □

Für ein reguläres Kurvenstück $k$ in einem Zylinder oder Kegel, dessen Leitkurve ein reguläres Kurvenstück ist, gilt:

**Satz 7.3.8:** Die Krümmung der verebneten Kurve $k^V$ in einem Punkt $P^V$ ist gleich der Krümmung des Normalrisses $k^n$ der Flächenkurve $k$ in der Tangentialebene $\tau$ des (von der Kegelspitze verschiedenen) Punktes $P$.

*Beweis*

(a) Ist $\Phi$ zylindrisch, so wählen wir den Punkt $P$ als Ursprung eines kartesischen Koordinatensystems, die Erzeugende $e$ durch $P$ als $z$-Achse und die Tangentialebene $\tau$ des Zylinders $\Phi$ längs $e$ als $zx$-Ebene. Die Tangente des Querschnitts $c$ von $\Phi$ durch $P$ fällt dann in die $x$-Achse. Wir verwenden eine Bogenlängenparametrisierung von $c$, bei der der Punkt $P$ zum Parameterwert 0 gehört. Ein reguläres Flächenkurvenstück $k$ durch $P$ wird nach Wahl von zwei Funktionen[7] $t \in\, ]-\delta, \delta[\, \mapsto u(t) = \alpha t + \beta t^2 + (^3)$ und $t \in\, ]-\delta, \delta[\, \mapsto v(t) = at + bt^2 + (^3)$ $(\alpha, \beta, a, b \in \mathbb{R})$ durch eine zu (6) analoge Darstellung erfaßt. Mit 7.1.4., (18) ergibt sich für die Koordinatenvektoren der Punkte von $k$

(10) $$\mathfrak{z}(t) = \left(u(t) + (^3),\ \frac{\varkappa_0}{2}\, u^2(t) + (^3),\ v(t) + (^3)\right),$$

wobei $\varkappa_0$ die Krümmung von $c$ in $P$ ist. Für den Normalriß $k^n$ von $k$ in $\tau$ gilt also

(11) $$x(t) = \alpha t + \beta t^2 + (^3), \quad y = 0, \quad z(t) = at + bt^2 + (^3),$$

und für die Verebnung $k^V$ von $k$ nach (5) und (10)

(12) $$\xi(t) = u(t) = \alpha t + \beta t^2 + (^3), \quad \eta(t) = v(t) = at + bt^2 + (^3).$$

[7] Im Gegensatz zu früheren Beweisen muß jetzt diese kompliziertere Darstellung für $k$ benützt werden, weil $k$ eine Erzeugende berühren kann.

Aus (11) und (12) folgt mit Satz 7.1.8 die Behauptung.
(b) Bei einem Kegel $\Phi$ wählen wir eine Bogenlängenparametrisierung $u \mapsto \mathfrak{y}(u)$ der Schnittkurve $c$ von $\Phi$ mit der Einheitskugel um die Kegelspitze $S$ unter Verwendung eines kartesischen Koordinatensystems mit $S$ als Ursprung und $\mathfrak{y}(0) = (1, 0, 0)$, $\dot{\mathfrak{y}}(0) = (0, 1, 0)$, was wegen $\mathfrak{y}^2 = \dot{\mathfrak{y}}^2 = 1$, $\mathfrak{y} \cdot \dot{\mathfrak{y}} = 0$ möglich ist. Mit $\mathfrak{e}_3 = (0, 0, 1)$ gilt dann $\ddot{\mathfrak{y}}(0) = (-1, 0, (*))$, da aus $\mathfrak{y} \cdot \dot{\mathfrak{y}} = 0$ bzw. $\dot{\mathfrak{y}}^2 = 1$ folgt $\mathfrak{y} \cdot \ddot{\mathfrak{y}} + \dot{\mathfrak{y}}^2 = 0$ bzw. $\dot{\mathfrak{y}} \cdot \ddot{\mathfrak{y}} = 0$. Für ein reguläres Flächenkurvenstück $k$ durch den Punkt $P$ mit dem Koordinatentripel $(v_0, 0, 0)$ $(v_0 > 0)$ gilt nach Wahl von zwei Funktionen[7] $t \in ]-\delta, \delta[ \mapsto u(t) = \alpha t + \beta t^2 + (^3)$ und $t \in ]-\delta, \delta[ \mapsto v(t) = v_0 + at + bt^2 + (^3)$ eine zu (8) analoge Darstellung; benützt man $\mathfrak{y}(u) = \mathfrak{y}(0) + u\dot{\mathfrak{y}}(0) + \frac{u^2}{2}\ddot{\mathfrak{y}}(0) + (^3)$, so ergibt sich

$$(13) \qquad \mathfrak{z}(t) = v(t)\left(1 - \frac{u^2(t)}{2} + (^3),\ u(t) + (^3),\ \frac{u^2(t)}{2}(*) + (^3)\right).$$

Die Erzeugende $e$ durch $P$ ist die $x$-Achse, und die Tangentialebene $\tau$ längs $e$ hat die Gleichung $z = 0$. Für den Normalriß $k^n$ von $k$ in $\tau$ folgt aus (13)

$$(14) \qquad x(t) = v_0 + at + \left(b - \frac{\alpha^2}{2}\right)t^2 + (^3), \quad y(t) = v_0\alpha t + (v_0\beta + a\alpha)\,t^2 + (^3), \quad z = 0.$$

Andererseits gilt für die Verebnung $k^V$ von $k$ nach (7) und (13) mit $\cos u = 1 - \frac{u^2}{2} + (^4)$, $\sin u = u + (^3)$ dann

$$(15) \qquad \xi(t) = v_0 + at + \left(b - \frac{\alpha^2}{2}\right)t^2 + (^3), \quad \eta(t) = v_0\alpha t + (v_0\beta + a\alpha)\,t^2 + (^3).$$

Mit Satz 7.1.8 folgt aus (14) und (15) die Behauptung. □

Der 1843 von E. Catalan (1814—1894) ausgesprochene Satz 7.3.8 gestattet die folgende, für die Konstruktion zweckmäßige Fassung:

**Satz 7.3.9:** Hat ein reguläres Kurvenstück $k$ in $P$ einen Wendepunkt oder ist die Krümmungsachse $a$ von $k$ in $P$ zur Tangentialebene $\tau$ in $P$ parallel, so hat die Verebnung $k^V$ von $k$ in $P^V$ einen Wendepunkt. Schneidet die Krümmungsachse $a$ die Tangentialebene $\tau$ in einem Punkt $P^*$, so ist der Abstand $\overline{PP^*}$ gleich dem Krümmungsradius von $k^V$ in $P^V$.

*Beweis*

Ist $P$ ein Wendepunkt von $k$ oder $a$ parallel $\tau$, also die Schmiegebene von $k$ in $P$ normal zu $\tau$, so folgt die Behauptung aus Satz 7.3.2 und Satz 7.3.5.
Die zweite Aussage ergibt sich aus Satz 7.3.8 mit A 7.2, 5. □

## 7.3.5. Näherungsweise Konstruktion der Verebnung eines Zylinders oder Kegels

Zur Konstruktion der Verebnung eines Zylinders wird zuerst ein Querschnitt $c$ konstruiert und dieser dann durch ein Sehnenpolygon angenähert, welches als Leitpolygon eines Ersatzprismas dient; wie in 6.1.2. angegeben, wird dieses Prisma abgewickelt, wobei die Erzeugenden in zur Strecke $c^V$ normale Geraden übergehen (vgl. Fig. 7.21). In analoger Weise wird ein Kegel mit Hilfe einer durch ein Sehnenpolygon der Leitkurve $c$ bestimmte Ersatzpyramide näherungsweise abgewickelt (vgl. Fig. 7.22). Von einer Flächenkurve $k$ werden etwa die den Kanten der Ersatzfläche angehörenden Punkte nach 6.1.2. in die Verebnung übertragen, wobei die Winkelmaße der Tangenten von $k$ in diesen Punkten gegen die betreffende Kante der Ersatzfläche in der Verebnung unverzerrt erscheinen.
Fig. 7.21 zeigt die Verebnung jenes Teiles eines Zylinders $\Phi$ mit zu $\pi_2$ parallelen Erzeugenden, welcher zwischen der Ebene $\eta_1$ des Leithalbkreises $k$ mit dem zu $\pi_2$ parallelen Durchmesser $[A, B]$ und der Querschnittebene $\nu$ von $\Phi$ liegt.

KB. Der ellipsenförmige Querschnitt $c$ besitzt nach Satz 5.1.1 den Radius $r$ von $k$ als Länge der halben Hauptachsenstrecke und erscheint in einem Seitenriß unverzerrt, in dem die Zylindererzeugenden projizierend sind. Durch Rektifikation von Teilbogen der Ellipse $c'''$ können die geradlinige Kurve $c^V$ und die Verebnung der Zylindererzeugenden gezeichnet werden (Fig. 7.21). Zur Konstruktion der Verebnung $k^V$ von $k$ wird die im Aufriß unverzerrte Länge von Strecken in den Erzeugenden benötigt (vgl. $[1, P]$ in $e$). Um die

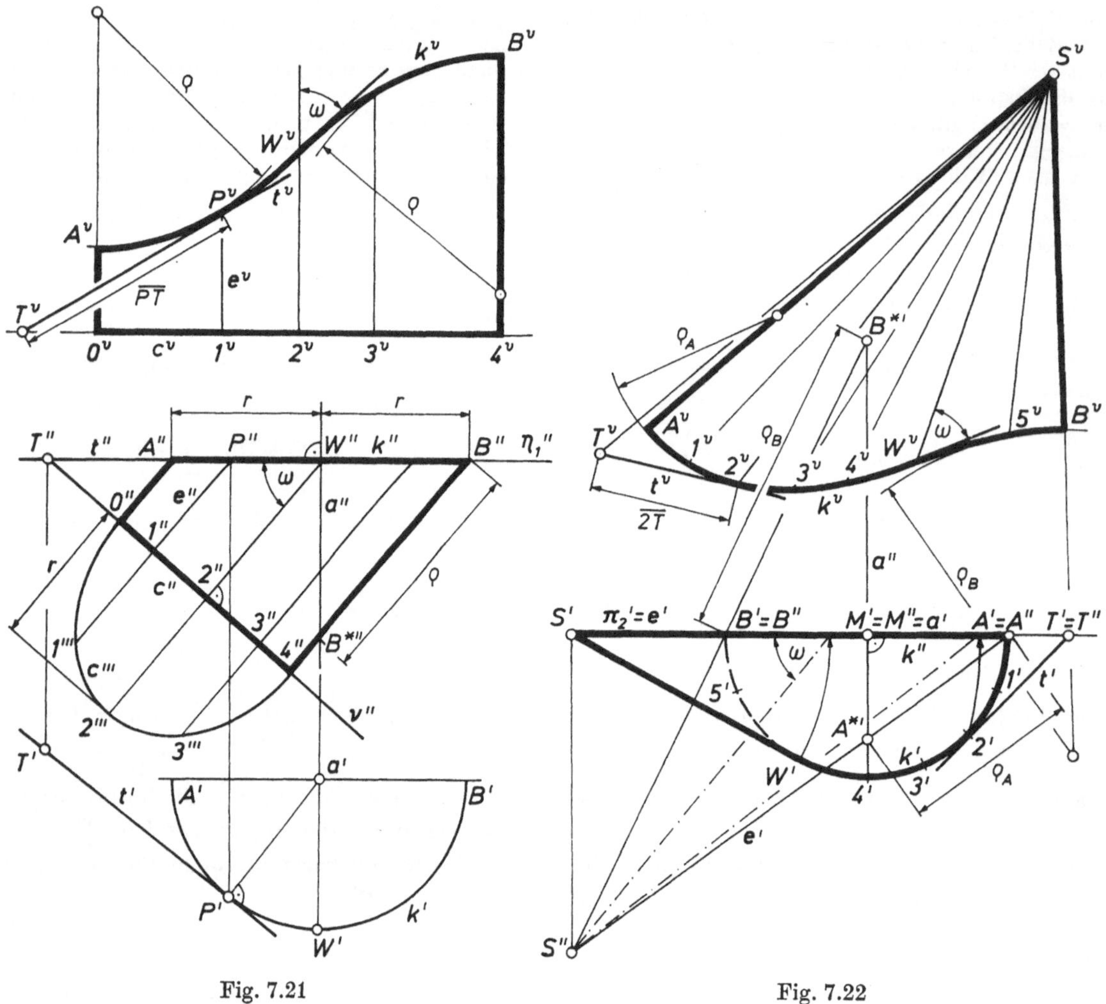

Fig. 7.21 Fig. 7.22

Tangente $t^v$ an $k^v$ im Punkt $P^v \in k^v$ zu finden, benützen wir die Abmessungen des rechtwinkligen Dreiecks $\{1, P, T\}$ mit $T = t \cap v$; die Hypotenuse $[P, T] \subset \eta_1$ besitzt einen unverzerrten Grundriß, und es gilt $\sphericalangle e, t = \sphericalangle 1PT = \sphericalangle 1^vP^vT^v = \sphericalangle e^v, t^v$.
Mit Hilfe der Drehachse $a$ von $k$ können die in den Punkten $A^v$ und $B^v$ gleichen Krümmungsradien $\varrho$ von $k^v$ gemäß Satz 7.3.9 gefunden werden; die Tangentialebenen längs der Erzeugenden durch $A$ und $B$ sind zweitprojizierend. Da die Drehachse $a$ von $k$ zur erstprojizierenden Tangentialebene längs der ersten Konturerzeugenden durch $W$ parallel ist, fällt $W^v$ in einen Wendepunkt von $k^v$; die Wendetangente bildet mit der Verebnung der Erzeugenden durch $W$ einen Winkel, dessen Maß $\omega$ im Aufriß unverzerrt erscheint. △

Zur Ermittlung der Verebnung des Kreiskegels in Fig. 7.22 wird der horizontale Leithalbkreis $k$ durch Punkte $A$, $1$, ..., $B$ geteilt; die dadurch entstehende Ersatzpyramide kann gemäß 6.1.2. abgewickelt werden.

KB. In Fig. 7.22 ist ein dem Grundriß zugeordneter zweiter Riß benützt und etwa $\overline{S2}$ durch Drehen der Geraden $S2$ parallel zu $\pi_2$ ermittelt. Die Tangente $t^v$ von $k^v$ in $2^v$ ergibt sich aus den Abmessungen des Dreiecks $\{S, 2, T\}$ mit $T = t \cap \pi_2$ und $\overline{S''T''} = \overline{ST}$, $\overline{2'T'} = \overline{2T}$. Die erstprojizierende Drehachse $a$ des Kreises $k$ schneidet die zweitprojizierende Tangentialebene längs $SA$ im Punkt $A^*$, wobei $\overline{AA^*} = \overline{A''A^{*''}}$ nach Satz 7.3.9 der Krümmungsradius $\varrho_A$ von $k^v$ in $A^v$ ist; Analoges gilt für $B$. Im ersten Konturpunkt $W$ von $k$ ist die Tangentialebene zu $a$ parallel, so daß $W^v$ einen Wendepunkt von $k^v$ abgibt; die Wendetangente ist durch das nach Drehen der Erzeugenden $SW$ parallel zu $\pi_2$ im zweiten Riß erkennbare Winkelmaß $\omega$ bestimmt. △

Ein drehkegelförmiger Füllschacht mit dem Leitkreis $k$ in einer horizontalen Ebene $\varepsilon$ wird von einem Parabelbogen $k_1$ bzw. einem Ellipsenbogen $k_2$ in der zweitprojizierenden Ebene $\varphi_1$ bzw.

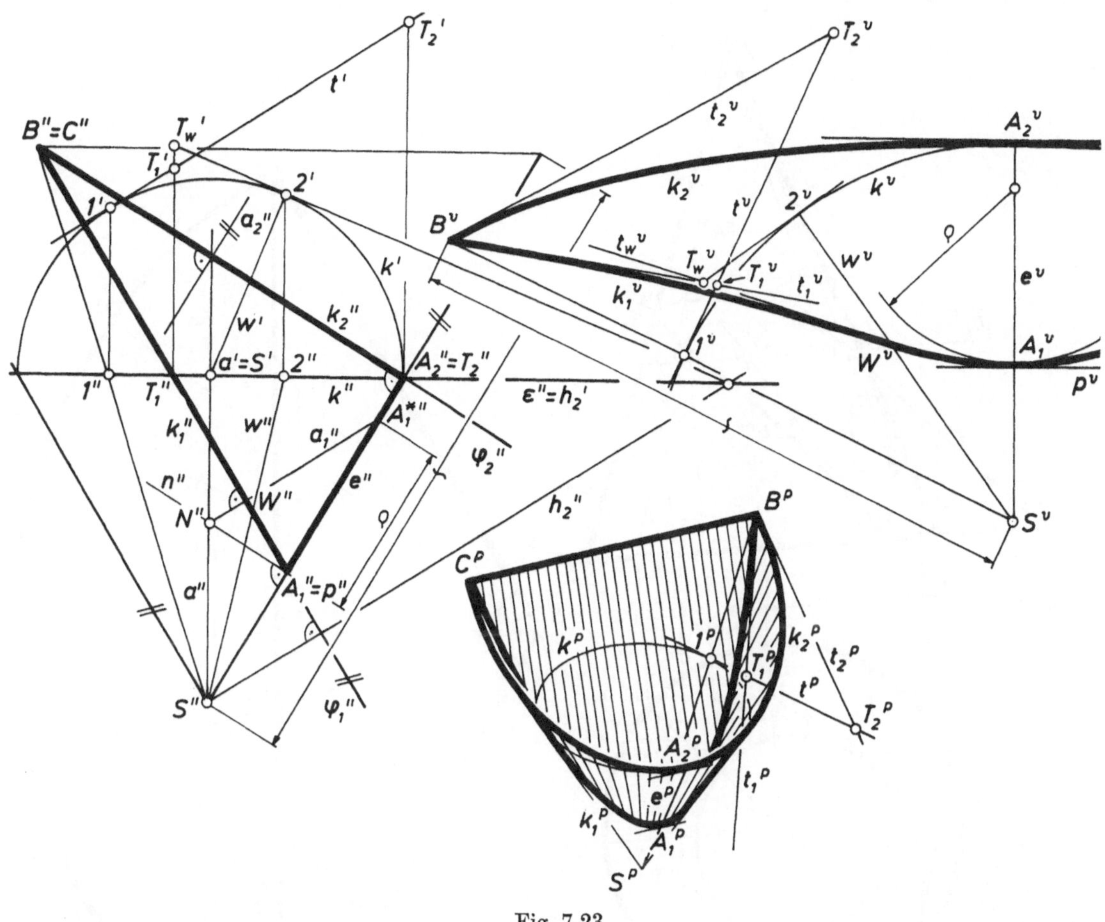


Fig. 7.23

$\varphi_2$ berandet. In Fig. 7.23 sind der Aufriß und ein axonometrischer Riß angegeben. Die Erzeugende $e$ trägt den Parabelscheitel $A_1$ und einen Hauptscheitel $A_2$ der Ellipse $k_2$, und diese Kurven hängen in den Punkten $B$, $C$ der Geraden $\varphi_1 \cap \varphi_2$ zusammen.

KB. Zur Konstruktion der Verebnung verwenden wir den Grundriß und tragen die Länge des durch $A_2$ und $1 = BS \cap \varepsilon$ begrenzten Bogens von $k'$ durch Ausschöpfen mit kleinen Sehnenstücken, ausgehend von $A_2^v$, auf dem Kreis $k^v$ mit dem Mittelpunkt $S^v$ und dem Radius $\overline{S^vA_2^v} = \overline{SA_2}$ ab, was die Verebnung der Erzeugenden $SB$ ergibt; die Länge $\overline{SB}$ ermitteln wir durch Drehung von $SB$ um die Kegelachse $a$ in die zweite Hauptebene durch $a$. Die Tangente $t_1$ bzw. $t_2$ von $k_1$ bzw. $k_2$ in $B$ enthält den Punkt $T_1$ bzw. $T_2$ der Tangente $t$ von $k$ in $1$, wodurch über $T_1^v$ bzw. $T_2^v$ mit $\overline{1T_1} = \overline{1^vT_1^v}$ bzw. $\overline{1T_2} = \overline{1^vT_2^v}$ die Gerade $t_1^v$ bzw. $t_2^v$ bestimmt ist.
Zur Konstruktion des Krümmungsradius $\varrho$ von $k^v$ in $A_1^v$ benötigt man nach Satz 7.3.9 die zu $\varphi_1$ normale Krümmungsachse $a_1$ der Parabel $k_1$ im Scheitel $A_1$. Nach Satz 7.2.7 trifft $a_1$ die Flächennormale $n$ von $A_1$ im selben Punkt $N$ wie die Drehachse $a$ des in der ersten Hauptebene durch $A_1$ liegenden Kreises von $\Phi$ und schneidet die zweitprojizierende Tangentialebene längs $SA_1 = e$ im Punkt $A_1^*$ mit $\varrho = \overline{A_1A_1^*}$.
Die Kurve $k_1^v$ besitzt einen Wendepunkt $W^v$ in der Verebnung $w^v$ jener Erzeugenden $w$, längs der die Tangentialebene $\tau$ des Kegels zu $\varphi_1$ normal ist. Der Aufriß $h_2''$ der zweiten Hauptgeraden $h_2$ in $\tau$ durch $S$ verläuft normal $\varphi_1''$; die Schnittgerade von $\tau$ mit $\varepsilon$, die Tangente aus $h_2 \cap \varepsilon$ an $k$, berührt $k$ im Punkt $2$ der Erzeugenden $w$.
Da $\varphi_2$ gemäß der Angabe zur Erzeugenden $SA_2$ normal ist, ergibt dieselbe Überlegung den Punkt $A_2^v$ als Wendepunkt von $k_2^v$; die zu $e^v$ symmetrische Kurve $k_2^v$ kann in $A_2^v$ ihre Wendetangente nicht durchsetzen, so daß $A_2^v$ nach 1.4.2., Fn. 3 ein Flachpunkt von $k_2^v$ ist. △

Ausgehend von der Verebnung können Figuren vorgeschriebener Gestalt auf einen Zylinder oder Kegel *aufgewickelt* werden. Analog zu 6.1.3. kann so die kürzeste Verbindung zweier Flächenpunkte gefunden werden. In Fig. 7.24 ist der kürzeste Weg $k$ konstruiert, der auf einem Drehkegel vom Punkt $P$ einmal um den Kegel herum zum Punkt $P$ zurückführt.

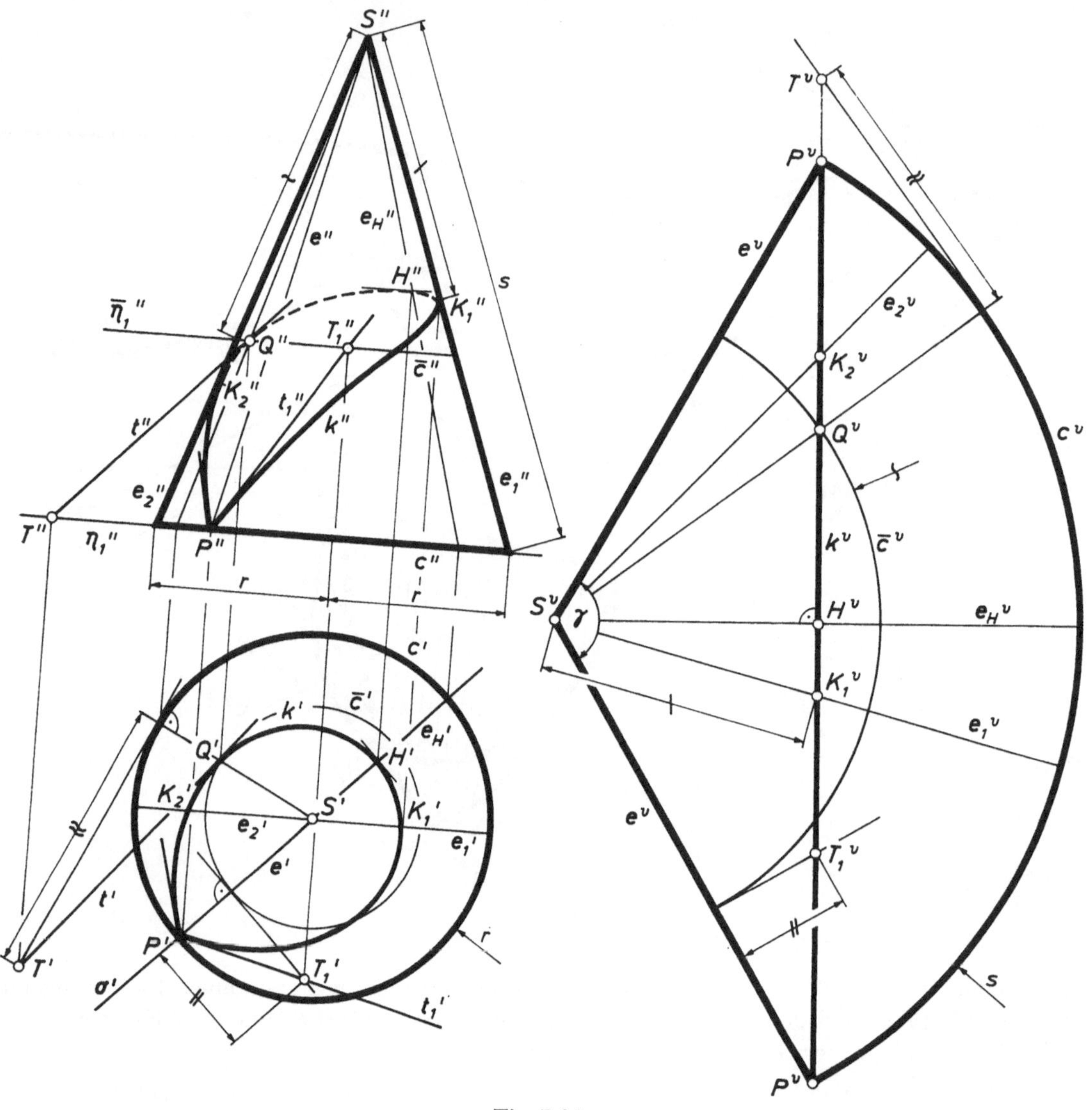

Fig. 7.24

KB. In Analogie zu 6.1.2. denken wir die Erzeugende $e$ durch $P$ derart doppelt überdeckt, daß die Verebnung des Kegels durch zwei in Fig. 7.24 mit $e^v$ beschriftete Geraden berandet wird. Ist $r$ der Radius des Leitkreises $c$ und $s$ der Abstand der Kegelspitze $S$ von den Punkten in $c$, so gilt für das Bogenmaß $\gamma$ des Zentriwinkels jenes Kreissektors, der durch die beiden Geraden $e^v$ und den Kreisbogen $c^v$ berandet wird

(16) $\gamma = 2\pi r : s.$

Das Winkelmaß $\gamma$ kann aus den bekannten Längen $r$ und $s$ nach (16) berechnet werden. Die beiden verschiedenen Verebnungen von $P$ werden durch die Gerade $k^v$ verbunden. Wie Fig. 7.24 zeigt, existiert nur dann eine Lösung, wenn $\gamma < \pi$, also $2r < s$ gilt.
In Fig. 7.24 ist für einen Punkt $Q^v$ von $k^v$ die Konstruktion von $Q$ und der Tangente $t$ von $k$ in $Q$ sowie die Ermittlung des zweiten Konturpunktes $K_1$ von $k$ in der Konturerzeugenden $e_1$ beschriftet. Zur Konstruktion der Tangenten von $k$ in $P$ benützt man wegen $P \in c$ anstelle $c$ etwa den Leitkreis $\bar{c}$ des Kegels in der ersten Hauptebene $\bar{\eta}_1$ durch $Q$. Mit Hilfe der Erzeugenden $e_H$ in der erstprojizierenden Symmetrieebene $\sigma$ erhält man den höchsten Punkt $H$ von $k$. △

Ein reguläres Kurvenstück in einem regulären Flächenstück $\Phi$, das in jedem Nichtwendepunkt eine zur Tangentialebene normale Schmiegebene besitzt, heißt eine *Geodätische* von $\Phi$. Wegen Satz 7.3.9 erhält man die Geodätischen eines Zylinders $\Phi$ durch Aufwicklung einer in $\Phi^v$ verlaufenden geradlinigen Kurve; dies gilt auch für Flächenstücke in einem Kegel $\Phi$.

Das kürzeste reguläre Kurvenstück, das zwei Punkte eines Zylinders oder Kegels $\Phi$ verbindet, liegt in einer Geodätischen von $\Phi$, wie die Längentreue einer Abwicklung lehrt. Nicht jeder Kurvenbogen einer Geodätischen ist aber notwendig kürzeste Verbindung der Bogenendpunkte; dies zeigt Fig. 7.24, in der zwei verschieden lange Geodätische existieren, welche auf dem Drehkegel die Punkte $P$ und $Q$ verbinden.

### Aufgaben 7.3

1. Projiziert man ein reguläres Kurvenstück $c$ normal auf eine Ebene $\pi$, die mit der Tangente $t$ von $c$ in $P$ das Winkelmaß $\alpha = \sphericalangle t, \pi \neq 0$ bestimmt, und ist die zu $t$ normale Gerade in der Schmiegebene $\sigma$ von $c$ in $P$ eine Hauptgerade, so gilt für die Krümmung $\varkappa$ bzw. $\varkappa^n$ von $c$ bzw. $c^n$ in $P$ bzw. $P^n$ dann $\varkappa = \varkappa^n \cos^2 \alpha$.
(Anl.: Ist $r$ der Radius des Krümmungskreises $k$ von $c$ in $P$, so hat sein ellipsenförmiger Normalriß $k^n$ Halbachsenstrecken der Längen $r$ und $r \cos \alpha$. Der Punkt $P^n$ ist nach Satz 5.1.1 ein Hauptscheitel von $k^n$. Benütze Satz 7.3.3 und 5.1.3., (5).)
2. Haben zwei reguläre Kurvenstücke $c_1$, $c_2$ in einem gemeinsamen Nichtwendepunkt $P$ denselben Krümmungskreis, so besitzen im Falle nichtprojizierender Schmiegebene in $P$ die Parallelrisse $c_1{}^p$, $c_2{}^p$ in $P^p$ denselben Krümmungskreis.
(Anl.: Benütze Satz 7.3.3.)
3. Von einem Kegel $\Phi$ mit der Spitze $S$ und der Leitkurve $c$ kennt man den Krümmungskreis von $c$ im Schnittpunkt $E$ einer Erzeugenden $e$ mit $c$. Lege durch eine gegebene Flächentangente $t \neq e$ eines Punktes $P \in e \setminus S$ eine Ebene $\varepsilon$, deren Schnitt mit $\Phi$ in $P$ einen vorgegebenen Krümmungsradius $r$ besitzt. Diskutiere die Zahl der Lösungen.
(Anl.: Ermittle mit Hilfe der Dupinschen Indikatrix $i(1)$ zur Konstanten 1 die Meusnier-Kugel $\varkappa_t$ zur Flächentangente $t$ gemäß Satz 7.2.7; die Ebene $\varepsilon$ schneidet $\varkappa_t$ nach einem Kreis vom Radius $r$. Benütze einen Seitenriß mit $t$ als Sehgerade.)
4. Ist $K$ ein Konturpunkt eines regulären Flächenstücks $\Phi$ bezüglich einer Parallelprojektion und berührt ein reguläres Flächenkurvenstück $c$ in $K$ eine nicht projizierende Schmiegtangente $t$, so hat $c^p$ in $K^p$ einen Wendepunkt mit dem Riß der Spurgeraden der projizierenden Tangentialebene von $\Phi$ in $K$ als Wendetangente. Die analoge Aussage gilt für Zentralprojektion, falls $K$ nicht in der Verschwindungsebene liegt.
(Anl.: Ist die Schmiegebene $\sigma$ von $c$ in $K$ nicht die projizierende Tangentialebene $\tau$ von $\Phi$ in $K$, so hat der Sehzylinder (Sehkegel) von $c$ nach Satz 7.2.6 und Satz 7.3.1 in $K$ einen Flachpunkt; für $\sigma = \tau$ gilt Satz 7.3.3).
5. Ist $K$ ein Konturpunkt eines regulären Flächenstücks $\Phi$ bezüglich einer Parallelprojektion und besitzen zwei reguläre Flächenkurvenstücke $c_1$, $c_2$ in $K$ dieselbe nicht projizierende Tangente $t$, so haben die Parallelrisse $c_1{}^p$, $c_2{}^p$ in $K^p$ denselben Krümmungskreis, falls $t$ nicht Schmiegtangente von $\Phi$ in $K$ ist. Die analoge Aussage gilt für Zentralprojektion, falls $K$ nicht in der Verschwindungsebene liegt.
(Anl.: Die Krümmungsachsen von $c_1$ und $c_2$ gehen nach Satz 7.2.7 durch denselben Punkt $K^N(t)$ der Flächennormalen $n$ von $\Phi$ in $K$. Da $n$ auch Flächennormale des Sehzylinders (Sehkegels) $\Psi_1$ bzw. $\Psi_2$ von $c_1$ bzw. $c_2$ in $K$ ist, besitzen $c_1$ bezüglich $\Psi_1$ und $c_2$ bezüglich $\Psi_2$ dieselbe Normalkrümmung und damit stimmen nach 7.3.1. die Dupinschen Indikatrizen $i_1(k)$ von $\Psi_1$ und $i_2(k)$ von $\Psi_2$ in $K$ überein. Betrachte die Schnitte von $\Psi_1$ und $\Psi_2$ mit der Hauptebene durch $K$.)
6. Im Grundriß $P'$ und im Aufriß $P''$ eines Punktes $P$ einer Kurve $c$ kennt man den Krümmungskreis des Grundrisses $c'$ bzw. des Aufrisses $c''$ von $c$. Ermittle den Krümmungskreis und die Schmiegebene von $c$ in $P$.
(Anl.: Fasse $c$ als Schnitt des erstprojizierenden Zylinders durch $c'$ mit dem zweitprojizierenden Zylinder durch $c''$ auf.)

## 7.4. Ergänzungen für Drehflächen und Schiebflächen

### 7.4.1. Regularität von Drehflächen, Scheitel von Schnittkurven

Wir verwenden die Drehachse $a$ einer Drehfläche $\Phi$ als $z$-Achse eines kartesischen Koordinatensystems und legen $\Phi$ durch eine Kurve $m$ in der $yz$-Ebene fest, die bei stetiger Drehung um $a$ die Fläche $\Phi$ erzeugt. Besitzt $m$ die Gleichung $G(y, z) = 0$ und ein Punkt $P$ von $m$ das Koordinatentripel $(0, y_1, z_1)$ mit $G(y_1, z_1) = 0$, so haben die Punkte des Breitenkreises durch $P$, dessen Radius $y_1$ ist, Koordinatentripel $(x, y, z)$ mit $z = z_1$ und $x^2 + y^2 = y_1{}^2$. Damit lautet die Gleichung der als Varietät aufgefaßten Drehfläche

$$(1) \qquad G\big((x^2 + y^2)^{1/2}, z\big) =: F(x, y, z) = 0.$$

Mit Hilfe von (1) zeigen wir (vgl. Satz 6.3.1):

**Satz 7.4.1:** Alle Punkte des Breitenkreises durch einen gewöhnlichen, der Drehachse nicht angehörenden Punkt des Meridians sind gewöhnliche Punkte der Drehfläche. Schneidet der Meridian $m$ die Drehachse $a$ in einem gewöhnlichen Punkt $P$ von $m$ orthogonal, so ist $P$ ein gewöhnlicher Punkt der Drehfläche.

*Beweis*

Da $G(y, z)$ nach Voraussetzung beliebig oft differenzierbar ist und alle partiellen Ableitungen der Funktion $r: \mathbb{R}^2 \to \mathbb{R}$ mit $r = (x^2 + y^2)^{1/2}$ für $(x, y) \neq (0, 0)$, also $r > 0$ existieren, ist $F(x, y, z)$ für $(x_0, y_0, z_0) \neq (0, 0, z_0)$ mit $F(x_0, y_0, z_0) = 0$ beliebig oft differenzierbar. Mit $r_0 = (x_0{}^2 + y_0{}^2)^{1/2} > 0$ gilt nach (1) dann $F_x(x_0, y_0, z_0) = G_y(r_0, z_0)\,\dfrac{x_0}{r}$, $F_y(x_0, y_0, z_0) = G_y(r_0, z_0)\,\dfrac{y_0}{r}$, $F_z(x_0, y_0, z_0) = G_z(r_0, z_0)$; aus $(G_y(r_0, z_0), G_z(r_0, z_0)) \neq (0, 0)$ ergibt Def. 7.2.4 die Behauptung.

Schneidet $m$ die Drehachse $a$ in einem gewöhnlichen Punkt $P$ von $m$ mit dem Koordinatenpaar $(0, z_0)$ orthogonal, so ist $G_y(0, z_0) = 0$ nach 7.1.6., (30), also $G_z(0, z_0) \neq 0$. Nach Hs $2a$ existiert eine beliebig oft differenzierbare Funktion $z = g(y)$ mit $z_0 = g(0)$, welche $m$ lokal beschreibt. Dann besitzt die Drehfläche $\Phi$ lokal die Gleichung $z = g((x^2 + y^2)^{1/2}) =: f(x, y)$, und es bleibt nach 7.2.2. zu zeigen, daß alle partiellen Ableitungen von $f$ für $x = y = 0$ existieren. So gilt etwa

$$(2) \qquad f_x(0, 0) = \lim_{h \to 0} \frac{f(h, 0) - f(0, 0)}{h} = \lim_{h \to 0} \frac{g(h) - g(0)}{h} = \frac{dg^1}{dy}(0),$$

und analog können alle partiellen Ableitungen von $f$ für $x = y = 0$ berechnet werden. □

Mit Satz 7.2.3 können die Begriffsbildungen von 7.2. auf Drehflächen angewendet werden, wenn man sich auf im Satz 7.4.1 genannte Flächenpunkte beschränkt, was im folgenden geschieht. Satz 6.3.3 legt den Krümmungskreis des ebenen Schnittes $c$ einer Drehfläche in einem Scheitel $A$ von $c$ fest, welcher der zur Schnittebene $\varepsilon$ normalen Meridianebene $\mu$ angehört; nach A 7.2, 5 kann in einem Normalriß in einer zur Tangente $g$ von $c$ in $A$ parallelen Bildebene $\pi$ mit Hilfe der zu $\pi$ parallelen Ebene $\eta$ durch $g$ der Krümmungskreis von $c^n$ im Scheitel $A^n$ gefunden werden

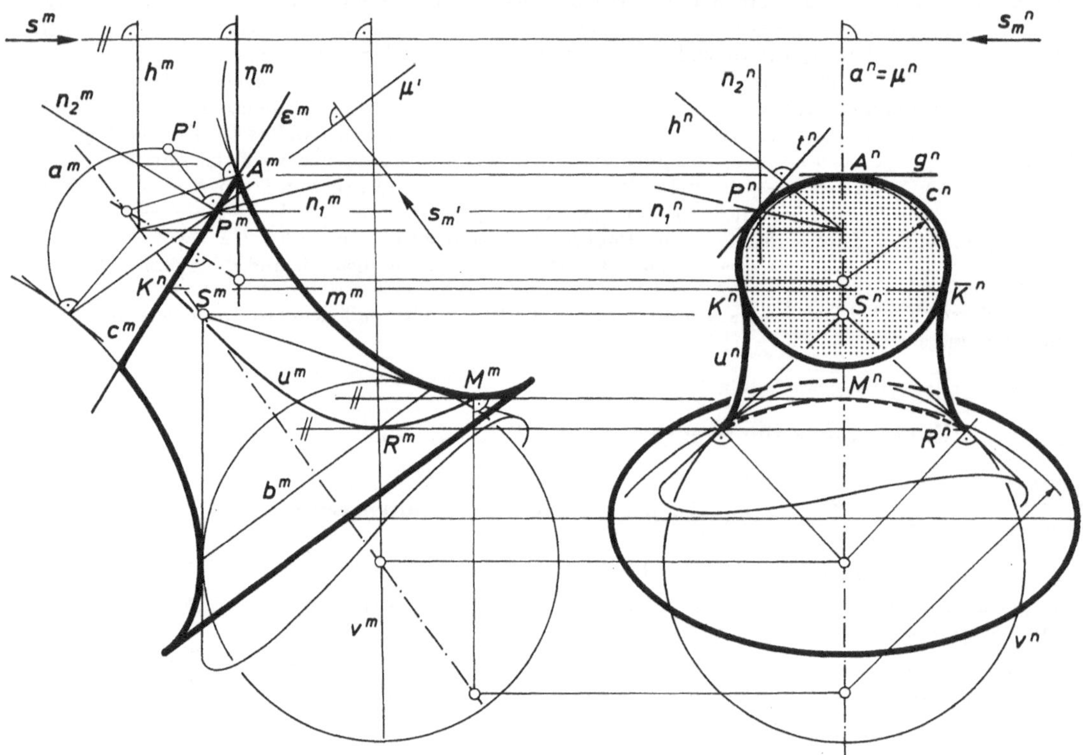


Fig. 7.25

(vgl. Fig. 6.40 und die Kurve $c = \varepsilon \cap \Phi$ in Fig. 7.25). In Fig. 7.25 ist auch die Tangente $t$ in einem Punkt $P$ von $c$ konstruiert.
Punkte der Schnittkurve $c$ zweier Drehflächen $\Phi_1$, $\Phi_2$ mit schneidenden oder parallelen Drehachsen $a_1$, $a_2$ in der gemeinsamen Symmetrieebene $\mu = a_1 a_2$ beider Flächen, in denen sich die Flächen nicht berühren, sind Scheitel von $c$ mit zu $\mu$ normaler Tangente. Nach 6.5.6. wird zur Konstruktion von $c$ zweckmäßig ein Meridianriß mit der Symmetrieebene $\mu$ als Hauptebene benützt. Der Meridianriß $c^m$ von $c$ weist im Meridianriß $A^m$ eines Punktes $A \in c$ in $\mu$ nach Satz 7.1.6 einen Rückkehrpunkt auf, wobei die Rückkehrtangente von $c^m$ in $A^m$ der Riß $\sigma^m$ der zu $\mu$ normalen Schmiegebene $\sigma$ von $c$ in $A$ ist. Dann gilt in Ergänzung zu Satz 6.5.10:

**Satz[1] 7.4.2:** Seien $\Phi_1$ und $\Phi_2$ zwei Drehflächen, deren Drehachsen $a_1$, $a_2$ in einer Ebene $\mu$ liegen, und sei $A$ ein gemeinsamer Punkt ihrer Meridiankurven $m_1$, $m_2$ in $\mu$, die einander in $A$ nicht berühren. Ist $N_1$ bzw. $N_2$ der Schnittpunkt der Flächennormalen von $\Phi_1$ in $A$ mit $a_1$ bzw. von $\Phi_2$ in $A$ mit $a_2$, so ist unter einer Normalprojektion $m$, bezüglich welcher $\mu$ eine Hauptebene ist, die Tangente $\sigma^m$ des Normalrisses $c^m$ der Schnittkurve $c = \Phi_1 \cap \Phi_2$ im Punkt $A^m$ orthogonal zur Geraden $N_1^m N_2^m$.

*Beweis*

Die Tangente $t$ von $c$ in $A$ ist zu $\mu$ normal. Der Krümmungsmittelpunkt des Normalschnitts von $\Phi_1$ bzw. $\Phi_2$ durch $t$ liegt nach Satz 7.2.7 im Schnittpunkt der Flächennormalen $n_1$ bzw. $n_2$ mit der Drehachse $a_1$ bzw. $a_2$ des $t$ berührenden Breitenkreises von $\Phi_1$ bzw. $\Phi_2$, also in $N_1$ bzw. $N_2$ (Fig. 7.26). Nach Def. 7.2.6 ist daher $N_1$ bzw. $N_2$ der Mittelpunkt der MEUSNIER-Kugel von $\Phi_1$ bzw. $\Phi_2$ zur Flächentangente $t$. Nach A 7.2, 6 ist die Schmiegebene $\sigma$ von $c$ in $P$ orthogonal zur Geraden $N_1 N_2$, also die Gerade $\sigma^m$ orthogonal zur Geraden $N_1^m N_2^m$. □

Nach Satz 7.2.7 fällt der Mittelpunkt des Krümmungskreises $k$ von $c$ in $A$ in den Schnittpunkt von $\sigma$ mit der Geraden $N_1 N_2$ (Fig. 7.26). Mit A 7.2, 5 ergibt sich in einem Normalriß in einer zur Tangente von $c$ in $A$ parallelen Bildebene der Krümmungskreis des Normalrisses von $c$ im Normalriß von $A$ mit Hilfe einer zur Bildebene parallelen Ebene $\eta$ durch $A$ (vgl. Fig. 7.32).

## 7.4.2. Kontur von Drehflächen, Normalumriß eines Torus

Der Normalumriß $u^n$ einer Drehfläche $\Phi$ ist gemäß 6.3.3. die Hüllkurve der kreisförmigen Normalumrisse der $\Phi$ längs je eines Breitenkreises berührenden Kugeln; die Mittelpunkte dieser Kreise liegen im Normalriß $a^n$ der Drehachse $a$, welcher in den Normalriß $\mu^n$ der projizierenden Meridianebene $\mu$ fällt. Existiert ein Konturpunkt $M$, der dem Meridian $m$ in $\mu$ angehört, so ist $M$ ein Scheitel der zu $\mu$ symmetrischen Kontur $u$, und der Normalriß $M^n$ ist ein Scheitel des Normalumrisses $u^n$. Zur Ermittlung von $M^n$ benützt man wie in 6.3.3. den zum Normalriß gepaarten Meridianriß. In $M$ ist die Tangente von $m$ eine Sehgerade der Normalprojektion $n$.
Aus A 7.1, 10 folgt (vgl. Fig. 7.25):

**Satz 7.4.3:** Der Krümmungskreis des Normalumrisses $u^n$ einer Drehfläche $\Phi$ im Normalriß $M^n$ eines der projizierenden Meridianebene $\mu$ angehörenden Scheitels $M$ der Kontur $u$ ist der Umrißkreis der $\Phi$ längs des Breitenkreises durch $M$ berührenden Kugel.

Nach A 7.1, 11 besitzt der Normalumriß $u^n$ einer Drehfläche $\Phi$ einen Rückkehrpunkt $R^n$, wenn die Tangente der Kontur $u$ im Punkt $R \in u$ projizierend und $R$ kein Wendepunkt von $c$ ist. Nach Satz 7.3.4 ist dann die Sehgerade durch $R$ eine Schmiegtangente von $\Phi$ und daher $R$ kein elliptischer Flächenpunkt. Um diese Punkte zu finden, benützt man etwa den zum Normalriß gepaarten Meridianriß[2]. Ist in einem Punkt $R$ die Tangente von $u$ parallel zu $s$, so muß in $R^m$ die Tangente von $u^m$ notwendig parallel $s^m$ sein; umgekehrt sind dadurch Punkte $R$ der obigen Art gekennzeichnet,

[1] Die in Satz 6.5.10 angegebene planimetrische Konstruktion der Tangente von $c^m$ bleibt somit für den Punkt $A$ von $c$ in $\mu$ gültig, obwohl für $A$ die den Satz 6.5.10 ergebende räumliche Deutung versagt.

[2] In gleicher Weise kann jeder Riß benützt werden, in dem die Sehgeraden der Normalprojektion $n$ nicht projizierend sind (vgl. Fig. 7.35).

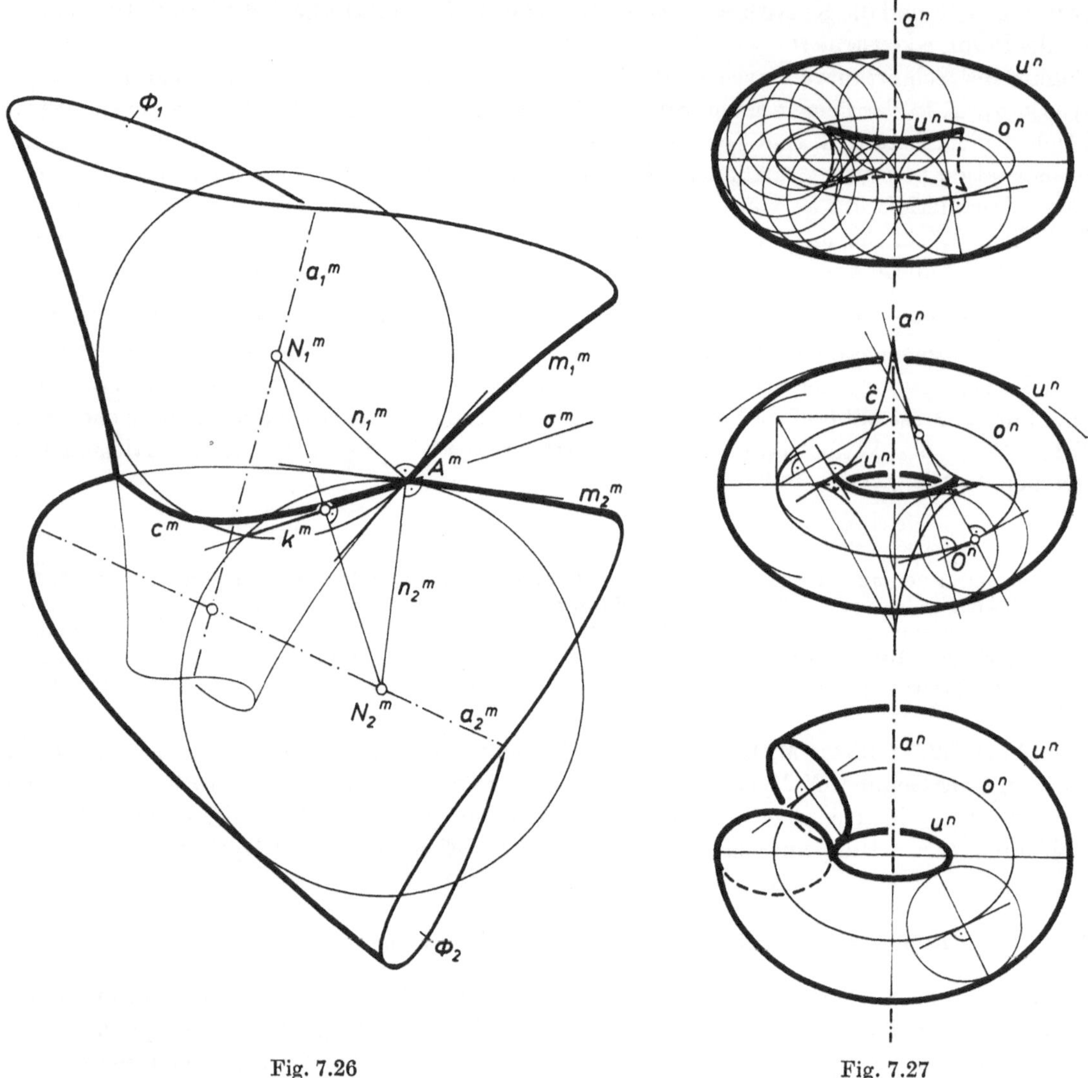


Fig. 7.26

Fig. 7.27

falls in $R$ die bezüglich der Normalprojektion projizierende Tangentialebene $\tau$ von $\Phi$ nicht zu $\mu$ orthogonal ist, also $R$ nicht im Hauptmeridian $m \subset \mu$ liegt und $R$ kein Wendepunkt von $u$, also $R^m$ nach Satz 7.3.2 kein Wendepunkt von $u^m$ ist[3]. Da $\tau$ auch Tangentialebene der $\Phi$ längs des Breitenkreises $b$ durch $R$ berührenden Kugel $\varkappa_b$ ist, fällt die Rückkehrtangente der Kurve $u^n$ in $R^n$ nach A 7.1, 11 in die Tangente des Umrißkreises $v^n$ der Kugel $\varkappa_b$. Anstelle dieser Kugel kann auch der längs $b$ berührende Drehkegel $\Psi_b$ zur Ermittlung der Rückkehrtangente des Umrisses verwendet werden (in Fig. 7.25 ist die Spitze $S$ von $\Psi_b$ eingezeichnet).

Konstruktiv muß ein Punkt $R^m$ von $u^m$ mit zu $s^m$ paralleler Tangente zunächst durch Anlegen eines Lineals parallel $s^m$ an $u^m$ und Einschätzen des Berührungspunktes graphisch festgelegt werden; zur Genauigkeitskontrolle empfiehlt es sich, für den Breitenkreis $b$ durch den eingeschätzten Punkt $R$ die Konturpunkte nach Satz 6.3.2 zu konstruieren; fallen die Meridianrisse dieser Konturpunkte nicht mit $R^m$ zusammen, muß das Verfahren wiederholt werden. Die Kurve $u^m$ läßt sich genauer zeichnen, falls man ihre Tangenten kennt (vgl. 7.4.3.).

Der Normalumriß $u^n$ eines Torus kann nach Satz 6.3.2 ermittelt werden, was auf die Bestimmung der Konturpunkte der einzelnen Breitenkreise hinausläuft. Sucht man dagegen die Konturpunkte der einzelnen Meridiankreise auf, so ergibt sich aus A 6.3, 2 und 7.1.5. der

[3] Der Fall einer projizierenden Wendetangente wird in A 7.1, 9 behandelt.

**Satz 7.4.4:** Der Normalumriß eines Torus $\Phi$, dessen Drehachse zur Bildebene weder parallel noch normal ist, besteht aus den beiden Parallelkurven zum ellipsenförmigen Normalriß $o^n$ des Mittenkreises $o$, welche von $o^n$ einen dem Radius der Halbmeridiankreise von $\Phi$ gleichen Abstand besitzen.

Nach 7.1.5. besitzen die Ellipse $o^n$ und die beiden Parallelkurven von $o^n$, welche den Normalumriß $u^n$ von $\Phi$ abgeben, dieselbe Evolute $\hat{c}$ (vgl. Fig. 7.27). Der Krümmungsmittelpunkt der beiden Teilkurven von $u^n$ in einer Normalen der Ellipse $o^n$ durch einen Punkt $O^n$ von $o^n$ fällt daher in den Krümmungsmittelpunkt der Ellipse $o^n$ in $O^n$; diese Bemerkung ist vor allem für die in den Achsen der Ellipse $o^n$ liegenden Scheitel von $u^n$ von konstruktiver Bedeutung. Enthält die Kurve $u^n$ einen regulären Punkt $P$ der Evolute $\hat{c}$ der Ellipse $o^n$, so hat $u^n$ nach Satz 7.1.14 in $\hat{P}$ eine Rückkehrspitze mit zu $\hat{c}$ normaler Tangente. Geht die Kurve $u^n$ speziell durch einen Rückkehrpunkt $\hat{P}$ von $\hat{c}$, so ist $\hat{P}$ aus Symmetriegründen ein Scheitel von $u^n$, und zwar mit dem Krümmungsradius Null, also ein Spitzpunkt von $u^n$ (vgl. A 7.1.6, Fn. 12). Fig. 7.27 zeigt einige Formen von $u^n$ zu verschiedenen Maßen des Winkels der Drehachse und der Bildebene.

### 7.4.3. Dupinsche Indikatrix von Drehflächen

Da eine Drehfläche $\Phi$ bezüglich jeder Meridianebene symmetrisch ist, ist die Meridiantangente $t_m$ in einem Punkt $P$ eines regulären Flächenstücks nach Satz 7.2.12 Krümmungstangente und der Krümmungsradius des Meridians $m$ in $P$ ein Hauptkrümmungsradius $\varrho_1^N$; liegt $P$ in der Drehachse $a$, so ist $P$ daher ein Nabelpunkt oder Flachpunkt. Für $P$ nicht in $a$ ist die zu $t_m$ normale Breitenkreistangente $t_b$ die zweite Krümmungstangente in $P$; der zur Flächentangente $t_b$ gehörende Hauptkrümmungsradius $\varrho_2^N$ wird durch den Krümmungsmittelpunkt $K_2^N$ des Normalschnitts durch $t_b$ mit $\varrho_2^N = \overline{PK_2^N}$ bestimmt, wobei $K_2^N$ nach Satz 7.2.7 im Schnittpunkt der Flächennormalen $n$ in $P$ mit der Drehachse des Breitenkreises $b$ durch $P$, also der Drehachse $a$ liegt, und daher in den Mittelpunkt $N_b$ der $\Phi$ längs $b$ berührenden Kugel fällt. Damit erhält man nach 7.2.4. (Fig. 7.28 enthält keine Abbildungszeiger):

**Satz 7.4.5:** Ein nicht in der Drehachse $a$ liegender Punkt $P$ einer Drehfläche ist elliptisch bzw. hyperbolisch, je nachdem $P$ nicht bzw. doch zwischen dem Krümmungsmittelpunkt $K_1^N$ des Meridians $m$ in $P$ und dem Mittelpunkt $N_b = K_2^N$ der $\Phi$ längs des Breitenkreises $b$ durch $P$ berührenden Kugel liegt; für $N_b = K_2^N = K_1^N$ ist $P$ ein Nabelpunkt. Der Punkt $P$ ist parabolisch, falls er entweder ein Wendepunkt von $m$ ist, der nicht in einem Plattkreis liegt, oder kein Wendepunkt von $m$ in einem Plattkreis ist. Die Dupinsche Indikatrix $i(k)$ in $P$ wird nach Wahl der Konstanten $k$ durch die Normalkrümmungsradien $\varrho_1^N = \overline{PK_1^N}$, $\varrho_2^N = \overline{PN_b}$ zu den Krümmungstangenten $t_m$ und $t_b$ festgelegt.

In einem parabolischen Punkt $W \notin a$ der Drehfläche $\Phi$, der nicht einem Plattkreis angehört, ist die Wendetangente $t_m$ von $m$ eine Schmiegkrümmungstangente; für einen parabolischen Punkt $P$ eines Plattkreises ist die Plattkreistangente $t_b$ die Schmiegkrümmungstangente. Liegt ein Wendepunkt $F$ von $m$ in einem Plattkreis (Fig. 7.28), so sind $t_m$ und $t_b$ Schmiegtangenten und daher $F$ ein Flachpunkt der Drehfläche $\Phi$; durchsetzt schließlich der Meridian $m$ die Drehachse in einem Wendepunkt $W$ orthogonal, so ist $W$ ein Flachpunkt von $\Phi$.
Da eine Drehfläche die Drehungen um ihre Drehachse gestattet, sind alle Punkte eines Breitenkreises vom gleichen Typ und ihre Indikatrizen zur gleichen Konstanten kongruent. Nach Satz 7.4.5 enthält ein Drehellipsoid, ein Drehparaboloid und ein zweischaliges Drehhyperboloid nur elliptische Punkte, ein einschaliges Drehhyperboloid nur hyperbolische Punkte.
Da eine Kugel nur elliptische Flächenpunkte besitzt und als Drehfläche mit jeder ihrer Durchmessergeraden als Drehachse aufgefaßt werden kann, folgt

**Satz 7.4.6:** Jeder Punkt einer Kugel $\Phi$ ist Nabelpunkt, und die Meusnier-Kugel zu jeder Flächentangente fällt mit $\Phi$ zusammen.

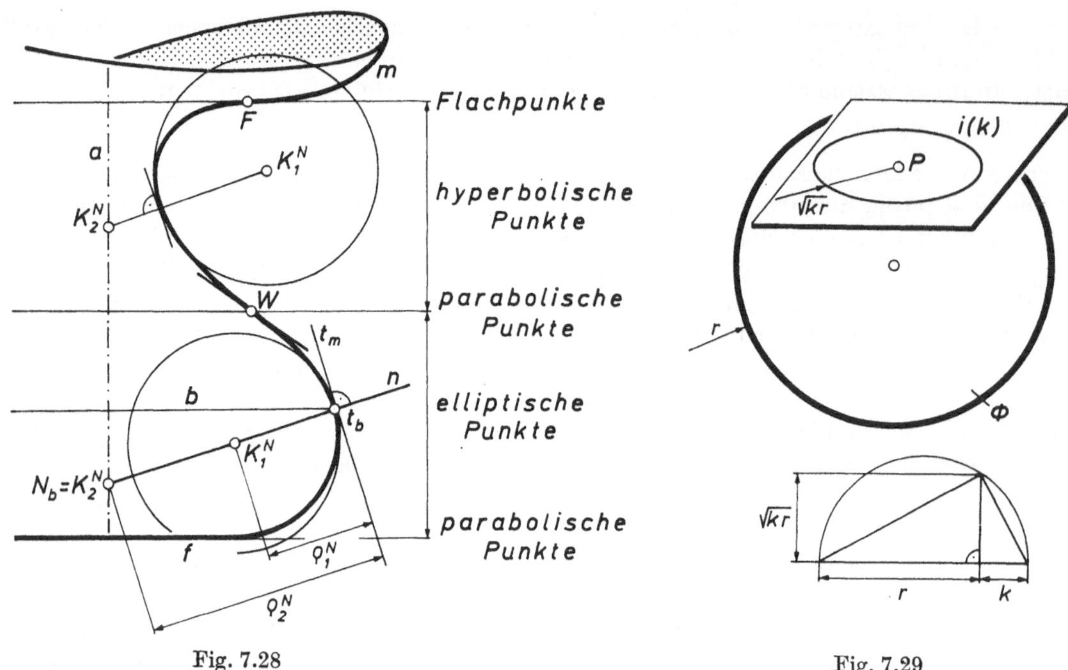


Fig. 7.28

Fig. 7.29

Die Indikatrix $i(k)$ einer Kugel vom Radius $r$ ist daher ein Kreis mit dem Radius $\sqrt{kr}$ (Fig. 7.29). Ist die Sehgerade $s$ einer Parallelprojektion in einem Konturpunkt $K$ einer Drehfläche keine Schmiegtangente, so ergibt sich mit Hilfe einer Dupinschen Indikatrix $i(k)$ in $K$ die Tangente $t$ der Kontur $u$ in $K$ gemäß Satz 7.3.4 bzw. gemäß A 7.2, 10. Der Krümmungskreis des Parallelumrisses $u^p$ kann mit Hilfe der Krümmungsradien der Parallelrisse des Breitenkreises und des Meridians in $K^p$ nach Satz 7.3.5 gefunden werden. Graphisch günstiger ist folgende Konstruktion:

Ist der Punkt $M$ des Meridians $m$ kein parabolischer Flächenpunkt und kein Punkt der Drehachse $a$, so existiert nach A 7.1, 15 ein Kegelschnitt $\overline{m}$ mit der Achse $a$, der in $M$ denselben Krümmungskreis wie $m$ besitzt. Die durch $\overline{m}$ bestimmte Drehquadrik $\overline{\Phi}$ mit der Drehachse $a$ berührt die Drehfläche $\Phi$ längs des Breitenkreises $b$ durch $M$, so daß die Konturpunkte von $\Phi$ und $\overline{\Phi}$ in $b$ übereinstimmen. Da ferner nach Satz 7.4.5 in jedem Punkt von $b$ die Drehflächen $\Phi$ und $\overline{\Phi}$ dieselbe Dupinsche Indikatrix $i(k)$ besitzen, ist die Tangente der Kontur $\overline{u}$ von $\overline{\Phi}$ in einem Konturpunkt $K$ in $b$ gleich der Tangente $t$ der Kontur $u$ von $\Phi$ in $K$. Nach A 7.3, 5 besitzt weiter unter einer Parallelprojektion, in der $t$ keine Sehgerade ist, der Parallelriß $\overline{u}^p$ von $\overline{u}$ in $K^p$ denselben Krümmungskreis wie der Parallelumriß $u^p$ von $\Phi$.

## 7.4.4. Beispiele

(1) In Fig. 7.30 ermitteln wir mit Hilfe eines zu einem Normalriß gepaarten Meridianrisses Tangenten des Meridianrisses $u^m$ der Kontur $u$ und Krümmungskreise des Normalumrisses $u^n$ einer Drehfläche $\Phi$.

KB. Im Punkt *1* des Meridians $m$ in der projizierenden Meridianebene $\mu$ ist $\hat{1}$ der Mittelpunkt des Krümmungskreises; nach A 7.1, 15 ergibt sich in Fig. 7.30 der Mittelpunkt $M_1$ des Kegelschnitts $\overline{m}_1$ mit der Achse $a$, dessen Krümmungsmittelpunkt in *1* der Punkt $\hat{1}$ ist. Nach Satz 6.3.2 erhält man den Meridianriß $K_1{}^m$ eines Konturpunktes $K_1$ im Breitenkreis durch *1*. Die Kontur $\overline{u}_1$ der durch $\overline{m}_1$ bestimmten Drehquadrik besitzt nach Satz 6.3.6 oder Satz 6.3.10 oder Satz 6.3.12 einen geradlinigen Meridianriß $\overline{u}_1{}^m$, der $M_1{}^m$ mit $K_1{}^m$ verbindet; diese Gerade ist die gesuchte Tangente $t_1{}^m$ von $u^m$ in $K_1{}^m$ (Fig. 7.30). Nach 6.3.3. ergibt sich der Punkt $K_1{}^n$ des Normalumrisses $u^n$ von $\Phi$ und die Tangente $t_1{}^n$ von $u^n$ in $K_1{}^n$. Da $\overline{u}_1{}^n$ ein Kegelschnitt mit dem Mittelpunkt $M_1{}^n \in a^n$ ist, kann der Krümmungskreis von $\overline{u}_1{}^n$ und damit von $u^n$ in $K_1{}^n$ nach 7.1.5. gezeichnet werden (Fig. 7.30).
In analoger Weise erfolgt die Konstruktion im Falle einer Parabel $\overline{m}_1$.

Der Punkt *2* in Fig. 7.30 ist ein Konturpunkt in $m$; nach 6.3.3. ist $2^n$ ein Scheitel von $u^n$, dessen Scheitelkrümmungskreis sich nach Satz 7.4.3 ergibt. Die Tangente $t_2$ von $u$ in *2* ist zur Meridianebene $\mu$ normal; konstruiert man mit Hilfe des Krümmungsmittelpunktes $\hat{2}$ von $m$ in *2* den Mittelpunkt $M_2 \in a$ des Kegelschnitts $\overline{m}_2$, so ist $M_2{}^m 2^m$ die Tangente der Kurve $u^m$ im Rückkehrpunkt $2^m$, also nach Satz 7.1.6 der Meridianriß der Schmiegebene $\sigma_2$ von $u$ in *2*.

Der Punkt $3 \in m$ liegt in einem Kehlkreis und ist ein hyperbolischer Flächenpunkt. Da die Meridiantangente in *3* zu $a$ parallel ist, fällt der Meridianriß $M_3{}^m$ des Mittelpunktes $M_3$ von $\overline{m}_3$ in den Meridianriß $K_3{}^m$ eines Konturpunktes $K_3$ im Kehlkreis, und die obige Konstruktion versagt. Mit Hilfe des Krümmungsmittelpunktes $\hat{3}$ von $m$ in *3* können aber die Asymptoten der Hyperbel $\overline{m}_3$ nach 5.3.2., (H4) gefunden werden; nach Satz 6.3.10 ist dann die Tangente $t_3{}^m$ von $u^m$ in $K_3{}^m$ der Meridianriß der Ebene des Konturkegelschnitts $\overline{u}_3$ des durch $\overline{m}_3$ bestimmten einschaligen Drehhyperboloids und fällt in jene Durchmessergerade von $\overline{m}_3$, die unter der Affinspiegelung an einer Asymptote von $\overline{m}_3{}^m$ parallel zur anderen Asymptote aus der zum Meridianriß $s^m$ der Sehgeraden $s$ parallelen Durchmessergeraden entsteht (Fig. 7.30).

Der Krümmungskreis des Normalumrisses $u^n$ in $K_3{}^n$ ergibt sich nach Satz 7.3.5 aus den Krümmungsradien $\varrho_1, \varrho_2$ in $K_3{}^n$ der ellipsenförmigen Normalrisse $c_1{}^n$, $c_2{}^n$ des Kehlkreises $c_1$ und des Krümmungskreises $c_2$ jenes Meridians, der *3* enthält; der Kreis $c_2$ ist zum Krümmungskreis von $m$ in *3* kongruent und liegt in der zu $\mu$ normalen Meridianebene durch $K_3$.

Der Punkt *4* ist ein Wendepunkt von $m$, so daß der Breitenkreis durch *4* nur parabolische Punkte trägt. Die Tangente $t_4$ von $u$ in $K_4$ ist nach A 7.2, 10 die einzige Schmiegtangente von $\Phi$ in $K_4$ und entsteht aus der Tangente von $m$ in *4* unter einer Drehung um $a$. Damit ist $t_4$ Erzeugende jenes Drehkegels, der $\Phi$ längs des Breitenkreises durch *4* berührt (in Fig. 7.30 ist die Spitze $S$ dieses Kegels angegeben). Der Punkt $K_4{}^n$ ist ein Wendepunkt von $u^n$, wie mit Satz 7.2.6 und Satz 7.3.3 folgt. △

(2) Wir konstruieren in Fig. 7.31 den ebenen Schnitt $c$ eines Ringtorus $\Phi$ mit der Tangentialebene $\varepsilon$ in einem hyperbolischen Punkt $D$ von $\Phi$ unter Verwendung des Hauptrisses und eines Meridianrisses, in dem die Schnittebene $\varepsilon$ projizierend ist.

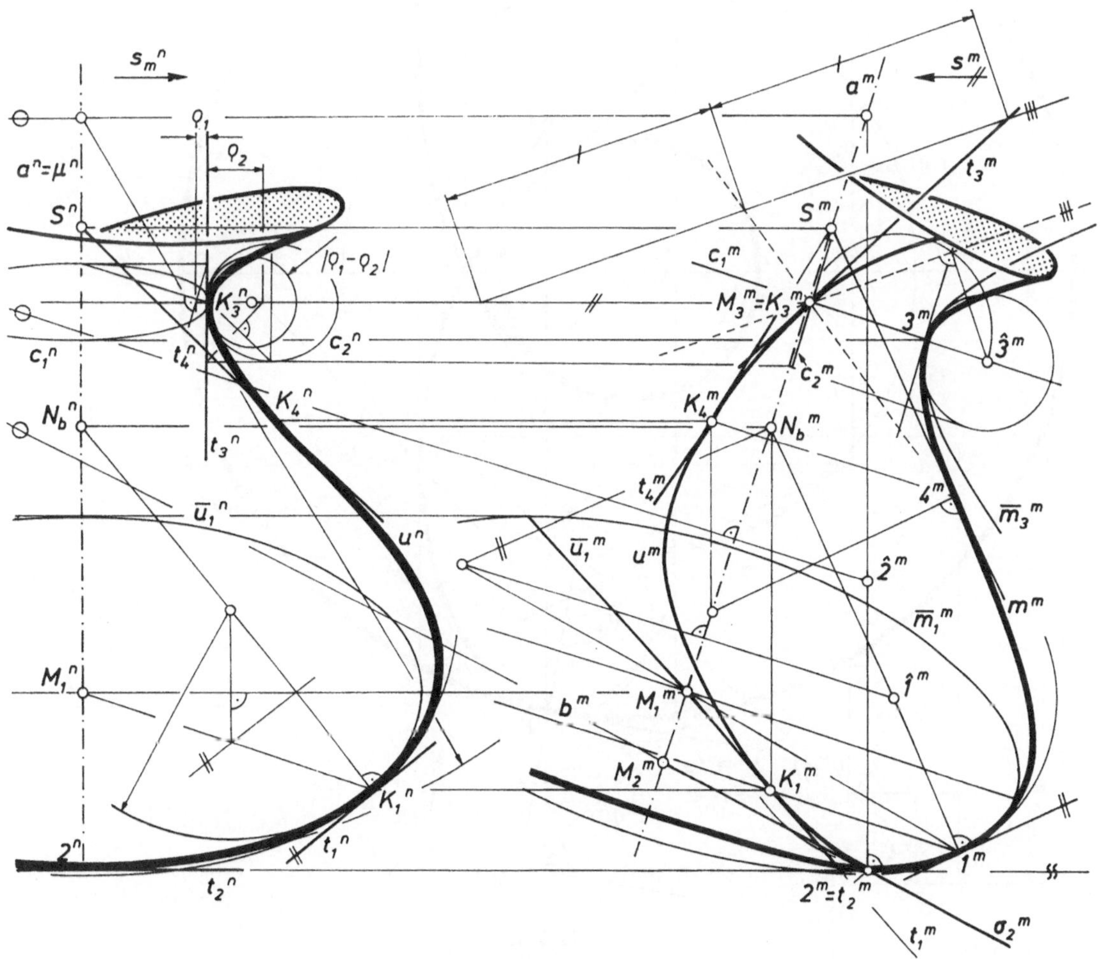


Fig. 7.30

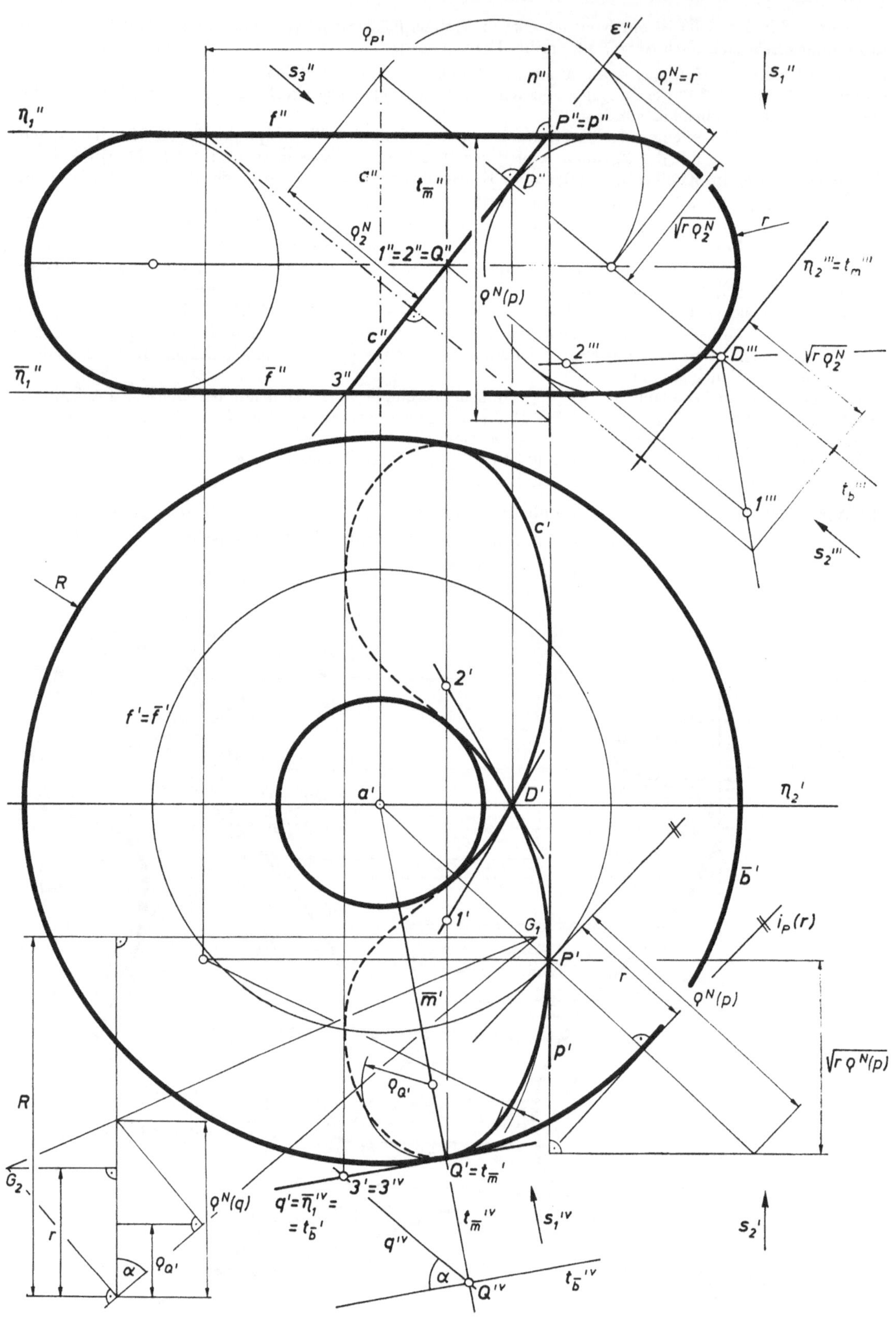

Fig. 7.31

KB. Der Tangentialschnitt $c$, dessen Hauptriß wir konstruieren, hat nach Satz 7.2.10 in $D$ einen Knoten; die beiden Knotentangenten sind nach 7.2.6. die Asymptoten einer Indikatrix $i_D(k)$ von $\Phi$ im hyperbolischen Punkt $D$. Der Hauptkrümmungsradius $\varrho_1{}^N$ zur Meridiantangente $t_m$ ist nach 7.4.2. gleich dem Radius $r$ des Meridiankreises $m$, der Hauptkrümmungsradius $\varrho_2^N$ zur Breitenkreistangente $t_b$ ergibt sich nach Satz 7.4.5. Wir wählen $k = r$, konstruieren $\sqrt{r\varrho_2^N}$ nach dem Höhensatz und in einem mit ''' beschrifteten Seitenriß mit der Hauptebene $\varepsilon$ die Punkte *1*, *2* der Asymptoten der Hyperbeln $i_D(r)$ in der Äquatorebene von $\Phi$. Durch die Punkte *1'*, *2'* gehen die Tangenten von $c'$ im Knoten $D'$.
In einem Punkt $P$ von $c$ im oberen Plattkreis $f$ von $\Phi$, der ein parabolischer Punkt mit der Plattkreistangente als Schmiegtangente ist, besteht die im ersten Riß unverzerrt erscheinende Indikatrix $i_P(k)$ aus zwei zur Plattkreistangente von $P$ im Abstand $\sqrt{kr}$ parallelen Geraden, und die zweitprojizierende Tangente $p$ von $c$ in $P$ schneidet aus $i_P(k)$ eine Strecke der Länge $2\sqrt{k\varrho^N(p)}$; wir setzen $k = r$ und ermitteln aus $\sqrt{r\varrho^N(p)}$ die Länge $\varrho^N(p)$ nach dem Kathetensatz. Die Krümmungsachse von $c$ in $P$ enthält dann jenen Punkt der erstprojizierenden Flächennormalen $n$ in $P$, der von $P$ den Abstand $\varrho^N(p)$ besitzt; damit kann der Krümmungsradius $\varrho$ von $c$ in $P$ im zweiten Riß abgelesen werden. Da die Tangente $p$ von $c$ in $P$ zur ersten Bildebene parallel ist, ergibt sich nach A 7.2, 5 der Krümmungsradius $\varrho_{P'}$ von $c'$ in $P'$, wenn man die Krümmungsachse von $c$ in $P$ mit der ersten Hauptebene $\eta_1$ durch $P$ schneidet.
In einem Punkt $Q$ von $c$ der Äquatorebene berührt $c'$ den ersten Riß des Äquatorkreises $\bar{b}$, da dieser zur ersten Kontur von $\Phi$ gehört. Der Punkt $Q$ ist elliptisch; die Hauptkrümmungsradien $\varrho_1^N$ und $\varrho_2^N$ in $Q$ ergeben sich nach Satz 7.4.5. In einem mit $^{\mathrm{IV}}$ bezeichneten Seitenriß mit der erstprojizierenden Tangentialebene von $Q$ als Hauptebene wird mit Hilfe des Schnittpunktes *3* der Tangente $q$ von $c$ in $Q$ mit der Ebene $\bar{\eta}_1$ des unteren Plattkreises $\bar{f}$ von $\Phi$ dann $\alpha = \sphericalangle\, t_{\bar{b}}, q$ ermittelt; in einer Hilfsfigur gemäß Fig. 7.14 ergibt sich der Normalkrümmungsradius $\varrho^N(q)$ zur Tangente $q$. Da die erstprojizierende Zylinderfläche $\Psi$ durch $c$ die Fläche $\Phi$ in $Q$ berührt, ist $\varrho^N(q)$ auch der Normalkrümmungsradius zur Tangente $q$ bezüglich $\Psi$. Der Normalschnitt von $\Psi$ durch die Breitenkreistangente $t_{\bar{b}}$ ist zu $c'$ kongruent; ausgehend von $\varrho^N(q)$ erhält man mit $\alpha$ gemäß Fig. 7.16 den Krümmungsradius $\varrho_{Q'}$ von $c'$ als den zu $t_{\bar{b}}$ gehörenden Hauptkrümmungsradius im parabolischen Punkt $Q$ von $\Psi$ in der bereits gezeichneten Hilfsfigur (zweckmäßig wird die in Fig. 7.31 extra gezeichnete Hilfsfigur in den vierten Riß hineingelegt). △

(3) Eine Kugel $\Phi_1$ vom Radius $r_1$ schneidet einen Drehzylinder $\Phi_2$ vom Radius $r_2$, welcher $\Phi_1$ in einem Punkt $D$ berührt. Wir wählen die Drehachse $a_2$ von $\Phi_2$ in Fig. 7.32 lotrecht, die Verbindungsebene von $a_2$ mit dem Kugelmittelpunkt $M$, die eine Symmetrieebene von $c = \Phi_1 \cap \Phi_2$ ist, als Kreuzrißebene $\pi_3$ und ermitteln den Aufriß und den Kreuzriß von $c$.

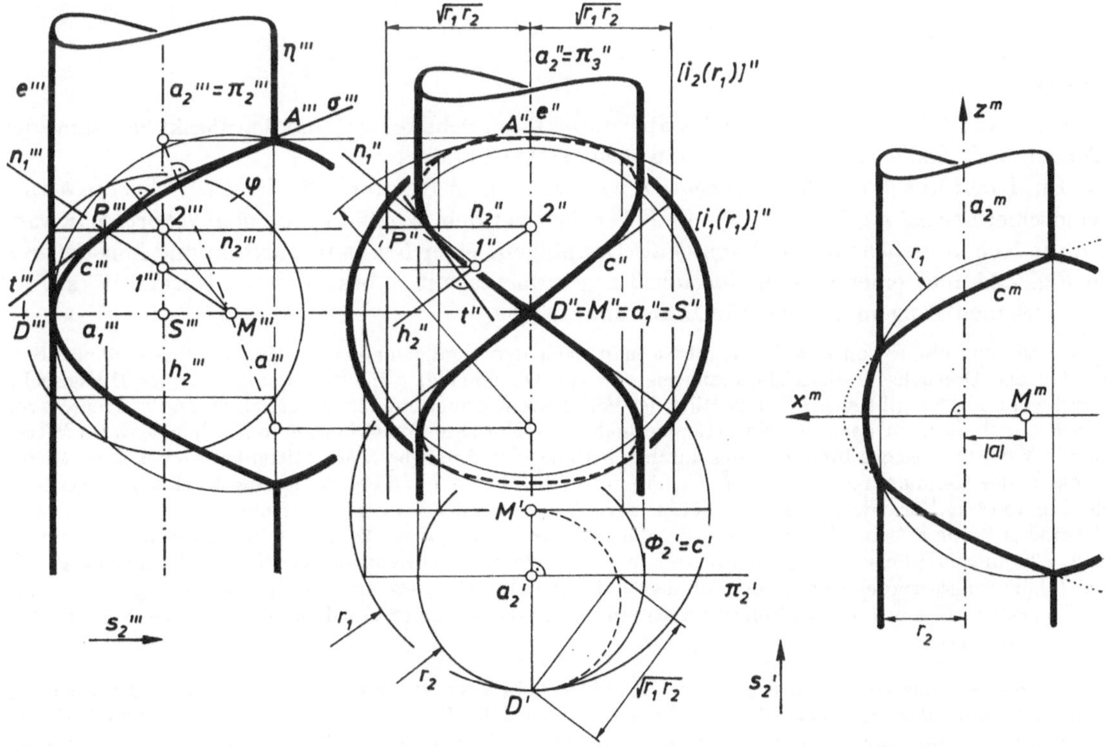


Fig. 7.32

Fig. 7.33

KB. Faßt man die Kugel als Drehfläche mit der $a_2$ orthogonal schneidenden Durchmessergeraden $a_1$ als Drehachse auf, so können die Punkte von $c$ mit Hilfe konzentrischer Hilfskugeln $\varphi$ um $S = a_1 \cap a_2$ gemäß Satz 6.5.9 konstruiert werden; durch die Vervollständigungsaufgabe der Kugel $\Phi_1$ erhält man $c''$ aus $c'''$. Die Tangenten von $c$ ergeben sich in jedem vom Berührungspunkt $D$ der beiden Flächen verschiedenen Punkt nach Satz 6.5.10 (vgl. den Punkt $P \in c$) bzw. nach Satz 7.4.2 (vgl. den Punkt $A \in c$). Mit Hilfe der Krümmungsachse $a$ von $c$ in $A$ erhält man nach 7.4.1. den Krümmungskreis von $c''$ in $A''$. Der Normalriß $c'$ von $c$ in einer zu den Zylindererzeugenden normalen Ebene $\pi_1$ ist ein Kreis. Wir benützen diesen Grundriß in Fig. 7.32 zur Ermittlung der Konturpunkte von $c$ bezüglich $\Phi_1$ und $\Phi_2$.
Der Punkt $D$ ist ein Nabelpunkt von $\Phi_1$ und ein parabolischer Punkt von $\Phi_2$. Die Indikatrix $i_1(k)$ von $\Phi_1$ zur Konstanten $k = r_1$ in der zu $\pi_2$ parallelen gemeinsamen Tangentialebene beider Flächen in $D$ ist ein Kreis vom Radius $r_1$, die Indikatrix $i_2(r_1)$ von $\Phi_2$ ein zur Zylindererzeugenden $e$ durch $D$ paralleles Geradenpaar, deren Geraden von $e$ den Abstand $\sqrt{r_1 r_2}$ besitzen; wir ermitteln $\sqrt{r_1 r_2}$ im Grundriß mit Hilfe des Kathetensatzes. Nach Satz 7.2.13 existieren zwei Tangenten von $c$ in $D$, welche durch die gemeinsamen Punkte von $i_1(k)$ und $i_2(k)$ gehen, da die beiden Flächen nicht verschiedenen Halbräumen mit der gemeinsamen Tangentialebene in $D$ als Randebene angehören. △

Die Schnittkurve einer Kugel $\Phi_1$ mit einem $\Phi_1$ in einem Punkt berührenden Drehzylinder $\Phi_2$ wird *Hippopede* (*Pferdefessel*) des Eudoxos (408—355 v. Chr.) genannt, speziell für $r_2 = r_1 : 2$ nach V. Viviani (1622—1703) auch Vivianisches *Fenster*; auf Grund der obigen Konstruktion sind die beiden Tangenten im Knoten eines Vivianischen Fensters zueinander orthogonal[4].
Der Kreuzriß $c'''$ der Schnittkurve $c$ in Fig. 7.32 kann rasch gezeichnet werden, wenn man benützt (Fig. 7.33; vgl. A 10.2,6):

**Satz 7.4.7:** Enthält die Drehachse $a_2$ eines Drehzylinders $\Phi_2$ nicht den Mittelpunkt $M$ einer Kugel $\Phi_1$ und ist $c = \Phi_1 \cap \Phi_2$ eine Kurve, so ist der Normalriß $c^m$ von $c$ in der Ebene $\mu = Ma_2$ in einer Parabel enthalten, deren Achse in die zu $a_2^m$ normale Gerade durch $M^m$ fällt.

*Beweis*

Wir wählen $\mu$ als $zx$-Ebene, die Drehachse $a_2$ als $z$-Achse und $M$ in der $x$-Achse. Dann hat $\Phi_1$ bzw. $\Phi_2$ die Gleichung (vgl. Fig. 7.33)

$$(3) \qquad (x-a)^2 + y^2 + z^2 - r_1^2 = 0 \quad \text{bzw.} \quad x^2 + y^2 - r_2^2 = 0 \qquad (|a| = \overline{Ma_2} > 0),$$

woraus durch Subtraktion als Gleichung des Normalrisses $c^m$ in der $zx$-Ebene

$$(4) \qquad z^2 - 2a\bar{x} = 0 \quad \text{mit} \quad \bar{x} = x + \frac{1}{2a}(r_1^2 - r_2^2 - a^2)$$

entsteht. □

In Fig. 7.32 ist die $c'''$ enthaltende Parabel durch ihren Scheitel $D'''$ und den Punkt $A'''$ samt der Tangente $\sigma'''$ festgelegt, und $c'''$ besitzt nach (4) den Parameter $|a|$.
(4) Ein Ringtorus $\Phi$ mit der Drehachse $a$ wird von einem Ringtorus $\bar{\Phi}$, dessen Drehachse $\bar{a}$ zu $a$ windschief normal ist, in einem Punkt $D$ berührt, der dem Kehlkreis von $\bar{\Phi}$ angehört. Wir wählen die Kehlkreisebene $\mu = aD$ von $\bar{\Phi}$ als Hauptebene einer Normalprojektion und konstruieren in Fig. 7.34 auch einen diesem Normalriß zugeordneten mit ''' beschrifteten Normalriß mit der gemeinsamen Tangentialebene $\tau$ in $D$ als Hauptebene.

KB. Die Punkte $P$ von $c = \Phi \cap \bar{\Phi}$ erhält man nach der verallgemeinerten Kugelmethode gemäß Satz 6.5.11: Die Drehachse $d$ eines Meridiankreises $m$ von $\bar{\Phi}$ schneidet $a$ im Mittelpunkt $S$ einer Hilfskugel $\varphi$ durch $m$; aus $P^n$ ergibt sich $P'''$ mit Hilfe der Vervollständigungsaufgabe bezüglich $\bar{\Phi}$. Die Tangente $t$ von $c$ in $P \in \mu$ findet man nach der Normalenmethode: Die Normale von $\Phi$ bzw. $\bar{\Phi}$ in $P$ schneidet $a$ im Mittelpunkt $N$ der $\Phi$ längs des Breitenkreises durch $P$ berührenden Kugel bzw. den Mittenkreis $o$ von $\bar{\Phi}$ im Mittelpunkt $O$ des Meridiankreises $m$ von $\bar{\Phi}$. Gemäß Satz 7.1.6 und A 7.2, 6 ergibt sich die Rückkehrtangente $\sigma^n$ der Kurve $c^n$ im Normalriß $A^n$ eines Scheitels $A$ von $c$ in $\mu$ und der Mittelpunkt $\hat{A}$ des Krümmungskreises im Scheitel $A'''$ von $c'''$. Der Riß $u'''$ bzw. $\bar{u}'''$ der Kontur $u$ bzw. $\bar{u}$ von $\Phi$ bzw. $\bar{\Phi}$ bezüglich der Sehgeraden $s_3 \perp \tau$ kann mit Hilfe von längs Breitenkreisen berührend einbeschriebenen Kugeln und Drehkegeln gemäß 6.3.3. konstruiert werden bzw. ist der Riß der beiden Plattkreise von $\bar{\Phi}$. In $\bar{u}$ existieren Konturpunkte von $c$; der Normalriß $K^n$ eines solchen Punktes $K$ ist ein Schnittpunkt von $c^n$ mit dem kreisförmigen Normalriß $o^n$ dieser Plattkreise.

[4] Entfernt man aus einer Halbkugel, deren Randkreis ein Vivianisches Fenster $c$ in den beiden Scheiteln von $c$ berührt, das von $c$ berandete Flächenstück, so hat der Rest nach G. Leibniz (1692) die Oberfläche $4r^2$; im Gegensatz zur Oberfläche $2r^2\pi$ der Halbkugel ist die Oberfläche dieses Flächenstücks frei von der transzendenten Zahl $\pi$.

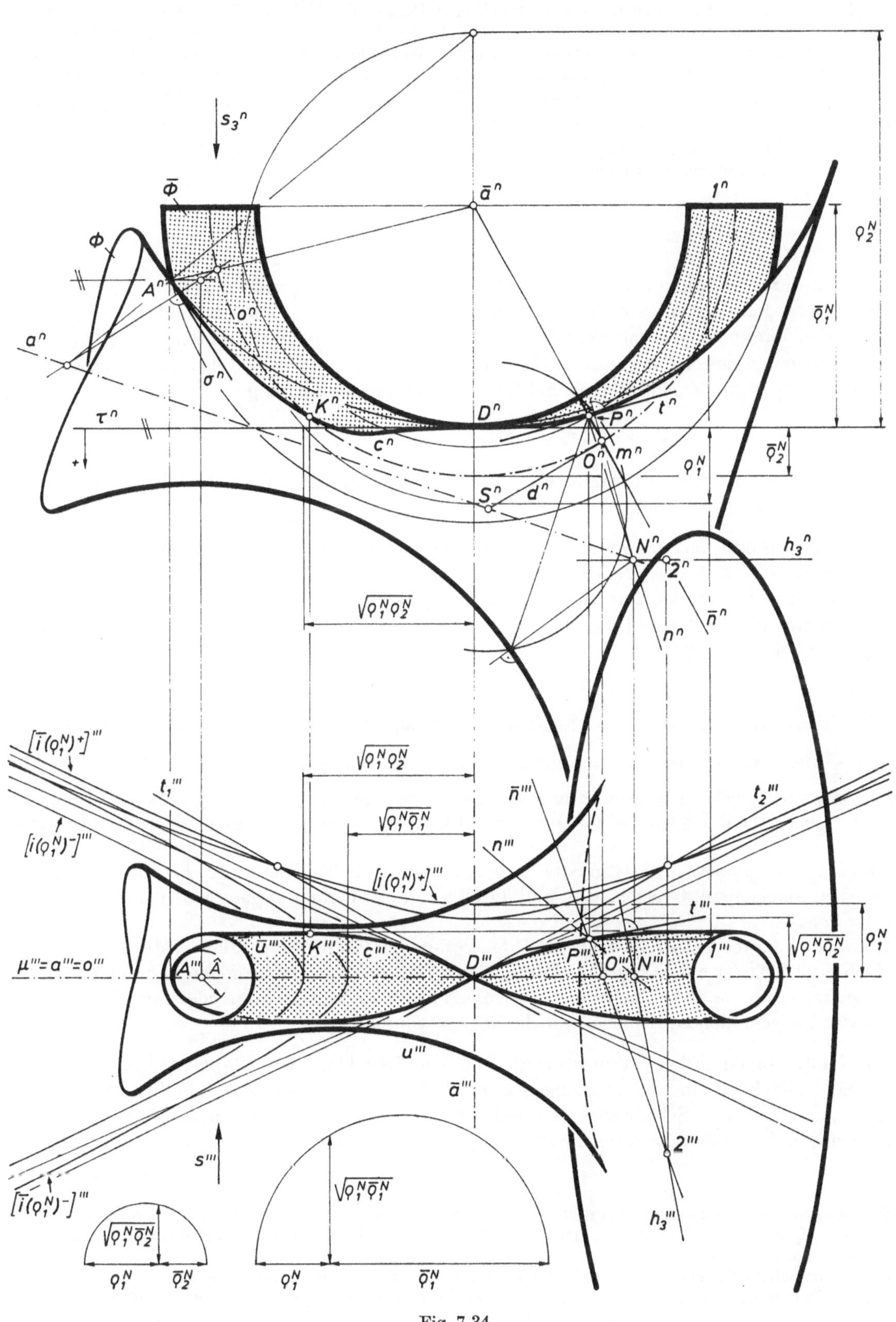

Fig. 7.34

Der Punkt $D$ ist für beide Flächen ein hyperbolischer Punkt. Mit Hilfe des Normalkrümmungsradius $\varrho_1^N$ bzw. $\bar{\varrho}_1^N$ zur Breitenkreistangente von $\Phi$ bzw. $\bar{\Phi}$ in $D$ und des Normalkrümmungsradius $\varrho_2^N$ bzw. $\bar{\varrho}_2^N$ zur Meridiantangente von $\Phi$ bzw. $\bar{\Phi}$ in $D$ ergeben sich nach Wahl der Konstanten $k = \varrho_1^N$ die Scheitel der konjugierten Hyperbeln $i(\varrho_1^N)$ bzw. $i(\varrho_2^N)$. Zeichnet man einen positiven Halbraum mit der Randebene $\tau$ aus, so können die Punktmengen $i(\varrho_1^N)^+$, $i(\varrho_1^N)^-$ und $\bar{i}(\varrho_1^N)^+$, $\bar{i}(\varrho_1^N)^-$ unterschieden werden. (In Fig. 7.34 ist von jeder Hyperbel nur ein Ast gezeichnet.) Nach Satz 7.2.13 gehen die Knotentangenten $t_1, t_2$ von $c$ in $D$ durch die Punkte von $(i(\varrho_1^N)^+ \cap \bar{i}(\varrho_1^N)^+) \cup (i(\varrho_1^N)^- \cap \bar{i}(\varrho_1^N)^-)$. Die in Fig. 7.34 auftretenden gemeinsamen Punkte von $i(\varrho_1^N)^+$ und $i(\varrho_1^N)^-$ gehören nicht einer Tangente von $c$ in $D$ an. △

## 7.4.5. Schiebflächen

Haben zwei Kurven $l$ und $m$ einen Punkt $O$, den wir als Ursprung wählen, gemeinsam und besitzt $l$ bzw. $m$ die Parameterdarstellung $u \in I \mapsto \mathfrak{y}(u)$ bzw. $v \in J \mapsto \mathfrak{z}(v)$, so entsteht aus $m$ unter der durch den Punkt $L$ von $l$ mit dem Koordinatenvektor $\mathfrak{y}(u_0)$ bestimmten Schiebung $O \mapsto L$ die zu $m$ schiebungsgleiche Kurve mit der Darstellung $v \in J \mapsto \mathfrak{y}(u_0) + \mathfrak{z}(v)$. Damit besitzt die durch $l$ und $m$ festgelegte Schiebfläche nach 6.4.1. die Parameterdarstellung

$$(5) \qquad (u, v) \in I \times J \mapsto \mathfrak{x}(u, v) = \mathfrak{y}(u) + \mathfrak{z}(u),$$

und durch eine Parameterdarstellung der Gestalt (5) wird stets eine Schiebfläche beschrieben. Aus (5) folgt sofort Satz 6.4.1.

**Satz 7.4.8:** Sind $l$ und $m$ zwei reguläre Kurvenstücke durch einen Punkt $O$ und existiert kein Punktepaar $(L \in l, M \in m)$ derart, daß die Tangente von $l$ in $L$ parallel zur Tangente von $m$ in $M$ ist, und ferner kein Punktepaar $(L_0, L_1)$ von $l$ bzw. $(M_0, M_1)$ von $m$ derart, daß die Sehne $[L_0, L_1]$ schiebungsgleich zur Sehne $[M_1, M_0]$ ist, so ist die durch $l$ und $m$ bestimmte Schiebfläche ein reguläres Flächenstück.

*Beweis*

Nach (5) ist $\mathfrak{x}(u, v)$ in der offenen Teilmenge $I \times J$ von $\mathbb{R}^2$ beliebig oft differenzierbar. Mit $\mathfrak{x}_u = \frac{d\mathfrak{y}}{du}$, $\mathfrak{x}_v = \frac{d\mathfrak{z}}{dv}$ folgt $\{\mathfrak{x}_u, \mathfrak{x}_v\}$ linear unabhängig in $I \times J$ gemäß den Voraussetzungen. Die Injektivität der durch (5) bestimmten Abbildung ist genau dann gestört, wenn Paare $(u_0, u_1)$ aus $I$ und $(v_0, v_1)$ aus $J$ existieren mit $\mathfrak{y}(u_0) + \mathfrak{z}(v_0) = \mathfrak{y}(u_1) + \mathfrak{z}(v_1)$, was den Widerspruch $\mathfrak{y}(u_0) - \mathfrak{y}(u_1) = \mathfrak{z}(v_1) - \mathfrak{z}(v_0)$ zu den Voraussetzungen ergibt. □

Unter den Voraussetzungen von Satz 7.4.8 sind somit die Tangenten der beiden Schiebkurven in jedem Flächenpunkt verschieden, und durch jeden Flächenpunkt geht genau eine Schiebkurve jeder Schar.

Wie aus 6.4.3. und Satz 7.4.8 folgt, ist jedes Paraboloid ein reguläres Flächenstück.

Nach Satz 7.2.6 ist eine Tangente einer Schiebkurve (*Schiebtangente*) genau dann eine Schmiegtangente, wenn die Schiebkurve entweder einen Wendepunkt aufweist oder ihre Schmiegebene mit der Tangentialebene der Schiebfläche übereinstimmt.

**Satz 7.4.9:** Ist unter den Voraussetzungen von Satz 7.4.8 keine Schiebtangente in einem Punkt $P$ der Schiebfläche $\Phi$ eine Schmiegtangente, so ist $P$ ein elliptischer oder hyperbolischer Flächenpunkt, und die beiden Schiebtangenten sind konjugierte Flächentangenten. Ist genau eine Schiebtangente in $P$ eine Schmiegtangente, so liegt ein parabolischer Flächenpunkt vor.

*Beweis*

Wir bezeichnen die Schiebkurven durch $P$ mit $c_1$ und $c_2$, ihre verschiedenen Tangenten in $P$ mit $t_1$ und $t_2$ und mit $\Psi_1$ bzw. $\Psi_2$ jenen Zylinder, der $\Phi$ nach 6.4.1. längs $c_1$ bzw. $c_2$ berührt und dessen Erzeugenden zu $t_2$ bzw. $t_1$ parallel sind.

Ist $t_1$ keine Schmiegtangente von $\Phi$, so ist $t_1$ nach 7.2.3., (10) auch keine Schmiegtangente von $\Psi_1$. Damit kann $P$ kein Flachpunkt von $\Phi$ und muß ein parabolischer Punkt von $\Psi_1$ sein. Ist die Erzeugende $t_2$ von $\Psi_1$ keine Schmiegtangente von $\Phi$, so haben die Flächen $\Phi$ und $\Psi_1$ daher in $P$ keine Schmiegtangente gemeinsam; nach A 7.2, 8 ist dann $P$ auch kein parabolischer Punkt von $\Phi$. Wegen Satz 7.2.14 sind $t_1$ und $t_2$ konjugierte Flächentangenten von $\Phi$.

Für eine Schmiegtangente $t_1$ bleibt zu zeigen, daß $P$ kein hyperbolischer Punkt von $\Phi$ ist. Durch Wiederholung der obigen Überlegungen für den Zylinder erkennt man $P$ als parabolischen Punkt von $\Psi_2$, so daß $t_1$ und $t_2$ konjugierte Flächentangenten sein müßten; dies widerspricht der Schmiegtangenteneigenschaft von $t_1$. □

Durch die Tangenten $t_1$, $t_2$ der beiden Schiebkurven $c_1$, $c_2$ in einem Flächenpunkt $P$ beherrscht man die Tangentialebene und damit die Flächennormale $n$ in $P$. Nach Satz 7.2.7 bestimmen die Schnittpunkte der Krümmungsachsen von $c_1$ und $c_2$ in $P$ mit $n$ die Normalkrümmungsradien zu den Tangenten $t_1$ und $t_2$; liegt $P$ zwischen bzw. nicht zwischen diesen beiden Schnittpunkten, so ist $P$ nach A 7.2, 1 ein hyperbolischer bzw. ein elliptischer Flächenpunkt. Von der Dupinschen Indikatrix $i(k)$ von $\Phi$ in $P$ kennt man nach Wahl der Konstanten $k$ konjugierte Durchmesser, womit ein Paar konjugierter Hyperbeln $i(k)$ nach A 5.3, 11 bzw. eine Ellipse $i(k)$ nach 5.2.1., (E4) festgelegt ist. Im Falle eines parabolischen Punktes $P$, in dem etwa $t_2$ eine Schmiegtangente ist, ergibt der Normalkrümmungsradius zu $t_1$ die beiden Punkte von $i(k)$ in $t_1$.

Wie mit 6.4.3. folgt, enthält ein elliptisches bzw. ein hyperbolisches Paraboloid nur elliptische bzw. nur hyperbolische Flächenpunkte.

Die in 6.4.2. angegebene Konstruktion des Parallelumrisses $u^p$ einer Schiebfläche $\Phi$ ergibt die Punkte und die Tangenten von $u^p$. Zur Konstruktion des Krümmungskreises in einem Punkt $K^p$ der ebenen Kurve $u^p$ kann Satz 7.3.5 herangezogen werden, wenn man in $K^p$ die Krümmungskreise der Parallelrisse jener Schiebkurven kennt, welche durch den Konturpunkt $K$ gehen (vgl. 7.4.6., Beispiel (2)).

Berührt die Kontur $u$ in einem Punkt $R \in u$ eine projizierende Gerade $s$, so gilt A 7.1, 11. Zur Konstruktion solcher Punkte benötigt man einen weiteren Parallelriß der Kurve $u$ und hat an diesen Riß von $u$ die zu den Rissen der Sehgeraden $s$ parallelen Tangenten zu legen. Zur Genauigkeitskontrolle konstruiert man den Konturpunkt einer Schiebkurve durch den eingeschätzten Punkt $R$ und muß das Verfahren nötigenfalls wiederholen (vgl. auch 7.4.6., Beispiel (2)).

### 7.4.6. Beispiele

(1) In 6.5.6. ist ein abgeplattetes Drehellipsoid $\Phi_1$ behandelt, in welches eine Kreisschiebfläche $\Phi_2$ einsticht (vgl. Fig. 6.91). Wir ergänzen differentialgeometrische Konstruktionen zur Schnittkurve $c$.

KB. Der Punkt $G$ von $c$ in der gemeinsamen Symmetrieebene $\mu$ beider Flächen ist ein Scheitel von $c$, dessen Tangente $g$ zu $\mu$ normal ist. Nach 7.1.6. gibt $G'''$ einen Rückkehrpunkt von $c'''$ ab. Da $g$ Breitenkreistangente von $\Phi_1$ ist, liegt der Mittelpunkt $K_1^N(g)$ der Meusnier-Kugel von $\Phi_1$ zur Flächentangente $g$ nach Satz 7.4.5 im Schnitt der Drehachse $a_1$ mit der Flächennormalen $\bar{n}_1$ von $\Phi_1$ in $G$; nach Satz 7.2.7 schneidet die Drehachse des zu $l$ schiebungsgleichen Kreises in $\Phi_2$ durch $G$, welcher $g$ in $G$ berührt, die Flächennormale $\bar{n}_2$ des dritten Konturpunktes $G$ von $\Phi_2$ im Mittelpunkt $K_2^N(g)$ der Meusnier-Kugel von $\Phi_2$ zur Flächentangente $g$. Nach A 7.2, 6 ist die drittprojizierende Schmiegebene $\sigma$ von $c$ in $G$ zur Geraden $K_1^N(g)\, K_2^N(g) \subset \mu$ normal, und nach Satz 7.1.6 ist die Gerade $\sigma'''$ die Tangente von $c'''$ in $G'''$.
Der Punkt $G''$ ist ein Scheitel von $c''$. Der Krümmungskreis von $c$ in $G$ besitzt die Drehachse $K_1^N(g)\, K_2^N(g)$, und diese schneidet die zweite Hauptebene $\eta_2$ durch $g$ in einem Punkt $M$, dessen Aufriß $M''$ nach A 7.2, 5 der Mittelpunkt des Krümmungskreises von $c''$ in $G''$ ist. △

(2) Die Wellenschale $\Phi$ in Fig. 7.35 entsteht durch stetige Schiebung einer aus zwei berührenden Kreisbogen bestehenden Kurve[5] $m$ längs eines Parabelbogens $l$ und wird von vier Schiebkurven berandet. Die Kurven $m$ und $l$ liegen in lotrechten Ebenen und haben einen Punkt $O$ gemeinsam. Wir wählen die Ebene von $m$ als zweite Hauptebene $\eta_2$ und konstruieren in Fig. 7.35 den zweiten Umriß $u_2''$ von $\Phi$.

KB. Die Punkte $K''$ und die Tangenten von $u_2''$ erhält man nach 6.4.2. mit Hilfe solcher Punkte $M''$ von $m''$ und $L''$ von $l''$, in denen die Tangenten dieser beiden Kurven parallel sind.

[5] Eine aus einander berührenden Kreisbogen bestehende ebene Kurve heißt ein *Korbboden.* In jedem Berührungspunkt $W$ aneinander liegender Kreisbogen gibt es zwei verschiedene Krümmungskreise, so daß nach Satz 7.1.7 die zweiten Ableitungen einer Darstellung $u \mapsto \mathfrak{x}(u)$ dort unstetig sind; ein Korbbogen ist daher in seinem Gesamtverlauf keine differenzierbare Kurve. Nach 1.4.2. ist $W$ kein Wendepunkt des Korbbogens.

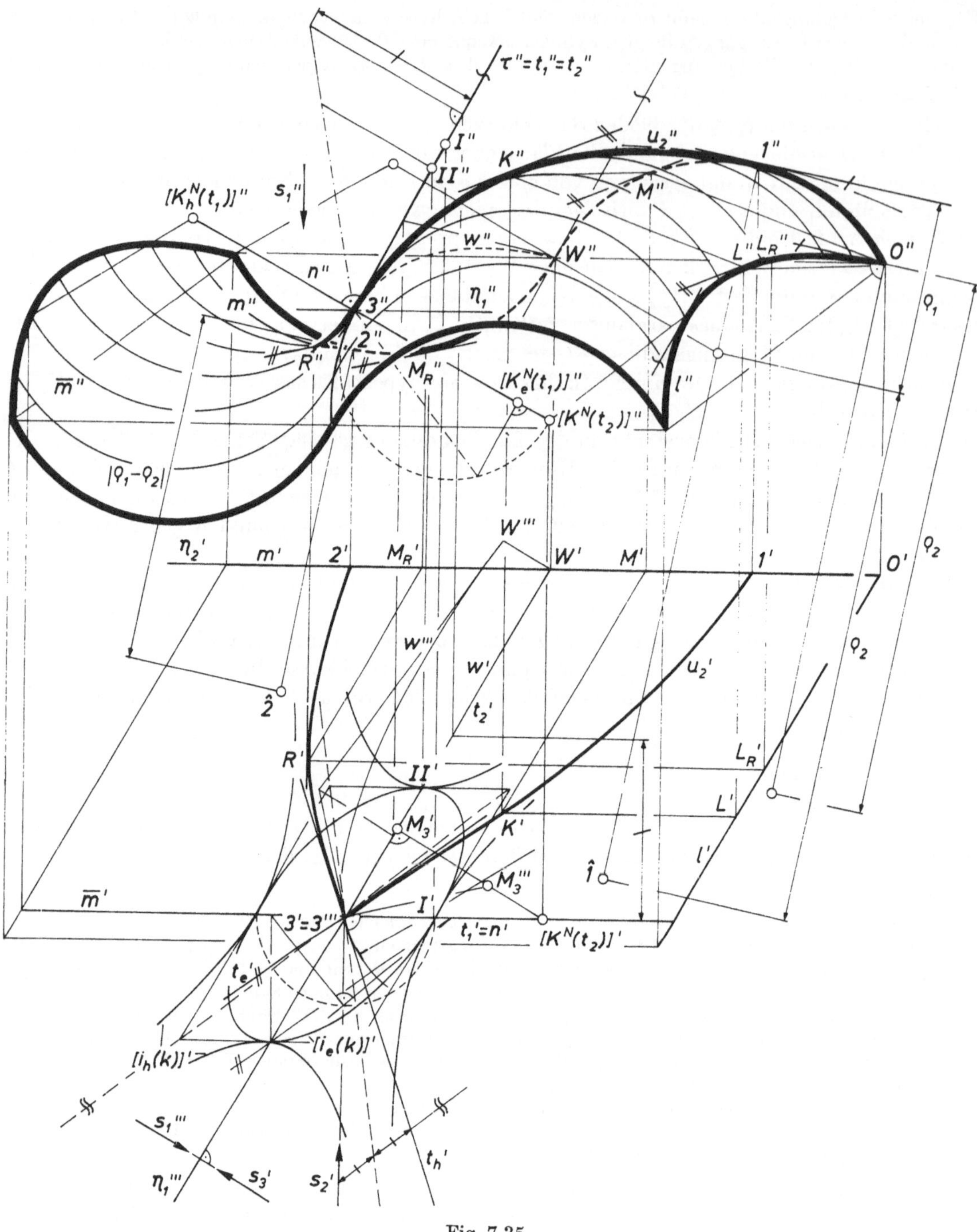

Fig. 7.35

Im Berührungspunkt $W$ der beiden Kreisbogen von $m$ durchsetzt $m$ die Tangente, und die Fläche $\Phi$ besteht aus zwei Teilen, die einander längs der zu $l$ kongruenten Schiebkurve $w$ durch $W$ berühren; nach 7.4.5. besteht der eine Teil nur aus elliptischen und der andere Teil nur aus hyperbolischen Flächenpunkten. Der Aufriß $3''$ des Konturpunktes $3$ in $w$ ergibt sich mit Hilfe jenes Punktes von $l''$, in dem die Tangente von $l''$ zur Tangente von $m''$ in $W''$ parallel ist.

In den Umrißpunkten $1''$ und $2''$ von $m''$ sind die Tangenten von $m''$ zur Tangente von $l''$ in $O''$ parallel, und zwar ist $1$ bzw. $2$ ein elliptischer bzw. ein hyperbolischer Flächenpunkt. Mit Hilfe des Krümmungsradius $\varrho_1$ des Kreises $m''$ in $1''$ und $2''$ sowie des Krümmungsradius $\varrho_2$ der Parabel $l''$ in $O''$ erhält man nach 7.4.5. den Krümmungsmittelpunkt $\hat{1}$ bzw. $\hat{2}$ von $u_2''$ in $1''$ bzw. $2''$ (Fig. 7.35).

Im aus hyperbolischen Punkten bestehenden regulären Flächenstück von $\Phi$ existiert ein Punkt $R$ der zweiten Kontur $u_2$, in dem die Tangente von $u_2$ zweitprojizierend ist. Wir verwenden als weiteren Riß den Grundriß der Kurve $u_2$; die Punkte $K'$ von $u_2'$ erhält man mit Hilfe der Grundrisse von Parallelogrammen mit den Seiten $[O', M']$ und $[O', L']$ (Fig. 7.35). Im Punkt $R'$ ist die Tangente von $u_2'$ Grundriß einer zweiten Sehgeraden; mit Hilfe der Punkte $M_R \in m$ und $L_R \in l$, wobei $\{O', M_R', R', L_R'\}$ ein Parallelogramm ist, erhält man $R''$. Nach A 7.1, 11 ist $R''$ ein Rückkehrpunkt von $u_2''$, und die Rückkehrtangente ist der zweite Riß der zweitprojizierenden Tangentialebene und daher zur Tangente von $m''$ in $M_R''$ (und von $l''$ in $L_R''$) parallel.

Die Konstruktion des Punktes $R'$ wird genauer, wenn man auch die Tangenten der Kurve $u_2'$ beherrscht. Da nach Satz 7.3.4 die Tangente von $u_2$ in einem Punkt $K \in u_2$ die zur zweiten Sehgeraden durch $K$ konjugierte Flächentangente ist, benötigt man zur Konstruktion einer Tangente von $u_2'$ die DUPINsche Indikatrix des betreffenden Flächenpunktes[6].

Denkt man die beiden Kreisbogen von $m$ über $W$ hinaus fortgesetzt, so ist jeder Punkt der Parabel $w$ einerseits ein elliptischer und andererseits ein hyperbolischer Flächenpunkt. Da die zu den beiden Flächenteilen gehörigen DUPINschen Indikatrizen in $3$ nicht übereinstimmen, besitzt $u_2$ in $3$ eine Ecke. Wir konstruieren im folgenden mit Hilfe dieser DUPINschen Indikatrizen die beiden Tangenten $t_e$ und $t_h$ von $u_2$ in $3$.

Im Punkt $3$ berührt die zu $m$ kongruente Schiebkurve $\overline{m}$ die zweite Hauptgerade $t_1$ und ist der Normalschnitt von $\Phi$ durch $t_1$; der Krümmungsmittelpunkt von $\overline{m}$ in $3$ fällt daher in den Mittelpunkt der MEUSNIER-Kugel von $\Phi$ zur Flächentangente $t_1$. Je nachdem $3$ als elliptischer oder hyperbolischer Flächenpunkt aufgefaßt wird, erhält man so den Punkt $K_e^N(t_1)$ bzw. $K_h^N(t_1)$ (Fig. 7.35). Der Krümmungsmittelpunkt $M_3$ der zu $l$ kongruenten Schiebkurve $w$ in $3$ ergibt sich nach Satz 7.1.12 mit Hilfe eines Seitenrisses mit der erstprojizierenden Ebene von $w$ als Hauptebene (in Fig. 7.34 ist $3' = 3'''$ gewählt). Die Krümmungsachse von $w$ in $M_3$ trifft die Flächennormale $n$ des Konturpunktes $3$ von $\Phi$, welche in eine zweite Hauptgerade fällt, im Mittelpunkt $K^N(t_2)$ der MEUSNIER-Kugel zur Tangente $t_2$ von $w$ in $3$. Damit ist $\varrho^N(t_1) = \overline{3K_e^N(t_1)} = \overline{3K_h^N(t_1)}$ und $\varrho^N(t_2) = \overline{3K^N(t_2)}$.

Wir konstruieren die Grundrisse der DUPINschen Indikatrix $i_e(k)$ bzw. $i_h(k)$ von $\Phi$ im elliptischen bzw. hyperbolischen Punkt $3$ zur Konstanten $k = \varrho^N(t_1)$. Die Grundrisse der Punkte $I \in t_1$ und $II \in t_2$, für die $\overline{3I} = \varrho^N(t_1)$ bzw. $\overline{3II} = \sqrt{\varrho(^Nt_1)\,\varrho(^Nt_2)}$ gilt, bestimmen nach Satz 7.4.9 konjugierte Halbmesser der Ellipse $[i_e(k)]'$ bzw. des Paares konjugierter Hyperbeln $[i_h(k)]'$. Die Eckentangente $t_e'$ bzw. $t_h'$ von $u_2'$ in $3'$ ist die zu $s_2'$ konjugierte Durchmessergerade der Ellipse $[i_e(k)]'$ bzw. des Hyperbelpaares $[i_h(k)]'$. Zur Konstruktion von $t_e'$ benützt man nach 5.2.3., (E 5) einen zu $[i_e(k)]'$ affinen Kreis zum Durchmesser $[3', I']$; die Gerade $t_h'$ entsteht aus $s_2'$ unter der Affinspiegelung an einer Asymptote von $[i_h(k)]'$ parallel zur anderen Asymptote, da die Asymptoten nach A 5.3, 11 die Diagonalen des durch die Endpunkte konjugierter Durchmesser bestimmten Parallelogramms sind. △

## Aufgaben 7.4

1. Kennt man die Krümmungsachse $a_1$ einer Kurve $e$ in einem Punkt $P \in e$ und ist ein Kreis $b$ durch $P$ gegeben, der $e$ in $P$ nicht berührt, so existiert genau eine Drehfläche $\Phi$ durch $e$ mit dem Breitenkreis $b$. Ermittle den Krümmungskreis des Meridians von $\Phi$ in $P$.
   (Anl.: Nach Satz 7.4.5 bzw. Satz 7.2.7 erhält man den Normalkrümmungsradius zur Breitenkreistangente bzw. zur Tangente von $e$ in $P$; benütze dann Fig. 7.14 bzw. 7.15 bzw. 7.16.)
2. Konstruiere unter Benützung eines Hauptrisses und eines Meridianrisses den Krümmungskreis des Schnittes $c$ einer Drehfläche $\Phi$ mit einer Ebene $\varepsilon$ in einem Punkt $P \in c$, wobei außer der Ebene $\varepsilon$ die Drehachse $a$ und der Hauptmeridian $m$ gegeben sind.
   (Anl.: Drehe $P$ um $a$ nach $P_0 \in m$; dabei geht $\varepsilon$ in eine Ebene $\varepsilon_0$ über. Benütze die MEUSNIER-Kugel von $\Phi$ in $P_0$ zur Flächentangente in $\varepsilon_0$.)
3. Ermittle die DUPINsche Indikatrix in einem Punkt eines elliptischen oder hyperbolischen Paraboloids sowie einen Krümmungskreis des Parallelumrisses einer solchen Fläche.
   (Anl.: Lege die Fläche durch zwei Schiebparabeln fest. Für die erste Aufgabe benötigt man gepaarte Normalrisse, die zweite Aufgabe kann mit Satz 7.3.5 in einem beliebigen Parallelriß gelöst werden.)

[6] Die bisherigen Konstruktionen erfordern keine Eigenschaften von Normalprojektionen und können in gleicher Weise in einem axonometrischen Riß durchgeführt werden, dem zur Konstruktion der Rückkehrpunkte des Umrisses $u^p$ etwa der axonometrische Grundriß $u'^p$ hinzugefügt ist. Man hat dann jene Punkte $R'^p \in u'^p$ aufzusuchen, in denen die Tangente von $u'^p$ parallel zum axonometrischen Grundriß $s'^p$ einer axonometrischen Sehgeraden $s$ verläuft; nach 2.3.2. ist $s'^p$ parallel $z^p$.
Die folgenden Konstruktionen mit Hilfe der DUPINschen Indikatrix benützen Maßaufgaben, was die Verwendung gepaarter Normalrisse erfordert.

# 8. Schraubflächen

Wir behandeln Schraubungen und stetige Schraubungen. Wird eine Figur einer stetigen Schraubung unterworfen, so überstreicht sie ein in sich verschraubbares Gebilde. Auf dieser Tatsache beruhen die meisten technischen Anwendungen: Bei Schrauben, Förderschnecken, Ventilatoren, Spiralbohrern usw. wird eine stetige Drehung in eine stetige Schiebung verwandelt, während etwa bei Drillbohrern und Turbinen der umgekehrte geometrische Effekt erzielt wird. Spezielle Schraubflächen spielen auch im Bauwesen eine Rolle.
Wie bei Drehflächen, die als Grenzfall von Schraubflächen für verschwindenden Schraubparameter angesprochen werden können, erfolgt die konstruktive Behandlung einer Schraubfläche in gepaarten Normalrissen, wobei die Schraubachse in einem Riß projizierend ist. Dabei wird zweckmäßig das Drehfluchtprinzip eingesetzt.
Nach der Behandlung der Schraublinien werden die allgemeinen Eigenschaften der Schraubflächen studiert. Eine besondere Untersuchung verdienen wegen ihrer Bedeutung in den Anwendungen spezielle Kreisschraubflächen und die Regelschraubflächen; die Schraubtorsen werden in 9.1.3. eingehend besprochen.
Die Schraubflächen sind keine elementaren Flächen im Sinne von **6.**, da sie zwar durch einen einfachen Bewegungsvorgang erzeugbar sind, die Existenz ihrer Tangentialebenen aber auf analytischem Wege bewiesen wird. Wir setzen differentialgeometrische Begriffsbildungen nur an jenen Stellen ein, wo sie konstruktiv ergiebig sind.

## 8.1. Schraubungen

### 8.1.1. Stetige Schraubungen

In 1.3.2. wurden axiale Drehungen und Schiebungen untersucht.

**Def. 8.1.1:** Eine *Schraubung* längs der Schraubachse $a$ ist die Zusammensetzung einer von der Identität verschiedenen axialen Drehung um $a$ und einer von der Identität verschiedenen Schiebung längs $a$.

Nach Def. 8.1.1 und 1.3.2. ist jede Schraubung eine Bewegung. Wir messen Drehwinkel in **8.** stets im Bogenmaß, so daß zu einer vollen Drehung das Drehmaß $2\pi$ gehört.
Im orientierten Raum heißt eine Schraubung längs $a$ eine *Rechtsschraubung* (Schraubung von *positivem Schraubsinn*), wenn nach Orientierung von $a$ zu einer positiven bzw. negativen Drehung um die orientierte Gerade $a$ (vgl. 1.3.3.) eine zur Orientierung von $a$ gleichsinnige bzw. gegensinnige Schiebung gehört; im anderen Fall spricht man von *Linksschraubung* (*negativem Schraubsinn*). Eine Schraubung und die zu ihr inverse Schraubung besitzen denselben Schraubsinn.
Verwendet man die $z$-Achse eines kartesischen Rechtssystems als orientierte Schraubachse $a$, so geht unter einer Schraubung längs $a$ durch das orientierte Winkelmaß $\varphi$ und das orientierte Schiebmaß $s$ ein Punkt $P$ mit dem Koordinatentripel $(x, y, z)$ in den Punkt $\overline{P}$ mit dem Koordinatentripel $(\bar{x}, \bar{y}, \bar{z})$ über, wobei nach 1.3.4., (3), (2) und Def. 8.1.1 gilt

(1) $$\bar{x} = x\cos\varphi - y\sin\varphi,\quad y = x\sin\varphi + y\cos\varphi,\quad \bar{z} = z + s\,(-\pi < \varphi \leqq \pi);$$

im Falle einer Rechtsschraubung bzw. einer Linksschraubung ist $s\varphi > 0$ bzw. $s\varphi < 0$.
In Analogie zu Def. 1.3.6 und Def. 1.3.7 formulieren wir, da (1) für alle reellen Zahlen $\varphi$ und $s$ erklärt ist:

**Def. 8.1.2:** Durchläuft $\varphi$ von $0 \in \mathbb{R}$ aus monoton wachsend bzw. fallend ein abgeschlossenes Intervall $[0, \varphi_0]$ $(0 < \varphi_0)$ bzw. $[\varphi_0, 0]$ $(\varphi_0 < 0)$, so heißt die Menge der durch (1) beschriebenen

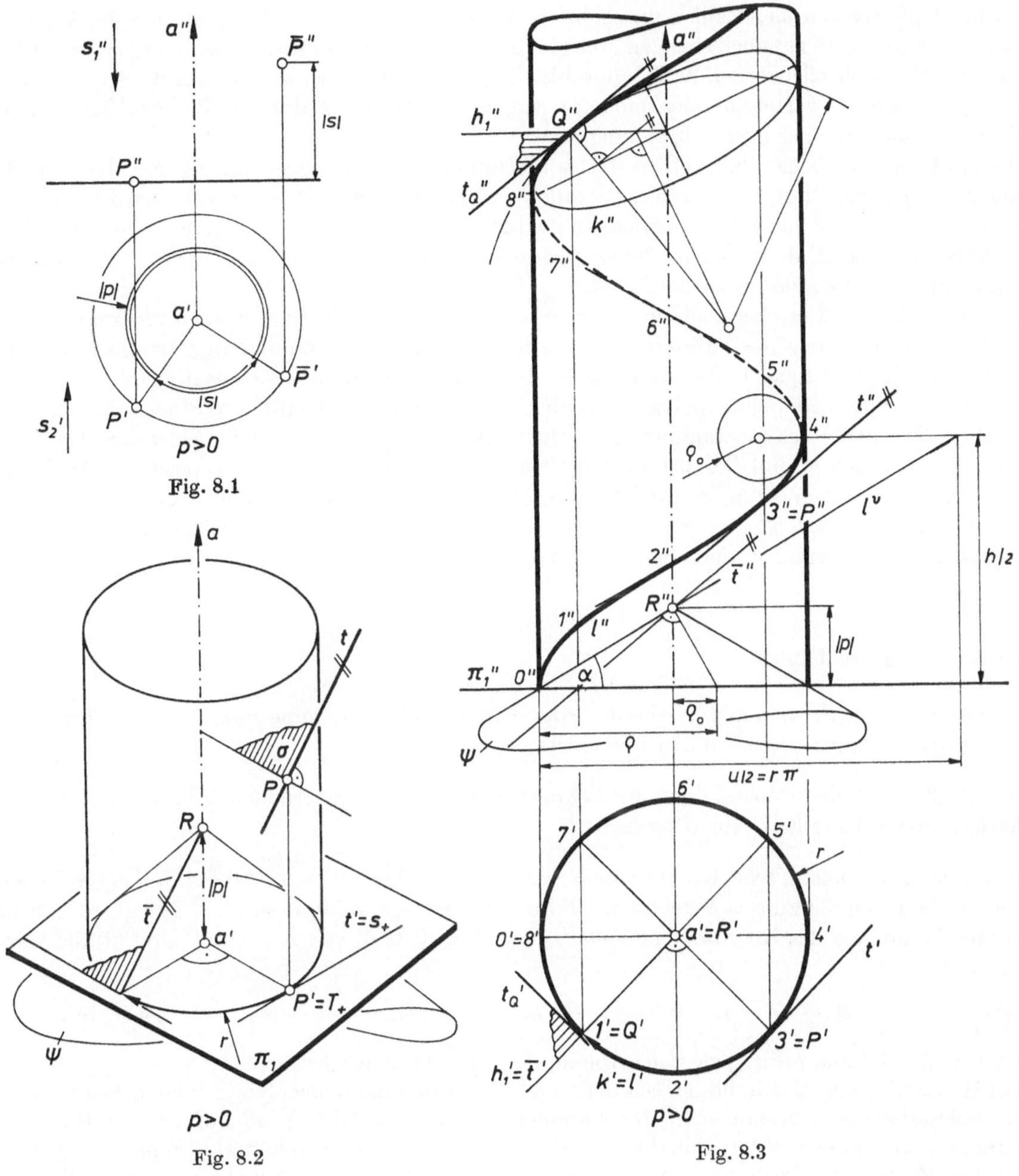


Fig. 8.1

Fig. 8.2

Fig. 8.3

Schraubungen eine *stetige Schraubung* längs $a$ zum *Schraubparameter* $p$, falls gilt

(2) $$s = p\varphi \qquad (p \neq 0).$$

Für $p > 0$ bzw. $p < 0$ gehört zu einer stetigen positiven bzw. negativen Drehung eine zur Orientierung von $a$ gleichsinnige Schiebung; wir sprechen von *stetiger Rechtsschraubung* bzw. *stetiger Linksschraubung*. Die zu einer vollen Umdrehung gehörende Schiebstreckenlänge heißt *Ganghöhe* $h$ der stetigen Schraubung; nach (2) gilt

(3) $$|p| = \frac{h}{2\pi} \approx \frac{h}{6} - \frac{h}{120} = \frac{19}{120}\,h \qquad \text{(um 5‰ zu klein)}.$$

Da (1) zusammen mit (2) für alle reellen Zahlen $\varphi$ definiert ist, kann man $\varphi$ ausgehend von Null monoton wachsend die Menge der nicht negativen reellen Zahlen oder monoton fallend die Menge

der nicht positiven reellen Zahlen durchlaufen lassen. Wir fassen im folgenden diese beiden stetigen Schraubungen zu einer einzigen stetigen Schraubung zusammen, wobei $\varphi$ monoton wachsend die Menge $\mathbb{R}$ aller reellen Zahlen durchläuft; je nachdem dabei das orientierte Schiebmaß $s$ nach (2) monoton wachsend oder monoton fallend die Menge $\mathbb{R}$ durchläuft, liegt eine stetige Rechtsschraubung oder Linksschraubung vor.
Die zeichnerische Behandlung einer stetigen Schraubung erfolgt zweckmäßig mit Hilfe einer Normalprojektion, deren Sehstrahlen parallel und entgegengesetzt orientiert zur orientierten Schraubachse $a$ sind; ein solcher Normalriß wird *Hauptriß* genannt. Wir bezeichnen im folgenden einen Hauptriß auch als *ersten Riß* und einen dazu gepaarten Normalriß, in dem dann die Schraubachse eine Hauptgerade ist, als *zweiten Riß*.
In einem Hauptriß erscheint die zum Drehmaß $\varphi$ gemäß (2) gehörende Schiebstreckenlänge $|s|$ als Länge eines Bogens des *Parameterkreises*[1], der den Radius $|p|$ und den Mittelpunkt $a'$ besitzt (Fig. 8.1); die Rektifikation des Kreisbogens der Länge $|s|$ wird entweder nach 7.1.4. oder nach Annäherung durch ein Sehnenpolygon aus gleich langen Seiten mit Hilfe des Stechzirkels durchgeführt. Bei einer Rechtsschraubung bzw. einer Linksschraubung gehört dabei in der durch die ersten Sehstrahlen gemäß Def. 2.1.4 orientierten ersten Bildebene zu einer positiven Drehung im Hauptriß eine Schiebung im zweiten Riß, die entgegengesetzt bzw. gleich orientiert zu den ersten Sehstrahlen erfolgt (vgl. Fig. 8.1). Wir nennen diese konstruktive Auswertung von (2) die *Grundkonstruktion* einer stetigen Schraubung.

## 8.1.2. Schraublinien

Bei einer stetigen Schraubung beschreibt jeder Punkt des Raumes eine *Bahnkurve*, die für einen Punkt der Schraubachse mit dieser übereinstimmt.

**Def. 8.1.3:** Die Bahnkurve eines der Schraubachse nicht angehörenden Punktes unter einer stetigen Schraubung heißt eine *Schraublinie*.

Wählt man das kartesische Rechtssystem speziell so, daß die orientierte Schraubachse in die $z$-Achse fällt und der zu $\varphi = 0$ gehörende Punkt $P$ einer Schraublinie $l$ in $z = 0$ liegt, so besitzt $l$ unter Benützung des Koordinatentripels $(x_0, y_0, 0) \neq (0, 0, 0)$ von $P$ nach (1) und (2) die Darstellung

$$(4) \qquad \varphi \in \mathbb{R} \mapsto (x = x_0 \cos\varphi - y_0 \sin\varphi, \quad y = x_0 \sin\varphi + y_0 \cos\varphi, \quad z = p\varphi) \in \mathbb{R}^3.$$

Nach Def. 7.1.3 und (4) ist jede Schraublinie ein reguläres Kurvenstück.
Der Hauptriß $l'$ einer Schraublinie $l$ ist ein (unendlich oft durchlaufener) Kreis um den Hauptriß $a'$ der Schraubachse $a$. Kennt man den Parameter $p$ der Schraubung, so können mit Hilfe des Parameterkreises nach 8.1.1. Punkte des zweiten Risses $l''$ einer durch stetige Schraubung eines Punktes $P$ entstehenden Schraublinie $l$ gefunden werden. Sind die Ganghöhe $h$ und der Schraubsinn bekannt, so teilt man zur punktweisen Ermittlung des zweiten Risses $l''$ von $l$ den kreisförmigen Hauptriß $l'$ und die Ganghöhe $h$ in eine Anzahl gleicher Teile (Fig. 8.2).
Ein Drehzylinder mit der Schraubachse $a$ als Drehachse heißt *Schraubzylinder*; er wird von einer seiner zu $a$ parallelen Erzeugenden im Laufe der stetigen Schraubung (unendlich oft) überstrichen. Wird der Schraubzylinder durch die Schraublinie $l$ gemäß 7.3.5. unter Benützung des Querschnittes $l'$ abgewickelt, so ist nach (2) die Verebnung $l^V$ von $l$ geradlinig (Fig. 8.2); nach 7.3.5. ist daher jede Schraublinie $l$ eine Geodätische ihres Schraubzylinders.
Da die Abwicklung eines Schraubzylinders $\Phi$ nach Satz 7.3.4 winkeltreu ist, bilden die Tangenten einer Schraublinie in $\Phi$ gegen die Zylindererzeugenden und damit gegen eine zur Schraubachse $a$ normale Ebene gleich große Winkel; aus der Verebnung in Fig. 8.2 liest man für das Maß $\alpha$

[1] Wir heben in einer Zeichnung den Parameterkreis durch eine dünne Doppellinie hervor, wobei der äußere Kreis den Radius $|p|$ besitzt.

dieser Winkel $\tan\alpha = h:2\pi r$ ab, wobei $r$ den Radius des Schraubzylinders $\Phi$ bedeutet. Nach (3) ergibt sich

$$(5) \qquad \tan\alpha = |p|:r \qquad (0 < \alpha < \pi/2).$$

**Def. 8.1.4:** Ein reguläres Kurvenstück $k$, dessen Tangenten dieselbe Böschung gegen die horizontale Grundrißebene $\pi_1$ besitzen, heißt eine *Böschungskurve.*

Man spricht kurz von der *Böschung* bzw. dem *Intervall* der Böschungskurve (vgl. 3.4.1.).

Zusammenfassend gilt

**Satz 8.1.1:** Jede Schraublinie ist ein reguläres Kurvenstück, eine Geodätische ihres Schraubzylinders und im Falle lotrechter Schraubachse eine Böschungskurve.

Der *Parameterpunkt* $R$ bzw. $L$ einer stetigen Rechtsschraubung bzw. einer stetigen Linksschraubung ist jener Punkt der Schraubachse, der von der Bildebene $\pi_1$ des Hauptrisses den Abstand $|p|$ besitzt und im durch die ersten Sehstrahlen $s_1$ bestimmten positiven bzw. negativen Halbraum mit der Randebene $\pi_1$ liegt. Benützt man den Parameterpunkt als Spitze des Richtkegels $\Psi$ einer Schraublinie $l$ dieser Schraubung, so ist $\Psi$ ein Drehkegel, dessen Leitkreis in $\pi_1$ sich nach (5) mit dem Hauptriß $l'$ von $l$ deckt. (Beachte die Festsetzung in 2.1.3.). Damit folgt (Fig. 8.2, Fig. 8.3):

**Satz 8.1.2:** Die Tangente $t$ einer Schraublinie in einem Punkt $P$ ist parallel zur Verbindung $\bar{t}$ des Parameterpunktes mit jenem Punkt der ersten Bildebene $\pi_1$, der aus dem Hauptriß $P'$ von $P$ durch eine negative Vierteldrehung um $a'$ entsteht.

Mit Hilfe von Satz 8.1.2 sind in Fig. 8.2 die zweiten Risse von Tangenten der Schraublinie $l$ ermittelt. Speziell in den Punkten *2* und *6* verlaufen die Tangenten von $l$ parallel zu den zweiten Konturerzeugenden des Richtkegels $\Psi$. Da nach Satz 7.1.5 die Schmiegebenen von $l$ parallel zu den Tangentenebenen von $\Psi$ sind, besitzen die Schmiegebenen von $l$ in *2* und *6* zweitprojizierende Lage; gemäß Satz 7.3.3 sind daher die Punkte $2''$ und $6''$ Wendepunkte von $l''$, da diese Tangenten nicht zweitprojizierend sind.
Die zu den Tangenten einer Schraublinie normalen Geraden in den Schmiegebenen sind erste Hauptgeraden, da die Schmiegebenen parallel zu den Tangentialebenen des Richtdrehkegels $\Psi$ verlaufen (Fig. 8.3). Da der Hauptriß $l'$ einer Schraublinie $l$ als Kreis seinen Radius $r$ als konstanten Krümmungsradius besitzt, folgt für den Krümmungsradius $\varrho$ von $l$ nach A 7.3, 1 und (5)

$$(6) \qquad \varrho = \frac{r}{\cos^2\alpha} = r(1 + \tan^2\alpha) = r + \frac{p^2}{r}.$$

Dieser für alle Punkte von $l$ gleiche Wert $\varrho > 0$ wird gemäß Fig. 8.2 konstruiert. Eine Schraublinie ist wendepunktfrei.
In jenen Punkten von $l$, welche zweite Konturpunkte des Schraubzylinders durch $l$ sind (vgl. die Punkte *0, 4, 8* in Fig. 8.2), bildet die Tangente von $l$ gegen die zweite Bildebene $\pi_2$ Winkel vom Maß $\pi/2 - \alpha$, und die zur Tangente normale Gerade der Schmiegebene ist eine zweite Hauptgerade. Nach (6) und A 7.3, 1 besitzt daher der zweite Riß $l''$ von $l$ im zweiten Riß eines solchen Punktes den Krümmungsradius

$$(7) \qquad \varrho_0 = \frac{r}{\cos^2\alpha}\cos^2(\pi/2 - \alpha) = r\tan^2\alpha = \frac{p^2}{r},$$

der bei der Konstruktion von $\varrho$ gemäß Fig. 8.2 abgelesen werden kann (vgl. $4''$ in Fig. 8.2).
Der Krümmungskreis in einem anderen Punkt $Q''$ des zweiten Risses $l''$ von $l$ oder in einem Punkt $Q^p$ eines beliebigen Parallelrisses $l^p$ von $l$ ergibt sich nach A 7.3, 2 und Satz 7.2.7 als Krümmungskreis jener Ellipse $k^p$ in $Q^p$, welche Parallelriß des ellipsenförmigen ebenen Schnittes $k$ des Schraubzylinders durch $l$ mit der Schmiegebene $\sigma$ von $l$ in $Q$ ist. Die Ebene $\sigma$ wird durch die Tangente $t_Q$ von $l$ in $Q$ und die zu $a$ normale Gerade $h_1$ durch $Q$ aufgespannt (vgl. $Q''$ in Fig. 8.2).

## 8.1.3. Drehfluchtpunkte und Drehfluchtgeraden

Die konstruktive Behandlung einer stetigen Schraubung wird durch die folgenden, 1890 von TH. SCHMID (1859–1937) eingeführten Begriffsbildungen erleichtert. Wir fügen dabei jeder eigentlichen Geraden ihren Fernpunkt und jeder Ebene ihre Ferngerade gemäß 4.1.2. hinzu und erweitern den Begriff einer stetigen Drehung $\delta$ in der orientierten Ebene $\pi_1$ zu einem Zentrum $Z$ durch das orientierte Drehmaß $\varphi$ wie folgt: Ein Fernpunkt $F$ von $\pi_1$ geht unter $\delta$ in jenen Fernpunkt $F^\delta$ von $\pi_1$ über, für den $\sphericalangle ZF, ZF^\delta = \varphi_0$ mit $-\pi/2 < \varphi_0 \leq \pi/2$ und $\varphi = \varphi_0 + k\pi$ $(k \in \mathbb{Z})$ gilt; die Ferngerade von $\pi_1$ geht also unter $\delta$ in sich über (vgl. auch A 4.1,13).

**Def. 8.1.5:** Schneidet man die zu einer Geraden $g$ bzw. einer Ebene $\varepsilon$ parallele Gerade $\bar{g}$ bzw. parallele Ebene $\bar{\varepsilon}$ durch den Parameterpunkt mit der Hauptrißebene $\pi_1$ und unterwirft den Punkt $\bar{G} = \bar{g} \cap \pi_1$ bzw. die Gerade $\bar{e} = \bar{\varepsilon} \cap \pi_1$ einer positiven Vierteldrehung in $\pi_1$ um $a'$, so entsteht der *Drehfluchtpunkt*[2] $G_+$ von $g$ bzw. die *Drehfluchtgerade*[2] $e_+$ von $\varepsilon$.

Parallele Geraden haben somit denselben Drehfluchtpunkt, wobei für eine nicht erstprojizierende Gerade $g$ die Verbindung $a'G_+$ normal zum Hauptriß $g'$ von $g$ ist (Fig. 8.4); für eine erste Hauptgerade $h \parallel \pi_1$ ist der Drehfluchtpunkt $H_+$ der Fernpunkt der zu $h'$ normalen Geraden (Fig. 8.5).

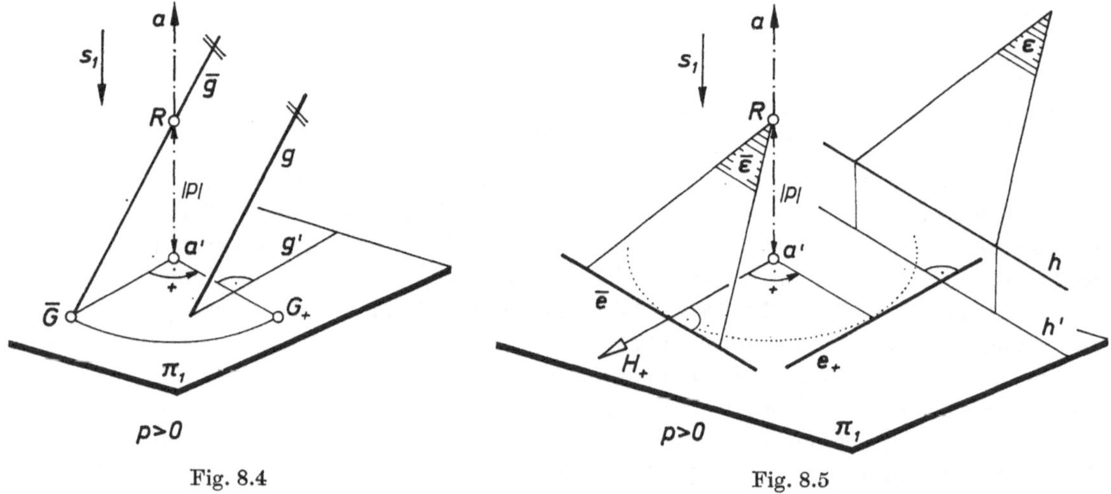


Fig. 8.4 Fig. 8.5

Parallele Ebenen haben dieselbe Drehfluchtgerade. Für eine zu $\pi_1$ nicht parallele Ebene $\varepsilon$ ist die Drehfluchtgerade $e_+$ normal zu den Hauptrissen ihrer ersten Hauptgeraden (Fig. 8.5) und somit Hauptriß einer Normalen von $\varepsilon$; für eine zu $\pi_1$ parallele Ebene fällt die Drehfluchtgerade in die Ferngerade von $\pi_1$.
Weiter folgt aus Def. 8.1.5:

**Satz 8.1.3:** Die Drehfluchtgerade der Verbindungsebene zweier schneidender Geraden ist die Verbindungsgerade ihrer Drehfluchtpunkte. Der Drehfluchtpunkt der Schnittgeraden zweier nicht paralleler Ebenen ist der Schnittpunkt ihrer Drehfluchtgeraden.

Kommt eine Gerade $g$ unter einer Schraubung längs $a$ durch das Winkelmaß $\varphi$ und das Schiebmaß $s$ in eine Lage $g_1$, und ist $\bar{g}$ bzw. $\bar{g}_1$ die zu $g$ bzw. $g_1$ parallele Gerade durch den Parameterpunkt, so entsteht $\bar{g}_1$ aus $\bar{g}$ unter der Drehung um $a$ durch $\varphi$. Da gleiches dann auch für die Drehflucht-

[2] Verwendet man den Parameterpunkt als Augpunkt einer Zentralprojektion auf die projektive Bildebene $\pi_1$, so ist $\bar{G}$ der Fluchtpunkt bzw. $\bar{e}$ die Fluchtgerade von $g$ bzw. $\varepsilon$, was die Bezeichnung «Drehflucht» motiviert.
Der Zeiger $_+$ soll darauf hindeuten, daß $G_+$ bzw. $e_+$ aus $\bar{G}$ bzw. $\bar{e}$ unabhängig vom Schraubsinn stets durch eine positive Vierteldrehung entsteht.
Der Drehfluchtpunkt $G_+$ gehört der Bildebene $\pi_1$ des Hauptrisses an; sein erster Riß in der Zeichenebene ist mit $G_+'$ zu bezeichnen (vgl. 2.1.3., Fn. 8); Analoges gilt für Drehfluchtgeraden.

punkte $G_+$ von $g$ und $G_{1+}$ von $g_1$ gilt und eine analoge Überlegung für eine verschraubte Ebene angestellt werden kann, folgt

**Satz 8.1.4:** Unterwirft man eine Gerade bzw. Ebene einer Schraubung, so erfährt ihr Drehfluchtpunkt bzw. ihre Drehfluchtgerade die zur Schraubung gehörende Drehung[3] um $a'$.

Man nennt für einen Punkt $P$, der nicht der Schraubachse $a$ angehört, die Tangente $t$ bzw. die Schmiegebene $\sigma$ der Bahnschraublinie in $P$ die *Bahntangente* bzw. die *Bahnschmiegebene* von $P$; für einen Punkt von $a$ fällt die Bahntangente in die Gerade $a$, und es ist keine Bahnschmiegebene erklärt. Nach 8.1.2. gilt (vgl. Fig. 8.3):

**Satz 8.1.5:** Der Drehfluchtpunkt $T_+$ der Bahntangente $t$ eines Punktes $P$ ist der Hauptriß $P'$ von $P$. Die Drehfluchtgerade $s_+$ der Bahnschmiegebene $\sigma$ eines nicht in $a$ liegenden Punktes $P$ ist der Hauptriß $t'$ der Bahntangente $t$ von $P$.

## Aufgaben 8.1

1. Alle Bahntangenten, die einer zur Schraubachse $a$ weder normalen noch parallelen Ebene $\varepsilon$ angehören, bilden die Tangentenmenge einer Parabel $k$ in $\varepsilon$. Der Scheitel von $k$ ist jener Punkt $A \in \varepsilon$, dessen Bahnschmiegebene die Ebene $\varepsilon$ ist, die Scheiteltangente $f$ von $k$ ist die Bahntangente von $A$. Genau die Bahntangenten der Punkte der Geraden $f \subset \varepsilon$ sind die Bahntangenten in $\varepsilon$.
(Anl.: Ist $t$ eine Bahntangente im Punkt $P \in \varepsilon$, die in $\varepsilon$ liegt, so gilt $T_+ = P'$ mit $T_+ \in e_+$ und $t' \perp a'P'$. Nach 5.4.2., (P1) ist die Menge der Geraden $t'$ die Tangentenmenge einer Parabel $k'$ mit der Scheiteltangente $e_+$ und dem Brennpunkt $a'$. Nach Satz 8.1.5 ist die Gerade $f \subset \varepsilon$ mit $f' = e_+$ die Bahntangente jenes Punktes $A \in \varepsilon$ mit $A'a' \perp f'$, in dem $\varepsilon$ Bahnschmiegebene ist.)
2. Alle Bahntangenten, die durch einen der Schraubachse $a$ nicht angehörenden Punkt $A$ gehen, liegen in einem Kreiskegel $\Phi_A$. Die zu $a$ parallele Gerade $\bar{a}$ durch $A$ und die Bahntangente von $A$ werden von jeder $A$ nicht enthaltenden und zu $a$ normalen Ebene $\nu$ in den Endpunkten eines Durchmesser des Leitkreises von $\Phi_A$ in $\nu$ geschnitten. Mit Ausnahme der Erzeugenden $\bar{a}$ sind alle Erzeugenden von $\Phi_A$ Bahntangenten durch $A$.
(Anl.: Nach Satz 8.1.5 ist die Menge der Drehfluchtpunkte aller Bahntangenten durch $A$ der im Punkt $a'$ aufgeschnittene Kreis mit dem Durchmesser $[a', A']$. Durch negative Vierteldrehung um $a'$ erhält man die Menge der Spurpunkte jener Geraden durch den Parameterpunkt, die zu den Bahntangenten durch $A$ parallel sind).
3. Ermittle die Menge $c$ jener Punkte, deren Bahntangenten durch einen nicht in der Schraubachse $a$ liegenden Punkt $A$ gehen.
(Anl.: Nach A 8.1, 2 ist $c'$ der in $a'$ aufgeschnittene Kreis mit dem Durchmesser $[a', A']$. Der Schnitt des Drehzylinders mit dem Leitkreis $c'$ und des Kreiskegels $\Phi_A$, welche längs der gemeinsamen Erzeugenden $\bar{a}$ zueinander normale Tangentialebenen aufweisen, ist $\bar{a}$ und die Punktmenge $c$).
4. Eine Gerade $n$ heißt *Bahnnormale* in ihrem Punkt $P \in n$, wenn sie zur Bahntangente von $P$ normal ist. Dann gilt: Ist eine Gerade $n$ Bahnnormale in einem ihrer Punkte, so ist sie Bahnnormale in jedem ihrer Punkte.
(Anl.: Wähle $n$ als zweite Hauptgerade. Die Bahntangente $t$ von $P \in n$ hat dann einen zu $n''$ normalen zweiten Riß. Für $Q \in n$ ist der zweite Riß $t_Q''$ der Bahntangente $t_Q$ von $Q$ wegen Satz 8.1.2 stets zu $t''$ parallel, was $t_Q \perp n$ ergibt.)
5. Der Einheitspunkt $A$ der $x$-Achse wird einer stetigen Linksschraubung um die $z$-Achse unterworfen. Wähle den Schraubparameter so, daß der axonometrische Riß der Schraublinie durch $A$ zu einer gegebenen normalaxonometrischen Grundfigur Rückkehrpunkte aufweist.
(Anl.: Benütze Satz 7.1.6.)
6. Besitzen die Tangenten einer Böschungsschraublinie $c$ im Schraubzylinder vom Radius $r$ die Böschung $\tan \alpha$, so ist $r\varphi : \cos \varphi$ die Länge eines Bogens von $c$, der zum Drehmaß $\varphi$ gehört.
(Anl.: Benütze 7.1.4., (15) mit (4) und (5).)
7. Für ein einfaches geradliniges Muster ist die zugehörige Druckwalze zu ermitteln, die bei Abrollen auf einer Ebene dieses Muster druckt.
8. Der Grundriß eines Bogens einer Böschungskurve $k$, der von zwei Punkten der Kotendifferenz 1 berandet wird, besitzt eine dem Intervall von $k$ gleiche Länge.
(Anl.: Wickle den erstprojizierenden Zylinder durch $k$ ab.)

[3] Geht die Drehfluchtgerade $e_+$ von $\varepsilon$ durch $a'$, so kann die verdrehte Lage sofort angegeben werden; im anderen Fall benützt man zweckmäßig den von $e_+$ bei stetiger Drehung um $a'$ eingehüllten Hilfskreis, den wir graphisch stets punktiert ausführen (vgl. Fig. 8.5).

## 8.2. Schraubflächen

### 8.2.1. Querschnitte, Meridiane

Bei einer stetigen Schraubung wird jede ihrer Schraublinien $l$ in sich bewegt, d. h., jeder Punkt von $l$ durchläuft die Kurve $l$, und gleiches gilt für die Schraubachse.

**Def. 8.2.1:** Unterwirft man eine Kurve $e$ einer stetigen Schraubung, wobei $e$ keine Bahnkurve dieser stetigen Schraubung ist, so heißt die Menge der Punkte der dabei entstehenden, zu $e$ kongruenten Kurven eine *Schraubfläche* $\Phi$. Die Schnittkurven von $\Phi$ mit Ebenen normal zur Schraubachse bzw. durch die Schraubachse heißen *Querschnitte* bzw. *Meridiane* von $\Phi$.

Je zwei Querschnitte und je zwei Meridiane sind kongruent. Da jede zum Drehwinkel $k\pi$ ($k \in \mathbb{Z}$) gehörende stetige Schraubung eine Meridianebene $\mu$ und die Schraubfläche $\Phi$, also auch den Meridian $\mu \cap \Phi$ in sich überführt, besteht jeder Meridian aus kongruenten Teilkurven. Wir nennen auch eine solche Teilkurve, aus der durch wiederholte Anwendung jener Abbildung in $\mu$, die Zusammensetzung der Spiegelung an der Schraubachse $a$ und der Schiebung längs $a$ um die halbe Ganghöhe ist, der gesamte Meridian entsteht, einen *Meridian* von $\Phi$.
Die einzelnen Lagen der Kurve $e$, welche diese im Laufe der stetigen Schraubung annimmt, heißen die *erzeugenden Kurven* der Schraubfläche $\Phi$. Durch jeden Punkt von $\Phi$ geht mindestens eine erzeugende Kurve. Ist $e$ ein Kurvenstück mit der Parameterdarstellung $u \in I \mapsto \big(x_e(u), y_e(u), z_e(u)\big)$, so gilt für die Koordinatenvektoren $\mathfrak{x}(u, \varphi)$ der Punkt der Schraubfläche $\Phi$ bei einer stetigen Schraubung längs der $z$-Achse nach 8.1.1., (1) und (2)

(1) $$\mathfrak{x}(u, \varphi) = \big(x_e(u) \cos \varphi - y_e(u) \sin \varphi, x_e(u) \sin \varphi + y_e(u) \cos \varphi, z_e(u) + p\varphi\big), \quad (u, \varphi) \in I \times \mathbb{R}.$$

Die erzeugende Kurve $e$ wird dabei durch $\varphi = 0$ erfaßt.

**Satz 8.2.1:** Ist die erzeugende Kurve $e$ einer Schraubfläche $\Phi$ ein reguläres Kurvenstück und $P$ ein Punkt von $e$, in dem $e$ die Bahnschraubtangente von $P$ nicht berührt, so existiert ein $P$ enthaltendes Kurvenstück $e_1$ von $e$ derart, daß die Menge der Punkte von regulären Kurvenstücken, die je der Bahnkurve eines Punktes von $e_1$ angehören und einen Punkt von $e_1$ enthalten, ein reguläres Flächenstück $\Phi_P$ von $\Phi$ ist.

*Beweis*

Die Schraubfläche $\Phi$ ist nach (1) differenzierbar. Nach geeigneter Wahl des Koordinatensystems nimmt das Koordinatentripel des Punktes $P$ von $e$, der etwa durch $u = 0$ erfaßt wird, die Gestalt $(x_e(0), 0, 0)$ an. Wegen (1) gilt

(2) $$\mathfrak{x}_u(0, 0) = (\dot{x}_e(0), \dot{y}_e(0), \dot{z}_e(0)), \quad \mathfrak{x}_\varphi(0, 0) = (0, x_e(0), p).$$

Da $\lambda \in \mathbb{R} \mapsto \mathfrak{x}(0, 0) + \lambda \mathfrak{x}_u(0, 0)$ bzw. $\mu \in \mathbb{R} \mapsto \mathfrak{x}(0, 0) + \mu \mathfrak{x}_u(0, 0)$ nach 7.2.1., (3) die Tangente der Flächenkurve mit der Darstellung $u \mapsto \mathfrak{x}(u, 0)$ bzw. $\varphi \mapsto \mathfrak{x}(0, \varphi)$ in $P$, also von $e$ bzw. der Bahnkurve von $P$, beschreibt, sind nach den Voraussetzungen die beiden Vektoren $\mathfrak{x}_u(0, 0)$, $\mathfrak{x}_\varphi(0, 0)$ linear unabhängig. Aus 7.2.1. folgt die Behauptung. □

Insbesondere existiert in jedem Punkt $P$ einer Schraubfläche $\Phi$, den man als Punkt eines in Satz 8.2.1 beschriebenen regulären Flächenstücks $\Phi_P$ auffaßt, genau eine Tangentialebene[1], welche von der Tangente von $e$ in $P$ und der Bahntangente von $P$ aufgespannt wird. Da die Bahntangente

[1] Versucht man die Existenz von Tangentialebenen analog zu den Drehflächen (vgl. Satz 6.3.1) oder Schiebflächen (vgl. Satz 6.4.2) zu beweisen, so erhält man im Gegensatz zu diesen Flächen ein nicht ebenes Viereck $\{P, P_1, Q, Q_1\}$; daß dieses windschiefe Viereck beim Grenzübergang einer ebenen Figur zustrebt, ist ohne Rechnung nicht beweisbar.
Da bei einer Schraubfläche Selbstdurchdringungen möglich sind (vgl. Fig. 8.23), können in einem Flächenpunkt auch mehrere Tangentialebenen existieren, wenn man die Fläche in ihrer Gesamtausdehnung betrachtet.

eines der Schraubachse nicht angehörenden Punktes nach 8.1.2., (4) weder in einer Querschnittebene noch in einer Meridianebene liegt, ergibt sich aus Satz 7.2.2 und Satz 7.2.5, daß der Querschnitt und der Meridian von $\Phi_P \subset \Phi$ in einer räumlichen Umgebung von $P$ ein reguläres Kurvenstück bilden; die zueinander normalen Tangenten des Querschnitts und des Meridians spannen ebenfalls die Tangentialebene in $P$ auf. In gleicher Weise erkennt man, daß der Querschnitt in einer Umgebung eines der Schraubachse angehörenden Flächenpunktes ein reguläres Kurvenstück ist, nicht notwendig aber der Meridian.

### 8.2.2. Meridianriß, Hauptriß

Die konstruktive Behandlung einer Schraubfläche $\Phi$ erfolgt zweckmäßig mit Hilfe eines Hauptrisses der zugrunde liegenden Schraubung und eines dazu gepaarten Normalrisses, der in Analogie zu 6.3.2. als *Meridianriß* bezeichnet wird; in diesem ist eine Meridianebene $\mu$ eine Hauptebene. Der Meridianriß zeigt den in der *Hauptmeridianebene* $\mu$ liegenden *Hauptmeridian* $m$ von $\Phi$ unverzerrt. Wir sprechen wie in 8.1.1. auch vom *ersten* und vom *zweiten Riß*.
Die *Vervollständigungsaufgabe* einer Schraubfläche $\Phi$ wird mit Hilfe der Bahnschraublinie des betreffenden Flächenpunktes gelöst; dazu ist die in 8.1.1. beschriebene Grundkonstruktion einer Schraubung heranzuziehen (vgl. Fig. 8.6).
Da die Tangentialebene $\tau$ einer Schraubfläche $\Phi$ in einem Punkt $P$ eines regulären Flächenstücks $\Phi_P \subset \Phi$ die Bahntangente $t$ von $P$ enthält, ist die Ebene $\tau$ keine erste Hauptebene. Die Drehfluchtgerade $t_+$ von $\tau$ verbindet nach Satz 8.1.3 den Drehfluchtpunkt $T_+$ der Bahntangente $t$ von $P$ mit dem Drehfluchtpunkt $G_+$ der Tangente $g$ der erzeugenden Kurve $e$ in $P$, wobei nach Satz 8.1.3 gilt $T_+ = P'$. Da $t_+$ zu den Hauptrissen der ersten Hauptgeraden von $\tau$ normal ist (vgl. Fig. 8.5), gilt nach Satz 2.4.3:

**Satz 8.2.2:** Die Drehfluchtgerade der Tangentialebene einer Schraubfläche in $P$ ist der Hauptriß der Flächennormalen in $P$.

Ausgehend von der erzeugenden Kurve $e$ einer Schraubfläche $\Phi$ kann der Hauptmeridian $m$ von $\Phi$ ermittelt werden (Fig. 8.6): Die Punkte von $m$ sind die Schnittpunkte der Bahnschraublinien durch die Punkte von $e$ mit der erstprojizierenden Hauptmeridianebene $\mu$, ihre zweiten Risse werden mit Hilfe der Grundkonstruktion gefunden. Entsteht der Punkt $M \in m$ dabei aus dem Punkt $P \in e$ und ist $t_{0+}$ die Drehfluchtgerade der Tangentialebene $\tau_0$ in $P$, so erhält man die Drehfluchtgerade $t_+$ der Tangentialebene $\tau$ in $M$ gemäß Satz 8.1.4; der Drehfluchtpunkt $T_{m+}$ der Meridiantangente $t_m$ in $M$ ist nach Satz 8.1.3 der Schnittpunkt der Geraden $t_+$ mit der Drehfluchtgeraden $m_+$ von $\mu$, welche in die zu $\mu'$ normale Gerade durch $a'$ fällt. Aus $T_{m+}$ erhält man den ersten Spurpunkt $\overline{T}_m$ der zu $t_m$ parallelen Geraden $\bar{t}_m$ durch den Parameterpunkt und damit die Tangente $t_m''$ von $m''$ (Fig. 8.6). Der zweite Riß $m''$ des Hauptmeridians $m$ ist unverzerrt.
In analoger Weise wird ein Querschnitt $q$ in einer ersten Hauptebene $\nu$ konstruiert, dessen Punkte die Schnittpunkte der Bahnschraublinien durch die Punkte von $e$ mit $\nu$ sind (Fig. 8.6). Da die Drehfluchtgerade von $\nu$ in die Ferngerade von $\pi_1$ fällt, verläuft der Hauptriß der zu $\pi_1$ parallelen Tangente $t_q$ des Querschnitts $q$ in einem Punkt $Q \in q$ normal zur Drehfluchtgeraden der Tangentialebene in $Q$.
In Fig. 8.6 ist jener Teil einer Schraubfläche dargestellt, der von den Bahnschraublinien durch die beiden Endpunkte eines Kurvenbogens $e$ sowie dem Meridian in $\mu$ und dem Querschnitt in $\nu$ berandet wird.
Da in einem Konturpunkt die Tangentialebene projizierend ist, folgt für Parallelprojektion:

**Satz 8.2.3:** Die Drehfluchtgerade der Tangentialebene einer Schraubfläche in einem Konturpunkt enthält den Drehfluchtpunkt der Sehgeraden.

Zur Konstruktion des Parallelumrisses einer Schraubfläche ermittelt man zunächst den Drehfluchtpunkt $S_+$ der parallelen Sehgeraden $s$; insbesondere für einen Meridianriß zu einer zweiten Sehgeraden $s_2$ ist $S_+$ der Fernpunkt einer zum Hauptriß $s_2'$ von $s_2$ normalen Geraden (Fig. 8.7).

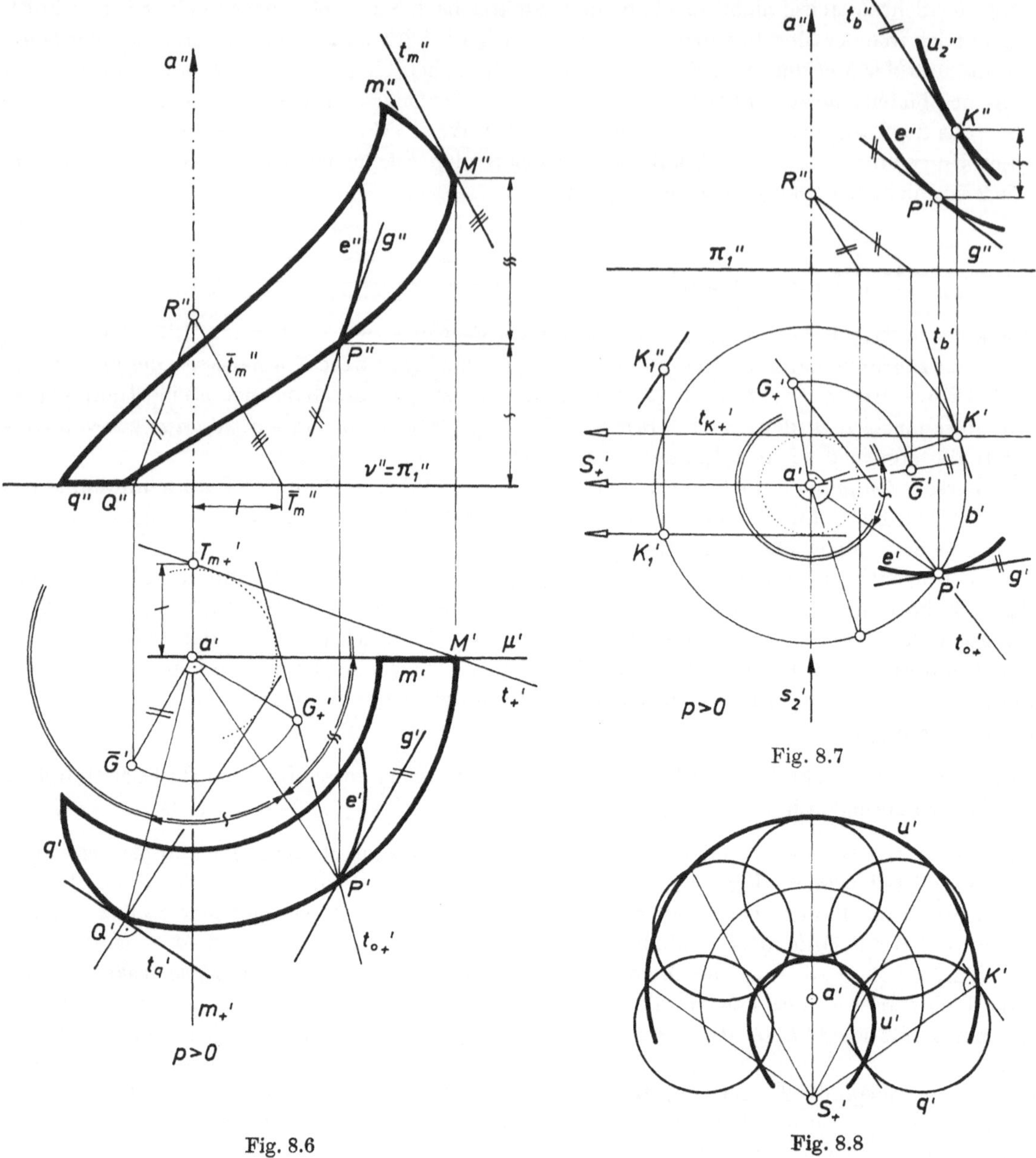


Fig. 8.6

Fig. 8.7

Fig. 8.8

Der Hauptriß $K'$ eines Konturpunktes $K$ der Bahnschraublinie $b$ durch einen Punkt $P$ der erzeugenden Kurve $e$ ergibt sich durch stetige Schraubung des Punktes $P$ derart, daß die Drehfluchtgerade $t_+$ der Tangentialebene $\tau$ von $\Phi$ in $P$ in eine Gerade $t_{K+}$ durch $S_+$ übergeht (Fig. 8.7). Die Grundkonstruktion liefert aus $K'$ dann den zweiten Riß $K''$ von $K$. Aus den beiden Rissen von $K$ kann gegebenenfalls der gesuchte Parallelriß $K^p$ ermittelt werden. Ist die Bahntangente $t$ von $K$ nicht projizierend, so fällt die Tangente des Parallelumrisses $u^p$ in $K^p$ mit dem Parallelriß der Bahntangente $t_b$ von $K$ zusammen, da die Tangentialebene $\tau$ in $K$ projizierend ist (Fig. 8.7).

Ist die erzeugende Kurve insbesondere ein Querschnitt $q$, so geht die Normale des Hauptrisses $q'$ im Hauptriß $K'$ eines Konturpunktes $K$ von $q$ notwendig durch $S_+'$, da diese Normale nach Satz 8.2.2 die Drehfluchtgerade der Tangentialebene von $K$ ist. Sind diese Querschnitte einfache Kurven, so können die Konturpunkte der einzelnen Querschnitte nach dieser Methode rasch gefunden werden (vgl. Fig. 8.8).

Im Gegensatz zu den Drehflächen ist bei einer Schraubfläche die zweite Kontur $u_2$ vom Hauptmeridian $m$ verschieden. Die erste Kontur besteht aus einzelnen Bahnschraublinien, in deren Punkten die Tangentialebenen erstprojizierend sind. Zu diesen gehören insbesondere die *Kehlschraublinien* und *Äquatorschraublinien* einer Schraubfläche, deren Schraubzylinder kleineren bzw. größeren Radius besitzen als die Schraubzylinder durch die benachbarten Bahnschraublinien. Der erste Riß etwa einer Kehlschraublinie ist ein Kreis um $a'$, der einen solchen Punkt des Hauptrisses $e'$ der erzeugenden Kurve $e$ enthält, dessen Abstand von $a'$ kleiner als für die benachbarten Punkte von $e'$ ist.

### 8.2.3. Kreisschraubflächen

Eine Schraubfläche, deren erzeugende Kurve ein Kreisbogen ist, heißt *Kreisschraubfläche* (*zyklische Schraubfläche*). Wir beschränken uns auf die drei Fälle, daß der erzeugende Kreis ein Querschnitt (*gerade Kreisschraubfläche*) oder Meridian (*axiale Kreisschraubfläche*) ist oder die Drehachse des erzeugenden Kreises in die Bahntangente des Kreismittelpunktes fällt (*Schraubrohrfläche*). In Fig. 8.9 behandeln wir eine gerade Kreisschraubfläche $\Phi$ und ermitteln einen Meridianschnitt.

KB. Die Fläche ist durch einen Querschnittkreis $q$ und die *Mittenschraublinie* $o$, die der Mittelpunkt $O$ von $q$ unter der stetigen Schraubung durchläuft, festgelegt. Die zweite Kontur $u_2$ enthält jene Punkte der Querschnittkreise, in denen die Kreistangente zweitprojizierend ist; somit besteht $u_2$ aus zwei zu $o$ schiebungsgleichen Schraublinien (vgl. auch Fig. 8.8). Die Kehlschraublinie und die Äquatorschraublinie bilden zusammen die erste Kontur $u_1$. Das in Fig. 8.9 dargestellte Flächenstück ist durch den Kreis $q$ und den Hauptmeridian $m$ berandet, dessen Punkte und Tangenten sich nach 8.2.2. ergeben. Unter der stetigen Schraubung der einzelnen Punkte von $q$ in die Hauptmeridianebene $\mu$ geht jener Punkt $H_0$ von $q$ in den höchsten Punkt $H$ von $m$ über, für den $\sphericalangle H_0'a'H'$ größer ist als für alle anderen Punkte von $q'$; der Punkt $H_0'$ liegt somit in einer Tangente aus $a'$ an $q'$. Der Krümmungskreis $k$ von $m$ in $H$ ist nach Satz 7.2.8 der Schnitt der MEUSNIER-Kugel von $\Phi$ zur Tangente $t_H$ in $H$ mit der Meridianebene $\mu$. Da je zwei Meridianschnitte von $\Phi$ kongruent sind, verwendet man zur Ermittlung des Radius $\varrho$ von $k$ zweckmäßig jene Meridianebene $\mu_1$, welche einen zweiten Konturpunkt $H_1$ der Bahnschraublinie $b_H$ von $H$ enthält, und die Krümmungsachse des Querschnittkreises $q_1$ durch $H_1$ (Fig. 8.9). △

Gerade Kreisschraubflächen, bei denen der erzeugende Kreis die Schraubachse umschließt, sind an gewundenen Säulen zu finden (Fig. 8.10). Schraubfräser zur Bearbeitung ebener Flächen besitzen oft Querschnitte, die aus einander berührenden Kreisbogen bestehen (Fig. 8.11), so daß die Fräseroberfläche aus einzelnen Zonen gerader Kreisschraubflächen aufgebaut ist.
Eine gerade Kreisschraubfläche trägt eine Schar kongruenter Kreise, die in parallelen Ebenen liegen, und kann daher auch als Schiebfläche erzeugt werden, wobei die einzelnen Punkte eines Querschnittkreises zur Mittenschraublinie kongruente Schraublinien mit einer zur Schraubachse der Fläche parallelen Schraubachse durchlaufen. Zwei dieser Schiebschraublinien bilden die zweite Kontur der Fläche in Fig. 8.9.

**Satz 8.2.4:** Unterwirft man einen Kreis einer stetigen Schiebung längs einer den Kreis schneidenden Schraublinie, deren Schraubachse $a$ zur Drehachse $d$ des Kreises parallel ist, so entsteht als Schiebfläche eine gerade Kreisschraubfläche oder ein Schraubzylinder, je nachdem $a \neq d$ oder $a = d$ gilt.

Axiale Kreisschraubflächen treten bei Rundgewinden, wie an Glühlampensockeln und Schraubverschlüssen, auf, deren Meridian aus Kreisbogen zusammengesetzt ist (Fig. 8.12, vgl. auch 8.2.6.). Eine schraubförmige Gewölbefläche mit halbkreisförmigem Meridian wurde das erstemal im 12. Jh. in der Probstei von Saint Gilles bei Arles in Südfrankreich als Wölbung einer Wendeltreppe gebaut. Wir stellen in Fig. 8.13 einen halben Umlauf einer solchen von den Schraublinien durch die beiden Endpunkte des Halbkreises berandeten Fläche dar, wobei eine Linksschraubung zugrunde liegt.

KB. Die Tangentialebene $\tau$ in einem Punkt $P$ des Meridiankreises $m$ wird von der Bahntangente $t$ und der Kreistangente $g$ in $P$ aufgespannt. Der zweite Konturpunkt $K$ in der Bahnschraublinie $b$ von $P$ wird nach Satz 8.2.3 gefunden, indem die Drehfluchtgerade $t_+$ von $\tau$ um $a'$ gedreht wird, bis sie durch den Drehfluchtpunkt $S_+$ der zweiten Sehgeraden $s_2$ geht. Die Tangente von $u_2''$ in $K''$ stimmt mit dem zweiten Riß der Bahntangente $t_b$ von $K$ überein.

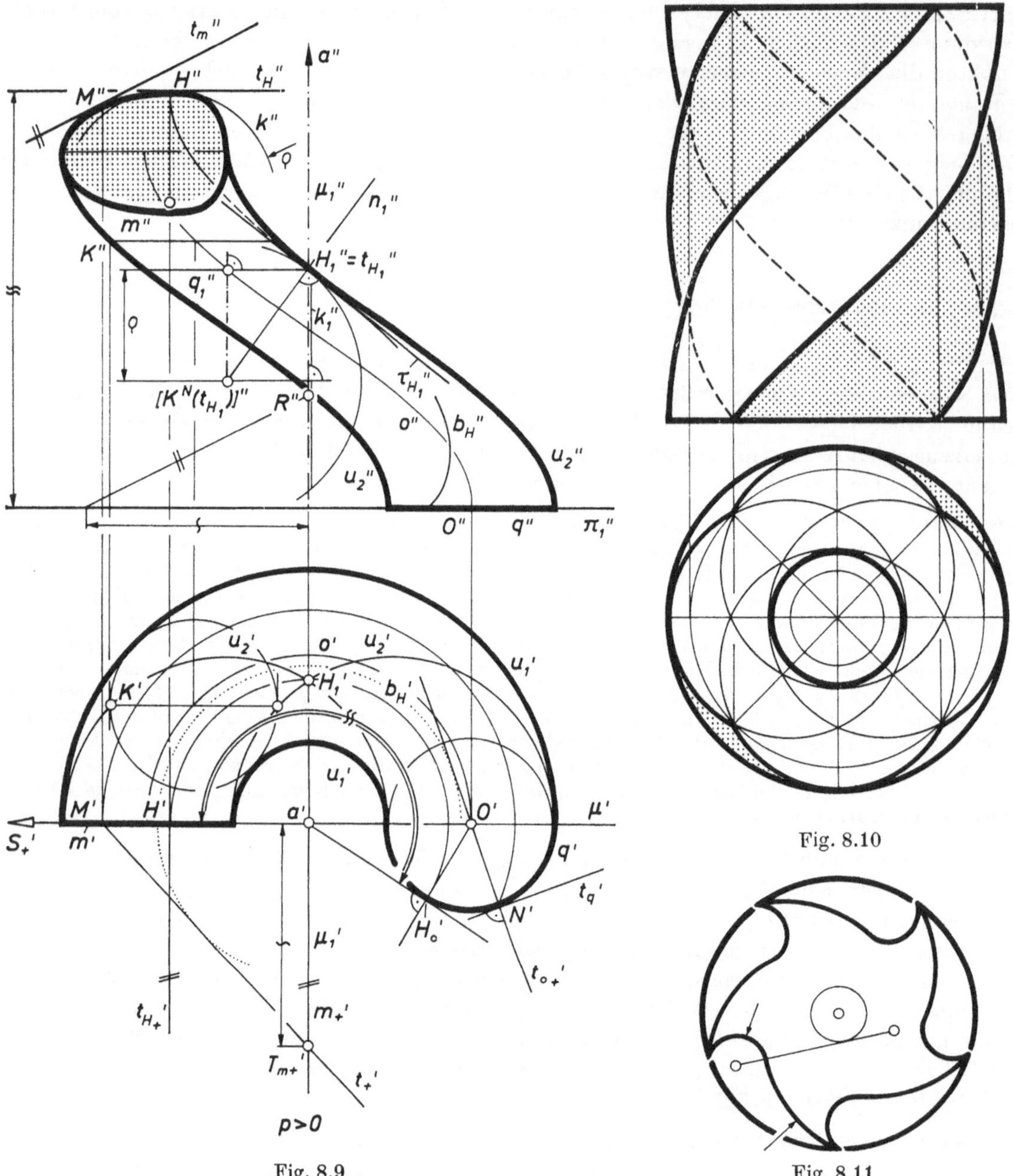


Fig. 8.9

Fig. 8.10

Fig. 8.11

Existiert ein Nichtwendepunkt $R$ der zweiten Kontur $u_2$, wo die Tangente zweitprojizierend ist, so ist $R''$ nach A 7.1, 11 ein Rückkehrpunkt von $u_2''$; die Rückkehrtangente von $u_2''$ in $R''$ fällt in den zweiten Riß der zweitprojizierenden Tangentialebene in $R$, also in den zweiten Riß der Bahntangente von $R$. In Analogie zu 7.4.2. ist im ersten Riß $R'$ eines solchen Punktes $R$ von $u_1$ die Tangente von $u_1'$ parallel $s_2'$. Ein solcher Punkt $R'$ wird zunächst durch Anlegen eines Lineals parallel $s_2'$ an $u_2'$ und Einschätzen des Berührungspunktes auf der nur punktweise festgelegten Kurve $u_2'$ bestimmt; zur Genauigkeitskontrolle konstruiert man für die Bahnschraublinie durch den eingeschätzten Punkt $R$ den Konturpunkt nach Satz 8.2.3 und muß das Verfahren nötigenfalls wiederholen. △

Bei einer Schraubrohrfläche sind die Durchmessergeraden eines erzeugenden Kreises $e$ normal zur Bahntangente des Mittelpunkts $O$ von $e$, also Bahnnormalen der Schraubung in $O$. Da nach A 8.1, 4 jede Gerade, die Bahnnormale eines ihrer Punkte ist, zu den Bahntangenten sämtlicher ihrer Punkte normal ist und der Kreis $e$ seine Durchmessergeraden orthogonal durchsetzt, folgt:

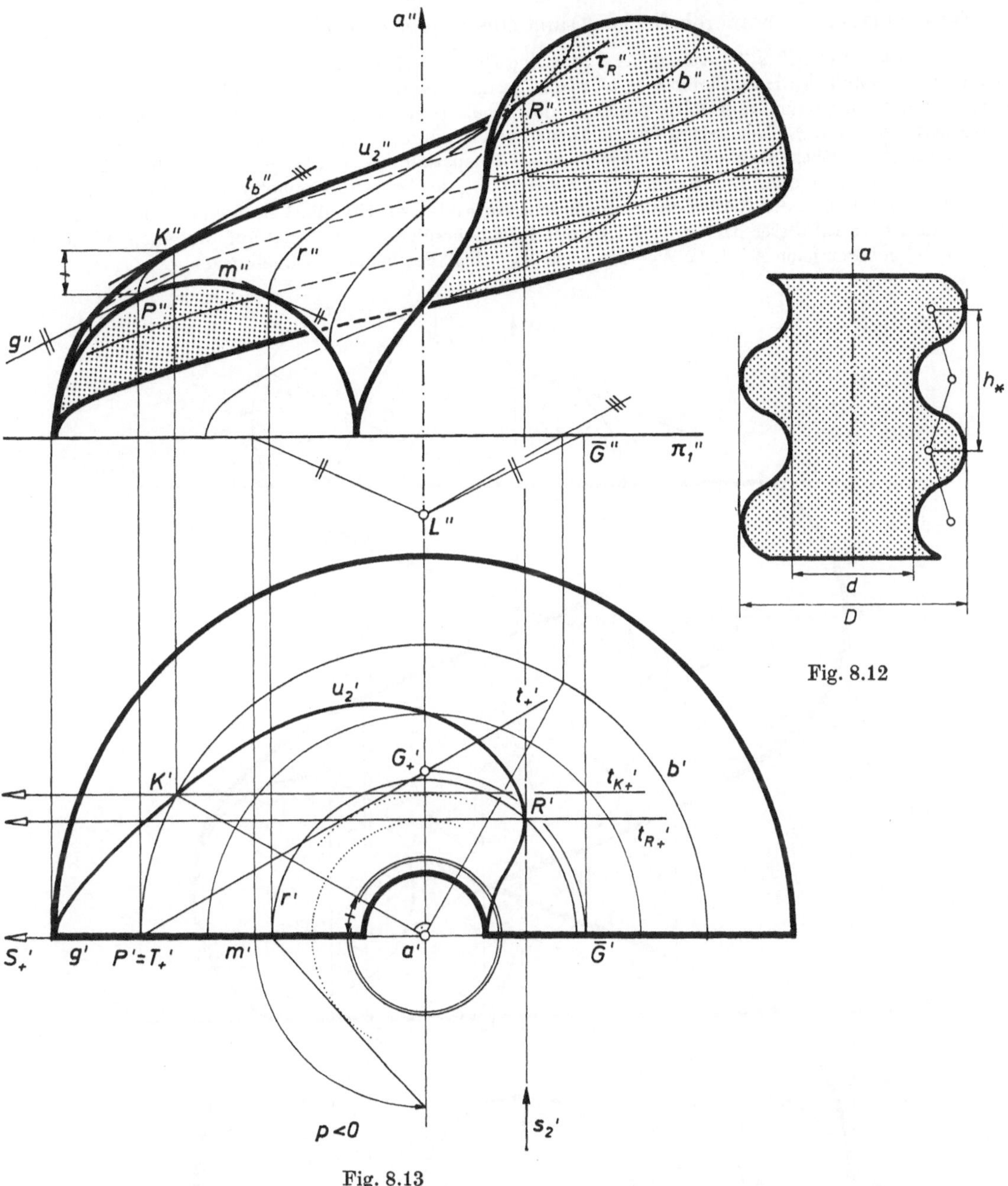


Fig. 8.12

Fig. 8.13

**Satz 8.2.5:** Eine Schraubrohrfläche wird längs eines erzeugenden Kreises $e$ von einer Kugel berührt, die $e$ als Großkreis besitzt.

Da alle diese Kugeln kongruent sind, ist mit A 6.3, 1, Fn. 8 der Name «Schraubrohrfläche» motiviert.

Bei der stetigen Schraubung durchläuft der Mittelpunkt $O$ der Kugel $\varkappa$, welche die Schraubrohrfläche $\Phi$ längs des erzeugenden Kreises $e$ berührt, die *Mittenschraublinie* $o$ von $\Phi$. Die Konturpunkte in $e$ stimmen bezüglich $\Phi$ und $\varkappa$ überein. Damit gilt in Analogie zu Satz 7.4.4:

**Satz 8.2.6:** Der Normalriß einer Schraubrohrfläche besteht aus den beiden Parallelkurven zum Normalriß $o^n$ der Mittenschraublinie $o$, welche von $o^n$ einen dem Radius der erzeugenden Kreise gleichen Abstand besitzen.

In Fig. 8.14 ist eine Schraubrohrfläche $\Phi$ samt einem Querschnitt $q$ (vgl. Def. 8.2.1) dargestellt.

KB. Der zweite Umriß $u_2''$ hat nach 7.1.5. dieselbe Evolute wie $o''$, welche von den Normalen der ebenen Kurve $o''$ eingehüllt wird; im Punkt $1'' \in o''$ ist die Tangente von $o''$ als zweiter Riß der Bahntangente von $1$ eingezeichnet. Der Krümmungsmittelpunkt $\hat{A}$ des Scheitels $A''$ von $o''$ ist auch Krümmungsmittelpunkt der Scheitel $A_1''$ und $A_2''$ der beiden Parallelkurven von $o''$, und die Evolute von $o''$ besitzt nach Satz 7.1.13 den Punkt $\hat{A}$ als Rückkehrpunkt. Gilt wie in Fig. 8.14 speziell $\varrho_0 < r$, also $p^2 > ar$ nach 8.1.2., wobei $\varrho_0$, $p$, $a$ bzw. $r$ der Krümmungsradius von $o''$ im Scheitel $A''$, der Schraubparameter, der Radius des Schraubzylinders durch $o$ bzw. der Radius des erzeugenden Kreises ist, so trifft die Parallelkurve zu $o''$ die Evolute von $o''$ und sitzt auf dieser nach Satz 7.1.14 mit Rückkehrspitzen orthogonal auf. Zu einem Wendepunkt $W''$ von $o''$ gehören nach A 7.1, 12 Wendepunkte $W_1''$, $W_2''$ der beiden Parallelkurven.

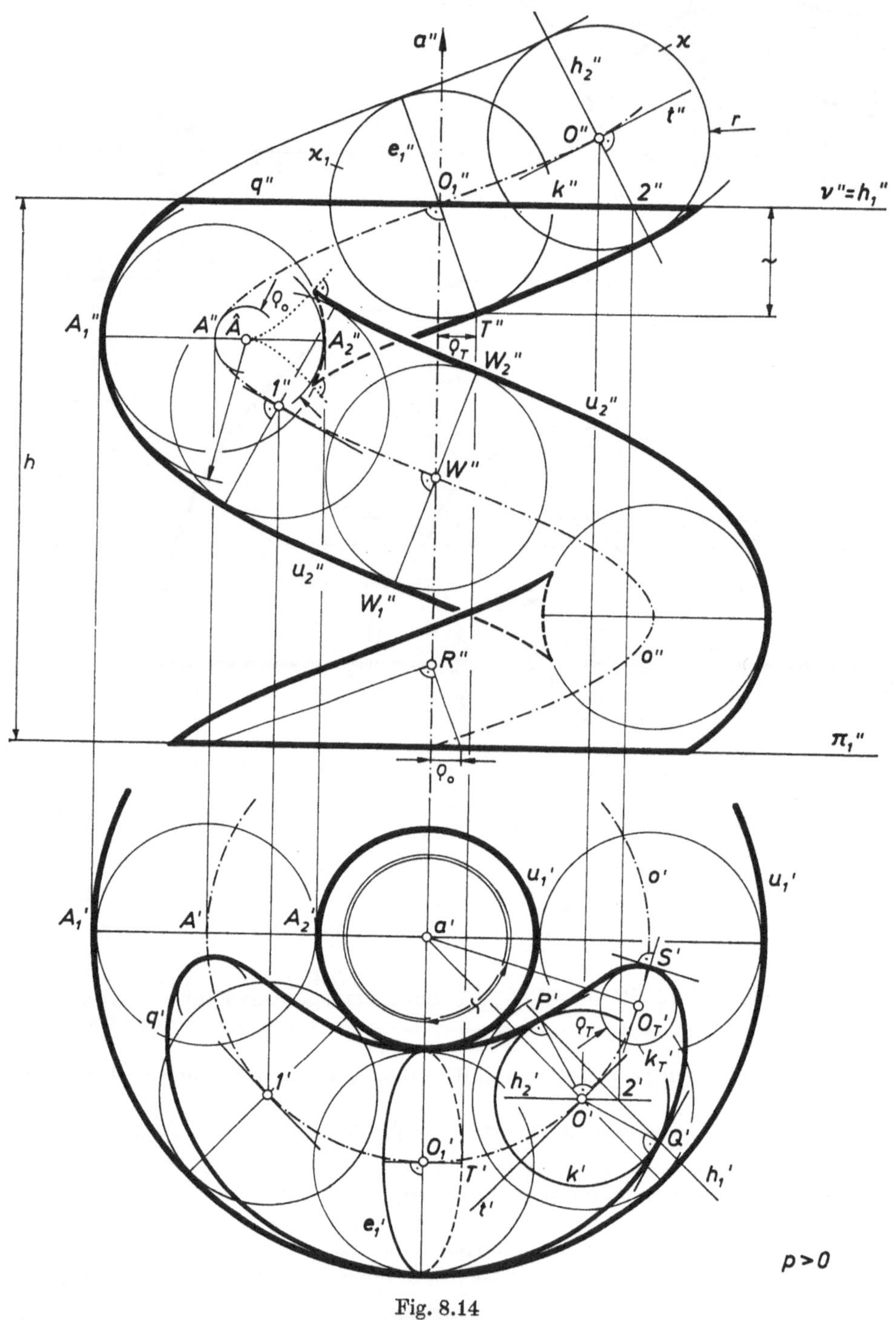


Fig. 8.14

Der Querschnitt $q$ von $\Phi$ in der Ebene $\nu$ kann auch wie folgt erhalten werden: Schneidet die Kugel $\varkappa$ vom Radius $r$ um den Mittelpunkt $O \in o$ die Ebene $\nu$ in einem Kreis $k$, so berührt $k$ den Querschnitt $q$ in jenen Punkten $P$, $Q$, die in der Schnittgeraden $h_1$ der zur Schraubtangente $t$ von $o$ in $O$ normalen Ebene $\varepsilon$ mit $\nu$ liegen; in allen Punkten des Großkreises $e$ von $\varkappa$ in $\varepsilon$ besitzt nämlich $\varkappa$ dieselbe Tangentialebene wie $\Phi$. Die Gerade $h_1$ ist die erste Hauptgerade von $\varepsilon$ durch den Schnittpunkt $2$ ihrer $O$ enthaltenden zweiten Hauptgeraden $h_2$ mit $\nu$, wobei $h_2'' \perp t''$ und $h_1' \perp t'$ nach Satz 2.4.2 gilt.
Die Punkte $P$, $Q$ sind jene Punkte der Ebene $\nu$, die dem erzeugenden Kreis $e$, längs dem $\Phi$ von $\varkappa$ berührt wird, angehören. Von besonderem Interesse ist jene Kugel $\varkappa_T$, deren erzeugender Großkreis die Ebene $\nu$ in seinem tiefsten (höchsten) Punkt berührt. Wir benützen dazu den tiefsten Punkt $T$ der zweitprojizierenden Lage $e_1$ des erzeugenden Kreises, die einer Kugel $\varkappa_1$ mit Mittelpunkt $O_1$ angehört (Fig. 8.14). Aus der Höhendifferenz von $T$ und $\nu$ ergibt sich nach der Grundkonstruktion der Mittelpunkt $O_T$ der gesuchten Kugel $\varkappa_T$; der Radius $\varrho_T$ des Schnittkreises $k_T$ von $\varkappa_T$ mit $\nu$ kann auch an der Kugel $\varkappa_1$ abgegriffen werden. Der Kreis $k_T'$ berührt dann $q'$ in einem Punkt $S'$; dabei ist $S$ der tiefste Punkt des erzeugenden Kreises in der Kugel $\varkappa_T$. Der Kreis $k_T$ ist Krümmungskreis des Querschnitts $q$ in $S$: Der Querschnitt $q$ und der erzeugende Kreis in $\varkappa_T$ berühren einander nämlich in $S$, wobei die Flächennormale von $\Phi$ durch den Mittelpunkt $O_T$ von $\varkappa_T$ geht; nach Satz 7.2.7 enthält daher die Krümmungsachse von $q$ in $S$ den Punkt $O_T$. △

Schraubrohrflächen werden bei Kühlschlangen, Spiralfedern, bei Kugellagern von Schraubgelenken und Drahtwicklungen verwendet und treten als Säulenform auf. Dabei ist der Kugelradius stets so klein, daß aufeinanderfolgende Gänge[2] der Fläche einander nicht schneiden, da sonst schraublinienförmige Selbstschnitte auftreten.

### 8.2.4. Gerade Regelschraubflächen

Eine Schraubfläche, deren erzeugende Kurve eine Gerade $g$ ist, heißt *Regelschraubfläche*, die einzelnen Lagen von $g$ heißen *Erzeugenden* der Fläche. Ist die Gerade $g$ zur Schraubachse parallel, so entsteht bei stetiger Schraubung nach 8.1.2. ein Schraubzylinder. Man spricht von einer *offenen* bzw. *geschlossenen* Regelschraubfläche, je nachdem $g$ zur Schraubachse $a$ windschief ist oder diese schneidet, ferner von einer *geraden* bzw. *schiefen* Regelschraubfläche, falls $g$ zu $a$ orthogonal bzw. nicht orthogonal ist. Eine gerade geschlossene Regelschraubfläche heißt auch *Wendelfläche.* Eine offene Regelschraubfläche enthält eine Kehlschraublinie, die der zur Schraubachse $a$ nächste Punkt einer Erzeugenden durchläuft; eine geschlossene Regelschraubfläche enthält die Schraubachse $a$.
Die erste Kontur $u_1$ einer offenen Regelschraubfläche ist die Kehlschraublinie $k$, falls die Erzeugenden nicht die Tangenten von $k$ sind (vgl. Satz 8.2.1): Die Verbindungsebene der Tangente von $k$ in einem Punkt $K \in k$ mit der Erzeugenden durch $K$ ist nämlich dann zur Schraubachse $a$ parallel. Die erste Kontur $u_1$ einer geschlossenen Regelschraubfläche ist die Schraubachse $a$, da die Schraubtangente eines nicht in $a$ liegenden Punktes die Schraubachse $a$ nicht schneidet; der erste Umriß $u_1'$ ist der Punkt $a'$. Nach 8.2.2. ist keine Tangentialebene einer Schraubfläche zur Schraubachse normal, so daß die zweite Kontur einer geraden Regelschraubfläche aus den zweitprojizierenden Erzeugenden und daher der zweite Umriß aus einzelnen Punkten besteht. Bei einer schiefen Regelschraubfläche ist die zweite Kontur stets vom Hauptmeridian verschieden.
Anstelle die Konturpunkte der einzelnen Bahnschraublinien einer Regelschraubfläche bezüglich einer Parallelprojektion unter Benützung von Satz 8.2.3 aufzusuchen, kann man in jeder Erzeugenden den Konturpunkt wie folgt ermitteln[3] (Fig. 8.15):

**Satz 8.2.7:** Die Verbindungsgerade des Drehfluchtpunktes $S_+$ der parallelen Sehgeraden mit dem Drehfluchtpunkt $G_+$ einer Erzeugenden $g$ schneidet den Hauptriß $g'$ von $g$ im Hauptriß $K'$ des Konturpunktes $K$ von $g$.

*Beweis*

Die Drehfluchtgerade der Tangentialebene $\tau$ einer Regelschraubfläche in einem Punkt $P$ der Erzeugenden $g$ verbindet den Punkt $G_+$ mit dem Drehfluchtpunkt $P'$ der Bahntangente von $P$. Die Tangentialebene ist genau dann projizierend, wenn ihre Drehfluchtgerade den Drehfluchtpunkt der Sehgeraden enthält. □

[2] Ein *Gang* einer Schraubfläche ist der kleinste Flächenteil, aus dem durch wiederholte Schraubung um eine Ganghöhe die ganze Schraubfläche entsteht.

[3] Beachte bei den folgenden Formulierungen die Festsetzung in 2.1.3.

Wendelflächen treten bei flachgängigen Gewinden (vgl. Fig. 8.29), bei Förderschnecken und Ventilatorflügeln und als glatt verputzte Unterseite einer gemauerten Wendeltreppe auf; die Stufenkanten einer Wendeltreppe gehören einer Wendelfläche an (Fig. 8.16).
Jede Erzeugende $g$ einer Wendelfläche $\Phi$ ist Querschnitt und Meridian von $\Phi$. Alle Bahnschraublinien in einer Wendelfläche gehören zum gleichen Schraubparameter und besitzen auch dieselbe Ganghöhe.

**Satz 8.2.8:** In jedem der Schraubachse $a$ nicht angehörenden Punkt $P$ einer Wendelfläche ist die Tangentialebene die Bahnschmiegebene von $P$.

*Beweis*

Der Hauptriß $P'$ von $P$ ist nach Satz 8.1.5 der Drehfluchtpunkt $T_+$ der Bahntangente $t$ von $P$, der Drehfluchtpunkt $G_+$ der Erzeugenden $g$ fällt in den Fernpunkt der zu $g'$ normalen Geraden (Fig. 8.17). Damit ist $t' = T_+G_+$ die Drehfluchtgerade der Tangentialebene in $P$; aus Satz 8.1.5 folgt die Behauptung. □

Da jede Erzeugende $g$ einer Wendelfläche zur Hauptrißebene $\pi_1$ parallel und die Bahntangente eines Punktes $P$ von $g$ die zu $g$ normale Gerade in der Tangentialebene von $P$ ist, beschreibt 8.1.2., (5), wie sich die Tangentialebene um $g$ dreht, wenn der Punkt $P$ in $g$ läuft; für $P = g \cap a$ ist die Ebene $ga$ die Tangentialebene.

**Satz 8.2.9:** Eine durch stetige Schraubung zum Schraubparameter $p$ um die Schraubachse $a$ erzeugte Wendelfläche $\Phi$ schneidet einen Drehzylinder $\Psi$ mit der Erzeugenden $a$ außer in $a$ noch in einer Schraublinie $u$ zum Schraubparameter $p/2$, welche die Drehachse $\bar{a}$ von $\Psi$ als Schraubachse besitzt. Die Kontur einer Wendelfläche $\Phi$ bei einer Parallelprojektion, deren Sehgeraden zu $a$ weder normal noch parallel sind, ist eine solche Schraublinie $u$ in $\Phi$.

*Beweis*

Der Hauptriß $u'$ von $u$ ist ein Kreis durch $a'$; wir wählen $\pi_1$ so, daß die Erzeugende $g_0$ von $\Phi$ in $\pi_1$ eine Durchmessergerade von $u'$ ist (Fig. 8.18). Eine zu $\pi_1$ parallele Hilfsebene $\nu$ schneidet $\Phi$ in einer Erzeugenden $g$, welche $\Psi$ stets in einem Punkt von $a \subset \Psi$ und einem weiteren Punkt $P \in u$ trifft; insbesondere enthält $g_0$ den Gegenpunkt $P_0$ zu $a'$ in $u'$. Mit $\sphericalangle \overrightarrow{P_0'a'P'} = \varphi$, $\sphericalangle \overrightarrow{P_0'\bar{a}'P'} = \psi$ ist $\psi = 2\varphi$ nach A 1.3, 4; da für alle Punkte von $g$ nach 8.1.1., (2) gilt $s = p\varphi$, folgen aus $s = p\psi:2$ die Aussagen über die Gestalt der Kurve $u$.
Für eine zu $a$ nicht normale und nicht parallele Sehgerade einer Parallelprojektion ist der Drehfluchtpunkt $S_+$ ein vom Hauptriß $a'$ der Schraubachse verschiedener eigentlicher Punkt von $\pi_1$. Nach Satz 8.2.3 und Satz 8.2.7 bilden die Hauptrisse aller Konturpunkte den Kreis mit der Durchmesserstrecke $[a', S_+]$. □

Sind die Sehgeraden zur Schraubachse parallel bzw. normal, so besteht die Kontur einer Wendelfläche aus der Schraubachse bzw. den projizierenden Erzeugenden und der Umriß somit aus einzelnen Punkten.
Wir konstruieren in Fig. 8.19 den normalaxonometrischen Umriß $u^n$ jenes Teiles $\Phi$ einer Wendelfläche, der durch stetige Schraubung der $y$-Achse um die $z$-Achse durch einen vollen Gang entsteht und berandet wird von den beiden Bahnschraublinien $c_1, c_2$ durch den Einheitspunkt $B$ der $y$-Achse und den zu $B$ bezüglich der $z$-Achse symmetrischen Punkt. Wir verwenden einen Einschneidegrundriß und einen Einschneidekreuzriß.

KB. Die Einschneiderisse ergeben sich gemäß 2.4.5.
Die Punkte und Tangenten der Randschraublinien $c_1$ und $c_2$ erhält man nach 8.1.2. unter Verwendung des Grundrisses $c_1' = c_2'$ und des Parameterpunktes $R$. Mit Hilfe des Drehfluchtpunktes $S_+$ der Sehgeraden erhält man den Grundriß $u'$ der Konturschraublinie $u$ und zu $a$ die Schraubachse $\bar{a}$ und den Parameterpunkt $\bar{R}$ gemäß Satz 8.2.9, was die Konstruktion der Punkte und Tangenten von $u^n$ ermöglicht. Die axonometrischen Risse der Erzeugenden berühren den axonometrischen Umriß $u^n$; mit Hilfe des Einschneidegrundrisses beherrscht man die Berührungspunkte.
Im Scheitel $1^n$ von $c_2{}^n$ stimmt nach 8.1.2. der Krümmungskreis von $c_2{}^n$ überein mit dem Krümmungskreis des axonometrischen Risses $k^n$ jener Ellipse $k$, welche die Schmiegebene $th_1$ von $c_2$ in $1$ aus dem Schraubzylinder $\Psi$ durch $c_2$ schneidet; wir schneiden zuerst $\Psi$ mit der zu $th_1$ parallelen Ebene $\bar{t}\bar{h}_1$ durch $R$ (Fig. 8.19). In analoger Weise findet man die Krümmungskreise der Kurven $c_1{}^n$ und $u^n$ in ihren Scheiteln. Die Sehgeraden durch jene Konturpunkte, welche in der $z$-parallelen Geraden durch $S_+$ liegen, sind Tangenten von $u$: Eine solche Sehgerade liegt in der Tangentialebene eines Punktes von $u$ (vgl. Punkt $2 \in u$ in Fig. 8.19), und ihr Grundriß berührt den Kreis $u'$. Nach Satz 7.1.6 ist daher der axonometrische Riß eines solchen Punktes ein Rückkehrpunkt von $u^n$, wobei die Rückkehrtangente in den zu $z^n$ normalen axonometrischen Riß der projizierenden Schmiegebene von $u$ fällt. △

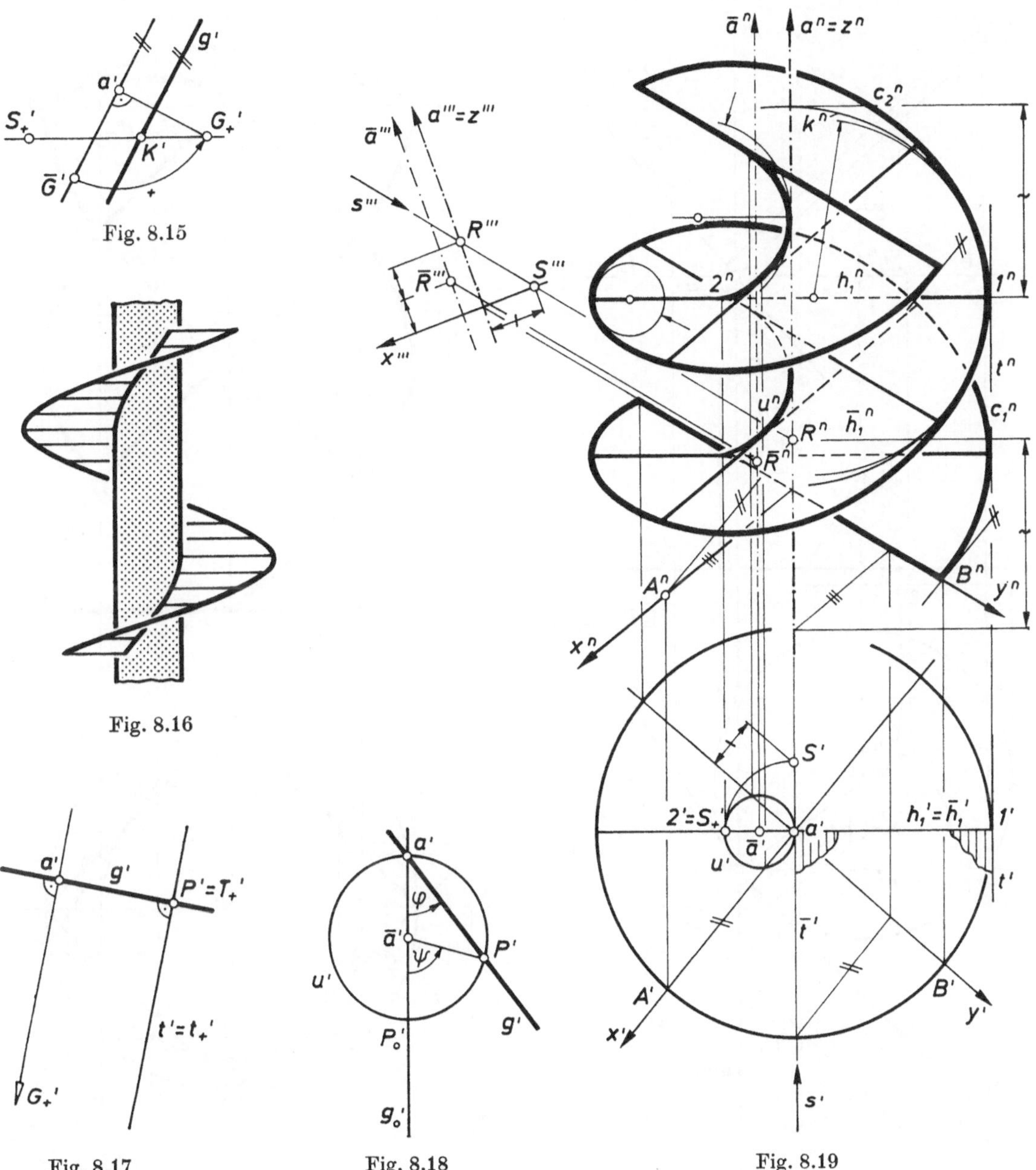

Fig. 8.15

Fig. 8.16

Fig. 8.17

Fig. 8.18

Fig. 8.19

Nach Satz 8.2.8 und Satz 7.2.6 ist jede Bahntangente $t$ in einem Punkt $P$ einer Wendelfläche eine zur Erzeugenden durch $P$ normale Schmiegtangente; da eine der in Satz 8.2.9 beschriebenen *Konturschraublinien* in $\Phi$ durch $P$ dort keinen Wendepunkt und eine von der Tangentialebene verschiedene Schmiegebene besitzt, ist jeder Punkt einer Wendelfläche ein hyperbolischer Punkt und jede DUPINsche Indikatrix ein Paar gleichseitiger Hyperbeln. Ermittelt man etwa für eine Flächentangente $\bar{t}$ in $P$, welche den Winkel der Indikatrixasymptoten halbiert, den Normalkrümmungsradius $\varrho^N(\bar{t})$ mit Hilfe des Krümmungskreises jener Konturschraublinie, die $\bar{t}$ in $P$ berührt, so ist nach Wahl der Konstanten $k$ die Indikatrix $i(k)$ festgelegt (Fig. 8.20).

KB. Da in allen Punkten einer der Wendelfläche angehörenden Bahnschraublinie die DUPINsche Indikatrizen zur selben Konstanten kongruent sind, wählen wir $P$ in einer zweitprojizierenden Erzeugenden $e$, so daß die Tangentialebene $\tau$ in $P$ die zweitprojizierende Bahnschmiegebene von $P$ ist. Durch Drehen von $\tau$ um $e$ parallel $\pi_1$ kann eine Winkelhalbierende $\bar{t}$ von $e$ und $t$ und der kreisförmige Grundriß $u'$ der dadurch bestimmten Konturschraublinie $u$ ermittelt werden. Zu $u$ gehört eine Schraubachse $\bar{a}$ und ein Parameter-

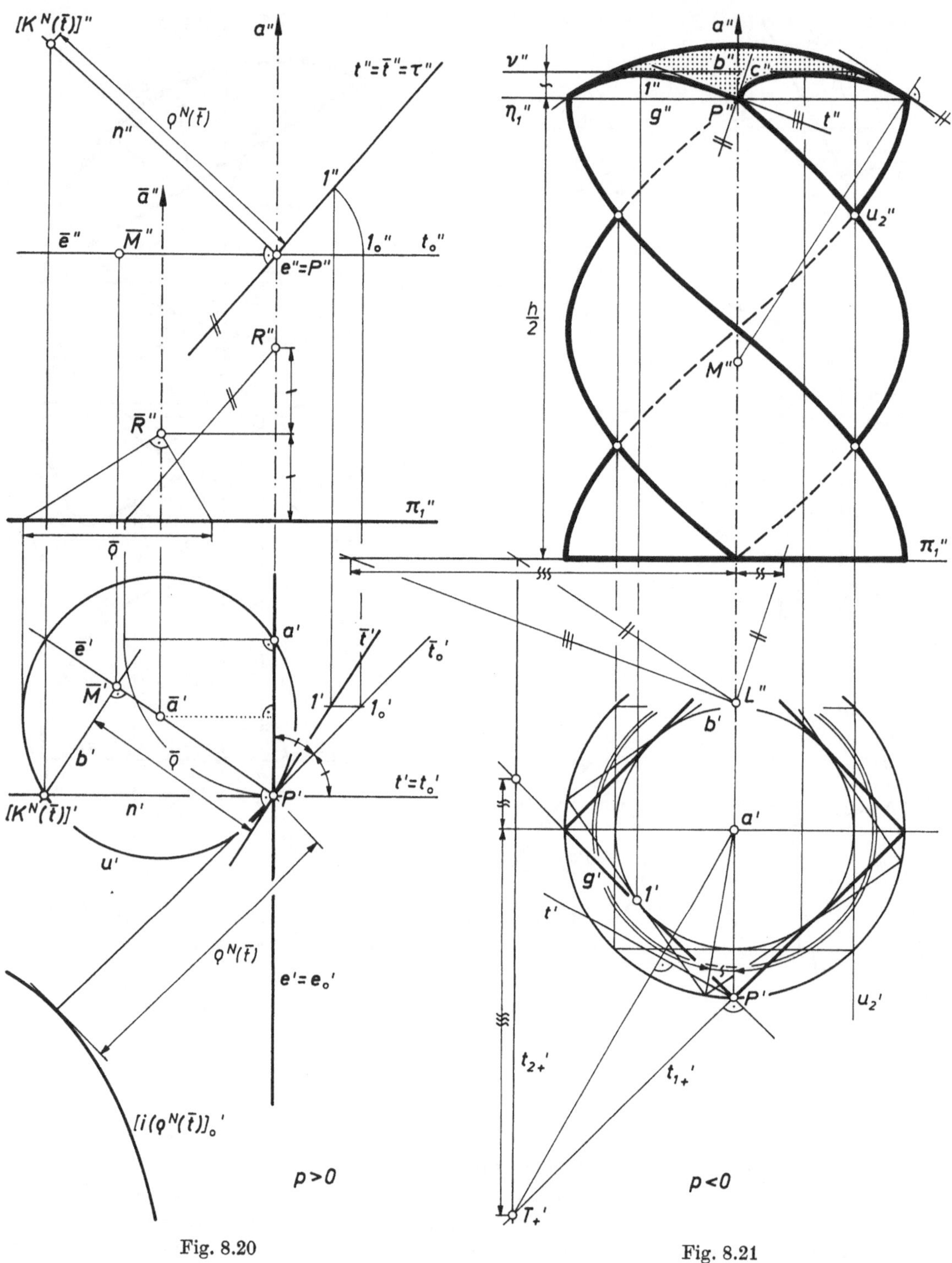

Fig. 8.20

Fig. 8.21

punkt $\bar{R}$, der sich nach Satz 8.2.9 ergibt. Der Mittelpunkt $\bar{M}$ des Krümmungskreises von $u$ in $P$ liegt nach 8.1.2. in der $\bar{a}$ normal schneidenden Geraden $\bar{e}$ durch $P$; die im Hauptriß unverzerrt erscheinende Länge $\overline{\bar{M}P}$ ist der nach Fig. 8.2 konstruierbare Krümmungsradius $\bar{\varrho}$ von $u$. Die zur Ebene $\bar{e}\bar{t}$ normale Krümmungsachse $b$ von $u$ trifft die zu $et = \tau$ normale Flächennormale $n$ im Punkt $K^N(\bar{t})$ mit $\overline{PK^N(\bar{t})} = \varrho^N(\bar{t}) = \overline{P''[K^N(\bar{t})]''}$. (Wie eine kurze Rechnung lehrt, liegt $[K^N(\bar{t})]'$ in $u'$.) In Fig. 8.20 ist von einer Hyperbel des Paares gleichseitiger Hyperbeln $i(\varrho^N(\bar{t}))$ ein Ast der parallel $\pi_1$ gedrehten Lage eingezeichnet. △

Als Beispiel für eine offene gerade Regelschraubfläche behandeln wir in Fig. 8.21 eine Drillbohrerspindel, die durch stetige Linksschraubung eines Quadrates längs der zur Quadratebene normalen Geraden $a$ durch den Quadratmittelpunkt entsteht. Die Spindel wird von einer Kugel abgeschnitten, deren Mittelpunkt $M$ in $a$ liegt.

KB. Wir ermitteln zunächst die Hauptrisse und Meridianrisse der Bahnschraublinien der vier Quadratecken. Die zweitprojizierenden Lagen der verschraubten Quadratseiten bestimmen die punktförmigen zweiten Umrisse $u_2''$.
Die Kugel $\varkappa$ ist jener Lage des Quadrats in der ersten Hauptebene $\eta_1$ umschrieben, welche durch Verschraubung der Anfangslage um die halbe Ganghöhe entsteht; wir fassen $\varkappa$ als Drehfläche mit der Drehachse $a$ auf. Die Punkte der Schnittkurve $c$ ergeben sich mit Hilfe zur Schraubachse normaler Ebenen $\nu$, welche die Spindel nach einem Quadrat und $\varkappa$ in einem Breitenkreis $b$ schneiden. Der Kreis $b$ ist in Fig. 8.21 so gewählt, daß sein Hauptriß $b'$ der gemeinsame Inkreis der Hauptrisse aller Quadrate ist; aus der Höhendifferenz der Ebene $\nu$ von $b$ zu $\eta_1$ ergeben sich nach der Grundkonstruktion der Hauptriß des Quadrats in $\nu$ und damit die Punkte von $c$ in $\nu$. In einem solchen Punkt $1 \in c$ ist die Tangente von $c$ horizontal, da kein höherliegender Punkt von $c$ existiert.
Die Tangente $t$ von $c$ in einem Punkt $P \in c$ wird durch ihren Drehfluchtpunkt $T_+$, welcher der Schnittpunkt der Drehfluchtgeraden der Tangentialebenen beider Flächen in $P$ ist, festgelegt. Da die Erzeugende $g$ einer geraden Regelschraubfläche $\Phi$ durch $P$ eine erste Hauptgerade ist, stimmt nach Satz 8.2.2 die Drehfluchtgerade $t_{1+}$ der Tangentialebene $\tau_1$ von $\Phi$ in $P$ mit der zu $g'$ normalen Geraden durch $P'$ überein. Die Drehfluchtgerade $t_{2+}$ der Tangentialebene $\tau_2$ von $\varkappa$ in $P$ ist zu $a'P'$ parallel; der Abstand $\overline{a't_{2+}'}$ ergibt sich mit Hilfe der Ebene durch den Parameterpunkt $L$, welche parallel zur Tangentialebene von $\varkappa$ in einem jener Punkte des Hauptmeridiankreises ist, die im Breitenkreis durch $P$ liegen. In Fig. 8.21 wurden so die beiden Eckentangenten von $c$ in der Quadratecke $P \in \eta_1$ konstruiert. △

## 8.2.5. Schiefe Regelschraubflächen

Da alle Erzeugenden einer schiefen Regelschraubfläche $\Phi$ gleich große Winkel mit der Schraubachse $a$ bilden, liegen die Drehfluchtpunkte der Erzeugenden in einem Kreis um $a'$, dem *Drehfluchtkreis* $\Phi_+$ von $\Phi$. Wird im Laufe der stetigen Schraubung eine Erzeugende $g_0$ wiederholt von anderen Erzeugenden geschnitten, so entsteht bei stetiger Schraubung jedes solchen Schnittpunktes $D$ zweier Erzeugenden ein schraublinienförmiger Selbstschnitt (*Doppelschraublinie*) von $\Phi$.
Eine schiefe geschlossene Regelschraubfläche $\Phi$ trägt unendlich viele Doppelschraublinien; man erhält die Doppelpunkte in einer Erzeugenden $g_0$, wenn man $g_0$ um die halbe Ganghöhe und dann wiederholt um die ganze Ganghöhe verschraubt. Solche Flächen treten bei Gewinden auf, deren Meridian ein Trapezpolygon ist (Fig. 8.22).
Fig. 8.23 zeigt ein Korkziehergewinde, welches von jenem Teil einer schiefen geschlossenen Regelschraubfläche $\Phi$ gebildet wird, dessen Randkurve die der Schraubachse nächste Doppelschraublinie $d$ ist, wobei $\Phi$ durch einen koaxialen Drehkegel abgeschnitten ist. Die Fläche wird durch die Schraubachse $a$ samt Parameterpunkt $R$ sowie die zu $\pi_2$ parallele Erzeugende $g_0$ festgelegt. Wir konstruieren auch einen Querschnitt $q$ von $\Phi$.

KB. Durch Verschrauben von $g_0$ um die halbe Ganghöhe $h/2$ entsteht die Erzeugende $g_1$ in der Meridianebene $\mu$ durch $g_0$, und der Punkt $D = g_0 \cap g_1$ gehört der Doppelschraublinie $d$ an. Durch Verschrauben des Dreiecks $\{0, D, 1\}$ mit $0 = g_0 \cap a$, $1 = g_1 \cap a$ können beliebig viele Erzeugenden ergänzt werden, die den zweiten Umriß $u_2''$ einhüllen. In Fig. 8.23 ist gemäß Satz 8.2.7 der Hauptriß $u_2'$ der zweiten Kontur $u_2$ mit Hilfe des Drehfluchtpunktes $S_+$ der zweiten Sehgeraden und des Drehfluchtkreises $\Phi_+$ von $\Phi$ konstruiert. Ermittelt man für einen Punkt $D$ der Doppelschraublinie $d$ die Drehfluchtgeraden $t_{0+}$, $t_{1+}$ der beiden Tangentialebenen, welche von der Bahntangente in $D$ und den beiden Erzeugenden $g_0$, $g_1$ durch $D$ aufgespannt werden, so erhält man nach Satz 8.2.3 die zweiten Konturpunkte in $d$ (vgl. den Punkt $K_D$ in Fig. 8.23).
Der koaxiale Drehkegel $\Psi$ besitzt als Leitkreis einen Breitenkreis des Schraubzylinders durch die Doppelschraublinie $d$. Man erhält die Punkte der Schnittkurve $c$ von $\Psi$ mit der Korkzieherfläche, wenn man die einzelnen Lagen des verschraubten Dreiecks $\{0, D, 1\}$ um $a$ in die Ebene $ag_0$ dreht und mit der zweiten Konturerzeugenden von $\Psi$ schneidet (vgl. die Erzeugende $\bar{g}$ in Fig. 8.23). Eine Tangente von $c$ in einem Punkt $P$ ergibt sich analog zu Fig. 8.22 mit Hilfe der Drehfluchtgeraden $t_{\Phi+}$, $t_{\Psi+}$ der Tangentialebenen beider Flächen in $P$. Die Spitze $S$ von $\Psi$ ist eine Ecke von $c$. Da $\Psi$ der Sehnenkegel zur Spitze $S$ ist, fallen die beiden Eckentangenten $t_1$, $t_2$ nach A 7.1, 3 in je eine Erzeugende von $\Psi$, deren Hauptriß der Hauptriß der Schraubflächenerzeugenden $g_S$ durch $S$ ist: Der Hauptriß einer Sehnengeraden $SP$ von $c$ ist nämlich der Hauptriß der Schraubflächenerzeugenden durch $P$.

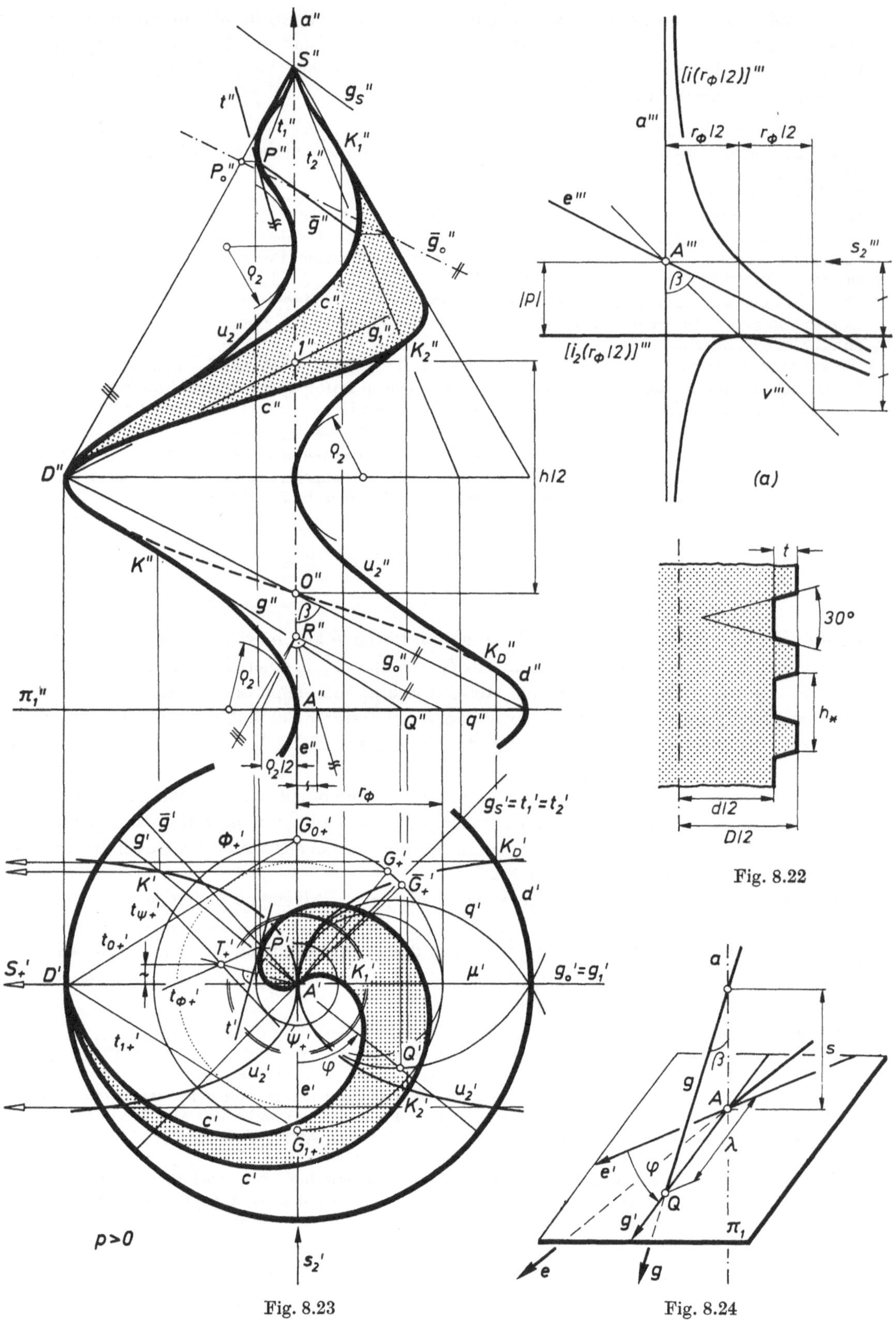


Fig. 8.22

Fig. 8.23

Fig. 8.24

Die zweiten Konturpunkte von $c$ bezüglich $\Psi$ liegen in jenen Kegelerzeugenden, die der Verbindungsebene $\mu$ der zweiten Konturerzeugenden von $\Psi$ angehören (vgl. $K_1$ in Fig. 8.23). Die zweiten Konturpunkte von $c$ bezüglich $\Phi$ erhält man mit graphischer Genauigkeit, indem man den Hauptriß $c'$ von $c$ mit dem Hauptriß $u_2'$ der zweiten Kontur $u_2$ von $\Phi$ schneidet (vgl. $K_2$ in Fig. 8.23).
Der Querschnitt $q$ in $\pi_1$ ergibt sich als Menge der ersten Spurpunkte der Erzeugenden. Ist $\beta$ das Maß der Winkel aller Erzeugenden gegen die Schraubachse $a$ $(0 < \beta < \pi/2)$, so hat der Drehfluchtkreis $\Phi_+$ den Radius $r_\Phi = p \tan\beta$. Mißt man den orientierten Drehwinkel $\varphi$ vom Hauptriß $e'$ jener Erzeugenden $e$ weg, welche durch den Punkt $A = a \cap \pi_1$ geht, so gilt für die orientierte Schiebstrecke $s$ eines Punktes von $a$ dann $s = p\varphi$; orientiert man die Erzeugenden als Fallgeraden gegen $\pi_1$, so gilt $\lambda = s \tan\beta$ im Sinne von A 7.1, 7 (Fig. 8.24), so daß die Kurve $q'$ durch die Funktion $\lambda(\varphi) = p\varphi \tan\beta = r_\Phi \varphi$ beschrieben wird[4]; nach A 7.1, 7 ist der Krümmungsradius von $q$ in $A$ gleich $r_\Phi : 2$, und $q$ berührt die zweite Sehgerade $s_2$ durch $A$. △

Eine schiefe offene Regelschraubfläche $\Phi$ besitzt eine Kehlschraublinie $k$; zunächst sei vorausgesetzt, daß die Erzeugenden nicht die Tangenten von $k$ sind. Wir legen eine solche schiefe offene Regelschraubfläche durch die Schraubachse $a$ samt Parameterpunkt $R$ sowie die zu $\pi_2$ parallele Erzeugende $g_0$ fest und beschränken uns auf jenen Flächenteil, der innerhalb des Schraubzylinders durch die der Schraubachse nächste Doppelschraublinie liegt (Fig. 8.25).

KB. Die Hauptrisse aller Erzeugenden umhüllen den kreisförmigen Hauptriß $k'$ der Kehlschraublinie $k$, welche die erste Kontur abgibt. Gemäß 8.2.1. sind in Fig. 8.25 Punkte und Tangenten eines Querschnitts $q$ von $\Phi$ in der zu $a$ normalen Ebene $\nu$ durch den Kehlpunkt $1$ von $g_0$ konstruiert; wie Fig. 8.25 zeigt, ist der erste Riß $q'$ zur Normalen aus $a'$ auf $g_0'$ symmetrisch (vgl. die aus den beiden von $1 = g_0 \cap \nu$ gleich weit entfernten Punkten $P, \overline{P}$ von $g_0$ durch Verschrauben in $\nu$ entstehenden Punkte $Q, \overline{Q}$ von $q$). In der Symmetrieachse $1'a'$ liegen Knoten von $q'$, womit jene Doppelschraublinie $d$, deren Hauptriß kleinsten Radius besitzt, gezeichnet werden kann[5].
Mit Hilfe der Kehlschraublinie $k$ und der Doppelschraublinie $d$ können die zweiten Risse beliebig vieler Erzeugenden ergänzt werden, die den zweiten Umriß $u_2''$ einhüllen. In Fig. 8.25 ist gemäß Satz 8.2.6 der Hauptriß $u_2'$ der zweiten Kontur $u_2$ mit Hilfe des Drehfluchtpunktes $S_+$ der zweiten Sehgeraden und des Drehfluchtkreises $\Phi_+$ von $\Phi$ konstruiert. Wie Fig. 8.15 zeigt, liegt der Drehfluchtpunkt $G_+$ einer Erzeugenden $g$ in einem Schnittpunkt des Drehfluchtkreises $\Phi_+$ mit der Normalen aus $a'$ auf $g'$. Ermittelt man in einem Punkt $D$ der Doppelschraublinie $d$ die Drehfluchtgeraden $t_+$, $\bar{t}_+$ der beiden Tangentialebenen, welche von der Bahntangente in $D$ und den beiden Erzeugenden $g, \bar{g}$ durch $D$ aufgespannt werden, so erhält man nach Satz 8.2.3 die zweiten Konturpunkte in $d$ (vgl. $K_D$ in Fig. 8.25). △

In der Technik treten Stücke von schiefen offenen Regelschraubflächen an den Spannuten von Spiralbohrern auf.
Bisher wurde folgender Sonderfall einer schiefen offenen Regelschraubfläche ausgeschlossen:

**Def. 8.2.2:** Die Menge aller Punkte der Tangenten einer Schraublinie heißt eine *Schraubtorse*.

Eine Schraubtorse $\Lambda$ entsteht somit durch stetige Schraubung der Bahntangente eines der Schraubachse nicht angehörenden Punktes $P$, der dabei die *Kehlschraublinie* $l$ von $\Lambda$ durchläuft, deren Punkte *Kehlpunkte* heißen.

**Satz 8.2.10:** In allen vom Kehlpunkt $G$ verschiedenen Punkten einer Erzeugenden $g$ einer Schraubtorse $\Lambda$ ist die Tangentialebene die Schmiegebene der Kehlschraublinie $l$ in $G$.

*Beweis*

Die Hauptrisse der Erzeugenden von $\Lambda$ sind die Tangenten des kreisförmigen Hauptrisses $l'$ der Kehlschraublinie $l$, so daß in keinem von $G$ verschiedenen Punkt $P$ von $g$ die Bahntangente die Gerade $g$ ist. Da nach Satz 8.1.5 der Drehfluchtpunkt der Erzeugenden bzw. der Bahntangente von $P$ der Punkt $G'$ bzw. der Punkt $P'$ ist, stimmt die Drehfluchtgerade $t_+$ der Tangentialebene $\tau$ in $P$ mit der Geraden $g' = P'G'$ überein (Fig. 8.27); dies ist gemäß Satz 8.1.5 die Drehfluchtgerade der Bahnschmiegebene von $G$. □

Nach Satz 8.2.10 entsteht bei stetiger Schraubung einer gegen die Schraubachse $a$ geneigten Ebene die Menge der Tangentialebenen einer Schraubtorse $\Lambda$, wobei jede dieser Ebenen $\tau$ die Schraubtorse $\Lambda$ längs einer Geraden, der Erzeugenden $g$ von $\Lambda$ in $\tau$ berührt. Eine Schraubtorse ist daher die Hüllfläche aller Ebenen, die durch stetige Schraubung einer gegen die Schraubachse

[4] Eine durch $\lambda = a\varphi$ $(a \neq 0)$ beschriebene ebene Kurve heißt eine *Archimedische Spirale*.

[5] Um einen Doppelpunkt $D$ in $g_0$ zu finden, kann man auch die gemeinsamen Punkte von $g_0$ und der Schnittkurve $c$ von $\Phi$ mit der erstprojizierenden Ebene durch $g_0$ aufsuchen. Die Kurve $c$ erhält man mit Hilfe der Bahnschraublinien durch die Punkte von $g_0$.

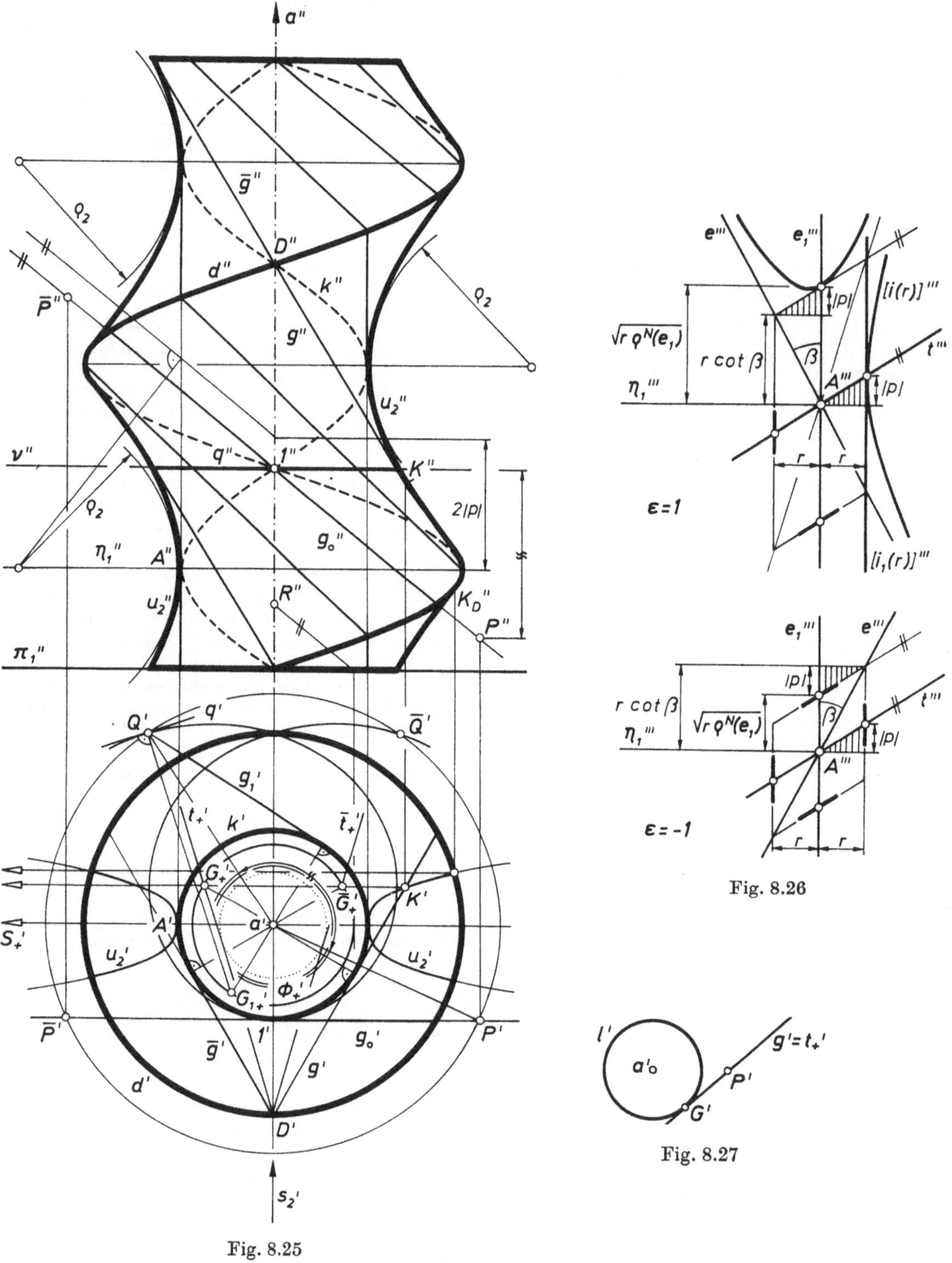

Fig. 8.25

Fig. 8.26

Fig. 8.27

geneigten Ebene entstehen. Der Hauptriß der Erzeugenden in der Ebene $\tau$ fällt in die Drehfluchtgerade $t_+$ von $\tau$, womit die Kehlschraublinie von $\Lambda$ festgelegt ist (vgl. Fig. 8.27).
Weiter folgt aus Satz 8.2.10, daß die Kontur einer Schraubtorse nur aus (im jeweiligen Kehlpunkt aufgeschnittenen) Erzeugenden bestehen kann; die Hauptrisse der Konturerzeugenden gehen durch den Drehfluchtpunkt der parallelen Sehgeraden.

Wir werden die Schraubtorse in 9.1.3. weiter behandeln und in 9.1.4. auch den Namen der Fläche motivieren.
Die Verschiedenheit des Hauptmeridians $m$ und der zweiten Kontur $u_2$ einer Schraubfläche führt zu Komplikationen bei der optischen Vermessung von Gewinden, was den Wunsch nach möglichst genauer Konstruktion des zweiten Umrisses $u_2''$ verständlich macht. Aus Symmetriegründen sind bei einer schiefen Regelschraubfläche, die keine Schraubtorse ist, die zweiten Risse der Punkte von $u_2$ in der Hauptmeridianebene $\mu$ Scheitel des zweiten Umrisses $u_2''$. Ein solcher Punkt $A \in u_2$ liegt bei einer offenen bzw. geschlossenen schiefen Regelschraubfläche in der Kehlschraublinie $k$ bzw. in der Schraubachse $a$.

**Satz 8.2.11:** Sei $\Phi$ eine schiefe Regelschraubfläche zum Schraubparameter $p$, aber keine Schraubtorse, und $\beta$ $(0 < \beta < \pi/2)$ das Maß der Winkel, welche die Erzeugenden mit der Schraubachse $a$ bilden; falls $\Phi$ offen ist, sei $r$ der Radius des Schraubzylinders der Kehlschraublinie $k$ und $\varepsilon = 1$ bzw. $\varepsilon = -1$, je nachdem in einem Punkt von $k$ die Erzeugende und die Tangente von $k$ durch die zu $a$ parallele und die zu $a$ normale Tangente dieses Schraubzylinders getrennt werden oder nicht. Für den Krümmungsradius $\varrho_2$ des zweiten Umrisses $u_2''$ im zweiten Riß $A''$ eines Konturpunktes $A \in u_2$ in der Hauptmeridianebene $\mu$ gilt dann

$$(3) \qquad \varrho_2 = \big|(2\,|p| + \varepsilon r \cot\beta)\big| \cot\beta \qquad \text{bzw.} \qquad \varrho_2 = 2\,|p| \cot\beta,$$

je nachdem $\Phi$ offen oder geschlossen ist.

*Beweis*

(a) Bei einer offenen schiefen Regelschraubfläche, die keine Schraubtorse ist, ist jeder Punkt $P$ der Kehlschraublinie $k$ ein hyperbolischer Punkt: Wie aus dem Beweis zu Satz 8.2.10 folgt, ist die Tangentialebene in $P$ nicht die Schmiegebene von $k$, so daß die Bahntangente $t$ von $P$ nach Satz 7.2.6 keine Schmiegtangente ist; da ferner $k$ die erste Kontur abgibt, müßte in einem parabolischen Punkt $P \in k$ die Tangente $t$ von $k$ nach A 7.2, 10 Schmiegtangente sein.
Im hyperbolischen Konturpunkt $A \in u_2$ von $k$ in $\mu$ ist nach Satz 7.3.3 die erstprojizierende, also zu $a$ parallele Flächentangente $e_1$ zur Tangente $t$ von $k$ konjugiert. Der Normalschnitt durch $e_1$ ist der Hauptmeridian $m$, so daß der Krümmungsradius des zweiten Risses $m''$ von $m$ in $A''$ mit dem Normalkrümmungsradius $\varrho^N(e_1)$ übereinstimmt. Der zweite Riß $k''$ der Kehlschraublinie $k$ hat nach 8.1.2., (7) in $A''$ den Krümmungsradius $\varrho_0 = p^2 : r$, und nach Satz 7.3.5 gilt $\varrho_2 = |\varrho^N(e_1) - \varrho_0|$.
In einem Seitenriß mit der zweitprojizierenden Tangentialebene $\tau$ in $A$ als Hauptebene kann $e'''$ mit $\sphericalangle\, e''', e_1''' = \beta$ und $t'''$ mit $\tan \sphericalangle\, t''', \eta_1''' = |p| : r$ eingezeichnet werden (Fig. 8.26). Die Indikatrix $i_1(r)$ des erstprojizierenden Zylinders $\Psi_1$ durch $k$ besteht aus zwei zu $e_1$ parallelen Geraden im Abstand $\sqrt{rr} = r$, da $k'$ Normalschnitt von $\Psi_1$ durch eine zu $e_1$ normale Flächentangente ist. Da die Indikatrix $i(r)$ von $\Phi$ in $A$ nach Satz 7.2.14 dieses Geradenpaar in den Endpunkten des $t$ angehörenden Durchmessers berührt und $e$ als eine Asymptote besitzt, ergibt sich nach Konstruktion der in $e_1$ liegenden Punkte von $i(r)$ gemäß A 5.3, 15 dann $\sqrt{r\varrho^N(e_1)} = \big||p| + \varepsilon r \cot\beta\big|$ (Fig. 8.26), also $\varrho^N(e_1) = (|p| + \varepsilon r \cot\beta)^2 : r$ und insgesamt (3).
(b) Ist $r_\Phi = |p| \tan\beta$ der Radius des Drehfluchtkreises $\Phi_+$ einer geschlossenen schiefen Regelschraubfläche $\Phi$, so hat der Querschnitt $q$ von $\Phi$ in $A$ nach der KB zu Fig. 8.23 den Krümmungsradius $r_\Phi : 2$. Da die Erzeugende $e$ und die Schraubachse $a$ zwei Schmiegtangenten von $\Phi$ in $A$ sind und $q$ in $A$ keinen Wendepunkt aufweist, ist $A$ ein hyperbolischer Punkt von $\Phi$. Die Tangente $v$ der zweiten Kontur $u_2$ in $A$ ist daher nach Satz 7.3.4 die zur zweiten Sehgeraden $s_2$ durch $A$ konjugierte Flächentangente, die somit aus $s_2$ unter der Affinspiegelung an $e$ parallel $a$ entsteht. Da $s_2$ den Querschnitt $q$ in $A$ berührt, gilt $\varrho^N(s_2) = r_\Phi : 2$, und die Dupinsche Indikatrix $i(r_\Phi : 2)$ in $A$ ist durch ihre beiden Asymptoten $a$ und $e$ sowie einen Punkt in $s_2$ festgelegt (Fig. 8.23a zeigt einen Seitenriß mit der zweitprojizierenden Tangentialebene $\tau = ae$ als Hauptebene). Die Punkte von $i(r_\Phi : 2)$ in $v$ haben, wie aus Eigenschaften einer Affinspiegelung folgt, von $s_2$ den Abstand $r_\Phi \cot\beta = |p|$ und enthalten nach Satz 7.2.14 die zu $s_2$ parallelen Geraden der Indikatrix $i_2(r_\Phi : 2)$ des zweitprojizierenden Sehzylinders durch $u_2$. Da $u_2''$ ein Normalschnitt des Zylinders $\Psi_2$ ist, folgt $\sqrt{r_\Phi \varrho_2 : 2} = |p|$, also (3). □

Die Konstruktion von $\varrho_2$ gemäß (3) ist in Fig. 8.25 bzw. Fig. 8.23 angegeben[6].

[6] Für $\varepsilon = -1$ und $\cot\beta = 2\,|p| : r$ ist $A''$ nach A 7.1, 6 und (3) ein Spitzpunkt von $u_2''$.
Nach (3) erhält man die rechte Formel aus der linken Formel formal für $r = 0$. Da $e_1 = a$ bei einer geschlossenen schiefen Regelschraubfläche eine Schmiegtangente ist, kann Satz 7.3.5 nicht verwendet werden, was den Beweisteil (b) erforderlich macht.
Für eine Schraubtorse ist der Punkt $A$ der Kehlschraublinie kein regulärer Punkt.

## 8.2.6. Gewinde

Die verbreitetste Anwendung finden Schraubflächen bei *Gewinden.* Diese entstehen durch schraubenförmiges Einschneiden eines Profils in die Außenfläche eines drehzylindrischen Körpers (*Außengewinde*) oder in die Innenfläche eines drehzylindrischen Hohlkörpers (*Innengewinde*). Zwei mit «korrespondierenden» Gewinden versehene Maschinenteile, von denen der *Schraubbolzen* ein Außengewinde und die *Schraubmutter* ein Innengewinde trägt, können lösbar miteinander verbunden werden (*Befestigungsschrauben*); weiter lassen sich so stetige axiale Drehungen in stetige Schiebungen und umgekehrt verwandeln (*Bewegungsschrauben*).
Der vollständige Meridian eines Gewindes entsteht durch Wiederholung des *Gewindeprofils*, wobei die Ganghöhe $h$ der zugrunde liegenden Schraubung ein ganzzahliges Vielfaches der parallel zur Schraubachse gemessenen Länge $h_*$ eines Profilganges sein muß (vgl. Fig. 8.12 und Fig. 8.22). Man nennt $h_*$ die *Profilhöhe* (*Teilung*) und die ganze Zahl $h:h_*$ die *Gangzahl* des Gewindes und spricht von *eingängigen* (*einfachen*) Gewinden, *zweigängigen* Gewinden usw. Der Durchmesser $D$ des zylindrischen Bolzens, in dem das Gewinde eingeschnitten ist, heißt *Außendurchmesser* und wird als sogenannter *Nenndurchmesser* zur Größenbezeichnung benützt; die der Schraubachse nächsten Punkte des Gewindes bestimmen den *Kerndurchmesser* $d$, der für die Zugfestigkeit maßgebend ist.

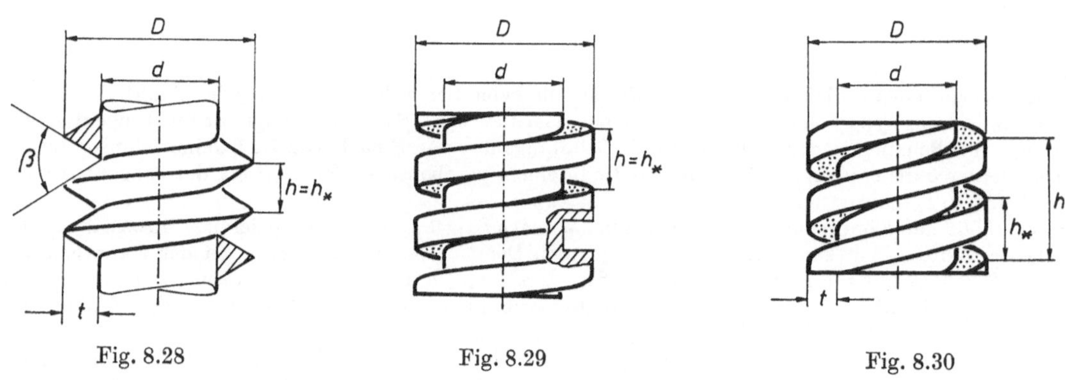


Fig. 8.28 Fig. 8.29 Fig. 8.30

Die einzelnen Gewindetypen werden nach der Gestalt ihrer Profile unterschieden: *Spitzgewinde* (Dreieckprofile), *Rundgewinde* (das in Fig. 8.12 angegebene Rundgewinde heißt nach Th. Edison (1847—1931) auch Edison-*Gewinde*), *Trapezgewinde, Flachgewinde* (Rechteckprofile) usw. Fig. 8.28 zeigt den Meridianriß eines eingängigen Spitzgewindes mit einem *Flankenwinkel* vom Maß $\beta$; nach 8.2.5. ist der krumme zweite Umriß vom geradlinigen Meridian verschieden. Fig. 8.29 bezieht sich auf ein eingängiges Flachgewinde, Fig. 8.30 auf ein zweigängiges Flachgewinde[7]. Je größer der Flankenwinkel und je kleiner das Verhältnis $v$ von Ganghöhe zu Nenndurchmesser, desto größer ist die Reibung im Gewindegang. Deshalb sind Spitzgewinde (*scharfgängige* Gewinde) mit kleineren Werten von $v$ für Befestigungsschrauben und Trapez- und Flachgewinde mit größeren Werten von $v$ für Bewegungsschrauben geeignet.
In technischen Zeichnungen werden Gewinde entweder schematisch ausgeführt oder durch einen Hinweis auf die Nenngröße zum Riß des Bolzens oder der Mutter allein beschrieben.

[7] In der Praxis werden aus Festigkeitsgründen die Gewinde weder im Kern noch im Grat scharf ausgebildet, sondern abgerundet.

## Aufgaben 8.2

1. Ermittle in einem Punkt des Schnittes $c$ einer Wendelfläche mit einem koaxialen Drehkegel (*konische Spirale*) den Krümmungskreis von $c$.
2. In jedem erzeugenden Kreis $e$ einer geraden Kreisschraubfläche $\Phi$ existieren zwei parabolische Punkte, welche die elliptischen von den hyperbolischen Punkten in $e$ trennen. Ermittle die Dupinsche Indikatrix in einem elliptischen, parabolischen und hyperbolischen Punkt.
(Anl.: Fasse $\Phi$ nach Satz 8.2.4 als Schiebfläche auf, und benütze die Sätze 7.4.9 und 7.3.5.)
3. Der Hauptriß $u_2'$ der zweiten Kontur $u_2$ einer schiefen geschlossenen Regelschraubfläche $\Phi$ besteht aus zwei einander im Hauptriß $a'$ der Schraubachse berührenden, zueinander symmetrischen Kurvenstücken (*Kappakurve*). Der Punkt $a'$ ist Scheitel jedes dieser Kurvenstücke; bedeutet $r_\Phi$ den Radius des Drehfluchtkreises von $\Phi$, so ist $r_\Phi:2$ der Radius des Scheitelkrümmungskreises (vgl. Fig. 8.23).
(Anl.: Benütze die Dupinsche Indikatrix eines Punktes $A \in u_2 \cap a$ im Beweisteil (b) zu Satz 8.2.11.)

# 9. Regelflächen

Regelflächen entstehen durch stetige Bewegung einer Geraden, wobei diese Bewegung allerdings durch die Lagenfolge der Erzeugenden nicht eindeutig bestimmt ist. Außer den Zylindern und den Kegeln zählen die Regeldrehflächen und die Regelschraubflächen zu den Regelflächen, wobei sich der konstruktive Zugang zu den letzten beiden Flächentypen auf spezielle stetige Bewegungen stützt. Abgesehen von diesen Beispielen legt man Regelflächen zweckmäßig durch Leitkurven fest.
Regelflächen, bei denen die Tangentialebene längs jeder Erzeugenden fest ist, sind neben den Zylindern und Kegeln die Tangentenflächen; jede Torse besteht aus solchen Flächen. Wir behandeln die näherungsweise Verebnung einer Tangentenfläche und die Ermittlung der Verbindungstorse zweier Kurven. Im Bauwesen spielen die Böschungsflächen, welche spezielle Torsen sind, eine wichtige Rolle; im Rahmen ihrer konstruktiven Behandlung wird nochmals die Schraubtorse studiert.
In einer windschiefen Fläche existieren Erzeugenden, die in je zwei Punkten verschiedene Tangentialebenen besitzen, wie das bei den einschaligen Drehhyperboloiden und den Regelschraubflächen bereits bekannt ist. Wir untersuchen die Verteilung der Tangentialebenen in den Punkten einer Erzeugenden und benützen diese zur Konstruktion der Tangenten von Schnittkurven und der Parallelumrisse windschiefer Flächen. Für die Anwendungen wichtig sind jene windschiefen Flächen, deren Erzeugenden zu einer Ebene parallel sind. Die einfachsten Flächen dieser Art, die HP-Flächen, erweisen sich als die in 6.4.3. erklärten hyperbolischen Paraboloide. Ohne den Einsatz von Hilfsmitteln der algebraischen Geometrie werden diese für das moderne Bauwesen besonders interessanten Flächen konstruktiv behandelt; insbesondere diskutieren wir ihre ebenen Schnitte und ihre Konturen.

## 9.1. Torsale Regelflächen

### 9.1.1. Regularität von Regelflächen

Zylinder, Kegel, einschalige Drehhyperboloide und Regelschraubflächen sind Beispiele für Flächen, in denen durch jeden Punkt geradlinige Flächenkurven gehen.

**Def. 9.1.1:** Alle Punkte der Geraden $e$ einer Geradenmenge, von der durch jeden Punkt eines Kurvenstücks $l$ genau eine Gerade geht, heißen eine *Regelfläche* mit der *Leitkurve* $l$ und den *Erzeugenden* $e$. Ebenso heißt die Vereinigungsmenge von endlich vielen solchen Punktmengen eine Regelfläche.

Gestattet $l$ nach Wahl eines Koordinatensystems die injektive Parameterdarstellung $u \in I \mapsto \mathfrak{y}(u) \in \mathbb{R}^3$ und ist für jedes $u \in I$ die Erzeugende durch den Punkt $L \in l$ mit dem Koordinatenvektor $\mathfrak{y}(u)$ parallel zur Verbindungsgeraden des Ursprungs mit einem Punkt zum Koordinatenvektor $\mathfrak{r}(u)$, für den wir ohne Einschränkung $\|\mathfrak{r}(u)\| = 1$ verlangen können, so gestattet die Regelfläche die Parameterdarstellung

$$(1) \qquad (u, \lambda) \in I \times \mathbb{R} \mapsto \mathfrak{x}(u, \lambda) = \mathfrak{y}(u) + \lambda\mathfrak{r}(u) \qquad \text{mit} \qquad \|\mathfrak{r}\| = 1 \text{ in } I.$$

Entsprechend 7.2. setzen wir die Abbildungen $u \mapsto \mathfrak{y}(u)$ und $u \mapsto \mathfrak{r}(u)$ als beliebig oft differenzierbar in $I$ voraus.
Ist $\mathfrak{r}(u)$ konstant in $I$, so ist die Regelfläche ein Zylinder; gehen alle Erzeugenden durch einen festen Punkt $S$, so liegt ein Kegel mit der Spitze $S$ vor. Im Falle einer Erzeugendenschar eines einschaligen Drehhyperboloids oder einer schiefen Regelschraubfläche sind die Erzeugenden zu den Erzeugenden eines Drehkegels parallel, und als Leitkurve können wir einen Kreis bzw. eine Schraublinie verwenden, dessen Drehachse bzw. deren Schraubachse zur Achse dieses Drehkegels parallel verläuft.

**Satz 9.1.1:** Sei $c$ ein reguläres Kurvenstück in einer Regelfläche $\Phi$, wobei durch jeden Punkt von $c$ genau eine Erzeugende von $\Phi$ geht, und $P$ ein Punkt von $c$, in dem $c$ die Erzeugende $e$ durch $P$ nicht berührt. Dann existiert ein $P$ enthaltendes Kurvenstück $c_1$ von $c$ derart, daß die Menge der Punkte von regulären Kurvenstücken, die je der Erzeugenden eines Punktes von $c_1$ angehören und einen Punkt von $c_1$ enthalten, ein reguläres Flächenstück $\Phi_P \subset \Phi$ ist.

*Beweis*

Für $c$ existiert nach 7.1.2. eine Parameterdarstellung der Form $u \mapsto \mathfrak{y}(u)$ mit $\dot{\mathfrak{y}} \neq \mathfrak{o}$; wir nehmen an, daß der Punkt $P \in c$ durch $u_0 \in I$ erfaßt wird. In der Darstellung (1) wird $c$ durch $\lambda = 0$ beschrieben, und $|\lambda_0|$ ist der Abstand des Punktes mit dem Koordinatenvektor $\mathfrak{x}(u_0, \lambda_0)$ vom Punkt in $c$ mit dem Koordinatenvektor $\mathfrak{x}(u_0, 0) = \mathfrak{y}(u_0)$. Mit

$$(2) \qquad \mathfrak{x}_u(u_0, 0) = \dot{\mathfrak{y}}(u_0), \ \mathfrak{x}_\lambda(u_0, 0) = \mathfrak{r}(u_0)$$

folgt die Behauptung aus 7.2.1., da nach den Voraussetzungen $\{\dot{\mathfrak{y}}(u_0), \mathfrak{r}(u_0)\}$ linear unabhängig ist. □

Insbesondere existiert in jedem Punkt $P$ einer Regelfläche $\Phi$, den man als Punkt eines in Satz 9.1.1 beschriebenen regulären Flächenstücks $\Phi_P$ auffassen kann, genau eine von der Erzeugenden und der Tangente der Flächenkurve $c$ aufgespannte Tangentialebene[1]. Der Schnitt von $\Phi_P$ mit einer Ebene, welche die Erzeugende $e$ nicht enthält und daher von der Tangentialebene in $P$ verschieden ist, stellt nach 7.2.2. in einer räumlichen Umgebung von $P$ ein reguläres Kurvenstück dar. Die Voraussetzungen des Satzes 9.1.1 sind etwa für die Spitze eines Kegels oder den Kehlpunkt der Erzeugenden einer Schraubtorse (vgl. 8.2.5.) verletzt.

## 9.1.2. Torsale Erzeugenden

Längs jeder Erzeugenden eines Zylinders oder Kegels existiert eine feste Tangentialebene, während verschiedene Punkte einer Erzeugenden eines einschaligen Drehhyperboloids nach 6.2.7. nie dieselbe Tangentialebene besitzen.

**Def. 9.1.2:** Eine Erzeugende $e$ einer Regelfläche heißt *torsale Erzeugende*, wenn in allen Punkten von $e$, in denen eine Tangentialebene existiert, dieselbe Ebene Tangentialebene ist.

Dann gilt folgende analytische Kennzeichnung:

**Satz 9.1.2:** Die zu $u_0 \in I$ gehörende Erzeugende $e$ der Regelfläche $\Phi$ mit der Darstellung (1) ist für $\{\dot{\mathfrak{y}}(u_0), \mathfrak{r}(u_0)\}$ linear unabhängig genau dann torsal, wenn $\{\dot{\mathfrak{y}}(u_0), \mathfrak{r}(u_0), \dot{\mathfrak{r}}(u_0)\}$ linear abhängig ist. In einer torsalen Erzeugenden existiert höchstens ein nichtregulärer Punkt.

*Beweis*

a) Nach (2) wird die Tangentialebene $\tau$ von $\Phi$ im Schnittpunkt von $e$ mit der Leitkurve durch die beiden linear unabhängigen Vektoren $\dot{\mathfrak{y}}(u_0), \mathfrak{r}(u_0)$ festgelegt. Wegen $\mathfrak{x}_u = \dot{\mathfrak{y}} + \lambda\dot{\mathfrak{r}}, \mathfrak{x}_\lambda = \mathfrak{r}$ ist daher die Tangentialebene im durch das Parameterpaar $(u_0, \lambda)$ mit $\lambda \neq 0$ bestimmten Punkt von $e$ genau dann die Ebene $\tau$, wenn reelle Zahlen $a, b$ so existieren, daß

$$(3) \qquad \dot{\mathfrak{y}}(u_0) + \lambda\dot{\mathfrak{r}}(u_0) = a\dot{\mathfrak{y}}(u_0) + b\mathfrak{r}(u_0), \text{ also } (1-a)\,\dot{\mathfrak{y}}(u_0) + \lambda\dot{\mathfrak{r}}(u_0) - b\mathfrak{r}(u_0) = \mathfrak{o}$$

gilt. Aus (3) folgt mit $\lambda \neq 0$ die lineare Abhängigkeit von $\{\dot{\mathfrak{y}}(u_0), \mathfrak{r}(u_0), \dot{\mathfrak{r}}(u_0)\}$. Sind umgekehrt die Vektoren $\dot{\mathfrak{y}}(u_0), \mathfrak{r}(u_0), \dot{\mathfrak{r}}(u_0)$ linear abhängig, so gibt es wegen $\{\dot{\mathfrak{y}}(u_0), \mathfrak{r}(u_0)\}$ linear unabhängig reelle Zahlen $\alpha, \beta$ mit $\alpha\dot{\mathfrak{y}}(u_0) + \dot{\mathfrak{r}}(u_0) + \beta\mathfrak{r}(u_0) = \mathfrak{o}$. Dann ist für alle $\lambda \neq 0$ die Gleichung (3) mit $a = 1 - \alpha\lambda$, $b = -\beta\lambda$ erfüllt.
(b) Mit $\{\dot{\mathfrak{y}}(u_0), \mathfrak{r}(u_0)\}$ linear unabhängig und $\{\dot{\mathfrak{y}}(u_0), \mathfrak{r}(u_0), \dot{\mathfrak{r}}(u_0)\}$ linear abhängig kann ein Punkt mit dem Koordinatenvektor $\mathfrak{x}(u_0, \lambda_K) = \mathfrak{y}(u_0) + \lambda_K\mathfrak{r}(u_0)$ nach Satz 7.2.1 nur dann nicht regulär sein, wenn $\{\mathfrak{x}_u(u_0, \lambda_K),$

[1] Bei einer Regelfläche können durch einen Flächenpunkt $P$ auch mehrere Erzeugenden gehen und damit in $P$ mehrere Tangentialebenen existieren, wenn man die vollständigen Erzeugenden und die ganze Leitkurve betrachtet.
Berührt eine Erzeugende $e$ im Gegensatz zur Voraussetzung in Satz 9.1.1 die Leitkurve $c$ in einem Punkt $P$ oder ist $P$ kein regulärer Punkt von $c$, so enthält $e$ möglicherweise überhaupt keinen regulären Flächenpunkt (vgl. dagegen Satz 9.1.4). Solche *singulären Erzeugenden* sind von den folgenden Betrachtungen ausgeschlossen.

$\mathfrak{x}_\lambda(u_0, \lambda_K)\}$ linear abhängig ist, also eine reelle Zahl $a$ mit

$$(4) \qquad \dot{\mathfrak{y}}(u_0) + \lambda_K \dot{\mathfrak{r}}(u_0) + a\mathfrak{r}(u_0) = \mathfrak{o}$$

existiert. Für $\dot{\mathfrak{r}}(u_0) = \mathfrak{o}$ entsteht aus der Annahme, daß ein nicht regulärer Punkt existiert, also (4) gilt, der Widerspruch $\{\dot{\mathfrak{y}}(u_0), \mathfrak{r}(u_0)\}$ linear abhängig; für $\dot{\mathfrak{r}}(u_0) \neq \mathfrak{o}$ ergibt sich wegen $\mathfrak{r}^2 = 1$ in $I$, also $\mathfrak{r} \cdot \dot{\mathfrak{r}} = 0$, aus (4) der eindeutig bestimmte Wert

$$(5) \qquad \lambda_K = -\frac{\dot{\mathfrak{y}}(u_0) \cdot \dot{\mathfrak{r}}(u_0)}{\dot{\mathfrak{r}}(u_0) \cdot \dot{\mathfrak{r}}(u_0)}. \; \square$$

Zur geometrischen Feststellung, ob eine Erzeugende torsal ist, dient

**Satz 9.1.3:** Eine Erzeugende $e$ einer Regelfläche $\Phi$ ist torsal, wenn in zwei verschiedenen Punkten von $e$ dieselbe Tangentialebene existiert.

*Beweis*

Sind in den durch die Parameterpaare $(u_0, \lambda_1)$, $(u_0, \lambda_2)$ mit $\lambda_1 \neq \lambda_2$ bestimmten verschiedenen Punkten von $e$ die Tangentialebenen gleich, so muß eine zu (3) analoge Beziehung

$$(6) \qquad \dot{\mathfrak{y}}(u_0) + \lambda_2 \dot{\mathfrak{r}}(u_0) = a(\dot{\mathfrak{y}}(u_0) + \lambda_1 \dot{\mathfrak{r}}(u_0)) + b\mathfrak{r}(u_0), \text{ also } (1-a)\,\dot{\mathfrak{y}}(u_0) + (\lambda_2 - a\lambda_1)\,\dot{\mathfrak{r}}(u_0) - b\mathfrak{r}(u_0) = \mathfrak{o}$$

gelten. Aus $\{\dot{\mathfrak{y}}(u_0), \mathfrak{r}(u_0), \dot{\mathfrak{r}}(u_0)\}$ linear unabhängig folgt mit $1 = a$ der Widerspruch $\lambda_1 = \lambda_2$. $\square$

## 9.1.3. Tangentenflächen

Eine Regelfläche, die nur torsale Erzeugenden trägt, heißt eine *torsale Regelfläche.* Nach 1.4.3. bzw. Satz 8.2.10 sind die Zylinder, Kegel und Schraubtorsen Beispiele für torsale Regelflächen. Wir sprechen im Falle einer torsalen Erzeugenden $e$ von der Tangentialebene *längs e.* Weitere Beispiele liefert

**Def. 9.1.3:** Die Menge aller Punkte der Tangenten einer differenzierbaren nicht geradlinigen Kurve $c$ heißt *Tangentenfläche* mit der *Gratkurve c.*

Die Punkte der Gratkurve $c$ nennen wir die *Gratpunkte* der Tangentenfläche $\Gamma$. Im Falle einer ebenen Kurve $c$ gehört $\Gamma$ der Ebene von $c$ an. Im Sinne von Def. 9.1.1 ist die Tangentenfläche eines regulären Kurvenstücks $c$ eine Regelfläche.
Der Satz 8.2.10 ist enthalten in

**Satz 9.1.4:** Die Tangentenfläche $\Gamma$ eines regulären wendepunktfreien Kurvenstücks $c$ ist eine torsale Regelfläche, deren Tangentialebene in jedem vom Gratpunkt $G$ verschiedenen Punkt einer Erzeugenden $e$ die Schmiegebene von $c$ in $G$ ist.

*Beweis*

Benützt man für $c$ eine Bogenlängenparametrisierung $u \mapsto \mathfrak{y}(u)$, so gilt $\|\dot{\mathfrak{y}}\| = 1$ in $I$ nach 7.1.4., also für die Darstellung von $\Gamma$ gemäß 9.1.1., (1) dann $\mathfrak{r} = \dot{\mathfrak{y}}$, $\mathfrak{r}^2 = 1$ in $I$. In einem Nichtwendepunkt $G$ von $c$ zum Parameterwert $u = 0$ ist $\ddot{\mathfrak{y}}(0) \neq \mathfrak{o}$ nach Satz 7.1.7; wegen $\dot{\mathfrak{y}} \cdot \ddot{\mathfrak{y}} = 0$ sind daher die Vektoren $\dot{\mathfrak{y}}(0)$ und $\ddot{\mathfrak{y}}(0)$ linear unabhängig.
Wir wählen $G$ im Ursprung, also $\mathfrak{x}(0, 0) = \mathfrak{o}$. Da $\mathfrak{x}_u(0, \lambda) = \dot{\mathfrak{y}}(0) + \lambda\ddot{\mathfrak{y}}(0)$ und $\mathfrak{x}_\lambda(0, \lambda) = \dot{\mathfrak{y}}(0)$ für $\lambda \neq 0$ linear unabhängig sind, existiert in jedem von $G$ verschiedenen Punkt der Tangente $e$ von $c$ in $G$ genau eine Tangentialebene, die nach 7.2.1., (4) durch $(\alpha, \beta) \in \mathbb{R}^2 \mapsto \alpha(\dot{\mathfrak{y}}(0) + \lambda\ddot{\mathfrak{y}}(0)) + \beta\dot{\mathfrak{y}}(0)$, also $(\alpha', \beta') \in \mathbb{R}^2 \mapsto \alpha'\dot{\mathfrak{y}}(0) + \beta'\ddot{\mathfrak{y}}(0)$ mit $\alpha' = \alpha + \beta$, $\beta' = \alpha\lambda$ erfaßt wird. Nach 7.1.3. und 7.2.1. ist diese Ebene die Schmiegebene von $c$ in $G$, also in allen von $G$ verschiedenen Punkten von $c$ dieselbe Ebene. $\square$

Die Bezeichnung «Gratpunkt» wird motiviert durch

**Satz 9.1.5:** Enthält eine differenzierbare Kurve $k$, die der Tangentenfläche $\Gamma$ eines wendepunktfreien regulären Kurvenstücks $c$ angehört, einen Gratpunkt $G \in c$, ohne in $G$ die Erzeugende $e$ von $\Gamma$ zu berühren, so ist $G$ ein Rückkehrpunkt von $k$, dessen Tangente in der Schmiegebene von $c$ in $G$ liegt (vgl. A 9.1, 6).

*Beweis*

Wir wählen den zum Parameterwert 0 einer Bogenlängenparametrisierung von $c$ gehörenden Gratpunkt $G$ im Ursprung, die Tangente $e$ von $c$ in $G$ als $x$-Achse und die Schmiegebene von $c$ in $G$ als $xy$-Ebene eines kartesischen Koordinatensystems. Unter Verwendung der Krümmung $\varkappa_0 > 0$ von $c$ in $G$ gilt 7.1.4., (18). Ein Kurvenstück einer Flächenkurve $k$ durch $G$ gestattet mit Hilfe einer Funktion $u \mapsto \lambda(u) = au + bu^2 + (^3)$, $a, b \in \mathbb{R}$ die Darstellung

$$u \in J \subset I \mapsto (x(u), y(u), z(u)) = \Big(u + (^3) + \lambda(u)\,(1 + (^2)),\ \frac{\varkappa_0}{2}\,u^2 + (^3) + \lambda(u)\,(\varkappa_0 u + (^2)),\ (^3) + \lambda(u)\,(^2)\Big), \tag{7}$$

woraus

$$\dot x(u) : \dot y(u) : \dot z(u) = (1 + a + 2bu + (^2)) : [(2a\varkappa_0 + \varkappa_0)\,u + (^2)] : (^2) \tag{8}$$

folgt. Berührt $k$ die Erzeugende $e$ in $G$ nicht, so gilt wegen $\dot x(0) : \dot y(0) : \dot z(0) = (1 + a) : 0 : 0$ notwendig $1 + a = 0$, und nach Division durch $u$ entsteht $\dot x(0) : \dot y(0) : \dot z(0) = 2b : -\varkappa_0 : 0 \neq 0 : 0 : 0$. Die Tangente von $k$ in $G$ liegt somit in der $xy$-Ebene.

Wegen $y(u) = -\frac{\varkappa_0}{2}\,u^2 + (^3)$ gehört $k \setminus G$ in einer räumlichen Umgebung von $G$ einem Halbraum mit der Randebene zur Gleichung $y = 0$ an. □

Nach Satz 9.1.5 besteht jede Tangentenfläche aus zwei von den jeweiligen «Halbtangenten» der Gratkurve $c$ gebildeten «Mänteln», die, einander längs $c$ im Sinne von Satz 9.1.5 berührend, einen scharfen Grat bilden.

In Fig. 9.1 sind die beiden Mäntel einer Schraubtorse $\Lambda$ dargestellt. Wir beranden die Fläche durch den Querschnitt $q$ in $\pi_1$, eine von der Gratschraublinie $c$ verschiedene Bahnschraublinie $k$ in $\Lambda$ und einen Teil des Meridians $m$ in der Hauptmeridianebene $\mu$.

KB. Wir geben die Rechtsschraubung durch die Schraubachse $a$ und den Parameterpunkt $R$ an und konstruieren nach 8.1.2. Punkte und Tangenten der durch den Punkt $O \in \pi_1$ gehenden Gratschraublinie $c$. Die Schraublinie $k$ enthält einen gegebenen Punkt $\bar O$ der zu $\pi_2$ parallelen Tangente von $c$ in $O$. Wie aus Satz 9.1.4 folgt, besteht die Kontur einer Schraubtorse aus (im jeweiligen Gratpunkt aufgeschnittenen) Erzeugenden; die Hauptrisse der Konturerzeugenden $u_2$ gehen nach 8.2.4. durch den Drehfluchtpunkt $S_+$ der Sehgeraden $s_2$. Der Hauptmeridian $m$ in $\mu$ wird gemäß 8.2.1. konstruiert (vgl. $M$ in Fig. 9.1) und besitzt nach Satz 9.1.5 in den Punkten von $c$ Rückkehrpunkte, wobei die Rückkehrtangente die Schnittgerade von $\mu$ mit der Schmiegebene von $c$ ist; bei Fig. 9.1 sind diese Tangenten zu $\pi_1$ parallel.
Da die Schmiegebenen von $c$ nach Satz 7.1.6 und 8.1.2. parallel zu den Tangentialebenen eines Richtdrehkegels von $c$ und die Erzeugenden von $\Lambda$ daher bezüglich $\pi_1$ Fallgeraden der Tangentialebenen von $\Lambda$ sind, schneidet jeder Querschnitt einer Schraubtorse die Erzeugenden normal. Der Hauptriß $q'$ des Querschnitts $q$ durchsetzt nach Satz 1.4.2 die Tangenten des Kreises $c'$ orthogonal und ist daher eine Kreisevolvente. Diese kann nach Satz 7.1.14 konstruiert werden (Fig. 9.1). △

Zylinder, Kegel und Tangentenflächen sind im wesentlichen die einzigen torsalen Regelflächen:

**Satz 9.1.6:** Jede torsale Regelfläche $\Phi$ besteht aus Stücken von Zylindern, Kegeln[2] oder Tangentenflächen.

*Beweis*

Wir verwenden eine Leitkurve mit $\{\dot{\mathfrak{y}}, \mathfrak{r}\}$ linear unabhängig in $I$; nach Satz 9.1.2 muß es dann zwei Funktionen $a, b : I \to \mathbb{R}$ mit

$$a(u)\,\dot{\mathfrak{y}}(u) + \dot{\mathfrak{r}}(u) + b(u)\,\mathfrak{r}(u) = \mathfrak{o} \tag{9}$$

geben. Für $a = 0$ in $I$ ist $\mathfrak{r}(u) = \mathfrak{c} \exp\left(-\int b(u)\,du\right)$; alle Erzeugenden sind daher parallel, und es liegt ein Zylinder vor. Für $a \neq 0$ in $I$ gilt $\dot{\mathfrak{y}} = A\dot{\mathfrak{r}} + B\mathfrak{r}$; mit $u \mapsto \mathfrak{z}(u) := \mathfrak{y}(u) - A(u)\,\mathfrak{r}(u)$ folgt $\dot{\mathfrak{z}} = \dot{\mathfrak{y}} - \dot A\mathfrak{r} - A\dot{\mathfrak{r}} = (B - \dot A)\,\mathfrak{r}$. Für $B - A = 0$ in $I$ ist $\mathfrak{z}$ konstant in $I$ und daher $\Phi$ ein Kegel, für $B - \dot A \neq 0$ in $I$ ist $\mathfrak{y}(u) + \lambda\mathfrak{r}(u) = \mathfrak{z}(u) + A(u)\,\mathfrak{r}(u) + \lambda\mathfrak{r}(u) = \mathfrak{z}(u) + (B(u) - \dot A(u))^{-1}\,(A(u) + \lambda)\,\dot{\mathfrak{z}}(u) =: \mathfrak{z}(u) + \mu\dot{\mathfrak{z}}(u)$; damit ist $\Phi$ die Tangentenfläche der durch $u \mapsto \mathfrak{z}(u)$ beschriebenen Kurve.
Da diese Fallunterscheidung voraussetzt, daß eine gewisse stetige Funktion in $I$ entweder identisch verschwindet oder in $I$ ungleich Null ist und nach Hs 1a in 7.0. eine Nichtnullstelle einer stetigen Funktion nicht isoliert ist, besteht $\Phi$ aus Stücken der genannten Flächen. □

[2] Dabei sind Regelflächen, deren Erzeugenden einem Parallelbüschel bzw. einem Geradenbüschel angehören, zu den Zylindern bzw. zu den Kegeln zu zählen.

a"
s₁"
m"
M"
3"
t"
k"
2*
2"
c"
c*
e₀"
e"
m"
m"
Ō"
1*
1"
R"
u₂"
u₂"
π₁"
O"
α
q"
O*
q'
k'
T₊
2'
u₂'
c'
e'
S₊'
3'
a'
1'
m'
M'
μ'
s₂'
O'
u₂'
Ō'
q'
p>0

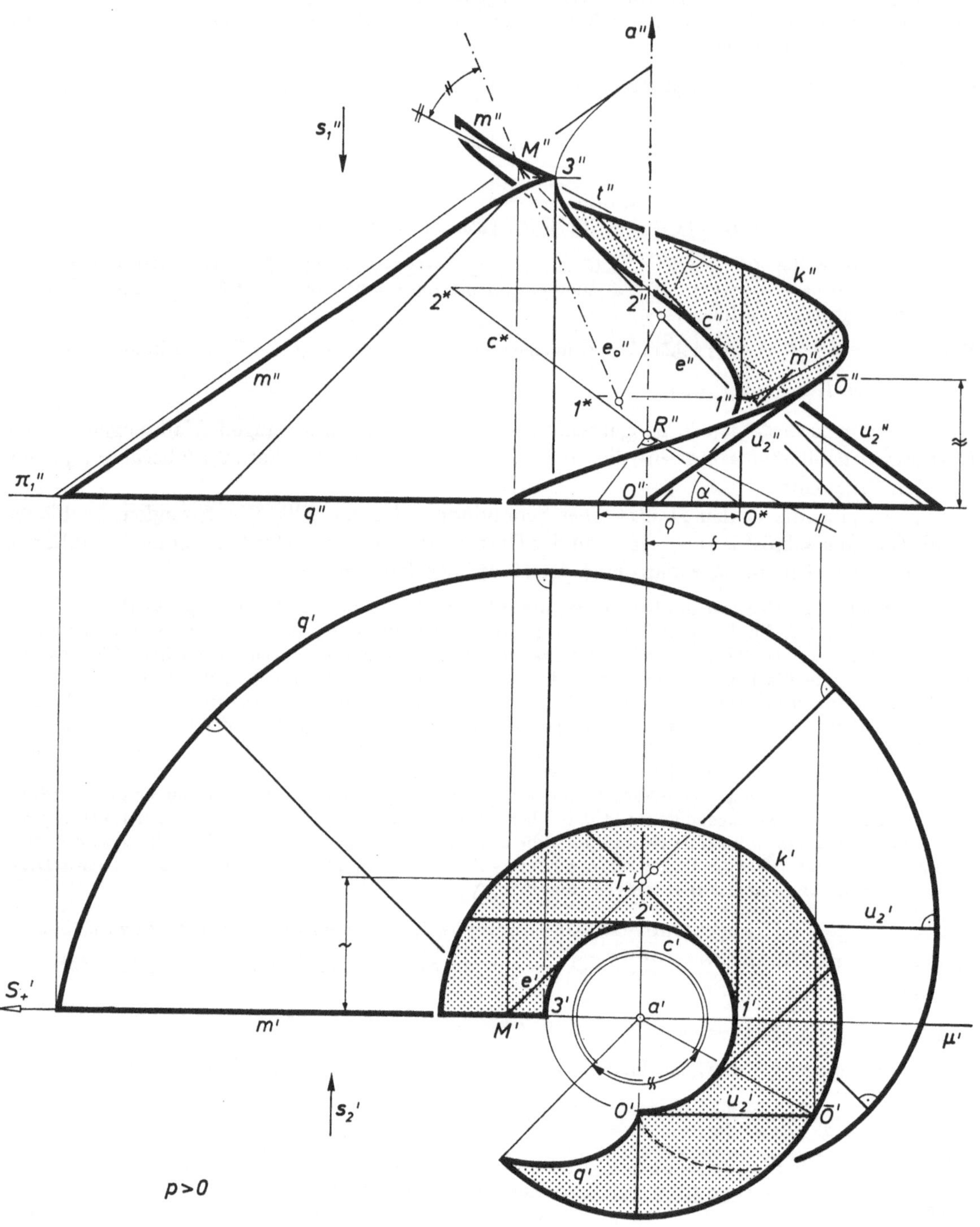

Fig. 9.1

### 9.1.4. Abwicklung von Tangentenflächen

Unter Verwendung von Def. 7.3.1 gilt[3]

**Satz 9.1.7:** Die Tangentenfläche $\Gamma$ eines regulären wendepunktfreien Kurvenstücks $c$ ist eine Torse.

*Beweis*

Unter Benützung einer Bogenlängenparametrisierung $u \in I \mapsto \mathfrak{y}(u)$ von $c$ entsteht bei einer Abwicklung aus $c$ notwendig in einer Ebene $\varepsilon$ eine Kurve $c^{\mathcal{V}}$, die nach Einführung eines kartesischen $(\xi, \eta)$-Koordinatensystems in $\varepsilon$ (mit gleicher Einheitsstrecke wie beim $(x, y, z)$-System) eine Darstellung $u \in I \mapsto \mathfrak{y}^{\mathcal{V}}(u) := (f(u), g(u))$ mit $u$ als Bogenlänge gestattet. Damit gilt einerseits $\|\dot{\mathfrak{y}}\| = 1$, also $\dot{\mathfrak{y}} \cdot \ddot{\mathfrak{y}} = 0$ und andererseits $\|\dot{\mathfrak{y}}^{\mathcal{V}}\| = 1$, also $\dot{\mathfrak{y}}^{\mathcal{V}} \cdot \ddot{\mathfrak{y}}^{\mathcal{V}} = 0$ in $I$.
Wir definieren eine Abbildung $\mathcal{V}: \Gamma \to \varepsilon$ durch

$$\xi = f(u) + \lambda \dot{f}(u), \quad \eta = g(u) + \lambda \dot{g}(u); \tag{10}$$

dem zu $(u, \lambda) \in I \times \mathbb{R}$ gehörenden Punkt von $\Gamma$ wird unter $\mathcal{V}$ der durch (10) erklärte Punkt von $\varepsilon$ zugeordnet. Wegen $\|\dot{\mathfrak{y}}\|^2 = 1 = \dot{f}^2 + \dot{g}^2$ bildet $\mathcal{V}$ jede Erzeugende von $\Gamma$ längentreu auf eine Tangente der ebenen Kurve $c^{\mathcal{V}}$ ab.
Eine differenzierbare Kurve $k \subset \Gamma$, die keine Erzeugende von $\Gamma$ berührt, besitzt eine Parameterdarstellung der Form

$$u \in J \subset I \mapsto \mathfrak{z}(u) = \mathfrak{y}(u) + \lambda(u)\, \dot{\mathfrak{y}}(u) \qquad \text{mit } \|\dot{\mathfrak{y}}\| = 1 \text{ in } I. \tag{11}$$

Da die Bogenlänge von $k$ bzw. $k^{\mathcal{V}}$ nach 7.1.4., (20) und (10) durch $\dot{\mathfrak{z}}^2 = (1 + \dot{\lambda})^2 + \lambda^2 \ddot{\mathfrak{y}}^2$ bzw. $\dot{\xi}^2 + \dot{\eta}^2 = (1 + \dot{\lambda})^2 + \lambda^2(\ddot{f}^2 + \ddot{g}^2)$ bestimmt wird, liegt genau dann eine längentreue Abbildung vor, wenn $\ddot{\mathfrak{y}}^2 = \ddot{f}^2 + \ddot{g}^2 = (\ddot{\mathfrak{y}}^{\mathcal{V}})^2$ in $I$ gilt. Nach Satz 7.1.8 bedeutet das die Übereinstimmung der Krümmungen von $c$ und $c^{\mathcal{V}}$ zu jedem Wert $u \in I$. Die Krümmung $\varkappa$ der wendepunktfreien Kurve $c$ ist stets positiv. Da nach Satz 7.1.9 zur Funktion $\varkappa: I \to \mathbb{R}$ mit $\varkappa > 0$ eine ebene Kurve $c^{\mathcal{V}}$ mit $u$ als Bogenlänge und $\varkappa(u)$ als Krümmung existiert, kann die ebene Kurve $c^{\mathcal{V}}$ gefunden und durch (10) die Abwicklung von $\Gamma$ definiert werden. □

Die Abwicklung $\mathcal{V}: \Gamma \to \varepsilon$ bildet somit die Gratkurve $c$ von $\Gamma$ *krümmungstreu* ab. Weiter gilt in Analogie zu Satz 7.3.4 und Satz 7.3.5:

**Satz 9.1.8:** Die Abwicklung einer Tangentenfläche $\Gamma$ ist winkeltreu. Für ein reguläres Kurvenstück $k$ in $\Gamma$ ist die Krümmung der verebneten Kurve $k^{\mathcal{V}}$ in einem Punkt $P^{\mathcal{V}}$ gleich der Krümmung des Normalrisses $k^n$ von $k$ in der Tangentialebene $\tau$ von $\Gamma$ in $P \in k$.

*Beweis*

(a) Zwei die Erzeugende $e$ durch ihren gemeinsamen Punkt $P$ nicht berührende reguläre Flächenkurven werden mit (11) durch Funktionen $\lambda_j: I \to \mathbb{R}$ $(j = 1, 2)$ erfaßt; der Beweis verläuft wie in 7.3.4., wobei anstelle von 7.3.4., (9) mit $\dot{\mathfrak{y}}^2 = 1$, also $\dot{\mathfrak{y}} \cdot \ddot{\mathfrak{y}} = 0$ tritt

$$\cos \sphericalangle\, t_1, t_2 = ([(1 + \dot{\lambda}_1)(1 + \dot{\lambda}_2) + \lambda_1 \lambda_2 \ddot{\mathfrak{y}}^2]\,[(1 + \dot{\lambda}_1)^2 + \lambda_1{}^2 \ddot{\mathfrak{y}}^2]^{-1/2}\,[(1 + \dot{\lambda}_2)^2 + \lambda_2{}^2 \ddot{\mathfrak{y}}^2]^{-1/2})\,(u_0). \tag{12}$$

(b) Wir wählen dasselbe Koordinatensystem wie im Beweis zu Satz 9.1.5. Unter Verwendung der kanonischen Darstellung 7.1.4., (18) von $c$ gilt für ein reguläres Flächenkurvenstück $k$ durch den Punkt $P$ mit dem Koordinatentripel $(\lambda_0, 0, 0)$ mit Hilfe zweier Funktionen[4] $t \in\, ]-\delta, \delta[\, \mapsto u(t) = \alpha t + \beta t^2 + (^3)$ und $t \in\, ]-\delta, \delta[\, \mapsto \lambda(t) = \lambda_0 + at + bt^2 + (^3)$ $(\alpha, \beta, a, b \in \mathbb{R})$ eine durch (11) bestimmte Darstellung. Der Normalriß $k^n$ von $k$ in der Ebene mit der Gleichung $z = 0$ hat dann die Darstellung

$$\begin{aligned} x(t) &= u(t) + (^3) + (\lambda_0 + at + bt^2 + (^3)) \left(1 - \frac{\varkappa_0{}^2}{2} u^2(t) + (^3)\right), \\ y(t) &= \frac{\varkappa_0}{2} u^2(t) + (^3) + (\lambda_0 + at + (^2)) \left(\varkappa_0 u(t) + \frac{\dot{\varkappa}_0}{2} u^2(t) + (^3)\right) \quad \text{mit } u(t) = \alpha t + \beta t^2 + (^3). \end{aligned} \tag{13}$$

[3] Durch Satz 9.1.7 ist insbesondere der Name «Schraubtorse» motiviert. In der Differentialgeometrie wird bewiesen, daß umgekehrt jede Torse im Sinne von Def. 7.3.1 aus Stücken von Kegeln, Zylindern (vgl. Fn. 2) und Tangentenflächen besteht (vgl. [3, 288]). Wegen Satz 9.1.6 werden die torsalen Regelflächen oft kurz Torsen genannt (vgl. 9.1.6., 9.1.7.).

[4] Im Gegensatz zu früheren Beweisen muß jetzt diese kompliziertere Darstellung für $k$ benützt werden, weil $k$ eine Erzeugende berühren kann.

Die bogenlängentreue und krümmungstreue Verebnung $c^V$ von $c$ besitzt notwendig die kanonische Darstellung[5]

$$f(u) = u + (^3), \quad g(u) = \frac{\varkappa_0}{2} u^2 + \frac{\dot{\varkappa}_0}{6} u^3 + (^4), \tag{14}$$

was nach (10) für $k^V$

$$\begin{aligned} \xi(t) &= u(t) + (^3) + (\lambda_0 + at + bt^2 + (^3)) \left(1 - \frac{\varkappa_0^2}{2} u^2(t) + (^3)\right), \\ \eta(t) &= \frac{\varkappa_0}{2} u^2(t) + (^3) + (\lambda_0 + at + (^2)) \left(\varkappa_0 u(t) + \frac{\dot{\varkappa}_0}{2} u^2(t) + (^3)\right) \end{aligned} \tag{15}$$

ergibt. Mit Satz 7.1.8 folgt aus (13) und (15) die Behauptung. □

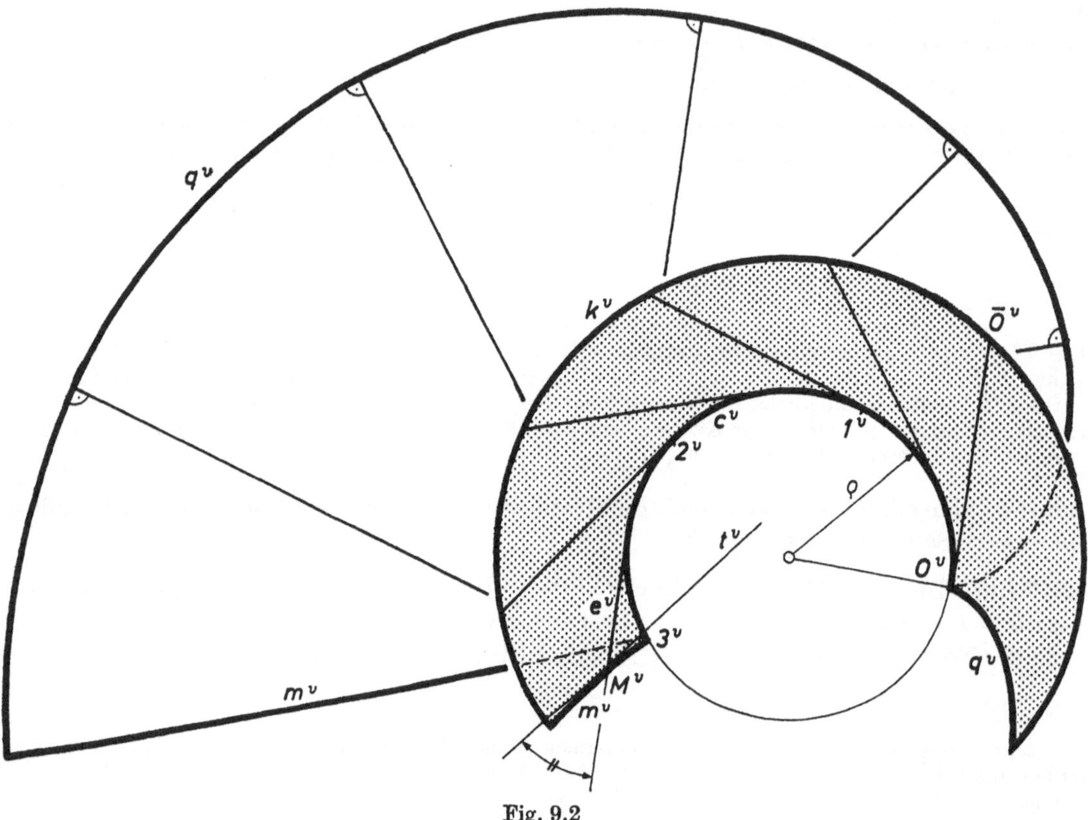


Fig. 9.2

In Analogie zu 7.3.4. gilt für die zweite, von E. CATALAN stammende Aussage von Satz 9.1.8 die konstruktiv günstige Fassung von Satz 7.3.9, wobei der Beweis wortgleich zu übernehmen ist. Wir konstruieren in Fig. 9.2 die Verebnung jenes Teiles einer Schraubtorse $\Lambda$, welcher in Fig. 9.1 dargestellt ist.

KB. Da der Krümmungsradius $\varrho$ der Gratschraublinie $c$ nach 8.2.1., (5) konstant ist, muß die Verebnung $c^V$ von $c$ ein Kreis vom Radius $\varrho$ sein, und $k^V$ ist ein zu $c^V$ konzentrischer Kreis durch den Punkt $\bar{O}^V$ mit $\overline{O\bar{O}} = \overline{O^V\bar{O}^V}$. Bei Abwicklung des Schraubzylinders durch $c$ erhält man nach 8.1.2. eine geradlinige Verebnung $c^*$ von $c$, in der der Bogen der Schraublinie rektifiziert erscheint (Fig. 9.1); den Punkt $1^V$ von $c^V$ etwa erhält man durch Auftragen der Länge $\widehat{O1} = \overline{O^*1^*}$ im Kreisbogen $c^V$. Ist $r$ der Radius des Schraubzylinders von $c$, so gilt für die Länge eines Bogens von $c$, der zum Drehmaß $\varphi$ gehört, nach A 8.1, 6 dann $r\varphi : \cos\alpha$, falls $\tan\alpha$ die Böschung der Böschungsschraublinie $c$ (vgl. 8.1.2.) ist. Mit 8.2.1., (5) folgt aus $r\varphi : \cos\alpha = \varrho\varphi^V$

$$\varphi^V = \varphi \cos\alpha, \tag{16}$$

[5] Da die Krümmungen von $c$ und $c^V$ für jeden Wert von $u$ übereinstimmen, gilt gleiches für die Ableitungen der Krümmungen.

womit durch Rechnung Punkte von $c$ in die Verebnung übertragen werden können. Zwischen den Längen $l'$ und $l^V$ des Hauptrisses und der Verebnung einer Strecke in einer Erzeugenden von $\Lambda$ besteht nach Satz 2.4.1 die Beziehung

$$l^V = \frac{l'}{\cos\alpha}, \tag{17}$$

da $l^V$ unverzerrt und $\alpha$ der Böschungswinkel der Erzeugenden von $\Lambda$ ist. Damit können die Punkte jeder in $\Lambda$ verlaufenden Kurve, also etwa des Meridians $m$, in die Verebnung übertragen werden; Tangenten werden mit Satz 9.1.8 ermittelt (vgl. $M^V \in m^V$ in Fig. 9.2; kein Teil von $m^V$ ist geradlinig). Insbesondere ist die Verebnung $q^V$ des Querschnitts $q$ von $\Lambda$ die Evolvente des Kreises $c^V$ durch $O^V$. △

## 9.1.5. Dupinsche Indikatrix von Tangentenflächen

Nach Satz 7.2.6 ist eine Erzeugende $e$ einer Tangentenfläche $\Gamma$ in jedem vom Gratpunkt $G$ in $e$ verschiedenen Punkt $P \in e$ eine Schmiegtangente, und nach Satz 9.1.4 ist die Tangentialebene von $\Gamma$ in $P$ die Schmiegebene $\sigma$ von $c$ in $G$. Weiter gilt:

**Satz 9.1.9:** Ist $G$ ein Nichtwendepunkt eines regulären Kurvenstücks $c$, so sind die von $G$ verschiedenen Punkte $P$ der Tangente $e$ von $c$ in $G$ entweder alle Flachpunkte oder alle parabolische Punkte der Tangentenfläche $\Gamma$ von $c$.

*Beweis*

Wir zeigen zunächst, daß der Schnitt von $\Gamma$ mit der Tangentialebene $\sigma$ in $P$ keinen Knoten besitzt: Unter Verwendung der kanonischen Darstellung 7.1.4., (18) von $c$ gilt für $\Gamma$

$$\mathfrak{x}(u,\lambda) = \left(u + (^3) + \lambda(1 + (^2)),\ \frac{\varkappa_0}{2}u^2 + (^3) + \lambda(\varkappa_0 u + (^2)),\ \frac{\gamma}{6}u^3 + (^4) + \lambda\left(\frac{\gamma}{2}u^2 + (^3)\right)\right), \tag{18}$$

so daß sich für den Schnitt mit der Ebene $\sigma$ zur Gleichung $z = 0$ ergibt $\lambda(u) = \alpha u + (^2)$ $(\alpha \in \mathbb{R})$, also $\mathfrak{x}(0, \lambda(0)) = \mathfrak{o}$; der von $e$ verschiedene Schnitt enthält somit den Gratpunkt $G$, so daß es keine zweite Tangente des Tangentialschnitts in $P$ gibt und der Flächenpunkt $P$ nach Satz 7.2.10 nicht hyperbolisch ist. Der Punkt $P$ kann somit nur ein parabolischer Flächenpunkt oder ein Flachpunkt sein.
Nach Def. 7.2.7 und Satz 7.2.6 ist der von $G$ verschiedene Punkt $P$ von $c$ zum Koordinatentripel $(\lambda_0, 0, 0)$ mit $\lambda_0 \neq 0$ genau dann ein parabolischer Punkt bzw. ein Flachpunkt, je nachdem der Schnitt $k$ von $\Gamma$ mit der zu $e$ normalen Ebene $x = \lambda_0$ in $P$ keinen bzw. einen Wendepunkt aufweist. Nach (18) gilt für $k$ mit $x = \lambda_0$ dann $\lambda = \lambda_0 - u + (^2)$, also

$$x = \lambda_0, \quad y = \lambda_0\varkappa_0 u + (^2), \quad z = \frac{\lambda_0\gamma}{2}u^2 + (^3), \tag{19}$$

was

$$x = \lambda_0, \quad z = \frac{\gamma}{2\lambda_0\varkappa_0^2}y^2 + (^3) \tag{20}$$

ergibt. Nach 7.1.3., (10) ist $P$ genau für $\gamma = 0$ ein Wendepunkt von $k$. Diese Bedingung ist eine Eigenschaft des Punktes $G$ von $c$ und unabhängig von der Auswahl des Punktes $P \neq G$ in $e$. Existiert also ein Flachpunkt in $e$, so sind alle von $G$ verschiedenen Punkte in $e$ Flachpunkte. □

Um den Typus der Flächenpunkte einer Erzeugenden $e$ zu erkennen, benötigt man eine einzige, die Erzeugende $e$ in einem vom Gratpunkt $G$ verschiedenen Punkt $P$ durchsetzende Flächenkurve $l$. Ist $P$ kein Wendepunkt von $l$ und ist die Schmiegebene von $l$ in $P$ von der Schmiegebene $\sigma$ von $c$ in $G$ verschieden, so besteht $e$ (außer $G$) nur aus parabolischen Punkten.
Die Dupinsche Indikatrix $i(k)$ einer Tangentenfläche $\Gamma$ in einem parabolischen Punkt $P$ kann mit Hilfe der Krümmungsachse $a$ einer die Erzeugende $e$ in $P$ nicht berührenden Flächenkurve $l$ wie im Falle eines Zylinders oder Kegels gefunden werden: Der Schnittpunkt von $a$ mit der Flächennormalen $n$ in $P$ ist der Mittelpunkt $K^N(t)$ der Meusnier-Kugel $\varkappa_t$ zur Tangente $t$ von $l$ in $P$; die beiden zu $e$ parallelen Indikatrixgeraden gehen durch jene beiden Punkte von $t$, die von $P$ den Abstand $\sqrt{k\varrho^N(t)}$ besitzen, wobei $\varrho^N(t)$ der Radius von $\varkappa_t$ ist (vgl. Fig. 7.17).
In einem parabolischen Punkt $P$ von $\Gamma$ ist die zu $e$ normale Flächentangente eine Krümmungstangente und der Krümmungsradius des Normalschnitts (20) in $P$ der Hauptkrümmungsradius

$\varrho_1{}^N$ von $\Gamma$ in $P$; nach (20) und 7.1.3., (7) folgt $\varrho_1{}^N = \varkappa_0{}^2 \left|\frac{\lambda_0}{\gamma}\right|$. Da $|\lambda_0|$ der Abstand des Gratpunktes $G$ in $e$ von $P$ ist und zwei solche Normalschnitte durch Punkte $P$ und $\bar{P}$ von $e$ nach (20) in einer Umgebung von $P$ und $\bar{P}$ abgesehen von $P$ und $\bar{P}$ demselben Halbraum bzw. verschiedenen Halbräumen mit der Randebene $\sigma$ angehören, falls die $\lambda_0$-Werte von $P$ und $\bar{P}$ gleiches bzw. verschiedenes Vorzeichen besitzen, geht die Verbindungsgerade der Mittelpunkte der MEUSNIER-Kugeln zu je zwei von $e$ verschiedenen Krümmungstangenten in Punkten von $e$ durch den Gratpunkt $G$. Mit Hilfe von 7.2.5., (15) und A 7.2, 12 folgt

**Satz 9.1.10:** Sind die vom Gratpunkt $G$ verschiedenen Punkte einer Erzeugenden $e$ parabolisch, so geht die Verbindungsgerade der Mittelpunkte der MEUSNIER-Kugeln zu parallelen Flächentangenten in zwei von $G$ verschiedenen Punkten von $e$ durch den Gratpunkt $G$. Die Indikatrix $i(k)$ von $\Gamma$ in einem Punkt $P \neq G$ von $e$ wird unter jener zentrischen Ähnlichkeit zum Zentrum $G$, welche $P$ in einen Punkt $\bar{P} \neq G$ von $e$ überführt, in die Indikatrix $\bar{i}(\bar{k})$ von $\Gamma$ in $\bar{P}$ zur Konstanten $\bar{k}$ mit $\bar{k}:k = \overline{G\bar{P}}:\overline{GP}$ abgebildet.

Nach Satz 7.2.8 enthält auch die Verbindungsgerade der Krümmungsmittelpunkte der Schnitte von $\Gamma$ mit zwei verschiedenen parallelen Ebenen in den Punkten von $e$ den Gratpunkt $G$.

## 9.1.6. Verbindungstorsen

Durch zwei differenzierbare Leitkurven $l$, $\bar{l}$ ist eine torsale Regelfläche $\Phi$ bestimmt, welche die *Verbindungstorse* der beiden Kurven heißt. Ihre Erzeugenden $e$ treffen beide Leitkurven und müssen nach Satz 9.1.3 so eingepaßt werden, daß im Falle verschiedener Schnittpunkte $P = e \cap l$, $\bar{P} = e \cap \bar{l}$ für die von $e$ und der Tangente $t$ von $l$ in $P$ bzw. $\bar{t}$ von $\bar{l}$ in $\bar{P}$ aufgespannte Tangentialebene $\tau$ bzw. $\bar{\tau}$ gilt $\tau = \bar{\tau}$. Dazu hat man etwa die Tangente $t$ mit der Tangentenfläche $\bar{\Gamma}$ von $\bar{l}$ zu schneiden; durch $S = t \cap \bar{\Gamma}$ geht eine Erzeugende $\bar{t}$ von $\bar{\Gamma}$, und die Erzeugende $e$ von $\Phi$ verbindet dann den Berührungspunkt $P$ von $t$ in $l$ mit dem Berührungspunkt $\bar{P}$ von $\bar{t}$ in $\bar{l}$. Im Falle einer ebenen Kurve $\bar{l}$ gehört $\bar{\Gamma}$ der Ebene $\bar{\varepsilon}$ von $\bar{l}$ an, im Falle von zwei Kurven $l$, $\bar{l}$ in nicht parallelen Ebenen $\varepsilon$, $\bar{\varepsilon}$ müssen Tangenten $t$ und $\bar{t}$ in Punkten einer Erzeugenden $e \subset \Phi$ einander in der Schnittgeraden $s = \varepsilon \cap \bar{\varepsilon}$ schneiden oder beide zu $s$ parallel sein; im Falle paralleler Ebenen $\varepsilon$, $\bar{\varepsilon}$ ist stets $t$ parallel $\bar{t}$. Durch die beiden Leitkurven $l$, $\bar{l}$ ist nicht unbedingt genau eine Verbindungstorse bestimmt, da etwa durch den Punkt $t \cap \bar{\varepsilon}$ mehr als eine Tangente von $\bar{l}$ gehen kann.
Wegen der Abwickelbarkeit einer Torse werden Verbindungstorsen verwendet, um aus Blech Übergangsstücke zwischen zwei Querschnitten herzustellen; für technische Anwendungen ist nur ein von Gratpunkten freies Teilstück einer Verbindungstorse von Interesse.
Zur Konstruktion des Gratpunktes einer Erzeugenden $e = P\bar{P}$ benötigt man die Krümmungskreise von $l$ in $P$ und von $\bar{l}$ in $\bar{P}$. Nach 9.1.5. beherrscht man durch diese Angaben die DUPINsche Indikatrizen in $P$ und $\bar{P}$ und damit die MEUSNIER-Kugeln in $P$ und $\bar{P}$ etwa zur Tangente $t$ von $l$ in $P$ und der zu $t$ parallelen Flächentangente in $\bar{P}$. Der Gratpunkt $G$ ist dann durch Satz 9.1.10 festgelegt.
Fig. 9.3 zeigt die Verbindungstorse $\Phi$ zweier Kreise $l$, $\bar{l}$, die in orthogonalen Ebenen liegen. Wir wählen diese Ebenen als erste bzw. zweite Hauptebene $\eta_1$ bzw. $\eta_2$ einer Darstellung in Grund- und Aufriß.

KB. Die Tangente $t$ von $l$ bzw. $\bar{t}$ von $\bar{l}$ in einem Punkt $P$ bzw $\bar{P}$ einer Erzeugenden $e$ von $\Phi$ treffen einander in einem Punkt $T$ von $s = \eta_1 \cap \eta_2$. Die Kreise $l$ und $\bar{l}$ mit den Radien $r$, $\bar{r}$ sind ihre eigenen Krümmungskreise. Die Drehachse $a$ bzw. $\bar{a}$ von $l$ bzw. $\bar{l}$ schneidet nach Satz 7.2.7 und Def. 7.2.6 die zur Tangentialebene $\tau = et = e\bar{t}$ normale Gerade $n$ durch $P$ bzw. $\bar{n}$ durch $\bar{P}$ im Mittelpunkt $K^N(t)$ bzw. $K^N(\bar{t})$ der MEUSNIER-Kugel zur Flächentangente $t$ bzw. $\bar{t}$. Nach Drehen der Tangentialebene $\tau$ um $t$ in $\eta_1$ können die Winkelmaße $\alpha = \sphericalangle\, t, t_1$ und $\bar{\alpha} = \sphericalangle\, \bar{t}, \bar{t}_1$ abgelesen werden, die $t$ bzw. $\bar{t}$ und die zu $e$ normale Krümmungstangente $t_1$ in $P$ bzw. $\bar{t}_1$ in $\bar{P}$ bilden; mit Hilfe von A 7.2, 4 erhält man den Mittelpunkt $K_1{}^N$ bzw. $\bar{K}_1{}^N$ der MEUSNIER-Kugel zu $t_1$ bzw. $\bar{t}_1$ (Fig. 9.3a) und damit wegen $t_1 \parallel \bar{t}_1$ den Gratpunkt $G$ nach Satz 9.1.10. Der Grundriß $c'$ bzw. der Aufriß $c''$ der Gratkurve $c$ berührt $e'$ in $G'$ bzw. $e''$ in $G''$.

Der Punkt $\bar{I}$ von $\bar{l}$ in der zweiten Konturerzeugenden $u_2$ ist Gratpunkt: Da $\bar{l}$ in $\bar{I}$ die Erzeugende $u_2$ berührt, müßte sonst nach Satz 7.2.6 die Ebene $\eta_2$ von $\bar{l}$ die Tangentialebene längs $u_2$, also zweitprojizierend sein. △

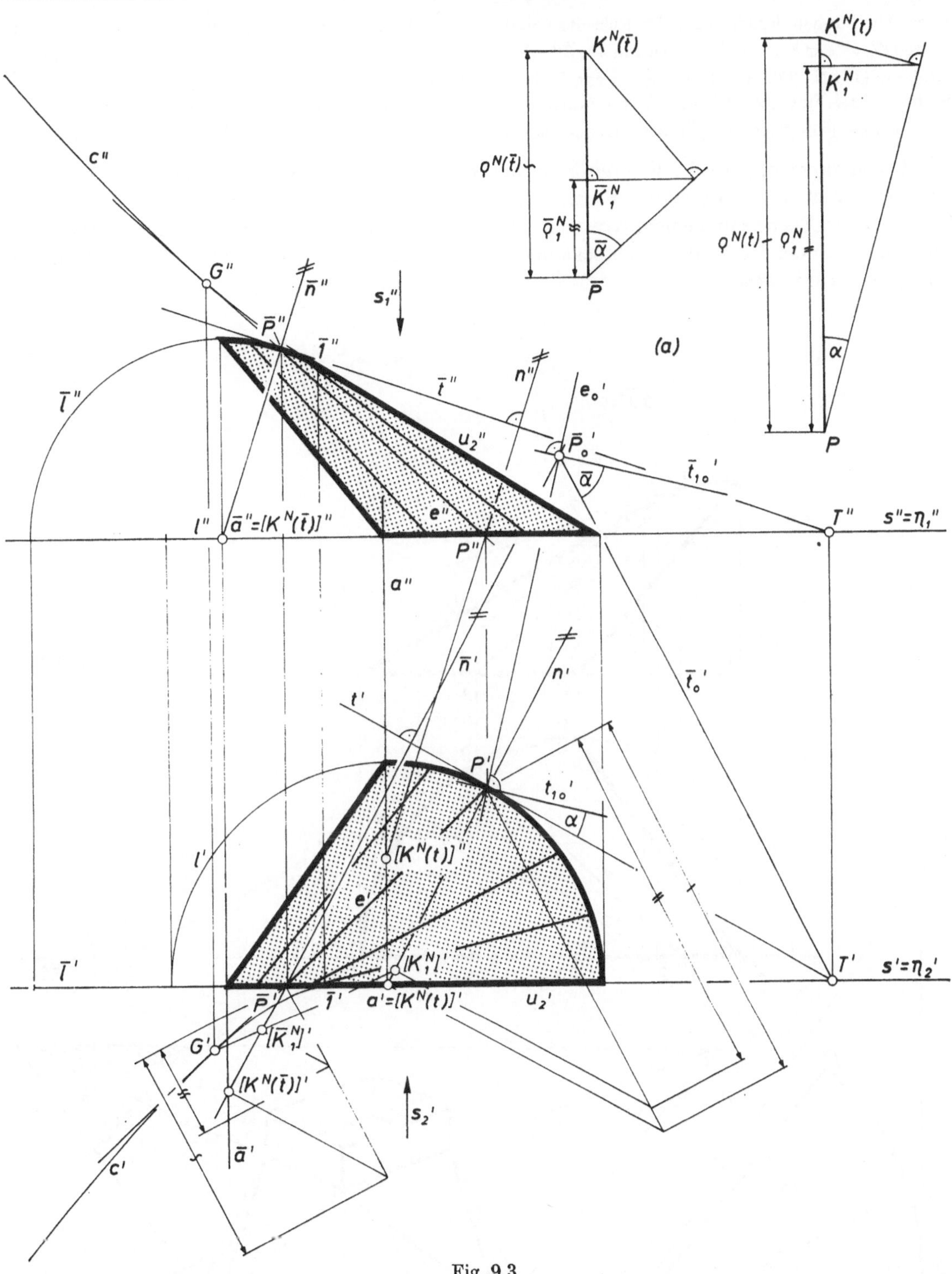


Fig. 9.3

Bei der näherungsweisen Abwicklung einer Verbindungstorse $\Phi$ wählt man eine Folge von Erzeugenden, die $l$ bzw. $\bar{l}$ in Punkten $1, 2, 3, \ldots$ bzw. $\bar{1}, \bar{2}, \bar{3}, \ldots$ schneiden. Die nicht notwendig ebenen Vierecke $\{1, \bar{1}, \bar{2}, 2\}$, $\{2, \bar{2}, \bar{3}, 3\}$ usw. werden dann durch die Diagonalen $\bar{1}2$, $2\bar{3}$ usw. in je zwei Dreiecke zerlegt. Wir konstruieren in Fig. 9.4 auf diese Weise die Verebnung eines Stückes der Verbindungstorse von Fig. 9.3.

KB. Die Längen der einzelnen Dreieckseiten sind in Fig. 9.4 durch Drehen parallel $\pi_2$ ermittelt. Die Tangenten $t^V$, $\bar{t}^V$ der Kurven $l^V$, $\bar{l}^V$ etwa in $3^V$, $\bar{3}^V$ erhält man mit Hilfe eines zum Dreieck $\{3, \bar{3}, T\}$ kongruenten Dreiecks $\{3^V, \bar{3}^V, T^V\}$. Die Drehachse $a$ von $l$ schneidet die Tangentialebene $et$ des Punktes $3$ in $3^*$, und $\overline{33^*}$ ist nach 9.1.4. und Satz 7.3.6 der Krümmungsradius $\varrho$ von $l^V$ in $3^V$. Da die zweitprojizierende Drehachse $\bar{a}$ von $\bar{l}$ zur zweitprojizierenden Tangentialebene längs $u_2 = 1\bar{1}$ parallel ist, ist $\bar{1}^V$ ein Wendepunkt von $\bar{l}^V$. △

Die Verbindungstorse zweier Kurven kann natürlich auch Zylinder, Kegel oder ebene Regelflächen enthalten. Fig. 9.5 zeigt den Parallelriß eines kantenlosen Übergangsstücks, das von einem Rechteck der Ebene $\varepsilon$ und einem Kreis der Ebene $\bar{\varepsilon}$ berandet wird und aus vier Kreiskegelstücken mit Spitzen in den Ecken des Rechtecks und vier Dreiecken in gemeinsamen Tangentialebenen je zwei dieser Kegel besteht.

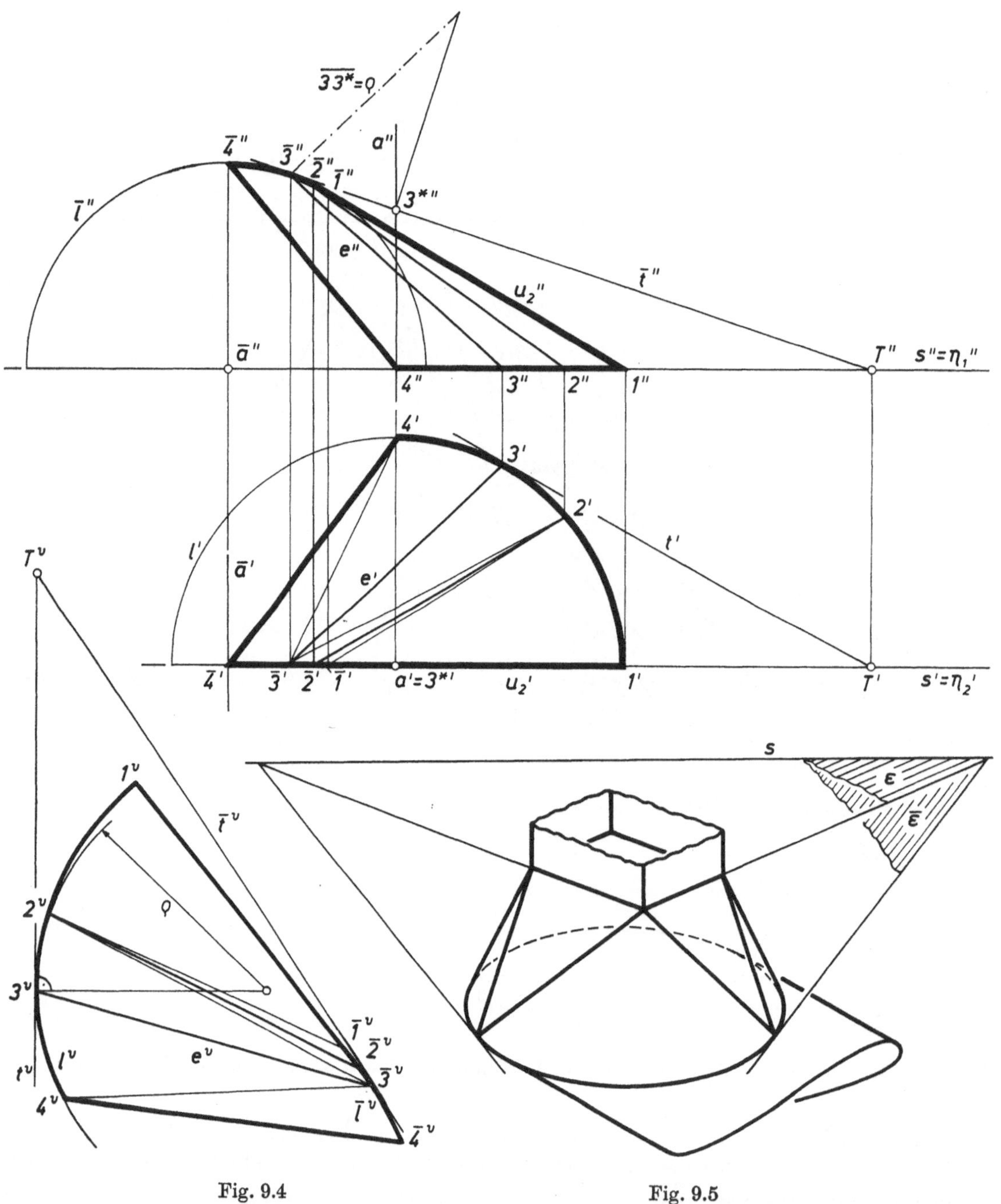


Fig. 9.4

Fig. 9.5

### 9.1.7. Böschungsflächen

Böschungsflächen finden als Damm- und Einschnittflächen im Tiefbau Verwendung und werden zweckmäßig in einem kotierten Grundriß konstruktiv erfaßt. Den Schnitt einer Fläche $\Phi$ mit einer horizontalen Ebene nennt man eine *Schichtenlinie* von $\Phi$.

**Def. 9.1.4:** Eine nicht zylindrische torsale Regelfläche, deren Erzeugenden dieselbe Böschung gegen die horizontale Grundrißebene $\pi_1$ besitzen, heißt eine *Böschungsfläche.*

Nach 3.4.4. und Def. 8.1.4 sind die Böschungskegel und die Tangentenflächen von Böschungskurven Beispiele für Böschungsflächen, und nach Satz 9.1.6 besteht jede Böschungsfläche aus Stücken solcher Flächen[6]. Statt Böschungsfläche ist auch die Bezeichnung *Böschungstorse* üblich (vgl. 9.1.4., Fn. 3).
Verschiebt man die Erzeugenden einer Böschungsfläche durch einen festen Punkt parallel, so entsteht ein Böschungskegel; damit folgt aus Satz 3.4.3 bzw. Satz 9.1.4 sowie Satz 7.1.5:

**Satz 9.1.11:** Jede Erzeugende $e$ einer Böschungsfläche $\Phi$ ist Fallgerade der Tangentialebene längs $e$, und die Tangentialebenen von $\Phi$ besitzen gegen $\pi_1$ dieselbe Böschung wie die Erzeugenden. Ist $\Phi$ Tangentenfläche einer Böschungskurve $c$, so sind die Grundrisse der Schichtenlinien von $\Phi$ Evolventen des Grundrisses der Gratkurve $c$ von $\Phi$.

Man spricht kurz von der *Böschung* bzw. dem *Intervall* der Böschungsfläche.
Durch eine Kurve $k$ soll eine Böschungstorse $\Phi$ gegebener Böschung $\tan \omega_\Phi$ gelegt werden und die Erzeugende $e$ von $\Phi$ durch einen Punkt $P$ von $k$ sowie der Gratpunkt $G$ in $e$ konstruiert werden. Zur Konstruktion von $e$ benötigt man die Tangente $t$ von $\Phi$ in $P$, zur Konstruktion von $G$ zusätzlich den Krümmungsmittelpunkt $K$ von $k$ in $P$ (Fig. 9.6).

KB. Wir konstruieren in einem kotierten Grundriß. Mit Hilfe des Intervalls $i_t$ der Tangente $t$ und des Intervalls $i_\Phi$ für die gesuchte Böschungsfläche ergibt sich die Schichtengerade $g$ der Tangentialebene $\tau$ von $\Phi$ längs $e$, da $\tau$ eine Ebene durch $t$ ist, die das Intervall $i_\Phi$ besitzt. Für $i_t > i_\Phi$ gibt es zwei Lösungen, die nach 3.4.4. mit Hilfe eines Böschungskegels der Böschung $\tan \omega_\Phi$ zur Spitze $P$ zu finden sind; in Fig. 9.6 ist eine Lösung $\tau$ ausgewählt. Nach Satz 9.1.11 ist $e$ die Fallgerade von $\tau$ durch $P$.

Die Ebene $\sigma = tK$ bzw. $\tau = te$ ist die Schmiegebene von $k$ in $P$ bzw. die Tangentialebene von $\Phi$ in $P$. Mit Hilfe eines zum Grundriß gepaarten zweiten Risses kann ein dritter Riß mit $t$ als Sehgerade konstruiert werden, in dem $\sigma$ und $\tau$ projizierend sind und die Flächennormale $n$ von $\Phi$ in $P$ eine Hauptgerade ist. Die Krümmungsachse $a$ von $k$ in $P$ schneidet $n$ nach Satz 7.2.7 im Krümmungsmittelpunkt $K^N(t)$ des Normalschnitts durch $t$, wobei $\varrho^N(t) = \overline{PK^N(t)}$ gilt.
Nach Drehen von $\tau$ um $g$ parallel $\pi_1$ kann die Indikatrix $i(\varrho^N(t))$ von $\Phi$ in $P$ gezeichnet und der Normalkrümmungsradius $\varrho_1{}^N$ zur zu $e$ normalen Krümmungstangente $t_1$ aus $\sqrt{\varrho^N(t)\varrho_1{}^N}$ ermittelt werden (Fig. 9.6). In einem zum Grundriß gepaarten vierten Riß mit $g$ als Sehgerade ist $\tau$ projizierend und $n$ eine Hauptgerade. Durch den Punkt $K_1{}^N$ von $n$ mit $\overline{PK_1{}^N} = \varrho_1{}^N$ geht nach Satz 7.2.7 die lotrechte Krümmungsachse der Schichtenlinie durch den Punkt $1 = e \cap g$; nach Satz 9.1.11 und 7.1.5. ist der Grundriß $G'$ des Gratpunkts $G$ in $e$ der Krümmungsmittelpunkt des Grundrisses dieser Schichtenlinie (vgl. auch A 9.1, 4). △

Nach Satz 8.1.1 ist jede Schraublinie zu lotrechter Schraubachse $a$ eine Böschungskurve. Im für die Anwendungen wichtigsten Fall wird durch eine Böschungsschraublinie $k$ eine Böschungsfläche $\Phi$ gelegt; der Grundriß $k'$ von $k$ ist dann ein Kreis um den Grundriß $a'$ der lotrechten Schraubachse $a$.

**Satz 9.1.12:** Eine Böschungsfläche $\Phi$ durch eine Böschungsschraublinie $k$ ist eine Schraubtorse, deren Gratschraublinie $c$ einen zum Kreis $k'$ konzentrischen Kreis als Grundriß $c'$ besitzt. Ist $i_k$ bzw. $i_\Phi$ das Intervall der Böschungsschraublinie $k$ bzw. der Böschungsfläche $\Phi$ und $r_k$ bzw. $r_c$ der Radius des Kreises $k'$ bzw. $c'$, so gilt

$$r_c = \frac{i_\Phi}{i_k} r_k. \tag{21}$$

[6] Im Tiefbau werden natürlich auch ebene Flächen zum Abböschen benützt (vgl. Fig. 3.39), doch ist eine Ebene im Sinne von Def. 9.1.4 keine Böschungsfläche.

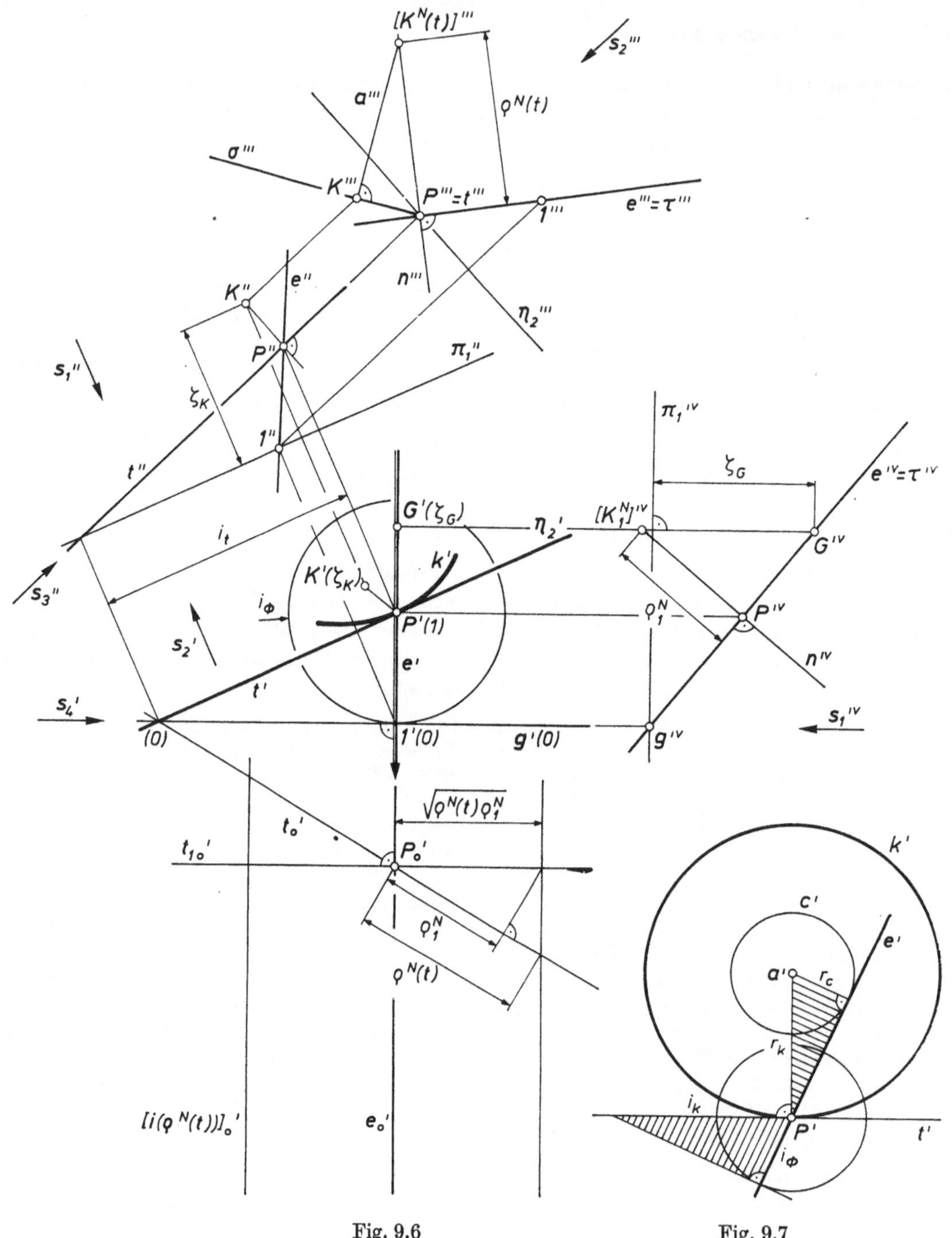


Fig. 9.6 Fig. 9.7

*Beweis*

Da die Grundrisse der Erzeugenden $e$ von $\Phi$ durch Drehungen um $a'$ ineinander übergehen (vgl. Fig. 9.7), hüllen die Geraden $e'$ einen Kreis $c'$ mit Mittelpunkt $a'$ ein. Damit ist die Gratkurve $c$ von $\Phi$ eine Böschungskurve in einem Drehzylinder mit zu $a$ parallelen Erzeugenden, also eine Böschungsschraublinie. Auf Grund der schraffierten ähnlichen Dreiecke in Fig. 9.7 gilt (21). □

Wie aus Def. 3.4.1 und 8.1.2., (5) folgt, ist $r_k : i_k$ gleich dem Betrag des Schraubparameters zur Schraublinie $k$.

In einem nicht ebenen Gelände, von dem in Fig. 9.8 die Grundrisse einiger Schichtenlinien zu ganzzahligen Koten gegeben sind[7], ist ein 6 m breiter Güterweg anzulegen, dessen Mittellinie aus einem in Pfeilrichtung mit 8% fallenden Bogen $m$ einer Böschungsschraublinie in einem Schraubzylinder vom Radius $r = 25$ m besteht, die im Punkt $P$ mit der Kote 310 in ihre Tangente $t$ übergeht. Im vorgeschriebenen Zeichenmaßstab sollen durch die Ränder des nicht überhöhten Weges Böschungsflächen zur Böschung 1:2 gelegt und alle auftretenden Schnitte ermittelt werden.

KB. Das konstante Intervall $i_t = i_m = \frac{100}{8}$ m $= 12{,}5$ m wird in $t'$ als Strecke und in $m'$ nach A 8.1,8 als Länge eines Kreisbogens vom gegebenen Punkt $P'$ aus mehrfach aufgetragen. Zu einem Kreisbogen der Länge $i_m$ gehört nach 7.1.4. ein Zentriwinkel vom Maß $180°\ i_m{:}r\pi \approx 28°40'$; graphisch benützt man den Stechzirkel, um den Kreisbogen der Länge $i_m$ durch ein Polygon aus kleinen Sehnen anzunähern.
Die horizontalen Schichtengeraden des Wegplanums durch $m$ liegen in einer Wendelfläche, welche auch die beiden schraubenlinienförmigen Wegränder $k_1$, $k_2$ enthält; der ebene Teil gehört der Tangentialebene $\tau$ dieser Wendelfläche im Punkt $P$ an, und $t$ ist Fallgerade der Ebene $\tau$.
Aus den Koten der Punkte des Wegrandes erkennt man, daß überall Dammflächen nötig sind, also das Wasser stets vom Wegrand ins Gelände abfließt. Nach 3.4.4. erhält man die beiden Dammebenen $\varphi_1$, $\varphi_2$ durch die geradlinigen Wegränder. Die Böschungsflächen $\Gamma_1$, $\Gamma_2$ durch $k_1$, $k_2$ sind Böschungstorsen. Da $k_1$, $k_2$ und $m$ derselben Wendelfläche angehören, kann gemäß der Bemerkung nach Satz 9.1.12 der Wert $r_c$ mit (21) aus den auf $m$ bezüglichen Angabedaten berechnet werden; die Gratkurven $c_1$ von $\Gamma_1$ und $c_2$ von $\Gamma_2$ besitzen denselben Grundriß $c_1' = c_2'$ vom Radius $r_c = \frac{2{,}25}{12{,}5}$ m $= 4$ m. Die Grundrisse der Erzeugenden von $\Gamma_1$ und $\Gamma_2$ berühren $c_1' = c_2'$ und sind so zu wählen, daß ihre Fallrichtung ins Gelände weist (vgl. auch A 9.1, 5.)
Die Grundrisse der Schichtenlinien von $\Gamma_1$ und $\Gamma_2$ sind Evolventen des Kreises $c_1' = c_2'$. Bringt man gleichkotierte Schichtenlinien zweier Flächen zum Schnitt, erhält man Punkte ihrer Schnittkurve. Insbesondere schneidet jede der beiden Böschungsebenen $\varphi_1$ bzw. $\varphi_2$ die jeweils anschließende Böschungstorse $\Gamma_1$ bzw. $\Gamma_2$ in einer Kurve $l_1$ bzw. $l_2$, deren Grundriß nur wenig von einer Geraden abweicht. Der Grundriß der Tangente etwa von $l_1$ in $P_1$ (vgl. Fig. 9.8) ergibt sich als eine Winkelsymmetrale des Grundrisses $s'$ der Schichtengeraden $s$ der Böschungsebene $\varphi_1$ und des Grundrisses $\bar{s}'$ der Schichtenlinie $\bar{s}$ von $\Gamma_1$ in $P_1$, da $\varphi_1$ dieselbe Böschung wie die Tangentialebenen von $\Gamma_1$ besitzt. Im Schnittpunkt von $l_1$ bzw. $l_2$ mit dem Gelände hat die Schnittkurve der Dammflächen mit dem Gelände eine Ecke, da dort die Tangentialebene von $\Gamma_1$ bzw. $\Gamma_2$ nicht mit der Ebene $\varphi_1$ bzw. $\varphi_2$ übereinstimmt. △

## Aufgaben 9.1

1. Der *Richtkegel* $\Gamma$ einer Regelfläche $\Phi$ zur Spitze $S$ ist die Menge aller Geraden durch $S$, die zu den Erzeugenden von $\Phi$ parallel sind. Dann gilt: Ist in einem Punkt einer Erzeugenden $e$ die Tangentialebene von $\Phi$ parallel zur Tangentialebene eines Richtkegels $\Gamma$ längs $\bar{e} \parallel e$, so ist $e$ eine torsale Erzeugende.
(Anl.: Der Richtkegel der Regelfläche mit der Darstellung (1) zur Spitze im Ursprung hat die Darstellung $(u, \lambda) \mapsto \lambda \mathfrak{r}(u)$.)
2. Konstruiere eine Geodätische einer Schraubtorse $\Gamma$, die zwei gegebene Punkte von $\Gamma$ verbindet oder in einem Punkt von $\Gamma$ eine gegebene Flächentangente berührt.
3. Ist $G$ ein Nichtwendepunkt eines regulären Kurvenstücks $c$ und enthält die Tangente $t$ von $c$ in $G$ einen parabolischen Punkt der Tangentenfläche $\Gamma$ von $c$, so hat der von $t$ verschiedene Schnitt von $\Gamma$ mit der Schmiegebene von $c$ in $G$ den Krümmungsradius $4\varrho{:}3$, falls $\varrho$ der Krümmungsradius von $c$ in $G$ ist (Satz von E. Beltrami (1835—1900), 1865).
(Anl.: Benütze (18).)
4. Der Grundriß jeder Böschungskurve in einer Böschungsfläche $\Gamma$ mit der Schichtenlinie $q$ in $\pi_1$ schneidet die Grundrisse der Erzeugenden von $\Gamma$ nach gleich großen Winkeln; der Grundriß der Gratkurve von $\Gamma$ ist die Evolute von $q$, die Grundrisse der Schichtenlinien von $\Gamma$ sind Parallelkurven zu $q$. Beweise diese Aussagen, und behandle konstruktiv den Fall, daß $q$ eine Ellipse ist.
5. Für die Fallrichtung der Erzeugenden $e$ einer Schraubtorse $\Phi$ durch eine Böschungsschraublinie $k$ gilt: Orientiert man $k'$ im Sinne fallender Koten, den Grundriß $c'$ der Gratschraublinie $c$ von $\Gamma$ dazu gleichsinnig und überträgt man die Orientierungen von $c'$ auf jede Tangente $e'$ von $c'$, so gibt diese Orientierung die Fallrichtung von $e$ an (vgl. Fig. 9.8).
(Anl.: Überlege den Verlauf der Schichtenlinien von $\Gamma$.)
6. Unter den Voraussetzungen von Satz 9.1.5 ist $G$ eine Rückkehrspitze von $k$.
(Anl.: Aus (8) folgt mit $a = -1$ dann $x(u) = bu^2 + (^3)$, $y(u) = -\frac{\varkappa_0}{2} u^2 + (^3)$, $z(u) = 0$. Berechne den Krümmungsradius von $k$ in $G$ mit 1.4.2., (3).)

[7] Durch *Interpolieren* können weitere Schichtenlinien einer Geländefläche, von der stets vorausgesetzt wird, daß sie zwischen den gegebenen Schichtenlinien möglichst «glatt» verläuft, gefunden werden: In Fig. 9.8 ist so der Grundriß der Schichtenlinie 307,5 «in der Mitte» zwischen den Grundrissen der Schichtenlinien 307 und 308 ergänzt.

313
313
312
312
311
311
310
309
308
307,5
307
c1'=c2'
rc
a'
8 %
e1'
e2'
k1'
k2'
s̄'
l1'
l2'
m'
P1'
P'(310)
s'
f1'
f2'
iΦ/2
309,5
t'
309
1
0
1
2
3
4
5
10
15m

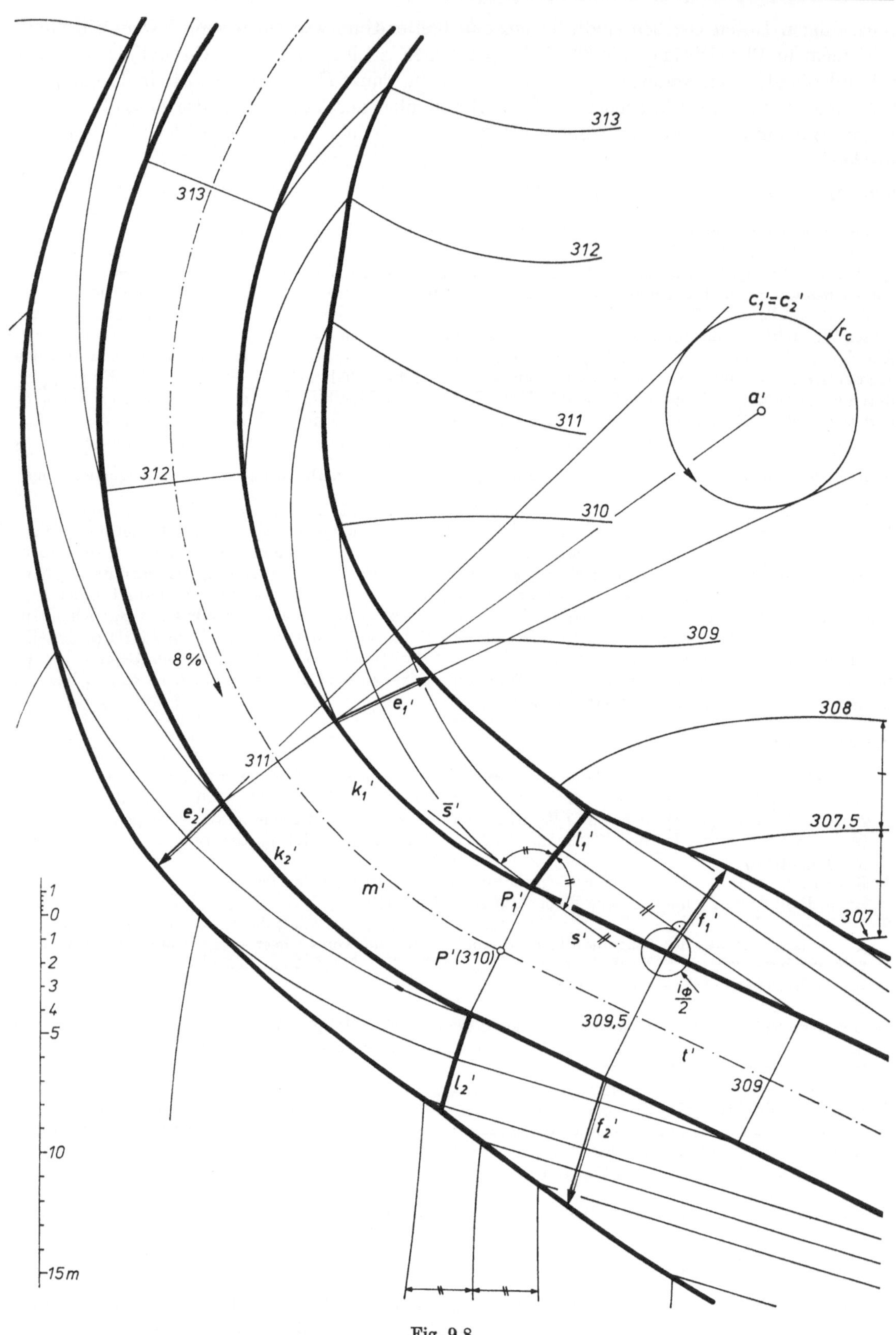

Fig. 9.8

## 9.2. Windschiefe Flächen

### 9.2.1. Tangentialebenen in den Punkten einer nichttorsalen Erzeugenden

Eine Regelfläche, in der höchstens endlich viele torsale Erzeugenden existieren, heißt eine *windschiefe Fläche.* Ist eine Regelfläche $\Phi$ zu einer Ebene $\varepsilon$, welche eine Erzeugende $e$ enthält, symmetrisch und durchsetzt $\Phi$ die Ebene $\varepsilon$ orthogonal, so ist $e$ eine torsale Erzeugende, wie aus Def. 9.1.2 folgt.
Zu zwei nicht parallelen Erzeugenden $e$ und $e_1$ einer Regelfläche $\Phi_1$ existiert nach Satz 1.2.4 genau eine gemeinsame Normale.

**Def. 9.2.1:** Existiert die Grenzlage $S$ des Schnittpunktes $\bar{S}$ der gemeinsamen Normalen einer Erzeugenden $e$ und einer zu $e$ nicht parallelen Erzeugenden $e_1$ mit $e$, falls $e_1$ in $\Phi$ gegen $e$ läuft, so heißt $S$ der *Striktionspunkt* (*Zentralpunkt*) von $e$. Ist der Striktionspunkt $S$ ein regulärer Flächenpunkt, so heißt die Tangentialebene in $S$ die *Zentralebene* von $e$.

Im Falle eines Kegels ist der Striktionspunkt jeder Erzeugenden die Kegelspitze, und für einen Zylinder ist kein Striktionspunkt erklärt.
Orientiert man eine Erzeugende $e$, in der ein Striktionspunkt $S$ existiert, so wird gemäß 1.3.3. ein positiver Drehsinn in der Menge der Ebenen durch $e$ mitbestimmt, und jeder Punkt $P$ von $e$ kann nach Wahl einer Einheitsstrecke gemäß 1.2.2. durch das Teilverhältnis $v = \mathrm{TV}(P, A, S)$ beschrieben werden, wobei $S$ vor $A$ liegt und $\overline{SA} = 1$ gilt. Wir nennen $v$ den (unter Verwendung der Einheitsstrecke $[S, A]$ gemessenen) *orientierten Striktionsabstand* des Punktes $P$ (vgl. 1.2.1., Fn. 4).
Die Tangentialebene $\tau$ jedes Punktes $P$ der Erzeugenden $e$ enthält die Gerade $e$, da diese Gerade in jedem ihrer Punkte Flächentangente ist.

**Satz 9.2.1:** Eine nichttorsale Erzeugende enthält nur reguläre Punkte (vgl. 9.1., Fn. 1). Ist $S$ der Striktionspunkt einer orientierten, nicht torsalen Erzeugenden $e$ und $\zeta$ die Zentralebene von $e$, ferner $v$ der orientierte Striktionsabstand eines Punktes $P \in e$ und $\omega$ das orientierte Winkelmaß der Drehung um $e$, welche die Tangentialebene $\tau$ von $P$ in die Zentralebene $\zeta$ überführt, so existiert eine reelle Zahl $d \neq 0$ so, daß für alle Punkte $P$ von $e$ gilt

$$(1) \qquad v = d \tan \omega \qquad (-\pi/2 < \omega < \pi/2).$$

*Beweis*

(a) Ein durch das Parameterpaar $(u_0, \lambda_0)$ beschriebener Punkt $P$ der Regelfläche mit der Darstellung 9.1.1., (1) ist nur dann nicht regulär, wenn 9.1.1., (4) gilt. Dann ist $\{\dot{\mathfrak{y}}(u_0), \mathfrak{r}(u_0), \dot{\mathfrak{r}}(u_0)\}$ linear abhängig und die Erzeugende durch $P$ nach Satz 9.1.2 torsal.
(b) Die gemeinsame Normale $\bar{n}$ von $e$ und $e_1$ schneidet $e$ in $\bar{S}$ und $e_1$ in $\bar{S}_1$ mit $a := \overline{\bar{S}\bar{S}_1} = \overline{ee_1} \geqq 0$. Ist $\overrightarrow{\sphericalangle}\, e, e_1 = \varphi$ $(-\pi/2 < \varphi \leqq \pi/2, \varphi \neq 0)$ mit $\varphi > 0$ bzw. $\varphi < 0$, je nachdem die $e$ in $e_1$ überführende Schraubung mit der Schraubachse $\bar{n}$ eine Rechts- bzw. Linksschraubung ist, so setzen wir[1]

$$(2) \qquad \lim_{e_1 \to e} \frac{a}{\varphi} = \lim_{e_1 \to e} \frac{a}{\tan \varphi} \frac{\tan \varphi}{\varphi} =: d.$$

Ist $\bar{v}$ der im Sinne der Orientierung von $e$ gemessene orientierte Abstand von $\bar{S}$ nach $P$ und schneidet die zu $e$ normale Ebene durch $P$ die Erzeugende $e_1$ in $P_1$, so gilt mit $\bar{\omega} = \overrightarrow{\sphericalangle}\, eP_1, e\bar{S}_1 (-\pi/2 < \bar{\omega} < \pi/2)$ und Def.

[1] Der Grenzwert $d$ in (2) heißt der *Drall* der Erzeugenden $e$. Wie man in der Differentialgeometrie zeigt, kennzeichnet $d \in \mathbb{R} \setminus \{0\}$ eine nichttorsale Erzeugende, und auf einer solchen existiert stets genau ein Striktionspunkt. Für $d = 0$ liegt eine torsale Erzeugende mit Striktionspunkt vor, der in diesem Fall auch *Kuspidalpunkt* heißt; dies tritt bei jeder Erzeugenden eines Kegels oder einer Tangentenfläche auf, wobei der Kuspidalpunkt in die Kegelspitze bzw. den Gratpunkt fällt. Genau für $\frac{1}{d} = 0$ existiert kein Striktionspunkt; bei einer solchen *zylindrischen Erzeugenden* $e$ sind entweder alle zu $e$ «benachbarten» Erzeugenden parallel $e$ oder der Abstand des Fußpunktes $\bar{S}$ in $e$ von einem Punkt von $e$ läuft mit $e_1$ gegen $e$ nach $+\infty$ (vgl. [3, 281]).

1.3.4 nach Fig. 9.9 unter Berücksichtigung der Vorzeichen von $\bar{v}$, $\varphi$ und $\bar{\omega}$, wobei $\bar{\omega}$ im gleichen Sinn wie $\omega$ gemessen wird, dann

(3) $\bar{v} = a \tan \bar{\omega} : \tan \varphi$.

Beim Grenzübergang von $e_1$ in $\Phi$ gegen $e$ geht die Sehnengerade $PP_1$ bzw. $SS_1$ einer Flächenkurve in ihre Tangente in $P$ bzw. $S$ über, so daß $\lim_{e_1 \to e} eP_1 = \tau$ und $\lim_{e_1 \to e} e\bar{S}_1 = \zeta$ folgt. Mit (2) und $\lim_{\varphi \to 0} (\tan \varphi : \varphi) = 1$ entsteht (1) aus (3).

(c) Da in (1) für $d = 0$ bzw. $\frac{1}{d} = 0$ zu jedem Wert von $\omega$ bzw. $v$ dann $v = 0$ bzw. $\omega = 0$ gilt und $e$ nicht torsal ist, folgt $d \in \mathbb{R} \setminus \{0\}$. □

Nach (1) gehört zu jeder Ebene $\tau$ durch $e$, die zur Zentralebene $\zeta$ nicht normal ist, genau ein Punkt $P$ von $e$ so, daß $\tau$ die Tangentialebene in $P$ ist. Für $d > 0$ bzw. $d < 0$ heißt $e$ *positiv ge-*

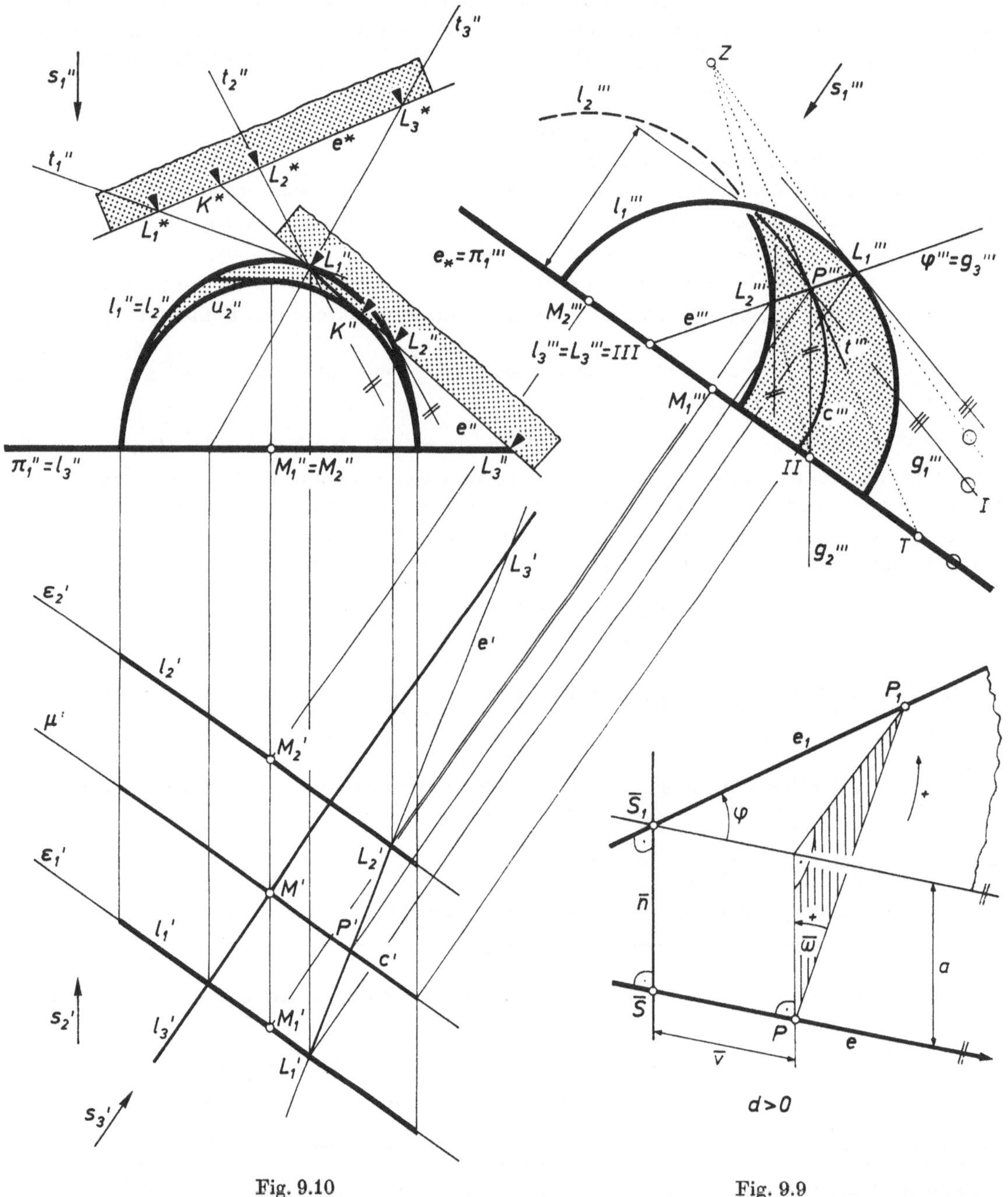

Fig. 9.10

Fig. 9.9

*drallt* bzw. *negativ gedrallt*. Auf Grund des Beweises zu Satz 9.2.1 ist eine nichttorsale Erzeugende positiv bzw. negativ gedrallt, je nachdem $e$ in die «benachbarten» Erzeugenden durch eine Rechtsschraubung bzw. Linksschraubung längs der gemeinsamen Normalen übergeht. Durchläuft ein Punkt eine positiv bzw. negativ gedrallte Erzeugende, so bestimmt dieser Laufsinn zusammen mit dem Drehsinn der Tangentialebene um $e$ Linksschraubungen bzw. Rechtsschraubungen, da $\omega = \overrightarrow{\sphericalangle}\,\tau$, $\zeta = -\overrightarrow{\sphericalangle}\,\zeta$, $\tau$ in (1) gilt.
Nach (1) gehören zu verschiedenen Punkten einer nichttorsalen Erzeugenden $e$ verschiedene Tangentialebenen; eine einzige Ebene durch $e$ ist nicht Tangentialebene, nämlich jene, für die $\omega = \pi/2$ gilt. Diese zur Zentralebene normale Ebene heißt die *asymptotische Ebene*[2] von $e$. Erweitert man die durch (1) bestimmte Zuordnung der Menge der Punkte einer nichttorsalen Erzeugenden $e$ in die Menge der von den asymptotischen Ebenen verschiedenen Ebenen durch $e$ mit der Festsetzung, dem Fernpunkt von $e$ die asymptotische Ebene von $e$ zuzuordnen, so bleibt nach A 4.1, 8 der im folgenden ausgesprochene Satz 9.2.2 gültig.
Aus (1) und A 4.1, 8 folgt

**Satz 9.2.2:** Kennt man in drei verschiedenen Punkten $L_1, L_2, L_3$ einer nichttorsalen Erzeugenden $e$ die verschiedenen Tangentialebenen und schneidet man diese mit einer zu $e$ windschiefen Geraden $e^*$ in Punkten $L_1^*, L_2^*, L_3^*$, so schneidet die Tangentialebene eines Punktes $P$ von $e$ die Gerade $e^*$ in einem Punkt $P^*$ so, daß

$$\text{(4)} \qquad \mathrm{DV}(P, L_1, L_2, L_3) = \mathrm{DV}(P^*, L_1^*, L_2^*, L_3^*)$$

gilt.

Mit Hilfe der Tangentialebenen in drei Punkten einer nichttorsalen Erzeugenden $e$ kann man nach (4) zu jedem Punkt von $e$ die Tangentialebene und zu jeder Ebene $\tau$ durch $e$ den Berührungspunkt von $\tau$ aufsuchen; wählt man die Ebene $\tau$ durch $e$ projizierend, so liefert (4) den Konturpunkt in $e$. Insbesondere beherrscht man die Tangentialebenen einer Regelfläche, wenn drei die Erzeugenden nicht berührende Leitkurven $l_1$, $l_2$, $l_3$ dieser Fläche bekannt sind: In den drei Punkten $L_1 = l_1 \cap e$, $L_2 = l_2 \cap e$, $L_3 = l_3 \cap e$ einer Erzeugenden $e$ werden die Tangentialebenen nämlich durch $e$ und die Tangente der jeweiligen Leitkurve aufgespannt.
Als Beispiel behandeln wir eine windschiefe Regelfläche, deren Erzeugenden zwei kongruente Kreise $l_1$, $l_2$ in parallelen Ebenen $\varepsilon_1$, $\varepsilon_2$ schneiden, wobei die Verbindungsgerade der Mittelpunkte $M_1$ von $l_1$ und $M_2$ von $l_2$ zu $\varepsilon_1$ nicht normal ist; die dritte Leitkurve $l_3$ ist die zu $\varepsilon_1$ normale Gerade durch den Mittelpunkt $M$ der Strecke $[M_1, M_2]$. Diese drei Kurven werden von den Erzeugenden des Kegels mit der Spitze $M$ und dem Leitkreis $l_1$ getroffen und sind Leitkurven einer windschiefen Regelfläche, die als *Wölbfläche des schrägen Durchlasses* im Bauwesen eine Rolle spielt. Wir konstruieren den Grund- und Aufriß, wobei wir $\varepsilon_1$ als lotrechte Ebene, die Gerade $M_1M_2$ als zweite Sehgerade, die Ebene $l_3(M_1M_2)$ als Grundrißebene wählen und uns auf den über $\pi_1$ liegenden Teil der Wölbfläche beschränken. Weiter ermitteln wir den Schnitt $c$ mit der zu $\varepsilon_1$ parallelen Ebene $\mu$ durch $M$ (Fig. 9.10).

KB. Die Erzeugenden verbinden solche Punkte $L_1$ in $l_1$ und $L_2$ in $l_2$, welche einer Hilfsebene $\varphi$ durch $l_3$ angehören. In einem dem Grundriß zugeordneten Seitenriß mit $l_3$ als Sehgerade ist jede Ebene $\varphi$ durch $l_3$ projizierend[3]. Mit Hilfe der Punkte $L_1$ und $L_2$ erhält man den Aufriß $e''$ der Erzeugenden $e = L_1L_2$ nach der Seitenrißregel.
Der zweite Umriß $u_2''$ wird von den Aufrissen der Erzeugenden eingehüllt; der Berührungspunkt $K''$ von $u_2''$ mit $e''$ ergibt sich gemäß Satz 9.2.2. Wir ermitteln zunächst die Schnitte $t_1$, $t_2$, $t_3$ der Tangentialebenen in $L_1$, $L_2$, $L_3$ mit $\varepsilon_1$, wobei die Gerade $t_1$ die Tangente von $l_1$ in $L_1$ ist und die Gerade $t_2$ bzw. $t_3$ durch $L_1$ geht und parallel zur Tangente von $l_2$ in $L_2$ ist bzw. den Punkt $l_3 \cap \varepsilon_1$ enthält; der Aufriß der zweitprojizierenden Tangentialebene im Konturpunkt $K$ von $e$ ist die Gerade $e''$. Damit kann $K''$ wegen (4) und der Doppelverhältnistreue einer Projektion und einer Bewegung nach der Papierstreifenmethode (vgl. A 4.1, 6) wie folgt

[3] Der Name wird durch (1) motiviert: Für $\omega \to \pi/2$ geht $|v|$ gegen $+\infty$.
[2] Betrachtet man die Leitkurven $l_1$, $l_2$ in ihrer Gesamtausdehnung, so liegen in jeder Ebene $\varphi$ vier die Leitkurven schneidende Geraden, von den zwei der windschiefen Fläche und zwei dem genannten Kegel angehören.

ergänzt werden: Markiert man die Punkte $L_1''$, $L_2''$, $L_3''$ in der Kante eines längs $e''$ angelegten Papierstreifens und bewegt diesen in der Zeichenebene in eine Lage $e^*$ derart, daß die neuen Lagen $L_1^*$, $L_2^*$, $L_3^*$ von $L_1''$, $L_2''$, $L_3''$ in $t_1''$, $t_2''$, $t_3''$ liegen, so geht der Punkt $K^* = e^* \cap e''$ bei Rückverlagerung des Papierstreifens in $K''$ über (Fig. 9.10).
Die zu $\varepsilon_1$ parallele Ebene $\mu$ durch $M$ schneidet $e$ in einem Punkt $P$ von $c$ (in Fig. 9.10 ist nur der Grundriß und der Seitenriß der Kurve $c$ eingezeichnet). Die Tangente $t$ von $c$ in $P$ ist die Schnittgerade von $\mu$ mit der Tangentialebene $\tau$ in $P$. Die Ebene $\mu$ schneidet die Tangentialebenen von $L_1$, $L_2$, $L_3$ in Geraden $g_1$, $g_2$, $g_3$, wobei $g_1$ bzw. $g_2$ parallel zur Tangente von $l_1$ in $L_1$ bzw. von $l_2$ in $L_2$ ist und $g_3$ der drittprojizierenden Ebene $\varphi$ durch $e$ angehört (Fig. 9.10). Anstelle einen Papierstreifen zu benützen, verwenden wir die Doppelverhältnisübertragung gemäß A 4.1, 5: Die Gerade $e^* = \pi_1'''$ durch $L_3'''$ schneidet $g_1'''$, $g_2'''$ bzw. $g_3'''$ in den Punkten $I$, $II$ bzw. $III = L_3'''$ und den Seitenriß $t'''$ der gesuchten Tangente $t = \tau \cap \mu$ in einem Punkt $T$ mit $\mathrm{DV}(P''', L_1''', L_2''', L_3''') = \mathrm{DV}(T, I, II, III)$ nach (4). Wegen $III = L_3'''$ geht daher $t''' = P'''T$ nach A 4.1, 5 durch den Punkt $Z = L_1'''I \cap L_2'''II$ (vgl. Fig. 9.10). △

## 9.2.2. Konoidale Flächen

Sind die Erzeugenden einer windschiefen Fläche $\Phi$ zu einer Ebene parallel, so heißt diese eine *Richtebene* von $\Phi$.

**Def. 9.2.2:** Eine windschiefe Fläche heißt *konoidale Fläche*, wenn sie eine Richtebene besitzt. Eine konoidale Fläche mit einer Leitgeraden heißt ein *Konoid*.

Nach 9.2.1. existiert durch eine nichttorsale Erzeugende $e$ eine asymptotische Ebene, die zur Zentralebene $\zeta$ von $e$ normal ist.

**Satz 9.2.3:** Jede asymptotische Ebene einer konoidalen Fläche ist Richtebene.

*Beweis*

Für eine konoidale Regelfläche mit einer Richtebene $\varrho$ ist die gemeinsame Normale $\bar{n}$ zweier nicht paralleler Erzeugenden $e$ und $e_1$ und damit die Verbindungsebene von $e$ mit $\bar{S}_1 = \bar{n} \cap e_1$ stets zu $\varrho$ normal. Da gemäß dem Beweis zu Satz 9.2.1 gilt $\zeta = \lim_{e_1 \to e} e\bar{S}_1$, folgt $\zeta \perp \varrho$. □

Da 9.2.1., (1) und damit 9.2.1., (4) gültig bleibt, wenn man dem Fernpunkt einer nicht torsalen Erzeugenden $e$ die asymptotische Ebene von $e$ zuordnet, so folgt mit Satz 9.2.3 und Satz 4.1.5:

**Satz 9.2.4:** Kennt man in zwei verschiedenen Punkten $L_1$, $L_2$ einer nichttorsalen Erzeugenden $e$ einer konoidalen Fläche mit der Richtebene $\varrho$ die verschiedenen Tangentialebenen und schneiden diese eine zu $e$ windschiefe und zu $\varrho$ parallele Gerade $e^*$ in Punkten $L_1^*$, $L_2^*$, so schneidet die Tangentialebene eines Punktes $P$ von $e$ die Gerade $e^*$ in einem Punkt $P^*$ so, daß

$$\mathrm{TV}(P, L_1, L_2) = \mathrm{TV}(P^*, L_1^*, L_2^*) \tag{5}$$

gilt.

Wir behandeln in Fig. 9.11 ein Konoid mit einem Leitkreisbogen $l_1$ bekannter Stichhöhe in der zweiten Hauptebene $\eta_2$, wobei $l_1$ die Standebene $\pi_1$ in den gegebenen Punkten $Q$, $\bar{Q}$ trifft; die $y$-parallele Leitgerade $l_2$ liegt in der Aufrißebene $\pi_2$. Die Kreuzrißebene $\pi_3$ ist Richtebene und zugleich Symmetrieebene. Das Objekt, ein Gebäudevordach, besteht aus jenem Teil des Konoids $\Phi$, der von $l_2$, den Erzeugenden durch $Q$ und $\bar{Q}$ sowie dem Schnitt $c$ von $\Phi$ mit einer drittprojizierenden Ebene $\varepsilon$ durch $Q\bar{Q}$ berandet wird. Wir konstruieren durch Einschneiden aus Auf- und Kreuzriß einen axonometrischen Riß.

KB. Auf Grund der Objektabmessungen sind beide Einschneiderisse des Kreises $l_1$ festgelegt. Die Aufrisse der Erzeugenden sind zu $z'' = \pi_3''$ parallel; unter Benützung des Schnittpunktes $L_1$ bzw. $L_2$ einer Erzeugenden $e$ und $l_1$ bzw. $l_2$ kann $e'''$ ergänzt werden. Die Gerade $e$ schneidet die drittprojizierende Ebene $\varepsilon$ in einem Punkt $P$ von $c$. In $\pi_3$ verläuft die Erzeugende durch den höchsten Punkt $H$ von $c$, und diese Erzeugende ist gemäß 9.2.1. torsal.
Alle Tangentialebenen von $\Phi$ in Punkten von $e$ schneiden die zweite Hauptebene $\eta_2$ in Geraden durch $L_1$, und zwar die Tangentialebene in $L_1$ in der Tangente $t_1$ von $l_1$, die Tangentialebene in $L_2$ in einer zu $l_2$ parallelen Geraden $t_2$. Legt man in der Zeichenebene eine Gerade $e^* \parallel \pi_3''$, so gilt nach (5) mit $L_1^* = e^* \cap t_1''$, $L_2^*$

$= e^* \cap t_2''$ dann $\mathrm{TV}(P^*, L_1^*, L_2^*) = \mathrm{TV}(P'', L_1'', L_2'')$, wobei $P''P^*$ der Aufriß $g''$ der Schnittgeraden $g$ der Tangentialebene von $\Phi$ in $P$ mit $\eta_2$ ist; da $\eta_2$ und $\varepsilon$ die Gerade $Q\bar{Q}$ gemeinsam haben, enthält die gesuchte Tangente $t$ von $c$ in $P$ den Schnittpunkt $T = g \cap Q\bar{Q}$.
Die Ebene $\pi_3$ ist eine Symmetrieebene von $\Phi$ und $\varepsilon$ und somit auch von $c$. Unter der Spiegelung von $P$ an $\pi_3$ erhält man demnach einen weiteren Punkt $\bar{P}$ von $c$, dessen Tangente $\bar{t}$ durch den Punkt $t \cap \pi_3$ geht. In $H$ ist die Tangente von $c$ zu $\pi_3$ normal.
Der axonometrische Umriß $u^p$ von $\Phi$ wird von den axonometrischen Rissen der Erzeugenden eingehüllt. Um den axonometrischen Umrißpunkt $K^p$ in $e^p$ zu finden, benötigen wir die $L_1^p$ enthaltenden axonometrischen Risse $t_1^p$, $t_2^p$ der Geraden $t_1$ und $t_2$ in $\eta_2$; der axonometrische Riß der Schnittgeraden von $\eta_2$ mit der projizierenden Tangentialebene durch $e$ ist $e^p$. Die Hilfsgerade $e^p$ ist in der Zeichenebene parallel zum axonometrischen Riß von $\pi_3 \cap \eta_2$, also parallel $z^p$, zu wählen und (5) einzusetzen (Fig. 9.11).
Speziell im Konturpunkt $K_2$ der Leitgeraden $l_2$ wird die Tangentialebene von $l_2$ und jener Erzeugenden $e_2$ aufgespannt, deren axonometrischer Riß $e_2^p$ mit $l_2^p$ zusammenfällt. Unter Benützung des Schnittpunktes $2$ von $e_2$ mit $l_1$, dessen Kreuzriß sofort abzulesen ist, erhält man den Aufriß von $2$ und damit von $e_2$; der Punkt $K_2$ ist der Schnittpunkt von $l_2$ mit $e_2$. △

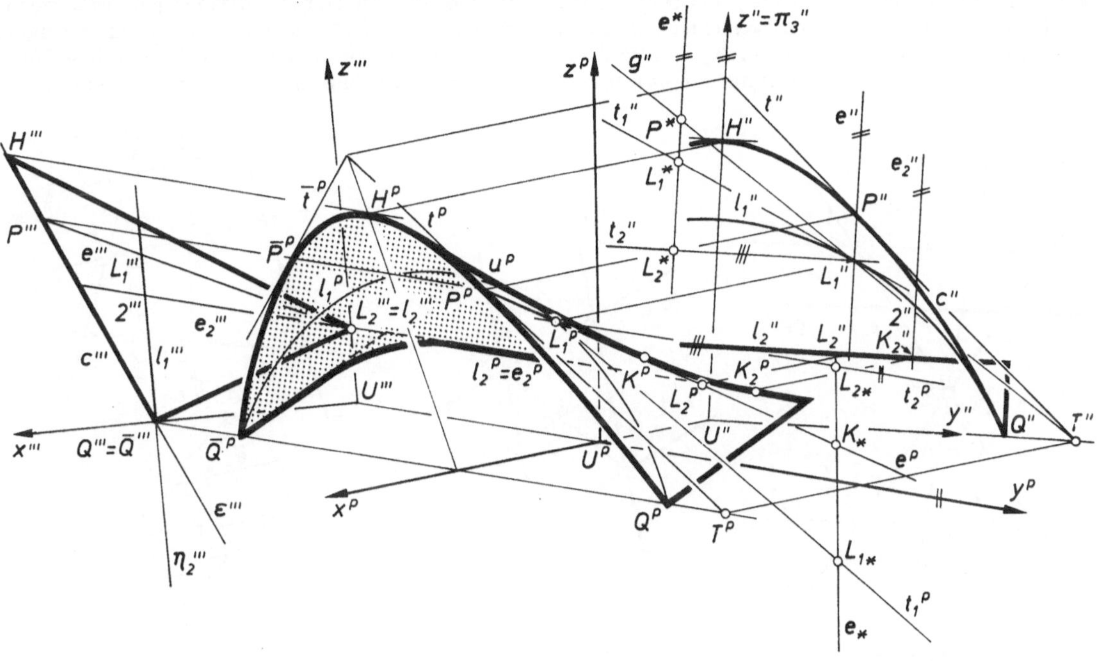


Fig. 9.11

## 9.2.3. HP-Flächen

Besonders einfache und für die Anwendungen wichtige Regelflächen, deren Bezeichnung durch Satz 9.2.9 motiviert wird, liefert[4]

**Def. 9.2.3:** Eine konoidale Regelfläche mit zwei windschiefen, zur Richtebene nicht parallelen Leitgeraden heißt HP-*Fläche*.

Eine HP-Fläche $\Phi$ ist eindeutig festgelegt, wenn man ihre windschiefen Leitgeraden $f_1$, $f_2$ und zwei, diese Leitgeraden schneidende Erzeugenden $e_1$, $e_2$ angibt: Eine Richtebene $\varrho$ muß zu $e_1$ und $e_2$ parallel sein und ist daher bis auf die Schiebungen bestimmt; jede zu $\varrho$ parallele Ebene $\bar{\varrho}$ schneidet $f_1$ und $f_2$ in je einem Punkt $F_1$, $F_2$, und $e = F_1F_2$ ist die Erzeugende von $\Phi$ in $\bar{\varrho}$. Da die Tangentialebenen $ef_1$ und $ef_2$ von $\Phi$ in $F_1$ und $F_2$ stets verschieden sind, ist die HP-Fläche eine von torsalen Erzeugenden freie windschiefe Fläche.
Je zwei Erzeugenden $e_1$, $e_2$ einer HP-Fläche $\Phi$ sind windschief, da gleiches für die $e_1$ und $e_2$ schneidenden Leitgeraden $f_1$ und $f_2$ gilt. Durch $e_1$ und $e_2$ als Leitgeraden sowie $f_1$ und $f_2$ als Erzeugenden ist dann eine zweite HP-Fläche $\bar{\Phi}$ bestimmt.

[4] In 9.2.3. sind Beweisideen verwendet, die auch mein Mitarbeiter W. Kickinger in [11] benützt.

**Satz 9.2.5:** Jede HP-Fläche trägt zwei verschiedene Erzeugendenscharen, wobei alle Erzeugenden derselben Schar zu einer Richtebene parallel und paarweise windschief sind und jede Erzeugende einer Schar alle Erzeugenden der anderen Schar schneidet. Je drei Erzeugenden einer Schar schneiden je zwei Erzeugenden der anderen Schar teilverhältnisgleich.

*Beweis*

(a) Wir benützen eine Erzeugende $e \neq e_1$ als Sehgerade einer Parallelprojektion (Fig. 9.12). Die Geraden $f_1^p$ und $f_2^p$ gehen dann durch den Punkt $e^p$. Eine zu $e$ und $e_1$ parallele Richtebene $\varrho_e$ ist projizierend, so daß alle von $e$ verschiedenen Erzeugenden zu $e_1^p$ parallele Risse besitzen. Nach Satz 1.2.1 und Satz 2.1.1 schneiden daher je drei Erzeugenden die beiden Leitgeraden $f_1$ und $f_2$ in zwei Punktetripel, welche dasselbe Teilverhältnis bilden.

(b) Ist $f$ eine von $f_1$ und $f_2$ verschiedene Erzeugende der HP-Fläche $\bar{\Phi}$ mit den Leitgeraden $e_1$, $e_2$ und den Erzeugenden $f_1, f_2$, so schneiden nach (a) die Parallelrisse von $f_1$, $f_2$ und $f$ die parallelen Geraden $e_1^p$ und $e_2^p$ in Punktetripel mit gleichem Teilverhältnis. Nach A 1.2, 2 geht daher $f^p$ durch den Punkt $e^p = f_1^p \cap f_2^p$ (Fig. 9.12), so daß die Erzeugende $f$ von $\Phi$ die Erzeugende $e$ von $\Phi$ schneidet. Da dies für jede Erzeugende von $\Phi$ wiederholt werden kann, schneidet jede Erzeugende $f$ von $\bar{\Phi}$ alle Erzeugenden von $\Phi$ und ist daher eine Leitgerade von $\Phi$. Da dann durch jeden Punkt von $f$ genau eine Erzeugende von $\Phi$ geht und diese Überlegung für jede Erzeugende von $\bar{\Phi}$ wiederholt werden kann, stimmen die Punktmengen $\Phi$ und $\bar{\Phi}$ überein. □

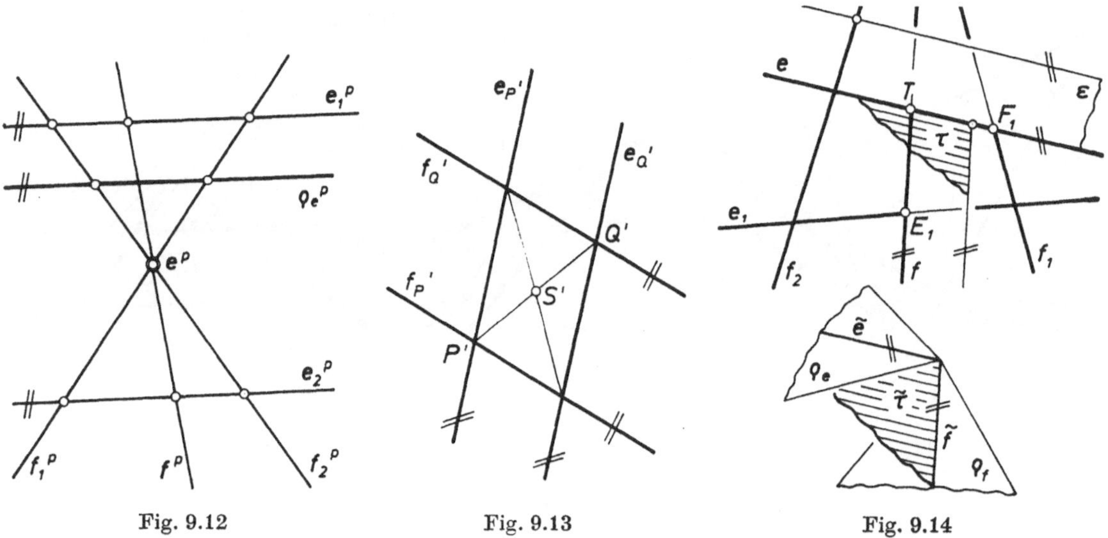


Fig. 9.12 Fig. 9.13 Fig. 9.14

Wir sprechen kurz von der *e-Schar* und der *f-Schar* einer HP-Fläche $\Phi$. Durch jeden Punkt $P$ von $\Phi$ geht genau eine Erzeugende jeder Schar, und diese spannen die Tangentialebene in $P$ auf. Die Erzeugenden $e_P$, $f_P$ und $e_Q$, $f_Q$ durch zwei Flächenpunkte $P$, $Q$, die nicht in derselben Erzeugenden liegen, bilden ein *windschiefes Erzeugendenvierseit*; durch ein windschiefes Vierseit aus Erzeugenden ist genau eine HP-Fläche festgelegt.

**Def. 9.2.4:** Jede Schnittgerade einer Richtebene der $e$-Schar mit einer Richtebene der $f$-Schar heißt eine *Durchmessergerade* und jede Ebene, die eine Durchmessergerade enthält, eine *Durchmesserebene* der HP-Fläche $\Phi$. Ein Flächenpunkt $A$, dessen Flächennormale $a$ eine Durchmessergerade ist, heißt *Scheitel* und *a Achse* von $\Phi$.

Alle Durchmessergeraden sind somit parallel, und keine Durchmessergerade ist eine Erzeugende. In jeder Durchmessergeraden $d$ liegt genau ein Flächenpunkt, da die Richtebene etwa der $e$-Schar durch $d$ genau eine, und zwar zu $d$ nicht parallele Erzeugende der $e$-Schar enthält.
Zur konstruktiven Behandlung einer HP-Fläche verwendet man zweckmäßig eine Normalprojektion mit den Durchmessergeraden als Sehgeraden. In diesem *Hauptriß* erscheinen die Erzeugenden der $e$-Schar und die Erzeugenden der $f$-Schar je als zueinander parallele Geraden. Da in keiner Durchmessergeraden zwei Flächenpunkte liegen und die Hauptrisse der Erzeugenden $e_P$, $f_P$

bzw. $e_Q, f_Q$ durch zwei nicht derselben Erzeugenden angehörenden Flächenpunkte $P$, $Q$ ein Parallelogramm bilden, ergibt sich (vgl. Fig. 9.13):

**Satz 9.2.6:** Für je zwei Punkte $P, Q$ einer HP-Fläche, die nicht in derselben Erzeugenden liegen, ist die Verbindungsgerade des Mittelpunktes der Strecke $[P, Q]$ mit dem Mittelpunkt $S$ der Strecke $[e_P \cap f_Q, f_P \cap e_Q]$ eine Durchmessergerade.

Dieser Satz dient im folgenden als Beweishilfsmittel.

**Satz 9.2.7:** Zu jeder Ebene $\bar{\tau}$, die keine Durchmesserebene ist, existiert genau eine parallele Tangentialebene $\tau$. Jede HP-Fläche besitzt genau einen Scheitel.

*Beweis*

Die Erzeugende der $e$-Schar bzw. der $f$-Schar in einer Tangentialebene $\tau$ ist zur Schnittgeraden von $\bar{\tau}$ mit einer Richtebene $\varrho_e$ der $e$-Schar bzw. $\varrho_f$ der $f$-Schar parallel.
Die Ebene $\bar{\tau}$ schneidet $\varrho_e$ in einer Geraden $\bar{e}$, und die zu $\bar{e}$ parallele Ebene $\varepsilon$ durch die Leitgerade $f_2$ trifft die Leitgeraden $f_1$ in einem Punkt $F_1$. Dann ist die zu $\bar{e}$ parallele Gerade $e$ durch $F_1$ eine zu $\varrho_e$ parallele Gerade, die $f_1$ und $f_2$ trifft, also eine Erzeugende der $e$-Schar (Fig. 9.14). Die zu $\bar{f} = \bar{\tau} \cap \varrho_f$ parallele Ebene $\tau$ durch $e$ schneidet $e_1$ in einem Punkt $E_1$, und die zu $\bar{f}$ parallele Gerade $f$ durch $E_1$ ist eine zu $\varrho_f$ parallele Treffgerade von $e_1$ und $e$, also eine Erzeugende der $f$-Schar, die $e$ im eindeutig bestimmten Berührungspunkt $T$ der Tangentialebene $\tau = ef \parallel \bar{\tau}$ schneidet.
Wählt man $\bar{\tau}$ speziell normal zu den Durchmessergeraden, erhält man so den einzigen Scheitel der HP-Fläche. □

Jede Ebene $\tau$ durch eine Erzeugende $e$, die nicht parallel zur Richtebene der $e$-Schar ist, ist somit Tangentialebene in genau einem Punkt $T \in e$ und schneidet die HP-Fläche in den beiden Erzeugenden $e$ und $f_T$ durch den Punkt $T$, da alle von $e$ verschiedenen Erzeugenden der $e$-Schar die Gerade $f_T$ treffen. Die Richtebene durch $e$ enthält nur die Gerade $e$ der Fläche und ist keine Tangentialebene, sondern nach 9.2.2. die asymptotische Ebene von $e$.

**Satz 9.2.8:** Eine Ebene $\varepsilon$, die keine Tangentialebene oder Richtebene einer HP-Fläche $\Phi$ ist, schneidet $\Phi$ in einer Parabel bzw. Hyperbel, je nachdem $\varepsilon$ eine Durchmesserebene ist oder nicht. Im Falle einer Parabel $c$ ist die Parabelachse eine Durchmessergerade von $\Phi$, im Falle einer Hyperbel $c$ liegen die Asymptoten in jenen beiden Richtebenen von $\Phi$, welche die Erzeugenden in der zu $\varepsilon$ parallelen Tangentialebene enthalten.

*Beweis*

(a) Sind $P$, $Q$ zwei Punkte des Schnittes $c = \varepsilon \cap \Phi$ mit einer Durchmesserebene $\varepsilon$, die keine Richtebene ist, und $e_P, f_P$ bzw. $e_Q, f_Q$ die Erzeugenden von $\Phi$ durch $P$ bzw. $Q$, so ist nach Satz 9.2.6 die Verbindungsgerade des Mittelpunktes $S$ der Strecke $[E = e_P \cap f_Q, F = f_P \cap e_Q]$ mit dem Mittelpunkt von $[P, Q]$ eine Durchmessergerade von $\Phi$, so daß $S$ in der Durchmesserebene $\varepsilon$ liegt. Fig. 9.15 zeigt zwei zugeordnete Normalrisse, wobei der erste Riß ein Hauptriß ist und die Gerade $EF$ zweitprojizierend gewählt wurde. Die Punkte $P$, $Q$ gehören zu $c$; da $e_P'' = f_P''$ und $e_Q'' = f_Q''$ wegen $E'' = F''$ gilt, berührt $c''$ die Gerade $\tau_P'' = P''S''$ in $P''$ und die Gerade $\tau_Q'' = Q''S''$ in $Q''$. Wir erhalten jeden weiteren Punkt $R$ von $c$, wenn wir jede Erzeugende $e$ der $e$-Schar, die $f_P$ in einem von $P$ und $F$ verschiedenen Punkt $F_1$ trifft, mit $\varepsilon$ schneiden; aus $e' \parallel e_P'$ und $F_2 = e \cap f_Q$ erhält man $e''$ und damit $R''$. Der Punkt $R$ liegt in jener Durchmessergeraden $d$ von $\Phi$, die $\varepsilon$ aus der $e$ enthaltenden Richtebene $\varrho_e$ schneidet; die Gerade $d$ trifft $PQ$ in einem Punkt $D$. Da die Ebene $(PQ) f_Q$ die parallelen Richtebenen durch $e$ und $e_Q$ in den parallelen Geraden $DF_1$ und $e_Q$ schneidet, ist $D''F_1'' \parallel e_Q''$; ebenso folgt $D''F_2'' \parallel e_P''$.
Unter der zentrischen Ähnlichkeit zum Zentrum $P''$, die $F_1''$ in $S''$ überführt, geht somit $D''$ in $Q''$ und $R''$ in jenen Punkt $Q^*$ der zu $d''$ parallelen Geraden durch $Q''$ über, für den $S''Q^* \parallel F_1''R''$ gilt. Ebenso führt die zentrische Ähnlichkeit zum Zentrum $Q''$, die $F_2''$ in $S''$ abbildet, den Punkt $R''$ in jenen Punkt $P^*$ der zu $d''$ parallelen Geraden durch $P''$ über, für den $S''P^* \parallel F_2''R''$ gilt. Wegen $R'' \in F_1''F_2''$ gehört $S''$ der Geraden $P^*Q^*$ an, und es gilt $R'' = Q''P^* \cap P''Q^*$ (Fig. 9.15). Nach Satz 5.4.3 liegt $R''$ daher in der durch die Punkte $P''$, $Q''$ und die Tangenten $\tau_P'' = P''S''$, $\tau_Q'' = Q''S''$ bestimmten Parabel $c_1''$, welche $d''$ als Durchmessergerade besitzt. Da jeder Durchmessergeraden von $\Phi$ in $\varepsilon$ genau ein Punkt von $\Phi$ und ein Punkt der Parabel $c_1 \subset \varepsilon$ mit dem zweiten Riß $c_1''$ angehört, ist $c = c_1$.
(b) Nach Satz 9.2.7 existiert genau eine Tangentialebene $\tau$, die zur Nichtdurchmesserebene $\varepsilon$ parallel ist. Außer den beiden Erzeugenden $e_P, f_P$ durch den Berührungspunkt $P$ von $\tau$ ist keine Erzeugende von $\Phi$ zu $\varepsilon$ parallel. Fig. 9.16 zeigt die räumliche Situation und einen Parallelriß in $\varepsilon$ mit den Durchmessergeraden von $\Phi$ als Sehgeraden.

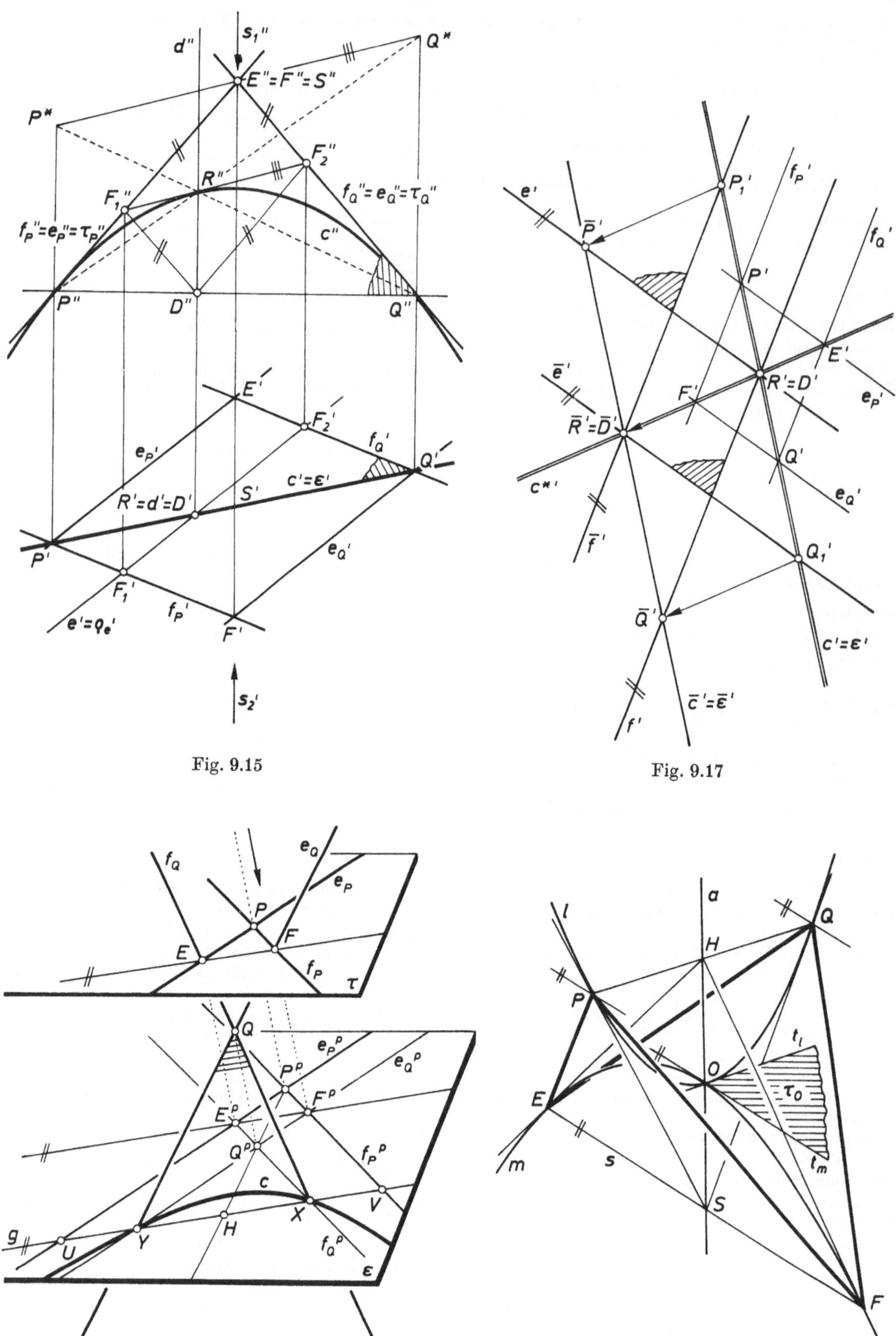

Fig. 9.15

Fig. 9.17

Fig. 9.16

Fig. 9.18

Durch einen Punkt $E \neq P$ von $e_P$ geht eine Erzeugende $f_Q$ der $f$-Schar, welche $\varepsilon$ in einem Punkt $X$ von $c = \varepsilon \cap \Phi$ trifft. Man erhält jeden von $X$ verschiedenen Punkt $Y$ von $c$, wenn man durch jeden von $E$ verschiedenen Punkt $Q$ von $f_Q$ die Erzeugende $e_Q$ der $e$-Schar legt und mit $\varepsilon$ schneidet; die Erzeugende $e_Q$ gehört der Tangentialebene $\tau_Q$ von $Q$ an, und $\tau_Q$ ist stets von der Tangentialebene in $E$ und der Durchmesserebene durch $f_Q$ verschieden. Die Gerade $e_Q$ schneidet $f_P$ in einem Flächenpunkt $F$; die Gerade $g = \tau_Q \cap \varepsilon = XY$ ist wegen $\varepsilon \parallel \tau$ zu $EF = \tau_Q \cap \tau$ und damit zu $E^pF^p$ parallel (Fig. 9.16). Die Parallelrisse $e_P{}^p$ und $f_P{}^p$ sind auch die Parallelrisse der projizierenden Richtebenen $\varrho_e$, $\varrho_f$ durch $e_P$ bzw. $f_P$, so daß $\{P^p, E^p, Q^p, F^p\}$ ein Parallelogramm ist. Schneidet die weder zu $e_P{}^p$ noch zu $f_P{}^p$ parallele Gerade $g$ diese Geraden in $U$ bzw. $V$, so liegt der Mittelpunkt $H$ der Strecke $[U, V]$ in $g \cap P^pQ^p$, wie eine zentrische Ähnlichkeit mit Zentrum $P^p$ lehrt; wegen $e_Q{}^p \parallel e_P{}^p$, $f_Q{}^p \parallel e_Q{}^p$ ist $H$ auch der Mittelpunkt von $[X, Y]$ (Fig. 9.16). Damit gilt $\overline{UX} = \overline{YV}$ und $[U, V] \subset [X, Y]$ oder $[U, V] \supset [X, Y]$, so daß $c$ nach Satz 5.3.2 Teilmenge einer Hyperbel $c_1$ mit den Asymptoten $e_P{}^p$ und $f_P{}^p$ ist. Da man alle von $X$ verschiedenen Punkte von $c$ erhält, falls $\tau_Q$ die Menge der von der Tangentialebene in $E$ und der Durchmesserebene durch $f_Q$ verschiedenen Ebenen durch $f_Q$, also $g$ die Menge aller zu $e_P{}^p$ nicht parallelen Geraden in $\varepsilon$ durch $X$ durchläuft, gilt $c = c_1$. □

Zwei Parabeln einer HP-Fläche $\Phi$, deren Hauptrisse die beiden Diagonalen des Hauptrisses eines windschiefen Erzeugendenvierseits $e_P, f_P, e_Q, f_Q$ sind, heißen *konjugierte Parabeln* in $\Phi$. Diese Parabeln haben die Durchmessergerade $d$ von $\Phi$ durch den Mittelpunkt $D$ der Strecke $[P, Q]$ als gemeinsame Durchmessergerade. In $d$ liegt genau ein Flächenpunkt $R$; durch $R$ gehen die Erzeugenden $e$ und $f$ (Fig. 9.17). Da die Punkte $P$ und $Q$ dem anderen Halbraum mit der Randebene $\tau_R = ef$ wie die Punkte $E = e_P \cap f_Q$ und $F = f_P \cap e_Q$ angehören, können konjugierte Parabeln als Schiebkurven eines hyperbolischen Paraboloids aufgefaßt werden (vgl. 6.4.3.).

**Satz 9.2.9:** Die HP-Flächen sind genau die hyperbolischen Paraboloide. Jedes hyperbolische Paraboloid kann auf unendlich viele Arten als Schiebfläche erzeugt werden, wobei jeweils zwei konjugierte Parabeln als Schiebkurven dienen.

*Beweis*

(a) Sind $c$ und $c^*$ zwei konjugierte Parabeln in einer HP-Fläche $\Phi$, so bleibt nachzuweisen, daß jede Parabel $\bar{c}$ von $\Phi$, deren Ebene $\bar{\varepsilon}$ parallel zur Ebene $\varepsilon$ von $c$ ist, unter einer Schiebung aus $c$ entsteht, die durch den Schnittpunkt $R$ von $c$ und $c^*$ sowie einen Punkt von $c^*$ bestimmt ist.
Die Ebene $\bar{\varepsilon}$ wird von der Parabel $c^*$ in einem Punkt $\bar{R}$ geschnitten, und die Erzeugenden $e$, $f$ durch $R$ bzw. $\bar{f}$, $\bar{e}$ durch $\bar{R}$ schneiden $\bar{\varepsilon}$ bzw. $\varepsilon$ in zwei Punkten $\bar{P}$, $\bar{Q}$ von $\bar{c}$ bzw. $P_1$, $Q_1$ von $c$. Da $\{R', \bar{R}', \bar{Q}', Q_1'\}$ und $\{R', \bar{R}', \bar{P}', P_1'\}$ je ein Parallelogramm ist (Fig. 9.17) und $\{R, \bar{R}, \bar{Q}, Q_1\}$ der Ebene $\bar{e}f$ bzw. $\{R, \bar{R}, \bar{P}, P_1\}$ der Ebene $e\bar{f}$ angehört, geht unter der durch $R \mapsto \bar{R} \in c^*$ definierten Schiebung der Punkt $P_1$ in $\bar{P}$ und der Punkt $Q_1$ in $\bar{Q}$ über.
Durch das Dreieck $\{P_1, Q_1, R\}$ ist aber die Schnittparabel $c$ nach Satz 5.4.4 festgelegt: Da $R$ in der Durchmessergeraden $d$ durch den Mittelpunkt $D$ von $[P, Q]$ liegt, gehen die Parabeltangenten in $P_1$ und $Q_1$ nach Satz 5.4.2 durch den zu $D$ bezüglich $R$ symmetrischen Punkt; Analoges gilt für das Dreieck $\{\bar{P}, \bar{Q}, \bar{R}\}$ in $\bar{c}$. Unter der Schiebung $R \mapsto \bar{R}$ geht der Punkt $D$ in den Mittelpunkt $\bar{D}$ von $[\bar{P}, \bar{Q}]$, also $c$ in $\bar{c}$ über.
Je zwei konjugierte Parabeln einer HP-Fläche sind somit Schiebkurven.
(b) Sind $l$ und $m$ die beiden Schiebparabeln eines hyperbolischen Paraboloids $\Psi$ durch den Scheitel $O$ von $\Psi$ und ist $[P, Q]$ eine zur Scheiteltangentialebene $\tau_O$ parallele Sehne von $l$, so enthält die Schnittgerade $s$ der Tangentialebene $\tau_P$ in $P$ mit der Tangentialebene $\tau_Q$ in $Q$ den der Achse $a$ von $\Psi$ angehörenden Schnittpunkt $S$ der Tangenten von $l$ in $P$ und $Q$ (Fig. 9.18); nach Satz 5.4.2 ist $S$ der zum Mittelpunkt $H$ von $P, Q$ bezüglich $O$ symmetrische Punkt. Da weiter die zur Scheiteltangente $t_m$ von $m$ parallele Gerade durch $P$ bzw. $Q$ nach Satz 6.4.2 in $\tau_P$ bzw. $\tau_Q$ liegt, ist $s$ zu $t_m$ parallel und trägt daher eine zu $\tau_O$ parallele Sehne $[E, F]$ von $m$; die Tangenten von $m$ in $E$ und $F$ gehen durch $H$. Fassen wir die Punkte $P, Q, E, F$ als Ecken eines Erzeugendenvierseits einer HP-Fläche $\Phi$ auf, so schneidet die Ebene von $l$ bzw. $m$ die Fläche $\Phi$ gemäß Satz 9.2.8 in der durch zwei Punkte samt Tangenten festgelegten Parabel $l$ bzw. $m$. Da weiter die Hauptrisse $l'$, $m'$ von $l$ und $m$ in $\tau_O$ die Diagonalen des Parallelogramms $\{E', P', F', Q'\}$, also $l$ und $m$ zwei konjugierte Parabeln von $\Phi$ sind, ist $\Phi$ nach (a) die durch $l$ und $m$ festgelegte Schiebfläche $\Psi$. □

Wie aus Satz 9.2.8 folgt, sind die Durchmesserebenen einer HP-Fläche $\Phi$ durch die Winkelsymmetralen der Scheitelerzeugenden Symmetrieebenen von $\Phi$, da in diesen Ebenen die Symmetrieachsen der Schnitte von $\Phi$ mit den zur Scheiteltangentialebene parallelen Ebenen liegen. Jede dieser beiden zueinander normalen *Hauptschnittebenen* schneidet $\Phi$ nach Satz 9.2.8 in einer Parabel, und diese beiden *Hauptschnittparabeln*, deren Scheitel in den Scheitel von $\Phi$ fallen, legen die HP-Fläche fest. Die Hauptschnittparabeln sind konjugierte Parabeln von $\Phi$.
Bei einer Parallelprojektion, deren Sehgeraden Durchmessergeraden einer HP-Fläche sind, existiert kein Konturpunkt, da keine Durchmesserebene eine Tangentialebene ist.

**Satz 9.2.10:** Bei Parallelprojektion ist die Kontur einer HP-Fläche $\Phi$ mit nichtprojizierenden Durchmessergeraden eine Erzeugende oder eine Parabel, je nachdem die projizierenden Durchmesserebenen Richtebenen sind oder nicht.

*Beweis*

Ist eine projizierende Durchmesserebene $\mu$ Richtebene etwa der $e$-Schar, so schneidet sie $\Phi$ in einer Erzeugenden der $e$-Schar. Da in einem $\mu$ angehörenden Konturpunkt die Tangente der Schnittkurve $\mu \cap \Phi$, also die Erzeugende in $\mu$, projizierend sein muß, und es zu jeder Geraden $s$ in $\mu$, die keine Durchmessergerade von $\Phi$ ist, nach A 1.1,4 genau eine parallele Gerade $u$ gibt, die zwei Leitgeraden $f_1$, $f_2$ der $f$-Schar schneidet, ist die Erzeugende $u$ der $e$-Schar die Kontur von $\Phi$. Der Parallelumriß von $\Phi$ ist dann der punktförmige Riß $u^p$ der Konturerzeugenden $u$.
Schneidet eine projizierende Durchmesserebene $\mu$ die Fläche in einer Parabel $c$, so existiert in $c$ genau ein Punkt $K$ mit projizierender Tangente, also ein Konturpunkt. Mit $c$ und der zu $c$ konjugierten Parabel $c^*$ von $\Phi$ durch $K$ kann $\Phi$ nach Satz 9.2.9 als Schiebfläche erzeugt werden, und gemäß Satz 6.4.2 existieren in allen Punkten von $c^*$ projizierende Flächentangenten, so daß $c^*$ der Kontur $u$ angehört. Da in jeder zu $c$ schiebungsgleichen Parabel nur ein Konturpunkt liegen kann, ist $u = c^*$. □

Existiert eine projizierende Erzeugende $u$ der $e$-Schar, so gehen die Parallelrisse aller Geraden der $f$-Schar durch den Punkt $u^p$, und alle von $u$ verschiedenen Erzeugenden der $e$-Schar besitzen parallele Risse, da jede Richtebene der $e$-Schar projizierend ist (vgl. Fig. 9.12).
Eine *windschiefe Dachfläche* ist in einer HP-Fläche enthalten, welche die horizontale Traufengerade und die dazu windschiefe horizontale Firstgerade als Leitgeraden besitzt, wobei die Richtebenen normal zur Firstgeraden sind (Fig. 9.19).

KB. Bei einer windschiefen Dachfläche ist der horizontale First $f_1$ zur horizontalen Traufe $f_2$ nicht parallel; die den First und die Traufe schneidenden geradlinigen Dachsparren $e$ sind zu einer zum horizontalen First normalen Ebene $\varrho_e$ parallel, die geradlinigen Dachlatten $f$ liegen horizontal, so daß die Traufenebene eine Richtebene $\varrho_f$ abgibt. Die lotrechte Treffgerade der Firstgeraden $f_1$ und der Traufengeraden $f_2$ ist dann die erste Kontur $u_1$. Zur *Vervollständigungsaufgabe* verwendet man Erzeugenden; die Tangentialebene jedes Punktes $P$ von $\Phi$ wird durch die beiden Erzeugenden durch $P$ aufgespannt (Fig. 9.19).
Enthält das Dach einen Walm, so schneidet dessen Ebene $\varepsilon$ die HP-Fläche $\Phi$ nach einer Parabel oder Hyperbel $c$, deren Punkte man im Schnitt der horizontalen Erzeugenden von $\Phi$ mit den gleich hohen Schichtengeraden der Walmebene $\varepsilon$ erhält. In Fig. 9.19 ist die Tangente $t$ von $c$ im Punkt $F \in c$ des Firstes als Schnittgerade der Tangentialebene $\tau$ von $\Phi$ in $F$ mit der Walmebene $\varepsilon$ mittels des Schnittpunktes $T$ der Schnittgeraden $t_1$ bzw. $t_2$ von $\tau$ bzw. $\varepsilon$ in der Traufenebene ermittelt. Die durch den First und die dazu parallele Traufe bestimmte Dachfläche in Fig. 9.19 ist eben. △

Sind dagegen für keine der beiden Erzeugendenscharen die Parallelrisse zweier Erzeugenden parallel, so existiert keine projizierende Erzeugende; der Umriß $u^p$ der HP-Fläche ist dann eine Parabel, die von den Rissen der Erzeugenden beider Scharen berührt wird. Zur *Vervollständigungsaufgabe* wird der Riß $e^p$ einer Erzeugenden $e$ durch den betreffenden Flächenpunkt $P$ als Tangente der Parabel $u^p$ aus $P^p$ gefunden. In Fig. 9.20 ist der Parallelumriß $u^p$ einer durch ein windschiefes Erzeugendenvierseit $e_P, f_P, e_Q, f_Q$ festgelegten HP-Fläche konstruiert.

KB. Mit Hilfe der Flächenpunkte $E = e_P \cap f_Q$, $F = f_P \cap e_Q$ können die Parallelrisse weiterer Erzeugenden der $e$-Schar nach Satz 9.2.5 und Satz 2.1.1 erhalten werden: Mit $e \cap f_P = F_1$, $e \cap f_Q = F_2$ gilt $\mathrm{TV}(P^p, F^p, F_1{}^p) = \mathrm{TV}(E^p, Q^p, F_2{}^p)$; in analoger Weise erhält man die Risse weiterer Erzeugenden der $f$-Schar.
Die projizierende Tangentialebene durch eine Erzeugende, etwa durch $e_P$, enthält noch eine Erzeugende $f_1$ der anderen Schar, wobei $e_P{}^p = f_1{}^p$ gilt. Die Erzeugende $e_Q$ bzw. $e_P$ wird von den Erzeugenden $f_P, f_Q$ und $f_1$ der Reihe nach in den Punkten $F$, $Q$ und $E_1 = f_1 \cap e_Q$ bzw. $P$, $E$ und $K$ geschnitten, wobei $K$ der Konturpunkt $e_P \cap f_1$ in $e_P$ ist. Der Punkt $K^p$ kann mit $\mathrm{TV}(F^p, Q^p, E_1{}^p) = \mathrm{TV}(P^p, E^p, K^p)$ durch zweimalige Anwendung des Strahlensatzes rasch festgelegt werden (Fig. 9.20).
Ermittelt man die Umrißpunkte in den Parallelrissen zweier Erzeugenden, so ist damit die Parabel $u^p$ gemäß 5.4.2., (P2) festgelegt[5].
Ist $P^p$ Parallelriß eines Punktes $P$ der HP-Fläche, so sind die Parallelrisse der beiden Erzeugenden $e$, $f$ durch $P$ die Tangenten aus $P^p$ an die Parabel $u^p$; diese Tangenten können unter Verwendung des Brennpunktes $F$ und der Scheiteltangente $a$ von $u^p$ gemäß A 5.4, 4 gefunden werden[6] (Fig. 9.21). △

[5] Nach Satz 9.2.6, Satz 9.2.8 und Satz 9.2.10 ist die Verbindungsgerade des Mittelpunktes der Strecke $[P^p, Q^p]$ mit dem Mittelpunkt $S^p$ der Strecke $[E^p, F^p]$ eine Durchmessergerade der Parabel $u^p$.

[6] Gehen durch einen Punkt $P^p$ der Zeichenebene keine Tangenten der Parabel $u^p$, so ist $P^p$ nicht Parallelriß eines Punktes der HP-Fläche. Genau für einen Konturpunkt $P$ von $\Phi$, also $P \in u$, fallen die beiden Tangenten aus $P^p$ an $u^p$ zusammen.

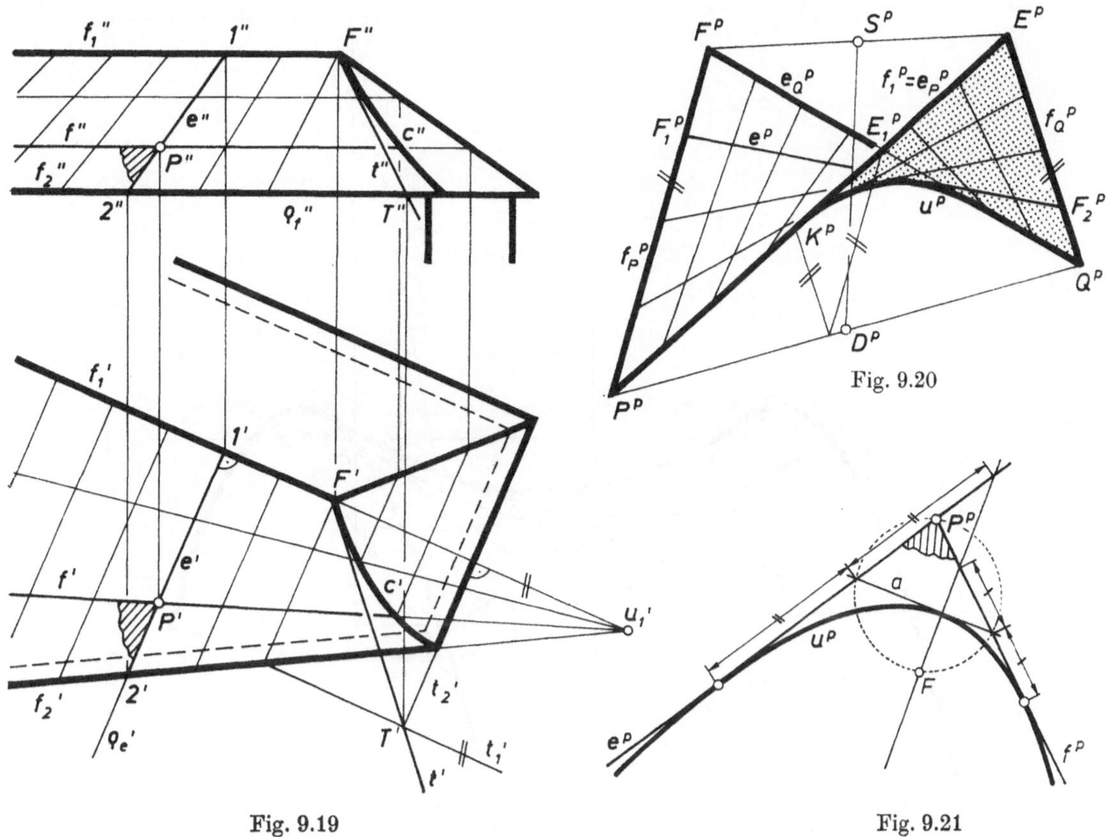

Fig. 9.20

Fig. 9.19

Fig. 9.21

### 9.2.4. Beispiel

Eine Parabel $l$ liegt in $\pi_2$ und ist durch ihren Scheitel $A$, den Punkt $P$ und die lotrechte Achse $z$ festgelegt; eine Parabel $m$ gehört einer dritten Hauptebene an, hat den Scheitel $P$, eine $z$-parallele Achse und schneidet $\pi_1$ im gegebenen Punkt $Q$. Da die Parabeln $l$ und $m$ gemäß Fig. 9.22 nach verschiedenen Richtungen ihrer $z$-parallelen Durchmessergeraden durch $P$ offen sind, entsteht durch stetige Schiebung von $m$ längs $l$ eine HP-Fläche $\Phi$. Wir stellen jenen Teil von $\Phi$ in einer frontalen Axonometrie dar, der von $m$, der zu $m$ bezüglich $\pi_3$ symmetrischen Parabel $\overline{m}$ und dem Schnitt $c$ von $\Phi$ mit $\pi_1$ berandet wird[7].

KB. Die Tangente der Parabel $m$ in $Q$ schneidet die Achse von $m$ in einem Punkt *1*, der nach 5.4.2. die doppelte $z$-Koordinate wie $P$ aufweist; damit kann die Parabel $m^p$ nach 5.4.2., (P2) konstruiert werden. Die Parabel $l$ enthält auch den zu $P$ bezüglich $\pi_3$ symmetrischen Punkt $\overline{P}$. Die Tangenten von $l$ in $P$ und $\overline{P}$ schneiden einander in einem Punkt *2*, wobei $A$ die von $P\overline{P}$ und *2* auf der $z$-Achse bestimmte Strecke hälftet; damit ist die Parabel $l^p$ festgelegt. Unter der Schiebung $P^p \mapsto \overline{P}^p$ geht $m^p$ in die Parabel $\overline{m}^p$ über, und die Schiebung $P^p \mapsto A^p$ liefert den Riß der Schnittparabel von $\Phi$ mit der Symmetrieebene $\pi_3$.

Nach Satz 9.2.8 ist die $z$-Achse eine Durchmessergerade von $\Phi$. Da die von den Tangenten der beiden Schiebparabeln durch $A$ aufgespannte Ebene $\eta_1$ zu $\pi_1$ parallel, also zur $z$-Achse normal, ist, fällt $A$ in den Scheitel der HP-Fläche. Die Scheiteltangentialebene $\eta_1$ schneidet $\Phi$ in den beiden Scheitelerzeugenden $e$, $f$, welche $A$ mit den Schnittpunkten $E$, $F$ von $m$ mit $\eta_1$ verbinden; die Gerade $EF$ ist die $x$-parallele Schnittgerade[8] von $\eta_1$ mit der zu $\pi_3$ parallelen Ebene von $m$. Die erstprojizierenden Ebenen $\varrho_e = ez$ und $\varrho_f = fz$ sind demnach die Richtebenen durch den Scheitel $A$ von $\Phi$.

Nach Satz 9.2.8 ist $c = \pi_1 \cap \Phi$ eine Hyperbel durch $Q$, deren Asymptoten die Schnittgeraden von $\varrho_e$ und $\varrho_f$ mit $\pi_1$ sind. Damit ist die Hyperbel $c^p$ gemäß 5.3.2., (H2) festgelegt.

[7] Stahlbetonschalen dieser Gestalt gestatten bei der Herstellung eine Schalung aus geraden Kanthölzern, da HP-Flächen zwei Erzeugendenscharen tragen.

[8] Diese Schnittpunkte können gemäß A 5.4, 9 oder A 6.3, 8 konstruiert werden.

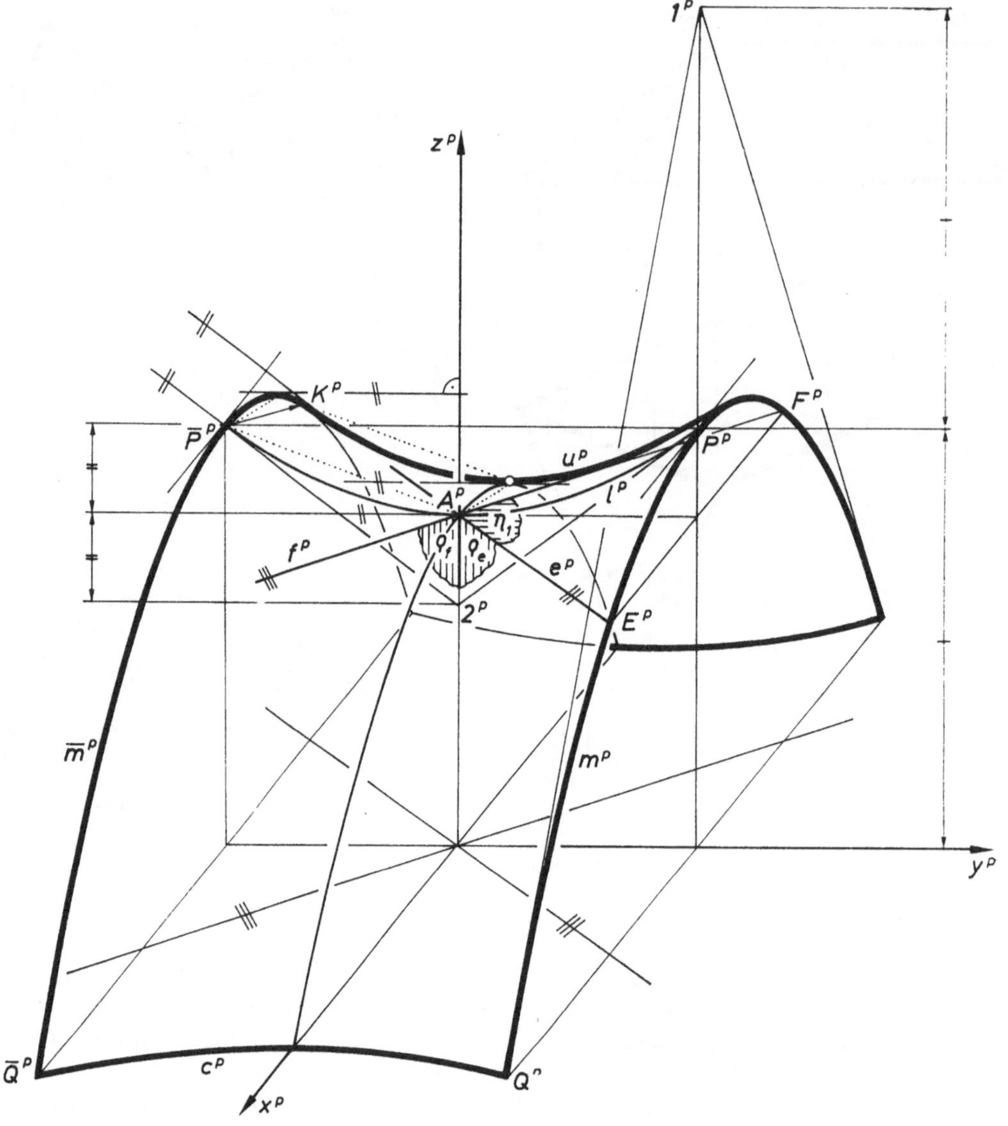


Fig. 9.22

Der axonometrische Umriß $u^p$ von $\Phi$ ist nach Satz 9.2.10 eine Parabel mit $z^p$-paralleler Achse. Gemäß 6.4.2. erhält man aus jenen Punkten von $\bar{m}^p$ und $l^p$, die $z^p$-normale Tangenten haben, einen Punkt von $u^p$ mit $z^p$-normaler Tangente, also den Scheitel von $u^p$. Der Umrißpunkt $K^p$ in $\bar{m}^p$ ergibt sich ebenfalls nach 6.4.2. und legt zusammen mit dem Scheitel die Parabel $u^p$ fest. △

## Aufgaben 9.2

1. Die Menge der Striktionspunkte einer konoidalen Fläche $\Phi$ ist die Kontur von $\Phi$ bezüglich jener Parallelprojektion, deren Sehgeraden zur Richtebene normal sind.
(Anl.: Benütze Satz 9.2.3.)
2. Diskutiere mit A 9.2, 1 die Menge der Striktionspunkte einer Wendelfläche, einer geraden offenen Regelschraubfläche und einer Erzeugendenschar eines hyperbolischen Paraboloids, bei dem die Richtebenen zueinander normal sind oder nicht.
3. Die Menge der Striktionspunkte einer windschiefen Fläche $\Phi$ mit einem Drehkegel $\Psi$ als Richtkegel (vgl. A 9.1, 1) ist die Kontur von $\Phi$ bezüglich jener Parallelprojektion, deren Sehgeraden zur Drehachse von $\Psi$ parallel sind.
(Anl.: Zeige mit Def. 9.2.1, daß die Zentralebene einer Erzeugenden $e$ parallel zur Verbindungsebene der zu $e$ parallelen Erzeugenden $\tilde{e}$ von $\Psi$ mit der Drehachse von $\Psi$ ist.)

**4.** Diskutiere mit A 9.2, 3 die Menge der Striktionspunkte einer schiefen geschlossenen und einer schiefen offenen Regelschraubfläche, sowie einer Erzeugendenschar eines einschaligen Drehhyperboloids.

**5.** Der Drall (vgl. 9.2.1., Fn. 1) einer Wendelfläche ist gleich dem Schraubparameter.
(Anl.: Vgl. 9.2.1., (1) und 8.1.2., (5).)

**6.** Die Menge aller Geraden, von denen je drei zwei windschiefe Geraden $f_1$, $f_2$ in Punktetripeln mit gleichem Teilverhältnis schneiden, ist eine HP-Fläche (vgl. Satz 9.2.5).
(Anl.: Benütze eine dieser Treffgeraden als Sehgerade einer Parallelprojektion.)

**7.** Die Schraubtangenten der Punkte einer die Schraubachse normal schneidenden Geraden $f_1$ sind Erzeugenden einer HP-Fläche.
(Anl.: Wähle $f_1$ zweitprojizierend und benütze Satz 8.1.2: Eine $a$ normal schneidende Gerade $f_2$ mit $\sphericalangle f_1, f_2 = 45°$, deren Abstand von $f_1$ gleich dem Schraubparameter ist, wird von allen genannten Schraubtangenten geschnitten. Verwende Def. 9.2.3.)

**8.** Zwei parallele Durchmesserebenen eines hyperbolischen Paraboloids $\Phi$, die keine Richtebenen sind, schneiden $\Phi$ nach kongruenten und ähnlich gelegenen Parabeln.

**9.** Zwei parallele Ebenen, die keine Durchmesserebenen und keine Tangentialebenen eines hyperbolischen Paraboloids $\Phi$ sind, schneiden $\Phi$ genau dann nach ähnlichen und ähnlich gelegenen Hyperbeln, wenn zwischen den beiden Ebenen keine oder mehr als eine zu ihnen parallele Tangentialebene existiert.
(Anl.: Benütze A 5.3, 12 und Satz 6.4.5, Beweisteil (b).)

# 10. Quadratische Varietäten

Beschreibt man eine Fläche als Varietät im Sinne von **7.2.2.**, so sind nach den Ebenen die quadratischen Varietäten, welche die Nullstellenmengen quadratischer Polynome sind, die einfachsten Gebilde. Da ihre Definition die spezielle Bauart der Gleichung benützt, ist die analytische Geometrie das geeignete Hilfsmittel zur Untersuchung dieser Flächen. Trotzdem ist ihr Studium auf der Grundlage einer analytischen Behandlung auch mit Methoden der konstruktiven Geometrie gerechtfertigt, da diese Flächen zahlreiche elementare Flächen, nämlich die Zylinder und Kegel mit einem Leitkegelschnitt, die Drehquadriken und die Paraboloide umfassen, so daß die Behandlung der quadratischen Varietäten viele elementar bewiesene Aussagen über diese speziellen Flächen in einem größeren Rahmen als Sonderfälle allgemeiner Sätze liefert.
Nach einer Diskussion aller quadratischen Varietäten können die noch nicht behandelten Mittelpunktquadriken bezüglich ihrer ebenen Schnitte und ihrer Konturen bei Parallelprojektion konstruktiv untersucht werden. Analytische Methoden liefern einen eleganten Zugang zu einer einheitlichen Diskussion der ebenen Schnitte quadratischer Varietäten und gestatten die Herleitung von hinreichenden Bedingungen dafür, daß der Schnitt zweier quadratischer Varietäten aus einfachen Teilkurven besteht.
Methodisch verwenden wir elementare analytische Geometrie des Anschauungsraumes, nicht aber Begriffe der algebraischen Geometrie, da weder die Fernpunkte des projektiv erweiterten Anschauungsraumes noch die komplexe Erweiterung dieses projektiven Raumes benützt werden (vgl. Einleitung zu **6.**, Fn. 2). Die analytische Erfassung der Fernpunkte benötigt nämlich die hier nicht eingeführten homogenen Koordinaten; erst wenn man Zahlentripel als Punkte auffaßt und nicht, wie das der konstruktiven Denkweise entspricht, die Punkte als gegeben ansieht und Koordinaten nur als Hilfsmittel zur Beschreibung von Punktmengen verwendet, kann komplexe Geometrie in analytischer Weise betrieben werden.

## 10.1. Quadriken

### 10.1.1. Definition, Beispiele

In Analogie zu Def. 5.6.1 gilt

**Def. 10.1.1:** Eine nicht leere Punktmenge $\Phi \subset \mathfrak{P}$ des Raumes heißt eine *quadratische Varietät*, wenn es nach Wahl eines Koordinatensystems ein quadratisches Polynom

$$(1)\qquad F(x, y, z) = a_{11}x^2 + a_{22}y^2 + a_{33}z^2 + 2a_{12}xy + 2a_{13}xz + 2a_{23}yz + 2a_1x + 2a_2y + 2a_3z + a \qquad (a_{11}, a_{22}, a_{33}, a_{12}, a_{13}, a_{23}) \neq (0, 0, 0, 0, 0, 0)$$

so gibt, daß die Menge der Nullstellen von $F$ die Menge der Koordinatentripel der Punkte von $\Phi$ ist. Wir nennen $F(x, y, z) = 0$ eine *Gleichung* von $\Phi$.

Wie in 5.6.1. folgt, daß die Begriffsbildung «quadratische Varietät» vom gewählten Koordinatensystem unabhängig ist.
Bisher sind folgende Beispiele von quadratischen Varietäten aufgetreten:

**Satz 10.1.1:** Jeder Zylinder und jeder Kegel mit einem Kegelschnitt als Leitkurve, jede Drehquadrik und jedes Paraboloid ist eine quadratische Varietät.

*Beweis*

(a) Besitzt ein Zylinder $\Phi$ einen Leitkegelschnitt, so ist auch ein Querschnitt $q$ von $\Phi$ ein Kegelschnitt. Wählen wir die Ebene von $q$ als $xy$-Ebene eines kartesischen Koordinatensystems, so besitzt $q$ eine Gleichung der Gestalt 5.6.1., (1), und dies ist auch die Gleichung von $\Phi$, da die $z$-Koordinaten der Punkte jeder Zylindererzeugenden alle reellen Zahlen durchlaufen.

(b) Wählen wir die Spitze $S$ des Kegels als Ursprung und $z = 1$ als die Gleichung der Ebene des Leitkegelschnitts $k$, so wird jeder Punkt $P_1$ von $k$ durch ein Koordinatentripel $(x_1, y_1, 1)$ mit

(2) $$ax_1^2 + 2bx_1y_1 + cy_1^2 + 2dx_1 + 2\,ey_1 + f = 0 \qquad (a, b, c) \neq (0, 0, 0)$$

beschrieben. Da für die Koordinatentripel $(x, y, z)$ der Punkte der Erzeugenden durch $P_1$ gilt $\lambda \in \mathbb{R} \mapsto (\lambda x_1, \lambda y_1, \lambda)$, also $x = zx_1$, $y = zy_1$, folgt als Gleichung von $\Phi$

(3) $$ax^2 + 2bxy + cy^2 + 2dxz + 2eyz + fz^2 = 0.$$

(c) Bei stetiger Drehung eines Kegelschnitts um eine seiner Achsen, die wir als $z$-Achse eines kartesischen Koordinatensystems wählen, erhält man nach 6.3.5. eine Drehquadrik, deren Gleichung nach 7.4.1., (1) und 5.1.2., (2), 5.3.1., (2), 5.4.1., (2) lautet

(4) $$\frac{x^2}{a^2} + \frac{y^2}{a^2} + \frac{z^2}{a^2} - 1 = 0$$ Kugel

(5) $$\frac{x^2}{a^2} + \frac{y^2}{a^2} + \frac{z^2}{c^2} - 1 = 0$$ eiförmiges Drehellipsoid für $c^2 > a^2$, abgeplattetes Drehellipsoid für $a^2 > c^2$

(6) $$\frac{x^2}{a^2} + \frac{y^2}{a^2} - \frac{z^2}{c^2} + 1 = 0$$ zweischaliges Drehhyperboloid

(7) $$\frac{x^2}{a^2} + \frac{y^2}{a^2} - \frac{z^2}{c^2} - 1 = 0$$ einschaliges Drehhyperboloid

(8) $$\frac{x^2}{a^2} + \frac{y^2}{a^2} - 2z = 0$$ Drehparaboloid.

(d) Im Falle eines Paraboloids $\Phi$ legen wir den Ursprung in den Paraboloidscheitel $O$ und die Paraboloidachse in die $z$-Achse. Nach A 6.4, 3 bzw. Satz 9.2.9 dürfen wir zusätzlich annehmen, daß die Schiebparabeln $l$ und $m$ durch $O$ in zueinander normalen Ebenen liegen, die wir als $zx$- bzw. als $yz$-Ebene eines kartesischen Koordinatensystems benützen. Nach 5.4.1. besitzt $l$ bzw. $m$ dann eine Parameterdarstellung der Gestalt $u \in \mathbb{R} \mapsto \mathfrak{y}(u) = \left(u, 0, \frac{u^2}{2\alpha}\right)$ bzw. $v \in \mathbb{R} \mapsto \mathfrak{z}(v) = \left(0, v, \frac{v^2}{2\beta}\right)$, wobei $\alpha =: a^2 > 0$ und $\beta =: b^2 > 0$ für ein elliptisches Paraboloid und $\alpha =: a^2 > 0$, $\beta := -b^2 < 0$ für ein hyperbolisches Paraboloid gilt. Wie aus 7.4.5., (5) folgt, besitzt daher ein elliptisches Paraboloid bzw. ein hyperbolisches Paraboloid eine Gleichung der Form

(9) $$\frac{x^2}{a^2} + \frac{y^2}{b^2} - 2z = 0 \quad \text{bzw.} \quad \frac{x^2}{a^2} - \frac{y^2}{b^2} - 2z = 0. \square$$

Weitere Beispiele für quadratische Varietäten sind zwei schneidende bzw. zwei parallele verschiedene Ebenen bzw. eine Ebene bzw. eine Gerade bzw. ein Punkt, wie die quadratischen Polynome $x^2 - y^2$ bzw. $x^2 - 1$ bzw. $x^2$ bzw. $x^2 + y^2$ bzw. $x^2 + y^2 + z^2$ zeigen. Die Nullstellenmenge von $x^2 + y^2 + z^2 + 1$ ist leer.

## 10.1.2. Die krummen quadratischen Varietäten

Die am Ende von 10.1.1. angegebenen Beispiele sind für das Folgende nicht von Interesse. Wir nennen eine quadratische Varietät *krumm*, wenn sie nicht einpunktig oder eingeradig ist und nicht aus Ebenen besteht. Unter Verwendung von Methoden der linearen Algebra kann man zeigen, daß zu jeder krummen quadratischen Varietät $\Phi$ stets ein kartesisches Koordinatensystem so existiert, daß $\Phi$ durch eine der folgenden neun Gleichungen erfaßt wird (vgl. etwa [17, II; 104]):

(10) $$\frac{x^2}{a^2} + \frac{y^2}{b^2} - 1 = 0$$ elliptische Zylinder

(11) $$\frac{x^2}{a^2} - \frac{y^2}{b^2} - 1 = 0$$ hyperbolische Zylinder

(12) $$x^2 - 2ay = 0$$ parabolische Zylinder

(10)–(12): *quadratische Zylinder*

(13) $$\frac{x^2}{a^2} + \frac{y^2}{b^2} - \frac{z^2}{c^2} = 0$$ *quadratische Kegel*

| | | | |
|---|---|---|---|
| (14) | $\frac{x^2}{a^2}+\frac{y^2}{b^2}+\frac{z^2}{c^2}-1=0$ | Ellipsoide (speziell Kugeln) | |
| (15) | $\frac{x^2}{a^2}+\frac{y^2}{b^2}-\frac{z^2}{c^2}+1=0$ | zweischalige Hyperboloide | |
| (16) | $\frac{x^2}{a^2}+\frac{y^2}{b^2}-\frac{z^2}{c^2}-1=0$ | einschalige Hyperboloide | *Quadriken* |
| (17) | $\frac{x^2}{a^2}+\frac{y^2}{b^2}-2z=0$ | elliptische Paraboloide | |
| (18) | $\frac{x^2}{a^2}-\frac{y^2}{b^2}-2z=0$ | hyperbolische Paraboloide | $(a>0, b>0, c>0)$. |

Aus dieser Tabelle folgt insbesondere

**Satz 10.1.2:** Jeder Kegel mit einem Kegelschnitt als Leitkurve ist ein Kreiskegel.

*Beweis*

Es genügt, die Gleichungen (10)—(18) zugrunde zu legen. Die quadratischen Zylinder und die Paraboloide sind keine Kegel. Die restlichen quadratischen Varietäten mit den Gleichungen (13)—(16) sind zum Ursprung symmetrisch, der somit notwendig die Kegelspitze ist; mit $(x_1, y_1, z_1)$ muß also stets $(\lambda x_1, \lambda y_1, \lambda z_1)$ $(\lambda \in \mathbb{R})$ die Gleichung erfüllen, und diese Eigenschaft hat nur (13). Damit kann jeder Kegel mit einem Leitkegelschnitt — in Übereinstimmung mit der oben angegebenen Bezeichnung — durch (13) beschrieben werden. Die Ebene mit der Gleichung $z = c$ schneidet den quadratischen Kegel mit der Gleichung (13) in einer Ellipse, deren Mittelpunkt in der $z$-Achse liegt, so daß ein gerader elliptischer Kegel vorliegt. Aus A 6.5, 4 folgt dann die Behauptung. □

Die quadratischen Zylinder, die quadratischen Kegel und die Paraboloide haben wir bereits behandelt.

## 10.1.3. Mittelpunktquadriken

Die Ellipsoide, die zweischaligen und die einschaligen Hyperboloide heißen *Mittelpunktquadriken*, da sie die Spiegelungen an einem Punkt $M$, der für die Flächen mit den Gleichungen (14), (15) und (16) der Ursprung ist, gestatten. Jede Ebene durch den *Mittelpunkt* $M$ heißt *Durchmesserebene*. Jede Mittelpunktquadrik $\Phi$ besitzt drei paarweise orthogonale Durchmesserebenen, die Symmetrieebenen von $\Phi$ sind und für die Flächen mit den Gleichungen (14), (15) und (16) in den Koordinatenebenen liegen; jeder Schnitt von $\Phi$ mit einer solchen Symmetrieebene heißt ein *Hauptschnitt* von $\Phi$. Für eine Drehquadrik ist jeder Meridian ein Hauptschnitt.
Das Ellipsoid mit der Gleichung (14) besitzt in den drei Koordiantenebenen Hauptschnittellipsen, deren halbe Achsenstrecken die Längen $a$ und $b$ bzw. $b$ und $c$ bzw. $c$ und $a$ sind. Das zweischalige Hyperboloid mit der Gleichung (15) enthält in der $yz$-Ebene und der $zx$-Ebene je eine Hauptschnitthyperbel; in der $xy$-Ebene liegt kein Flächenpunkt. Die beiden Hauptschnitthyperbeln haben die $z$-Achse als Hauptachse und halbe Achsenstrecken der Länge $c$; die Asymptoten der Hyperbel in der $yz$-Ebene bzw. in der $zx$-Ebene bilden mit der Hauptachse Winkel vom Maß $\arctan(b:c)$ bzw. $\arctan(a:c)$. Das einschalige Hyperboloid mit der Gleichung (16) trägt in der $xy$-Ebene eine Hauptschnittellipse, deren halbe Achsenstrecken die Längen $a$ und $b$ aufweisen; die Hauptschnitte in der $zx$- bzw. $yz$-Ebene sind Hyperbeln mit der $z$-Achse als Nebenachse und halben Achsenstrecken der Länge $a$ bzw. $b$, wobei die Asymptoten dieser beiden Hyperbeln gegen die jeweilige Hauptachse Winkel vom Maß $\arctan(c:a)$ bzw. $\arctan(c:b)$ bilden. Da eine Mittelpunktquadrik nach (14), (15) und (16) durch die drei Zahlen $a, b, c > 0$ bestimmt ist, folgt

**Satz 10.1.3:** Jede Mittelpunktquadrik ist durch ihre Hauptschnitte festgelegt.

Ein Hyperboloid $\Phi$ trägt zwei hyperbolische Hauptschnitte, die eine gemeinsame Achse besitzen. Die Asymptoten dieser beiden Hyperbeln bestimmen einen geraden elliptischen Kegel $\Gamma$ mit der

Spitze im Mittelpunkt von $\Phi$, dessen Leitellipsen in zur gemeinsamen Achse der beiden Hauptschnitthyperbeln normalen Ebenen liegen. Dieser Kegel $\Gamma$ heißt der *Asymptotenkegel* von $\Phi$.
Die Abbildung $\alpha: \mathfrak{P} \to \mathfrak{P}$, welche unter Verwendung des den Gleichungen (14), (15) und (16) zugrunde liegenden kartesischen Koordinatensystems dem Punkt $P$ mit dem Koordinatentripel $(x, y, z)$ den Punkt $P^\alpha$ mit dem Koordinatentripel $(\bar{x}, \bar{y}, \bar{z})$ zuordnet, wobei

$$(19) \qquad x = \bar{x}, \quad y = \frac{b}{a}\,\bar{y}, \quad z = \bar{z} \quad (b \neq a, a > 0, b > 0)$$

gilt, ist eine perspektive Affinität im Sinne von A 2.2, 7: Die Fixpunktebene $\pi$ ist die $zx$-Ebene; für jeden Punkt $P \notin \pi$ ist $PP^\alpha$ parallel zur $y$-Achse, also normal zu $\pi$, und es gilt $\mathrm{TV}(PP^\alpha \cap \pi, P, P^\alpha) = \dfrac{a}{a-b} \in \mathbb{R} \setminus \{0, 1\}$ nach A 1.2, 6. Durch $\alpha$ wird jede Mittelpunktquadrik $\Phi$, die keine Drehquadrik ist, in eine Drehquadrik $\Phi^\alpha$ abgebildet, wie (14) und (5) für ein Ellipsoid, (15) und (6) für ein zweischaliges Hyperboloid und schließlich (16) und (7) für ein einschaliges Hyperboloid zeigen. Unter $\alpha$ geht der Asymptotenkegel eines Hyperboloids $\Phi$ in den Asymptotenkegel des Drehhyperboloids $\Phi^\alpha$ über, da $\alpha$ für eine Hyperbel asymptotentreu ist.
Mit Hilfe von in A 2.2, 7 angegebenen Eigenschaften von $\alpha$ und der bereits im Beweis zu Satz 6.4.4 verwendeten Tatsache, daß unter $\alpha$ der Kontur $u$ von $\Phi$ bezüglich einer Parallelprojektion zur Sehgeraden $s$ die Kontur $u^\alpha$ von $\Phi^\alpha$ bezüglich der Parallelprojektion zur Sehgeraden $s^\alpha$ zugeordnet wird, können Aussagen über Drehquadriken auf Mittelpunktquadriken übertragen werden.

### 10.1.4. Ellipsoide, zweischalige Hyperboloide

Unter Verwendung obiger Idee folgt

**Satz 10.1.4:** Der Satz 6.3.4 über die ebenen Schnitte eines Drehellipsoids bzw. der Satz 6.3.5 über die ebenen Schnitte eines zweischaligen Drehhyperboloids gilt auch für Ellipsoide bzw. für zweischalige Hyperboloide.

Insbesondere liegt in einem Ellipsoid oder einem zweischaligen Hyperboloid keine geradlinige Kurve.
Um den Schnitt eines Ellipsoids oder zweischaligen Hyperboloids $\Phi$ mit einer Ebene $\varepsilon$ festzulegen, benötigt man im Falle einer Hyperbel $c = \varepsilon \cap \Phi$ bzw. einer Parabel $c = \varepsilon \cap \Phi$ nach Satz 10.1.4 und 5.3.2., (H2) bzw. A 5.4, 5 noch einen Punkt von $c$ bzw. noch drei Punkte von $c$; solche weiteren Punkte findet man als Punkte der Hauptschnitte in $\varepsilon$. Im Falle einer Ellipse $c = \varepsilon \cap \Phi$ ermittelt man zwei konjugierte Durchmessergeraden und einen Punkt samt Tangente, womit die Ellipse $c^p$ nach A 5.2, 6 festgelegt ist (vgl. 10.1.6., Beispiel 2); falls jedoch $\varepsilon$ speziell zu einer Hauptschnittebene $\mu$ von $\Phi$ normal ist, gibt die Gerade $w = \varepsilon \cap \mu$ aus Symmetriegründen bereits eine Achse von $c$ ab (vgl. 10.1.6., Beispiel 1).
Von Satz 6.3.6 über die Kontur eines Ellipsoids oder eines zweischaligen Hyperboloids bleibt folgende Aussage erhalten:

**Satz 10.1.5:** Die Kontur eines Ellipsoids oder zweischaligen Hyperboloids $\Phi$ bezüglich Parallelprojektion ist der Schnitt von $\Phi$ mit einer Durchmesserebene $\omega$.

Im Falle eines Ellipsoids existiert somit stets eine Konturellipse $u$; besitzt ein zweischaliges Hyperboloid eine Kontur $u$, so ist diese nach 6.3.5. eine Hyperbel. Verlaufen die Sehgeraden zur Ebene $\mu$ eines Hauptschnitts $m$ normal, so ist $m$ die Kontur. In jedem anderen Fall verwendet man zur Festlegung von $u^p$ den Satz 2.1.7: Die Umrißpunkte im Parallelriß $m^p$ eines Hauptschnitts $m$ sind jene Punkte, in denen die Tangenten von $m^p$ Parallelrisse von zur Ebene $\mu$ von $m$ normalen Geraden sind. Da die Ebene $\omega$ von $u$ eine Durchmesserebene ist, erhält man von einer Ellipse $u^p$ mit Hilfe eines Hauptschnitts einen Durchmesser samt der konjugierten Durchmessergeraden und unter Benützung eines zweiten Hauptschnitts einen weiteren Punkt von $u^p$, womit die Ellipse

$u^p$ gemäß A 5.2, 7 festgelegt ist (vgl. Fig. 10.2). Im Falle einer Hyperbel $u^p$ ergeben sich die Asymptoten nach 6.3.5.; ermittelt man mit Satz 2.1.7 einen Umrißpunkt im Parallelriß eines Hauptschnitts, so ist die Hyperbel $u^p$ gemäß 5.3.2., (H2) festgelegt.

## 10.1.5. Einschalige Hyperboloide

Mit Hilfe der in 10.1.3. genannten perspektiven Affinität folgt aus 6.3.7., daß in jedem einschaligen Hyperboloid zwei Scharen von Erzeugenden liegen, die *e-Schar* und die *f-Schar*. Je zwei Erzeugenden derselben Schar sind zueinander windschief. Weiter ergibt sich

**Satz 10.1.6:** Die Aussagen des Satzes 6.3.8 gelten auch für einschalige Hyperboloide.

Für die hyperbolischen Paraboloide und die einschaligen Hyperboloide, die je zwei Erzeugendenscharen tragen, also *doppelte Regelflächen* sind, gilt folgende gemeinsame Erzeugung:

**Satz 10.1.7:** Sind $f_1$, $f_2$, $f_3$ drei paarweise windschiefe Geraden, so liegen alle Treffgeraden von $f_1, f_2, f_3$ in einem hyperbolischen Paraboloid oder einem einschaligen Hyperboloid, je nachdem die Geraden $f_1$, $f_2$, $f_3$ zu derselben Ebene parallel sind oder nicht.

*Beweis*

(a) Unter einer Parallelprojektion mit $f_3$ als Sehgeraden sind die Parallelrisse $f_1{}^p$ und $f_2{}^p$ von $f_1$ und $f_2$ parallel, falls $f_1$, $f_2$, $f_3$ zu derselben Ebene parallel verlaufen. Je drei Treffgeraden $e_1$, $e_2$, $e_3$ von $f_1$, $f_2$, $f_3$ besitzen Parallelrisse $e_1{}^p$, $e_2{}^p$, $e_3{}^p$ durch den Punkt $f_3{}^p$ und werden daher von $f_1{}^p$ und $f_2{}^p$ nach A 1.2, 2 teilverhältnisgleich geschnitten. Nach Satz 2.1.1 gilt Analoges im Raum, so daß nach A 9.2, 6 ein hyperbolisches Paraboloid vorliegt.

(b) Sind die paarweise windschiefen Geraden $f_1$, $f_2$, $f_3$ nicht zur selben Ebene parallel, so verwenden wir ein (nicht notwendig kartesisches) Koordinatensystem, dessen $x$-Achse bzw. $y$-Achse bzw. $z$-Achse zu $f_1$ bzw. $f_2$ bzw. $f_3$ parallel ist. Weiter können wir den Ursprung in $f_3$ wählen, und zwar so, daß $f_1$ die $y$-Achse schneidet (Fig. 10.1). Dann gelten die Gleichungen

$$f_1 \dots y - a = z = 0, \quad f_2 \dots x - b = z - c = 0, \quad f_3 \dots x = y = 0 \quad (abc \neq 0). \tag{20}$$

Jede Ebene $\varepsilon$ durch $f_3$, die nicht zu $f_1$ oder $f_2$ parallel ist, hat eine Gleichung der Gestalt $y - \mu x = 0$ $(\mu \neq 0)$ und schneidet $f_1$ bzw. $f_2$ in einem Punkt $F_1$ bzw. $F_2$ mit dem Koordinatentripel $(a\mu^{-1}, a, 0)$ bzw. $(b, \mu b, c)$. Die Treffgerade $e$ von $f_1$, $f_2$ und $f_3$ in $\varepsilon$ hat dann die Parameterdarstellung

$$\lambda \in \mathbb{R} \mapsto \left(x = \frac{a}{\mu} + \lambda\left(b - \frac{a}{\mu}\right), \quad y = a + \lambda(\mu b - a), \quad z = \lambda c\right). \tag{21}$$

Durch Elimination von $\lambda$ und $\mu$ in (21) entsteht

$$cxy + axz - byz - acx = 0. \tag{22}$$

Auf Grund der Angabe ist diese quadratische Varietät $\Phi$ krumm, kein Kegel und kein Zylinder und auch kein hyperbolisches Paraboloid, da sonst die Geraden $f_1$, $f_2$, $f_3$ zu einer Ebene parallel sein müßten. Da in einem Ellipsoid und einem zweischaligen Hyperboloid bzw. einem elliptischen Paraboloid nach 10.1.4. bzw. 6.4.3. keine geradlinige Kurve existiert, ist $\Phi$ nach 10.1.2. ein einschaliges Hyperboloid. □

Mit Hilfe der Ideen von 10.1.3. folgt

**Satz 10.1.8:** Der Satz 6.3.9 über die ebenen Schnitte eines einschaligen Drehhyperboloids gilt auch für einschalige Hyperboloide.

Die Konstruktion eines ebenen Schnittes erfolgt in gleicher Weise wie in 10.1.4. bei den anderen Mittelpunktquadriken.
Vom Satz 6.3.10 über die Kontur eines einschaligen Drehhyperboloids bleibt folgende Aussage erhalten:

**Satz 10.1.9:** Die Kontur eines einschaligen Hyperboloids $\Phi$ bezüglich einer Parallelprojektion, deren Sehgeraden zu keiner Erzeugenden des Asymptotenkegels parallel sind, ist der Schnitt von $\Phi$ mit einer Durchmesserebene $\omega$.

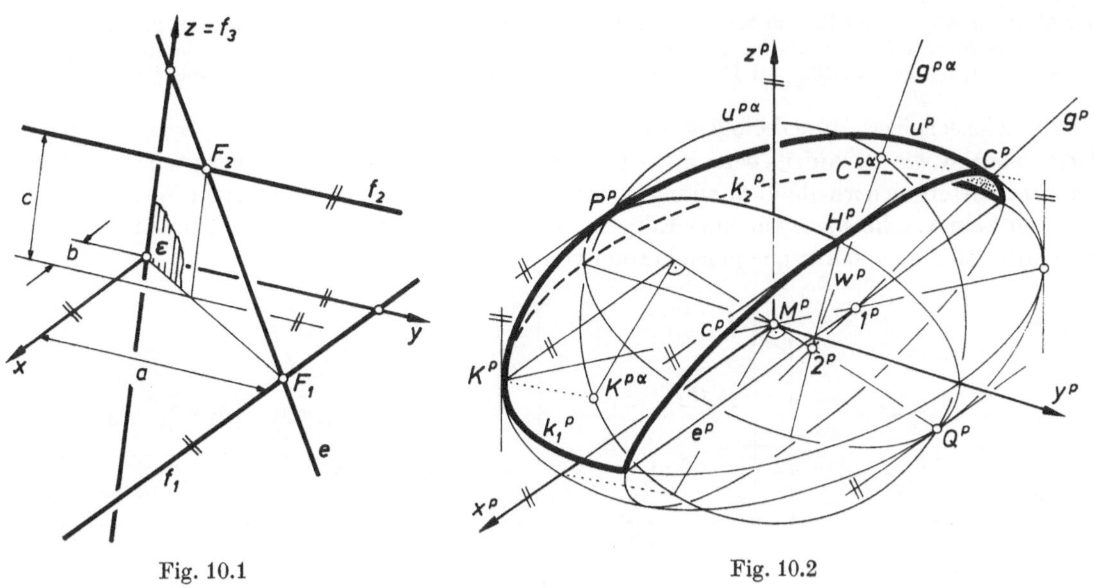


Fig. 10.1

Fig. 10.2

Der Parallelumriß $u^p$ eines einschaligen Hyperboloids $\Phi$ ist daher nach 6.3.7. eine Hyperbel bzw. Ellipse, je nachdem die projizierende Durchmessergerade die Fläche $\Phi$ schneidet bzw. nicht schneidet. Die Konstruktion von $u^p$ erfolgt wie in 10.1.4. bei den anderen Mittelpunktquadriken. Ist dagegen eine Erzeugende des Asymptotenkegels eine Sehgerade, so besteht die Kontur nach 6.3.7. aus zwei projizierenden Erzeugenden und der Parallelumriß aus zwei verschiedenen Punkten.

### 10.1.6. Beispiele

In Fig. 6.48 ist der axonometrische Umriß eines zweischaligen Drehhyperboloids ermittelt. Diese Konstruktion verläuft bei einem zweischaligen Hyperboloid $\Phi$ in gleicher Weise wie in 6.3.6., Beispiel 2: Die Fläche $\Phi$ ist durch die Scheitel und die Asymptoten ihrer Hauptschnitthyperbeln in $\pi_2$ und $\pi_3$ festgelegt; anstelle der Kreise $b$ und $\bar{b}$ treten Ellipsen auf, deren axonometrische Risse durch konjugierte Durchmesser in $x^p$ und $y^p$ parallelen Geraden bestimmt sind. Ebenso kann Fig. 6.53 und 6.3.8., Beispiel 2 als axonometrischer Riß eines einschaligen Hyperboloids $\Phi$ angesprochen werden, bei welchem zur konstruktiven Vereinfachung die Verzerrungsverhältnisse $\lambda$ und $\mu$ speziell so gewählt sind, daß die ellipsenförmigen horizontalen Schnitte von $\Phi$ kreisförmige axonometrische Risse besitzen.

(1) Eine von einer Ellipse $k_1$ der horizontalen Standebene $\pi_1$ berandete Fläche ist von einer Ellipsoidkappe $\Phi$ vorgegebenen Stichhöhe überwölbt, die durch eine zu einer lotrechten Hauptschnittebene $\pi_2$ von $\Phi$ normalen Ebene $\varepsilon$ überkragend aufgeschnitten wird (Fig. 10.2). Die Ellipse $k_1$ ist ein Hauptschnitt von $\Phi$; die Ebene $\varepsilon$ wird durch ihren Schnitt $e$ mit der Standebene $\pi_1$ und den höchsten Punkt $H$ der Kurve $c = \varepsilon \cap \Phi$ festgelegt. Wir konstruieren in Fig. 10.2 einen axonometrischen Riß und wählen den Ursprung im Mittelpunkt $M$ von $\Phi$.

KB. Mit Hilfe der gegebenen Längen der Achsenstrecken von $k_1$ und der Stichhöhe können konjugierte Durchmesser der Ellipse $k_1{}^p$ und des axonometrischen Risses $k_2{}^p$ der Hauptschnittellipse $k_2$ in $\pi_2$ gefunden werden. Die Umrißellipse $u^p$ von $\Phi$ berührt nach Satz 2.1.7 die Ellipse $k_1{}^p$ bzw. $k_2{}^p$ in den Punkten mit $z^p$ bzw. $x^p$ parallelen Tangenten. Durch einen Umrißpunkt $K^p$ in $k_1{}^p$ und die beiden Umrißpunkte $P^p, Q^p$ in $k_2{}^p$ ist $u^p$ nach A 5.2, 7 festgelegt: Wir benützen eine perspektive Affinität $\alpha$, die $u^p$ in einen Kreis mit dem Durchmesser $[P^p, Q^p]$ überführt (Fig. 10.2).
Der höchste Punkt $H$ von $c$ liegt aus Symmetriegründen in $\pi_2$, also in $k_2$, und die Gerade $w = \varepsilon \cap \pi_2 = H(e \cap y)$ ist nach 10.1.4. eine Achse der Ellipse $c$. Mit Hilfe der Punkte von $k_1$ in der $x$-parallelen Geraden $e = \varepsilon \cap \pi_1$ kennt man von $c^p$ einen Durchmesser in $w^p$, die zu $w^p$ konjugierte Durchmessergerade parallel $e^p$ und einen Punkt in $e^p$. (Die planimetrische Konstruktion von $c^p$ gemäß A 5.2, 7 ist in Fig. 10.2 nicht eingezeichnet.)

Der Konturpunkt $C$ von $c$ liegt in der Schnittgeraden $g$ von $\varepsilon$ mit der Ebene $\omega$ der Kontur $u$, und die Gerade $g$ enthält die Punkte $1 = e \cap MK$ in $\pi_1$ und $2 = w \cap MP$ in $\pi_2$. Die Schnittpunkte der Geraden $g^p$ mit der Ellipse $u^p$ werden zweckmäßig mit Hilfe der perspektiven Affinität $\alpha$ konstruiert (vgl. Fig. 10.2). △

(2) Ein zweischaliges Hyperboloid $\Phi$ ist durch seine beiden Hauptschnitthyperbeln $k_2$ und $k_3$, deren Ebenen wir als Aufrißebene $\pi_2$ bzw. Kreuzrißebene $\pi_3$ wählen, festgelegt. Die zu keiner Hauptschnittebene normale Verbindungsebene $\varepsilon$ einer Geraden $h_2$ in $\pi_2$ und einer $h_2$ schneidenden Geraden $h_3$ in $\pi_3$ schneidet $\Phi$ in einer Ellipse $c$. Wir konstruieren in Fig. 10.3 den Aufriß und den Kreuzriß von $c$ und stellen nur jenen Mantel von $\Phi$ dar, der $c$ trägt.

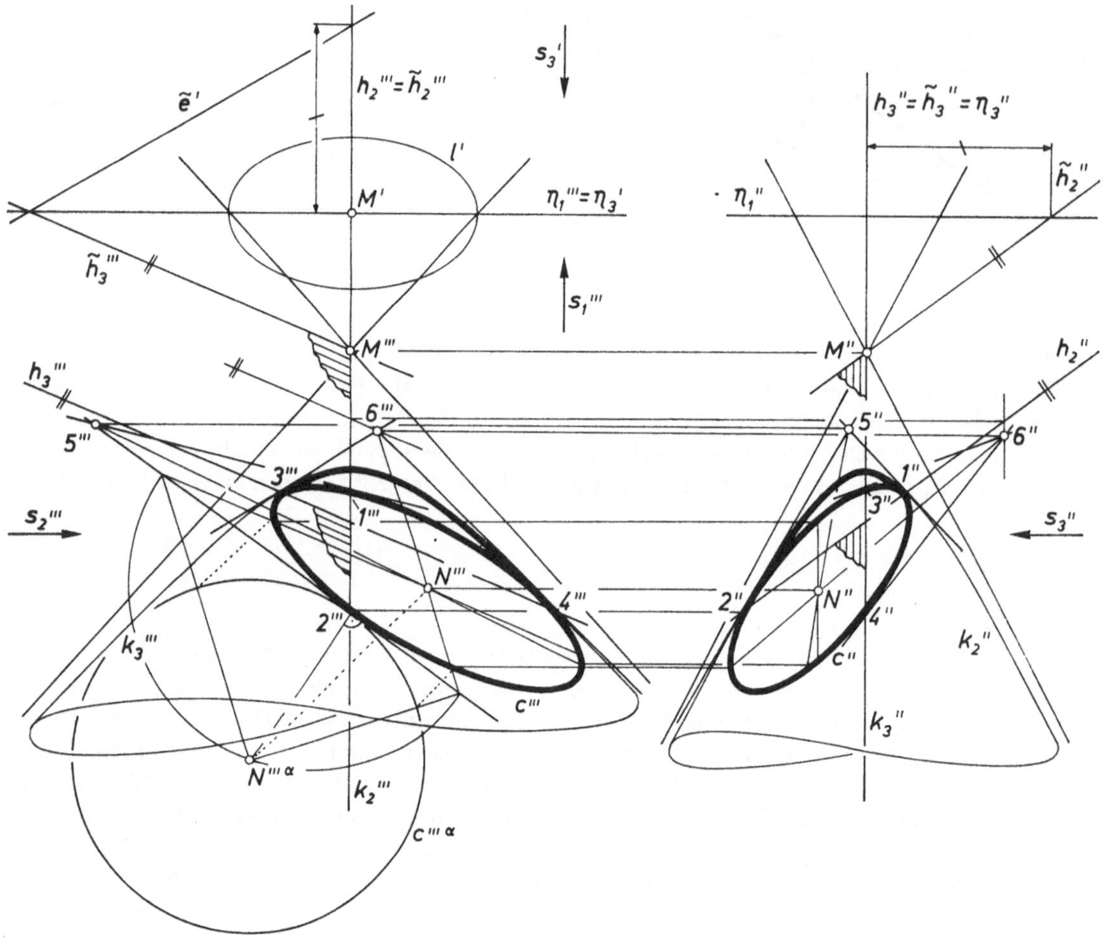


Fig. 10.3

KB. Der Asymptotenkegel $\Gamma$ von $\Phi$ schneidet eine erste Hauptebene $\eta_1$, die den Mittelpunkt $M$ von $\Phi$ nicht enthält, in einer Ellipse $l$, deren Scheitel durch die Erzeugenden von $\Gamma$ in $\pi_2$ und $\pi_3$ aus $\eta_1$ geschnitten werden; sei $\tilde{\varepsilon} = \tilde{h}_2\tilde{h}_3$ die zu $\varepsilon$ parallele Ebene durch $M$. Wie ein dem Kreuzriß zugeordneter Grundriß in Fig. 10.3 zeigt, enthält die Gerade $\tilde{e} = \tilde{\varepsilon} \cap \eta_1$ keinen Punkt von $l$, so daß $c = \varepsilon \cap \Phi$ nach Satz 10.1.4 eine Ellipse ist.

Die Punkte $1$, $2$ von $k_2$ in $h_2$ und die Punkte $3$, $4$ von $k_3$ in $h_3$ gehören zu $c$. Da $k_2$ bzw. $k_3$ die zweite bzw. dritte Kontur von $\Phi$ abgibt, berührt die Ellipse $c''$ die Hyperbel $k_2''$ in $1''$ und $2''$ sowie die Ellipse $c'''$ die Hyperbel $k_3'''$ in $3'''$ und $4'''$. Wie aus A 5.2, 8 folgt, ist die Verbindungsgerade der Schnittpunkte zweier Ellipsentangenten mit dem Mittelpunkt der durch ihre Berührungspunkte bestimmten Ellipsensehne eine Durchmessergerade, und die konjugierte Durchmessergerade ist zu dieser Sehnengeraden parallel. Damit ist der Mittelpunkt $N$ von $c$ als Schnittpunkt zweier Durchmessergeraden bestimmt und die Ellipse $c$ durch zwei konjugierte Durchmessergeraden und einen Punkt samt Tangente nach A 5.2, 6 festgelegt. Wir ermitteln in Fig. 10.3 die Ellipse $c'''$ mit Hilfe einer perspektiven Affinität $\alpha$ zu einem Kreis. △

### Aufgaben 10.1

1. Fügt man im projektiven Raum einer Mittelpunktquadrik die Menge der Fernpunkte aller ihrer ebenen Schnitte hinzu, so gilt: Ein Ellipsoid besitzt keinen Fernpunkt; die Menge der Fernpunkte eines zweischaligen oder einschaligen Hyperboloids $\Phi$ ist der Fernkegelschnitt des Asymptotenkegels von $\Phi$.
(Anl.: Benütze Satz 10.1.4 bzw. Satz 10.1.8.)
2. Fügt man im projektiven Raum einem Paraboloid die Menge der Fernpunkte aller seiner ebenen Schnitte hinzu, so gilt: Ein elliptisches Paraboloid besitzt den Fernpunkt der Paraboloidachse als einzigen Fernpunkt; die Menge der Fernpunkte eines hyperbolischen Paraboloids sind die Ferngeraden der beiden Richtebenen etwa durch die Paraboloidachse.
(Anl.: Benütze Satz 6.4.4 bzw. Satz 6.4.5 und Satz 9.2.8.)

## 10.2. Spezielle Schnitte quadratischer Varietäten

### 10.2.1. Einheitliche Behandlung der ebenen Schnitte einer krummen quadratischen Varietät

Nach 10.1.1. können wir $z = 0$ als Gleichung der Schnittebene wählen. Aus 10.1.1., (1), 5.6.1., (1) und Satz 5.6.1 folgt dann:

**Satz 10.2.1:** Der Durchschnitt $\varepsilon \cap \Phi$ einer Ebene $\varepsilon$ mit einer quadratischen Varietät $\Phi$ ist eine quadratische Varietät in $\varepsilon$ oder eine Gerade[1] oder leer. Ein krummer ebener Schnitt einer quadratischen Varietät ist ein Kegelschnitt.

Der Typus eines solchen Kegelschnitts $c$ hängt nach 5.7.1. davon ab, wie viele Fernpunkte der durch $c$ bestimmte projektive Kegelschnitt besitzt. Ist die quadratische Varietät ein Zylinder, so ergeben sich aus der Fernpunkttreue einer Affinität einer projektiven Ebene auf eine projektive Ebene (vgl. 4.1.6.) die Aussagen in 5.2.3., 5.3.3. und 5.4.3. über den Typus des ebenen Schnitts eines quadratischen Zylinders. Bei einer quadratischen Varietät $\Phi$, die eine nicht zylindrische Regelfläche ist, stimmt die Zahl der Fernpunkte des Schnitts $c$ in der projektiven Ebene $\varepsilon$ überein mit der Anzahl jener Erzeugenden von $\Phi$, die zu $\varepsilon$ parallel sind, wobei aber parallele Erzeugenden nur einmal zu zählen sind. Existieren zwei zu $\varepsilon$ parallele, aber zueinander nicht parallele Erzeugenden in $\Phi$, so sind diese nach Satz 5.7.2 zu den Asymptoten der Hyperbel $c$ parallel; sind die zu $\varepsilon$ parallelen Erzeugenden von $\Phi$ zueinander parallel, so ist die Achse der Parabel $c$ zu ihnen parallel. Damit erhält man sofort die wesentlichen Inhalte von Satz 5.5.6 über die ebenen Schnitte eines quadratischen Kegels, von Satz 10.1.8 über die ebenen Schnitte eines einschaligen Hyperboloids und von Satz 9.2.8 über die ebenen Schnitte eines hyperbolischen Paraboloids.
Für die fehlenden Quadriken, nämlich die Ellipsoide, zweischaligen Hyperboloide und elliptischen Paraboloide genügt es nach 10.1.3., die Aussagen über den Typus des ebenen Schnitts der entsprechenden Drehquadriken $\Phi$ zu beweisen. In diesen Fällen liegt in der zur Schnittebene $\varepsilon$ normalen Meridianebene $\mu$ stets eine Achse $w$ des Kegelschnitts $c = \varepsilon \cap \Phi$, wobei die Scheitel von $c$ in $w$ die Schnittpunkte von $w$ mit dem Meridiankegelschnitt $m$ in $\mu$ sind. Nur eine Parabel $c$ besitzt in $w$ genau einen Scheitel; weiter liegt eine Ellipse $c$ oder einer Hyperbel $c$ vor, je nachdem der Normalriß von $c$ in $\mu$ eine Strecke oder eine nicht beschränkte geradlinige Punktmenge ist. Daraus folgen mit A 5.3, 1 und A 5.4, 1 die wesentlichen Inhalte von Satz 6.3.4 über die ebenen Schnitte

[1] Nach 5.6.2. kann auch eine quadratische Varietät einer Ebene eine Gerade sein und heißt dann eine Doppelgerade. Schneidet eine Ebene $\varepsilon$ einen quadratischen Kegel $\Phi$ in genau einer Geraden $e$, so ist $\varepsilon$ die Tangentialebene längs $e$ und der Schnitt $c = \varepsilon \cap \Phi$ eine Doppelgerade. Eine zu einer Richtebene eines hyperbolischen Paraboloids $\Phi$ parallele Ebene schneidet $\Phi$ in einer Geraden, die keine Doppelgerade, also keine quadratische Varietät ist, und gleiches gilt für eine zu den Erzeugenden parallele Ebene durch eine Durchmessergerade der Leitparabel eines parabolischen Zylinders. Diese Aussagen überprüft man sofort an Hand der Gleichungen 10.1.2., (13) bzw. (18) und (12).
Fügt man gemäß A 10.1, 2 bzw. 5.7.2. einem hyperbolischen Paraboloid $\Phi$ bzw. einem parabolischen Zylinder $\Phi$ im projektiven Raum die beiden Fernerzeugenden bzw. die eine Fernerzeugende hinzu, so liegt bei den letzten beiden Beispielen außer der genannten eigentlichen Schnittgeraden noch je eine Ferngerade von $\Phi$ in der Schnittebene.

eines Drehellipsoids und damit eines Ellipsoids, des Satzes 6.3.5 über die ebenen Schnitte eines zweischaligen Drehhyperboloids und damit eines zweischaligen Hyperboloids und von Satz 6.3.11 über die ebenen Schnitte eines Drehparaboloids und damit eines elliptischen Paraboloids.

### 10.2.2. Quadratische Varietäten mit einem gemeinsamen Kegelschnitt

Haben zwei krumme quadratische Varietäten $\Phi$, $\Psi$ einen Kegelschnitt $k$ gemeinsam, dessen Ebene wir die Gleichung $z = 0$ geben, so können nach 10.1.1., (1) und 5.6.1., (1) die Gleichungen von $\Phi$ und $\Psi$ in der Gestalt

(1)
$$\Phi \ldots F(x, y, z) = a_{11}x^2 + a_{22}y^2 + a_{33}z^2 + 2a_{12}xy + 2a_{13}xz + 2a_{23}yz + 2a_1x + \\ + 2a_2y + 2a_3z + a = 0$$
$$\Psi \ldots G(x, y, z) = a_{11}x^2 + a_{22}y^2 + b_{33}y^2 + 2a_{12}xy + 2b_{13}xz + 2b_{23}yz + 2a_1x + \\ + 2a_2y + 2b_3z + a = 0$$

angenommen werden.

**Satz 10.2.2:** Besitzen zwei verschiedene quadratische Varietäten $\Phi$, $\Psi$ durch denselben Kegelschnitt $k$ einen weiteren gemeinsamen Punkt, so besteht $\Phi \cap \Psi$ aus $k$ und dem Schnitt mit einer von der Ebene von $k$ verschiedenen Ebene. Berühren einander $\Phi$ und $\Psi$ längs $k$, so haben $\Phi$ und $\Psi$ keinen weiteren Punkt gemeinsam.

*Beweis*

Für die verschiedenen quadratischen Varietäten $\Phi$, $\Psi$ ist $(a_{33} - b_{33}, a_{13} - b_{13}, a_{23} - b_{23}, a_3 - b_3) \neq (0, 0, 0, 0)$ in (1). Das Tripel $(x_0, y_0, z_0)$ ist genau dann eine gemeinsame Nullstelle von $F$ und $G$, wenn nach (1) gilt

(2)
$$z_0[(a_{33} - b_{33})\, z_0 + 2(a_{13} - b_{13})\, x_0 + 2(a_{23} - b_{23})\, y_0 + 2(a_3 - b_3)] = 0.$$

Haben $\Phi$ und $\Psi$ einen Punkt außerhalb $k$ gemeinsam, so hat dieser Koordinaten $(x_0, y_0, z_0)$ mit $z_0 \neq 0$ nach Satz 10.2.1, und dieses Koordinatentripel erfüllt (2). Damit ist weder $a_{33} - b_{33} = a_{13} - b_{13} = a_{23} - b_{23} = 0$ noch $a_{13} - b_{13} = a_{23} - b_{23} = a_3 - b_3 = 0$, und $\Phi$ und $\Psi$ haben dann außer $k$ alle Punkte von $\Phi$ in der Ebene mit der Gleichung

(3)
$$(a_{33} - b_{33})\, z + 2(a_{13} - b_{13})\, x + 2(a_{23} - b_{23})\, y + 2(a_3 - b_3) = 0$$

gemeinsam; diese Ebene ist verschieden von der durch $z = 0$ beschriebenen Ebene von $k$.
Berühren einander $\Phi$ und $\Psi$ in jedem Punkt von $k$, so ist nach (1) und 7.2.2., (7)

(4)
$$F_x(x_1, y_1, 0) : F_y(x_1, y_1, 0) : F_z(x_1, y_1, 0) = G_x(x_1, y_1, 0) : G_y(x_1, y_1, 0) : G_z(x_1, y_1, 0)$$

für das Koordinatentripel $(x_1, y_1, 0)$ jedes Punktes von $k$, und (4) ergibt $a_{13} - b_{13} = a_{23} - b_{23} = a_3 - b_3 = 0$ in (1). Nach (2) existiert dann kein weiterer gemeinsamer Punkt von $\Phi$ und $\Psi$. □

Der Satz 10.2.2 umfaßt den Satz 6.5.7; weiter folgt aus Satz 10.2.2 der Satz 6.5.5, wenn man für zwei verschiedene quadratische Kegel die Gestalt des von $k$ verschiedenen gemeinsamen ebenen Schnitts diskutiert.
Der Durchschnitt $c = \Phi \cap \Psi$ besteht genau dann nur aus dem Kegelschnitt $k$, wenn der Normalriß $c^n$ in einer zur Ebene von $k$ normalen Bildebene in einer Geraden enthalten ist, und diese ist nach (2) eine Doppelgerade oder nicht, je nachdem $a_{13} - b_{13} = a_{23} - b_{23} = a_3 - b_3 = 0$ oder $a_{33} - b_{33} = a_{13} - b_{13} = a_{23} - b_{23} = 0$ gilt, also $\Phi$ und $\Psi$ einander längs $k$ berühren oder nicht.

### 10.2.3. Schnitte quadratischer Varietäten, die eine gemeinsame Symmetrieebene besitzen

Besitzt eine durch 10.1.1., (1) bestimmte quadratische Varietät die $xy$-Ebene als Symmetrieebene $\mu$, so muß mit $(x_0, y_0, z_0)$ stets auch $(x_0, y_0, -z_0)$ eine Nullstelle von $F(x, y, z)$ sein, was $a_{13} = a_{23} = a_3 = 0$ nach sich zieht. Zwei quadratische Varietäten $\Phi$, $\Psi$ mit der gemeinsamen Symmetrieebene $\mu$ haben daher Gleichungen der Gestalt

$$(5)\qquad \begin{aligned}\Phi \ldots F(x, y, z) &= a_{11}x^2 + a_{22}y^2 + a_{33}z^2 + 2a_{12}xy + 2a_1x + 2a_2y + a = 0\\ \Psi \ldots G(x, y, z) &= b_{11}x^2 + b_{22}y^2 + b_{33}z^2 + 2b_{12}xy + 2b_1x + 2b_2y + b = 0.\end{aligned}$$

**Satz 10.2.3:** Besitzen zwei krumme quadratische Varietäten $\Phi$, $\Psi$ eine gemeinsame Symmetrieebene $\mu$ und ist $c = \Phi \cap \Psi$ eine Kurve, so ist der Normalriß $c^n$ von $c$ in $\mu$ Teilmenge einer quadratischen Varietät oder einer Geraden der Ebene $\mu$.

*Beweis*

Ist etwa $\Phi$ ein zu $\mu$ symmetrischer quadratischer Zylinder, dessen Erzeugenden zur Ebene $\mu$ mit der Gleichung $z = 0$ normal sind, so gilt $a_{33} = 0$ in (5), da mit $(x_0, y_0, z_0)$ auch $(x_0, y_0, \lambda z_0)$ $(\lambda \in \mathbb{R})$ eine Nullstelle von $F$ sein muß. Dann ist $c^n$ im Kegelschnitt $\Phi^n$ enthalten.
Es genügt im folgenden $a_{33}b_{33} \neq 0$, also etwa $a_{33} = b_{33} = 1$ in (5) vorauszusetzen. Das Tripel $(x_0, y_0, z_0)$ ist genau dann gemeinsame Nullstelle von $F$ und $G$, wenn

$$(6)\qquad (a_{11} - b_{11})\, x_0^2 + (a_{22} - b_{22})\, y_0^2 + 2(a_{12} - b_{12})\, x_0y_0 + 2(a_1 - b_1)\, x_0 + 2(a_2 - b_2)\, y_0 + a - b = \\ = 0$$

gilt; wegen $\Phi \neq \Psi$ sind nicht alle Koeffizienten in (6) gleich Null. Der Normalriß in $\mu$ jedes Punktes von $c = \Phi \cap \Psi$ hat daher ein Koordinatenpaar $(x_0, y_0)$, das (6) erfüllt, und (6) bestimmt für $(a_{11} - b_{11}, a_{22} - b_{22}, a_{12} - b_{12}) \neq (0, 0, 0)$ eine quadratische Varietät und sonst eine Gerade. □

Wird durch (6) eine quadratische Varietät beschrieben, so folgt aus A 5.6, 1, 2 und 3: Beschreibt

$$(7)\qquad (a_{11} - b_{11})\, x^2 + 2(a_{12} - b_{12})\, xy + (a_{22} - b_{22})\, y^2 = 0$$

zwei schneidende Geraden $e$, $f$, so gehört $c^n$ zwei Geraden $\bar{e}$, $\bar{f}$ mit $\bar{e} \parallel e$, $\bar{f} \parallel f$ oder einer Hyperbel an, deren Asymptoten zu $e$ und $f$ parallel sind; beschreibt (7) eine Gerade $e$, so gehört $c^n$ einem Paar von zu $e$ parallelen Geraden oder einer zu $e$ parallelen Geraden oder einer Parabel mit $e$ als Durchmessergeraden an. Ist schließlich $x = y = 0$ die einzige Nullstelle von (7), so ist $c^n$ entweder einpunktig oder in einer Ellipse enthalten. Faßt man also $\mu$ als projektive Ebene auf, so werden durch (7) jene Geraden durch den Ursprung beschrieben, welche die Fernpunkte des durch $c^n$ bestimmten projektiven Kegelschnitts bzw. der $c^n$ enthaltenen Geraden festlegen. Dann gilt:

**Satz 10.2.4:** Besitzen zwei krumme quadratische Varietäten $\Phi$, $\Psi$ eine gemeinsame Symmetrieebene $\mu$, ist $c = \Phi \cap \Psi$ eine Kurve und geht $\Psi$ unter einer zu $\mu$ parallelen Schiebung in eine Quadrik $\bar{\Psi}$ über, wobei $\bar{c} = \Phi \cap \bar{\Psi}$ eine Kurve ist, so haben in der projektiven Ebene $\mu$ die durch $c^n$ und $\bar{c}^n$ bestimmten projektiven Kegelschnitte bzw. Geraden dieselben Fernpunkte, außer $c^n$ liegt in einer Geraden und die Flächen $\Phi$ und $\Psi$ berühren einander längs $c$ nicht[2].

*Beweis*

Für eine $\mu$-parallele Schiebung gilt $x \mapsto x + \alpha$, $y \mapsto y + \beta$, $z \mapsto z$ $(\alpha, \beta \in \mathbb{R})$. Die aus der Gleichung von $\Psi$ dabei entstehende Gleichung von $\bar{\Psi}$ hat dieselben Koeffizienten $b_{11}, b_{12}, b_{22}$, so daß (7) ungeändert bleibt. Nach der Bemerkung im Anschluß an Satz 10.2.2 liegt $c^n$ in einer Geraden $g \subset \mu$, ohne daß $\Phi$ und $\Psi$ einander längs $c$ berühren, wenn $g$ keine Doppelgerade ist, also in (6) gilt $a_{11} - b_{11} = a_{22} - b_{22} = a_{12} - b_{12} = 0$. Genau in diesem Fall liefert (7) keine Aussage. □

Die konstruktiven Anwendungen von Satz 10.2.4 beruhen auf

**Satz 10.2.5:** Besitzen zwei krumme quadratische Varietäten $\Phi$, $\Psi$ eine gemeinsame Symmetrieebene $\mu$ und existiert eine zu $\mu$ symmetrische quadratische Varietät $\varkappa$, die $\Phi$ und $\Psi$ längs je eines Kegelschnitts in einer zu $\mu$ normalen Ebene berührt, so ist der Normalriß $c^n$ von $c = \Phi \cap \Psi$ in $\mu$ enthalten in einer Geraden oder einem Geradenpaar, falls $c$ eine Kurve ist.

[2] Die Notwendigkeit dieses Zusatzes erkennt man im Falle zweier zu $\mu$ symmetrischer Kugeln $\Phi$, $\Psi$: Der Schnittkreis $c = \Phi \cap \Psi$ liegt dann in einer zu $\mu$ normalen Ebene $\varepsilon$, und unter einer $\mu$-parallelen Schiebung kann man eine Kugel $\bar{\Psi}$ erhalten, deren Schnittkreis $\bar{c} = \Phi \cap \bar{\Psi}$ mit $\Phi$ einer zu $\varepsilon$ nicht parallelen Ebene angehört (Vgl. auch A 10.2, 2).

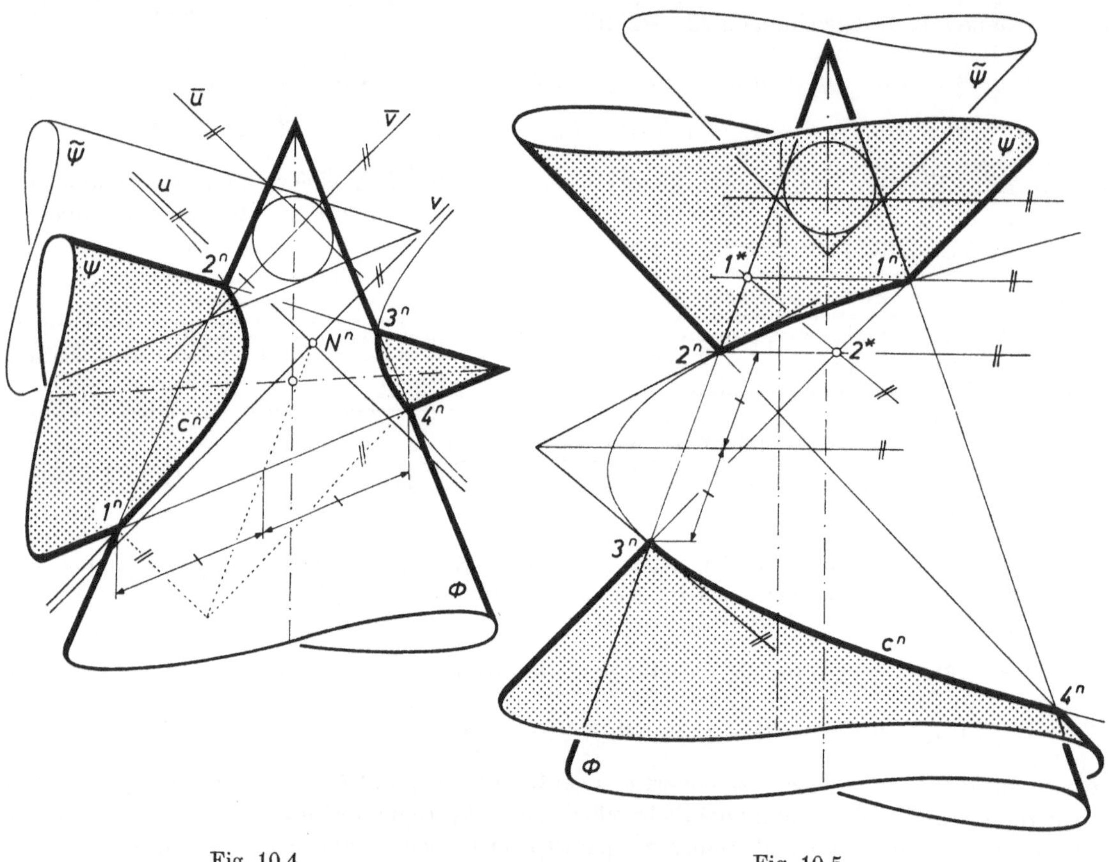


Fig. 10.4 Fig. 10.5

*Beweis*

Auf Grund der Voraussetzungen ist weder $\Phi$ noch $\Psi$ ein Zylinder mit zu $\mu$ normalen Erzeugenden, so daß wir $a_{33} = b_{33} = 1$ in (5) voraussetzen können. Da auch $\varkappa$ kein Zylinder mit zu $\mu$ normalen Erzeugenden sein kann, besitzt $\varkappa$ eine Gleichung der Gestalt

(8) $$A_{11}x^2 + A_{22}y^2 + z^2 + 2A_{12}xy + 2A_1x + 2A_2y + A = 0.$$

Der Normalriß $c_1{}^n$ bzw. $c_2{}^n$ des Berührungskegelschnitts $c_1$ bzw. $c_2$ von $\Phi$ bzw. $\Psi$ mit $\varkappa$ gehört auf Grund der Bemerkung im Anschluß an Satz 10.2.2 einer Doppelgeraden $d_1$ bzw. $d_2$ an. Schneiden $d_1$ und $d_2$ einander, so verwenden wir ein solches (nicht notwendig kartesisches) $(x, y)$-Koordinatensystem in $\mu$, daß $d_1$ bzw. $d_2$ die Gleichung $y^2 = 0$ bzw. $x^2 = 0$ besitzt, was aus einer zu (6) analogen Gleichung ergibt $a_{11} - A_{11} = a_{12} - A_{12} = a_1 - A_1 = a_2 - A_2 = a - A = 0$ bzw. $b_{22} - A_{22} = b_{12} - A_{12} = b_1 - A_1 = b_2 - A_2 = b - A = 0$. Damit lautet (6)

(9) $$(a_{11} - b_{11})\, x^2 + (a_{22} - b_{22})\, y^2 = 0 \quad (a_{11} - b_{11}, a_{22} - b_{22}) \neq (0, 0).$$

Sind dagegen die Doppelgeraden $d_1$ und $d_2$ parallel, so wählen wir das $(x, y)$-Koordinatensystem in $\mu$ so, daß sie die Gleichungen $(y + \alpha)^2 = 0$ und $(y - \alpha)^2 = 0$ $(\alpha \in \mathbb{R})$ besitzen; eine analoge Rechnung liefert dann anstelle von (9)

(10) $$(a_{22} - b_{22})\, y^2 + 2(a_2 - b_2)\, y + a - b = 0 \quad (a_{22} - b_{22}, a_2 - b_2, a - b) \neq (0, 0, 0).$$

Ist c eine Kurve, so folgt die Behauptung aus (9) bzw. (10). □

Schneiden einander die Geraden $d_1$ und $d_2$, so gehört $c^n$ nach (9) einer oder zwei Geraden durch $d_1 \cap d_2$ an; für $d_1 \parallel d_2$ liegt $c^n$ nach (10) in einer oder in zwei zu $d_1$ parallelen Geraden.
Aus Satz 10.2.5 folgt Satz 6.5.3, wenn man die gegenseitigen Lagen der beiden quadratischen Kegel zueinander diskutiert.

### 10.2.4. Beispiel

Wir konstruieren von der Schnittkurve $c$ zweier Drehkegel $\Phi$, $\Psi$ mit schneidenden Drehachsen den Normalriß $c^n$ in der Verbindungsebene $\mu$ der beiden Drehachsen (Fig. 10.4).

KB. Die Ebene $\mu$ ist gemeinsame Symmetrieebene beider Drehkegel. Ist $\varkappa$ eine Kugel, die $\Phi$ als Tangentialkegel besitzt, so existiert eine $\mu$ parallele Schiebung, die $\Psi$ in einen Tangentialkegel $\tilde{\Psi}$ von $\varkappa$ überführt. Nach Satz 10.2.5 (bzw. Satz 6.5.3) gehört der Normalriß $\tilde{c}^n$ von $\tilde{c} = \Phi \cap \tilde{\Psi}$ zwei durch die Schnittpunkte der Erzeugenden von $\Phi$ und $\tilde{\Psi}$ in $\mu$ bestimmten Geraden $\bar{u}$, $\bar{v}$ an, und $c^n$ ist nach Satz 10.2.3 daher in einer Hyperbel enthalten. Die Asymptoten $u$, $v$ dieser Hyperbel, welche durch die Schnittpunkte der Erzeugenden von $\Phi$ und $\Psi$ in $\mu$ geht, sind nach Satz 10.2.4 zu $\bar{u}$, $\bar{v}$ parallel, und die Hyperbel kann nach A 5.3, 6 konstruiert werden. Die in Fig. 10.4 punktierte Konstruktion ist zweimal anzuwenden, um $N^n$ zu erhalten. △

## Aufgaben 10.2

1. Besitzen zwei nicht schiebungsgleiche Drehkegel parallele verschiedene Drehachsen, so gehört der Normalriß ihrer Schnittkurve in der gemeinsamen Symmetrieebene einer Parabel an. Konstruiere die Parabel mit A 5.4, 5 (vgl. Fig. 10.5).
2. Überlege, warum bei zwei schiebungsgleichen Drehkegeln mit verschiedenen Drehachsen kein Widerspruch zu Satz 10.2.4 vorliegt.
3. Konstruiere den Normalriß der Schnittkurve eines Drehzylinders mit einem Drehkegel, deren Drehachsen einer Ebene $\mu$ angehören, in der Ebene $\mu$.
4. Besitzen zwei quadratische Varietäten $\Phi$, $\Psi$ eine gemeinsame Symmetrieebene $\mu$, wobei $c = \Phi \cap \Psi$ eine Kurve ist, und geht $\Psi$ unter einer zentrischen Ähnlichkeit $\delta: \mathfrak{P} \to \mathfrak{P}$ mit einem Zentrum $Z \in \mu$ in eine Quadrik $\tilde{\Psi}$ über, wobei $\tilde{c} = \Phi \cap \tilde{\Psi}$ eine Kurve ist, so haben in der projektiven Ebene $\mu$ die durch die Normalrisse $c^n$ und $\tilde{c}^n$ in $\mu$ bestimmten projektiven Kegelschnitte bzw. Geraden dieselben Fernpunkte, außer $c^n$ liegt in einer Geraden, und die Flächen $\Phi$ und $\Psi$ berühren einander längs $c$ nicht.
   (Anl.: Ist $Z$ etwa der Ursprung, so wird $\delta$ durch $x \mapsto \lambda x$, $y \mapsto \lambda y$, $z \mapsto \lambda z$ $(\lambda \neq 0)$ erfaßt. Benütze die Beweisidee von Satz 10.2.4.)
5. Beweise Satz 6.5.4 mit Hilfe von A 10.2, 4.
6. Beweise Satz 7.4.7 nach Anwendung von A 10.2, 4 und Satz 10.2.4 mit Hilfe von Satz 10.2.5.
   (Anl.: Führe durch eine zentrische Ähnlichkeit und eine Schiebung den Drehzylinder in einen Tangentialzylinder der Kugel $\Phi_1$ über.)

# Literaturverzeichnis

(Die mit Nummern versehene Literatur ist im Text zitiert.)


[1] BAIER, O.: Zur RYTZschen Achsenkonstruktion. — In: Elemente d. Math. XXII (1967), 107

BEREIS, R.: Darstellende Geometrie I. — Berlin: Akademie-Verlag, 1964

[2] BRAUNER, H.: Geometrie projektiver Räume I; II. — Mannheim: Bibliogr. Institut, 1976

[3] BRAUNER, H.: Differentialgeometrie. — Wiesbaden: Vieweg, 1981

[4] BRAUNER, H.; KICKINGER, W.: Baugeometrie I, II — Wiesbaden: Bauverlag, 1977; 1982

[5] BRAUNER, H.: Zur Theorie linearer Abbildungen: Abhandlungen aus dem math. Seminar d. Universität Hamburg. — 53 (1983) 154—169

GIERING, O.; SEYBOLD, H.: Konstruktive Ingenieurgeometrie. — 2. Aufl. — München: Hanser Verlag, 1970

GRAF, U.; BARNER, M.: Darstellende Geometrie. — 10. Aufl. — Heidelberg: Quelle und Meyer, 1973

[6] GRAUERT, H.; FISCHER, W.; LIEB, I.: Differential- und Integralrechnung I; II; III. — Heidelberger Taschenbücher. — Berlin; Heidelberg; New York: Springer, 1968

[7] HILBERT, D.: Grundlagen der Geometrie. — 8. Aufl. — Stuttgart: Teubner, 1956

[8] HOHENBERG, F.: Konstruktive Geometrie in der Technik. — 3. Aufl. — Wien; New York: Springer, 1966

[9] KICKINGER, W.: Konstruktive Behandlung des Drehparaboloids. — In: Informationsblätter für Darstellende Geometrie, Univ. Innsbruck. — 2 (1983) Heft 1

[10] KICKINGER, W.: Konstruktive Behandlung der Drehellipsoide. — In: Informationsblätter für Darstellende Geometrie, Univ. Innsbruck. — 2 (1983) Heft 2

[11] KICKINGER, W.: Konstruktive Behandlung des hyperbolischen Paraboloids. — In: Informationsblätter für Darstellende Geometrie, Univ. Innsbruck. — 3 (1984) Heft 1

[12] KICKINGER, W.: Konstruktive Behandlung der Drehhyperboloide. — In: Informationsblätter für Darstellende Geometrie, Univ. Innsbruck. — 3 (1984) Heft 2

KRAMES, J.: Darstellende und kinematische Geometrie für Maschinenbauer. — 2. Aufl. — Wien: Deuticke, 1952

KRUPPA, E.: Analytische und konstruktive Differentialgeometrie. — Wien: Springer, 1957

[13] LENZ, H.: Grundlagen der Elementarmathematik. — 2. Aufl. — Berlin: Verl. d. Wissenschaften, 1967

[14] MESCHKOWSKI, H.: Grundlagen der euklidischen Geometrie. — Mannheim: Bibliogr. Institut, 1966

MÜLLER, E.; KRUPPA, E.: Lehrbuch der Darstellenden Geometrie. — 6. Aufl. — Wien: Springer 1961

[15] RAUSENBERGER, O. — In: Zeitschrift f. math. u. naturw. Unterricht. — (1915), 135—142

REHBOCK, F.: Darstellende Geometrie. — 3. Aufl. — Heidelberger Taschenbücher. — Berlin; Heidelberg; New York: Springer, 1969

REHBOCK, E.: Geometrische Perspektive. — 2. Aufl. — Berlin; Heidelberg; New York: Springer, 1980

[16] ROHN, K.; PAPPERITZ, E.: Lehrbuch der Darstellenden Geometrie I; II; III. — 3. Aufl. — Leipzig: Veit, 1906

SALKOWSKI, E.: Grundzüge der Darstellenden Geometrie. — 2. Aufl. — Leipzig: Akad. Verlagsg., 1943

[17] SCHAAL, H.: Lineare Algebra und Analytische Geometrie I; II. — Wiesbaden: Vieweg, 1976

[18] SCHEFFERS, G.: Lehrbuch der Darstellenden Geometrie I; II. — 2. Aufl. — Berlin: Springer, 1927

STIEFEL, E.: Lehrbuch der Darstellenden Geometrie. — 2. Aufl. — Basel: Birkhäuser, 1960

STRUBECKER, K.: Vorlesungen über Darstellende Geometrie. — 2. Aufl. — Göttingen: Vandenhoeck u. Ruprecht, 1967

[19] WEISS, G.: Villarceau-Kreise des Ringtorus. — In: Informationsblätter für Darstellende Geometrie, Univ. Innsbruck. — 3 (1984) Heft 2

WUNDERLICH, W.: Darstellende Geometrie I; II. — Mannheim: Bibliogr. Institut, 1966; 1967

# Sachverzeichnis